AF821323

LEHRBUCH
DER
CHEMIE

Zu eigenem Studium
und zum Gebrauch bei Vorlesungen

Von

MAX TRAUTZ

e. a. o. Prof. für physikalische Chemie und Elektrochemie
an der Universität Heidelberg

ERSTER BAND

STOFFE

Mit zahlreichen Abbildungen im Text und auf Tafeln
und mit Tabellen

BERLIN UND LEIPZIG 1922
VEREINIGUNG WISSENSCHAFTLICHER VERLEGER
WALTER DE GRUYTER & CO.
VORMALS G. J. GÖSCHEN'SCHE VERLAGSHANDLUNG :: J. GUTTENTAG, VERLAGSBUCHHANDLUNG :: GEORG REIMER :: KARL J. TRÜBNER :: VEIT & COMP.

Alle Rechte, einschließlich des Übersetzungsrechts, vorbehalten.

Copyright by Vereinigung wissenschaftlicher Verleger Walter de Gruyter & Co.
Berlin und Leipzig 1922.

Druck von Metzger & Wittig in Leipzig.

MEINEN VEREHRTEN FÖRDERERN

UND

MEINEN UNERMÜDLICHEN MITARBEITERN

ZUM DANK

FÜR TREUE HILFE

Vorwort.

Dies Buch versucht in drei handlichen Bänden die ganze Chemie zu bringen, nicht etwa vorwiegend bloß die allgemeine, wie man nach der Art der Einteilung vielleicht erwarten könnte. Es entstand aus dem Wunsch, dem Chemiestudierenden einen Ratgeber zur Seite zu stellen, der ihm das wirklich unentbehrliche der eigenen Wissenschaft und die Brücken zum Notwendigsten in den Nachbargebieten (Physik, Mathematik) weist, ohne irgend erhebliche Vorbildung zu verlangen.

Von einem Lehrbuch der Chemie auf neuer Grundlage der Stoffauswahl und der Einteilung darf man sich zum mindesten neue Anregung und jene Belebung des Interesses versprechen, die jedem ungewohnten Lehrgang eigen ist.

Es gibt bisher meines Wissens kein Lehrbuch der Chemie, das Darstellende und Allgemeine Chemie in gleicher Weise dem Lernenden nahe bringen will. Aber auch die Lehrbücher der Teilgebiete beginnen in letzter Zeit ihre Anordnung zu ändern.

Die Organische Chemie fängt an, die Systematik etwas zurücktreten zu lassen und sich mehr Naturstoffen zuzuwenden, denen in den Büchern besondere Abschnitte zugewiesen werden. Trotzdem kommen Harze und Kunstharze, Öle, Teere und Peche bei der Besprechung von Stoffeigenschaften zu kurz; Katalyse und Elektrochemie werden als darstellend-organische Methoden nur karg behandelt, qualitative und quantitative Analyse auf organische Atomgruppen haben ein ähnliches Schicksal und werden in besondere Werke verwiesen.

Die Allgemeine (sog. Physikalische) Chemie, weitgehend der Benützung physikalischer Methoden zugewandt, beginnt z. T. dem heute verbreiteten Hang zum Formalen ihren Zoll zu entrichten. Aber auch ihre breiten, wohlbegründeten Erfahrungsteile verlieren, wie oft geklagt wird, an Übersichtlichkeit. Nun machen selbst ihre Grundlagen mathematische Kenntnisse, obschon nur bescheidenen Umfangs, nötig. Der von der Fülle der nötigen Gedächtnislast beanspruchte Chemiker aber meidet ein Buch, das ihn nicht zugleich in die hierfür nötige Mathematik selbst einführt, sondern diese voraussetzt; begriffliche Schwierigkeit beim physikalischen Ansatz ist oft ein weiterer Stein des Anstoßes.

So brachte Verfasser die nötige Mathematik entsprechend Scheffers Worten: „für Anfänger und solche, die es bleiben wollen".

Schwierigkeiten für die Einteilung bringt heute schon das große Gebiet der Elektronik in die Allgemeine Chemie.

Die Anorganische Chemie endlich hat längst ihre alte Hülle gesprengt und beginnt sich wie das vorliegende Buch nach Methoden zu scheiden: Pyrochemie, Metallographie, Silikatchemie, Koordinationslehre, Kolloidchemie, Seltene Erden und Edelgase, Explosivstoffe, Mikrochemie der radioaktiven und der anderen Spurenelemente sind ebenso viele Teilgebiete, als ihre Denk- und Arbeitsmethoden verschieden sind. Sie unter das alte Schema der Elemente als oberste Einteilung zu pressen, wird zum Unding. Und die analytische Chemie — man denke nur an die steigende Wichtigkeit der Mineralchemie — wird wie die Technische Chemie in besondere Werke verwiesen und nach dem Verbandsexamen vergessen, bis die Praxis ihren harten, aber wohltätigen Druck ausübt.

Die zunehmende Monotonie der Anorganischen Systematik, die wachsende Abstraktheit der Allgemeinen Chemie entstammen demselben Mißgriff. der unnatürlichen Trennung beider Gebiete. Sie muß auf die Dauer die Allgemeine Chemie zur Physik oder aber zum Formalen treiben, die Anorganische Chemie aber zu rein darstellender Arbeit oder zu formaler Systematik führen, beide sterilisieren. Es ist fast, als ob man von einer Sprache Grammatik und Wortschatz streng getrennt studierte.

Und nach den praktischen Erfahrungen geht es mit der alten Einteilung, dem alten Umfang der bevorzugten Gebiete und der Zerreißung des Ganzen nicht mehr.

So sind denn nach dem alten Spruch: „Wer vieles bringt, wird manchem etwas bringen", die ganze Chemie und alle ihre Teilgebiete, auch die genannten „Stiefkinder" im vorliegenden Lehrbuch zusammengefaßt. Ans Schreiben ging ich erst, als das Gedächtnis instand gesetzt war, ohne Nachschlagen eine zusammenhängende rasche Niederschrift zu ermöglichen. Erst danach sind Zahlen teils verglichen, teils erst eingesetzt worden und manches historische oder sonstige ward noch eingefügt, doch nur wenig.

Von dem Zitieren zahlreicher Namen ward in Rücksicht auch auf den Umfang des Buchs. vor allem aber deshalb abgesehen, weil diese zahlreichen Namen den Chemiebeflissenen in dem hier ins Auge gefaßten Stadium der Ausbildung nicht ausreichend fördern. Die angeführten Zitate sind, wie beim Lehrbuch der Elektrizität von G. Mie, ganz zufällig in die Feder gekommen. wie es der Art der Niederschrift entsprach.

Wiederholungen habe ich gelegentlich nicht gescheut, wo sie mir angemessen erschienen, und auch einheitliche Gebiete (Elektrochemie z. B.) kommen an mehreren Stellen wiederholt vor.

In Theorieen wird der Leser nur eingeführt und bei tunlichster Strenge doch mehr Gewicht auf Anschaulichkeit gelegt. „Nichts ist praktischer als eine gute Theorie“ (Boltzmann).

Hypothesen sind zur Beschreibung von Erfahrungsergebnissen selbstverständlich immer entbehrlich, leisten aber doch gute Dienste für Übersicht und neue Fragestellung; in diesem Sinn fanden sie Berücksichtigung.

Zur Einteilung des ganzen Lehrbuchs, dessen Urschrift fertig ist, und das innerhalb der nächsten Monate vollständig erscheinen wird, nur wenige Hinweise.

Zustandsgleichungen, Beziehungen zwischen Zusammensetzung und Eigenschaften, sowie die ganze Gleichgewichtslehre (Chemische Thermodynamik mit Einführung in die mathematischen Hilfsmittel) füllen den II. Band.

Anorganische Kolloidchemie, Edelgase, Seltene Erden, Metallographie, Silikatchemie, Elektromotorische Kräfte, finden hier Platz.

Die Analytische Chemie ist mit der Gasanalyse, der Analyse mit Membranfiltern und der Spektralanalyse darin vertreten.

Der III. Band bringt die Raumgitterfragen, die Lehre von der Geschwindigkeit molekularer Vorgänge, elektrochemische Gasreaktionen, Explosionen, Photochemie, Radiochemie.

Hier sind die Mischkristalle, die ganze Organische Chemie, in besonderen Kapiteln ihre Kolloide, Katalysen und elektrochemischen Methoden, Immunochemie, Spreng-, Riech- und Farbstoffe behandelt.

Mikroanalyse und Analyse auf organische Atomgruppen vertreten die Analytische Chemie in diesem Band.

Die Größe der einzelnen Abschnitte ist stets so gewählt worden, wie sie kleinen Monographieen (30—100 Seiten) entspräche. Denn die Darstellende Chemie in kleine Stücke zu zerschneiden bewährt sich ebensowenig, wie die Anwendung dieses Verfahrens auf die Allgemeine Chemie sich bewährt hat. Begriffliche Dinge sind breit ausgeführt, Stoffe aber erfuhren nur kurze Beschreibungen, weil diese doch nie ersetzen können, daß man die Stoffe selbst gesehen haben muß.

Gegen 400 Abbildungen sind vom Verfasser selbst gezeichnet, die zahlreichen übrigen sorgfältig zusammengetragen; für ihre Überlassung sage ich den Herren Verfassern und Firmen verbindlichsten Dank.

(Abbildungen stammen aus den Werken von P. Askenasy, Technische Elektrochemie, Friedr. Vieweg u. Sohn, Braunschweig; H. Ost, Chemische Technologie, M. Jänecke, Leipzig; C. Naumann und F. Zirkel, Mineralogie, W. Engelmann, Leipzig; E. Müller, Elektrochemisches Praktikum, Th. Steinkopff, Dresden; und aus Verlagswerken der Vereinigung wissenschaftlicher Verleger Walter de Gruyter & Co., Berlin.

Ferner aus Preisbüchern der Apparate-Firmen: C. Desaga, Heidelberg; L. Hormuth, Inh. W. Vetter, Heidelberg; F. Hugershoff, Leipzig; F. Koehler, Leipzig; C. Leybolds Nachf., Köln a. Rh.; Spindler u. Hoyer, Göttingen.)

Dem Überblick allgemeiner Zusammenhänge und weiterer Forschung suchte ich durch Zusammenstellung der Stoffklassen im Rahmen des periodischen Systems auf Tabellen zu dienen. Dem Gedächtnis möchte ich anderseits vor allem durch regelmäßig wiederkehrende Zusammenfassungen von Ergebnissen, Definitionen und Gesetzen zu Hilfe kommen, die zugleich nach meiner Erfahrung das Verständnis für das Grundsätzliche und Wesentliche fördern.

Jedes große Kapitel (z. B. Thermochemie) beginnt mit einem rein physikalischen Abschnitt, der die nötigen Vorkenntnisse vermittelt, schließt daran einen mit den allgemeinen chemischen Gesetzen (im Beispiel die thermochemischen), und beide sind von Zusammenfassungen gefolgt. Dann kommen die Anwendungen auf synthetischem, analytischem oder technischem Gebiet in systematischer Darstellung, meist ans periodische System angeschlossen.

Ein sehr ausführliches Sachverzeichnis mit Formeln und ein Inhaltsverzeichnis, sowie regelmäßige Randüberschriften dienen der Zeitersparnis.

Die Benützung des Buchs ergibt sich damit von selbst. Es will nicht so sehr Lesebuch sein wie das ausgezeichnete Werk K. A. Hofmanns, das unendlich viel reizvolles, auch althistorisches bringt, ein so viel engeres Gebiet als vorliegendes Buch in wohltuender Breite mit vollendeter Stilistik beherrscht und den ganzen Reichtum der vergangenen 50 Jahre atmet. Ähnliches möchte ich auch von der Nernstschen Theoretischen Chemie und von der Organischen Chemie Bernthsens sagen und von manchem anderen bewährten Werk.

Das vorliegende Buch dagegen will ein konzentriertes, aufs äußerste gekürztes Lehr- und Lernbuch sein, das darstellt, was sich anderswo nicht in Auswahl und nicht im Zusammenhang findet, will Brücke sein zwischen heute getrennten Gebieten und Arbeitsrichtungen, vereinigen, nicht trennen.

Seine Einteilung entspricht auch einem neuen praktischen Unterrichtslehrgang der ganzen Chemie, den Verfasser unter behutsamer Schonung heute bestehender Einrichtungen (vgl. Analytische Chemie) langsam prüfend einzuführen empfiehlt, mangels eigener Gelegenheit hierzu. Weiß doch jeder, wie sehr die geistige Frische des angehenden Chemikers bei der heutigen Form des ehrwürdigen, breiten analytischen Praktikums in wenig Jahren dahin zu schwinden pflegt. Und wie mangelhaft fällt trotz der langen Ausbildung oftmals das analytische Können am Ende aus. Wie selten verhütet die dann folgende kurze quantitative Arbeit das nachherige Zurücksinken des Studierenden in die anfangs erworbenen mechanischen und passiven Gewohnheiten. Dabei sollte aber doch gerade die darstellend-organische Tätigkeit, um Kunst und nicht Handwerk zu sein, mit größter experimenteller Sorgfalt und lebendigstem Einfühlen in die feinen Reaktionsunterschiede der Stoffe ausgeübt werden! Es wird so viel von wachsender Notwendigkeit praktischer Übungen gesprochen; mir will die stärkere geistige Belebung der ohnehin ausreichend langen Praktikumszeit des Chemikers und ihre stärkere Verknüpfung mit der Anordnung des Stoffs in den Vorlesungen weit dringlicher scheinen.

So ist vorliegendes Buch ein erster und gewiß mit Mängeln eines Erstlings behafteter Versuch, die ganze Chemie und ihren praktischen Unterricht auf eine einheitlichere und zugleich viel mannigfaltigere Grundlage zu stellen als bisher.

Für Hinweise auf Irrtümer werde ich dankbar sein.

Allen denjenigen, die mir so zahlreich bei den Korrekturen ihre Hilfe liehen und denen, die von mir angeregte Forschungsarbeiten durch Mitarbeit oder Stiftungen und anderweit gefördert haben, gilt mein Dank, den ich durch die Widmung zum Ausdruck bringen möchte.

Desgleichen danke ich der Vereinigung wissenschaftlicher Verleger für die Sorgfalt, die sie dem vorliegenden Buch zugewendet hat.

Hat unsere deutsche Wissenschaft somit auch heute noch von unseren Volksgenossen selbstlose Förderung erfahren, so ist sie anderseits den giftigsten Angriffen aus dem Lager feindlicher Völker ausgesetzt. Der heute noch andauernde Lügenfeldzug vereint sich mit dem von manchen fremden Forschern geübten Raub unseres geistigen Eigentums zu einem einheitlichen, nur von wenigen Zügen erhellten Bild.

Möge mein Buch in diesem Kampf den deutschen Chemikern Zeit und Arbeitskraft sparen helfen, damit sie unserem Volk bei der Beschaffung der Mittel dienen können, die es zur Wahrung von Ehre und Dasein nötig hat und zur Wende seines heutigen Schicksals.

Heidelberg, im Dezember 1921.

M. Trautz.

Inhalt.

C. Die Arten des Stoffs und die Mannigfaltigkeit seiner Verbindungen.

Elektrochemie. 2. Teil.

C. Die Welt der hohen Temperaturen (Pyrochemie).

Technische Chemie II.

Verzeichnis der Abkürzungen.

Abb.	=	Abbildung.
D.	=	Dichte.
DD.	=	Dampfdichte.
fl.	=	flüssig.
n.	=	normal.
„o. N."	=	offiz. Name nach Genfer Namenwahl.
Schmp. u. Sm.P.	=	Schmelzpunkt.
S.P.	=	Siedepunkt.
sp. G.	=	Spezifisches Gewicht.
Me	=	einwertiges Metall.
A	=	„ Amion.
R	=	„ Radikal, meist ein Säurerest.

Für die Elemente dienen nach ihrer ersten Erwähnung weiterhin die bekannten Atomsymbole statt der Namen, für die Verbindungen ihre chemischen Formeln.

Einleitung.

Die Chemie verfolgt zwei Ziele, ein wissenschaftliches und ein technisches: Naturerkenntnis, richtiger Naturbeschreibung und Rohstoffverwertung. Die materiellen Mittel zur Forschung schafft zum Teil erst die Rohstoffverwertung; so hängt die Forschung von ihr ab. Umgekehrt zeigt die Wissenschaft der Technik den Weg zur Verwertung der Rohstoffe. Wißbegier schweift frei auf dem ganzen Gebiet der Forschung umher. Die Technik aber gehorcht den Forderungen, die von der Not des Tags gestellt werden. Sie folgt mehr der Einschränkung der Möglichkeiten, die Mangel an bestimmten Rohstoffen bedingt. Nur wenige und in Massen vorkommende Rohstoffe werden es sein, die nach 2—3 Jahrhunderten die Großtechnik beschäftigen können. Die meisten werden bis dahin praktisch verbraucht oder so kostspielig geworden sein, daß sie vorwiegend ausscheiden. Und dies, obwohl man dem Absterben heute mächtiger Zweige der Technik durch gesetzliche und organisatorische Mittel vorzubeugen sucht. So wird die chemische Technik der Zukunft in weit höherem Maß als heute sich physikalischer und physiologischer Hilfsquellen bedienen: denn die Energie der Sonne und die Erzeugung der niederen Lebewesen wird nicht in absehbarer Zeit erlöschen. Kohle aber und nicht allzu lange nach ihr die Sparmetalle werden sich aus der Technik zurückziehen. Insofern kann es sich für uns nur um eine Verzögerung eines von selbst ablaufenden Verarmungsvorgangs handeln, wenn wir Material sparen. Der bestechende Gedanke alle menschlichen Kräfte zu „rationeller" Ausnützung der Rohstoffe mittels einer gewaltigen Organisation zu erfassen, ist kurzsichtig gedacht. Denn jede derartige Organisation führt, wie die Erfahrung längst erkennen ließ, binnen kurzem zur Entartung und Unfruchtbarkeit desjenigen Menschengeschlechts, das sich solcher allzu intensiver Zwangswirtschaft hingab. An die wenigen industriellen Jahrhunderte, die der Gleicherklärung der Menschen und der wirtschaftlichen Erschließung der Erde, eingeleitet durch den Contrat social folgen, wird mit Bestimmtheit ein Zeitalter gesteigerter Agrarwirtschaft und Forstwirtschaft anschließen. Darin werden jene Völker blühen, die es verstanden, den industriellen Jahrhunderten und den darin gepflegten Irrtümern nicht zum Opfer zu fallen.

Die Chemie ist die Lehre von den Stoffen, ihren Zuständen und Umwandlungen.

§ 1. Die gröbsten Unterschiede der Qualität sah man als solche der „Stoffe" an, feinere nur als solche der „Zustände". Spät erst untersuchte man die Umwandlungen der Stoffe und die Übergänge verschiedener Zustände. Heute hat der Begriff Stoff einen schärferen Sinn erhalten, wie auch der des Zustands, einen Sinn, den wir erst im Weiteren heraus arbeiten. Aber die Reihenfolge in der Behandlung unseres Themas bleibt zweckmäßig doch die gleiche: Stoffe, Zustände, Umwandlungen. Dringt man doch am leichtesten in ein Forschungsgebiet in ungefähr historischer Weise ein, so, wie sein Inhalt nach den Worten des Physikers Planck „am einfachsten hätte gefunden werden können". Vom Historischen selbst müssen wir leider aus Raum- und Zeitmangel weitgehend absehen. Denn eine gründliche geschichtliche Betrachtung darf auch an Arbeiten geringerer Bedeutung nicht vorbeigehen. Dafür aber steht uns hier längst nicht genug Zeit zur Verfügung.

Doch sei hier eindringlich auf das Studium solcher Forschungsarbeiten hingewiesen, die für alle Zeiten klassisch geworden sind.

Man lernt dabei einsehen, welch außerordentliche Verschiedenheit zwischen Charakter und wissenschaftlicher Veranlagung verschiedener Völker bestehen. Diese Einsicht bekräftigt dann die notwendige Erkenntnis, daß die lebenswichtigen Wurzeln jedes Volks nicht in theoretischen „Vernunft"-Konstruktionen, sondern allein in der zäh festgehaltenen Überlieferung seiner eigenen Geschichte liegen.

Erster Band.

Stoffe.

Die Gesetze der Mengenverhältnisse von Materie, Elektrizität und Energie in den Stoffen.

Wiewohl die Stoffe sich in andere überführen, also „zerstören" lassen, so bleiben doch dabei gewisse Dinge meist unzerstörbar erhalten, deren Feststellung und Eigenschaften uns zunächst vor allem beschäftigen:

1. Masse und Art gewisser Stoffteilchen.
2. Elektrizität.
3. Energie.

Danach zerfällt die Chemie der Stoffe in die drei Teile:

Stöchiometrie, die Lehre von der stofflichen Zusammensetzung (in engerem Sinn) der Stoffe und den dabei herrschenden Mengenverhältnissen.

Elektrochemie, die Lehre von Aufnahme und Abgabe von Elektrizität durch die Stoffe und den dabei herrschenden Mengenverhältnissen.

Thermochemie, die Lehre von Aufnahme und Abgabe von Energie durch die Stoffe und den dabei herrschenden Mengenverhältnissen.

I. Stöchiometrie.

Die Elemente und die Verbindung der Stoffe untereinander.

Die Naturerscheinungen bieten sich der Empfindung der Sinne im dreidimensionalen Raum und in der Zeit dar, ihre Darstellung im Bild kann nur auf der zweidimensionalen Fläche, die Beschreibung in Begriffen und Worten nur in deren eindimensionaler Zeitfolge geschehen. Schon deshalb kann wörtliche Beschreibung nicht so viele Zusammenhänge auf einmal aufzeigen, als man in Wirklichkeit auf einmal wahrnimmt. Deshalb muß sie oft auf schon Behandeltes zurückgreifen und anderes vorwegnehmen.

A. Die Menge des Stoffs.

1. Die Masse, ihre Definition und Messung mit der Wage.

Menge und Gewicht

§ 2. Die Chemie befaßt sich mit den Mengenverhältnissen der Stoffe. Was heißt nun Menge und wie mißt man sie? Im gewöhnlichen Leben versteht man darunter eine abzählbare Menge getrennt erscheinender Einzeldinge. Unter Umständen benützt die Chemie auch diesen Begriff, setzt aber dann stets das Wort abzählbar hinzu. Zusammenfließende Einzeldinge, wie Flüssigkeiten oder Gase lassen sich nicht abzählen, ihre Menge wird entweder nach ihrer Raumerfüllung

Gewichtsbestimmung; Wage

(Volumen) oder nach ihrem Gewicht angegeben. Das Gewicht ist durch die Anziehung der Erde, die Schwerkraft bedingt. Wirkt auf beide Enden eines gleicharmigen Hebels dasselbe Gewicht, so ist er im Gleichgewicht, liegt wagrecht. Im Sprachgebrauch der Physik ist demgemäß ein *Gewicht eine Kraft.* Ferner liefert die Wage, d. h.

Gewicht eine Kraft

der gleicharmige Hebel ein Mittel, Kräfte miteinander zu vergleichen, ihre Gleichheit oder Verschiedenheit festzustellen: Relativmessung oder Vergleichung. Dabei ist noch von keiner absoluten Größe des einen der verglichenen Gewichte die Rede. Setzt man jetzt durch Übereinkunft fest, daß ein bestimmter Gegenstand die Einheit des Gewichts habe, und nennt man diese 1 Kilogramm, wie das für das in Paris aufbewahrte Normalkilogramm aus Platin geschehen ist, so kann man das in Kilogramm gezählte Gewicht eines Körpers als sein absolutes, d. h. auf die allgemein und willkürlich anerkannte Vergleichs-Einheit bezogenes Gewicht bezeichnen: Absolutmessung des Gewichts.

In diesem Verfahren liegt ein allgemeiner Grundsatz aller Meßkunst (Metronomie), nicht bloß der des Gewichts: Zuerst Vergleichung (Relativmessung), dann Festsetzung der Einheit und Bezeichnung der darauf bezogenen Relativmessung als Absolutmessung in dieser Einheit. Prinzip der Metronomie

Da man anstelle eines Kilogramms auch 1000 (zusammen ihm und) untereinander gleiche Grammstücke auf die Wage setzen kann, so kann man auch das $^1/_{1000}$ Kilogramm, das Gramm als Gewichtseinheit wählen. Dies ist in der Wissenschaft geschehen, weil man hier meist mit Gewichtsmengen in Größenordnung bloß von Grammen zu tun hat. Gramm wissenschaftliche Gewichtseinheit

Diese Unterteilbarkeit der Gewichtseinheit führt bei Fortsetzung des Verfahrens dazu, nicht bloß das Kilogramm in 1000 Gramm zu teilen, sondern auch wieder das Gramm in 10 Dezigramm, 100 Zentigramm, 1000 Milligramm. Endlich bezeichnet man 0.001 Milligramm als ein Mikrogramm μg. Die Vorsilben Dezi-, Zenti-, Milli-, Mikro- werden allgemein benützt für den 10, 100, 1000, 1000000 ten Teil einer Maßeinheit. Anders gesprochen: Der 10^{-1}te Teil einer Maßeinheit ist die Dezi-Maß-Einheit, der 10^{-2} die Zenti-M., der 10^{-3} die Milli-M., der 10^{-6} die Mikro-M. Unterteilung des Gramms und von Masseneinheiten überhaupt. Milli- und Mikro-

§ 3. Die Wage des Naturforschers, die zur Bestimmung des absoluten Gewichts dient, ist ein empfindliches Präzisionsinstrument. Der Wagebalken ruht mit einer Stahl- oder Achatschneide auf Lagern aus demselben Material. Sie ist zugleich Drehungsachse des Balkens und liegt in derselben Ebene und parallel, wie die Drehungsachsen der Schalenaufhängung. Diese ist gleichfalls in Stahl oder Achat gelagert. Die Wage und ihre Benützung zur Messung des absoluten Gewichts

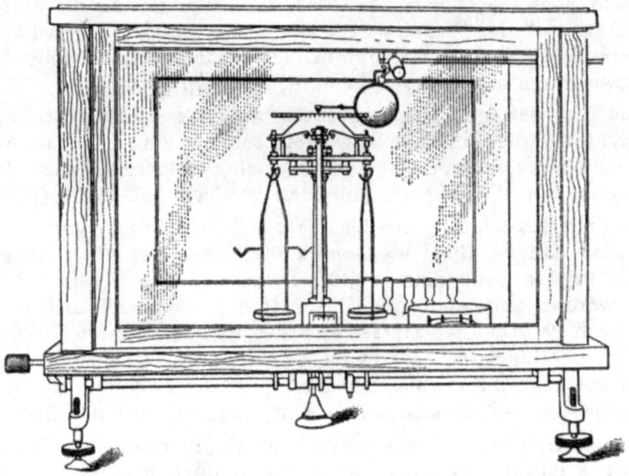

Abb. 1. Kuhlmanns Wage.

Abbildung 1 zeigt die für genaue chemische Analyse dienende Kuhlmannwage, Jede Wage ist erschütterungsfrei aufzustellen, vor Zug und ungleicher Erwärmung wie vor Staub zu schützen. Nur peinlichste Sorgfalt und Sauberkeit erhält ihr ihre Leistungsfähigkeit. Man schont die drei Lager indem man die Wage stets vor dem Aufsetzen und Abnehmen der Lasten von den Schalen und immer für den Nichtgebrauch a b s t e l l t (arretiert), d. h. durch einen besonderen Hilfshebel zuerst die Schalen emporhebt, so daß ihre Schneiden aus den Lagern steigen. Dann hebt man durch weiteres Drehen desselben Hebels den ganzen Balken über sein Lager. Abstellen (Arretieren der Wage)

Tragfähigkeit; Empfindlichkeitsgrenze; Genauigkeit; Empfindlichkeit

Bei solcher Behandlung behält die Kuhlmannwage die Fähigkeit, bei 20 g Belastung (maximale Tragfähigkeit) noch Gewichtsunterschiede von 2 μg = 0.000002 g erkennen zu lassen. Diese Zahl nennt man die Empfindlichkeitsgrenze der Wage. Jede Wägung kann nur bis zu einer solchen Grenze genau durchgeführt werden. Dividiert man den Betrag der Empfindlichkeitsgrenze, also 0.000002 g in unserem Fall, durch den Gesamtbetrag des Gewichts, das man abwog, also durch 20 g, so erhält man die relative Genauigkeit der Messung, im vorliegenden Fall 0.0000001. Multiplikation mit 100 gibt die Genauigkeit der Messung in Prozent ihres Betrags, die man meist kurzweg als Genauigkeit bezeichnet. Sie ist in unserem Fall 0.00001 vom Hundert, also sehr hoch. Die Wägungsgenauigkeit auf der Kuhlmannwage erreicht bei maximaler Belastung, wie man sieht, ein Zehnmilliontel. Die Änderung der Zeiger-Einstellung durch Mehrbelastung einer Schale mit 1 mg ausgedrückt in Skalenteilen, heißt Empfindlichkeit der Wage. Analog wird die Empfindlichkeit bei allen anderen Meßinstrumenten angegeben. (Skalenteile pro Einheit der Beanspruchung). Sie ist bei der Kuhlmannwage = 50 Teilstriche / mg = 0.05 Teilstrich / μg.

Reitergewicht

Um die kleinsten Gewichte bequem auf die Wage wirken lassen zu können, gibt man ihnen die Form von „Reitern", die auf verschiedene Stellen des mit einer Skale versehenen Wagebalkens aufgesetzt werden können und dort nach Maßgabe des Hebelgesetzes wirken. Man gibt dem Reiter 0.005 g Gewicht und kann daher bei Einkerbung jedes Balkenarms in 50 Teile auf 0.1 mg genau abwägen, durch bloßes Versetzen des Reiters in die Kerbe, wo der Ausschlag am kleinsten wird.

Ablesung der Skale am Fuß der Wage

Man kommt aber noch wesentlich weiter, falls die Wage, wie in unserem Fall, empfindlich genug ist. Denn dann steht bei Abgleichung auf 0.1 mg Genauigkeit am Balken der Zeiger im allgemeinen längst noch nicht auf Null, sondern weicht nach einer Seite noch bedeutend ab. Man mißt den Betrag dieser Abweichungen an einer Skale am Fuß der Wage, wovor der Zeiger spielt. 1 Teilstrich Ausschlagsdifferenz darauf = $\frac{1}{2}$ Teilstrich Differenz der Ruhelage nach einer Seite bedeutet bei der Kuhlmannwage ein Übergewicht von 0.01 mg.

Schwingungsbeobachtung an der Wage

Man kann bei geringen Übergewichten wegen der langen Schwingungsdauer der Wage nicht mehr die Ruhelage abwarten, sondern findet sie als Mittel aus der Messung der Schwingungsweiten des Zeigers nach rechts und links. Das geschieht bereits von Beginn der Wägung an, und man verfährt dabei wie folgt:

Aufheben der Abstellung, Auslösung der belasteten Wage führt nach Aufsetzung fast aller nötigen Gewichte sobald die Wage der Einstellung sich nähert, zuerst zur Schwingung nach einer Seite. Diese und die 4 darauf folgenden Ausschlagsweiten werden abgelesen und ihre Mittel genommen, also beispielsweise 3 nach links, 2 nach rechts. Die Differenz der beiden Mittel mit 0.01 multipliziert gibt die fehlenden Milligramm an. Diese Schwingungsmessung ist auch vorher bei unbelasteter Wage auszuführen, um den Nullpunkt festzustellen, der meist nicht mit dem der Skale zusammenfällt, sich ferner auch langsam mit der Zeit verschiebt.

Man ändert an den aufgelegten Gewichten oder der Reiterstellung nichts, so lange die Wage nicht abgestellt (arretiert) ist, faßt die Gewichte nie mit den Fingern, nur mit einem Zängchen an, zählt die aufgelegten Gewichte und die Reiterstellen stets mindestens zweimal, da man sich hier sehr leicht irrt; das zweite Mal zweckmäßig beim Zurücksetzen der Gewichte in den Gewichtssatzkasten. (Näheres über Wägungen s. Lehrb. d. Prakt. Physik v. F. Kohlrausch).

Reduktion der Wägung wegen des Auftriebs. Archimedisches Prinzip

Da sich nur die Gewichte im „leeren Raum" genau, wie die Massen verhalten, so ist jede genaue Wägung zu berichtigen wegen des Auftriebs, den die Körper zufolge dem Archimedischen Prinzip auf der Wage erfahren. (Gewichtssätze sind schon auf leeren Raum geeicht). Die Auftriebskraft ist gleich dem Gewicht der verdrängten Luft, das man hier in Grammgewichten zählen wird, und das pro ccm im Mittel 0,00120 Gramm beträgt. Man muß also wissen, wieviel ccm der gewogene Körper ungefähr einnimmt.

Das spezifische Gewicht (Dichte) eines Körpers ist gleich seiner Masse (in Gramm) dividiert durch sein Volumen (in ccm). Da letzteres zahlenmäßig gleich dem Gewicht desselben Volumens, falls es mit Wasser erfüllt ist, kann man das spezifische Gewicht als relatives Gewicht, bezogen auf Wasser = 1 definieren. Die Zahlwerte sind bei beiden Definitionen gleich, die begriffliche Bedeutung aber verschieden. Also hat man nur durch Wägung die Masse des Körpers festzustellen und sein anderweit schon bekanntes spezifisches Gewicht in sie zu dividieren, um sein Volumen zu erhalten. Relatives und spezifisches Gewicht. Dichte Volumen-Bestimmung

Die Korrektion einer Wägung auf leeren Raum ist nur klein im Verhältnis zu der zu berichtigenden Zahl. Also genügt zu ihrer Ermittlung die Kenntnis der Masse, wie sie durch die unberichtigte Wägung geliefert wird und ein Ungefährwert für die Dichte. Ist erstere M, letztere D, so ist das Volumen $V = M/D$ und Multiplikation mit 1,20 liefert die Zahl Milligramme, die der Körper infolge des Luftauftriebs zu wenig wog. Der entsprechende Ausdruck für die Gewichte m, die aus Messing zu sein pflegen ($D = 8{,}4$) sei $v = m/8{,}4$ und wird, weil man doch meist nichtmetallische, also mehr Raum erfüllende Dinge wägt, kleineren Auftrieb geben als diese. Man hat dann zu geringes Gewicht gefunden und offenbar die Differenz der beiden Auftriebswerte, multipliziert mit 1,20 als Milligramme zuzufügen; also, weil M praktisch gleich m ist Rechnungsvereinfachung bei kleinen Korrektionen

$$k\,m = m \cdot 1{,}20\,(1/D - 1/8{,}4)\,.$$

§ 4. Das Gewicht eines Körpers, d. h. die Kraft, womit er zur Erde gezogen wird, ist nicht an allen Orten dasselbe. Es ist um sehr wenig geringer auf hohen Bergen und merklich, rund um 0.5 vom Hundert größer am Pol, als am Äquator der Erde. Weil aber beide Schalen der Wage praktisch in gleicher Höhe und gleicher geographischer Breite liegen, so trifft diese Änderung der Schwerkraft Gewicht und Gegengewicht im selben Maß und hebt sich daher aus Messungen mit der Hebelwage heraus. Gewicht abhängig vom Ort

Läßt man jedoch die Schwerkraft eines Körpers einer anderen Kraft entgegenwirken, die nicht von Höhe und geographischer Breite abhängt, so braucht man, um ihr die Wage zu halten, verschiedene Beträge an Gegenkraft, je nachdem die Messung in höheren oder geringeren Breiten, kleineren oder größeren Meereshöhen ausgeführt wird. Eine solche Kraft ist die einer gespannten Feder; und in der Tat zeigt eine empfindliche Federwage den Gewichtsunterschied in solchen Fällen an. Nachweis mit der Federwage

§ 5. Die so beobachtete ortsabhängige Schwerkraft an zwei Orten steht in unveränderlichem Verhältnis zu der Beschleunigung des freien Falls, die man an den verglichenen beiden Orten mißt und bekanntlich durch den in der Sekunde gewonnenen Geschwindigkeitszuwachs eines daselbst fallenden Körpers ausdrückt. Es hängt also das Verhältnis: Definition der Masse

$$\frac{\text{Schwerkraft}}{\text{Fallbeschleunigung}} = \text{Konstant} \qquad 1)$$

nicht mehr ab von Höhenlage und geographischer Breite und nur noch von dem betreffenden Körper selbst, ist also eine Eigenschaft von diesem. Sie heißt seine **Masse**. Da in der umgeschriebenen Gleichung:

$$\text{Schwerkraft (Gewicht)} = \text{Masse} \cdot \text{Fallbeschleunigung}$$

der letzte Faktor auf der rechten Seite bei Messung am selben Ort unveränderlich ist, so folgt aus der Gleichheit zweier Gewichte am selben Ort, wie sie die Hebelwage feststellt, stets auch Gleichheit der Massen.

Proportionalität

Proportional heißen zwei Größen dann, und nur dann, wenn sie in einem unveränderlichen Verhältnis stehen, welchen Zahlwert auch die eine von beiden annehmen mag. Dies Verhältnis heißt dann die Proportionalitätskonstante oder der Proportionalitätsfaktor. Ihre Konstanz unter gegebenen Bedingungen macht eben die Proportionalität aus. Masse und Gewicht eines beliebigen Körpers sind also am selben Ort einander streng proportional.

Proportionalitätskonstante

In unserem Beispiel ist für einen gegebenen **Ort**, aber verschiedene **Körper** der Betrag der Fallbeschleunigung als Proportionalitätskonstante oder Proportionalitätsfaktor zu bezeichnen, für einen **gegebenen** Körper, aber **verschiedene** Orte der Betrag der Masse.

Definition der Kraft

Ausgehend von der **Schwerkraft**, die die **Fallbeschleunigung** bedingt, definieren wir nunmehr jede Ursache[1] einer Geschwindigkeitsänderung als eine Kraft:

Wenn ein Körper den Zustand der Ruhe oder der geradlinigen gleichförmigen Bewegung (d. h. **derjenigen mit konstanter Geschwindigkeit**) **verläßt, wirkt auf ihn eine Kraft.**

Die Beschleunigung ist für einen gegebenen Körper[2] der Kraft proportional, der Proportionalitätsfaktor heißt die Masse des Körpers:

$$\textit{Kraft} = \textit{Masse} \cdot \textit{Beschleunigung}. \qquad 2)$$

Weil die Masse vom Ort und den meisten anderen Bedingungen nicht abhängt, ist sie ein vortreffliches Maß für die Menge eines Stoffs.

2. Die Erhaltung der Masse bei chemischen Umsetzungen.

Landolts Versuche über Erhaltung der Masse bei chemischer Reaktion

§ 6. 1. Ein zweischenkliges Glasrohr enthält im einen Schenkel eine konzentrierte Kupfersulfatlösung, im anderen sind Eisenspäne. Es ist auf der Wage eben „austariert", d. h. der Wagezeiger steht auf Null. Läßt man die Kupfersulfatlösung zu dem Eisen fließen, so scheidet sich Kupfer ab und Eisen geht in Lösung. Es wäre möglich, daß sich dabei die **Gesamtmasse** der reagierenden Stoffe ändert, wie das auch lange Zeit behauptet worden ist. Daß sie konstant bleibt, ist keineswegs „philosophisch" notwendig. Denn Masse ist meßbar, nicht mit Menge von Materie, sondern mit „Menge von Stoff (d. h. massebehafteter Materie)"

---

[1] Dies Wort nur genommen im Sinne: „Notwendige und zureichende Bedingung".

[2] Strenger ausgedrückt, für einen (im Verhältnis zur Lichtgeschwindigkeit langsam bewegten) **Massenpunkt**.

gleichzusetzen. Nur von der Materie nimmt die Erkenntnistheorie die Erhaltung als Axiom an, d. h. als eine Voraussetzung, unseres Denkens, nicht eine Erfahrung. Führt man den Versuch aus, so bemerkt man keine Spur einer Gleichgewichtsstörung an der Wage. Dies Ergebnis gilt ganz allgemein und so genau, als wir unmittelbar zu messen vermögen.

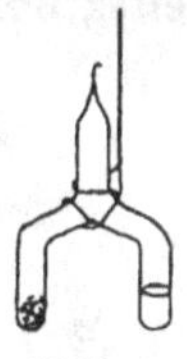

Abb. 2. Landoldtsches Reaktions-Röhrchen.

H. Landolt hat sorgfältige Versuche darüber angestellt, die anfangs auf eine Massenänderung wiesen. Dies kam aber nur von Versuchsfehlern:

§ 7. 2. Die Reaktion im Innern der Röhren steigert ihre Temperatur. Deshalb strömt in ihrer Umgebung Luft empor, und treibt die Wagschale auf dieser Seite der Wage hinauf. So wird eine Gewichtsabnahme, also auch eine der Masse vorgetäuscht. Deshalb muß man bei genauen Messungen nach Ablauf der Reaktion warten, bis die Temperaturen sich ausgeglichen haben; bei sehr genauen Messungen noch länger, weil das Glas der Röhren durch die Erwärmung ausgedehnt infolge elastischer Nachwirkung allenfalls Stunden und Tage braucht, bis es sein ursprüngliches Volumen und mithin den ursprünglichen Auftrieb in Luft wieder angenommen hat. Ferner darf der Beobachter bei solchen Versuchen nur mit Hilfe langer Hebel an der Wage arbeiten und muß mittels möglichst gut abschirmender Wände von ihr getrennt sein, damit nicht durch seine Körperwärme die beiden Wagebalken sich verschieden ausdehnen. Überhaupt ist die Wage nicht bloß vor Erschütterungen zu schützen, sondern auch thermisch aufs beste zu isolieren. Dies ist besonders wichtig wegen der auf dem Glas der Reaktionsröhren befindlichen dünnen sogenannten Adsorptionshaut, die im wesentlichen aus Wasser besteht und schon bei geringer Temperaturänderung sich so stark ändert, daß man es mit einer guten Analysenwage leicht nachweisen kann. Auch hat der Feuchtigkeitsgehalt des umgebenden Raums auf die Dauer den größten Einfluß darauf. Auch elektrische Ladung kann stören. Weitere Fehler können von unrichtigen Gewichten herrühren. Man muß also stets vorher den Gewichtssatz eichen (vgl. Kohlrausch, Prakt. Physik). Schließlich kann noch Staub oder ein Haar auf das zu wägende Rohr oder auf die Wage fallen.

Fehlerquellen bei Wägungen; Luft-Wärmeströmung

Elast. Nachwirkung; Auftrieb. Wärmestrahlung

Adsorptionsfehler

Elektrostatische Fehler

Staub

Hat man Störungen weit genug ferngehalten, so gelangt man zu dem für ruhende oder langsam bewegte Körper genau und ausnahmslos geltenden *Gesetz von der Erhaltung der Masse:*

Die Gesamtmasse eines abgeschlossenen Systems ist unabhängig von allen in und außerhalb des Systems sich abspielenden Vorgängen, unabhängig vom Ort und unabhängig von der Zeit, durchaus konstant und zwar so genau, als unsere genauesten Messungen reichen.

Erhaltung der Masse

Dies ist die reine Erfahrungsform des Gesetzes von der Erhaltung der „Materie", das Lavoisier (1793—1794) in die Chemie einführte. So lange der Begriff Materie nicht als meßbare Größe definiert ist, hat dies Gesetz keinen an der Erfahrung prüfbaren Inhalt.

§ 8. 3. Gesetze von diesem Gültigkeitsgrad heißen strenge Gesetze.

Das ist jedoch nicht so zu verstehen, als ob Abweichungen davon unmöglich wären. Sie liegen dann nur, wenn sie vorhanden sind, sicher jenseits des z. Zt. von unseren Messungen erreichten Genauigkeitsgrads. Man kann also weder von absolut genau geltenden Gesetzen reden — denn das setzt absolut genaue Messungen voraus und das gibt es niemals, noch darf man sagen: das Gesetz ist jedenfalls nur ein Annäherungsgesetz — denn das weiß man noch nicht.

Strenge Gesetze und Näherungsgesetze

Doch scheint allgemein festzustehen: Für wägbare Stoffe gibt es wahrscheinlich kein einziges einfaches ganz genau geltendes Gesetz, obwohl man dafür mehrere Gesetze kennt, deren Genauigkeitsgrenze noch nicht erreicht worden ist.[1]

B. Die Homogenität des Stoffs und sein Volumen.

1. Unterteilung der Masse. Trennungsmethoden.

Phasen

§ 9. 1. Gemenge. In einem Stück grobkörnigen Granits erkennt das bloße Auge die glänzenden Blättchen des Glimmers, die rötlichen, ebenflächigen Feldspäte und die fettgrauen, krummflächigen Quarzkörner: Das Stück besteht aus dreierlei verschiedenen Teilstücken. Es heißt deshalb ungleichteilig oder inhomogen. Zerschlägt man das Stück, so kann man es durch Auslesen nach dem Augenschein einigermaßen in die 3 Arten von Teilen, 3 „*Phasen*" trennen. Vergleichen wir damit ein Stück Obsidian. Obwohl die Geologen festgestellt haben, daß granitische Lava, schnell erstarrt, solchen Obsidian bildet, so gleicht doch das schwarze vulkanische Glas gar nicht dem hellen, bunten Granit. Jedes Stückchen von ihm sieht ganz aus, wie jedes andere und verhält sich ganz ebenso. Deshalb heißt dieser Obsidian gleichteilig oder homogen. Nun betrachten wir ein kleines Stückchen von ihm, das zu einer sehr dünnen Scheibe, einem Dünnschliff geschliffen wurde, unter dem Mikroskop. Da ist die Homogenität wieder verloren, bei genauer Betrachtung ist auch der Obsidian inhomogen. Aber trennen können wir hier die winzigen Fremdkörperchen, die in einer auch mikroskopisch noch homogenen Masse eingebettet liegen, nicht mehr von ihr. Vervollkommnung der unterscheidenden Hilfsmittel führt häufig zu der Erkenntnis, daß bisher für homogen Gehaltenes inhomogen ist.

Inhomogenität. Trennung durch mechanisches Auslesen

Homogenität

I. Obwohl man im gewöhnlichen Sprachgebrauch keinen Unterschied macht zwischen Gemenge und Gemisch, so hat man doch in den Naturwissenschaften den Namen Gemenge nur den Gebilden vorbehalten, die mit Gewißheit inhomogen sind und dies, meist optisch, nachweisen lassen. Sieht man die einzelnen Teile im Granit, Glimmer, Feldspat und Quarz, einzeln als homogen an — sie sind es offenbar in höherem Grad, als der ganze Granit selbst, so kann man die Frage stellen, wieviel Gramm von jedem in 100 g des Granits enthalten sind. Dies ist die Frage nach der quantitativen *Zusammensetzung* des Gemenges aus seinen Bestandteilen. Man muß zu dem Behuf zuerst die Bestandteile voneinander trennen und dann sie wägen. Die Trennungsmethoden von Gemengen sind deshalb für die ganze Chemie von grundlegender Wichtig-

Gemenge

Zusammensetzung eines Gemenges

[1] Das nimmt nicht Wunder: Denn das Denkbare umfaßt unendlich vielmehr Mannigfaltigkeiten, als das Wirkliche. Deshalb ist es stets sehr unwahrscheinlich, daß man Gedachtes und Wirkliches auch nur in einem Fall streng zur Deckung brächte.

keit, weil man bei der chemischen Analyse (s. w. u.) daraufhin arbeitet, aus anfangs „homogenen“ Gebilden Gemenge werden zu lassen, diese zu trennen und die Teile zu wägen.

Das Auslesen nach dem Augenschein kommt nicht so selten vor, als man gemeinhin denkt. Der Mineralog und Petrograph und auch (bei sog. optisch aktiven Stoffen) der Organiker benützen es, der Bergmann verfährt danach. Bei einem Gemenge von Schwefelblumen und Eisenfeile können wir das Auslesen durch magnetische Trennung, ersetzen wie sie bei Erzaufbereitung im großen und vom Petrographen im kleinen geübt wird. Ein starker Magnet liest die Eisenteile aus und das hellgelbe Schwefelpulver bleibt übrig. Hier läßt sich Trennung auch durch Schlämmen in einer schweren Flüssigkeit erzielen, z. B. durch Anrühren mit einer Lösung von Kaliumquecksilberjodid. Der Schwefel sammelt sich schwimmend oben, das Eisen sinkt zu Boden. Oder man rührt einfach mit Wasser an und gießt die stark in Bewegung gebrachte Flüssigkeit vorsichtig über den Rand des Gefäßes ab. Dabei bleibt der leichtere Schwefel in größerer Menge schwebend im Wasser, fließt daher leichter mit ihm weg. Dies „dynamische“ Schlämmen arbeitet nicht so glatt, wie das „statische“ Schwimmverfahren, findet aber

Magnetische Trennung

Trennung durch Schlämmen

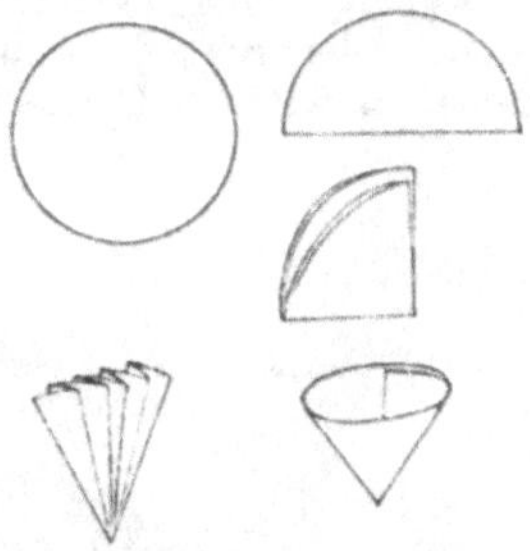

Abb. 3a. Falten von Filtern.

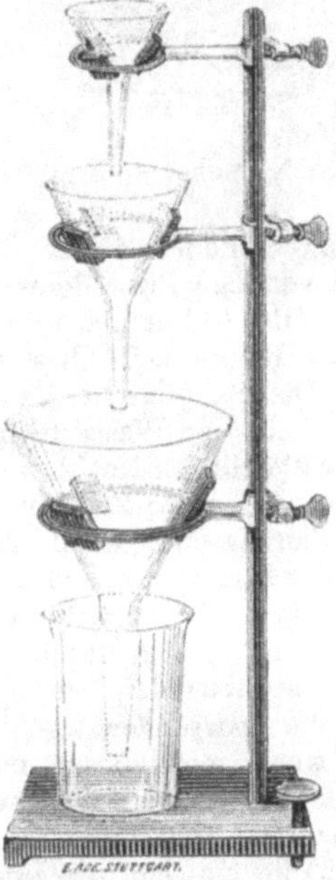

Abb. 3b. Filtriergestell.

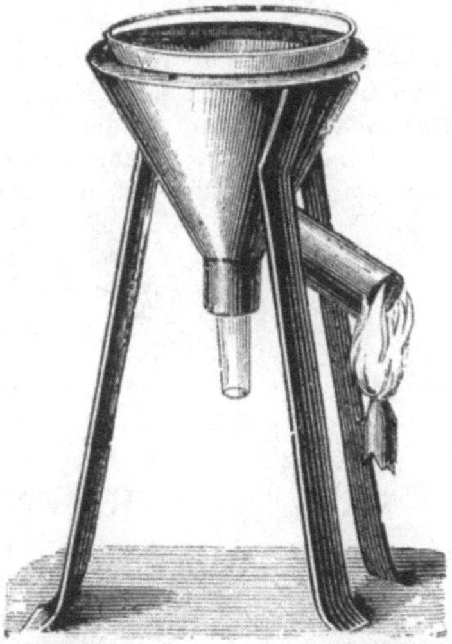

Abb. 3c. Heißwassertrichter für leicht erstarrende Filtrate.

zur Untersuchung von Bodenarten größte Anwendung. Ein Gemenge einer Flüssigkeit mit darin aufgeschlämmten schweren Teilen läßt man in Ruhe absitzen und gießt ab (dekantiert). Dies geht am besten, wenn man an den

Trennung durch Abgießen (Dekantieren)

Rand des Gefäßes einen Glasstab anlegt und die Flüssigkeit an ihm in das für reine Flüssigkeit bestimmte Gefäß herabrinnen läßt. Stellen, woran wäßrige Flüssigkeit nicht herablaufen soll, bestreicht man zuvor mit dem Finger, den man vorher etwas am Haar gerieben und so ganz schwach gefettet hat. Ölige Flüssigkeiten hindert man durch schwache Befeuchtung des betreffenden Rands. Man gießt nicht zaghaft. Wünscht man nicht nur die reine Flüssigkeit zu erhalten, sondern auch

Trennung durch Filtrieren

die reinen festen Teile, so filtriert man nach dem Abgießen der Hauptmenge der Flüssigkeit. Das Verfahren s. Abb. 3, die auch zeigt, wie man „Filter" faltet. Falten- oder Sternfilter hindern die abfließende Flüssigkeit weniger, so daß sie rascher arbeiten. Demselben Zweck dienen auch Verlängerungen der Filtrier-

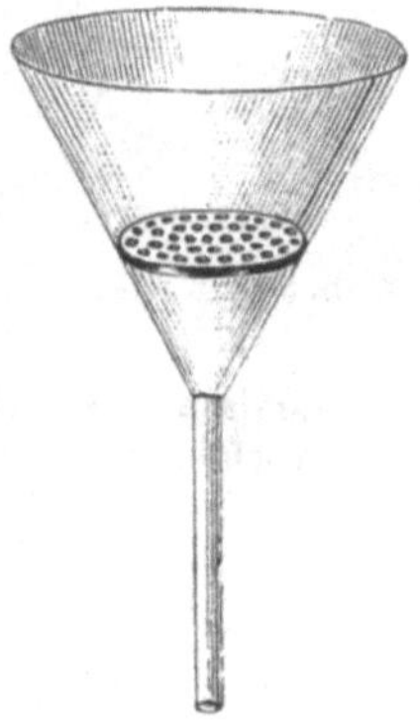

Abb. 4 a. Siebplatte zum Abnutschen.

Abb. 4 b. Große Nutsche.

Trichterröhren, Verengerungen ihres unteren Endes und Schleifen dieser Röhren. Sie alle bewirken, daß eine Flüssigkeitssäule hängend vermöge ihrer Schwere am Trichterinhalt zieht und so die Filtration beschleunigt. Die Abbildung zeigt auch einen heizbaren Filtriertrichter. Größere Mengen fester Pulver usf. filtriert man

Trennung durch Abnutschen

unteren stärkerem Zug auf der Nutsche (Abb. 4). Die Saugflasche ist durch einen Druckschlauch mit der Wasserluftpumpe verbunden, bei Gefahr plötzlichen Nachlassens des Wasserdrucks (im Sommer) unter Zwischenschaltung einer zweiten Saugflasche, worin das der Pumpe zugewandte Rohr bis auf den Boden reicht. Die Nutsche, aus Porzellan, oder einfach ein Glastrichter mit eingelegter Siebplatte aus Porzellan, wird fest in den gut schließenden Stopfen eingesetzt und mit einem passenden, gehärteten Filter belegt. Erst wenn man dieses mit der Flüssigkeit befeuchtet hat, gießt man das Nutschgut auf. Danach setzt man die Pumpe in Gang und sorgt dafür, daß die Nutsche bis zum Aufgeben des ganzen Guts nie leer wird. Festdrücken mit einem Mörserpistill oder einem Spatel (Abb. 5) läßt vollständig abnutschen.

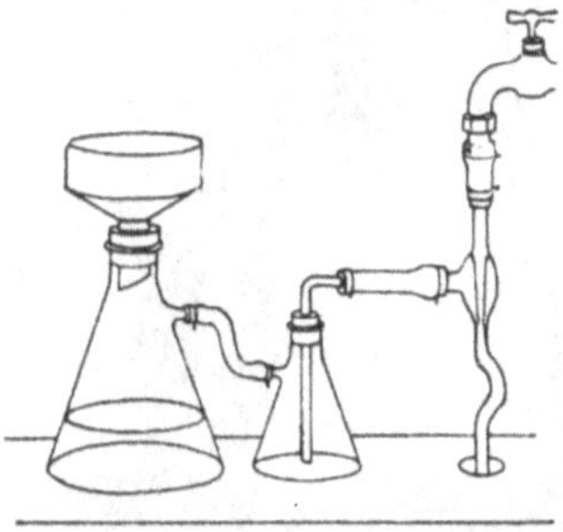

Abb. 4c. Abnutschen an der Saugpumpe mit Sicherheitsflasche.

Läßt sich das feste Abgenutschte nicht einfach durch Trocknen von der Flüssig-

Reinigen durch Auswaschen

keit befreien, so muß man es auswaschen. D. h. man gießt eine andere Flüssigkeit auf das Nutschgut, die die erstgenannte löst, den festen Stoff möglichst wenig löst, und deren Rest im Nutschgut, wenn sie selbst flüchtig ist, einfach durch Verdunsten entfernt werden kann. Einmaliges Aufgießen genügt nicht: Man gießt öfters kleine Mengen auf und läßt sie jeweils so vollkommen als möglich abfließen. Andernfalls braucht man mehr Waschflüssigkeit und weil diese doch im allgemeinen den festen Körper z. T. löst, so verliert man dann auch mehr von ihm. Enthält die ablaufende Waschflüssigkeit keine merkbare Spur der ersten Flüssigkeit mehr, so nutscht man weiter ab, bis das Nutschgut vollkommen trocken ist. Ist dies

Abb. 5. Spatel.

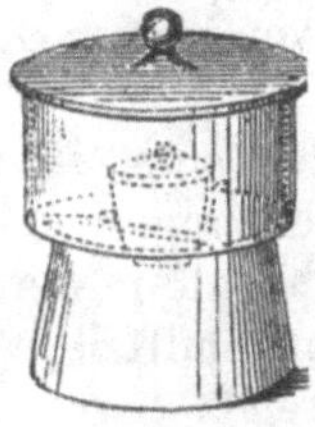

Abb. 6.
Trockner (Exsikkator).

Abb. 7.
Leertrockner (Vakuumexsikkator).

Trocknen fester Körper

nicht möglich, weil es feucht wird, wasserziehend (hygroskopisch) ist, d. h. Wasser aus der Luft anzieht, so bringt man es auf eine Platte von porigem Ton oder Biskuitporzellan (unglasiert und porig). Man legt diese in den Trockner (Exsikkator, Abb. 6), ein mit aufgeschliffenem Deckel versehenes Gehäuse, auf dessen Kröpfung der gelochte Träger für die Platte liegt und dessen Boden mit einem wasserziehenden Mittel bedeckt ist (konz. Schwefelsäure, gekörntes Chlorcalcium, entwässertes Glaubersalz oder entwässerter Kupfervitriol. Die letzteren trocknen weniger). Schneller noch trocknet man im Leertrockner (Vakuumexsikkator, Abb. 7), der nach Einbringen des Trockenguts und des Trockenmittels mit der Strahlpumpe ausgepumpt wird. Gemenge verschiedener fester Körper lassen sich auch dadurch trennen, daß man sie mit einer Flüssigkeit behandelt, die nur den einen löst. So können wir das obengenannte Schwefel-Eisengemenge mit Schwefelkohlenstoff schütteln, einer wasserhellen Flüssigkeit, die den Schwefel aufnimmt und sich dabei gelb färbt, das Eisen aber unverändert zurück läßt, so daß man es abfiltrieren oder durch Abgießen abtrennen kann. Bringt man die gelbe Lösung in eine dünne Glasschale: Kristallisierschale (Abb. 8), so kann man sie durch Warmstellen eintrocknen lassen, und dabei kristallisiert der Schwefel wieder aus.

Weglösen eines Bestandteils

Abb. 8. Kristallisierschale aus dünnem Glas.

Schwierigkeit, über Homogenitätsgrad optisch zu urteilen

§ 10. 2. Es ist nicht immer leicht, die Homogenität eines Gebildes zu prüfen. So u. a. dann, wenn man nur den optischen Befund beiziehen kann. Wer unter dem Mikroskop eine tierische oder pflanzliche Keimzelle beobachtet, sieht in dieser eine Welt der wunderbarsten Erscheinungen sich vollziehen, dunklere Punkte und Flächen treten auf, helle spindelförmige Gebilde entstehen und doch läßt sich nicht sagen, wieviel von diesen spärlichen Gesichtswahrnehmungen erheblichen und „wirklichen", d. h. auch mit anderen Mitteln nachweisbaren Inhomogenitäten des Stoffs in der Zelle, wieviel nur Änderungen des Lichtbrechungsvermögens zuzuschreiben ist, die etwa durch Druck und Zug in der Zelle vielleicht in dem sonst ganz homogenen oder nur in unsichtbarem Maß inhomogenen Material zustande kommen. Ähnlich, wie man umgekehrt im Riesenmaßstab der Planetenwelt die Kanäle des Mars anzweifeln und z. T. auf rein optische Erscheinungen zurückführen, die Wahrnehmbarkeit also mindestens der Inhomogenität „Wasser–Land" abstreiten konnte. Auch hier ist die Dürftigkeit der Methode, die bloße Verwendung sehr geringer optischer Erscheinungen die Ursache der Unsicherheit. In beiden Fällen, in der Biologie wie in der Astronomie, ist in dieser Hinsicht eine vorsichtige Kritik des Gesehenen am Platz.

Weil unter den Eigenschaften einer Schwefellösung in Schwefelkohlenstoff die Farbe des Schwefels und, wie genauere Untersuchung lehrt, auch viele andere seiner Eigenschaften beibehalten werden, und weil er sich durch einfaches Abdunsten des Lösungsmittels wieder gewinnen läßt, so nennt man die Lösung des Schwefels durch Schwefelkohlenstoff eine physikalische Auflösung. Man kann nun das Eisen-Schwefelgemenge auch anders trennen.

Physikalische Auflösung

§ 11. 3. Übergießt man es mit verdünnter Schwefelsäure, so entweicht unter Aufbrausen ein etwas übelriechendes und, wie Anzünden lehrt, brennbares Gas. Das Eisen verschwindet unter Erwärmung der Flüssigkeit und der größte Teil des Schwefels bleibt rein zurück, kann ausgewaschen und getrocknet werden. Die Säure hat sich grünlich gefärbt, aber wenn man sie eindunstet, so scheidet sich kein Eisen ab, sondern grünliche Kristalle: Eisenvitriol. Man kann zwar aus ihnen wieder Eisen herstellen, doch nur auf einem ziemlich „umständlichen" Weg. Auch wirkt die Lösung nicht „merklich" auf den Magneten, was das Metall doch tat, und weist überhaupt keine der „wesentlichsten" Eigenschaften auf, die uns am Eisen auffallen. Weil also das Eisen bei seiner Auflösung in der Säure ihre Temperatur „merklich" geändert hat und die meisten „auffallenden" Eigenschaften an der Lösung nicht mehr wahrzunehmen waren, endlich drittens aus der Lösung Eisen sich nur „einigermaßen umständlich" und nicht durch bloßes Eindunsten wiedergewinnen läßt, sagt man, es habe chemische Auflösung erfahren. Zwischen beiden Arten der Auflösung ist ersichtlich nur ein gradueller Unterschied. Denn von welchem Grad der Schwierigkeit nennt man ein Verfahren umständlich, wie groß muß eine Temperaturänderung bei einem Vorgang sein, damit man ihn chemisch nenne und welche Eigenschaften eines Stoffs dürfen sich nicht ändern oder wie weit nur, damit man die Veränderung des Stoffs nur als eine physikalische ansehe?

Chemische Auflösung

Alle diese Fragen sind nicht allgemein zu beantworten. Aber ein Grenzfall läßt sich angeben. Wenn bei einem Vorgang die Temperatur sich stark ändert, z. B. unter Flammenerscheinung, dann hat immer eine chemische Veränderung stattgefunden, eine chemische Umwandlung, oder mit andern Worten eine chemische Reaktion. Allgemein kann man sagen, je größer die Wärmeentwicklung beim bloßen Zusammenbringen zweier Körper oder bei ihrem Erhitzen, desto chemischer ist die Reaktion.[1] Kriterien für chemische Umwandlung

Ist die Wärmeentwicklung geringer, oder bleibt sie ganz aus, so ist merkwürdigerweise die Veränderung der „auffallendsten Eigenschaften" und die „Umständlichkeit" der Herstellung des alten Zustands meist auch gering. Es ist oberflächlich und falsch zu sagen, man wisse dann nicht, ob eine chemische oder physikalische Änderung eingetreten sei, so lange man nicht auf andere Weise definiert hat, was unter diesen beiden Arten von Änderungen zu verstehen sei. Vielmehr hat man statt dessen zu sagen: Die Unterscheidung zwischen physikalischer und chemischer Änderung ist um so weniger **definiert**, je geringer die Wärmeentwicklung bei dem betrachteten Vorgang ist. Später werden wir die Begriffe physikalisch und chemisch mit anderen Kriterien schärfer definieren. Aber es ist wichtig, daß man bereits für die Festsetzung des Begriffs chemische Reaktion auf die Wärmeerscheinungen dabei übergreifen muß. Wärmeänderung. Kriterium der chemischen Reaktion Definiertheit des Unterschieds physikalisch und chemisch

Bei der Auflösung des Schwefels im Schwefelkohlenstoff änderte sich die Temperatur nicht merklich, wir schließen also auf eine physikalische Auflösung und dazu paßt die Erhaltung der Eigenschaften der Komponenten in der Mischung: Farbe des Schwefels, Geruch des Schwefelkohlenstoffs. Optisch ist jedoch weder reiner Schwefel, noch farbloser Schwefelkohlenstoff darin zu erkennen, sie ist homogen und heißt deshalb ein (physikalisches) Gemisch oder eine (physikalische) Mischung. Gemische

§ 12. II. Gemenge sind also durch ihre Inhomogenität, Gemische oder Mischungen durch ihre Homogenität (im physikalischen Sinn) definiert. Gemische kann man aus verschiedenen, homogenen Anteilen unter Ausbleiben chemischer Reaktion zusammenmischen. Man kann also ein homogenes Gebilde nicht als ein Gemisch definieren, ohne den Nachweis, daß es jene Bedingung erfüllt. Gehorcht es der Definition, so können die homogenen Anteile, woraus man es aufbaut, entweder selbst wieder Gemische sein oder nicht. Im letzteren Fall also kann man die homogenen Anteile nur auf dem Weg chemischer Reaktionen allein darstellen.

Also nicht etwa einen Teil davon auf dem Weg chemischer Reaktion allein, einen anderen Teil aber durch Mischung ohne solche.

§ 13. III. Ein homogenes Gebilde, das nur durch

[1] Der Humor des Chemikers hat dies beste von aller grauen Theorie freie Kriterium längst in die Worte gefaßt: Schwefelsäure-Natronlauge, Standzylinder-Glas vorm Auge, Zischen, Dampf und Explosion nennt man eine Reaktion.

chemische Reaktion allein in ein Gemenge umgewandelt

Reiner Stoff werden kann, heißt ein *reiner Stoff*. Die Frage: Was ist ein Stoff (ausführlicher: ein chemischer Stoff)? ist daher nur insoweit scharf zu beantworten, als man bei allen beteiligten Vorgängen aussagen kann, ob sie chemische sind. Und da diese Entscheidung für die große Klasse der Vorgänge ohne bedeutende Wärmeentwicklung und ohne Umwandlung metallischer Körper in nicht metallisch aussehende einstweilen offen gelassen wurde, so bleibt für alle diese Fälle auch die Frage offen, was man als Stoff, was als Gemisch anzusehen hat, und ob diese beiden Begriffe hier überhaupt noch einen verschiedenen Sinn haben können. Diese Grundfrage wird sich durch die ganze Chemie hindurchziehen, und noch in ihren schwierigsten Teilen wieder auftauchen. Sie ist nur für gewisse Klassen der materiellen Körper wirklich scharf zu beantworten (vgl. Gase). Die Chemie darf sich daher keinesfalls nur mit den „reinen" Stoffen beschäftigen, sondern muß auch die Gemische umfassen, so lange sie beide auf großen Gebieten nicht unterscheiden

Kriterien für reine Stoffe kann oder will. Wir stellen jetzt einige Kriterien für reine Stoffe zusammen, fügen aber hinzu, daß keines von ihnen ganz bindend und ausnahmslos gilt. Homogene Kristalle bestehen außerordentlich häufig aus reinen Stoffen. Um so häufiger, je geringer der Symmetriegrad ihres Aufbaus ist. Denn um so größer ist die Mannigfaltigkeit der Gestalten. Sehr ähnlich kristallisierende Stoffe aber können auch zusammen, d. h. als homogene feste Gemische kristallisieren (feste Lösungen) und da versagt das Kriterium.

Kristalle reiner Stoffe schmelzen bei einer ganz bestimmten Temperatur. Man prüft unter 300° schmelzende Stoffe mit dem

Schmelzpunktsbestimmung Schmelzpunktsapparat, einem Kölbchen mit konzentrierter Schwefelsäure, worein ein Thermometer taucht und das über einer kleinen Flamme langsam erhitzt wird (Abb. 9). Den Stoff bringt man in der Reibschale feingerieben in feine Glasröhrchen, sog. Schmelzpunktsröhrchen, indem man ihn mit dem Röhrchen hereinschaufelt und es dann mit dem zugeschmolzenen oder dem engeren Ende leicht aufstößt, bis die Substanz eine Schicht von einigen mm Länge darin bildet. Man befeuchtet jetzt das Röhrchen außen mit einem Tropfen Schwefelsäure, der es kapillar zum Anhaften am Thermometer bringt und senkt es in die Säure. Es bleibt dabei unmittelbar am Quecksilbergefäß kleben. Man erwärmt langsam und beobachtet das Steigen des Thermometers und den Augenblick, wo die Substanz erweicht und teilweise durchsichtig wird. Dies findet, sobald man hoch genug erhitzt hat, in einem sehr kleinen Temperaturintervall, etwa innerhalb $^1/_2{}^0$ statt, wenn die Substanz ein reiner Stoff ist. Dann schmilzt sie scharf. Aber es kommt auch vor, daß Ge-

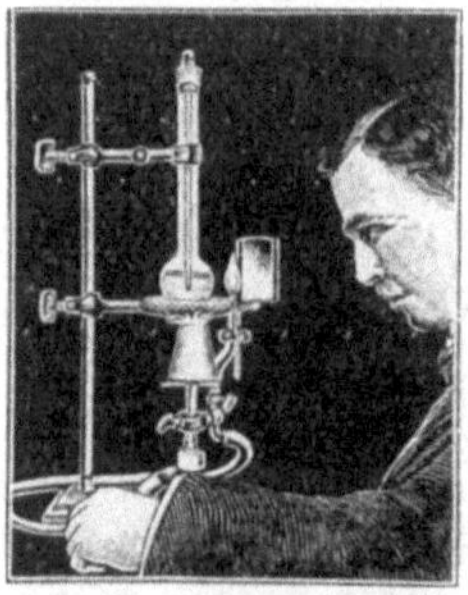

Abb. 9. Schmelzpunktbestimmung nach F. Schmidt.

mische (Eutektika) scharf schmelzen und daß reine Stoffe durch das Erhitzen zersetzt, also zu Gemischen werden, und infolgedessen unscharf schmelzen, und da versagt das Kriterium. Wir kommen zu einem weiteren, wenn wir die Trennung des Schwefelkohlenstoffs vom Schwefel auf einem neuen Weg vornehmen. Wir mischen die Lösung mit wäßrigem Alkohol. Dabei trübt sie sich und Schwefel wird ausgefällt. Solche Fällung wird in der Chemie sehr viel angewendet, das gefällte heißt der Niederschlag. Fällen wir zuerst nur einen kleinen Teil des Schwefels, filtrieren und trocknen ihn und wiederholen das Verfahren mit dem Rest der Lösung. Dann sieht der neue Niederschlag ein klein wenig anders aus als der erste und man kann versucht sein, zu glauben, daß der neue Schwefel etwas anderes ist, als der erstgefällte. Nach dem Trocknen sehen zwar beide wieder gleich aus, und sie haben auch fast denselben Schmelzpunkt. Aber erst die Schmelzpunktsbestimmung an einer aus beiden Portionen gemischten Schwefelprobe, die abermals denselben Schmelzpunkt ergibt, beweist, daß die beiden Schwefelportionen derselbe Stoff sind. Denn eine wichtige Gesetzmäßigkeit, die später zu begründen sein wird, ist es, daß ein reiner Stoff gemischt mit einer kleinen Menge eines davon verschiedenen reinen Stoffs im allgemeinen bei tieferer Temperatur schmilzt, als ohne diesen Zusatz. Auch diese Regel hat Ausnahmen. Aber sie wäre unmöglich, wenn zwei reine Stoffe nie ganz genau identisch sein könnten, sondern Eigenschaften besäßen, die von Probe zu Probe individuell verschieden wären. Vielmehr ist es eine der grundlegenden Tatsachen der heutigen Chemie, die sie von den Anschauungen der Alten und des Mittelalters scharf scheidet, daß die Eigenschaften eines und desselben reinen Stoffs an allen Proben von ihm genau identisch wiedergefunden werden. Nur ganz überaus winzige Proben und Untersuchung während ganz winziger Zeiten führt bei den üblichen chemischen Stoffen zu anderem Ergebnis (s. w. u. Molekulartheorie), wahrscheinlich gilt auch der eben ausgesprochene wichtige Satz nur für den Grenzfall, der die Stoffe der heutigen Chemie umfaßt (sog. kleine Molekeln) und nicht allgemein. Seine Begrenzung wird weiter unten besprochen. Streng genommen ist er ein Auswahlprinzip, das unsere ganze Wissenschaft beherrscht und nur das reproduzierbare, also in mehr oder minder gleicher Qualität sich Wiederholende in sie aufnehmen läßt.

Trennung durch Fällung

Reine Stoffe haben genau konstante Eigenschaften

Reproduzierbarkeit

Anstatt einen Stoff zu fällen, könnten wir ihn auch durch Oberflächenkräfte festhalten und dadurch entfernen. Wir schütteln z. B. Rotwein mit feinverteilter Kohle. Sie adsorbiert den Farbstoff, wie man sagt und durch Abfiltrieren der Kohle und Wiederholung der Adsorption an neuen Kohleproben kann man mehr und mehr Farbstoff der Lösung entziehen. Dann hat man ein Gemisch von Kohle und Farbstoff vor sich, das ohne erhebliche Wärmeerscheinung entstand.

Trennen durch Adsorption

Schwefelkohlenstoff die vorhin benützte Flüssigkeit, bildet sich aus Kohle und Schwefel nur dann, wenn man viel Wärme zuführt, bei Glut. Sie

Gemische und reine Stoffe

ist also ein chemischer Stoff, und weil wir soeben sahen, daß alle Eigenschaften eines solchen Stoffs immer gleich sein müssen, so muß auch das Mengenverhältnis der bei Bildung von Schwefelkohlenstoff verschwindenden Kohle- und Schwefelmengen ein und nur ein ganz bestimmtes sein.

Reine Stoffe sind konstant zusammengesetzt

Reine Stoffe haben immer genau dieselbe Zusammensetzung aus ihren Komponenten.

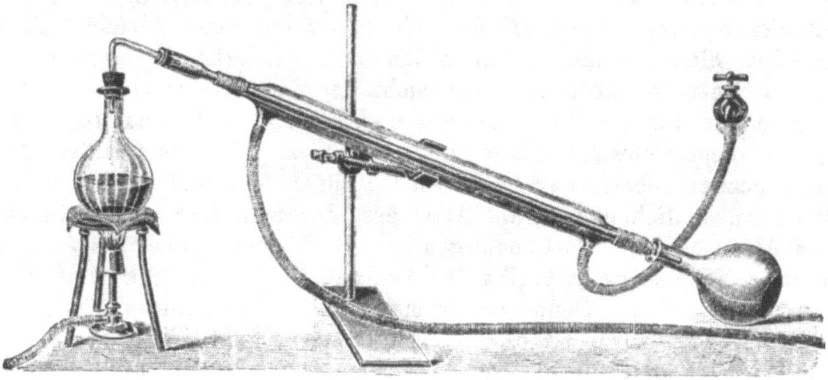

Abb 10. Destillation am absteigenden Kühler.

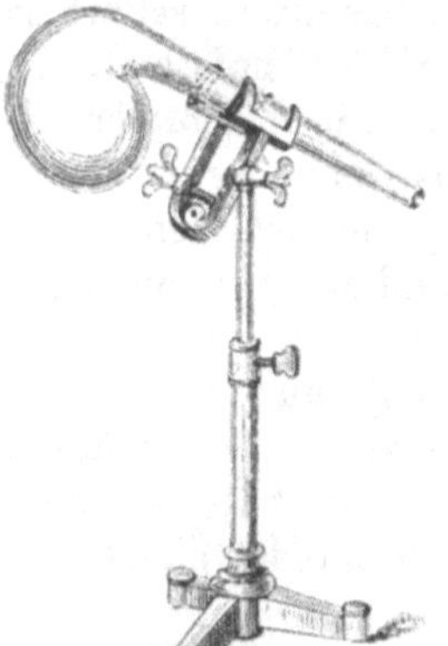

Abb. 11.
Retorte mit Halter.

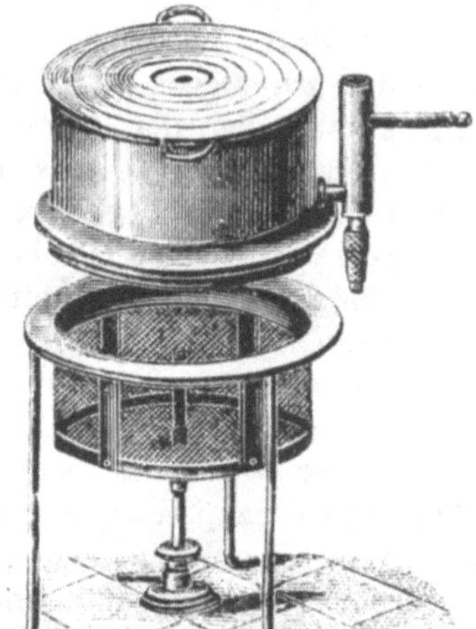

Abb. 12.
Wasserbad mit Feuerschutz
für leichtentzündliche Stoffe.

Man kann diesen Satz erweitern. Reine Stoffe *erhalten* ihre immer gleiche Zusammensetzung trotz äußerer Eingriffe in weiterem Maß, als dies im allgemeinen bei Gemischen stattfindet. Gemische sind also weniger *beständig*. Dies Kriterium ist um so weniger gewichtig, je unbeständiger der betrachtete Stoff ist. Denn um so mehr gleicht er einem Gemisch seiner Komponenten. Dies führt zu einer neuen Trennungsmethode. Die Lösung des Schwefels im Schwefelkohlenstoff wurde z. T. deshalb als Gemisch angesehen, weil sie gegenüber Erhitzung nur wenig beständig ist. Der Schwefelkohlenstoff dampft ab und der Schwefel bleibt zurück. Zugleich steigt der Siedepunkt der Lösung. Reine Stoffe zeigen bei Verdampfung konstanten Siedepunkt. Es gibt aber auch Gemische, die konstant sieden und es gibt auch reine Stoffe, die beim Erhitzen oder ohne dieses einfach bei

Relative Beständigkeit ein Kriterium reiner Stoffe. Trennung durch Verdampfen

Reine Stoffe sieden konstant

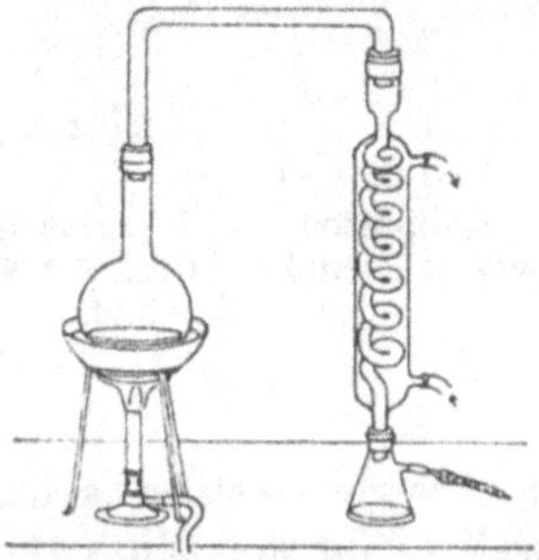

Abb. 13.
Destillation am absteigenden Kühler.

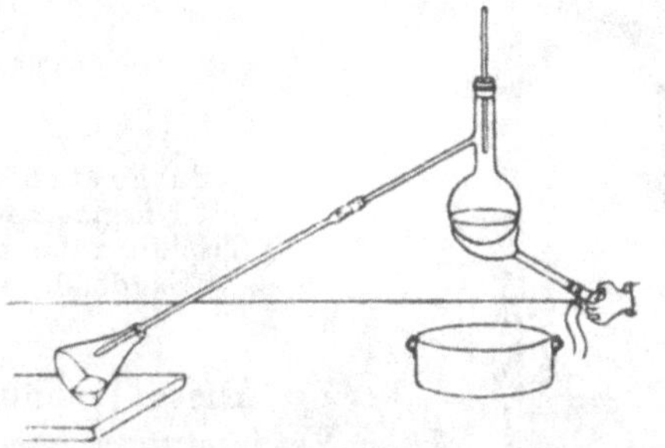

Abb. 14.
Destillation über freier (rußender) Flamme bei Luftkühlung.

Überführung in den Dampfzustand in Gemische übergehen, also sich zersetzen. Da versagt dann das Kriterium. Will man nicht nur den Schwefel aus der Lösung im Schwefelkohlenstoff gewinnen, sondern auch die letztere Flüssigkeit erhalten, so destilliert man sie ab (Abb. 10). Eine Retorte (Abb. 11) oder ein Kolben nimmt das Destilliergut auf und wird über Drahtnetz, auf einem Wasserbad, bei feuergefährlichen Stoffen auf einem geschützten Wasserbad (Abb. 12) oder auf einem Sandbad (Abb. 13) erhitzt. Der Dampf tritt durch den Retortenhals oder durch ein Ableitungsrohr im Stopfen des Kolbens unmittelbar in die Vorlage, die durch Wasserbenetzung gekühlt wird, oder er durchläuft einen absteigenden Liebigschen Kühler oder einen Schlangenkühler, deren Mäntel mit Wasser durchströmt sind. Manchmal genügt statt des Kühlers ein einfaches Glasrohr (Luftkühlung, Abb. 14). So trennt man weniger flüchtige Stoffe von flüchtigeren. Umgekehrt wird man, um flüchtige Lösungen ohne Verlust erwärmen zu können, sie am aufsteigenden Kühler (Abb. 15) oder bei geringerer Flüchtigkeit mit einem

Trennung durch Destillieren

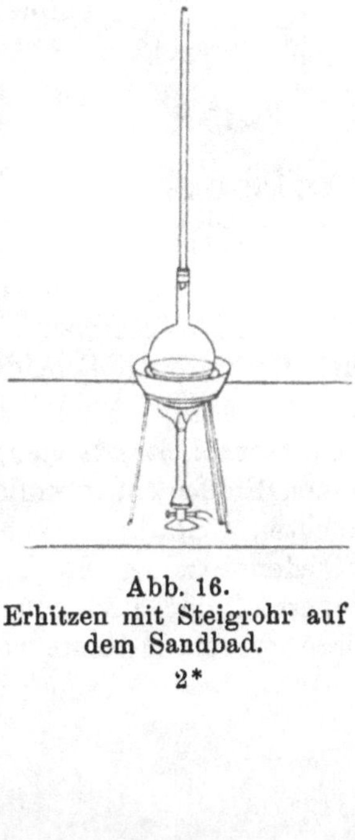

Abb. 16.
Erhitzen mit Steigrohr auf dem Sandbad.

Rückflußkühler

Steigrohr (Abb. 16) erhitzen. Das heißt Erhitzen mit Rückflußkühlung.

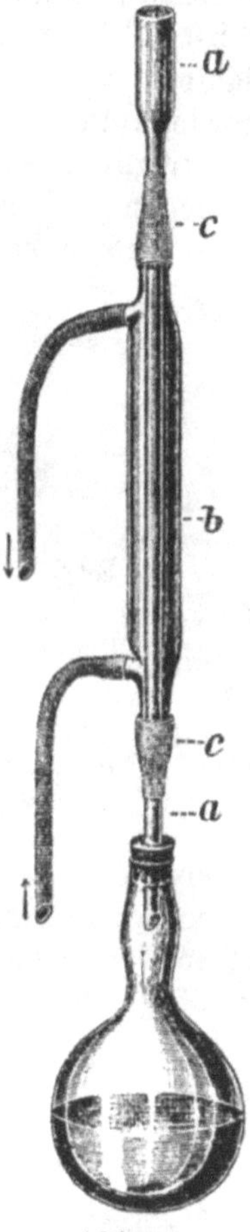

Abb. 15.
Erhitzen am aufsteigenden oder Rückfluß-Kühler.

Abb. 17.
Sublimation mit Uhrglas und Trichter auf dem Sandbad.

Abb. 18.
Sublimation auf Uhrglas aus einem Tiegel auf dem Wasser- oder Dampfbad.

Diese Trennung eines flüssigen Gemischs durch Verdampfung hat eine Parallele in der eines festen Gemischs auf gleichem Weg. Sie läßt Schwefel von Kohle durch Sublimation trennen, indem man das Gemisch auf einer flachen Glasschale, einem „Uhrglas", erhitzt, worüber ein Trichter gestülpt ist (Abb. 17.) Man beobachtet nach kurzem die Abscheidung eines feinen gelblichen Kristallpulvers innen am Trichter. Wenn man die Sublimation lange genug fortsetzt, so sitzt aller Schwefel am Trichter, läßt sich mit ihm abheben und Kohle bleibt zurück. Man kann auch (Abb. 18) kleine Mengen aus einem Tiegelchen, oder von einem unteren auf ein oberes Uhrglas sublimieren.

Trennung durch Sublimation

Trennung von Flüssigkeiten

Sind Flüssigkeiten zu einem homogenen Gemisch vereint, hat man chemische Trennung oder Fällung oder Destillation nötig. Sind die Flüssigkeiten nicht mischbar, also nur gemengt, so läßt man z. B. die schwerere im Scheidetrichter (Abb. 19) ab.

Abb. 19.
Scheidetrichter.

Trennung von Gasgemischen

Bei Gasgemischen kann man auf besonderen Wegen volle Gewißheit erlangen, daß sie Gemische sind und keine reinen Stoffe. Wir wollen nur das Beispiel der Luft betrachten. Starke Abkühlung läßt sie in eine Reihe verschiedener reiner Stoffe trennen, unter anderen vor allem Sauerstoff und Stickstoff, bei Zimmertemperatur zwei farblose Gase, wovon das erste von einer Lösung von Pyrogallol aufgenommen wird, wobei sie sich braun färbt, während der Stickstoff wirkungslos bleibt. Man kann diese Eigenschaft zur Trennung der Luftbestandteile benützen. Bringt man Luft mit Pyrogallollösung in Berührung, so verschwindet rund $^1/_5$ des Gases und schon damit ist ihre Natur als Gemisch höchst wahrscheinlich geworden. Denn eine merkliche Wärmeerscheinung ist nicht dabei zu bemerken und wäre sie es auch, so könnte man sie auf die chemische Wechselwirkung von Sauerstoff und Pyrogallol schieben.

§ 14. Damit haben wir eine Reihe von Gemengen, Gemischen und reinen Stoffen kennen gelernt, so daß die Begriffe Homogenität und Inhomogenität, sowie Gemenge, Gemische und reine Stoffe einen ausreichend scharf begrenzten Inhalt erhalten haben. Zugleich haben wir uns mit den einfachsten chemischen Verfahren (Operationen) vertraut gemacht und erkannt, daß die Chemie zunächst mindestens zwei große Klassen von Aufgaben umfaßt: Woraus kann man einen gegebenen reinen Stoff zusammensetzen? Und ferner: In welche reinen Stoffe kann man einen gegebenen reinen Stoff zerlegen? Die letztere Aufgabe behandelt die chemische *Analyse*, die erstere die chemische *Synthese*. Fragt man nur nach der Art der bei beiden Aufgaben in Betracht kommenden reinen Stoffe, so redet man von qualitativer, fragt man auch nach den Mengen, von quantitativer Synthese und Analyse. Bei den Mengenverhältnissen hat man als Maß der Menge die Masse gewählt. Man hätte auch das Volumen wählen können und in einem späteren Teil der Chemie werden wir auch dazu übergehen. Zunächst aber untersuchen wir die Massenverhältnisse. Und zwar die der reinen Stoffe. Diese nennt man auch chemisch homogen im Gegensatz zu den bloß physikalisch homogenen Gebilden.

Analyse und Synthese

Qualitativ und quantitativ

Chemisch homogen oder einheitlich

Ein Gemenge von reinem Wasser mit Eis ist chemisch homogen, nicht aber physikalisch homogen. Die Begriffe überschneiden sich also und es ist mithin nicht etwa physikalische Homogenität nur der weitere.

Grenze zwischen Homogen und Inhomogen vom Maßstab und der Methode abhängig

Von den Gemischen können wir noch eine merkwürdige Aussage machen, die wieder auf die Bemerkung am Schluß des vorigen Abschnitts hinweist. Gemisch und Gemenge unterscheiden sich durch ihre optischen Eigenschaften. In den Gemischen ist optisch nichts Verschiedenes zu erkennen, sie sind, mindestens in ausreichend dünnen Schichten darauf prüfbar und alsdann durchsichtig und klar. Beobachten wir sie aber mit Licht ausreichend kleiner Wellenlänge, dann verhalten sie sich, als wären sie getrübt. Ja, umgekehrt können wir Gebilde herstellen, die „optisch" homogen sind, aber gegenüber anderen Prüfungsmitteln inhomogen, ja sogar allenfalls aus festem und flüssigem Material zusammengesetzt, ohne daß man dies sehen kann. Schließlich sind wir imstande, mit den kürzesten Lichtwellen, den Röntgenstrahlen, sogar die optische Homogenität einheitlicher Stoffe zu „widerlegen". Denn diesen Wellen gegenüber sind einheitliche Stoffe in der Tat trübe wie Rauch.

Man darf nun nicht sagen, ein Gebilde sei „in Wirklichkeit“ heterogen, aber gegenüber Licht bestimmter Art scheine es homogen. Sondern es ist ihm gegenüber homogen.

Die Frage nach der Homogenität hat sich somit als eine Frage des Maßstabs und der Art der Betrachtung herausgestellt. Wir werden sehen, daß die nach der Einheitlichkeit dieselbe Antwort erhält. Homogen für beliebig kleines Maß ist nichts Materielles, ja vielleicht selbst der physikalische leere, d. h. von massebehaftetem Stoff freie Raum nicht.

Jede qualitative Verschiedenheit deuten wir durch quantitative, die in das Mischungsverhältnis von Teilen verlegt wird. Die qualitative Mannigfaltigkeit der Natur ist immer unendlich groß. Die quantitativen Gesetze, mittels der von uns geschaffenen Begriffe formuliert, führen erfahrungsgemäß nie zu unendlichem.

Molekularwelt

2. Molekularwelt. Raumerfüllung der Gase.

I. Allgemeine Vorstellungen und Erfahrungen.

Besonders bedeutungsvoll werden die Beobachtungen über die Beschaffenheit der Körper, wenn wir diese im äußerst fein zerteilten Zustand untersuchen.

Zerteilung der Materie

§ 15. 1. Die Zerteilung fester Körper kann durch Zerstoßen in einer Reibschale geschehen (Abb. 20). Die so entstehenden Teilchen vermag man im Mikroskop gut zu sehen. Dieses erlaubt noch äußerstenfalls Teilchen zu erkennen, deren Durchmesser 0,1 Tausendstel Millimeter beträgt. Für diese Größe sagt man meist 0,1 my (μ)

Denn die hier zu erwartende Bezeichnung „Mikro“-meter ist bereits für Apparate zur Messung kleiner Abstände vergeben und daher als Name für eine Einheit nicht mehr zu brauchen.

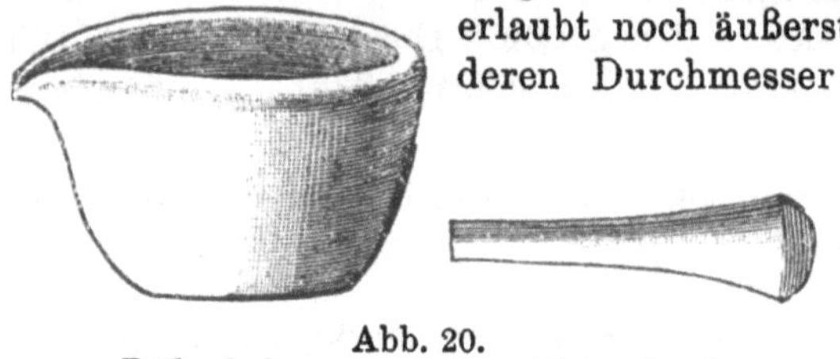

Abb. 20.

Reibschale. Mörserkeule (Pistill).

Statt 0,1 my sagt man wohl auch 10^{-5} cm. Die Bezeichnung mit Zehnerpotenzen von Zentimeter werden wir im weiteren vorwiegend benützen. Unter 10^{-5} cm geht das Mikroskop nicht. Und doch unterliegt es keinem Zweifel, daß Teilchen von dieser Größe nicht im Innern homogen, strukturlos sind. Dafür gibt es viele Beweise.

Grenze der Mikroskopleistung

Minimaldicke von Ölhäuten

Kampferstückchen tanzen auf Wasser hin und her. Öl breitet sich auf Wasser aus. Ist die Fläche 1 qm, also 10000 qcm groß, so läßt sich aus dem angewandten Ölvolumen leicht die Dicke der Ölschicht ausrechnen. 1 ccm Öl bildet eine Schicht von 10^{-5} cm Dicke und auf dieser bewegen sich Kampferstückchen ebensowenig, wie auf reinem

Öl, wo kein Wasser darunter ist. Mit 0,02 ccm Öl ist die Schicht $2 \cdot 10^{-7}$ cm dick und alsdann fangen die Kampferstückchen ihre Bewegung an. Freilich beobachtet man schon bei der 10fachen Menge, daß die Schicht bereits nicht mehr gleichförmig ist, sondern aus dickeren Fetzen auf einer viel dünneren Haut besteht. Aber erst bei einer Dicke von rund $4 \cdot 10^{-8}$ cm sind nur noch Spuren einer Haut vorhanden.

Eine zusammenhängende Haut kommt hier nicht mehr zustand.

Minimaldicke von Wasserhäuten und Metallschichten

Anders (vgl. auch Verdampfung) hat man die geringste Dicke von Wasserhäuten bestimmt und auch hier etwa 10^{-8} cm gefunden. Wieder anders ermittelte man, wie dünn man eine Metallhaut machen kann, ohne daß sie ihren Zusammenhang verliert und stieß auf dieselbe Grenze. Bei allen möglichen anderen Stoffen erhielt man dasselbe Ergebnis. Die Materie behält also ihre qualitativen Eigenschaften, solange ihre Dicke, allgemein gesprochen ihr Zerteilungsgrad, nicht unter eine gewisse Grenze sinkt. An dieser angekommen, ändert sie ihre Eigenschaften. Ferner läßt sich die Zerteilung dann nicht mehr weiter treiben, weil von da ab die Materie keinen Zusammenhang mehr behält, sondern ähnlich einem zerstäubten Wasserstrahl nur noch ein Haufwerk getrennter kleiner Körperchen ungefähr untereinander gleicher Größe bildet. So wenig nun anscheinend eine zusammenhängende Wassermasse als ein Haufwerk runder oder überhaupt durch Zwischenräume getrennter Tröpfchen betrachtet werden muß, so wenig braucht man die gesamte Materie als zusammengesetzt anzusehen aus getrennten Teilchen von etwa 10^{-8} cm Durchmesser. Und doch hat man diese letztere Annahme im weitesten Maß in Physik und Chemie eingeführt und damit erstaunliche Erfolge erzielt. Die kleinen Teilchen hat man als *Molekeln* oder *Moleküle* bezeichnet. Daß sie bei der Zerteilung der Materie schließlich als letzte ohne qualitative Änderung nicht weiter verkleinerbare Stücke auftreten, ist eine heute allgemein anerkannte Annahme.

Materie erfüllt den Raum inhomogen, kann unstetig aus Teilchen aufgebaut gedacht werden; Molekeln

§ 16. 2. **Daß sie aber mit denselben Eigenschaften, die ihnen als freien Einzelwesen zukommen, auch im Gedränge von ihresgleichen vorlägen, also etwa in zusammenhängenden Flüssigkeitsmassen oder festen Körpern, hat man auch meistens angenommen, aber diese Vorstellung ist gewiß ungenau.**

Viele Eigenschaften der Molekeln gleichen Stoffs sind gleich. S. aber S. 25.

Immerhin stimmt mit einer experimentell selten überholten Genauigkeit die Tatsache, daß die Masse stoffgleicher Molekeln immer genau gleich sei (s. Radioaktivität).

In einer und derselben einheitlichen kristallisierten *Phase* (Definition S. 10) müssen auch alle morphologischen Eigenschaften der Molekeln, wie wir zeigen wollen, gleich sein.

Der Beweis läßt sich für die Kristalle sehr scharf führen, sobald man ihre Symmetrieeigenschaften betrachtet.

Kristallbau ein Beweis dafür

Denkt man sich nämlich einen Haufen genau gleichartiger Körperchen gleicher Größe und Form, so kann man aus diesen durch Aneinanderlegen nach demselben Gesetz der Bauord-

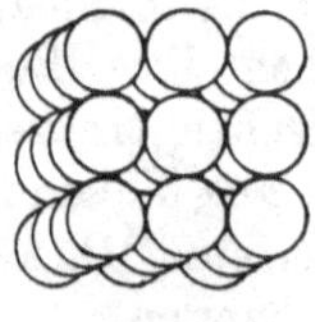

Abb. 21.
Kubische Packung

nung symmetrische Bauten erhalten, z. B. Würfel, worin alle Teilchen so liegen, daß je 8 in den Ecken eines Elementarwürfels liegen (Abb. 21, sog. kubische Packung) oder so, daß je 4 in den Ecken eines symmetrischen Tetraeders liegen (Abb. 22, tetraedrische Packung, die engste von allen) usf. Prüft man, wie viele verschiedene Symmetriegrade man durch solchen Bau, worin jedes Teilchen zu jedem anderen genau gleich gelagert ist, erhält, so findet man folgende 7:

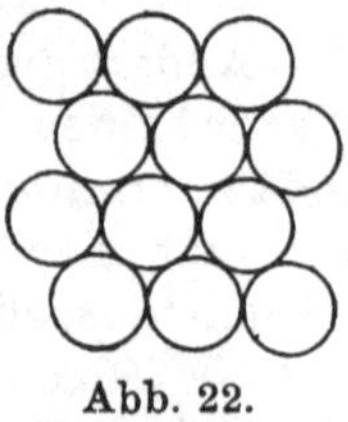

Abb. 22.
Tetraëdrische Packung.

Kristall-systeme (Syngonieen) 1. Drei aufeinander senkrechte „4 fache" Symmetrieachsen; d. h. man kann einen solchen Kristall durch Drehung um eine Achse viermal mit sich selbst wieder zur Deckung bringen, je bei Drehung um 90° und solcher Achsen gibt es 3 aufeinander senkrechte (Abb. 23). Reguläres System. Höchster Symmetriegrad.

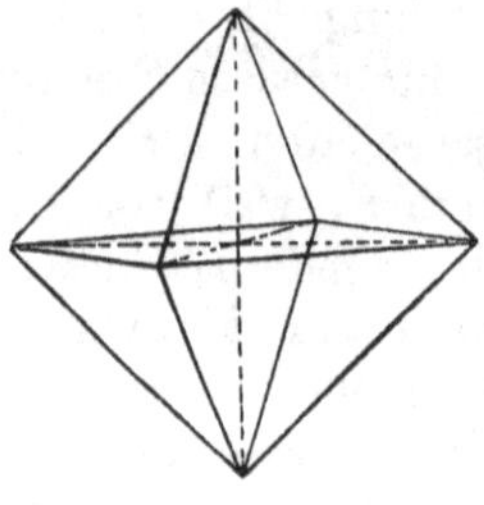

Abb. 23.
Reguläres Oktaeder.

2. Eine vierfache Symmetrieachse (Abb. 24). Tetragonales System.

3. Drei aufeinander senkrecht stehende zweifache Symmetrieachsen (Abb. 25). Rhombisches System.

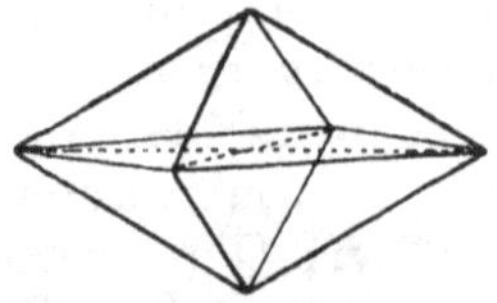

Abb. 24.
Tetragonale Pyramide.

4. Eine sechsfache Symmetrieachse (Abb. 26). Hexagonales System.

5. Eine dreifache Symmetrieachse (Abb. 27). Trigonales System. Auffaßbar als Hemiedrie (s. S. 87) des Hexagonalen.

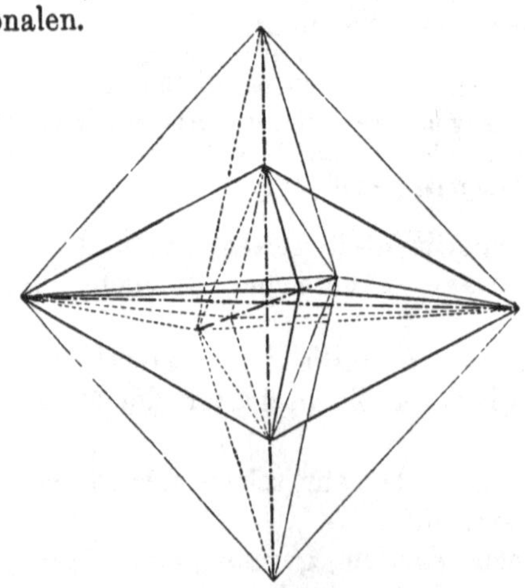

Abb. 25.
Rhombische Pyramide.

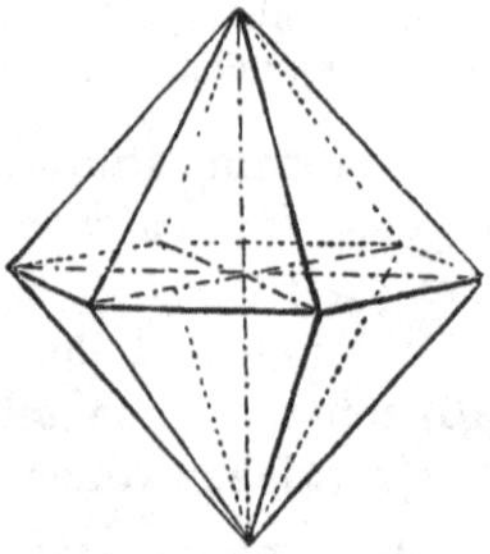

Abb. 26.
Hexagonale Pyramide.

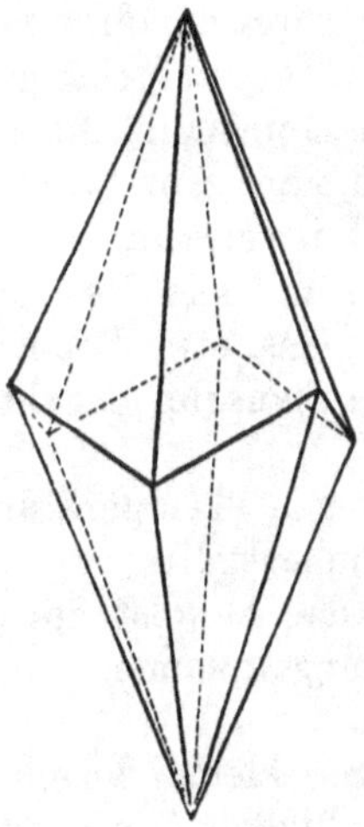

Abb. 27.
Skalenoëder

6. Eine zweifache Symmetrieachse (Abb. 28). Monoklines System.

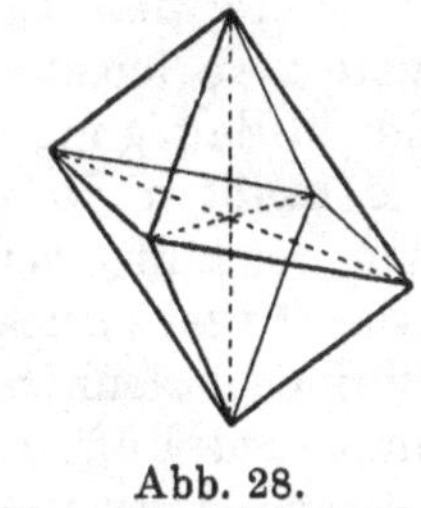

Abb. 28.
Monokline Pyramide.

7. Keine Symmetrieachse (Abb. 29), aber noch gleiche Baubedingungen für alle Teilchen. Triklines System.

Dagegen können wir aus unseren Elementarteilchen keinen Kristall mit fünffacher Symmetrieachse (Abb. 30) bauen, auch keinen mit höherer als sechsfacher. Zu allem diesem hätte man ungleichartige Elementarteilchen nötig, oder, was aufs selbe herauskommt, nicht dasselbe Anordnungsgesetz für alle Teilchen im Bau.

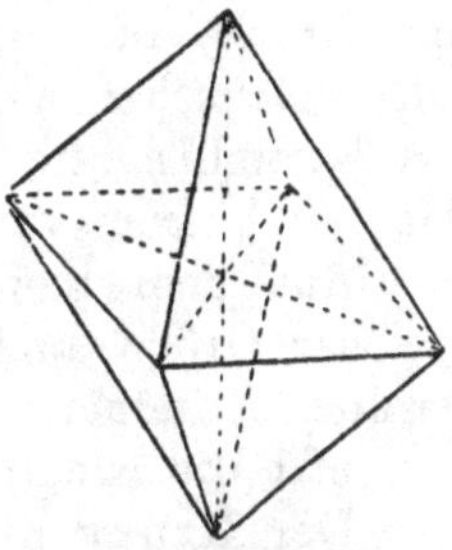

Abb. 29.
Trikline Pyramide.

Man hat nie einen Kristall gefunden, der nicht in eine der 7 Klassen gehört hätte und daraus darf man umgekehrt mit vollkommener Sicherheit schließen:

Alle Molekeln in einem Kristall eines einheitlichen Stoffs sind (mindestens im Mittel) genau gleich.

Da man die getrennte Fortexistenz der Molekeln durch alle Aggregatzustände annimmt, so wird auch die Konstanz ihrer Masse für alle diese Fälle angenommen. Die Raumerfüllung der einzelnen Molekel spielt bei genauen Erwägungen nur selten eine Rolle, die Annahme ihrer Konstanz für alle Molekeln einer bestimmten Stoffart ist daher meist nicht von großem Belang. Sie ist übrigens, wie wir später sehen, ungenau. Die molekulare Raumerfüllung ist ähnlich undefiniert, wie der Raum, den die Lufthülle der Erde einnimmt.

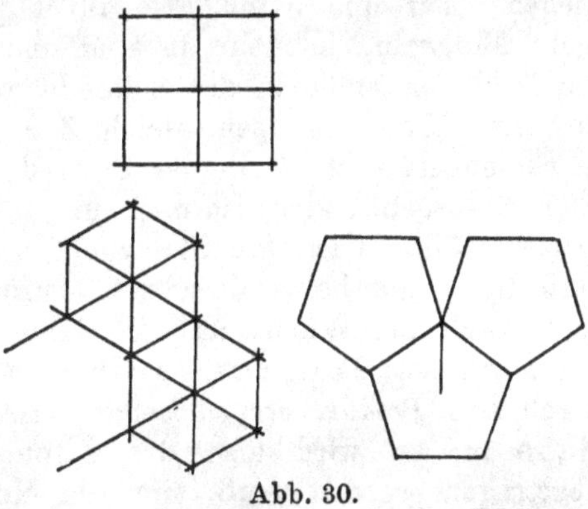

Abb. 30.
Polygone, die Flächen lückenlos (Rechteck, Dreieck, Sechseck) und mit Lücken (Fünfeck) bedecken lassen.

§ 17. 3. Hat die Materie, wie wir annehmen, eine körnige Struktur, besteht sie immer aus Molekeln, so müssen diese Molekeln sich auch abstoßen oder in steter Bewegung sein. Denn sonst würden sie sich der allgemeinen Massenanziehung zufolge zusammenklumpen und fein verteilte „verdünnte" Materie, wie sie in den Gasen vorliegt, wäre unmöglich. Die Gase erfüllen den ihnen dargebotenen Raum gleichmäßig. Neben die Annahme der untereinander gleichen Molekeln können wir daher die von ihrer allgemeinen Bewegtheit stellen. Bewegtheit der Molekeln

Ungeordnetheit der Bewegung

Wäre diese Bewegung nicht periodisch oder nicht unregelmäßig, so müßte man leichte bewegliche Körperchen, die in einem Gas aufgehängt sind, in Bewegung geraten sehen, angetrieben von den Molekeln. Aber alles bleibt in Ruhe. Das ist mit einer sehr schnellen und ganz regellosen Bewegung vereinbar, bei der die einzelne Molekel jeweils nur ganz kurze Wege zurücklegt. Für letzteres kann man einen sichtbaren Beweis beibringen, wenn man ein gefärbtes und ein ungefärbtes Gas, etwa Bromdampf und Luft, ineinander diffundieren läßt. Der Farbausgleich geht nur sehr langsam.

Anziehungskräfte der Molekeln

Da ein Gas bei Festhaltung der äußeren Bedingungen (Temperatur und Druck) als Gas erhalten bleibt, so können Anziehungskräfte, wenn solche zwischen den Molekeln bestehen sollten und das beweist doch das Kristallisieren, im Gas nicht merklich zur Wirkung kommen. In der Tat können wir sie daselbst meist vernachlässigen.

Aus dem gewonnenen Bild eines Gases: Elastische kleine Kugeln gleicher Größe und Masse, die mit ungeheurer Schnelligkeit hin- und herfliegen, immer von ihresgleichen oder der Gefäßwand reflektiert, leiten wir jetzt die wichtigsten Eigenschaften der Gase ab.

Druck eines Gases

Der Druck eines Gases (Messung. Einf. S. 106 ff.) erscheint dann offenbar als Stoßwirkung der Molekeln auf die Gefäßwand. Gase oder Flüssigkeiten drücken auf jedes Stück der Gefäßwand mit gleichem Druck, wie die einfachsten physikalischen Erfahrungen lehren. Also ist es für die Allgemeingültigkeit unserer Betrachtung gleichgültig, welche Form wir dem Gefäß geben. Wir wählen zur Vereinfachung der Rechnung einen Würfel von 1 ccm Inhalt. Darin sollen Z Molekeln herumfliegen. Auf eine Wand, also auf 1 qcm stoßen in der Sekunde um so mehr Molekeln, je mehr da sind und je schneller sie fliegen. Also ist die Zahl der Stöße in der Sekunde, wenn alle nach derselben Richtung auf eine Wand zuflögen, gleich $Z \cdot c$, wo c die Fluggeschwindigkeit ist, gemessen etwa in cm in der Sekunde. Aber die Kraft, die von diesen Stößen ausgeübt wird, ist noch um so größer, je heftiger eine Molekel im Mittel stößt. Um ihre Stoßwucht an der Wand gerade aufzuheben, muß die Wand bei senkrechtem Aufprall eine der Stoßwucht entgegengesetzt gleiche Wucht auf die Molekel übertragen. Die Wucht wird durch die sog. *Bewegungsgröße*, häufiger *Impuls* genannt, gemessen, d. h. durch das *Produkt der stoßenden Masse in ihre Geschwindigkeit.* Ist die Masse m, so wird also der Impuls (Bewegungsgröße), der auf sie übertragen werden muß, um die Molekel an der Wand genau stillstehen zu lassen $m \cdot c$. Aber nach den Gesetzen des elastischen Stoßes wird die Molekel an der Wand ohne Verlust an lebendiger Kraft, also mit genau gleicher Geschwindigkeit reflektiert und dazu muß wieder die elastische Kraft der vom Stoß deformierten Wandfläche herhalten, also ein zweites Mal $m \cdot c$ an Bewegungsgröße hergeben. Also ist die Stoßwucht der einzelnen Molekel $2 \cdot m \cdot c$ und die aller Molekeln in der betrachteten Zeit ist gleich $2\,m\,c \cdot Z\,c = 2\,m\,c^2\,Z$. Dies galt für

Bewegungsgröße oder Impuls der Molekel

eine Wand und für den Fall, daß alle Molekeln senkrecht auf sie aufprallen. Stießen nun die Molekeln gleichverteilt senkrecht auf jede Würfelwand, so flöge $^1/_6$ jeweils senkrecht gegen eine Wand, also 6 Scharen gerichtet, wie die Pfeile in Abb. 31 zeigen. Dann ist die gesamte Kraft auf 1 qcm

$$\frac{1}{6} \cdot 2 \cdot m c^2 Z = \frac{1}{3} \cdot Z m c^2 = p, \qquad (3)$$

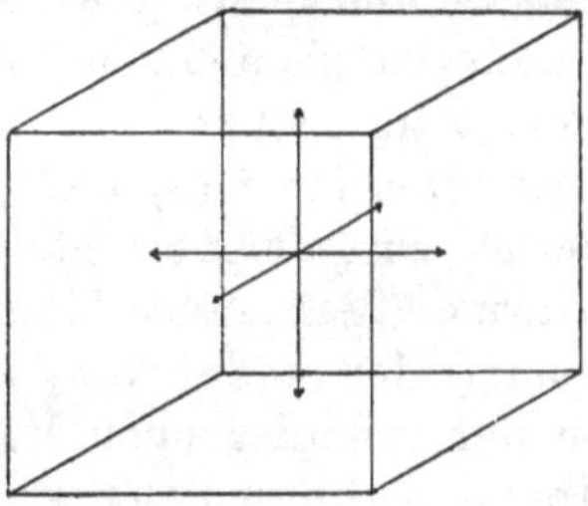

Abb. 31.

also gleich $\frac{\text{Kraft}}{\text{Fläche}}$. Jede derartige Größe heißt ein Druck. Da wir Kräfte durch Gewichte messen können, so können wir als Einheit des Drucks z. B. kg/qcm wählen. Fast genau dieselbe Größe erhält man, wenn man das Gewicht einer unter 45° geographischer Breite bei 0° senkrecht in Meereshöhe aufgestellten 760 mm (Normal-Barometerstand) hohen Quecksilbersäule von 1 qcm Querschnitt auf ihre Grundfläche berechnet. Da das spezifische Gewicht (Masse/Volumen) des Quecksilbers bei 0° = 13,59545 ist, so erhält man: 1,033254 kg auf den qcm. Diesen Druck hat man als Einheit gewählt und nennt ihn 1 *Atmosphäre.* Denn er ist ungefähr gleich dem mittleren Druck der Luft. 1 kg/qcm heißt 1 „Techn." Atmosphäre. Den Druck eines Gases in einem offenen Gefäß, den Luftdruck, mißt das Barometer. Ist das Gefäß durch ein mit Quecksilber gefülltes U-Rohr abgeschlossen, auf dessen einem Ende der Luftdruck liegt (Manometer), so ist die Differenz der Quecksilberhöhen in den beiden Schenkeln dem Barometerstand zuzufügen, um den Druck des eingeschlossenen Gases zu erhalten. Druckeinheit

Unser Ergebnis bei der Berechnung des Gasdrucks aus der Molekulartheorie gilt nicht nur für die von uns angenommene Bewegung der Molekeln in 6 Scharen, sondern wie man umständlich bewiesen hat, auch für ganz ungeordnete Bewegung.

§ 18. 4. Wir müssen nun voraussetzen, daß die Molekeln an der Wand wie Kugeln nach den Gesetzen des elastischen Stoßes reflektiert werden und daß die bei ihren gegenseitigen Stößen auftretenden Kräfte einen im Verhältnis zum mittleren freien Weg, dem Mittelwert der Wege zwischen je 2 Stößen, kleinen Wirkungsbereich haben. Elastische Reflexion der Molekeln. Kleiner Wirkungsradius der Molekularkräfte

Auf dieser Grundlage kommt man an Hand der Mechanik zu dem äußerst wichtigen Schluß, daß zwei verschiedene Molekelarten mit den Massen m_1 und m_2 der Einzelmolekeln und mit den Geschwindigkeiten c_1 und c_2 nur dann die letzteren dauernd beibehalten, wenn die Bedingung erfüllt ist:

$$\frac{m_1}{2} \overline{c_1^{\,2}} = \frac{m_2}{2} \overline{c_2^{\,2}}, \qquad (4)$$

wo $\overline{c_1^{\,2}}$ und $\overline{c_2^{\,2}}$ die Mittelwerte der Geschwindigkeitsquadrate bedeuten. Diese Mittelwerte sind den Quadraten der mittleren Geschwindigkeiten ungefähr gleich und ihnen streng proportional.

Diese rechts und links stehenden Größen heißen die *mittlere kinetische Energie* oder mittlere lebendige Kraft, mittlere Flugenergie. Mittlere Flugenergie der Molekeln

Ist diese Gleichung noch nicht erfüllt, ist also beispielsweise die mittlere Geschwindigkeit der zweiten Molekelart größer als $\bar{c}_1$, so geht ihr im Mittel bei ihren Stößen Geschwindigkeit verloren, die die andere Molekelart gewinnt, bis die am Ende dieses Ausgleichs erreichten Geschwindigkeiten die obige Gleichung erfüllen. Der Ausgleich muß selbsttätig immer dann stattfinden, wenn man zwei beliebige Gase oder auch dasselbe Gas, bloß mit zwei verschiedenen mittleren Geschwindigkeiten zusammenbringt. Nun erzeugt aber der Stoß sichtbarer Massen Wärme. Man sieht daher in dieser Temperatursteigerung nur eine Verteilung der Stoßwirkung auf die kleinsten Teilchen und kommt schließlich zu der grundlegenden Vorstellung, daß die mittlere lebendige Kraft der Flugbewegung von Gasmolekeln der Temperatur der Gasmasse (Messung der Temperatur, Einf. 50 ff.) proportional (s. S. 7) sei.

Temperatur eines Gases ein molekularer Mittelwert

Da es sich um einen Mittelwert handelt, so ist klar, daß zwar die einzelne Molekel in einem gegebenen Augenblick große oder kleine Geschwindigkeit hat, aber niemals eine Temperatur haben kann.

Genau, wie man von der Sterblichkeit in einer Stadt reden kann, aber nicht von der Prozentzahl der Sterblichkeit eines einzelnen darin.

Glühende oder heiße oder kalte Molekeln gibt es also nicht, ein solcher Ausdruck hat keinen Sinn.

Aus diesen Grundlagen der von Clausius entwickelten, von Maxwell, Boltzmann u. A., in letzter Zeit von v. Smoluchowski ausgebauten kinetischen Gastheorie leitet man vier sehr wichtige Gesetze ab; darin wird eine neue Größe vorkommen, die uns in der ganzen Chemie sehr beschäftigt, die *Gasdichte*. In der Molekulartheorie verstehen wir darunter die abzählbare Anzahl der Molekeln in der Volumeneinheit, also im ccm, also $\frac{\text{Anzahl}}{\text{Volumen}}$. In unserem Würfelbeispiel war sie gleich Z. (Messung der Gasdichte s. Einf. S. 127 ff.) Wir werden sie später anders definieren müssen, was schon hier betont sei.

Gasdichte

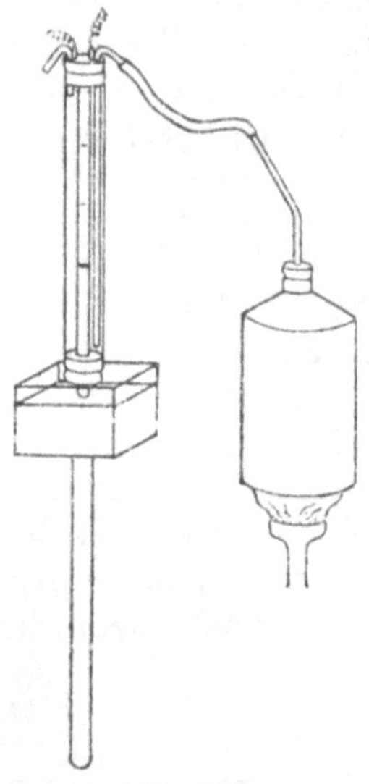

Abb. 32. Eudiometer zur Veranschaulichung der Gasgesetze von Boyle, Gay-Lussac und A. v. Humboldt.

§ 19. 5. Nun gehen wir zu den vier ersten Gasgesetzen über:

Die drei ersten können wir durch einfache Versuche kennen lernen. Leitet man in ein oben geschlossenes Rohr, das mit Quecksilber gefüllt in einen Quecksilber enthaltenden Zylinder (Abb. 32) eingesenkt ist, Luft ein, so nimmt diese ein bestimmtes Volumen ein, das durch eine Marke am Rohr bezeichnet wird. Die Temperatur ist z. B. 23° C und der Druck ist offenbar gleich dem Luftdruck, den wir am Barometer ablesen und durch die Länge der Barometersäule in mm angeben, vermindert um die Länge der im Rohr an der Luft hängenden Quecksilbersäule. Senken wir jetzt das Rohr, so verringert sich das Volumen und wir wollen das Rohr soweit senken, bis das Volumen nur noch die Hälfte des anfänglichen beträgt. Messen wir jetzt die Länge der noch hängenden Quecksilbersäule, so ist sie kleiner als vorhin, und wenn wir sie von der Barometerhöhe abziehen, so finden wir eine Zahl, die genau doppelt so groß ist, als die zum ursprünglichen Volumen gehörige war. Der Druck ist also aufs doppelte gestiegen. Verringern wir das Volumen aut ein Drittel, so steigt er aufs dreifache usf. Kurz, Druck und Volumen sind einander verkehrt proportional.

Stellen wir jetzt wieder das ursprüngliche Volumen her und leiten einen Dampfstrom durch den Mantel des Rohrs, so steigt seine Temperatur und damit auch die der eingeschlossenen Luft auf 100° C und das Volumen wächst. Aber auch gleichzeitig der Druck. Stellen wir jetzt die ursprüngliche Höhe des hängenden Quecksilbers wieder her, wozu wir das Rohr aus dem Zylinder weiter herausziehen müssen, so finden wir ein Volumen, das 1,28 mal so groß ist, als das ursprüngliche. Verdrängen wir den Wasserdampf durch Alkoholdampf, so gibt derselbe Versuch nur das 1,21 fache und die Temperatur ist dann nur 80°. Nehmen wir jetzt Azetondampf, so kommt das 1,13 fache heraus. Tragen wir die Volumina jetzt gegen die Temperaturen in ein Koordinatensystem ein (Abb. 33), erstere nach oben und letztere nach rechts, so erhalten wir eine gerade Linie, die bei — 273° auf die wagrechte Achse (Abszissenachse) aufstieße. D. h. das Volumen einer gegebenen Gasmenge wächst proportional der von — 273° an als Temperaturnullpunkt aufwärts gezählten Temperatur. Wir bringen die beiden gefundenen Gesetze zusammen mit zwei anderen, deren Brauchbarkeit sich erst später erweisen wird, die aber an Hand unserer Erwägungen über das Verhalten der Molekeln und der beiden ersten Gesetze zusammen bereits einleuchten, auf folgende Form, die man aus der Molekulartheorie leicht ableiten kann:

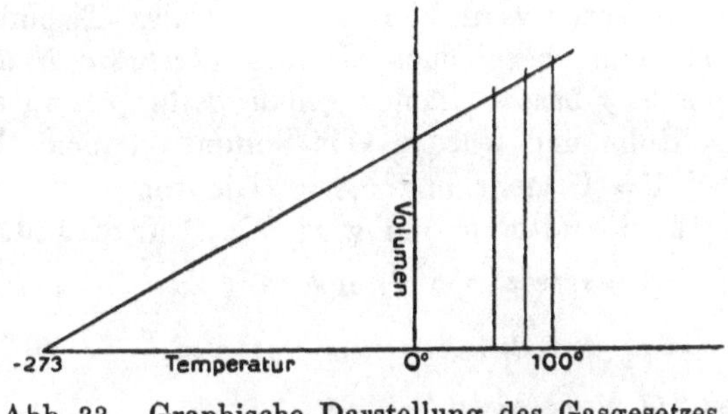

Abb. 33. Graphische Darstellung des Gasgesetzes von Gay-Lussac.

1. Bei festgehaltener (= gegebener) Temperatur — dies bedeutet $m\frac{\overline{c^2}}{2}$ = const; ($\overline{c^2}$ = arithmet. Mittelwert der c^2-Werte) — ist der *Druck eines Gases seiner Dichte* genau *proportional* ($\sim$ bedeutet proportional). Boyle-Mariottes Gesetz

$$p \sim Z \tag{5}$$

Boyle-Mariottes Gesetz. Zusammenpressen eines Gases auf seinen halben Raum muß daher den Druck aufs Doppelte steigern.

Daltons Partialdruck-Gesetz

2. Der Druck eines Gasgemischs ist gleich der Summe der Drucke, die jede Gasart in der im Gemisch vorliegenden Menge im selben Raum bei gleicher Temperatur für sich allein ausübt. Dieser Druck heißt ihr Partialdruck. **Daltons Gesetz.**

$$p = \sum_1^n (p_1 + p_2 + \cdots + p_n). \qquad (6)$$

Gay-Lussacs Gesetz

3. Bei festgehaltener Dichte — $Z = \text{const.}$ — ist der *Druck* (bei festgehaltenem Druck — $p = \text{const.}$ — ist das *Volumen*) *der Temperatur proportional*

$$p \sim m \frac{\overline{c^2}}{2}. \qquad (7)$$

Dazu muß man freilich, wie die Erfahrung lehrt, die Temperatur (in Celsiusgrad-Intervallen, aber) von $-273{,}09^0$ aufwärts zählen. Diese Temperatur wird hier also statt des Eispunkts als Nullpunkt gewählt und man bezeichnet sie als *absoluten Nullpunkt*. Wenn dies **Gesetz von Gay-Lussac** immer genau gälte, so wären bei $T = 0$ alle Molekeln in Ruhe und würden kein Volumen haben. In der Tat versagt es nahe bei $T = 0$ mehr und mehr. Die von $-273{,}09^0$ so gezählte Temperatur heißt die *absolute* und wird mit T abgekürzt.

Absoluter Nullpunkt

Absolute Temperatur

Avogadros Gesetz

4. **Gesetz von Avogadro.** *Zwei verschiedene Gase vom selben Druck* $p_1 = p_2$ *und derselben Temperatur* $m_1 \frac{\overline{c_1^2}}{2} = m_2 \frac{\overline{c_2^2}}{2}$ *enthalten in der Volumeneinheit gleich viele Molekeln*

$$Z_1 = Z_2. \qquad (8)$$

D. h. die Massen gleicher Volumina, also die spezifischen Gewichte der beiden Gase verhalten sich dann wie die Massen jeweils der einzelnen Molekeln beider Gase. Die Massen gleicher Volumina verschiedener Gase, ihre Dichten, kann man stets durch Wägung ermitteln.

Es erlaubt uns also dies Gesetz, aus dem spezifischen Gewicht zweier beliebigen Gase (bestimmt bei gleichem Druck und gleicher Temperatur), das Verhältnis der Masse einer Molekel vom einen zu der Masse einer Molekel vom anderen zu bestimmen, das Verhältnis der Molekelgewichte. Man braucht dazu nur die beiden spezifischen Gewichte durcheinander zu dividieren.

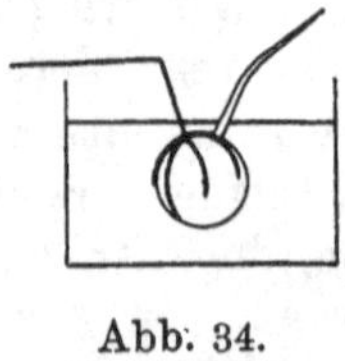

Abb. 34. Gasdichtebestimmung nach Dumas.

Gasdichtemessung

§ 20. 6. Die Bestimmung der spezifischen Gewichte erfolgt am einfachsten so, daß man zwei gleichgroße, in demselben Wasserbad sitzende Glaskugeln unter Atmosphärendruck mit den Gasen füllt und die kapillaren Enden zuschmelzt, dann beide Birnen trocknet und wägt (Abb. 34). Dividiert man die Masse des Gases, durch Subtraktion des Gewichts der luftleeren von dem der vollen Kugel erhalten, durch das

Volumen der Kugel, so hat man unmittelbar das spezifische Gewicht des Gases oder die Dichte bei der betreffenden Temperatur und dem betreffenden Luftdruck. Da man hier das Volumen des Gases in ccm gemessen hat, so nennt man die erhaltene Größe auch wohl das spezifische Gewicht bezogen auf Wasser = 1. Bestimmt man dieselbe Größe für Luft[1], so ergibt ihre Division in das spezifische Gewicht eines Gases die Größe, die man gemeinhin in der Chemie als die Gasdichte oder Dampfdichte bezeichnet. Diese ist also die Dichte eines Gases, wenn man die von Luft von gleicher Temperatur und gleichem Druck gleich Eins gesetzt, d. h. durch sie dividiert hat. In dieser Mannigfaltigkeit der Definitionen liegt eine gewisse Schwierigkeit für das Gedächtnis. Deshalb stellen wir die Definitionen nochmals übersichtlich zusammen: Spezifisches Gewicht eines Gases

1. Spezifisches Gewicht = *Dichte d eines Gases* ist Definition von Gasdichte, Dichte eines Gases und Verteilungsdichte

$$\left(\frac{\text{Masse des Gases}}{\text{Volumen des Gases}}\right), \tag{9}$$

eine bequem meßbare Größe. Die Masse wird in g, das Volumen in ccm gemessen.

2. a) *Gasdichte = Dampfdichte* (D. D.) ist $= \dfrac{d_{(\text{Gas})}}{d_{(\text{Luft})}}$ für gleiche Temperatur und gleichen Druck; also auch

$$= \left(\frac{\text{Masse eines Gasvolumens}}{\text{Masse eines gleichen Luftvolumens von gleicher Temperatur u. gleichem Druck}}\right). \tag{10}$$

2. b) Gasdichte in der kinetischen Gastheorie (sog. „Verteilungsdichte" der Gasmolekeln) ist

$$Z = \frac{\text{Anzahl der Molekeln}}{\text{Volumen, worin sie enthalten sind}}. \tag{11}$$

Diese drei Größen haben verschiedene Größenart (= Dimension). Dimension (Größenart)

1. Dichte eines Gases ist Masse/Volumen (benannte Zahl).

2. a) Gasdichte (D. D.) ist eine reine unbenannte Zahl (Relativzahl, Verhältniszahl).

2. b) Molekular-theoretische Gasdichte, hier Z genannt, ist ein reziprokes Volumen = Reine Zahl/Volumen. (Benannte Zahl).

Der molekulartheoretischen Gasdichte Z bedürfen wir bis auf weiteres nicht mehr, erst wieder in späteren Abschnitten. Daher lenken wir im folgenden unsere Aufmerksamkeit ganz auf den Unterschied zwischen der „Dichte eines Gases" und der „Gasdichte" (D. D.) und haben zunächst fast nur mit der letzteren zu tun.

Die *Proportionalität zwischen Gasdichte und Molekelgewicht* wird uns vor allem bei einer äußerst wichtigen Frage beschäftigen, der nach der Zusammensetzung des Wassers aus seinen Bestandteilen. Gasdichte proportional dem Gewicht der einzelnen Molekeln

---

[1] Sie ist für 0° und 760 mm Druck gleich 0,001 293 g/ccm.

Qualitative Analyse.

II. Das Wasser. Seine Bestandteile und Eigenschaften.

Die Forschung bevorzugt häufige und haltbare Stoffe

§ 21. Wenn die Forschung leicht zugängliche und verbreitete Stoffe zuerst untersucht und sie bei der Wahl von Einheiten und schon bei der von Grundbegriffen bevorzugt, so liegt darin nicht bloß die verständliche Entwicklung der Wissenschaft in Richtung geringsten Widerstands, sondern auch eine Auswahl, die der Begünstigung dauernder Existenz gerecht wird, deren sich die betreffenden Stoffe in der Natur tatsächlich erfreuen. Da ein großer Teil unserer heutigen Chemie auf Bevorzugung des Wassers, seiner Bestandteile, Verwandten und Lösungen ruht und die Verallgemeinerung von hier aus erst eben angebahnt ist, so ist es zweckmäßig, hier auf die historische Entwicklung Rücksicht zu nehmen. Wir beginnen mit dem wichtigsten Bestandteil des Wassers und der Luft, dem Sauerstoff, der die Fähigkeit der Luft bedingt, Verbrennungen zu unterhalten.

Darstellende Chemie 1.

Darstellung von Sauerstoff

1. Der Sauerstoff.

Erhitzen fester Stoffe liefert oft Gase. Man nimmt dies in Retorten vor und kann die Gase in einer „pneumatischen Wanne" auffangen (Abb. 35). So stellt man Sauerstoffgas aus Quecksilberoxyd (Oxyde genannte Stoffe enthalten stets Sauerstoff) oder weniger rein, aber bequemer aus einem Gemisch (1 : 1) von Kaliumchlorat mit Braunstein her. Letztere Methode wird weit unter Glühtemperatur ausgeführt. Muß man Stoffe auf Glut erhitzen, so legt man sie in einem umschließenden Porzellanrohr in einen Verbrennungsofen (Abb. 36). So erhält man Sauerstoff, ausgehend von einem Gemisch von Barythydrat mit Kalk oder Magnesia (um Schmelzen zu verhindern, die Masse porig zu halten), wenn man zuerst einen kohlensäurefreien, feuchten

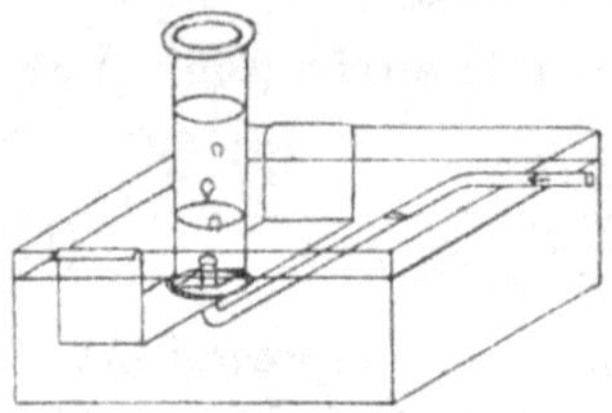

Abb. 35. Pneumatische Wanne.

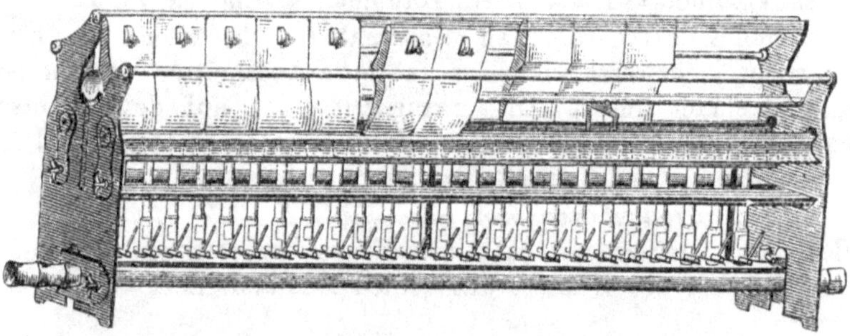

Abb. 36. Verbrennungsofen alter Bauart mit schlechter Gasausnützung.

Luftstrom durch das dunkelrotglühende Rohr leitet und so Bariumsuperoxyd erzeugt, dann ihn abstellt und das Rohr zu heller Rotglut erhitzt. Dabei gibt das Superoxyd Sauerstoff ab und geht in Bariumoxyd (Ätzbaryt) über. Die Methode wurde technisch angewendet, häufiger die der flüssigen Luft (s. diese Seite weiter unten und § 13).

Physikalische Eigenschaften des Sauerstoffs.

Er ist schwerer als Luft, farblos, riecht nicht und ruft daher, wie die meisten geruchlosen Stoffe, auch keinen Geschmack auf der Zunge hervor. Bringt man Sauerstoff in Berührung mit Quecksilber oder einem anderen edlen Metall, so wird keine merkliche Menge davon aufgenommen: Das physikalische Lösevermögen der Metalle ist für fast alle Gase bei gewöhnlicher Temperatur sehr klein. Mit anderen Worten die Löslichkeit chemisch nicht angreifender Gase in Metallen ist meist unmerklich gering. Anders bei hohen Temperaturen. Merkwürdig ist die Löslichkeit des Sauerstoffs in geschmolzenem Silber (1000 Volumprozent = 10 Teile Gas auf 1 Teil Silber). Erstarrt das Metall, so gibt es ihn plötzlich wieder ab unter Bildung von Auswüchsen auf der Oberfläche des Metalls (Spratzen des Silbers), die an die Lavakegel bei Vulkanen erinnern. Bringt man Sauerstoff in Berührung mit öligen oder wäßrigen Flüssigkeiten, so wird er, wenn er sie chemisch nicht angreift, ein wenig gelöst. Auf 100 Raumteile absorbierender Flüssigkeit lösen sich meist nur 4—5 Raumteile. Physikalische Eigenschaften des Sauerstoffs

Kühlt man Sauerstoff stark ab und komprimiert ihn zugleich, so muß man doch schon sehr tiefe Kältegrade erreichen, um ihn zur Flüssigkeit zu verdichten. Man erzielt sie am besten nach dem *Linde-Prinzip*. Läßt man nämlich komprimierten Sauerstoff durch eine enge Düse in einen Raum mit geringem, z. B. Atmosphärendruck ausströmen, so kühlt er sich stark ab (*„Kelvin-Effekt“*), und läßt sich zum Vorkühlen weiteren Sauerstoffs benützen, den man komprimiert. So erniedrigt man dauernd die Temperatur des komprimierten Sauerstoffs, bis man schließlich unterhalb — 118°, der sogenannten kritischen Temperatur des Sauerstoffs (siehe weiter unten) beim Ausströmen des Gases aus der Düse einen Teil kondensiert erhält. Die Temperatur sinkt weiter und bleibt bei etwa — 182° konstant. Dies ist der Siedepunkt flüssigen Sauerstoffs unter Atmosphärendruck. Die Flüssigkeit ist bläulich und etwas schwerer als Wasser. Da sie zum Verdampfen einer beträchtlichen Wärmezufuhr bedarf (Verdampfungswärme), so kann man sie gut isoliert aufbewahren und sogar versenden in offenen Gefäßen. Geeignet sind die von Weinhold und Dewar angegebenen Vakuumgefäße[1] (Abb. 37), doppelwandige Glasflaschen, deren Mantelraum innen versilbert ist, um Strahlung fernzuhalten und luftleer gepumpt, um Wärmetransport durch Leitung zu verhindern. Auch doppelwandige Metallflaschen mit Vakuumzwischenraum wendet man an. Verflüssigung des Sauerstoffs Kelvin-Effekt

[1] Leerwandgefäße.

Verwendung flüssiger Luft

Wie Sauerstoff läßt sich auch Luft verflüssigen. Ihre Siedetemperatur liegt nur wenig tiefer. Man benützt sie vielfach zur Verdichtung oder Kühlung anderer Gase. Ferner läßt sich aus ihr leicht ein einigermaßen reines Sauerstoffgas erhalten und dies geschieht auch technisch.

Magnetismus des Sauerstoffs

Flüssiger Sauerstoff wird vom Magneten angezogen, gasförmiger ebenfalls, obwohl schwächer. Dies ist eine wichtige Eigenschaft des Sauerstoffs.

Chemische Wirkungen des Sauerstoffs

Chemische Wirkungen des Sauerstoffs.

Die Erhaltung aller großen und vieler kleinen Lebewesen, Tiere und Pflanzen, bedarf des Sauerstoffs und beim Menschen ist die höchste Lebensäußerung, das Bewußtsein, an einen gewissen Sauerstoffüberschuß gebunden. Atmung von Pflanzen und Tieren ist Sauerstoffaufnahme = *Oxydation* eines Teils ihrer Leibessubstanz zwecks Energielieferung für die anderen Teile.

Durch seine Vereinigung mit manchen Elementen, z. B. eben durch ihre Verbrennung in Luft, erhält man Stoffe, die in Wasser gelöst sauer

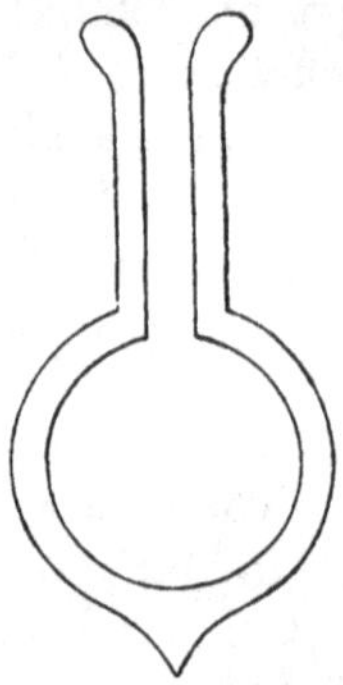

Abb. 37. Leerwand-Gefäß (Vakuumflasche, Weinhold-Dewarsches Gefäß).

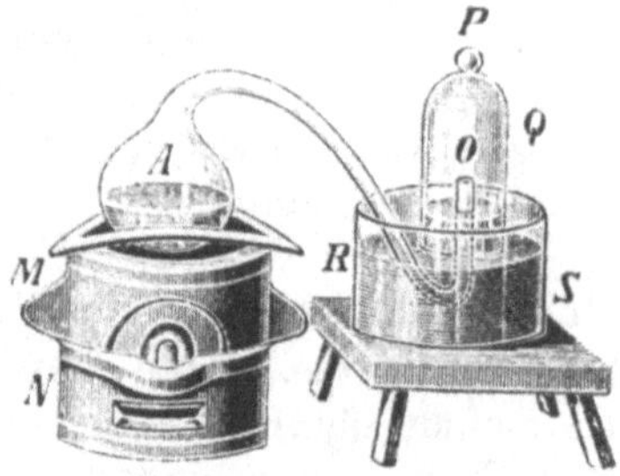

Abb. 38. Lavoisiers Apparat zur O_2-Darstellung.

schmecken. Von dieser Eigenschaft nahm Lavoisier den Namen. Cavendish zeigte, daß die Eigenschaft auch bei sauerstoffreien Substanzen vorkommt, daher ist der Name nur noch historisch begründet. Zuerst J. Mayow, dann Priestley und nach ihm Lavoisier (1774) haben im Sauerstoff einen besonderen Stoff mit bestimmten Eigenschaften erkannt, vor allem der, die Verbrennung zu unterhalten, und Lavoisier, wie gleichzeitig der Schwede Scheele hatten ihn aus Quecksilberoxyd rein dargestellt. Ersterer benützte den Apparat Abb. 38. Quecksilber wurde in der Retorte *A* während mehrerer Tage erhitzt, so daß es beinahe siedete. Dabei nahm das Volumen der Luft in PQ ab und ihre Eigenschaften änderten sich. Sie unterhielt nicht mehr die Verbrennung einer hineingebrachten Kerze. Das Metall hatte sich mit einem gelbroten Pulver, mit Quecksilberoxyd, bedeckt. Wurde stärker erhitzt, so bildete sich das Metall wieder zurück. Die Luft nahm ihr ursprüngliches Volumen und ihre früheren Eigenschaften wieder an. Damit war nachgewiesen, daß Luft aus Sauerstoff und anderen Bestandteilen „besteht“ und daß Quecksilber sich mit Sauerstoff zu gelbrotem Quecksilberoxyd vereinigen kann. Spätere Untersuchungen haben gelehrt, daß fast $^1/_4$ unserer Atmosphäre dem Gewicht nach aus Sauerstoff besteht.

Daß beim Verschwinden des Sauerstoffs an der Oberfläche von Metallen, die sich mit ihm verbinden und wie man früher sagte: Metallkalke (Metalloxyde) bilden, wie man heute sagt, sich oxydieren, eine Gewichtszunahme der Metalle eintritt, zeigt die Oxydation von Eisenfeilspänen, die von einem an der Wage hängenden Magneten getragen werden. Nähert man den Spänen eine Flamme, so verbrennen sie unter Funkensprühen zu dem schwarzen Stoff, der beim Schmieden des Eisens abblättert und daher Eisenhammerschlag heißt. Die Wagschale sinkt, sobald Abkühlung eingetreten ist. Ebenso kann man Kupfer und Zink auf der Wage verbrennen und die Gewichtszunahme zeigen; das weiße Zinkoxyd kann auch leicht des aufgenommenen Sauerstoffs wieder beraubt werden, wenn man es im Chlorstrom erhitzt und die dabei auftretenden Gase durch Wasser unter eine Glocke leitet. Das überschüssige Chlor wird vom Wasser gelöst und das aufgesammelte Gas kann auf seine Eigenschaften untersucht und als Sauerstoff erkannt werden, am einfachsten durch Einbringen eines glimmenden Spans. Er entflammt sogleich und verbrennt mit großem Glanz. Dies ist die einfachste Reaktion auf freien Sauerstoff. Reaktionen auf Stoffe

Daß der Glanz der Verbrennung an bloßer Luft geringer und die Temperatur niedriger ist, 2 Erscheinungen, die eng miteinander zusammenhängen, rührt daher, daß ein Teil der vom Sauerstoff erzeugten Wärme zur Erwärmung des Stickstoffs verbraucht und abgeleitet wird. So kann die Temperatur nicht so hoch steigen.

Die Vereinigung mit Sauerstoff heißt Oxydation (im weiteren Sinn werden wir später S. 293ff. denselben Ausdruck für etwas anderes benützen) und die entstehenden Produkte heißen *Oxyde*. Sie brauchen nicht immer aus Metallen zu entstehen, denn auch Phosphor oxydiert sich und verbrennt mit sehr hellem weißem Licht zu einem weißen, flockigen, sehr rasch feucht werdenden Pulver: *Phosphorpentoxyd*. Sie brauchen auch nicht immer feste Körper zu sein, denn Schwefel beispielsweise verbrennt in Sauerstoff mit glänzend blauem Licht zu gasförmigem *Schwefeldioxyd*, das den bekannten stechenden Geruch zeigt. Und beim Verbrennen von Holzkohle, das in Luft nur von Glimmen, in Sauerstoff dagegen von hellem Glanz begleitet ist, entsteht ein schwach säuerlich schmeckendes, die Verbrennung nicht unterhaltendes, farbloses Gas, das Kalkwasser trübt: *Kohlendioxyd*. Da es, wie auch Wasserdampf, von ungelöschtem Kalk festgehalten wird, so kann man zeigen, daß beim Verbrennen einer Kerze auf der Wage eine Gewichtszunahme dann zu bemerken ist, wenn man auch die Verbrennungsprodukte, die beiden Gase Kohlendioxyd und Wasserdampf auf ihr festhält. Man setzt dazu über die Kerze ein Rohr mit Ätzkalk. In ihm bildet sich dann kohlensaurer Kalk, der also auch Sauerstoff Oxyde

3*

Vorkommen von Sauerstoff

enthält. Der kohlensaure Kalk kommt in großen Gebirgen auf der Erde als Kalkstein vor. In ihm und in den anderen Gesteinen der Erdrinde sind je rund 50 Gewichtsprozent Sauerstoff enthalten. Da aus der Kerze auch Wasserdampf durch Verbrennung entstand, so ist auch dieser sauerstoffhaltig und in der Tat enthält das Wasser gegen 89 Gewichtsprozent Sauerstoff, dieser macht somit bei der Größe der Meere einen sehr großen Bestandteil des uns zugänglichen Teils des Erdkörpers aus.

2. Der Wasserstoff.

Wasserstoff

§ 22. Cavendish und Watt zeigten 1781, daß aus „brennbarer Luft", deren Auftreten beim Lösen von Metallen in Säuren man kannte, beim Verbrennen in Sauerstoff Wasser entsteht, daher der Name. A. von Humboldt und Gay-Lussac bewiesen im Gegensatz zu Lavoisier und anderen Forschern, daß Wasser sich in genau 1 Raumteil Sauerstoffgas und 2 Raumteile Wasserstoffgas zerlegen lasse.

Elektrolyse

Diese Zerlegung lehrt ein neues Hilfsmittel chemischer Arbeit kennen, die Elektrolyse. So heißt die Zerlegung der chemischen Stoffe durch den elektrischen Strom. Leitet man ihn z. B. durch zwei Nickelplatten, die in diesem Fall Elektroden heißen (von ὁδός Weg) in Wasser ein, so erhält man nur eine schwache Zersetzung. Fügt man dem Wasser Ätzkali zu, am besten 28 Prozent, so geht die Zerlegung lebhafter als vorher. Die Flüssigkeit, die man zersetzt, heißt der Elektrolyt (λύω, löse). Die Elektrode, die den negativen Strom zuführt, und wo der Wasserstoff sich abscheidet, ist die Kathode (κατα herab), die, welche den positiven zuführt, und wo Sauerstoff auftritt, die Anode (ἀνα herauf). Man kann die Zersetzung in dem Apparat von A. W. Hofmann (Abb. 39) durchführen.

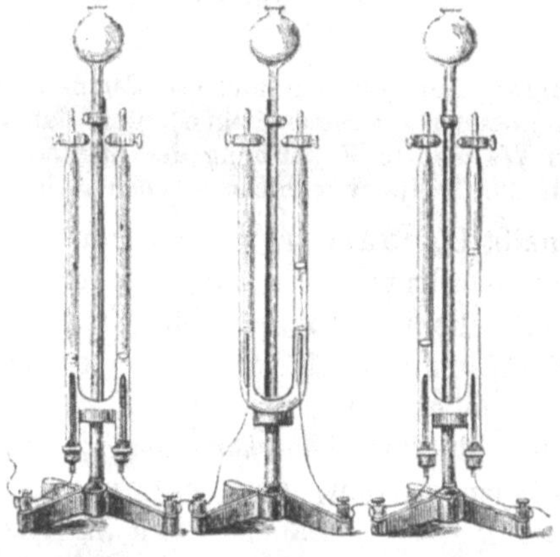

Abb. 39. Elektrolytische Zersetzung von Salzsäure, Ammoniakwasser und Wasser in Apparaten nach A. W. Hofmann.

Wenn auch die Darstellung sehr reinen Wasserstoffs auf elektrolytischem Weg vollzogen wird, so geht sie doch ziemlich langsam, so lange die Apparate und Ströme nicht sehr groß gemacht werden. Zweckmäßiger ist für mittelgroße Mengen das folgende Verfahren.

Taucht man Aluminium in eine Lösung von Quecksilberchlorid (Sublimat), so überzieht es sich mit Quecksilber und greift in diesem Zustand als Amalgam Wasser an unter lebhafter und regelmäßiger Entwicklung von Wasserstoff.

Man erhält Wasserstoff durch Überleiten von Wasserdampf über Eisenspäne im rotglühenden Rohr neben Eisenhammerschlag (Eisenoxyduloxyd, als Mineral Magneteisen). Dies Verfahren dient auch technisch (Patent Bergius), wobei zur Verbilligung tiefere Temperatur, nämlich 300°, gewählt und der Druck auf 100 Atmosphären gesteigert ist.

Bequemer stellt man ihn aus Zink-Granalien (gekörntem Zink) durch Aufgießen verdünnter Schwefelsäure oder Salzsäure im Kippschen Apparat her (Abb. 40), der zu allen Entwicklungen von Gasen aus festem Stückmaterial und Flüssigkeiten bei gewöhnlicher Temperatur dient. Er

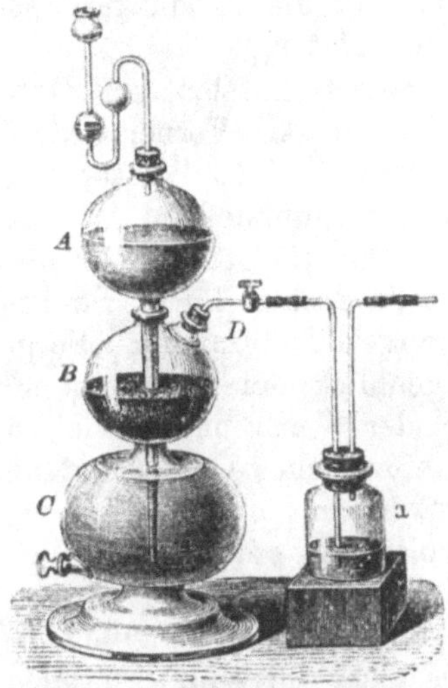

Abb. 40. Kippscher Apparat zur Gasentwicklung.

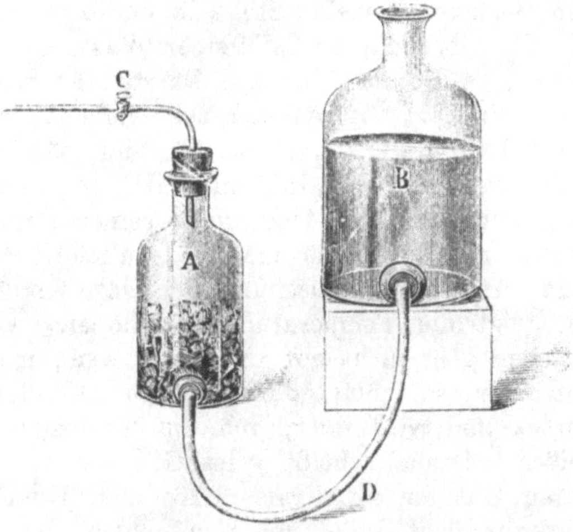

Abb. 41. Einfacher Gasentwicklungsapparat.

wirkt, wie der einfachere Apparat Abb. 41. Zusatz von Kupfer-Salzen erleichtert die Entwicklung. Das Gas ist allgemein noch unrein.

Technisch läßt man Wasser auf das feste Calciumhydrid einwirken oder Ätznatron in konzentrierter wäßriger Lösung auf Silicol (Silicium-Eisen-Legierung) oder auf Silicium selbst oder man verfährt, wie bei vielen Gasen, elektrolytisch (siehe Elektrochemie). Oder man entfernt durch Tiefkühlung (Kondensation) Kohlenoxyd aus seiner Mischung mit Wasserstoff, die als *Wassergas* im größten Maßstab dargestellt wird.

Physikalische Eigenschaften des Wasserstoffs.

Physikalische Eigenschaften von Wasserstoff

Wasserstoff ist farblos auch als Flüssigkeit, riecht nicht, ist bei vergleichbaren Bedingungen des Drucks und der Temperatur der leichteste aller Stoffe, als Gas 14,4 mal leichter als Luft. Flüssig hat er den S. P. (= Siedepunkt) – 252,5°, ist 12—14 mal leichter als Wasser und im festen Zustand der leichteste aller festen Körper, ein weißes Pulver. Schmelzpunkt – 257°. Verflüssigt wird er nach dem Linde-Prinzip, unter Vorkühlung mit flüssiger Luft. Weil dabei große Mengen gasförmig in den Arbeitsraum zu entweichen pflegen, und mit der Luft das explodierbare Knallgas bilden, ist die Verflüssigung mit Gefahren verknüpft, da sich leicht durch Entzündung Explosionen ereignen. Auch der flüssige Wasserstoff selbst neigt zur Vermischung mit Luft, weil seine große Kälte Luft auf ihm zu Flüssigkeit und selbst zu festen Rinden kondensiert. Dem entspricht seine große Verdampfungswärme. Auffallend ist seine große Wärmeleitfähigkeit.

Vorkommen von Wasserstoff

Wasserstoff spielt besonders als Bestandteil des Wassers eine große Rolle in der Natur. Auf der Sonne kommt er frei in sehr großen Mengen vor, auf der Erde nur seltener, so in Vulkangasen und in Fäulnisgasen. Mit Kohlenstoff verbunden bildet er die Erdöllager und den Bestandteil vieler Stoffe in der organisierten Natur.

Verwendung von Wasserstoff

Man braucht große Mengen Wasserstoff zur Luftschiffahrt, zur Fetthärtung (s. Bd. III) und zur Darstellung von Ammoniak. Ferner bedarf man seiner zur Erzeugung sehr hoher Temperaturen. Da Wasserstoff, „brennbare Luft", brennbar ist, sich nämlich mit Sauerstoff zu Wasser vereinigt, wenn man ihn entzündet, so steigert man die Temperatur der Verbrennung durch Anwendung reinen Sauerstoffs anstatt Luft. So bekommt man eine sehr blasse, bläuliche, überaus heiße Flamme. Sorgt man für kräftige Mischung der Gase im Augenblick der Verbrennung, so steigt die Temperatur noch höher. Vor der Verbrennung sie zu mischen geht nicht gut an; denn, wenn man ein solches Gemisch dann entzündet, so schlägt die Entzündung in den Behälter mit der Mischung zurück und wird ihn durch die Explosion meist mit einem Knall zerreißen. Deshalb heißt jedes Gemisch von Sauerstoff mit einem brennbaren Gas ein Knallgas. Läßt man jedoch die Explosion in einem so starkwandigen Gefäß vor sich gehen, daß die Gase ihr Volumen nicht durch die Explosionshitze vergrößern können und daher kein Stoß auf die umgebende Luft ausgeübt wird, so gibt es keinen Knall. Man mischt derartige Gase wie im gewöhnlichen Gebläse, durch geeignete Konstruktion des Brenners erst in der Flamme selbst und bläst darin den Sauerstoff durch ein axiales Rohr in die Mitte der Flamme, wie das Bild des Daniellschen Hahns zeigt (Abb. 42). In der Knallgasflamme schmelzen selbst Platin und Quarz, die sonst nur sehr schwer zum Schmelzen kommen. Man verwendet sie auch zum Löten großer Bleiplatten mit Blei, was in Schwefelsäurefabriken eine Rolle spielt.

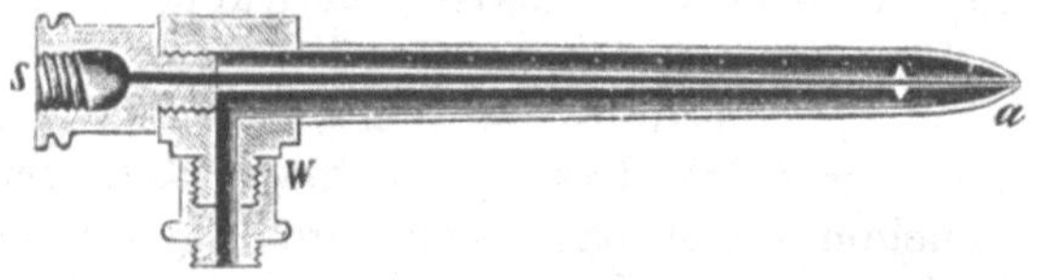

Abb. 42. Daniellscher Gebläsehahn.

Chemische Eigenschaften des Wasserstoffs.

Verbindungen von Wasserstoff

Wie Sauerstoff, so verbinden sich auch mehrere andere Stoffe, wie Chlor, Brom, Jod und eine Reihe von Metallen beim Erhitzen mit Wasserstoff zu *Hydriden.* Doch gibt es viele Metalle, die dies nicht tun. Daß es dabei im allgemeinen zuerst der Erhitzung bedarf, ist eine häufige Erscheinung, die uns in der Reaktionsgeschwindigkeitslehre beschäftigen wird.

Wir sahen bereits, daß man Sauerstoff auch aus Oxyden herausnehmen kann, wenn man diese mit Wasserstoff erhitzt. Wird dabei das Metall zurückgebildet, so nennt man den Vorgang *Reduktion* des Oxyds. Reduktion und Oxydation sind daher entgegengesetzte Vorgänge (Erweiterte Bedeutung beider Begriffe S. 293). Wir kürzen im folgenden Oxydation durch Ox., Reduktion durch Red. ab. Oxydation, Reduktion

3. Das Wasser.

§ 23. Dies ist ein Stoff von sehr ungewöhnlichen Eigenschaften, höchst verschieden von den meisten anderen uns bekannten Stoffen. Abnorme Eigenschaften des Wassers Druckerhöhung erniedrigt bei Wasser den Schmelzpunkt, führt also zur Schmelzung, wie das Aufdrücken jeden Eisstücks und die Betrachtung jeden Gletschers lehrt.

Wasser dehnt sich beim Gefrieren aus, während andere Stoffe sich zusammenzuziehen pflegen. Daher kommt die gewaltige zerstörende Wirkung, die Wasser als geologischer Faktor mechanisch übt. Die große spezifische und Verdampfungswärme des Wassers hängen gleichfalls mit diesen Volumeneigenschaften zusammen. Aber auch chemisch verhält es sich höchst auffallend. Es löst außerordentlich viele Stoffe und versetzt viele davon hierbei in einen Zustand sehr gesteigerter chemischer Aktionsfähigkeit, die in den meisten anderen üblichen Lösungsmitteln ausbleibt. So kommt es, daß Reaktionen in wäßrigen Lösungen im allgemeinen im Verhältnis zu solchen in anderen sich überaus schnell abspielen. Endlich verbindet sich Wasser mit zahlreichen Stoffen, teils fest, teils locker und läßt sich mit vielen Mitteln wieder abspalten.

Die Wirkung aller dieser chemische und physikalische Geschehnisse fördernden Eigenschaften wird auf der Erde ins ungemessene gesteigert durch die großen Massen des Wassers, die auf ihr frei und gebunden vorkommen. Wirkungen des Wassers in der Natur Die Meere, die den größten Teil der Erde bedecken, bestehen zu rund 96,5 vom Hundert aus Wasser. Der Rest ist Kochsalz 2,7 vom Hundert und andere Salze. Die Gletscher, die in den Polgegenden sehr mächtig sind, bestehen aus fast reinem Eis. Der Luftraum enthält stets bedeutende Mengen Wasserdampf und als Wolken und Nebel auch flüssiges Wasser. Die Organismen bestehen zum größten Teil aus Wasser, und können ohne es nicht leben. Aber auch die feste Erdrinde, abgesehen von Flüssen und Seen, enthält chemisch gebundenes Wasser in großen Mengen und selbst beim Vulkanismus, vielleicht gerade bei ihm, spielt Wasser eine große Rolle. Die gegenteilige Ansicht ist heute widerlegt.

Das durch die Sonnenwärme verdampfte und in kälteren Schichten wieder kondensierte atmosphärische Wasser wird namentlich als Schnee sehr rein sein können, doch enthält es immer Gase und kleine Mengen Natürliche Wässer gelöster Stoffe, meist Ammoniumsalze und wenn nicht in großen Höhen fallend, auch reichlich Staub.

Quellwasser aus Granit oder mehr noch aus Buntsandstein gleicht ebenfalls dem reinen destillierten Wasser, schmeckt aber nicht fade, wie dieses, sondern durch einen Kohlendioxyd- und Luftgehalt erfrischend. Beide reinen Wässer sind auf die Dauer ungesund wegen des Mangels an Salzen. Manche Quellwässer, ferner Flußwässer enthalten 2—0,1 vom Tausend (= v. T.) an (meist Kalk-) Salzen. Quellwässer mit auffallendem Gehalt an Gasen oder Salzen heißen Mineralwässer und da die Löslichkeit auch von Salzen mit der Temperatur zu steigen pflegt, so sind sie häufig zugleich Thermen. Säuerlinge enthalten Kohlensäure, Stahlwässer Eisen, Bitterwässer Magnesiumsalze, Schwefelwässer Schwefelwasserstoff, Solen Kochsalz. Wichtig sind auch Arsen- und Radiumwässer. Zusammensetzung, Wirksamkeit und Gebrauch der Mineralwässer und Thermen lehrt die Balneologie kennen.

Reinigung von Wasser

Trinkwasser, wie es durch Brunnen aus dem Grundwasser geholt oder aus Quellen geschöpft wird, muß im allgemeinen erst gereinigt werden, da es vor allem bei Gehalt an organischen Stoffen oder salpetrigsauren Salzen verdächtig ist, schädliche Kleinwesen zu enthalten. Filtration durch große Sandfilter und Verteilung des so gereinigten Wassers durch ein eisernes Leitungsnetz hat sich zur hygienischen Wasserversorgung der Städte als vorteilhaft erwiesen. Doch kommt es vor, daß die Filtration nicht genügt oder das Leitungsnetz infiziert wird. Dann können Epidemieen auftreten und man darf dann das Wasser nur gekocht genießen.

Gebrochene (fraktionierte) Destillation

Reines Wasser für chemische Zwecke stellt man durch Destillation reinen Trinkwassers aus einem Quarz- oder Platingefäß her und benützt einen Kühler aus Quarz oder aus Zinn, welche beiden Stoffe durch reines Wasser kaum angegriffen werden. Man muß die Destillation „gebrochen" („fraktioniert") leiten, denn das erste Destillat, der „Vorlauf" enthält die Hauptmenge der verunreinigenden Gase und der Rest würde durch Verspritzen übergerissene Salzreste mitbringen. Ganz gasfreies, also vor allem luft- und kohlensäurefreies Wasser erhält man nur bei Anwendung besonderer Vorsichtsmaßregeln, die wir in der Elektrochemie näher behandeln werden, weil man dort sehr reinen Wassers bedarf. Für chemische Zwecke ist meist das aus einer kupfernen Blase mit Zinnkühler destillierte und in Steinzeugfässern aufbewahrte Wasser rein genug. Einen dazu geeigneten Apparat zeigt Abb. 43.

Bildung reinen Wassers

Daß Wasser auch aus Wasserstoff durch Verbrennen entstehen kann und auch durch Reduktion von Oxyden durch Wasserstoff, haben wir schon gesehen, ebenso, daß Luftsauerstoff aus Wasserstoffverbindungen Wasser bilden kann, wie bei der Verbrennung der Kerze. Manche Wasserstoffverbindungen, z. B. Ammoniakgas sind so zersetzlich, daß sie beim Überleiten über Oxyde, z. B. Kupferoxyd ebenfalls Wasser bilden.

Endlich kann man Wasser vielfach durch Erhitzen wasserhaltiger Stoffe gewinnen und man macht davon in der Analyse Gebrauch, um Wassergehalt nachzuweisen.

Zersetzbarkeit von Wasser

Wenn also dem Wasser offenbar auch eine große Beständigkeit eigen ist, so läßt es sich doch, wie wir sahen, elektrolytisch und auch durch Hitze zersetzen (Einwirkung von Wasserdampf auf Eisen). Letzteres kann man auch mit

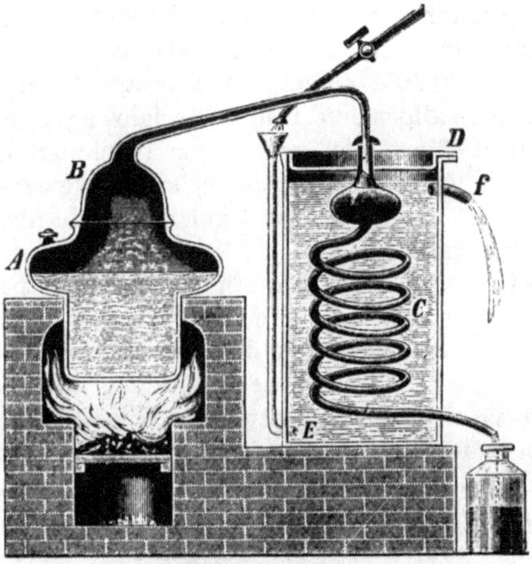

Abb. 43. Apparat zur Herstellung reinen destillierten Wassers.

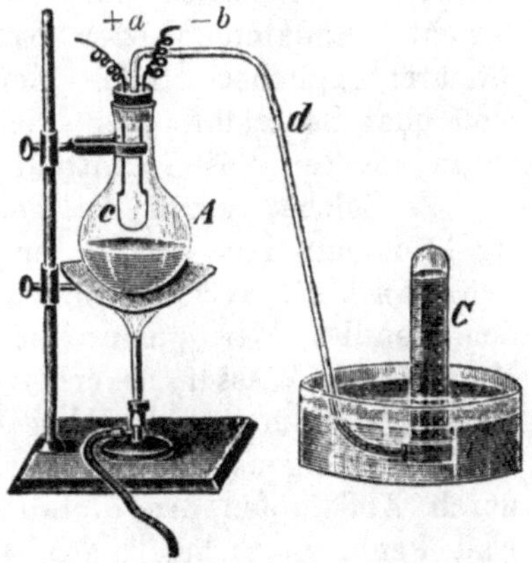

Abb. 44. Wasserdampfzersetzung an glühendem Platindraht.

einem glühenden Platindraht erreichen, an dem man Wasserdampf vorbeistreichen läßt (Abb. 44). Das entstehende Gasgemisch ist *Knallgas.*

Physikalische Eigenschaften des reinen Wassers.

Physikalische Eigenschaften reinen Wassers

Seine auffallendsten haben wir schon genannt. Die Farbe des Wassers ist zwar in der Natur meist bräunlich oder grünlich, doch rührt dies nur von der Beimischung von Gelb zum natürlichen Blau des Wassers, die durch organische Verunreinigungen gelber oder brauner Farbe hervorgerufen wird. Der Gefrierpunkt des Wassers ist laut Definition unserer Celsiusskala gleich 0°, der Siedepunkt 100°. Der Schmelzpunkt sinkt für 1 Atmosphäre Drucksteigerung um 0,0075°. Wasser zieht sich bei Erwärmung zusammen, bis es bei + 3,945° sein Dichtemaximum erreicht hat. Von da ab verhält es sich, wie andere Stoffe und dehnt sich mit steigender Temperatur aus. Seine spezifische Wärme, eine der größten, die man überhaupt kennt, verhält sich gleichfalls zuerst abnorm und sinkt bis gegen 35°, dann erst steigt sie, wie bei anderen Stoffen mit der Temperatur. Schmelzwärme 79 cal und Verdampfungswärme 536 cal sind groß (s. S. 394). Die Ausdehnung beim Gefrieren beträgt rund 9 v. H. ist also sehr groß.

4. Wäßrige Lösungen.

Säuren, Basen, Salze.

Lösungen im indifferenten Lösungsmittel

§ 24. Man kann dreierlei wäßrige Lösungen unterscheiden:

1. Solche, worin die gelösten Stoffe viele ihrer sonstigen Eigenschaften noch immer zeigen und keine größere Reaktionsfähigkeit, als ihrem gelösten, d. h. feiner verteilten Zustand an sich zukommt. Daß im gelösten Zustand die Aktivität wenigstens größer ist, als im starren, kommt in dem alten chemischen Grundsatz: corpora non agunt, nisi fluida, zum Ausdruck, der gewiß eine allgemeine Ungefährerfahrung ausspricht. Abdampfen oder Erhitzen führt hier meist zur Trennung in die ursprünglichen Stoffe. Beispiele für solche Lösungen sind: Wasserstoff oder Sauerstoff oder Zucker in Wasser gelöst. Solches Verhalten ist in anderen Lösungsmitteln auch bekannt.

Chemische Lösungen

2. Solche, worin die gelösten Stoffe offenbar in eine chemische Reaktion mit dem Wasser eingegangen sind und ihre Eigenschaften zum größten Teil verloren haben, z. B. die Lösungen der wasserzersetzenden Metalle: Wirft man Natrium oder Kalium, beides weiße, weiche Metalle, auf Wasser, so erhitzen sie sich stark, entwickeln Wasserstoff, Kalium entflammt sich dabei sogar und die entstandene Lösung besitzt fast keine Eigenschaft der Metalle mehr, sondern neue. Auch läßt sich durch Abdampfen das Metall nicht wieder erhalten. Auch für diesen Fall kennt man bei zahlreichen anderen Stoffen und Lösungsmitteln Beispiele.

Elektrolyt-Lösungen

3. Besonders kennzeichnend aber für das Wasser ist die dritte Art von Lösungen, die man zwar auch bei nicht wenigen anderen Lösungsmitteln beobachtet hat, aber in wenig Fällen so ausgeprägt, wie beim Wasser. Hier nämlich kann man i. allg. durch Abdampfen die ursprünglichen Stoffe unverändert wieder erhalten und man kann auch manche ihrer sonstigen Eigenschaften in der Lösung wahrnehmen, so meist die Farbe, allgemein die optischen Eigenschaften; aber zwei Eigenschaften sind ganz verändert und zwar gesteigert: Die *Leitfähigkeit für den elektrischen Strom* ist viel größer, oft Tausende von Malen größer, als die Summe der Leitfähigkeit der Komponenten beträgt und die große chemische Aktionsfähigkeit gibt zu Reaktionen Anlaß, die man in Lösungsmitteln der Klasse 1 auch nicht qualitativ nachweisen kann.

3 Klassen wäßriger Elektrolyte

Alle Lösungen der Klasse 3 leiten den elektrischen Strom unter Zersetzung, werden daher *Elektrolyte* genannt. Unter den wäßrigen Elektrolyten wieder hat man 3 Gruppen zu unterscheiden:

Säuren

1. Die Lösung schmeckt sauer und rötet Lakmus, einen blauen Pflanzenfarbstoff. Mit diesen beiden leicht prüfbaren Eigenschaften verbinden sich stets zahlreiche andere, ganz bestimmte Eigenschaften, die diese Lösungen von den beiden anderen Gruppen unterscheiden. Deshalb ist es zweckmäßig, die Lösungen nach diesem einfachen Kriterium einzuteilen. Diese erste Gruppe sind die *Säuren.*

2. Die Lösung schmeckt laugenhaft (alkalisch) und bläut Lakmuspapier, das durch Säure gerötet war. Mit diesen Eigenschaften wieder ist eine Reihe anderer bestimmter Eigenschaften regelmäßig verbunden und so faßt man diese Gruppen als Lösungen von *Basen* zusammen. Basen

3. Mischt man eine Säure mit einer Base, so kann man es durch geeignetes Mengenverhältnis der beiden dahinbringen, daß die Lösung die Eigenschaften weder einer Säure, noch einer Base besitzt, also Lakmus weder rötet noch bläut. Da sie dann häufig, wenn auch keineswegs immer salzig schmeckt, so nennt man diese Lösungen Salzlösungen und die entstandene Verbindung von Säure und Base ein *Salz*. Salze

(*Saure, alkalische, neutrale Reaktion.*)

Dampft man eine Säure ein, so kann man häufig einen wasserfreien Stoff erhalten, der die Säureeigenschaft wieder eingebüßt hat. Erhitzt man beispielsweise starke Salzsäure, so erhält man ein Gas, Chlorwasserstoff, das trockenes Lakmuspapier nicht rötet. Da wir bei der Feuchtigkeit der Schleimhäute trockene Dinge nicht schmecken können, so kann ihr Geschmack nicht geprüft werden. Man nennt Chlorwasserstoff das Anhydrid der Salzsäure. Nicht bei allen Säuren gelingt die Trennung vom Wasser vollkommen. Meist erhält man vielmehr, wenn sich nicht zugleich das Anhydrid zersetzt, einen Stoff, der Lakmus noch rötet und die Eigenschaft, sauer zu schmecken, im höchsten Grad besitzt und woraus man kein Wasser mehr entfernen kann. Dieser Stoff heißt dann die wasserfreie Säure, obschon er doch noch Wasser enthält. So verhält sich z. B. die Phosphorsäure oder starke Schwefelsäure. Anhydride

3. Die Welt der Atome. Elemente und Verbindungen.

Quantitative Analyse.

I. Reine Stoffe. Die Welt der konstanten Proportionen.

1. Nachweis von Verbindungen. Analyse. Synthese. Elemente.

Chemische Elemente

§ 25. Im Wasser haben wir die erste und wichtigste aller chemischen Verbindungen kennen gelernt. Da es sich in zwei verschiedene einheitliche Stoffe, nämlich in Wasserstoff und Sauerstoff zerlegen und aus beiden sich auch wieder mit denselben Eigenschaften zurückgewinnen ließ, so sagen wir, es sei aus Wasserstoff und Sauerstoff zusammengesetzt oder eine *Verbindung* von Wasserstoff und Sauerstoff. Von seinen beiden Bestandteilen freilich muß man zugeben, daß es noch nicht gelungen ist, sie in mehrere einheitliche Stoffe zu zerlegen. Wasserstoff bleibt, ebenso wie Sauerstoff, immer einheitlich und läßt sich nicht in verschiedene Stoffe zerlegen. Deshalb nennt man beide Gase *Elemente*. Setzt man eine Verbindung experimentell aus ihren Elementen (z. B. Quecksilberoxyd aus Quecksilber und Sauerstoff) zusammen, so heißt dies Verfahren Synthese. Zerlegt man sie aber in die Elemente, so ist dies umgekehrte Verfahren unseren früher besprochenen Synthese

Analyse

Trennungsverfahren zu vergleichen und heißt Analyse (z. B. Zersetzung von Wasser im A. W. Hofmannschen Apparat). Ob und wie ein Stoff zusammengesetzt ist, erfährt man durch Analyse und Synthese. Beiden Verfahren werden wir später eine erweiterte Bedeutung zuerkennen.

Arten der Analyse

Bei der Analyse unterscheidet man qualitative Arbeiten, wo nur die Art der Elemente untersucht wird, die in der Verbindung enthalten sind, von quantitativen, wo auch ihre relative Menge ermittelt wird. Die Menge kann an der Masse gemessen werden — gravimetrische oder Gewichtsanalyse. Oder man mißt, welche Raumteile der elementaren Ausgangsstoffe man unter gleichen äußeren Bedingungen (Druck, Temperatur) vereinigen muß, um einen Raumteil der Verbindung zu gewinnen: Volumetrische Analyse. Sie wird vor allem bei Gasen bevorzugt, weil ihr geringes Gewicht neben dem großen der umschließenden Gefäße nicht leicht genau zu bestimmen ist.

Fortexistenz der Elemente in den Verbindungen

Der qualitative Unterschied verschiedener Stoffe muß sich noch bis in die Molekeln erstrecken. Denn alle Molekeln des Wasserstoffgases z. B. betrachten wir als untereinander qualitativ gleich (wir werden diese Aussage später einschränken), und als verschieden von den wiederum untereinander gleichen Sauerstoffmolekeln; und die untereinander gleichen Wassermolekeln sind wieder von anderer Art. Wie wir früher schon annahmen, daß sich die Körper nicht nur in Molekeln zerteilen ließen, sondern daß die Molekeln auch noch als solche fertig gebildet in festen und flüssigen Körpern nebeneinander liegen, so machen wir jetzt eine entsprechende Annahme für den Aufbau der Molekeln. Wir nehmen von einer Wassermolekel nicht bloß an, daß man sie aus Sauerstoff- und Wasserstoffmolekeln darstellen kann, sondern daß in ihr noch fertige Teilchen von Wasserstoff und Sauerstoff nebeneinander liegen und nur durch ihre gegenseitige Beeinflussung die neuen Eigenschaften des Wassers gegenüber den von seinen verschiedenen der beiden Gase Wasserstoff und Sauerstoff bedingen. Jetzt erhebt sich die grundlegende Frage:

Bestehen die Molekeln zusammengesetzter Stoffe (Verbindungen) bloß aus vereinigten **Molekeln** der freien **Elemente** oder enthält eine Molekel einer **Verbindung** unter Umständen **weniger** von einem Element als eine ganze Molekel des freien **Elements**?

Dies ist nicht durch ein Experiment allein zu entscheiden. Wir bedürfen dazu mehrerer unabhängiger Einzelerfahrungen. Wir ordnen diese so an und wählen sie so aus, wie man etwa am schnellsten und einfachsten zu der Antwort hätte kommen können.

2. Gasvolumetrische Analyse des Wasserdampfs. Die Gasgesetze von Boyle-Gay-Lussac-Avogadro. Chemische Formeln. Die Atome.

Volumenanalyse von Wasserdampf

§ 26. Zersetzt man Wasser, dem man sehr wenig Salzsäure zugesetzt hat, elektrolytisch im Hofmannschen Apparat, so erhält man auf 2 Raumteile Wasserstoff 1 Raumteil Sauerstoff.

Über das Raumverhältnis von Wasserdampf zu den aus ihm abscheidbaren Raumteilen Wasserstoff und Sauerstoff gleichen Drucks und gleicher Temperatur lehrt dieser Versuch nichts. Vielmehr benützt man da einfach (Abb. 33) eine Barometerröhre, worein man über Quecksilber 2 Raumteile Wasserstoff und 1 Raumteil Sauerstoff einfüllt. Sie ist von strömendem Wasserdampf umgeben, also dauernd auf 100° erhalten. Läßt man jetzt oben zwischen den Drähten in der Röhre einen Funken überschlagen, so vereinigen sich die Gase unter leichter Explosion praktisch vollständig. Wenn alles wieder 100° angenommen hat und die gleiche Höhe der Quecksilbersäule in der Röhre über dem äußeren Spiegel wieder hergestellt und somit auch der Druck derselbe wie vor der Explosion ist, dann ist das Volumen in der Röhre $^2/_3$ des ursprünglichen Gesamtvolumens.

Das Rohr mit den eingeschmolzenen Drähten läßt sich auch zur Analyse der Luft verwenden. Weil man früher die Witterung mit der Zusammensetzung der Luft in Verbindung brachte, so heißt es Eudiometer (*εὐδία* = heiteres Wetter).

Der Versuch ist von grundlegender Wichtigkeit. Erstens stellt er einen der wichtigsten Fälle eines von **A. v. Humboldt und Gay-Lussac** entdeckten Gasgesetzes dar:

5. *Bei chemischer Umsetzung von Gasen miteinander stehen die Volumina der unter gleichem Druck und gleicher Temperatur befindlichen Ausgangsstoffe zu den unter denselben Bedingungen gemessenen Volumina der Endprodukte, sowie untereinander in einfachen rationalen Zahlenverhältnissen.*

Humboldt-Gay-Lussacsches Gesetz der rationalen Gasvolumina

Im Beispiel der Wasserbildung haben wir das Verhältnis 2 Wasserstoff (W) : 1 Sauerstoff (S) : 2 Wasserdampf (D).

Das Avogadrosche Gesetz beweist sogleich, daß 2 Molekeln Wasserdampf aus je 2 Molekeln Wasserstoff und 1 Molekel Sauerstoff entstehen müssen. Denn in gleichen Volumina sind gleich viel Molekeln enthalten, also gibt das Verhältnis verschiedener Volumina sogleich das Verhältnis der Molekelzahlen. Also:

$$2\,W + 1\,S = 2\,D.$$

Jede Molekel Wasserstoff W muß also mit einer halben Molekel Sauerstoff zu einer Molekel Wasserdampf D zusammentreten. Die Sauerstoffmolekel muß mithin aus mindestens zwei einander ganz gleichen Teilchen zusammengesetzt sein. Setzen wir als Abkürzung für Sauerstoff (Oxygen) das Buchstabenzeichen O (solche Zeichen hat Erlenmeyer zuerst verwendet), so können wir unter O_2 eine zweiteilige Sauerstoffmolekel verstehen und unter O ein (einteiliges) einzelnes Teilchen. Dieses nennen wir ein Sauerstoffatom (von *ἄτομος* unteilbar, weil man diese kleinen Teilchen früher für ganz unteilbar hielt). Kürzen wir den Wasserstoff durch H (Hydrogen) ab, so können wir für die Wasserstoffmolekel entweder H oder H_2 schreiben oder einen noch größeren Index anhängen, weil wir noch nicht wissen, wieviel Atome in einer Wasserstoffmolekel enthalten sind. Wollen wir die Bildung und Zu-

Chemische Symbole

Atom

Unzureichende Aussage des Versuchs über die Atomzahl in den Molekeln

sammensetzung des Wasserdampfs durch unsere Zeichen bequem ausdrücken, so können wir das entweder durch:

$$2H + O_2 = 2HO \quad \text{oder} \quad 2H_2 + O_2 = 2H_2O$$

oder noch anders, mit größeren Indizes an H. Ja man könnte auch an das O größere Indizes setzen, ohne mit Avogadros oder Humboldt-Gay-Lussacs Gesetz in Widerstreit zu kommen; z. B.

$$2H_2 + O_4 = 2H_2O_2;\; 2H_4 + O_4 = 2H_4O_2$$

usf. Zur Darstellung des letzteren Gesetzes sind alle diese Schreibweisen gleich gut brauchbar.

Elektrolyse von Salzsäure

Wir wollen jetzt aber unseren Versuch statt mit sehr verdünnter, mit sehr konzentrierter Salzsäure anstellen, die wir aus gleichen Teilen stärkster Salzsäure und Wasser mischen. Dann bekommen wir zwar bei der Elektrolyse (Abb. S. 354) am Wasserstoffpol noch immer Wasserstoff, am anderen Pol aber statt Sauerstoff ein hellgrünes Gas, das man nach seiner Farbe Chlor (χλωρός gelbgrün) genannt hat. Den Wasserstoff erkennen wir an seiner Brennbarkeit und Dichte sehr leicht und können uns auf alle Weise von seiner Wesensgleichheit mit dem aus Wasser erhaltenen überzeugen. Während wir aber aus Wasser 2 Raumteile von ihm und 1 Raumteil Sauerstoff erhalten hatten, entsteht jetzt 1 Chlor und 1 Wasserstoff. Nun wollen wir die beiden Gase miteinander wieder vereinigen, ähnlich wie es bei Wasser geschah. Das läßt sich hier bequemer durchführen, weil durch Vereinigung von Chlor und Wasserstoff ein Stoff entsteht, der bei gewöhnlicher Temperatur und Atmosphärendruck ein Gas ist. Wir leiten beide Gase zusammen durch eine Kugel aus starkem Glas, die sorgfältig getrocknet und vor grellem Licht geschützt ist. Nach mindestens halbstündigem Durchleiten können wir sicher sein, daß die Luft aus der Kugel recht vollkommen durch das Gasgemisch 1 Chlor + 1 Wasserstoff verdrängt ist. Nun setzen wir die Kugel nach Abschließen ihrer Hähne in die Sonne, oder entflammen ein Stückchen Magnesiumband in ihrer Nähe. Nach kurzem, bei guter Luftverdrängung schon nach wenigen Sekunden, hört man einen leichten Knack, sieht auch eine schwache Flamme und zugleich tritt an Stelle des grünlichen Gasgemischs ein farbloses Gas. Wir lassen die Kugel abkühlen und tauchen dann ihr unteres Rohr (Abb. 45) in Quecksilber. Öffnen wir den unteren Hahn, so steigt das Quecksilber nicht, ein Beweis, daß die Vereinigung von Chlor und Wasserstoff im Raumverhältnis von 1 : 1 erfolgt, ohne daß eine Druckänderung hinterbleibt, also nach dem Avogadroschen Gesetz auch ohne Änderung der Molekelzahl. Daß in der Tat etwas neues entstanden ist, erfahren wir, wenn wir die Kugel in Wasser halb eintauchen (Abb. 46) und den unteren Hahn öffnen. Das Wasser dringt sehr heftig ein, als ob die Kugel leer wäre und füllt sie um so vollständiger aus, je besser man die Luft durch das Chlor-Wasserstoffgemisch verdrängt hatte. Danach könnte es scheinen, als wäre das Reaktionsprodukt, unserem Gesetz der Erhaltung der Masse zum Trotz einfach verschwunden. Läßt man jedoch die Flüssigkeit aus der Kugel auslaufen, so erhält man eine stark sauer schmeckende Flüssigkeit, die sich bei genauerer Untersuchung leicht als verdünnte Salzsäure von denselben Eigenschaften erweist, wie die ursprünglich zur Wasserzersetzung benützte gewesen war. Die Verbindung von Chlor und Wasserstoff, gelöst in Wasser, stellt also einfach Salzsäure dar und heißt Chlorwasserstoffsäure.

Zusammensetzung der Salzsäure

Das farblose Gas Chlorwasserstoff hat sich aus 1 Raumteil Wasserstoff und 1 Raumteil Chlor ohne Volumenänderung gebildet und daher haben wir nach Avogadro:

1 Molekel Wasserstoff + 1 Molekel Chlor = 2 Molekeln Chlorwasserstoff.

Nun bestehen aber alle Chlorwasserstoffmolekeln ersichtlich aus je gleichviel Chlor und Wasserstoff und somit muß jede Wasserstoffmolekel und jede Chlormolekel bei der Reaktion halbiert worden sein.

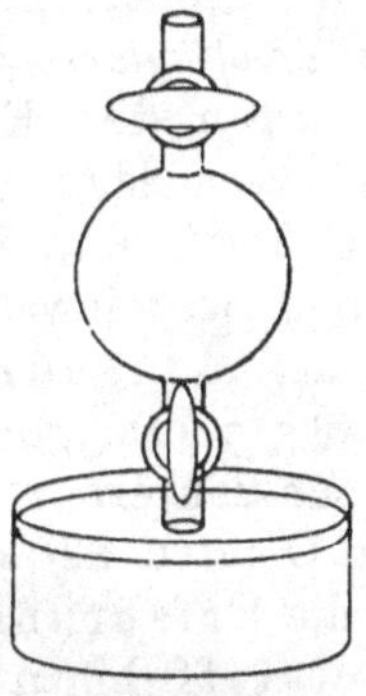

Abb. 45. Ausbleiben von Druckänderung bei Chlorwasserstoffbildung.

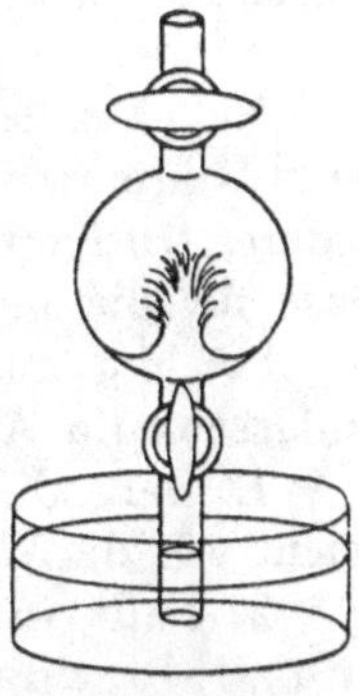

Abb. 46. Vollständige Auflösung des Chlorwasserstoffs im eindringenden Wasser.

Jede Wasserstoffmolekel und jede Chlormolekel läßt sich also in je zwei gleiche Teile spalten, ähnlich wie man sichtbare Körper in viele untereinander gleiche Molekeln spalten kann. Und wie dort nehmen wir jetzt an, daß man nicht bloß diese Spaltung erst hervorrufen kann, sondern daß sie stets im Innern der Molekel schon bis zu einem gewissen Grad vollzogen ist, d. h. daß die genannten beiden Molekeln stets schon aus zwei gleichen, aber aneinanderhaftenden Stücken bestehen, die Wasserstoffmolekel aus zweien und die Chlormolekel aus zweien. Es ist nicht gelungen, die Teilung weiterzutreiben. Deshalb hat man diese Teile Atome genannt. Auf Grund der Chlorwasserstoffbildung aus den Gasen Chlor und Wasserstoff und auf Grund des Avogadroschen Gesetzes sind wir somit genötigt, in jeder Chlormolekel mindestens zwei, jedenfalls eine gerade Anzahl Chloratome anzunehmen und in jeder Wasserstoffmolekel zwei oder eine größere, aber gerade Anzahl Wasserstoffatome. Setzen wir das Zeichen für ein Wasserstoffatom mit H, das für ein Chloratom mit Cl fest, so können wir die Chlorwasserstoffbildung offenbar schreiben:

$$H_2 + Cl_2 = 2\,HCl.$$

Chemische Formeln

Man nennt H_2, Cl_2, HCl die *chemischen Formeln* für Wasserstoffgas, Chlorgas, Chlorwasserstoffgas. Die Formel bringt, wie die Gleichung zeigt, aufs kürzeste und bequemste die Volumenbeziehungen bei der Reaktion zum Ausdruck; aus je einem Volumen Cl_2 und H_2 entstehen 2 Raumteile HCl, das Gesamtvolumen erfährt also keine Änderung, wie unser Versuch bewies.

Damit ist zugleich die auf S. 44 erhobene Frage z. T. entschieden. Die Wasserbildung muß durch

$$2H_2 + O_2 = 2H_2O \text{ und nicht durch } 2H + O_2 = 2HO$$

dargestellt sein. Denn eine Wasserstoffmolekel ist durch H_2 und nicht durch H dargestellt, sie enthält mit anderen Worten 2 Atome. Freilich könnte man auch

$$H_4 + Cl_4 = 2H_2Cl_2 \quad \text{und} \quad 2H_4 + O_4 = 2H_4O_2$$

Atom- und Molekularkoeffizienten

schreiben, oder noch größere *Atomkoeffizienten* anhängen, die noch immer zu den richtigen *„Molekularkoeffizienten“* 1 : 1 : 2, bzw. 2 : 1 : 2 führten. Nur aus *Gründen der Einfachheit* hat man anfangs die letzteren Schreibweisen vermieden. Aber später werden wir sehen, daß noch andere, triftigere Gründe, u. a. Erfahrungen über den Wärmeinhalt der Gase für die heutige Schreibweise als die einfachste sprechen.

So hat uns das *Avogadrosche* Gesetz, aus der Gastheorie erschlossen, die Aussagen ermöglicht:

Die Molekelmasse zweier Gase steht im Verhältnis der unter gleichen Bedingungen gemessenen Massen gleicher Volumina.

1. Daß die Massenverhältnisse verschiedener Molekeln dieselben seien, wie die der Dichten der aus den Molekeln gebildeten Gase.

2. Falls wir die *Erfahrungen* bei der *Gasanalyse von Wasser und Chlorwasserstoff* hinzunahmen, daß in Sauerstoff, Wasserstoff und Chlorgas die Molekeln jeweils *mindestens* zweiatomig seien.

Molekeln von H, O, Cl sind zweiatomig H_2, O_2, Cl_2.

3. Falls wir die einfachste Möglichkeit allein berücksichtigten, daß diese Gase *nicht mehr* als 2 Atome in der Molekel enthielten.

Avogadros Gesetz allein sagt über Atomzahlen der Molekeln noch nichts aus

Aus Avogadros Gesetz allein erfahren wir über die Atomzahl in den Molekeln nichts Eindeutiges.

Wie man aus der Molekelvorstellung an sich bereits durch Anwendung einfacher Sätze aus der Mechanik Gesetze ableiten kann, die an der Erfahrung sich bewähren, z. B. die Gesetze von *Boyle-Mariotte*. *Gay-Lussac*, *Avogadro*, so erfließt aus der Atomtheorie außer dem *Humboldt-Gay-Lussac*schen Gesetz der rationalen Gasvolumina noch ein weiteres Gesetz von größter Wichtigkeit, das sich auf die Massenverhältnisse in den Stoffen bezieht und damit zur Gewichtsanalyse hinüberführt.

Gewichtsanalyse des Wassers

3. Gewichtsanalyse des Wassers. Gesetz der konstanten und multiplen Proportionen. Die Atomgewichte. Periodisches System. Die Isotopen.

§ 27. Da in einer und derselben Molekel stets die Atome in gleicher Art und Zahl enthalten sind, wie in jeder anderen Molekel desselben Stoffs, und da jedes Atom eines Elements mit jedem andern desselben Elements laut Annahme in allen Stücken übereinstimmt, so tut es dies auch hinsichtlich der Masse. Deshalb muß das Massenverhältnis der verschiedenen Elemente in einer Verbindung ein ganz bestimmtes unveränderliches sein: *Gesetz der konstanten Proportionen.*

Das wird ein berühmtes Beispiel zeigen, worin das wichtige *Massenverhältnis* der Elemente H und O im Wasser bestimmt wird. *Berzelius*, dem man sehr viele und meist auf rund 1 v. H. genaue (oder noch genauere) Bestimmungen der Massenverhältnisse der Elemente in ihren Verbindungen verdankt, hat im Jahr 1820 reines Wasser aus einer gewogenen Menge Kupferoxyd, einem schwarzen Pulver, durch Überleiten von Wasserstoffgas dargestellt. Dies Wasser wurde dann genau gewogen und aus den beiden Wägungen das Massenverhältnis von H : O in folgender Weise bestimmt. Die Gewichtsabnahme des Kupferoxyds, woraus sich beim Erhitzen in Wasserstoff metallisches Kupfer bildet, mußte der Masse des Sauerstoffs im entstandenen Wasser gleich sein und durch Subtraktion dieser Größe von der Masse des Wassers erhält man die Masse des Wasserstoffs darin. 1834 haben Dumas und Stas die Untersuchung wiederholt mit dem in Abb. 47 gezeichneten Apparat.

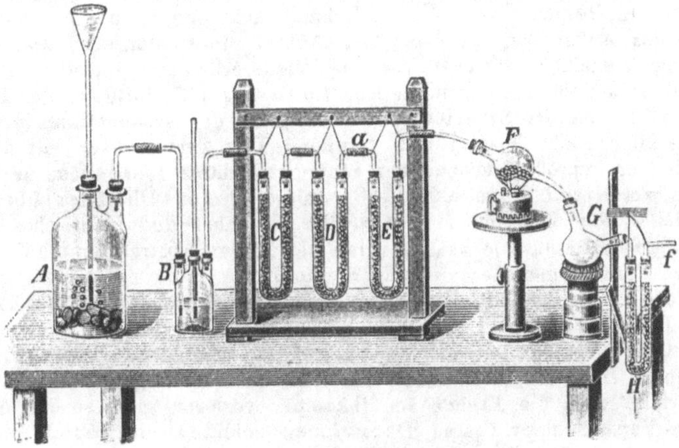

Abb. 47.
Wasseranalyse durch Synthese nach Dumas und Stas.

In *A* entwickelt Zink mit verdünnter Schwefelsäure Wasserstoff, der zur Reinigung eine Kaliumpermanganatlösung in *B* und zur Trocknung die U-Röhren *C* mit Chlorcalcium, *D* mit konzentrierter Schwefelsäure und *E* mit Phosphorpentoxyd durchströmt. In dem mit Kupferoxyd beschickten und gewogenen Rohr *F*, das erhitzt wird, entsteht das Wasser, das in *G* und *H* aufgefangen und gewogen wird. Später sind ähnliche Messungen von anderer Seite mit vervollkommneten Mitteln wiederholt und das Massenverhältnis H : O zu 1 : 7,9366 gefunden worden. Setzt man das Gewicht eines H-Atoms willkürlich als Einheit fest, so erhält man also das für O zu rund 8 (wie das früher auch galt), wenn man die Formel für Wasser wie früher HO schreibt, also ein H-Atom und ein O-Atom in der Molekel annimmt. Hat man aber Grund zu der Annahme, daß HO_2 zweckmäßiger ist, so wird das Atomgewicht für O = 8/2 und wenn, wie wir sahen, H_2O das beste ist, so wird das Atomgewicht des Sauerstoffs 15,87. Aus den Massenverhältnissen allein, also durch

Analyse und Synthese allein, läßt sich aber die zweckmäßigste Formel nie sicher ableiten. Man bedarf dazu der Gasgesetze, wie wir das bereits gesehen haben und der Wärmeeigenschaften der Gase, wie wir noch sehen werden.

Für jede einzelne Verbindung bleibt die Notwendigkeit bestehen, ihre wahre Formel als eine Einzeltatsache sich einzuprägen.

Darstellende und allgemeine Chemie

Überhaupt teilt die darstellende oder systematische Chemie, als eine Anorganographie = Beschreibung aller bekannten Stoffarten, mit der Systematik der übrigen beschreibenden Naturwissenschaften (Zoologie, Botanik, Mineralogie), die Notwendigkeit für den ihr Beflissenen, sich eine sehr große Zahl von Einzelbildern einzuprägen und im Gedächtnis zu behalten. Wie dort, ist es in der systematischen Chemie notwendig, nicht Beschreibungen selbst, sondern mit Hilfe kurzer Beschreibungen, und das sind auch die chemischen Formeln, die Bilder der einzelnen Stoffe den Sinnen einzuprägen so, wie man die Stoffe selbst gesehen oder gerochen hat. Kleinigkeiten in Geruch, Glanz, Farbe, Kristalltracht und in der Art und den Bedingungen des Auftretens, die Wort und Abbild nie wiedergeben können, kennzeichnen die einzelnen Stoffarten für das Wiedererkennen schneller, als alle begrifflich scharf angebbaren Eigenschaften, die dann zur Bestätigung der Erkenntnis dienen; und hier ist der Scheideweg, wo der Pfad des Systematikers und der des Erforschers allgemeiner Gesetze sich trennen. Der Systematiker mit dem ausgedehnten, immer reproduktionsbereiten Sinnengedächtnis (vor allem in Auge und Nase), dem wundervollen Instinkt des Sammlers, dessen Überblick über ein gewaltiges Gebiet von Einzelerscheinungen ihn ähnliches und identisches oft um so besser herausfühlen läßt, je weniger verstandesmäßige Abstraktion die Erinnerungsbilder ihrer durch keine Beschreibung darstellbaren Fülle entkleidet, geht meist induktiv vor, aus dem Reichtum der zahllosen Einzelerscheinungen das Allgemeine entnehmend, wenn nicht der Überfluß an Einzelbildern den Sinn für jedes Allgemeine, außer formaler Klassifikation ertötet, so daß er zum bloßen Sammler wird und graue Theorie sieht in allem, was über Sammeln hinausgeht. Ins gegenteilige Extrem verfällt, wem die Freude am Phänomen verloren ging, so daß er mit formalen, am Versuch unprüfbaren Deduktionen spielt, anstatt durch die Mannigfaltigkeit neuer Fragestellungen und Begriffsbildungen der sonst nur ins Breite strebenden Systematik Tiefe und ihrem durch ihre bloße Bildhaftigkeit überladenen und weichen Gerüst mittels weitergehender Abstraktion Strenge, Festigkeit und gesetzmäßigen Zusammenhang zu verleihen. Denn dies ist die Frucht der Suche nach allgemeinen Gesetzen.

So scheidet sich jede beschreibende Wissenschaft, und dazu gehört trotz des üblichen Sprachgebrauchs auch die Chemie, in einen allgemeinen und einen systematischen Teil, die sich nicht etwa berühren, sondern durchdringen müssen. Der eine ist kein Anhang oder Vorwort zum anderen:

Natur ist weder Kern, noch Schale,
Alles ist sie mit einem Male.

Die chemische Formel einer jeden Verbindung gibt uns Art und Zahl der Atome in der Molekel an. Für gleiche Molekeln ist sie natürlich gleich. Und da die Masse gleicher Atome jeweils auch als dieselbe angenommen wird, einerlei, in welcher Verbindung sie enthalten sind, so ist naturgemäß im Einklang mit dem früher Gesagten auch die Masse gleicher Molekeln jeweils gleich.

Massenverhältnisse der Atome und Molekeln

Nun fanden wir bei der Analyse des Wassers, daß auf 2 Atome Wasserstoff 1 Atom Sauerstoff kam und daß zugleich das Masseverhältnis beider Elemente 1 : 7,9366 ist. Daraus folgt, daß ein Sauerstoffatom stets 2·7.9366 = 15,87 mal so schwer ist, als ein Wasserstoffatom. Man kann also sagen, daß das „relative" *Atomgewicht* des Sauerstoffs, bezogen auf Wasserstoff gleich 1, den Zahlwert 15,87 habe. Die Analyse des Wassers ist also ein Beispiel für die experimentelle Bestimmung solcher relativer Atomgewichte. Von welch grundlegender Wichtigkeit diese aber sind, erkennen wir am besten, wenn wir eine weitere Folgerung aus unserer Atom- und Molekulartheorie ziehen.

Atomgewicht eine Verhältniszahl

Aus der Unteilbarkeit der Atome folgt nämlich: *Alle Elemente vereinigen sich miteinander zu reinen Stoffen nur in ganz bestimmten Massenverhältnissen,* nämlich im Verhältnis der Massen der einzelnen Atome oder ihrer ganzzahligen Vielfachen.

Gesetz der konstanten und multiplen Proportionen

Dieser Schluß aus der Atomtheorie, das berühmte Gesetz der konstanten und multiplen Proportionen (J. B. Richter, J. Dalton) hat sich an der Erfahrung vollkommen bestätigt.

Kennt man Art und Zahl der Atome in einer Molekel einer chemischen Verbindung, so kann man durch Gewichtsanalyse auch die relativen Atomgewichte aller in ihr enthaltenen Elemente experimentell bestimmen, genau wie wir beim Wasser getan haben.

Die Bestimmung von Zahl und Art der Atome haben wir bereits bei der Gasanalyse des Wassers durchgeführt und gesehen, daß man dazu der Dampfdichte der Verbindung bedarf und zugleich der Dampfdichte von anderen Verbindungen, die manche ihrer Elemente gleichfalls enthalten (im Beispiel HCl), endlich des Prinzips der Einfachheit, das uns aus den so ermittelten Formeln diejenige mit den kleinstmöglichen Atomkoeffizienten (Indizes) auswählen läßt, und das wir später durch Betrachtung der Wärmeeigenschaften ersetzen.

Bestimmung von Art und Zahl der Atome

Nach Bestimmung der Art und Zahl der Atome mittels volumetrischer („synthetischer") Gasanalyse führt die Gewichtsanalyse zur Kenntnis ihres Massenverhältnisses; aber nicht zu der der wirklichen absoluten Massen der einzelnen Atome. Darum hat man sich auch um die letzteren anfangs in keiner Weise gekümmert, sondern willkürlich die Masse des Wasserstoffatoms, des leichtesten aller Atome, zu Eins festgesetzt. Die relative Masse des O-Atoms wurde dann 15,87 und die relative Masse aller anderen Elementatome ließ sich nun durch vereinte Gas- und Gewichtsanalyse ihrer Verbindungen mit Wasserstoff experimentell bestimmen. Aber lange nicht alle Elemente verbinden sich mit Wasserstoff und die es tun, liefern vielfach Verbindungen, die schlecht rein zu erhalten sind. Deshalb analysiert man zur Bestimmung von Atomgewichten (bezogen auf H = 1) besser Verbindungen mit jenem Element, das sich mit fast allen anderen Elementen zu gut untersuchbaren Verbindungen vereinigt, nämlich mit dem Sauerstoff; verband sich z. B. 1 Atom X mit 1 Atom O, so ergab sich das Massenverhältnis in der Verbindung XO zu

Wirkliches und relatives Atomgewicht

Wasserstoff = 1 als Atomgewichtseinheit

$$x : 15,87$$

und damit war in der Zahl x bereits der Fehler des auf H = 1 bezogenen Atomgewichts des Elements X enthalten. Wenn nun freilich durch neue Präzisionsuntersuchungen, etwa Wasseranalysen, das Verhältnis H:O nicht mehr zu 1 : 15,87, sondern zu einer etwas anderen Zahl gefunden wurde, so mußten danach für alle Elemente X, Y, . ., deren Atomgewichte durch Analyse ihrer Sauerstoffverbindungen ermittelt waren, eben diese Atomgewichte wieder in dem Maß verändert werden, als die Zahl 15,87 verändert worden war. Dies ist aber unpraktisch und so hat man einen Kompromiß geschlossen auf folgenden Erwägungen fußend.

Wählt man H = 1 als Basis der Atomgewichtswahl, so fallen die Atomgewichte der anderen Elemente auffallend oft in unmittelbare Nähe ganzer Zahlen. Diese Beziehung bleibt auch noch ausreichend bestehen, wenn man dem O die Zahl 16,000 und dem Wasserstoff die Zahl 1,008 zuschreibt. Deshalb ist es zweckmäßig, den letzteren in der Hauptsache als Einheit beizubehalten und ihm die Zahl 1,008 zuzuordnen, den *Sauerstoff* aber *mit 16,000* als die *wirkliche Normale* zu wählen. Man bestimmt also experimentell das Verhältnis Sauerstoff zum Atom X mit 16,00 : x durch Analyse. Bei dieser Wahl der Atomgewichte x ist man nicht mehr von der Genauigkeit der Verhältniszahl H : O abhängig. Denn wenn diese Zahl besser bestimmt wird, so ändert das nur die Zahl 1,008 ein wenig, weil man ja ein für alle mal O = 16,000 festgesetzt hat.

Sauerstoff = 16 als praktische Atomgewichtsnormale

Wahl der Atomgewichte

Die *Wahl der Atomgewichte* ist also durch folgende Erwägungen gegeben:

1. Der Sauerstoff ist als Normale gewählt.
2. Sein Atomgewicht ist zu 16,000 festgesetzt.
3. Wieviele Atome Sauerstoff auf wieviel Atome eines Elements X in einer Verbindung der beiden (einem Oxyd) kommen, bestimmt man aus volumetrischen Gasanalysen der Verbindung und solcher anderen Verbindungen, worin X oder O in anderen Verhältnissen oder mit anderen Elementen verbunden vorkommen.
4. Wieviel Atome, absolut genommen, die Molekel der Verbindung zusammensetzen, wird nach Maßgabe größter Einfachheit festgesetzt. D. h. man setzt die Atomkoeffizienten (Indizes) so klein, die Atomgewichte also so groß als möglich an.
5. Wie hoch man das Relativ-Gewicht eines Element-Atoms bezogen auf Sauerstoff = 16,000 ansetzen muß, ergibt dann die Gewichtsanalyse seiner Sauerstoffverbindungen oder wo diese fehlen, Verbindungen mit solchen Elementen, deren Atomgewicht man schon kennt.

Veranschaulichung des Gesetzes konstanter Proportionen

Die Atomgewichte fußen mithin auf der Gültigkeit des Gesetzes der konstanten und multiplen Proportionen.

Man kann sich von seinem Bestehen anschaulich durch folgende Versuche überzeugen:

Z. B. könnten wir zwei verschieden konzentrierte Salzsäuren nehmen. Die eine enthält 36,5 g Chlorwasserstoff (HCl) im *l*, die andere nur die Hälfte. Weiter

benützen wir zwei große Zinkstäbe. Der eine wiegt *a* g, der andere *b* g. Wir nehmen jetzt von der schwächeren Säure dieselbe Menge, als von der stärkeren, und stecken die Zinkstäbe hinein. Wenn die Säure auf die Stäbe gar nicht mehr einwirkt, werden wir sie wieder wägen und dann muß die eine Säure doppelt so viel Zink gelöst haben, da wir aus anderweitigen Versuchen wissen, daß sich nur das Zinkchlorid $ZnCl_2$ dabei zu bilden vermag. Hat dieses in der Tat immer die Zusammensetzung 64,5 g Zn und 71 g Chlor, einerlei ob es aus chlorreicheren oder chlorärmeren Reagentien entsteht, so müssen die gelösten Zinkmengen im Verhältnis 1 zu 2 stehen. Dies veranschaulicht das Gesetz der konstanten Proportionen.

Das Gesetz der multiplen Proportionen können wir prüfen, indem wir eine gewogene Menge schwarzen Braunstein MnO_2 erhitzen. Es entweicht dann Sauerstoffgas O_2 und rotbraunes Manganoxyduloxyd von der Zusammensetzung Mn_3O_4 bleibt zurück. Darin dürfen also auf 165 Teile Mn nicht mehr 96, sondern nur noch 64 Teile O enthalten sein. Da wir aus dem Gesetz der konstanten Proportionen, wenn wir MnO_2 zugrunde legen, wissen, daß sich Mn mit O im Verhältnis 55 : 32 vereinigen kann, aber nicht, ob auch eine Verbindung mit weniger O existiert, so muß in der neuen Verbindung auf 55 Teile Mn eine Menge O kommen, die durch Multiplikation von 32 mit einem echten oder unechten Bruch entsteht, in welchem Zähler und Nenner ganze Zahlen sind. Dies ist in der Tat der Fall. Der Bruch ist $\frac{2}{3}$. Hier treffen wir auf eine Beziehung, die oft als zu dem Gesetz der multiplen Proportionen gehörig betrachtet wird, doch mit Unrecht. Gemeint ist die Tatsache, daß der Zähler, wie der Nenner des Bruchs meist eine kleine ganze Zahl ist. Das stimmt z. B. in der organischen Chemie nicht und hat auch seinen Grund nur darin, daß die Stoffe, in denen viele Atome desselben Elements vorhanden sind, im allgemeinen nicht so leicht rein zu gewinnen sind, als die mit nur wenigen gleichen Atomen.

Natürliches System der Elemente

Eine Übersicht über die sämtlichen heute bekannten Atomarten, d. i. über alle chemischen Elemente und ihre Atomgewichte, stellen wir in einer Tafel zusammen, die die Namen der Elemente, ihre chemischen Zeichen und die Atomgewichte umfaßt. Dabei wollen wir in wagrechter Richtung von den leichtesten zu den schwereren Atomen übergehen und diese Reihenfolge nur an 4 Stellen, bei 18/19, 27/28, 52/53, 90/91, nicht genau einhalten und in der Tafel 6 Stellen freilassen, weil dann gewisse Periodizitäten reiner hervortreten.

Die Anordnung in Reihen und Stäben ist dabei in der Tafel so getroffen, daß ähnliches untereinander, *sehr ähnliches ohne* Trennungsstriche *nebeneinander* zu stehen kam. Man sieht, daß sich diese Anordnung fast durchweg vortrefflich mit der Reihenfolge nach steigenden Atomgewichten verträgt. Die (senkrechten) Stäbe bezeichnet man als *Gruppen* des Systems, die Nummern der Elemente als die *Ordnungszahlen*. Das System wird unserer ganzen späteren Systematik zugrunde liegen. Es heißt das natürliche System der Elemente oder das periodische System, weil darin periodisch Elemente mit ähnlichen Eigenschaften wiederkehren. Näheres darüber siehe S. 84.

Gruppen im natürlichen System. Ordnungszahl der Elemente

Isotopie

Die *Atomgewichte* liegen, wie die Tafel zeigt, *auffallend häufig sehr nahe bei ganzen Zahlen* (H, C, N, O, P, Fl u. a. m.). Die gröberen Abweichungen davon sind heute dadurch erklärt, daß die Elemente, wo jene vorkommen, Gemische sind aus zwar sehr ähnlichen, aber zum mindesten ihrer Masse nach verschiedenen Atomen. *Es gelang, Chlor-*

gas[1] *durch Diffusion in eine Reihe chemisch praktisch identischer, aber verschieden schwerer Gase zu scheiden.* Jedes von ihnen hat praktisch ganzzahliges Atomgewicht. Die verschiedenen Atomgewichte sind hinter dem Namen Chlor in Klammer gesetzt. Diese „Chlore" haben also alle denselben Platz im periodischen System und heißen daher **Isotope** (ἴσος gleich, τόπος Platz). Mit anderen Methoden, womit man zuerst die Isotopie auffand (s. Radiochemie und Kanalstrahlen Band III), hat man diese Erscheinung an vielen Elementen gefunden. Meistens ist das Mengenverhältnis der Isotopen in ihrem Gemisch, dem „Element schlechtweg" immer dasselbe und das (mittlere, nicht ganzzahlige) *Atomgewicht* also *konstant.* Bei *schweren Elementen* aber (z. B. Pb) ist die *Isotopen-Mischung* manchmal *verschieden*, je nach dem Fundort des Rohstoffs. Isotope *künstlich* ineinander umzuwandeln, ist noch nicht gelungen, wenn man auch in den radioaktiven Vorgängen solche Umwandlungen schon *beobachtet* hat. Die Häufigkeit der Isotopen steigt mit dem Atomgewicht. Die Auffindung der Ganzzahligkeit aller Atomgewichte stützt die Hypothese von Prout, wonach alle Atome Wasserstoff als Baustein enthalten.

Bestimmung der chemischen Formel einer Verbindung

Gehen wir vom Atomgewicht und Elementatom wieder zurück zu Molekeln und Verbindungen, so kommen wir leicht dazu, wie man experimentell die chemische Formel einer Verbindung feststellt, sobald man die Gewichtsanalyse durchgeführt hat und die Atomgewichte der Elemente darin kennt. Meist hat man nicht die Möglichkeit, die Dampfdichte zu bestimmen. Denn meist sieden die Stoffe zu hoch oder zersetzen sich dabei.

Bestimmung der empirischen Formel einer Verbindung

Die Frage nach der chemischen Formel einer Verbindung haben wir zum Teil als eine Zweckmäßigkeitsfrage behandelt. Kennt man die Atomgewichte aller in einer Verbindung enthaltenen Elemente, so kann man die sogenannte *empirische Formel* leicht an Hand einer quantitativen Analyse aus seiner quantitativen prozentischen Zusammensetzung berechnen. Man dividiert dabei einfach jede Prozentzahl durch das Atomgewicht des betreffenden Elements und dividiert die so erhaltenen Quotienten durch ihren größten gemeinsamen Teiler. Ein Beispiel macht das klar:

Man habe gefunden:

16,2 K	40,0 Pt	43,6 Cl
: 39,1	: 195,2	: 35,46
= 0,414	0,205	1,23
: 0,205		
= 2	1	6

Also ist die wahre Formel K_2PtCl_6 oder ein ganzzahliges Vielfaches davon. K_2PtCl_6 heißt dann die empirische Formel. Nach ihr wäre die genaue Zusammensetzung: 16,09 K, 40,15 Pt und 43,76 Cl, also in be-

[1] Ähnlich auch Joddampf (Kohlweiler) und Quecksilberdampf (Brönsted und v. Hevesy).

I a	I b	II a	II b	III a	III b
Außer dem Wasserstoff **Alkalimetalle.** Silberweiß, weich, leicht, zersetzen Wasser. Kommen nicht frei vor.	**Metalle.**	**Erdalkalimetalle** (außer Be und Mg.) Weiß, nicht hart, leicht, zers. Wasser schwächer. Vork. nicht frei.	**Weiße Metalle.**	**Erdmetalle** (außer Bor). Weiße Metalle.	**W** **Met**
1. H = 1,008 (Wasserstoff). (Rein.) Leichtester aller Stoffe. Gas. **Baustein aller anderen Elemente.**					
3. Li = 6,94 (Lithium). D. 0,59; Sm. P. 180°. Nach festem H **leichtester fester Stoff.** Läuft in feuchter Luft an; verbrennbar zu weißem Oxyd. Bildet an der Luft braunes Nitrid Li_3N. Färbt Fl. carminrot. Darst. elektrolyt. Rohstoffe: Lithionglimmer, Spodumen und Triphylin, vor allem Amblygonit Li[AlFl]PO_4.		**4. Be = 9,1** (Beryllium; nicht häufig). (Gl = Glycinium.) D. 1,84. Dehnbar. Zers. Wss. nicht (Schutz durch Oxydhaut). Salzs. u. Schwefels., Alkalilaugen lösen es, verd. Salpeters. nicht. Gleicht chem. z. T. dem Al. Darst. elektrolyt. oder durch Erhitzen v. $BeF_2 \cdot 2KF$ mit Na. Rohstoff: Beryll u. a. Minerale.		**5. ΣB = 10,90** (Bor). (1 Amorph, braun. In Wei flüchtig. Krist. diamant farblos. D. ca. 2,5. Nur Diamant an Härte übertr Sm. P. > 2300°. In geschmo lösl., AlB_{12} krist. beim Erk Amorph reaktionsfähig mit v Stoffen; krist. fast unangrei Darst. im Lichtbogen aus + viel H_2. Rohstoff: Sassolin, Boraz	
11. Na = 23,00 (Natrium). D. 0,97; Sm. P. 97,8°; S. P. 740°. Dampf farblos. Weicher. Leicht zu Draht u. Band preßbar. Oxydabler. Verbrennt zu gelblichem Na_2O_2. Keine Nitridbildung. In trockner Luft blank bleibend. Färbt Fl. leuchtend gelb. Gelbe Doppellinie (D-Linien). Darst. elektrolytisch. Rohstoff: Kochsalz.		**12. Mg = 24,32** (Magnesium). D. 1,74; Sm. P. 650,9°; S. P. 1120°. Dehnbar. Zers. Wss. bei 100° langsam, entw. Wasserstoff. Erh. an Luft, bildet schützende Oxydhaut, dann Verbrenn. mit blendendem Licht zu Oxyd, bei hoh. Temp. wird gelbgrün Mg_3N_2 Nitrid. Lösl. in Srn, nicht in Alkalien. Darst. elektrolyt. im Großen. Rohstoff: Carnallit u. a.		**13. Al = 27,1** (Alumini D. 2,58; Sm. P. 658°; S. P. 1 Weiß, weich, dehnbar. amalgamiert Wss. lebhaft, nicht. Verd. Salzs. u. Al laugen lösen unter H_2-E verd. Salpeters. u. verd. Schw fast nicht. Starkes Redukt mittel. Darst. elektrolyt.; v. Wöhler, mittels Na gewor Rohstoff: Bauxit.	
19. K = 39,10 (Kalium). D. 0,87; Sm. P. 63,5°; S. P. 720°. Dampf grün. Weicher. Oxydabler. Bei Erh. leichter entzündlich. Verbrennt zu gelbem KO_2. Färbt Fl. leuchtend violett. 2 rote, 1 violette Linie im Spektrum. Darst. elektrolyt. Rohstoff: Abraumsalze.		**20. Ca = 40,07** (Calcium). D. 1,52; Sm. P. 800°. Zers. Wss. lebhaft. Säuren lösen, Alkalien nicht. Sauerstoff u. Halogene greifen erst bei höherer Temp. an. Verbrennung gibt Oxyd CaO u. Nitrid Ca_3N_2. Färbt Fl. gelbrot. Darst. elektrolytisch.		**21. Sc = 45,10** (Scandiu selten Vork. in Wolframit. Eige von Mendelejew vorausge $Sc(OH)_3$ gelatinös, wie Al(aber in Alkalilauge unlösl. bildet keine Carbonate. Sc schwerlösliches $Sc_2(CO_3)_3 \cdot 4Na_2CO_3 \cdot 6H_2O$	
29. Cu = 63,57 (Kupfer). D. 8,94; Sm. P. 1082,6°; S. P. 2310°. Hellrot, dünn grün durchschein. Hart, fest, dehnbar. An Luft erhitzt, bildet es schwarz. CuO, an feuchter Luft Schutzhaut v. basisch. Cu-Carbonat. Vork. frei u. in Erzen. Rein-Darst. elektrol.		**30. Zn = 65,37** (Zink). D. 6,9; Sm. P. 418,2°; S. P. 950°. Bläul. weiß, spröde, bei 100 bis 150° dehnbar und walzbar, bei 200° spröde. Zn-Pulver (Staub) zers. Wss. Srn. u. Alkal. lösen. An Luft erh. verbrennt es mit großem Glanz zu weißem Oxyd. Vork. nicht frei. Darst. metallurgisch aus Erzen durch Destillation. Rohstoff: Zinkblende.		**31. Ga = 70,1** (Galliu selte Vork. in Zinkblende. Eige v. M. vorausgesagt. Ent spektralanalyt. von Leco Boisbaudran (2 viol. Li Weiß. D. 5,9; **Sm. P. 30°.** Luft u. Wss. wenig angrei Ähnl. Al, aber $Ga(OH)_3$ in Ammoniak. Legierung Al flüss.	

a IV *b*	*a* V *b*	*a* VI *b*
Kohlenstoff-gruppe außer C und Si metallisch.	**Metalle der Erdsäuren.** — **Stickstoff-gruppe** außer N und P metallisch.	**Sauerstoff-gruppe** außer O und S metallisch.
= **12,00** (Kohlenstoff). nt D. 3,5 (regulär un- zb.). Graphit hexagon. D. Amorph. Kohle D. 1,6 bis stunschmelzb. Zunehmend Reihenfolge angreifbar. nnung gibt Kohlenoxyd d bei genügend Sauerstoff säure CO_2. CCl_4 durch nicht zersetzt.	**7. N = 14,008** (Stickstoff). (Rein.) Chem. träges, geruch-, farb-, geschmackloses Gas. Sm. P. – 214°; S. P. – 194°. Direkte Vereinigung mit B, Si, Ti, Li, Ba, Sr, Ca, Mg, Cr u. seltenen Erdmetallen. Aktiver N_3 (Strutt) durch Entladungen in verd. Stickstoff, gibt mit Na u. Mg explos. Verbind. N_2 kommt frei in Luft vor.	**8. O = 16,000** (Sauerstoff). (Rein.) Farb-, geruch-, geschmackloses Gas. Sm. P. – 218,4°; S. P. – 183°. Vereinigt sich direkt mit allen Elementen (außer Br und Fl), wenigstens beim Erh. Kommt frei als O_2 in d. Luft vor u. in vielen Verbindungen.
Si = **28,3** (Silicium). Graphitartig, regulär; , als braun. Pulver schwer zbar. In flüss. Srn. u. Alkalilaugen lösl., nicht ern Srn. Darst. n. Kühne Abbrennen v. Al-Pulver u. SiO_2. Vork. nicht frei, haft in Silikaten und als	**15. P = 31,04** (Phosphor). (Rein.) Weiß, durchsichtig. D. 1,83; Sm. P. 44°; S. P. 290°. Dampf farblos. Violett, metallisch. D. 2,34, lösl. in geschmolzenem Blei. Weiß sehr aktiv, violett weniger. Ersterer in org. Lösungsmitteln lösl. Weiß fast selbstentzündl. Vork. nicht frei, aber häufig. Rohstoff: Phosphorit.	**16. S = 32,07** (Schwefel). (Rein?) Gelb, durchsichtig, rhomb. D. 2,07 (ferner 3 monokline Arten, 2 amorphe, von letzteren eine in CS_2 unlösl., alle anderen lösl.). Sm. P. 114,25°; S. P. 448°. Dampf gelbrot. Aktiv. Frei u. in vielen Sulfiden u. and. Verbindungen. Rohstoff: Schwefel, Pyrit, Gips.
Ti = **48,1** (Titan). h Si. D. 4,50. Sm. P. 1795°. , ritzt Stahl. Guter Leiter trizität. Darst. aus $TiCl_4$. Vork. in vielen Minein kleiner Menge. toff: Titaneisen, Titanit u. a. Minerale.	**23. V = 51,0** (Vanadium; selten) Noch nicht ganz rein erhalten. Red. d. Oxyds mit C gut 97%iges Metall. Sm. P. 1720°. Sehr mannigfaltige Verbindungen. Vork. in Vanadinbleierz und in Roscoelit (Vanadinglimmer).	**24. Cr = 52,0** (Chrom). Weiß. Spröde. Sm. P. 1520°; S. P. 2200°. Fast edles Metall. Verbindungen sehr mannigfaltig. Darst. aus Oxyd + Al. Vork. in Chromeisenstein $FeO \cdot Cr_2O_3$ und Rotbleierz $PbCrO_4$, nicht frei. Rohstoff: Chromeisenstein.
. Ge = **72,5** (Germanium; selten). eckt von Cl. Winkler. weiß, regulär. D. 5,47. P. 958°. Sehr luftbeständig. rennbar zu weiß. GeO_2 an uft, zu fl. $GeCl_4$ in Chlor, mit Wss. zu $Ge(OH)_4$ zer-. Vork. in Argyrodit $GeS_2 \cdot$ $_2S$, dem einzigen Ge-Erz, berg i. Sa. und Bolivia.	**33. As = 74,96** (Arsen). (Rein.) Weißgrau, sprödes Metall. D. 5,7; Sm. P. unter Druck ca. 500°. Gelb, durchsichtig. D. 2,03. Oxydabel, gelbes lösl. in CS_2. Verein. m. Cl_2. Vork. frei und in vielen Verbindungen. Darst. durch Erh. allein od. m. Kohle. Rohstoff: Arsenikkies u. a. Erze.	**34. Se = 79,2** (Selen). Dunkelrot, durchsichtig. Sm. P. 170—180°. Metallisch, spröde. Sm. P. 217°; D. 4,8; S. P. 680°. Amorph in CS_2 lösl. In vielen Pyriten, daher im Bleikammerschlamm (entd. 1817 v. Berzelius), ferner in einigen seltenen Mineralien). Rohstoff: Bleikammerschlamm.

37. Rb = 85,5 (Rubidium; selten). Entdeckt von Bunsen u. Kirchhoff. D. 1,52; Sm.P. 39,0°. Oxydabler, zu dunkelbraun. Peroxyd RbO_2. Bei O-Mangel entsteht Rb_2O, gelb, heiß dunkler. Helle rote Spektrallinien. Darst. aus Chlorid mit Ca durch Erh. im Vakuum. Rohstoff: Carnallit, worin etwa 0,03 v. H. RbCl.

38. Sr = 87,6 (Strontium). D. 2,63; Sm. P. höher; S. P. tiefer als Ca. Weicher. Oxydabler. Wss., Srn., Alkal., Halogene, wie Ca. Verbrennung gibt Oxyd u. Nitrid Färbt Fl. leuchtend rot. Darst. aus 3 Mol SrO + 2 At. Al durch Erhitzen im Vak. auf 1000° oder elektrolytisch. Rohstoff: Cölestin u. Strontianit.

39. Y = 88,7 (Yttrium; selten). Vork. in einigen schwedi[schen] u. grönländischen Minerali[en] ist eisenähnlich, leicht oxydi[erbar] zersetzt heißes Wasser. Y_2O_3 und Salze farblos.

47. Ag = 107,88 (Silber). D. 10,5; Sm. P. 968°; S. P. 1955°. Dampf blau. Sonst weiß. Regulär. Bester Leiter f. Wärme u. Elektr. Absorb. geschmolzen 20 Vol. Sauerstoff, verliert sie erstarrend (Spratzen). Vork. frei u. in Erzen. Darst. metallurgisch.

48. Cd = 112,4 (Cadmium). D. 8,6; Sm. P. 320°; S. P. 770°. Ähnl. Zn. Verdünnte Salzs. u. Schwefels. lösen langsam, verd. Salpeters. schnell. Verbrennung an Luft gibt braun. Oxyd. Vork. nicht frei. Darst. aus Zn-Erzen durch Dest. oder aus d. i. verd. Srn. unlösl. Sulfid (Unterschied von Zn). Rohstoff: Zinkblenden u. a.

49. In = 114,8 (Indi[um]; selt[en]). Spektralanal., nach blauer ... entdeckt u. benannt. ... in Zinkblende. Weiß, w... D. 7,12; Sm. P. 155°. Verb[rennt] bar mit blauer Fl. zum ... In_2O_3. $InCl_3$ zers. sich nic[ht beim] Eindampfen (Unterschied [von] Al). $In(OH)_3$ lösl. in Alk... Entdeckt von Reich u. Ri[chter].

55. Cs = 132,8 (Cäsium; selten). D. 1,85; Sm. P. 28,45°; S. P. 670°. An Luft bald Selbstentzündung. Oxyd Cs_2O, bei Luftmangel entstehend, orangegelb, heiß fast schwarz. 2 helle blaue Spektrallinien. Darst. wie Rb. Aktivstes Metall. Entdeckt von Bunsen u. Kirchhoff. Rohstoff: Pollux.

56. Ba = 137,4 (Barium). D. 3,75; Sm. P. höher; S. P. tiefer als Sr. Weicher. Oxydabler. Wss., Srn., Alkal., Halogene, Verbrennung wie Ca. Färbt Fl. leuchtend hellgrün. Darst. wie Sr, doch statt Al Mg, oder elektrolytisch. Rohstoff: Schwerspat.

57. La = 139,0 III. (Lanthan; selten). Vork. wie Y und in Monazit. La_2O_3 u. alle Salze farblos. $La(OH)_3$ in Alkalien lösl. (Trennung von Nd und Pr). Metall ähnlich Ce. D. 6,1; Sm. P. 810°. Entw. mit Wss. langsam H_2.

67. Ho = 163,5 (Holmium). Ho_2O_3 blaßgelb. Salze hell orangegelb.

68. Er = 167,7 (Erbium). Er_2O_3 und Salze rosa.

69. Tu_I = 169,4 (Thulium I.) (auch Tm). Tu_2O_3 weiß. Salze hellblaugrün.

70. Yb = 173,5 (Ad = Aldebaranium). (Ytterbium, Yb).

71.

Entdeckt von Auer v. ...

VI. Gruppe | VII. Gruppe. | I. Gruppe. | II. Gruppe.

79. Au = 197,2 (Gold). D. 19,26; Sm. P. 1071°, geschmolzen grünlich, fest gelb, in dünnen Blättchen grün durchscheinend. Höchst dehnbar u. walzbar. Vork. fast nur rein. In Chlorwasser, Königswasser und bei Luftzutritt in Cyankalium lösl. Verbindungen zersetzlich.

80. ΣHg = 200,6 (Quecksilber). D. 13,595 (bei 0°); Sm. P − 39,4°; S. P. 360°. Silberweiß, flüssig, rein luftbeständig. Erh. gibt rotes Oxyd HgO, das bei höherer Temp. wieder zers. wird. Verd. Salzs. u. verd. Schwefels. lösen nicht, verd. Salpeters. langsam. Halogene u. S greifen an. Vork. frei u. in Erzen. Darst. durch Dest. Rohstoff: Zinnober.

81. ΣTl = 204,0 (Thallium; zieml. se[lten]). Vork. in Abraumsalzen, Py[riten] u. Zinkblenden. Spektra[l] n. hellgrüne Linie entdeck[t u.] benannt. Sehr weich, blau[weiß] wie Pb. D. 11,8; Sm. P. ... An Luft oxydabel. Verb[rennt] erh. m. grün. Fl. Schwefe[ls. u.] Salpeters. lösen schnell, S[alzs.] langsam wegen Schwerlös[lich]keit des Chlorids. Dampf Tl_2.

87. — Unbekanntes Metall.

88. ΣRa = 226,0 (Radium; sehr selten). Sm. P. u. S. P. ca. 700°. Oxydabler als Ba. Spektrallinie kennzeichnend. Selbstleuchtend. Zerfällt in 1750 Jahren zur Hälfte Sendet α-Strahlen (He) dabei aus. Darst. aus d. elektr. erhaltenen Amalgam durch Erh. in Wasserstoffstrom. Rohstoff: Uranpecherz.

89. ΣAc = 227 (Actin[ium]). Chemisch dem La verw[andt]. Zerfällt ohne Strahlung. Ze[rfällt] in 20 Jahren zur Hälfte. N[icht] in wägbaren Mengen darges[tellt]. Die späteren Produkte stra[hlen]. Liefert u. a. eine Eman[ation] (Edelgas). Stammt von U und Pa.

Zr = 90,6 (Zirkonium).
. dehnbar. D. 6,4; Sm. P.
Darst. wie Ti. Konz.
u. Salpeters. greift langsam,
äure schnell an. Verbrenn-
u ZrO_2. Vork. in Zirkon,
$_4$, der mit C geglüht CZr
woraus Cl_2 in Glut $ZrCl_4$
, das in Wss. zersetzt.
off: Zirkonfavas u. Zirkon-
kopf ZrO_2 aus Brasilien.

41. Nb = 93,5 (Niobium; selten).
D. 12,7; Sm. P. 1950°. Von Srn. nicht, von Sauerstoff schwer angreifbar. Vork. in Tantalit u. Niobit. Darst. aus Oxyd + Al. Chlorid $NbCl_5$ flüchtig, wie PCl_5, durch Wasser zers.

42. Mo = 96,0 (Molybdän).
Zinnweißes Metall. D. 8,6; Sm. P. 2110°. Verbrennt an Luft erh. zu MoO_3. Vork. in Gelbbleierz $PbMoO_4$ und im Molybdänglanz MoS_2. Von Salzs. u. verdünnter Schwefelsäure nicht angegriffen. Mannigfaltige Verbindungen.
Rohstoff: Molybdänglanz.

). Sn = 118,7 (Zinn).
,29; Sm. P. 231,82; S. P.
)°. Unter 20° graues Zinn.
,8. Starke Srn. u. Alkalien
n, schwache fast gar nicht.
k. in Zinnstein SnO_2, woraus
ch Erh. mit C. Verbrennt
Luft erh. zu weißem SnO_2.
Rohstoff: Zinnstein.

51. Sb = 120,2 (Antimon, Stibium).
Weiß; sprödes Metall. D. 6,7 bis 6,9; Sm. P. 629,2°; S. P. 1440°. Gelb, nicht metall., unbeständig. Weniger oxydabel. Vork. vorwiegend als Sb_2S_3; Grauspießglanz. Darst. durch Rösten und Erhitzen mit Kohle.
Rohstoff: Grauspießglanz.

52. Te = 127,5 (Tellur; selten).
Weißes Metall oder schwarzes amorphes Pulver. D. 6,2; Sm. P. 452°; S. P. Weißglut. Vork. mit Au, Ag, Bi teils frei, teils verbunden.

140,3 IV.
(Cerium).
hneidbar, wie
el. Mit 30%
stark beim
rblose Cero-
salze. Vork.
es Metalls 6,7;
ntwickelt mit
langsam H_2.

59. Pr = 140,9 V.
(Praseodym).
Pr_2O_3 gelb. Salze grün. PrO_2 schwarz. Metall gelblichweiß, beständig härter als Ce. Darst. elektrolytisch. D. 6,47; Sm. P. 940°.

60. Nd = 144,3 VI.
(Neodym).
Nd_2O_3 hellblau. Salze violettrosa. Metall gelblichweiß, von heißem Wss. angreifbar, in Srn. lösl, nicht in Lauge. D. 9,96; Sm. P. 840°.

61. — VII. Gruppe.
Unbekanntes Metall.

0
um).
Lu).

72. Tu_{II} = ?
(Thulium II).
(? Keltium. Kt.)

IV. Gruppe.

73. Ta = 181,5 (Tantal).
D. 16,5; Sm. P. 2850°. Von Srn. bei gew. Temp. nicht angreifbar. Darst. aus Oxyd + C im H-Strom. Vork. wie bei Nb. Ähnlich fest wie Stahl; so wenig angreifbar, selbst durch Königswasser, daß es Pt in manchem ersetzen kann.

74. W = 184,0 (Wolfram).
Grau, glasritz. Metall. D. 18,7; F. P. 2965°. Höchstschmelz. Metall. Luft oder Srn. greifen sehr wenig an. C-Zusatz härtet. Zusatz zu Fe härtet. Verbindungen mannigfaltig. Vork. Wolframit $FeWO_4$ und Scheelit $CaWO_4$.
Rohstoff: Wolframit.

2. ΣPb = 207,2
(Blei).
1,25; Sm. P. 327°; S. P.
°. Blaugrau, weich. Sal-
rs. löst leicht, Salzs. u.
wefels. kaum. An Luft erh.
rotes PbO; $PbCl_4$ unbe-
dig. Vork. vor allem in
glanz PbS, woraus durch
ten u. Erh. mit C das
all entsteht.
Rohstoff: Bleiglanz.

83. ΣBi = 209,0
(Wismut).
Rötlich-weißes sprödes Metall. D. 9,8; Sm. P. 286,3°; S. P. 1420°. Noch beständiger. Salzsäure u. Schwefels. greifen bei gew. Temp nicht an. Salpeters. löst. Verein. mit Chlor. Vork. frei u. in Erzen. Erh. mit Kohle.

84. ΣPo = 210
(Polonium, RaF, Radiotellur).
Zerfällt in ca. 136 Tagen radioaktiv zur Hälfte. Nicht in wägbaren Mengen dargestellt. Gleicht dem Bi, doch ist das Sulfid u. basische Nitrat weniger lösl., das Sulfid flüchtiger. Sendet nur α-Strahlen aus. Entsteht aus Nt. Vork. daher in Ra-Mineralien.

ΣTh = 232,1
(Thorium).
; Sm. P. ca. 1450°. Sehr
tändig. Wss. u. Salpeters.
wenig an. Darst. wie Zr
Cl_4 u. Na·$ThCl_4$, wie $ZrCl_4$
xyd + Cl_2 + CCl_4 durch
Vork. in Monazitsand u.
orit. Radioaktive Mutter-
nz der Th-Reihe.

91. ΣPa = 230
(Protactinium).
Gleicht dem Ta. Vielleicht in wägbaren Mengen darstellbar.
Rohstoff: Uranpecherz.

92. ΣU = 238,2 (Uran).
Silberweißes Metall. D. 18,7. Pulver zersetzt Wss. Luft u. Srn. greifen leicht an. Vork. in Uranpecherz U_3O_8. Darst. durch Erh. mit Kohle. Radioaktiv. Muttersubstanz der U-Reihe u. des Ra.
Rohstoff: Uranpecherz
u. a. Minerale.

der Elemente.

VII (*a* / *b*)	VIII	← Gruppe
a: außer Mn nicht metallisch. *b*: **Halogene oder Salzbildner**		Hochschmelzende
9. Fl = 19,0 (Fluor). (Rein.) Hellgelbgrünes Gas. Sm.P. – 223°; S.P. – 187°; D. fl. 1,14. Aktivster aller Stoffe. Keine Verb. mit O oder Cl und Edelgasen, sonst mit allen Elementen. Vork. vor allem im Flußspat $CaFl_2$. Darst. nur elektrolyt. möglich. Rohstoff: Flußspat. Statt Fl auch wohl abgekürzt F.		
17. ΣCl = 35,46 (Chlor). (35, 37, 39.) Gelbgrünes Gas. Sm.P. – 100,9°; S.P. – 34,0°; D. fl. 1,33. Weniger aktiv. Verbindungen mit allen Elementen außer Fl und Edelgasen. Vork. massenweise in Verbindungen. Darst. i. Großen elektrolytisch. Rohstoff: Kochsalz.		
25. Mn = 54,93 (Mangan). Weiß, sprödes Metall. D. 7,2 bis 8,0; Sm. P. 1260°; S. P. 1900°. Zers. Wss. bei 100°. Verbindungen mannigfaltig. Darst. aus Oxyd + Al. Vork. nicht frei, als Braunstein MnO_2, Manganspat $MnCO_3$ u. a. m. Dies die Rohstoffe.	**26. Fe = 55,84** (Eisen). Silberweißes Metall. D. 7,84; Sm. P. 1530°; S. P. 2450°. Von feucht. Luft angreifbar. Magnetischstes Metall. Reindarst. aus Oxyd im H_2-Strom. Erze häufig.	**27. Co = 58,97** (Rötlich weißes Metall Sm. P. 1489,8°. Magne weniger als Fe. Luftb u. säurefester. Viel dungen. Erze seltene von Fe.
	Eisengruppe	
35. ΣBr = 79,92 (Brom). (79,81.) Schwarzrote Fl. Sm. P. – 7,3°; S. P. 59,0°; D. 3,18. Weniger aktiv. Verbindungen mit allen Elementen, außer O u. Edelgase, loser als die Chloride. Darst. durch Oxydation von HBr. Rohstoff: Bromkarnallit.		

	O	Perioden
	Farblose chemisch inaktive Gase, **„Edelgase"**. Einatomig.	↓
	2. He = 4,00 (Helium). (Rein.) S. P. − 269°. Schwerst kondensibles Gas. Wird aus Radioelementen abgespalten. Vork. in Sonne, Luft, manchen Quellen, aus manchen Mineralien (z. B. Cleveit) durch Erhitzen. Ein Allotropes, Parhelium und ein Isotop (At. G. 3) bekannt.	**Zweier-Reihe** $2\cdot 1^2 = 2$
	10. ΣNe = 20,2 (Neon). (20, 21, 22.) 0,0018 Vol % in Luft. Bleibt mit He allein übrig bei ihrer Abkühlung a. − 185° über gepulv. Holzkohle. Orange Spektr. Linie.	**I. kleine Periode** $2\cdot 2^2 = 8$
	18. ΣAr = 39,9 (Argon). (40,36.) Sm. P. − 189,6°; S. P. − 186,9°. Rund 1 % in Luft, woraus darzustellen. Aus einigen seltenen Mineralien durch Erh. Auch in einigen Quellen.	**2. kleine Periode** $2\cdot 2^2 = 8$
28. Ni = 58,68 (Nickel). elblich silberweiß. D. ca. 9; m. P. 1452,3°. Schwach magneisch. Beständiger gegen Luft nd Säuren als Co. Verbindet ich mit Kohlenoxyd. ohstoff: Garnierit u. a. Minerale.		
	36. ΣKr = 82,92 (Krypton). (78, 80, 82, 83, 84, 86.) Sm. P. − 169°; S. P. − 151,2°. $0{,}49\cdot 10^{-5}$ Vol. % in Luft.	**I. große Periode** $2\cdot 3^2 = 18$

43. —
Unbekanntes Metall.

44. Ru = 101,7 (Ruthenium; selten).
Stahlgrau, hart, spröde. Sm. P. > 1800°. Bildet ein flüchtiges Oxyd RuO_4. Bildet Ruthenate M_2RuO_4.

45. Rh = 102,9 (R
Weiß, wie Al, dehnba
1970°.

Vork. zusammen mit Os, I

„Leichte“ Platinm

53. ΣJ = 126,92 (Jod).
Schwarze, spröde, metallglänzende Kristalle. Dampf violett. Sm. P. +114,2°; S. P. 183,09°; D. 4,95. Weniger aktiv. Verbindungen noch loser, außer den O-Verbindungen. Darst. wie Br aus HJ durch Oxydation. Rohstoff: Chilesalpeter oder Tang.

62. Sm = 150,4 I. (Samarium).
Sm_2O_3 blaßgelb. Salze weißgelb. Metall grauweiß, härter als Pr. Oxydiert sich an Luft. Darst. elektrolyt. D. rd. 7,8; Sm. P. 1300—1400.

63. Eu = 152,0 II. (Europium).
Eu_2O_3 und Salze blaßrosa.

64. Gd = 157,3 III. (Gadolinium).
Gd_2O_3 und Salze farblos.

65. T
Tb_2O_3
los. T

Nr. 21, 39, 57—72 seltene E

75. —
Unbekanntes Metall.

76. Os = 190,9 (Osmium; selten).
Ähnlich Ru. Sm. P. 2500°. Bildet ein flüchtiges Oxyd OsO_4. Bildet Osmiate M_2OsO_4.

77. Ir = 193,1 (Iri s
Sehr hart und schw
arbeiten. Sm. P. 222

Vork. zusammen mit Ru, R

„Schwere“ Platin

85. —
Unbekanntes Halogen?

Auf den schräg durchstrichenen Feldern sind keine neuen Elemente zu erw
Der Vermerk (Rein) hinter dem Namen eines Elements bedeutet, daß sei
Kennt man wenige Isotope, so sind ihre stets ganzzahligen Atomgewichte in Klamm
vor dem Elementsymbol nur das Summenzeichen Σ. Das Atomgewicht ist dann
ist über Isotope noch nichts bekannt.
Bemerkungen, wie „weicher“, „leichter“ usf. beziehen sich stets auf das näc
Element. Z. B. Sr weicher, als Ca usf.

46. Pd = 106,7
(Palladium; selten).
ilberweiß. Sm. P. 1549,2°. Nimmt
ehr viel H_2 auf.

en.

54. ΣX = 130,2 (Xenon).
(128, 130, 131, 133, 135.)
Sm. P. −140°; S. P. −109,2°.
$0{,}59 \cdot 10^{-6}$ Vol.% in Luft.

2. große Periode
$2 \cdot 3^2 = 18$

IV.
ium).
farb-

66. Dy = 162,5 VI.
(Dysprosium).
Dy_2O_3 farblos. Salze grünlichgelb.

78. Pt = 195,2 (Platin; selten).
ilberweiß, dehnbar. Sm. P. 1755°.
rze ausbeutbar bis herab zum
t-Gehalt von 2,5 g auf 1000 kg
estein.

gen.

86. ΣEm = 222,0
(Nt Niton = Emanation Em.).
Sm. P. −71°; S. P. −65°. Erregt in Glas starke Fluoreszenz. Spaltet sich aus Ra ab. Zerfällt in 3,85 Tagen zur Hälfte. Sendet dabei α-Strahlen aus.

1. Endperiode
(Periode der seltenen Erden)
$2 \cdot 4^2 = 32$

che Erscheinungsform nicht aus mehreren Isotopen besteht.
inter dem Elementnamen. Kennt man viele Isotope, so steht
für die häufigste Elementform. Wo diese Vermerke fehlen,

darüber (also in derselben Untergruppe *a* oder *b* befindlichle)

2. Endperiode
(Periode der Radiumelemente)
$2 \cdot 4^2$?

friedigender Übereinstimmung mit der Analyse. Ob man den Unterschied zwischen berechneter und gefundener Zusammensetzung nur, wie hier auf Versuchsfehler oder auf eine falsche Annahme über den größten gemeinsamen Teiler schieben muß, ist in jedem einzelnen Fall durch eine Kritik der Analysenmethode zu entscheiden.

Derartige Berechnungen heißen stöchiometrische[1], ihre wissenschaftlichen Grundlagen bilden die Stöchiometrie. Die Summe der Atomgewichte in einer Verbindung, multipliziert jeweils mit den zugehörigen Atomkoeffizienten, heißt ihr Formelgewicht. Es ist in unserem Beispiel offenbar $2 \times 39.1 + 195.2 + 6 \times 35.46 = 486{,}16$. Stöchiometrie Formelgewicht

Stellt die empirische Formel die Massenverhältnisse der Elemente in jeder Verbindung richtig und in zweckmäßiger Kürze dar, so war sie doch nur sicher ableitbar, wenn man bereits die Atomgewichte aller dieser Elemente kannte. Andernfalls verlangt die Einfachheit, daß man die Molekel so wenig atomig nehme, als möglich, also noch unbekannte Atomgewichte so groß als möglich. Nun ist das Atomgewicht eines neuen Elements nicht eindeutig bestimmt durch die Analyse der Verbindung. Denn es hängt noch von der anzunehmenden Formel ab. Man nimmt es also zuerst höchstens so groß an, daß mindestens ein Atom des Elements in 1 Molekel der Verbindung angenommen wird. Also z. B. RO_2, wo R das Symbol des neuen Elements ist und man sein Oxyd untersucht. Man hat dann eine Reihe anderer Verbindungen des Elements darzustellen und nachzusehen, ob je in einer Molekel davon nie weniger als 1 Atom enthalten wäre (sie müssen also verdampfbar sein). Kommt dies aber vor, dann ist bewiesen, daß man das Atomgewicht von R zu groß gewählt, also die Zahl der Atome in RO_2 zu klein genommen hat und z. B. R_3O_2 usw. zu schreiben hätte, mit anderen Worten das bisherige Atomgewicht mit einem ganzzahligen Bruch zu multiplizieren hätte. Atomgewichtsbestimmung bei neuen Elementen

Dies ist also ein allgemeiner Weg zur Ermittlung des ganzzahligen Bruchs, der den wirklichen Zahlwert des Atomgewichts eines Elements unter den verschiedenen nach der Analyse möglichen bezeichnet. (1. Methode zur Atomgewichtswahl.) Zugleich liefert alsdann die genaue Wägung genau gleicher Raumteile verschiedener Gase bei gleichem Druck und gleicher Temperatur auch das Formelgewicht des einen, wenn man das Formelgewicht des anderen kennt. Hat man das Formelgewicht eines Stoffs so, oder wie oben aus seinen Massen- und Volumenverhältnissen bei chemischen Umsetzungen ermittelt, so nennt man es sein *Molekulargewicht*, kürzer Molargewicht. (Andernfalls spricht man vom „empirischen" Formelgewicht oder Formelgewicht schlechtweg). Diese Bezeichnung ist dann ganz parallel zu setzen zu der Bezeichnung Atomgewicht, weil die Molekulargewichte, wie jene, relative Massen, d. h. Massen, bezogen auf eine an sich willkürliche Einheit angeben. Molekulargewicht

[1] στοιχεῖον Grundstoff und μέτρον Maß.

Im Sinn der Molekulartheorie bedeuten die Molekulargewichte solche Massen verschiedener Stoffe, wie sie im Verhältnis der Massen der einzelnen Molekeln der Stoffe stehen.

Nimmt man soviel von einem Stoff, wie dem in Gramm angegebenen Molekulargewicht des Stoffs entspricht, so heißt diese Masse nach einem Vorschlag von Ostwald *1 Mol.* Alle chemischen Beziehungen verschiedener Stoffe untereinander werden am einfachsten, wenn man äquimolare, d. h. in Mol gezählt gleiche Massen untereinander vergleicht.

Molvolumen der Gase 22,4 Liter

Nach dem Avogadroschen Gesetz müssen gleiche Molzahlen verschiedener gasförmiger Stoffe bei gleichem Druck und gleicher Temperatur gleiche Räume erfüllen. Messung hat ergeben, daß

1 Mol bei 0° und 760 mm Barometerstand 22,412 Liter

erfüllt. Diese Zahl muß man sich einprägen.

Gasdichte und Molekulargewicht

Dividiert man die Masse eines Körpers durch sein Volumen und zählt dabei erstere in Gramm, letztere in ccm, so erhält man sein spezifisches Gewicht (sp. G.). Es ist gleich der Dichte (D.). Da Gase unter gleichen Bedingungen des Drucks und der Temperatur dann gleiche Volumina erfüllen, wenn ihre Massen im Verhältnis der Molargewichte stehen, so müssen sich unter diesen Bedingungen die Dichten der Gase wie die Molekulargewichte verhalten. Um nun nicht immer die äußeren Bedingungen erwähnen zu müssen, führten wir den Begriff der Gasdichte (Messung siehe Einf. S. 127 ff.) oder Dampfdichte (D.D.) ein, indem wir die Dichte dividierten durch die Dichte von Luft genommen bei gleichen Bedingungen des Drucks und der Temperatur. Dann ist die erhaltene Zahl unabhängig davon, welchen Druck und welche Temperatur man zugrundegelegt hatte, sie hängt dann nur noch von der Art, d. h. dem Molargewicht des betreffenden Gases ab. Man hat also die Gleichung:

$$\frac{\text{Dichte des Gases}}{\text{Dichte von Luft}} = \frac{\text{Molekulargewicht des Gases}}{\text{scheinb. Mol. Gew. von Luft}} = \text{D.D. des Gases}.$$

Da man den ersten Bruch kennt und den Nenner des zweiten auch, so ist der Ausdruck *„scheinbares Molargewicht" von Luft* offenbar eine reine Definition. Denn man berechnet seinen Zahlwert ohne weiteres aus der ersten von den zwei angeschriebenen Gleichungen. Das scheinbare Molargewicht von Luft heißt die *Koppsche Zahl* = 28,98. Sie ist einzuprägen, da man, wie die zweite Gleichung zeigt, mit ihrer Hilfe und der des Molargewichts jederzeit die D.D. eines Gases berechnen kann und umgekehrt jenes aus diesem. Daher reicht zur Angabe der spezifischen Dichte-Eigenschaften eines Gases sein Molargewicht vollkommen aus.

Koppsche Zahl 28,98

Wir können uns jeweils die Angabe des Litergewichts (Anzahl Gramm im Liter bei 0° und 1 Atm. Druck) ersparen. Denn es berechnet sich offenbar durch Division des Molargewichts durch 22,412.

Die Dichte eines Gases wird man nach dem gesagten bestimmen durch Absperren eines Volumens Gas, z. B. bei 10^0 und Atmosphärendruck und Wägung des Gases + Gefäß. Subtraktion der Gefäß-Masse liefert die Masse des Gases (sein „Gewicht" im Sprachgebrauch des Chemikers, der das Wort Gewicht im Sinn von Masse benützt). Dann füllt man das Gefäß mit Luft von 10^0 und Atmosphärendruck und bestimmt ebenso ihre Masse auf der Wage. Division der letzteren Masse in die des Gases liefert nach obiger Gleichung die D.D. Wie man dabei im einzelnen verfährt und von der Wahl gleichen Drucks und gleicher Temperatur sich freimachen kann, ist hier noch ohne Belang und wird uns in einem späteren Kapitel beschäftigen. (Siehe auch § 20 und Einf. S. 127 ff.)

4. Absolute Größe, Zahl und Masse von Molekeln und Atomen.

Absolute molekulare Größen

§ 28. Wir haben jetzt so viel mit der Vorstellung von Molekeln und Atomen gerechnet, daß es am Platz ist, auch etwas über ihre absolute Größe und Masse zu erfahren. Den Durchmesser der Molekeln fand man, wie wir sahen, aus Beobachtungen an Öl- und Wasserhäuten und auf anderen Wegen zu rund 4.10^{-8} cm. Nun bedenken wir, daß man flüssiges Wasser nicht mehr viel zusammendrücken kann und daß darin also wohl die Molekeln ziemlich dicht aneinander liegen. Füllte jede einen Würfel von 10^{-8} cm Seitenlänge aus, so gehen auf den ccm Wasser 10^{24} Molekeln. Mit dem Schätzungswert 4.10^{-8} cm Seitenlänge finden wir, daß $2{,}5.10^7$ Molekeln in einer Reihe einen cm ausmachen, also daß $1{,}56.10^{22}$ Molekeln in 1 ccm und $2{,}8.10^{23}$ in 18 ccm = 18 g = 1 Mol H_2O enthalten wären. Aus unserer Festsetzung des Begriffs Molekulargewicht geht jetzt hervor, daß *in 1 Mol eines beliebigen Stoffs stets gleichviele Molekeln enthalten* sein müssen. Diese Zahl heißt die *Loschmidtsche* (früher Avogadrosche) *Zahl* und ist auf die verschiedensten Weisen genau bestimmt worden. Diese grundlegende Naturkonstante hat den Zahlwert:

Durchmesser $\sim 10^{-8}$ cm

Loschmidtsche Zahl

$6{,}18.10^{23}$ Molekeln in 1 Mol.

Einfache Überschlagsrechnung bei Wasser erlaubt also recht nahe an diese Zahl heranzukommen.

Bei hohem Druck und tiefen Temperaturen, wo die Gase der Kondensation nahe sind, verhalten sie sich nicht mehr so einfach. Da sich alsdann wachsende Abweichungen von den Gasgesetzen einstellen, und diese nicht an einer bestimmten Grenze beginnen, sondern unmerklich (asymptotisch), so hat man das Avogadrosche Gesetz als ein Grenzgesetz anzusehen, das um so vollkommener gilt, je höher die Temperatur und je geringer der Druck. Doch gilt es z. B. für Gase, wie Luft und dergleichen recht genau.

Avogadros Gesetz nur ein Grenzgesetz

Die Loschmidtsche Zahl dagegen behält ihren Zahlwert unabhängig davon, ob man Gase oder Kondensate vor sich hat und welches die Bedingungen der Temperatur und der Drucke sein mögen. Wenn

Loschmidtsche Zahl universell konstant

Vereinigung von Molekeln zu größeren Komplexen oder Zerfall eintritt, ohne daß man es weiß und berücksichtigt, so rechnet man bloß unrichtig. Da man nun allen Anlaß hat, in den Molekelformeln richtige Angaben über die wahre Zahl der Atome in der Molekel zu sehen, so kann man jeweils aus der Loschmidtschen Zahl und der Molekelformel eines gasförmigen Elements auch die Zahl der Atome in 1 Mol und damit die absolute Masse des einzelnen Atoms berechnen. Die des Wasserstoffatoms ergibt sich so zu

Absolutes Atomgewicht

$$\frac{2{,}016}{2 \times 6.18 \times 10^{23}} = 1{,}63.10^{-24}\,\text{Gramm}.$$

Damit haben wir eine Vorstellung von den Molekeln und Atomen, ihrer Zahl und Masse gewonnen und von der Schreibweise, womit man die Umsetzungen, die Massen- und Volumenverhältnisse dabei abkürzend und übersichtlich darstellt. Wir verfuhren hier tunlichst allgemein und bevorzugten dabei nur in den Beispielen und in der Wahl willkürlicher Einheiten bestimmte gut zugängliche Elemente und Verbindungen (H_2, O_2, Cl_2, H_2O, HCl).

II. Die Welt der veränderlichen Proportionen. Stoffgemische.

Stoffgemische. Inkonstanz der Proportionen. Gültigkeit der Gasgesetze

§ 29. Von Gemischen sind wir bei unseren Betrachtungen ausgegangen. Durch fortgesetzte „Reinigung" kamen wir zu den reinen Stoffen, die wir auch als Aggregate einheitlicher Molekelarten auffassen können. Für diese erst fand sich das Gesetz der konstanten und multiplen Proportionen. Die Gasgesetze dagegen, vor allem das wichtige Grundgesetz von Avogadro, galten bereits auch für gasförmige Gemische. Haben wir die gleichartigen Molekeln einzeln ausgesucht aus den Gemischen bei den Trennungsmethoden? Durchaus nicht, denn dazu sind die Teilchen zu klein im Verhältnis zu unseren Greifwerkzeugen. Besäßen gleichartige Molekeln nicht in sich selbst die Fähigkeit, sich unter Umständen weit häufiger mit ihresgleichen zusammenzulagern, als mit fremden, so wäre unser Bestreben, sie von den fremden zu trennen, also unser gesamtes Verfahren zur Reindarstellung chemischer Stoffe vergeblich. Nur weil wir gewisse Bedingungen der Temperatur und dgl. mit unseren groben Mitteln herstellen können, bei denen sich gleichartige Molekeln von selbst zu Kristallen zusammenfinden oder als einheitlicher Dampf destillieren usf., gelangen wir überhaupt zu jener Welt, die vom Gesetz der konstanten und multiplen Proportionen umspannt wird, entsprechend dem gleichartigen Aufbau gleichartiger Molekeln aus Atomen. Und dies wieder ist nur dadurch möglich, daß die Lebensdauer solcher Molekeln groß genug ist, um ihnen die Versammlung zu so großen reinen Stoffmassen zu gestatten, wie wir sie wahrzunehmen und zu untersuchen vermögen. Ihre Untersuchung, ihre Eigenschaften vor allem bilden heute den Inhalt der darstellenden Chemie. Sie ist wesentlich eine Chemie, die nur reine Stoffe darstellt, d. h. eben solche, die wir in den uns zugänglichen großen Räumen und langen Zeiten rein erhalten können, kurz eine

Selbstreinigung der Stoffe durch Kristallisation

Darstellende Chemie beschränkt auf haltbare Stoffe

Chemie der rein darstellbaren Stoffe.

Die nicht haltbaren Stoffe

Gibt es auch andere? Gewiß. Und ihre Zahl ist nicht kleiner, obgleich wir heute erst ganz wenige von ihnen mit Sicherheit kennen. Mit wachsender Erkenntnis muß ihre Zahl auf Kosten der „rein darstellbaren“ wachsen. Denn mehr und mehr wird sich zeigen, daß man nicht bloß anfangs vorhandene Verunreinigungen nie vollkommen beseitigen kann, sondern daß im reinen Stoff — sofern er nicht ein Element ist, und selbst ein solches liegt nie allein, sondern immer in einem Gefäß aus anderem Stoff vor — daß also im reinen Stoff sich immer von selbst andere Stoffe bilden. Geht dies langsam genug, so können wir den Stoff „rein“ darstellen, d. h. praktisch rein, nicht absolut rein. Geht es aber schnell, so müssen wir wetteifern mit der sich selbst verunreinigenden Tätigkeit des Stoffs. Und wenn die letztere sich allzuschnell abspielt, so ist es unmöglich, den Stoff auch nur angenähert rein zu erhalten. Man sieht, daß es gerade die chemisch tätigsten Stoffe sein müssen, die wir so grundsätzlich nicht rein erhalten können. Daß also diese neue Welt von Stoffen dem Chemiker alles andere eher, als gleichgültig sein kann. So tritt neben die Welt der mit unseren heutigen Mitteln rein darstellbaren Stoffe eine ganze Welt von solchen, die man heute noch nicht und nehmen wir es vorweg, z. T. sogar niemals in makroskopischen Mengen rein wird darstellen können. Den Beweis für diese letzte weitgehende Behauptung werden wir in aller Schärfe erbringen. Genau so wenig, als wir Naturforscher sagen dürfen: Alles in der Welt besteht in der Wiederholung gewisser Einzelerscheinungen, genau so wenig dürfen wir sagen: Alle chemischen Stoffe kann man rein darstellen, so daß alles aus ihrem Gemisch besteht. Vielmehr greift der Naturforscher aus allen Geschehnissen eben nur das sich wiederholende, einigermaßen gleichartige heraus und abstrahiert vom übrigen. Und ebenso greift der Chemiker das rein darstellbare heraus und macht die Annahme, daß auch die Stoffe, die er als von veränderlicher Zusammensetzung erkennt, aufzubauen wären aus Einzelstoffen, die dem Gesetz der konstanten und multiplen Proportionen gehorchen. Obwohl er zu beweisen vermag, daß er tatsächlich diesen Aufbau so wenig durchführen kann, wie die Zerlegung der veränderlich zusammengesetzten Gemische in ihre einzelnen Bausteine. So tritt neben die Chemie der rein darstellbaren Stoffe, d. h. unter gewissen Bedingungen trennbaren Gemische, neben diese oftmals unberechtigt als „reine“ Chemie bezeichnete „darstellende Chemie im alten Sinn“ eine Chemie der untrennbaren Gemische, so wichtig wie jene und so chemisch wie sie. Ein großer Teil der Chemie der Lösungen, vor allem der feuerflüssigen, ein großer Teil der Chemie der Stoffe bei hohen Temperaturen überhaupt, dann die Chemie zahlloser, in Organismen wirksamer Stoffe gehört hierzu, wie die der sog. Katalysatoren und der meisten Kolloide.

Chemie der untrennbaren Gemische

Reaktionsgeschwindigkeit bedingt den Unterschied

Und was ist der Grundunterschied beider Welten? Die Reaktionsgeschwindigkeit. Sie bleibt bei rein darstellbaren Stoffen klein genug und wird bei den anderen zu groß.

So ist die sog. darstellende Chemie die der trägen Stoffe, die der höchst aktiven aber ist die Chemie der untrennbaren Gemische.

Wir werden uns überzeugen, daß sich in der Tat unsere ganze chemische Wissenschaft von selbst teilt und auch historisch geteilt hat in die

1. Chemie der konstanten und multiplen Proportionen und die
2. Chemie der inkonstanten Proportionen.

Es bedarf keines Hinweises darauf, daß die einzelne Molekel stets mit ihresgleichen konstante Proportionen hat und daß daher die Inkonstanz der Proportionen sich nur auf die uns zugänglichen, jeweils stets schon aus zahllosen Molekeln bestehenden Stoffmassen bezieht.

Zusammenfassung
der Ergebnisse, Definitionen und Gesetze.

1. Homogenität.

1. Merklich inhomogene Stoffe heißen *Gemenge.* (Beispiel Granit).

2. Homogene Stoffe können *Gemische* (Lösungen) oder reine Stoffe sein. (Beispiele: Zuckerlösung einerseits, reines Wasser anderseits).

3. *Reine Stoffe* haben fast immer einen konstanten Schmelzpunkt, während beim Schmelzen von Gemischen die Temperatur dauernd zu steigen pflegt.

4. Gemische entstehen aus Mischung reiner Stoffe ohne „erhebliche" Änderung der Eigenschaften der Ausgangsstoffe. Bei chemischer *Umsetzung* ändern sich die Eigenschaften „erheblich" und meist wird dabei auch Wärme verbraucht oder entwickelt.

5. Reine Stoffe, die auf keine Weise ohne Beifügung neuen Stoffs in Gemische übergeführt werden können, heißen *Elemente.* Alle anderen sind *Verbindungen.*

2. Masse.

6. Die *Masse* eines Körpers wird durch Vergleich mit willkürlich festgesetzten Normalmassen (Gewichten) auf der Wage bestimmt und in Gramm angegeben. Der Chemiker benützt im *Sinn* von Masse das *Wort Gewicht*, (das in physikalischen Erwägungen im Sinn einer *Kraft* verwendet wird).

7. Die Masse der Stoffe ändert sich bei ihren chemischen Umsetzungen nicht merklich: *Gesetz der Erhaltung der Masse bei chemischer Umsetzung.*

8. Alle chemischen Verbindungen gehorchen dem *Stöchiometrischen Gesetz der konstanten und multiplen Proportionen,* das die *Massen-Verhält-*

nisse beherrscht. Die Massen der elementaren Bestandteile einer Verbindung stehen im Verhältnis der „Atomgewichte“ oder ganzzahliger Vielfacher von ihnen zueinander.

9. Das *Atomgewicht eines Elements* ist die Masse von ihm in Gramm, die sich mit 1 Gramm Wasserstoff, genauer, die sich mit 16 Gramm Sauerstoff quantitativ vereinigt; oder sie ist das Produkt dieser Masse mit einem Bruch aus kleinen ganzen Zahlen, der folgenden Forderungen gehorcht:

1. Das sich ergebende Atomgewicht des Elements muß zu einer Stellung des letzteren im periodischen System führen, die zu seinen Eigenschaften paßt. (2. Methode zur Atomgewichts-Wahl).
2. Das Atomgewicht muß so groß, als möglich, Zähler und Nenner des Bruchs so klein, als möglich gewählt werden.
3. Man kennt zahlreiche andere Kriterien für die Wahl der Atomgewichte.

10. Die Summe der Atomgewichte in einer Verbindung, die jeweils multipliziert sind mit den zugehörigen Atomzahlen (Atomkoeffizienten), heißt *Formelgewicht* der Verbindung. (Beispiel: H_2O, Wasser; Atomkoeffizient am Wasserstoff ist 2, am Sauerstoff 1, also $2.1{,}008 + 1.16{,}000 = 18{,}016$ = Formelgewicht).

3. Volumen.

11. Das Verhältnis $\frac{\text{Masse}}{\text{Volumen}}$ eines Körpers heißt seine *Dichte oder spezifisches Gewicht*. Der reziproke Wert davon sein *spezifisches Volumen*.

12. Für alle Gase von geringem Druck und nicht zu tiefer Temperatur gelten folgende Gasgesetze:

I. Volumen und Druck sind einander verkehrt proportional *(Boyle-Mariotte)*.

II. Der Druck einer Gasmischung ist die Summe der Partialdrucke, die jede der Komponenten in dem betreffenden Raum bei der betreffenden Temperatur für sich allein ausübt (Partialdruckgesetz von *Dalton*).

III. Volumen und absolute (d. h. von $-273{,}09^0$ in Celsiusgradintervallen aufwärts gezählte) Temperatur sind einander direkt proportional *(Gay-Lussac)*.

IV. Die bei gleicher Temperatur und gleichem Druck gemessenen Volumina einer Gasmischung vor und nach quantitativer chemischer Umsetzung stehen zueinander im Verhältnis kleiner ganzer Zahlen (*Humboldt-Gay-Lussacs* Gesetz der rationalen Gasvolumina).

V. Solche Massen verschiedener Gase, die bei gleichem Druck und gleicher Temperatur gleichviel Raum einnehmen, stehen im Verhältnis der Formelgewichte der Gase oder kleiner, ganzzahliger Vielfacher von ihnen *(Avogadro)*.

13. Das Formelgewicht heißt zugleich *Molekulargewicht* (Molargewicht), wenn die von ihm bezeichnete Stoffmasse in Gramm im Gaszustand denselben Raum erfüllt, wie 2,016 Gramm Wasserstoff unter denselben Bedingungen von Druck und Temperatur.

14. Das Verhältnis des spezifischen Gewichts eines Gases zu dem bei gleichen Bedingungen von Druck und Temperatur bestimmten spezifischen Gewicht von Luft heißt die Gasdichte oder *Dampfdichte* des Gases (D.D.). Sie ist also eine reine Verhältniszahl, keine Dichte.

15. Bestimmung der Molekulargewichte. Multiplikation der Dampfdichte eines Gases mit dem scheinbaren Molargewicht der Luft 28,98 (*Koppsche Zahl)* liefert das Molargewicht des Gases.

16. Das Molargewicht eines Stoffs, genommen in Gramm, heißt 1 Mol des Stoffs. Massen gibt der Chemiker in Molen an.

17. Das *Mol-Volumen eines* jeden *Gases* bei 0° und 760 mm Druck beträgt 22,412 Liter.

4. Molekulartheorie.

18. Der *Molekel-Durchmesser* beträgt ungefähr 10^{-8} cm.

19. *Loschmidtsche Zahl* = Zahl der Molekeln in 1 Mol = $6{,}2 . 10^{23}$.

20. Der *Wirkungsradius der Molekeln* ist sehr klein, etwa 10^{-8} cm

21. Der Quotient $\frac{\text{zurückgelegter Weg}}{\text{zugehörige Zeit}}$ heißt *Geschwindigkeit.*

22. Der Quotient $\frac{\text{Geschwindigkeitszunahme}}{\text{zugehörige Zeit}}$ heißt *Beschleunigung.*

23. Das Produkt Masse.Beschleunigung heißt *Kraft.*

24. Das Produkt $\frac{1}{2}$. Masse . (Geschwindigkeit)^2 heißt *kinetische Energie.*

25. Das Produkt Masse . Geschwindigkeit heißt *Impuls* oder *Bewegungsgröße.*

26. Der Quotient Kraft : Fläche heißt *Druck.*

27. In Gasen fliegen die Molekeln in Zickzackbahnen zwischen je zwei Zusammenstößen geradlinig.

I. Ihre Stoßwirkung auf die Gefäßwände bedingt den **Druck** *des Gases.*

$$\text{Druck}\, p = \tfrac{1}{3} N . m . c^2$$

($N = \frac{\text{Molekelzahl}}{\text{Volumen}}$; m = Masse der Molekel; c ihre Geschwindigkeit). Die Geschwindigkeiten der einzelnen Molekeln sind um einen Mittelwert verteilt.

II. Der Mittelwert der *kinetischen Energie* der Molekeln ist ein Maß der **Temperatur** *des Gases.*

$$T \sim \tfrac{1}{2} m \overline{c^2}$$

III. *Gleiche* **Raumteile** verschiedener Gase bei gleichem Druck und gleicher Temperatur enthalten *gleichviel Molekeln* (Avogadros Gesetz in molekulartheoretischer Form).

C. Die Arten des Stoffs und die Mannigfaltigkeit seiner Verbindungen.

Arten des Stoffs

Darstellende Chemie 2.

I. Elemente.

Elemente

§ 30. Im Anschluß an die Übersicht der wichtigsten Elemente lernen wir drei wichtige Zustandsarten der Materie näher kennen, den *Gaszustand*, den *Metallzustand* und den starren nicht kristallinen, sog. *amorphen* Zustand, dazu die Erscheinung, daß derselbe Stoff in verschieden großen Molekeln auftreten kann; allgemein gesprochen in verschiedener Verknüpfung seiner kleinsten Teilchen: Polymerie, Allotropie.

I. Die Welt der Atmosphäre.

Welt der Atmosphäre

Elementare Gase.

1. Normale Bestandteile der Luft.

Sauerstoff.

Sauerstoff

Nach der Dampfdichte O_2. Schon bei der Besprechung des Sauerstoffs sahen wir, daß Luft ihn in erheblicher Menge enthält, und daß man ihn ihr durch Erhitzen von Quecksilber oder brennbarer Dinge in ihr entziehen kann. Außerdem enthält sie ein anderes farbloses, aber chemisch sehr träges Gas, das die Verbrennung nicht unterhalten kann, den

Stickstoff.

Stickstoff

Experimentelle Methoden. Arbeiten mit Gasen.

Experimentelles Arbeiten mit Gasen

1. Gas-Entwicklung und -Auffangung. Einfach sind die Fälle, wo man Gase durch gegenseitige Einwirkung zweier mischbarer Flüssigkeiten ohne Erwärmen erhält. Man läßt aus einem Hahntrichter die schwerere in die leichtere einfließen. Die Flasche damit schwenkt man ab und zu um. So entwickelt man bequem reinen Stickstoff N_2 nach Raschig entsprechend

$$2\,NaN_3 + J_2 = 2\,NaJ + 3\,N_2$$

aus einer Lösung von Jod (26 g Jod im Liter) in Jodnatriumlösung und einer Natriumazidlösung (13 g im Liter). Der letzteren fügt man etwas Natriumthiosulfat $Na_2S_2O_3$ zu, sonst kommt die Reaktion nicht in Gang, denn sie verläuft nur in summa so einfach wie angeschrieben, im einzelnen aber verwickelter in Stufen.

Behält schließlich die Lösung ihre braune Farbe, die sonst nur an der Einlaufstelle entsteht, und entwickelt sie kein Gas mehr, so dampft man sie bis zum Salzhäutchen ein. Man benutzt sie als Lösungsmittel für neues Jod und verdünnt dann erst wieder bis zum richtigen Maß, da Jod teuer ist und ebenso die Jodalkalien. Der Apparat ist Abb. 48 gezeichnet, die auch zeigt, wie Kautschukschläuche, wenn nicht zu erhalten oder für die Reinheit des Gases bedenklich,

Schlauch-Ersatz

zu vermeiden sind. Das Gasableitungsrohr endet in einer Glasspirale von etwa 2,5 cm Windungsdurchmesser, 1 cm Windungshöhe und etwa 1,5 mm lichter Weite des sehr dünnwandigen Rohrs ($^1/_8$ mm etwa), die vor allem dann sehr beweglich ist. wenn sie dreimal knieförmig gebogen ist, so daß die Ebenen der 3 Kniee rechtwinklig aufeinander stehen. Das Ende dieser Glasfeder trägt einen Schliff (Abb. 49), womit weitere Röhren oder Apparate angeschlossen werden können.

Glasblasen

Bricht eine Glasfeder, so ritzt man die Enden mit dem Glasmesser, besser mit einer scharfen Dreikantfeile an einer Stelle und bricht das gesplitterte Endchen unter leichtem Ziehen glatt ab. Man verschließt das eine äußere Ende der Feder mit Wachs, setzt an das andere äußere einen Schlauch mit Mundstück nimmt die beiden Enden, die aneinandergesetzt werden sollen, in die Hände, und setzt sie über der höchstens 2—3 cm langen, blauen, aber nur eben entleuchteten, nicht rauschenden Gebläseflamme, wie Abb. 50 zeigt, zusammen, sie nur mit der äußersten Spitze bestreichend, sobald die Bruchränder rotglühen, die Flamme gelbfärben, erweichen und sich durch leichtes Aneinanderrücken lochfrei vereinigen lassen. Kaum ist das geschehen, so bläst man in das Rohr und treibt die Stelle auf, läßt sie dann durch gleiches Erwärmen, wie oben, wieder enger werden, bläst wieder auf — „verbläst die Stelle" —, bis sie keine scharfen Wülste, im besonderen keine einspringenden Kanten oder Ecken mehr zeigt. Dann berußt man sie mit der leuchtenden Flamme, bis der Ruß auch beim Entfernen der Flamme nicht mehr von selbst verschwindet und läßt erkalten. Das Zusammensetzen weiterer Röhren geschieht ebenso, nur ist es bis zu etwa 2 cm Rohrweite leichter. Bleibt beim Ansetzen ein Loch, so erhitzt man, während die Stelle weich gehalten wird, die Spitze eines Glasstabs, der am besten ausgezogen ist und „näht" das Loch mit seiner weichen, fadenziehenden Spitze zusammen. Je weiter und dickwandiger ein Rohr, desto besser ist zu kühlen und desto vorsichtiger und langsamer ist zum Schmelzen zu erwärmen, zuerst nur mit rußender Flamme und ohne Luftzutritt im Gebläse. Im Augenblick des Zusammensetzens selbst scheue man auch grobes Zusammenschieben der Enden nicht, damit sie sogleich lochfrei ankleben. Denn

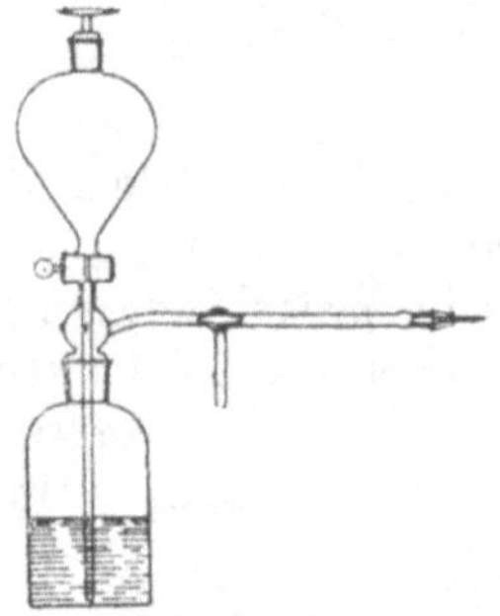

Abb. 48.
Schliffapparat zu Gasentwicklungen.

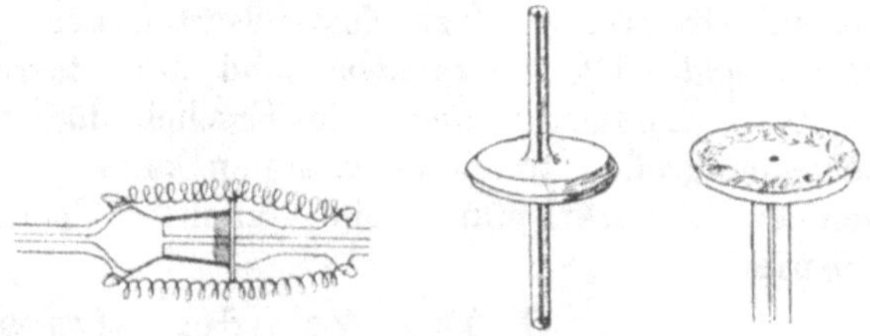

Abb. 49.
Becherschliff und seine Abdichtung mit Hahnfett. Planschliffe und ihre

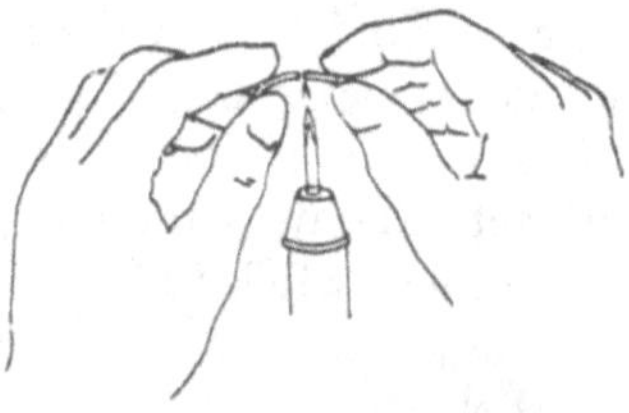

Abb. 50.
Aneinanderschmelzen von Glasfedern.

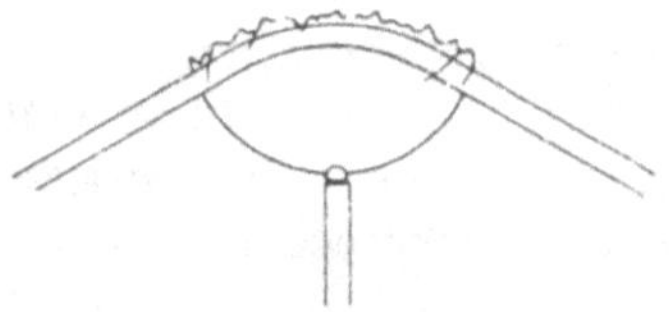

Abb. 51.
Röhrenbiegen im Fischschwanzbrenner.

je schneller man nach dem Ansetzen fertig verblasen hat, desto haltbarer wird die Stelle und desto weniger besteht die Gefahr, daß das Glas trübe und brüchig wird. Eine Stelle pflegt um so fester zu sein, je schöner sie aussieht. 10 Unterrichtsstunden bei einem Glasbläser (Röhrenansetzen, Biegen, Kugeln blasen) sind jedem Experimentator zu empfehlen. Die Abb. 50—51 zeigen das Röhrenansetzen und Röhrenbiegen und die dazu benützten Brenner. Weite Röhren (über 8 mm) biegt man am besten unter leichtem Aufblasen. Man biege nie in der Flamme. Man wähle dazu den Fischschwanzbrenner, nicht das Gebläse.

Anstatt des Schliffapparats (Abb. 48) dient einfacher eine mehrhalsige sog. Wulffsche Flasche mit gebohrten Kork- oder Gummistopfen und eingesetztem Hahntrichter oder auch bloßem Sicherheitstrichter (Abb. 52).

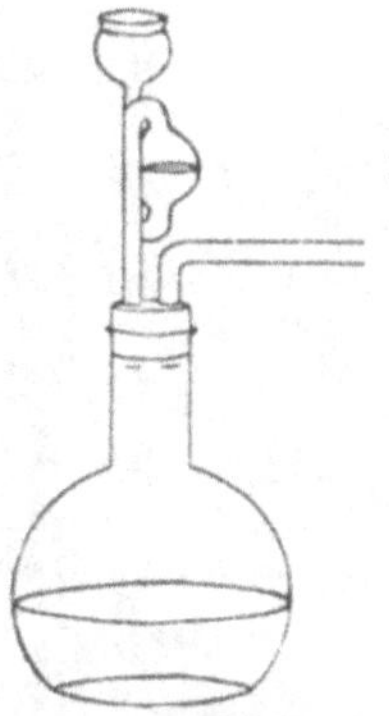

Abb. 52. Kochflasche mit Sicherheitstrichter und Gasableitungsrohr.

Korkbohren

Soll ein Kork durchbohrt werden, so wird er mit dem breiten Ende auf den Tisch gesetzt; der an der Schneide befeuchtete Korkbohrer, der etwas enger sein muß, als die gewünschte Bohrung, wird senkrecht unter Beibehaltung der Richtung unter geringem Druck hindurchgedreht. Nötigenfalls wird er vorher geschärft, innen mit dem Rattenschwanz, einer Rundfeile und außen durch Abschleifen der Außenfläche auf der Fläche der Dreikantfeile. Die fertige Bohrung im Kork wird mit einem feinen Rattenschwanz geglättet, so daß das Rohr straff hindurchgeht. Man presse Korke vor dem Bohren, aber immer vorsichtig, damit sie nicht brechen.

Kautschukstopfen bohrt man ebenso, doch nimmt man hier den genau passenden Bohrer, nicht den engeren, befeuchtet ihn mit Natronlauge, wäscht und trocknet dann die Bohrung. Glätten kann man sie, wenn durchaus nötig, mit einem heißen Metallstab, der die Unebenheiten wegschmelzt, nachherigem Auswaschen mit Toluol, Trocknenlassen und Pudern mit Talkum. Doch bleiben die Bohrungen dann leicht doch etwas klebrig. Manchmal ist das für endgültige Verschlüsse erwünscht. Korkbohrer und Presse Abb. 53.

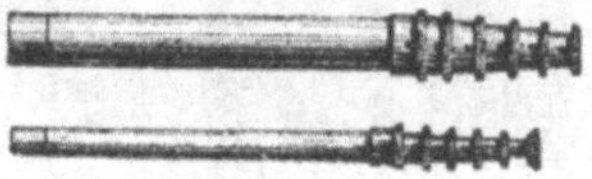

Korkbohrer.

Korkpresse.
Abb. 53.

Kork paraffinieren

Beim Arbeiten mit Öl-, Alkohol- oder Benzol-artigen Flüssigkeiten muß man Kautschuk vermeiden, weil er quillt oder gelöst wird. Hier dient nur reiner Kork. Korke, die in etwa 130° heißem Paraffin bis zum Nachlassen der Blasenentwicklung untergetaucht waren, dann langsam erkalteten und gepreßt wurden, ersetzen oft Kautschuk dort, wo ein Weglösen oder Abschmelzen des aufgesogenen Paraffins nicht zu befürchten ist. (Paraffinierter Kork.)

Gasbehälter

Man fängt Gase, in unserem Fall den Stickstoff, in der pneumatischen Wanne oder im Gasometer (Abb. 54) über Wasser auf oder wenn sie sich einigermaßen darin lösen wie Cl_2, über warmem oder kochsalzgesättigtem Wasser, oder wenn sie Quecksilber nicht angreifen, über diesem.

Stickstoff N_2 unterhält die Verbrennung nicht. Aus dem Gasbehälter austretend, bläst er eine Flamme aus. Er ist chemisch so träge, daß man, um ihn in einem Gasgemisch nachweisen zu können, zuerst alle aktiveren Gase entfernen und dann den Gasrest durch erhitzte Metalle, wie Li, Mg, Ca u. dgl. absorbieren oder mit bekannten Gasen mischen muß, die mit N_2 reagieren können. Doch wird letztere Reaktion erst beim Durchschlagen von Induktionsfunken merklich werden. Sauerstoff gibt mit ihm „gefunkt", d. h. dem elektrischen Funken ausgesetzt, rote Dämpfe von Stickstoffdioxyd, Wasserstoff farbloses Ammoniak, das am besten durch Einbringen eines Tropfens konzentrierter Salzsäure nachgewiesen wird. Sie bildet bei Gegenwart von NH_3 sofort weiße Nebel von Salmiak NH_4Cl. Immerhin vereinigt sich N_2 unmittelbar mit zahlreichen Elementen; schon bei gewöhnlicher Temperatur oberflächlich mit blankem Lithium, weniger lebhaft mit Calcium, Strontium und Barium, beim Erhitzen (z. T. zum Glühen und unter schnellem Abkühlen) mit Magnesium, einigen seltenen Erdmetallen, Chrom, Titan, Bor und Silicium zu *Nitriden,* meist dunkelgefärbten schwer schmelzbaren, schlecht oder nicht kristallisierenden Stoffen.

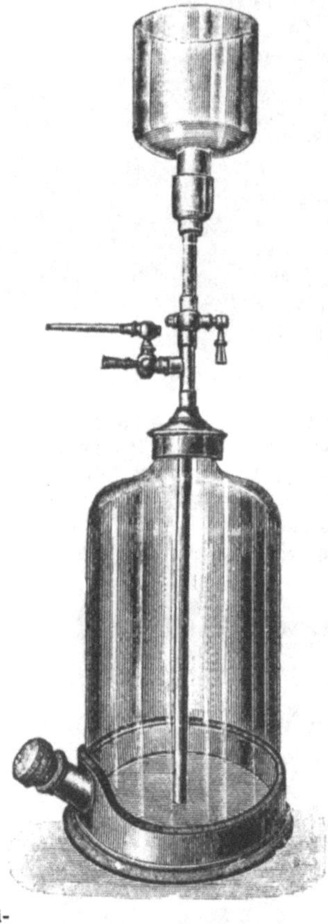

Abb. 54.
Gasbehälter (Gasometer).

Für sie sind nur feuerflüssige Lösungsmittel bekannt, die sie unverändert lassen. Darin gleichen sie den Carbiden, Siliciden, Phosphiden, Boriden, den metallisch aussehenden Oxyden und Sulfiden. Sie sind jedoch nicht die einzigen binären Verbindungen des N mit anderen Elementen. Vielmehr können auf anderem Weg N-reichere Metallverbindungen erhalten werden, die sehr schön kristallisieren und in verschiedenen Lösungsmitteln löslich sind, die *Azide* (von azote = Stickstoff, α-privativum und ζῶον Lebewesen). Eine Parallele dazu bietet der Kohlenstoff C, der neben den Carbiden noch durch Vermittlung des Azetylens binäre Metallverbindungen ähnlicher Art darstellen läßt, wie die Azide sind.

Stickstoff ist als steter Bestandteil der Eiweißstoffe der organisierten Natur unentbehrlich.

Physikalische Eigenschaften von N_2

Physikalische Eigenschaften des N_2. Farblos. Riecht nicht, brennt nicht und unterhält keine Verbrennung. Schmp.[1] — 214°. S. P.[2] — 194° bei Atmosphärendruck.

Für viele Zwecke ist der sog. Luftstickstoff, der durch Entziehung des O_2 aus Luft erhalten wird, rein genug. Doch hat bereits Cavendish und später Bunsen bemerkt, daß Luft etwa 1 Proz. Gas enthält, das weder Sauerstoff noch Stickstoff ist. Erst gegen 100 Jahre nach Cavendish ist darin das Argon und Spuren seiner Begleiter, Helium, Neon, Krypton, Xenon, die sog. Edelgase aufgefunden worden. Da Argon schwerer ist als Luft, so ist Luftstickstoff ein wenig — in der dritten Dezi-

[1] Schmp. = Schmelzpunkt.
[2] S. P. = Siedepunkt.

male — schwerer als aus chemischen Verbindungen erhaltener. Dieser geringe Unterschied der physikalischen Konstanten führte zur Entdeckung der Edelgase.

Stickstoff kann außer in der beschriebenen Weise aus Luft oder aus Azid, auch aus *Ammoniumnitrit* NH_4NO_2 durch Erhitzen neben Wasser erhalten werden. Wasser*bildung* begleitet, um nicht zu sagen ermöglicht zahllose Reaktionen in der Chemie. Stickstoff-Darstellung

Bei der Zersetzung von NH_4NO_2 können namentlich bei raschem Erhitzen Explosionen vorkommen. Besser erwärmt man *Chlorammonium* (Salmiak) NH_4Cl mit Kaliumdichromat $K_2Cr_2O_7$ und Wasser, wobei die Reaktionsbilanz im wesentlichen durch:

$$2\,NH_4Cl + K_2Cr_2O_7 = N_2 + Cr_2O_3 + 2\,KCl + 4\,H_2O$$

dargestellt ist. Beide Methoden ergeben einen nicht oxydfreien Stickstoff. Er ist also zu reinigen.

2. Reinigen von Gasen geschieht in Waschflaschen oder Absorptionsröhren, die (nicht zu hoch) mit Absorptionsmitteln für die Verunreinigungen beschickt sind, die man beseitigen will. Reinigen von Gasen

Oft genügt Wasser (Waschen von Gasen), da die Verunreinigungen löslicher zu sein pflegen, als das zu reinigende Gas. Wasserdampf entfernt man durch Trockenmittel: gekörntes Chlorcalcium ($CaCl_2$), vollkommener durch konzentrierte Schwefelsäure (H_2SO_4), am vollkommensten durch Phosphorpentoxyd (P_4O_{10}) oder durch starkes Abkühlen. Handelt es sich um die Beseitigung größerer Mengen Fremdgas, so spricht man von Trennung von Gasen. Ein chemisches Beispiel ist die Herstellung des mit den Edelgasen, chemisch ganz inaktiven Gasen, verunreinigten Luftstickstoffs und seine Beseitigung zur Gewinnung jener. Ein Beispiel physikalischer Trennungsmethoden die Trennung der Edelgase voneinander durch fraktionierte Destillation oder Diffusion, ferner die Trennung der Halogen-Isotopen durch Diffusion. Trennung von Gasen

Leitet man Luft über glühendes Cu (rund 1 m lange Schicht), das sich in einem Rohr in einem Verbrennungsofen befindet (Abb. 55), so Edelgase

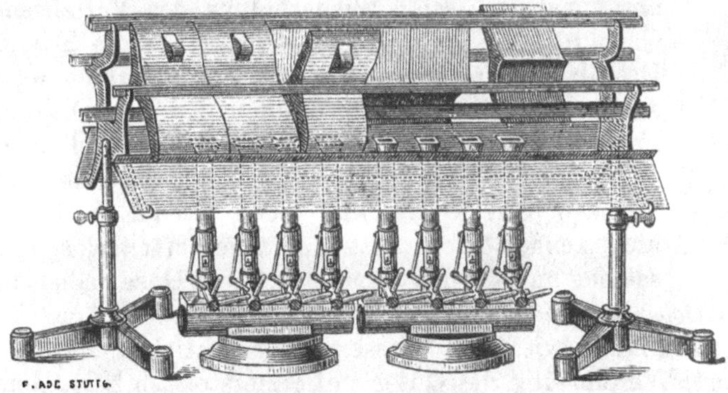

Abb. 55. Verbrennungsofen mit 2 vierfachen Bunsenbrennern.

nimmt das Cu allen O_2 weg und es hinterbleibt ein chemisch träger Gasrest, der in vielen Fällen als „inaktives“ Gas nützlich sein kann, der sog. *Luftstickstoff*. Leitet man ihn über erhitztes Mg oder Ca, ein Gemisch von CaO und Mg oder Calciumcarbid CaC_2, wegen der dabei auftretenden Erhitzung und Einwirkung aufs Glas oder Porzellan besser in einem Eisenrohr oder wenigstens einem Eisenschiffchen (Abb. 56), so wird aller N_2 zu gelbgrünem Mg_3N_2, bzw. Ca_3N_2, oder $CaCN_2$ aufgenommen und ein Gemisch der *Edelgase* hinterbleibt. Man kann sie entweder durch Druck und Kälte zur Flüssigkeit verdichten, wobei sich *Helium* im Gasrest anreichert. Man kann sie dann durch stufenweises Erwärmen und getrenntes Auffangen der dabei absiedenden Teile und Wiederholung dieses Vorgehens (fraktionierte oder gebrochene Destillation) rein erhalten oder man trennt sie mittels ihres verschiedenen Diffusionsvermögens. Erhitzter amorpher Quarz, sog. Quarzglas, läßt das Helium hindurch. Der Rest bleibt zurück und wird durch ein Verfahren getrennt, dessen Grundlage ein bekannter Vorlesungsversuch beleuchtet. Eine zweihalsige Wulffsche Flasche (Abb. 57) trägt ein spitz ausgezogenes, in gefärbte Flüssigkeit tauchendes Rohr. Der Luftinhalt der Flasche steht in Verbindung mit der porigen Tonzelle, die das andere Rohr abschließt. H_2 ist leichter als Luft und da die Diffusionsschnelligkeit der Gase ihrer spezifischen Leichtigkeit parallel geht (aber nicht proportional), so muß H_2 schneller als Luft diffundieren. Stülpt man also einen Becher, der H_2 enthält (und wegen dessen Leichtigkeit umgekehrt gehalten werden muß, damit der H_2 nicht entweicht) über die Tonzelle, so diffundiert er schneller in sie herein, als die Luft heraus kann, ein Überdruck entsteht und treibt das Wasser in hohem Strahl aus der Flasche. Ebenso läßt man das Gemisch der Edelgase an porigen Wänden vorbeistreichen und dadurch vorwiegend seine leichtesten Bestandteile verlieren, die sich somit hinter den Wänden ansammeln müssen. Wiederholung des Verfahrens läßt die Gase rein erhalten. Oder man trennt die Edelgase durch Destillation an der Gaedeschen Molekularpumpe (s. w. u.), die sie unmittelbar nach der Reihenfolge der Dichten absaugt. Freilich wird die Menge der Gase dazu selten ausreichen.

Abb. 56. Schiffchen.

Fraktionierte Diffusion

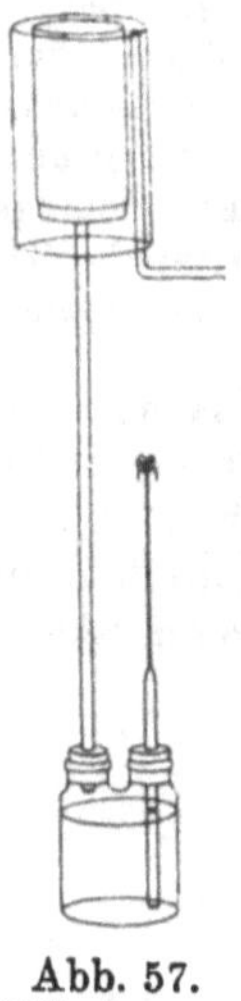

Abb. 57. Diffusionsgeschwindigkeit des Wasserstoffs.

Eine Methode zur Bestimmung der Atomzahl in den Molekeln dieser Edelgase haben wir im vorstehenden noch nicht kennen gelernt. Wir gelangen erst viel später zu einer solchen und werden dann erst diese Gase näher besprechen.

Molekulargewicht von Stickstoff

Das *Molekulargewicht des Stickstoffs* findet man mit dem Avogadroschen Satz ähnlich wie beim Wasserstoff beschrieben wurde, beispielsweise durch Vereinigung des Gases mit Sauerstoff zu NO_2, dem braunen *Stickstoffdioxyd,* die man durch „Funken" des Gases nach:

$$N_2 + 2O_2 = 2NO_2$$

hervorrufen kann. In der Tat erhält man aus 2 Raumteilen Sauerstoff und 1 Raumteil Stickstoff 2 Raumteile des braunen Gases. Das ist nur mit N_2 oder N_4 usf., aber nicht mit N oder N_3 usf. vereinbar. Denn man erhielte z. B. nach

$$N + O_2 = NO_2,$$

aus gleichen Raumteilen der Gase NO_2 unter Kontraktion auf die Hälfte, wie die Gleichung zeigt.

Daß man N_2 und nicht N_4 usw. annimmt, geschah anfangs auf Grund der Einfachheit. Aber später, eben bei Besprechung der Edelgase werden wir einen unmittelbaren und sicheren Hinweis auf die Zweiatomigkeit des Stickstoffgases erhalten.

Luft.

Die Luft. Luft ein Gemisch

Sie ist ein *Gasgemisch,* dessen Zusammensetzung trotz der zahlreichen und ausgedehnten chemischen Vorgänge, an denen Bestandteile von ihm teilnehmen, praktisch unverändert bleibt. Denn die Masse der Lufthülle (Atmosphäre) ist sehr groß im Verhältnis zu der Masse ihrer Hauptbestandteile, die chemisch zwischen ihr und der Erde kreist.

Stickstoff-Reaktionen in der Natur

So wird N_2 durch Gewitter und Strahlung, sowie durch Lebewesen, u. a. die Knöllchenbakterien, die mit Leguminosenwurzeln in Symbiose stehen, ferner heute auf künstlichem Weg in Verbindungen übergeführt, vor allem in Nitrate und Ammoniakverbindungen. Diese wieder werden von Pflanzen und Tieren aufgenommen und teils wieder bis zu freiem N_2 abgebaut, teils gehen sie erst beim Zerfall der Leichen wieder in solchen über, werden wieder „mineralisiert“.

Sauerstoff-Verlust in der Natur

O_2, durch Atmung von Pflanzen und Tieren aufgenommen, zur Oxydation toter Organismen und mineralischer Substanzen z. B. zur Verbrennung der Kohle dienend, wandert aus der Atmosphäre hinweg. Ein Teil von ihm wird durch die Assimilation der Pflanzen im Licht wieder abgegeben, ein großer Teil aber bleibt in Form von Wasser oder Kohlendioxyd gebunden in der Erdrinde zurück.

Ähnlich kreisen alle anderen chemisch überhaupt reaktionsfähigen Stoffe in der Natur. Überschlagsrechnung zeigt, daß dieser Kreislauf an der Zusammensetzung der großen Lufthülle unseres Planeten bei ihrer schnellen Durchmischung durch die Winde und bei der geringen Genauigkeit unserer Analysen nichts merkliches ändert.

Luftanalyse. Historisches. Phlogiston

Luft ist noch Ende des 18. Jahrhunderts für ein Element gehalten worden. Damals zeigten Priestley und der Schwede Scheele, daß in ihr ein Bestandteil enthalten sei, der die Verbrennung nicht unterhält. Lavoisier isolierte ihn durch Erhitzen von Luft mit Quecksilber. Bis dahin hatte man jedoch die Verbrennungserscheinungen von einer anderen Seite als heute betrachtet. Stahl (1660—1734) hatte das wesentliche in der Wärme- und Lichtabgabe gesehen und jedem Stoff, der dazu fähig ist, einen gewissen Inhalt an „Phlogiston“ zugeschrieben, wir würden dafür heute etwa Energie sagen. Damit war ein sehr wesentlicher Zug aller Verbrennungen und nicht bloß derer durch den (damals als solchen unbekannten) Sauerstoff hervorgehoben. Es kam jedoch der verhängnisvolle Fehler im weiteren hinzu, daß man das Phlogiston zu sehr mit Stoffen in Analogie setzte. So konnte es

Lavoisier leicht fallen, die Ablehnung der Phlogistontheorie durchzusetzen, nachdem er die Gewichtszunahme beim Verbrennen nachgewiesen und damit dargetan zu haben glaubte, daß nicht nur „nichts" entweiche, sondern „etwas" hinzukomme, nämlich die vor kurzem von Priestley sogenannte „dephlogistisierte" Luft, der Sauerstoff. Dieser kommt zwar in der Tat hinzu und insofern war der Massenbefund, wie er durch Wägung ermittelt war, richtig gedeutet. Daß aber auch etwas entweicht, das sich vom alten Phlogiston nur durch schärfere Definition und dadurch unterscheidet, daß es zwar meßbar, aber nicht wägbar ist (also nicht die „Dimension" einer Masse hat), nämlich Energie, das wurde erst ein halbes Jahrhundert später von Hess und von J. R. Mayer erkannt.

Die Einführung der Wage durch Lavoisier wurde die Geburtsstunde der stöchiometrischen Chemie.

Versuche über die Zusammengesetztheit der Luft

Daß Luft ein Gemisch ist, wird durch verschiedene Tatsachen sicher bewiesen. Einmal entspricht das von Lavoisier bereits festgestellte, später genauer bestimmte Massenverhältnis von O_2 und N_2 keinem einfachen d. h. durch kleine ganze Zahlen darstellbaren Atomverhältnis der beiden. Wegen der Gasform der Luft müßte aber eine kleine Molekel und mithin eine kleine Atomzahl darin zu erwarten sein. Ferner tritt beim Mischen der Bestandteile der Luft genau in dem Verhältnis, wie sie sich in Luft vorfinden, keinerlei Erwärmung merklicher Art ein oder sonst irgendein Zeichen chemischer Reaktion. Doch ist dies allein ebensowenig streng beweisend, wie der Umstand, daß aus flüssiger Luft zuerst die flüchtigsten Bestandteile absieden, noch der, daß Luft sich durch Diffusion in ihre Bestandteile trennen läßt, noch der, daß die Löslichkeit der Bestandteile in irgendeinem Lösungsmittel dem entspricht, wie es den einzelnen Bestandteilen auf Grund ihrer Teildrucke zukäme (s. Gleichgewichtslehre Bd. II). Denn eine sehr schnell sich bildende und schnell zersetzliche Verbindung kann alle die 3 letzteren Eigenschaften haben und dabei könnte durch teilweise Zersetztheit auch die erste Eigenschaft herauskommen. Doch weil N_2 gegenüber anderen Gasen immer so träge ist, daß eine schnell entstehende und schnell zerfallende Verbindung hier völlig ausgeschlossen ist, beweisen die genannten Eigenschaften, daß Luft ein Gemisch ist. Daß auch noch andere Gründe diesen Sachverhalt stützen, werden wir später sehen. Doch zeigt schon dies Beispiel, daß eine Eigenschaft allein selten beweisend ist für eine bestimmte Auffassung, sondern daß es mehrerer gleichzeitiger Übereinstimmungen bedarf. Dies ist natürlich nur die Kehrseite unserer Begriffsbildung, die stets ganze Erscheinungskomplexe zusammenfaßt und auf ihre gleichzeitige Reproduzierbarkeit Gewicht legt.

Luft ist konstant zusammengesetzt

Die Konstanz der Zusammensetzung von Luft hat für chemische und physikalische Zwecke große Vorteile, weil dies Gasgemisch überall zur Verfügung steht und daher als Normalgas sich benützen läßt, wenn nicht äußerste Genauigkeit angestrebt wird (s. z. B. die D. D). Freilich ist es dazu immerhin notwendig, die schwankenden Mengen von Verunreinigungen vorher zu entfernen, so den teils anorganischen, teils aus Kleinwesen bestehenden Staub — durch Wattefilter — die Spuren von

Ammoniak, Ozon, Schwefeldioxyd u. dgl. durch Wasser und die beiden wichtigsten Verunreinigungen, Wasser und Kohlendioxyd (letzteres im Mittel 0,4 Promille) durch Ätzkali KOH und Phosphorpentoxyd. Nicht immer empfiehlt sich dies letzte Mittel, weil es meist Spuren von P abgibt, die der Luft auffallende Eigenschaften verleihen können. Konzentrierte Schwefelsäure oder Calciumchlorid $CaCl_2$ trocknen für die meisten Zwecke vollkommen ausreichend. *1 Liter reine Luft* (bei 0° und 760 mm gemessen) *wiegt 1,293 Gramm,* wie aus der Koppschen Zahl berechenbar. Doch merkt man sich zweckmäßig auch vorstehende Zahl. **1 Liter Luft 1,293 g**

Luftanalyse

Berühmt ist die Luftanalyse durch Dumas und Boussingault (1841), die mit dem Abb. 58 wiedergegebenen Apparat ausgeführt wurde, und das Verhältnis des Sauerstoffs zum „Luftstickstoff" ergab.

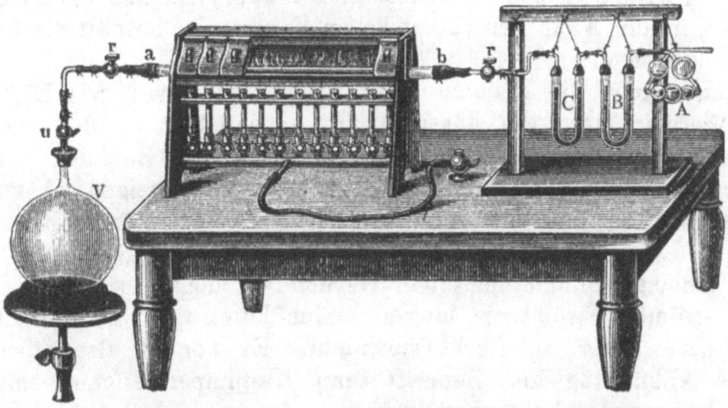

Abb. 58. Luftanalyse nach Dumas und Boussingault.

Das mit Kupfer beschickte und erhitzte Rohr *ab* und die Flasche *V* waren luftleer gepumpt, beide genau gewogen. Dann trat durch die Reinigungsapparate *ABC*, die Kohlensäure und Wasser absorbierten, ein langsamer Luftstrom, bis *V* mit Luftstickstoff gefüllt war. Die Gewichtszunahme von *ab* und die von *V* ließ das Verhältnis der beiden Bestandteile der Luft berechnen und ergab, wie auch bei allen späteren Untersuchungen mit reiner Luft, bis auf rund 0,1 Promille genau die Zusammensetzung:

20,81 Vol.-Proz. O_2 = rund $^1/_5$ = 23,01 Gew.-Proz. O_2

79,19 „ Luftstickstoff = 76,99 „ Luftstickstoff.

Luft wird bei etwa −190° mit dem Linde-Verfahren verflüssigt und technisch und wissenschaftlich viel benützt. Sie ist bläulich, meist trübe durch Eis und infolge des tieferen Siedepunkts von N_2 sauerstoffreicher. Daher wird ein glimmender Span in ihr entflammt und ein Gemisch flüssiger Luft mit Watte oder anderen brennbaren Stoffen ist ein ganz besonders wirksamer Sprengstoff. Flüssige Luft läßt sich durch Papier filtrieren und infolge des Leidenfrost-Phänomens durch **Flüssige Luft**

Papiertrichter gießen, die einfach durch spitzes Zusammenrollen von Papier erhalten werden. Dieses Phänomen verhütet auch Brandwirkungen bei Berührung der Haut mit verflüssigten Gasen so tiefer Temperatur.

Einatomigen Wasserstoff, Sauerstoff oder Stickstoff rein zu erhalten, ist noch nicht gelungen. Danach könnte es scheinen, als ob jedes Element nur in einer Form auftreten könnte. Daß dies aber nicht zutrifft, lehrt uns der nächste Abschnitt.

2. Abnorme Luftbestandteile. Andere einfache Gase.

a) **Ozon.** Allotropie von Gasen. Polymerie.

§ 31. Nach großen elektrischen Entladungen, also nach Gewittern, wie auch in der Nähe der vulkanischen Feueressen enthält die Luft auch noch andere Stoffe.

Ozon-Bildung

Richtet man die Flamme eines geeigneten Gases, wie H_2, Kohlenoxyd, Azetylen usw. auf flüssige Luft, so entsteht an der Grenze der beiden offenbar ein sehr steiler Temperaturabfall. Zugleich nimmt die flüssige Luft einen sehr eigentümlichen, etwas chlorartigen, aber zugleich muffigen Geruch an, der von der Natur des brennenden Gases nicht abhängt. Luft oder Sauerstoff gegen den glühenden Stift einer Nernstlampe geblasen nimmt denselben Geruch an, doch nur, wenn die Luft schnell strömt. Strömt sie langsam oder leitet man sie danach durch ein erhitztes Rohr, so riecht sie nicht. Es kommt also offenbar auf schnelle Abkühlung an. Zersetzt man Kaliumpermanganat mit konz. Schwefelsäure oder leitet man Luft über feuchten Phosphor oder elektrolysiert man kalte, am besten etwa 40proz. Schwefelsäure zwischen Platinelektroden, so tritt derselbe Geruch auf. Ebenso und zwar in hohem Maß bei Einwirkung von Fluorgas (s. d.) auf Wasser. Der „elektrische Geruch“ den schon 1785 van Marum beim Überschlagen von Funken in Sauerstoff wahrnahm und der die Umgebung brennender Quecksilberbogenlampen aus Quarzglas erfüllt, ist derselbe. Schönbein wies 1840 nach, daß er einem Gas zukommt, das er *Ozon* (ὄζειν riechen) nannte und das nur aus Sauerstoff besteht. Allerdings ist es nicht Sauerstoff vom Molekulargewicht 32,00, sondern, wie Ladenburg bewiesen hat, 48,00. Die Formel ist daher O_3. Daß dieser Nachweis erst spät nach der Entdeckung des Ozons erbracht wurde, rührt von der Kleinheit der Ausbeuten, die man bei den meisten Darstellungsweisen erhält. Es sind oft nur kleine Bruchteile von Prozenten, die man jedoch bemerkt, weil der Schwellenwert, oberhalb dessen man Ozon riechen kann, bei etwa 0,002 Promille Ozongehalt der Luft liegt. Ladenburg stellte einen Sauerstoff, der einige Proz. Ozon enthielt, mit der verbreitetsten Methode, durch sog. dunkle Entladungen dar. Dies sind die möglichst funkenfreien Entladungen eines Induktoriums, die man zwischen größeren Flächen, z. B. in dem Apparat Abb. 59 zwischen zwei mit Schwefel-

Schwellenwert des Geruchs

säure gefüllten Glasgefäßen in einem sauerstoffdurchströmten Raum übergehen läßt. Er wird zugleich durch die Schwefelsäure kühl gehalten; denn Erwärmung zerstört Ozon schnell. Den so erhaltenen ozonisierten Sauerstoff wog Ladenburg in einer Glasbirne bekannten Volumens, brachte ihn dann mit Terpentinöl in Berührung, das alles Ozon schnell absorbiert, und fand dabei eine Abnahme um v ccm. Zur Dichtebestimmung dieser v ccm waren noch ihre Massen zu ermitteln. **Molekulargewichts-Bestimmung des Ozons**

Wog das Gefäß bei 0° und 1 Atm. Druck mit reinem Sauerstoff gefüllt G Gramm, mit ozonisiertem G' Gramm, so erwies sich G' größer als G und mithin die Dichte des Ozons größer, als die des Sauerstoffs. $G' - G$ mußte also angeben, um wieviel schwerer v ccm reines Ozon seien, als v ccm reiner Sauerstoff. Das Gewicht des letzteren pro ccm (= Dichte bezogen auf Wasser = 1) berechnet sich leicht nach dem Avogadroschen Gesetz und mittels der Zahl 22,412 (s. o.) aus dem Molekulargewicht des Sauerstoffs zu 0,00143 g und deshalb mußte die Dichte von Ozon bezogen auf Wasser = 1 sein:

$$\frac{(v \,.\, 0{,}00143) + (G' - G)}{v}.$$

Die Dichte von Sauerstoff bezogen auf Wasser = 1 ist aber 0,00143 und daher die Dampfdichte des Ozons bezogen auf Sauerstoff = 1 gleich

$$\frac{(v \,.\, 0{,}00143) + (G' - G)}{v \,.\, 0{,}00143}.$$

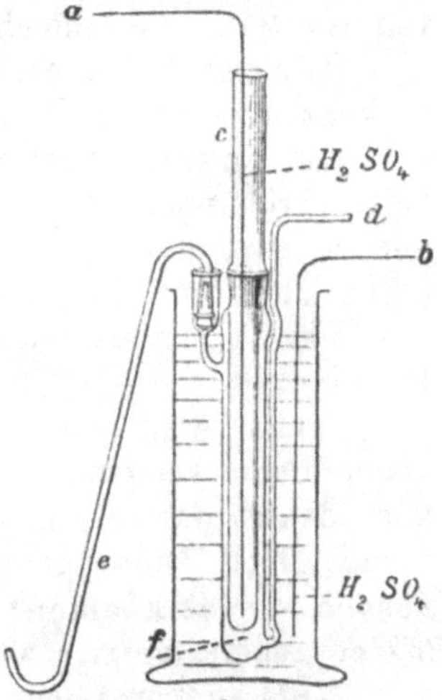

Abb. 59. Ozonisator.

Sie fand sich zu rund 1,5, so daß die Ozonmolekel O_3 zu schreiben ist. Dies ist ein Beispiel für eine Dampfdichtebestimmung.

Die chemischen Eigenschaften des Ozons sind z. T. gleich denen anderer stark oxydierender Stoffe; so werden Farbstoffe (Lakmus, Indigo usw.) gebleicht, das schwarze Bleisulfid (PbS) zu weißem Bleisulfat ($PbSO_4$), weißes Bleihydroxyd $Pb(OH)_2$ zu braunem Bleisuperoxyd PbO_2, Silber überzieht sich mit schwarzem Silbersuperoxyd AgO, weißes Thalliumhydroxyd TlOH bildet braunes Thallihydroxyd $Tl(OH)_3$. Ozon scheidet aus Jodkaliumlösung Jod ab nach der Bilanz: **Chemische Eigenschaften von Ozon. Nachweis**

$$2\,KJ + H_2O + O_3 = 2\,KOH + J_2 + O_2.$$

Ungeübten ist auch die Unterscheidung des Ozongeruchs von verdünntem Chlor- oder Bromgeruch schwierig. Beide Gase, wie auch Stickstoffoxyde und Wasserstoffsuperoxyd wirken ähnlich oxydierend wie Ozon.

Kennzeichnender ist die schnelle krümlige Zerstörung von Kautschuk, sicher der Nachweis mit *„Tetramethylbasenpapier"*, Filtrierpapier, das mit essigsaurer Lösung von Tetramethylparadiamidodiphenylmethan

(S. organische Chemie Bd. III) getränkt ist und durch Stickstoffdioxyd strohgelb, durch Chlor und Brom blau, durch Ozon aber violett gefärbt wird.

Oxydations-Verlauf

Wenn Ozon Oxydationswirkungen übt, so wird es entweder als Ganzes angelagert (*Ozonide*) oder es verbleibt nur ein Sauerstoffatom jeweils im oxydierten Stoff und zwei fallen als freier Sauerstoff ab.

Es wird sich dabei wohl meist oder immer intermediär ein Ozonid bilden, ein Anlagerungsprodukt von Ozon an den oxydablen Stoff, das dann in Oxyd und zweiatomigen Sauerstoff zerfällt. Wenigstens sind zahlreiche Ozonide bekannt, um deren Untersuchung sich Harries besonders verdient gemacht hat. Er hat sich solcher Ozonide bei der Erforschung des Kautschuks bedient, die der künstlichen Darstellung von Kautschuk voraufgehen mußte.

Oxozon

Harries hat auch die Vermutung ausgesprochen und gestützt, daß in konzentrierterem Ozon auch *Oxozon* O_4 enthalten sei.

Physikalische Eigenschaften von Ozon

Die physikalischen Eigenschaften des Ozons fallen besonders beim Verflüssigen auf. Es ist flüssig tief indigoblau. S.P. -106^0. Flüssig und im konzentrierten gasförmigen Zustand ist es sehr explosiv und zerfällt leicht unter Licht- und Wärmeentwicklung in gewöhnlichen Sauerstoff.

Allotropie

Verallgemeinerung der Allotropie gasförmiger Elemente. Polymerie.

Erhitzt man Sauerstoff auf sehr hohe Temperaturen, so muß seine Dampfdichte schließlich abnehmen, wie wir später beweisen können und alles deutet darauf hin, daß alsdann der atomare Sauerstoff O gebildet wird. Doch kennt man keine Einzeleigenschaften von ihm. Damit kennen wir das Element Sauerstoff in 4 „allotropen Modifikationen“ (*ἄλλος* anders, *τρέπειν* wenden):

O atomarer Sauerstoff. Beständig nur bei den höchsten Temperaturen.

O_2 Sauerstoffgas schlechthin.

O_3 Ozon. Beständig erst bei sehr hohen Temperaturen, ziemlich haltbar bei tiefen.

O_4 Oxozon. Beständigkeit nicht näher bekannt.

Polymerie

Man kann die letztgenannten 3 Modifikationen als Produkte der Verkettung von O-Atomen ansehen. Da dieses selbst ein einzelnes Teilstück ist, so wird es als das *Monomere* (*μόνος* ein, *μέρος* Teil) bezeichnet und die anderen als *Dimerer, Trimerer* und *Tetramerer* Sauerstoff, zusammen als Polymere des atomaren Sauerstoffs. Diese Eigenschaft des Sauerstoffs heißt *Polymerie.* Sie ist ein Sonderfall der *Allotropie,* der Fähigkeit eines Elements, in verschiedenen, ineinander umwandelbaren Erscheinungsformen aufzutreten.

Daß die Zahl der möglichen Polymeren mit den genannten drei erschöpft sei, ist nicht zu erwarten, doch sind offenbar die höheren Polymeren nicht beständig genug, d. h. sie zersetzen sich zu schnell bei den uns zugänglichen Bedingungen oder bilden sich zu langsam.

Aus der D.D. quantitativ ableitbare Polymerisation weisen auch andere Elemente auf, aber bei keinem hat man bisher die einzelnen

Polymeren so voneinander trennen und daher so zur Kenntnis ihrer Einzeleigenschaften kommen können, wie es durch die Trägheit der Ozonzersetzung beim Sauerstoff möglich ist. Obwohl nur wenige davon und diese nur unter gewissen Umständen oder stellenweise in der Luft sich finden oder auch nur künstlich erhalten werden, wollen wir sie hier besprechen. Den *Triwasserstoff* H_3 und *Tristickstoff* N_3 hat man auch schon nachgewiesen (s. Bd. III Photochemie). Schwefeldampf, der an Vulkanen ausgehaucht wird, besteht aus Molekeln S_8 und ist dann orangerot, bei höherer Temperatur dunkler. Es scheinen die Molekelarten S_6, S_4, S_2 vorzukommen. S_2 ist sicher nachgewiesen. Ihm entspricht wohl die hellere Farbe des Schwefeldampfs bei sehr hoher Temperatur. Die Existenz freier Schwefelatome, wie die freier Atome aller anderen Elemente ist anderweit gesichert (s. Bd. II).

Andere polymere Elemente

Selen, das auch an Vulkanen erscheint, im Dampfzustand gelb, aber heller als Schwefeldampf, und Tellur kommen bei tieferen Temperaturen, soweit schon dampfförmig, in Molekeln größer, als Se_2 und Te_2 vor und gehen bei hohen Temperaturen praktisch ausschließlich in diese über.

Von den „Halogenen", Fluor, Chlor, Brom und Jod (s. w. u.) kennt man nicht mit Bestimmtheit größere Molekeln, als zweiatomige und diese sind auch hier die unter gewöhnlichen Bedingungen beständigsten Formen.

Phosphor, als Dampf farblos und Arsen, als Dampf gelb bilden über ihrem Siedepunkt bei gewöhnlichem Druck zunächst ganz überwiegend Molekeln P_4 und As_4, zu denen bei höheren Temperaturen P_2 und As_2 treten. Antimon neigt weniger zur Bildung so großer Molekeln; die Metalldämpfe sind, soweit untersucht, im übrigen alle einatomig, wie die Edelgase und daher kennt man bei diesen keine gasförmigen Allotropen mehr.

Edelgase und Metalldämpfe einatomig

Von den genannten einzelnen gasförmigen bei gewöhnlicher Temperatur nicht beständigen Allotropen kennt man außer den Dichten und den dadurch bestimmten Molekelgrößen und Diffusionsverhältnissen, überhaupt außer den eindeutigen Funktionen der Dichten, allenfalls noch der Farbe höchst selten irgendwelche andere physikalische Eigenschaften. Denn man kann sie bei gewöhnlicher Temperatur nicht untersuchen und diese Einseitigkeit, die uns hier zum erstenmal begegnet, zieht sich durch die ganze heutige Behandlung der Chemie hindurch und wird als solche erst wenig gewürdigt.

b) Halogene, Cyan.

Vorkommen von Chlor, Schwefel- und Selendampf bei Vulkanen

§ 32. Die Dämpfe des Schwefels und Selens spielen in den Vulkanen eine Rolle. Ebenso Chlorgas, dem wir bereits anläßlich der Bestimmung der Atomzahl in der Wasserstoffgasmolekel begegneten. Die aktivste, sog. paroxysmale Phase der Vulkane ist durch sehr reichliche Aushauchung von Chlorverbindungen gekennzeichnet. In den glühenden Dämpfen fehlt auch das freie Chlor nicht. So gehen Spuren davon in die Atmosphäre über, kommen jedoch wegen der angreifenden Natur des Elements nicht weit. In noch höherem Maß gilt das von dem ihm nahe verwandten Fluor, das in zahlreichen Verbindungen in den Aushauchungen der Vulkane auftritt. Zwei andere Elemente, beiden nahe verwandt, stehen dem Vulkanismus fern, finden sich jedoch in bedeutender Menge in Verbindungen im Meerwasser und gehen auf dem Weg über Meeresorganismen oder auch durch bloßes Verspritzen des Wassers, auch in sehr geringen Mengen in Gestalt von Verbindungen, in die Luft über, das Brom und das Jod.

Da alle vier sich an der Bildung von Salzen, salzig schmeckenden Stoffen, in hohem Maß beteiligen, indem sie sich mit Metallen zu solchen Salzen vereinigen, so hat man sie als die salzbildenden Elemente, die *Halogene* zusammengefaßt.

Halogene Fl, Cl, Br, J

Fluor Fl_2

Blaßgrüngelbes Gas.

Fluor

§ 33. Läßt sich rein nur elektrolytisch erhalten (s. Elektrochemie S. 353, I) und ist das aktivste Gas, das man kennt, zuerst von Moissan 1886 dargestellt. Es greift rein Gold und Platin, Glas und Flußspat nicht an, Kupfer nur oberflächlich, wobei eine schützende Haut von Kupferfluorid entsteht.

Chemische Eigenschaften

Es entflammt H_2 selbst bei -210^0 unter Bildung von Fluorwasserstoffgas HFl, entzieht den H_2 auch dem Wasser mit größter Heftigkeit, wobei hochprozentiges Ozon entsteht. Mit Schwefel bildet sich u. a. eine dem Stickstoff in ihrer chemischen Trägheit gleichende gasförmige Verbindung SFl_6. Mit S, wie mit den meisten anderen Nichtmetallen mit Ausnahme von N_2 tritt Vereinigung unter Feuererscheinung ein. Es sind Fl-Verbindungen von N_2 immerhin bekannt. Vom Sauerstoff hat man eine Verbindung mit Fluor allein noch nicht darstellen können. Dies ist eine der auffallendsten Besonderheiten des Fluors, die es übrigens mit dem Brom teilt. Mit Alkali- oder Erdalkalimetallen vereinigt es sich selbst bei tiefen Temperaturen unter Entflammung. Der Zusammenhang zwischen der Größe seiner Reaktionsgeschwindigkeit und ihrer geringen Abhängigkeit von der Temperatur ist allgemein (s. Bd. III). Alle anderen Metalle vereinigen sich gleichfalls mit Fl_2, viele unter Erglühen. Kohle entzündet sich gleichfalls in ihm und bildet CFl_4.

Physikalische Eigenschaften

Physikalische Eigenschaften des Fluors. Gas von chlorartigem Geruch. Schmp. -223^0. S.P. -187^0. Flüssig hellgelb und etwas schwerer wie Wasser (Spez. Gew. 1,14).

Fluor kommt in vielen Mineralien vor, namentlich in Silikaten, die postvulkanischen Vorgängen entstammen, da seine Verbindungen in den Solfatarengasen eine Rolle spielen. Am wichtigsten ist der *Flußspat* oder Fluorit, $CaFl_2$, Calcium-Fluorid, der in großen Mengen gefunden wird und als *Rohstoff für Fluorverbindungen* dient. Fluor ist auch in geringer Menge in den Zähnen enthalten.

Flußspat Rohstoff für Fluorverbindungen

Man benutzt Fluorverbindungen vor allem wegen ihrer Lösewirkungen auf Silikate oder Kieselsäure, so zum Glasätzen und zum Löslichmachen von Silikaten — *Aufschließen der Silikate* — in der chemischen Analyse. **Aufschließen der Silikate**

Chlor Cl_2

Hellgrünes Gas.

§ 34. Cl_2 kann im Kippschen Apparat aus *Chlorkalk*würfeln und Salzsäure (HCl) entwickelt werden. Häufiger, auch technisch, erwärmt man Braunstein in Stücken mit Salzsäure (Abb. 52) (*Weldonverfahren* in der Technik) oder mit einem diese erzeugenden Gemisch von *Kochsalz* (NaCl) und Schwefelsäure (H_2SO_4): **Chlor-Darstellung**

$$MnO_2 + 4HCl = MnCl_2 + 2H_2O + Cl_2;\ NaCl + H_2SO_4 = NaHSO_4 + HCl.$$

Oder man oxydiert die *Salzsäure* durch Kaliumpermanganat $KMnO_4$, worauf man sie auftropft. Dies Cl_2 ist recht rein. Daneben entsteht KCl, $MnCl_2$ und H_2O. Oder man erwärmt Salzsäure mit Kaliumdichromat $K_2Cr_2O_7$, wobei sich KCl, $CrCl_3$, H_2O und Cl_2 bilden. Oder endlich, wie in der Technik, man oxydiert HCl-Gas durch Luft bei erhöhter Temperatur (430°), doch hat man dabei einen Sauerstoffüberträger nötig, der die Oxydation beschleunigt. Als solcher dient mit Kupfervitriol $CuSO_4$ getränkter Bimstein. Man leitet ein Gemisch von 3 Teilen Luft und 2 Teilen Salzsäuregas darüber. Der Bimstein mit seinem Kupfersalzbelag wirkt katalytisch und wird nicht merklich verändert (*Deacon-Verfahren*). Endlich am besten verfährt man *elektrolytisch*. Fast alles technische Chlor stammt aus der „*Chloridelektrolyse*" (s. Elektrochemie S. 347, I).

Reines Chlor greift Gold und die Platinmetalle an, nicht aber Eisen, Kupfer und Bronze, wenn es ganz trocken ist. Deshalb kann es in Behältern aus diesen Metallen gasförmig oder flüssig aufbewahrt und versandt werden. Es kommt verflüssigt in Stahlflaschen in den Handel. Geht das Ventil schwer auf, so ist es kräftig mit dem Bunsenbrenner zu erwärmen. **Aufbewahrung von Chlor**

Cl_2 reagiert mit O_2 zwar nicht unmittelbar, doch lassen sich binäre Verbindungen des Chlors mit Sauerstoff zum Unterschied vom Fluor erhalten. Im übrigen reagiert es mit den meisten Elementen sehr lebhaft, doch schwächer, als Fluor. Zwar brennt eine H_2-Flamme in Chlor weiter und umgekehrt natürlich eine Chlorflamme in H_2, doch tritt die Entzündung nicht von selbst ein, sondern muß durch Erhitzung oder Belichtung eingeleitet werden. Die Lichtempfindlichkeit dieses Vorgangs kehrt bei zahlreichen anderen Reaktionen des Chlors und seiner Verbindungen, wie bei den „höheren" Halogenen Brom und Jod wieder, beim letztgenannten im ganzen am stärksten. Die „Neigung" (= Affinität) zur Verbindung von Cl_2 mit Wasserstoff ist noch immer sehr groß, denn Wasser wird von Chlor, wenigstens noch im Licht, unter Sauerstoffentwicklung zersetzt und zahlreiche Kohlenwasserstoffe z. B. Terpentinöl können unter sofortiger Entflammung durch Chlor ihres Wasserstoffs beraubt werden. Dabei scheidet sich qualmender Ruß ab. So brennt auch eine **Reaktionen des Chlors** **Lichtempfindlichkeit des Chlors** **Affinität zum Wasserstoff**

Kerze in Chlor unter Blaken weiter. Auch dem Schwefelwasserstoff entzieht das Chlor den Wasserstoff. Die Elemente P, As, Sb, Bi vereinigen sich mit Cl_2 unter Feuererscheinung zu *Chloriden.*

Physikalische Eigenschaften von Cl_2

Physikalische Eigenschaften von Cl_2. Gelbgrünes Gas, dunkler als Fluor. Schmp. $-100{,}9^0$. S.P. -34^0. Festes und flüssiges Chlor sind gelb. Löslich zu einigen Prozent in Wasser (Darstellung Abb. 60). Die Lösung heißt *Chlorwasser*, riecht nach Chlor und scheidet unterhalb $9{,}6^0$

Chlorhydrat

Chlorhydrat $Cl_2 + 8\,H_2O$ in grünlichen Kristallen aus. Oberhalb dieser Temperatur existiert das Hydrat nicht. Der Faktor 8 erscheint nicht selten in solchen Hydratformeln.

Abb. 60.
Darstellung von Chlorwasser.

Vorkommen von Chlorverbindungen. Rohstoff. Kochsalz

Chlor kommt als Bestandteil vor allem des *Kochsalzes* NaCl vor, das sich in großen Lagern als Salzrest früherer Meere abgeschieden hat. Daraus stellt man es im großen rein her. Es ist deshalb auch sonst in der Natur häufig, weil das Kochsalz durch die Meere (3,5 v. H. im Meerwasser) und Winde verbreitet wird und auch in den physiologischen Flüssigkeiten der Organismen, so im Blut, einen unentbehrlichen Platz hat (0,9 v. H. NaCl, 0,02 v. H. KCl, 0,02 v. H. $CaCl_2$ in Wasser = *„physiologische" Kochsalzlösung*).

Verwendung von Chlor

Man verwendet an Chlorverbindungen außer dem Kochsalz vor allem die Salzsäure (eine Wasserlösung von Chlorwasserstoff HCl) und andere Chloride. Freies Chlor dient zum Bleichen und zur Abtötung von Kleinwesen (Desinfektion), muß aber dazu feucht sein, weil die Wirkung auf dem Freiwerden von Sauerstoff aus Chlorwasser beruht. So wird trockenes Lakmuspapier durch trockenes Chlor nicht gebleicht, wohl aber durch feuchtes.

Reindarstellung verdichtbarer Gase

Reindarstellung leicht verdichtbarer Gase.

Cl_2 ist das erste Beispiel jener langen Reihe leicht verdichtbarer Gase, die man in folgender Weise rein darstellt. Man kühlt sie nach allenfalls vorangegangener chemischer Reinigung bis nahe an ihren Siedepunkt ab, wobei sich viele weniger flüchtige Verunreinigungen abscheiden, auch praktisch alles Wss.,[1] falls (was bei Chlor wegen seines zu hohen Siedepunkts gerade nicht möglich ist) die Temp. etwa -50^0 unterschreitet. Das geschieht mittels Durchleiten durch eine gekühlte Schlange, am bequemsten in Vakuumgefäßen. Das so von weniger flüchtigem befreite Gas wird in einer zweiten Schlange stärker gekühlt, so daß es erstarrt. Man pumpt dann den Raum über dem Kondensat mit der Luftpumpe aus und entfernt so die flüchtigeren Verunreinigungen, auch Luft. Will man sie ganz entfernen, so schließt man nach dem Abpumpen das Gefäß durch einen Hahn ab und läßt das Kondensat aufschmelzen. Dabei gibt es sein gelöstes und eingeschlossenes Gas ab und dieses kann nach seinem

[1] Wss. = Abkürzung für Wasser.

erneuten Erstarren abgepumpt werden. Wiederholen des Verfahrens liefert äußerst reines Kondensat. Je tiefer die Vorkühlung zwecks Wss.-Abscheidung sein kann, desto vollkommener natürlich die Trocknung.

Brom Br_2

Brom

Schwarzrote Flüssigkeit.

§ 35. Findet sich, wie das Chlor, im Meerwasser, doch in geringerer Menge und wurde darin 1826 von Balard entdeckt. Man hatte es früher für eine Verbindung von Jod mit Chlor gehalten.

Darstellung und Reinigung

Zersetzt man binäre Bromverbindungen, Bromide mit Säuren, so entsteht häufig bereits neben farblosem Bromwasserstoffgas HBr freies Brom Br_2. Setzt man Oxydationsmittel zu, etwa Braunstein, wie bei der Chlorbereitung, so wird die Wasserstoffverbindung ganz oxydiert und man erhält nur Brom. Man kann es auch unmittelbar beim Einleiten von Chlor in Bromidlösungen durch *„Verdrängung“* erhalten und drückt dies Ergebnis durch die Beschreibung aus: Chlor ist stärker als Brom. Weil hierbei nun chlorhaltiges Brom gewonnen wird, so befreit man es vom Chlor durch dieselbe Eigenschaft, indem man es *„über ein Bromid“ destilliert*, dessen Chlorid nicht sehr flüchtig ist. Dazu fügt man z. B. Eisenbromid oder besser *Kaliumbromid* KBr vorher dem Destilliergut zu.

Physikalische Eigenschaften des Broms

Physikalische Eigenschaften des Broms. Genau genommen hat man die Formel Br_2 auf das dampfförmige Brom zu beschränken und entsprechendes gilt für die anderen kondensierten Halogene, da über die Definiertheit und Bestimmung von Molekulargewichten flüssiger Stoffe noch nichts gesagt wurde. Brom ist bei gewöhnlicher Temperatur flüssig und steht dadurch neben Quecksilber, dem einzigen anderen flüssigen Element. D. 3,1883 bei 0°. Schmp. – 7,3°. S.P. 59°. Riecht stark (*βρῶμος*, Gestank) und reizt die Schleimhäute wie Fluor und Chlor, aber schwächer. Lösl. 3,5 : 100 Teilen Wasser zu Bromwasser, löslicher in Bromkaliumlösung und in kohlenstoffhaltigen Lösungsmitteln.

Reaktionen des Broms

Brom gleicht dem Chlor in vielem, wirkt aber in den meisten Fällen schwächer. Binäre Sauerstoffverbindungen, Oxyde des Broms sind nicht bekannt, aber wenigstens davon durch Wasserzutritt sich ableitende Säuren, im Gegensatz zu Fluor. Feuchtes Brom bleicht durch Oxydation. Dementsprechend bildet das braunrote *Bromwasser* im Licht Bromwasserstoff und Sauerstoff. Es entfärbt sich dabei. HBr ist so beständig, daß er sich bei vielen Gelegenheiten bildet. Doch entsteht er am Licht aus den Elementen nur langsam. Erhitzen freilich bringt ihn bei etwa derselben Temperatur zustande, wie HCl aus Chlor und H_2 und HJ aus Jod und H_2. Leitet man die Elemente gemischt über feinverteiltes Platin, das „katalytisch“ wirkt, so entsteht HBr praktisch momentan. Metalle werden von Brom im allgemeinen noch heftig angegriffen. Es ist merkwürdig, daß Kalium zwar diesem Angriff erliegt, Natrium aber nur oberflächlich angegriffen wird. Manche Verbindungen reagieren übrigens mit Brom schneller, als mit Chlor, bilden aber dabei weniger beständige Produkte.

Vorkommen von Bromiden. Rohstoffe für Bromverbindungen

Die *Abraumsalze*, die die Kochsalzlager der norddeutschen Tiefebene überlagern und früher als wertlos nur abgeräumt wurden, enthalten das wertvolle Kali und Bromide, vor allem *Bromkarnallit* $MgBr_2 \cdot KBr \cdot 6H_2O$. Die Bromide sind im allgemeinen löslicher als die Chloride und anderen Salze, sammeln sich daher beim Auskristallisieren der anderen Salze in der Lösung der Abraumsalze an. Diese „Mutterlauge" (Endlauge) wird wegen ihres großen Gehalts an $MgBr_2$ auf Brom verarbeitet, indem man sie durch Türme, die mit Steinen ausgesetzt sind, herabfließen läßt und ihr einen Chlorstrom entgegenschickt. Er treibt das Brom aus, das dann gereinigt und durch Destillation über konz. Schwefelsäure getrocknet werden kann. Die Abraumsalze nennt man heute *Edelsalze*. Große Brommengen im Toten Meer sind noch nicht ausgenützt.

Verwendung des Broms

Brom wird mannigfach technisch benützt, so u. a. in der Photographie, auch in der Heilkunde und zur Herstellung von Farbstoffen.

Jod J_2

Metallisch aussehende, leicht verdampfbare Kristalle.

Jod

§ 36. Von Courtois 1812 entdeckt, wurde es 1815 von Gay-Lussac als Element erkannt.

Darstellung

Darstellung analog wie bei Brom beschrieben, durch Austreiben mittels Chlor aus Jodiden oder durch Zersetzung der Jodide mit Säure und Braunstein.

Reaktionen des Jods

Chemisch wirkt Jod auf die meisten Elemente ähnlich wie Brom, doch im allgemeinen schwächer. Immerhin bildet es wie Chlor, mit Sauerstoff mehrere Oxyde, die wesentlich beständiger sind als die Chloroxyde. Besonders fällt die blaue Färbung auf, die der Stärke durch schon äußerst kleine Jodmengen erteilt wird und die bei Erwärmen verschwindet, um bei Abkühlung neu aufzutreten. Die Wasserstoffverbindung des Jods ist nicht mehr sehr beständig und deshalb entzieht Jod dem Wasser den Wasserstoff nicht. Im Gegenteil kann man den Jodwasserstoff wegen seiner Zersetzlichkeit als kräftiges Reduktionsmittel verwenden. Das geschieht in sehr großem Umfang in der organischen Chemie. Reinen Jodwasserstoff erhält man ebenso wie Bromwasserstoff aus den Elementen durch Überleiten über erhitztes Platin bei Überschuß von Wasserstoff.

Physikalische Eigenschaften des Jods

Physikalische Eigenschaften des J_2. Eisengraue, metallglänzende, spröde Kristallblätter, D. 4,948 bei 17°. Schmp. 114,2°, geschmolzen braun. S.P. 183,05°. Dampf schön violett, daher der Name Jod (ἰοειδής veilchenfarbig). Löslich in Wasser in geringem Maß zu gelbbrauner Lösung (*Jodwasser*), weit löslicher in Jodkaliumlösung. Dabei entsteht eine neue Verbindung KJ_3. Die Lösung ist tiefbraun, ebenso die in Alkohol, die als *Jodtinktur* in der Heilkunde verwendet wird. Auch hier nimmt man chemische Veränderung des Jods an, und ebenso in der ätherischen Lösung. Die Lösungen in Chloroform und Schwefelkohlenstoff dagegen haben die Farbe des Joddampfs und deshalb nimmt man in ihnen unverändertes Jod an. Doch ist die Frage nach dem Zustand gelöster Stoffe bisher erst teilweise geklärt.

Rohstoff zur Jodgewinnung sind teils die *Mutterlaugen der Chilesalpeter*gewinnung, worin Jodate z. B. $NaJO_3$ vorkommen, teils die *Asche von Algen*, in der Normandie *Varec*, in Schottland *Kelp* genannt. Die letzteren Jodquellen werden angesichts der bevorstehenden Erschöpfung der südamerikanischen Salpeterlager erhöhte Bedeutung gewinnen. Jod ist in kleinen Mengen in manchen Heilquellen, in größeren im Meerwasser enthalten. Vorkommen des Jods. Rohstoff Algen und Chilesalpeter

Jod kommt ferner in der Schilddrüse vor und spielt dort eine wichtige Rolle für den Organismus, da Verarmung an der kohlenstoff- und jodhaltigen Verbindung darin, dem *Thyrotoxin*, zu Kropf und Verblödung führen kann. Dem entspricht auch die einzigartige Heilwirkung, die dem Jod bei vielen Krankheiten zukommt und die auf seiner entzündungswidrigen und die Bildung von Bindegewebe anregenden Tätigkeit beruht. Außerdem hat es, wie die übrigen Halogene, starke bakterizide Wirkung. Es wird in der Heilkunde viel benützt, ferner in der chemischen Technik, wo es als Sauerstoffüberträger, wie als Überträger für allerhand andere Stoffe wichtig ist, da es mit sehr vielen Stoffen lockere und schnell entstehende, wie schnell zersetzliche Verbindungen in großer Mannigfaltigkeit bildet. Daher wirkt es häufig als Katalysator. Verwendung des Jods

Halogenartige „Radikale"

„Zusammengesetzte Halogene".

§ 37. Man kennt zahlreiche Atomgruppen, die durch ihre viele Reaktionen überdauernde Beständigkeit sich den Elementen an die Seite stellen, und zum Unterschied von ihnen den Namen *„Radikale"* tragen.

Allgemein heißen solche elementartige Reste irgendwelcher Verbindungen, die sich durch eine gewisse Relativbeständigkeit gegenüber Umwandlungen auszeichnen, Radikale. Daher stammt die Abkürzung R für ein beliebiges Element, und sie wird daher auch für nicht elementare Radikale benützt. Ein solches Radikal, den Halogenen sehr ähnlich, sowohl selbst, als in seinen Verbindungen, ist das **Dicyan** [1], das deshalb hier angeschlossen wird, obgleich es kein Element, sondern Kohlenstoffnitrid C_2N_2 ist. Oft wird seine Formel durch Cy_2 abgekürzt. Zusammengesetzte Radikale Dicyan

Dicyan C_2N_2 (Cyan schlechthin), Cyangas entsteht in geringer Menge unmittelbar aus den Elementen beim Erhitzen. Läßt sich wie Cl_2 aus Verbindungen mit Edelmetallen durch Erhitzen erhalten. Doch haftet es schwächer an ihnen, so daß man es bereits aus $Hg(CN)_2$ durch Erhitzen erhält. Es entsteht auch (wie Jod aus Jodid) aus wäßriger Lösung von *Kaliumcyanid* durch Zusatz von Cuprisulfat. Dies ist die gewöhnliche Methode, um Cyangas darzustellen: Darstellung von Cyan

$$4\,KCN + 2\,CuSO_4 = 2\,K_2SO_4 + Cu_2(CN)_2 + (CN)_2.$$

[1] κυανός stahlblau, wegen des cyanhaltigen Berlinerblaus.

Chemisch ist es träger, als die Halogene, was auch seiner Farblosigkeit entspricht, aber im übrigen sind die Reaktionen höchst ähnlich. Alkalimetalle in ihm erhitzt, geben *Cyanide*. Laugen liefern beim Cyaneinleiten neben Cyaniden auch sauerstoffhaltige *Cyanate* KCNO, ganz analog den Hypochloriten z. B. KClO. Schwefligsäurelösung gibt beim Einleiten von Cyan Cyanwasserstoff, Cyansilber gleicht in seinem Aussehen, der Unlöslichkeit in Wss. und Säuren und der Löslichkeit in Ammoniak dem Chlorsilber.

Cyan unterscheidet sich von den Halogenen durch seine Brennbarkeit. Die Flamme ist pfirsichblütrot. Cyangas zersetzt sich beim Erhitzen auf Rotglut langsam in die Elemente. Es zersetzt sich auch in der wäßrigen Lösung, wobei sich amorphe undefinierte Azulmsäure abscheidet und verschiedene lösliche Verbindungen, Ammoniakderivate entstehen. Beim Erhitzen, langsamer bei gewöhnlicher Temperatur polymerisiert es sich zu einem schwarzbraunen amorphen, unschmelzbaren Stoff, *Paracyan*, der bei hoher Temperatur wieder in Dicyan gespalten wird. Dies ist ein farbloses, giftiges Gas. Schmp. $-34{,}6^{\circ}$, S.P. $-20{,}7^{\circ}$, ähnlich wie bei Cl_2. Dementsprechend in ähnlicher Konzentration wasserlösl. wie Cl_2.

Ausgangsstoff zur Bereitung der Cyanverbindungen ist das Cyankalium, dessen Darstellung bei Cyanwasserstoff beschrieben ist.

Eine ähnliche Rolle wie Cyan spielt das **Rhodan** oder Schwefelcyan (CNS).

II. Die Metallwelt.

Der Metallzustand.

Kennzeichen der Metalle

§ 38. Die größte Mehrzahl der chemischen Elemente sind *Metalle*. Undurchsichtigkeit, hoher Glanz, sehr hohe Leitfähigkeit für Wärme und Elektrizität sind die Haupteigenschaften der Metalle, die kompakten Stücken nie mangeln und sie ausreichend kennzeichnen. Das hohe spezifische Gewicht jedoch und die Dehnbarkeit können auch fehlen. In fast allen Fällen ist die Trennung zwischen metallischer und nichtmetallischer Natur sehr scharf. Das spricht sich auch darin aus, daß man geradezu bei jedem metallischen Element Verbindungen von Metalltypus unterscheiden kann und solche, die ihn nicht haben. Eben deshalb ist es auch am Platz, die Metalle und ihre metallischen Verbindungen — dahin gehören viele mit Schwefel, Sauerstoff u. a. — gesondert zu behandeln. Das wird in der Elektrochemie und in der Metallographie geschehen. Hier wollen wir nur eine ganz kurze Kennzeichnung der wichtigsten Klassen der Metalle geben. Außer Kupfer und Gold und dem blaßrötlichen Sprödmetall Wismuth sind alle weiß.

Einteilung und Übersicht der Metalle

Die Metalle, deren Dichte über 5 liegt, die sog. Schwermetalle sind von den Leichtmetallen zu scheiden, deren Dichte geringer ist,

z. T. sogar unter der des Wassers liegt. Doch betrachtet man aus chemischen Gründen Radium und die seltenen Erdmetalle, die schwerer als 5 sind, bei den Leichtmetallen, wie man häufig auch Arsen, Antimon, Wismuth zu den Metallen und nicht zu den Metalloiden zählt.

I. Die **Leichtmetalle** teilt man in 3 große Gruppen:

1. Die silberweißen, weichen, unter Rotglut (sogar unter 200°) schmelzenden, in kaltem Wasser unter starker H_2-Entwicklung reichlich und klar zu sehr ätzenden Laugen löslichen *Alkalimetalle* der Gruppe a des ersten Stabs im natürlichen System der Elemente: Lithium Li, Natrium Na, Kalium K, Rubidium Rb, Caesium Cs. Ihre Lösungen in Wasser heißen Alkalilaugen und deren Eindampfrückstände der allgemeinen Formel MeOH *Alkalien* (Me bedeutet das Metall).
2. Die zinnweißen, immerhin feilbar harten, oberhalb beginnender Rotglut (über 650°) schmelzenden, in kaltem Wasser unter starker H_2-Entwicklung in weiße, ätzende, breiartige Massen (*alkalische Erden*) alkalischen Geschmacks übergehenden *Erdalkalimetalle* der Gruppe a des zweiten Stabs des natürlichen Systems, wozu das erst von kochendem Wasser angreifbare, dabei nicht ätzende Massen liefernde *Magnesium* Mg hinzukommt, und das von Wasser kaum angreifbare *Beryllium* Be.

   Die Erdalkalimetalle sind:

   Calcium Ca, Strontium Sr, Baryum Ba, Radium Ra.
3. Die weißen, mäßig harten, oberhalb Rotglut (über 650°) schmelzenden, von Wasser kaum angegriffenen *Erdmetalle* der Gruppe a des dritten Stabs des natürlichen Systems, und die Glieder Nr. 58—72, wovon nur das Aluminium (Tonsilber) Al häufig ist, während man alle anderen Erdmetalle als die Metalle der seltenen Erden — die Oxyde heißen ihres Aussehens wegen Erden — bezeichnet.

   Dahin gehören also außer den *eigentlichen seltenen Erdmetallen*, die von Lanthan La bis zum noch unbekannten Thulium II Tu II reichen, die seltenen Metalle Yttrium und Scandium; alle außer dem letzten schwerer als 5.

II. Die **Schwermetalle** pflegt man nach dem wichtigsten oder häufigsten Glied in der Gruppe oder Reihe des natürlichen Systems zu bezeichnen, worin sie sich befinden, also z. B.

1. *Kupfergruppe:* Kupfer Cu, Silber Ag, Gold Au.
2. *Quecksilbergruppe:* Zink Zn, Cadmium Cd, Quecksilber Hg.
3. *Thalliumgruppe:* Gallium Ga, Indium In, Thallium Tl.
4. *Zirkongruppe:* Titan Ti, Zirkonium Zr, Thorium Th.
5. *Zinngruppe:* Germanium Ge, Zinn Sn, Blei Pb.
6. *Tantalgruppe:* Vanadium V, Niobium Nb, Tantal Ta, Protactinium Pa.

7. *Molybdängruppe:* Molybdän Mo, Wolfram W, Uran U.
8. *Chromgruppe:* Chrom Cr, Mangan Mn, Eisen Fe, Nickel Ni, Kobalt Co.

   Oft werden auch die letzteren 3 als *Eisengruppe* gesondert behandelt.
9. *Platinmetalle:* Ruthenium Ru, Rhodium Rh, Palladium Pd; Osmium Os, Iridium Ir, Platin Pt.

Eigenschaften der Metalle und periodisches System

Man hat also viel weniger Leicht- als Schwermetalle. Ihre wichtigsten Eigenschaften (Dichte D, Schmelzpunkt Schmp., Siedepunkt unter Atmosphärendruck S.P., einiges über ihre Entdeckung, ihre Verbindungen und die zu ihrer Gewinnung dienenden Rohstoffe zeigt die Tafel S. 54f., die bereits erkennen läßt, wie das natürliche System eine Beziehung zwischen Atomgewicht und Eigenschaften ausdrückt:

In den ersten zwei Reihen kehren nach je $2 \cdot 2^2 = \mathbf{8}$ Gliedern Elemente mit nahezu gleichen Eigenschaften wieder:

Das Natrium wiederholt Eigenschaften des Lithiums, das Magnesium variiert ein wenig die des Berylliums, das Chlor die des Fluors.

Die nächste und übernächste „Periode" enthält je $2 \cdot 3^2 = \mathbf{18}$ Elemente, von Nr. 18—35 und 36—53. So wiederholt das Kalium das Natrium, das Rubidium das Kalium; das Strontium das Calcium, das Silber das Kupfer usw. Das Jod das Brom und dies das Chlor.

Freilich bekommt man hier die Periodizität nur, wenn man annimmt, daß wir Nr. 43 noch nicht kennen. Und wir schließen darauf, daß dieses ein Metall ähnlich dem Mangan Mn sein muß. Da man mittels dieses Prinzips bereits die Glieder Scandium (1879 Nilson), Gallium (1875 Lecoq de Boisbaudran) und Germanium (1886 Winkler) mit allen ihren Eigenschaften hatte voraussagen können, bevor sie noch entdeckt waren, so hat dies Verfahren nichts bedenkliches mehr.

Die nächste Periode hat $2 \cdot 4^2 = \mathbf{32}$ Glieder, wir werden erst später sehen, weshalb man bei Nr. 61 und 75 je ein fehlendes Glied annehmen muß.

Die letzte Periode endlich bricht aus uns unbekannten Gründen ab. Immerhin sehen wir noch die Wiederholung des Xenons im Niton, des Bariums im Radium, des Ceriums im Thorium; die des Silbers im Gold, des Cadmiums im Quecksilber, des Zinns im Blei. Und so muß man sogar annehmen, daß uns die Kenntnis eines Halogens noch fehlt.

Mit dem Hinweis darauf, daß zuerst Döbereiner auf die „Triaden" Li, Na, K; Ca, Sr, Ba und die darin etwa konstanten Atomgewichtsdifferenzen stieß und später unabhängig voneinander Lothar Meyer und Mendelejew dies periodische System entdeckten und ausbauten, schließen wir einstweilen die Besprechung der Metalle und wenden uns zu denjenigen Elementen, die die wunderbare Fähigkeit haben, bald als Metall, bald als Nichtmetall zu erscheinen, den Metalloiden.

Metalloide

III. Die Elemente mit Doppelnatur. Metalloide. Allotropie fester Elemente.

1. Morphologie. Kristallographie.

Morphologie, Kristallographie

§ 39. Sieht man vom Kohlenstoff ab, so sind die meisten Verbindungen der Elemente untereinander einesteils durch ihr Verhalten in wäßrigen Lösungen gekennzeichnet. Denn diese sind bei der bisherigen Forschung bevorzugt worden. Andernteils hat man zu ihrer Kennzeichnung sich des Schmelz- und Siedepunkts und der Farbe bedient. Endlich aber auch, und zwar in höchst allgemeiner Weise, noch der morphologischen Eigenschaften, die die Stoffe im festen Zustand besitzen. Diese Eigenschaft ist bereits zur Reindarstellung von größter Wichtigkeit und man kann sagen, daß der größte Teil der Stoffe, die in der heutigen Anorganographie (darstellenden Chemie) beschrieben werden, unter gewöhnlichem Druck bei Zimmertemperatur in Kristallform vorliegt. Wogegen infolge kleinen Molargewichts hier noch nicht kristallisierende Stoffe, Gase und Flüssigkeiten, in weit bescheidenerer Zahl untersucht sind und nicht mehr kristallisierende, wie die leimartigen Körper, die sich durch sehr große Molekeln auszeichnen (Kolloide), sind heute erst kaum zu reinigen, und daher höchst unvollkommen bekannt. Da somit die Kristallform zur Reinigung und Erkennung von Stoffen, vor allem in der Mikroanalyse und bei Untersuchung von Gemengen von höchster Wichtigkeit ist, so müssen wir über die hier vorliegenden Mannigfaltigkeiten nochmals einen kurzen Überblick gewinnen.

Aggregatzustände

Allgemein kann jeder Stoff bei geeigneten Temperaturen und Drucken in 3 verschiedenen Formarten (*Aggregatzustände*) auftreten: *Gas, Flüssigkeit, Kristall.*

Kristalldefinition

Ein Kristall ist ein ebenflächiger Körper (Polyeder), der unter Beibehaltung seiner Gestalt durch **Anlagerung** zu wachsen vermag. Diese kennzeichnende Eigenschaft ist übrigens nur eine Äußerung des inneren Aufbaus aus bestimmt angeordneten Molekeln. Man erkennt diese Anordnung der Molekeln zu Gittern, die in bestimmten Richtungen verlaufend und ineinander gestellt (Raumgittertheorie) den Kristall aufbauen, daran, daß jeder äußere Einfluß, der aus verschiedenen Richtungen an den Kristall herankommt, im allgemeinen auch verschiedene Wirkungen übt. Denn die Eigenschaften eines homogenen Kristalls sind zwar an allen Stellen identisch, aber an jeder Stelle abhängig von der Richtung, aus welcher man auf sie einwirkt. So braucht man z. B. zum Ritzen einer Platte, die etwa aus einem Disthen-Kristall geschnitten wurde, verschiedene Kraft, je nach der Richtung der ritzenden Kraft zu der Lage der ausgezeichneten Richtungen im Kristall. Solcher Richtungen kann es eine oder mehrere geben. Wegen der Auszeichnung bestimmter Richtungen heißen alle kristallisierten Körper auch *anisotrop.* (*α* Verneinung, *ἴσος* gleich, *τρέπω* wende.) Ist gar keine

Anisotropie

Richtung ausgezeichnet, so kann man den Körper gegenüber äußerer Einwirkung wenden, wie man will, ohne Änderung der Wirkung. Er heißt dann *isotrop.* Es gibt Kristalle die sich hinsichtlich zahlreicher Eigenschaften isotrop verhalten, die regulären. Aber sie können nicht in jeder Hinsicht isotrop sein, sonst müßte auch bei ihrem Wachstum keine Richtung ausgezeichnet und ihre Gestalt immer die Kugel sein. Deshalb ist es zweckmäßig, den Namen volle Isotropie nur für die Eigenschaft der nichtkristallisierten Körper aufzubehalten, die sich in jeder Hinsicht nach allen Richtungen gleich verhalten. Sie können dann Gase sein oder Flüssigkeiten oder starre Körper ohne eigene Gestalt und ohne die Fähigkeit, unter Beibehaltung der Form zu wachsen. Solche starre Körper heißen amorph und sie unterscheiden sich von Flüssigkeiten durch die geringe Verschiebbarkeit ihrer Teile gegeneinander, ihre größere Zähigkeit, größere innere Reibung usf. Hierher gehören die leimartigen Körper, die Sirupe, die Gläser.

Symmetrieklassen

Kristallisiert ein Stoff, etwa aus seiner Lösung, so zeigen seine Kristalle immer mannigfaltige Gestalten. Doch kann man beim Auslesen

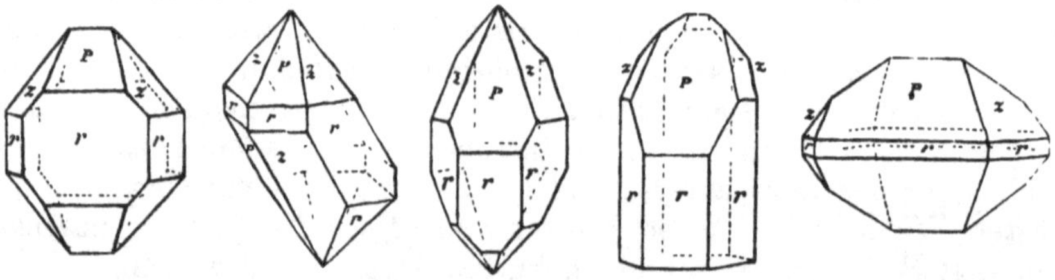

Abb. 61. Verschiedene Ausbildung derselben Kristallform durch verschieden starke Entwicklung verschiedener Flächen.

sie derart in Gruppen ordnen, daß die Kristalle jeder Gruppe untereinander hinsichtlich der gegenseitigen Lage der Flächen genau übereinstimmen, also hinsichtlich der Winkel, die entsprechende Flächen miteinander einschließen. Die einzelnen Kristalle unterscheiden sich also nur noch durch die Größenentwicklung der Flächen. Deshalb bezeichnet man sie als verschiedene Ausbildungen einer und derselben Kristallform. Ein Beispiel zeigt Abb. 61. Die Form kann eine einfache sein oder eine Kombination von einfachen. Wenn die Kristalle einer Kristallisation auch recht verschieden aussehen, so haben sie doch, vorausgesetzt daß ein reiner Stoff vorliegt, noch eine andere Eigenschaft gemeinsam, nämlich einen ganz bestimmten Symmetriegrad, einen ganz bestimmten Grad von Anisotropie. Schneidet man nämlich aus unseren verschiedenen Kristallen Kugeln, so ist ihr Verhalten in optischer und mechanischer, wie thermischer Hinsicht dasselbe, auch wenn die Kristallform verschieden war. Dagegen fällt es im allgemeinen, wenn auch nicht immer, verschieden aus, wenn man Kugeln, aus einem anderen kristallisierten Stoff geschnitten, damit vergleicht.

Man kann mathematisch beweisen, daß es 32 verschiedene Symmetrieklassen von Kristallen geben muß. Diese sind ganz scharf voneinander geschieden. Denn Symmetrie, d. h. Deckbarkeit zweier Teile eines Kristalls, sei es auch erst durch eine Spiegelung oder durch eine Drehung oder durch eine Vereinigung von beiden (Drehspiegelung) hervorgerufen, besteht entweder, oder sie besteht nicht. Besteht sie nur „einigermaßen", so besteht sie eben nicht. Symmetriegrade werden also **gezählt**, nicht „**gewogen**". Deshalb sind sie scharf nach ganzen Zahlen der erfüllten Symmetriekriterien angebbar. Dieser Punkt ist wichtig und wird uns an einer späteren Stelle bei einer anderen Zählung, der der sog. „Freiheiten" wieder begegnen.

Man kann die 32 Symmetrieklassen in die uns schon bekannten 6 größeren Klassen (Syngonieen) zusammenziehen, wenn man einen Teil der Kristallformen als gesetzmäßige *Schwundformen* anderer auffaßt, aus denen sie durch gesetzmäßige Unterdrückung bestimmter Flächen und entsprechend größere Ausbreitung der nichtschwindenden entstanden gedacht werden. Die ursprünglichen, reicheren Formen heißen dann *Holoëder* (Vollflächner), die Schwundformen *Hemiëder* (Halbflächner), bei Wiederholung des gesetzmäßigen Schwindens an einem Hemiëder *Tetartoëder* usf. Ein Beispiel zeigt Abb. 62, die Entstehung des regulären Tetraeders aus dem Oktaeder.

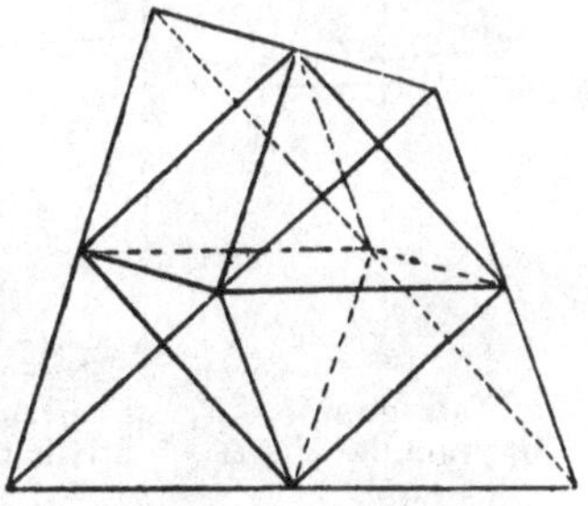

Abb. 62.
Entstehung des regulären Tetraëders {111} aus dem Oktaëder {111}.

Die so entstehenden 6 Kristallklassen ordnen sich wieder in 3 Hauptklassen, die vor allem durch die optischen, thermischen und Kohäsionseigenschaften, wie auch die Elastizität sich scharf abgrenzen:

1. *Die isotropen Kristalle.* Daraus geschliffene Kugeln bleiben beim Erwärmen und bei allseitig gleicher Druckänderung Kugeln. Die optischen Optische Klassen

Hexaëder {100} — Oktaëder {111} — Rhombendodekaëder {110} — Triakisoktaëder {hhl} — Ikositetraëder {hkk}

Abb. 63. Hemiëderbildung regulärer Formen, die dabei erhalten bleiben. Die weißen Flächen wachsen, die schwarzen sollen schwinden.

Eigenschaften sind gleich denen homogener amorpher Körper: Reguläres (tesserales) Kristallsystem. Bekannte Formen daraus s. 4 Hemiëdrieen. Bei manchen davon bleiben die Formen erhalten. Abb. 23 u. 63.

2. *Die einachsigen Kristalle.* Kugeln werden bei Temperatur- oder Druckänderung zweiachsige (Rotations-)Ellipsoide. Ein eindringender Lichtstrahl wird in zwei Strahlen von verschiedener Richtung gespalten (Doppelbrechung), es sei denn, daß er in einer einzigen ganz bestimmten Richtung eindringt (optische Achse, Richtung der Hauptachse des Kristalls). In dieser wird er nicht gespalten.

Kristallsysteme 2a. Tetragonales (Quadratisches) Kristallsystem. Abb. 24 u. 64. 6 Hemiedrieën sind möglich.

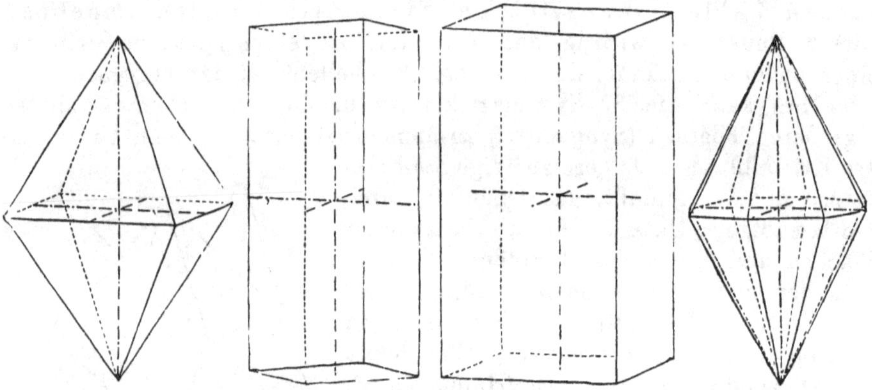

Tetragonale Bipyramide 2. Art {h0l} — Tetragonales Prisma 1. Art {110} — Tetragonales Prisma 2. Art {100} — Ditetragonale Bipyramide {hkl}

kombiniert mit dem Endflächenpaar {001}

Abb. 64.

2b. Hexagonales Kristallsystem. Abb. 26, 27 u. 65. 11 Hemiëdrien.

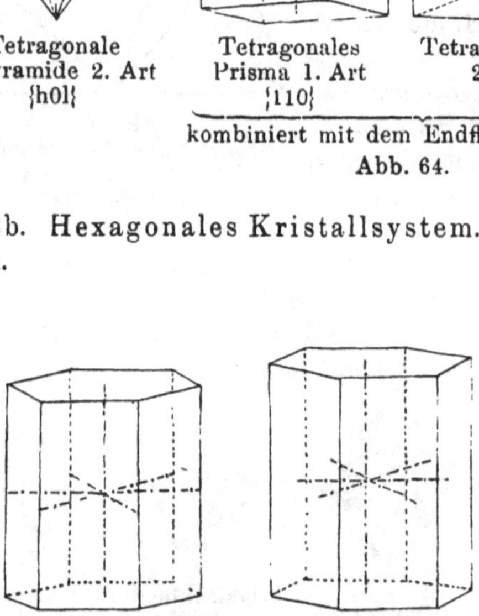

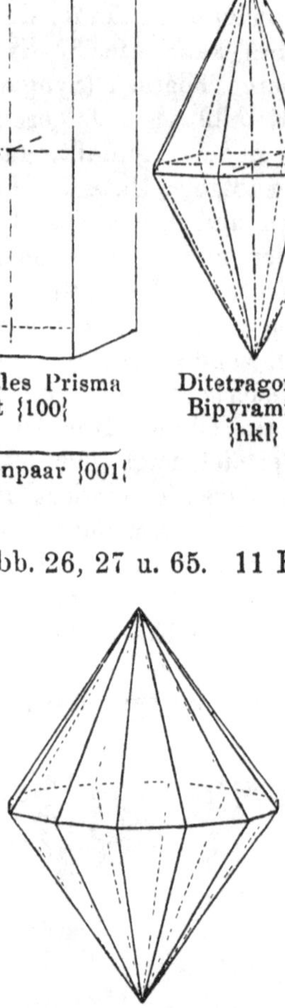

Hexagonales Prisma 1. Art {10$\bar{1}$0} — Hexagonales Prisma 2. Art {11$\bar{2}$0}

kombiniert mit dem Endflächenpaar {0001}

Dihexagonale Bipyramide {hikl}

Abb. 65.

Die Holoëder der zweiachsigen Kristalle lassen sich ähnlich einteilen:

3. *Die zweiachsigen Kristalle.* Kugeln werden bei Temperatur- oder Druckänderung dreiachsige Ellipsoide. In jedem Kristall gibt es 2 Richtungen (optische Achsen), worin Licht nicht doppelt gebrochen wird.

Die Holoëder der einachsigen Kristalle haben entweder éine Hauptachse (s. o.) mit 4-zähliger Symmetrie oder eine 6-zählige. D. h. sie kommen bei einer vollen Drehung um die Hauptachse entweder 4 mal oder 6 mal mit sich selbst zur Deckung. Danach unterscheidet man:

3a. Rhombisches Kristallsystem. Abb. 25 u. 66. 2 Hemiëdrieen.

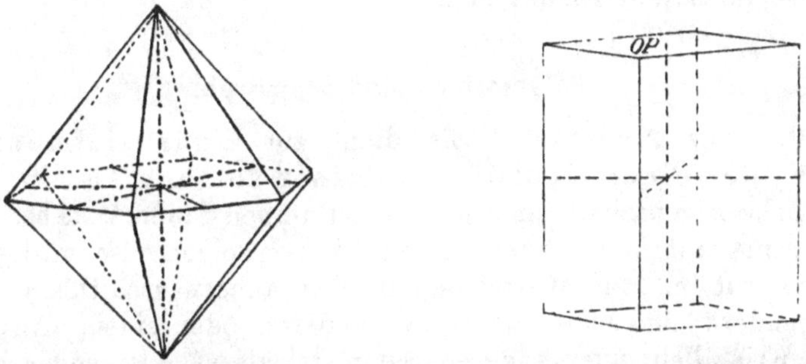

Hexagonale Bipyramide 2. Art {h h $\overline{2h}$ l}

Rhombisches Prisma {110} kombiniert mit dem Endflächenpaar {001}

Abb. 66.

3b. Monoklines Kristallsystem. Abb. 28. 67. 68. 2 Hemiëdrieen.

3c. Triklines Kristallsystem. 1 Hemiëdrie. Abb. 29 S. 24.

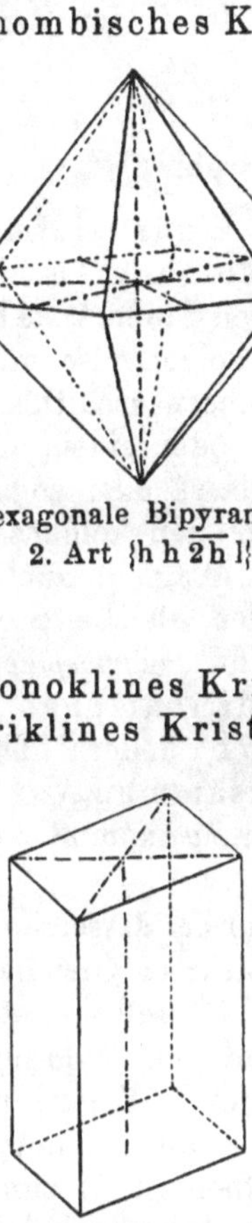

Monoklines Prisma {110} kombiniert mit dem Endflächenpaar {001}

Abb. 67.

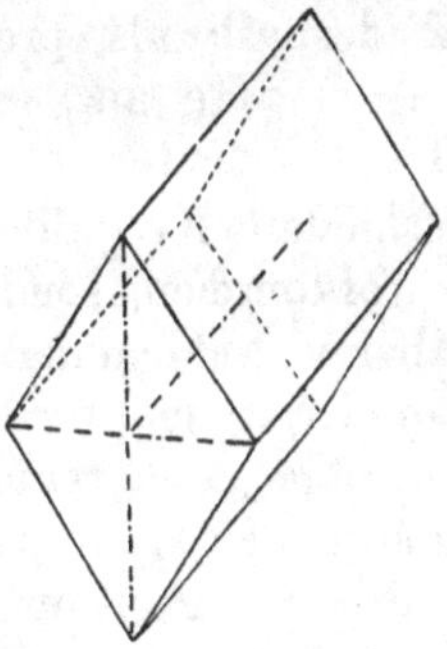

Monoklines Längsbidoma {011} kombiniert mit dem Querflächenpaar {100}

Abb. 68.

Kurze Darstellungen der formalen Kristallographie, worin auch die Kristallsymbole (Abkürzungen für die Schnittweise der Kristallachsen durch die Flächen) unter unseren Abbildungen erklärt werden, sind in jedem Lehrbuch der Mineralogie enthalten, ausführlich behandelt P. Groth in seiner Physikalischen Kristallographie und in dem großen Werk Chemische Kristallographie alle hierhergehörigen Fragen. Vgl. auch E. A. Wülfing. Die 32 kristallographischen Symmetrieklassen (Verlag Gebr. Bornträger).

Konstanz des Achsenverhältnisses

Betrachtet man einen Kristall von reinem Kalkspat auf seine Kristallform, so findet man, daß sie ungeachtet der großen Anzahl der möglichen *Grundformen* seiner Klasse (der rhomboëdrischen, die eine Hemiëdrie des hexagonalen Systems ist) und der aus ihnen zusammenstellbaren *Kombinationen* und der bei beiden möglichen unendlichen Variabilität der Entwicklung der einzelnen Flächen am Kristall durch ein ganz bestimmtes „*Achsenverhältnis*“ gekennzeichnet bleibt, das die Beträge der Kristallwinkel festlegt, soweit sie durch den Symmetriegrad der Klasse noch unbestimmt gelassen sind.

2. Polymorphie und Isomorphie.

Isomorphie Polymorphie

§ 40. Das Achsenverhältnis dient zur Kennzeichnung einer Stoffart oder einer Modifikation einer solchen. Es ist eine unveränderliche Eigenschaft einer gegebenen reinen Stoffart. Aber ein und derselbe reine Stoff kann verschiedene Arten zeigen, also im allgemeinen nicht nur mit einem Wertekomplex der Achsenverhältnisse kristallisieren, sondern oft auch mit einem anderen oder einem dritten, oder sogar in Kristallen einer anderen Symmetrieklasse oder sogar in einem anderen Kristallsystem. Das letztere trifft für den kohlensauren Kalk, die Substanz des Kalkspats zu. Sie kann als Aragonit auch rhombisch kristallisieren. Diese Erscheinung, wonach der gleiche Stoff mit verschiedener *Kristalltracht* erscheinen kann, heißt *Polymorphie* des Stoffs. Die verschiedenen Polymorphen heißen Modifikationen des Stoffs. Sie unterscheiden sich allgemein auch durch andere Eigenschaften und sind deshalb als prozentual gleich zusammengesetzte, verschiedene Stoffe anzusehen. Die Erscheinung kommt auch ebenso oft bei den Elementen vor.

Isomorphie

Verschiedene Kristallformen können nicht nur bei derselben chemischen Substanz vorkommen, sondern auch das umgekehrte: Gleiche Kristallformen bei verschiedenen Substanzen. Dies ist selbstverständlich bei denjenigen Kristallen, wo der Symmetriegrad die Achsenverhältnisse restlos bestimmt, den regulären. Aber eben jenes Kriterium, das eine aus regulärem Kristall geschnittene Kugel von einer amorphen unterscheidet:, die Fähigkeit in einer Lösung desselben Stoffs zum ursprünglichen Kristall wieder auszuwachsen, läßt auch die morphologische Verwandtschaft verschiedener regulär kristallisierender Stoffe weiter gliedern. Dabei kommen 3 Fälle in Betracht, wenn man einen beliebigen, auch nicht regulären Kristall in eine gesättigte Lösung einbringt und sie mehr und mehr, etwa durch Verdampfen des Lösungsmittels einengt.

1. Der Kristall wächst nicht als solcher weiter. Es setzen sich artfremde Kristallformen oder gar keine an ihn an. Dies ist der allgemeine Fall. Hier sind Kristall und gelöster Stoff fast immer auch chemisch und sonst erheblich verschieden; doch gibt es Ausnahmen von letzterem.

2. Auf dem Kristall wachsen fleckenweise, im übrigen unter Beibehaltung seiner Form Schichten der gelösten Substanz an, bis er von ihnen lückenlos bedeckt ist, worauf das Wachstum gleichförmig der ursprünglichen Form entsprechend ohne Bevorzugung der Anfangsflecken weitergeht. Dann sind die Stoffe chemisch und sonst verwandt, namentlich, wenn aus Lösungen, die beide Substanzen in verschiedenen Mengenverhältnissen enthalten, *Mischkristalle* wachsen. Das sind solche, die wie flüssige Lösungen, beide Bestandteile in nicht stöchiometrischem, sondern vom Mengenverhältnis in der Lösung abhängigen Verhältnis enthalten. Stoffe, die Mischkristalle bilden, heißen **isomorph**. Ihre chemische Zusammensetzung pflegt ganz analog zu sein. Dies *Gesetz des Isomorphismus*, wonach analog gebaute Molekeln Mischkristalle bilden, ist 1819 von E. Mitscherlich entdeckt worden.

3. Auf dem Kristall wächst die gelöste Substanz ohne jede Fleckenbildung gleichmäßig weiter. Dann ist gelöste Substanz und Kristall identisch.

Der Isomorphie bei den geringeren Symmetrieen, also bei nicht regulären Kristallen, entspricht verständlicherweise nie strenge Gleichheit der Achsenverhältnisse der Isomorphen. Genaue Gleichheit der Achsenverhältnisse würde bei ihrer beliebigen Veränderlichkeit von Modifikation zu Modifikation und von Stoff zu Stoff und bei ihrer Abhängigkeit von Druck und Temperatur höchst merkwürdig sein und kommt nicht vor. Wohl aber sind die betreffenden Achsenverhältnisse einander ähnlich und die Mischkristalle verschiedener Zusammensetzung haben Achsenverhältnisse, die zwischen denen der reinen Komponenten liegen.

Man nennt Elemente auch (im weiteren Sinn) isomorph, wenn man Isomorphie zwischen ihnen selbst noch nicht beobachtet hat, aber zwischen ihren Verbindungen. Diese Isomorphie, wie die im engeren Sinn, spielt bei der Wahl der Atomgewichte eine große Rolle, obwohl man heute dafür noch zuverlässigere Kriterien hat. Mitscherlich bemerkte zuerst, daß Stoffe, denen man analoge Formeln zugeteilt hatte, isomorph zu sein pflegen; so wurde — ein ganz allgemeiner Grundsatz naturwissenschaftlicher Arbeit — das induktiv gefundene Gesetz nun deduktiv angewandt und neuen Verbindungen analoge Formeln erteilt, wenn sie isomorph waren. Wie dies die Wahl der Atomgewichte bestimmt, erläutert ein Beispiel.

Atomgewichtsbestimmung aus der Isomorphie

Angenommen, man kenne das Atomgewicht des Selens noch nicht, hätte aber die Isomorphie von K_2SO_4 und Kaliumselenat aufgefunden und die Zusammensetzung des letzteren zu $K_2Se_nO_4$ bestimmt, wobei auf 78,2 Teile K (= 2 Atome K) 79.2 Selen gefunden wurden. Dann zwingt die Isomorphie zu der Annahme $n = 1$, so daß die Formeln analog werden, und damit muß das Atomgewicht des Selens 79,2 sein. (3. Methode der Atomgewichtsbestimmung.)

Da die beiden genannten Salze isomorph sind, so können sie Mischkristalle bilden und da ihre Formeln analog gebaut sind, so kann man die variable Zusammensetzung der Kristalle bequem durch $K_2(S, Se)O_4$ ausdrücken, eine Schreibweise, wie sie in der Mineralogie sehr häufig (z. B. bei den Feldspäten) angewendet wird. Der Isomorphismus ist bei Abgrenzung von Mineralarten gleichfalls wichtig.

Allotropie fester Elemente

Polymorphie bei Elementen ist ein Sonderfall einer allgemeineren Erscheinung, denn die Elemente können nicht nur in verschiedenen kristallisierten Modifikationen auftreten, sondern daneben noch in „amorpher" Form und auch in verschiedenen flüssigen und verschiedenen gasförmigen Modifikationen (z. B. Ozon und Sauerstoff). Jede dieser Modifikationen hat ihre bestimmten Eigenschaften für sich, die sie als eine Stoffart kennzeichnen. Auch die chemischen Eigenschaften sind verschieden. Einzig die Möglichkeit, alle Modifikationen derselben Substanz mittelbar oder unmittelbar ineinander überzuführen, und die Identität der aus ihnen dargestellten Verbindungen kennzeichnet ihre Zusammensetzung allein aus einer und derselben Atomart. Ob Schmelze oder Dampf zweier allotroper Modifikationen, wie meist der Fall, untereinander identisch sind, kann nur der Versuch entscheiden. Sie sind es nicht immer.

Ist schon die Reindarstellung eines Stoffs, also seine Befreiung von Fremdstoffen bis auf 0,1 bis 0,001 Promille oft schwierig, so schließt sich daran die gleichfalls oft schwierige Isolation der einzelnen Modifikationen. Denn als atomgleiche Stoffe neigen sie zur Bildung homogener oder scheinbar homogener Mischungen, Mischkristallen u. dgl.

Die kristallisierten und amorphen Allotropen.

Die kristallisierten und amorphen Allotropen

Die Allotropie kristallisierter Elementformen ist in der Metallwelt höchst verbreitet. Sie kann für die Verwendung von Metallen zu bestimmten Zwecken entscheidend sein (Metallographie Bd. II). Bei den bekannteren echten Metallen pflegen die Eigenschaften der verschiedenen Allotropen nicht weit voneinander abzuweichen und namentlich chemische Unterschiede nur sehr gering zu sein.

Darstellende Chemie 3.

Die Metalloide

3. Die Metalloide: S, Se, Te; P, As, Sb, Bi; C, Si, B.

Groß sind nicht selten die Unterschiede zwischen den Allotropen der für gewöhnlich starren nichtmetallischen Elemente und derjenigen Metalle, die ihnen nahestehen, die wir als Metalloide im engeren Sinn bezeichnen.

VI. Gruppe.

Schwefel

Schwefel S.

§ 41. Kommt an vulkanischen Orten frei in großen Mengen in der Natur vor, vor allem in einem großen Lager in Louisiana in Amerika und in Sizilien.

A. Kristallisierter Schwefel.

Modifikationen

Ist pentamorph. Man kennt eine dauernd beständige rhombische, 1 weniger beständige und 2 sehr unbeständige monokline und 1 rhomboedrische, sehr unbeständige Form.

1. *Rhombischer Schwefel* S_I, S_{rh} entsteht auf die Dauer aus allen anderen S-Allotropen bei gewöhnlicher Temperatur. D. 2,07. Kristalltracht längliche Oktaeder (rhomb. Pyramiden). Farbe schwefelgelb. Kristallisiert aus Schwefelkohlenstoff, worin reichlich löslich. Die klaren Kristalle werden beim Erhitzen oberhalb 95,4° trübe, indem sie sich verwandeln in

2. *Monoklinen Schwefel* S_{II}; S_{mon}. Bis zum Schmp. 110,2° beständig. Doch ist er daselbst nicht mehr rein, sondern durch S_μ (s. w. u.) verunreinigt. D. 1,96; Kristalltracht prismatisch. Farbe honiggelb. Kristallisiert aus geschmolzenem Schwefel oberhalb 95,4° aus und wird unterhalb dieser Temperatur auf die Dauer trübe durch Umwandlung in ein Haufwerk von S_I-Kristallen.

3. *Monokliner Schwefel* S_{III}; perlmutterartiger S. Fast farblose Blättchen, u. a. durch langsame Zersetzung von $Na_2S_2O_3$-(Natriumthiosulfat-)Lösung mit saurem Kaliumsulfat $KHSO_4$ zu erhalten.

4. *Monokliner Schwefel* S_{IV}.

5. *Rhomboedrischer Schwefel*, Engels Schwefel; durch Zersetzung der Thiosulfatlösung mit Salzsäure bestimmter Konzentration und Ausziehen des entstandenen Schwefels, bevor er sich fest abschied, mit Chloroform. Daraus kristallisiert er in orangegelben Prismen.

B. Amorpher Schwefel (vgl. Bd. II, Kolloidchemie).

Schmelzt man Schwefel, so ist er zuerst gelb und dünnflüssig, wird bei weiterer Erhitzung fast schwarzrot und so zäh, daß man die Schale mit ihm umkehren kann, ohne daß er ausfließt, am zähesten bei rund 160°. Darüber wird er dünnflüssig, bleibt aber dunkel und siedet bei 448°. Kühlt man die Schmelze durch Eingießen in kaltes Wasser schnell ab, so erhält man plastischen, schwach elastischen, honiggelben, klaren Schwefel, der nach wenig Stunden trüb und spröde wird. Er ist dann in Schwefelkohlenstoff nur z. T. löslich. Die unlösliche Form ist amorph und heißt

1. *μ-S.* Sie bildet sich beim Erhitzen von Schwefel in einer von der Temperatur abhängigen Menge und häuft sich im geschmolzenen Schwefel so stark an, daß er zäh wird. Zum anderen Teil besteht geschmolzener Schwefel aus

2. *λ-S.*, dem dünnflüssigen, in Schwefelkohlenstoff löslichen Schwefel. Die Untersuchung dieser Verhältnisse ist verwickelt und schwierig.

Die Reaktionsfähigkeit der verschiedenen Allotropen ist sehr ähnlich.

Schwefel wird im großen gewonnen, in Louisiana durch überhitztes Wasser in situ unter der Erde geschmolzen und durch seinen Druck heraufgepumpt. In Sizilien destilliert man Schwefel zur Reinigung Gewinnung.

in Kammern, wie Abb. 69 zeigt. Das erste Destillat scheidet sich infolge der raschen Abkühlung in feinen Kriställchen ab, als *Schwefelblumen*, und so wird Schwefel in der Natur an den vulkanischen Orten auch oft aus schwefelhaltigen Dämpfen abgesetzt. Wird die Kammer heiß, so sammelt sich flüssiger Schwefel unten und kann in konische Holzformen abgelassen werden. Zersetzt man Lösungen so, daß sie feinen Schwefel abscheiden, so erhält man *Schwefelmilch*, ein fast weißes Pulver, das wegen seiner feinen Verteilung leichter chemischen Angriffen erliegt und deshalb auch in der Heilkunde benützt wird. Die käuflichen Schwefelproben pflegen Gemische der verschiedenen Modi-

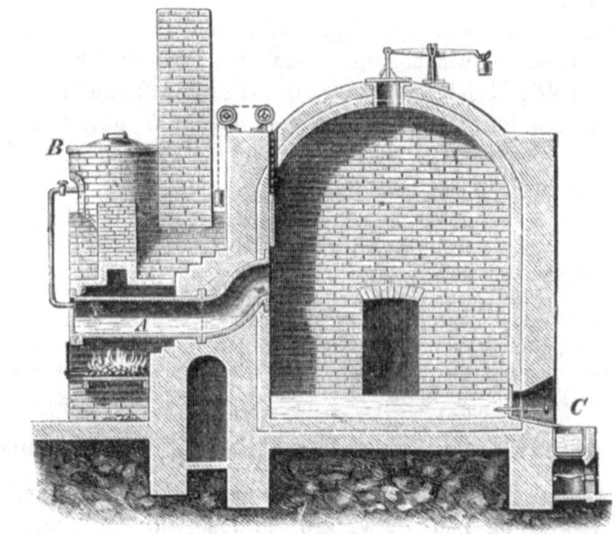

Abb. 69. Schwefelgewinnung in Sizilien.

fikationen zu sein, mit sehr vorwiegendem S_I. Schwefel verbrennt an der Luft erhitzt zu dem farblosen, stechend riechenden Gas Schwefel-

Reaktionen. dioxyd SO_2. Er vereinigt sich beim Erhitzen unmittelbar mit vielen Elementen, namentlich mit Metallen, und solche *Sulfide* kommen in der Natur in sehr großen Mengen vor und werden zur Darstellung der wichtigsten Schwefelverbindung, der Schwefelsäure H_2SO_4 vor allem benützt. In Betracht kommen dafür nur 2, das Eisensulfid FeS_2 (Pyrit, Schwefelkies) und Zinkblende oder Zinksulfid ZnS.

Die anderen Sulfide pflegt man durch „*Rösten*“ auf die betreffenden Metalle zu verarbeiten, d. h. durch Überführung in Oxyd und nachherige Reduktion mit Kohle (s. S. 446, I.) Viele Sulfide haben, wie Arsenide und Antimonide, metallische Tracht, dahin gehören die natürlich vorkommenden *Kiese* und *Glanze*, andere sind durchscheinend und nichtmetallisch, die *Blenden*. Wenn man auch keinen metallischen Schwefel kennt, so ist doch hierin noch eine gewisse Hinneigung zu solcher Allotropie zu sehen. Sie findet man sogar noch beim ersten Glied der Gruppe, dem Sauerstoff. Denn auch viele Oxyde haben metallische Tracht.

Dem Schwefel kommt, ähnlich dem Phosphor, eine wichtige Rolle in den Organismen zu, da Eiweißstoffe Schwefel enthalten.

Selen Se (vgl. Bd. II, Kolloidchemie).

Ein Begleiter des Schwefels im Pyrit, wurde es 1817 von Berzelius im Bleikammerschlamm der Schwefelsäurefabrik in Gripsholm in Schweden aufgefunden.

Selen Modifikationen

1. *Amorphes Selen*, ein rotes Pulver, war es daselbst durch die reduzierende Wirkung des Schwefeldioxyds auf das Selendioxyd entstanden. Es ist in Schwefelkohlenstoff löslich, woraus sich:

2. *Kristallisiertes rotes Selen* monoklin abscheidet. Schmp. 170—180° D. 4,47.

3. *Metallisches Selen*, schwarz, hexagonal-rhomboëdrisch, spröde, ein guter Leiter der Elektrizität, wenigstens bei Belichtung. Dies ist seine merkwürdigste Eigenschaft. Es entsteht durch längeres Erhitzen amorphen Selens auf 80—160° oder geschmolzenen Selens auf 200°, Schmp. 217°. Unlösl. in Schwefelkohlenstoff. D. 4,80.

Die Frage nach der Beständigkeit der einzelnen Selenallotropen ist verwickelt und noch nicht vollständig beantwortet.

Selen ist zwar in der Natur verbreitet, kommt aber immer in geringen Mengen vor. Es wird noch heute meist aus dem Bleikammerschlamm gewonnen und vor allem wegen seiner Lichtempfindlichkeit (s. Photochemie Bd. III) benützt.

Reaktionen

Seine Eigenschaften gleichen in vielem denen des Schwefels, doch ist es im allg. weniger reaktionsfähig. Es vereinigt sich namentlich mit Metallen zu *Seleniden*. Verbrennt an der Luft erhitzt zu Selendioxyd SeO_2 weißen wasserlöslichen Nadeln, die meist infolge Beimischung organischer Substanz beim Verbrennen Selenkohlenstoff CSe_2 enthalten und daher widerlich rettigartig riechen.

Tellur Te (vgl. Bd. II, Kolloidchemie).

Tellur

kommt u. a. in Siebenbürgen frei und in Erzen vor, wurde kurz vor dem Selen entdeckt und hat so zum Namen Selen geführt, weil beide Elemente nahe verwandt sind (tellus Erde, σελήνη Mond).

1. *Amorphes Tellur*, ein schwarzes Pulver, durch Abscheidung aus Lösungen erhalten, gibt geschmolzen und erstarrt das

2. *Hexagonal-rhomboëdrische Tellur*, ein zinnweißes weiches Metall. D. 6,2. Schmp. 452°.

Verbrennen an der Luft führt zu TeO_2, Tellurdioxyd, das in Wasser sich nur wenig löst. Polonium Po behandeln wir in der Radiologie (s. Bd. III).

V. Gruppe.

Phosphor (vgl. Bd. II, Kolloidchemie).

Phosphor

§ 42. Kommt wegen der Schnelligkeit seiner Vereinigung mit Sauerstoff und anderen Elementen nicht frei in der Natur vor. Eine feste amorphe Modifikation ist nicht bekannt, außer fein verteilt.

Weißer Phosphor

1. *Weißer Phosphor*. Regulär. Die Form, worin man Phosphor meist zuerst erhält. 1669 erhielt sie der Alchemist Brand in Hamburg durch Erhitzen abgedampften Harns mit Sand in einer irdenen Retorte. Scheele hat dann zuerst P aus Knochen hergestellt; sie bestehen größtenteils aus $Ca_3(PO_4)_2$ Tricalciumphosphat, einem Calciumsalz der Phosphorsäure, das mit $CaFl_2$, bzw. $CaCl_2$ als Phosphorit (Apatit) ver-

Darstellung

bunden, große Lager bildet. Heute erhält man den P aus $Ca_3(PO_4)_2$, indem man Quarzsand und Kohle zugibt und auf 1300°—1450° erhitzt, wobei farbloser Phosphordampf P_4 neben Kohlenoxyd CO abdestilliert:

$$2 Ca_3(PO_4)_2 + 6 SiO_2 + 10 C = 6 CaSiO_3 + 10 CO + P_4.$$

Das schwarze unreine Produkt wird in einer Atmosphäre von Kohlendioxyd mit Wasserdampf destilliert, das Destillat unter Wasser geschmolzen und in Stangen gegossen. Zur vollkommenen Reinigung ist wie bei den meisten Stoffen gebrochene Destillation im Vakuum vorteilhaft.

Eigenschaften

Farblos, spröde, D. 1,83, Schmp. 44°, Siedep. 290°. Dem niederen Schmelzpunkt entsprechend läßt P sich bei gewöhnlicher Temperatur in vielen Lösungsmitteln lösen, bei deren Verdampfung er sich als solcher wieder abscheidet. Wasser löst sehr wenig, Alkohol und Äther mehr, Schwefelkohlenstoff viel, ebenso andere kohlenstoffhaltige Lösungsmittel, wie Xylol usw. Daraus läßt er sich in Kristallen erhalten. Auch fette Öle lösen ihn und reichlich wird er von Schwefelchlorür S_2Cl_2 aufgenommen.

Reaktionen des Phosphors

Seine merkwürdigsten Eigenschaften sind seine Lichtempfindlichkeit, seine sehr rasch, unter Lichtentwicklung verlaufende Oxydation, daher der Name φωσφόρος Lichtträger und die dabei eintretende Erhöhung der elektrischen Leitfähigkeit der umgebenden Luft. Er färbt sich am Licht rot und geht dabei teilweise in die andere Modifikation über. Die Oxydation an der Luft führt schon wenig über Zimmertemperatur zur Entzündung. Dabei treten verschiedene photochemisch wichtige Erscheinungen auf. Das Leuchten des P an der Luft benützt man seit Mitscherlich zum Nachweis von P, z. B. in der gerichtlichen Medizin, indem man den zu untersuchenden Stoff mit Wasser am absteigenden Kühler erhitzt. Ist P vorhanden, so sieht man im Dunkeln im Kühler einen leuchtenden Ring, von der langsamen Oxydation mitgebrachten Phosphors herrührend. Am besten schichten sich die Gase im Kühler, wenn er senkrecht steht. Weißer P ist giftig, vereinigt sich unmittelbar mit fast allen Elementen — außer C und N —, mit vielen unter Feuererscheinung, reduziert aus vielen Metallsalzlösungen die Metalle selbst, wobei noch Phosphide entstehen können. Andere Phosphide erhält man durch Erhitzen von P mit Metallen. Ein Teil davon hat metallische Tracht und wird als Phosphorbronzen bezeichnet. Die technisch benützten „Phosphorbronzen" sind aber etwas anderes und fast phosphorfrei.

Oxydation von P in wäßrigen Lösungen führt zu den verschiedenen Phosphorsäuren, meist zur Orthophosphorsäure H_3PO_4. Die Salze der Phosphorsäuren heißen Phosphate.

Roter Phosphor

2. *Roter Phosphor.* Wie Aluminium das Bor, so löst Blei den P, und die daraus sich abscheidenden, durch Salpetersäure (D. 1,1) herauslösbaren monoklinen, stark metallglänzenden, in der Durchsicht aber gelbroten Kristalle D. 2,32 hat Hittorf als metallischen P bezeichnet.

Vielleicht ist er nur eine dichtere Form des *roten Phosphors*, der aus weißem P durch Erhitzen auf 250—300° unter Druck, namentlich bei Jodgegenwart oder durch Belichtung zu erhalten ist. Ähnlich entsteht bei Erhitzen von weißem P in (bei 171°) siedendem Phosphortribromid PBr_3 vermöge dessen chemischer (katalytischer) Wirkung *hellroter* P, dessen Eigenschaften zwischen denen des roten und des weißen liegen (Schenck). Roter P ist nicht giftig, geruchlos, unlöslich in Schwefelkohlenstoff und chemisch sehr viel träger, als weißer P; mit der Herstellungstemperatur steigt D. von 1,9—2,3.

Hellroter P und Tetra-Phosphortrisulfid P_4S_3 dienen statt des wegen Giftigkeit verbotenen weißen P in der Zündhölzchenherstellung.

P spielt in den Organismen als Bestandteil der Nerveneiweißstoffe eine sehr wichtige Rolle. Phosphate sind für das Leben von Tieren daher unentbehrlich und werden als Calciumphosphat $Ca_3(PO_4)_2$ in den Knochen gespeichert. Auch Pflanzen haben P nötig, so daß deshalb Ackererde stets Phosphate enthalten muß, zu ungefähr 1 Promille. Verwendung und Rolle des P in der Natur

Aus dem natürlichen, zu wenig löslichen $Ca_3(PO_4)_2$ stellt man durch Schwefelsäurezusatz das löslichere „Superphosphat", ein Gemenge von $Ca(H_2PO_4)_2 \cdot H_2O$ mit Gips $CaSO_4 \cdot 2H_2O$ her, das wie das „Thomasphosphatmehl" ein wichtiges Düngemittel ist. Letzteres enthält neben viel Kalk 15—20 v. H. an P_2O_5 und fällt in der Eisenindustrie ab.

Arsen As (vgl. Kolloidchemie Bd. II). Arsen

§ 43. 1. *Gelbes Arsen* läßt sich, wie weißer P durch schnelle und starke Abkühlung des Dampfs erhalten, ist wie er sehr oxydierbar, auch unter schwachem Leuchten an der Luft, auch lichtempfindlich, jedoch in weit höherem Maß und beachtenswerter Weise schon gegen Licht einer Auerlampe. Die Abkühlung muß durch flüssige Luft erfolgen und bei dieser Temperatur hält sich die gelbe Form lange Zeit. Sie löst sich, wie P in Schwefelkohlenstoff, aber weit weniger (1,5 v. H.) und kann daraus in durchsichtigen Kristallen, D. 2,0 erhalten werden. Bei gewöhnlicher Temperatur wandelt sie sich schon im Dunkeln um in Arsenmodifikationen

2. *Metallisches Arsen*, ein sprödes, graues, kristallinisches Metall, das als Scherbenkobalt frei in der Natur vorkommt. D. 5,7. Metallisches As leitet Wärme und Elektrizität gut. Bei gewöhnlichem Druck erhitzt verdampft es, ohne zu schmelzen. Bei Erhöhung des Drucks kann man es bei 500° schmelzen. Ist, wie metallischer P, weniger oxydierbar und weniger angreifbar überhaupt, als die nichtmetallische Form. Die Aktivität der Formen ist also bei dieser Stoffgruppe umgekehrt, als bei B, C, Si (s. S. 99ff.).

Beim Erhitzen an der Luft entzündet es sich bei etwa 180° und verbrennt unter Knoblauchgeruch zu weißem Arsentrioxyd As_2O_3, das als *Arsenikblüte* gleichfalls in der Natur vorkommt. As_2O_3 ist dimorph. Eigenschaften und Reaktionen

Mit vielen Metallen verbindet As sich unmittelbar durch Erhitzen. Solche *Arsenide* (z. B. Arsenkies FeAsS, Speiskobalt $CoAs_2$, Realgar AsS, Auripigment As_2S_3 und die *Fahlerze*, die neben Arsensulfid andere Metallsulfide enthalten; auch die meisten Schwefelkiese FeS_2 enthalten As)

sind, außer AsS und As_2S_3 metallglänzende Erze, häufig anzutreffen und dienen teils zur Gewinnung der Metalle, teils zu der des Arsens. Man erhitzt sie mit C, sobald sie oxydiert sind, andernfalls geben sie häufig schon bei Luftabschluß erhitzt das As ab.

Beide Modifikationen sind giftig, da die metallische giftig ist. Denn die Wärme des Organismus führt sofort die Umwandlung des gelben in metallisches As herbei. 0,1 g kann einen Menschen töten (dosis letalis). Arsenverbindungen sind in der Heilkunde wichtig, vor allem zur Bekämpfung von Protozoenkrankheiten (Salvarsan, Atoxyl u. dgl.).

Antimon Sb (Stibium).

Antimon-Vorkommen

§ 44. Kommt frei in der Natur vor, weit häufiger in Erzen.

1. *Gelbes Antimon* erhält man durch Einleiten von Luft in auf −90° abkühlten Antimonwasserstoff SbH_3. Es ist noch unbeständiger als gelbes As (vgl. Kolloidchemie Bd. II).

Modifikationen

2. *Metallisches Antimon* kennt man in 2 Modifikationen und hierin äußert sich bereits der Metallcharakter. Beide sind einander ähnlich. Die gewöhnliche ist grauweiß mit einem Stich ins Gelbliche. Spröde, D. rund 6,7, Schmp. 629,2°, Sdp. 1440°.

Durch Elektrolyse konzentrierter Lösung von Antimonchlorid $SbCl_3$ in Salzsäure erhält man *α-Antimon*, eine silberweiße, aber durch den Elektrolyten verunreinigte Form; D. 5,8. Aus Bromid und Jodid auch zu erhalten. Sie ist eine feste Lösung des Chlorids, Bromids oder Jodids im Metall und durch die Fähigkeit ausgezeichnet, durch Ritzen unter Verpuffung in das gewöhnliche Antimon überzugehen.

Rohstoff Grauspießglanz

Erhitzt verbrennt Sb zu Trioxyd Sb_2O_3, das in der Natur vorkommt. Häufiger ist der *Grauspießglanz* Sb_2S_3, der Rohstoff ist für die Gewinnung des Metalls. Man kann ihn entweder unmittelbar durch Erhitzen mit Eisen zu Metall reduzieren, wobei Schwefeleisen FeS entsteht oder man röstet zuerst und reduziert das Oxyd durch Erhitzen mit Kohle.

Verwendung

Das Metall dient vor allem als Letternmetall (Hartblei), gemischt mit der gleichen Menge Zinn und doppelt soviel Blei. Seine Verbindungen werden in der Heilkunde verwendet und bei der Kautschukvulkanisierung.

§ 45. Wismut Bi (Bismuthum)

Wismuth

findet sich frei und in Erzen (Wismutglanz Bi_2S_3), gleicht sehr dem Antimon, seine Farbe spielt mehr ins Rötliche. Sehr spröde, gleicht im übrigen den Metallen. Man kennt von ihm keine unmetallische Modifikation. Man bezieht es vor allem aus Bolivia und verwendet es namentlich in *leicht schmelzbaren Legierungen* zu Weichlot und Verschlüssen für selbsttätige Feuerlöscher. Roses Metall (2 Bi, 1 Pb, 1 Sn) schmilzt bei 93,75°, Woods Metall sogar schon bei 60,5° (4 Bi, 2 Pb, 1 Sn, 1 Cd). Das reine Metall *schmilzt* schon bei 286,3° (vgl. Metallographie Bd. II) *unter*

Zusammenziehung (analog Eis). Seine Verbindungen dienen z. T. in der Heilkunde.

Man faßt Arsen, Antimon, Wismut als Sprödmetalle zusammen, wozu man noch Tellur und Selen rechnen kann. Sprödmetalle

IV. Gruppe.

1. Kohlenstoff C (vgl. Kristallbau Bd. II).

§ 46. Er läßt sich in 2 Allotropen erhalten:

Scheinbar amorpher Kohlenstoff kommt mehr oder minder verunreinigt in ungeheuren Massen frei in der Natur vor, als Schungit (nur 0,4 % H, 0,4 % N, kein O), Anthrazit, Steinkohle und Braunkohle, die in dieser Reihenfolge zunehmend noch Sauerstoff und etwas Wasserstoff, also echte Verbindungen mit diesen Elementen enthalten oder solche sind. Man nimmt an, daß sie durch einen eigentümlichen Gärungsvorgang unter Luftabschluß und wachsendem Druck entstanden sind. Während *Braunkohle* anders entstanden ist, als Steinkohle und Anthrazit und in *tertiären* Schichten vorkommt, findet sich *Steinkohle* vorwiegend im *Carbon*, und die noch älteren Formationen umschließen den *Anthrazit*. Bergius hat gezeigt, daß man durch hohen Druck in der Tat aus Holz derartige Produkte erhalten kann und daß auch die Nebenprodukte: Methan (Grubengas) CH_4, ein farbloses, brennbares Gas, und Kohlendioxyd dabei entstehen, die man in der Natur in den Kohlengruben vorfindet. *Stein*-Kohlenarten sind aus großen Kryptogamen: Siegelbäumen, Schuppenbäumen und Schachtelhalmen entstanden, während *Torf*, eine weit weniger vollständig verkohlte Masse, aus Moosarten entstand und noch entsteht. Die Grundsubstanz ist immer *Lignin* und *Zellulose* gewesen. Die Verwendung dieser Stoffe zum Heizen und zur Gewinnung von allerhand Destillaten ist teils bekannt, teils werden wir sie in der organischen Chemie besprechen.

Kohlenstoff. Graphit und scheinbar amorphe Kohle

Entstehung

Darstellung und Verwendung

Steinkohle wird im großen durch Erhitzen bei Luftabschluß in Verkokern übergeführt in *Leuchtgas*, ein *wäßriges Destillat* (Ammoniakwasser), *Steinkohlenteer* und *Koks*. Letzterer ist bedeutend reinerer Kohlenstoff, als die Steinkohle, und gleicht vor allem in seinem halbmetallischen Glanz etwas der noch reineren *Gaskohle*, die sich als Zersetzungsprodukt des Leuchtgases an den heißen Wänden der Destillationsröhren abscheidet. Beide, die Gaskohle und der Koks leiten, wie alle metallglänzenden, undurchsichtigen Stoffe, Wärme und Elektrizität gut. Man verwendet erstere deshalb viel in der Elektrotechnik zu Batterie- und Lichtkohlen usf. Beim Verbrennen des Holzes unter ungenügendem Luftzutritt, in den Kohlenmeilern z. B. erhält man eine Wärme und Elektrizität schlechtleitende, nämlich ungemein porige, auch recht reine Kohle: *Holzkohle*, die als rauch- und geruchloser Feuerungsstoff wertvoll ist. Sie verdichtet Gase aus der Luft auf ihrer Oberfläche, und verhält sich in Lösungen gebracht ebenso gegen gelöste Stoffe, namentlich dann, wenn sie hochmolekular sind, d. h. aus großen Molekeln bestehen (Adsorption). Die adsorbierten Gase lassen sich durch Druckverringerung oder Erwärmen wieder vollkommen freimachen.

Gelöste Stoffe adsorbiert man aus Lösungen erfolgreicher mit der durch Verkohlen von Knochen oder Tierkörpern erhaltenen *Tier-* oder *Knochenkohle*, die namentlich Bleisalze (z. B. aus Trinkwasser), und färbende Stoffe (z. B. aus Rohzuckerlösungen) entfernt und dazu im großen benützt wird. Die Knochenkohle wird vorher mit Salzsäure ausgelaugt, um die aus den Knochen stammenden löslichen Salze (Phosphate und Carbonate vor allem) zu entfernen.

Ruß, für Druckerschwärze und Tusche verwendet, läßt sich durch Auskochen mit Säuren in ähnlicher Weise reinigen und wenn man ihn dann im Chlorstrom erhitzt, so entweicht der Wasserstoff als Chlorwasserstoff, und sehr reiner Kohlenstoff bleibt zurück. Durch dieselbe Behandlung erhält man ihn noch reiner aus dem unter Luftabschluß verkohlten Zucker — man nennt dies Erhitzen trockene Destillation —, als *Zuckerkohle*, die wegen ihres Glanzes auch Glanzkohle heißt.

Trockene Destillation

Schmelzung von Kohlenstoff

Reiner „amorpher" Kohlenstoff ist schwarz, D. gegen 2,3, undurchsichtig, von O. Lummer zuerst im elektrischen Lichtbogen durch hohen Druck und geeignete Wahl der Strombedingungen bei etwa 4000° (wahrscheinlich) verflüssigt, nachdem es bereits Moissan geglückt war, ihn in seinem elektrischen Ofen (435, I) ohne Schmelzung zu verflüchtigen, so daß er sich als Graphit wieder niederschlug (Sublimation). Der „amorphe" Kohlenstoff ist in Wirklichkeit (Debye u. Scherrer, s. Bd. III) sehr feinkristallin, identisch mit hexagonalem Kohlenstoff: *Graphit* (rhomboedrisch). Darstellung aus Kohlenstoff, gelöst in Eisen oder einfach durch sehr starkes Erhitzen recht reiner Kohle. Gußeisen ist durch Graphitausscheidung grau gefärbt. Metalle nehmen bei hoher Temperatur einige Prozent Kohlenstoff auf und sind seine einzigen Lösungsmittel. Graphit und zwar weicherer, kommt auch in großen Massen in der Natur vor. Die Kristalle sind höchst vollkommen spaltbar, weich, färben auf Papier ab, sind schwarz, fast metallglänzend, undurchsichtig, daher gute Leiter von Wärme und Elektrizität. Dient in der Elektrotechnik und zur Bleistiftherstellung, ferner mit Ton gemischt zu Graphittiegeln, worin man Metalle schmelzt. D. 2,25. Feinverteilte Kohle erwacht schon bei Zimmertemperatur zu manchen Reaktionen, während kristallisierte Kohle erst etwa bei Glut in Reaktion tritt.

Graphit

Diamant

2. *Regulärer Kohlenstoff. Diamant* (tetraedrisch-hemiedrisch). Erhitzt man Eisen mit einem Überschuß von Kohlenstoff zum Schmelzen, so daß es sein Maximum an ihm auflösen kann (Sättigung mit Kohlenstoff) und gießt diese im elektrischen Ofen bei rund 3000° gewonnene Schmelze schnell in die Bohrung eines wassergekühlten Kupferblocks, so kristallisiert der Kohlenstoff, soweit er nicht überhaupt im Eisen gelöst und in chemischer Verbindung bleibt, in Form von Diamant aus. Läßt man aber die Schmelze langsamer abkühlen, so scheidet sich mehr Kohlenstoff ab, und zwar nur als Graphit (hexagonaler Kohlenstoff). Diese

künstliche Herstellung von Diamanten (nur bis 0,5 mm Durchmesser) gelang zuerst Moissan.

Er erhielt die Kristalle durch Auflösen des Eisens in Säuren. Sie stimmten mit den natürlichen Diamanten vollkommen überein und zeichneten sich, wie diese, durch die eigentümliche Krümmung der Flächen und Kanten und die Streifung aus.

Übrigens sind die Mitteilungen über künstliche Herstellung des Diamanten größtenteils wohl nicht einwandfrei.

Diamant ist in ganz reinem Zustand farblos und leitet dann, wie alle farblosen Körper Wärme und Elektrizität schlecht, hat ein außerordentlich hohes Lichtbrechungsvermögen (Brechungsindex für gelbes Licht = 2,42, vgl. Bd. II) und ist schwerer als der „amorphe" Kohlenstoff, eine überhaupt häufige Eigenschaft kristallisierter gegenüber „amorphen" Formen. D. 3,5. Diamant kommt auch gefärbt vor, meist gelblich, selten blau, häufig schwarz (Karbonado). Letzterer wird zu Gesteinsbohrerkränzen, zum Schleifen der schönen Steine u. dgl. verwendet. Diamant ist nämlich der härteste aller Körper, die man kennt, und diese Eigenschaft hängt eng zusammen mit dem hohen Schmelzpunkt des Kohlenstoffs, durch welche beiden Eigenschaften reiner Kohlenstoff sich vor allen anderen Elementen auszeichnet. Diamant zu schmelzen oder zu verdampfen, ist noch nicht gelungen. Daß man ihn verbrennen kann, zeigte sich bei den Versuchen, die Großherzog Kosmus III. von Toskana 1694 der Florentiner Akademie ermöglichte. Dabei entsteht, wie Davy 1814 nachwies, Kohlendioxyd, das mit dem sonst erhaltenen ganz übereinstimmt.

Man hat das Atomgewicht durch Verbrennung von Kohlenstoff und mithin durch Bestimmung des Verhältnisses C : O im Kohlendioxyd gemessen. **Atomgewicht von Kohlenstoff**

Die Reaktionsprodukte der zwei Kohlenstoffarten sind — und das gilt für alle Allotropen auch anderer Elemente — bei gleicher Reaktion identisch, man erhält also immer dasselbe Kohlendioxyd usf., ganz entsprechend der vollkommenen Umwandelbarkeit der Allotropen ineinander, aber die Primärprodukte der Allotropen sind ihrer Zusammensetzung nach meist verschieden. Denn die Reaktionen der Allotropen selbst sind verschieden, entsprechend ihrer sonstigen Verschiedenheit. Zwar sind beide Kohlenstoffarten gegen Säuren und weniger gegen Basen recht widerstandsfähig, aber am meisten gilt dies von den kristallisierten Formen und das ist auch sonst häufig so. Unter ihnen ist die schwerere Form, der Diamant weniger angreifbar und auch dafür gibt es sonst Parallelen. Trockenes Kaliumchlorat ($KClO_3$), gemischt mit konz. Salpetersäure (HNO_3) greift ihn nicht an, oxydiert amorphen Kohlenstoff und verwandelt Graphit in gelbe Kristallblättchen, die eine Verbindung von H und O mit C darstellen (*Graphitsäure*) und beim Erhitzen unter Bildung eines sehr feinen Rußes explodieren. **Reaktionsprodukte von Allotropen** **Reaktionen der Allotropen selbst**

Die *Verbindungen des Kohlenstoffs*, die man heute kennt, lassen **Mannigfaltigkeit der C-Verbindungen** sich größtenteils geradezu entsprechend Diamant und Graphit in 2 große Klassen abteilen. Spätere Forschung wird das auch für andere Elemente als richtig erweisen. Die Verbindungen des Kohlenstoffs übertreffen an Zahl bei weitem die aller anderen Elemente zusammen; es sind heute schon über 150000 gegenüber den anderen nur rund 25000. Aber die Mannigfaltigkeit kommt auf eine einigermaßen einseitige Weise zustande. C verbindet sich zwar mit den meisten Elementen zu binären Verbindungen, aber nach im allgemeinen nicht sehr mannigfaltigen Verhältnissen, auch nicht immer unmittelbar. Dafür bildet er mit H sehr viele verschiedene Verbindungen und diese vermögen mit O, und z. T. noch mit N die mannigfachsten Abkömmlinge zu liefern. Diese wieder mit Schwefel und den 4 Halogenen Fluor, Chlor, Brom und Jod. Die Mehrzahl der C-Verbindungen fällt unter diese wenigen Gruppen. Da die Stoffe, woraus die organisierten Körper bestehen, größtenteils unter ihnen zu finden sind, und die Eigentümlichkeiten des C und seiner Verbindungen, wenigstens ihrem Umfang nach einzig dastehen, so hat man die *Chemie der Kohlenstoffverbindungen* als *organische Chemie* von der der übrigen Elemente, der anorganischen abgetrennt. Doch wird diese Trennung wie jede derartige, naturgemäß nicht scharf durchgeführt, und demgemäß die kohlensauren Salze in der anorganischen Chemie abgehandelt, darunter auch der *Kalkstein*, der durch Mitwirkung organischen Lebens in großen Gebirgen sich angehäuft hat und einen höchst beträchtlichen Teil des in der Natur vorhandenen Kohlenstoffs enthält.

Organische Chemie

Zwei andere Elemente stehen dem C besonders nahe, das Silicium, das als Bestandteil der Kieselsäure gleichfalls großen Anteil am Aufbau der Erdrinde hat und das seltenere Bor. Letzteres mit einer amorphen und einer diamantartigen, ersteres mit einer amorphen und einer graphitartigen Modifikation.

2. Silicium Si.

Silicium. Darstellung der Modifikationen

§ 47. Kommt nicht frei in der Natur vor.

1. *Amorphes Silicium*, ein braunes Pulver, entsteht durch Erhitzen von Natrium mit Natriumsilikofluorid oder Siliciumtetrafluorid und Auswaschen des Nebenprodukts Natriumfluorid:

$$Na_2SiFl_6 + 4\,Na = 6\,NaFl + Si; \quad SiFl_4 + 4\,Na = 4\,NaFl + Si\,.$$

Es verbrennt an der Luft erhitzt unvollständig zu weißem *Siliciumdioxyd*, unter einer schützenden Salzdecke (z. B. Kochsalz) schmilzt es, im elektrischen Ofen verdampft es.

2. *Reguläres Silicium* ist durch Schmelzen amorphen Siliciums, oder nach Kühne bequem aus 400 g Aluminiumfeile, 500 g Schwefel und 360 g Quarzsand (SiO_2) durch Abbrennen und Auflösen der Masse in Salzsäure zu erhalten. Man füllt das Gemisch in einen Tiegel, zündet es durch einen aufgeschütteten und angezündeten, rasch abbrennenden Feuerwerksatz und erhält so ein Gemisch von wesentlich Aluminiumsulfid und Silicium. Man kann die Reduktion des Oxyds auch mit Magnesium

statt Aluminium durchführen. Zinkzusatz begünstigt die Kristallisation. Das Produkt sind schwarze Blättchen von graphitartigem Aussehen, die wie dieser an der Luft erhitzt selbst beim Glühen nicht verbrennen und gegen Säuren, außer gegen Flußsäure, beständig, aber beim Kochen, beispielsweise in Ätzkalilösung löslich sind. Dabei entwickelt sich H_2 und es entsteht ein *Silikat,* ein Salz der Kieselsäure, $Si + 2KOH + H_2O = K_2SiO_3 + 2H_2$. Flußsäure reagiert nach $Si + 6HFl = H_2SiFl_6 + 2H_2$ und bildet Fluorkieselsäure = Siliciumfluorwasserstoffsäure.

Silicium bildet auch mit vielen Elementen, wie Moissan mit seinem elektrischen Ofen gezeigt hat, binäre Verbindungen: *Silicide,* die z. T., wie die ähnlich entstehenden *Carbide,* sehr hart und durch eigentümliche Reaktionen gegenüber Säuren ausgezeichnet sind (vgl. S. 439, 473, I). Carbide und Silicide

Die Kieselsäure kommt als *Quarz* und in anderen Modifikationen frei in großen Massen in der Natur vor. Ihre Salze, die Silikate, bilden große Gebirge. Die chemische Mannigfaltigkeit der Silikate ist außerordentlich groß, und wegen ihrer weitgehenden Schwerlöslichkeit und auch wegen des hohen Schmelzpunkts noch wenig erforscht (vgl. Silikatchemie Bd. II). Vorkommen

III. Gruppe.

1. Bor B (vgl. Kolloidchemie Bd. II).

§ 48. Kommt, wie Si, nicht frei vor.

1. *Amorphes Bor*, ein braunes Pulver aus Magnesium und Bortrioxyd B_2O_3 durch Erhitzen zu erhalten, analog Si. Oder durch Zersetzen von Borchloriddampf (vgl. S. 438, I) mit H_2 im elektrischen Lichtbogen (vgl. Elektrochemie Bd. III). Er darf dabei nicht zwischen Kohlen übergehen, sonst würden sich die Elemente verbinden. Man wählt hohle Kupfer- oder Silberelektroden, die Wasser durchströmt, damit sie nicht abschmelzen. Bor.-Darstellung

Dies Bor gleicht amorpher Kohle, wird durch Erhitzen an der Luft leichter oxydiert als diese, und durch Oxydationsmittel bei gewöhnlicher Temperatur gelöst. Schmp. über 2300°. Doch verdampft es merklich, ähnlich dem C schon weit unterhalb des Schmelzpunkts. Leitet die Elektrizität schlecht.

2. *Kristallisiertes Bor* hat man zwar noch nicht rein erhalten, aber die wechselnde Zusammensetzung der Kristalle aus B und Aluminium, die man beim Auflösen von B in geschmolzenem Aluminium nach dem Erkalten erhält und der ebenfalls wechselnde C-Gehalt der aus B und C bei hohen Temperaturen erhaltenen Kristalle deutet darauf hin, daß hier nicht, oder wenigstens nicht nur Borverbindungen vorliegen, sondern wahrscheinlich auch feste Borlösungen: Mischkristalle (vgl. S. 91). Die Kristalle sind um so durchsichtiger und diamantartiger, je mehr C sie enthalten, so daß man an eine diamantartige Bormodifikation denken wird, die durch Beimischung von Diamant-Kohlenstoff beständiger ist als sonst. Die Kristalle sind so hart, daß sie nur vom Diamant an Härte übertroffen werden, und stark lichtbrechend, äußerst widerstandsfähig gegen Verbrennung und andere Einwirkungen, die das amorphe Bor angreifen.

Verbrennung des Bors liefert Bortrioxyd B_2O_3. In heißem Ätzkali löst es sich wie Silicium und bildet Borat nach $2B + 2KOH + 2H_2O = 2KBO_2 + 3H_2$. Doch wird es im Gegensatz zu jenem von kochender Schwefel- oder Salpetersäure zu Borsäure oxydiert und gelöst. Reaktionen des Bors

Die Boride gleichen in manchem den Siliciden.

Vorkommen der Borverbindungen. Rohstoffe: Borax, Borazit, Sassolin

Bor kommt in der Natur in **Boraten**, Salzen der Borsäure vor, so im *Borax* $Na_2B_4O_7$, dem *Borazit*, einem chlorhaltigen Magnesiumborat u. a. und auch als Borsäure selbst, *Sassolin* $B(OH)_3$. Es wird in der Heilkunde verwendet und namentlich zur Herstellung von gewöhnlichem Email, bei der Bereitung optischer und sonstiger wertvoller Gläser (Thermometerglas, s. S. 483, I) und in der Gerberei; Borax gemischt mit Stärke wird als Glanzstärke verkauft.

Übersicht.

Gemeinsame Eigenschaften von B, C, Si.

§ 49. Man kennt für alle 3 Elemente C, Si, B nur feuerflüssige Lösungsmittel, woraus sie sich als solche wieder abscheiden. Das hängt mit ihren hohen Schmelzpunkten zusammen.

Gemeinsame Eigenschaften und Zweiseitigkeit der Metalloide

Den beschriebenen 10 Elementen ist die Fähigkeit gemeinsam, mit Fluor, Chlor, Brom und Jod z. T. unter Feuererscheinung zu reagieren, und leichtflüchtige Verbindungen mit diesen Elementen zu liefern. Häufig kennt man auch mehrere verschiedene Stufen, so PCl_3 und PCl_5 usf. von denen eine oder mehrere zersetzlich sind. Ferner vereinigen sich alle diese Elemente mit Wasserstoff zu gasförmigen, giftigen Verbindungen, entweder unmittelbar oder durch Zersetzung der -ide mit Wasser oder Säuren.

Das merkwürdigste an den besprochenen Elementen, ausgenommen den S, ist ihre Zweiseitigkeit, ihre Fähigkeit in metallischer und in nichtmetallischer Form aufzutreten.

Das legt den Gedanken nahe, daß diese Eigenschaft, aber weniger ausgeprägt, auch anderen Elementen eigen sei und daß diese sich nur durch einen größeren Haltbarkeitsunterschied zwischen metallischer und nichtmetallischer Form von den eigentlichen Metalloiden unterscheiden.

Damit haben wir einen kurzen Überblick über die Metalle und einen eingehenderen über die Nichtmetalle gewonnen und über einige ihrer Beziehungen im periodischen System. Wir gehen jetzt zu den wichtigsten Verbindungen über, an deren Besprechung sich eine Reihe allgemeiner Betrachtungen knüpft. Die Hydride und Oxyde führen zum Begriff der **Wertigkeit** oder *Valenz*, und leiten zu dem der *Isomerie*, die der Hydroxyde und Sulfhydrate lassen einen Überblick über die **säure- und basenbildende** Eigenschaft der Elemente gewinnen. Die Übersicht erhalten wir am zweckmäßigsten an Hand des periodischen Systems und durch andere Tabellen.

2. Die Valenz.

Die einfachsten Verbindungen.

Abzählbare Atomeigenschaften

§ 50. Wir haben unter den Stoffen zuerst die **Gemenge** betrachtet, dann ihre homogenen Anteile als **Gemische** voneinander geschieden, in diesen Gemischen **chemische Verbindungen** nebeneinander erkannt, und sie wieder in **reine Stoffe** getrennt. Endlich die reinen Stoffe in **Molekeln** und diese in **Atome** geschieden. Aus einzelnen Stücken also bauen wir die Welt der Materie auf. Wir können aber noch weiter gehen, und auch bei den Atomen noch feststellen, daß ihre chemischen Gesamteigenschaften sich aus abzählbaren Stücken addieren, mindestens in gewisser Hinsicht. Kurz, wir können das methodische Prinzip, das der Molekulartheorie und Atomistik zugrunde liegt, jetzt auch auf gewisse Kräfte der Atome selbst erweitern. Dazu betrachten wir zuerst eine Klasse chemischer Verbindungen, die sich durch ihre Wichtigkeit auch in anderer Hinsicht auszeichnet; die Wasserstoffverbindungen oder Hydride. Wir stellen sie zuerst in einer Tafel zusammen, schließen daran ihre kurze Beschreibung und ziehen dann die allgemeinen Schlüsse, zu denen die Hydride einladen.

I. Wasserstoffverbindungen der Elemente. Hydride. (Wasserstoffvalenz.)

(Übersicht der Hydride s. Taf. S. 106f)

Die Namen bildet man, wo keine verschiedenen Typen bekannt sind oder bei den *wichtigsten* Typen, also z. B. Chlorwasserstoff, Schwefelwasserstoff, Arsenwasserstoff usf. einfach durch Anhängen des Worts Wasserstoff an den des verbundenen Elements.

1. Wasserstoff als Bestandteil aller Säuren.

A. Einbasische Wasserstoffsäuren.

H als Bestandteil aller Säuren

1. Halogenwasserstoffe.

§ 51. Farblos, riechen stechend und schmecken stark sauer und ätzend, lösen sich sehr reichlich in Wasser und entstehen leicht aus den Elementen.

1. Fluorwasserstoff HFl, H_2Fl_2 und $(HFl)_3$ — Fluorwasserstoff

fällt als erstes Glied der Gruppe im System, wie solche immer, am meisten aus der Regel heraus. Greift, in Wasser gelöst, unter den Metallen nur Platin, Gold und Blei, ferner Flußspat, Guttapercha und Paraffin nicht an, wohl aber Glas, das von ihr gelöst wird, wie alle Silikate. Deshalb wird die Lösung, die man Flußsäure nennt, in Guttaperchaflaschen aufbewahrt. Darstellung im großen aus Flußspat und konz. Schwefelsäure nach

$$CaFl_2 + H_2SO_4 = CaSO_4 + 2\,HFl,$$

wie zur Zeit von Scheeles Entdeckung der Säure (1770), in Bleigefäßen oder Platin. Ebenso im kleinen. Geringe Mengen reinen HFl aus AgFl durch Erhitzen im H_2-Strom oder aus den eigentümlichen Doppelverbindungen von Typus RFl·HFl, am besten aus KFl·HFl, dem Fluorwasserstoff-Kaliumfluorid durch Erhitzen.

Neutralisation einer Säure

Fügt man Kalilauge zur Lösung des Fluorwasserstoffs, so kann man die saure Reaktion vernichten, so daß Lakmus nicht mehr gerötet wird. Dampft man die Lösung in einer Platinschale zur Trockne ein, so hinterbleibt ein Salz, Fluorkalium oder Kaliumfluorid, von der Zusammensetzung KFl, während nur Wasser weggeht. In der Tat entspricht die Bilanz der Reaktion der Gleichung:

$$HFl + KOH = KFl + H_2O.$$

Der Vorgang der „Abstumpfung" einer Säure bis zum Verschwinden der Lakmusrötung mittels eines Alkalis, das dabei seine bläuende Fähigkeit verliert, heißt *Neutralisation der Säure.* Dampft man dann zur Trockne ein, so geht das Wasser weg und im übrigen besteht die eingetretene Veränderung in der Ersetzung, „*Substitution*" **eines** H-Atoms der Säure durch **ein** Metallatom. — Dann heißt die Säure einbasisch. Oder es werden mehrere H-Atome durch Metall ersetzt, dann heißt die Säure mehrbasisch.

Substitution

Assoziation

Die D.D. von Fluorwasserstoff entspricht erst bei 88° und darüber HFl, darunter ist sie höher, bis H_2Fl_2 und unter 30° noch höher, bis in die Gegend von $(HFl)_3$. Da mit dieser Polymerisation jedoch keine sonst auffallende Änderungen der Eigenschaften verknüpft sind und offenbar eine ganze Reihe verschiedener Polymeren gleichzeitig im Gemisch vertreten sind, so nennt man solche einfache Zusammenlagerung gleicher Molekeln mit einem besonderen Namen *Assoziation.* Wir begegnen ihr beim Wasser, H_2O, dem nächsten Nachbar im System, wieder und finden eine Reihe gemeinsamer Eigenschaften mit der Assoziation verknüpft.

Einbasische und mehrbasische Säuren. Primäre und sekundäre Salze

Bei der Ersetzbarkeit von H-Atomen durch Metallatome ist es fast selbstverständlich, daß Verbindungen RFl·HFl vorkommen müssen, wenn HFl—HFl existiert. Man wird dann auch Verbindungen RFl--RFl vermuten und daher die Fluorwasserstoffsäure als zweibasisch ansehen. Aber diese Verbindungen, worin R ein Metall ist, sind bei tiefen Temperaturen nicht flüchtig, wir haben bisher noch kein Mittel besprochen, das eine nicht bei tiefer Temperatur flüchtige Verbindung, wie KFl oder KFl.HFl (empirische Formeln!) z. B. auf ihr Molekulargewicht zu untersuchen erlaubte. Nur so lange und nur deshalb verzichten wir einstweilen auf den Ausdruck, daß die Säure zweibasisch sei. Wäre sie es, so würde man die Salze RFl.HFl als die primären oder sauren, die Salze RFl.RFl als sekundäre oder neutrale Salze bezeichnen. Dies sind die Namen bei Salzen mehrbasischer Säuren: Die Doppelsalze RFl.HFl mit den verschiedenen Alkalimetallen als R sind bekannt. Sie sind, wie die meisten Metallfluoride, in Wasser löslich.

Doppelsalze

Wenig löslich sind die Fluoride von Ca, Sr, Ba, Cu und Pb.

Verwendung und Gefährlichkeit der Flußsäure

Fluorwasserstoff dient gasförmig zum Mattätzen von Glas, Flußsäure zum durchsichtigen Ätzen; das zu Ätzende wird in den aus Wachs oder Kupferstecherfirnis bestehenden Ätzgrund eingeritzt und dann der Säure ausgesetzt. Zuletzt wäscht man ab und löst den Überzug mit Terpentinöl oder dgl. weg. Ferner wird Flußsäure zum Lösen von Silikaten in der Analyse viel verwendet.

Ätzwunden von Flußsäure entstehen sehr leicht und heilen nicht nur selbst sehr schwer, sondern können sogar bei dadurch nötig gewordener Amputation etwa eines Fingers noch nachträglich die Amputationswunde schwer heilen lassen. Einatmen der Säuredämpfe wirkt giftig, wobei namentlich die wasserfreie Säure gefährlich ist.

Tafe

I a.	I b.	II a.	II b.	III a.	III b.	IV a.	IV b.
Feste, unflüchtige weiße Hydride, die durch Wasser zersetzt werden		Keine Hydride bekannt		Von H_2O nicht angegri			
I		II		III		IV	
RH		RH_2		abnorm		RH_4	
a. Alkali-Gruppe	b.	a. Erdalkali-Gruppe	b.	a. —	b. Hydride nur bei Bor bekannt. H-Valenz = 4	a. —	b. ←
LiH		(Be)		B Borane B_4H_{10} u. Homologe. Übelriechend. Entzündlich. Gase u. flüchtige Kondensate		CH_4 Methan, Homologe und H-ärmere Kohlenwasserstoffe. Gase u. flüchtige Kondensate	
NaH		(Mg)		(Al)	Gebiet z. T. gefärbter H-ärmer. Hydr.	SiH_4 Silan, Homologe und H-ärmere Hydride. Flüchtig, oxydierbar, zersetzlich	
KH		CaH_2		(Sc)		(Ti)	
	(Cu)		(Zn)		(Ga)		GeH_4
RbH		SrH_2		(Y)		(Zr)	
	(Ag)		(Cd)		(In)		SnH_4 leicht zers.
CsH		BaH_2		(La)		(Ce und seltene Erdmetalle)	
	(Au)		(Hg)		(Tl)		PbH_4
—		(RaH_2?)		(Ac)		(Th)	Wasserlö

…ride.

…ge Hydride (in Gruppe *b*, keine in *a*)					Metallisches Hydrid bei Pd	
…V	VI		VII		VIII	0
…H_3	RH_2		RH		R_2H	—
b.	*a.* —	*b.*	*a.* —	*b.*	Nur Pd hat ein definiertes Hydrid	Edelgase (He)
— Erhöhung der Temperatur zersetzt im allgemeinen zunehmend						
——— Polymer in abnehmendem Maß ——→						
…H_3 …nd H-ärmere …H_4 Hydrazin. …zoimid		OH_2 Wasser. Polymer flüssig. H_2O_2 Hydroperoxyd		FlH Polymer flüssig		(Ne)
PH_3 …osphin u. …ere Hydride		SH_2 Schwefelwasserstoff. Gelbe Hydropersulfide		ClH		(Ar)
	(Cr)		(Mn)		(Fe) (Co) (Ni)	
AsH_3		SeH_2		BrH		(Kr)
…dl. …g	(Mo)		—		(Ru) (Rh) Pd_2H Metallisch	
SbH_3		TeH_2		JH		(Xe)
	(Wo)		—		(Os) (Ir) (Pt)	
BiH_3		(PoH_2?)				
	(Ur)					

…eigt ——→

Die Hydride mit maximalem H-Gehalt sind alle farblos, die auf dem rechten Flügel außer H_2O und HFl alle Gase. Solche mit kleinerem H-Gehalt können auch gefärbt sein. Gefärbte kommen in der umrandeten Gruppe B, C, Si, P, S vor.

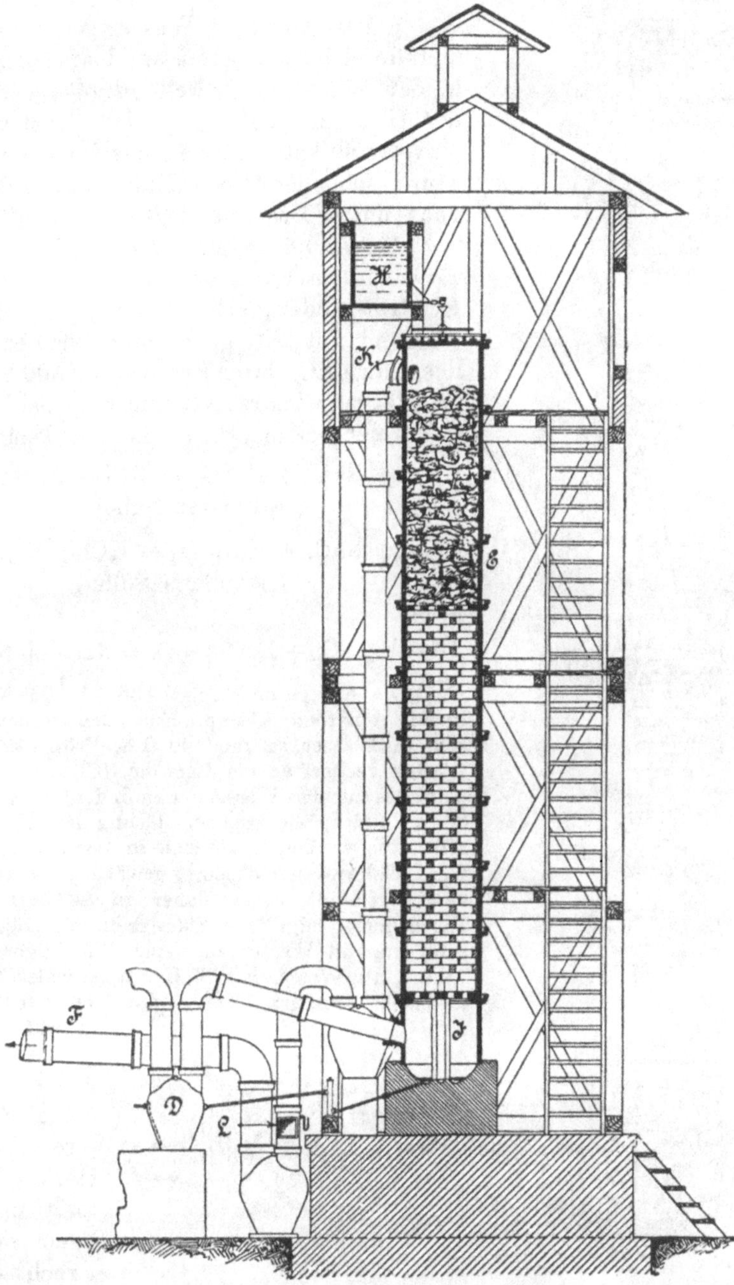

Abb. 70a.
Schaffnerscher Rieselturm mit Schamotteringen und Koks darüber zur Absorption der letzten HCl-Mengen.

Chlorwasserstoff

2. Chlorwasserstoff HCl.

§ 52. Greift, in Wasser gelöst, die Edelmetalle nicht oder kaum an, löst dagegen Blei in der Wärme auf, weil *Bleichlorid* $PbCl_2$ in der Hitze ziemlich löslich ist. Löst viele gepulverte Silikate unter Abscheidung von Kieselsäure, schneller in der Hitze oder im Bombenrohr unter Druck und Hitze. (Einf. S. 23.)

Darstellung

Darstellung in ganz großem Maßstab *aus Kochsalz und konz. Schwefelsäure* H_2SO_4 durch Erwärmen oder (nach Hargreaves) aus Kochsalz und mit Luft gemischter feuchter schwefliger Säure SO_2 durch Erhitzen auf 500°. Nebenprodukt ist primäres Natriumsulfat bei leichtem Erwärmen, sekundäres bei höherer Temperatur.

1. $NaCl + H_2SO_4 = HCl + NaHSO_4$ (primäres Sulfat),

2. $NaCl + NaHSO_4 = HCl + Na_2SO_4$ (sekundäres Sulfat),

bezw.

$$2\,NaCl + SO_2 + H_2O + \tfrac{1}{2}\,O_2 = 2\,HCl + Na_2SO_4\,.$$

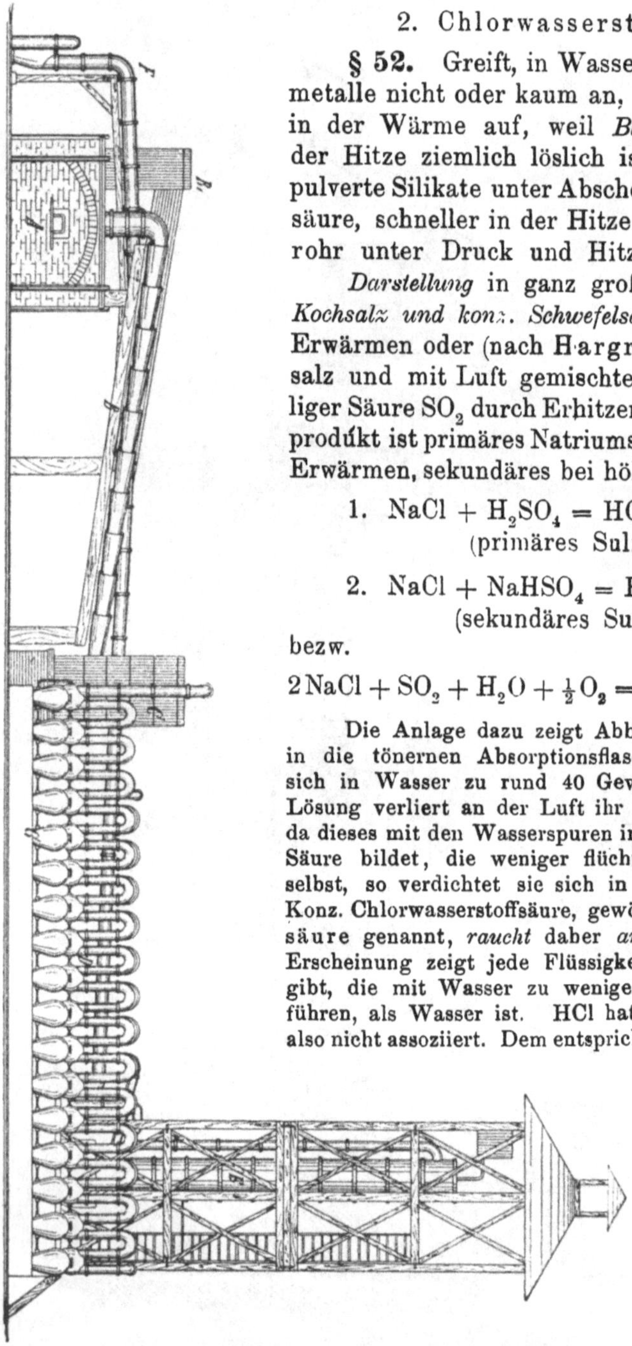

Abb. 70b. Sulfatofen mit Absorptionsanlage für 4800 kg Sulfat/24 Std. (Aufriß).

Die Anlage dazu zeigt Abb. 70. Das Gas tritt in die tönernen Absorptionsflaschen (torils), wo es sich in Wasser zu rund 40 Gew.-Proz. löst. Diese Lösung verliert an der Luft ihr HCl zum Teil, und da dieses mit den Wasserspuren in der Luft verdünnte Säure bildet, die weniger flüchtig ist, als Wasser selbst, so verdichtet sie sich in Form von Nebeln. Konz. Chlorwasserstoffsäure, gewöhnlich konz. Salzsäure genannt, *raucht* daher *an der Luft.* Diese Erscheinung zeigt jede Flüssigkeit, die Dämpfe abgibt, die mit Wasser zu weniger flüchtigen Stoffen führen, als Wasser ist. HCl hat normale D.D., ist also nicht assoziiert. Dem entspricht der tiefe Schmelzpunkt − 112° und Siedepunkt − 83,7°.

Dichte-Bestimmung von Flüssigkeiten

Die Dichte verschieden starker Säuren mißt man bequem mit aufrecht darin schwimmenden Glasspindeln mit geteiltem Stiel, *Aräometern* (Abb. 71). Ihre Eintauchtiefe beim Schwimmen (Auftriebskraft = Schwergewicht) ist für jede

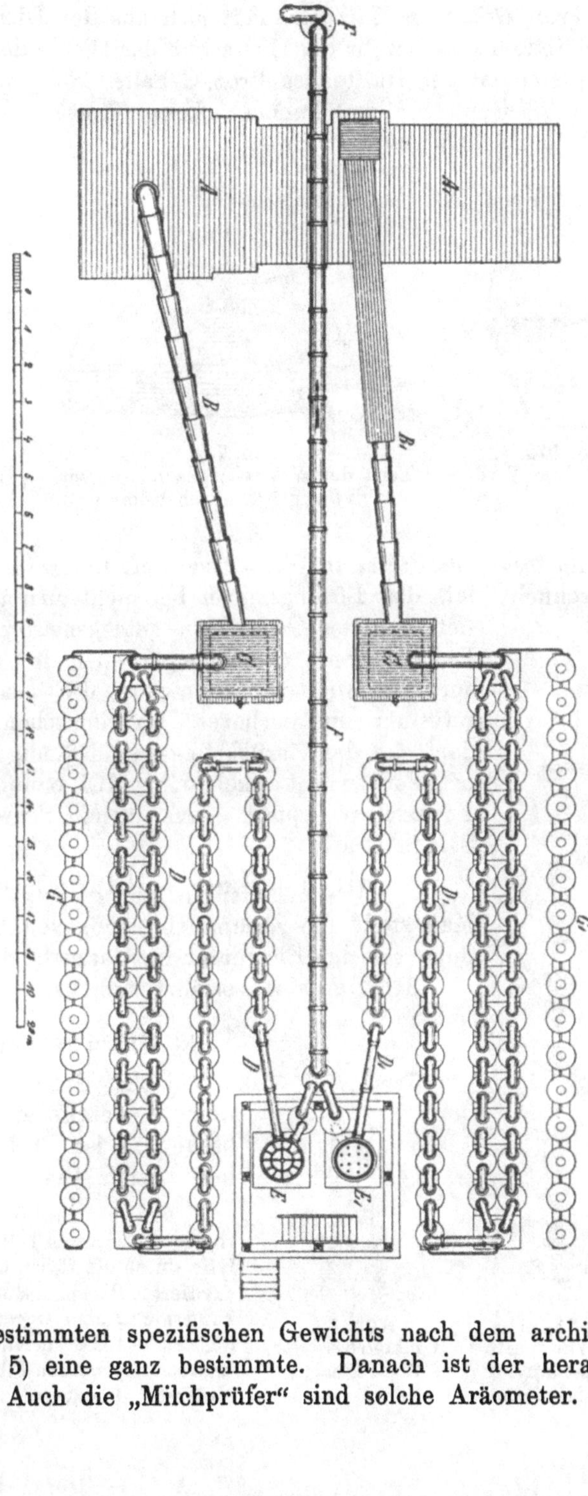

Abb. 70c. (Grundriß.)
Sulfatofen mit Absorptionsanlage für 4800 kg Sulfat/24 Stunden.

Flüssigkeit bestimmten spezifischen Gewichts nach dem archimedischen Prinzip (s. S. 5) eine ganz bestimmte. Danach ist der herausragende Stiel geteilt. Auch die „Milchprüfer“ sind solche Aräometer.

Gehalt von Salzsäuren

Der *Proz.-Gehalt der Salzsäure* läßt sich aus der Dichte schnell genähert bestimmen, da bei ihr der Überschuß der Dichte der Säure über 1 ungefähr gleich ist der Hälfte des Proz.-Gehalts. So ist das spez. Gew. der gewöhnlichen konz. Säure etwa 1,19, ihr Gehalt rund 38 Proz.

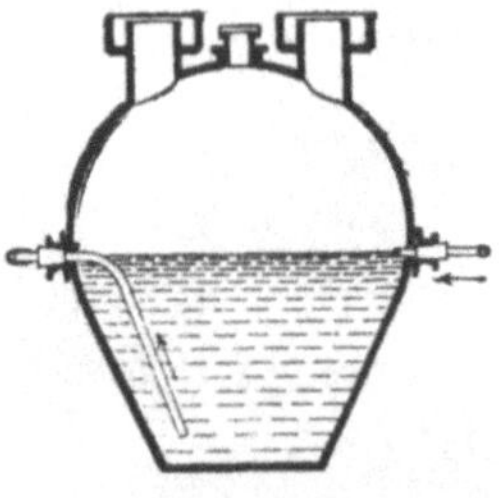

Abb. 70d.
Luftgekühlter Toril.

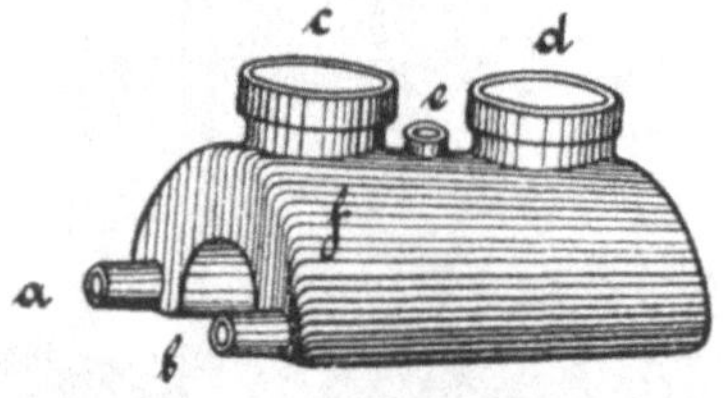

Abb. 70e.
Toril, der in Wasser gesetzt und von a nach b von HCl durchströmt wird.

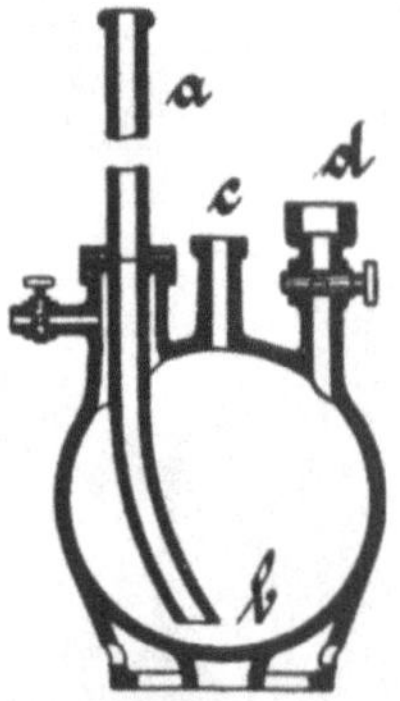

Abb. 70f.
„Druckbirne" aus Steinzeug zur Säurebeförderung.

Die *Auflösung des Gases* in Wasser verläuft unter starker Erhitzung und so schnell, daß das Lösungsmittel bei nicht ausreichender Nachlieferung des Gases ihm entgegenströmt, also in die Einleitröhren zurücksteigt, weshalb man zur Absorption wie zur Reinigung des Gases im Laboratorium „umkehrbarer" Waschflaschen (Abb. 72) bedarf, die das Zurücksteigen vollständig verhüten. Am bequemsten entwickelt man HCl ohne Erwärmen im Kippschen Apparat aus konz. Schwefelsäure und Salmiakstücken

$$NH_4Cl + H_2SO_4 = NH_4.HSO_4 + HCl.$$

Man stellt die Zusammensetzung von HCl durch Bildung aus den Elementen im Gaszustand fest: $H_2 + Cl_2 = 2HCl$. Analog verfährt man bei

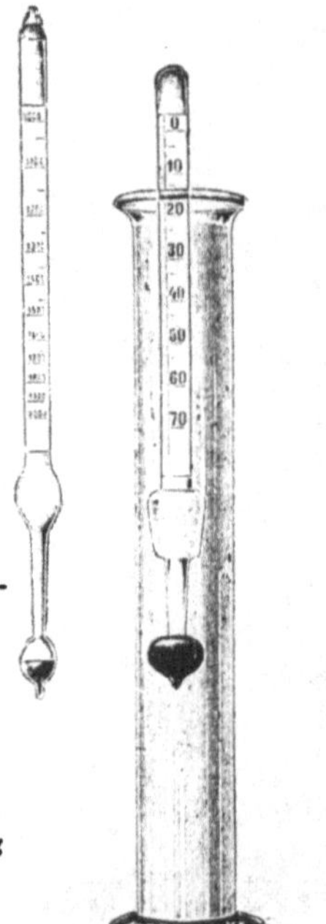

Abb. 71.
Aräometer zur spezif. Gewichtsbestimmung von Flüssigkeiten.

Bromwasserstoff

3. Bromwasserstoff HBr.

§ 53. Greift in Lösung noch weniger Metalle an, als HCl. Insbesondere ist $PbBr_2$ weniger löslich, daher Blei hier säurefester.

Darstellung

Zersetzt man Bromide mit konz. H_2SO_4, so wird ein Teil des entstehenden HBr durch die H_2SO_4 unter SO_2-Bildung oxydiert. Phosphorsäure hat diese Wirkung nicht, aber wegen der großen Löslichkeit des HBr in allen möglichen mit Wasser mischbaren Flüssigkeiten ist die Methode unbequem. Br_2 auf Kohlen.

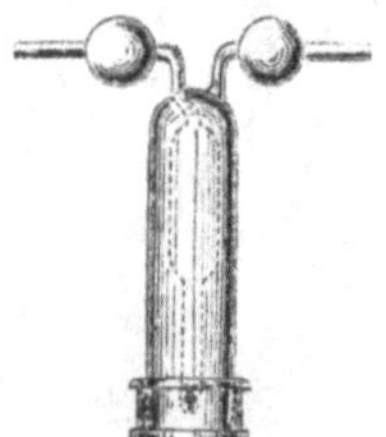

Abb. 72.
„Umkehrbare" Gas-Waschflasche.

wasserstoffe oder andere wasserstoffhaltige Verbindungen wirken zu lassen, so auf Naphthalin usw. oder Schwefelwasserstoff (woraus S entsteht), ist unvorteilhaft, weil der dabei entstehende HBr unrein ist. Derselbe Vorwurf trifft die Zersetzung von PBr_5 (Phosphorpentabromid) durch Wasser. Doch liefern beide Methoden schnell viel HBr.

Reines Gas erhält man synthetisch aus den Elementen (s. a. S. 79, Abb. 73) durch Überleiten über Platin, bei H_2-Überschuß. Die D.D. von HBr ist normal, Assoziation nicht bemerkbar.

Weit löslicher noch in Wasser als HCl. Die konz. Lösung raucht. Die Bromide sind auch oft in Wasser noch löslicher als die Chloride (Ausnahme Ag, Pb).

4. Jodwasserstoff HJ.

§ 54. Gleicht dem HBr. Jodwasserstoff

Jodblei PbJ_2 ist noch weniger löslich als $PbBr_2$. Jodquecksilber HgJ_2 ein schön roter, schwerlöslicher Niederschlag. Es läßt sich, in Spuren solchen Lösungen zugesetzt, die sonst leicht durch Kleinwesen verderben, zu ihrer Haltbarmachung benützen. Die Jodide lösen sich oft reichlicher in Wasser als die Bromide (Ausnahme Ag, Pb).

Zersetzt man Jodide mit konz. H_2SO_4, so erhält man vorwiegend J_2, da der größte Teil des HJ durch H_2SO_4 oxydiert wird:

$$KJ + H_2SO_4 = KHSO_4 + HJ,$$

$$2\,HJ + H_2SO_4 = H_2O + J_2 + H_2SO_3 \text{ (schweflige (Säure).}$$

Diese Reaktion verläuft unvollständig.

Jodwirkung auf wasserstoffhaltige Verbindungen (Kopaivaöl, Kolophonium usf., auch H_2S) ist zur HJ-Gewinnung nicht vorteilhaft, Zersetzung von Jodphosphor (durch Eintragen erbsengroßer Stückchen weißen P.s in festes Jod im Verhältnis 1 Atom P : 3 Atome J erhalten) durch Zutropfen von Wasser und Überleiten des Gases über roten P zur Befreiung von Joddämpfen genügt vielfach für Darstellungszwecke, wenn nicht völlig reines Gas nötig ist und man große Mengen braucht. Darstellung von HJ

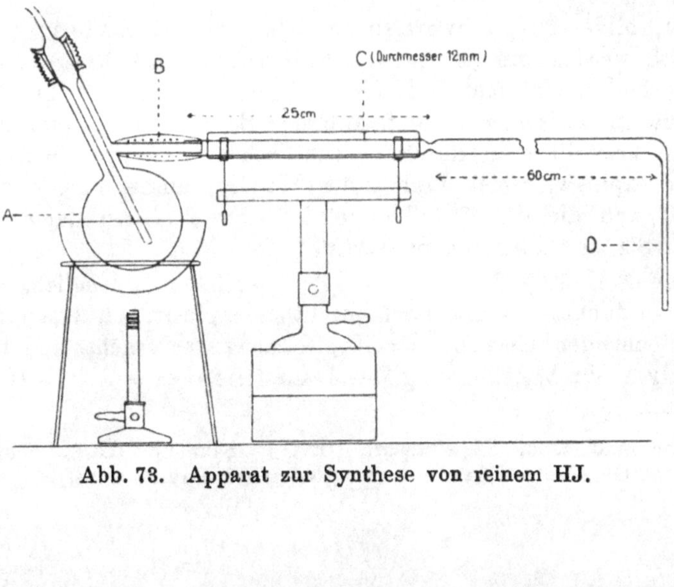

Abb. 73. Apparat zur Synthese von reinem HJ.

Andernfalls macht man HJ synthetisch, wie bei HBr beschrieben. Den Apparat zeigt Abb. 73. Im Kolben wird Jod erhitzt, H_2 durchgeleitet, das Gemisch dann über erhitzten Platinasbest geführt. Man muß den H_2 unter erheblichem Druck durch den Jodkolben treiben. Die Temperatur in diesem darf nicht zu hoch sein, sonst bleibt H_2 nicht im Überschuß. Der obere Teil des Kolbens wird am besten elektrisch geheizt, um Kondensation des Jods darin zu verhüten. Darstellung des reinen H_2 s. Elektrochemie (S. 355, I).

Eigenschaften Noch löslicher in Wasser als HBr. Die Lösung raucht noch stärker, zersetzt sich an Luft und Licht unter Braunfärbung durch Jodabscheidung. Das Gas selbst wird auch durch Licht zersetzt und schon bei mäßigem Erhitzen an Luft oxydiert (s. Chemische Gleichgewichtslehre Bd. II und Photochemie Bd. III). Einführen eines mit rauchender Salpetersäure, einem starken Oxydationsmittel befeuchteten Stabs, entflammt das Gas unter Jodabscheidung. Es ist ein starkes Reduktionsmittel und wird in der organischen Praxis deshalb viel benützt.

Analyse durch Zersetzung des Dampfs im Licht nach $2\,HJ = J_2 + H_2$.

2. Stickstoffwasserstoff N_3H.

Stickstoffwasserstoff-Darstellung **§ 55.** Von Curtius 1890 entdeckt, wird durch Zersetzung von Bleiazid $Pb(N_3)_2$ mit verdünnter Schwefelsäure und Destillation gewonnen. $Pb(N_3)_2$ wird durch Fällung von Bleilösungen mit *Natriumazid* NaN_3 erhalten und dieses stellt man vorteilhaft dar durch Erhitzen von Natriumäthylat und Amylnitrit mit Hydrazinhydrat in alkoholischer Lösung am Rückflußkühler (s. org. Chem. Bd. III). Die Reaktion beruht auf der Wechselwirkung des Hydrazinhydrats mit salpetriger Säure. Mit letzterer reagiert die freie Säure unter Abspaltung von N_2 und H_2O nach:

$$HNO_2 + HN_3 = H_2O + N_2 + N_2O\,.$$

Reaktionen von N_3H Wie HCl, bildet HN_3 schwerlösliche Salze mit Quecksilber, Silber und Blei, doch werden die Niederschläge von *starken Mineralsäuren*[1] gelöst. Deshalb nennt man N_3H eine *schwache Säure*. Aus ihr wird durch Oxydation mit Cerisalzen (s. seltene Erden Bd. II) der N_2 quantitativ frei. Die Salze kristallisieren durchweg sehr schön, sind wie die freie Säure, furchtbar explosiv, meist auch unter Wasser, ausgenommen vor allem das NaN_3 und die der Erdalkalimetalle. Sie zerfallen dabei in Metall und N_2. Sie kristallisieren wasserfrei.

Reine N_3H, Sdp. 37°, Schmp. −80° ist leicht beweglich, rein oder in nicht verdünnter Lösung noch furchtbar explosiv, hat einen unerträglichen, stechenden Geruch, der Kopfschmerz verursacht und ist giftig.

Analyse durch Zersetzung des Dampfs: $2\,N_3H = 3\,N_2 + H_2$.

---

[1] Dies sind z. B. Salpetersäure (HNO_3), Salzsäure (HCl), Schwefelsäure H_2SO_4) u. a.; Gegensatz: Pflanzensäuren (Essigsäure, Oxalsäure usf.).

3. Cyanwasserstoff und andere Cyanderivate.

Cyanwasserstoff und andereCyanderivate

§ 56. Während das halogenartige Radikal N_3-N_3 noch nicht dargestellt werden konnte, ist das mit dem ebenfalls halogenartigen *Cyan* $(CN)_2$ gelungen. Von ihm leitet sich der *Cyanwasserstoff* HCN ab und seine Verwandten, der *Rhodanwasserstoff* HCNS, die verschiedenen *Metallcyanwasserstoffe* und der *Nitroprussidwasserstoff*.

Darstellung von Cyanverbindungen

Man geht zur Darstellung der Cyanverbindungen von vier verschiedenen Stoffen aus. Entweder von Natrium und Holzkohle, die in Ammoniakgas auf rund 600° erhitzt werden, und dabei primär Natriumcyanamid Na_2CN_2, bei höherem Erhitzen NaCN bilden:

$$2NH_3 + C + 2Na = Na_2CN_2 + 3H_2; \quad Na_2CN_2 + C = 2NaCN.$$

Rohstoffe

Häufiger bedient man sich der Abfälle von Verarbeitung stickstoffhaltiger organischer Stoffe, der *Gasreinigungsmasse*, der Rückstände von der Spiritusbereitung aus Kartoffeln, der sog. *Schlempe* und der ausgelaugten *Rübenschnitzel* von der Zuckerbereitung.

Leuchtgas streicht nach Absetzung des Teers durch Reinigungsapparate (Scrubber), in denen eine Aufschwemmung von Ferrocarbonat $FeCO_3$ in Kaliumcarbonatlösung (K_2CO_3) herabrinnt. Sie nimmt den im Rohgas enthaltenen Cyanwasserstoff nach der Bilanz auf:

$$FeCO_3 + 2K_2CO_3 + 6HCN = K_4Fe(CN)_6 + 3H_2O + 3CO_2,$$

so daß *gelbes Blutlaugensalz* $K_4Fe(CN)_6$ entsteht. Dieses hat seinen Namen außer von seiner gelben Farbe daher, daß man es früher aus Blut, Lederabfällen, Horn u. dgl. durch Zusammenschmelzen mit Eisenspänen und Kaliumcarbonat, Auslaugen der Schmelze und Kristallisation der Lösung erhielt. Auch das Gas, das beim Eindampfen und Trockendestillieren von Schlempe erhalten wird, enthält HCN, und man gewinnt sie durch Absorption in Lauge. Endlich kann man die bei der Zuckergewinnung ausgelaugten Rübenschnitzel mit Kali behandeln und so Cyankalium aus diesem stickstoffreichen Material bekommen. Dieses ist im großen von Wichtigkeit zur *Cyanidlaugerei,* der Gewinnung von Gold und Silber durch Auslaugen der Erze mit Cyanidlösung an der Luft.

Cyanwasserstoff HCN.

Cyanwasserstoff

Entsteht auch aus Ammoniak oder seinen Zerfallsprodukten beim Überleiten über glühende Kohle. So kommt es ins Leuchtgas. Meist durch Destillation von $K_4Fe(CN)_6$ mit verd. H_2SO_4 und Fraktionierung dargestellt. Farblos. Schmp. −14°, Sdp. 26°. Riecht ähnlich bitteren Mandeln, erzeugt, an einer brennenden guten Zigarre vorbeiströmend, einen abscheulichen Geruch (Carbylamin), wodurch schon in kleinen Spuren erkennbar. Höchst giftig, ebenso wie die meisten seiner Salze. Wasserfrei haltbar. In Lösung in Wasser wird es unter Abscheidung brauner amorpher Stoffe und Bildung ameisensauren Ammoniaks langsam zersetzt. Die Lösung von HCN reagiert sauer und heißt *Blausäure.*

Eigenschaften der Cyanide

Die Cyanide der Alkali- und Erdalkalimetalle, ferner Merkuricyanid[1] $Hg(CN)_2$ sind wasserlöslich, die anderen unlöslich. Sie werden schon durch die Kohlensäure der Luft angegriffen — daher heißt Blausäure eine schwache Säure — und riechen deshalb nach Blausäure, wenn sie ausreichend löslich und feucht sind, so z. B. Kaliumcyanid (Cyankalium), das wichtigste Salz der Säure. Man benutzt es deshalb in Watte gehüllt dazu, in kleinen Gläsern eine Blausäure-Atmosphäre herzustellen, zwecks Tötung kleiner Tiere.

Komplexsalze

Doppelsalze

Am merkwürdigsten ist die Eigenschaft der Metallcyanide, mit Cyanwasserstoff zu neuen Säuren zusammentreten zu können, die keine Reaktion von dem Metall geben, das im Cyanid enthalten war, und auch nicht die Reaktionen der freien Blausäure. Derartige Säuren heißen komplexe Säuren und die durch Zusammentreten der einfachen Cyanide zu einem komplexen Cyanid entstandenen Salze heißen *komplexe Salze.* Ihnen entgegen stehen die *Doppel*salze, in deren Lösungen die Reaktionen der beiden Metalle, deren Salze zusammengetreten sind, unverändert fortbestehen und ebenso die Reaktionen der Säure, die mit den Metallen verbunden ward. Die Staßfurter Abraumsalze enthalten zahlreiche derartige Doppelsalze von Chloriden untereinander und mit Sulfaten.

Komplexe Cyanwasserstoffsäuren.

Komplexsäuren

Zahlreiche Schwermetalle, so Kupfer, Silber, Gold u. a., dann vor allem die Elemente der VIII. Gruppe bilden Metallcyanwasserstoffsäuren (s. a. Elektrochemie). *Ferrocyanwasserstoff* $H_4Fe(CN)_6$ bildet Kaliumferrocyanid, gelbes Blutlaugensalz $K_4Fe(CN)_6 . 3H_2O$; schwefelgelbe, eigentümlich geriefte Kristalle. Dies Salz ist nicht giftig, wie die Ferrocyanide überhaupt und gibt mit Lösungen anderer Metalle charakteristisch gefärbte Niederschläge, die in der Analyse verwendet werden.

Berlinerblau

Mäßiges Erhitzen treibt das Wasser aus und läßt weißes, wasserfreies Salz zurück, das bei weiterem Erhitzen unter Zersetzung und Entstehung von Kaliumcyanid schmilzt. Konz. Salzsäure scheidet aus einer konz. Lösung $H_4Fe(CN)_6$ in farblosen Kristallen ab, die sich an der Luft durch Zersetzung unter Entstehung von „*Berlinerblau*" schnell bläuen. Dies ist im allgemeinen ein Gemisch und enthält u. a. neben $Fe_2Fe(CN)_6$ das Ferrosalz von

Ferricyanwasserstoff $H_3Fe(CN)_6$,

dessen K-Salz, rotes Blutlaugensalz, man erhält, wenn man in die Lösung des $K_4Fe(CN)_6$ Chlor oder Brom einleitet und sie so „oxydiert", d. h. dem Salz K entzieht nach der Bruttobilanz:

$$2 K_4Fe(CN)_6 + Cl_2 = 2 KCl + 2 K_3Fe(CN)_6 .$$

Der Säure $H_4Fe(CN)_6$ würde so H entzogen, daher die Übertragung des Ausdrucks „Oxydation". Kristallisiert in tiefroten Prismen. Lösungen zersetzlich, besonders am Licht. Vom

[1]) Das „chemische Schnabeltier" wegen seiner abnormen Eigenschaften (in Lösung schlechter Elektrizitätsleiter und vielfach chemisch träge).

Nitroprussidwasserstoff $H_2Fe(CN)_5(NO)$

erhält man das Natriumsalz, wenn man $Na_4Fe(CN)_6$ mit Salpetersäure behandelt, in rubinroten Kristallen, die durch geringste Spuren von Alkalisulfiden violett gefärbt werden. Sie enthalten 2 Mol H_2O.

Den Metallcyanwasserstoffsäuren analog sind die *Metallchlorwasserstoffsäuren*, die gleichfalls vor allem in der VIII. Gruppe eine Rolle spielen (s. Elektrochemie).

Rhodanwasserstoff HCNS.

Erhitzt man eine KCN-Lösung mit Schwefel, so erhält man eine Lösung von Kaliumrhodanid (= Kaliumrhodanat), die ihre besonderen Reaktionen hat, verschieden von den Reaktionen der Blausäure, obwohl ihr und den Halogenwasserstoffsäuren in vielem ähnlich. So sind das Cuprosalz CuCNS und das Silbersalz AgCNS weiß und käsig. Letzteres ist in verdünnten Säuren unlöslich. Das Quecksilbersalz wird in der Feuerwerkerei benützt, da es sich beim Verbrennen stark aufbläht (Pharaoschlange). Freien HCNS erhält man aus dem wasserziehenden Kaliumsalz durch Mischen mit Phosphorpentoxyd P_4O_{10} und Zusatz von konz. H_2SO_4 in der Kälte als ätzende weiße Kristallmasse, Schmp. 5°, die beim Erwärmen sehr schnell in ein Polymeres unbekannter Molekelgröße übergeht.

§ 57. Übersicht über die einbasischen Wasserstoffsäuren.

Allgemeines über die einbasischen Säuren

In den einbasischen Wasserstoffsäuren HR kann R ein Element sein oder ein sauerstofffreies zusammengesetztes Radikal (z. B. CN Cyan, CNS Rhodan usf.) und im Fall des elementaren R kann R je ein Elementatom bedeuten (z. B. Fl, Cl, Br, J) oder ein zwar elementares, aber mehratomiges Radikal, so N_3. Sämtliche ebengenannten Verbindungen sind einander in vielem sehr ähnlich, farblos und aus ihren Salzen durch Zufügen einer stärkeren Säure freizumachen.

„Konstant siedende" Gemische

Die Halogenwasserstoffsäuren HFl, HCl, HBr, HJ sind Gase (HCl, HBr, HJ) oder tiefsiedende Flüssigkeit (HFl), riechen stechend, wirken ätzend, sind zunehmend in dieser Reihenfolge HCl, HBr, HJ, sehr löslich in Wasser und Alkohol zu stark sauer reagierenden ätzenden Flüssigkeiten, die bei einer gewissen, aber *vom äußeren Druck abhängigen Konzentration* unverändert destillierbar sind. Wählt man die Konzentration anders, so verliert konzentriertere Lösung zuerst Halogenwasserstoff, verdünntere zuerst Wasser. Allmählich nähern sich beide der Konzentration, wo die Säure konstant siedet. Durch konz. H_2SO_4 (Schwefelsäure) werden die höheren Glieder[1]) oxydiert. Mit Metalloxyden oder -Hydroxyden liefern sie, wie alle Säuren, das Salz der Säure und Wasser:

$$AgOH + HFl = AgFl + H_2O\,.$$

Dampft man die Lösung ein, so kristallisiert das Salz aus. In manchen Fällen zersetzt es sich auch dabei.

Ist es jedoch schwer löslich, so fällt es aus nicht zu verdünnten Lösungen des betreffenden Metalls als Niederschlag aus:

$$AgNO_3 + HCl = AgCl + HNO_3\,.$$

[1]) Höher hat hier stets die Bedeutung: Von höherem Atomgewicht (in der gleichen Gruppe des periodischen Systems).

Die Silbersalze sind für die Wasserstoffsäuren besonders kennzeichnend. Aus ihnen und aus anderen Metallhalogeniden macht Erhitzen in H_2 das RH oft frei.

Übersicht der Halogenwasserstoffe

Übersicht der Halogenwasserstoffe.

Formel des Gases	Schmp.	Sdp.	RAg	lösl. in H_2O	lösl. in Ammoniakwss.	mit konz. H_2SO_4
HFl	$-102,5^0$	$+19,5^0$	farblos	lösl.	lösl.	unzersetzt
HCl	-112^0	$-83,7^0$	weiß, käsig	unlösl.	„	„
HBr	-86^0	$-68,7^0$	gelblich-weiß, käsig	„	wenig lösl.	etwas zersetzt
HJ	$-50,8^0$	$-35,9^0$	gelblich, käsig	„	sehr wenig lösl.	sehr zersetzt

Sie sind alle analysierbar durch Überleiten über erhitztes Silber, analog der Wasseranalyse durch Überleiten über erhitztes Kupfer.

Zweibasische Wasserstoffsäuren

B. Die zweibasischen Wasserstoffsäuren H_2O, H_2S, H_2Se, H_2Te.

Wasser

1. Wasser.

§ 58. Formal kann man das Wasser als den Typus dieser Säuren ansehen, dann sind Hydroxyde, wie KOH (Ätzkali) als ihre primären, die Oxyde R_2O als ihre sekundären Salze aufzufassen. Da jedoch schon eine so schwache Säure, wie Kohlensäure, solche „Salze" zersetzt unter Bildung von Carbonaten und Freiwerden von Wasser, z. B.

$$2KOH + CO_2 = K_2CO_3 + H_2O,$$

so wird man Wasser selbst als eine bei dieser Temperatur überaus schwache Säure auffassen und daher nicht wunderbar finden, daß es so wenig „saure" Eigenschaften hat. Daß es Lakmus rötet, kann man nicht erwarten, weil Lakmus in wäßriger Lösung hergestellt wurde. Bei hohen Temperaturen vertreibt Wasser viele andere Säuren, seine relative Stärke wächst also schnell mit der Temperatur.

Die Eigenschaften der 4 Hydride sind folgende:

Formel des Gases	Schmp.	Sdp.	Löslichkeit in H_2O	Beständigkeit	Giftigkeit
H_2O	0^0	$+100,00^0$	—	höchstbeständig Zers. bei Weißglut	nicht
H_2S	-83^0	$-61,8^0$	4,37:1 (0^0)(Volumen)	Zers. bei Rotglut	mäßig
H_2Se	-64^0	-42^0	ähnlich gering	„ „ „	giftiger
H_2Te	-48^0	0^0	—	noch zersetzlicher	noch giftiger

In Lösung sind sie alle schwache Säuren. Darstellbar aus den Elementen durch Erhitzen. Die letzten 3 aus den Salzen durch Zusatz starker Säuren. Geeignet ist Salzsäure oder andere nicht oxydierende Säure. Schon so schwache Oxydationsmittel, wie H_2SO_4 oxydieren den H in den letzten 3 Verbindungen. Die Salze der letzten 3 erhält man aus Lösungen der Hydroxyde durch Einleiten der Gase; falls sie schwerlöslich sind, auch aus denen anderer Salze der betreffenden Metalle. Sie sind, soweit Schwermetallsalze, großenteils auffallend und sehr verschieden gefärbt. Diese Sulfide fallen flockig amorph aus und spielen in der Analyse eine große Rolle. Bilden namentlich in der Gruppe Sn, As, Sb, Bi Komplexe, so namentlich die komplexen Schwefelwasserstoffsäuren, analog den Cyanwasserstoffsäuren; H_2S ist, wie die folgenden 2 brennbar. Aus der Flamme wird S (Se, Te) an kalten Körpern abgeschieden.

2. Schwefelwasserstoff H_2S

Schwefelwasserstoff

§ 59. wird meist aus FeS, Schwefeleisen durch Zersetzung mit verd. H_2SO_4 oder verd. HCl erhalten und häufig in der Analyse gebraucht, um die kennzeichnenden Sulfide zu fällen. Gleich HJ ein starkes Reduktionsmittel, das mit Bromwasser und Jodlösung unter Entfärbung und Bildung der Halogenwasserstoffe reagiert, wobei wie bei Einwirkung konz. H_2SO_4 Schwefel sich abscheidet. Salpetersäure und Chromsäure oxydieren zu Schwefelsäure. Auch die Lösung, die wie das Gas stark nach den es entwickelnden faulen Eiern riecht, zersetzt sich an Luft und Licht unter Schwefelabscheidung.

Das Gas läßt sich auch durch Zersetzung anderer Sulfide erhalten, entströmt an vulkanischen Orten der Erde und bildet sich bei Fäulnis von Eiweißstoffen.

Kocht man Lösungen der Alkalisulfide mit Schwefel, so färben sie sich unter S-Aufnahme und Polysulfidbildung tiefgelb.

Bei ihrer Zersetzung durch konz. Salzsäure in der Kälte erhält man gelbe Öle, deren gebrochene Destillation in alkalifreien, z. B. Quarzglasgefäßen, gelbe flüssige *Wasserstoffpersulfide* liefert: H_2S_2 und H_2S_3.

C. Dreibasische Wasserstoffsäuren.

Dreibasische Wasserstoffsäuren sehr schwach selbst in Salzen

könnte man in der V. Gruppe des Systems suchen, aber die wäßrigen Lösungen der nach RH_3 zusammengesetzten Verbindungen reagieren entweder (PH_3, AsH_3, SbH_3) nicht auf Lakmus oder basisch (NH_3). Trotzdem sind sie mit den bisher besprochenen in Analogie zu stellen, denn die Nitride, Phosphide, Arsenide und Antimonide haben die Eigenschaften, die man nach Analogie erwarten wird. Wurden nämlich die Halogenide, Salze starker Säuren, die gut kristallisieren, nur durch wenige Säuren zersetzt und durch keine anderen Wasserstoffsäuren, so wurden die Salze der schwachen zweibasischen Säuren von den Halogenwasserstoffsäuren zersetzt. Man wird also erwarten, daß die Salze der dreibasischen noch schwächer sein und ihr erstes Glied, die Nitride, wohl schon durch die erste der zweibasischen Säuren zersetzt werde, durch Wasser. Das ist bei vielen Nitriden in der Tat der Fall und dabei wird, ganz analog der Bildung von Wasser bei Zersetzung der Oxyde durch Halogenwasserstoffsäuren, nun Ammoniak gebildet bei Zersetzung der Nitride durch Wasser. Ferner wird man eine Verstärkung der reduzierenden Wirkung erwarten; denn während im Gegensatz zu HFl, HCl und HBr nur HJ reduzierte,

H_2Te, H_2Se und H_2S aber alle, so müßte nun schon NH_3 als Reduktionsmittel wirken und man wird sowohl Brennbarkeit der Verbindungen RH_3 erwarten, wie Abscheidung der Elemente R aus der Flamme an kalten Körpern. Dies trifft in der Tat zu, wie wir bei Besprechung der Verbindungen RH_3 sehen werden.

Vierbasische Wasserstoff-säuren fehlen

D. Vierbasische Wasserstoffsäuren.

wären in der IV. Reihe zu suchen, aber hier beginnen die Analogieen zu versagen. Zwar werden manche Carbide und Silicide durch Wasser zersetzt, aber sie haben nicht die Zusammensetzung $\overset{I}{R}_4C$, wo $\overset{I}{R}$ ein einwertiges Radikal ist. Die Brennbarkeit, reduzierende Wirkung und die Abscheidung des Elements R bei Abkühlung der Flamme zeigt sich aber noch immer (z. B. im Rußen), wiewohl jetzt auch letztere an Kohlenwasserstoffen nur auftritt, wenn sie nicht nach RH_4 zusammengesetzt sind.

Zusammenfassung.

Überblick über die Wasserstoff-säuren

Die säurebildenden Hydride der 4 letzten Gruppen des periodischen Systems erhält man am bequemsten aus ihren Salzen durch Zufügung einer stärkeren Säure.

Die Hydride der 4 letzten Gruppen des Systems sind nach RH und RH_2 gebaut, so weit sie Säureanhydride sind. Und wir betrachteten zunächst nur diese. Sie bilden die eine Klasse der Säureanhydride, die *sauerstofffreien.*

Basizität der Säuren

Enthalten sie nur ein H-Atom, so kann bei der Salzbildung nur dieses durch ein einwertiges Radikal ersetzt werden. Dann heißt die Säure *einbasisch.* Enthält sie 2, so ist die Säure *zweibasisch* usf. Doch kommen auch Fälle (H_2Fl_2) vor, daß eine Säure mehr als 1 H-Atom enthält, aber nicht alle durch Metalle substituierbar sind. In diesen Ausnahmefällen ist die Basizität nicht der Zahl der H-Atome gleich.

OH Bestandteil aller Basen

2. Hydroxyl (OH) als Bestandteil aller Basen. Säurigkeit der Basen.

1. Stickstoffbasen. Basenbildende Hydride der Gruppe V des periodischen Systems.

§ 60. Man erhält sie am besten aus ihren Salzen durch Zufügung einer stärkeren Base.

Wir beginnen mit dem *Musterbeispiel der Hydridbasen,* den Stickstoffbasen und unter ihnen wieder dem Grundtypus, dem

Ammoniak NH_3.

Ammoniak Darstellung

Dies farblose, leicht zur Flüssigkeit verdichtbare Gas mit dem bekannten Geruch, entsteht häufig aus stickstoff- und zugleich wasserstoffhaltigen Verbindungen und wird im Laboratorium am besten aus seiner Verbindung mit HCl, dem Chlorammonium oder Salmiak NH_4Cl durch Erwärmen mit Kalkbrei bereitet. Noch reiner erhält man es durch Erwärmen der sehr konz. wäßrigen Lösung, aus dem „Salmiakgeist“. Doch ist es dann noch zu trocknen, was in dem Apparat Abb. 74 geschieht beim Durchströmen eines langen U-Rohrs, worin mitgerissenes Wasser, und eines Kalkturms, worin Wasserdampf aufgenommen wird. Doch erhält man es dabei nicht leicht frei von organischen Verbindungen. Am reinsten wird es durch Erwärmen aus seinen wasserfreien Verbindungen mit Silber- oder Calciumchlorid freigemacht, die man durch Überleiten von NH_3 über diese beiden Salze erhält. Tritt auch in Vulkangasen und bei Eiweißfäulnis, z. B. in Ställen auf.

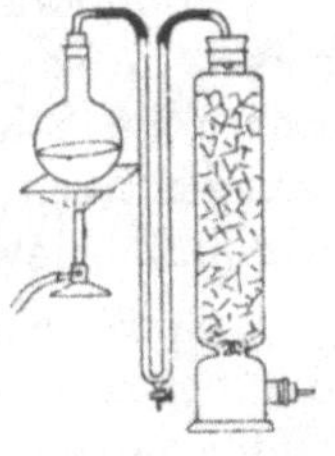

Abb. 74. NH_3-Darstellung und Reinigung über Kalk.

Technische Gewinnung

Im großen erhält man NH_3 auf verschiedene Weise (s. a. S. 156). Bei *Leuchtgasbereitung* fällt das Waschwasser des Gases ab, das Ammoniak enthält, woraus man es mit Kalk austreibt, dann mit Schwefelsäure verbindet und umkristallisiert. Zuletzt wird wieder mit Kalk NH_3 freigemacht. Oder man behandelt *Kohlen oder Torf* bei hoher Temperatur mit Wasserdampf und Luft, wobei ein „Wassergas“ (Kohlenoxyd gemischt mit Wasserstoff) und Ammoniak erhalten wird (1 Tonne Steinkohlen $\hat{=}$ 3 kg NH_3).

Drei Methoden liefern Ammoniak aus dem Luftstickstoff. Erhitzt man im Stickstoffstrom Calciumcarbid für sich auf etwa 1000°, oder gemischt mit etwa 10% $CaCl_2$ auf nicht so hohe Temperatur, so wird dieser unter Wärmeentwicklung absorbiert zu Calciumcyanamid $CaCN_2$ nach:

$$CaC_2 + N_2 = CaCN_2 + C\,.$$

Dieser graue sog. *Kalkstickstoff* gibt mit Wasser langsam NH_3 ab und bildet $CaCO_3$, wird deshalb auch als Düngemittel benützt. Bei hoher Temperatur entbindet H_2O mit ihm rasch NH_3 und dazu verwendet man den meisten Kalkstickstoff.

Am wichtigsten sind die Darstellungsmethoden für NH_3 aus *Nitriden.* Überleiten eines Gemischs von Stickstoff und Wasserstoff, letzterer aus erhitztem Eisen und Wasserdampf oder durch Tiefkühlung von Generatorgas, wobei Kohlenoxyd sich kondensiert und Wasserstoff übrig bleibt oder elektrolytisch gewonnen, über geeignete Metalle, bzw. deren Nitride liefert namentlich bei hohem Druck, wie die Gesetze der chemischen Verwandtschaftslehre voraussehen lassen, Ammoniak. Als solche Katalysatoren hat Trautz 1904 und 1905 mit geringer Ausbeute die Nitride der Alkali- und Erdalkalimetalle und AlN, und im selben Jahr mit gutem Erfolg Titan, Wolfram, am besten Molybdän und Nitridgemische benützt und damit Ammoniak dargestellt, und in einer Patentanmeldung darauf hingewiesen, daß bei technischer Verwertung unter hohem Druck zu arbeiten sei. Später hat Haber, der um dieselbe Zeit die gleiche Frage bearbeitete, das Uran angegeben. Mittasch, dem man auch die katalytische Überführung des Ammoniaks in Salpetersäure verdankt, fand bestimmte Katalysatorgemische am wirksamsten. Die Badische Anilin- und Sodafabrik (Professor Bosch) hat zusammen mit beiden ein Verfahren ausgearbeitet, das heute die *Grundlage der technischen Ammoniakdarstellung* ist und Deutschland von der Einfuhr von Chilesalpeter zwecks Ammoniakgewinnung unabhängig gemacht hat. Die Schwierigkeiten, die in der Technik bei der NH_3-Synthese zu überwinden waren, sind überwiegend maschinelle gewesen, da die Arbeit mit Gasen bei so hohen Temperaturen (500°) und so hohen Drucken (150—200 Atm.) technisch noch nicht üblich gewesen war.

Man kann auch nach Serpek Nitride darstellen und mit Wasser zersetzen, so *Aluminiumnitrid* AlN, zu dessen Gewinnung man Al_2O_3 mit Kohle im Stickstoffstrom elektrisch auf 1600° oder mit Katalysatoren weniger hoch erhitzt. Das Nebenprodukt Aluminiumhydroxyd ist für die Aluminiumgewinnung wertvoll.

Ganz neuerdings hat Hampel ein „rekurrentes" Verfahren gefunden, das bei 200° tieferer Temperatur arbeitet als die frühere Nitridkatalyse und sich auf die Reaktionen

$$6\,NH_4Cl + 3\,Fe + N_2 = 3\,FeCl_2 + 8\,NH_3\,,$$

$$FeCl_2 + H_2 = 2\,HCl + Fe\,,$$

zurückführen läßt. Ein Gemisch von H_2, N_2 und NH_4Cl-Dampf geht über Fe. $^3/_4$ des NH_3 kehrt in den Prozeß zurück.

Säureeigenschaft bei Amidbildung

Ammoniak reagiert zwar in wäßriger Lösung stark alkalisch, besitzt aber wenigstens in seiner Verbindungsfähigkeit auch noch *schwache Säureeigenschaft*, denn man kann ein H-Atom in ihm durch Metall ersetzen. So entstehen durch Erhitzen der Alkali- oder Erdalkalimetalle in NH_3 das $NaNH_2$ bzw. $Ca(NH_2)_2$ sog. *Amide*. Die „Gruppe" NH_2 heißt die *Amidogruppe*. Die Amide werden, wie die Nitride, durch Wasser zersetzt. Erhitzen von Magnesium und vielen anderen Metallen in Ammoniak liefert Nitride.

Oxydation zu Stickstoffoxyden

Verbrennung von NH_3 gelingt in Sauerstoff, wobei vor allem Wasser und N_2, daneben aber auch Stickstoffdioxyd NO_2 und Ammoniumnitrit NH_4NO_2 sich bildet. Die vollständige Oxydation des nach dem Nitridverfahren erhaltenen NH_3 zu salpetersauren Salzen war eine technische Aufgabe, der NH_3-Gewinnung ebenbürtig. Denn erst dadurch wurde der ausländische Salpeter vollkommen entbehrlich. Diese Aufgabe ist noch im Sommer 1914 in der Badischen Anilin- und Sodafabrik auf katalytischem Weg gelöst worden (W. Ostwald, A. Mittasch). Die Oxydation des NH_3 im Boden wird u. a. durch Knöllchenbakterien besorgt, die an den Wurzeln von Leguminosen mit diesen symbiotisch leben, und den N_2 der Luft zu assimilieren vermögen (s. w. u. S. 156).

Cl_2 entzündet sich mit NH_3 und führt zu NH_4Cl und N_2, auch Br_2 reagiert ähnlich.

Substitution und Addition des Ammoniaks

Ruht die Säureeigenschaft des NH_3 auf seiner *Substituierbarkeit*, so seine stärkere basische auf seiner *Additionsfähigkeit*.

NH_3 kann Molekeln addieren und übt diese Eigenschaft u. a. gegenüber solchen binären Verbindungen aus, die in Wasser gelöst sich als Säuren verhalten, also gegenüber den sauren Hydriden, z. B.

$$NH_3 + HCl = NH_4Cl,$$

$$NH_3 + H_2S = NH_4SH \text{ (nicht für sich darstellbar)},$$

$$NH_3 + H_2SO_4 = NH_4HSO_4.$$

Diese sind im allgemeinen zersetzlich und NH_4OH z. B., auf dessen Existenz man aus den verschiedensten Gründen (s. w. u.) schließen muß, läßt sich nicht rein darstellen; man nimmt an, daß es beim Eindampfen der wäßrigen Lösung in NH_3 und H_2O zerfällt. Soweit die Verbindungen kristallisieren, sind sie mit den Alkalisalzen isomorph, und die Ähnlichkeit mit ihnen, namentlich die mit den K-Salzen ist so groß, daß man hypothetisch ein Radikal *Ammonium* NH_4 angenommen hat, das die Eigenschaften eines Alkalimetalls haben müßte. Ganz, wie N_3—N_3 eine Art Halogen wäre und $(CN)_2$ eine Art Halogen ist. In der Tat erhält man aus einer Lösung von Ammoniumjodid in flüssigem Ammoniak bei -39^0 durch Eintragen von Natriumamalgam (Lösung von Natrium in Quecksilber) eine harte Legierung von Ammonium, die beim Erwärmen nach: Ammonium

$$2NH_4 = 2NH_3 + H_2$$

Ammoniak und Wasserstoff liefert. Bei gewöhnlicher Temperatur kann man ein z. T. zersetztes *Ammoniumamalgam* schon aus konz. Salmiaklösung mit Natriumamalgam erhalten. Ammonium-Amalgam

Alle Ammoniumsalze zerfallen beim Erhitzen in NH_3 und Säure. Zersetzlichkeit der Ammoniumsalze

Weit ausgeprägter werden alle diese basischen Eigenschaften und die Analogieen zu den Alkalien, wenn man H-Atome im Ammoniak durch organische, d. h. C-haltige Radikale, wie Methyl CH_3 u. dgl. ersetzt. Substituierte Ammoniake

Ammoniumhydroxyd und seine Derivate sind *einsäurige Basen*, d. h. sie können mit einem Mol einer einbasischen Säure unter Wasseraustritt ein Salz bilden Säurigkeit der Basen

$$NH_4OH + HCl = NH_4Cl + H_2O.$$

Sie können weiter in Anhydridform einfach Säure addieren zu einem Salz, also z. B.

$$NH_3 + HCl = NH_4Cl.$$

Solche Stoffe heißen *-onium-Verbindungen*, so hier Ammonium-; später lernen wir Phosphonium-, Arsonium-, Stibonium-, Oxonium-, Sulfoniumusf. Basen kennen (s. org. Chemie Bd. III). -onium-Verbindungen

Dabei wird der Säurewasserstoff zur Bildung des -onium-Radikals verwendet.

Ammoniak und Ammonium sind die Typen einer ganzen Reihe weniger leicht zugänglicher Stoffe, die an Stelle von Stickstoff andere Elemente enthalten. Anderseits kann Ammoniak bei Substitution eines H-Atoms in ihm durch eine Amidogruppe übergehen in Hydrazin, gewissermaßen ein Homologes, dessen Salze man z. T. als Diammonium-(NH_3—NH_3)-Salze in Parallele stellen kann zu den Ammoniumsalzen, wie das Hydrazin selbst zum Ammoniak.

Ammoniumsulfat $(NH_4)_2SO_4$ ist als Düngemittel sehr wichtig, ebenso Ammoniumphosphat, andere Salze und Ammoniak selbst dienen den verschiedensten Zwecken der chemischen Technik. So letzteres der Ammoniak-Soda-Gewinnung, der Kälteerzeugung usf.

Hydrazin

§ 61. Hydrazin N_2H_4

(Curtius 1889) wird leicht als Monohydrat N_2H_5OH nach der technisch benützten Raschigschen Methode aus Natriumhypochlorit und Ammoniak und Destillation des Reaktionsprodukts mit Kalilauge erhalten. Ist Ammoniak im Unterschuß vorhanden, so bildet sich nach:

$$NH_3 + NaOCl = NH_2Cl + NaOH$$

Natron NaOH und *Monochloramin* NH_2Cl, das sich bei niederer Temperatur abdestillieren läßt, und dann gelbe, ölige Tröpfchen von stechendem Geruch bildet, die sich in konz. Lösung schnell, sonst langsamer zersetzen nach:

$$3NH_2Cl = N_2 + NH_4Cl + 2HCl.$$

Monochloramin siedet jedoch unter gewöhnlichen Umständen ziemlich hoch, und wenn auch die Verdampfung an sich seine Zersetzung nicht

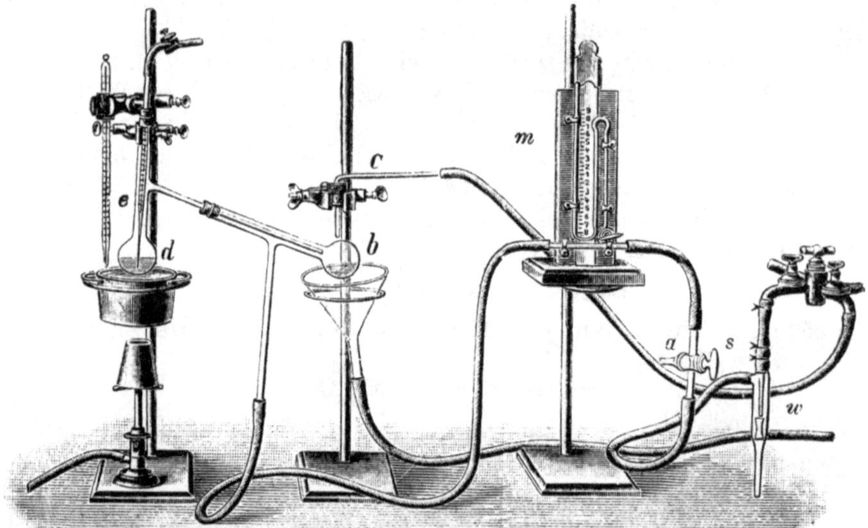

Abb. 75. Apparat zur Vakuumdestillation.

sehr begünstigt, so bewirkt dies doch die Temperaturerhöhung in weit größerem Maß. Dieser Fall hat allgemeine Bedeutung. Um bei einer

Verdampfung die Temperatur recht tief halten zu können, muß man den auf der Flüssigkeit lastenden Druck verkleinern, d. h. man destilliert im luftverdünnten Raum, im Vakuum. Das letztere wird für die meisten Zwecke ausreichend durch eine Wasserstrahlpumpe hervorgebracht. Der Destillationsapparat bedarf dabei nur geringer Abänderung. Die wichtigste ist der Siedeerleichterer, ein sehr lang und dünn ausgezogenes Glasrohr, das durch den Stopfen des Verdampfungskölbchens durchgeführt, außen mit Schlauch und Quetschhahn fast ganz verschlossen, unter dem Spiegel der Flüssigkeit, nahe dem Boden endet und daselbst einen sehr feinen Strom kleinster Luftblasen als Siedeerleichterer in die Flüssigkeit eintreten läßt. Man kann durch Annähern eines Zündholzes an die äußerste Spitze des Rohrs es sehr fein verengen (Abb. 75). Verschiedene Vorrichtungen zum Wechseln der Vorlage bei gebrochener Vakuum-Destillation

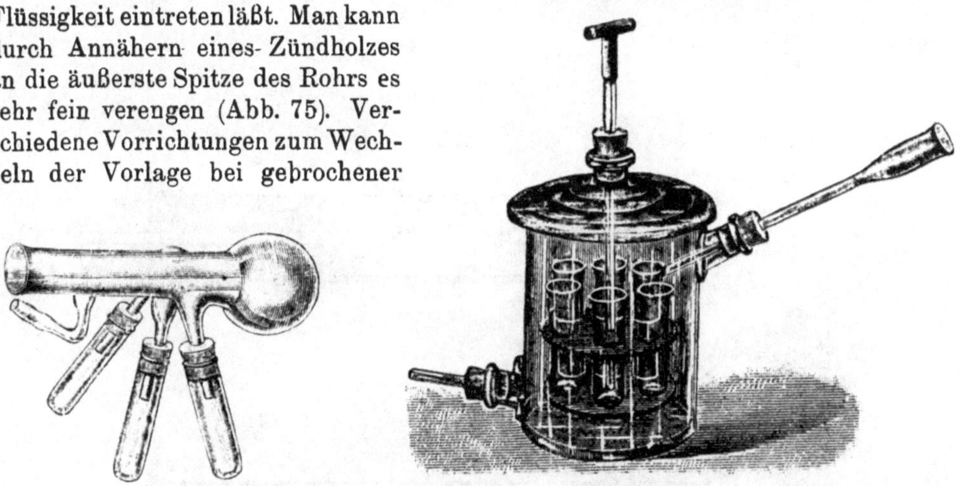

Abb. 76. Wechselvorlage für Vakuumdestillation.

Destillation zeigt Abb. 76, aus der ersichtlich ist, daß man nicht während des Wechselns das Vakuum zu schwächen braucht.

Wünscht man Stoffe zu destillieren, deren Zersetzung oder Explosion man fürchtet, so destilliert man im Vakuum und nimmt dieses um so höher, je tiefer man die Temperatur zu halten wünscht. Vollkommener als die Strahlpumpe wirkt die Gaedesche Kolbenpumpe, deren Wirkung Abb. 77 zeigt (s. a. Einf. S. 119ff.), besser die mit der Kapselpumpe (Abb. 78) zu verbindende Diffusionspumpe (Abb. 79) oder die bekannte rotierende Hg-Pumpe, am schnellsten, aber nur bei nicht angreifenden Stoffen anwendbar, die Gaedesche Molekularpumpe, deren Wirksamkeit aus den Abb. 80—82 hervorgeht.

Die Drucke verfolgt man dabei mit abgekürzten Manometern (Abb. 75 m, s. a. Einf. S. 111ff.).

Kehren wir zum Monochloramin zurück.

Hat man NH_3-Überschuß angewendet, so findet die Reaktion statt:

$$NH_2Cl + NH_3 = NH_2.NH_2.HCl$$

und so entsteht salzsaures Hydrazin. Sehr merkwürdig ist dabei die

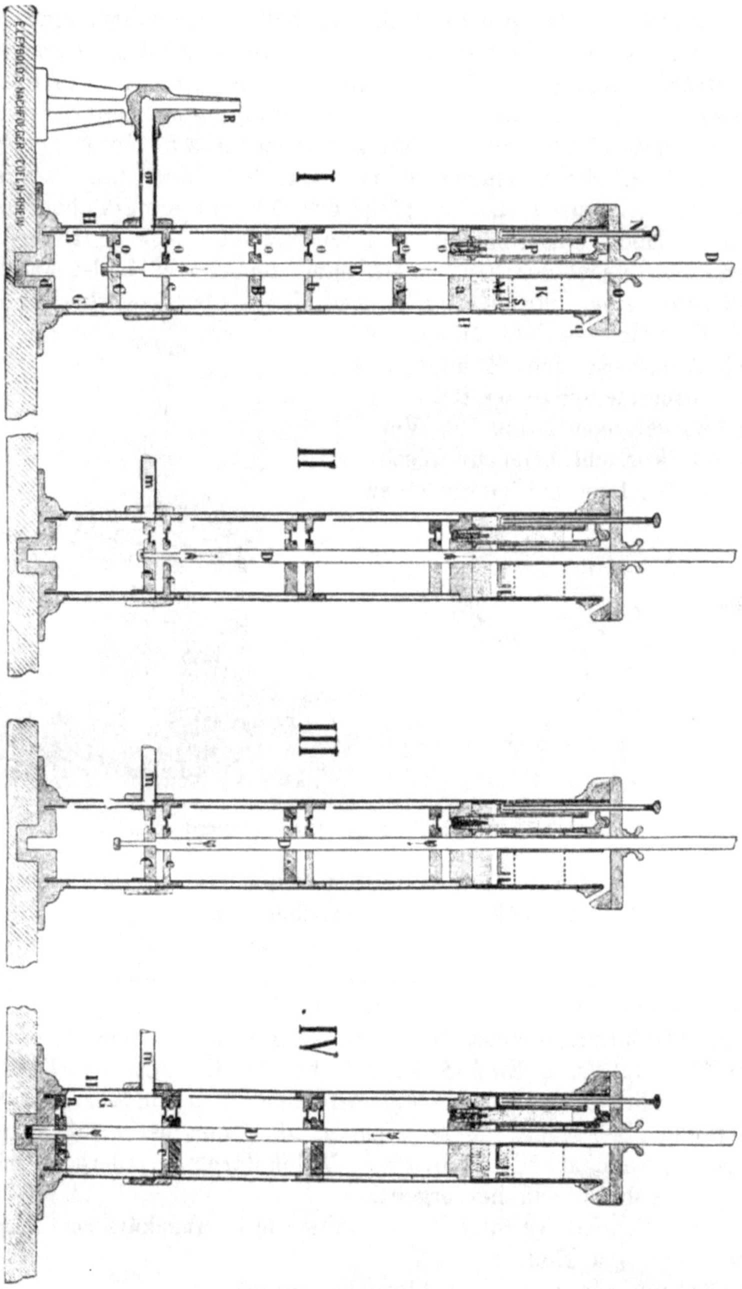

Abb. 77. Wirkungsweise der Gaedeschen Kolbenpumpe.
(s. Einf. S. 122.)

Wirkung leimartiger Stoffe, wie Eiweiß, die die schädliche Gasentwicklung (N_2) verzögern und so bis 80 v. H. der berechneten Menge erhalten lassen. Die stöchiometrisch berechnete Menge heißt die *berechnete Stoffausbeute.*

Stoff-ausbeute

Gebrochene Destillation der wäßrigen, mit Kalilauge versetzten Reaktionslösung liefert flüssiges *Hydrazinmonohydrat*, Schmp. — 40°, Entwässerung von Flüssigkeiten

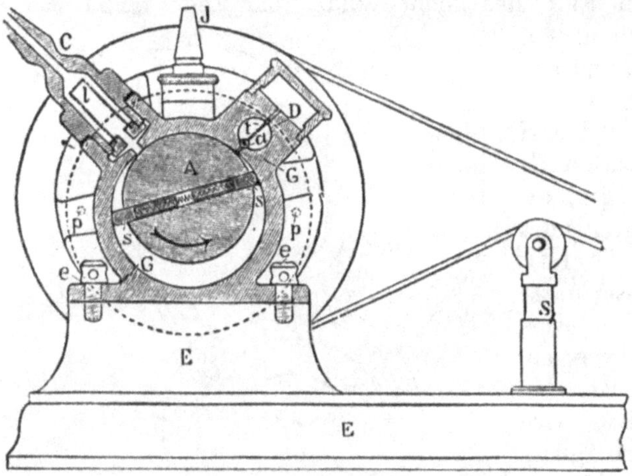

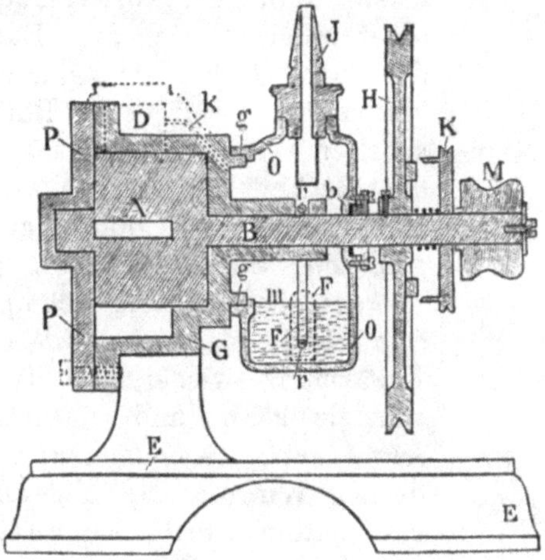

Abb. 78a. Abb. 78b.
Schnitt durch die Gaedesche Kapselpumpe.
(s. Einf. S. 118.)

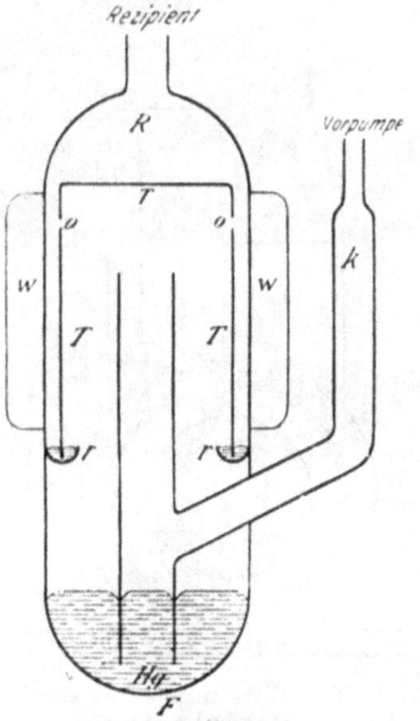

Abb. 79.
Diffusionspumpe.
(s. a. Einführung S. 123.)

Abb. 80. Gaedes Molekularpumpe.
(Das weite Rohr geht zum Leerraum.)

Sdp. 118°. Es raucht an der Luft, riecht fischartig, ammoniakalisch und reagiert basisch. Zur Entwässerung solcher starken Basen bedarf man eines ebenfalls basischen Stoffs, der tunlichst unlöslich, leicht zugänglich sein und stark Wasser anziehen muß und durch die besonderen Eigenschaften der Base nicht zu anderen chemischen Reaktionen veranlaßt wird, im vorliegenden Fall also nicht reduzierbar sein darf. Meistens eignet sich dazu Bariumoxyd, das durch Glühen im Vakuum und Erkalten im Leertrockner BaO_2-frei zu erhalten ist. Destilliert man N_2H_5OH über BaO oder mit festem Ätzkali KOH so geht farbloses, öliges, giftiges, organische Stoffe stark angreifendes *Hydrazin* N_2H_4 über, Schmp. + 1,4°, Sdp. 113,5°, das sich mit Wasser unter Erwärmung wieder in Hydrat verwandeln kann, und wie letzteres ein *sehr starkes Reduktionsmittel* ist, bei dessen Wirkung N_2 abgegeben wird und mithin k e i n e V e r u n r e i n i g u n g d e r L ö s u n g d u r c h i r g e n d e i n a n d e r e s E l e m e n t hinterbleibt, wie bei

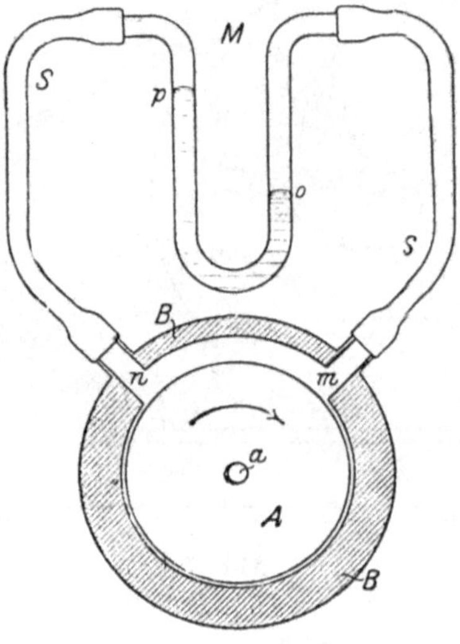

Reduktionswirkungen von Hydrazin

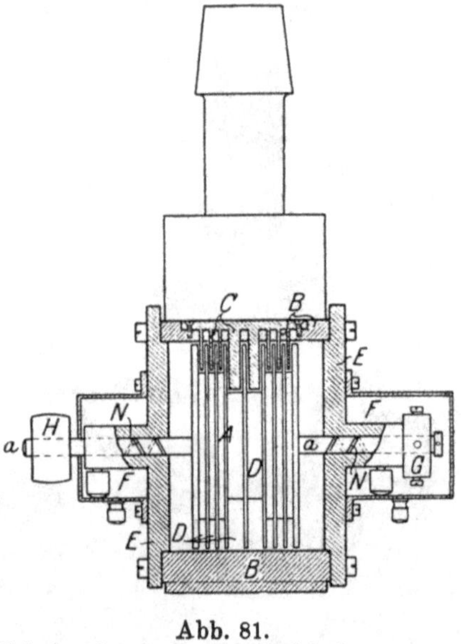

Abb. 81.
Schnitt durch Gaedes Molekularpumpe.

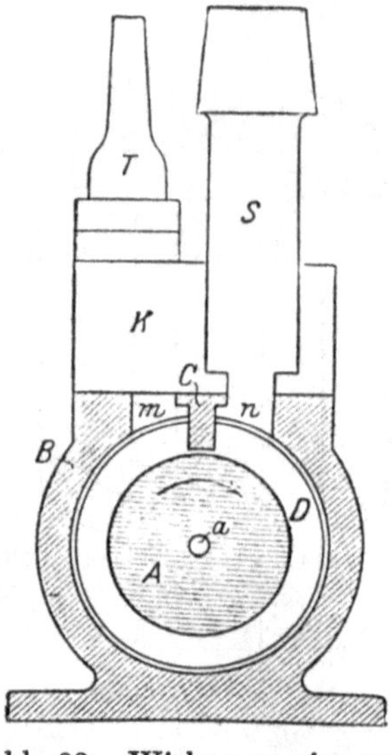

Abb. 82. Wirkungsweise von Gaedes Molekularpumpe.

anderen Reduktionsmitteln, wie HJ, der Jod hinterläßt usf. So fällt es aus Kupfersalzlösungen hellrotes Kupferoxydul Cu_2O, aus Lösungen edlerer Metalle diese selbst.

Hydrazin-Salzbildung

Hydrazinlösung reagiert stark basisch. Setzt man Salzsäure zu, so kann man meist leichtlösliche Salze (Ausnahme Sulfat) erhalten, die meist nur ein Mol Säure, seltener zwei auf je ein Mol Hydrazin enthalten und durch einfache Addition der beiden Molekeln entstehen, wie die Analyse beweist.

Ammoniak dagegen konnte nur 1 Mol addieren. So verhält sich *Hydrazin* bald als Anhydrid einer *zweisäurigen*, bald als das einer *einsäurigen* Base. Träte es immer als zweisäurige Base auf, so wäre die Bezeichnung Diammonium für das zweiwertige Radikal NH_3—NH_3 am Platz. Auch paßt die Schwerlöslichkeit des Sulfats $NH_2 \cdot NH_3 \cdot HSO_4$ (das man meist kurz Hydrazinsulfat nennt) dazu. Aus dem Sulfat treibt NH_3 das Hydrazin aus, das also die schwächere Base ist und zugleich reaktionsfähiger als NH_3. Beachtenswert ist die geringere Zersetzlichkeit des Hydrazinhydrats gegenüber dem nicht für sich darstellbaren Ammoniumhydroxyd. Zweisäurige Base

Substituiert man H im Hydrazin durch organische, d. h. C-haltige Radikale, so erhält man wieder Amine mit basischen Eigenschaften, z. B. das wichtige Phenylhydrazin $C_6H_5HN \cdot NH_2$.

§ 62. Hydroxylamin NH_2OH

Hydroxylamin

tritt bei der Reduktion salpetersaurer Salze auf, bevor als Endprodukt NH_3 gebildet wird, so bei Auflösung von Zinn in Salpetersäure nach

$$HNO_3 + 3H_2 = NH_3O + 2H_2O.$$

Technisch wird es (s. w. u.) durch Elektrolyse erhalten. Es ist, genau wie NH_3, als das Anhydrid einer einsäurigen Base $NH_3OH \cdot OH$ aufzufassen, addiert also Säuren, wobei Salze entstehen, die zum Teil unbeständig sind, so das Chlorhydrat, das infolge einer geringen Spaltung in HCl und NH_2OH seine eigene Zersetzung durch katalytische Wirkung der HCl beschleunigt und deshalb am besten über Kalk aufzubewahren ist. Erhitzt man das Phosphat, so bleibt die nicht flüchtige Phosphorsäure zurück, und freies NH_2OH geht über. Man destilliert unter vermindertem Druck, um die Temperatur tief halten zu können. NH_2OH ist farblos, kristallisiert, Schmp. 33°. Löslich in Wasser, reagiert es darin basisch und zerfällt leicht in Ammoniak, H_2O und N_2, indem ein Teil den andern oxydiert, namentlich bei Zusatz von Alkalien. Es reduziert sehr stark, fällt aus Silbernitrat Silber, aus Merkurichlorid $HgCl_2$ das Merkurochlorid HgCl, aus alkalischer Kupferlösung das hellgelbrote Oxydul Cu_2O, entfärbt saure Ferrisalzlösungen. Durch Natronlauge aus Ferrolösung frischgefälltes $Fe(OH)_2$ (Eisenoxydulhydrat) ist grünlich und wird von NH_2OH oxydiert zu rotbraunem $Fe(OH)_3$, wobei NH_3 sich bildet. *Hydroxylamin ist also ein Stoff, der je nach der sauren oder alkalischen Reaktion der Lösung, worin er sich befindet, Oxydations- oder Reduktionsmittel ist. Derartiges kommt häufiger vor.* Reduktions- und Oxydationswirkungen des Hydroxylamins

Auch im NH_2OH ist H durch organische Radikale ersetzbar, wobei der Charakter des Stoffs auch in der Hauptsache erhalten bleibt.

Phosphorwasserstoffe. Darstellung

§ 63. 2. Phosphorwasserstoffe.

Phosphin PH_3

erhält man als ein Gas, das nach faulen Fischen riecht, durch Erhitzen von phosphoriger Säure H_3PO_3 nach

$$4H_3PO_3 = PH_3 + 3H_3PO_4,$$

auch aus unterphosphoriger Säure H_3PO_2 in gleicher Weise

$$2H_3PO_2 = PH_3 + H_3PO_4$$

oder meist durch Erhitzen von P mit einer Lösung von Kaliumhydroxyd KOH, wobei vorwiegend unterphosphorigsaures Kalium als Nebenprodukt entsteht, aller-

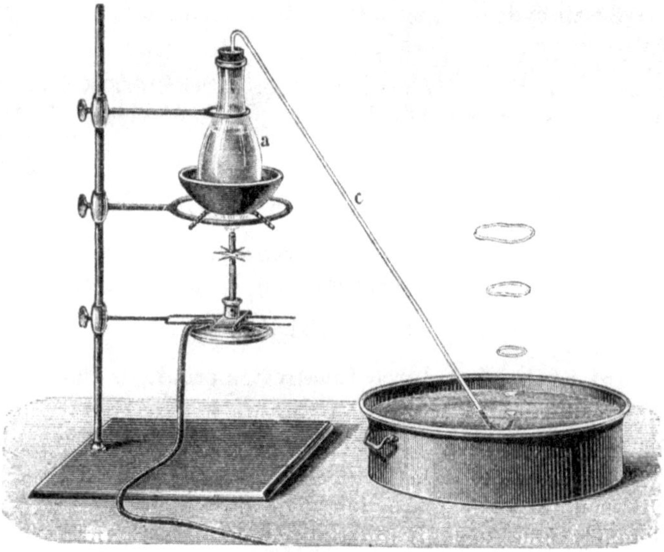

Abb. 83. Rauchringe bei Verbrennung von PH_3.

dings auch noch eine selbstentzündliche Verbindung P_2H_4. Frei von P_2H_4 und sehr rein aus Phosphoniumjodid PH_4J durch Umsetzung mit Wasser.

Bequem erhält man nicht ganz reines Gas durch Erhitzen von rotem P in Wasserdampf auf etwa 250°.

Das selbstentzündliche Gas bedarf immerhin zu seiner Entflammung einiger, wenn auch sehr kurzer Zeit. Deshalb tritt es aus einer Wasserfläche z. B. (Abb. 83) zuerst unentzündet aus und bildet einen ringförmigen Wirbel. Indem nun das Innere des Wirbels nur Luft enthält, so wird, wenn jetzt der Wirbel sich entzündet, nur ein ringförmiges Rauchgebilde entstehen können. Dies ist die Erklärung für die bekannte Erscheinung.

Eigenschaften

PH_3 gleicht in vielem einem NH_3 *mit geschwächten basischen und verstärkten reduzierenden Eigenschaften.* Entflammt sich unter Explosion mit Cl_2, ist sehr leicht entzündbar, reduziert aus Cu- oder Ag-Lösungen Gemenge von Metall und Phosphid. Addiert HCl nur bei tiefer Temperatur, HBr noch unterhalb 30° und am ehesten HJ zu Phosphoniumsalzen, die den Ammoniumsalzen analog sind.

Selbstentzündlicher Phosphorwasserstoff P_2H_4 entsteht als farblose, bei etwa 58° siedende Flüssigkeit neben PH_3 aus Calciumphosphid durch Wasserauftropfen, oder wenn man PH_3 durch kleine Mengen von Oxydationsmitteln wie NO_2 usw. selbstentzündlich macht und die entstehenden Gasmengen durch ein stark gekühltes Rohr leitet. Sehr zersetzlich, zerfällt von selbst oder beim Durchleiten durch konz. Salzsäure unter Abscheidung *festen Phosphorwasserstoffs* von der empirischen Formel P_2H. Gelbes Pulver, woraus durch Behandeln mit flüssigem NH_3 oder Erhitzen festes P_9H_2 erhalten wird. Näheres in den Arbeiten von Schenck und Stock.

Phosphoniumbasen

Phosphoniumbasen

sind durch Substitution von organischen Radikalen in PH_3 zu erhalten, ganz wie die substituierten Ammoniumbasen und wie diese stärker als die nicht substituierten. (Stärke von Basen s. w. u. Elektrochemie.)

§ 64. 3. Arsenwasserstoff AsH_3

Naszierende Gase

entsteht wie PH_3 und SbH_3 aus „naszierendem". d. h. frisch entstehendem Wasserstoff bei Gegenwart von Arsenverbindungen, also z. B. bei Wasserstoffentwicklung aus Zink und Säure, falls eines von beiden Arsen enthält. Wasserstoffrei erhält man ihn aus Natriumarsenid oder Zink-

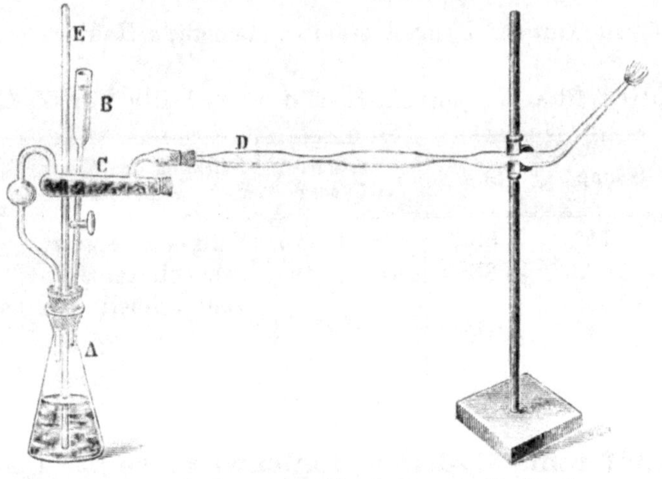

Abb. 84. Apparat von Marsh zum As-Nachweis.
As-Spiegel entsteht im erhitzten Rohre D, wenn durch E As-haltiger Stoff nach dem H_2-Entwickler A kommt.

arsenid Zn_3As_2 mittels verd. H_2SO_4 als farbloses, widerlich nach Knoblauch riechendes äußerst giftiges Gas. Zersetzlicher als PH_3, aber entsprechend der geringeren Oxydierbarkeit des As nicht so reduzierend, daher scheidet sich aus brennendem AsH_3 an kalten Gegenständen ein schwarzer As-Spiegel ab. Er löst sich in Natriumhypochloritlösung (NaOCl). Nachweis von Arsen erfolgt mittels Silbernitrat (50proz. Lösung) $AgNO_3$ nach Gutzeit durch den darin erzeugten gelben Niederschlag von $AsAg_3 \cdot 3AgNO_3$ der mit Wasser durch Zersetzung unter Silberabscheidung schwarz wird. Oder man läßt das zu prüfende Gas durch $CaCl_2$ getrocknet durch ein schwer schmelzbares Rohr streichen, das man vor den verengten Stellen erhitzt. Das austretende Gas entzündet man, weil das beim Brennen entstehende As_2O_3 (Knoblauchgeruch) beim Einatmen nicht so giftig wirkt wie AsH_3. Brennt bläulichfahl. In den Verengungen des Rohrs schlägt sich bei As-Gehalt das As nieder und kann untersucht werden, da es auf kleinem Raum konzentriert ist. Der Apparat von Marsh (Abb. 84) ist für forensische Zwecke wichtig.

4. Antimonwasserstoff SbH_3

wird neben H_2 als farbloses, faulig übelriechendes, höchst giftiges Gas von ähnlichen Eigenschaften wie AsH_3 auf ähnlichem Weg durch Zersetzung von Magnesiumantimon (2 : 1 Gew.-Teil) mit Säuren erhalten. Brennt fahlgelblichgrün und scheidet an kalten Körpern Metall ab, das sich in NaOCl-Lösung nicht löst. Die Gutzeitsche Probe liefert einen schwarzen Niederschlag von Ag_3Sb und Sb gemischt.

5. Wismutwasserstoff,

bisher nur in winzigen Mengen erhalten (Paneth, s. Radiochemie Bd. III).

Überblick über Eigenschaften der Hydride der V. Gruppe.

Formel	Schmp.	Sdp.	löslich in Wasser	Wirkung des elektr. Funkens	Giftigkeit
NH_3	– 75°	– 33,7°	höchst lösl.	langsam zersetzt	nicht
PH_3	– 133,5°	– 85°	wenig lösl.	schnell zersetzt	giftig
AsH_3	– 113,5°	– 55°	„	sehr schnell zers.	sehr giftig
SbH_3	– 91,5°	– 18°	1:5	Explosion	höchst „
BiH_3					

Indifferente Hydride

3. Indifferente Hydride, Kohlenwasserstoffe u. a. und Hydride mit Metallsalznatur.

Siliziumwasserstoffe, Borwasserstoffe Ohne Säure- und Baseneigenschaften

§ 65. Mit der Bezeichnung indifferent wollen wir diejenigen Hydride belegen, die weder als Säure-, noch als Basenanhydride auftreten oder doch, wo es geschieht, es nur zu minimalen Säure- oder Basiseigenschaften bringen. Es sind dies die Hydride der IV. und der III. Gruppe, vor allem die von C, Si, B.

Sie vereinigen sich weder mit Basen, noch mit Säuren, reagieren auf Lakmus nicht, werden übrigens bei Si und B im allgemeinen durch Wasser zersetzt, nicht bei C.

A) Valenz.

Wir können auf Grund folgender Tafel einiges über diese Hydride voraussagen:

Basenanhydride Gruppe V	Säureanhydride Gruppe VI	VII
N_3H H_3N H_4N_2	H_2O	H_2Fl_2
H_3P	H_2S	HCl
H_3As	H_2Se	HBr
H_3Sb	H_2Te	HJ

Mit einziger Ausnahme also des Fluors vereinigen sich Elemente einer Gruppe des Systems stets mit gleichvielen Wasserstoffatomen. Beim ersten Glied der V. Gruppe gibt es wenigstens noch andere Verbindungen. Sehen wir aber von diesen Störungen ab, so können wir den Halogenen die Fähigkeit zuschreiben, mit einem Atom je ein H-Atom zu fesseln, den Elementen der VI. Gruppe, je zwei und denen der V. Gruppe je drei zu fesseln. Daher werden wir für die IV. Gruppe je vier erwarten, und das trifft in der Tat auch zu.

Valenz (Wertigkeit)

Deshalb heißen die Halogene *einwertig* oder *univalent,* die Elemente der VI. Gruppe *zwei-,* die der V. *drei-,* die der IV. *vierwertig.* Dieser neue Begriff der **Valenz** läßt sich mit Hilfe unserer Hydridtafel auch auf die anderen Elemente erweitern, allerdings bloß teilweise.

Valenz in den Gruppen des periodischen Systems

Die nullte Gruppe liefert keine Verbindungen und ist daher in der folgenden Tafel weggelassen. Für die anderen Gruppen zeigt sich im großen ganzen die Regelmäßigkeit, daß die Typen der Hydridformeln in Gruppe

I	II	III	IV	V	VI	VII	VIII
RH	RH_2	abnorm	RH_4	RH_3	RH_2	RH	R_2H

sind. R ist das allgemeine Symbol für ein Element. Die Gruppe VIII bildet außer Pd_2H keine definierten Hydride, obwohl gerade ihre Glieder unter Beibehaltung ihrer metallischen Tracht zum Teil H_2 lösen oder hindurchlassen. Man bezeichnet die Zahl der H-Atome, die sich mit einem Atom R vereinigen, als die **Wasserstoffvalenz** (Wasserstoff-Wertigkeit)[1] des Elements R. Man bezeichnet sie durch römische Ziffern. Sie ist daher in jeder kleinen Periode:

I II — IV III II I

Bei Bor stimmt die Regelmäßigkeit nicht.

Die *Hydridbeständigkeit nimmt in jeder Gruppe mit wachsendem Atomgewicht ab.* Flüchtigkeit und Mannigfaltigkeit hat in der IV. Gruppe ihr Maximum und ist in der III. und V. noch bedeutend. Um die Mannig-

[1] Manche Forscher definieren einen Unterschied zwischen Wertigkeit und Valenz.

faltigkeit einfach an den Begriff der Valenz anzuschließen, schrieb man jedem Atom ebenso viele räumlich getrennte Vereinigungsstellen zu, als H-Atome in maximo an es angelagert werden können und bildete dies durch Bindungsstriche ab, deren jeder eine einfache Bindung oder eine (H-)Valenz veranschaulicht, z. B.:

Bindungen

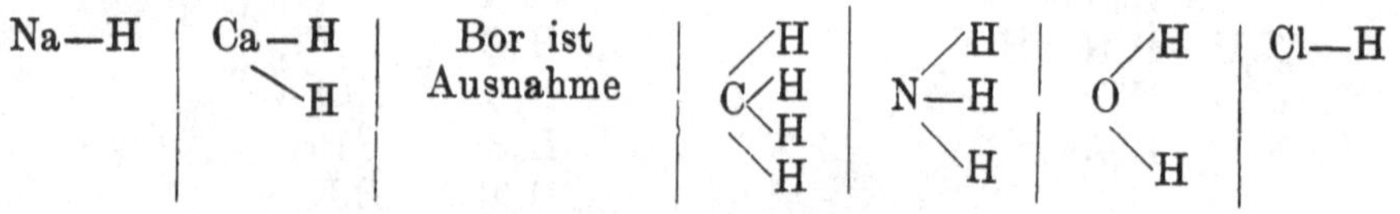

So einfach die Verhältnisse bei diesen Verbindungen bisher lagen, die dem einfachen Valenzschema entsprechen, so ist man doch zu ganz besonderen Annahmen genötigt, wenn mehrere Atome eines Elements mit Wasserstoff zu einer Hydridmolekel zusammentreten. Als Beispiele führen wir an:

Fluorwasserstoff Hydrazin Azoimid

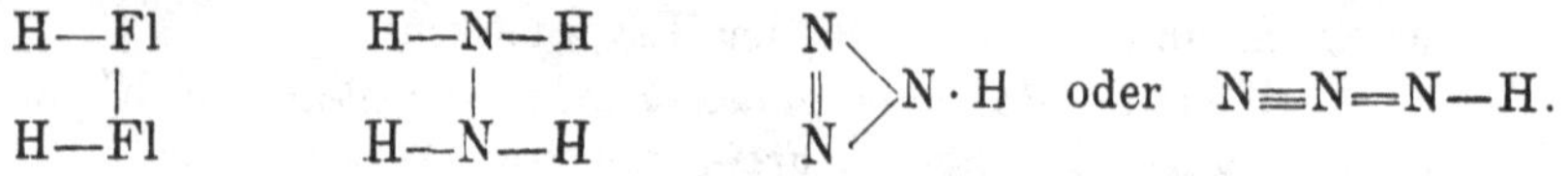

Atomringe

Der letzte Fall ist am wichtigsten, denn er ist der erste Fall eines „*Rings*", der uns begegnet, und zugleich der erste für eine „Doppelbindung". Beide hat man in zahlreichen anderen Fällen auch angenommen, zunächst meist, weil man nur so die Annahme konstanter Valenz eines Elements aufrecht erhalten konnte. Dabei fand sich, daß die Stoffe, denen man Ringe zuschrieb, in der Mehrzahl der Fälle haltbarer waren, als andere mit „offener" Kette. Stoffe aber mit Doppelbindungen hatten einen „*ungesättigten*" Charakter, d. h. sie lagerten oft und schnell andere Molekeln an und wie mittelbar nachzuweisen, gerade an der Stelle, wo die *Doppelbindung* gelegen hatte. Diese ist schwächer als eine einfache. Das führt zu einer sehr einfachen und fruchtbaren Vorstellung über die Natur der Valenzen. Es hat nämlich den Anschein, als ob diese bei mehrwertigen Atomen, z. B. bei N von gewissen örtlich bestimmten Teilchen im Atom, die wir *Valenzzentren* (O. Hinsberg) nennen wollen, ausgehen. Bei normalen Doppelbindungen kämen diese Zentren in eine gezwängte Lage, aus der sie durch eine Art elastischer Kräfte, sog. *quasielastischer* Kräfte in die innere Gleichgewichtslage zurückgedrängt werden. Gelingt das, so wird eine der Kraftleistung entsprechende Wärmemenge frei. Und eben das beobachtet man bei der Explosion des Azoimids. Bevor wir jedoch auf diese Zusammenhänge eingehen, müssen wir zuerst noch mehr Fälle solcher Doppel- und Ringbindungen kennen lernen, um das allgemeine herausschälen zu können.

Doppelbindungen

Quasielastische Kräfte

Zuerst betrachten wir die Hydride des abnormerweise vierwertigen Bors und die von Si und C.

B) Borane und Silane.

Borane und Silane

Die Entwicklung selbstentzündlicher Gase.

§ 66. Die ersteren Gase hat vor allem Stock untersucht. Bei ihrer Entwicklung ist H_2 oder Luft-N_2 durch den Apparat zu leiten, der schon vor der Entwicklung damit gefüllt sein muß.

Man kondensiert die Gase durch Abkühlung zu Flüssigkeiten oder festen Körpern oder man fängt sie über Hg auf, soweit es ohne Zersetzung möglich ist.

Borwasserstoffe (Borane). Farblos. B_4H_{10} aus Mg-Borid und Salzsäure in schlechter Ausbeute neben H_2. Schmp. − 112°. Siedep. + 16°. Riecht sehr verdünnt nach Schokolade, konz. widerlich. Flüss. selbstentzündlich, als Gas durch O_2 oder Luft sofort oxydiert.

B_2H_6 durch Erhitzen von B_4H_{10} auf 100°. Mit Wasser zersetzt unter H_2-Entw. Zahlreiche andere Borwasserstoffe (Borane) sind bekannt.

Siliciumwasserstoffe (Silane). Farblos. Si_nH_{2n+2}-Reihe von sog. *Homologen*, worin die *n* kleine ganze Zahlen; gemischt zu erhalten aus Mg-Silicid und 50° warmer mäßig verd. Salzsäure neben H_2. Das Silicid wird durch Erhitzen von 2 Gew.-Teilen Mg mit 1 Gew.-Teil reinem Quarz (SiO_2) gewonnen. Die Gase werden in flüssiger Luft abgekühlt und so zur Flüssigkeit verdichtet, die durch gebrochene Destillation in ihre einzelnen Bestandteile getrennt werden. Selbstentzündliche, schwach und widerlich riechende Gase und Flüss. Durch Wasser, leichter durch Laugen oder Hitze zersetzlich. Siedepunkt und Zersetzlichkeit um so höher, je größer die Zahl n. Einander sehr ähnlich wie alle Homologen. Daher man von solchen fast stets nur die niedersten Glieder zu kennen braucht, um über die wesentlichen Eigenschaften Bescheid zu wissen.

SiH_4 *Monosilan*, Schmp. − 185°, Siedep. − 112°. Bei gew. Temp. sehr beständig. Entzündet sich explosionsartig an der Luft unter Abscheidung brauner Flocken.

Si_2H_6 *Disilan*, Siedep. − 15°; Si_3H_8 *Trisilan*, Siedep. + 53°; Si_4H_{10} *Tetrasilan*, Siedep. gegen 90°, schnell zersetzlich, auch höhere Silane bekannt.

Der Unterschied je zweier aufeinanderfolgender Glieder der Silanreihe Si_nH_{2n+2} beträgt, wie die Formel zeigt, je SiH_2.

Der prozentuale Unterschied der chemischen Zusammensetzung der Glieder solcher *homologen Reihen* wird also mit steigendem n immer kleiner. Die Bindungen stellt man sich nach folgendem Bild vor:

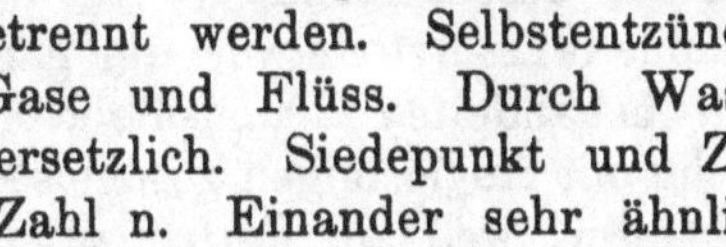

Das Si wird also danach mit der Fähigkeit der *Selbstbindung* ausgestattet, ebenso wie das Bor und der Kohlenstoff, bei dem diese Eigenschaften am stärksten entwickelt sind und so zu der Bildung der Riesenmolekeln der Organismenwelt führen.

Selbstbindung

C) Kohlenwasserstoffe.

Synthese der einfachsten Kohlenwasserstoffe.

Kohlenwasserstoffe

§ 67. Da die Hauptmasse der Organismen sich ansehen läßt als aufgebaut aus Kohlenwasserstoffen und ihren Derivaten, so ist die Aufgabe, sie aus den Elementen, oder was auf dasselbe herauskommt, aus anorganischer Materie aufzubauen (Synthese im engeren Sinn), theoretisch und im Hinblick auf die Herstellung künstlicher Nahrungsmittel von grundlegender Wichtigkeit.

Von allen Hydriden vierwertiger Elemente sind die des C bei weitem die haltbarsten und deshalb kennt man von ihnen eine viel größere Anzahl, als von allen anderen Hydriden zusammengenommen. Geht man näher auf die Bedingung der Haltbarkeit ein, so findet man, daß sie in der *Haltbarkeit der Selbstbindung des* C liegt.

Die Haltbarkeit dieser Bindung bedingt auch die außerordentliche Mannigfaltigkeit der übrigen Kohlenstoffverbindungen: Deshalb hat man die **Chemie der Kohlenstoffverbindungen** als besonderen Teil: **Organische Chemie** abgetrennt. Diese Trennung hat für die stoffbeschreibende Chemie um so größere Einteilungsvorzüge, je ausführlicher die letztere ist und je ausschließlicher beschreibend.

Wir teilen die Kohlenwasserstoffe wie die ganze organische Chemie nach den im vorigen behandelten Grundsätzen in solche mit offenen C-Atomketten und solche mit ringförmigen geschlossenen ein. Die letzteren heißen *zyklische*, die ersteren, weil aus Fetten zu erhalten, Kohlenwasserstoffe der Fettreihe oder *aliphatische* (*ἀλοίφη* Fett).

Das Kohlenstoffatom ist in beiden offenbar in verschiedenen allotropen Zuständen. Es ist höchst zweckmäßig, die aliphatischen vom Diamant, die zyklischen vom Graphit abzuleiten. Darauf hinweisende kristallographisch-optische Tatsachen lernen wir später kennen. Ähnlich leiten sich vielleicht Verbindungsreihen anderer Elemente von ihren verschiedenen Allotropen ab. Der Unterschied liegt schon im verschiedenen Zustand der beteiligten Atome.

Die Kohlenwasserstoffe wieder werden in solche ohne Doppelbindungen, die gesättigten, und in solche mit doppelten oder gar dreifachen Bindungen zwischen den C-Atomen, die ungesättigten unterschieden.

Aliphatische Kohlenwasserstoffe

Aliphatische Kohlenwasserstoffe.

Gesättigte oder Grenzkohlenwasserstoffe: *Paraffine* C_nH_{2n+2}. Farblose Gase, Flüssigkeiten und feste Körper.

Gekennzeichnet durch geringe chemische Aktionsfähigkeit (parum affinis = zu wenig verwandt). Brennbar. Vorkommen im Erdöl. Entstehen bei trockener Destillation organischer Stoffe. Niederstes Glied CH_4 geruchloses Gas. Flüssige Glieder: Erdölgeruch; feste: geruchlose Paraffine. Enthalten auf die gegebene C-Atomzahl die maximale H-Atomzahl, die mit Vierwertigkeit des C verträglich ist.

Methan, CH_4 (Grubengas, Hauptbestandteil der schlagenden Wetter in Steinkohlengruben; Sumpfgas, weil aus dem Sumpfschlamm aufsteigend), aus Kohle oder Kohlenoxyd (CO) oder Kohlendioxyd (CO_2) durch Erhitzen mit $H_2 + Ni$. Das Ni ermöglicht schnelle Reaktion schon bei tieferen Temperaturen als sonst, ohne doch in die chemische Gleichung einzugehen und verbraucht zu werden (katalytische Wirkung des Ni).

$$C + 2H_2 = CH_4; \quad CO + 3H_2 = CH_4 + H_2O; \quad CO_2 + 4H_2 = CH_4 + 2H_2O.$$

Schmp. -186^0, Siedep. -165^0. In Wasser wenig löslich, mehr in Alkohol. Hohe Temperatur, daher auch Lichtbogen oder Induktionsfunke zersetzt es in C und H_2. Brennt mit schwach leuchtender Flamme.

Unangreitbar durch konz. Schwefelsäure und konz. Laugen, wenig durch Oxydationsmittel, wie Salpetersäure, Chromsäure usf.

Angreifbar durch Chlor und Brom, besonders im Licht und bei Temperatursteigerung, wobei nach

Halogen-Substitution von Kohlenwasserstoffen

$$CH_4 + Cl_2 = CH_3Cl + HCl \text{ (Methylchlorid + HCl)}$$
$$CH_3Cl + Cl_2 = CH_2Cl_2 + HCl \text{ (Methylenchlorid + HCl)}$$
$$CH_2Cl_2 + Cl_2 = CHCl_3 + HCl \text{ (Chloroform + HCl)}$$
$$CHCl_3 + Cl_2 = CCl_4 + HCl \text{ (Tetrachlorkohlenstoff + HCl)}$$

stufenweise Ersetzung von H durch Cl stattfindet: *Substitution* (analog mit Br_2). Wenn sie auch stufenweise verläuft, so hat man doch von Anfang an mit der Bildung aller vier Chloride zu rechnen, nur daß anfangs das erste vorwiegt. Darin ist eine besondere Gesetzmäßigkeit zu sehen, die nur bei wenigen Substitutionen fehlt (Polypeptide, Curtius).

Der Rest CH_3, der somit ein Hydrid: Methan CH_4 und ein Chlorid: CH_3Cl bilden kann, und einem einwertigen Element gleicht, heißt *Methyl*, der Rest CH_2 *Methylen*, der Rest CH *Methin*, alle drei sind Beispiele für elementartige Reste, die aus aliphatischen Kohlenwasserstoffen durch Wegnahme eines H-Atoms entstanden gedacht werden können. Sie heißen *Alkyle*. Die entsprechenden Reste Ringe enthaltender Kohlenwasserstoffe der Benzolreihe, der sog. aromatischen Kohlenwasserstoffe heißen *Aryle*. Entsprechend den höheren Homologen des Methans:

Äthan hat man daher	*Äthyl*
Propan	*Propyl*
Butan	*Butyl*
Pentan	*Amyl*
Hexan	*Hexyl*
Heptan usf.	*Heptyl*.

Man kennt sie bis zu mehr als 50 C-Atomen. Die Namen der höheren Glieder werden mittels der griechischen Zahlwörter durch Anhängen der Endung -an gebildet. Die Halogensubstitutionsprodukte heißen *Halogenalkyle*.

Man kann die höheren Homologen des Methans der Reihe nach aus Methan erhalten, wenn man es in Halogenalkyl überführt (wobei ein H-Atom verloren geht) und diesem durch Na das Halogen entzieht, nach:

$$(\text{Chlormethyl})\ CH_3Cl + Na = NaCl + (CH_3)\ (\text{Methyl})$$

und da CH_3 sich nicht darstellen läßt (s. organische Chemie Bd. III.)

$$2\,CH_3 = C_2H_6\ (\text{Äthan}).$$

Allgemein:

$$C_aH_{2a+1}Hal + C_bH_{2b+1}Hal + 2\,Na = 2\,NaHal + C_{a+b}H_{2(a+b)+2}.$$

Daneben entstehen die Produkte der symmetrischen Synthese mit 2a und 2b C-Atomen.

Wurtzsche und Friedel-Craftssche Synthese

Diese Synthese heißt die *Wurtzsche Reaktion.* Sie dient ganz allgemein zum Aneinanderheften von Kohlenwasserstoffketten. Will man zyklische Verbindungen aneinanderschließen, so muß man

$$Ar_aHal + Ar_bH$$

verwenden (Ar = Aryl) und als Katalysator Aluminiumchlorid zufügen ($AlCl_3$). Dann tritt Halogenwasserstoff aus und die Reaktion heißt dann *Friedel-Craftssche Synthese.*

Die niederen leichtflüchtigen Glieder der Methanhomologen dienen als Lösungsmittel und (Benzin) als Motorenbrennstoff, die höheren als Leuchtöl, die dickflüssigen als Schmiermittel, die festen weißen Weich- und besser noch die höheren Hartparaffine (auch aus Braunkohle durch Destillation) zu Kerzen.

Homologe Reihen

Die Fähigkeit, *homologe Reihen von Verbindungen* zu bilden, ruht auf der Fähigkeit zur Selbstbindung, die dem B und Si in ihren Hydriden in geringem, dem C in ungeheurem und einzigartigem Maß eigen ist.

D) Hydride der Leichtmetalle

Hydride der Leichtmetalle (Salzcharakter)

§ 68. Bilden sich beim Erhitzen der Metalle in Wasserstoff. Am beständigsten sind die der Erdalkalimetalle und des ihnen am nächsten stehenden Lithiums. Sie entstehen stark exothermisch als weiße, leicht durch Wasser zersetzliche Stoffe. CaH_2 hat zur Versendung von gebundenem Wasserstoff zwecks Luftschiffüllungen und zu Reduktionszwecken Verwendung gefunden. Wichtig sind die Hydride bei denjenigen Metallen, die zugleich Nitride bilden können (NH_3-Katalyse).

Neuere Untersuchungen (Nernst) haben wahrscheinlich gemacht, daß die *Leichtmetallhydride Salzcharakter* haben, daß also in ihnen der Wasserstoff die Rolle eines Halogens spielt, ganz wie er das in den Kohlenwasserstoffen offensichtlich tut, worin er, wie wir soeben sahen, Halogen substituieren kann. Diese Leichtmetallhydride wären danach Salze einer Wasserstoff-Wasserstoffsäure H_2 (s. w. u. Elektrochemie).

Palladium-Wasserstoff (Metalltracht)

Nur ein einziges echtes Schwermetall, Palladium, bildet ein Hydrid Pd_2H von metallischer Tracht, das wir uns später genauer ansehen werden.

I		II	
R_2O Unflüchtig		RO Unflüchtig	
a. weiß bis schwarzbraun	*b.* gelbrot, braun bis violett	*a.* weiß	*b.* weiß bis braunrot
H_2O flüchtig!			
Li_2O weiß		BeO	
Na_2O weiß [Na_2O_2 Natriumsuperoxyd hellgelb]		MgO Magnesia usta	
K_2O weiß [KO_2 Kaliumdioxyd dunkelgelb]		CaO Ätzkalk	
	Kupferoxydul Cu_2O (Cuprit) gelbrot [Kupferoxyd CuO schwarz]		ZnO weiß, heiß gel
Rb_2O gelb, heiß tiefgelb [RbO_2 Rubidiumdioxyd dunkelbraun]		SrO Ätzstrontian	
	Silberoxyd Ag_2O braun etwas wasserlöslich [Silbersuperoxyd AgO schwarz]		CdC brau
Cs_2O rotgelb, heiß schwarzbraun		BaO Ätzbaryt [BaO_2 Barium-superoxyd]	
	Goldoxydul Au_2O dunkelviolett [Goldoxyd Au_2O_3 rotgelb]		Quecksilberoxyd Hg gelb bis rot [Oxydul Hg_2O schwarz]
—		RaO Mengen zu klein	

III	IV	F
R_2O_3 Unflüchtig s — *b.* farblos, grüngelb bis schwarz	R_2O *a.* weiß, unflüchtig *b.* niederste Glieder flüchtig. Höhere ganz unflüchtig; weiß, am Ende schwarz Anfangsglieder Säureanhydride, höhere Basenanhydride	*a.* gefärb unflüch Anhydrid Erdsäu
B_2O_3 Bortrioxyd t, farblos, wasserziehend, asartig, bei hoher Temperatur flüchtig	CO_2 Kohlendioxyd farbloses Gas [C_3O_2 Suboxyd, flüchtige Flüssigkeit $C_{12}O_9$ Mellitsäureanhydrid fest, weiß CO Kohlenoxyd, Gas]	N f [N_2C NO N_2C (NO NO]
luminiumoxyd (Korund) ig, Anhydrid amphoterer Natur photerste Stelle im System	SiO_2 Siliciumdioxyd glasig, hochpolymer, unflüchtig, hart [SiO Monoxyd rot]	(fe zi [(]
	TiO_2 Rutil, Anatas, Brookit, Dioxyd, Säureanhydrid; farblos [TiO_3 Trioxyd, amphoter, gelb]	V_2O_5 bra [VO_2 met
Galliumsesquioxyd Ga_2O_3 farblos	GeO_2 Dioxyd weiß, amphoter [GeO Monoxyd grau]	
	ZrO_2 Zirkonfavas farblos, Glasform bekannt	[Nb_2O_3,
Indiumsesquioxyd In_2O_3 grünlichgelb	SnO_2 Oxyd, weiß Säureanhydrid [SnO Oxydul Basenanhydrid schwarz]	
	CeO_2 blaßgelblich [Ce_2O_3 farblos] TbO_2 schwarz [seltene Erden sonst nur R_2O_3]	Ta_2O_5
Thallioxyd Tl_2O_3 schwarz [Thallooxyd Tl_2O schwarzbraun]	PbO_2 Dioxyd Basen- u. Säureanhydrid braunschwarz [PbO Bleioxyd gelb rot Bleiglätte, amphoter eher basisch Pb_3O_4 Mennige rot]	
	ThO_2 weiß (+ 1 % Ce_2O_3 Auermasse)	Pa Mengen zu klein

V ...lüchtigkeit wächst		VI		
R_2O_5		RO_3		
...te, ...tige ...le der ...ren	*b.* farblose bis braunrote Säureanhydride, Anfangsglieder flüchtig	*a.* unflüchtig. Tiefrot ↓ farblos ↓ gelb bis rot Säureanhydride	*b.* flüchtig, farblos, höhere Glieder gelb	Flüch... dati...
...$_2O_5$ Stickstoffpentoxyd ...est, farblos (explosiv) ... Stickoxydul } farblose Stickoxyd } Gase ...$_3$ Trioxyd blau ...)$_2$ Di(Tetr)oxyd braun ... Hexoxyd rot		$O.O_3$ Oxozon		
...$P_2O_5)_2$ Phosphorpentoxyd ...st, farblos, stärkst wasser- ...ehend, auch in Glasform bekannt ...P_4O Suboxyd gelbrot ...P_4O_6 Trioxyd wachsartig ...$P_4O_8)_2$ Tetroxyd weiß			SO_3 Schwefeltrioxyd flüssig; fest $(SO_3)_2$. farblos [SO_2 farbl. Gas, Dioxyd]	
...unrot ...allisch]		CrO_3 Chromtrioxyd tiefrot, fest, sehr löslich [Cr_2O_3 Chromoxyd, graugrün CrO Chromoxydul schwarz]		M... Mangan... brau... als rot...
	As_2O_5 Arsenpentoxyd fest, farblos [$(As_2O_3)_2$ fest, farblos Glasform bekannt]		— Trioxyd unbekannt [SeO_2 Dioxyd weiß, fest, löslich]	
...Nb_2O_5 [Nb_2O_4 u. a.]		MoO_3 weiß, heiß gelb, wenig löslich [andere Oxyde bekannt]		
	Sb_2O_5 Pentoxyd gelb [$(Sb_2O_3)_2$ hellgelb Sb_2O_4 weiß, heiß gelb]		TeO_3 gelb, fest, wenig löslich [TeO_2 Dioxyd, weiß, fest wenig löslich]	[JO_2 ... Wass... J_2O_5 Wass... HJ(...
		WO_3 gelb, wenig löslich [andere Oxyde bekannt]		–
	Bi_2O_5 Pentoxyd braunrot [Bi_2O_3 Trioxyd gelb, heiß rotbraun]		Po Mengen zu klein	basi... schr... gläs... Nor...
		UO_3 rotgelb, wenig löslich [U_3O_8 Uranoxydoxydul, Uranpecherz, andere Oxyde bekannt]		

	VIII	0
	RO_4	
… flüssige Oxy- mit Wasser … bilden	Feste, flüchtige, wasserlösliche, nicht säurebildende Oxydationsmittel	(He)
…lt!		(Ne)
…l_2O_7 …oxyd farblos …yd gelbbraun …gelb Dioxyd …ive Gase		(Ar)
…MnO grünlich …n_3O_4 rotbraun …n_2O_3 schwarz …nO_2 schwarzbraun …lle fest, nicht wasserlöslich (Br) fehlt!	VIII-wertig nur in den Carbonylen $Fe(CO)_4$ $Ni(CO)_4$ $Co(CO)_4$ tiefsiedenden, farblosen, entzündlichen Flüssigkeiten FeO Eisenoxydul; Fe_3O_4 Eisenoxydoxydul, Magnetit; Fe_2O_3 Eisenoxyd, Hämatit } schwarz CoO Kobaltoxydul grün Co_3O_4 Kobaltoxydoxydul schwarz Co_2O_3 Kobaltoxyd schwarz NiO Nickeloxydul grau	(Kr)
	RuO_4 Rh Pd	
(J)	Feste, flüchtige, lösliche Oxydationsmittel von chlorartigem Geruch	(X)
	OsO_4 $[PtO_2]$	

Säuren — Farbe nimmt i. allg. zu, Flüchtigkeit ab — Basen

…r" heißt ein Oxyd, wenn es als Hydroxyd sowohl saure, wie …aften ausüben kann. Mehr oder minder amphoter sind alle Oxyde.
…oterste Stelle im System ist zugleich die der höchst…mperaturbeständigsten Oxyde. Ihre Umgebung ist die der „Oxyd-…O_2, $(P_2O_5)_2$, As_2O_3, ZrO_2, CaO, MgO, BeO].
…hlen überhaupt bei Fl, Br und den Edelgasen; Oxyde der …h bei Se, J, der Eisengruppe, Rh, Pd, Ir, Pt.
…nthält nur die wichtigsten Oxyde.
…mrandet sind die in Glasform bekannten Oxyde.

II. Die Sauerstoffverbindungen der Elemente. Oxyde und Hydroxyde.

(Sauerstoffvalenz).

§ 69. Die Wasserstoffvalenz läßt sich nicht an vielen Elementen feststellen aus den Ursachen, die uns veranlaßt haben, nicht Wasserstoff als Atomgewichtsnormale zu wählen: Es gibt nicht allzuviel Elemente, die sich mit Wasserstoff zu definierten Verbindungen vereinigen. Hier soll daher der Sauerstoff ergänzend eintreten. Da er sich mit zwei Wasserstoffatomen vereinigt, so ist ein Element einwertig, von dem gleichfalls zwei Atome sich mit einem O-Atom vereinigen usf. Da die Oxyde gleichzeitig auch sonst wichtig sind, schließen wir ihre Besprechung an. Oxyde (Sauerstoffvalenz)

Dann folgen jeweils die Hydroxyde, die man als Reaktionsprodukte des Wassers mit den Oxyden auffassen kann. So wiederholen wir hier bei den Verbindungen der Elemente dieselbe Anordnung, die wir vor der Besprechung der Elemente befolgten, als wir das Wasser und seine Bestandteile an die Spitze stellten; ein Verfahren, das gleicherweise gerechtfertigt ist durch die ungeheure Verbreitung der Elemente Sauerstoff und Wasserstoff im Weltall, wie durch die beherrschende Rolle des Wassers darin, seine Ausnahmeeigenschaften und seine Stellung in der chemischen Praxis.

Die Oxyde zeigen im großen ganzen ein Steigen der Valenz (Sauerstoff als zweiwertig angesehen) von I bis VIII in jeder Reihe. Ihre Mannigfaltigkeit an Zahl, d. h. die Ähnlichkeit der Haltbarkeit verschiedener Oxyde desselben Elements erreicht in der V. bis VII. Gruppe ein Maximum. Sauerstoffvalenz

Die Grundtypen sind:

I	II	III	IV	V	VI	VII	VIII
R_2O	RO	R_2O_3	RO_2	R_2O_5	RO_3	R_2O_7	RO_4.

Danach unterscheidet man die *Sauerstoffvalenz.* Die Oxydbeständigkeit nimmt in jeder linken Untergruppe a) mit dem Atomgewicht zu, in der rechten b) ist es umgekehrt. Doch reicht diese Beziehung nur über die ersten Gruppen, um dann unscharf zu werden.

Im ganzen schreibt man *dem* O *fast immer Zweiwertigkeit* zu und nimmt in schwierigen Fällen eine Veränderlichkeit der Valenz des mit ihm verbundenen Elements an (vgl. aber Oxoniumverbindungen org. Chem. Bd. III) Wichtig sind namentlich die Fälle Kohlenoxyd CO und Stickoxyd NO.

Wir betrachten die auffallendsten und wichtigsten Oxyde einzeln und von der VIII. Gruppe nach links vorschreitend, und bevorzugen dabei die den obigen Typen entsprechenden.

1. Oxyde RO_4 der VIII. Gruppe und Verwandte.

§ 70. Die *Tetroxyde* RO_4 *kommen nur bei* Ru *und* Os *vor*, sind fest, leichtflüchtig, haben chlorartigen Geruch, bilden weder Säuren noch Basen, *sind indifferent*, in Wasser löslich, starke Oxydationsmittel. RuO_4 durch Cl_2-Einleiten aus konz. Kaliumruthenatlösung (K_2RuO_4, erhalten durch Schmelzen von VIII. Gruppe und Verwandte. Os, Ru. Carbonyle

Ru mit KOH und Salpeter) vertrieben, goldgelb, ebenso wie Lösung und Dampf. OsO_4 durch Cl_2-Einwirkung auf Osmium und Wasser oder durch Verbrennen von Os-Pulver an Luft. Weiß, giftig, scheidet mit organischen Stoffen Os ab, das dauernd reizt, namentlich die Augen. Benutzung als „Osmiumsäure" in der Mikroskopie für histologische Färbungen (Gewebfixierung).

Als Derivate von RO_4-Oxyden kann man die Verbindungen von Fe und Ni mit CO (Kohlenoxydgas) nach der Formel $R(CO)_4$ ansehen: Metallcarbonyle.

Metallcarbonyle

Die *Metallcarbonyle* $R(CO)_4$ sind tiefsiedende Flüssigkeiten, stark lichtbrechend, sehr oxydierbar, leicht brennbar, zum Teil selbstentzündlich, leicht zersetzlich in CO und Metall, bilden sich aus beiden schon bei gewöhnlicher Temperatur.

Nickelkohlenoxyd. $Ni(CO)_4$ selbstentzündlich, Schmp. -23^0, Siedep. 44^0, brennt russend, dient im großen zum Abdestillieren des Nickels aus Erzen (s. S. 459). Erdalkalimetalle bilden feste Carbonyle $Me(CO)_2$.

Eisencarbonyl. $Fe(CO)_4$ entsteht neben $Fe(CO)_5$ aus Eisen und Kohlenoxyd, schneller bei 80^0, auch in Leuchtgas in Eisenrohren. Schädigt durch Eisenabscheidung die Glühstrümpfe der Auerbrenner. Im Licht bildet $Fe(CO)_5$ das $Fe_2(CO)_9$, das im Dunkeln wieder zerfällt. *Co-Carbonyle* kennt man auch.

VII. Gruppe Cl, Mn, Br, J

2. Oxyde R_2O_7 der VII. Gruppe und Verwandte.

Heptoxyde

§ 71. Sicher bekannt sind nur die Heptoxyde R_2O_7 von Cl und Mn. Flüchtige explosive Flüssigkeiten, die aus den zugehörigen Säuren HRO_4 erhalten werden.

Darstellung von Säureanhydriden aus Säuren mittels P_2O_5

Cl_2O_7, *Chlorheptoxyd,* beständigstes Chloroxyd, aus der flüssigen, farblosen Überchlorsäure $HClO_4$ als ihr Anhydrid bei -10^0 durch langsame Wasserentziehung mittels P_2O_5. Diese Methode, aus Säuren das Anhydrid zu machen, ist sehr allgemein verwendbar. Destillation des Produkts nicht über 100^0 (Wasserbad) gibt Cl_2O_7, farblose Flüssigkeit, Siedep. 82^0, die in der Kälte merkwürdig geringe Oxydationswirkung übt, Papier, P und S nicht angreift. Zersetzt sich langsam unter Grünfärbung. Explosiv durch Schlag- oder Flammenzündung.

Mn_2O_7, *Manganheptoxyd,* unbeständigstes Manganoxyd, aus dem schwarzroten feingepulverten, trockenen Kaliumpermanganat $KMnO_4$, dem Salz der Übermangansäure, deren Anhydrid Mn_2O_7 ist, durch Betropfen mit konz. H_2SO_4 als braungrünes Öl, das schon bei gewöhnlicher Temperatur einen rotvioletten, jodartigen Dampf (in der VIII. und VII. Reihe ähneln die hohen Metalloxyde zum Teil den Halogenen) abgibt. Zerfällt sehr leicht, besonders bei Berührung mit entzündbaren Stoffen, unter Explosion in flockiges braunes MnO_2 (Mangansuperoxyd, Braunstein) und Sauerstoff. Weniger beständig sind die tiefgrünen *Manganate,* z. B. K_2MnO_4, Salze der nicht frei bekannten *Mangansäure* H_2MnO_4.

$HClO_4$, *Überchlorsäure,* die einzige, rein darstellbare Sauerstoffsäure des Chlors, erhält man durch Destillation von Perchloraten z. B. Kalium-

Säuren (wichtigste Typen) I Basen ROH		II $R(OH)_2$	
		Sal…	
a. Löslichkeit steigt. Salze farblos. Sehr lösliche Basen, außer **H·OH** Wasser amphoter H_2O_2 Hydroperoxyd schwache Säure	*b.* Normaltypen farblos. Andere Salze z. T. gefärbt	*a.* Löslichkeit steigt	*b.*
Li(OH)		**$Be(OH)_2$** Wassergehalt undefiniert	
Na(OH)		**$Mg(OH)_2$** Wassergehalt undefiniert	
K(OH)		**$Ca(OH)_2$** Wassergehalt definiert	
	Cuprohydroxyd **Cu(OH)** gelbrot Kupferhydroxyd $Cu(OH)_2$ grünblau, amphoter beide mit undefiniertem Wassergehalt		Zinkhydroxyd **[Zn(O]H…** Wassergehalt undefinie… Salze Zinkate
Rb(OH)		**$Sr(OH)_2$**	
	Silberhydroxyd **Ag(OH)** farblos, allein in Lösung bekannt		Cd(O… Wassergeha… undefinier…
Cs(OH)		**$Ba(OH)_2$**	
	Goldsäure [AuO(O]H) Goldtrihydroxyd $[Au(O]H)_3$ Aurate gelbrot		Hg Kein Hydroxy… außer in Lösun… $Hg(OH)_2$ u. Hg_2(O… farblos
—		**$Ra(OH)_2$**	

H_3RO_3 III OH)$_3$ (RO·OH)	H_2RO_3 IV R(OH)$_4$ (RO·(OH)$_2$)	R
		S (auß
b. halt hen de ert	*a.* Salze zum Teil gefärbt, Normaltypen farblos *b.* Salze farblos	*a.*
Ortho-Borsäure H_3BO_3 Meta- „ HBO_2 Tetra- „ $H_2B_4O_7$ flüchtig, farblos	Malonsäure COOH · CH_2 · COOH. 2 bas. u. Homologe. Flüssig u. fest. Ameisensäure H · COOH. 1 bas. u. Homologe. Fettsäuren. Flüss. u. fest. Mellitsäure $C_6(COOH)_6$. 6 bas. u. Homologe. Benzolcarbonsäuren. Fest. Kohlensäure H_2CO_3 in Lösung	Ammonhy Hydrazinh Hydroxyla Untersalp Nitrohydr Salpetrige Salpetersä Übersalpe
Aluminiumhydroxyd hoter, farblos Aluminate stark ysiert in Wasser	Kieselsäuren nur in Salzen bekannt Ortho-Säure H_4SiO_4 Meta- „ H_2SiO_3 und Polysäuren	Phosphoni Unterphos Phosphori Unterphos Orthophos Pyrophosp Metaphosp Perphosph Phosphorn
candiumhydroxyd ker basisch	H_2TiO_3 Titansäure weiß. Ti(OH)$_3$ Trihydroxyd	H_3VO_4 Va
iumhydroxyd [Ga(O]H)$_3$	Germaniumhydroxyd [Ge(O]H)$_4$ weiß Germanohydroxyd Ge(OH)$_2$ gelb	
triumhydroxyd	[ZrO · (O]H)$_2$ Zirkonsäure (Zirkonylhydroxyd)	H_3NbO_4 N
diumhydroxyd [In(O]H)$_3$ weiß	Zinnsäure H_2SnO_3 (wohl Hexaoxyzinnsäure $H_2[Sn(OH)_6]$) Salze Stannate [Stannohydroxyd [Sn(O]H)$_2$ Stannite]	Metaar (A Antim Ortho- Pyro- Meta
anthanhydroxyd	Ce(OH)$_4$ Cerihydroxyd gelb Ce(OH)$_3$ Cerohydroxyd farblos. Wie letzteres die teils farblosen, teils gefärbten Hydroxyde der anderen seltenen Erden	H_3TaO_4 T
Thallihydroxyd TlO · OH braun, unlöslich. Thallohydroxyd TlOH farblos, löslich, stark alkalisch	Bleisäure H_2PbO_3 (wohl Hexaoxybleisäure $H_2[Pb(OH)_6]$) Salze Plumbate [Bleihydroxyd [Pb(O]H)$_2$ Salze Plumbite]	
	Th(OH)$_4$ Thoriumhydroxyd	Pa Mengen zu klein

HRO_3 V $(OH)_5$ $(RO(OH)_3)$	H_2RO_4 VI $R(OH)_6$ $(RO(OH)_4)$	
äuren und Salze er Bi_3O_5aq) farblos *b.*	*a.* *b.* Säuren und Salze zum Teil gefärbt farblos	*a* gefä
droxyd $NH_4(OH)$ ydrat $N_2H_5(OH)$ aminhydrat $NH_2(OH)$ etrige Säure $H_2N_2O_2$ oxylaminsäure $H_2N_2O_3$ Säure HNO_2 ure HNO_3 tersäure HNO_4	O ? Ozonsäure ? H_2O_4	
iumsalze $PH_4(A)$ phorige Säure H_3PO_2 ge Säure H_3PO_3 phorsäure H_2PO_3 phorsäure H_3PO_4 } horsäure $H_4P_2O_7$ } horsäure HPO_3 } orsäure $H_4P_2O_8$ nonopersäure H_3PO_5	Polythionsäuren $H_2S_nO_6$ Thioschwefelsäure $H_2S_2O_3$ } Unterschweflige Säure $H_2S_2O_4$ } Pyroschweflige Säure $H_2S_2O_5$ } Dithionsäure $H_2S_2O_6$ } Pyroschwefelsäure $H_2S_2O_7$ } Überschwefelsäure $H_2S_2O_8$ } Schweflige Säure H_2SO_3 } Schwefelsäure H_2SO_4 } Sulfomonopersäure H_2SO_5 }	
nadinsäure	$Cr(OH)_2$ Chromhydroxydul, gelb [CrO(O)H) Chromhydroxyd, blaugrau H_2CrO_4 Chromsäure (Chromate) gelb $H_2Cr_2O_7$ Dichromsäure (Dichromate) gelbrot $HCrO_5$ Blaue } Überchromsäure H_3CrO_8 Rote } (Perchromate)	Mn(OH) MnO·O [MnO·(H_2[MnO H[MnO₄
Arsensäure H_3AsO_4 Arsenige S. H_3AsO_3 farblos	Selensäure H_2SeO_4 Selenige Säure H_2SeO_3	
liobsäure	H_2MoO_4 Molybdänsäure und Polysäuren	
ntimonige S. [SbO·(O)H) Antimonylhydroxyd) onsalze SbA_3 Antimonsäure H_3SbO_4 „ $H_4Sb_2O_7$ „ $HSbO_3$	Tellursäure H_2TeO_4 Tellurige Säure $[TeO(O)H)_2$	
antalsäure	H_4WO_5 Wolframsäure und Polysäuren	
Wismutsäure Bi_2O_5aq schönrot	Po Mengen zu klein	Salz
	$[UO_2(O)H)_2$ Uransäure und Uranylhydroxyd	zwei Säur ablei schrä

H)$_6$)	VIII $R(OH)_8$	0
b. alze farblos	Normaltypen fehlen hier	(He)
xyd		(Ne)
Säure $HClO$ $HClO_2$ $HClO_3$ **$HClO_4$**		(Ar)
oxyd hellrot, roxyd } schwarz, ge Säure } schwarz, anite) } schwarz, e, grün, te), ure, tiefrot	$Fe(OH)_2$ weiß. Ferrohydroxyd. Salze hellgrün $[FeO(O]H)$ Ferrihydroxyd (Ferrite) $Fe(OH)_3$ braun, Salze gelb $H_2[FeO_4)$ Eisensäure (Ferrate) tiefrot $Co(OH)_2$ Cobaltohydroxyd rotviolett Salze rot $Co(OH)_3$ Cobaltihydroxyd schwarz Salze tiefgrün	
äure $HBrO$ $HBrO_3$	$Ni(OH)_2$ Nickelhydroxydul apfelgrün Salze grün $Ni_2O_3 \cdot aq$ schwarzes Peroxyd	(Kr)
	[$Pd(OH)_2$ Palladohydroxyd dunkelbraun]	
Säure HJO HJO_3 **H_5JO_6**		(X)
	[$[PtO(O]H)_2$ Platinsäure rotbraun $Pt(OH)_2$ schwarz]	
		(Nt)

Säuren — Flüchtigkeit wächst

Farbe wächst — Basen

lammern umschließen die Säurereste und lassen die bei ihrer ierten H-Atome frei.
lammern umschließen die Basen-Hydroxyle, die bei dieser bildung durch die Säurereste substituiert werden. *A* bedeutet lle, wo das Hydroxyd selbst unbekannt und nur von ihm sich annt sind. Polysäuren und Heteropolysäuren liegen vom Bor unten.

perchlorat $KClO_4$ mit konz. Schwefelsäure H_2SO_4 bei verringertem Druck als Flüssigkeit, die der konz. H_2SO_4 gleicht im spez. Gew., der öligen Beschaffenheit, der sehr starken Ätzwirkung und der Bildung verschiedener Hydrate, z. B. $HClO_4 \cdot H_2O$. Doch schmilzt sie erst bei 50° und siedet schon bei 203° unzersetzt. Die freie Säure oxydiert weit stärker als H_2SO_4, entzündet organische Stoffe unter Verpuffung, wirkt jedoch in gleicher Verdünnung viel schwächer als (s. w. u.) Chlorsäure (greift dann weder schweflige Säure, noch Salzsäure an), noch wird sie wie diese von konz. H_2SO_4 unter Gasentwicklung zersetzt, obschon sie mehr O enthält als diese. Bequem erhält man eine Lösung von $HClO_4$ aus $KClO_4$ durch Fällung von K_2SiFl_6 mittels Kieselfluorwasserstoffsäure H_2SiFl_6.

Perchlorate werden durch vorsichtiges Erhitzen der Chlorate erhalten, z. B. $KClO_4$ nach

$$2\,KClO_3 = KClO_4 + KCl + O_2 \quad (\text{primär wohl } KClO_4 + KClO_2)$$

durch Schmelzen von Kaliumchlorat. Nach einiger Zeit ist die erste O_2-Entwicklung vorbei und die Masse erstarrt. Ausziehen mit Wasser läßt das sehr wenig lösliche $KClO_4$ zurück, das bei höherem Erhitzen, wie alle Perchlorate, seinen O_2 gleichfalls abgibt. Die übrigen Perchlorate sind reichlich löslich in Wasser.

$HMnO_4$, *Übermangansäure*, ist nur in Lösung bekannt und hat dieselbe Farbe wie das Heptoxyd in Gasform, tiefrotviolett. Die Lösung wirkt stark oxydierend. Die Salze *Permanganate* sind mit denen der Überchlorsäure isomorph.

Im Anschluß daran seien die anderen Halogenoxyde beschrieben.

a. Chloroxyde und Sauerstoffsäuren des Chlors.

Chloroxyde und Sauerstoffsäuren des Chlors

§ 72. Die *Chloroxyde*, außer Cl_2O_7, gleichen in Farbe, Geruch und Ätzwirkung einigermaßen dem Cl_2 selbst; explosive, leicht verdichtbare Gase, starke Oxydationsmittel. Bilden einbasische Säuren durch Anlagerung von Wasser. Cl bildet noch andere einbasische Sauerstoffsäuren, deren Anhydride nicht bekannt sind. Die Oxyde zerfallen beim Erhitzen in die Elemente. Man kennt 3 Oxyde und 4 Sauerstoffsäuren des Chlors.

Chlormonoxyd Cl_2O und *unterchlorige Säure* $HClO$. Aus trockenem Cl_2 beim Überleiten über gefälltes, nicht stark erhitzt gewesenes gelbes Quecksilberoxyd HgO in der Kälte nach:

$$2\,HgO + 2\,Cl_2 = Cl_2O + HgOHgCl_2$$

entsteht Chlormonoxyd Cl_2O als gelbbraunes Gas. Siedep. + 5°, flüssig braun und höchst explosiv. Erschütterung, schnelle Erhitzung oder Berührung mit Spuren entzündlicher, besonders organischer Stoffe führt zur Explosion. In Wasser goldgelb löslich zu zersetzlicher stark oxydierender unterchloriger Säure $HClO$, die verdünnt unzersetzt destillierbar ist, auch aus HgO und Chlorwasser und Destillation oder durch Zersetzung von Hypochloriten mit berechneter Menge Salpetersäure und Destillation erhältlich.

Salze der unterchlorigen Säure, *Hypochlorite* bilden sich aus Alkalihydroxyden und Chlor in wäßriger Lösung bei gewöhnlicher Temperatur nach:

$$2\,NaOH + Cl_2 = NaOCl + NaCl + H_2O$$

Hypochlorite *bleichen Indigolösung.* Die Lösung von NaOCl (eau de Javelle) dient als Bleichlauge. HClO ist nicht rein bekannt. Schwache Säure, da schon die Kohlensäure der Luft Hypochlorite zersetzt, gleicht in Lösung Chlorwasser, fällt aber nicht wie dieses mit Quecksilber geschüttelt weißes Calomel Hg_2Cl_2, sondern gelbbraunes, in Salzsäure lösliches Quecksilberoxychlorid, das aus HgO und wechselnden Mengen $HgCl_2$ sich zusammensetzt.

Chlorige Säure $HClO_2$.

Anhydrid Cl_2O_3 unbekannt, Säure nur in Lösung und in Salzen, *Chloriten*, die in Lösung aus Alkalimetallperoxyden (durch Verbrennung der Alkalimetalle zu erhalten) und Chlordioxyd ClO_2 dargestellt werden:

$$2\,ClO_2 + Na_2O_2 = 2\,NaClO_2 + O_2\,.$$

Das gelbe Bleisalz Pb $(ClO_2)_2$ explodiert leicht beim Erwärmen, ist wenig löslich, so daß es durch Bleiazetatlösung aus der Natriumchloritlösung gefällt wird und durch seine Zersetzung mit verdünnter Schwefelsäure neben unlöslichem Bleisulfat $PbSO_4$ die freie Säure in Lösung zu erhalten ist.

Chlorsäure $HClO_3$.

Anhydrid Cl_2O_5 und reine Säure $HClO_3$ unbekannt. In Lösung erhält man die Säure durch Zersetzung von gelösten Bariumchlorat $Ba(ClO_3)_2$ mit verdünntem H_2SO_4. Dabei fällt $BaSO_4$ aus und bei Verwendung genau der dem Chlorat äquivalenten Menge bleibt reine verdünnte Chlorsäure zurück, die im Trockner über konz. H_2SO_4 auf 40 Proz. konzentriert werden kann, dann aber unter O_2-Entwicklung und Bildung von Überchlorsäure $HClO_4$ zerfällt.

Chlorate erhält man durch Einwirkung von Cl_2 auf heiße Alkalilaugen nach:

$$6\,KOH + 3\,Cl_2 = KClO_3 + 5\,KCl + 3\,H_2O\,.$$

Vorteilhaft elektrolytisch (vgl. S. 348; 356). $KClO_3$ Kaliumchlorat ist in heißem Wasser reichlich, in kaltem wenig löslich, kristallisiert in perlmutterglänzenden Blättchen aus. Die anderen Salze sind leicht löslich, auch das Silbersalz.

Chlorsäurelösung wirkt sehr stark oxydierend, damit getränktes Papier entflammt nach einiger Zeit von selbst. *Oxydiert Indigo allein nicht. Erst bei Zusatz von schwefliger Säure* entfärbt sie ihn, da sie nicht so stark oxydiert, als niedrigere Chloroxyde (Analogie zur Reduktion mit NH_3 und NH_2OH).

Chlordioxyd ClO_2,

ein dunkelgelbes Gas, Schmp. -79^0 (gelbe Kristalle) Siedep. $+10^0$, wird auch wohl als gemischtes Anhydrid der chlorigen und Chlorsäure bezeichnet, da es in wäßriger Lösung mit Alkalien äquivalente Mengen der Salze beider Säuren liefert: Gemischte Anhydride

$$2KOH + 2ClO_2 = KClO_3 + KClO_2 + H_2O.$$

Eine ihm allein entsprechende Säure ist nicht bekannt.

Entsteht aus Chloraten durch Zusatz konz. H_2SO_4 neben Überchlorsäure:

$$3HClO_3 = 2ClO_2 + HClO_4 + H_2O.$$

Dies ist ein häufiger Fall, daß eine Verbindung in eine höhere und eine tiefere (hier Oxydations-)Stufe auseinanderfällt.

Nimmt man die Zersetzung unter Wasser vor, und fügt dem Chlorat etwas gelben P hinzu, so verbrennt er beim Hinzukommen der H_2SO_4 unter Wasser. Überhaupt entzündet sich ein brennbarer Stoff mit konz. ClO_2 zusammengebracht und bringt dieses zur Explosion. Sie wird auch durch Erschütterung und Erhitzen hervorgerufen. Auch Belichtung zersetzt.

b. Sauerstoffsäuren des Broms.

§ 73. Oxyde, mithin Anhydride nicht bekannt. Die Säuren HBrO, *unterbromige Säure*, und $HBrO_3$, *Bromsäure* in verdünnter Lösung und in Salzen *Hypobromiten und Bromaten* bekannt, gleichen in Eigenschaften und Darstellung denen des Chlors, nur sind die Bromate meist wenig löslich und bilden beim Erhitzen kein Perbromat, sondern zerfallen ganz in Bromid und O_2. Bromsäure

c. Jodoxyde und Sauerstoffsäuren des Jods.

§ 74. Im ganzen die beständigsten der Halogenoxyde und Halogenoxysäuren. Die Oxyde sind feste Körper. Man kennt zwei. Von Sauerstoffsäuren kommen drei in Betracht. Jodoxyde und Jodsäuren

Unterjodige Säure HJO.

Nur in Salzen, Hypojoditen, in alkalischer Lösung bekannt. Bleichen dann Indigo, scheiden mit Säuren sofort Jod ab, bilden beim Kochen sofort Jodid und Jodat. Darstellung wie die der anderen Hypohalogenite.

Jodpentoxyd J_2O_5 *und Jodsäure* HJO_3.

J_2O_5 erhält man durch Erhitzen von Jodsäure HJO_3 auf 220 bis 240^0. Auch diese Art, aus Säuren Anhydride zu erhalten, ist häufig anwendbar. Weißes kristallinisches Pulver, bei weiterem Erhitzen gegen 300^0 in die Elemente zersetzbar. Löslich in Wasser zu Lösungen von HJO_3 Jodsäure, die als kristallinisches weißes Pulver leichtlöslich in Wasser aus Jod durch Erhitzen mit Salpetersäure, also Darstellung von Säureanhydriden aus Säuren durch Erhitzen

wie Cl_2O durch unmittelbare Oxydation des Halogens gewonnen wird nach der Bruttobilanz:

$$10HNO_3 + 3J_2 = 10NO + 6HJO_3 + 2H_2O.$$

Bildet, namentlich in konzentrierten Lösungen, unter Wasseraustritt
Polysäuren „*Polymolekeln*", z. B. $3HJO_3—H_2O=HJ_3O_8$. Starkes Oxydationsmittel, das HCl sogleich oxydiert und mit HJ unter Freiwerden des gesamten Jods reagiert. Diese Reaktion ist in der Analyse wichtig. Nur die Alkalijodate sind wasserlöslich, die meisten anderen wenig löslich.

Joddioxyd J_2O_4

gemischtes Anhydrid der jodigen und der Jodsäure, entsteht ganz, wie Chlordioxyd aus HJO_3 bei Einwirkung konz. H_2SO_4. Doch muß man erhitzen und Nebenprodukt ist nicht Überjodsäure, sondern O_2.

Gelbes kristallinisches Pulver, das mit Wasser erhitzt, HJO_3 und J_2 liefert, bei 130° sich in die Elemente spaltet.

HJO_4, *Überjodsäure*, läßt sich durch Oxydation von Jod mit Überchlorsäure als Dihydrat $HJO_4.2H_2O$ in farblosen Kristallen erhalten, die beim Erhitzen J_2O_5, O_2 und Wasser liefern und als H_5JO_6 aufgefaßt werden können. Die Salze geben beim Erhitzen umgekehrt, wie Chlorat zu Perchlorat führt, Jodate, manche sind sogar glühbeständig. Die meisten sind wenig löslich in Wasser, löslich in Salpetersäure. Dabei gibt es verschiedene Reihen von Salzen, die man übersichtlich betrachten kann unter dem für alle mehrwertigen Elemente brauchbaren Schema, wo jedes folgende Glied durch Wegnahme von H_2O aus dem vorangehenden entsteht:

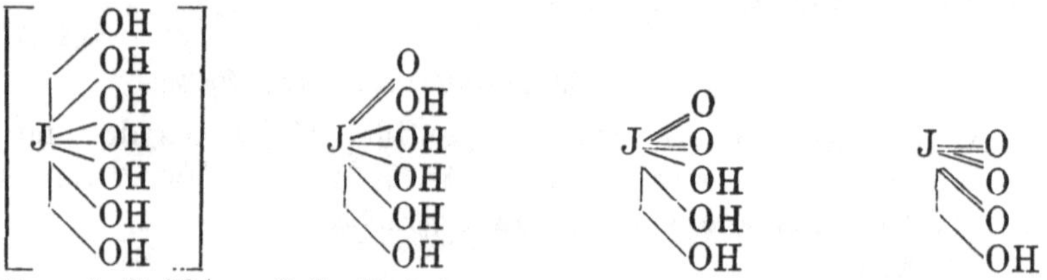

Basizität wasserstoffreicher Säuren

Normale H_7JO_7 müßte 7-basisch sein kein Salz bekannt — Ortho-Perjodsäure H_5JO_6 5-basisch — H_3JO_5 3-basisch — Gewöhnliche Perjodsäure HJO_4 Meta-Perjodsäure 1-basisch

Salze bekannt (5-basisch, 3-basisch, 1-basisch)

Meist verhält sich die Perjodsäure einbasisch, doch auch in zahlreichen Eigenschaften 2-basisch, nie 5-basisch. Die analytisch in der Säure allein gefundene H-Atomzahl läßt also keinen sicheren Schluß zu auf die Zahl der durch Metalle wirklich ersetzbaren H-Atome, also der sog. OH-Gruppen.

Verwendung der Halogen-Oxysäuren Hypohalogenite bleichen. Man verwendet sie dazu und zur Desinfektion. Chlorate und Perchlorate benutzt man in der Zündholz- und Sprengstoffindustrie.

3. Oxyde RO_3 der VI. Gruppe und Verwandte.

Trioxyde RO_3.

Trioxyde RO_3 VI. Gruppe

§ 75. Nur von S ist in der Gruppe S, Se, Te ein Trioxyd bekannt. Ihm gleichen in manchem die Trioxyde von Cr, Mo, W, U. Man kennt die Säuren H_2RO_4 von S, Se, Te (rechte Untergruppe) in freiem Zustand, die von Cr, Mo, W, U (linke Untergruppe) nur in Lösung und in Salzen. Mit steigendem Atomgewicht nimmt der Säurecharakter ab. In der ganzen Gruppe kommt Bildung von *Polysäuren* (s. S. 142) vor, indem mehrere Säuremolekeln zusammentreten unter Austritt von Wassermolekeln, ähnlich wie bei Jodsäure. Polysäuren

I. Rechte Untergruppe (S, Se, Te).

a. Die Oxyde und Sauerstoffsäuren des Schwefels.

Wir betrachten 3 Oxyde: SO_2, *Schwefeldioxyd,* wie SeO_2 und TeO_2 die beständigste Verbindung, wie in der rechten Untergruppe überhaupt anstatt Sechswertigkeit Vierwertigkeit vorherrscht. S_2O_3, Schwefelsesquioxyd, malachitgrüne Krusten, die man aus Schwefeltrioxyd und Schwefel erhalten kann, eine unwichtige und zweifelhafte Verbindung. Endlich SO_3, *Schwefeltrioxyd,* das Anhydrid der Schwefelsäure H_2SO_4, das zu ihrer Gewinnung in größtem Maßstab dargestellt wird. 10 Sauerstoffsäuren sind wichtig. Oxyde und Säuren des S

Schwefeldioxyd SO_2.

Anhydrid der schwefligen Säure H_2SO_3, die in Lösung und Salzen *Sulfiten,* nicht frei bekannt ist, entsteht als farbloses, stechend riechendes Gas aus den Elementen durch Verbrennnng von Schwefel oder Schwefelkies FeS_2 an der Luft, allgemein beim *„Rösten“* der Sulfide, ihrem Erhitzen an Luft oder aus Schwefel durch milde Oxydationsmittel, wie CuO (Kupferoxyd) oder MnO_2 (Braunstein) oder H_2SO_4. Oder durch Reduktion der letzteren mit Kupfer oder Kohle beim Erhitzen. Zweckmäßiger im Laboratorium durch Zersetzung von Sulfiten, z. B. der im Handel befindlichen Sulfitlauge, einer konz. Lösung von $NaHSO_3$ mit konz. Schwefelsäure nach: Schweflige Säure

$$NaHSO_3 + H_2SO_4 = NaHSO_4 + H_2O + SO_2 .$$

Chemisch wirkt es als Reduktionsmittel, kann aber stärkeren Reduktionsmitteln gegenüber, wie NH_2OH, auch oxydierend wirken. Oxydiert auch den H im H_2S und scheidet dabei, ähnlich wie HJO_3 und HJ zusammen ihr J abgeben, allen S ab. Mg brennt in ihm weiter, gleichfalls unter Abscheidung von S. Meist freilich, namentlich in wäßriger Lösung, beobachtet man seine reduzierende Wirkung, so bei der Entfärbung von Jodlösung oder Permanganat oder bei Bleichung von Farbstoffen, wie man sie technisch für solche Gewebe benützt, die Chlor nicht vertragen. Daneben entsteht H_2SO_4. Erhitztes Bleisuperoxyd PbO_2 entzündet sich sogar in SO_2 und verbrennt zu $PbSO_4$.

Von alters wird SO_2 auch als Desinfektionsmittel benützt (Schwefeln der Fässer und Konserven). Im Wasser sehr reichlich löslich entsprechend seinem hohen Sdp. -8^0 (Schmp. $-75{,}1^0$). Flüssiges SO_2 ist in Stahlbomben versendbar, erzeugt beim Verdampfen beträchtliche Kälte, ist vielfach ein brauchbares Lösungsmittel und die Stoffe entwickeln darin oft andere Eigenschaften, als in Wasser.

Man stellt SO_2 in sehr großem Maßstab durch Verbrennen von Schwefelkies FeS_2 her, der einmal erhitzt selbst weiter brennt, oder durch Rösten von Zinkblende ZnS, die ebenso wie Bleisulfid (Bleiglanz) Deutschland in sehr großen Lagern zur Verfügung steht. Endlich und auch künftig aus Gips $CaSO_4 . 2 H_2O$ oder Schwerspat $BaSO_4$ auf andere Weise. Die Technik verarbeitet das SO_2, soweit sie es nicht zur Kälteerzeugung u. a. benutzt, zu Schwefeltrioxyd oder zu Schwefelsäure. Bei sehr hoher Temperatur und im ultravioletten Licht zersetzt sich SO_2 in SO_3 und Schwefel.

SO_2 entströmt den Solfataren an vulkanischen Orten der Erde und trifft dabei oft feucht mit H_2S zusammen, wobei sich Schwefel abscheidet. Daher stammen die natürlichen Schwefellager.

1. *Schweflige Säure* H_2SO_3

nur in Lösung und in Salzen bekannt, schwache Säure, leicht austreibbar durch viele andere Säuren, nicht mehr durch Kohlensäure, auch durch Erhitzen aus der Lösung entfernbar in Form von Dioxyd. Zweibasisch, so daß man *saure*, z. B. $NaHSO_3$ und *neutrale Sulfite*, z. B. $Na_2SO_3 . 7 H_2O$ unterscheidet. Letztere reagieren in Lösung basisch, wenn es sich um Salze mit starken Basen handelt, eine Erscheinung, die sich bei allen Salzen schwacher Säuren mit starken Basen zeigt, und an der Bildung des Ausdrucks „starke Base — schwache Säure" mitgewirkt hat. Schweflige Säure oxydiert sich in Lösung an der Luft langsam, ebenso die sauren Sulfite, schnell dagegen die alkalisch reagierenden Sulfite. Dieser Vorgang läßt sich durch winzige Spuren von Eisen- oder Kupfer-Verbindungen beschleunigen und verläuft, weil diese fast stets vorhanden sind, so rasch, daß man ihn in der Analyse verwertet. Er läßt sich durch Spuren von Zuckerarten oder Glyzerin sehr verlangsamen, die die Wirkung der Metalle aufheben, indem sie mit ihnen Verbindungen eingehen. Beide Wirkungen fallen unter die Definition der Katalyse.

Schwefelsäure

Schwefeltrioxyd SO_3

bildet sich in kleinen Mengen neben SO_2 bei allen Oxydationen, wo SO_2 entsteht, wird im größten Maßstab aus SO_2 durch Überleiten über erhitzten Platinasbest oder Asbest, der mit vanadinsaurem Silber getränkt ist, mittels *Kontaktverfahrens* katalytisch dargestellt. Richtiges Mischungsverhältnis und optimale Wahl der Temperatur (am besten 430°), völlige Befreiung der Gase von Staub (optische Prüfung) und Arsen (Wasserdampf einblasen) ist besonders wichtig, wesentlich auch, daß die Gase die Röhren mit dem Kontaktgemisch von oben nach unten durchströmen (Abb. 85) und daß die Kontaktröhren stets wegen der großen Reaktionswärme gekühlt werden. Das Verfahren ist wissenschaftlich genau erforscht und danach die technischen Bedingungen gewählt (s. Chemische Gleichgewichte Bd. III). Früher stellte man in Nordhausen durch Destillation oxydierten Eisenvitriols Trioxyd her, meist noch gelöst in Schwefelsäure, als sog. *rauchende Schwefelsäure* oder Nordhäuser Vitriolöl:

$$Fe_2(SO_4)_3 = Fe_2O_3 + 3\,SO_3\,.$$

Frisch dargestellt, ist SO_3 flüssig, Schmp. 17,7°, Sdp. 46°, farblos und stößt, infolge seines hohen Dampfdrucks und der außerordentlich geringen Flüchtigkeit der mit der Luftfeuchtigkeit daraus gebildeten Schwefelsäure, sehr dichte und schneeweiße Nebel aus. Spuren von Wasser rufen eine Umwandlung hervor, die ohnehin von selbst nach einiger Zeit sich abspielt, in eine asbestartige Modifikation, Schmp. 40°, die sich im Gegensatz zur ersteren in H_2SO_4 nur langsam löst und, wie neuere Methoden (s. Band II) lehren, aus dem Dimeren $(SO_3)_2$ besteht. Beide reagieren mit Wasser und Basen unter sehr starker Erhitzung und Zischen.

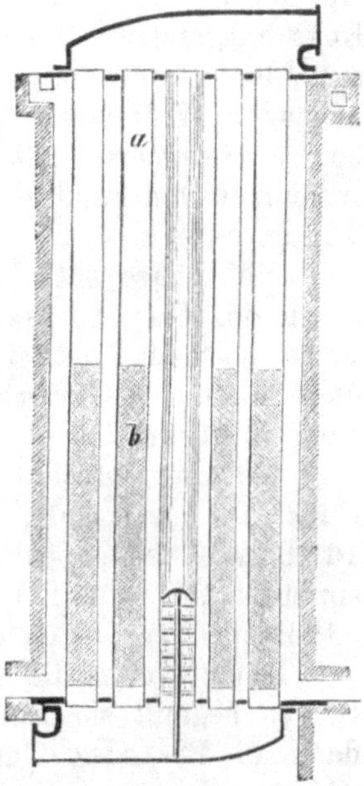

Abb. 85.
Anordnung der Kontaktröhren für SO_3-Herstellung.

SO_3 entsteht auch durch Bestrahlung von SO_2 neben freiem Schwefel (s. S. 144, vgl. auch Photochemie Bd. III).

2. *Schwefelsäure* H_2SO_4

stellt man aus Trioxyd her, indem man es in 97—98 prozentige Schwefelsäure einträgt und durch abgemessenen Zufluß verdünnterer oder gekühlter Säure stets die gleiche Konzentration aufrecht erhält. Läßt man sie nämlich verdünnter werden, so absorbiert sie die SO_3-Dämpfe nicht augenblicklich. Verdünntere Säure erhält man aus dem SO_2-Luftgemisch, das die Kies- oder Blende-Röstöfen verläßt, mittels des früher ausschließlich benützten *Bleikammerverfahrens,* einer katalytischen Oxydation Kammerverfahren des mit Wasserdampf gemischten Gasgemischs mit Stickstoffoxyden als Katalysatoren in großen Kammern aus Blei, worin sich die rund 67 prozentige *Kammersäure* als feiner Nebel herabsenkt. Neuerdings werden die Kammern mehr und mehr durch Türme verdrängt, die mit Steinen ausgesetzt sind und weit weniger Raum einnehmen.

Die Gase, die aus den Kiesöfen kommen und die Flugstaubkammern durchstrichen haben, steigen durch den Gloverturm auf, worin ihnen sog. nitrose Schwefelsäure entgegenrieselt, die Stickstoffoxyde gelöst enthält. Sie wird durch die heißen Gase konzentrierter und denitriert, während die Gase gewaschen und gekühlt werden. Um die Oberfläche zu vergrößern, ist der Turm mit säurefesten Steinen oder Koks ausgesetzt. Die Gase treten dann in die Kammern, die aus Blei, mit Blei gelötet, hergestellt sind, da dies Metall allein der Säure genügenden Widerstand leistet, ohne kostspielig zu sein. In die ersten beiden Kammern tritt Wasserdampf. Danach folgen 1 bis 2 weitere, zusammen von rund 5000 cbm Inhalt. Oder man benutzt die erwähnten Türme.

Die Abgase enthalten noch wertvolle Stickoxyde und streichen daher durch den Gay-Lussac-Turm, wo über Koks ziemlich konz. Schwefelsäure herfließt und sie absorbiert. Die so entstehende nitrose Säure dient dann im Gloverturm. Die Kammersäure wird eingedampft oder auch so verwendet.

Konzentrationsangabe in Graden Baumé

Die Konzentrationen der Säure rechnet man in „Graden Baumé", einer Aräometerskale, deren Nullpunkt dem spez. Gew. 1, und deren 10°-Punkt dem spez. Gew. einer 10 prozentigen Kochsalzlösung entspricht. 100 % H_2SO_4 hat darauf 66.6° Bé, die Kammersäure rund 53° Bé (67 %), die Gay-Lussac-Säure 60—62° Bé.

Dampft man die Kammersäure auf 60° Bé. (78 %) in Bleipfannen ein, so beginnt sie schließlich das Metall zu sehr anzugreifen, und muß dann in Pt- oder Quarzgefäßen weiter konzentriert werden, bis auf 66° Bé. Dies ist dann die konz. H_2SO_4. Für viele Zwecke läßt sich schon die Kammersäure benützen, so zur Zersetzung von Calciumphosphat bei der Superphosphatbereitung u. dgl.

Chemische Eigenschaften

Rohe H_2SO_4 enthält vor allem Pb, As und Kohle, letztere infolge organischer Stoffe, die in sie hineingefallen und verkohlt sind, Pb von den Gefäßen her, As aus den As-haltigen Kiesen, die zur SO_2-Bereitung dienten. $PbSO_4$ fällt bereits beim Verdünnen z. T. aus, und Pb und As können durch Behandlung mit H_2S (Eintragen von Bariumsulfid) großenteils ausgefällt werden.

Schwefelsäure ist ein Oxydationsmittel, und kann durch manche Metalle, namentlich, wenn konzentriert, bis zu H_2S reduziert werden, durch andere, wie Cu, Ag, Hg, besonders in der Hitze, zu SO_2. Sie greift Pt und Au nicht bedeutend an, mit den meisten anderen Metallen entwickelt sie kalt und verdünnt H_2. Oxydiert, wenn konzentriert, namentlich heiß, sehr schnell organische Stoffe, wobei SO_2 entsteht und meist Kohlenstoff zurückbleibt, der der Oxydation am meisten widersteht. Entzieht vielen organischen Stoffen nur die Bestandteile des Wassers, da sie sich mit Wasser zu sehr festen Verbindungen vereinigt. Deshalb wird sie auch zum Trocknen in Trocknern benützt. Man kennt mehrere Hydrate von ihr. Bei ihrer Bildung wird viel Wärme frei, was dann die chemische Einwirkung, die Brand- und Ätzwirkung der Säure verstärkt.

Schwefelsäure ist *zweibasisch* und bildet sehr beständige saure Basizität Sulfate. Letztere verlieren beim Erhitzen H_2O und liefern Pyrosulfate nach:

$$2\,KHSO_4 = H_2O + K_2S_2O_7\,,$$

die bei höherer Temperatur SO_3 und beständiges neutrales Sulfat geben. Die meisten Sulfate sind, obwohl nicht immer reichlich, in Wasser löslich; $PbSO_4$, Bleisulfat und noch mehr $BaSO_4$, Bariumsulfat sind in Wasser sehr wenig („unlöslich“), in konz. H_2SO_4 mehr löslich, wogegen $SrSO_4$ (Strontiumsulfat) schon merklich und $CaSO_4$ (Calciumsulfat, Gips) recht merklich sich löst.

3. *Pyroschwefelsäure* $H_2S_2O_7 = \begin{matrix} SO_2 < \begin{matrix} OH \\ O|H \end{matrix} \\ SO_2 < \begin{matrix} |OH \\ OH \end{matrix} \end{matrix}$

läßt sich, der Bildung ihrer Salze entsprechend, als entstanden auffassen durch Vereinigung zweier Mole H_2SO_4 unter Austritt eines Mols Wasser. Solche Säuren, die durch Verknüpfung mehrerer Molekeln unter Wasseraustritt sich bilden, heißen, wie wir sahen, *Polysäuren* und pflegen nicht Polysäuren als bloße Hydratstufen, und nicht ebenso wie die einfache Komponente (hier H_2SO_4) sich zu verhalten, sondern ihre eigenen Reaktionen in Lösungen aufzuweisen. Pyroschwefelsäure ist in der *rauchenden Schwefelsäure* enthalten, einer Lösung von SO_3 in konz. Schwefelsäure („*Oleum*“), die in der Kälte ganz oder teilweise gefriert und auch so noch stark raucht. Sie reagiert unter Zischen und sehr starker Erhitzung mit Wasser. Man darf deshalb, um Spritzen zu verhüten, beim Verdünnen von Oleum und auch schon bei dem von konz. H_2SO_4 nicht Wasser zur Säure geben, sondern muß in umgekehrter Reihenfolge mischen. Oleum wird am besten zuerst mit Schwefelsäure verdünnt, indem man es in dünnem Strahl unter Umrühren in sie eingießt. Destillation von Oleum gibt SO_3. Dies ist die bequemste Methode, schnell größere Mengen frischen, flüssigen Trioxyds zu erhalten (andere Hydratstufen s. Kryochemie Bd. II).

Schwefel bildet außer der schwefligen Säure und ihren Polysäuren, die nur in Salzen bekannt sind und der Schwefelsäure und deren Polysäuren noch zahlreiche andere Säuren, die außer den Überschwefelsäuren alle nur in Salzen und manchmal auch in Lösung, aber nicht rein bekannt sind. *Alle Säuren des S sind zweibasisch.*

4. *Thioschwefelsäure* $H_2S_2O_3$. Thioschwefelsäure

Durch Zersetzung ihrer Salze, der *Thiosulfate* in verdünnter Lösung zu erhalten, die sich sehr schnell in schweflige Säure $+ S$ zersetzt. Die Salze entstehen dementsprechend aus Sulfiten durch Erwärmen mit S, auch aus Sulfiden durch Einleiten von SO_2 (doch nicht bis zur Sättigung) und wahrscheinlich auf einem dieser beiden Wege durch Oxydation von Disulfiden an der Luft, so technisch aus CaS_2 nach

$$2\,CaS_2 + 3\,O_2 = 2\,CaS_2O_3\,.$$

In großem Maßstab stellt man $Na_2S_2O_3.5\,H_2O$, früher unterschwefligsaures Natron genannt, her, als farbloses, leicht lösliches Salz, das die Silberhalogenide zu leicht löslichen Verbindungen löst, indem komplexe Metallthioschwefelsäuren entstehen. Deshalb wird es in der Photographie als „*Fixiernatron*" viel benützt. Oxydationsmittel zerstören es meist unter Sulfatbildung, weshalb man damit die Chlorreste bei der Chlorbleiche zerstört und so unschädlich macht. Deshalb heißt es auch *Antichlor*. Man badet die gebleichten Stoffe in seiner Lösung.

Thiosulfate sind durch den Niederschlag von weißem $Ag_2S_2O_3$ gekennzeichnet, den Silbersalze in ihnen liefern und der beim Erwärmen unter Ag_2S-Bildung schwarz wird. Eine wichtige analytische Verwendung s. bei Tetrathionsäure.

Unterschweflige Säure

5. *Unter-(Hydro)-schweflige Säure* $H_2S_2O_4$

enthält zwar mehr O als Thioschwefelsäure, ist aber dennoch ein stärkeres Reduktionsmittel. Diese häufige Erscheinung begegnete uns bereits bei den Chloroxyden. Das farblose, technisch bei der Indigofärbung (s. Bd. III) benützte Natriumsalz entsteht aus SO_2 und Natrium beim Erhitzen oder durch Aussalzen der konzentrierten wäßrigen Lösung mit Kochsalz; diese Lösung wird durch Elektrolyse von $NaHSO_3$ oder durch ihre Reduktion mit Zink erhalten (*Schützenberger*sche Flüssigkeit), wobei H_2-Entwicklung ausbleibt.

Jodlösung wird unter HJ-Bildung durch die Salze und die Säure entfärbt, aus Hg-, Cu- und Ag-Lösungen fallen die Metalle aus. O_2 aus der Luft wird so schnell absorbiert, daß die *Hyposulfite* in der Gasanalyse verwendbar sind. Dabei entsteht saures Sulfit.

Polythionsäuren

Polythionsäuren $H_2S_nO_6$

zerfallen in Lösung mehr oder minder schnell nach

$$H_2S_nO_6 = H_2SO_4 + SO_2 + (n-2)S\,.$$

Sie entstehen durch Säurezusatz aus ihren farblosen Salzen, die meist wasserlöslich sind, auch die Bariumsalze. Wichtig für das Walther Feld-Verfahren, das aus dem NH_3 und H_2S der Kokereien mittels Lösungen von $(NH_4)_2S_3O_6$ und $(NH_4)_2S_4O_6$ Ammonsulfat gewinnen will. Regeneration der Lösung mit SO_2 und Arsenit als Katalysator (Raschig).

6. *Dithionsäure* $H_2S_2O_6$.

Das Mangansalz entsteht durch Einleiten von SO_2 in wäßrige MnO_2-Aufschwemmung, indem sich $2\,SO_2$ an MnO_2 addieren, wie SO_2 an Na zu $Na_2S_2O_4$ sich addierte. Selbst konz. HCl zersetzt die Säurelösung nur langsam beim Kochen.

7. *Trithionsäure* $H_2S_3O_6$.

K-Salz aus Kaliumthiosulfat, durch Einleiten von SO_2 bis zur Sättigung unter Ausfallen von S. Bildet mit KSH Thiosulfat zurück.

8. *Tetrathionsäure* $H_2S_4O_6$.

Freies Jod nimmt aus Thiosulfaten ein Metallatom heraus und läßt Tetrathionat zurück nach

$$2Na_2S_2O_3 + J_2 = 2NaJ + Na_2S_4O_6.$$

Dabei entfärbt sich die Lösung. Hierauf gründet sich eines der wichtigsten Verfahren der quantitativen Analyse (*Jodometrie*). $Na_2S_4O_6$, wie $Na_2S_5O_6$ liefern in wäßriger Lösung mit Na_2SO_3 genau und schnell $Na_2S_2O_3$ und $Na_2S_3O_6$.

9. *Pentathionsäure* $H_2S_5O_6$

entsteht in Lösung, wenn man H_2S- und SO_2-Wasser mischt, neben viel S. Die Flüssigkeit heißt Wackenrodersche Flüssigkeit. Bei Fehlen von SO_2 an der S-Abscheidung bei Laugezusatz nachweisbar.

Überschwefelsäuren

10. *Sulfomonopersäure.*

Sulfo-mono-Persäure, *Caro sche Säure* H_2SO_5, entsteht leicht in Lösung durch Eintragen von H_2O_2 in viel konz. H_2SO_4. Sie oxydiert nicht wie dieses, Chrom- und Titansäurelösung und entfärbt nicht Permanganat. Starkes Oxydationsmittel, das J_2 aus KJ freimacht und SO_2 zu H_2SO_4 oxydiert. Rein aus 100prozentigem $H_2O_2 + SO_3$ oder $H_2O_2 + SO_3HCl$ (Chlorsulfonsäure, vgl. S. 197) in Kristallen zu erhalten (Schmp. 45°).

11. *Überschwefelsäure* $H_2S_2O_8$

kristallisiert aus Caroscher Säure $+ SO_3HCl$ (Schmp. 60°). Ihre Salze, *Persulfate*, werden durch Elektrolyse von Sulfaten (S. 357, I) in konz. kalter Schwefelsäure dargestellt. Sie sind, vom K-Salz abgesehen, meist wasserlöslich und milde Oxydationsmittel, die beim Erhitzen alsbald in Pyrosulfat und O_2 zerfallen.

---

b) Oxyde und Sauerstoffsäuren des Selens.

Selenoxyde und Säuren

§ 76. SeO_2 *Selendioxyd*, weiße Nadeln, durch Verbrennen von Se an der Luft erhalten, sublimiert bei 310°, löst sich in Wasser zu *seleniger Säure* H_2SeO_3, die beim Eindampfen auskristallisiert, aber beim Erhitzen, wie H_2SO_3 in Dioxyd und Wasser zerfällt. Keine Reduktionsmittel mehr. Durch Zinnchlorür $SnCl_2$ oder SO_2 zu rotem Se reduzierbar. Durch Cl_2 oder Br_2 zu H_2SeO_4, *Selensäure* (Schmp. 58°) oxydierbar, die in Lösung und durch die Schwerlöslichkeit des Ba-Salzes der H_2SO_4 gleicht, aber ein stärkeres Oxydationsmittel ist, da sie Au löst und mit Salzsäure Cl_2 liefert.

c) Oxyde und Sauerstoffsäuren des Tellurs.

Telluroxyde und Säuren

TeO_2 *Telluroxyd*, durch Verbrennen von Te erhalten, sehr wenig löslich in Wasser, da auch H_2TeO_3 *tellurige Säure*, durch Lösen des Te in Salpetersäure erhalten, sich in Wasser sehr wenig löst. Auch sie zerfällt sehr leicht wieder in TeO_2 und Wasser. TeO_2 vermag übrigens mit starken Säuren (H_2SO_4) *Salze* zu bilden ($Te(SO_4)_2$), hat also ungefähr gleiche Säure- wie Baseneigenschaft. Um *Tellursäure* H_2TeO_4, ein schwerlösliches, weißes Pulver mit nur schwachem Säurecharakter, zu erhalten, muß man Te mit Salpetersäure und Chromsäure oxydieren und mit konz. Salpetersäure wiederholt fällen.

Trioxyde der Gruppe Cr, Mo, W, U

II. Trioxyde der linken Untergruppe (**Cr, Mo, W, U**).

§ 77. Feste, gelbe oder (CrO_3) rote Stoffe, die schwache Säuren liefern und mannigfache *Polysäuren*. Die Oxyde von Mo, W, U sind wenig löslich. Nur CrO_3 hat den Charakter eines starken Oxydationsmittels (Salze isomorph mit den Sulfaten).

a) *Chromtrioxyd und Chromsäuren.*

Chrom

CrO_3 *Chromsäureanhydrid.* Rote Nadeln, wenn trocken nicht zerfließlich, in Wasser leichtlöslich, entstehen aus Chromaten und Polychromaten, am besten aus konz. $Na_2Cr_2O_7$-Lösung durch Zusatz von konz. H_2SO_4. Erhitzen mit H_2SO_4 liefert O_2 und Chromisulfat $Cr_2(SO_4)_3$. Bloßes Erhitzen auf 250° grünes Chromoxyd Cr_2O_3 und O_2. Oxydiert organische Stoffe, Salzsäure und schweflige Säure, entzündet NH_3-Gas, scheidet aus H_2S-Lösung S ab. Chromate meist gelb, Polychromate auch in Lösungen gelbrot. Alkalisalze löslich, viele andere Chromate unlöslich.

Chromsäure H_2CrO_4 läßt sich nicht darstellen. Setzt man zu einem Chromat eine starke Säure, z. B. H_2SO_4, so färbt sich die gelbe Lösung rotgelb, weil ein Dichromat entsteht, das man durch Addition von CrO_3 zum Chromat entstanden denken kann. Ähnlich kann man aus Dichromaten $+ CrO_3$ Trichromate usw. herstellen, jedoch keine sauren Chromate, trotz der Zweizahl der H-Atome in der Chromsäure, offenbar, weil dann eine innere Oxydation des H durch CrO_3 stattfindet. Wenigstens spricht das Verhalten der Lösungen dafür.

Um mittels Chromsäure zu oxydieren, versetzt man Bichromat mit H_2SO_4 und dem zu oxydierenden Stoff. Dabei erfolgt Reaktion nach dem Bruttoschema:

$$2 Na_2Cr_2O_7 + 8 H_2SO_4 = 2 Na_2SO_4 + 2 Cr_2(SO_4)_3 + 8 H_2O + 3 O_2 .$$

Hierzu und für Malerfarben dienen Chromate (Chromgelb = $PbCrO_4$). Technisch geht man vom Chromeisenstein $Cr_2O_3 . FeO$ aus, der mit Kalk und Soda, besser Kali bei Weißglut (1000°) in Flammöfen (s. S. 447, 449) geröstet, und so in Chromat + Fe_2O_3 übergeführt wird, wobei $CaCO_3$ entsteht. Man laugt aus, setzt H_2SO_4 zu, und „konvertiert" das ausgeschiedene zerfließliche $Na_2Cr_2O_7$ durch Umsetzung mit KCl in $NaCl + K_2Cr_2O_7$, welch letzteres nicht zerfließlich ist und gut kristallisiert.

Reduzierte Chromate werden elektrolytisch rückgebildet (S. 359).

Überchromsäuren.

$HCrO_5$ entsteht als tiefblauer Stoff aus Chromsäurelösung mit Zusatz von viel Hydroperoxyd, löslich mehr in Äther, als in Wasser (analytisch wichtig zum Cr- oder H_2O_2-Nachweis). Das Ammoniumsalz, mit 1 Mol H_2O_2 zusammenkristallisiert, ist tiefviolett, ähnlich Permanganat: *Blaue Perchromate.* (Wiede)

H_3CrO_8 in Salzen bekannt: *Rote Perchromate.* Wäßrige Lösungen zersetzen sich bald in Chromate $+ O_2$. (Riesenfeld).

Molybdän

b) *Molybdäntrioxyd und Molybdänsäuren.*

MoO_3 Molybdäntrioxyd, weiß, wie ZnO heiß gelb, in Wasser wenig löslich, durch Verbrennen des Mo an der Luft erhalten, löslich in Alkalien zu Molybdaten und Polymolybdaten. H_2MoO_4 *Molybdänsäure,* aus Molybdaten durch Zusatz starker Säuren, weiße Blättchen, in mehr Säure löslich. In der Analyse wichtig ist *Ammoniumheptamolybdat* $(NH_4)_6Mo_7O_{24} \cdot 4H_2O$ (abzuleiten von $7H_2MoO_4 - 4H_2O$), eines der vielen Polymolybdate, das in Überschuß von Salpetersäure gelöst als Reagens auf Phosphorsäure oder Arsensäure dient, womit es, im Überschuß verwendet, einen eigelben Niederschlag, bei geeigneter Konzentration von der Zusammensetzung $[P(Mo_2O_7)_6](NH_4)_3H_4$ (und analog mit As statt P) gibt. Diese Salze der 7-basischen Phosphor-, bzw. Arsenmolybdänsäure sind Beispiele für Polysäuren mit Säurekomplexen verschiedener Art. Sie heißen zum Unterschied von den früher behandelten Isopolysäuren Heteropolysäuren. Ferner ist das *blaue Molybdänmolybdat* wichtig, das in schwefelsauren Molybdänlösungen gebildet wird, wenn man Zink zufügt. Es verfärbt sich dann bald und wird grün, schließlich braun. Dies dient zum *Molybdännachweis.* Heteropolysäuren

Molybdäntrioxyd ist Ausgangsstoff für alle Molybdänverbindungen, weil es als erstes Produkt aus dem fast einzig wichtigen Molybdänerz, dem graphitähnlichen *Molybdänglanz* MoS_2 durch Rösten an der Luft entsteht.

c) *Wolframtrioxyd und Wolframsäuren.*

Wolfram

WO_3 *Wolframtrioxyd* fällt aus heißer Wolframatlösung durch Zusatz von Salpetersäure gelb, unlöslich in Wasser und Säuren, löslich in Alkalien zu Salzen. Aus kalten Lösungen fällt: H_4WO_5 *Wolframsäure*, die beim Erwärmen mit Zinnchlorür $SnCl_2$ blaue W_2O_5-Lösung gibt. Dies dient zum *Nachweis.* Bildet Polysäuren und auch mit As und P komplexe Wolframsäuren anlog dem Mo.

Wolframtrioxyd ist Ausgangsstoff für Wolframverbindungen und wird durch Säuren aus der Wolframatschmelzelösung gefällt, die man aus *Wolframit* $FeWO_4$ + Soda, ähnlich wie bei der Chromeisensteinverarbeitung, durch Rösten und Auflösen des gerösteten in Wasser erhält.

d) *Urantrioxyd und Uransäure.*

Uran

UO_3 *Urantrioxyd* entsteht beim Erhitzen von Urannitrat und kann als Basen- und als Säureanhydrid erscheinen. $U(OH)_6 - 2H_2O = UO_2(OH)_2$ erscheint basisch, wobei UO_2 das Radikal „*Uranyl*“ darstellt, das zweiwertig Salze bildet. Zusatz von Alkalien zu Uranylsalzen fällt gelbe *Uranate* z. B. $Na_2U_2O_7$, die in Säuren sich lösen.

Uranyluranat $U_3O_8 = UO_2(UO_3)_2$ *Uranpecherz* ist Ausgangsstoff für die meisten Uranverbindungen und das an der Luft stabilste Oxyd. Uranverbindungen werden zur Radiumgewinnung und für grünfluoreszierende Gläser benützt (S. 482), ferner zum „Sensibilisieren“, d. h. Empfindlichmachen photographischer Platten für rotes, gelbes oder grünes Licht. Auch als „Verstärker“ (Photochemie Bd. III).

Uranylsalze geben mit Ammoncarbonat einen Niederschlag, der im Überschuß sich löst.

Hierher gehören auch die aus der VIII. Gruppe stammenden *Ferrate*, z. B. Na_2FeO_4 (S. 359).

4. Oxyde der V. Gruppe und Verwandte.

Oxyde der V. Gruppe

Pentoxyde R_2O_5.

§ 78. Sind bei allen Elementen der Gruppe bekannt, außer Pa, dessen Gewinnung in wägbaren Mengen derzeit erst von Hahn und Meitner unternommen ist. Die *Pentoxyde* sind, außer bei Wismut, *Säureanhydride.* Wie in jeder Gruppe, nimmt die Säureeigenschaft mit zunehmendem Atomgewicht ab.

I. Pentoxyde der V. Gruppe (rechte Untergruppe **N, P, As, Sb, Bi**).

	Farbe	Schmp.	Zersetzlich	Löslich in Wasser	Oxydationsmittel	Darstellung
N_2O_5	farblos krist.	30°	gegen 45° Explos. zu $NO_2 + O_2$	zu Salpetersäure HNO_3	stark	$HNO_3 + P_4O_{10}$ oder $Cl_2 + AgNO_3$
P_4O_{10}	weiß Pulv.	krist., sublim. bei 250°. Amorph erst weit höher flüchtig	sehr beständig	zu Phosphorsäure H_3PO_4	nicht	P-Verbrennung
As_2O_5	weiß	—	zu $As_2O_3 + O_2$ bei hohem Erhitzen	zu Arsensäure H_3AsO_4	schwach	Erhitzen von H_3AsO_4
Sb_2O_5	gelb amorph	—	zu $Sb_2O_4 + O_2$ bei hohem Erhitzen	—	schwach	Erhitzen von H_3SbO_4 (aus $SbCl_5$ + Wasser)
Bi_2O_5	braunrot Pulv.	—	sehr in $Bi_2O_3 + O_2$	nicht	schwach	—

Wegen der großen Mannigfaltigkeit der anderen Oxyde und Säuren derselben Elemente werden sie den Elementen nach zusammengefaßt betrachtet.

Oxyde und Säuren des Stickstoffs

a) Oxyde und Säuren des Stickstoffs.

Man kennt folgende:

6 Oxyde	5 Säuren
Stickoxydul N_2O	*Untersalpetrige Säure* $H_2N_2O_2$
Stickoxyd NO	*Nitrohydroxylaminsäure* $H_2N_2O_3$
Stickstofftrioxyd N_2O_3	*Salpetrige Säure* HNO_2
Stickstoffdioxyd NO_2 u. *Tetroxyd* N_2O_4	
Stickstoffpentoxyd N_2O_5	*Salpetersäure* HNO_3
Stickstoffhexoxyd NO_3	*Übersalpetersäure* HNO_4.

Stickoxydul

Stickoxydul N_2O.

Farbloses Gas, durch Zerfall der Lösung von $H_2N_2O_2$ oder, wobei sie wohl intermediär entsteht, aus erhitztem Ammoniumnitrat nach $NH_4NO_3 = N_2O + 2H_2O$ bei rund 250°, bei höherer Temperatur durch Zersetzungsprodukte verunreinigt; gibt seinen O_2 so leicht ab, daß viele Stoffe darin verbrennen, fast wie in O_2. Doch nur, wenn die dabei erzielte Temperatur hoch genug ist, es zu spalten. So reagiert Stickoxyd NO nicht damit, und glimmender S erlischt. Durch Funken oder Explosion zersetzlich. Riecht süßlich, wirkt betäubend (Lachgas). Schmp. -102^0 Sdp. -87^0. In Wasser daher löslicher als Luft, noch mehr in Alkohol. Flüssiges N_2O verdampft unter starker Abkühlung.

1. *Untersalpetrige Säure* $H_2N_2O_2$, Untersalpetrige Säure

weiße, sehr lösliche, explosive Kristallblätter aus methylalkoholischer NH_2OH-Lösung beim Eintragen von Stickstofftrioxyd N_2O_3. Lösung schwach sauer, zerfällt schnell in $H_2O + N_2O$. Zweibasische Säure. Wirkt nicht auf Jodkalium. Salze *Hyponitrite*.

2'. *Stickoxyd* NO. Stickoxyd

Farbloses, an der Luft sofort sich bräunendes Gas von sehr großer chemischer Aktivität, entsteht in vielen Fällen bei Reduktion von Salpetersäure HNO_3 oder salpetriger Säure HNO_2 meist mit Spuren von N_2O und höheren Oxyden vermischt, so bei Einwirkung von Kupfer oder von Eisenchlorür $FeCl_2$ auf Salpetersäure, wobei immer als Nebenprodukt Wasser entsteht, rein aus Quecksilber und einer 5prozentigen Lösung von Natriumnitrit $NaNO_2$ in konz. H_2SO_4 unter Violettfärbung der Säure. Oder durch Zersetzung der Nitrohydroxylaminsäure $H_2N_2O_3$. Entsteht langsam an sehr hoch erhitzten Körpern (Nernststift) und zerfällt langsam (Gegensatz zu Ozon). Funken mit Wasserstoff führt nicht, wie bei N_2O zur Explosion, sondern zum Abbrennen, wobei N_2 und Wasser entsteht. P brennt darin noch weiter, aber im übrigen ist die Ähnlichkeit mit O_2 gering, da zur Spaltung eine noch höhere Temperatur gehört, als bei N_2O. Mit Schwefelkohlenstoffdampf gemischt explosiv, falls die Schicht lang genug ist, sonst ist dies Gemisch auch nur brennbar (s. Explosivstoffe Bd. III). Unter hohen Druck (250 Atm.) gebracht, zersetzt es sich in wenig Tagen z. T. in N_2 und Stickstofftrioxyd N_2O_3. Schmp. -167^0, Sdp. $-153{,}6^0$. Flüssig und fest gleichfalls farblos. Die Flüssigkeit wird an Luft sofort tiefblau durch N_2O_3-Bildung.

In Wasser wenig löslich. Bildet jedoch Additionsverbindungen verschiedener Art, so mit $FeSO_4$, in dessen Lösung es sich dunkelviolettbraun löst und beim Erwärmen, zum kleinen Teil in N_2O übergehend, wieder ausgetrieben wird. Kobalt- und Nickelsalze geben ähnliche Verbindungen, aber ohne Farbänderung. Mit Kupferchlorid $CuCl_2$ tiefblaue Verbindung.

2. *Nitrohydroxylaminsäure* $H_2N_2O_3$ Nitrohydroxylaminsäure

ist frei auch in Lösung nicht bekannt, kann also höchstens in alkalischer Lösung in Salzen entstehen. Zu diesem Zweck fügt man Natriumalkoholat zu einer Lösung von Äthylnitrat $C_2H_5NO_3$ und Hydroxylamin (s. Organische Chemie Bd. III):

$$C_2H_5 . ONO_2 + NH_2OH = C_2H_5OH + H_2N_2O_3 .$$

Angesäuert zerfällt das Salz unter NO-Entwicklung.

Stickstofftrioxyd

3′. *Stickstofftrioxyd* N_2O_3.

Salpetrigsäureanhydrid, aus Arsentrioxyd (in Stücken, um Schäumen zu verhüten) durch Erhitzen mit Salpetersäure (spez. Gew. 1,3) und höchst sorgfältiges Trocknen der braunen Gase als grüne, bei tiefer Temperatur tiefblaue Flüssigkeit (Sdp. $+43^0$, wenn ganz trocken) darstellbar, die bei nicht vollkommener Trockenheit alsbald beim Verdampfen in NO und NO_2 zerfällt. Schmp. -111^0. Primär faßbares Produkt der Stickstoffoxydation bei sehr schroffer Abkühlung (Lichtbogen unter flüssiger Luft). D.D., wenn ganz trocken, stimmt auf N_2O_3, andernfalls durch Zerfall schon bei -2^0 nur halb so groß. Löslich in Wasser zu bläulicher

Salpetrige Säure

3. *Salpetriger Säure* HNO_2,

die nur in Verdünnung bestehen kann, sonst schnell nach

$$3HNO_2 = HNO_3 + 2NO + H_2O$$

zerfällt.

Kann leicht in tiefere (NO) und höhere Oxydationsstufen übergehen und deshalb als Oxydations-, wie als Reduktionsmittel wirken.

Oxydiert Jodkalium zu Jod, gelbes Blutlaugensalz zu rotem, Ferro- zu Ferrisalzen (s. S. 235, 293), SO_2 zu H_2SO_4.

Reduziert Permanganate in saurer Lösung zu Mangansulfat und geht dabei in Salpetersäure über (wichtige Reaktion) nach der Bilanz:

$$2KMnO_4 + 5HNO_2 + 3H_2SO_4 = K_2SO_4 + 2MnSO_4 + 5HNO_3 + 3H_2O.$$

Wird als schwache Säure aus den Salzen, den *Nitriten* leicht freigemacht, zerfällt aber dabei zum größten Teil in Stickoxyd, Salpetersäure und Wasser. Die Salze sind außer dem gelben wenig löslichen $AgNO_2$ alle sehr löslich.

Stickstoffpentoxyd

4′. *Stickstoffpentoxyd* N_2O_5 (s. Tabelle).

(s. Chemische Kinetik Bd. III.)

Salpetersäure

4. *Salpetersäure* HNO_3

ist die wichtigste Säure des Stickstoffs, durch Destillation von Natriumnitrat $NaNO_3$ mit H_2SO_4 in eisernen Kesseln in größtem Maß hergestellt. So erhält man flüssige, rund 60prozentige Säure (spez. Gew. 1,35); wenn man konz. H_2SO_4 und trockenen Natronsalpeter nimmt, fast 100prozentige Säure. Wenn man die H_2SO_4 ausnützen will und deshalb auch das primäre Salz $NaHSO_4$ mit $NaNO_3$ höher erhitzt, so wird ein großer Teil der Salpetersäure zersetzt und die Produkte, vor allem die braunen Dämpfe von NO_2, lösen sich in der Säure, die dann stark raucht und braune Dämpfe abgibt: Rote *rauchende Salpetersäure* (spez. Gew. 1,52—1,54). Wird auch im elektrischen Lichtbogen hergestellt (S. 159), indem man Luft hindurchbläst und die Bogenfläche recht groß macht, das entstehende NO_2 am besten verflüssigt (F. Foerster), mit Wasser und Luft reagieren läßt und so schließlich alles dabei durch

Zersetzung der HNO_2 entstehende NO in HNO_3 überführt. Durch *katalytische Oxydation* endlich *des Ammoniaks an Platin* erhält man Ammonnitrat NH_4NO_3 (Ostwald, Mittasch).

Salpetersäure, namentlich rauchende, ist ein starkes Oxydationsmittel, vor allem bei Erhöhung der Temperatur und Belichtung. Blaues Licht vor allem zersetzt HNO_3 (s. Photochemie Bd. III). Bei 250° ist HNO_3 vollkommen in NO_2, O_2 und H_2O zersetzt. Schnell oxydierend wirkt überhaupt nur das NO_2 und es befähigt die HNO_3, bedeutend schneller zu wirken, als sonst. Die katalytische Wirkung des NO_2 beobachtet man am besten, wenn man einen Kupferstreifen in sorgfältig durchlüftete konz. HNO_3 steckt, die ihn auch in langer Zeit nicht angreift. Fügt man aber ein wenig $NaNO_2$ zu, so löst er sich schnell unter Aufbrausen und Entwicklung roter Dämpfe. Ähnlich verhalten sich Quecksilber und Silber; Gold und Platin bleiben unangegriffen; weniger edle Metalle reduzieren HNO_3 zu NH_2OH und sogar zu NH_3. Man kennt Bakterien, die dasselbe vermögen (denitrifizierende Bakterien). Rauchende Salpetersäure oxydiert so schnell, daß glimmende Kohle auf ihr, wie in O_2 weiterbrennt, sie verätzt die Haut, die wie alle Eiweißstoffe durch konz. kalte HNO_3 nur gelb gefärbt wird (Xanthoproteinreaktion).

Salpetersäure ist eine starke Säure und ihre Salze, die *Nitrate*, sind alle in Wasser löslich, was analytisch wichtig ist.

HNO_3 ist wasserfrei durch Vakuumdestillation von konz. HNO_3 darstellbar, Schmp. $-40°$, Sdp. 86°, doch zersetzt sie sich beim Erhitzen bereits.

HNO_3 ist technisch der Ausgangsstoff für die meisten Sprengstoffe, namentlich mit konz. H_2SO_4 gemischt als „*Mischsäure*“, und dient bei der Bereitung vieler Farbstoffe, ferner zur Scheidung von Gold und Silber, weshalb sie früher Scheidewasser genannt wurde.

Stickstoffdioxyd NO_2 und *Stickstofftetroxyd* N_2O_4 Stickstoffdi- und -tetroxyd

entstehen aus nicht vollkommen trockenem NO beim Zusammenbringen mit O_2 und immer aus beiden bei großem Überschuß des letzteren als tiefbraunes Gas (NO_2) oder als farblose Flüssigkeit (N_2O_4), bequemer bei trockener Destillation von $Pb(NO_3)_2$. *Gemischtes Anhydrid der* HNO_3 *und* HNO_2 Gemischte Anhydride
entsprechend $\begin{array}{l} HO.|NO \\ H|O.NO_2 \end{array}$ und sehr kräftiges Oxydationsmittel, in dessen Dampf viele brennbare Stoffe, ähnlich wie in O_2, verbrennen.

Schmp. $-12°$. Daselbst farblos. Flüssig hellgelb, beim Erwärmen dunkler, Sdp. bei rund 26°, darüber schließlich als Dampf fast schwarz, bis gegen 150°. Bei noch höherer Temperatur nimmt die Farbe wieder ab und verschwindet gegen 600°. Das rührt daher, daß bei ganz tiefer Temperatur nur das farblose Dimere N_2O_4 beständig ist, das schon unter 0° sich merklich in das braune Monomere NO_2 spaltet, welches wiederum bei rund 200° in die farblosen Gase O_2 und NO zu zerfallen anfängt. Dieser Sachverhalt wird durch Dampfdichtemessungen bewiesen.

5'. *Stickstoffhexoxyd* NO_3

(s. Chem. Kinetik Bd. III).

Über-salpetersäure

5. *Übersalpetersäure* (HNO_4)

hat sich nur in verdünnter wäßriger Lösung aus salpetriger Säure und Wasserstoffsuperoxyd darstellen lassen und zerfällt nach kurzem in HNO_3 und H_2O_2. Unterscheidet sich von einem Gemisch von HNO_2, HNO_3 und H_2O_2 nur dadurch, daß sie aus Kaliumbromidlösung Brom abscheidet, was keines von den dreien allein tut. Man erhält HNO_4 nicht aus HNO_3 mit Wasserstoffsuperoxyd.

Technische Bindung des Stickstoffs

Die technische Bindung des Stickstoffs.

§ 79. Die anorganisch-chemische Großindustrie ist auf einige wenige Stoffe gegründet, die, aus reichlich vorkommenden Rohstoffen gewonnen, die Ausgangsstoffe, die Grundstämme für die verschiedensten Zweige der Technik abgeben. Es sind das wesentlich, soweit nicht Metallurgie und Keramik, sowie Baustoffe (Kalk u. dgl.) in Frage kommen: *Schwefelsäure*, *Soda* bzw. *Ätznatron und Chlor* und drittens *gebundener Stickstoff*, sei es als Salpetersäurestickstoff, sei es als Ammoniakstickstoff. Während wir die Schwefelsäure bereits behandelt haben, Soda bzw. Ätznatron und Chlor u. a. in der Elektrochemie besprechen werden, wollen wir uns jetzt, wo uns die wichtigsten N-Verbindungen bekannt sind, der technischen N-Bindung zuwenden. Sie ist für uns im eigentlichsten Sinn lebenswichtig. Denn zur Unterhaltung des tierischen und des zu seinem Bestand unentbehrlichen pflanzlichen Lebens sind die stickstoffhaltigen Eiweißstoffe unbedingt notwendig und nicht durch andere Stoffe oder beliebige Eiweißabbauprodukte zu ersetzen. Der tierische und der menschliche Körper vermögen außer mit Hilfe von Eiweißstoffzufuhr selbst keine Eiweißstoffe aufzubauen. Die Pflanze aber ist dazu imstande. Deshalb ist die Erzeugung N-reicher Pflanzen eine der wichtigsten Aufgaben des Menschengeschlechts. Sie läßt sich mit künstlichen Mitteln (Düngung) gewaltig fördern und hat dies auch nötig, wie eine Betrachtung des Stickstoffkreislaufs in der Natur zeigt.

Die Vorräte der Erdrinde an *Ammoniak-* oder *Salpeterstickstoff* sind im allgemeinen recht verdünnt. Mit anderen Worten: Gebirge aus Gesteinen mit erheblichem Gehalt an solchem Stickstoff sind sehr spärlich in der Welt zu finden. Fast die einzige Stelle derart sind die bekannten chilenischen Lager von *Natronsalpeter* (Caliche), deren Erschöpfung bereits nahe ist und die außerdem weder an sich zur Deckung des Weltbedarfs ausreichen noch abgesperrten Ländern zum Nutzen gereichen können, wie der Krieg gezeigt hat. Wohl aber steht allen Ländern das *Stickstoffmeer der Luft* offen. Es galt also, dieses auszunützen. Natürliche Vorgänge, die seinen N-Gehalt verringern könnten, gibt es nicht in genügendem Ausmaß. Denn einerseits erfassen sie nur jeweils kleine Mengen und anderseits werden dauernd große Mengen an freiem Stickstoff wieder an das Luftmeer abgeliefert. *Elektrische Entladungen bei Gewittern* u. dgl. binden N vor allem in Form von Oxyden, die dann zu Nitrat- und Nitritbildung führen, daneben auch in Form von NH_3. Beide Bindungen werden auch von *Kleinwesen* bewirkt und mehr und mehr wird auch der Mensch auf technischem Weg Luftstickstoff in NH_3 oder in Salpeterstickstoff überführen. Bei der Zersetzlichkeit sowohl der Ammoniakderivate, wie auch derjenigen der Nitrate und Nitrite und vor allem auch der Eiweißstoffe kommt es nicht zu einer Stickstoffstauung an der Erdoberfläche. Denn die stickstoffhaltigen *Sprengstoffe* liefern ihren N teils sogleich nach der Verwendung als solchen an die Lufthülle zurück, teils geht er in Lebewesen ein, die ihn bei der *Verdauung* z. T. als solchen wieder ausscheiden, z. T. bei ihrer *Verwesung* in verschiedener Form wieder abgeben. Wir erhalten so den folgenden

Kreislauf des Stickstoffs

Stickstoffkreislauf.

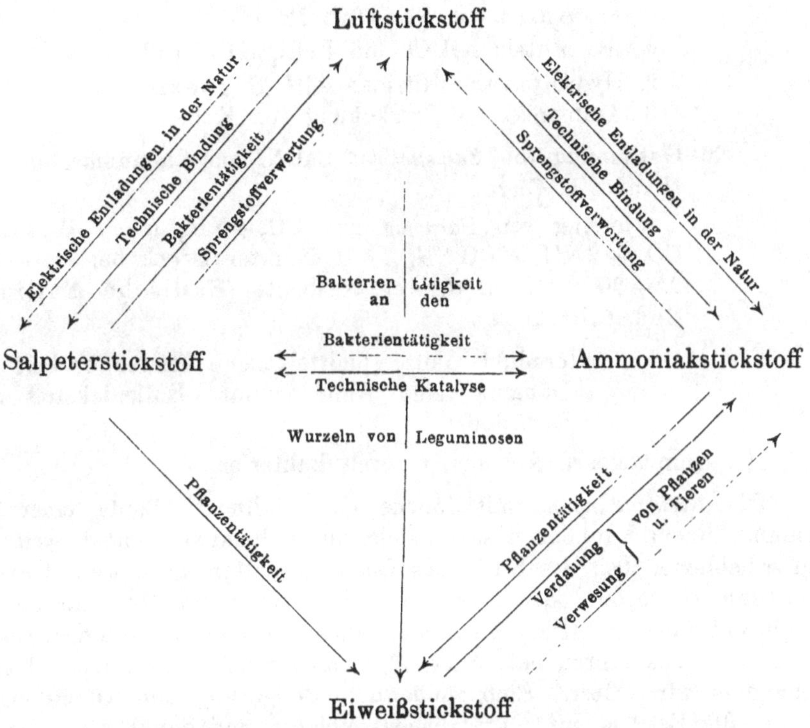

Die Tätigkeit der elektrischen Entladungen und der Lebewesen werden wir später würdigen. Hier genüge der Hinweis, daß besonders ein wichtiges Ammoniakderivat $CO(NH_2)_2$, der *Harnstoff*, aus Eiweiß durch Abbau entsteht und anderseits zum pflanzlichen Eiweißaufbau als Düngemittel wie auch zu Kraftfutter mit größtem Nutzen verwendet wird. Damit können wir diejenigen Stickstoffdüngemittel zusammenstellen, die im ganz großen eine Rolle spielen oder gespielt haben:

Bindungsverfahren

I. Salpeterstickstoff:

Oxydation des Luftstickstoffs im elektrischen Lichtbogen (Birkeland-Eyde, Schönherr u. a.) s. Elektrochemie Bd. III.

Endprodukte: *Norgesalpeter* $Ca(NO_3)_2 . CaO$ oder *neutraler Kalksalpeter* $Ca(NO_3)_2$.

Oxydation von Ammoniakstickstoff katalytisch an Platin (Ostwald, Mittasch u. Badische Anilin- u. Sodafabrik).

Endprodukt: *Ammonsalpeter* NH_4NO_3.

II. Ammoniakstickstoff:

a) Gewinnung von *Ammoniak* durch

1. Katalytische Vereinigung von H_2 und N_2.
   A. Mittels Nitridhydridbildung (Mo, V, Os, U, Fe mit Zusätzen) (Trautz, Bosch-Haber u. Badische Anilin- u. Sodafabrik).
   B. Mittels NH_4Cl und $FeCl_2$ (Hampel).
2. Hydrolyse von Nitriden AlN (Serpek).
3. Ammoniak aus Verkokung von Kohle.

b) Gewinnung von *Kalkstickstoff* $CaCN_2$ aus Calciumcarbid $+ N_2$ (Frank u. Caro).

Gewinnung von *Harnstoff* aus $CO_2 + NH_3$ (nach Basaroff) $CO_2 + 2 NH_3 = CO(NH_2)_2 + H_2O$ unter Druck bei 135—150° 25—30 v. H. d. theoret. Ausbeute (Badische Anilin- u. Sodafabrik).

Endprodukt mit unmittelbarer Verwendbarkeit für Düngung sind Ammonsulfat, Kalkstickstoff oder Harnstoff.

III. Unmittelbare N-Bindung durch Bakterien.

Bedarf an Stickstoffdüngung

Die *Naturaldüngung* mit Jauche und Stallmist könnte einer Verarmung, einem Raubbau deshalb nicht ausreichend vorbeugen, weil stets ein erheblicher Teil des Stickstoffs frei abgespalten wird, wenn Organismen ihn verwerten oder verwesen und bisher nicht N-reiche Flächen wären unbenützbar. Hier setzt nun die *Mineraldüngung* ein, die drei wesentliche Stoffe zuzuführen hat: *Stickstoff*, *Phosphor* und *Kali*. Die letzteren behandeln wir später. Eine zielbewußte Steigerung der Kunstdüngung könnte die Erträge auf ein Vielfaches steigern und damit die hohe Bevölkerungsdichte der sog. Kulturländer, ihre eigentlichste Krankheitserscheinung, um vieles erträglicher machen. Braucht doch jeder Organismus ein gewisses Stickstoffminimum in der täglichen Nahrung, und zwar in Form ganz bestimmter Stoffe (Vitamine s. w. u.), um nicht charakteristischen Krankheiten und dem Tod zu verfallen. Dies Minimum ist ein Vielfaches der N-Menge, die täglich dem Körper durch Zerfall von eigener Eiweißsubstanz verloren geht.

Um einen Begriff von dem *Bedarf an gebundenem Stickstoff* zu geben, sei erwähnt, daß Deutschland rund *500000 Tonnen* davon nötig hat, wovon etwa 300000 Tonnen Ammoniakstickstoff. Bei größerer Intensität der Bebauung und wachsender Einsicht der Landwirte noch weit mehr.

Streifen wir kurz die zusammengestellten Verfahren zur N-Bindung, ihre heutige Bedeutung und einige technische Schwierigkeiten, die ihnen im Weg stehen.

Technische Schwierigkeiten

Die Luftverbrennung im Hochspannungsbogen wurde zuerst mit größerem Erfolg von Birkeland und Eyde, zwei Norwegern, vorgenommen, die durch einen großen Elektromagneten einen senkrecht zu ihm aufgestellten Lichtbogen in eine sonnenartige Scheibe ausbreiteten und damit die Reaktionsfläche ausreichend vergrößerten. Die etwa 2 v. H. an Stickoxyd, die man so erhielt, wurden dann nicht ohne Schwierigkeiten in Kalk absorbiert, wodurch das neutrale oder basische Calciumnitrat, Kalksalpeter bzw. Norgesalpeter erhalten wurde. Ersetzung der Birkelandsonne durch den *Schönherr-Bogen* erhöhte die Ausbeute noch ein wenig und erlaubte die Wände des Reaktionsgehäuses zu schonen. Man läßt dabei einen Lichtbogen von einigen Meter Länge zwischen dicken Kohlebalken in der Achse eines Rohrs übergehen, das von einem spiraligen Luftstrom durchflossen ist. Er hält den Bogen in der Mitte und kühlt die Wände.

Beide Verfahren sind an wohlfeile Wasserkräfte gebunden und werden u. a. in Notodden in Norwegen ausgeführt.

Vorteilhafter ist im allgemeinen die katalytische Oxydation des Ammoniaks an Platin, ein *Verfahren von* W. Ostwald, das im Krieg viel Anwendung fand und mit ausgezeichneter Ausbeute unmittelbar zu Ammonnitrat führt.

Das sogenannte *Serpek-Verfahren* der Hydrolyse von Aluminiumnitrid AlN hat erst einen kleinen Kreis erobert, während die Nitridkatalyse unter Druck bereits zu den wichtigsten technischen Verfahren gehört. Die *Schwierigkeiten* lagen dabei in der *Bewältigung ungeheurer Gasmengen,* bis 300000 cbm/Std. Ferner in der Notwendigkeit, *hohen Druck mit hoher Temperatur* zu verbinden. Dabei wurden die *Eisengefäße* sehr schnell unter Bildung von Wasserstoffeisen tiefgehend *in der Struktur verändert,* so daß ihre Festigkeit auf die des Gußeisens herabsank. Erst die Erfindung besonderer Mischmetalle und geeignet gebauter Apparate ließ diese Schwierigkeit überwinden. Angesichts des *Weltvorrats von etwa 100 kg Osmium* war an eine dauernde Verwendung dieses Katalysators für sich oder mit Uran nicht zu denken. Er wurde durch geeignetes Eisen ersetzt. Endlich mußten die beiden Reaktionsgase H_2 *und* N_2 *in großen Mengen und* CO-*frei* erhalten werden und ihre Herstellung tunlichst so erfolgen, daß die abfallenden anderen Stoffe im selben Betrieb aufgezehrt oder benützt werden konnten. Aus Eisen und Wasserdampf oder durch Ausfrieren des Kohlenoxyds aus Wassergas ($CO + H_2$) mittels des Lindeverfahrens ließ sich Wasserstoff erhalten, der mit einer Lösung ameisensauren Kupferoxyduls in Ammoniak von CO völlig befreit wurde. Aus der Lösung ließ sich das CO wieder abpumpen und diese so regenerieren. Das Wassergas selbst wurde aus C bzw. CO und Wasserdampf bei tiefer Temperatur erhalten, mit Eisen als Katalysator. Hierbei entsteht ein besonders wasserstoffreiches Gas.

Kombiniert man mit solchem Wassergas ein geeignetes Generatorgas, das bekanntlich aus $CO + N_2$ besteht und durch unvollkommene Verbrennung von Kohle gewonnen wird, so gelingt es, bei passender Wasserdampfzufuhr diesen so zur CO-Oxydation anzustellen und damit zu gleichzeitiger Lieferung von H_2, daß zuletzt ein Gemisch von H_2 und N_2 im richtigen Verhältnis hinterbleibt. Unter Druck und durch Behandlung mit der genannten Kupferlösung verliert es seinen Gehalt an CO_2 und H_2S und das CO. Geht es dann mit 200 Atm. über den Kontakt, der der Ammoniakkatalyse dient, so kann man hier wieder den Apparat so bauen, daß die Reaktionswärme eben zur Aufrechterhaltung der passenden Temperatur dient und daß man keine Außenheizung braucht. Als Endprodukt erscheint eine 25prozentige Ammoniaklösung, die als solche benützt werden kann oder auf Ammoniakgas, Ammonsulfat, Ammonkarbonat u. dgl. verarbeitet wird.

Das Verfahren ist keineswegs als endgültig ausgearbeitet anzusehen, da man kaum ruhen wird, bis die Temperatur weit unter der heute nötigen angelangt sein wird. Das Hampelsche Verfahren ist ein erster Ansatz dazu.

Die Kalkstickstofferzeugung besitzt einen viel kleineren Umfang, die Zukunft der Harnstofferzeugung dagegen erscheint außerordentlich.

Das Ammoniak aus Verkokungsbetrieben muß im Interesse wirtschaftlicher Kohleausnützung gleichfalls in weit höherem Maß herangezogen werden, als heute geschieht.

Von einer Ausnützung der Bakterientätigkeit an den Wurzelknollen der Leguminosen im großen kann man heute überhaupt noch nicht sprechen, wenn auch Versuche zu erfolgreicher Aussaat solcher Kleinwesen schon vorliegen. Solche Versuche sind auch zeitraubend und mühsam, weil man hier rein erfahrungsmäßig vorgehen muß und nicht über das mächtige Hilfsmittel des Rechnens verfügt, das allein die Durchführung der nicht biologischen Stickstoffbindung, also Salpetersäure-, Ammoniak- und Harnstoffverfahren ermöglicht hat. Wäre es doch ein müßiges Beginnen, dessen Ende nicht abzusehen wäre, die oben genannten „passenden“ Mischungsverhältnisse, Drucke und Temperaturen einfach durch Versuche allein herausproben zu wollen. Nur die heutigen Hilfsmittel der physikalischen Chemie haben uns die Macht verliehen, derartige Aufgaben in absehbarer Zeit planmäßig zu lösen und die außerordentlichen Erfolge dieser neuen Zweige der Technik sind der lebendige Beweis für die Richtigkeit des Boltzmannschen Worts, daß nichts praktischer ist als eine gute Theorie.

§ 80. b) Die Oxyde und Säuren des Phosphors.

Oxyde und Säuren des Phosphors

Wir nennen folgende:

3–4 Oxyde		6 Säuretypen			
Phosphorsuboxyd	$(P_2O)_n$]	*Unterphosphorige Säure*	H_3PO_2	einbasisch	Alle farblos
Phosphortrioxyd	P_4O_6	*Phosphorige Säure*	H_3PO_3	zweibasisch	
"		*Metaphosphorige Säure*	HPO_2	—	
Phosphortetroxyd	$P_8O_{16}=(P_4O_8)_2$	*Unterphosphorsäure*	H_2PO_3	—	
Phosphorpentoxyd	P_4O_{10}	*Orthophosphorsäure*	H_3PO_4	dreibasisch	
"		*Pyrophosphorsäure*	$H_4P_2O_7$	vierbasisch	
"		*Metaphosphorsäure*	HPO_3	—	
Nicht bekannt	[P_4O_{12}]	*Perphosphorsäure*	$H_4P_2O_8$	—	
	[P_4O_{14}]	*Phosphormonopersäure*	H_3PO_5	—	

1. [*Phosphorsuboxyd* P_2O *und*] *unterphosphorige Säure* H_3PO_2.

[$(P_2O)_n$, gelbrotes Pulver, wahrscheinlich in allen so gefärbten P-Oxyden enthalten, entsteht vermutlich aus P_4 und O_2 als Moloxyd P_4O_2 primär, wie sonst Oxydationen durch O_2 primär in einer Anlagerung von einer Molekel O_2 an eine Molekel zu oxydierenden Stoffs zu bestehen pflegen (Engler). Darstellbar u. a. aus Phosphoroxychlorid $POCl_3$ mit PH_4Br im Bombenrohr auf 50° nach: Moloxyde

$$POCl_3 + PH_4Br = 3\,HCl + HBr + P_2O\,.$$

D.D. unbekannt. Beim Erhitzen zersetzt es sich schließlich, gibt mit Wasser kein H_3PO_2. Vielleicht nur Gemisch anderer Oxyde mit kolloidem Phosphor? [Vgl. Kolloidchemie Bd. II].

H_3PO_2 *unterphosphorige Säure* (Schmp. 26,5°), einbasisch, aus P und Erdalkalilaugen oder Alkalilaugen als Salz; durch Erhitzen in PH_3 und H_3PO_4 zersetzlich; primär entsteht H_3PO_3 und PH_3; reduziert als Salz oder freie Säure die Edelmetalle aus ihren Lösungen, S aus schwefliger Säure. Die Salze heißen *Hypophosphite*, sind leichtlösliche starke Reduktionsmittel.

2. *Phosphortrioxyd* P_4O_6 und *Phosphorige Säuren* H_3PO_3 und HPO_2.

P_4O_6 weiß, wachsartig (Schmp. 22,5°, Sdp. 173,1°), sehr flüchtig, an Luft leuchtend, bei 50—60° sich entzündend, entsteht neben vorwiegendem P_4O_{10}, das als kaum flüchtiges Pulver sich durch Glaswolle abfiltrieren läßt, bei langsamer Oxydation weißen Phosphors durch trockene Luft. Der Gasstrom wird filtriert und gekühlt (Abb. 86). P_4O_6 wird am Licht gelb, woher die gelbe Farbe von weißem P rührt und spaltet sich bei Erhitzung in roten P und P_8O_{16} (S. 162). In kaltem Wasser langsam zu H_3PO_3 löslich.

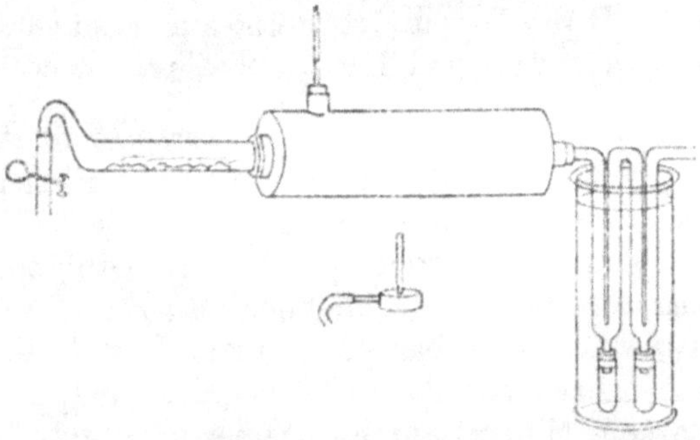

Abb. 86. Darstellung von Phosphortrioxyd P_4O_6. In dem auf 60° geheizten Wassermantel verbrennt der links erzeugte Phosphordampf mit dem Luftrest zu P_4O_6.

H_3PO_3 durch Wasser aus dem Anhydrid, bequemer durch Zersetzung von Phosphortrichlorid PCl_3 mit Wasser und Eindampfen; wasserziehende Kristalle (Schmp. 70,1°), durch Erhitzen unter PH_3-Bildung zersetzlich. *Zwei*basisch. Oxydiert sich schon an der Luft, aber langsam, reduziert S langsam aus schwefliger Säure. Die Salze, *Phosphite*, an der Luft nicht oxydierbar, aber durch andere Oxydationsmittel; das des Ca und Ba wenig löslich.

HPO_2, *Metaphosphorige Säure*, geht mit Wasser in phosphorige Säure über, bildet sich durch langsame Oxydation von PH_3 mit Sauerstoff unter verringertem Druck als weiße Kristalle von höherem Schmelzpunkt als H_3PO_3.

3. *Phosphortetroxyd* P_8O_{16} und *Unterphosphorsäure* H_2PO_3.

P_8O_{16} durch Zersetzung von P_4O_6 beim Erhitzen. Farblose Kristalle, die sich nicht als Anhydrid der Unterphosphorsäure verhalten, sondern mit Wasser analog NO_2 phosphorige und Phosphorsäure liefern. Vgl. das Verhalten von $(P_2O)_n$ gegen H_2O, das wohl mit der bedeutenden Molekelgröße zusammenhängt.

Darstellung freier Säuren, die leicht oder durch starke Säuren zersetzt werden

H_2PO_3 kann zwar in Kristallen aus ihrer Lösung durch Eindampfen im Vakuum erhalten werden, liefert aber bei Zusatz einer Mineralsäure oder bei Temperatursteigerung wie das Anhydrid H_3PO_3 und H_3PO_4. Die Lösung der Säure selbst wird, wie *oft bei zersetzlichen Säuren* durch *Zersetzung des Bariumsalzes mit der berechneten Menge verdunnter* H_2SO_4 erhalten. Man erhält es durch Fällung des *wenig löslichen Salzes* $NaHPO_3 . 2H_2O$ mit Bariumchlorid. Dieses wird entweder aus der Flüssigkeit, die man bei langsamer Oxydation feuchten P.s erhält, durch halbe Neutralisation mit NaOH dargestellt oder elektrolytisch mit Hilfe von Kupferphosphid erhalten (S. 358). Die Salze heißen *Hypophosphate.*

Phosphorsäuren

4. *Phosphorpentoxyd* P_4O_{10} und die *Phosphorsäuren.*

P_4O_{10} aus P durch Verbrennen in starkem trockenem Luft- oder O_2-Strom als leichtes, äußerst zerfließliches Pulver erhalten, das meist noch Spuren von P_4 oder P_4O_6 enthält, auch wenn es als „rein“ geliefert ist. Deshalb ist es für alle Untersuchungen, wo P-Spuren oder P-Dämpfe stören könnten, nochmals zu sublimieren. Bei hohen Temperaturen geht es in eine wenig flüchtige glasige Form über. Es hat von allen chemischen Trockenmitteln die größte Trockenwirkung. Daher beliebtes *Anhydrisierungsmittel.* Nur starke Abkühlung erlaubt Gase besser zu trocknen. D.D. bei Rotglut beweist, daß die übliche Schreibweise P_2O_5 nur empirische Formel ist, P_4O_{10} aber die richtige. Reagiert mit Wasser unter Zischen, ohne organische Stoffe zu verkohlen, wirkt dabei nicht H-oxydierend, sondern nur erhitzend. Liefert H_3PO_4, in kaltem Wasser vorwiegend HPO_3, bzw. primär wohl $H_2P_4O_{11}$.

Orthophosphorsäure H_3PO_4.

Schmp. 38,6°, am besten aus Trikalziumphosphat $Ca_3(PO_4)_2$ durch Zersetzen mit berechneter H_2SO_4-Menge, Abfiltrieren des $CaSO_4$ und Eindampfen. Mittelstarke Säure. Gibt beim Erhitzen über 200° *Pyrophosphorsäure* und schließlich *Metaphosphorsäure. Dreibasisch.* Alle drei Salzreihen sind bei den Alkalisalzen löslich in Wasser, bei den Erdalkalisalzen nur die primären $H_4Me(PO_4)_2$. Phosphate lösen sich in den starken Mineralsäuren. Silbersalze geben einen gelben Niederschlag Ag_3PO_4. Magnesiagemisch (Magnesiumsalzlösung + NH_4Cl + NH_4OH) fällt weißes kristallines Ammoniummagnesiumphosphat $NH_4MgPO_4 . 6$ aq. Eiweißlösung wird nicht gefällt. Es gibt komplexe Molybdän- und Wolframphosphorsäuren, z. B. die 7basische $[P(Mo_2O_7)_6]H_7$ (Rosenheim). Wichtig ist auch das „Phosphorsalz“ $NaNH_4HPO_4$.

Pyrophosphorsäure $H_4P_2O_7$.

Darstellung freier Säuren, die von Mineralsäuren angegriffen werden

Glasartige Masse, durch Eindampfen der *aus Bleipyrophosphat* $+ H_2S$ erhaltenen Flüssigkeit zu gewinnen. Man kann die Säure nicht durch Mineralsäure freimachen, weil diese sie in wenigen Stunden, ebenso wie Erwärmen, in Orthosäure umwandelt. Auch diese Methode ist allgemein verwendet, wenn Mineralsäuren schädigen. Man bedarf dazu der *Bleisalze*, oder der *Quecksilbersalze*, weil diese mit H_2S unlösliches Sulfid geben. Das Bleisalz wird durch Bleiazetat aus der Lösung des Na-Salzes erhalten, das nach:

$$2 Na_2HPO_4 = H_2O + Na_4P_2O_7$$

aus dem Dinatriumphosphat (=Natriumphosphat des Handels) durch Erhitzen darzustellen ist. Zwar *vierbasisch*, aber nur die sekundären (sauren) und quartären (neutralen) Salze sind bekannt, letztere unlöslich, erstere meist löslich in Wasser. Alkalisalze alle löslich.

Mit Silbersalzen *weißer* Niederschlag $Ag_4P_2O_7$; fällt Bariumsalze und Eiweiß nicht.

Metaphosphorsäure $(HPO_3)_n$.

Glasartig (glasige Phosphorsäure), durch starkes Erhitzen der beiden anderen Säuren oder des Ammonphosphats $(NH_4)_2HPO_4$. Schmelzbar, unzersetzt flüchtig bei Rotglut, wo großenteils noch $H_2P_2O_6$ (Dimetaphosphorsäure). Alkalisalze löslich. Andere Salze unlöslich. Koaguliert Eiweiß, zieht Wasser an, geht durch Kochen mit ihm wieder in Orthosäure über. Salze der Polymeren (Tri-, Tetra-, Hexametaphosphorsäure) sind bekannt.

Die Bezeichnungen *Orthosäure* für die wasserreichste, noch leidlich stabile, *Metasäure* für die daraus durch Verlust von $1 H_2O$ entstehende und *Pyrosäure* für die durch Abspaltung von $1 H_2O$ aus 2 Mol Orthosäure gebildete Säure finden auch bei vielen anderen Säuren (S, Si usw.) Anwendung.

5. *Perphosphorsäure* $H_4P_2O_8$

als haltbares K-Salz durch Elektrolyse von Kalium-Phosphatfluoridgemisch darstellbar, schwache Säure und mildes Oxydationsmittel, liefert in stark saurer Lösung allmählich

6. *Phosphormonopersäure* H_3PO_5.

Aus P_4O_{10} und wäßriger H_2O_2 in der Kälte bereitet, führt Manganat in Permanganat über, gleicht im übrigen der Caroschen Säure und zerfällt in stark saurer Lösung langsamer als $H_4P_2O_8$. Salze unbeständig (Fichter).

c) **Oxyde und Säuren des Arsens.** (Farblos, geruchlos.)

Oxyde und Säuren von As

§ 81. 1. *Arsentrioxyd* As_4O_6 und *arsenige Säure* (H_3AsO_3 oder $HAsO_2$).

As_4O_6 durch Verbrennen von As oder Oxydation mit verdünnter HNO_3. Glasartig und dimorph krist. In Wasser wenig löslich zu ganz schwach metallisch-salzig schmeckender Flüssigkeit. Sehr giftig, tödliche Dosis 0,1 g, bei Gewöhnung mehr als das Vierfache davon. Gegengift $Fe(OH)_3$ frisch gefällt. In Säuren löslich, wobei z. T. Arsensalze entstehen, da As_4O_6 säure- und basenbildende Eigenschaft hat. Reduzierbar durch C oder H_2 zu As bzw. AsH_3. Oxydierbar zu Arsensäure durch viele Oxydationsmittel, in Lösung schon durch Luft, wiewohl langsam. Kann daher als Oxydationsmittel und Reduktionsmittel wirken. Sublimiert, wenn nicht unter Druck, ohne zu schmelzen.

Wichtig als Ausgangsstoff bei Bereitung von As-Verbindungen. Wird beim Rösten der As-Erze, vor allem Arsenikkies abdestilliert in „Giftfänge" als „Giftmehl", dessen Sublimation zum Arsenikglas (weißer Arsenik) führt. Wird in der Heilkunde benützt (Fowlersche Lös.).

Arsenige Säure, das Hydrat unbekannter Formel, bildet sich langsam beim Lösen des Trioxyds in Wasser. Fällt Silbersalze gelb: Ag_3AsO_3. Bildet Salze vom drei- und vom einbasischen Typus. Alkalisalze wasserlöslich, andere nicht, alle in starken Säuren löslich. Schwaches Reduktionsmittel. Entfärbt Jodlösung.

2. *Arsenpentoxyd* As_2O_5 und *Arsensäure* H_3AsO_4.

As_2O_5, D.D. unbekannt, da bei Glut in Trioxyd + O_2 zersetzlich. Darstellung aus H_3AsO_4 durch Erhitzen. Weiß, glasig, leicht reduzierbar. In Wasser löslich zu H_3AsO_4, die man aus arseniger Säure durch Oxydation mit HNO_3 und Erhitzen der nadelförmigen Halbhydratkristalle auf 100° erhält. Auf 180° erhitzt, entsteht *Pyroarsensäure* $H_4As_2O_7$ in Kristallen, bei weiterer Temperatursteigerung *Metaarsensäure* $HAsO_3$, die beide in Lösung sehr schnell die Orthosäure zurückbilden. Diese ist dreibasisch, fällt Magnesiagemisch unter Bildung des dem Phosphat entsprechenden etwas löslicheren Salzes, fällt Silbersalze rotbraun: Ag_3AsO_4. Alkalisalze löslich. Mildes Oxydationsmittel.

Oxyde und Säuren von Sb

d) Oxyde und Säuren des Antimons. [Geruchlos, (warm) gelblich.]

§ 82. 1. *Antimontrioxyd* Sb_4O_6 und *antimonige Säuren.*

Sb_4O_6, Darstellung wie As_4O_6 durch Verbrennen des Metalls oder Oxydation mit verdünnter HNO_3. Kommt u. a. als Antimonblüte vor. Hellgelbes Pulver, durch Erhitzen an der Luft in Tetroxyd überzuführen. Löslich in Alkalien zu Antimoniten, in Weinsäure zu Antimonylsalzen (Brechweinstein s. w. u.), vom *Antimonyl* SbO in SbO.OH abzuleiten, in Wasser wenig, in Salzsäure zu Chlorid löslich, in HNO_3 und H_2SO_4 praktisch unlöslich.

$Sb(OH)_3$ *Antimonhydroxyd,* aus Brechweinstein durch Zersetzung mit verdünnter H_2SO_4. Gibt durch Wasserverlust SbO.OH (Wassergehalt beider Hydroxyde unscharf):

Metaantimonige Säure, zersetzlich, weiß, Pulver, das auch durch Zersetzung von $SbCl_3$ mit Sodalösung zu erhalten, mit Alkalien *Metaantimonite* bildet. Mit starken Säuren bildet es *Antimonsalze,* wie $Sb_2(SO_4)_3$ und *Antimonylsalze,* wie $(SbO)_2SO_4$ oder $K(SbO)C_4H_4O_6 . {}^1/_2 H_2O$ (*Brechweinstein,* Kaliumantimonyltartrat).

2. *Antimontetroxyd* Sb_2O_4.

Weiß, heiß gelb, beständigstes Sb-Oxyd, aus den anderen durch Erhitzen an Luft erhalten, als *Antimonylsalz der Metaantimonsäure* auffaßbar.

3. *Antimonpentoxyd* Sb_2O_5 und *Antimonsäuren.*

Sb_2O_5 gelb, durch Erhitzen von Antimonsäure auf 300° erhalten. Darüber zersetzt. D.D. unbekannt. Die Säure erhält man durch Zersetzung von $SbCl_5$ mit Wasser oder aus konz. HNO_3 und dem Metall (: vielleicht *Orthoantimonsäure* H_3SbO_4) mit undefiniertem Wassergehalt als weißes, in Wasser und HNO_3 fast unlösliches Pulver, das feucht saure Reaktion zeigt. Ihr primäres K-Salz entsteht durch Kochen des *metaantimonsauren Kaliums* $KSbO_3$, das durch Abbrennen von Sb mit KNO_3 erhalten wird.

Das Orthosalz, mit Kali geschmolzen, gibt quartäres *Pyroantimoniat* $K_4Sb_2O_7$, woraus mit Wasser und KOH das als Reagens auf Natrium verwendete sekundäre $K_2H_2Sb_2O_7 . 6H_2O$ erhalten wird. Das *wenig lösliche Natriumsalz* hat im übrigen dieselbe Zusammensetzung.

e) Wismutoxyde.

Wismutoxyde

Besser bekannt sind nur zwei:

Bi_2O_3 *Wismuttrioxyd*, durch Erhitzen des gefällten Hydroxyds (durch Basen aus Wismutsalzen auszuscheiden) oder Karbonats oder Nitrats oder durch heiße Fällung der Salze mit Kali als gelbes, heiß rotbraunes Pulver.

Bi_2O_5 *Wismutpentoxyd*, braunrot, leicht in Trioxyd und O_2 zersetzlich, macht aus Salzsäure Chlor frei und gibt $BiCl_3$. Wasserhaltig als Wismutsäure bezeichnet.

II. Pentoxyde der V. Gruppe (linke Untergruppe, **V, Nb, Ta**).

Pentoxyde der V. Gruppe V, Nb, Ta

Feste Säureanhydride; Säuren: die sog. *Erdsäuren* H_3RO_4, die Orthosalze bilden. Natriumvanadat, aus der alkalischen Salpeterschmelze der Erze durch Auslaugen gewonnen, wird langsam durch NH_4Cl gefällt; dabei entsteht *Ammoniummetavanadat* NH_4VO_3. Es läßt sich durch Erhitzen in Pentoxyd überführen, und so auch V nachweisen. VO_2 durch starkes Erhitzen aus ihm bereitet, sieht metallisch aus und galt früher für Vanadin. $K_2O . U_2O_3 . V_2O_5 . 3H_2O$ *Carnotit* ist ein wichtiges Vanadiumerz. Carnotit Vanadiumerz

Das wichtigste Erz von Niob und Tantal ist $Fe[(Nb, Ta)O_3]_2$, Eisenmetaniobat (*Niobit*) und Tantalat (*Tantalit*) in fester Lösung mit Mangangehalt, der *Columbit.*

5. Oxyde der IV. Gruppe und Verwandte.

I. Dioxyde RO_2 (rechte Untergruppe, **C, Si, Ge, Sn, Pb**).

Dioxyde der IV. Gruppe C, Si, Ge, Sn, Pb

§ 83. Alle fünf Dioxyde sind bekannt, das erste ein Gas, die anderen fest, außer PbO_2 weiß, alle Anhydride schwacher Säuren. Alkalisalze der Säuren wasserlöslich. Verschiedene Anhydrostufen der Säuren bekannt. Polysäuren vor allem bei Si.

Oxyde und Säuren des C

a) Oxyde und Säuren des Kohlenstoffs.

Man kennt folgende 4 Oxyde und Säuretypen:

Farblos		Farblos	
Kohlensuboxyd	C_3O_2	*Malonsäure*	$COOH.CH_2.COOH$
Mellitsäureanhydrid	$C_{12}O_9$	*Mellitsäure* (Benzolhexakarbonsäure)	$C_6(COOH)_6$
Kohlenoxyd	CO	*Ameisensäure*	H.COOH
		Derivate:	*Karbonsäuren* R.COOH, wo R ein Alkyl oder Aryl, oder in weiterem Sinn andere einwertige Gruppen; z. T. gefärbt.
Kohlendioxyd	CO_2	*Orthokohlensäure* (nur in organischen Derivaten bekannt) gewöhnliche *Kohlensäure*	$C(OH)_4$ H_2CO_3.

Kohlensuboxyd

1. *Kohlensuboxyd* (Malonsäureanhydrid) $C{\ll}^{CO}_{CO}$ (ein sog. Keten)

durch Erhitzen von Malonsäure $COOH.CH_2.COOH$ mit P_4O_{10} als stechend riechende Flüssigkeit (Schmp. -111^0, Sdp. 7^0), die mit Wasser schnell Malonsäure bildet, sich rasch zu dunkelrotem festem Stoff polymerisiert. Über letztere s. organische Chemie Bd. III.

2. *Mellitsäureanhydrid* $C_{12}O_9$

aus *Mellitsäure* mit Benzoylchlorid $C_6H_5.COCl$ durch längeres Erhitzen erhalten. Wasserunlöslich. Kristallisiert. Sehr beständig. Mellitsäure kommt, an Al gebunden, als honiggelbes Mineral, *Honigstein* oder *Mellit*, kristallisiert in Braunkohlenlagern vor.

3. *Kohlenoxyd* CO.

Kohlenoxyd

Technisches Massenerzeugnis. Mit blauer Farbe brennbares Gas, entsteht aus Kohle und vielen kohlehaltigen Stoffen bei unvollständiger Verbrennung (Generatorgas), aus kohlensauren Salzen bei starker Reduktion, in vielem ein „abgeschwächtes Stickoxyd NO". So addiert es Cl_2 zu $COCl_2$ *Kohlenoxychlorid, Phosgen,* vereinigt sich bei höherer Temperatur mit S zu COS, *Kohlenoxysulfid,* mit O_2 zu Kohlendioxyd, weshalb es als Reduktionsmittel bei der Metallgewinnung aus oxydischen Erzen dient. Reduziert in der Kälte bereits Palladium aus dem Chlorür $PdCl_2$ und Silber aus ammoniakalischer Lösung des Silberoxyds. Wird von ammoniakalischer und von saurer Kupferchlorürlösung (Cu_2Cl_2) unter Bildung lockerer Verbindungen absorbiert. Vortrefflich wirkt Ammoniumprussidnatrium $[Fe(CN)_5NH_3]Na_3$ unter Verdrängung von NH_3 durch CO (Manchot) oder eine Lösung von ameisensaurem Kupferoxydul in Ammoniak als Absorbens. Im übrigen chemisch einigermaßen träge. Die Flamme des trockenen CO erlischt in ganz trockener Luft, das Gas wird aber durch Gegenwart von Wasser oder von Nickel namentlich bei hohen Temperaturen viel aktiver. Nickel oder Eisen wirken durch die Bildung der zersetzlichen Karbonyle übertragend. Unterhalb rund 500^0 machen sie einen Zerfall von CO in Kohle und Kohlendioxyd immer bemerklicher. Oberhalb davon wird CO immer beständiger.

Luft oxydiert CO bei Cu-Gegenwart in Alkalilaugen bei Zimmertemperatur rasch zu CO_2 (K. A. Hofmann).

Schmp. -211^0, Sdp. -190^0. Wenig löslich, physikalisch von ähnlichem Verhalten wie O_2 und NO.

Technisch sehr wichtig, da, mit H_2 gemischt, aus Kohle unter Überleiten von Wasserdampf hergestellt, als *Wassergas* (durch Tiefkühlung auch technisch daraus abscheidbar, s. S. 159) zum Heizen und in Auerbrennern zur Beleuchtung benützt (vgl. Bd. II seltene Erden).

Sehr giftig, bildet mit dem Hämoglobin der Blutkörperchen (wie das Stickoxyd ein Stickoxydhämoglobin) ein *Kohlenoxydhämoglobin*, das den Luftsauerstoff nicht mehr zu binden vermag und daher die Atmungsbewegung chemisch wirkungslos macht.

Verhält sich infolge seiner Reaktionsträgheit als Atomgruppe so beständig, daß es stellenweise einem Element gleicht und alsdann als zweiwertiges Radikal *Carbonyl* CO zu betrachten ist. Als solches bildet es einen „Kern" zahlloser Verbindungen. Nachweis s. Gasanalyse Bd. II.

3'. *Ameisensäure* H.COOH *und die Carboxylsäuren* R.COOH. Ameisensäure

Kohlenoxyd ist das Anhydrid der Ameisensäure und kann sich als solches unmittelbar an Basen anlagern, so an NaOH beim Erhitzen, unter 8—10 Atm. Druck oder indem man den porigen Natronkalk, NaOH gemischt mit Kalk, anwendet. Die Salze der Ameisensäure, *Formiate* sind auch aus KH + CO_2 und unter Druck bei Erhitzung aus Kaliumbicarbonatlösung und CO zu erhalten. Die Formiate sind in Wasser löslich, z. T. allerdings nur wenig. Sie sind, wie die freie, aus dem Bleisalz durch H_2S oder aus dem Ba-Salz durch verdünnte H_2SO_4 oder bei besonderen Vorsichtsmaßregeln aus Natriumformiat mit konz. H_2SO_4 und folgende Destillation abscheidbare, ätzende, stechend riechende, flüssige Säure, kräftige Reduktionsmittel. Bei ihrer Oxydation entstehen Kohlendioxyd und Wss. Sie ist mischbar mit Wasser, Alkohol und Äther.

Ameisensäure kann man durch ihr Verhalten gegen Quecksilberoxyd HgO analytisch bestimmen. Sie bildet zuerst Mercuriformiat, das durch Erwärmen nach

$$\underset{\text{Mercuriformiat}}{\begin{matrix}H.COO\\H.COO\end{matrix}{>}Hg} + \begin{matrix}H.COO\\H.COO\end{matrix}{>}Hg = \underset{\text{Mercuroformiat}}{2H.COOHg} + CO_2 + H.COOH$$

gleiche Mole Kohlendioxyd und Ameisensäure gibt. Derselbe Vorgang wiederholt sich unter Abscheidung von Quecksilber beim Erwärmen des Mercuroformiats. Manche andere Metallsalze verhalten sich ähnlich (Ag). Daß Ameisensäure überhaupt in gewisser Hinsicht unbeständig ist, beweist die Zersetzung durch Pulver von Ruthenium, Iridium oder Rhodium, wobei die Säure ohne merkbare Veränderung der Metalle (katalytisch) glattauf in $H_2 + CO_2$ zerfällt. Konzentrierte H_2SO_4 zersetzt sie in $H_2O + CO$ und dies ist die bequemste Methode, reines CO darzustellen. Ameisensäure dient zum Desinfizieren von Fässern, Haltbarmachen von Fruchtsäften, zum Entkalken von Leder und in der Färberei.

Das nächste Homologe der Ameisensäure ist die

Essigsäure

Essigsäure $(CH_3.COOH)_2$,

ebenfalls flüssig. Schmp. 16,671° (1 Atm. Druck) Sdp. 118°. In verdünnter Lösung schon seit den frühsten Zeiten bekannt, wird noch heute durch Oxydation alkoholischer Flüssigkeiten (Wein, Bier usw.) an der Luft unter Mitwirkung von Kleinwesen (Bacterium aceti) erhalten. Siedelt man sie auf Buchenholzspänen an (Abb. 87, in dem Faß aufgehäuft), so läßt man das Gärgut hindurchlaufen und Luft streicht infolge der Reaktionswärme durch Löcher unten im Behälter ihm entgegen nach oben (Schnellessigfabrikation). Bei trockener Destillation von Holz erhält man Teer und eine wäßrige Flüssigkeit, die rohen Holzessig enthält und mit Kalk Calciumazetat (*Graukalk*) liefert, dessen Zersetzung mit 92 %iger Schwefelsäure dann zur freien Säure führt. Wahrscheinlich existiert in Lösung eine Orthosäure $CH_3.C(OH)_3$, da die Kontraktion beim Mischen von Essigsäure mit Wasser hier ein Maximum hat. Man kann also aräometrisch den Gehalt der Säure nur zweideutig bestimmen, und muß daher analysieren. Technische Essigsäure enthält 50 %, Doppelessig etwa 7 %, Einmachessig 5 %, einfacher Essig 3,5 % Säure.

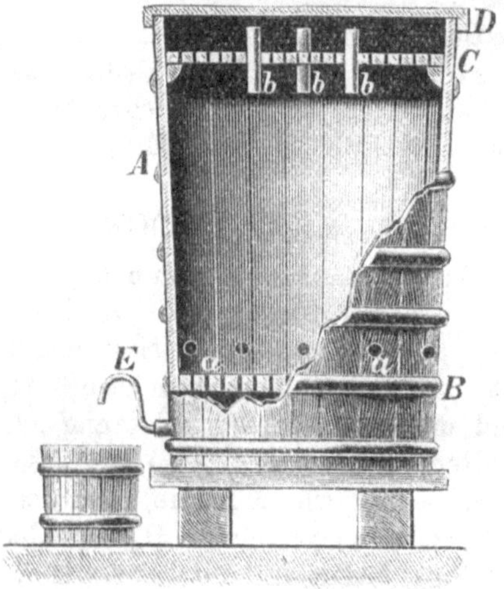

Abb. 87. Schnellessigdarstellung.

Im Gegensatz zur Ameisensäure hat sie, wie auch die höheren Homologen, keine reduzierende Wirkung. Das geht soweit, daß man sie über $KMnO_4$ oder $K_2Cr_2O_7$ destillieren und so reinigen kann.

Silberazetat ist wenig, die anderen Azetate meist gut löslich. Mit Ferrisalzen blutrote Färbung und beim Kochen der verdünnten Lösung braunroter Niederschlag einer komplexen Verbindung.

Technisch ist Essigsäure in der organischen Praxis sehr wichtig. Die Salze gleichfalls, so Aluminiumazetat, das als Rotbeize und Bleizucker $(Pb(COOCH_3)_2.3H_2O)$, der als Ausgangsstoff für manche Bleiverbindungen dient.

Oxalsäure $(COOH)_2 . 2H_2O$, Oxalsäure

im Sauerklee (Oxalis acetosella) und anderen Pflanzen; verwitternde Kristalle, die beim Schmp. 101° das Wasser verlieren, mit konz. H_2SO_4 erhitzt nach $H_2C_2O_4 = CO_2 + CO + H_2O$ reagieren, durch $KMnO_4$ oder Braunstein in erhitzter Lösung zu CO_2 oxydiert werden, durch Reduktion Glyoxylsäure $\begin{matrix} COOH \\ COH \end{matrix}$ liefern und durch Cl_2 oder HNO_3 nicht angegriffen werden. Sehr lichtempfindlich, auch in Salzen. Erhitzung liefert CO, CO_2, H_2O und H.COOH.

Darstellung.

1. Aus CO_2 + Na bei 360° oder aus Dicyan und Wasser als Ammonsalz $(CN)_2 + 4H_2O = (NH_4)_2(COO)_2$. 2. H.COONa spaltet beim Erhitzen auf 280° H_2 ab. 3. Technisch aus der Kalischmelze von Sägemehl bei weiterem Erhitzen des anfänglich gebildeten Formiats, Auslaugen mit Wasser, Fällen mit Kalk als sehr wenig lösliches CaC_2O_4 + (3 oder 1) H_2O und Zersetzen des Salzes mit H_2SO_4. Außerdem wichtige Salze, *Oxalate* sind die des Eisens, die in der Photographie dienen (s. w. u.) und die sauren Kaliumsalze KHC_2O_4 und (Tetroxalat) $KHC_2O_4 . H_2C_2O_4 . 2H_2O$, deren letzteres in der Analyse (s. S. 313.) und deren beider Gemisch als Kleesalz in der Wäschetechnik benützt wird (s. Photochemie Bd. III). Zahlreiche andere Karbonsäuren lernen wir später kennen.

4. *Kohlendioxyd* CO_2. Kohlendioxyd

Zu 0,03 v. H. (Volumen) in der Luft enthaltenes und hier zur Ernährung der Pflanzen wichtiges, farbloses, nicht brennbares Gas von säuerlichem Geruch und Geschmack. Entsteht bei vollkommener Verbrennung aller C-haltigen Stoffe und bildet ein Massenerzeugnis der chemischen Technik. Sie stellt es oft aus dem in der Natur verbreitetsten kohlensauren Salz, dem Kalkstein $CaCO_3$ durch Brennen, d. h. Erhitzen dar. Dies Verfahren ist seit uralten Zeiten gebräuchlich, allerdings zur Gewinnung des anderen Produkts der Zersetzung, des Ätzkalks CaO. In der Natur unterliegt der Kalkstein in hohem Maß der lösenden Wirkung von Wasser, das CO_2 aufgenommen hat, obschon der Gehalt solcher Lösungen bei Atmosphärendruck der Kohlensäure nur etwa $^1/_3$ Gewichtsprozent ausmacht. Im Innern der Erdrinde kreisen auch stärkere Lösungen, die in noch höherem Maß als die eben genannte, bei Atmosphärendruck (des CO_2) gesättigte Lösung, an der Luft unter Aufperlen oder Brausen ihren CO_2-Überschuß verlieren und als „Säuerlinge" zutage treten. CO_2 selbst entweicht wie diese Quellen aus dem Erdinnern vor allem an vulkanischen Orten. Ferner wird es bei der Atmung von Pflanzen und Tieren ausgehaucht und bei der Assimilation von grünen Pflanzen aufgenommen, die danach den Sauerstoff aus dem absorbierten CO_2 vollkommen abgeben und nur den C in ihren Körper einbauen. Bei Gärungen kann gleichfalls CO_2 entstehen und sammelt sich in den Gärkellern auf dem Boden an, weil es, wie das Molargewicht zeigt, etwa 1,5mal so schwer ist, als Luft. Solche Keller und mit CO_2 gefüllte Mulden an vulkanischen Orten (Hundsgrotte bei Neapel) sind daher für kleine und bei ausreichender Tiefe auch für große Tiere und den Menschen erstickungsgefährlich.

Darstellung

Im Laboratorium erhält man reines CO_2 durch Erhitzen von $NaHCO_3$, das dabei in Na_2CO_3, H_2O und CO_2 zerfällt, ferner aus Marmorstücken und Säuren im Kippschen Apparat und am bequemsten, aber nicht rein aus Stahlflaschen, worein die Technik bereits CO_2 unter hohem Druck eingefüllt hat. Dabei wird die CO_2 flüssig, wenn der Druck mindestens 72,9 Atm. und die Temperatur höchstens + 31,35° beträgt. Diese Größen heißen der kritische Druck und die kritische Temperatur des CO_2. Stellt man eine solche Flasche auf den Kopf und öffnet den Hahn, so strömt zwar flüssiges CO_2 aus, aber man hat dabei keine Gelegenheit, die farblose Flüssigkeit zu sehen, denn ihre schnelle Verdunstung führt dabei zu ihrer Erstarrung in Form von Kohlensäureschnee, dessen Sublimationstemperatur — 80° beträgt. Bei ihr ist also der CO_2-Druck über dem Kohlensäureschnee gleich 1 Atm. Dieser Schnee dient zu besserer Wärmeübertragung mit Toluol oder Äther gemischt als Kältemischung und hat den Vorzug, seine Temperatur konstant zu behalten, bis aller Schnee verschwunden und nur noch gelöste CO_2 vorhanden ist. Während ihres Entweichens steigt dann die Temperatur.

Flüssiges und festes Kohlendioxyd

Bei hohen Temperaturen zerfällt CO_2 in wachsendem Maß in CO und O_2, doch wird der Zerfall erst bei höchster Weißglut, über 1600°, einigermaßen merklich. Verbrennung von Kohle liefert in der Technik bedeutende Mengen von CO_2. Dabei hat man häufig noch mit zwei wichtigen Reaktionen zu tun:

1. Den Wassergasreaktionen $CO_2 + H_2 = CO + H_2O$ und
$$C + H_2O = CO + H_2$$

die in der Glühhitze erfolgen und technisch verwendet werden, und

2. der Generatorgasreaktion $CO_2 + C = 2CO$,

die gleichfalls von höchster Bedeutung ist, weil sie die aschefreie Gasfeuerung an Stelle der weniger zweckmäßigen Kohlefeuerung zu setzen erlaubt.

CO_2 wird im Licht von grünen Pflanzen aufgenommen und ist daher für sie ein wichtiges und eigentümliches Düngemittel.

CO_2 vereinigt sich mit Oxyden und Hydroxyden zu Salzen, *Karbonaten*, deren erstere als *neutrale oder sekundäre* bezeichnet, in Lösungen alkalisch reagieren, während die Salze mit Hydroxyden *saure oder primäre* sind und nur schwach alkalisch oder neutral reagieren. Die Karbonate sind bei den Schwermetallen, namentlich den höherwertigen und in steigendem Maß auch bei den höherwertigen Leichtmetallen so zersetzlich, daß sie nur unter ganz bestimmten Bedingungen sich erhalten lassen. So kann man die Alkalikarbonate durch Erhitzen nicht zersetzen, wohl aber die der Erdalkalimetalle, während man ein Karbonat des Al auf den gewöhnlichen Wegen überhaupt nicht erhält.

In Wasser löst sich CO_2 vorwiegend wohl als solches, so daß der in die Hydratform H_2CO_3 oder vielleicht auch in die Orthokohlensäure H_4CO_4 übergegangene Anteil sehr klein wäre. Dazu paßt der Umstand, daß die meisten Säuren die Kohlensäure aus ihren Salzen austreiben. Man nannte sie deshalb eine sehr schwache Säure (schärfere Fassung des Begriffs Säurestärke s. w. u. Elektrochemie S. 287, 288).

Die meisten Karbonate sind wenig löslich. Die der Alkalimetalle, außer Li reichlich löslich.

b) Oxyde und Säuren des Siliciums.

Oxyde und Säuren von Silicium

§ 84. Man kennt nur ein Oxyd SiO_2, wovon sich zahlreiche Säuren, zum Teil Polysäuren ableiten. Das andere Oxyd SiO bildet keine Säuren.

Siliciumdioxyd SiO_2.

Entsteht bei Verbrennung des Siliciums und beim starken Erhitzen seiner Säuren als weißes Pulver. Bildet den Quarz vom sp. G. 2,6, Härte 7 (s. Bd. II), der in der Natur in großen Massen vorkommt, farblos als *Bergkristall*, durch Beimengungen gefärbt und weniger vollkommen durchsichtig als gewöhnlicher *Quarz*, mehr oder weniger wasserhaltig als *Opal*. Verbunden mit Metallen zu *Silikaten* bilden die *Kieselsäuren*, die sich vom SiO_2 ableiten, einen großen Teil der Steinrinde der Erde, der Lithosphäre und der Magmazone bis zu etwa 1500 km Tiefe, wo die Barysphäre beginnt, der Eisenkern, der wohl aus Nickeleisen besteht.

Siliciumdioxyd ist in den gewöhnlichen Flammen unschmelzbar, im Knallgasgebläse schmilzt es zu einer Flüssigkeit, die in einem weiten Temperaturintervall zähe ist und deshalb sich wie Glas verarbeiten läßt, obwohl schwieriger wegen der technischen Erschwerung durch die sehr hohen Temperaturen. Das so entstehende Quarzglas hat eine sehr geringe Wärmeausdehnung, die sehr gleichmäßig erfolgt und kann deshalb ohne zu springen sehr schroffen Temperaturänderungen unterworfen werden. Dies macht Quarz in vielen Fällen zu einem wichtigen Ersatz für Glas. Da Quarz zugleich gegen viele chemische Mittel, allerdings nur saure, sehr widerstandsfähig ist, so kann er in diesen Fällen auch Platin ersetzen und dient hier zu Tiegeln usf. Endlich sind die aus geschmolzenem Quarz gezogenen Fäden sehr fest und verhalten sich gegenüber der Torsion oder Verdrillung äußerst gleichmäßig. Deshalb dienen sie zur Aufhängung beweglicher Teile, wie der Spiegel, Magnete und dgl. in Meßinstrumenten.

Optisch bietet Quarz den Vorteil, ultraviolette Strahlen sehr hoher Schwingungszahl noch gut durchzulassen; wenn auch der geschmolzene und amorph erstarrte Quarz, das Quarzglas, diese Eigenschaft nur noch in geringerem Grad hat als der kristallisierte, so übertrifft er doch auch dann noch viele andere Stoffe in dieser Hinsicht und wird daher zu Lampengehäusen benutzt, die viel Ultraviolett durchlassen sollen. Dabei kommt sein hoher Schmelzpunkt und Unangreifbarkeit durch Hg-Dampf und auch viele andere Metalldämpfe weiter zu Nutzen. Zu Prismen, Linsen usf. kann man jedoch nur den gleichmäßig gebauten kristallisierten Quarz verwenden (s. Kristalloptik Bd. II).

Quarz wandelt sich bei hohen Temperaturen in eine Reihe anderer Modifikationen um, wobei er trübe wird und zerfällt. Am wichtigsten ist dabei der auch in vulkanischen Gesteinen vorkommende Tridymit (s. Silikatchemie Bd. II).

Chemisch wird Quarz nur von HFl und von schmelzendem HPO_3 angegriffen, nicht erheblich von anderen Säuren, wohl aber von Metalloxyden, womit Silikate entstehen und von Alkalien, deren Silikate nicht nur schmelzbare Gläser sind, sondern auch in Wasser sich lösen (*Wasserglas*). Leichtmetalle reduzieren SiO_2 beim Erhitzen zu Si. Kohle, im elektrischen Ofen mit SiO_2 erhitzt, reduziert es gleichfalls und vereinigt sich dann mit dem Si zu SiC, *Carborundum*, einem (S. 440) sehr harten, wichtigen Schleifmittel. Alkalilaugen lösen zwar auch Quarz, aber sehr langsam, dagegen lösen sie die feinverteilten Formen des SiO_2 schnell, so die *Kieselguhr*, die aus Kieselpanzern abgestorbener Organismen besteht. Auch die wasserhaltigen, amorphen, aber kompakten Formen, wie Opal usf. werden viel mehr angegriffen. Dabei bilden sich die Salze der als solche insgesamt unbekannten

Wasserglas

Kieselsäuren,

die man durch Austritt von Wasser formal von der *Orthokieselsäure* $Si(OH)_4$ ableiten kann, entweder von einem Mol $Si(OH)_4$ aus, wobei man zu den *Monokieselsäuren* kommt, oder aus mehreren Molen $Si(OH)_4$, was zu den *Polykieselsäuren* führt.

Am wichtigsten ist hier die Erkenntnis, daß man noch keine Bedingungen (Lösungsmittel, Temperaturgebiet) kennt, unter denen die verschiedenen Kieselsäuren in ihren Salzen sich durch bestimmte Reaktionen nebeneinander erkennen und voneinander unterscheiden lassen. Ferner, daß die großen Molekeln der Polykieselsäuren, unähnlich den großen C-haltigen Molekeln nicht durch Verkettung der Si-Atome untereinander, sondern durch *O-Brücken* zustande kommen.

Zersetzt man ein Alkalisilikat mit Salzsäure, so erhält man bei geeigneten Bedingungen eine kolloidale Lösung von Kieselsäure, bei anderen Bedingungen eine Gallerte, ein *Gel*. Wäscht man es aus und trocknet es, so hinterbleibt ein weißes Pulver, das ungefähr H_2SiO_3 *Metakieselsäure* entspricht.

Gel

Bedenkt man, daß die Mannigfaltigkeit der C-Verbindungen bei gewöhnlicher Temperatur unter starker Teilnahme des Wassers zustande kommt, so in den Organismen, und daß sie bei hoher Temperatur der

Hauptsache nach in eine Welt kondensierter Ringe übergehen, die mehr und mehr in der Zusammensetzung der reinen Kohle sich nähern und uns noch recht wenig bekannt sind, ferner, daß die Mannigfaltigkeit der Silikate bei rund 1000°, der Temperatur der flüssigen Laven, sich aus dem Schmelzfluß entwickelte, daß aber die bei niederen Temperaturen sich bildenden silikatischen Stoffe, wie sie an den Solfataren und Geysirn[1] auftreten, sehr wenig mannigfaltig sind und fast nur aus Kieselsäure selbst bestehen, so wird man die Erforschung der Kieselsäuren mit ihrer großen Mannigfaltigkeit bei hohen Temperaturen unternehmen. Wenigstens soweit sie chemisch sein soll, also Umwandlungen untersucht. Physikalisch, im festen Zustand, werden die Silikate sich durch die v. Lauesche Röntgenstrahlenmethode (s. Bd. II u. III) vielleicht zum Teil auf ihre Konstitution prüfen lassen. Die Prinzipien der Kohlenstoffkonstitutionschemie lassen sich auf die Silikatreaktionen in wäßrigen Lösungen wahrscheinlich nicht allgemein übertragen, weil die Vorbedingungen ihrer Gültigkeit hier meist nicht erfüllt sind. Man hat es bei Kieselsäuren mit großen Molekelklumpen zu tun, der kolloidalen Natur der Lösungen entsprechend, und der Einfluß der Verklumpung auf die Möglichkeit der Reaktionen darf nicht unterschätzt werden (s. w. u. Kolloidchemie und Phasenlehre Bd. II).

§ 85. c) Weitere Oxyde vierwertiger Elemente. (Wichtige Erze darunter.)

Wir behandeln hier nur jene Oxyde RO_2, worin die Elemente vierwertig sind.

Germanium

Germaniumoxyde

verbrennt zu *Germaniumdioxyd* GeO_2, einem weißen Pulver, von dem sich Salze ableiten und das auch durch Erhitzen des Hydroxyds $Ge(OH)_4$ entsteht, analog Si und Sn. Doch ist auch das *Oxydul* GeO bekannt.

Zinn

Zinnoxyde

bildet zwei Oxydreihen. Von beiden leiten sich Säuren ab. *Zinnoxydul* SnO s. w. u. und *Zinnoxyd, Stannioxyd* SnO_2 in der Natur (Cornwall, Sundainseln) als *Zinnstein*, Kassiterit vorkommend, durch Verbrennen von Sn an der Luft zu erhalten als weißes, in Säuren und Alkalien unlösliches Pulver, das erst beim Schmelzen mit Alkalien gelöst und in Salze, *Stannate*, übergeführt wird. Seine Hydroxyde verhalten sich noch sehr schwach basisch, vorwiegend aber sauer, wobei ähnlich, wie bei Kieselsäure, die kolloidale Natur zu Verwicklungen führt. Zinnstein Rohstoff für Sn und seine Verbindungen

Zinnsäure $SnO_2 \cdot aq$ mit undefiniertem Wassergehalt (wie die „freien" Kieselsäuren) fällt auf Säurezusatz aus Stannatlösungen und auf Ammoniakzusatz aus $SnCl_4$-Lösung als weißer, in konz. HNO_3 und konz. Salzsäure zu *Stannisalzen*, in Alkalien zu *Stannaten* löslicher, feucht und

[1] sprich: gjehsir.

frisch sauer reagierender Niederschlag, der langsam in die gleich zusammengesetzte „*Metazinnsäure*" (s. Kolloidchemie Bd. II) übergeht, die durch längeres Kochen oder Schmelzen mit Ätzalkalien wieder Salze der gewöhnlichen Zinnsäure, sonst aber von diesen verschiedene übrigens nicht ausreichend definierte „Salze" liefert. Die Verschiedenheit scheint nur in der Korngröße zu liegen, denn beide Zinnsäuren sind kolloidal und die Metazinnsäure unterscheidet sich von der gewöhnlichen durch ihre Unlöslichkeit in Natronlauge und in konz. Salzsäure.

Das mit Salzsäure entstandene „*Metazinnchlorid*" $SnCl_4$ ist von dem gewöhnlichen Zinnchlorid $SnCl_4$ dadurch unterschieden, daß es mit Zinnchlorür $SnCl_2$ sich gelb färbt. Metazinnsäure entsteht auch unter lebhafter Erhitzung aus Zinn und HNO_3. Es ist ein weißes Pulver. Das wohldefinierte und kristallisierte *Natriumstannat* $Na_2SnO_3 \cdot 3H_2O$, Präpariersalz, leitet man von der hypothetischen, zweibasischen Hexaoxyzinnsäure $H_2Sn(OH)_6$ ab. Es dient als Beizmittel in der Färberei und wird durch Schmelzen des Zinnsteins mit Natron erhalten. Es ist durch die merkwürdige, weil seltene Eigenschaft ausgezeichnet, daß es sich in kaltem Wasser reichlicher löst als in heißem.

Oxyd des vierwertigen Pb. Bleisäure

Blei.

Bleidioxyd PbO_2 braunschwarz, entsteht aus Bleisalzen und Hypochlorit in alkalischer Lösung. Löst sich in heißer Kalilauge zu Kaliumplumbat K_2PbO_3, das analog Stannat mit $3H_2O$, wohl als Salz der Hexaoxybleisäure $H_2Pb(OH)_6$, kristallisiert. Es wird durch Wasser in Kali und PbO_2 zersetzt; H_2SO_4 entwickelt O_2 und bildet $PbSO_4$; Salzsäure Cl_2 und $PbCl_2$; Erhitzen spaltet O_2 ab und hinterläßt PbO; PbO_2 ist also *Superoxyd und Säureanhydrid.* Technisch macht man es aus bleioxydhaltiger Bleizucker-(Bleiazetat-)Lösung durch Oxydation mit Chlorkalk, oder elektrolytisch (s. w. u. S. 359, 360).

Oxyde der IV. Gruppe Ti, Zr, Th

II. Linke Untergruppe, Ti, Zr, Ce, Tb, Th.

Titan.

Titanoxyde, Rutil

Titandioxyd TiO_2 kommt trimorph in der Natur vor als *Rutil, Anatas* und *Brookit*; mit Alkalien oder ihren Karbonaten geschmolzen, liefert es *Titanate*, z. B. K_2TiO_3, die durch Wasser in saure Salze und Alkali zersetzt werden. Die sauren Titanate lösen sich in Säuren und beweisen vielleicht dadurch die auch basische Natur des Titandioxyds. Aber die Lösung wird, namentlich bei Anwesenheit von H_2SO_4, bei längerem Kochen unter Abscheidung von Titansäure zersetzt. Man erhält *Titansäure* als weißes amorphes Pulver $Ti(OH)_4$ bei Fällung von Titanaten mit Ammoniak. Titansäure scheint also ähnlich der Metazinnsäure sich zu größeren Komplexen vereinigen zu können. Sie bildet auch Polysäuren, ähnlich der Kieselsäure. Andere Titanoxyde sind auch bekannt, so das gelbe *Titantrioxyd* TiO_3, das durch H_2O_2 in schwefelsaurer Lösung entsteht (Reaktion auf H_2O_2). Salze des dreiwertigen Titans reduzieren kräftig und sind in violetter Lösung durch Reduktion von Titansäurelösung mit Zn und Salzsäure darstellbar.

Tafel der normalen …

(Anordnungsfo…

I a	I b	II a	II b	III a	III b	IV a	IV b
I		II		III		IV	
Farblos *a.* Sehr lösliche starke	*b.* Sehr wenig lösliche schwache	Farblos *a.* Zunehmend, aber wenig löslich	*b.*	*a.* Kaum löslich Farblos	*b.* Höhere Glieder gefärbt	*a.* Farblos. Anfangsglieder amphoter, spätere schwache Basen	*b* Höchst… gef… Am…
Basen		Anfangsglieder amphoter, spätere entschiedene Basen		Anfangsglied amphoter, spätere schwache Basen			
Analoga:	starke Base (Tl)	schwache Basen, spätere amphoter		amphoter, spätere schwache Basen		amphoter	
1) Li(OH)		1) [Be(O]H)$_2$					
2) Na(OH)		2) Mg(OH)$_2$		1) [Al(O]H)$_3$			
3) K(OH)		8) Ca(OH)$_2$ (12) Cr(OH)$_2$); 13) Fe(OH)$_2$; alle hellgefärbt	14) Mn(OH)$_2$ 15) Co(OH)$_2$ 16) Cu(OH)$_2$ 17) Ni(OH)$_2$	5) Sc(OH)$_3$ 8) [Cr(O]H)$_3$ 9) [Fe(O]H)$_3$ grün, dunkelbraun bis schwarz	(10) Mn(OH)$_3$ 11) Ni(OH)$_3$ 12) Co(OH)$_3$)	4) [Ti(O]H)$_4$ 9) [Mn(O]H)$_4$ schwarz	
	7) Cu(OH)		3) [Zn(O]H)$_2$		2) Ga(OH)$_3$		1) [G…
4) Rb(OH)		9) Sr(OH)$_2$ (19) Pd(OH)$_2$ dunkelbraun)		6) Y(OH)$_3$		5) [Zr(O]H)$_4$	
	9) Ag(OH)		4) Cd(OH)$_2$ 6) [Sn(O]H)$_2$ weiß		3) In(OH)$_3$ grünlichgelb		2) [S… 2 … z…
5) Cs (OH)		10) Ba(OH)$_2$ (18) Pt(OH)$_2$ schwarz)		7) La(OH)$_3$ [Ce(O]H)$_3$ und 14 andere Trihydroxyde seltener Erdmetalle;	13) Au(OH)$_3$ gelbrot	6) Ce(OH)$_4$ gelb	8) [P… sc…
	8) „Au(OH)“ (6) Tl(OH))		5) „Hg(OH)$_2$“ 7) [Pb(O]H)$_2$ weiß		4) Tl(OH)$_3$ braun Tl[I] 2 Stellen zurück		3) [P… Pb… 2 …
—		11) Ra(OH)$_2$				7) Th(OH)$_4$	

und ihrer Analoga.

ext des Buchs.)

V	VI	VII	VIII
	Cr[II] 4 Stellen zurück Cr[III] 8 „ „	Mn[II] 5 Stellen zurück Mn[III] 4 „ „ Mn[IV] 3 „ „	Fe[II] 6 Co[II] 7 Ni[II] 8 Fe[III] 5 Co[III] 6 Stellen zurüc
			Pd[II] 8 Stellen zurück
			Pt[II] 8 Stellen Pt[IV] 4 Stellen zurück
Farbe der Analoga und der *b*-Reihen wächst in den Pfeilrichtungen	*a*-Reihen alle farblos	*c*-Reihe (Ce usw.) zum Teil gefärbt	

Zirkonium

verbrennt zu dem weißen, in Glut sehr hell leuchtenden *Zirkondioxyd* ZrO_2 (Zirkonlicht), dessen Zusatz zu Quarzglas das Entglasen etwas verzögert. Es findet sich als Zirkonglaskopf und Zirkonfavas vielfach in Brasilien. Schmp. gegen 3000°. *Zirkonhydroxyd* $Zr(OH)_4$ fällt weiß voluminös durch Ammoniakzusatz aus sauren Lösungen. Bildet ein wasserbeständiges Sulfat, und mit Alkalien *Zirkonite* Na_2ZrO_3, und *Zirkonate* Na_4ZrO_4, die durch Wasser zersetzt werden. Hier mag auch Platz finden: Zirkondioxyd Zirkonfavas

Vierwertiges Cerium und Terbium.

Das Metall Ce verbrennt unter lebhaftem Funkensprühen (schon beim Ritzen von Cereisen, als Feuerzeug benützt) zu *Cerdioxyd* CeO_2, das hoch erhitzt, ähnlich dem ZrO_2 sehr hell leuchtet, namentlich, wenn auf *Thordioxyd* ThO_2 ausgebreitet. Diese Eigenschaft dient beim Auerlicht zu Beleuchtungszwecken. Seine Salze, die *Cerisalze*, sind braun *gefärbt*, das *Cerihydroxyd* hat die Formel $Ce(OH_4)$ und ist basisch ohne saure Eigenschaften. Vom *Cerooxyd* Ce_2O_3 und seinem *Cerohydroxyd* $Ce(OH)_3$ leiten sich *farblose Cerosalze* ab. Terbiumdioxyd (wohl TbO_2) ist schwarz. CeO_2 und TbO_2

Thorium

endlich bildet durch Verbrennung ein weißes *Thordioxyd* ThO_2, das 99 v. H. der Auerstrumpfmasse (s. Seltene Erden Bd. II) ausmacht und von dem sich ein *Thorhydroxyd* $Th(OH)_4$ ableitet, aus den Salzen durch Ammoniak fällbar. Aber dieses letztere ist auch in Alkalien nicht mehr löslich und hat nur noch basische Eigenschaften. Thordioxyd

§ 86. Hier fügt sich einigermaßen ein

III. Vierwertiges Platin und vierwertiges Mangan.

Vierwertiges Platin

Platinihydroxyd $Pt(OH)_4$ fällt als rotbraunes Pulver durch Essigsäure aus einem Gemisch von $PtCl_4$-Lösung mit Alkalilauge. Schwache Base, die sich in schwachen Säuren daher nicht, wohl aber in starken Säuren zu Platinisalzen löst. Löst sich in Alkalien zu gelben *Alkaliplatinaten* R_2PtO_3. Dies sind Salze von $PtO(OH)_2$ *Platinsäure*, die auch durch Schmelzen von Pt mit Alkalien entstehen (wie Chromate und Manganate R_2CrO_4, R_2MnO_4).

Mangandioxyd MnO_2.

Vierwertiges Mangan

Mangandioxyd, *Mangansuperoxyd* MnO_2, dunkelbraunschwarz, als Braunstein das bekannteste Manganerz, gepulvert schwarz, in Säuren unter O_2-Entwicklung, in Salzsäure unter Cl_2-Entwicklung löslich, in kalter Salzsäure bildet sich primär in Lösung tiefdunkelbraunes $MnCl_4$. Braunstein Rohstoff für Mn und Mn-Verbindungen

Mangandihydroxyd $MnO_2 \cdot aq$, worin vielleicht $Mn(OH)_4$, fällt dunkelbraun, amorph aus neutralen oder alkalischen Manganlösungen durch starke Oxydationsmittel, z. B. Hypochlorit u. a. Verhalten zu Salzsäure wie bei MnO_2. Entwässerbar zu $MnO_2 \cdot aq$ etwa der Zusammensetzung $MnO(OH)_2$ von gleichem Aussehen. Dieses ist zugleich schwache Base und schwache Säure, die *manganige Säure*, deren Salze, *Manganite*, sich bilden, wenn „$MnO(OH)_2$" in Gegenwart starker Basen gefällt wird. Selbst zweiwertiges *Mangan*, dessen Salze *Manganosalze* heißen, bildet mit manganiger Säure zwei Manganite:

$$MnO(OH)_2 + MnO = H_2O + Mn_2O_3 \text{ (Mangansesquioxyd)}.$$

Dies geht als Verunreinigung in das $MnO(OH)_2$ ein und verleiht ihm zu kleinen O-Gehalt; ein anderes Manganomanganit, *Manganoxydoxydul* Mn_3O_4 (rotbraun) = $MnO_2 \cdot 2MnO$ entsteht stets beim Erhitzen von Manganoxyden. $Mn(OH)_2$, gemischt mit Kalk wie es aus Manganosalzlösungen (*Rückstände von der Weldonchlorbereitung*) bei Kalkmilchzusatz entsteht, wird mittels Durchpressen von Luft (*Regenerierung des Weldonschlamms*), in *Calciummanganit* $CaMnO_3$ verwandelt, das sich gegen Salzsäure wie eine Mischung von CaO und MnO_2 verhält, also bei Reaktion mit ihr immerhin noch einmal halb so viel Chlor abgibt, als reines MnO_2. Die wichtigste Eigenschaft des MnO_2 ist sein Oxydationsvermögen.

MnO_2 färbt Silikatschmelzen violett, bei Eisengegenwart braun (daher der Name Braunstein), dient zur Beseitigung der grünlichen Farbe gewöhnlichen Glases. Daher sein Name Pyrolusit (πῦρ Feuer, λούω wasche).

Ist analog PbO_2 Säure und Perhydroxyd zugleich.

6. Oxyde der III. Gruppe und Verwandte.

Sesquioxyde der III. Gruppe u. Verwandte B, Al, Ga, In, Tl

Sesquioxyde (Trioxyde) R_2O_3.

I. Rechte Untergruppe B, Al, Ga, In, Tl,

(Wichtige Rohstoffe darunter.)

§ 87. Anhydride sehr schwacher Säuren; farblos. $Al(OH)_3$ ist bereits schwache Base. Entstehen durch Verbrennung der Elemente an der Luft.

a) Oxyde und Säuren des Bors.

Bortrioxyd

Bortrioxyd B_2O_3, Borsäureanhydrid, wasserziehend, glasartig, bei etwa 1300° erweichend, durch Erhitzen des Hydroxyds erhalten, geht unter Wasseraufnahme und Wärmeentwicklung wieder in es über, bei hoher Temperatur verdampft es. Bildet BFl_3 mit HFl. Geschmolzen sehr zähe und fähig, Metalloxyde zu kennzeichnend gefärbten Salzen zu lösen. Diese, auch in der Boraxperle entstehend, dienen analytischen Zwecken. Die Lösefähigkeit bedingt die Verwendung von Bortrioxyd (aus dem Borax entstehend) beim Löten. Optische Gläser und gewöhnliches Email enthalten Bortrioxyd.

Borsäure

Borsäure bildet weiße, sich weich und fettig anfühlende Blättchen, $B(OH)_3$, die in kaltem Wasser wenig, in heißem sehr löslich sind und darin schwach antiseptisch wirken. Man erhält sie durch Eindampfen der natürlichen Borsäurelösungen. Sie entstehen in Toskana in Italien durch Lösen der Borsäuredämpfe, die dort dem Boden entsteigen.
Sassolin Diese Flüchtigkeit der Borsäure fällt auf, weil das Anhydrid erst bei den höchsten Temperaturen verdampft. Zum Eindampfen dient die Wärme der heißen Quellen selbst. Die letzte Reinigung erfährt die Säure durch Überführung in Borax (s. u.), der umkristallisiert und durch Säure unter Abscheidung von Borsäure zersetzt wird. Bei 100° verliert sie 1 Mol Wasser und liefert *Metaborsäure,* die im Gegensatz zur *Ortho-*

borsäure ($B(OH)_3$) Salze bildet: HBO_2. Aber diese sind unbeständig und werden bereits durch CO_2 zersetzt, wobei die Salze der *Tetraborsäure* $H_2B_4O_7$ entstehen, welch letztere man auch durch Erhitzen von Borsäure auf 140⁰ erhält:

$$H_2B_4O_7 = 2HBO_2 + B_2O_3,$$
$$4NaBO_2 + CO_2 = Na_2B_4O_7 + Na_2CO_3.$$

Die *Borate* der Alkalimetalle sind leichtlöslich in Wasser, die der Schwermetalle nicht. Letztere sind wegen der Schwäche der Borsäure zum Teil sehr zersetzlich, so zerfällt das weiße Silberborat, das in konz. Lösung bestehen kann, beim Verdünnen der umgebenden Lösung in die freie Säure und braunes Ag_2O. Am wichtigsten ist das *Natriumtetraborat, Borax,* als *Tinkal* in Salzseen Tibets und auch in Kalifornien vorkommend, $Na_2B_4O_7 + 10H_2O$. Schmilzt unter Aufblähen, wobei schließlich wasserfreies Boraxglas entsteht, das man als Gemisch von Metaborat und B_2O_3 auffassen kann, da es dieselben lösenden Wirkungen wie letzteres auf Metalloxyde ausübt. Borazit ist der wichtigste Borsäurerohstoff Deutschlands, ein chlorhaltiges Magnesiumborat.

Borax

Borazit Rohstoff für B-Verbindungen

Mit Alkohol gemischt bildet $B(OH)_3$ flüchtige Verbindungen, die mit grüngesäumter Flamme verbrennen (*Borsäurenachweis*).

b) Aluminiumoxyd Al_2O_3.

Aluminiumoxyd

§ 88. Findet sich als Korund, Schmirgel, Rubin, Sapphir in der Natur, durch große Härte ausgezeichnet, die nur der des Diamanten nachsteht. Wird mit ähnlichen Eigenschaften auch künstlich (Synthetischer Rubin usf.) dargestellt, auch bei der Aluminothermie als Corubin erschmolzen. Schmp. 2010⁰. In Säuren unlöslich. Erhitzt man gefälltes *Aluminiumhydroxyd* $Al(OH)_3$, so entsteht ein weißes, in Säuren lösliches Pulver, das diese Eigenschaft aber durch starkes Glühen ganz verliert und danach erst durch Schmelzen mit $KHSO_4$ oder Kali aufgeschlossen, d. h. in eine lösliche Verbindung übergeführt werden muß.

Schmirgel

Aufschließen von Stoffen

$$3K_2S_2O_7 + Al_2O_3 = \underset{\text{Kalialaun}}{2KAl(SO_4)_2} + 2K_2SO_4;$$

$$Al_2O_3 + 6KOH = \underset{\text{Kaliumaluminat}}{2Al(OK)_3} + 3H_2O.$$

Schmirgel und künstlicher Korund sind wichtige Schleifmittel, Rubin und Sapphir, natürlich wie auch künstlich dargestellt, dienen als Achsenlager für Apparate, worin man die Reibung auf ein Minimum zu verringern wünscht (Uhren u. dgl.).

Aluminiumhydroxyd $Al(OH)_3$

findet sich als *Hydrargillit* in der Natur. Wichtig ist der u. a. bei Avignon vorkommende, meist stark eisenhaltige Bauxit $Al_2O_3.2H_2O$, der zur Al-Bereitung dient.

Bauxit

Chemisch ist $Al(OH)_3$ äußerst wichtig, weil es sehr genau zwischen Säuren und Basen in der Mitte steht und beider Eigenschaften besitzt. Fällt als gallertartiger, farbloser, in Säuren leicht löslicher Niederschlag beim Versetzen von Al-Salzlösungen mit Ammoniak. Alkalien fällen zwar gleichfalls, lösen aber im Überschuß zugesetzt den Niederschlag wieder zu *Aluminaten* auf, die den Metaboraten ($NaBO_2$) analog sind, durch Alkohol aus diesen Lösungen in amorpher Form gefällt werden und wie die Metaborate durch die CO_2 der Luft zersetzt werden. Die zu ihnen gehörige *Meta-Aluminiumsäure* findet sich kristallisiert in der Natur als *Diaspor* $HAlO_2$. Zusatz von Säuren zu den Aluminaten oder Zusatz von Al-Salzen dazu fällt $Al(OH)_3$. Es ist fast unlöslich in Wasser und kann drei Reihen von Salzen bilden, von denen aber nur die besser definiert sind, worin alle drei OH-Gruppen durch Säurereste ersetzt sind. Die anderen heißen *basisch*. In sehr verdünnter Lösung zerfallen alle diese Salze in $Al(OH)_3$ und freie Säure. Mit dieser Schwäche des Basencharakters hängt zusammen, daß man $Al(OH)_3$ aus den Al-Lösungen durch Ammoniak auch bei Gegenwart von NH_4-Salzen fällen kann. Da Mg und die Erdalkalimetalle Ca, Sr, Ba diese Reaktion nicht zeigen, so benutzt man sie zur Abscheidung des Al und zur Trennung von diesen vier Metallen.

Aluminiumhydroxyd kann unter Wasseraustritt kondensierte Hydroxyde und teilweise entwässerte bilden.

Ga^{III}

c) Galliumsesquioxyd Ga_2O_3

gleicht dem Al_2O_3. Das Hydroxyd $Ga(OH)_3$ löst sich gleichfalls in Säuren und Alkalien, sogar etwas in Ammoniak, ist also **stärker** sauer als $Al(OH)_3$.

In^{III}

d) Indiumsesquioxyd In_2O_3,

grünlichgelb, hinterbleibt beim Erhitzen des $In(OH)_3$, das weiß, ebenfalls gallertartig, durch Basen aus In-Salzen fällt, in Säuren und Alkalien löslich ist, aus letzteren schon durch Sieden wieder fällbar. In Ammoniak löst es sich nicht.

Tl^{III}

e) Thallioxyd Tl_2O_3

ist schwarz und schwer rein zu erhalten. Sein Hydroxyd, eine sehr schwache Base, fällt aus Thallisalzlösungen, vielleicht zuerst als $Tl(OH)_3$. Trocken hat es die Zusammensetzung TlO(OH), ist braun, wie Eisenhydroxyd. Gibt sehr leicht O und seinen Gehalt an Wasser ab, wobei *Thallooxyd* entsteht, das wir **bei den Alkalien** wegen seiner Ähnlichkeit mit diesen behandeln werden. Die Thallisalze zerfallen bei Verdünnung ihrer Lösungen noch eher, als die Al-Salze in $Tl(OH)_3$ und freie Säure, so daß also die basische Kraft vom Gallium zum Thallium abnimmt.

II. Linke Untergruppe **Sc, Y, La, Gd, Cp.**

Sc, Y, La, Gd, Cp

Scandium, Yttrium, Lanthan, Gadolinium, (Cassiopeium).

Sind weniger sauer, mehr **basisch**, bilden sogar Karbonate, wozu Al unfähig ist. Alle seltenen Erdmetalle bilden Oxyde Me_2O_3 und Hydroxyde $Me(OH)_3$.

Die Hydroxyde $R(OH)_3$ sind farblos, in Alkalien und Ammoniak unlöslich, bilden beständigere Salze. Das Doppelkarbonat $Sc_2(CO_3)_3 . 4 Na_2CO_3 . 6 H_2O$ ist wenig löslich.

Dem Al_2O_3 und $Al(OH)_3$ schließen sich Oxyde einer Reihe Schwermetalle in Formel und Verhalten an, nämlich:

III. Die Oxyde von dreiwertigem **Cr, Fe, Mn, Ni, Co, Au.** **(Wichtige Erze darunter).**

Eisen-Chrom-Gruppe, ferner dreiwertiges Mn, Ni, Co, Au

§ 89. Saure Eigenschaften in nennenswertem Maß besitzen davon nur das erste und das letzte Glied, $Cr(OH)_3$ und $Au(OH)_3$, stärker letzteres. Denn Alkalien lösen diese Hydroxyde zu *Chromiten* bzw. *Auraten*. Doch steht Gold mit seinen Eigenschaften so sehr allein, Cr und Fe dem Al aber so nahe, daß wir die oben gegebene Gruppierung benutzen.

a) Chrom^{III}; Eisen^{III}.

Chrom^{III}-Oxyde

Chromsesquioxyd Cr_2O_3 durch Erhitzen von CrO_3 (Chromsäureanhydrid) oder Ammoniumchromat oder Durchleiten von CrO_2Cl_2 (*Chromylchlorid*) durch glühende Röhren. Im letzteren Fall kristallisiert, schwarz; sonst amorph, grün; je länger geglüht, desto unlöslicher in Säuren (analog Al_2O_3, Fe_2O_3 usf.), färbt Silikatschmelzen grün. Ein Hydrat $Cr_2O_3 \cdot 2H_2O$ *Guignets Grün* dient als Farbe, durch Schmelzen von $K_2Cr_2O_7$ mit drei Teilen $B(OH)_3$ und Entfernen des löslichen Borats mit Wasser zu erhalten.

Chromihydroxyd $Cr(OH)_3 . nH_2O$, hellblaugrau, durch Ammoniak aus Chromisalzlösungen gefällt, in Alkalien grün löslich zu unbeständigem *Alkalichromit* RH_2CrO_3, das mit der Zeit, schneller beim Erhitzen, ein wasserärmeres grünes Hydroxyd ausscheidet. Die Chromite leiten sich meist von dem Hydroxyd $CrO.OH = Cr(OH)_3 - H_2O$ ab, so das Eisenchromit, der „*Chromit*“ oder *Chromeisenstein* $Fe(CrO_2)_2$ das wichtigste Chromerz, kristallisiert in schwarzen Oktaedern, zugehörig zu den „Spinellen“, einer regulären isomorphen Reihe, der auch $MgO.Al_2O_3$ und Fe_3O_4 zuzurechnen ist.

Spinelle. Chromeisenstein Rohstoff für Cr und seine Verbindungen

Chromhydroxyd ist wie Aluminiumhydroxyd, eine so schwache Base, daß es mit schwachen Säuren, wie CO_2, SO_2 keine Salze bildet.

Eisen^{III}-Oxyde Roteisenstein

Eisenoxyd Fe_2O_3, schwarz, hexagonal *Roteisenstein* und *Eisenglanz*, sehr wichtiges Eisenerz; rot, wenn gepulvert oder durch Glühen von $FeSO_4 . 7H_2O$ (Eisenvitriol) als *Polierrot*, Caput mortuum, Colcothar erhalten; geglüht nur langsamer in Säuren löslich. Entsteht auch durch Erhitzen von

Ferrihydroxyd $Fe(OH)_3 . nH_2O$, das braun, flockig, aus Ferrisalzlösungen durch Ammoniak oder Alkalien fällt und erst nach dem Erhitzen in der Flüssigkeit durch Zusammenballung gut filtrierbar wird, löst sich nicht in Alkalien, außer wenn sie sehr konzentriert sind und dann nur wenig, leicht aber, wenn frisch gefällt, in $FeCl_3$ oder Ferriazetatlösung und in Säuren zu Ferrisalzen. Schwache Base. Die Salze reagieren sauer, sind in Lösung durch kolloidales Ferrihydroxyd gelb bis rotbraun gefärbt. Die Fällung von Ferrihydroxyd löst sich ähnlich dem $Cu(OH)_2$ in organischen Stoffen, wie Glyzerin, Weinsäure- oder Zuckerlösungen, wobei die Ferrisalzreaktionen zum Teil verschwinden. Es entstehen also eisenhaltige Komplexe.

Ferrihydroxyde kommen als wichtige Erze massenhaft in der Natur vor, so als *Brauneisenstein* usf. Das Pulver ist gelbbraun, wie Rost, der gleichfalls aus den Hydroxyden besteht.

Magneteisenstein

Bildet *Ferrite*, so den *Magneteisenstein* oder *Magnetit*, einen Spinell, schwarze Oktaeder oder derbe Massen, bestes Eisenerz, u. a. im nördlichen Schweden zu finden $Fe(FeO_2)_2 = Fe_3O_4$ = Eisenoxyduloxyd, das auch beim Verbrennen von Eisen an Luft als *Eisenhammerschlag* losblättert. Auch durch Erhitzen von Eisen in Wasserdampf zu erhalten.

Natriumferrit $NaFeO_2$ entsteht durch Erhitzen des Ferrats unter Entwicklung von O_2 in Lösung. Farblos (s. S. 359).

Mangan^{III}-Oxyde

b) Mangan^{III}; Nickel^{III}; Kobalt^{III}.

Diese Sesquioxyde entwickeln mit konz. Salzsäure Chlor. Derartige Oxyde heißen *Peroxyde*. Die basische Natur der Hydroxyde ist noch weit schwächer, als bei Fe.

Braunit

Mangansesquioxyd Mn_2O_3, *Manganioxyd*. Schwarz, kommt als *Braunit* vor, darstellbar durch Erhitzen aller anderen Mn-Oxyde in O_2. Mit verdünnter H_2SO_4 zerfällt es in MnO_2 (Mangandioxyd) und Manganosalz.

Manganihydroxyd $Mn_2O_3 \cdot aq$, braun, scheidet sich beim Lösen der in starken Säuren mit tiefroter Farbe löslichen Manganisalze in Wasser ab, weil es eine zu schwache Base ist, um noch wasserbeständige Salze bilden zu können. Löst sich in kalter konz. Salzsäure dunkelbraun, die Lösung entwickelt beim Erwärmen Cl_2 und hinterläßt $MnCl_2$-Lösung (*Manganochlorid*).

Manganit

Hausmannit

Das Anhydrid MnO.OH kommt als *Manganit* vor und bildet, wie das Mangano-Manganit, Manganoxydoxydul, der *Hausmannit* $Mn(MnO_2)_2 = Mn_3O_4$, ein wichtiges Erz. Mn_3O_4 entsteht beim Glühen aller Manganoxyde an Luft als braunrotes Pulver, das sich in Salzsäure unter Cl_2-Entwicklung löst.

Kobalt^{III}-Oxyde

Kobaltioxyd Co_2O_3, schwarzes Pulver, durch Glühen von Kobaltonitrat erhalten, geht bei Rotglut in *Kobaltoxydoxydul* über, Co_3O_4, das sich auch aus CoO und O_2 bei Rotglut erhalten läßt und bei Weißglut CoO liefert.

Kobaltihydroxyd Co_2O_3.aq, aus CoO und Hypochloritlösung, bildet schöne dunkelgrüne, sehr der Zersetzung durch Wasser unterliegende unbeständige Salze.

Nickel^{III}-Oxyde

Nickelsesquioxydhydrat Ni_2O_3.aq, ist gleichfalls schwarz und ein unbeständiges Peroxyd, das keine Salze mehr bildet.

Gold^{III}-Oxyde

c) Gold^{III}.

Goldtrioxyd Au_2O_3, Aurioxyd durch Fällen von Goldtrichlorid mit MgO und Behandlung mit verdünnter HNO_3 als braunes Pulver zu erhalten, das durch Erhitzen auf 250° in die Elemente zersetzt wird.

Goldsäure $Au(OH)_3$ erhält man am reinsten durch Zersetzung von Bariumaurat mit verdünnter HNO_3, worin es sich, wie in verdünnten Säuren überhaupt, nicht löst. Die *Aurate* (Bariumaurat ist wenig löslich) kann man durch Fällen von $AuCl_3$ mit Basen oder durch Lösen von $Au(OH)_3$ in einem Basenüberschuß (Alkali) erhalten. Sie leiten sich, wie Chromite, Ferrite, Manganite, von MeO·OH ab und sind gelb. $Au(OH)_3$ selbst ist gelbrot. Die Aurate werden sehr leicht unter Au-Abscheidung reduziert, durch Staub usf.

7. Oxyde der II. Gruppe und Verwandte.

Oxyde der II. Gruppe

Oxyde RO.

I. **Be, Mg, Zn, Cd, Hg.**

§ 90. Bei den zwei ersten noch Säurenatur, wie bei Ga beim ihm nächststehenden Glied Zn verstärkt.

Berylliumoxyd BeO, weiß, durch Entwässern des Hydroxyds erhalten, nach dem Glühen in Säuren nur langsam löslich (wie $Al(OH)_3$). Be

Berylliumhydroxyd $Be(OH)_2$, fällt schleimig, weiß durch Ammoniak aus Be-Salzen, schwache Säure, in Alkalien und (Gegensatz zu Al) Ammonkarbonat löslich, ebenso in Säuren. Reagiert neutral.

Wird mit der Zeit durch Trocknen, durch Erhitzen mit Wasser, Ammoniak oder verdünnten Alkalien unlöslich in verdünnten Alkalien, Ammonkarbonat und verdünnten Säuren. Konz. heiße Kalilauge wandelt wieder in die löslichere Form um. Es scheint sich dabei um ein Wachsen der Korngröße, ähnlich wie bei Al zu handeln (vgl. auch Sn). Die Lösung des $Be(OH)_2$ in Alkalien wird schon durch Kochen ausgefällt (vgl. In).

Magnesiumoxyd MgO, Darstellung wie bei ZnO, weiß, sehr leicht, *Magnesia usta,* in der Heilkunde benutzt. Bildet mit Wasser das weiße Mg

Magnesiumhydroxyd $Mg(OH)_2$, durch Alkalien (im Überschuß quantitativ) fällbar, auch aus der Lösung in Ammoniaksalzen, woraus Ammoniak das $Mg(OH)_2$ nicht fällt. Löslich in Säuren zu Mg-Salzen. Reagiert auf Lakmus basisch. Demgemäß etwas löslich in Wasser. Nimmt CO_2 auf.

Zinkoxyd ZnO, weiß, heiß gelb, durch Verbrennen des Metalls oder Erhitzen des Hydroxyds $Zn(OH)_2$ oder Erhitzen basischen Karbonats. Dient als Malerfarbe (*Zinkweiß*). Erscheint durch Fe rotgefärbt als *Rotzinkerz.* Zn Rotzinkerz

Zinkhydroxyd $Zn(OH)_2$, weiß, schleimig, fällt aus Zn-Salzlösungen durch Ammoniak oder Alkalien, in ihrem Überschuß löslich, in ersterem zu einem nicht salzartigen Komplex, in den Alkalien aber zu *Zinkaten* K_2ZnO_2, die man kristallisiert erhalten kann. Darin ist Zn stärker sauer als Be; $Zn(OH)_2$ löst sich leicht in Säuren zu Zn-Salzen.

Cadmiumoxyd CdO, braun schon bei gewöhnlicher Temperatur. Darstellung analog ZnO. Cd

Cadmiumhydroxyd $Cd(OH)_2$, weiß, fällt aus Cd-Salzlösungen durch Alkalizusatz. In Alkalien nicht, dagegen in Ammoniak zu einem nicht salzartigen Komplex, in Säuren zu *Cd-Salzen* löslich, *die die Elektrizität schlecht leiten.*

Quecksilberoxyd HgO oder *Merkurioxyd* entsteht bei Oxydation des Metalls durch Erhitzen an Luft, durch Fällung von Merkurisalzen mit Alkalien in der Hitze oder kalt, im ersten Fall rot, im zweiten gelbrot, im dritten gelb und in dieser Reihenfolge von steigender Reaktionsfähigkeit, entsprechend dem wachsenden Zerteilungsgrad. Erhitzt wird HgO ähnlich wie Pb_3O_4 (s. u.) am Ende schwarz, aber die Farbe kehrt beim Erkalten wieder zurück. Löslich in Säuren zu Salzen, *deren Lösungen die Elektrizität schlecht leiten.* Bewirkt in KCl-, KBr-, KJ-Lösungen stark Hg alkalische Reaktion, indem Salze der *Quecksilberhalogenwasserstoffsäuren* entstehen (s. w. u. Elektrochemie S. 292f.).

Quecksilberoxydul, Merkurooxyd $Hg_2O = Hg\left\langle\begin{matrix}O\\ \cdot\\ Hg\end{matrix}\right.$, braunschwarz, fällt durch Alkalien aus Merkurosalzlösungen statt Hydroxyd, das hier bereits nicht mehr beständig ist. Zerfällt mit der Zeit, schneller bei 100° oder im Licht zu Hg und HgO, ganz wie Sn^{II}-Salze sich verhalten. Daß das Hg darin zweiwertig ist, belegen wir später noch.

Hierher gehören der Ähnlichkeit wegen auch

Sn^{II}, Pb^{II}

II. Zweiwertiges Zinn und Blei, Sn^{II} und Pb^{II}.

§ 91. *Zinnoxydul*, *Stannooxyd* SnO, durch Erhitzen von Stannohydroxyd SnO.aq im CO_2-Strom erhalten, ein braunschwarzes, zu SnO_2 verbrennbares Pulver. Das durch Alkalien aus Stannosalzen fällbare Hydroxyd löst sich nicht in Ammoniak, aber in Alkalien, wobei *Stannite* entstehen, die beim Kochen in Zinn und Stannate zerfallen. Analogie zum Chloratzerfall in Chlorid und Perchlorat. Es löst sich auch in Säuren, wobei es als Base Salze bildet.

Bleioxyd PbO (kristallin *Bleiglätte*, sonst *Massicot*), entsteht beim Verbrennen von Pb, schmilzt in Rotglut, erstarrt kristallin. Gelbrot bis gelb. Etwas in Wasser zu Hydroxyd $Pb(OH)_2$, in heißer Kalilauge zu *Plumbit* $Pb(OK)_2$ löslich, das beim Abkühlen wieder PbO ausscheidet.

Bleihydroxyd $Pb(OH)_2$, fällt weiß aus Bleisalzen bei Ammoniakzusatz, löst sich in Wasser wenig, dagegen in Alkalien. Nimmt CO_2 auf und bildet Karbonat. Verliert bei 145° sein Wasser.

Mennige Pb_3O_4, rot, beim Erhitzen zuerst heller, dann violett, dann schwarz. Beim Abkühlen kehren die Farben zurück. Entsteht durch Erhitzen von PbO oder Bleiweiß auf 300—400° an der Luft. Verdünnte HNO_3 zersetzt in $Pb(NO_3)_2$ und PbO_2, weshalb man Mennige als Bleiplumbat Pb_2PbO_4 ansieht. Dieser Zerfall in tiefere und höhere Oxydationsstufe fand sich schon bei Sn^{II} und kehrte bei Hg_2O wieder.

Mennige dient mit Öl angerieben, als Rostschutzfarbe.

Ca, Sr, Ba, Ra, Erdalkalien

III. Ca, Sr, Ba, Ra; Erdalkalien.

§ 92. Die Oxyde *Calciumoxyd* CaO, *Strontiumoxyd* SrO, *Bariumoxyd* BaO, *Ätzkalk*, *Ätzstrontian*, *Ätzbaryt* darstellbar wie ZnO, weiß, schmelzen äußerst hoch.

Zur Zersetzung sind in dieser Reihenfolge höhere Temperaturen notwendig. Vereinigen sich mit H_2O unter Erhitzung zu Hydroxyden, (gelöschter Kalk usf), mit CO_2 aus der Luft zu Karbonaten.

Calciumoxyd, Ätzkalk wird im großen durch „Brennen" des *Kalksteins*, des $CaCO_3$ erhalten, dient angerührt mit Wasser und gemischt mit Sand als Mörtel beim Mauern. Leuchtet im Knallgasgebläse sehr hell (Kalklicht).

Strontiumoxyd wird technisch (zur *Melasseentzuckerung*) durch Brennen von *Strontianit* $SrCO_3$ erhalten. Die CO_2 dient zur *„Saturation"* (s. o.), der Zersetzung der Verbindung Zucker-Strontiumoxyd (s. Organische Chemie Bd. III).

Calciumhydroxyd $Ca(OH)_2$, *Strontiumhydroxyd* $Sr(OH)_2$, *Bariumhydroxyd* $Ba(OH)_2$ durch „Löschen" der Oxyde mit Wasser. In dieser Reihenfolge steigend löslich in Wasser, absorbieren CO_2, wobei die Lösungen sich durch Karbonatabscheidung trüben. Machen die Haut schlüpfrig, indem sie sie angreifen. Reagieren stark basisch. Kalk, im großen durch Löschen von Ätzkalk erhalten, erhärtet mit Sand gemischt schneller, weil er so porig ist, unter CO_2-Aufnahme und H_2O-Abgabe, daher sind Wohnungen zuerst „feucht" und werden durch CO_2-Erzeuger (Koksöfen) schneller trocken. $Ca(OH)_2$ fühlt sich als Brei rein *fett*, mit $Mg(OH)_2$ verunreinigt *mager* an. (Fett- und Magerkalk). Die Lösung von $Ca(OH)_2$ heißt *Kalkwasser*. Gelöschter Kalk

Strontium- und Bariumhydroxyd $Sr(OH)_2$ und $Ba(OH)_2$ kristallisieren mit $8\,H_2O$, die Barytlösung enthält kalt gesättigt rund 3,5 v. H. $Ba(OH)_2$. Sie heißt *Barytwasser*.

Ebenfalls mit $8\,H_2O$ fallen die *Superoxyde* von Ca und Ba auf Zusatz der Hydroxydlösungen zu H_2O_2 aus. Sie geben beim Erhitzen O_2 ab. *Bariumsuperoxyd* BaO_2 entsteht auch beim Erhitzen unmittelbar aus $BaO + O_2$ oder Luft. Stärkeres Erhitzen zersetzt wieder. Diese Methode diente auch technisch zur O_2-Gewinnung aus Luft.

Radium gleicht dem Ba in seinen Eigenschaften.

§ 93. Wegen Analogie stellen wir hierher:

IV. Zweiwertiges **Cr, Fe, Mn; Co, Cu, Ni, Pt, Pd.** Cr^{II}, Fe^{II}, Mn^{II}, Co^{II}, Ni^{II}, Cu^{II}, Pt^{II}, Pd^{II}

a) Es reduzieren CrO, FeO, MnO, CoO.

Chromoxydul CrO, schwarz, durch Oxydation des Chromamalgams an der Luft, wird bereits beim Reiben zu grünem Cr_2O_3 oxydiert. $Chrom^{II}$

Chromhydroxydul $Cr(OH)_2$ fällt gelb aus den durch Lösen von Cr in verdünnten Säuren bereiteten *blauen Chromosalzlösungen, entwickelt unter der Lösung Wasserstoff* und geht dabei, wie auch an der Luft, fast augenblicklich, in Cr_2O_3 Chromioxyd über.

Ferrooxyd, Eisenoxydul FeO, durch Erhitzen von Fe_2O_3 mit CO: schwarz, geht bei Erwärmen schnell unter Oxydation in Fe_3O_4 über. $Eisen^{II}$

Ferrohydroxyd $Fe(OH)_2$, weiß, meist grünlich, gallertig, fällt durch Basen aus Ferrosalzlösungen, unlöslich im Überschuß, etwas löslich in Ammoniumsalzen, aber weniger als $Mg(OH)_2$. Die Lösung nimmt schnell O_2 auf und scheidet grünlichschwarze Flocken ab, die schnell braun werden. Dieselbe Farbänderung macht $Fe(OH)_2$ an der Luft sehr schnell durch. Löst sich leicht in Säuren zu beständigen, aber oxydierbaren Ferrosalzen. Ein Gemisch von diesen mit Kalkbrei absorbiert O_2 langsam aber vollständig.

Analogieen zum Mg zeigen sich bei den im übrigen gleichfalls reduzierenden Oxyden MnO und CoO.

Manganoxydul, Manganooxyd MnO, amorph, grünlich, durch Erhitzen des Karbonats bei Luftabschluß (an Luft Mn_3O_4; unter Sauerstoff Mn_2O_3) oder heiße Fällung von Manganosalzlösungen mit Alkalien. Kalt entsteht $Mangan^{II}$

Manganohydroxyd $Mn(OH)_2$, rötlichweiß, amorph, unlöslich in Alkaliüberschuß, trotz der Fällbarkeit durch Ammoniak wie $Mg(OH)_2$ in Ammoniumsalzlösungen löslich, leichtlöslich in Säuren zu *blaßroten Manganosalzlösungen.* Färbt sich an Luft durch Oxydation zu Manganihydroxyd $Mn(OH)_3$ schnell braun.

Kobalt^{II} *Kobaltoxydul* CoO, grün, geht (s. o.) beim Erhitzen an Luft zuerst in Co_3O_4 über, wird bei Weißglut daraus zurückgebildet. Auch durch Erhitzen unter Luftabschluß von

Kobaltohydroxyd CoO.aq. Fällt blaß rotviolett aus Kobaltosalzlösungen; in konz. Alkalien etwas löslich, leicht in Ammoniumsalzlösungen mit roter, bei Zusatz von Ammoniaküberschuß gelbbrauner Farbe. Diese Lösung absorbiert O_2 aus der Luft, wie die von $Mn(OH)_2$.

b) Es reduzieren nicht CuO und NiO, PtO und PdO.

Kupfer^{II} *Cuprioxyd.* CuO schwarz, unlöslich, aus Cu und O_2 bei hoher Temperatur (Kupferhammerschlag), aus Hydroxyd oder Karbonat beim Erhitzen wie ZnO. Fein verteilt adsorbiert es erhebliche Mengen von Gasen, was für die organische Elementaranalyse wichtig ist, wo es zur Oxydation von C- und H-haltigen Stoffen und ihren Dämpfen dient. Dabei geht es leicht und glatt in Cu über, während CO_2 und H_2O entsteht.

Cuprihydroxyd CuO.aq, fällt flockig, grünblau auf Alkalizusatz zu Cuprisalzlösungen und ist im Überschuß zuletzt ein wenig löslich. Ammoniak und zahlreiche organische Stoffe lösen das Hydroxyd zu dunkelblauen Flüssigkeiten; namentlich die ammoniakalische Lösung ist sehr tiefblau, was sich zum Cu-Nachweis benutzen läßt. Diese Lösung zeigt nicht mehr die Reaktionen der Cuprisalzlösungen, enthält also Cu-*Komplexe.* Ziemlich schwache Base, daher die Lösungen der Salze mit starken Säuren alle etwas sauer reagieren, während die mit schwachen nur zum Teil rein zu erhalten sind oder wenigstens nur OH-haltige Stufen von ihnen (*basische Salze*).

Erhitzen des CuO.aq-Niederschlags, auch unter Wasser, zersetzt ihn unter Abscheidung von CuO, ohne Erhitzen bräunt er sich mit der Zeit auch, da CuO.aq neben CuO schon bei gewöhnlicher Temperatur unbeständig ist und nur wegen der Langsamkeit seiner Umwandlung überhaupt erscheint.

Nickel^{II} *Nickeloxyd* NiO, grau, durch Erhitzen des blaßgrünen *Nickelhydroxyds,* NiO.aq; fällt durch Basen aus Nickelsalzlösungen, unlöslich in Alkalien, außer bei Gegenwart gewisser organischer Stoffe (Weinsäure und dgl.), löslich in Ammoniak mit lasurblauer Farbe. Die Lösung nimmt keinen O_2 auf, zum Unterschied von Kobaltlösung entsprechender Zusammensetzung.

Platin^{II} *Platinmetalle.*

Sehr zahlreiche Oxyde bekannt, alle einigermaßen unbeständig. *Platinohydroxyd* $Pt(OH)_2$, fällt schwarz durch Alkalien aus Platinosalzlösungen.

Palladohydroxyd $Pd(OH)_2$ fällt dunkelbraun aus Palladosalzlösungen unter CO_2-Entwicklung bei Zusatz von Alkalikarbonaten. Durch Glühen entwässert, verliert es nur schwierig seinen Sauerstoff.

8. Oxyde der I. Gruppe und Verwandte.

Oxyde der I. Gruppe

Oxyde R_2O.

I. Alkalimetalle. **Li, Na, K, Rb, Cs.**

Alkalien

§ 94. Die *Oxyde* R_2O entstehen durch Verbrennung der Metalle ohne O_2-Überschuß. Bei Li, Na und K weiß, bei letzterem in der Hitze und bei Rb schon in der Kälte gelb, bei letzterem in der Hitze goldgelb, bei Cs rotgelb, in der Hitze fast schwarz. Mit Wasser entstehen unter heftiger Erhitzung farblose ätzende Hydroxydlösungen.

Superoxyde entstehen bei O_2-Überschuß, sind wohl die Primärprodukte der Verbrennung, so Na_2O_2 gelblich, KO_2 dunkelgelb, RbO_2 dunkelbraun, geben mit Wasser unter heftiger Erhitzung Hydroxyde, H_2O_2 und O_2

Die *Hydroxyde* ROH, zerfließliche, sehr starke Basen, Ätzalkalien, durch Lösen der Oxyde oder Superoxyde in Wasser, durch Elektrolyse oder durch Zersetzung der Karbonatlösungen mit Kalk und nachheriges Eindampfen erhalten; weiße, kristalline Massen, die durch Umkristallisieren aus Alkohol von den im Alkohol unlöslichen Verunreinigungen getrennt werden. KOH kann man auch aus KNO_3 durch Erhitzen mit Cu erhalten, wobei sich CuO und KOH bildet.

Ätzkali KOH dient als vortreffliches Absorptionsmittel für H_2O und CO_2, da das entstehende Karbonat zerfließt und so die Oberfläche für weitere Absorption frei bleibt: Unterschied von *Ätznatron* NaOH.

KOH und NaOH dienen zu Seifen und bei zahllosen Reaktionen in der Technik. Ätznatron ist dank der „Chloridelektrolyse“ heute einer der wichtigsten Stoffe der Großtechnik.

II. Einwertiges Thallium Tl^{I}.

Den Übergang von Ag zu den Alkalien bildet in gewisser Hinsicht das Thallooxyd:

Thallooxyd Tl_2O schwarzbraun, entsteht schon bei 100° durch Erhitzen des gelblichen, mit $1\,H_2O$ kristallisierenden, stark basischen

Thallium^{I}

Thallohydroxyds TlOH, das man in Lösung durch Zersetzen von Thallosulfatlösung mit Barytwasser erhält. Die Lösung macht die Finger schlüpfrig, wie Alkalien und bildet mit Säuren neutrale Salze, ein basisches Karbonat, bläut Lakmus, bräunt Curcuma, ganz wie die Alkalien. Die Salze zerfallen in Wasser leicht in Metall und Thallisalze (Analogie zu Cupro- und Stannosalzen) (s. a. „synthetisches Thallium“, organische Chemie Bd. III).

§ 95. III. Einwertiges **Cu, Au, Ag.**

Cu, Au, Ag

bilden eine Gruppe für sich.

Cuprooxyd, Kupferoxydul Cu_2O, wichtiges Kupfererz: *Rotkupfererz.* Hellrot, durch Erhitzen mit Kohle leicht zu Cu reduzierbar. Entsteht auch beim Erhitzen von CuO auf etwa 1000°, wobei O_2 abgespalten wird, ferner durch Fällung von Kupfersalzlösungen mit reduzierenden

Kupfer^{I} Rotkupfererz

organischen Stoffen (Zuckern, Weinsäure usf.) beim Erhitzen als gelbrotes Pulver. Löslich in Ammoniak zu farbloser Lösung, die die Cuprosalzreaktionen nicht mehr gibt und an der Luft unter Bläuung schnell O_2 aufnimmt (Lichtempfindlichkeit s. Bd. III). Bildet *Cuprosalze* (z. B. CuCl) mit solchen Säuren, die zu wenig löslichen Salzen führen: HCNS, HCl usf., verhält sich dagegen wie Tl_2O gegen Säuren, die leichtlösliche Salze bilden: z. B. H_2SO_4. Mit ihr zerfällt Cu_2O hälftig in fein verteiltes (schwarzrotes) Cu und *Cuprisulfat* $CuSO_4$ (Analogie zu Stannosalzen).

Cuprohydroxyd $Cu_2O.aq$ fällt gelbrot bis ziegelrot aus Cuprochloridlösung durch Alkalien.

Gold^{I} *Goldoxydul* Au_2O, Aurooxyd, fällt dunkelviolett durch Alkalien aus Goldchlorür-(AuCl-)Lösung und zersetzt sich beim Erhitzen in Metall und O_2. In letzterer Hinsicht verhält sich ganz ebenso:

Silber *Silberoxyd* Ag_2O, braunes amorphes Pulver; entsteht bei Erhitzung wie Cu_2O aus Ag und O_2, aber nur bei höherem Druck, fällt durch NaOH oder $Ba(OH)_2$ (wie Hg_2O statt Hydroxyd) aus Ag-Lösungen; zerfällt wie Hg_2O beim Erhitzen, aber in Ag und O_2, wird wie Cu_2O von H_2 leicht (schon bei 100°) reduziert. Löst sich wie dieses in Ammoniak farblos, wobei die Reaktionen des Silbers verloren gehen. Eigene Besonderheiten stellen es den Alkalien näher, mit denen die entschiedene Einwertigkeit des Ag es verbindet.

Ag_2O löst sich ein wenig in Wasser und reagiert basisch, obwohl schwach, so daß man in seiner Lösung AgOH annimmt. Auch zieht es CO_2 an und seine Salze reagieren neutral (Gegensatz zu den Cuprisalzlösungen und den Lösungen der meisten anderen Schwermetalle, deren Basen schwächer sind als AgOH). Löst sich leicht in Säuren zu diesen Salzen, verklumpt sich beim Trocknen, wird daher zu den zahlreichen Anwendungen in der organischen Chemie feucht, unter Wasser aufbewahrt. Aus O_3 und Ag entsteht *Silbersuperoxyd* AgO, weshalb O_3 Silber schwärzt.

Den Oxyden stehen nach Zusammensetzung und Eigenschaften begreiflicherweise die Sulfide nahe, so daß ihre Behandlung sich hier anschließt. Ebenso die der Hydrosulfide.

Sulfide und Hydrosulfide

III. Die Sulfide und Hydrosulfide (Schwefelverbindungen der Elemente).

§ 96. Ein Teil der Sulfide, der Schwefelwasserstoff und die Oxyde des Schwefels und zugehörigen Säuren sind bereits besprochen. Daher sind in der Hauptsache, von wenigen Nichtmetallen abgesehen, nur die Metallsulfide übrig.

Tafel

I	II	III	IV
Normale Sulfide		Normale Sulfide, außer a	
R_2S *a.* farblos *b.* gefärbt	RS *a.* farblos *b.* weiß gelb rot schwarz	R_2S_3 *a.* farblos *b.* farblos rot schwarz	RS_2 *a.* farblos, dann metallisch *b.* farblos gelb schwarz
Li_2S $Li(SH)$	BeS	B_2S_3 farblos hydrolysierbar	CS_2 farblos H_2CS_3 Sulfokohlensäure farblos { CS Kohlenmonosulfid COS Carbonylsulfid }
Na_2S $Na(SH)$	MgS	Al_2S_3 weiß	SiS_2 farblos hydrolysierbar
K_2S $K(SH)$	CaS bis CaS_5 gelb $Ca(SH)_2$	—	TiS_2 metallisch wasserbeständig
Cu_2S CuS } schwarz	ZnS weiß	Ga_2S_3 weiß	GeS_2 wasserlöslich, H_4GeS_4 GeS schwarz meta
Rb_2S $Rb(SH)$	SrS $Sr(SH)_2$	—	—
Ag_2S schwarz	CdS gelb	In_2S_3 rot	Sn gold H_2S Sn dunkel
Cs_2S $Cs(SH)$	BaS $Ba(SH)_2$	—	—
Au_2S braun $Au(SH)$ gelbrot	HgS rot u. schwarz $H_2[HgS_2]$ farblos	Tl_2S schwarz	P sch
	—		

S-Valenz bleibt mehr und mehr b

de.

V	VI	VII	VIII
-Gruppen	Keine normalen Sulfide		
R_2S_5. *b.* tiefrot bis hellgelb	RS_3 *a.* braun; [*b.*] farblos bis gelb	[R_2S_7] *a.*; *b.* farblos bis rotbraun	[RS_4] schwarz
N_2S_5 tiefrot N_4S_4 goldgelb	SO_3, SO_2 } farblos	SFl_6 indifferentes Sulfid	
·$_4S_{10}$ hellgelb $_2PS_4$ ·$_4S_7$, ·$_4S_3$ } hellgelb	S_8 gelb S_6? S_4? S_2	SCl_4 SCl_2 gelbrot S_2Cl_2 gelb	
		MnS hellrot graugrün bis schwarz	FeS CoS NiS, Fe_2S_3 } schwarz FeS_2 Pyrit (Markasit)
As_2S_5 tiefgelb. (H_3AsS_4) As_2S_3 gelb. (H_3AsS_3) AsS gelbrot	Se keine Verbindung	S_2Br_2 rotbraun	
	MoS_3 braun (H_2MoS_4) MoS_2 metallisch		— — — —
Sb_2S_5 gelbrot. (H_3SbS_4) Sb_2S_3 gelb; auch metallisch grau. (H_3SbS_3)	—	J Sulfide fehlen	
	WS_3 (H_2WS_4) braun		
Bi_2S_3 braun (H_3BiS_3)	—		
	UO_2S braun		

malen“ zurück.

S-Valenz bleibt mehr und mehr hinter der „normalen“ zurück

Umrandet die flüchtigen Sulfide.

Punktiert umrandet das von der Mitte nach unten sich verbreitende Gebiet der Sulfosäuren.

1. Sulfide der VII. Gruppe.

Sulfide der VII. Gruppe Halogensulfide

SR_6; SR_4; SR_2; SR.

Halogensulfide.

Die Halogene verhalten sich einwertig oder zweiwertig, S 1,2,4,6-wertig in diesen zum Teil noch zu wenig untersuchten Verbindungen, deren Eigenschaften äußerst verschieden sind.

Schwefelhexafluorid SFl_6 entsteht aus den Elementen neben anderen Fluoriden und aus $PbFl_2$ beim Erhitzen mit S. Schmp. -55^0, siedet wenig oberhalb. Farbloses Gas ohne Geruch und in seiner chemischen Trägheit dem N_2 ähnlich, greift Na erst bei dessen Siedepunkt an, CuO selbst bei Rotglut nicht, schmelzende Alkalien auch nicht, erhitzten H_2 auch nicht. Brennt nicht. Löst sich wenig in Wasser. H_2S in Gegenwart von $SOCl_2$-Spuren zersetzt SFl_6 unter HFl-Bildung beim Erhitzen.

Chloride des Schwefels. Durch Vereinigung der Elemente entsteht S_2Cl_2 Monochlorschwefel, rötlichgelbe Flüssigkeit, Schmp. -76^0, Siedep. 138^0, von unangenehmem, stechendem Geruch, greift die Schleimhäute heftig an, löst viel S, dient deshalb zur Kautschukvulkanisierung. Wasser zersetzt langsam in S, SO_2 und HCl.

Vereinigt sich mit Cl_2 unter langsamem Umschlagen der gelben Farbe in Rot und gleichzeitiger Volumverkleinerung (die beim Verhältnis 1 : 1 ein Maximum hat) zu *Schwefeldichlorid* SCl_2. Der Dampf der rot gewordenen Mischung ist anders zusammengesetzt, als der der gelben, Sdp. 59^0. Nachweis der Verbindung s. Phasenlehre Bd. II. Daselbst auch über SCl_4, *Schwefeltetrachlorid*, das sich aus einer Mischung von $S + 2\,Cl_2$ oder $S + 3\,Cl_2$ bei sehr guter Kühlung als weißes Pulver abzentrifugieren läßt, das sich leicht zersetzt. *Schwefelbromid* S_2Br_2 rotbraun, zersetzlich, aus den Elementen zu erhalten (Ruff, Beckmann).

Jod und Schwefel scheinen sich nicht zu verbinden. Durch Zusammenschmelzen erhält man nur Gemische. Nachweis s. Phasenlehre Bd. II.

2. Sulfide der VI. Gruppe und Verwandte.

Sulfide der VI. Gruppe O, S, Se, Te

I. Rechte Untergruppe. O, S, Se, Te.

§ 97. Die Verbindungen mit O sind bereits behandelt, die mit S bei S selbst. Se und S scheinen keine Verbindungen zu bilden. Mischungen von Te und S sind erst auf Verbindungen abzusuchen.

II. Linke Untergruppe.

Cr, Mo, W, U.

Cr, Mo, W, U

Ammonsulfhydrat fällt aus Chromsalzlösungen Cr_2O_3.aq, aber ein Sulfid des Chroms entsteht nicht auf den gewöhnlichen Wegen.

Molybdäntrisulfid: Einleiten von H_2S fällt aus sauren Lösungen nur der Mo-Salze ein Trisulfid, wobei zuerst Blaufärbung eintritt. MoS_3 ist braun, amorph. Ammonsulfhydrat löst es zu braunem *Sulfomolybdat* R_2MoS_4; Säuren zersetzen es langsam.

Molybdänglanz Rohstoff für Mo-Verbindungen

Molybdänglanz MoS_2, graphitartig, ist das wichtigste Molybdänerz. WS_2, von ähnlichem Aussehen, erhält man aus den Elementen bei hoher Temperatur.

Ammonsulfhydrat bildet in W-Lösungen gelbes, lösliches *Sulfowolframat* R_2WS_4, das durch verdünnte Säuren unter unvollständiger Abscheidung braunen *Wolframtrisulfids* WS_3 gefällt wird.

Ammonsulfhydrat fällt aus Uranylsalzen braunes, zum Teil zersetztes *Uranylsulfid* UO_2S, in verdünnten Säuren und Ammonkarbonat löslich, schon durch Wasser zersetzlich.

Sulfide der V. Gruppe N, P, As, Sb, Bi

3. Sulfide der V. Gruppe.

I. Rechte Untergruppe.

N, P, As, Sb, Bi.

Stickstoffsulfide

a) Stickstoffsulfide.

§ 98. *Schwefelstickstoff* N_4S_4, explosive, goldgelbe Kristalle, durch Reiben oder Erhitzen auf 160° oder durch Schlag sehr heftig explodierend, entsteht durch Einleiten von NH_3 in eine Mischung von CS_2 mit 10 v. H. Chlorschwefel unter Verschwinden des anfänglichen roten Niederschlags und scheidet sich beim Verdunsten der gelben Lösung zuerst ab. An feuchter Luft zersetzlich, addiert Halogen.

Stickstoffpentasulfid N_2S_5, tiefrot, fast undurchsichtig, beweglich, benetzt Glas nicht, erstarrt bei 10—11° zu jodähnlicher Masse, dem ähnlich es riecht. Entsteht in Lösung durch Erhitzen von N_4S_4 mit CS_2 auf 100°. Äußerst zersetzlich, in Lösung ziemlich beständig, wird es durch sehr wenig KOH oder NaOH sofort in alkoholischer Lösung tief violett, was als empfindlicher Nachweis dient.

Schwefelphosphor

b) Phosphorsulfide P_4S_3; P_4S_7; P_4S_{10}.

Gelb, blasser als S, kristallin, durch Wasser unter H_2S-Entbindung zersetzlich, daher an feuchter Luft nach ihm riechend, dienen sie zum Ersetzen von OH-Gruppen durch SH, indem sie unter Bildung phosphoriger Säure ihren S gegen OH austauschen. Entstehen erst bei höherer Temperatur aus den bei tiefer sich bloß gegenseitig lösenden Elementen durch Verschmelzen im richtigen Verhältnis. Dabei nimmt man wegen der sonst zu heftigen Reaktion roten P. Manchmal geht die Reaktion, an einer Stelle eingeleitet, vermöge der Reaktionswärme durch die ganze Masse.

Tetraphosphortrisulfid[1] P_4S_3, weniger giftiges Ersatzmittel für den verbotenen Weißphosphor, wird daher technisch erhalten. Schmp. rund 172°, Siedep. 408°. Löslich in CS_2; P_4S_7 *Tetraphosphorheptasulfid* löst sich nicht.

Phosphorpentasulfid P_4S_{10}, in der Synthese (s. o.) benutzt und zu Dampfbädern konstanter Temperatur (Siedep. 515°) ist beständig, wie P_4O_{10}, bildet mit Metallsulfiden Salze: *Sulfophosphate*, wie jenes mit Oxyden Phosphate. Mit Wasser erwärmt, bildet es Phosphorsäure und H_2S. Zerfällt schon bei 600° weitgehend in P_2S_5-Molekeln. Reaktion mit PCl_5 führt, wie die von PCl_5 auf H_2S zu dem farblosen, durch Wasser zersetzbaren *Phosphorsulfochlorid* $PSCl_3$. Siedep. 125°.

---

[1] Diese Abbildung der Formel durch den Namen ist sehr empfehlenswert und kann auch statt der griechischen die deutschen Zahlen enthalten (z. B. Vierphosphordreisulfid usf.).

c) Arsensulfide AsS; As_2S_3; As_2S_5. Arsensulfide

Gelb oder rot. Das *Arsendisulfid, Realgar,* Rauschrot, kommt in der Natur vor und dient als Malerfarbe; auch durch Verschmelzen der Elemente zu erhalten. Realgar

Arsentrisulfid kommt als *Auripigment* oder Rauschgelb mineralisch vor, fällt amorph aus sauren Arsenlösungen, löslich in Schwefelalkalien zu *Sulfoarseniten* R_3AsS_3, heißt daher auch ein *Anhydrosulfid.* Auch technisch durch Schmelzen von As_2O_3 mit S erhalten und dann wegen As_2O_3-Gehalts giftig. Rein unlöslich in Wasser. Auripigment

Arsenpentasulfid fällt dunkler gelb und in Wasser und Säuren unlöslich in der Wärme aus saurer Arsensäurelösung durch Einleiten von H_2S. Auch durch Verschmelzen der Elemente zu erhalten. Bei Luftabschluß sublimierbar. Löslich in Alkalisulfidlösungen zu *Sulfarseniaten* R_3AsS_4, die auch aus As_2S_3 durch Behandlung mit Polysulfid oder von Arseniat mit H_2S erhalten werden. Die Alkalisulfarseniate sind wasserlöslich, die anderen nicht, ebenso wie die Sulfarsenite. Die freien Säuren sind unbekannt, werden bei Abscheidung aus den Sulfosalzen sogleich zersetzt.

Nur eine derartige Säure bildet sich aus den beiden

d) Antimonsulfiden Sb_2S_3; Sb_2S_5. Antimonsulfide

Antimontrisulfid Sb_2S_3 ist als *Grauspießglanz* das wichtigste Antimonerz, findet sich namentlich in Japan in langen spießförmigen, stahlgrauen Kristallen, wie es auch durch Schmelzen des gelbroten, amorphen H_2S-Niederschlags aus $SbCl_3$-Lösungen sich bildet. Löst sich in konz. heißen Alkalilaugen oder -Karbonaten, woraus Verdünnung den *Kermes* als braunes Pulver fällt, das früher in der Heilkunde verwendet wurde. Es bestehen in der Lösung wechselnde Mengen von *Alkaliantimonit* und *Alkalisulfantimonit*, während der Niederschlag dementsprechend wechselnde Mengen Antimonoxyd und -Trisulfid enthält. Der rote Niederschlag von Sb_2S_3 enthält auch nach dem Trocknen bei 100° noch Wasser, wird also zu quantitativer Bestimmung des Sb in einem Strom von CO_2 und allenfalls CS_2 erhitzt, bis er in die graue kristalline Form umgewandelt ist. Grauspießglanz Rohstoff für Sb-Verbindungen

Antimonpentasulfid Sb_2S_5 fällt aus der $SbCl_5$-Lösung durch H_2S als gelbrotes, amorphes Pulver, *„Goldschwefel"*, durch Hitze in Sb_2S_3 und S zersetzlich, ebenso durch starke Salzsäure in der Hitze. Unlöslich in verdünnten Säuren, löslich in Alkali- oder Ammoniumpolysulfid zu farblosen Sulfantimoniaten, die mit verd. H_2SO_4 und schon mit CO_2 wieder Sb_2S_5 abscheiden.

Schlippesches Salz: $Na_3SbS_4 . 9H_2O$, durch Kochen von Sb_2S_3 mit S und Natronlauge als leichtlösliche Kristalle zu erhalten. Kocht man Grauspießglanz mit Kalk und Schwefel und zersetzt die erhaltene Lösung von Calciumsulfantimoniat $Ca_3(SbS_4)_2$ mit Salzsäure, so fällt $Sb_2S_5 . aq$ aus, das in dieser Form zur Füllung des roten Kautschuks massenhaft verwendet wird. Freie Säure ist nicht bekannt.

Wismutsulfid

e) Wismutsulfid Bi_2S_3

Wismutglanz

findet sich als *Wismutglanz* in der Natur und läßt sich durch Verschmelzen der Elemente erhalten oder durch Fällung von sauren Bi-Lösungen mit H_2S. Hier als braunes, amorphes, in verd. HNO_3 lösliches, in Alkalien unlösliches Pulver, das beim Erhitzen mit ihnen auf 200° in kristallisierten grauen Wismutglanz übergeht.

Sulfide von V, Nb, Ta

II. Linke Untergruppe.

V, Nb, Ta.

Vanadinpentasulfid V_2S_5, fällt aus konz. Vanadatlösungen durch Ammoniumsulfhydrat, löslich im Überschuß zu *Sulfovanadat*. Saure Vanadatlösungen werden durch H_2S unter Blau- und Grünfärbung nur reduziert.

Sulfide der IV. Gruppe C, Si, Ge, Sn,

4. Sulfide der IV. Gruppe und Verwandte.

Rechte Untergruppe.

C, Si, Ge, Sn.

Schwefelkohlenstoff

§ 99. Schwefelkohlenstoff CS_2 entsteht als farblose, niedrig siedende, meist infolge von Beimischungen übelriechende, sehr leicht entzündliche, stark lichtbrechende Flüssigkeit, wenn Schwefeldampf mit Kohle geglüht wird. Er ist ein sehr gutes Lösungsmittel, als solches viel benutzt, aber von sehr gefährlicher Giftwirkung. Scheidet im Licht ein braunes Polymeres von *Kohlenmonosulfid* ab, das sich (s. elektrochemische Gasreaktionen, Bd. III) als Gas CS gewinnen läßt und leicht verpufft. Auch CS_2 bildet sich aus den Elementen endothermisch und läßt sich durch Initialsprengstoffe zur Explosion bringen. Im übrigen ist sein Dampf nur mit Luft gemischt explosiv. Näheres über Darstellung und Eigenschaften s. Elektrothermie S. 442. Technische Darstellung, wie dort beschrieben, elektrothermisch oder durch Überleiten von Schwefeldampf über glühende Kohlen. Weniger wichtig ist

Kohlenoxysulfid

Kohlenoxysulfid COS, ein farb- und geruchloses, leicht verdichtbares, brennbares Gas, das aus Rhodankalium oder Rhodanammonium durch Erwärmen mit mäßig konzentrierter H_2SO_4 nach z. B.:

$$CS:N.NH_4 + H_2O = COS + 2NH_3,$$

also durch Hydrolyse erhalten, von H_2O langsam zu CO_2 und H_2S nach

$$COS + H_2O = CO_2 + H_2S$$

weiter hydrolysiert wird.

Thiokohlensäure

Vom Schwefelkohlenstoff leitet sich die *Thiokohlensäure* H_2CS_3 ab, ein leicht in CS_2 und H_2S zerfallendes Öl, das man durch Säurezersetzung der aus CS_2 und Sulfiden dargestellten *Thiokarbonate* erhält. Diese unterliegen an feuchter Luft der Hydrolyse zu Karbonaten + CS_2, welch letzterer auf die verschiedensten Tiere giftig wirkt, so auch auf die Reblaus. Deshalb dient eine K_2CS_3-Lösung zu ihrer Bekämpfung.

Dem Schwefelkohlenstoff CS_2 ist das aus seinem Dampf, Kohle und SiO_2 bei Glühhitze in seideglänzenden Nadeln entstehende *Siliciumsulfid* SiS_2 analog, das aber bereits durch H_2O in Kieselsäure und H_2S zerlegt wird und darin den N-Sulfiden gleicht. Darin schließt es sich an

Germaniumsulfid GeS_2, das weiß (an feuchter Luft H_2S abgebend) aus stark salzsaurer Ge-Lösung durch H_2S gefällt wird und sich in Alkalien und Schwefelalkalien unter Bildung von Sulfosalzen löst. Als ein solches läßt sich das fast einzige Germaniumerz auffassen: *Argyrodit*, basisch sulfogermansaures Silber = $Ag_4GeS_4 . Ag_2S$, das in Freiberg i. Sa. und in Bolivia vorkommt. Argyrodit Rohstoff für Ge-Verbindungen

Stannisulfid SnS_2, fällt gelb, amorph, in Schwefelalkalien zu farblosen *Sulfostannaten* R_2SnS_3 löslich, aus sauren Stannisalzlösungen durch H_2S. Diese entstehen auch beim Behandeln von Stannosulfid mit Alkalipolysulfiden. SnS_2 wird auch durch Sublimation von Sn-Amalgam mit S und NH_4Cl als goldglänzende, durchscheinende Blättchen (*Musivgold*) erhalten und dient zum „Vergolden" von Bilderrahmen u. dgl. Zinnsulfid

Ein Kupfereisensulfostannat kommt als *Zinnkies* vor. Zinnkies

Blei bildet dagegen ein Sulfid PbS und stellen wir dieses daher zur II. Gruppe.

Sulfide von **Ti, Zr, Ce, Th** spielen keine Rolle.

5. Sulfide der III. Gruppe.

Sulfide der III. Gruppe B, Al, Ga, In, Tl

§ 100. *Galliumsulfid* Ga_2S_3 ist in der Ga-haltigen Blende von Pierrefitte (Pyrenäen) enthalten, woraus man Ga gewinnt, durch H_2S aus essigsaurer Lösung weiß fällbar, in Ammonsulfid nicht löslich; *Indiumsulfid* In_2S_3 desgl. Es fällt aus schwach sauren Indiumlösungen als gelber in starken Säuren löslicher Niederschlag; *Thallosulfid* Tl_2S braunschwarz, schon in verdünnten Säuren löslich, aus neutralen Thallosalzlösungen.

Sulfide von Sc, Y, La usf. sind belanglos.

6. Sulfide der II. Gruppe und Verwandte. (Wichtige Erze darunter.)

Sulfide der II. Gruppe Zn, Cd, Hg und Fe, Co, Ni, Mn, Sn, Pb

I. Rechte Untergruppe.

Zn, Cd, Hg.

§ 101. *Zinksulfid* ZnS steht den Sulfiden von Ga und In sehr nahe, bildet als *Zinkblende* das wichtigste Zinkerz, fällt weiß, schleimig aus Zinklösungen bei Alkaliazetatüberschuß. Nur dieser verhütet, daß der Niederschlag der lösenden Wirkung stärkerer Säuren verfällt. Fällt auch aus anfangs neutralen Lösungen, aber unvollständig, weil sie nicht neutral bleiben, sondern durch die Umsetzung der Zinksalze mit H_2S Säure anhäufen. Zinkblende Rohstoff für Zn-Verbindungen

Cadmiumsulfid CdS, ist schön gelb, als „*Cadmium*" zu Malerfarbe benutzt, dem ZnS analog, aber weniger löslich in Säure und fällt daher vollständiger aus anfangs neutralen Lösungen durch H_2S-Einleiten.

Quecksilbersulfid HgS, fällt schwarz aus Quecksilberlösungen durch H_2S und geht in Berührung mit Alkalisulfid, worin sich eine Spur löst, langsam in die rote, kristalline Form über, die man auch durch Sublimation des amorphen, schwarzen Niederschlags erhält und als wichtigstes

Zinnober Rohstoff für Hg-Verbindungen

Quecksilbererz *Zinnober* in der Natur findet. Er dient als nicht lichtechte, am Licht schwarzwerdende Malerfarbe. Löslich nur in Königswasser.

Den Sulfiden von Zn, Cd, Hg gleichen in vielem die

II. Sulfide von **zwei**wertigem **Fe, Ni, Co, Mn, Sn** und **Pb**.

Daher schließen wir ihre Besprechung hier an.

Sulfide von zweiwertig. Fe, Mn, Co, Ni, Sn, Pb

Dem Zinksulfid stehen durch ihre Säurelöslichkeit nahe die Sulfide von Eisen und Mangan. Sie fallen deshalb nicht aus saurer Lösung durch H_2S, Kobalt und Nickel aus anderen Gründen nicht.

Eisensulfid FeS, fällt schwarzgrün und wasserhaltig, als schleimiger Niederschlag bei Zusatz von Ammonsulfid zu Ferrosalzlösungen. Bräunt sich bald an der Luft. Wasserfrei durch Verschmelzen der Elemente unter Erglühen als messinggelbe metallartige Masse darstellbar und im Kippschen Apparat, wie in der Technik mit verdünnter Säure zersetzt zwecks Schwefelwasserstoffgewinnung. Kommt mit S-Überschuß, magnetisch, in der Natur als *Magnetkies* vor.

Magnetkies

Schwefelkies Rohstoff für Fe-Gewinnung und für Schwefelsäure-Darstellung

Eisendisulfid FeS_2, kristallisiert messinggelb oder schwarz und dicht als *Schwefelkies* oder *Pyrit* (seltener Markasit), wichtigstes Erz des Schwefels und Eisens, dient zur Gewinnung beider. Man brennt den Kies zuerst ab, wobei er nach anfänglicher Erhitzung von selbst weiterbrennt und SO_2 liefert, das auf SO_3 oder H_2SO_4 verarbeitet oder als solches verwendet wird. Darstellbar aus dem schwarzen, dem Ferrosulfid FeS gleichenden

Eisensesquisulfid Fe_2S_3, Ferrisulfid durch Aufbewahrung unter Wasser. Dabei zerfällt dieses nach $Fe_2S_3 = FeS + FeS_2$.

Das Sesquisulfid entsteht gemischt mit FeS beim Fällen von Ferrisalzlösungen mit Ammonsulfid, wenn auch wasserhaltig, rein aber aus letzterem und frisch gefälltem Ferrihydroxyd $Fe(OH)_3$. Feucht setzt es sich mit Luftsauerstoff wieder zu $Fe(OH)_3$ und Schwefel um.

Mangansulfid MnS, fällt aus Manganosalzlösungen mit Ammonsulfid je nach den Bedingungen fleischfarben oder graugrün.

Kobaltsulfid CoS und *Nickelsulfid* NiS sind beide schwarz und fallen aus saurer Lösung beim H_2S-Einleiten nicht aus, wohl aber bei Fällung mit Ammonsulfid. Trotz dieses Verhaltens sind aber beide, wenn einmal gefällt, in verdünnter Salzsäure nicht mehr löslich. Diese Besonderheit ist wichtig und wohl darauf zurückzuführen, daß die Sulfide, obschon sie eine lösliche Form haben können, bei alkalischer Fällung alsbald in eine in verdünnter Säure unlösliche übergehen. Sie stehen also in der Mitte zwischen den vorhergehenden und den nun folgenden, die zu CdS und HgS analog sind.

Dem Cadmium- und Quecksilbersulfid gleichen in ihrer Fällbarkeit aus saurer Lösung durch H_2S und mithin ihrer Unlöslichkeit in verdünnten Säuren die Sulfide von Zinn und Blei.

Stannosulfid SnS, das braun, in farblosen Schwefelalkalien unlöslich durch H_2S aus Stannosalzlösungen gefällt wird oder blaugrau und kristallin durch Verschmelzen der Elemente sich bildet. Analog ist *Bleisulfid* PbS, als *Bleiglanz*, bleigrau, metallglänzend, wichtigstes Bleierz. PbS fällt schwarz aus Bleilösungen beim Einleiten von H_2S bei bloßen Spuren braun, kolloidal, unlöslich in Alkalien, durch HNO_3 leicht zu Sulfat oxydierbar. Wegen seiner starken Färbung zum Nachweis von Pb oder H_2S wichtig. Bleiglanz Rohstoff für Pb und seine Verbindungen

III. Linke Untergruppe.

Mg, Ca, Sr, Ba.

Magnesiumsulfid ist unwichtig, desgleichen die *Sulfide der Erdalkalimetalle* außer CaS, das durch Glühen von Gips im H_2-Strom oder mit Kohle entsteht. Sie dienen zu *Leuchtfarben* (s. Photochemie Bd. III) Wichtiger die *Hydrosulfide* der Erdalkalimetalle, die man beim Einleiten von H_2S in die wäßrigen Hydroxyde erhält. Sie bilden sehr leicht durch Oxydation Polysulfide von gelber Farbe, die man auch durch Kochen der Hydroxyde mit S erhalten kann. Wasserlöslich. Enthaarungsmittel, da sie die Hornsubstanz der Haut lösen, keratolytisch wirken. Sulfide von Mg und Erdalkalimetallen

7. Sulfide der I. Gruppe und Verwandte.

Sulfide der I. Gruppe u. Verwandte Cu, Ag, Au

I. Rechte Untergruppe.

Cu, Ag, Au.

(Wichtige Erze darunter.)

§ 102. *Kupfersulfür* Cu_2S, kommt als *Kupferglanz* vor und wird durch Erhitzen des ebenfalls schwarzen wenig beständigen *Kupfersulfids* CuS (in der Natur als *Kupferindig*) im H_2S-Strom erhalten, das man mit H_2S aus sauren Kupfersalzlösungen fällt und das in Schwefelalkalien unlöslich ist. Kupferglanz

Silbersulfid Ag_2S, braunschwarz, fällt durch H_2S aus allen Ag-Lösungen, auch komplexen, da es höchst wenig löslich ist. Kommt in der Natur als wichtiges Silbererz, *Silberglanz* oder mit Cu als *Kupfersilberglanz* $Cu_2S.Ag_2S$ vor. Daraus gewinnt man Ag mittels der Cyanidlaugerei, d. h. durch Behandlung der gepochten Erze mit 0,1 bis 0,4prozentiger NaCN-Lösung unter Durchblasen von Luft, um das nach Silberglanz

$$Ag_2S + 4\,NaCN = 2\,AgNa(CN)_2 + Na_2S$$

primär gebildete Na_2S zu oxydieren, das sonst diese Reaktion zum Stillstand bringt. Aus der Doppelcyanidlösung fällt man elektrolytisch oder mit Zn das Metall.

Man kann auch Silberglanz rösten, da Ag_2S sehr leicht zu Ag_2SO_4 oxydiert wird und dieses wasserlöslich ist.

Ag_2S löst sich nicht in Schwefelalkalien und nicht in wenig konzentrierten Säuren. Dient zum Nachweis von S (s. w. u.).

Aurosulfid Au_2S, fällt braunschwarz, mit S verunreinigt aus siedender $AuCl_3$-Lösung bei H_2S-Einleiten und bildet mit Schwefelalkalien wasserlösliche, leicht oxydierbare, durch Säuren zersetzliche *Sulfoaurite* RAuS. Goldsulfide

Das *Aurisulfid* Au_2S_3, das durch H_2S aus kalter $AuCl_3$-Lösung schwarz, zersetzlich, in Säuren unlöslich gefällt wird, löst sich in gelbem Ammoniumhydrosulfid zu *Ammoniumsulfoaurat*.

II. Linke Untergruppe.

Alkalisulfide

Alkalimetallsulfide.

Die *Sulfide* R_2S sind farblos, wasserlöslich, entstehen durch Reduktion der Sulfate mit Kohle in Rotglut. Die *Hydrosulfide* RSH durch Sättigung der Hydroxydlösungen mit H_2S, ebenfalls farblos und wasserlöslich. Mit Hydroxyd bilden sie nach

$$KSH + KOH = K_2S + H_2O$$

Wasser und Sulfid. Die Sulfidlösung reagiert stark alkalisch. K_2S kristallisiert mit 5 Molen Wasser, Na_2S mit 9 Molen. Letzteres dient in der Farbstofftechnik. Oxydation der Sulfide oder Sulfhydride führt zum Teil zu tiefgelben, wasserlöslichen *Polysulfiden*, die man auch durch Erwärmen der Sulfide mit S darstellen kann. Wichtig ist das *gelbe Schwefelammonium* in der Analyse zur Fällung der Sulfide der Schwermetalle.

Technische u. analytische Bedeutung der Sulfide

Technische Bedeutung und Verwertuug der Sulfide.

§ 103. Die Schwermetallsulfide von Fe, Ni, Co, Bi, Pb, Zn, Cd, Hg, Cu, Ag können durch *Rösten* teils in *Sulfate*, teils in *Oxyde* (unter Entweichen von SO_2, das auf H_2SO_4 verarbeitet wird) übergeführt werden. Aus ersteren kann man *elektrolytisch*, aus letzteren durch *Erhitzen mit Kohle* das Metall gewinnen.

Bedeutung der Sulfide für die chemische Analyse.

Durch Schwefelammonium fallen aus:

Sulfide von Fe, Ni, Co, Zn, Mn;

Hydroxyde von Al, Cr:

Schwefelammoniumgruppe.

Durch Schwefelwasserstoff fallen aus saurer Lösung Sulfide von Ag, Hg, Pb, Bi, Cu, Cd, unlöslich in Schwefelammonium; As, Sb, Sn löslich in Schwefelammonium:

Schwefelwasserstoffgruppe.

Diese Verschiedenheit dient in der qualitativen und quantitativen Analyse zu einem allgemein benutzten systematischen Verfahren der Trennung, Nachweisung und auch quantitativen Bestimmung dieser Elemente (s. Elektrochemie S. 316ff.).

Die verschiedene *Farbe der amorphen Niederschläge*:

Fe, Ni, Co, Ag, Pb, Cu schwarz, Bi und Sn braun, Hg oft (je nach der Lösung) anfangs rot, dann schwarz, Cd, As, Sn gelb, Sb gelbrot, Mn fleischrot, Zn weiß, ist häufig schon für Vorproben von Nutzen.

Die Sauerstoffvalenz.

Valenz und Kontravalenz

Vorwiegen des Typus *A B*.

§ 104. Fassen wir die allgemeinen Ergebnisse zusammen:

Die *Wertigkeit der Elemente steigt* im großen und ganzen *bei den beständigeren Oxyden und Sulfiden wie die Gruppennummer und ist bei der 1. Gruppe 1, bei der 8. Gruppe 8.* Jedoch ist sie nicht konstant für alle Oxyde eines und desselben Elements. Und wenn sie auch entweder immer gerade oder ungerade zu sein pflegt, so trifft doch auch dies nicht durchweg zu. Beispiele liefern u. a. die Oxyde von N und Mn, bei welch letzterem wir 2, 3, 4, 6, 7 als Wertigkeiten beobachten.

Von Interesse ist die Verschiedenheit der Valenzbetätigung eines Elements der mittleren Gruppen gegenüber den Elementen der früheren und späteren Gruppen.

So vereinigt sich der Schwefel mit Silber, das einwertig ist, zu der Verbindung Ag_2S und ebenso mit Alkalimetallen, mit den Erdalkalimetallen zu CaS usf. mit Al zu Al_2S_3, mit Kohlenstoff zu CS_2, mit Arsen und Antimon zu As_2S_5 und Sb_2S_5. Er ist also hier überall zweiwertig. Gegenüber Halogen jedoch ist er abnorm. Am besten sind da seine Valenzen abgesättigt beim passiven Schwefelhexafluriod SFl_6. Da ist er sechswertig. Die Summe beider Wertigkeiten ist 8.

Der Sauerstoff verhält sich analog. Ähnliche Gesetzmäßigkeiten zeigen auch andere Elemente im periodischen System. Die normale, am häufigsten beobachtete Valenz nennt man dabei die Hauptvalenz, die seltenere, jene zu 8 ergänzende Kontravalenz.

Daß hier nur eine Regel mit Ausnahmen, aber kein Gesetz vorliegt, zeigt schon ein flüchtiger Blick auf die bisher besprochenen Stoffe. Trotzdem kommt dieser Regel immerhin eine gewisse Bedeutung zu.

Beachtenswerter aber ist es, daß in den meisten stabilen Oxyden und Sulfiden die Metalle zweiwertig sind, wie O und S auch und daß anders betrachtet, die bloß binären Verbindungen MeO und MeS am häufigsten sind. Auch sonst findet man vielfach den Typus $A_1\ B_1$ der chemischen Verbindung am häufigsten, und zwar auch bei den Verbindungen der Metalle untereinander. Daher wird man jetzt die *häufig die metallische Natur der Oxyde und Sulfide* und ihre häufige Zusammensetzung $A_1\ B_1$ miteinander in Beziehung setzen.

IV. Halogenide.

Halogenide

§ 105. An die Hydroxyde und Oxyde schließen sich als nächste Verwandte die Halogenide, gewissermaßen *halogensubstituierte Hydride.* Von ihnen sind schon behandelt: die Halogenverbindungen von H, O, C, S. Von Halogeniden der Nichtmetalle, die wie immer mannigfaltiger sind als die der Metalle, bleiben also noch zu besprechen: Se, N, P, Si, B. Davon haben nur die des N abnorme Eigenschaften. Die *Halogenide der Metalle* haben entschieden *salzartigen Charakter* und entsprechen meistens der normalen Salzvalenz der letzteren.

VII. Gruppe Halogenverbindungen untereinander

1. Halogenide der VII. Gruppe.

Verbindungen der Halogene untereinander.

Sie kommen bei benachbarten Halogenen erst im letzten Glied (Br – J) zustande und selbst da ist die Verbindung BrJ weitgehend zersetzt, auch im flüssigen Zustand. Es verbinden sich also nicht Fl – Cl; Cl – Br.

Brom und Fluor vereinigen sich unter Feuererscheinung zu farblosem, an der Luft rauchendem, sehr reaktionsfähigem *Bromtrifluorid* $BrFl_3$. Schmp. etwa 5°.

Jod und Fluor liefern unter Erhitzung farbloses *Jodpentafluorid* JFl_5 vom Schmp. 8°, Siedep. 97°. Der Dampf wird von H_2 nicht angegriffen. Sonst aber sehr reaktionsfähig. Wasser zersetzt es.

Jod und Chlor bilden je nach den Mengenverhältnissen verschiedene Verbindungen. *Chlorjod* oder Jodmonochlorid JCl, rotbraun, Schmp. 24,7°, Siedep. 101,3°. Gibt mit Wasser Jodsäure, Jod und HCl; *Jodtrichlorid* JCl_3, gelbe Nadeln, die in wenig Wasser unzersetzt, in viel Wasser sich zu Jodsäure und HCl lösen und schon durch Schmelzen in Cl_2 und JCl zerfallen.

Halogenide der VI. Gruppe

2. Halogenide der VI. Gruppe und Verwandte.

I. Rechte Untergruppe.

O, S, Se, Te.

§ 106. Halogenoxyde und Schwefelhalogenide s. o.

Den letzteren gleichen in der Zusammensetzung die im übrigen beständigeren von Se und Te. Das weiße $SeCl_4$ sublimiert unzersetzt und fängt erst bei 200° an, zu zerfallen. Entsteht auch durch Erhitzen des flüssigen rotbraunen Se_2Cl_2, das also hier weniger beständig ist. $TeCl_2$, $TeCl_4$, $TeBr_2$, $TeBr_4$ sind kristallisierte, unzersetzt flüchtige, den Hg-Halogeniden gleichende Stoffe. Wir stellen hierher auch die

Säurehalogenide

Säurehalogenide,

die durch Ersatz von OH-Gruppen durch Halogen aus allen sauerstoffhaltigen Säuren entstehen oder mindestens entstanden gedacht werden können.

Wasser pflegt sie zu hydrolysieren, d. h. in Säure und Halogenwasserstoff überzuführen. Man stellt sie vor allem nach zwei Verfahren dar: aus Phosphorpentahalogenid und Säure oder Säureanhydrid, z. B.:

$$SO_2 + PCl_5 = SOCl_2 + POCl_3$$

oder durch Addition des Halogens an den Molekelrest, z. B.:

$$SO_2 + Cl_2 = SO_2Cl_2.$$

Schwefeloxyhalogenide und ihnen verwandte Säuren.

Sulfurylfluorid SO_2Fl_2, farbloses, geruchloses, gegen Wasser selbst bei 150° beständiges, mit Laugen nur langsam reagierendes, geschmolzenes Na nicht angreifendes Gas. Siedep. – 52°. Gleicht in seiner Passivität dem nahe verwandten SFl_6. Entsteht aus SO_2 und Fl_2.

Sulfurylchlorid SO_2Cl_2. Dichlorid der Schwefelsäure. Siedep. 69°. Bewegliche, stechend riechende, aus SO_2 und Cl_2 im Licht oder bei Kampferzusatz (katalytische Reaktion unbekannten Verlaufs) entstehende Flüssigkeit, die mit wenig Wasser unter Bildung von H_2SO_4 und Salzsäure langsam zerfällt. Beim Erhitzen schon unter 100° fast vollständig zersetzt, aber erst in sehr langer Zeit, schneller bei Zusatz von feinverteilter Kohle, die auch die Bildung beschleunigt. Der Dampf kann im reinen Zustand ohne bedeutenden Zerfall auf 300° erhitzt werden (Trautz). Diese noch an die Inaktivität des SO_2Fl_2 erinnernde Langsamkeit der Zersetzung ist bemerkenswert. Immerhin recht reaktionsfähig. Schwerer und weniger beweglich ist das flüssige

Pyrosulfurylchlorid $S_2O_5Cl_2$. Dichlorid der Pyroschwefelsäure, dessen Dampf beim Erhitzen in SO_3, SO_2 und Cl_2 zerfällt. Siedep. 145°. Bildet sich durch Wasserentziehung mit P_4O_{10} aus der schweren, stark rauchenden, flüssigen

Chlorsulfonsäure $SO_2(OH)Cl$, Monochlorid von H_2SO_4, aus SO_3 und und HCl darstellbar (Siedep. 152°). $SO_2(OH)Cl$ reagiert mit H_2O ähnlich wie SO_3 unter Zischen und bildet dabei H_2SO_4 und Salzsäure. Typisches „*Säurechlorid*".

Thionylfluorid $SOFl_2$, farbloses Gas, Schmp. – 110°, Siedep. ca. – 30°, aus $AsFl_3$ und *Thionylchlorid* $SOCl_2$, dem Dichlorid der schwefligen Säure. Letzteres hat ähnlich angreifende Eigenschaften. Flüssig. Siedep. 79°. Aus SO_2 und PCl_5 neben $POCl_3$, von dem es durch Destillation zu trennen ist. Wasser zersetzt die Thionylhalogenide in SO_3H_2 und Halogenwasserstoffsäure. Riechen sehr stechend und erstickend.

II. Linke Untergruppe.

Cr, Mo, W, U.

Cr, Mo, W, U

Die Mannigfaltigkeit der Halogenide ist groß, wir betrachten fast nur die Chloride und Oxychloride. Normal wäre für die Reihe das Hexachlorid RCl_6, das bei W leicht darstellbar ist. Es kommen daneben die oft beständigeren Typen $ROCl_4$ und RO_2Cl_2(*-ylchlorid*) vor, auch $R_2O_3Cl_6$. Teilweise hydrolysiert, geben die -ylchloride $HClRO_3$ (*Halogen-R.-Säuren*).

Die Typen RCl passen in die V., die RCl_4 in die IV., die RCl_3 in die III. und RCl_2 in die II. Gruppe. Wir behandeln sie wegen ihrer genetischen Zusammenhänge gemeinsam.

Die Halogenide der VI. Gruppe, die sich vom sechswertigen Metall ableiten, sind aus Halogen und Metall (Oxychlorid aus Metalloxyd) darstellbar und meist unzersetzt destillierbar.

Chromylfluorid CrO_2Fl_2, rote, sehr flüchtige Flüssigkeit, aus Chromat, Fluorid und konz. H_2SO_4 durch Destillation. Chromhalogenide

Chromylchlorid CrO_2Cl_2, Dichlorid der Chromsäure, bromähnlich, zersetzt sich mit der Zeit; Siedep. 118°. Darstellung analog wie CrO_2Fl_2.

Wird durch Wasser unter Bildung von Salzen der *Chlorchromsäure* $HClCrO_3$, Monochlorid der Chromsäure zersetzt, die durch mehr Wasser in Chloride und Chromate, durch Erhitzen unter Chlorentwicklung zerfallen. Da entsprechende Brom- und Jodverbindungen nicht bekannt sind, so weist man Cl neben Br und J durch Destillation des Stoffs mit Chromat und konz. H_2SO_4 und Lösen des Destillats in Ammoniak nach. Färbt es sich gelb (durch Ammoniumchromat), so ist Cr mit übergegangen, und dies ist nur durch Cl oder Fl möglich.

Chromichlorid $CrCl_3$, pfirsichblütrote Blättchen, aus Cr_2O_3 und Kohle durch Erhitzen im Chlorstrom. Löst sich sehr langsam in Wasser; wenn aber etwas $CrCl_2$ oder sonst ein wenig Reduktionsmittel zugefügt wird, schnell und unter Erhitzung zu *grüner* Lösung, die auch beim Lösen von $Cr_2O_3.aq$ in Salzsäure entsteht, und woraus baldiges HCl-Einleiten grünes $CrCl_3.6H_2O$ kristallisieren läßt. Läßt man aber die Lösung, am besten erwärmt, einige Zeit stehen, so wird sie rotviolett, und HCl fällt dann violett-graues $CrCl_3.6H_2O$, in Wasser violett löslich. Hier haben also zwei gleich zusammengesetzte Stoffe verschiedene Eigenschaften. Sie heißen dann isomer. Diese Erscheinung ist in der Chemie sehr häufig, s. w. u. S. 297. Reduziert man die Lösung mit Zink und H_2SO_4, so entsteht *Chromchlorür* $CrCl_2$ in schön blauer Lösung, die durch O_2 schnell grün wird.

Molybdänhalogenide

Wie die Halogenide von W und U sind durch Mannigfaltigkeit und Buntheit bemerkenswert:

Molybdänhexafluorid $MoFl_6$, Schmp. 17°, Siedep. 35°, aus den Elementen beim Erwärmen. Farblos.

Molybdänoxychloride $MoOCl_4$, grün, unter 100° destillierbar; $Mo_2O_3Cl_6$, violett und als Hauptprodukt gelbweißes, am wenigsten flüchtiges MoO_2Cl_2; entstehen aus MoO_3 und Kohle im Chlorstrom beim Erhitzen.

Molybdänpentachlorid $MoCl_5$, metallglänzend, schwarz, Schmp. 194°, Siedep. 268°, raucht, löst sich braun unter Zischen in H_2O, dunkelgrün in Alkohol und Äther.

Dampf dunkelrot. Entsteht aus Mo oder MoS_2Cl_2.

Molybdäntetrachlorid $MoCl_4$, sublimiert als braunes Pulver beim Erhitzen von Mo im CO_2-Strom.

Molybdäntrichlorid $MoCl_3$, das rotem P gleicht und zu dunkelblauem Dampf verdampfbar, in konz. H_2SO_4 kalt blau, heiß grün löslich ist, entsteht durch Erhitzen von $MoCl_5$ auf 250° im CO_2-Strom neben hellgelbem, kaum flüchtigem

Molybdändichlorid $MoCl_2$, das vielleicht die dreifache Molekulargröße hat, da es mit verdünnten Alkalien lichtgelbes, amorphes Chloromolybdänhydroxyd $Mo_3(OH)_2Cl_4.2H_2O$ liefert, eine schwache, zweisäurige Base, von dem komplexen Radikal Mo_3Cl_4 abgeleitet und zugleich von schwachen Säureeigenschaften.

Wolfram- u. Uranhalogenide

Wolframhexachlorid WCl_6, aus W oder Wolframit und Kohle im Cl_2-Strom durch Erhitzen; schwarzviolett, kristallin, Schmp. 275°, Siedep. 347°, in CS_2 rotbraun löslich. Ist O_2 oder H_2O zugegen, so entstehen

Wolframoxychloride. Man kennt auch WCl_5, WCl_4. und WCl_2, UCl_5, UCl_4, UCl_3.

Uranylchlorid UO_2Cl_2, durch Erhitzen von Uranoxyd in Cl_2 oder Eindampfen von Uranylnitrat $UO_2(NO_3)_2 6H_2O$ mit Salzsäure. Gelb, kristallin, zerfließlich.

Halogenide der V. Gruppe

3. Halogenide der V. Gruppe und Verwandte.

§ 107. Die normalen Halogenide müßten sich von $\overset{V}{R}$ ableiten. Die von $\overset{III}{R}$ sich ableitenden $RHal_3$ sind im allgemeinen beständiger. Noch immer ist die Flüchtigkeit erheblich.

I. Rechte Untergruppe.

N, P, As, Sb, Bi.

a) Stickstoffhalogenide.

Stickstoffhalogenide

$\overset{V}{N}$ ist nur in den halogenwasserstoffsauren Salzen der Ammoniumbasen und Hydrazinbasen anzunehmen. Ferner in $NOBr_3$ (s. w. u.).

$\overset{III}{N}$

Man kennt zwei sehr explosive Verbindungen mit Cl:

Chlorstickstoff NCl_3, gelbliches, lichtempfindliches Öl, spez. Gew. 1,65. Schwimmt auf gesättigter NH_4Cl-Lösung. Aus Cl_2 und Salmiaklösung. Riecht stechend, löst sich in Benzol und CS_2, explodiert mit Terpentinöl, zerfällt mit Salzsäure nach:

$$NCl_3 + 4\,HCl = NH_4Cl + 3\,Cl_2;$$

mit Ammoniak nach:

$$NCl_3 + 4\,NH_3 = 3\,NH_4Cl + N_2.$$

Die letztere Reaktion ist, wie die Explosion, von grünem Licht begleitet.

Chlorazid N_3Cl, entweicht als farbloses, höchst explosives Gas aus der gelben Mischung der Lösungen gleicher Mole NaN_3 und $NaOCl$. Einleiten des Gases in Natronlauge gibt:

$$N_3Cl + 2\,NaOH = NaN_3 + NaOCl + H_2O.$$

Siehe auch Monochloramin bei Hydrazin (Raschig).

Man kennt mehrere, gleichfalls explosive *Jodstickstoffe*, schwarze Pulver, die sich aus Jodkaliumlösungen bei Zusatz von Ammoniak abscheiden und teils NHJ_2, teils NH_3NJ_3 sind. Unter Ammoniaklösung beständig können manche schon wasserfeucht explodieren. Mit Salzsäure bilden sie JCl und NH_4Cl.

Oxyhalogenide des N sind 6 mit Sicherheit bekannt. Sie greifen im allgemeinen Metalle stark an und werden durch Wasser zersetzt. Stickstoff-Oxyhalogenide. Säurehalogenide

Nitrosylfluorid NOFl, farbloses Gas, Schmp. — 134°, Siedep. — 56°; greift trockenes Glas wenig, Jod nicht an, bildet mit Wasser eine blaue Lösung von HNO_2, die sich dann weiter zersetzt. Sehr reaktionsfähig. Entsteht aus AgFl und NOCl bei 200 bis 250°.

Nitrosylchlorid NOCl, Chlorid der salpetrigen Säure, gelbrot, Schmp. — 61,5°, Siedep. — 5,5°. Als Gas gelb. Aus NO und Cl_2, am besten durch Sättigen flüssigen Chlors mit NO, Durchleiten des verdampften Produkts, mit neuem NO gemischt durch eine auf etwa 150° erhitzte, mit Glaswolle beschickte Röhre, um $NOCl_2$ (s. w. u.) zu zerstören, und Fraktionieren (Trautz). Beginnt bei 160° sich merklich zu zersetzen. Löst sich gelb unter teilweiser Zersetzung in Wasser, ist im Königswasser (Gemisch von HNO_3 und Salzsäure enthalten, das schon die Alchemisten durch Mischen von HNO_3 mit NH_4Cl bereiteten und das den König der Metalle, Gold, auflöst. Königswasser

Nitrosylbromid NOBr, braunschwarz, bromähnlich. Schmp. — 56°. Zersetzt sich bereits unter 0° in *Nitrosyltribromid* $NOBr_3$, das auch aus NOBr durch Bromzusatz zu erhalten ist, und NO, existiert aber, obwohl großenteils zersetzt, im Dampfzustand noch bei 360°.

Nitrosyldibromid $NOBr_2$, liegt in kleinen Mengen und stark zersetzt vor zwischen − 45 und − 55°, wenn NO sich mit Br_2 vereinigt.

Nitrosyldichlorid $NOCl_2$, von ähnlichen Eigenschaften, entsteht vorübergehend bei Bildung von NOCl aus NO und Cl_2. $NOBr_2$ und $NOCl_2$ sind nie rein gewinnbar; Analoga von NO_3 und die primären Produkte der Einwirkung von NO auf die Halogene nach:

$$NO + Cl_2 = NOCl_2$$

Aus fertigem NOCl und Chlor entsteht es nicht mehr. (Trautz) (s. Chemische Gleichgewichte Bd. II und Reaktionsgeschwindigkeit Bd. III).

Phosphorhalogenide und -Oxyhalogenide

b) Phosphorhalogenide.

Die Phosphoniumhalogenide gehören hierher. *Phosphorpentachlorid* PCl_5 ist das wichtigste Reagens auf OH-Gruppen — es entsteht $POCl_3$ dabei — aus den Elementen darstellbar bei Cl_2-Überschuß unter Flammenerscheinung als blaßgelblichgrüne Kristallmasse, die unter teilweisem Zerfall sublimiert. Dabei entsteht Chlor, an der Farbe erkennbar und PCl_3 s. w. u. Trägt man PCl_5 in wenig Wasser ein, so entsteht

Phosphoroxychlorid $POCl_3$, Chlorid der Phosphorsäure, Siedep. 107°, rauchende Flüssigkeit, die mit Wasser heftig nach

$$POCl_3 + 3H_2O = H_3PO_4 + 3HCl$$

reagiert.

Phosphortrichlorid PCl_3, Chlorid der phosphorigen Säure, Siedep. 76° bei Cl_2-Unterschuß aus den Elementen entstehend, raucht an der Luft. Farblose Flüssigkeit, die mit H_2O Salzsäure und H_3PO_3 liefert. Bildet mit Sauerstoff $POCl_3$, mit S das Phosphorsulfochlorid $PSCl_3$.

Analog sind die Bromide und Jodide.

Arsenhalogenide

c) Arsenhalogenide.

$\overset{V}{As}$ *Arsenpentachlorid* $AsCl_5$, aus dem $AsCl_3$ mit Cl_2 bei − 60° als gelbe Kristalle, Schmp. − 40°, in Äther löslich, zerfällt bei Temperatursteigerung in $AsCl_3$ und Cl_2; $AsFl_5$ gleichfalls bekannt.

$\overset{III}{As}$ *Arsentrichlorid* $AsCl_3$, aus den Elementen oder durch Destillation von As_2O_3 mit Salzsäure. Ölige, farblose, rauchende Flüssigkeit, Schmp. − 18°, Siedep. 130°. Spez. Gew. 2,2. In wenig Wasser unzersetzt löslich, mehr Wasser zersetzt mehr und mehr unter Bildung von arseniger Säure und HCl. Analog verhalten sich und werden dargestellt:

Arsentrifluorid $AsFl_3$, Schmp. 63°, *Tribromid* $AsBr_3$, weiß, kristallin, Schmp. 20°, Siedep. 220° und das rote *Arsentrijodid* AsJ_3, Siedep. 146°. Auch Oxyhalogenide bekannt.

Antimonhalogenide

d) Antimonhalogenide.

$\overset{V}{Sb}$ *Antimonpentachlorid* $SbCl_5$, bei Cl_2-Überschuß aus den Elementen als schwere, gelbe rauchende Flüssigkeit, etwas beständiger als PCl_5. Bildet Hydrate. Mehr Wasser zersetzt unter Abscheidung von Antimonsäure.

Antimontrichlorid $SbCl_3$, *Antimonbutter*, farblos, kristallin, weich, Schmp. 73°, Siedep. 223°. Darstellung analog $AsCl_3$. Löslich in salzsäurehaltigem Wasser. Eine solche konzentrierte Lösung scheidet auf Eisen festhaftendes Sb in dünner brauner Schicht ab, wenn mit Olivenöl gemengt aufgerieben (Brünieren zwecks Rostschutz). Mehr Wasser zersetzt $SbCl_3$ unter Abscheidung verschiedener weißer, pulverförmiger Oxychloride: III Sb

Antimonoxychlorid SbOCl und *Algarotpulver* (ungefähr $SbOCl.Sb_2O_3aq$); letzteres dient in der Heilkunde. Beide gehen beim Kochen mit Wasser auf die Dauer in Sb_2O_3 über.

e) Wismuthalogenide.

Wismuthalogenide

Die V-wertige Stufe ist hier unbekannt.

Wismutchlorid $BiCl_3$, aus den Elementen oder aus Bi und Königswasser, weiß, kristallin, Schmp. 225—230°. In wenig Wasser zu dicker Flüssigkeit löslich. Mehr Wasser zersetzt und gibt weißes, in Säuren lösliches III Bi

Wismutoxychlorid (Bismutylchlorid) BiOCl, das sich in Wasser nicht löst.

II. Linke Untergruppe.

V, Nb, Ta.

Halogenide von V, Nb, Ta

Die *Pentachloride* RCl_5 sind flüchtig, zersetzlich durch H_2O. *Oxychloride* $ROCl_3$, meist aus Pentoxyd und Kohle im Cl_2-Strom durch Erhitzen. *Vanadyltrichlorid* $VOCl_3$, gelb, flüssig, Siedep. 127°; $VO.OCl_3$, weiß, fest, bei 400° sublimierbar; durch Wasser zersetzlich.

Kennstoffe, wichtig bei Analysen, sind die *Doppelfluoride* $2KFl.NbOFl_3$ (wenig löslich) und $2KFl.TaFl_5$ (leicht löslich). Man kennt auch *Di-*, *Tri-* und *Tetrachloride.*

4. Halogenide der IV. Gruppe und Verwandte.

Halogenide der IV. Gruppe. I. Rechte Untergruppe

I. Rechte Untergruppe.

C, Si, Ge, Sn, Pb.

C, Si, Ge, Sn, Pb

§ 108. a) Die *Kohlenstoffhalogenide,* wie die Oxyhalogenide, flüchtig und meist farblos, sind bereits a. a. O. besprochen (s. a. organ. Chem. Bd. III). Ihnen gleichen weitgehend trotz ihrer viel geringeren Mannigfaltigkeit die

b) Siliciumhalogenide.

Siliciumhalogenide

Siliciumfluorid $SiFl_4$, farbloses, sehr stechend und erstickend riechendes Gas, das Glas nicht angreift, Siedep. rund — 160°, entsteht aus HFl und Silikaten. Man erhitzt z. B. das Silikat mit H_2SO_4 und $CaFl_2$ (Flußspat, Ausgangsstoff für die meisten Fluorverbindungen), wobei Fluoride und Sulfate hinterbleiben. Diese Reaktion dient zum „Aufschließen" der Silikate in der Analyse. Einleiten in Wasser geschehe

(Abb. 88) unter Hg, da kolloidales gallertartiges Siliciumhydroxyd sich abscheidet nach:

$$3\,SiFl_4 + 3\,H_2O = SiO(OH)_2 + 2\,H_2SiFl_6$$

und sonst die Röhre verstopft. Das andere Produkt, die

Siliciumfluorwasserstoffsäure H_2SiFl_6 liefert wie verschiedene Säuren dieser Gruppe (H_2PtCl_6 usf.), ein in Wasser sehr wenig lösliches K-Salz K_2SiFl_6, unlösliches Ba-Salz $BaSiFl_6$. Löst Metalle unter H_2-Entwicklung, reagiert stark sauer, zersetzt sich beim Eindampfen mehr und mehr in $SiFl_4$ und Flußsäure. Ein Hydrat, Schmp. 19°, entsteht aus $SiFl_4$ und konz. Flußsäure: $H_2SiFl_6 . 2\,H_2O$. Dient in der Analyse und zum Härten von Gipsgegenständen, wobei wahrscheinlich $CaFl_2$ entsteht.

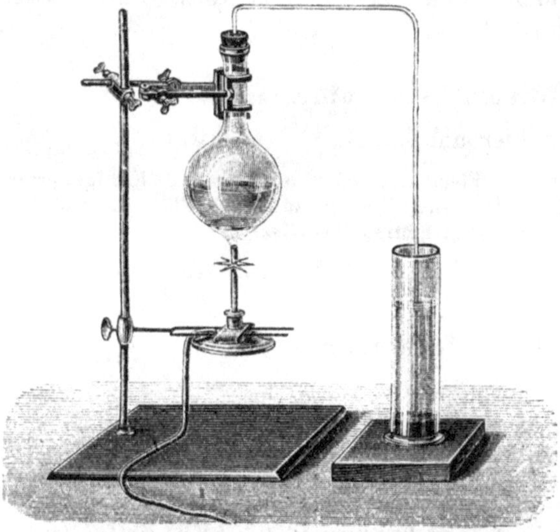

Abb. 88. Darstellung von $SiFl_4$ und H_2SiFl_6.

Beide Verbindungen sind in der Natur bei „*pneumatolytischen*" Vorgängen wichtig, durch die in der postvulkanischen Phase Si-haltige Mineralien aus Gasen zur Abscheidung kommen.

Siliciumtetrachlorid $SiCl_4$, Chlorid der Orthokieselsäure; aus den Elementen oder aus SiO_2. Kohle und Chlor beim Erhitzen. Farblose, rauchende Flüssigkeit, Siedep. 56,9°.

Neben ihm entsteht in kleiner Menge das bei 34° siedende, ebenfalls rauchende und riechende *Siliciumchloroform* $SiHCl_3$. Beide werden durch Wasser zersetzt. Aus ihm und H_2 erzeugen stille elektrische Entladungen Verbindungen Si_nCl_{2n+2}.

Germaniumchloride

c) Germaniumchloride.

Germaniumtetrachlorid $GeCl_4$, aus Ge und Cl_2. Farblos, raucht. Siedep. 86°. Ähnlich *Germaniumchloroform* $GeHCl_3$, aus Ge und HCl, Siedep. 72°. Wasser zersetzt beide.

Zinnhalogenide IV Sn

d) Zinnhalogenide.

Zinnchlorid $SnCl_4$, aus den Elementen. Siedep. 113,9°, rauchende Flüssigkeit, 1605 von Libavius erhalten (*Spiritus fumans Libavii*); spez. Gew. 2,23. Mit wenig Wasser entsteht Zinnbutter $SnCl_4 . 3\,H_2O$. In viel Wasser erfolgt klare Lösung unter langsamer und unvollkommener Zersetzung, die man zeitlich zum Teil an der Zunahme des elektrischen Leitvermögens (s. Elektrochemie) verfolgen kann.

Aus der Lösung läßt sich noch $SnCl_4$ destillieren.

Zinnchlorwasserstoffsäure $H_2SnCl_6 . 6\,H_2O$, Schmp. 9° bildet gut kristallisierende, wasserbeständige Salze, z. B. das als Beize in der Färberei benutzte *Pinksalz* $(NH_4)_2SnCl_6$. Mit Basen fällt aus wäßriger $SnCl_4$-Lösung $SnO_2 . aq$.

Zinnfluorwasserstoffsäure H_2SnFl_6, kennt man gleichfalls in Salzen. $SnCl_4$ addiert auch Chlormetalloide, so $SnCl_4 . PCl_5$; $SnCl_4 . POCl_3$; $SnCl_4 . SCl_4$ usf.

$SnBr_4$ farblos, Schmp. 30°, Siedep. 200°, bildet mit HBr gelbe $H_2SnBr_6 . 8\,H_2O$. SnJ_4 orangerote Kristalle, Schmp. 146°, Siedep. 295°, entsteht gleichfalls aus den Elementen.

Zinnchlorür $SnCl_2$, entsteht durch Erhitzen von Zinnsalz (in der Färberei benutzt) $SnCl_2 . 2\,H_2O$, das in farblosen Kristallen aus der Lösung von Sn in konz. Salzsäure sich abscheidet. $SnCl_2$, Schmp. 250°, destilliert unzersetzt bei 606°. Bei dieser Temperatur hat es die Formel Sn_2Cl_4, erst bei 900° ist es zerfallen in $SnCl_2$. Starkes Reduktionsmittel. Wasser löst es leicht. Die Lösung scheidet, wenn nicht sehr sauer, bald durch O_2-Aufnahme $Sn(OH)Cl$ als weißes Pulver ab. Andernfalls bildet sich $SnCl_4$. $\overset{II}{Sn}$

Addiert leicht HCl zu *Stannochlorwasserstoffsäure* H_2SnCl_4, die Salze bildet, beständiger als $SnCl_2$.

$SnBr_2$ gleicht $SnCl_2$. Dagegen ist SnJ_2, wiederum rot und gibt mit Wasser Oxyjodide und Jodwasserstoffsäure.

e) Bleihalogenide.

Blei-halogenide

Bleitetrachlorid $PbCl_4$, gelbe Flüssigkeit, Schmp. – 15°, entsteht neben HCl aus *Bleichlorwasserstoffsäure* H_2PbCl_6; diese wird durch Zersetzung ihres gelben NH_4-Salzes mit konz. H_2SO_4 erhalten und dieses wieder durch Fällen der dunkelbraunen Lösung, die aus PbO_2 und konz. Salzsäure in der Kälte entsteht. Viel Wasser spaltet $PbCl_4$ in PbO_2 und Salzsäure. Ähnlich leiten sich auch Verbindungen von HCl, HBr, HJ mit den Halogeniden des zweiwertigen Bleis ab. $\overset{IV}{Pb}$

Bleichlorid $PbCl_2$, farblose Nadeln, wenig löslich in kaltem, mehr in heißem Wasser. Aus PbO und Salzsäure. Vereinigt sich mit mehr PbO zu basischen Salzen, z. B. „Neapelgelb", durch Erhitzen von NH_4Cl mit PbO erhalten. $PbCl_2$ addiert HCl, was sich durch seine Löslichkeit in konz. Salzsäure kundgibt. $\overset{II}{Pb}$

Eine Verbindung $PbJ_2 . HJ . 10\,H_2O$ ließ sich aus dem *Bleijodid* PbJ_2 gewinnen, das durch Jodide aus Bleilösungen gelb gefällt wird und sich aus heißem Wasser, besser aus Essigsäure in goldglänzenden Flittern kristallisieren läßt. *Bleibromid* PbBr ist farblos und steht zwischen beiden.

II. Linke Untergruppe.

Titan-, Zirkon- u. Thiohalogenide

Ti, Zr, Th.

Titanchlorid $TiCl_4$, flüssig, Siedep. 135°, rauchend, farblos. im Verhalten gegen Wasser dem $SnCl_4$ gleichend, entsteht aus TiO_2 und Kohle beim Erhitzen im Cl_2-Strom.

Titanfluorwasserstoffsäure H_2TiFl_6, entsteht in Lösung aus Titansäure und Fluorwasserstoffsäure. Salze beständig, so das schwerlösliche $K_2TiFl_5 . H_2O$. Ferner kennt man das violette *Titantrichlorid* $TiCl_3$.

Zirkontetrachlorid $ZrCl_4$, weiß, zerfließlich, flüchtig, aus ZrO_2 und Gemisch von Cl_2 mit CCl_4 bei 800° oder analog dem $TiCl_4$ darstellbar. Schwerer flüchtig ist *Zirkonfluorid* $ZrFl_4$ von gleichem Verhalten wie $ZrCl_4$ und $SnCl_4$; gibt mit HFl

Zirkonfluorwasserstoffsäure H_2ZrFl_6, die schwerlösliche, gut kristallisierende Salze bildet. Daneben kennt man noch Doppelfluoride mit Alkalien.

Thoriumtetrachlorid $ThCl_4$, darstellbar wie $ZrCl_4$. Durch Fällung mittels Fluoriden erhält man aus Thoriumlösungen das in Flußsäure unlösliche *Thoriumfluorid* $ThFl_4$, das aber immerhin noch schwerlösliches $K_2ThFl_6 . 4H_2O$ bildet.

Wie MnO_2 und PtO_2 und analoge Oxyde der Platinmetalle in vielem dem Bleisuperoxyd PbO_2 gleichen, so gehören zum $PbCl_4$ auch die ihm ähnlichen

Chloride von Mn^{IV} und den Platinmetallen

III. Chloride von Mangan^{IV} und den Platinmetallen.

$\overset{IV}{Mn}$ *Mangantetrachlorid* $MnCl_4$, dessen tiefdunkelbraune Lösung aus kalter, konz. Salzsäure und MnO_2 bereitet wird und sich ebenfalls, wie $PbCl_4$, beim Erwärmen unter Chlorentwicklung und Dichloridbildung zersetzt.

$\overset{IV}{Pt}$ *Platinchlorid* $PtCl_4$, gelb, durch vorsichtiges Erhitzen von H_2PtCl_6. Nicht zerfließlich. In Wasser löslich, wobei die Säure H_2PtCl_4O entsteht, deren verd. Lösung im Licht schnell ihre elektrische Leitfähigkeit vergrößert, wohl durch Hydrolyse, weil die gut leitende Salzsäure dabei entsteht.

Die zerfließliche *Platinchlorwasserstoffsäure* $H_2PtCl_6 . 6H_2O$ entsteht beim Eindampfen von Pt-Lösung in Königswasser. Rotbraune Prismen. Das Ag-, K- und NH_4-Salz, Ag_2PtCl_6 usf., Chloroplatinate genannt, sind sehr wenig löslich, das Na-Salz löslich. In Alkohol lösen sich das K- und NH_4-Salz gar nicht merklich; beide bleiben hier in goldgelben, mikroskopischen Oktaedern zurück. Sie dienen zum mikrochemischen K- und NH_4-Nachweis. Das NH_4-Salz heißt *Platinsalmiak* und zerfällt beim Erhitzen in „Platinschwamm", NH_4Cl und Cl_2.

Auflösen von Pd in Königswasser liefert *Palladichlorid* $PdCl_4$, zersetzlich in $PdCl_2 + Cl_2$, und mit Überschuß von Königswasser *Palladichlorwasserstoffsäure* H_2PdCl_6 in Lösung, woraus K_2PdCl_6 oder $(NH_4)_2PdCl_6$ als wenig lösliches Pulver (scharlachrote Oktaeder) erhalten wird.

Ein rot gefärbtes, wenig lösliches Kaliumsalz liefert die in Lösung schwarzrote *Iridiumchlorwasserstoffsäure* H_2IrCl_6. Es wird aus Ir und KCl bei Rotglut im feuchten Cl_2-Strom erhalten.

Iridiumtetrachlorid $IrCl_4$ hinterbleibt schwarz beim Eindampfen der Lösung von Ir in Königswasser, mit tiefroter Farbe löslich. Wie die Salze von H_2IrCl_6 entstehen die von

Osmiumchlorwasserstoffsäure H_2OsCl_6, die gelbe Lösungen bilden und die von

Rutheniumchlorwasserstoffsäure H_2RuCl_6, die sich rot lösen.

5. Halogenide der III. Gruppe und Verwandte.

Halogenide der III. Gruppe

I. Rechte Untergruppe.

B, Al, Ga, In, Tl.

§ 109. Die normale Formel ist $RHal_3$.

Bor- und Aluminiumhalogenide.

Bor- und Aluminiumhalogenide

Borfluorid BFl_3, farbloses, stark rauchendes, in Wasser sehr (700 : 1 Vol) lösliches Gas. Darstellbar wie $SiFl_4$. Liefert in Wasser diesem entsprechend $B(OH)_3$ neben *Borfluorwasserstoffsäure* $HBFl_4$, die schwerlösliche Alkalisalze bildet, aber rein nicht bekannt ist. *Bortrichlorid* BCl_3, Chlorid der Borsäure, Schmp. — 103°, farblos, raucht stark, entsteht wie $SiFl_4$. Wasser zerlegt es in Salzsäure und Borsäure.

Aluminiumchlorid $AlCl_3$, darstellbar wie BCl_3, besser durch Erhitzen von Al im HCl-Strom, wobei H_2 frei wird. Sublimiert bei etwa 183°. Hat bis gegen 450° die Formel Al_2Cl_6, zerfällt bis 760° vollkommen in $AlCl_3$. Bildet mit Alkalichloriden beständigere Doppelsalze, die ohne Zersetzung der wäßrigen Lösung eingedampft werden können, während $AlCl_3$ in wäßriger Lösung sehr hydrolysiert ist nach

$$AlCl_3 + 3H_2O = Al(OH)_3 + 3HCl.$$

Die Doppelsalze haben die Formeln $AlCl_3.KCl$ usf. Ferner können Verbindungen $AlCl_3.PCl_3$ erhalten werden wie bei $SnCl_4$. $AlCl_3$ raucht an der Luft, löst sich in Wasser unter starker Erhitzung und gibt beim Eindampfen zuerst $AlCl_3.2H_2O$, dann bleibt Al_2O_3.aq zurück und aller HCl entweicht. $AlCl_3$ bildet mit vielen organischen Verbindungen Additionsprodukte, die leicht unter HCl-Entbindung reagieren und so zur Vereinigung je zweier Molekeln dienen können, wovon das eine H, das andere Cl enthält. Auch sonst wirkt $AlCl_3$ oft katalytisch, was jedenfalls mit dem kolloidalen Charakter des $Al(OH)_3$ zusammenhängt, das durch Hydrolyse aus ihm entsteht (s. Kolloidchemie Bd. II und organ. Chemie Bd. III). Ebenso wird das ähnliche, weniger flüchtige $AlBr_3$ und AlJ_3 benutzt.

Synthetische Bedeutung von $AlCl_3$

Aluminiumfluorid $AlFl_3$ ist, wie $TiFl_4$, viel weniger flüchtig, als das Chlorid; entsteht aus Al oder Al_2O_3 und HFl in Rotglut in fast unlöslichen Kristallen, die sich auch aus der leicht herstellbaren Lösung von Thonerde in Flußsäure alsbald abscheiden. $AlFl_3$ löst sich leicht in Flußsäure zu

Aluminiumfluorwasserstoffsäure H_3AlFl_6, deren Natriumsalz (wie das Ammonsalz) in Wasser sehr wenig löslich ist und als *Kryolith* in Grönland vorkommt. Man verarbeitet ihn auf Soda und reine Tonerde, indem man ihn mit Kalk oder Kalkmilch erhitzt, wodurch $CaFl_2$ und Na_3AlO_3 (Natriumaluminat) sich bilden. Die Lösung des letzteren

Kryolith

wird durch CO_2 in Tonerde und Soda zersetzt, die man durch Filtration trennt. Kryolith und reine Tonerde dienen der Al-Gewinnung (s. 342. I).

II Ga Gallium-, Indium- und Thalliumhalogenide

Galliumchlorid $GaCl_3$ raucht, gleich dem $AlCl_3$ in Molekulargröße (anfangs Ga_2Cl_6) und Zersetzlichkeit in wäßriger Lösung. Man kennt auch *Galliumchlorür* $GaCl_2$. Durch Wasser werden basische Salze abgeschieden, wie bei $GaCl_3$.

III Ga III In

Indiumtrichlorid $InCl_3$ weiß, hygroskopisch, bei 400° flüchtig, in Wasser unter Erhitzung löslich, entsteht aus Indium in Cl_2-Überschuß, bildet mit HCl die dem H_3AlCl_6 analoge

Indiumchlorwasserstoffsäure H_3InCl_6, deren gut kristallierende Alkalisalze bekannt sind.

Über $InCl_2$ und InCl s. II. und I. Gruppe.

III Tl

Thallichlorid $TlCl_3$ entsteht in Lösung durch Einwirkung von Cl_2 auf Tl oder TlCl unter Wasser, in ihm leicht löslich.

Goldhalogenide III Au

II. Gold^{III}- und Eisen^{III}-Halogenide.

Goldtrichlorid $AuCl_3$, braun, zerfließlich, durch vorsichtige Hitzezersetzung der Goldchlorwasserstoffsäure. In Alkohol und Äther löslich, durch Erwärmen zersetzbar, daher kaum frei von AuCl zu erhalten, das bei Erhitzen auf etwa 185° rein entsteht.

Goldchlorwasserstoffsäure $HAuCl_4$, aus der Lösung von Au in Königswasser durch vorsichtiges Eindampfen in gelben, leicht löslichen Kristallen zu erhalten, Ihre Salze heißen meist *Goldchloriddoppelsalze*. Das Na-Salz $NaAuCl_4 . 2H_2O$ dient als „*Goldsalz*" in der Photographie.

Eisenhalogenide III Fe

Ferrichlorid $FeCl_3$, Eisenchlorid braungrüne, metallglänzende, zerfließliche Schuppen, aus Fe durch Erwärmen im Cl_2-Strom. Siedep. 280 bis 285°. Bei tieferer Temperatur (bis etwa 450°) Fe_2Cl_6, bei höherer $FeCl_3$, analog Al_2Cl_6, dem es überhaupt im Verhalten, wie $CrCl_3$, recht nahe steht. In Wasser unter Erhitzung löslich zu gelbbrauner Lösung, woraus man wegen starker Hydrolyse nur noch Hydrate, z. B. $FeCl_3 . 6H_2O$, erhalten kann, die bei Verdünnung und Temperatursteigerung zunimmt, wie die braunrote Farbe des $Fe(OH)_3$ zeigt, das dann kolloidal in der Lösung enthalten ist. Sie reagiert sauer. Löst große Mengen $Fe(OH)_3$ zu Oxychloriden. Dient als blutstillendes Mittel. $FeCl_3$ ist in Äther ebenfalls gelbbraun löslich, desgl. in Alkohol und anderen Lösungsmitteln. Die wäßrige Lösung erhält man auch durch Oxydation des $FeCl_2$ mit Oxydationsmitteln, wie Cl_2 oder durch Lösen von Fe_2O_3 in Salzsäure usf.

Ferrijodid, gemischt mit *Ferrojodid*, erhält man in Lösung durch Mischen von $3Fe + 4J_2$ in Wasser. Die beiden Jodide sind schwer frei voneinander zu bekommen. Die Lösung dient der KJ-Bereitung, da sie mit KOH oder K_2CO_3 sich zu KJ, das in Lösung bleibt und zu schwarz ausfallendem Fe_3O_4 umsetzt.

Ferrifluorid $FeFl_3$, ist weiß und wenig löslich (Analogie zu $AlFl_3$), bildet eine *Ferrifluorwasserstoffsäure* H_3FeFl_6, deren Salze, dem Kryolith analog, bekannt sind. Sie selbst ist nicht frei bekannt.

6. Halogenide der II. Gruppe und Verwandte.

I. Rechte Untergruppe.

Be, Mg, Zn, Cd, Hg.

§ 110. Hier ist das erste Glied Be zur Bildung einigermaßen flüchtiger Halogenide befähigt. Ferner Zn und Hg und die aus anderen Gruppen zu ihm zu stellenden Dichloride von Cu^{II}; In^{II}, Ga^{II}; Ti^{II}, Sn^{II}, Pb^{II}; V^{II} u. dgl.

Berylliumchlorid $BeCl_2$, darzustellen wie $AlCl_3$; farblose, leicht sublimierbare Nadeln, die in Wasser klar löslich, beim Eindampfen $BeCl_2 . 4H_2O$ abscheiden und beim Entwässern basische Chloride bilden (Analogie zu Ga und Mg). Magnesium-, Zink-, Cadmium- und Berylliumhalogenide

Magnesiumchlorid $MgCl_2$, schließt sich eng an $ZnCl_2$ in seiner Zerfließlichkeit, der Neigung zu Oxychloridbildung und Hydrolyse. Auch hier sind, wie bei Zink, die Ammoniakverbindungen beständiger, so daß man durch Erhitzen von $MgCl_2 . NH_4Cl . 6H_2O$ reines $MgCl_2$ wasserfrei erhält. Schmp. 708°, bei Rotglut unzersetzt destillierbar. Aus der Lösung kristallisiert es mit $6H_2O$. Dies Hexahydrat löst sich auch in absolutem Alkohol; beim Eindampfen spaltet es sich in Mg(OH)Cl und HCl. Bildet viele Doppelsalze, worunter *Carnallit* $MgCl_2 . KCl . 6H_2O$, der auch als natürliches Mg-Salz vorkommt und sowohl zur Mg-Darstellung wie auch zur Darstellung von Mg-Salzen wichtig ist. $MgCl_2$, in Wasserdampf erhitzt, zerfällt nach Carnallit

$$MgCl_2 + H_2O = MgO + 2HCl,$$

welche Reaktion im großen zur HCl-Darstellung aus Chlorrückständen benutzt wird. So zersetzt man das bei der Sodagewinnung abfallende NH_4Cl mittels MgO an Stelle von CaO, da das Cl aus $CaCl_2$ viel schwerer als HCl sich entfernen läßt.

Chlorzink $ZnCl_2$, aus den Elementen oder aus Oxyd oder Karbonat mittels Salzsäure und Eindampfen darstellbar, im letzteren Fall nicht frei von Oxychlorid zu erhalten (Unterschied gegen Cd). Zerfließlich, Siedep. 730°. Löst Metalloxyde, weshalb es zum Löten dient. Die Lösefähigkeit für ZnO, die konz. Lösungen zu einer harten Masse von Zn(OH)Cl gestehen läßt, wird beim Kitten mit dieser Lösung verwendet. Schützt organisches Material (Holz u. dgl.) vor Kleinwesen und dient deshalb zum Imprägnieren. Wichtig als wasserabspaltendes Mittel bei organischen Synthesen. Auch hier wird das kolloidal vorhandene Zinkhydroxyd von Belang sein, denn die wäßrige Lösung von $ZnCl_2$ unterliegt erheblicher Hydrolyse. Addiert NH_3 zu verschiedenen definierten Verbindungen. Ob man in den Doppelsalzen $ZnCl_2 . 2KCl$ u. dgl. eine Zinkchlorwasserstoffsäure H_2ZnCl_4 annehmen darf, ist zum Teil Definitionssache (s. Elektrochemie S. 284 Iff.), denn die Lösungen verhalten sich wie Mischungen der einzelnen Salze $ZnCl_2$ und KCl, so daß man in Lösung die Säure nicht anzunehmen braucht. Synthetische Bedeutung von Chlorzink

Cadmiumchlorid $CdCl_2$, farblos, kristallisiert mit $2 H_2O$, wird aus Säure und Oxyd erhalten; läßt sich unzersetzt trocknen.

Cadmiumjodid CdJ_2, perlglänzende, in Alkohol lösliche Blätter, als alkohollösliches Jodid in der Photographie benutzt, entsteht beim Schütteln von $Cd(OH)_2$ mit KJ-Lösung, indem alkalische Reaktion auftritt, analog zum Hg (S. 182), und aus denselben Ursachen.

Quecksilberhalogenide *Mercurichlorid* $HgCl_2$ (Sublimat), Hydrargyrum bichloratum, viel als Desinfiziens in der Heilkunde und zum „Kyanisieren“, Haltbarmachen Sublimat von Holz (von Kyan erfunden) benutzt, im großen durch Sublimation von NaCl mit $HgSO_4$ dargestellt, auch aus Hg und Königswasser oder aus HgO und Salzsäure in farblosen Prismen zu erhalten, die in Wasser mäßig löslich, bei 265° schmelzen. Siedep. 307°. Verhält sich wie alle Halogenide des $\overset{II}{Hg}$ abnorm gegen lösliche starke Basen: Sie fällen es nicht quantitativ. Auch gegen starke Säuren: Konz. H_2SO_4 zersetzt nicht, HNO_3 entwickelt weder Cl_2, noch NOCl, konz. Salzsäure löst $HgCl_2$ unter starker Wärmeentwicklung und raucht dann nicht mehr, was die Bindung eines großen Teils des HCl beweist; beim Abkühlen gesteht die Lösung zu weißer

Quecksilberchlorwasserstoffsäure $HHgCl_3$, von der sich ebenso wie von der Säure H_2HgCl_4 Salze darstellen lassen. Die Bildung dieser Salze ist die Ursache für die Löslichkeit von HgO in Alkalichloriden, wobei stark basische Reaktion eintritt.

Die Lösung von reinem $HgCl_2$ in Wasser reagiert aus demselben Grund sauer und wird somit durch NaCl-Zusatz neutral. Diese Verhältnisse werden in der Elektrochemie ihre Erklärung finden. Ammoniak bildet drei Arten von Verbindungen. Im Überschuß fällt es eine „*Amidoverbindung*“, die durch die *Gruppe* NH_2 gekennzeichnet ist, einen schweren, weißen Niederschlag von Mercuriammoniumchlorid (*weißer, schmelzbarer Präzipitat*)

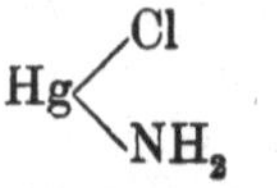

Sublimatlösung zu kochender NH_4Cl-haltiger Ammoniaklösung gefügt, fällt ein „*Ammoniakat*“, *unschmelzbaren Präzipitat* $Hg(NH_3)_2Cl_2$, der mit Wasser bei 60—70° das Chlorid der *Millonschen Base* $HgO.Hg(NH_2)Cl$ gibt. Sie selbst entsteht aus HgO (gelb) und wäßrigem Ammoniak als gelbliches, in Wasser fast unlösliches Pulver $HgO.Hg(NH_2)OH.H_2O$. Bildet mit verdünnten Säuren meist 2 Mol Wasser und ein sehr wenig lösliches Salz.

Mercurijodid HgJ_2, durch Jodidlösungen aus Mercurilösungen gefällt, ist frisch gelb und färbt sich schnell rot, wird bei 126° plötzlich wieder gelb (Polymorphie). Schmp. 223°, sublimierbar. Löslich in CH_2J_2 (Methylenjodid), $HgCl_2$-Lösung und KJ-Lösung, ferner in Alkohol. Darstellbar aus den Elementen. Die Bildung der Salze mit KJ erweist die Existenz von Hg-*Jodwasserstoffsäure*. Die Lösung von HgJ_2 in alkalischer KJ-Lösung (*Nesslers Reagens*) gibt mit winzigen Ammoniakspuren eine braune Fällung von $HgO.HgNH_2J$, ein Salz der Millonschen Base, allerdings auch mit manchen anderen N-haltigen Stoffen.

Quecksilberfluorid $HgFl_2$, bildet sich zwar aus HgO und Flußsäure, wird aber durch Wasser unter Bildung anfangs basischer Salze, schließlich bei mehr Wasser von reinem HgO zersetzt. Analogie zu $BeCl_2$, auch zu $ZnCl_2$.

Quecksilberchlorür, Calomel Hg_2Cl_2, Hydrargyrum chloratum Calomel

$$\begin{array}{l} Hg—Cl \\ | \\ Hg—Cl \end{array},$$

fällt aus den durch Reduktion der Mercurilösungen entstehenden Mercurolösungen durch lösliche Chloride oder Salzsäure. Oder man sublimiert $HgCl_2$ mit Hg. Der ganz trockne Dampf hat die Dichte entsprechend Hg_2Cl_2 analog dem Cu_2Cl_2. Spuren von Feuchtigkeit lassen Hg_2Cl_2 vollkommen in Hg und $HgCl_2$ zerfallen. Hg_2Cl_2 ist weiß, fast unlöslich in Wasser, schwärzt sich am Licht, ferner durch Ammoniakzusatz (daher der Name καλομέλας, schön schwarz), wobei ein Gemisch von metallischem Quecksilber, von schmelzbarem und unschmelzbarem Präzipitat entsteht. Sublimierbar. Starke Säuren und heiße Chloridlösungen wandeln in ein Gemisch von Mercurisalz und Quecksilber um.

Ähnlich, aber noch weniger löslich sind die gleichfalls lichtempfindlichen Salze *Quecksilberbromür* Hg_2Br_2 und *Quecksilberjodür* Hg_2J_2.

In ihrer Beständigkeit schließen sich den Erdalkalimetallhalogeniden, in ihrem Farbwechsel (trocken-gelöst) den Kupferhalogeniden die Halogenide der folgenden Metalle an.

II. Halogenide von zweiwertigem Cu, zweiwertigen Platinmetallen, zweiwertigem Co, Ni, Fe, Mn.

Halogenide von Cu^{II}-, Pd^{II}-, Pt^{II}, Co^{II}, Ni^{II}, Fe^{II}, Mn^{II}

Cuprichlorid $CuCl_2$, gelbbraun, aus den Elementen beim Erhitzen; in wasserfreien Lösungsmitteln dunkelgelb löslich, in wenig Wasser grün löslich, woraus das Cuprisalz der *Cuprichlorwasserstoffsäure* $HCuCl_3$, also $Cu(CuCl_3)_2.6\,H_2O = 3\,CuCl_2.6\,H_2O$ in grünen Kristallen zu erhalten ist; in viel Wasser wie alle Cuprisalze, blau löslich; da ist dann die komplexe Säure zersetzt. Die Lösung wird auf Zusatz konz. Salzsäure wie bei Wasserabwesenheit gelbbraun. Eindampfen der Lösung wie Erhitzen von $CuCl_2$ in Sauerstoff führt unter Cl_2-Entwicklung zu Oxychloriden. Darin liegt die Deutung der Deaconchlorbildung; Cupribromid $CuBr_2$ ist ähnlich, CuJ_2 nicht bekannt.

In der Fähigkeit zu Komplexbildung folgen hier die zweiwertigen Platinmetalle Zweiwertige Platinmetalle

Platinchlorür $PtCl_2$, grünbraunes, in Wasser unlösliches, in HCl zu H_2PtCl_4 lösliches Pulver, durch Erhitzen von H_2PtCl_6 auf 250—300° und schon bei der Eindampfung der H_2PtCl_6-Lösung zu erhalten, ist wichtig wegen seiner Reaktion mit CO. Es addiert Kohlenoxyd im Verhältnis 1:1, wobei eine bei 250° unzersetzt destillierbare Verbindung entsteht, während die anderen Pt-Verbindungen alle beim Erhitzen zerfallen. Auch im Verhältnis 1 : 2 und 1 : 3 vereinigt sich CO mit $PtCl_2$. Die Verbindungen sind gelb bis gelbrot.

Platinochlorwasserstoffsäure H_2PtCl_4 bildet lösliche Alkalisalze. Das braune K-Salz dient in der Photographie als *Kaliumplatinchlorür* zur „Platintonung" (s. Photochemie Bd. III).

Palladiumchlorür $PdCl_2$ erhält man in rotbrauner Lösung durch Eindampfen der Pd-Lösung in Königswasser. Braune Masse. Bildet mit Salzsäure die

Palladochlorwasserstoffsäure H_2PdCl_4, die mit Alkalien leichtlösliche Salze ähnlich den entsprechenden Pt-Salzen bildet. Palladiumchlorür in Lösung wird durch CO zu metallischem Pd reduziert, eine wichtige Reaktion auf CO.

Kobalt^{II}- u. Nickel^{II}-halogenide

Kobaltchlorür $CoCl_2 . 6\,H_2O$ rot, leichtlöslich, wasserfrei blau, wie alle Co-Salze, kann wegen dieses Farbenwechsels als „sympathetische" Tinte dienen.

Nickelchlorür $NiCl_2 . 6\,H_2O$, grün, entwässert gelb.

Ferrochlorid $FeCl_2 . 4\,H_2O$, kristallisiert grünlich; zerfließlich, oxydierbar, wobei eine braune Oxydhaut entsteht. Zersetzt sich beim Erhitzen. Entsteht durch Reduktion von $FeCl_3$ mit Alkohol im Licht. Bildet gut kristallisierende, beständigere Doppelsalze: $FeCl_2 . 2\,KCl . 2\,H_2O$; ähnlich mit Ammoniaksalzen. *Wasserfreies* $FeCl_2$ muß durch Erhitzen von Fe in trockenem HCl erhalten werden. Weiß, destilliert in Rotglut.

Ferrobromid und *Ferrojodid* erhält man in Lösung bequem aus den Metallen und Halogenen durch Zusammenbringen in Wasser. Reduktionsmittel, in dieser Weise zu organischen Reduktionen benutzt. Leicht löslich.

Mangan^{II}-halogenide

Am nächsten den Magnesiumhalogeniden stehen die Mangan^{II}-Halogenide.

Manganchlorür $MnCl_2 . 4\,H_2O$, kristallisiert blaßrot aus salzsauren Manganlösungen. Zerfällt beim Entwässern durch Hydrolyse, kann aber durch Erhitzen von $MnCl_2 . 2\,NH_4Cl . H_2O$ analog $MgCl_2$ wasserfrei erhalten werden, da die hierbei durch Zersetzung von NH_4Cl freigemachte Salzsäure das Salz vor Hydrolyse schützt.

Halogenide der Erdalkalimetalle

III. Linke Untergruppe.

Ca, Sr, Ba, Ra.

Calciumchlorid $CaCl_2$, Schmp. 719°, von sehr ähnlichen Eigenschaften wie $MgCl_2$, dient wegen seiner stark wasserziehenden Eigenschaft *wasserfrei geschmolzen* oder als poriges *Dihydrat gekörnt*, als wichtiges Trockenmittel solcher Gase oder Flüssigkeiten, die sich damit nicht vereinigen (Äther, CS_2 usf.). Es entsteht aus Säure und CaO, $Ca(OH)_2$ oder $CaCO_3$ wie $MgCl_2$ und $ZnCl_2$. Ammoniakgas kann man mit ihm nicht trocknen, da es wie $ZnCl_2$ dieses aufnimmt. Es entsteht $CaCl_2 . 8\,NH_3$, das durch Erhitzen in reines NH_3 und $CaCl_2$ zerfällt. $CaCl_2$ zerfällt beim Eindampfen zum Teil durch Hydrolyse. Aus der Lösung kristallisieren verschiedene Hydrate (1.2.4.6 H_2O), von denen das Dihydrat den Hauptbestandteil des porigen, gekörnten, als schnell wirkendes Trockenmittel verwendeten Chlorcalciums ausmacht, während das Hydrat mit 6 H_2O bei Mischung mit geeigneten Mengen Eis eine Erniedrigung der Temperatur auf $-48{,}5^0$ hervorruft und deshalb zu Kältemischungen verwendet wird. Dies *Hexahydrat* bildet große säulenförmige Kristalle, die leicht in ihrem Kristallwasser schmelzen und wie das Magnesiumsalz $MgCl_2 . 6H_2O$ in absolutem Alkohol sich lösen. Das $CaCl_2$ selbst löst sich in Wasser unter starker Erhitzung zu einer trüben Lösung, die erst durch etwas Salzsäure klar wird; es enthält immer etwas Oxychlorid.

Calciumhypochlorit $Ca(OCl)_2$ wird durch Sättigen von Kalkmilch mit Cl_2 und Eindampfen im Vakuum kristallisiert erhalten, wobei das löslichere $CaCl_2$, das daneben entsteht, gelöst bleibt. Wichtiges Bleichmittel mit 80—90 v. H. wirksamem Cl_2, dabei beständiger als das allbekannte Bleichmittel (das freilich mehr und mehr dem Elektrolytchlor, den Elektrolytbleichlaugen und den nur mit Sauerstoffwirkung arbeitenden Bleichmitteln weicht), der *Chlorkalk*, ein Gemisch von $Ca(OH)_2$ mit Chlorkalk

$$Ca\left\langle\begin{matrix}OCl\\Cl\end{matrix}\right. . H_2O,$$

aber immer mit wechselnden Mengen CaO gemischt. Er entsteht durch Überleiten von Cl_2 über etwas feuchten gelöschten Kalk $Ca(OH)_2$ und wird schon durch die CO_2 der Luft zersetzt, riecht deshalb nach Cl_2 und Hypochlorit und enthält 37—40 v. H. „aktives" Chlor. Doch besteht er nicht aus einem Gemisch von Hypochlorit mit $CaCl_2$, da $CaCl_2$, in Alkohol löslich, nicht durch ihn aus Chlorkalk ausgezogen werden kann.

Mit Säuren entwickelt er Cl_2, was zur Cl_2-Darstellung aus Chlorkalkwürfeln im Kippschen Apparat im Laboratorium führte. Mit Kobaltsalzen in Lösung erwärmt, entsteht O_2 aus ihm, vielleicht durch abwechselnde Oxydation von CoO zu Co_2O_3 und Reduktion. $CaBr_2$ und CaJ_2 gleichen dem $CaCl_2$, sind ebenfalls sehr wasserlöslich. Dagegen das

Calciumfluorid $CaFl_2$, das als Fluorit oder Flußspat in der Natur in großen Mengen vorkommt, ist Ausgangsstoff für alle Fluorverbindungen, in Wasser so gut wie unlöslich, auch aus Calciumlösungen durch NaFl-Lösung fällbar. Leicht schmelzbar und deshalb als Flußmittel bei metallurgischen Reaktionen benutzt; daher der Name. Dient ferner wegen seiner Ultraviolettdurchlässigkeit für optische Apparate. Häufig findet man an ihm die Eigenschaft, Licht in solches anderer, meist größerer Wellenlänge umzuwandeln. Sie ist an ihm viel untersucht worden und daher *Fluoreszenz* genannt worden. Zum Glasätzen benutzt man vielfach auch den natürlichen Flußspat, indem man sein Pulver mit H_2SO_4 mischt und die Dämpfe auf die zu ätzenden Stellen wirken läßt. Die anderen Stellen sind durch einen Wachsüberzug geschützt.

Flußspat Rohstoff für Fluorverbindungen

Strontiumchlorid $SrCl_2 . 6 H_2O$, wasserziehend wie $CaCl_2 . 6 H_2O$, in Alkohol löslich. Das *Strontiumfluorid* $SrFl_2$ ist wie $CaFl_2$ in Wasser unlöslich.

Bariumchlorid $BaCl_2 . 2 H_2O$, nicht wasserziehend, in Alkohol unlöslich und daher zusammen mit $SrCl_2$ von $CaCl_2$ durch Alkohol trennbar. Läßt sich im Gegensatz zu $MgCl_2$, $CaCl_2$, $SrCl_2$ ohne Zersetzung wasserfrei durch Erhitzen aus dem Hydrat erhalten. Meistverwendetes lösliches Bariumsalz. Unlöslich in Wasser ist wiederum:

Bariumfluorid $BaFl_2$. Das Bromid gleicht dem $BaCl_2$. Ihm gleicht das wichtigste Ra-Salz, das *Radiumbromid* $RaBr_2$.

Halogenide der I. Gruppe

7. Halogenide der I. Gruppe und Verwandte.

I. Rechte Untergruppe. Cu, Ag, Au.

§ 111. Die Halogenide von einwertigem Au, In, Tl zeichnen sich dadurch aus, daß sie mit Wasser in ein höheres Halogenid und Metall zerfallen. Die Cu-, Ag-, Au-Halogenide sind besonders lichtempfindlich, das Ag schließt sich in seiner ausgeprägten Einwertigkeit gegenüber Halogenen den dann folgenden Metallen der linken Untergruppe (Alkalimetalle) an, denen das einwertige Thallium sehr nahe steht.

Cuprohalogenide

Kupferchlorür Cu_2Cl_2, durch Verbrennen von metallischem Cu in Cl_2 neben $CuCl_2$, besser aus Cu und HCl in der Hitze oder durch Reduktion von Kupferlösungen bei Gegenwart von Chloriden, z. B. aus $CuSO_4$-Lösung gemischt mit NaCl-Lösung durch SO_2-Einleiten. Weiße, glänzende Tetraeder, in Wasser wenig löslich. Schmp. 430°, bei etwa 1000° destillierbar. Liefert an der Luft alsbald grünes Oxychlorid CuOCl. Unter Wasser aufbewahrbar, worunter es sich mit Cu bedeckt. Löslich in Alkalichlorid- und Cyanidlösungen, in konz. Salzsäure und in konz. Ammoniak zu farblosen Lösungen, welch letztere beide ziemlich feste Verbindungen mit CO eingehen, z. B. $Cu_2Cl_2 . CO . 2 H_2O$, farblose Blättchen. Die beiden Cu_2Cl_2-Lösungen färben sich an der Luft sehr schnell durch Oxydation, die salzsaure braungrün, die ammoniakalische tiefblau, indem Cupriammoniumverbindungen entstehen. Deshalb dienen sie zur Absorption von CO und O_2 in der Gasanalyse. Cu_2Cl_2 selbst wird am Licht schwarz.

Ähnlich verhält sich das *Kupferbromür* Cu_2Br_2, auch was Verhalten gegen Salzsäure, Ammoniak und CO anlangt.

Kupferjodür Cu_2J_2 fällt neben Jod aus Cuprilösungen durch Zusatz löslicher Jodide und wird durch Auswaschen mit Äther als rötlichweißes Pulver rein erhalten, das sich in Säuren nicht löst, durch Kochen mit Kali KJ und Cu_2O liefert und sich in Ammoniak löst, ähnlich den anderen Halogenüren. Dient wegen seiner sehr geringen Löslichkeit zur Jodgewinnung aus Laugen, die auch die anderen Halogene enthalten. Dabei verhütet man Jodausscheidung, indem man von vornherein SO_2 oder $FeSO_4$ zusetzt.

Chlorsilber AgCl, weiß, käsig, fällt durch lösliche Chloride oder Salzsäure aus Silbersalzlösungen; unlöslich in Wasser und verdünnten Säuren, löslich in Ammoniak, in Thiosulfatlösungen und Cyanidlösungen zu komplexen Ag-Verbindungen, die die sonstigen Reaktionen des Ag, außer der Ag_2S-Fällung **nicht** mehr geben. Schmilzt zu schwach bräunlichem, schneidbarem, ähnlich in der Natur vorkommendem Hornsilber. Läßt sich leicht sehr rein erhalten, dient daher in der quantitativen Analyse zur Bestimmung von Ag und Cl. Färbt sich am Licht violett bis schwarz, wobei Cl_2 frei wird. Diese Veränderung dient in der Photographie (s. Bd. III Photochemie). Spuren von Mercurinitrat $Hg(NO_3)_2$ nehmen dem AgCl, AgBr, AgJ die Eigenschaft der Lichtempfindlichkeit Man kann die Halogenide aus dieser Lösung in Kristallen erhalten. Silberhalogenide

Bromsilber AgBr ist in allen den genannten Lösungsmitteln noch weniger löslich, als Chlorsilber, kommt in verschiedenen Farben vor, weiß bis gelb und fällt so aus Silberlösungen durch Zusatz löslicher Bromide bald kristallin, bald amorph, bald gelb, bald weiß oder in zwischenliegenden Farben, so daß die Gefahr besteht, daß man es mit AgCl verwechselt. Meist allerdings ist es gelblicher. In Thiosulfatlösung ist es noch ziemlich leicht löslich, recht wenig aber in Ammoniak. Schwärzt sich am Licht und findet wegen seiner Lichtempfindlichkeit, die sich außerordentlich steigern läßt, vielfache Anwendung in der Photographie (s. w. u. Kolloidchemie und Photochemie Bd. II und III).

Jodsilber AgJ löst sich zwar noch leicht in KCN-Lösung, aber sehr wenig in Thiosulfat und so gut wie gar nicht in Ammoniak, fällt gelb durch lösliche Jodide aus Silbersalzlösungen und kommt gleichfalls in mehreren Modifikationen vor. Schwärzt sich gleichfalls im Licht, diente deshalb bei der Daguerrotypie (Photographie auf jodierte Ag-Platten) und noch heute beim „Kollodium"-Verfahren.

Alle drei Halogenide werden, wenn geschwärzt, durch Behandlung mit Wasser und den Halogenen wieder gebleicht. Sind durch Schmelzen in hornartige, schneidbare Massen zu verwandeln. *Fluorsilber* AgFl ist leicht löslich.

Goldchlorür AuCl, aus $AuCl_3$ durch Erhitzen auf 180—185° zu erhalten als weißes, in Wasser unlösliches, durch Erwärmen mit ihm in Metall und $AuCl_3$ spaltbares Pulver. Von ihm leiten sich *aurochlorwasserstoffsaure Salze* $RAuCl_2$ ab, die sich analog verhalten. Goldchlorür

Die Halogenüre von zwei- und einwertigem Indium und von einwertigem Thallium, welch letzteres auffallend den Alkalimetallen verwandt ist, erinnern an die Kupferhalogenüre und stehen zugleich den Silberhalogenüren nahe.

II. Halogenide von $\overset{I}{In}$, $\overset{I}{Tl}$.

Indiumdichlorid $InCl_2$, weiß, kristallin, geschmolzen gelb, entsteht aus In und HCl beim Erhitzen, zerfällt in Wasser in $InCl_3$ und In (analog Cu_2Cl_2). Ähnlich verhält sich das rotgelbe $\overset{II}{In}$

Indiummonochlorid InCl, das man durch Verschmelzen von $InCl_2$ mit In erhält. $\overset{I}{In}$

I Tl

Thallochlorid TlCl, entsteht aus Tl und HCl beim Erhitzen oder durch Fällung von Thallisalzlösungen mit Chloriden. Weiß, käsig, in Wasser wenig löslich, im Gegensatz zum leicht löslichen TlFl; schwärzt sich am Licht, gleicht überhaupt dem AgCl; auch TlBr und TlJ, letzteres gelb und in KJ-Lösung unlöslich, gleichen den Ag-Halogeniden.

Alkalimetall-halogenide

III. Linke Untergruppe.

Alkalimetall- und Ammonium-Halogenide.

Die Halogenide sind alle farblos. Ebenso Halogenate und Hypohalogenite.

Als erstes Glied einer Gruppe steht Li den Anfangsgliedern der folgenden Gruppe besonders nahe, also Be und Ca wie Be dem Al. Dies zeigt sich darin, daß sein Fluorid, Karbonat und Phosphat wenig löslich sind. *Lithiumfluorid* LiFl, sehr wenig löslich, fällt durch Fluoridzusatz aus Li-Salzen.

Lithium

Lithiumchlorid LiCl, zerfließlich wie die anderen Li-Halogenide, dabei im Gegensatz zu den Chloriden der anderen Alkalimetalle in Alkohol und Äther-Alkohol löslich, was eine Trennung von ihnen erlaubt. Dient gemischt mit KCl zur Li-Darstellung (S. 338 Elektrochemie).

Natrium

Natriumfluorid NaFl ist nicht sehr löslich in Wasser.

Natriumchlorid NaCl, Kochsalz, ist das wichtigste Natriumsalz und Ausgangsstoff für alle Na-Salze, ferner für alle Chloride und Chlor. Gesättigte Lösung enthält ungefähr 26 v. H. Kochsalz und der Sättigungsgrad hängt von der Temperatur nur wenig ab. Salz kristallisiert aus der Lösung in Würfeln, die zu Hohlpyramiden angeordnet sind und meist noch Mutterlauge enthalten, daher beim Erhitzen dekrepitieren, verknistern, weil sie durch die Dampfentwicklung zersprengt werden. Da sie meist eine Spur $MgCl_2$ enthalten, pflegen sie wasserziehend zu sein, was das reine NaCl nicht ist. Bei -10^0 scheidet NaCl-Lösung ein Hydrat $NaCl.H_2O$ ab, das bei 0^0 sein Wasser verliert.

Kochsalz Rohstoff für Na- und Cl-Verbindungen

NaCl löst sich in absolutem Alkohol praktisch nicht, ebensowenig in konz. Salzsäure und kann daher durch Zusatz des ersteren oder durch Einleiten von HCl in seine Lösung ausgefällt werden, wobei merkwürdigerweise unter genau gewählten Bedingungen ein Leuchten zu beobachten ist (s. Bd. III Photochemie). Steinsalz kommt auch farbig vor, das blaue enthält Na-Spuren. Salz wird aus den großen Steinsalzlagern, z. B. in Staßfurt, Reichenhall, Wieliczka in Galizien und a. a. O. bergmännisch gewonnen; ferner aus Salzlösungen, den Solquellen, indem man ihr Wasser zuerst über Gradierwerke, haushohe Schichten von Reisigbündeln laufen läßt, worauf sich die schwerlöslichen Salze (Gips und dgl.) als Dornstein absetzen, während die Sole dabei konzentrierter wird. Zuletzt dampft man sie ein und kristallisiert um (*Siedesalz*, als *Speisesalz* benutzt, für technische Zwecke oder Viehfütterung *vergällt* mit $^1/_4$% Fe_2O_3 und $^1/_4$% Wermutpulver) oder reinigt durch Schmelzen.

Dabei verdampft ein Teil der Verunreinigungen. Von weiteren Verunreinigungen trennt man durch Abgießen nach teilweisem Erstarren der Schmelze. Endlich wird Salz aus dem Meerwasser erhalten, das in *Salzgärten* eingedampft oder in kälteren Gegenden ausgefroren wird. Im ersteren Fall scheidet sich schließlich Salz ab, im letzteren nur Eis, weshalb man im letzteren Fall noch eindampfen muß (Salzsieden). Meerwasser enthält einige Prozent Salz, verschieden, je nachdem der salzfreie Zufluß der Flüsse und Gletscher oder die freie Mischung mit dem Meer überwiegt. So enthält die Ostsee nur 0,5 v. H.; im Toten Meer sind 22 v. H. Salz enthalten.

Wichtig ist die Eigenschaft des Steinsalzes, die langwelligen Lichtarten recht wenig zu schwächen und daher wird es in Prismenform für ihre spektrale Zerlegung in Spektralapparaten benutzt.

Salz kommt in allen Organismen vor, im menschlichen Blut zu 0,5 v. H. (Physiologische Kochsalzlösung s. o. S. 78); mithin auch in Harn und Speichel.

Natriumbromid NaBr, in Alkohol wenig löslich, *Natriumjodid* NaJ, in Alkohol leicht löslich, lösen sich beide in Wasser reichlicher als NaCl.

Natriumchlorat $NaClO_3$ dient in der Technik als Oxydationsmittel und wird neben NaOCl durch Einwirkung von Cl_2 auf Natronlauge in der Hitze erhalten. Leicht löslich, kristallisiert in Würfeln, die die Polarisationsebene des Lichts drehen, wie man sagt: optisch a k t i v sind (s. w. u. S. 306 ff.) und auch in optischen Apparaten Verwendung finden.

Natriumhypochlorit NaOCl dient als Bleichmittel. Beide werden auch elektrolytisch gewonnen (s. Elektrochemie S. 348).

Kaliumfluorid KFl bildet wie NaFl und zahlreiche andere Fluoride im Gegensatz zu den anderen Halogeniden der Alkalimetalle leicht Additionsverbindungen mit HFl. Das *Fluorwasserstofffluorkalium* KFl.HFl wird zur Darstellung des Fluors (S. 353) benutzt. Kalium

Kaliumchlorid KCl, das in der Natur (Staßfurt u. a.) in Steinsalzlagern als *Sylvin* vorkommt, ist in Wasser in der Hitze weit löslicher als NaCl, wird wie NaCl durch Alkohol oder HCl ausgefällt, ebenfalls unter Leuchten. Namentlich für Zuckerrüben wichtiges Düngemittel. Wichtigstes Kaliumsalz, auch mit $MgCl_2$ verbunden als *Carnallit* $KCl.MgCl_2.6H_2O$ als Rückstand von Meeren in sehr großen Lagern unter der norddeutschen Tiefebene und in Mitteldeutschland, auch im Elsaß vorhanden. Dies größte Kaliumvorkommen der Welt deckt einen großen Teil des Weltbedarfs an Kalium (s. w. u. S. 348). Sylvin

Kaliumbromid KBr, aus Bromat $KBrO_3$ (s. w. u.) durch Erhitzen mit Holzkohle. Sehr löslich in Wasser; kristallisiert in Würfeln, wird als Beruhigungsmittel in der Heilkunde gegeben. Ebenfalls in der Heilkunde dient:

Kaliumjodid KJ, darstellbar analog dem Bromid, oder wie bei FeJ_2 beschrieben. Sehr löslich in Wasser. Die Kristalle werden wie die Lösung am Licht allmählich gelb. Die Lösung löst große Mengen Jod mit dunkelbrauner Farbe, wobei ein *Kaliumtrijodid* KJ_3 entsteht. CS_2 entzieht einer solchen Lösung nur wenig Jod.

Kalium-chlorat

Kaliumchlorat $KClO_3$, analog dem $NaClO_3$ oder elektrolytisch darstellbar, ist wegen der mit der Temperatur stark ansteigenden, bei Zimmertemperatur ziemlich geringen Löslichkeit in Wasser leicht in glänzenden Blättchen rein zu erhalten (s. S. 16).

Wird heute nur noch elektrolytisch (s. S. 356) erhalten, dient als schwaches Antiseptikum, zur Zündmasse der schwedischen Zündhölzchen und in der Feuerwerkerei. Verliert beim Erhitzen O_2 und gibt dabei neben KCl das höher schmelzende

Kaliumperchlorat $KClO_4$, das erst bei stärkerem Erhitzen ebenfalls Sauerstoff liefert. Es löst sich weit weniger in Wasser als $KClO_3$.

Ammonium

Dem Kalium steht das Ammonium NH_4 so nahe, daß es auch hier behandelt sei.

Ammoniumfluorid NH_4Fl, leicht löslich, zerfällt leicht in NH_3 und HFl und wird daher in der Analyse vielfach anstatt HFl zum Aufschließen benutzt. Greift Glas an.

Salmiak

Ammoniumchlorid NH_4Cl, Salmiak, aus dem Ammoniakwasser der Gasfabriken durch Versetzen mit Salzsäure, Eindampfen und Sublimieren des Rückstands in langstengligen kristallinischen Aggregaten, deren Fasern etwas biegsam sind. Leicht löslich, kristallisiert in federartigen Gebilden aus Oktaedern und Würfeln. Schmeckt wie KCl und liefert beim Zusammenbringen mit $PtCl_4$ ein schwerlösliches Salz der Platinchlorwasserstoffsäure, ganz wie KCl. Verdampft leicht und zerfällt dabei (wenn auch nur Spuren von Wasser zugegen, andernfalls nicht) in HCl und NH_3.

Rubidium und *Caesium*

bilden ähnliche Halogenide, insbesondere auch Trijodide; ferner schwerlösliche Salze mit H_2PtCl_6 und Perchlorsäure.

Azide und Cyanide

V. Azide und Cyanide.

§ 112. Die Cyanide lassen sich allgemein analog wie auch die Azide aus den Basen und HCN bzw. HN_3 erhalten, z. B. auch wie diese durch Fällung mittels löslicher Azide bzw. löslicher Cyanide aus Metalllösungen.

Ausgangsstoff für Cyanide ist die Gasreinigungsmasse, die auf *Kaliumferrocyanid, gelbes Blutlaugensalz* $K_4Fe(CN)_6 . 3H_2O$ verarbeitet wird.

Technisch wichtig ist *Cyankalium* KCN und *Cyannatrium* NaCN, durch Schmelzen der Ferrocyanide mit K_2CO_3 bzw. Na_2CO_3 gewonnen. Sie dienen zum Aufarbeiten der sonst nicht mehr lohnenden Goldrückstände (*tailings*) und zu elektrochemischen Prozessen. Ausgangsstoff für Azide ist zunächst *Natriumazid* NaN_3 (s. org. Chem. Bd. III), das ungefährlich zu handhaben ist. Technisch wichtig ist das *Bleiazid* PbN_6, das anstatt Knallquecksilber zu Zündhütchen und damit als *Initialsprengstoff*

Blutlaugensalz

Bleiazid

(s. Explosivstoffe Bd. III) dient. Seine Wirksamkeit als solcher ist größer als die von Knallquecksilber und man bedarf dazu nicht des in Mitteleuropa seltenen Hg, sondern des hier überaus häufigen Pb.

Für die chemische Analyse sind die Cyanide ebenfalls wichtig, wie auch für die Systematik der anorganischen Verbindungen (s. w. u. Komplexverbindungen S. 297).

Damit sind diejenigen großen Klassen von Verbindungen behandelt, die durchs ganze periodische System hin wichtige Vertreter aufweisen, die Oxyde, Hydroxyde, Sulfide und Hydrosulfide Halogenide, Cyanide, Azide; an Salzen von Sauerstoffsäuren die der Halogen-Oxysäuren (Perhalogenate, Halogenate, Hypohalogenite).

§ 113. Es bleiben noch eine Reihe anderer Sauerstoffsalze zu besprechen, deren Wichtigkeit, von einigen isomorphen Reihen abgesehen (Vitriole, Alaune), meist nicht in allgemeinen Beziehungen wissenschaftlicher Art liegt, sondern in bald technischen (Rohstoffe u. dgl.), bald medizinischen (Heilmittel), bald chemisch-analytischen (Reagenzien oder Kennstoffe) Umständen.

Es sind vorwiegend die **Sulfate** (daneben *Sulfite, Thiosulfate, Hyposulfite*), **Nitrate** (alle leicht löslich, soweit nicht basisch; dazu *Nitrite*), **Phosphate** (*Phosphite*), **Karbonate** (die beiden letzteren oft schwer löslich). Dazu kommen **Azetate, Oxalate** und **Silikate**.

VI. Einige wichtige Sauerstoffsalze.

VI. Gruppe.

Uranylnitrat $UO_2(NO_3)_2 . 6 H_2O$, leuchtend grüngelbe Prismen, sehr löslich, in der Photographie benutzt. Uranylsalze

Uranylazetat liefert in konzentrierter Lösung mit Na-Salzen charakteristische Tetraeder von Na-Uranylazetat $CH_3COONa(CH_3COO)_2UO_2$.

IV. Gruppe.

Bleisalze.

Bleisulfat $PbSO_4$, farblos, das als *Bleivitriol* oder *Anglesit* in der Natur vorkommt. Fällt weiß durch Sulfate oder verd. H_2SO_4 aus Bleilösungen, löslich in konz. H_2SO_4 (Unterschied gegen $BaSO_4$) und leicht in ammoniakalischer Ammoniumtartratlösung (s. org. Chemie), auch in konz. Alkalilauge. Glühen mit Kohle reduziert es wie alle Sulfate zu Sulfid. Die rohe H_2SO_4 enthält $PbSO_4$ (als $Pb(SO_4)_2$) gelöst, das beim Verdünnen ausfällt. Bleisalze

Bleinitrat $Pb(NO_3)_2$, farblos, in 8 Teilen Wasser löslich, gibt beim Erhitzen NO_2 ab und hinterläßt PbO.

Bleikarbonat $PbCO_3$ kommt als *Weißbleierz* oder *Cerussit* in der Natur vor, fällt unlöslich aus Bleinitratlösung durch Ammonkarbonat. Basisches Karbonat ist das sehr *deckende Bleiweiß* $2 PbCO_3 . Pb(OH)_2$, eine sehr wichtige Malerfarbe, die sich mit dem Leinöl des Anstrichs Bleiweiß fester verbindet als alle anderen weißen Anstrichfarben und an Deckkraft, einer Folge seiner stärkeren Lichtbrechung (s. diese) das Zinkweiß und das Bariumsulfat übertrifft, aber durch H_2S leicht gebräunt wird, unter Bildung von PbS. Man stellt es durch Einwirkung von CO_2 auf PbO dar, das in Azetatlösung gelöst ist, oder (s. w. u. S. 360) elektrolytisch oder aus Bleiblech, das spiralig aufgerollt in Töpfe mit etwas Essig gestellt ist, die man mit Bleiblech bedeckt und mit Pferdemist überschichtet. Dieser gärt, erzeugt Wärme, die den Essig verdampfen und basisches Azetat bilden läßt, anderseits auch CO_2, das das im Azetat gelöste Oxyd in basisches Karbonat verwandelt (holländische Methode). So erzielt man das beste „Korn", dessen Form und Größe vor allem die Deckeigenschaft bestimmt. Bleiweiß verstaubt leicht von Anstrichen und schadet dann der Gesundheit.

Bleizucker *Bleiazetat, Bleizucker* $Pb(CH_3COO)_2 . 3\,H_2O$ schmeckt süßlich, ist wie alle löslichen Bleisalze giftig und wird als bequemstes, lösliches Bleisalz in der Technik viel verwendet, wo man Bleilösungen braucht. Aus roher Essigsäure und PbO gewonnen. Kristallisiert sehr gut. Die Lösung wird an der Luft durch Karbonatbildung trübe. Sie löst große Mengen PbO zu basischen Salzen. Dann reagiert die Lösung basisch und wird als *Bleiessig* in der Heilkunde und als Reagens in der Analyse verwendet.

III. Gruppe.

Alaune und verwandte Sulfate.

§ 114. 1. *Aluminiumsulfat* $Al_2(SO_4)_3 . 18\,H_2O$ aus Ton und konz. H_2SO_4. Man fällt die konz. Lösung mit Alkohol. Löst, wie das Chlorid, noch $Al(OH)_3$ und reagiert sauer. Viel benutzt (Gerberei usf.) statt des früher verwendeten Alauns, dessen Reindarstellung früher bekannt war als die des Aluminiumsulfats.

Alaune 2. *Alaune* im engeren Sinn heißen die Doppelsalze

$$\overset{I}{R}_2SO_4 . Al_2(SO_4)_3 . 24\,H_2O,$$

im weiteren Sinn alle isomorphen Doppelsalze

$$\overset{I}{R}_2SO_4 . \overset{III}{R}_2(SO_4)_3 . 24\,H_2O.$$

Kristallisieren alle regulär, in Oktaedern oder Würfeln und besitzen die Fähigkeit, auch gemischt zu kristallisieren, daher dann den Mischkristallen keine einfache stöchiometrische Zusammensetzung zukommt.

Als $\overset{I}{R}$ kann eintreten K, NH_4 und davon sich ableitende organische Basen, Rb, Cs, $\overset{I}{Tl}$, als $\overset{III}{R}$ Al, $\overset{III}{Fe}$, $\overset{III}{Cr}$, $\overset{III}{Mn}$, $\overset{III}{In}$, $\overset{III}{Ga}$, statt S auch Se.

Der wichtigste Alaun ist der *Kalialaun* $KAl(SO_4)_2 . 12H_2O$, seine und des Aluminiumsulfats wichtigste Anwendung liegt auf dem Gebiet der Färberei, wo die Aluminiumsalze als Beizen dienen.

Ein natürliches basisches Aluminiumsulfat ist der *Aluminit*; ein basischer Kalialaun der *Alaunstein* (Alunit) entsteht auch durch Rösten des mit Schwefeleisen durchsetzten Alaunschiefers an der Luft, eines Aluminiumsilikats, wobei H_2SO_4 frei wird, die das Silikat zersetzt. Durch Zusatz von Kaliumsulfat hat man früher daraus Alaun gewonnen.

Chromalaun (K, $\overset{III}{Cr}$) ist tiefviolett und dient als Härtungsmittel für Gelatine u. dgl., auch in der Photographie; *Eisenammoniumalaun* (NH_4, $\overset{III}{Fe}$) in der Analyse als ein bequemes, weil leicht rein zu erhaltendes Ferrisalz. Gallium^{III} und Indium^{III} bilden mit NH_4 zusammen Alaune, $\overset{I}{Tl}$ mit Al. *Caesiumalaun* (Cs, Al) ist analytisch wichtig.

3. *Basisches Indiumsulfit* $In_2(SO_3)_3 . In_2O_3 . 8\,H_2O$ fällt durch Kochen von In-Salzen mit $NaHSO_3$ als sehr wenig löslicher Niederschlag aus, was für die Analyse wichtig ist.

4. *Ferrisulfat* $Fe_2(SO_4)_3$ wird als weißes Salz aus Fe_2O_3 und H_2SO_4 erhalten und kann als mildes Oxydationsmittel dienen. Löst sich langsam, aber reichlich in Wasser. Eisen

5. *Chromisulfat* $Cr_2(SO_4)_3$ ist wegen seiner komplexen Verbindungen, die auch bei anderen Metallen manche Analoga haben (s. w. u. S. 297 ff.), grundsätzlich wichtig. Das Salz mit $9\,H_2O$ löst sich violett, wie andere Chromisalze auch (Chromalaun z. B.). Erhitzt liefert es das grüne Salz mit $3\,H_2O$, das sich grün löst, wie überhaupt Chromilösungen beim Erhitzen grün zu werden pflegen. Beim Erkalten geht die Farbe der Lösung langsamer als bei anderen Chromilösungen wieder in violett über. Die grüne Lösung des Trihydrats leitet die Elektrizität sehr schlecht, gewinnt aber an Leitfähigkeit mit der Zeit. Chromisulfat vereinigt sich mit H_2SO_4 zu grünen komplexen Chrom

Chromschwefelsäuren, die aus Bariumlösungen kein Sulfat fällen, also die H_2SO_4 in einem abnormen Zustand enthalten müssen. Auch aus dem reinen Sulfat entstehen sie, weshalb der Gleichung: Chromschwefelsäuren

$$2\,Cr_2(SO_4)_3 + H_2O = H_2SO_4 + [Cr_4O(SO_4)_4]SO_4$$

entsprechend nur $^1/_3$ der H_2SO_4 durch Ba-Lösung gefällt wird, nämlich nur die abgespaltene und das außerhalb der Klammer stehende SO_4.

II. Gruppe.

1. Vitriole und verwandte Sulfate. Sulfate

§ 115. 1. *Berylliumsulfat* $BeSO_4 . 7\,H_2O$ (auch andere Hydrate bekannt) ist der Typus der *Vitriole*, worin Be durch Mg, Zn, Cd, $\overset{II}{Fe}$, $\overset{II}{Co}$, $\overset{II}{Ni}$, $\overset{II}{Mn}$ ersetzt sein kann. Diese sind wie die Alaune isomorph, zur Bildung von Mischkristallen befähigt. Vitriole

2. *Magnesiumsulfat* wird als Abführmittel verwendet (*Bittersalz*), farblos, leicht löslich, verliert bei 150° 6 Mol H_2O, bei rund 200° das letzte, ganz analog den anderen Vitriolen. Ihm sehr ähnlich, gleichfalls in der Heilkunde benutzt, ist *Zinksulfat*, durch Rösten von Zinkblende ZnS im großen dargestellt; farblos, leicht löslich.

3. *Cadmiumsulfat* läßt sich zwar auch als „Vitriol" mit $7\,H_2O$ erhalten, kristallisiert aber meist als $CdSO_4.8/3\,H_2O$ in dicken, farblosen Kristallen, die in der Elektrochemie zu wichtigen Normalelementen verwendet werden (S. 240).

4. *Ferrosulfat, Eisenvitriol* wird durch vorsichtiges Rösten von FeS_2 im großen erhalten, wobei primär FeS entsteht, das durch Liegen an der Luft in $FeSO_4.7\,H_2O$ übergeht. Man laugt aus und benutzt es zur Färberei und Tintenherstellung, wie zur Entfernung von Fäulnisgerüchen, weil es Ammoniak und H_2S absorbiert, ersteres unter $Fe(OH)_2$-Bildung, letzteres zu FeS.

Hellgrün, verwittert an trockener und oxydiert sich an feuchter Luft unter Abscheidung von $Fe(OH)_3$. Luftbeständig ist dagegen das grüne Doppelsalz:

Ferroammoniumsulfat, Mohrsches Salz $(NH_4)_2SO_4.FeSO_4.6\,H_2O$, das man in der Analyse als beständiges, leicht rein zu erhaltendes und auch in der Lösung haltbares Ferrosalz verwendet. Es ist der Typus einer Reihe von isomorphen *Doppelsalzen von der Formel*

$$R_2SO_4.\overset{II}{R}SO_4.6\,H_2O,$$

worin R ein Alkalimetall, z. B. NH_4 oder K bedeutet, während $\overset{II}{R}$ ein zweiwertiges Metall, Mg, $\overset{II}{Fe}$, $\overset{II}{Ni}$, $\overset{II}{Co}$, $\overset{II}{Mn}$, Hg sein kann.

5. *Kobaltosulfat* (Kobaltvitriol) ist dunkelrot, *Nickelsulfat* (Nickelvitriol) schön grün.

6. *Mangansulfat*, fleischrot, kristallisiert unterhalb 6° als Vitriol mit $7\,H_2O$, oberhalb davon mit $5\,H_2O$.

Kupfersulfat 7. Daran schließt sich der hinsichtlich seines Wassergehalts aus der Reihe fallende *Kupfervitriol* (*Cuprisulfat*), $CuSO_4.5\,H_2O$ an; tiefblau, im großen analog dem Zinksulfat durch Rösten des Sulfids Cu_2S (*Kupferglanz*) bereitet, verliert er bei 100° 4 Mol Wasser und bei etwa 250° das letzte, wobei er weiß wird und die Fähigkeit erhält, unter Bläuung lebhaft Wasser aufzunehmen. Daher dient er als Entwässerungsmittel, vor allem weil er nicht wie $CaCl_2$ in so vielen Lösungsmitteln in Lösung geht oder sonst chemisch reagiert. Dient in der chemischen Industrie zu allerhand Zwecken, in größtem Maßstab in der Elektrochemie. Ferner mit Kalkmilch gemischt als „Bordeauxbrühe" gegen die Peronospora der Reben. Löslich in etwa zwei Teilen Wasser. Gleichfalls aus der Reihe fällt das anschließende, aus Hg und heißer, konz. H_2SO_4 erhaltene

8. *Mercurisulfat* $HgSO_4$, weiß, in Wasser unlöslich, wird von ihm unter Bildung basischer Salze (z. B. $HgSO_4 . 2HgO$, gelb) zersetzt, bildet aber noch ein Alkalidoppelsalz $HgSO_4 . R_2SO_4 . 6H_2O$ vom oben genannten Typus. **Quecksilbersulfat**

Mercurosulfat Hg_2SO_4, weiß, sehr wenig löslich, neben SO_2 beim Erhitzen von Hg mit konz. H_2SO_4 zu erhalten. Ausgangsstoff für manche andere Hg-Verbindungen. Viel benutzt für elektrische Normalelemente (s. Elektrochemie S. 240).

2. Sulfate der Erdalkalimetalle.

(Wichtige Rohstoffe.)

Sie sind alle wenig löslich, mit steigendem Atomgewicht in sehr schnell steigendem Maß; weiß bzw. farblos; wasserfrei isomorph miteinander, rhombisch kristallisiert oder rhomboedrisch. **Rohstoffe**

1. *Calciumsulfat* $CaSO_4$, kommt als *Anhydrit* in der Natur vor, ebenso der häufigere *Gips* $CaSO_4 . 2H_2O$, der durch starkes Brennen (300—500° *Estrichgips*) *totgebrannt* werden kann, wobei er alles Wasser verliert und mit Wasser angerührt nur noch langsam erstarrt. Nach schwachem Erhitzen (*Brennen*) (130° *Stuckgips*) aber erhält man das *Halbhydrat* $2CaSO_4 . H_2O$, das, mit Wasser angerührt, unter Erwärmung weiteres Wasser aufnimmt und wieder in das Dihydrat Gips übergeht. Dabei verfilzen sich die feinen Gipsnadeln, die so entstehen, so daß eine Verfestigung zustande kommt, die für Stuckarbeiten usf. oder zum Abformen von Gegenständen unentbehrlich ist. (Die Deutung des „*Abbindens*" des Gipses s. heterogene Gleichgewichte Bd. II.) Bei Zimmertemperatur lösen sich etwa 2 g Gips im Liter Wasser. Man versucht heute im großen aus Gips SO_2 herzustellen. Er ist der *Rohstoff für* S und seine Verbindungen, wenn Pyrit oder Blende zu teuer ist. Von ihm und ähnlichen Sulfaten aus erhält man andere Salze der betreffenden Metalle (z. B. von Sr, Ba) durch Glühen mit Kohle, wobei das Sulfid entsteht, das dann leicht weiter zersetzt oder umgesetzt werden kann. **Gips** **Brennen bei 130° Stuckgips**

2. *Strontiumsulfat* $SrSO_4$, in der Natur als Cölestin, isomorph mit Anhydrit, wichtiger *Rohstoff für* Sr-*Verbindungen*. In Wasser kaum löslich, in Alkohol noch weniger. **Cölestin**

3. *Bariumsulfat*, in der Natur als Baryt, *Schwerspat*, isomorph mit Anhydrit und Cölestin, *Rohstoff für die* Ba-*Verbindungen*, als *blanc fixe* oder *Permanentweiß* zu Anstrichen verwendet, besitzt aber keine große Deck- **Baryt**

kraft. In Wasser praktisch unlöslich (1 : 429 700 Teilen), in geschmolzenem Na_2SO_4 bei 1150° leicht löslich, läßt es sich daraus als Schwerspat wieder erhalten. In Säuren ebenfalls unlöslich.

Nitrate und Arsenite

3. **Nitrate** (dazu Arsenite).

Alle Nitrate sind leicht löslich in Wasser.

1. *Mercurinitrat* $Hg(NO_3)_2 . 8 H_2O$, bildet, wie das Sulfat, leicht basische Salze, die durch Kochen mit Wasser bis zu Oxyd zersetzt werden können.

Mercuronitrat $Hg_2(NO_3)_2$, aus kalter verd. HNO_3 und Hg im Überschuß. Entfernt man letzteres, so verfällt die Lösung der Oxydation durch den Luftsauerstoff. In Wasser gebracht, wird sie unter Bildung basischer Salze hydrolysiert; so des gelben Niederschlags: $Hg_2(NO_3)OH$.

2. *Kupfernitrat* $Cu(NO_3)_2 . 6 H_2O$, tiefblau, leicht zersetzlich, ein starkes Oxydationsmittel, kristallisiert mit 3 und 6 Mol Wasser.

Kupferarsenit $CuHAsO_3$, in *Scheeles Grün* enthalten und sein Doppelsalz mit Kupferazetat als *Schweinfurter Grün* werden trotz ihrer großen Giftigkeit und der Gefahr der AsH_3-Bildung zu Farben für Tapeten, Kattune u. dgl. verwendet. Wenig löslich in Wasser.

3. *Kobaltonitrat* $Co(NO_3)_2 . 6 H_2O$, rot, wasserziehend, analytisch wertvoll.

Nitrate der Erdalkalimetalle.

Farblos; von abnehmender Löslichkeit in der hier benutzten Reihenfolge Ca, Sr, Ba.

1. *Calciumnitrat*, Kalksalpeter oder Mauersalpeter $Ca(NO_3)_2$, wichtiges *Düngemittel*, kristallisiert mit $4 H_2O$, entsteht aus organischen Stoffen und Kalk bei der Verwesung, wird auch durch Aufnahme der aus Luft erzeugten Stickoxyde in Kalk erhalten und durch Zusammenbringen mit KCl- oder K_2CO_3-Lösungen in Kalisalpeter und die entsprechenden Kalksalze umgesetzt. Das wasserfreie Salz zerfließt an der Luft. Es löst sich leicht in Äther-Alkohol. Darin verhält es sich entgegengesetzt, wie

2. *Strontiumnitrat* $Sr(NO_3)_2 . 4 H_2O$ (aus warmer Lösung wasserfrei), das luftbeständig ist und sich in Äther-Alkohol nicht löst (wie auch $Ba(NO_3)_2$) ist analytisch wichtig. Dient, gemischt mit brennbaren Stoffen, Zucker u. dgl. zur Erzeugung roter Flammen in der Feuerwerkerei. Ebenso benutzt man für gelbgrüne Flammen das noch weniger lösliche

3. *Bariumnitrat* $Ba(NO_3)_2$, das durch Mischen seiner Lösung mit HNO_3, im großen aus $BaCl_2$ und $NaNO_3$-Lösung leicht als Niederschlag ausfällt, aber immer noch in etwa 10 Teilen Wasser sich löst, in Alkohol nicht, so daß es von Ca und Sr trennbar ist.

4. Phosphate.

Phosphate

Hier sind nur die des Mg und der Erdalkalimetalle wichtig, die, soweit tertiär, in Wasser sich nicht lösen, ferner das ebenfalls fast unlösliche Doppelsalz von Mg und NH_4, woran sich das entsprechende Arseniat anschließt, die beide in der Analyse zur Abscheidung von Mg, P oder As wichtig sind.

1. Magnesiumphosphate und -Arseniate.

Magnesiumammoniumphosphat $MgNH_4PO_4 . 6\,H_2O$, fällt feinkristallin, langsam aus Mg-Lösungen durch Ammoniumphosphatzusatz, vollständig, wenn die Flüssigkeit ammoniakalisch ist. Es geht beim Erhitzen in $Mg_2P_2O_7$, *Magnesiumpyrophosphat* von gut konstanter Zusammensetzung über, das sich somit zur Wägung und quantitativen Bestimmung von Mg und P eignet. Ganz analog verhält sich das etwas löslichere *Magnesiumammoniumarseniat* von ganz entsprechender Zusammensetzung, das beim Erhitzen in ein entsprechend zusammengesetztes Pyroarseniat übergeht.

2. Die Phosphate der Erdalkalimetalle (Wichtige Rohstoffe und Düngemittel.)

Phosphorit

lösen sich leicht in Säuren, sind ebenfalls farblos. Wichtig ist nur, allerdings in größtem Maß, *Tricalciumphosphat* $Ca_3(PO_4)_2$, das als *Phosphorit*, aus organischen Stoffen (*Guano*) entstanden, große Lager bildet und Düngemittel und *Rohstoff ist für* P. Derselbe Stoff ist die Hauptmasse der *Knochenasche* und fällt durch eine basische Natriumphosphatlösung aus Ca-Salzlösungen; in reinem Wasser sehr wenig, in CO_2-haltigem bedeutend mehr löslich. Ist der Hauptbestandteil auch der *Thomasschlacke*, die bei der Entphosphorung des Eisens abfällt.

Thomasschlacke

Sekundäres Calciumphosphat $Ca_2H_2P_2O_8$, fällt aus neutralen oder schwach sauren Lösungen. *Primäres Phosphat* endlich ist wasserlöslich; $CaH_4P_2O_8$ wird in großen Mengen durch Zufügen der berechneten Menge H_2SO_4 zum normalen (Tri)Calciumphosphat dargestellt:

$$Ca_3(PO_4)_2 + 2\,H_2SO_4 = CaH_4(PO_4)_2 + 2\,CaSO_4\,.$$

Das entstehende Gips enthaltende Gemisch heißt *Superphosphat* und dient als wichtiges Düngemittel. Es löst sich zuerst im feuchten Ackerboden und wird dann, fein verteilt durch seinen Kalkgehalt, wieder niedergeschlagen und von den Wurzeln ausgenützt.

Superphosphat

5. Oxalate.

Oxalate

Anzuschließen ist wegen seines analytisch ähnlichen Verhaltens das *Calciumoxalat* CaC_2O_4, das in Essigsäure unlöslich, in starken Säuren aber, die lösliche Ca-Salze bilden, leicht löslich, aus Ca-Lösungen bei Oxalatzusatz ausfällt. Man fällt am vollständigsten mit Ammoniumoxalat und erhitzt den getrockneten Niederschlag auf helle Glut, so daß Oxyd hinterbleibt, das bei quantitativer Ca-Bestimmung gewogen wird.

Karbonate

6. Karbonate.
(Wichtige Rohstoffe und Erze.)

Alle in Wasser sehr wenig löslich, soweit nicht primäre Karbonate. Die der ersten Glieder sind, ihrer Ähnlichkeit mit Al entsprechend, zur Bildung nur unbeständiger Karbonate befähigt. Die von Be, Mg, Ca, Sr, Ba, Zn sind farblos.

1. $BeCO_3$, löslich in Ammonkarbonat, verliert leicht CO_2.

2. *Magnesiumkarbonat* fällt als basisches Salz $Mg(OH)_2 . 4 MgCO_3 . 4 H_2O$, durch Soda aus Mg-Lösungen (Magnesium carbonicum, Magnesia alba); in der Heilkunde benutzt. Das neutrale Karbonat mit $3 H_2O$ kristallisiert nach dem Sättigen einer Suspension von Magnesia alba mit CO_2 aus und wird durch Wasser leicht wieder in basische Karbonate zerlegt. Findet sich als Magnesit, zum Teil als Dolomit mit rhomboedrischem $CaCO_3$ gemischt, das mit ihm isomorph ist, in großen Lagern in der Natur. $MgCO_3$ löst sich in Ammoniumkarbonatlösung wie $BeCO_3$.

Magnesit Dolomit

Galmei

3. *Zinkkarbonat* $ZnCO_3$, das in der Natur als *edler Galmei* ein wichtiges Zinkerz bildet, fällt ähnlich wie basisches $MgCO_3$ durch Alkalikarbonat basisch aus Zn-Lösungen und geht wie dies durch Glühen in Oxyd über.

Eisenspat

4. *Eisenkarbonat* $FeCO_3$, als *Spateisenstein* ein sehr wichtiges Eisenerz, fällt basisch aus Ferrolösung durch Karbonatzusatz als grünlicher, oxydierbarer Niederschlag. In CO_2-haltigen Wässern ein wenig löslich durch Bikarbonatbildung. Daraus scheidet sich $Fe(OH)_3$ durch Oxydation an der Luft ab (Stahlquellen).

Manganspat

5. *Mangankarbonat* $MnCO_3$, als Himbeerspat oder *Manganspat* ein edles Manganerz, fällt durch Alkalikarbonatzusatz zu Manganosalzlösungen blaßrötlich aus und oxydiert sich gleichfalls an der Luft, aber langsamer als Hydroxyd.

Wieder an Berylliumkarbonat schließen sich die Karbonate von Ca, Sr, Ba an.

6. *Calciumkarbonat* $CaCO_3$, in der Natur isomorph mit den genannten Karbonaten von Mg, Zn, $\overset{II}{Fe}$, $\overset{II}{Mn}$ rhomboedrisch als *Kalkspat*, weniger rein als *Kalkstein* in ungeheuren Massen vorkommend, als *Aragonit* in rhombischer Kristallform, ebenfalls in Mengen. Wichtigste Quelle für Calciumverbindungen. Bildet die Schalen zahlreicher Tiere und findet sich eingelagert in Pflanzen, Kalkalgen usf., obwohl bei höheren Pflanzen nicht in dem Maß wie das Oxalat. Fällt aus Ca-Lösungen durch Karbonatzusatz anfangs flockig und löslicher, wandelt sich aber nach kurzem, namentlich bei Erwärmen in kristallines Pulver um, das in CO_2-freiem Wasser sich sehr wenig löst, in CO_2-haltigem aber *Bikarbonat* $CaH_2(CO_3)_2$ bildet,

Kalkspat und Aragonit

das zwar nicht in festem Zustand bekannt, aber trotzdem sehr wichtig ist, weil es die Wanderung des Calciums in der Natur zum großen Teil bedingt. Die CO_2, die den Kalkstein löst, ist dabei meist durch Oxydation organischer Stoffe entstanden. Kocht man die Lösung des Bikarbonats, so entweicht CO_2 und das neutrale Karbonat fällt aus.

Kalkgehalt bedingt die *Härte des Wassers.* Sie ist *bleibend*, wenn durch Gips hervorgebracht, *temporär*, wenn durch Karbonatgehalt bewirkt. Denn im letzteren Fall kann sie durch Kochen beseitigt werden. Der Gehalt an CaO (zuzüglich der auf äquivalente CaO-Menge umgerechneten MgO-Menge) in 100000 Teilen Wasser heißt sein *Härtegrad.* Kalkfreies Wasser (Härte 0—8), wie es z. B. aus Graniten u. dgl. kommt, heißt *weich*, kalkreiches Wasser (Härte über 15), das wohlschmeckender ist, *hart.* Das weiche verdient zur Benutzung in Dampfkesseln und zur Wäscherei den Vorzug, sowie natürlich zu zahlreichen anderen Tätigkeiten, die Reinheit des Wassers erfordern. In Dampfkesseln scheidet hartes Wasser den *Kesselstein* ab, der durch sein schlechtes Wärmeleitvermögen (1 mm Kesselstein kann den Verbrauch an Heizstoff um 15 v. H. erhöhen!) die Kesselwand heißer werden läßt als sonst und so ihre schnellere Zerstörung, unter Umständen unter Explosion des Kessels, herbeiführt. Bei der Wäscherei mit Seifen fällt die Seife aus dem harten Wasser Kalkseife aus und entzieht so mindestens einen Teil der Seife ihrem Zweck. Verwendet man alsdann keinen Überschuß an Seife, so schäumt das Wasser nicht.

Calciumkarbonat wird im größten Maßstab seit uralten Zeiten durch Brennen seiner CO_2 beraubt und in Ätzkalk übergeführt, der durch Wasser gelöscht, mit einem Wasserüberschuß angerührt, nach einigem Stehen mit (3 Raumteilen, bei magerem Kalk weniger) Sand gemischt als *Luftmörtel* dient und beim Erhärten wieder in Karbonat übergeht.

7. *Strontiumkarbonat* $SrCO_3$, in der Natur als *Strontianit* vorkommend, wird zwecks Melasseentzuckerung durch Erhitzen in Wasserdampf in Strontiumhydroxyd übergeführt und dann zur Fällung des *Strontiumsaccharats* aus den Zuckerrückständen verwendet. Strontianit ist isomorph mit Aragonit. Es ist der Rohstoff für andere Sr-Verbindungen, fällt aus Sr-Lösungen durch Karbonatzusatz. Erhitzen mit Kohle oder Kohle + Wasserdampf liefert Oxyd bzw. Hydroxyd: Strontianit

$$SrCO_3 + C = 2CO + SrO.$$

8. *Bariumkarbonat* $BaCO_3$, findet sich als *Witherit* in der Natur, isomorph mit Aragonit, ist erst bei sehr hohen Temperaturen durch Brennen von seiner CO_2 befreibar, das beständigste Karbonat der Reihe. Fällt weiß und sehr wenig löslich aus Ba-Lösungen durch Karbonatzusatz, und läßt sich sehr zweckmäßig zu Arbeiten der darstellenden Chemie verwenden, da Ba gut kristallisierende Salze mit anderen Säuren zu bilden pflegt und $BaCO_3$ durch die meisten Säuren gelöst wird. Schließlich kann man Sulfate anderer Basen damit Witherit

fällen, indem das fast unlösliche Bariumsulfat und Karbonat hinterbleibt. Zu dem Zweck ist das Hydroxyd noch bequemer.

Malachit Kupferlasur

9. *Kupferkarbonat* $CuCO_3$, fällt basisch, blau bis grün, aus Cu-Salzlösungen durch Karbonatzusatz, kommt auch nur in Form basischer Salze in der Natur vor; wichtige Kupfererze sind der smaragdgrüne *Malachit* $CuCO_3.Cu(OH)_2$ und die tiefblaue *Kupferlasur* $2CuCO_3.Cu(OH)_2$.

Azetate

7. Azetate.

Grünspan

Basisches Kupferazetat ist der bekannte *Grünspan* und wird durch Belegung von Cu-Platten mit Rückständen von der Weinbereitung und Oxydation durch die Luft dargestellt; dient als Malerfarbe. Kristallisation aus verdünnter Essigsäure liefert das normale Salz, das ebenfalls als Malerfarbe und in der Färberei verwendet wird.

I. Gruppe Cu, Ag

I. Gruppe und Verwandte.

I. Cu, Ag.

I Cu

§ 116. 1. *Cuprosulfat* Cu_2SO_4 zerfällt in Berührung mit Wasser in Cuprisulfat und Cu, bildet sich aber trotzdem in kleiner Menge aus $CuSO_4$-Lösungen und unter bestimmten Bedingungen (s. Elektrochemie). Darstellung bei 130° aus Cu_2O und Methylsulfat (s. organ. Chemie, Bd. III) nach: $Cu_2O + (CH_3)_2SO_4 = Cu_2SO_4 + (CH_3)_2O$. Farblos.

I Ag

2. *Silberkarbonat* Ag_2CO_3 fällt hellgelb durch Karbonatzusatz aus Ag-Salzlösungen und beweist dadurch die stärker basische Natur des AgOH gegenüber den meisten anderen Schwermetallhydroxyden, die nur basische Karbonate aus wäßrigen Lösungen fallen lassen.

Silbernitrat $AgNO_3$, leicht löslich in Wasser, wichtigstes Silbersalz, wird durch Schmelzen von unreinem Cu-haltigem erhalten, wobei das Kupfernitrat zersetzt wird und unlösliches Oxyd hinterläßt, während $AgNO_3$ leicht (bei 200°) schmelzbar und rein, obwohl meist ein wenig grau durch Ag hinterbleibt. Als solches wird es, in Stangen gegossen, in der Heilkunde zum Ätzen benutzt (*Höllenstein*). Kristallisiert aus Wasser ist es farblos und wenn frei von organischen Stoffen, auch lichtbeständig. Man verwendet es so in der photographischen Technik, wobei seine Löslichkeit, auch in Alkohol (wie bei $Ca(NO_3)_2$) zustatten kommt und seine Lichtempfindlichkeit bei Gegenwart organischer Stoffe. Wichtiges Reagens auf Chloride in der analytischen Praxis.

Alkalisalze

II. Alkalimetalle.

Sulfate usf. Na, Glaubersalz

1. Sulfate, Sulfite, Thiosulfate, Hyposulfite.

1. *Natriumsulfat* Na_2SO_4, *entwässertes Glaubersalz*, wird im größten Maß dargestellt auf drei Arten:

1. aus Kochsalz und konz. H_2SO_4 oder aus

2. Kochsalzbriketts, worüber man ein Gemisch von SO_2, Luft und Wasserdampf leitet (*Hargreaves*-Prozeß).

3. Bei Winterkälte durch Umsetzung von 2NaCl mit $MgSO_4$ zu $Na_2SO_4 + MgCl_2$, welch letzteres im Winter namentlich in Staßfurt ausgeführt wird, wo beide Salze in großen Mengen vorkommen. Das wasserfreie Na_2SO_4 löst sich bei hohen Temperaturen weniger reichlich in Wasser.

Na_2SO_4 kristallisiert bei Zimmertemperatur mit $10H_2O$ und verwandelt sich bei 32,383° in ein Gemenge von Na_2SO_4 und Wasser. Das *Dekahydrat* hat von seinem Entdecker den Namen *sal mirabile Glauberi* erhalten und wird als Abführmittel verwendet, ferner bei der Herstellung der Soda und des Glases. Es verliert an der Luft einen Teil des Wassers, wobei die Kristalle trübe werden und so „verwittern". Es bildet leicht übersättigte Lösungen, wie auch das

Natriumthiosulfat $Na_2S_2O_3 . 5H_2O$, das bei 45° in seinem Kristallwasser Fixiernatron schmilzt. Man erhält es technisch durch Umsetzung der Calciumthiosulfatrückstände (von der Leblanc-Sodabereitung her (s. S. 229), aus CaS entstanden) mit Natriumsulfat und benutzt es in der analytischen Praxis sehr viel (s. Titrieranalyse) wegen seiner glatten Reaktion mit Jodlösungen, wobei Tetrathionat entsteht (s. o. S. 312), ferner in der Photographie zum Lösen unverändert gebliebener Silberhalogenide als „*Fixiersalz*" und zum Entfernen von Bleichchlor bei der chemischen Reinigung von Stoffen, um diese vor der Zerstörung durch Chlorreste zu schützen (*Antichlor*).

Natriumsulfit $Na_2SO_3 . 7H_2O$ bildet verwitternde Kristalle, die in der Photographie zum Schutz der organischen Entwicklersubstanzen gegen die Oxydation durch Luftsauerstoff in den Entwicklern aufgelöst werden. Das *saure Sulfit* $NaHSO_3$ ist zerfließlich und seine konz. Lösung wird als *Sulfitlauge* technisch angewendet. Sulfitlauge S. a. Bisulfitverbindungen von Aldehyden u. dgl. (organische Chemie, Bd. III).

2. *Ammoniumsulfat* $(NH_4)_2SO_4$ leicht löslich in Wasser, verliert aus NH_4 der Lösung beim Erhitzen etwas NH_3 unter Bildung sauren Sulfats. Ammonsulfat Wichtiges Düngemittel.

3. *Kaliumsulfat* K_2SO_4 wird analog dem Glaubersalz zur Darstellung des Karbonats nach Leblanc verwendet (s. dort) und ist nicht sehr löslich in Wasser. Bildet, wie die Sulfate von Rb und Cs, Alaune.

Saures Kaliumsulfat $KHSO_4$, in Wasser sehr löslich, gleicht dem $NaHSO_4$ und wird aus Chlorid mit der berechneten Menge H_2SO_4 dargestellt. Es zerfällt beim Schmelzen (200°) und geht in

Kaliumpyrosulfat $K_2S_2O_7$ über, das bei hohen Temperaturen unter Abgabe von SO_3 aufschließend auf zahlreiche, sonst schwer in Lösung zu bringende Stoffe, Silikate, geglühte Oxyde (Cr_2O_3, Al_2O_3) usf. wirkt.

Nitrate usf. Na,

2. Nitrate, Nitrite.

Chilesalpeter

1. *Natriumnitrat* $NaNO_3$ kommt in großen Mengen in Chile vor (Chilesalpeter), ist wasserziehend und wird auf Kalisalpeter und HNO_3 verarbeitet oder als Düngemittel benutzt. Erhitzt man es zum Glühen, am besten mit Pb oder Fe, so erhält man

Natriumnitrit $NaNO_2$, ein zerfließliches, sehr lösliches, meist etwas gelbliches Salz, das technisch in größtem Maßstab zur Darstellung der Diazokörper (s. Organische Chemie Bd. III) dient, überhaupt überall dort, wo man des Salpetrigsäurerests bedarf.

Ammonsalpeter

2. *Ammoniumnitrat* NH_4NO_3 zerfließlich, technisch durch Umsetzung von KNO_3 mit Ammonsulfat oder katalytische NH_3-Oxydation gewonnen, wird in größtem Maßstab zu Sicherheitssprengstoffen benutzt (s. Explosivstoffe Bd. III).

K, Kalisalpeter

Kaliumnitrat KNO_3, Kalisalpeter, wurde früher in Salpeterplantagen unter Zuhilfenahme der Fäulnis organischer Stoffe gewonnen, heute aus Ammoniak durch Oxydation oder aus Chilesalpeter durch „*Konversion*", doppelte Umsetzung mit KCl nach:

$$KCl + NaNO_3 = KNO_3 + NaCl$$

dargestellt. Man mischt heißgesättigte Lösungen etwa äquimolarer Mengen, wobei sich NaCl ausscheidet und entfernt wird. Beim Abkühlen kristallisiert dann KNO_3 aus. Lange nicht so löslich wie $NaNO_3$ (rund 1:10 Wasser). Schmeckt kühlend und wird in größtem Maßstab auf Schießpulver und dgl. verarbeitet (s. Bd. III, Chemie der Explosivstoffe), das zu ungefähr $^3/_4$ aus ihm besteht; der Rest sind zwei Teile S und drei Holzkohle. Geht bei hoher Temperatur wie $NaNO_3$ in Nitrit über.

Phosphate

3. Phosphate.

Li

1. *Lithiumphosphat* Li_3PO_4 ist in Wasser sehr wenig löslich (rund 1 : 2500) und fällt daher analog den Erdalkalimetallphosphaten aus Li-Lösungen durch lösliche Phosphate, was als Reaktion auf Li benutzt wird. Dies ist ein neues Beispiel für das Zurückgreifen des ersten Glieds jeder Kolumne auf das erste und mehr noch das zweite Glied der folgenden Kolumne (Analogie Be—Al, B—Si).

2. *Natriumphosphat* $Na_2HPO_4 . 12H_2O$ (*Dinatriumphosphat*). Meist benutztes lösliches Phosphat; verwittert leicht, löst sich in etwa 10 Teilen Wasser zu alkalischer Lösung, die durch Einleiten von CO_2 eine amphotere Reaktion gegen Lackmus annimmt, d. h. blaues und rotes violett färbt. Mononatriumphosphat NaH_2PO_4 reagiert sauer und geht beim Erhitzen in Metaphosphat $NaPO_3$ über; Trinatriumphosphat Na_3PO_4 reagiert stark alkalisch und seine Lösung nimmt CO_2 aus der Luft auf.

3. *Ammoniumphosphat* fällt aus konz. H_3PO_4- und NH_4OH-Lösungen als $(NH_4)_3PO_4$, geht beim Trocknen in das sekundäre Phosphat über, das beim Kochen seiner Lösung primäres liefert.

Natriumammoniumphosphat $NaNH_4HPO_4 . 4H_2O$ = *Phosphorsalz* (sal microcosmicum) ist hier wichtig. Es schmilzt beim Erhitzen unter Schäumen, wobei es NH_3 und H_2O abgibt und glasartiges $NaPO_3$ hinterläßt, das die Fähigkeit besitzt, bei hohen Temperaturen Metalloxyde zu häufig kennzeichnend gefärbten „Perlen" zu lösen, wenn im Öhr eines Platindrahts damit geschmolzen. Phosphorsalz

4. Karbonate.

1. *Lithiumkarbonat* Li_2CO_3 unterscheidet sich wie das Phosphat, von den Karbonaten der anderen Alkalimetalle durch seine Schwerlöslichkeit, und ist daher durch Ammonkarbonat aus Li-Lösungen fällbar. Löslich ungefähr in 120 Teilen Wasser. Li-Salze dienen in der Heilkunde gegen harnsaure Diathese.

2. *Natriumkarbonat* Na_2CO_3 *entwässerte Soda,* vereinigt sich mit Wasser zu verschiedenen Hydraten, worunter das an der Luft verwitternde *Dekahydrat* ($10H_2O$) unter dem Namen (Kristall-)*Soda* am wichtigsten ist. Es ist einer der wichtigsten Stoffe der chemischen Großtechnik und wird im größten Maßstab gewonnen. Weniger unmittelbar aus der Natur, obwohl es auch da nicht spärlich vorkommt, so in Ägypten und anderswo in Salzsteppen. In zahlreichen Fällen, wo man früher Soda benutzte, nimmt man jetzt die kaustische Soda, das Ätznatron NaOH, das sich elektrolytisch wohlfeil im großen darstellen läßt. Immerhin dient Soda noch im großen zur Glas- und Seifenherstellung. Man gewinnt sie im wesentlichen nach zwei Methoden. Selten nach der alten Soda

1. *Methode von Leblanc,* die vom Natriumsulfat ausgeht, das entweder aus Kochsalz und Schwefelsäure oder nach dem Hargreavesverfahren erhalten wird. Man schmelzt das Sulfat (100 Tl.) mit Kalk (100 Tl.) und Kohle (60 Tl.), leitet CO_2 ein, um das entstandene Ätznatron in Na_2CO_3 überzuführen, laugt mit Wasser aus, wobei das primär gebildete Na_2S mit dem $CaCO_3$ sich umsetzt, und läßt die Soda kristallisieren. Die *Sodarückstände* enthalten vor allem CaS, das mit Wasser und CO_2 behandelt, H_2S entwickelt, der in Schwefel übergeführt wird. Oder man oxydiert das CaS an der Luft und setzt das entstandene CaS_2O_3 mit Soda in Natriumthiosulfat um.

2. Der *Ammoniaksodaprozeß nach Solvay* beherrscht heute die Sodagewinnung, da der Kohleverbrauch weniger als $^1/_3$ von dem der Leblancsoda beträgt und das Verfahren weniger Arbeitskräfte braucht. Leitet man in kalte, konz. mit äquivalenter NH_3-Menge versetzte NaCl-Lösung unter Druck CO_2 ein, so setzt sich das NaCl nach der Gleichung um:

$$NaCl + (NH_4)HCO_3 = NaHCO_3 + NH_4Cl.$$

Das Bikarbonat kristallisiert aus der NH_4Cl-Lösung sehr rein, wenn auch unvollständig aus, wird durch Erhitzen in Na_2CO_3, Wasser und CO_2 zerlegt, welch letztere in den Betrieb zurückkehrt, ebenso wie das Ammoniak, das durch Kochen mit Kalkmilch aus der vom Bikarbonat abfließenden Lauge freigemacht wird. Statt Kalk MgO zu nehmen und das entstehende $MgCl_2$ wieder auf Chlor oder Salzsäure zu verarbeiten, hat sich bei dem niederen Chlorpreis technisch nicht bewährt. Sodalösung reagiert stark alkalisch, aber doch wenig genug, um nicht zu ätzen und ist daher zum Reinigen dem Ätznatron vorzuziehen; schwächer alkalisch reagiert die Lösung von

Natriumbikarbonat $NaHCO_3$, das in Wasser nur im Verhältnis 1 : 10 löslich ist und dessen Lösung bereits bei gewöhnlicher Temperatur verliert CO_2 wie man beim Luftdurchblasen feststellen kann.

Pottasche

3. *Kaliumkarbonat* K_2CO_3, *Pottasche* wurde früher aus Holzasche oder Wollschweiß gewonnen, heute vielfach aus Melasseschlempe oder nach dem Leblancprozeß aus KCl und in Staßfurt im großen durch Einleiten von CO_2 in eine Aufschwemmung von $MgCO_3$ in KCl-Lösung, wobei die folgende Umsetzung stattfindet:

$$3(MgCO_3 . 3\,H_2O) + 2\,KCl + CO_2 = MgCl_2 + 2(MgCO_3 . KHCO_3 . 4\,H_2O).$$

Das Doppelsalz zerfällt beim Erhitzen in CO_2, $MgCO_3$ und K_2CO_3, das man auslaugt. Das K_2CO_3 ist zerfließlich und seine Lösung reagiert stark alkalisch. Man benutzt es zur Schmierseifen- und Glasgewinnung.

Hirschhornsalz

4. *Ammoniumkarbonat* $(NH_4)_2CO_3$ ist mit dem sauren Salz $NH_4 . HCO_3$ und dem *karbaminsauren* Ammonium $NH_2 . COONH_4$ gemischt im *Hirschhornsalz* enthalten, das man durch trocknes Erhitzen tierischer Abfälle darstellte und heute aus Salmiak oder Ammonsulfat durch Sublimation mit Kreide gewinnt. Kochen mit Wasser führt das Karbamat in Karbonat über.

5. Silikate.

Wasserglas

Die Metallsilikate sind alle in Wasser unlöslich, außer denen der Alkalimetalle, die als *Wasserglas* bezeichnet werden.

1. *Natriumsilikat*, *Natronwasserglas* wird durch Verschmelzen von Sand mit Glaubersalz und Kohle und nachheriges heißes Auslaugen hergestellt, wobei langsam ein Sirup entsteht, der zu Seife zugesetzt oder zu feuersicheren Anstrichen verwendet wird oder bei der Zeugdruckerei als „Schlichte" dient, oder Eier vor Fäulnis bewahrt.

2. *Kaliwasserglas* gewinnt man aus Sand und Pottasche durch Verschmelzen, Pulvern und Lösen in heißem Wasser. Aussehen und Verwendung wie bei Natronwasserglas.

Die Silikate der anderen Metalle bilden einen großen Teil der festen Erdrinde und werden am eingehendsten in der Mineralogie behandelt. Da ihre chemischen und auch sonstigen Eigenschaften in vielem besonderer Art sind, werden wir ihnen später einen besonderen Abschnitt widmen (s. Silikatchemie Bd. II).

Übersicht und Kritik des Valenzbegriffs.

Kritik des Valenzbegriffs

§ 117. Die gedrängte Übersicht der einfachsten chemischen Verbindungen hat uns gelehrt, daß die *Valenz eines und desselben. Elements nicht konstant, sondern* von *einer* ganzen *Reihe verschiedener Dinge abhängig* ist. Heben wir nur einige wichtige hervor:

1. Die **Konstanz der Valenz** ist im linken oberen Teil des periodischen Systems am besten, beim *Wasserstoff* und den *eigentlichen Leichtmetallen,* auch bei Verbindungen von *C mit O und H zugleich.*

Sie ist leidlich befriedigend auch bei den *eigentlichen Nichtmetallen,* freilich vor allem gegenüber Wasserstoff und den Leichtmetallen.

Sie bedarf zu ihrer Aufrechterhaltung der *Annahme mehrfacher Bindungen* beim *Kohlenstoff* u. a. und verschlechtert sich allgemein bei den *Metalloiden mit Doppelnatur* und bei den *Schwermetallen*, übrigens auch schon beim Stickstoff.

2. Die **Mannigfaltigkeit der Valenz** ist bei denjenigen Schwermetallen ungefähr am größten, deren Salze große *Farbenmannigfaltigkeit* zeigen, Chrom, Mangan u. dgl.

3. Der **Zahlwert der Valenz** ist bei den bisher genannten Verbindungen, welche die *unter unseren Laboratoriums- und Naturbedingungen etwa haltbarsten und häufigsten* (also nicht ganz willkürlich herausgegriffen) sind:

häufig I;
am häufigsten II (oder *III* ein wenig seltener);
weit *seltener IV* (Elemente der IV., V., VI., VIII. Gruppe, Bor);
etwa ebenso häufig V (Elemente der V., VII. Gruppe)
und VI (Elemente der VI., VIII. Gruppe) und VII (VII. Gruppe).

4. Die **Geradzahligkeit der Valenz** (bzw. die Ungeradzahligkeit) bleibt einem und demselben Element häufiger erhalten, als daß die Valenz beim selben Element zwischen gerader und ungerader Zahl wechselt.

Beispiele vor allem die *Nichtmetalle* und *Metalloide:*

Bei den Elementen der Stickstoffgruppe wiegt III und V vor, bei denen der Schwefelreihe II, IV und VI, bei den Platinmetallen und den Elementen der IV. Gruppe II und IV, bei Ga, In, Tl wiegt I und III vor, ebenso bei Au.

Ausnahmen sind die Eisengruppe mit II und III, Cu mit I und II, die mannigfaltige Gegend um Mangan und Chrom im periodischen System, N in seinen Oxyden und die Halogene in den ihren, wenn auch bei letzteren III, V und VII vorwiegt.

5. Die **Abhängigkeit der Valenz** eines Elements **von der Art des anderen Binders** (Liganden), der selbst ein Element oder eine Atomgruppe (z. B. $-NO_3$ oder $-SO_4$) sein kann.

Die Wasserstoffvalenz und die Sauerstoffvalenz verhalten sich dabei, wie wir sahen, entsprechend folgender Tafel:

I	II	III	IV	V	VI	VII	VIII	
1	2	(4)	4	3	2	1	($^1/_2$ in Pd_2H)	H-Valenz
1	2	3	4	5	6	7	8	O-Valenz

Nehmen wir die rechte und die linke Seite des periodischen Systems als seine verschiedenen Pole, so können wir die Verbindungen der Alkalimetalle mit Halogenen als heteropolare Verbindungen bezeichnen, die der Halogene miteinander, oder der Alkalimetalle miteinander, oder die von Kohlenstoff mit Sauerstoff oder Stickstoff als homöopolare.

Wir finden dann leidliche Valenzregeln für heteropolare Verbindungen, Versagen für homöopolare.

Man kann somit von der Bevorzugung gewisser Valenzzahlen wohl sprechen, aber kein glattes Gesetz finden.

6. Die **Abhängigkeit der Valenz** von der **Atomzahl und Molekelgröße** ist besonders verhängnisvoll. Denn je mehr Atome da sind, desto unsicherer wird jede Annahme über den Molekelbau, weil die Inkonstanz der Valenz jedes von ihnen betrifft und somit die Zahl der Möglichkeiten nach einem Permutationsgesetz schnell ins Ungemessene wächst. In der Tat hat man bei großen Molekeln wie etwa den komplexen Säuren, den Kristallwasserverbindungen u. dgl. praktisch keinen Gebrauch mehr von der Valenzvorstellung gemacht, sondern eine einfache Zusammenlagerung oder Einlagerung verschiedener Stücke angenommen. Z. B. sollte H_2SiFl_6 sich nicht von 8-wertigem Si ableiten, sondern von H_2Fl_2 und $SiFl_4$ durch einfache Zusammenlagerung. Der *Valenzbegriff* hat eben *hier seine Brauchbarkeit verloren.*

Valenzstufen der Metalle

Die Valenzstufen der Metalle.

§ 118. Trotzdem gibt es ein großes Gebiet, wo wir mit Nutzen uns des Valenzbegriffs bedienen und dabei einen ganz scharfen Sinn mit ihm verbinden. Dazu holen wir weiter aus.

Die *wäßrigen Lösungen von Salzen, Säuren und Basen* standen im Vordergrund der Behandlung. Fast alle chemischen Reaktionen, durch die wir bestimmte Stoffe kennzeichnen, spielen sich in solchen ab. Da fällt es nun auf, daß *Auflösung der Leichtmetalle* in wäßrigen Lösungsmitteln Lösungen liefert, worin man stets die kennzeichnenden Fällungen bekommt. Die Leichtmetalle sind in wäßrigen Lösungen offenbar stets nur *„in einem und demselben Zustand“* enthalten. Man kann aus jeder Kaliumlösung mit H_2PtCl_6 oder Weinsäure einen Niederschlag erhalten, wenn sie nur konzentriert genug sind, und aus jeder Bariumlösung fällt H_2SO_4 das weiße Bariumsulfat. Auch sind die Lösungen, wenn die Säure, woran das Metall gebunden, farblos ist, stets ungefärbt. Anders bei den Schwermetallen.

Sehen wir uns zuerst die *Quecksilberlösungen* an. Zweiwertig ist das Metall darin immer, wie wir später noch belegen wollen. Farblos sind die Lösungen auch. Die Salze darin aber entsprechen vor ihrer Auflösung zwei verschiedenen Typen, einem metallreicheren oder einem metallärmeren: Gemeinsame Reaktionen verschiedener Lösungen

$Hg_2 = \overset{II}{R}$ Mercurosalz, $\overset{II}{R}$ ein zweiwertiger Säurerest oder zwei einwertige,

$Hg = \overset{II}{R}$ Mercurisalz.

(Ob man die Bindung des Hg im Mercurosalz

$$\begin{array}{l} Hg- \\ | \\ Hg- \end{array} \quad \text{oder} \quad Hg=Hg=,$$

also zwei- und vierwertigem Quecksilber oder sonstwie schreibt, ist müssig, weil unprüfbar. Wesentlich ist nur, daß der Säurerest an zwei Bindungsstriche gebunden sein muß.)

Das Mercurosalz nennt man die *niedere*, das Mercurisalz die *höhere Oxydationsstufe*, weil letztere durch Oxydation aus ersterem entsteht:

$$Hg_2NO_3 + O = HgNO_3 + HgO,$$

Hg aber das Mercurisalz in Mercurosalz überführt:

$$HgNO_3 + Hg = Hg_2NO_3.$$

Es ist jetzt grundlegend wichtig, daß im Gegensatz zu wassergelösten Leichtmetallen Quecksilber und *alle* anderen *Schwermetalle in Wasser gelöst*, je nach der Verbindungsform, als die sie gelöst sind, in der Lösung *verschiedene Reaktionen zeigen*, aber doch immer *noch in großen Klassen jeweils die gleichen.* Mercur**o**salze werden alle durch wasserlösliche Chloride als Calomel Hg_2Cl_2 gefällt, Mercur**i**salze dagegen *nicht.*

So kann das Quecksilber in wäßriger Lösung mindestens in diesen zwei verschiedenen Zuständen als Mercuroquecksilber $Hg_2=$ und als Mercuriquecksilber $Hg=$ erscheinen. Angesichts der verschiedenen Molekelgröße (ihren Nachweis können wir erst viel später führen, Bd. II) wundert das zunächst nicht. Nun gibt es aber auch Quecksilberlösungen, worin „komplexe“ Quecksilbercyanverbindungen enthalten sind, und sie geben eine ganze Reihe von Reaktionen der Mercuro- und Mercurilösungen nicht mehr. Darin ist dann offenbar das Hg in irgendeiner Weise an den Cyankomplex gebunden, der es fester halten muß als ein gewöhnlicher Säurerest und damit ist es der Reaktionen des freieren $Hg_2=$ oder $Hg=$ nicht mehr fähig. Daß einzelne Reaktionen von $Hg_2=$ oder aber von $Hg=$ noch zu erhalten sind, schiebt man dann eben darauf, daß neben den Cyankomplexen noch kleine Mengen Mercuro-, bzw. Mercuriquecksilber in der Lösung enthalten sind.

Quecksilber kann also in Form mehrerer *„Arten“* in wäßriger Lösung auftreten, und zwar in verschiedenen Komplexen gebunden, oder aber in verschiedenen *Polymeriegraden*, als monomeres Mercuri- und als dimeres Mercuroquecksilber.

Gehen wir jetzt zum Eisen über. Lösen wir ein Eisensalz in Wasser, so ist die Lösung entweder *gelbbraun* oder *blaßgrün*. Im ersteren

-o- und -i- Salzreihen

Fall entsprach das Salz dem *III-wertigen*, im letzteren dem *II-wertigen Eisen*. Man nennt die ersteren Lösungen *Ferri*lösungen, die anderen *Ferro*lösungen. Diese entstehen durch Reduktion aus jenen:

$$Fe_2(SO_4)_3 + Fe = 3\,FeSO_4\,.$$

Und genau wie beim Quecksilber liefern die Ferrolösungen alle unter sich gleiche, die Ferrilösungen unter sich gleiche, aber beide voneinander verschiedene Reaktionen: Ammoniak fällt Ferro grünlichweiß $FeO.aq$, Ferri aber rotbraun $Fe_2O_3.aq$, und zwar ganz unabhängig davon, an welchen Säurerest das Eisen gebunden war. Wir werden dabei später zeigen, daß hier nicht der Umstand maßgebend ist, daß in den Ferrisalzen 2, in den Ferrosalzen nur ein Atom Eisen enthalten ist. Dafür spricht jetzt schon das Verhalten des Kupfers. Die *farblosen Cupro*salze, z. B. $CuCl$ und die *blauen Cupri*salze, z. B. $CuCl_2$, enthalten beide nur 1 Atom Cu und reagieren doch verschieden. Cuprokupfer und Cuprikupfer in wäßrigen Lösungen stehen also hier nicht im Verhältnis der Polymerie und sind dennoch verschieden. Worin der weitere Unterschied außer dem der Reaktionen und des Mengenverhältnisses Metall : Säurerest noch beruht, das wird die Untersuchung der elektrischen Eigenschaften der Lösungen lehren, die wir ab und zu bei Quecksilber- und Cadmiumsalzen z. B. schon gestreift haben.

Stellen wir jetzt die Zustände der verschiedenen wichtigsten Metalle in wäßrigen Lösungen ihrer Salze kurz zusammen. Sie sind einstweilen einzig durch die Gemeinsamkeit ihrer Reaktionen und zum Teil noch ihre Farbe gekennzeichnet:

Tafel der Basenreste.

1. Leichtmetalle haben nur einen Zustand.
2. Schwermetalle, angeordnet nach dem periodischen System, und von links nach rechts steigender Oxydationsstufe.

	Valenz			
	I	II	III	IV
Kupfer	Cupro farblos	Cupri blau	—	—
Silber	„	—	—	—
Gold	Auro- farblos	—	Auri gelb	—
Quecksilber .	—	Mercuro- Mercuri- farblos	—	—

	Valenz I	II	III	IV
Thallium . . .	Thallo- farblos	—	Thalli farblos	—
Zinn	—	Stanno- farblos	—	Stanni farblos
Blei	—	Plumbo- farblos	—	Plumbi gelblich
Wismut. . . .	—	—	farblos	—
Chrom	—	Chromo bläulich	Chromi grün	—
Mangan. . . .	—	Mangano blaßrot	Mangani kirschrot	—
Eisen	—	Ferro grünlich	Ferri gelbbraun	—
Nickel.	—	Nickelo grün	—	—
Kobalt	—	Kobalto hellrot	—	—

Zu diesen Metallzuständen in Lösungen kommen noch diejenigen, worin die Metalle als Säurereste vorkommen. Denn nicht nur haben im allgemeinen die Basenreste in wassergelösten Salzen ihre jeweils gemeinsamen Reaktionen, sondern auch die *Säurereste.* Immer kann man Schwefelsäure durch Bariumsalze fällen, einerlei an welches Alkalimetall als Basenrest sie gebunden ist. So kommen wir zu einer

Tafel der Säurereste.

	Valenz I	II	III	IV	
Halogen-	farblos	—	—	—	(Fl, Cl, Br, J)
Hypohalogenit- . . .	„	—	—	—	(Cl, Br, J)
Halogenat-	„	—	—	—	(Cl, Br, J)
Perhalogenat- . .	„	—	—	—	(Cl, J)
Hyposulfit-	—	farblos	—	—	
Thiosulfat-	—	„	—	—	
Sulfit-	—	„	—	—	
Tetrathionat- . .	—	„	—	—	
Sulfat-. . .	—		—	—	
Persulfat- .	—	„	—	—	

	Valenz			
	I	II	III	IV
Nitrit-	farblos	—	—	—
Nitrat-	„	—	—	—
Ortho-Phosphat . .	—	—	farblos	—
Pyro- „ . . .	—	—	—	farblos
Meta- „ . . .	farblos	—	—	—
Arsenit- (Meta) . . .	„	—	—	—
Arseniat	—	—	farblos	—
Karbonat	—	farblos	—	—
Manganat	—	grün	—	—
Permanganat . .	tiefviolett	—	—	—
Chromat	—	gelb	—	—
Bichromat	—	gelbrot	—	—
Ferrocyanid- . .	—	—	—	blaßgelb
Ferricyanid- . . .	—	—	rotgelb	—

Hinzu kommt zu diesen Basen- und Säureresten mit verschiedenen jeweils gruppenweise gemeinsamen Reaktionen das ganze Heer der sog. *Komplexverbindungen*, wovon wir in der letzten Tafel nur die Eisencyanwasserstoffsäurereste aufnahmen. Für die Praxis handelt es sich wesentlich um Komplexe, die sich von *Ammoniak* oder *Cyan* ableiten, zusammen mit Metallen und ferner um Polysäuren und Heteropolysäuren.

Soweit ungefähr in der Erforschung der Lösungen war die Chemie gekommen, *mit starker Beschränkung allein auf chemische Reaktionen* und ihre Gemeinsamkeit für große Stoffgruppen, die man rein darzustellen lehrte, als Hittorf, van't Hoff und der große Schwede Svante Arrhenius ihre grundlegenden Entdeckungen machten. Sie behandelten den *Zustand der Stoffe in Lösungen* und zogen sachgemäß und mit größtem Erfolg neue Hilfsmittel der Physik herbei. Darin folgten ihnen W. Ostwald und W. Nernst mit ihren Schulen und eine große Zahl von anderen Forschern.

Fußend auf den Erfahrungen von Arrhenius ließ sich eine **Elektrochemie** aufbauen, die über das Gebiet der wäßrigen Lösungen weit hinausgriff, Analyse und Synthese und unsere Erkenntnis vom Innern der Materie mächtig förderte.

Sie bildet den Gegenstand des folgenden Abschnitts.

I	II	
Farblos außer Cu^{II} und Au^{III} in *b*	Farblos	
H·OH Amphoter Hauptverbreitung der Amphoteren	Farbloseste Gruppe	
Li	Be Be-Salze Glyciate	
Na	Mg	Al
K	Ca	Sc
farblos Cupro-Cu^{I} blau Cupri-Cu^{II}	Zn Zn-Salze Zinkate	f
Rb	Sr	Y
Ag	Cd	
Cs	Ba	La
farblos Auro-Au^{I} gelb Auri-Au^{III}	Mercuro-Hg_2^{II} Mercuri-Hg^{II}	
—	Ra	Ac

a-Gruppen farblos. **Tafel de**

	IV	V a.	V b
b	Farblos außer Ti, Ce^{IV} und Pb^{IV}	Niedere Oxydstufen gefärbt	Farl
	C Carbonate usf.	N Ammoniumsalz Nitrate us	
	Si Silicate	P Phosphoniu Phosphate u	
	Ti tiefviolett Titanosalze Ti^{II} violett Titanisalze Ti^{III} Titanate Ti^{IV}	V violett Vanadinsa Vanadate V^{V}	
a ze Ga^{II} ze Ga^{III}	Ge Ge-Salze^{II} u. ^{III} Germanate		As As^{III}-Salz Arsenite Arseniate
	Zr Zr-Salze Zirkonate	Nb Nb-Salze Niobate	
Jn	Sn Stanno^{II}-Salze Stanni^{IV}-Salze Stannate		Sb Antimonsalze Antimonylsalz Antimonite Antimoniate
	Ce farblos Cero-Ce^{III} gelb-rot Ceri-Ce^{IV} dazu 14 seltene Erdmetalle	Ta Ta-Salze Tantalate	
llo-Tl^{I} alli-Tl^{III}	Pb farblose Plumbo^{II}-Salze gelbe Plumbi^{IV}-Salze farblos Plumbate		Bi Wismutsalz Bismutyls.
	Th	Pa	

r Salze. *b*-Gruppen farblos.

	VI		VII
. los	*a.* Mindestens die niederen Oxydstufen gefärbt	*b.* Farblos	*a.* Alle gefärbt
ze usf. sf.		O (Oxoniumsalze Ozonate?)	Fl Sauerstoffsa
msalze ısf.		S (Sulfoniumsalze) Sulfate usf.	
ılze V^{II}	Cr Chromosalze Cr^{II} hellblau Chromisalze Cr^{III} violett u. grün (Di)Chromate Cr^{VI} gelb u. gelbrot Perchromate {$HCrO_5$ blau H_3CrO_8 rot Chromite Cr^{III} grün		Mn Manganosalze Manganisalze (Mangan^{IV}-Salze) Manganite Manganate Permanganate
e As^{III} As^{V}		Se (Selensalze) Selenate	
	Mo Molybdänsalze Molybdate Mo^{VI}		—
Sb^{III} SbO^{I} Sb^{III} Sb^{V}		Te Tellursalze Tellurate	J (Jodo Jodis Joda
	W Wolframsalze Wolframate W^{VI}		—
e Bi^{III} BiO^{I}	—		Die polysäure Weni die einand Vergleichba seltenen E
	Ur grün Uranosalze U^{II} gelb Uranylsalze UO_2^{II} gelb Uranate U^{VI}		

	VIII			
	Alle gefärbt			
				I. Kleine Periode (8)
sf.				II. Kleine Periode (8)
ɔt	Fe Ferro^{II} hellgrün Ferri^{III} gelb (Ferrat^{VI} tiefrot)	Co Cobalto^{II} hellrot (Cobalti^{III} blau)	Ni Nickelo^{II} grün	I. Große Periode (18)
sf.				
	Ru	Rh	Pd braun Pallado^{II} (Palladi^{IV})	II. Große Periode (18)
e)		—		
↘				
	Os	Ir	Pt (Platino^{II} Platini^{IV} Platinate^{IV})	I. Endperiode (32)

ebiete sind die Hauptbereiche der Poly- und Hetero-

alze stehen in runden Klammern. Punktiert umrandet sind
1 alle (u. a.) zweiwertig bekannten Elemente (Ti bis Ge).
lie einander folgenden 16 alle (u. a.) dreiwertig bekannten
ɔis Tu_{II}), die ebenfalls punktiert umrandet sind.

II. Elektrochemie. 1. Teil.

Elektrochemie

Die Verbindung der Stoffe mit Elektrizität.

A. Grundlagen der Elektrizitätslehre.

1. Die Grundbegriffe: Spannung und Elektrizitätsmenge.

Spannungsnormale, Kapazitätsnormale, Influenz.

Definition physikalischer Dinge

§ 119. Jedes Einzelding in der Natur hat eine Reihe stets zusammen vorkommender Eigenschaften. Durch sie kennzeichnet man es vor anderen. Das ist dann seine *Begriffsbestimmung* oder *Definition.* Haben wir bisher undurchdringliche, Trägheit besitzende (also massebehaftete) Dinge, nämlich Stoffe betrachtet, so treten doch auch Dinge auf, denen man mindestens diese beiden Stoffeigenschaften nicht ohne weiteres anmerkt.

Abb. 89. Hochspannungsbatterie.

Galvanisches Element

Man taucht ein großes Zink- und ein großes Kupferstück in einen Becher mit verdünnter Schwefelsäure und verbindet die herausragenden

Enden durch einen Draht. Der verbundene Draht erwärmt sich, wenn er dünn genug ist, zu sichtbarem Glühen. Bringt man eine Magnetnadel in die Nähe des Drahts, so wird sie abgelenkt. Schneidet man den Draht durch und taucht die mit kleinen Pt-Spitzen versehenen Enden in einen Becher mit $CuSO_4$-Lösung, so scheidet sich auf der einen Spitze Cu ab. Verbindet man eine sehr große Reihe solcher *Cu-Zn-Elemente,* wie man derartige Zusammenstellungen nennt, z. B. mehrere Tausend davon zu einer sog. *Batterie* (Abb. 89), indem man jeweils das Cu-Ende des einen mit dem Zn-Ende des nächsten Bechers, die *„Pole"*, verbindet (*Hintereinanderschaltung*), so treten zwischen den beiden freibleibenden Enden dieselben Wirkungen in weit verstärktem Maß auf und es kommen dann neue hinzu, die man auch ohne Verbindung der Pole durch einen Draht wahrnimmt. Bringt man nämlich zwischen die etwa in Metallkugeln endenden Pole (Abb. 90) kleine Kügelchen aus Holundermark, so werden sie abwechselnd vom einen und anderen Pol angezogen, und tanzen so zwischen beiden hin und her. Führt man den einen Pol an zwei Blättchen aus Metall oder auch Papier, die an einen Stab geklebt senkrecht herabhängen, so spreizen sie sich, stoßen sich also ab.

Hintereinanderschaltung

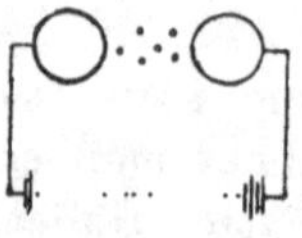

Abb. 90. Feld zwischen den Polen einer galvanischen Batterie.

Elektrische Wirkungen

Die Gesamtheit aller dieser Wirkungen heißt *elektrisch.* Stets lassen sie sich alle hervorrufen, wenn nur eine davon in ausreichendem Maß erscheint. Offenbar besteht zwischen den Polen eines Elements eine Kraft, d. h. eine Bewegung erzeugende Ursache von ganz bestimmten Eigenschaften.

§ 120. Bekanntlich kann man diese elektrischen Wirkungen in kleinem Maßstab durch Reiben von Glas oder Ebonit mit Wolle leicht hervorbringen. Hängt man ein Schellackstäbchen, dessen Enden mit Holundermarkkugeln besetzt sind, an einem Seidenfaden auf und berührt die eine Kugel mit einem geriebenen Glasstab, den man gewissermaßen daran abstreicht — obschon nichts an ihm zu sehen ist, so stößt er das Kügelchen unmittelbar nach dieser Berührung ab. Jedoch wird es von dem geriebenen Ebonitstab jetzt angezogen. Hat man es ursprünglich nicht mit dem geriebenen Glasstab, sondern mit dem geriebenen Ebonitstab bestrichen, *„aufgeladen"*, so wird es von diesem abgestoßen und vom geriebenen Glas angezogen. Man beschreibt diesen Sachverhalt durch die Annahme zweier verschiedenen Elektrizitäten, nennt die auf geriebenem *Glas* laut Übereinkunft die *positive*, die auf Ebonit die negative, nimmt ihre Übertragbarkeit von Körper zu Körper durch unmittelbare Berührung an, während Luft „isoliert" und hat dann die Erfahrung gemacht, daß *gleichnamige Elektrizitäten einander abstoßen, ungleichnamige einander anziehen.* Die Elektrizitäten werden dabei als eine Art Gas gedacht, das auf der Oberfläche elektrischer Körper klebt, durch die Luft sich nur wenig verbreiten kann. Deshalb heißt sie ein *Isolator.* Auch über die Oberfläche von Glas, Harz, Paraffin, Schwefel fließt

Positive und negative Elektrizität

Elektrizität nicht schnell, sondern bleibt wesentlich an der Stelle, wo Reibung, richtiger gesprochen, Berührung mit einem geeigneten anderen Stoff (Wolle gegen Glas oder Harz usf.) und nachheriges Auseinanderziehen der sich berührenden Körper stattfand. So zählen auch diese Körper zu den Isolatoren. Anders Metalle, allgemein Körper von metallischer Tracht. Trug das Schellackstäbchen statt Holundermarkkugeln solche aus Metall, so gelingt der Versuch auch. Ward aber das Schellackstäbchen durch ein metallenes ersetzt, aufgehängt an einem dünnen Drähtchen, getragen von einem Metallstativ, das durch Metall mit der Erde verbunden — geerdet — war, so bleibt jede Wirkung elektrisierter Körper aus. Ebenso, wenn die Kügelchen durch eine wäßrige Haut, etwa einen feuchten Faden, mit der Erde verbunden waren. Metalle und feuchte Körper heißen deshalb *Leiter* der Elektrizität. Daß sie wirklich durch sie nach der Erde abströmt, folgt daraus, daß die geladenen Körper nach Berührung mit geerdetem Metall sich gegenüber isoliert aufgehängten Kügelchen als ungeladen erweisen. Die Anordnung der isolierten Nadel mit Markkügelchen an den Enden heißt eine *elektrische Nadel* und ist offenbar ein sehr einfaches Mittel zum Nachweis von Elektrizität, ein *Elektroskop.*

Entstehung der „Reibungselektrizität“

Leiter und Isolatoren

Elektrische Nadel. Elektroskop

Zwischen ihr und einem geladenen Körper (geriebenem Glasstab oder Ebonitstab z. B.) ist der Raum offenbar von Kräften durchsetzt, die zu den beobachteten Bewegungserscheinungen führen. Man sagt, es herrsche in ihm ein *elektrisches Feld.* Eine sog. Fernwirkung zwischen Stab und Nadel erkennt man nicht an, sondern man nimmt an, daß der Raum selbst bei Gegenwart zweier einander gegenüberstehenden geladenen Körper andere Eigenschaften habe, als sonst.

Elektrisches Feld

Man setzt nun fest, daß die Kraftwirkung an irgendeiner Stelle des elektrischen Felds das Maß sein soll für den Betrag dessen, was wir Stärke des Felds, *elektrische Feldstärke* nennen, setzt also beide einander proportional. Damit ist ihre Relativmessung, die Vergleichung verschiedener Feldstärken möglich. Es ist dabei offenbar ganz gleichgültig, ob das Feld zwischen den Polen einer galvanischen Batterie oder zwischen geriebenem Ebonitstab und geladener Holundermarkkugel besteht.

Kraft als Maß der Feldstärke

Schon unsere rohen Versuche zeigten, daß das Feld von Lage und Umgebung der geladenen Körper abhängt und so ist die *Schaffung definierter und reproduzierbarer Feldverhältnisse* stets unsere *erste Aufgabe.*

Definierte Feldverhältnisse

Wir bringen in ein geerdetes Metallgehäuse ein langes dünnes Metallblättchen, dessen oberes Ende an einem Metallstab befestigt ist und führen diesen als Träger des hängenden Blättchens mit Bernstein oder Schwefel oder Paraffin isoliert durch ein Loch oben im Metallgehäuse. Letzteres trägt in seinem Innern parallel zur Fläche des Blättchens rechts und links zwei Metallplatten, zwischen denen es pendeln kann. Vorn und hinten ist das Gehäuse mit Glas verschlossen, so daß man die Bewegung des Blättchens nach der Seite, die „*Aus-*

schläge" sehen und ihren Betrag an einer auf dem Glasfenster aufgeklebten Skale zahlenmäßig angeben kann. Die eine Metallplatte ist mit dem einen elektrisierten Körper leitend verbunden, die andere mit dem anderen, so daß man das Feld zwischen beiden Körpern definiert und reproduzierbar ins Innere des Elektroskops verlegen kann. Beide Metall-

Feldkörper

platten heißen deshalb die *Feldkörper*. Sie müssen nach dem Gesagten vom Gehäuse durch Isolation getrennt sein.

Dem Blättchen erteilt man eine ganz bestimmte Elektrisierung, indem man es mit dem einen Pol einer Hochspannungsbatterie verbindet, deren anderer Pol geerdet ist. Liegt nun ein Feld zwischen den beiden Feldkörpern, so schlägt das Blättchen aus, es weist also das Feld nach

Testkörper

und heißt daher Testkörper.

Weston-Element

Man fand, daß ein ganz bestimmtes galvanisches Element, das *Westonelement* die Elektrisierung der Testkörper am genauesten zu jeder Zeit in gleicher Weise hervorrufen, also reproduzieren läßt und daß man deshalb mit einer Hochspannungsbatterie von Westonelementen äußerst genau arbeitet. Das Westonelement enthält als positiven Pol reines Hg, als negativen ein Gemisch von diesem mit $^1/_7$—$^1/_8$ seines Gewichts an Cd. Auf das Hg selbst ist eine aus Hg_2SO_4 mit $CdSO_4 . 8/3 H_2O$ und Hg durch Zusammenreiben erhaltene Paste aufgebracht. Die Ableitungen beider Pole sind Platindrähtchen, die in die unteren Enden des H-förmigen Gefäßes eingeschmolzen sind. Das Gefäß ist mit einer gesättigten Lösung von $CdSO_4 . 8/3 H_2O$ und festen Kristallen dieses Salzes gefüllt und mit Paraffin u. dgl. geschlossen.

Vielfach benützt man praktisch statt dieses Elements auch kleine Bleiakkumulatoren (Blei als negativer Pol, Bleisuperoxyd als positiver,

Bleisammler

beide in gut leitender, rund 30proz. Schwefelsäure stehend), *Bleisammler*.

Elektrometer

Kehren wir zur Vergleichung von Feldstärken in unserem soeben beschriebenen *Elektrometer* zurück. Das Feld in ihm hat eine bestimmte Größe, die wir jetzt verfolgen wollen. Da sie der beobachteten Kraftwirkung proportional gesetzt wird, so hat es auch eine bestimmte Richtung, nämlich die, in der man jeweils die größten Wirkungen findet. Zieht man diese Richtungen in unserem Elektrometer, so stehen sie, von den Randteilen der ebenen Feldkörper abgesehen, durchweg senkrecht auf diesen und sind einander parallel, solange wir keinen beweglichen Test-

Kraftlinien

körper im Elektrometer haben. Diese Richtungen nennt man *Kraftlinien* (eine besondere Bedeutung dieses Ausdrucks, wo man eine ganz bestimmte Zahl von Kraftlinien für ein Feld bestimmter Stärke festsetzt,

Homogenes Feld

behandeln wir hier nicht). Ein Feld aus lauter parallelen Kraftlinien heißt *homogen*.

Der Feldkraft wirkt die Schwere des Blättchens entgegen, die es nach unten zieht. Man läßt nun zweckmäßig sein unteres Ende auf einer Kreisbogenskale spielen und teilt sie so ein, daß ihre Skalenteile jeweils gleichen Kraftzuwüchsen entsprechen. Also werden sie in der

Mitte unten am größten und nehmen an Breite nach den Seiten schnell ab. Denn nicht dem Winkel der Ablenkung selbst ist die Kraft und damit der Ausschlag proportional, sondern, wie eine leichte trigonometrische Betrachtung lehrt, dem Sinus dieses Winkels. Der Winkel aber wird für gleiche Kraftzuwüchse sehr schnell kleiner.

Damit haben wir durch diese Skalenteilung eine Relativmessung der Kraft ermöglicht und können somit jetzt in der Definitionsgleichung

$$\text{Feldstärke} = \text{konst.} \times \text{Kraft} \tag{12}$$

die Abhängigkeit der Proportionalitätskonstante von anderen Faktoren, den konstanten Feldbedingungen ermitteln.

Die Kraft erweist sich der Elektrisierung des Blättchens genau proportional. Denn der Ausschlag wird doppelt so groß, wenn man eine Batterie von doppelt so vielen Elementen an es anschaltet, als anfangs. Das bringt man zum Ausdruck, indem man sagt, auf dem Blättchen befinde sich die doppelte *Ladung* oder *Elektrizitätsmenge*. Wir haben also die Gleichung: Ladung oder Elektrizitätsmenge

$$\text{Kraft} \sim \text{Feldstärke} \times \text{Ladung}.$$

Auch dies ist eine Definitionsgleichung, da sie das Wesen der Ladung definiert (Messung von Ladungen s. w. u.). *Wir definieren* weiterhin, daß der Proportionalitätsfaktor in dieser Gleichung dimensionslos sein soll, daß also jeweils *das Produkt Feldstärke × Ladung eine Größe von der Art einer Kraft* sein soll. Das besagt nun freilich erst sehr wenig, weil wir weder die Messung der Feldstärke, noch die der Ladung bis jetzt durchgeführt haben. Dazu gehen wir jetzt über.

Verändern wir den Abstand der beiden Feldkörper, die dazu meist wagrecht verschiebbar angeordnet sind, so ergibt sich, daß der Ausschlag des Testkörpers um so kleineren Feldstärken, also um so kleineren Kräften entspricht, je größer der Abstand der Feldkörper voneinander. Also haben wir die Erfahrung gemacht:

$$\text{Feldstärke} \sim \frac{1}{\text{Abstand der Pole}}.$$

Gemeint ist der Abstand zwischen den beiden Feldkörpern, zwischen denen doch das zu prüfende Feld besteht. Das Feld hängt nun aber außerdem noch von dem „Spannungszustand" in dem Raum zwischen den geladenen Feldkörpern ab. Das bringt man durch die Definitionsgleichung zum Ausdruck:

$$\text{Feldstärke} = \frac{\text{Spannungsdifferenz}}{\text{Abstand der Pole}}. \tag{13}$$

Statt *Spannungsdifferenz* sagt man meist kurz *Spannung*. Jetzt endlich setzen wir für die Feldstärke auch eine Einheit fest. Bisher hatten wir sie nur verglichen, relativ gemessen an unserer Kreisbogenskale, die nach Maßgabe der Schwerkraftkomponenten geteilt worden war. Spannung

Man findet empirisch, daß zwischen den beiden Polen eines Westonelements mit sehr großer Genauigkeit stets eine und dieselbe Spannung besteht. Denn bei gleichem Abstand der Feldkörper und gleicher Ladung des Testkörpers erhält man mit beliebigen Westonelementen immer denselben Ausschlag. Deshalb wählt man die Spannung zwischen den Polen eines Westonelements (bei Zimmertemperatur) als Spannungsnormale und setzt sie durch Übereinkunft, um mit anderen Einheiten im Einklang zu bleiben, zu

1,0188 Volt

Spannungseinheit 1 Volt

fest, nennt also die *Einheit der Spannung 1 Volt.* Die Spannung zwischen den Polen galvanischer Elemente liegt immer zwischen 0 und etwa 5 Volt, meist unter 2 Volt. Der Betrag bei nicht geschlossenem Strom heißt die *elektromotorische Kraft* (meist EMK. abgekürzt).

Eichung eines Elektrometers auf Spannung

Jetzt können wir jedes Elektrometer eichen. Sind seine Feldkörper im Abstand 1 cm voneinander aufgestellt und an sie die Pole eines Westonelements angelegt, so herrscht in ihm die Feldstärke 1,0188 Volt/cm. Unabhängig aber vom Feldkörperabstand, wenn er nur konstant gehalten wird, können wir jetzt jedes Elektroskop unmittelbar *auf Spannungen eichen.* Wir schreiben an die Skalenstelle, die bei 1 Weston erreicht wird, 1,0188 Volt an, bei 2 Weston 2,0376 Volt usf. Dabei müssen die Westonelemente hintereinander geschaltet sein. Denn alsdann kann wegen der Leitfähigkeit alles Materials zwischen beiden Polen je eines Elements nur die ihm eigene Spannungsdifferenz bestehen, zwischen zwei verbundenen Polen zweier Elemente aber gar keine Spannung. Also addieren sich bei Hintereinanderschaltung die Spannungsdifferenzen.

Damit haben wir jetzt eine vollständige Methode zur absoluten Messung der Spannung.

Wir haben also die Begriffe und Methoden in der Reihenfolge entwickelt:

Kraft, Feldstärke, Spannung, Spannungseinheit.

Dazwischen schoben wir die Definition der Ladung ein, doch in einer offenbar zunächst entbehrlichen Weise.

Wir haben dabei stets eine leitende Verbindung zwischen den Elektroskopfeldkörpern und den auf ihre Spannungsdifferenz zu prüfenden Körpern angenommen. Der eine davon kann die Erde sein. Dann redet man von einer *absoluten Spannung* des anderen *gegen Erde.*

Faradayscher Eimer

Es ist jedoch nicht nötig, den geladenen Körper an das Elektroskop anzulegen. Man kann auch mit diesem eine auf Paraffin stehende zylindrische Büchse, einen Faradayschen Eimer, leitend verbinden und den geladenen Körper in diesen Eimer so einbringen, daß er sich frei in der Luft im Eimer von ihm isoliert befindet. Auch dies erzeugt einen Ausschlag am Elektrometer und zwar ändert sich dieser nicht, wenn man nachträglich das Innere des Eimers mit dem geladenen Körper (z. B. einer geladenen Kugel) berührt.

Im Inneren des Eimers lassen sich dabei elektrische Wirkungen nicht nachweisen. Man sagt, daß das elektrische Feld durch *Influenz* auf die Außenseite des Eimers übertragen wurde. Beim Zurückziehen der Kugel aus dem Eimer, ohne daß man ihn berührt hat, geht das Blättchen des Elektrometers wieder ganz in Ruhe zurück. Die Influenz ist also eine Übertragung der Wirkungen, die sich ganz rückgängig machen läßt. Influenz

Es scheint einstweilen, als ob wir mit der Angabe der Größe der Spannung allein die elektrischen Erscheinungen quantitativ beschreiben könnten. Das trifft aber nicht zu, wenn wir unsere letzten Versuche ein wenig abändern. Führen wir nämlich nicht die Kugel selbst an das Elektrometer oder in den Faradayschen Eimer, sondern berühren wir bloß mit ihr eine andere Metallkugel, die an isoliertem, etwa mit Schellack überzogenem Stiel aus Glas sitzt und führen diese Kugel einmal an das Elektrometer ohne Faradayschen Eimer, schließen diesen das andere Mal an und senken die Kugel in ihren Luftraum, so erhalten wir nicht wie bisher gleiche, sondern verschiedene Ausschläge am Elektrometer. Und zwar ist der Ausschlag im zweiten Fall um so kleiner, je größer der Eimer ist, genauer, je größer seine Fläche ist. Wir beschreiben diesen Befund so: Die *Spannung eines geladenen Körpers sinkt bei bloßer Vergrößerung seiner Oberfläche*, wenn keine Spannungsquelle mit ihm verbunden ist, und dies, trotzdem der Körper isoliert ist. Deshalb nimmt man an, daß auf jedem geladenen Körper — wie genaue Untersuchung lehrt, auf seiner Oberfläche — ein stoffliches Etwas in bestimmter Quantität läge, eine gewisse *Elektrizitätsmenge*, eine gewisse *Ladung*. Verteilt es sich auf *kleiner* Fläche, so übt es starke Kraftwirkungen aus, man findet dann hohe Spannung. Um eine Einheit für diese Mengengröße festzusetzen, wählt man ein sehr großflächiges Gebilde, das also ein sehr großes Fassungsvermögen für Elektrizität hat. Ein solches heißt ein *Verdichter* oder *Kondensator*, und der Betrag seines Fassungsvermögens wird seine *Kapazität* genannt. Für sie wollen wir willkürlich eine Einheit festsetzen, genau wie oben für die Spannung mittels des Westonelements geschah. Wir legen 101 Metallplatten von 1 qm Fläche je im Abstand von 0,8842 mm voneinander durch sehr kleine Isolatorstückchen voneinander getrennt, übereinander und verbinden die geraden Nummern und ebenso die ungeraden leitend. (Die merkwürdigen Zahlen rühren daher, daß man zwischen der Kapazitätseinheit und anderen früher festgesetzten Einheiten, die wir aber erst weiter unten besprechen, einfache Zahlenverhältnisse herbeiführen wollte.) Die eine Schar wird mit der Erde verbunden, die andere bleibt frei. Das Ganze wird in einen luftleeren Raum gesetzt und heißt daher ein Leerverdichter oder *Vakuumkondensator*. Wir haben ihn so gebaut, daß seine Kapazität genau 1 Milliontel der Kapazitätseinheit beträgt, die man durch Übereinkunft festgesetzt hat. Dies Milliontel heißt ein *Mikrofarad*. Die Einheit der Kapazität wäre das *Farad* und 1000000 mal, also 10^6 mal so groß.

Elektrische Ladung

Spannung sinkt bei Vergrößerung der geladenen Fläche

Verdichter oder Kondensator Kapazität

Vakuumkondensator. Einheit der Kapazität. Mikrofarad

16*

Durch Westonelement und Vakuumverdichter der beschriebenen Abmessungen sind die Einheiten und das Wesen von Spannungen und Kapazität unmittelbar experimentell greifbar definiert. Wir definieren jetzt ganz formal, was wir als die *Elektrizitäts- oder Ladungsmenge 1* bezeichnen wollen, indem wir sagen: Die Ladung 1 sitzt dann auf einem Verdichter von 1 Farad, wenn sie auf ihm die Spannung 1 Volt gegen die Erde bedingt. Diese Ladung heißt

Coulomb 1 *Coulomb.*

Auf unserem Vakuumkondensator wird daher bereits die Ladung von 1 Mikrocoulomb die Spannung 1 Volt erzeugen.

Wir haben also die Einheit der Ladung so festgesetzt, daß das Produkt von Spannung und Kapazität ihr stets zahlenmäßig gleich ist.

$$\text{Ladung} = \text{Spannung} \times \text{Kapazität}. \qquad (14)$$

Begriffliche Bedeutung multiplikativer Ansätze

Jede Gleichung, worin benannte Größen multiplikativ oder durch Division miteinander verknüpft sind, hat *begrifflich* zunächst überhaupt keinen Sinn, bevor ihr ein solcher durch Festsetzung beigelegt wird. Selbstverständlich darf sie bei Festsetzung der Einheiten der verbundenen Größen zunächst nicht *numerisch* falsch sein. Daß man aber im übrigen mit solchen, begrifflich genau genommen unverständlichen Produkten rechnen und physikalisch arbeiten kann, ist als eine Erfahrungstatsache anzuerkennen, die nur durch das Ausbleiben von Widersprüchen gegen die Erfahrung gerechtfertigt wird.

Die so gewonnenen Gesichtspunkte liefern sogleich die Vorschriften zu einwandfreier Messung von Spannungen und Ladungen mittels Elektrometern.

Spannungsmessung mit kleiner Kapazität

Um eine Spannung zu messen, die von einem Gebilde kleiner Kapazität ausgeht, darf man nur ein Elektrometer noch viel kleinerer Kapazität benutzen. Sonst sinkt die Spannung durch die bei der Messung unvermeidliche Verbindung des Instruments mit dem geladenen Gebilde.

Ladungsmessung mit bekannter Kapazität

Um eine Ladung zu messen, bringt man sie in den Faradayschen Eimer eines Elektrometers, das mit letzterem zusammen bekannte Kapazität besitzt und in Volt geeicht ist. Durch Multiplikation der am Elektrometer abgelesenen Voltzahl mit der Kapazität, die man natürlich auch schon den Strichen auf der Skale beischreiben kann (Elektrometerteilung *zugleich* in Volt und Coulomb), erhält man die Größe der eingebrachten Ladung. War sie zu groß, so daß der Ausschlag des Elektrometers über die Skale hinausfiele, so vergrößert man die Kapazität des Meßinstruments durch Anschließen eines Verdichters bekannter Kapazität und erzielt so einen geringeren Ausschlag, dessen Voltbetrag alsdann mit der Summe der beiden Kapazitäten multipliziert die Ladung ergibt. Hat man z. B. die Kapazität durch Zuschaltung eines Verdichters neunfacher Kapazität aufs zehnfache der ursprünglichen gebracht, so ist der Ausschlag bei gleicher Ladung auf $^1/_{10}$ herabgegangen (Er-

Erweiterung des Elektrometer-Meßbereichs

weiterung des Meßbereichs eines Elektrometers). In allen diesen Fällen haben wir uns nur mit Anfangs- und Endzuständen beim Transport von Ladungen befaßt, also wie man sagt, mit *ruhender* statischer Elektrizität.

2. Das Grundgesetz der Elektrostatik. Gesetz von Coulomb.

a) Flächendichte der Ladung und Dielektrikum.

§ 121. Alle Versuche haben gelehrt, daß ruhende Ladungen auf der *Außenfläche* von Leitern sitzen, bei leitenden freistehenden Kugeln gleichförmig über sie verteilt. Auf Kugeln aus Isolatoren kann man auch Ladungen aufbringen, aber diese verbreiten sich dann nur äußerst langsam und nur in dem Maß weiter, als der „Isolator“ eben doch ein, wenn auch sehr kleines Leitvermögen hat.

Flächendichte einer Ladung

Da die Ladung nur in sehr dünner Schicht auf den Flächen liegt — denn eine selbst sehr bedeutende Annäherung eines Leiters läßt sie noch nicht auf ihn übergehen —, so kann man von einer *Flächendichte der Ladung* sprechen und sie dadurch definieren, daß man die Ladung auf einer Fläche durch die Größe der betreffenden Fläche dividiert. So erhält man die Größe der Ladung auf der Flächeneinheit; doch muß dazu natürlich der Leiter oder Halbleiter von einem besseren Isolator, z. B. Luft, umgeben sein. In ihr wirkt dann das elektrische Feld: Sie heißt das *Dielektrikum*. Da das Feld von geladenen Körpern aus auch im leeren Raum wirkt, so nimmt man die Flächendichte gleichzeitig als Maß für die *spezifische Erregung des „Äthers“* an der betreffenden Stelle. Dieser Begriff ist danach gleichbedeutend mit der Flächendichte.

Dielektrikum

Spezifische Erregung des Äthers

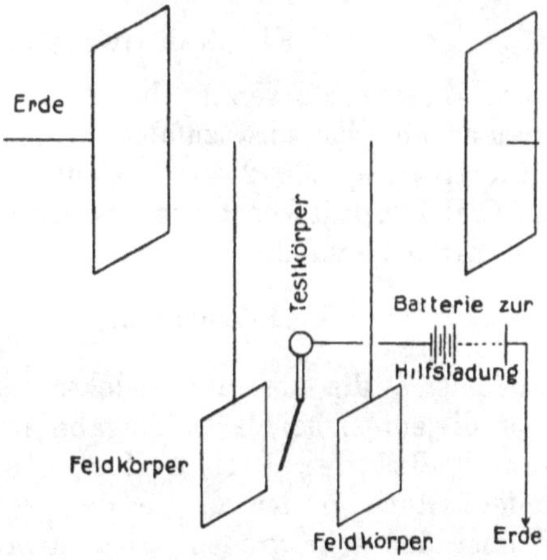

Abb. 91. Feld im Elektroskop.

b) Dielektrizitätskonstante.

Sonden im elektrischen Feld

Die Kraftwirkungen zwischen einem geerdeten und einem geladenen Körper bestimmter Flächendichte der Ladung sind nun verschieden nach der Natur des zwischengelegten Isolators. Bringt man (Abb. 91) in ein Feld zwischen zwei solchen Platten zwei Drahtenden, die an die Feldkörper, bzw. den Testkörper eines Elektrometers angelegt sind, so ist der Ausschlag um so größer, je größer die Entfernung der beiden „Sonden“-Enden ist. Aber er ist bei verschiedener Flächendichte der Ladung und jeweils gleichem Abstand der beiden Sondenenden der jeweiligen Flächendichte ganz genau proportional. Verdoppelt man dann bei gleicher Flächendichte die Abstände der Sondenenden, so wächst er aufs doppelte. Aus diesen Befunden geht hervor, daß die Flächendichte und das Verhältnis des Spannungsabfalls zu der Strecke, auf der er erfolgt, ganz genau einander proportional sind.

Der Spannungsabfall zwischen zwei Punkten in einem elektrischen Feld, und zwar in Richtung größter elektrischer Kraftwirkung — wie

Kraftlinien

man sagt, in Richtung der *Kraftlinien* —, dividiert durch die Länge des Kraftlinienstücks zwischen den beiden Punkten heißt wie wir bereits sahen, die Stärke des elektrischen Felds.

Wir können also mittels der Definition der *elektrischen Feldstärke* dem soeben aufgefundenen Gesetz eine besonders einfache Form geben:

$$\text{Flächendichte} \sim \text{Feldstärke}. \quad (15)$$

Diese Proportionalität kann in eine Gleichung übergeführt werden, wenn man erwägt, daß die qualitativ durchaus verschiedenen Größenarten Flächendichte = Ladung/Fläche und Feldstärke = Spannung/Länge einander nie gleich sein können und daß man daher auch qualitativ gar keine Ersetzung des einen durch den anderen vornehmen kann. Deshalb muß man die eine Größe, wir wählen willkürlich die Feldstärke,

Dimensionsbetrachtung

mit einer Größe multiplizieren, deren *Größenart* (*Dimension*) die Gleichung *qualitativ* richtig macht und deren Größen*betrag* sie auch numerisch richtig macht, wenn man für Flächendichte und Feldstärke bestimmte Einheiten gewählt hat (z. B. Coulomb/qcm und Volt/cm). Diese Größe, die die „Dimensionen richtig macht", ist eine *Proportionalitätskonstante* oder der *Proportionalitätsfaktor* und erhält in unserem Fall den Namen die

Dielektrizitätskonstante

Dielektrizitätskonstante. Nennt man sie D_1, so wird

$$\text{Flächendichte} = D_1 . \text{Feldstärke}. \quad (16)$$

Der Zahlenbetrag von D_1 hängt noch von der Beschaffenheit des Dielektrikums ab. Er wird zufolge den Abmessungen unseres Leer-Verdichters offenbar $D_1 = 0{,}8842 \cdot 10^{-13}$ Coulomb/Volt-cm. Meist setzt man übrigens die Dielektrizitätskonstante des leeren Raums (Äthers) willkürlich gleich 1 und hat alsdann die Gleichung:

$$\text{Flächendichte} = \frac{D_1}{D} . D . \text{Feldstärke}. \quad (17)$$

Darin ist D die absolute Dielektrizitätskonstante des leeren Raums, D_1/D aber diejenige, bei deren Angabe man den Absolutwert von D_1 für den Weltäther willkürlich gleich 1 gesetzt hat. Sie ist für andere Stoffe größer als für den Weltäther und hat beispielsweise für Wasser den sehr großen Wert etwa 80. Aus der Gleichung folgt, daß die Feldstärke um so kleiner wird, je größer die Dielektrizitätskonstante.

Coulombsches Gesetz

Die Gleichung (16) heißt das *Coulombsche Gesetz* und ist das Grundgesetz der Elektrostatik.

Wenden wir es auf einen sehr einfachen Fall an. Auf einem Punkt befinde sich die Ladung m_1. Sie übt auf die Ladung 1 in der Entfernung 1 die Kraft m_1 aus. Denken wir uns nun die Ladung m_1 auf der Oberfläche einer Kugel vom Radius r, in deren Mittelpunkt eine Ladung m_2 liege. Dann verhält sich diese Ladung so, als ob auf der Fläche der Kugel die Flächendichte $m_2/4r^2\pi$ herrsche. Die Feldstärke ist alsdann an der Stelle der Ladung m_1 gleich $m_2/4r^2\pi D$ und mithin ist jetzt die Kraft, die von m_1 und m_2 gegenseitig ausgeübt wird, gleich dem Produkt aus Ladung und Feldstärke und daher ergibt sich die gewöhnliche Form des Coulombschen Gesetzes: Kraft zwischen zwei Ladungen m_1 und m_2 im Abstand r voneinander:

$$\text{Kraft} = \frac{m_1 . m_2}{4\pi r^2 D}. \tag{18}$$

Soll dabei die Kraft *in Dynen* herauskommen, so muß man die Ladungen nicht in Coulombs, sondern in „es-Einheiten" (*elektrostatischen Einheiten*) rechnen: *1 Coulomb* $= 3.10^9$ *es-Einheiten.*

3. Die stationär strömende Elektrizität. Gesetz von Ohm.

Stationär strömende Elektrizität

§ 122. a) *Stromstärke und Widerstand.* Verbindet man einen sehr großen, auf das Potential E geladenen Verdichter durch einen Halbleiter ausreichend großen Widerstands, z. B. eine dünne Luftschicht, mit einem Elektrometer sehr kleiner Kapazität und großer Empfindlichkeit, so gibt es nach einer gewissen Zeit — sagen wir nach 5 Minuten — einen gewissen Ausschlag a. Unterbricht man jetzt durch Zwischenlegen eines besseren Isolators (Paraffin, Ebonit) die Verbindung und erdet das Elektrometer, so verschwindet der Ausschlag. Ladet man nun bei Herstellung der alten Anordnung den Verdichter aufs doppelte Potential oder wartet man die doppelte Zeit, so erhält man die doppelte Aufladung des Elektroskops usf.

Allgemein ist der Ladungsverlust eines geladenen Körpers in einer gegebenen Zeit proportional diesem Zeitraum und seiner Spannungsdifferenz gegen den Körper, in den die Elektrizität durch einen ruhenden Leiter von konstanten Eigenschaften abströmt. Der Ladungsverlust oder die abströmende Elektrizitätsmenge steht also zur Zeit und der Potentialdifferenz in der Beziehung:

$$\text{Elektrizitätsmenge} \times W = \text{Zeit} \times \text{Potentialdifferenz}. \tag{19}$$

Dividiert man beide Seiten durch die Zeit, so kann man die entstandene Größe

$$\frac{\text{Elektrizitätsmenge}}{\text{Zeit, die sie zum Durchwandern des Leiterquerschnitts braucht}},$$

als die *Stromstärke* im Leiter bezeichnen und in Coulomb/sec messen. Stromstärke

Einheit das Weber

Diese Einheit der Stromstärke heißt das *Weber*[1] (Ampere). Jetzt können wir die Proportionalität als Gleichung in der Form schreiben:

$$\text{Spannungsdifferenz} = W.\text{Stromstärke}. \quad (20)$$

Der Proportionalitätsfaktor W drückt durch seinen Zahlwert die Beziehung zwischen den Einheiten von Stromstärke und Spannung aus und den mehr oder minder großen Widerstand, den die Elektrizität im Leiter findet. Er ist eine Materialkonstante des Leiters und heißt sein

Widerstand

Widerstand. Ein Leiter, worin die Stromstärke 1 Weber (Ampere) herrscht, wenn zwischen seinen Enden die Potentialdifferenz 1 Volt besteht, hat den Widerstand *1 Ohm.* Solch ein Leiter ist z. B. eine 106,3 cm lange Quecksilbersäule von 1 qmm Querschnitt und 0° C Temperatur.

Ohms Gesetz

Das Proportionalitätsgesetz zwischen Stromstärke und Potentialdifferenz heißt das *Ohmsche Gesetz* und ist die Grundlage der Lehre von der stationär strömenden Elektrizität. Für den ersten ungeheuer kurzen Moment des Hineinstürzens der Elektrizität in den Leiter gilt es nicht, ebenso auch nicht für den ungeheuer kurzen Moment der Unterbrechung des Stroms. Es ist die Grundlage für zahlreiche Meßmethoden von Stromstärke, Spannung und Widerstand. Es gibt aber auch Leiter, worin Ohms Gesetz nicht gilt, deren Widerstand also von der angelegten Spannung noch abhängt (Selen; Gase in den meisten Fällen).

Widerstände

§ 123. Offenbar ist es notwendig, Leiter von genau bekanntem und unveränderlichem Widerstand zu besitzen, sog. „*Widerstände*".

Als *Widerstände* kommen in Betracht:

Bremswiderstände

1. *Bremswiderstände,* d. h. solche Leiter, die nur zur bequemen Schwächung von Strömen dienen, indem man sie mittels Klemmschrauben (Abb. 92) in die Strombahn einschaltet.

Wasserwiderstände

Für sehr große und rohe Widerstände benutzt man mit Wasser gefüllte Tröge, denen der Strom durch zwei Eisenplatten zugeführt wird. Zugabe von Sodalösung oder Zusammenrücken der Platten (Abb. 93) verstärkt den Strom. Es ist leicht, so

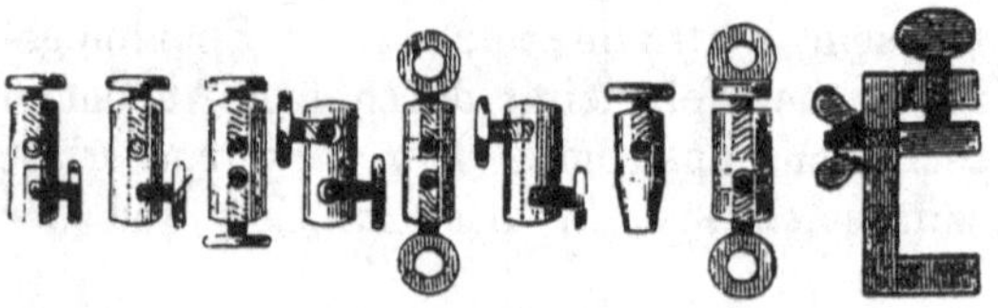

Abb. 92.
Klemmschrauben.

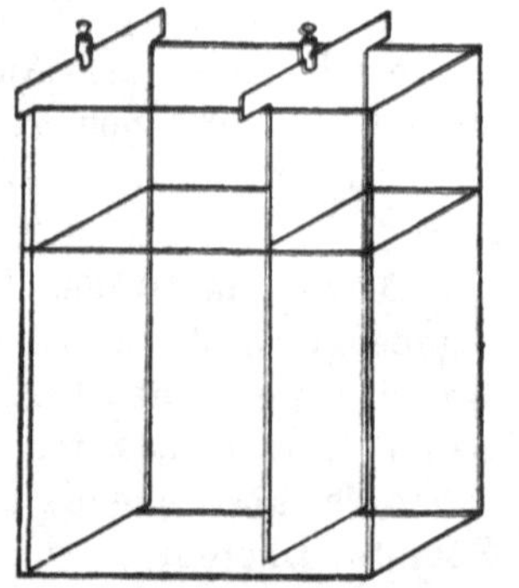

Abb. 93.
Einfacher Wasserwiderstand.

Widerstände von mehreren 100 Ohm bis zu Bruchteilen eines Ohms zu erhalten. Doch sind sie wegen der Erwärmung und wachsenden Verunreinigung des Wassers

[1] Nach einem Vorschlag von Ph. Lenard, den großen Verdiensten Webers um die Schaffung der elektrischen Maßeinheiten gerechter zu werden als bisher.

Betrag und Tragfähigkeit von Widerständen

inkonstant. Ihr *Betrag* sinkt im allgemeinen bei Stromdurchgang. Wichtig ist ihre *Tragfähigkeit*, d. h. die maximale Stromstärke, die man hindurchschicken kann, ohne sie zu schädigen. Sie geht, besonders beim Thieleschen *Wasserwiderstand* (Bleiplatten im

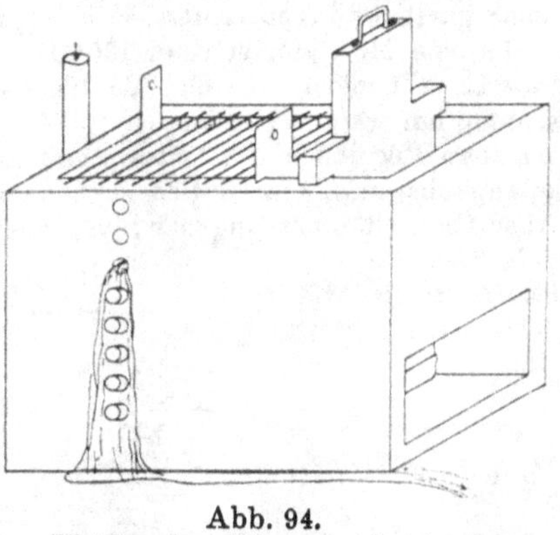

Abb. 94.
Thielescher Wasserwiderstand.

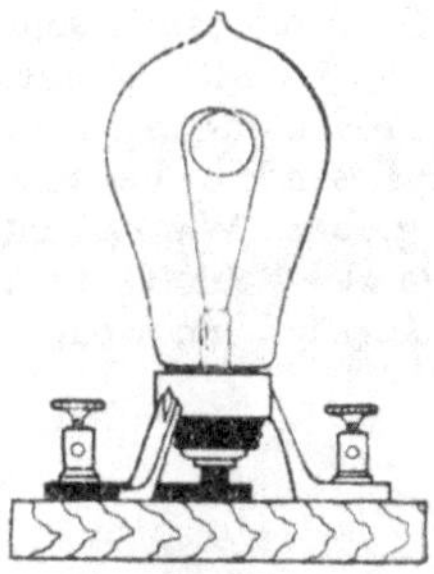

Abb. 95.
Lampenwiderstände (Bremswiderstände hohen Betrags).

Holztrog mit schnell herausziehbarem „Schützen"; rechts unten im Schlitz sieht man den abdichtenden Lappen daran — zu schnellstem Verringern des Stroms im Gefahrfall —) (Abb. 94) bis zu 50 und bei großer Ausführung (1 cbm Inhalt) bis zu mehreren 100 Weber (Ampere). Parallel geschaltete Glühlampen, sog. *Lampenwiderstände* (Abb. 95) liefern besser konstante Widerstände von der Größenordnung einiger 30 bis mehrerer 100 Ohm, aber von kleiner Tragfähigkeit (höchstens gegen 1 Weber [Ampere]). Asbestumsponnener Draht aus Metalllegierungen, deren Widerstand auch beim Warmwerden nicht um viel wächst, werden als *Rheotangitter* mit Tragfähigkeit von 5—10 Weber (Ampere) und Beträgen von gegen 50 Ohm pro Meter benutzt. (Abb. 96, Klemme dazu Abb. 97) und lassen sich sehr wohlfeil herstellen. Das Rheotanband ist in Bollen beziehbar (Schniewindt, Neuenrade i. W.), auf asbestbedecktem Brett mit großen, glasrohrumhüllten Nägeln aufzuspannen. An ihm ist leicht nachzuweisen, daß der Widerstand zylindrischer Leiter (also auch der Drähte) mit der Länge steigt und dem Querschnitt sinkt, so daß die Gleichung besteht:

Lampenwiderstände

Rheotanwiderstände

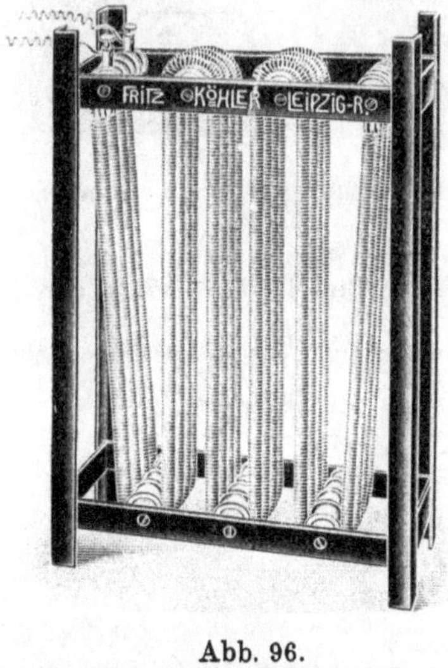

Abb. 96.
Rheotangitterwiderstand.

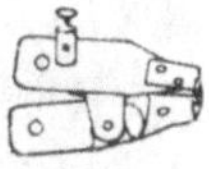

Abb. 97.
Klemme zu Rheotanwiderständen.

$$\text{Widerstand} = \frac{w.\ \text{Länge}}{\text{Querschnitt}}. \qquad (21)$$

Spezifischer Widerstand und spezifische Leitfähigkeit. Leitwert.

Der Proportionalitätsfaktor w, der die Dimension richtig macht, stellt die Beziehungen zwischen den Einheiten her. Die der Länge und des Querschnitts sind cm und qcm. Der Betrag von w hängt außerdem noch von der Beschaffenheit und dem Zustand des Leiters ab, aber nicht mehr von Länge und Querschnitt. Er gibt den Widerstand eines senkrecht zu einer Seite durchströmten cm-Würfels des Leitermaterials an und heißt dessen *spezifischer Widerstand.* Sein reziproker Wert $1/w$ heißt die *spezifische Leitfähigkeit,* während man den reziproken Wert eines Widerstands selbst als seine Leitfähigkeit, besser als seinen *Leitwert* bezeichnet.

Größenordnungen

Der spezifische Widerstand eines sehr guten wäßrigen Leiters, z. B. 30prozent. Schwefelsäure, liegt wenig über 1 Ohm. Der von Metallen ist rund 100000 ($= 10^5$)-mal so klein. Letzterer steigt meist, ersterer fällt meist mit steigender Temperatur, pro Grad um Bruchteile eines Prozents, oder um wenige Prozent.

Es ist wichtig, nicht nur die allgemeinen Begriffe und Gesetze, sondern auch die Größenordnung solcher zahlenmäßig angebbaren Eigenschaften zu kennen.

Ruhstratwiderstände

Besonders bequem und in der Abstufbarkeit nicht ungenau, vor allem frei von groben „Wackelkontakten", d. h. schlechtem Anliegen der Schleifkontakte, sind die *Ruhstratwiderstände* (Abb. 98), womit sich wie Abb. 99 zeigt, sehr

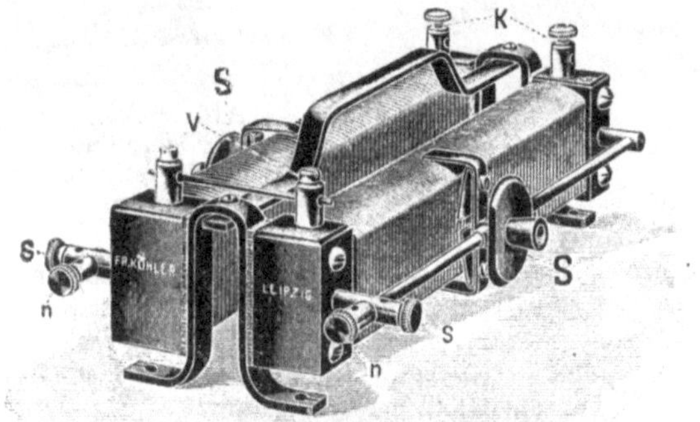

Abb. 98.
Ruhstrat-Doppelwiderstand (Bremswiderstand).

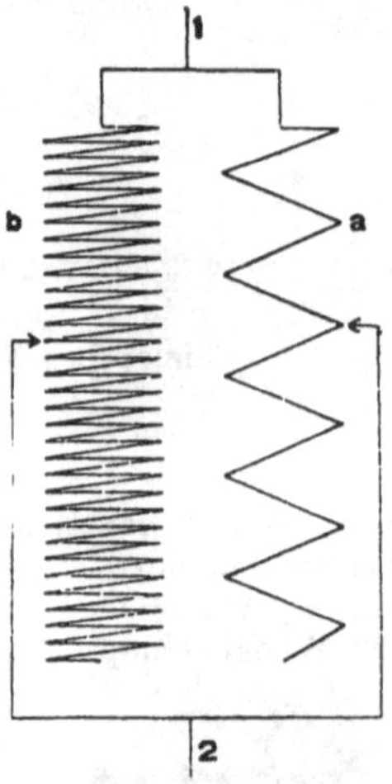

Abb. 99. Schaltung von Doppelwiderständen.

bequem einstellen läßt, wenn man zwei Widerstände parallel gelegt und zusammengestellt hat. (Doppelwiderstände).

Bei Parallelschaltung addieren sich Leitwerte, bei Hintereinanderschaltung Widerstände

Der Widerstand zwischen den verbundenen Enden 1 und 2 zweier parallelgelegter Widerstände läßt sich bei Kenntnis der beiden Einzelwiderstände a und b leicht aus dem Ohmschen Gesetz berechnen:

Zwischen 1 und 2 besteht z. B. die Potentialdifferenz $E_2 - E_1$. Dann fließt durch a die Stromstärke $J_a = \frac{E_2 - E_1}{a}$ und durch b die Stromstärke $\frac{E_2 - E_1}{b} = J_b$

Die Summe beider Stromstärken J muß durch $\frac{E_2 - E_1}{W} = J$ gegeben sein, wo W der gesuchte Gesamtwiderstand zwischen 1 und 2 ist **(Gesetz der Erhaltung der Elektrizitätsmenge).**

Also haben wir:

$$(E_2 - E_1) \cdot \left(\frac{1}{a} + \frac{1}{b}\right) = (E_2 - E_1) \cdot \left(\frac{1}{W}\right),$$

woraus sich nun auch $E_2 - E_1$ herausheben läßt, so daß man erhält:

$$W = \frac{1}{\frac{1}{a} + \frac{1}{b}}. \tag{22}$$

Es *addieren sich* also die *Leitwerte der parallel* gelegten *Stücke* und bilden so den Gesamtleitwert $= \frac{1}{a} + \frac{1}{b}\cdot$ Sein reziproker Wert erst ist der gesuchte Widerstand.

Hintereinanderschaltung dagegen bedeutet *Addition der Widerstände* selbst.

Einführung von Unbekannten im mathematischen Ansatz

Man beachte, daß wir in der obigen Ableitung des Ausdrucks für den Widerstand parallel gelegter Leiter weder die *J*-Werte, noch die *E*-Werte kannten und dennoch damit rechneten. Solches Verfahren — Bezeichnung der unbekannten Größen und Rechnen damit und mit bekannten Gesetzen — kennzeichnet das Wesen des mathematischen „Ansatzes".

Meßwiderstände

2. *Präzisionswiderstände* dienen zu Meßzwecken. Hier ist die Haupteigenschaft genaue Definiertheit der Widerstandsbeträge. Es ist also alles getan, um

Abb. 100. Stöpselrheostat (Präzisionsmeßwiderstand). Innere Einrichtung und Schema für eine Schaltung.

schlechte Kontakte zu verhüten. Breitflächige Schrauben nehmen die Zuleitungsdrähte auf. Das Material der Widerstände ist aus Legierungen hergestellt, deren spezifischer Widerstand möglichst wenig von der Temperatur abhängt (Manganin, Konstantan). Die Widerstände selbst, meist Drahtrollen, sind in Kästen versenkt, wo sie festliegen. Sehr häufig benützt man den *Stöpselrheostaten* (Abb. 100), dessen Bau aus den Abbildungen hervorgeht. Sind die Stöpsel zwischen den Metallklötzen herausgezogen, in denen die Widerstandsrollen enden, so ist ein angeschalteter Strom gezwungen, durch die Rollen zu gehen. Sind die Stöpsel unter leichtem Drehen sauber eingesetzt, so geht der Strom fast ganz durch letztere und hat dabei nur verschwindende Widerstände zu überwinden, die in die Größenordnung von weniger als $^1/_{1000}$ Ohm fallen sollen. Die Zusammenstellung der Rollen ist wie bei einem Gewichtssatz getroffen: z. B. 500, 200, 200, 100, 50, 20, 20, 10, 5, 2, 2, 1 usf. Ohm, so daß man hier beispielsweise alle Beträge zwischen 1000 und 1 Ohm „*stöpseln*", d. h. an diesen Stellen die Stöpsel *herausziehen* kann.

Stöpselrheostaten

Für manche Zwecke bedarf man sehr kleiner äußerst genauer Widerstände, die auf sehr kleine Bruchteile ihres Werts richtig sind, z. B. eines Normalohms (Abb. 101), das aus in Öl einsenkbaren Metallflügeln in einer Büchse besteht. Hier wie bei den Stöpselrheostaten muß man die Temperatur genau einhalten, bei der der Rheostat geeicht ist oder auf sie umrechnen (letzteres s. w. u.).

Normal-Ohm

Abb. 101. Normalohm (Präzisionswiderstand).

Messung von Stromstärken

§ 124. *Messung von Stromstärken.* Man benützt dazu vorwiegend zwei Wirkungen des Stroms, die elektromagnetischen und die thermischen, letztere auch für Wechselstrom. Spannt man einen dünnen Draht zwischen zwei Punkten aus, von deren einem aus bei Längenänderung des Drahts ein Hebel bewegt wird, so kann man den Hebel mit einem Zeiger verbinden und diesen über einer Skale spielen lassen und so die thermische Ausdehnung des Drahts, die seiner Erwärmung durch den Strom entspricht, zur Angabe der Stromstärke verwenden. Denn einem Strom von bestimmter Stärke entspricht bei ausreichend gleichmäßiger thermischer Isolation des Drahts ein bestimmter Ausdehnungsbetrag und mithin ein bestimmter Zeigerausschlag. So eicht man die „*Hitzdraht*" *Weber*-(Ampere-) *Meter* empirisch. Die magnetischen Wirkungen des Stroms lassen sich ebenso verwenden, indem man ihn eine Spule durchfließen läßt, worein bei Stromdurchgang ein Eisenstück hereingezogen wird. Ist es an einem Hebel befestigt, der den Zeiger bewegt, so hat man nur die Stellen auf der Skale zu bezeichnen, wo der Zeiger bei 1, 2, ... Weber (Ampere) steht, um ein elektromagnetisches Weber- (Ampere-) Meter zu haben.

Hitzdraht-Webermeter

Schaltung von Webermetern

Weber- (Ampere-) *Meter* werden also den durchfließenden Strom angeben und sind daher ohne weiteres *in den* zu messenden *Stromkreis einzuschalten.*

Erweiterung des Meßbereichs

Ist der Strom dafür zu stark — würde also das Instrument zu weit ausschlagen, so leitet man einen Teil des Stroms um es herum in einem „*Nebenschluß*" oder „*Wehr*". Hat dieses $^1/_9$ des Weber- (Ampere-) Meterwiderstands, so sinkt der Ausschlag auf $^1/_{10}$. Hat es $^1/_{99}$, dann auf $^1/_{100}$. Da Weber- (Ampere-) Meter zur Messung auch starker Ströme einfach eingeschaltet werden, so ist ihr eigener Widerstand immer nur sehr klein und müssen daher die Wehre erst recht kleinen Widerstand haben und z. B. aus Kupferbügeln bestehen. (Wehr = engl. shunt.)

Nullinstrumente

Man kann Stromstärken auch ohne Weber- (Ampere-) Meter messen, entweder mittels eines bloßen, empfindlichen Strom*anzeigers*, eines sog. *Nullinstruments*, das bloß das Vorhandensein oder Fehlen von Strom anzeigen soll oder mittels eines *Spannungsmessers*, eines sog. Voltmeters, das freilich eigentlich ein Weber- (Ampere-) Meter ist.

Weber-(Ampere-) Meter als Voltmeter

§ 125. *Messung von Spannungen.* Spannungen kann man nämlich mit einem empfindlichen Weber- (Ampere-) Meter messen, indem man es *zwischen die beiden Punkte* legt, wozwischen die Spannung gemessen werden soll, und die abgelesenen Weber (Ampere) durch Multiplikation mit dem Widerstand des Webermeters in Volt umrechnet (Abb. 102). Trägt es statt der Weber bereits ihr Produkt in seinen Widerstand, also unmittelbar Volt auf der Skale, so heißt es *Voltmeter*. Man kann damit auch Spannungen zwischen Punkten *stromdurchflossener* Leiter messen. Doch muß dann der Widerstand des Instruments hoch sein:

Strommethode zur Spannungsmessung

Er soll bei einem guten Voltmeter mindestens einige 100 Ohm betragen, macht allerdings sehr häufig bei gewöhnlichen Voltmetern nur einige 20—30 Ohm aus. Dann hat man ihn bei genaueren Messungen zu berücksichtigen und muß dazu dann auch den Widerstand des Stromstücks zwischen den beiden zu messenden

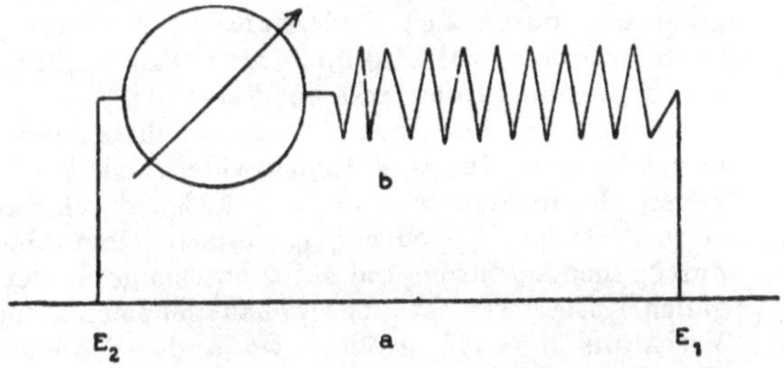

Abb. 102.
Webermeter (Amperemeter) als Voltmeter.

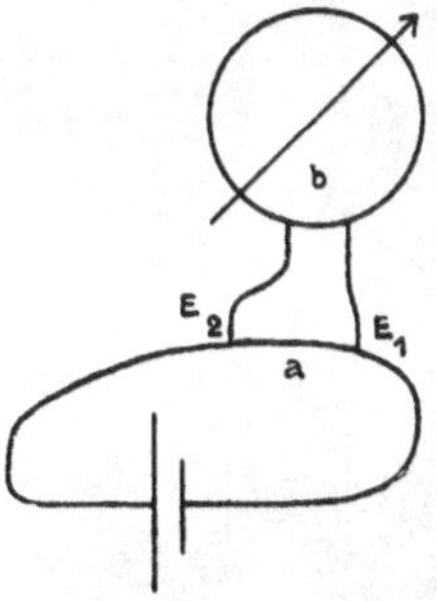

Abb. 103.
Voltmeterschaltung.

Korrektion auf ideales Voltmeter

Punkten kennen. Ist letzterer a, ersterer b, so ist bei konstant gehaltener Gesamtstromstärke J die Spannung $E_2 - E_1$ zwischen zwei Punkten, wozwischen a liegt, gleich

$$E_2 - E_1 = J.a.$$

Schaltet man b, d. h. das Voltmeter mit dem Gesamtwiderstand b jetzt parallel dazu (Abb. 103), so sinkt $E_2 - E_1$ auf $E_2' - E_1'$, was durch

$$E_2' - E_1' = J.\frac{1}{\frac{1}{a}+\frac{1}{b}} = J.a.\frac{b}{a+b}. \qquad (23)$$

gegeben ist. Man muß also durch Multiplikation der gemessenen Spannung mit $(a+b)/b$ diejenige erhalten, die mit einem Voltmeter unendlich hohen Widerstands b, also einem unendlich wenig Strom ableitenden gemessen würde: *Korrektion auf ideales Voltmeter.* In der Tat hält man ja bei den meisten elektrochemischen Arbeiten, wo sie in Frage kommt, die Gesamtstromstärke durch Regulierwiderstände tunlichst konstant.

Meßbereicherweiterung beim Voltmeter

Oft ist der Meßbereich eines Voltmeters zu gering, d. h. die zu messende Spannung zu groß, um auf der Skale noch Platz zu finden. Dann hat man nur noch mehr Widerstand v o r s (nicht wie beim Weber- (Ampere-) Meter p a r a l l e l zum) Instrument zu schalten, um den Ausschlag zu verkleinern. Hat man das Neunfache des Gesamtwiderstands des Voltmeters vorgeschaltet, so sinkt der Ausschlag auf $^1/_{10}$, mit dem 99-fachen auf $^1/_{100}$, so daß damit der Meßbereich verzehnfacht, bzw. verhundertfacht wird.

Aus dem Wesen des Voltmeters ergibt sich, daß es ein **s e h r e m p f i n d l i c h e s W e b e r - (A m p e r e -) M e t e r m i t g r o ß e m E i g e n w i d e r s t a n d** ist. Damit hat man den Weg, ein empfindliches Weber- (Ampere-) Meter bekannten Widerstands stets durch Vorschalten weiteren bekannten Widerstands, Benützung im Nebenschluß und Multiplikation der abgelesenen Weber (Ampere) mit der Ohmzahl des Gesamtwiderstands in ein Voltmeter zu verwandeln.

Webermeter als Voltmeter

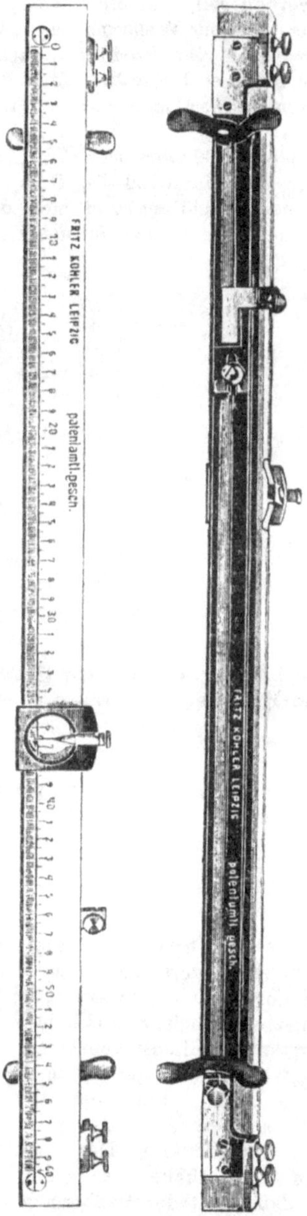

Abb. 104. Wheatstonesche Meßbrücke (Gefällsdraht).

Weber- (Ampere-) Meter als Voltmeter. Meist ist der Weber- (Ampere-) Meterwiderstand so klein, daß man den Vorschaltwiderstand allein als Gesamtwiderstand rechnen kann.

Voltmeter als Webermeter

Ein Voltmeter (mit eingebautem Widerstand, Teilung der Skale in Volt) läßt sich nach dem Ohmschen Gesetz aber auch sofort als Weber- (Ampere-) Meter benützen. Man schaltet es in den Nebenschluß zu dem zu messenden Strom und gibt dem Hauptstromstück, wovon man abzweigt, einen bekannten Präzisionswiderstand, z. B. 0,01 Ohm. Da das Voltmeter die Spannung zwischen den Enden des Stücks angibt, so hat man seine Angabe nur durch den Widerstand zu dividieren, in unserem Beispiel also bloß mit 100 zu multiplizieren, um die Stromstärke in Weber (Ampere) zu erhalten. Auch hier muß man natürlich bei nicht ausreichend kleinem Voltmeterwiderstand korrigieren. Denn man berechnet doch den durch das Normal- (oder $^1/_{10}$- oder $^1/_{100}$-Normal-) Ohm hindurchgehenden Strom und setzt ihn dem gesuchten gleich. Letzterer ist aber genau genommen im Verhältnis $a + b/b$ größer, wo a der Normal-Ohm-Widerstand, b der des Voltmeters ist. Die Voraussetzung dabei, daß J konstant, d. h. a klein gegenüber den mit ihm in Serie geschalteten anderen Widerständen sei, ist meist bei den üblichen Anordnungen erfüllt.

Kompensationsmethode zur Spannungsmessung

Alle bisherigen Messungen in diesem Kapitel waren Messungen der Stromstärke. Damit haben wir bereits zwei verschiedene Methoden zur Spannungsmessung kennen gelernt: Die *elektrometrische* und die *Strommethode.* Dazu kommt als dritte die *Kompensationsmethode.* Auch bei ihr steht wie sonst immer, die Spannungsdifferenz im Mittelpunkt.

Verbinden wir eine Potentialdifferenz, etwa die Klemmen einer galvanischen Batterie, durch dicke, praktisch widerstandslose Drähte mit den beiden Enden eines homogenen Drahts von ausreichend großem Widerstand, der auf einem mm-Maßstab aufgespannt ist (Abb. 104), so fällt das Potential E_2 auf diesem Draht seiner Länge proportional auf den Betrag E_1 ab. Deshalb heißt der Draht jetzt *Gefälls*draht. Er wird auch *Wheatstonesche Brücke* genannt. Man kann jetzt von ihm alle Spannungsdifferenzen durch zwei Schleifkontakte, zwischen $E_2 - E_1$ und Null abnehmen. Man hat darin das *Prinzip der Spannungsteilung* durchgeführt und die Herstellung beliebiger Spannungen unterhalb einer gegebenen Maximalspannung ermöglicht. Dies kann man zur Messung von Spannungen benützen, die kleiner oder gleich dieser Maximalspannung sind, wenn man nur über einen *Stromanzeiger* verfügt, ein *Nullinstrument,* z. B. ein kleines Galvano-

Spannungsteilung

meter (Abb. 105) u. dgl., das ausschlägt, wenn ein winziger Strom hindurchgeht. Da erfahrungsgemäß die Wirkung von Potentialdifferenzen nur vom Betrag der *Differenz*, aber nicht von der Höhe der absoluten Potentiale abhängt, so braucht man nur den einen Pol einer zu messenden Potentialdifferenz ans eine Ende der Brücke zu legen, wo der gleichnamige Pol der Batterie anliegt, den anderen aber über den Stromanzeiger zu einem Kontakt zu führen, der auf der Brücke beweglich verschoben werden kann. Sobald man auf der Brücke die Stelle getroffen hat, wo das Nullinstrument keinen Ausschlag mehr gibt (Abb. 106), dann muß zwischen den auf der Brücke liegenden Enden der angelegten Drähte von der zu messenden Spannung aus genau dieselbe Potentialdifferenz liegen, wie zwischen den Polen dieser Spannungsquelle, von denen die Drähte kamen. Denn nur dann können diese Drähte stromlos sein, weil nur dann zwischen ihren Enden die Potentialdifferenz Null besteht. Wir haben dann zwischen E_2 und E_2 im Stück 1 und zwischen E' und E' im Stück 2 keinen Strom, wohl aber natürlich zwischen E_2, E' und E_1, wie auch im Kreis A. Dies ist das Prinzip der Kompensationsmessung. *Man darf dabei nicht an eine Aufhebung entgegengesetzter Ströme denken.* Solche sind *gemäß Ohms Gesetz in einem und demselben Leiter unmöglich.* Denn das Vorzeichen der Stromstärke J, also die Stromrichtung, ist wegen des stets positiven Widerstands W *eindeutig* durch das Vorzeichen der Spannungsdifferenz $E_2 - E_1$ gegeben. Vielmehr besteht ein *statisches* (nicht dynamisches) Gleichgewicht zwischen verschiedenen Punkten, an denen dieselbe Spannung herrscht (wozwischen also keine Spannungsdifferenz existiert). Diese Kompensationsmethode läßt sich zu allerhand Zwecken mannigfach abändern. Wir betrachten davon nur die Schaltung nach Lindeck, die bei Temperaturmessungen benützt wird und eine Schaltung mit drei verknüpften Stromkreisen.

Galvanometer als Nullinstrument

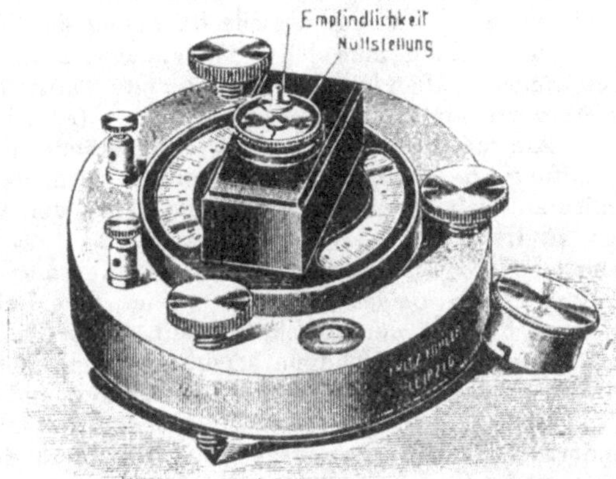

Abb. 105. Paschengalvanometer (Nullinstrument).

Kompensation von Spannungen statisch, nicht dynamisch

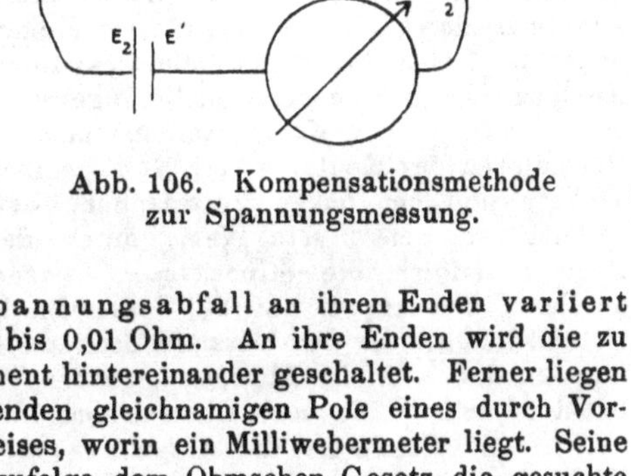

Abb. 106. Kompensationsmethode zur Spannungsmessung.

Lindeckschaltung zur Spannungsmessung

Die *Lindeckschaltung* ist einfach die Kompensationsmessung einer Spannung, wobei statt des Widerstandsbetrags auf der Brücke der Spannungsabfall an ihren Enden variiert wird. Als Brücke dient ein Normal 1 bis 0,01 Ohm. An ihre Enden wird die zu messende Spannung und das Nullinstrument hintereinander geschaltet. Ferner liegen an ihren Enden die mit den zu messenden gleichnamigen Pole eines durch Vorschaltwiderstand regulierbaren Stromkreises, worin ein Milliwebermeter liegt. Seine Angabe mit 0,01 multipliziert ergibt zufolge dem Ohmschen Gesetz die gesuchte Spannung.

Widerstandsmessung durch Spannungsmessung. Schaltung „in Serie"

§ 126. *Widerstands-Messung.* Eine ähnliche Schaltung kann man zur genauen *Messung von Widerständen* verwenden. Man verbindet den betreffenden Widerstand mit einem Normalwiderstand und einer Spannungsquelle *in Serie (d. i. hintereinandergeschaltet)* und mißt die Spannung mittels Kompensation zuerst am Normalwiderstand, dann am Widerstand x. Da die erste Messung durch Multiplikation mit dem Normalwiderstand die Stromstärke im Kreis liefert, so erhält man aus ihr durch Division in die an x gemessene Spannung den Widerstand x.

Widerstandsschätzung

Roher kann man jeden Widerstand, z. B. den eines Volt- oder Webermeters bestimmen, indem man eine bestimmte, ausreichend kleine Spannung anlegt und diese dann durch die angezeigten Weber (Ampere) dividiert.

Widerstandsmessung mit Wheatstonescher Brücke

Am häufigsten mißt man Widerstände mit der Wheatstoneschen Brückenschaltung, die am besten so angeordnet wird, daß die Enden einer Meßbrücke (Gefällsdraht) mit einem Nullinstrument verbunden werden und anderseits noch an sie ein zweiter Leiterkreis angeschlossen wird, der aus einem Stöpselrheostaten oder sonstigen abgleichbaren Rheostaten und dem Widerstand x in Serie besteht. Zwischen den beiden letzteren zweigt eine Leitung zur Spannungsquelle, deren anderer Pol auf der Brücke schleift. Eine leichte Erwägung an Hand des Ohmschen Gesetzes führt dann dazu, aus dem Verhältnis der Brückenabschnitte zueinander bei Nullstellung des Stromanzeigers und aus dem gestöpselten Widerstand w den Betrag von x zu berechnen. Sei das Potential am Schleifkontakt E_1, das am andern Pol der Spannungsquelle E_2, so muß das an beiden Brückenenden gleich sein, wenn der Stromanzeiger Null zeigen soll. Der Betrag sei dabei E_0. Daraus, daß der Stromanzeiger nicht durchströmt wird, folgt, daß die Stromstärken jeweils in dem einen Brückenabschnitt und dem Rheostaten, bzw. x gleich sein müssen. Gehört zum Brückenabschnitt a das w, zu b das x, so wird

$$\frac{E_2 - E_0}{w} = \frac{E_1 - E_0}{a}$$

und

$$\frac{E_2 - E_0}{x} = \frac{E_1 - E_0}{b},$$

und Division liefert $x:w = b:a$ oder $x = wb:a$.

Kompensationsmessung innerer Widerstände und von Stromstärken

Endlich hat man mitunter den *inneren Widerstand* galvanischer Elemente zu messen. Ist er groß genug, so eignet sich dazu die folgende Schaltung, die auch die Stromstärke mittels Kompensation zu messen erlaubt. Letzteres geht aus dem schon Besprochenen hervor. Man schließt die Spannungsquelle durch einen hohen Widerstand unbekannten Widerstandsbetrags und dazu durch einen weiteren bekannten Widerstand in Serie. An die Enden dieses letzteren Widerstands legt man zwei Drähte, deren einer von einem Ende eines Gefällsdrahts kommt, deren anderer aber von einem auf diesem schleifenden Kontakt. Einer dieser beiden Drähte ist durch Einschaltung eines Nullinstruments durchbrochen. An den Brückenenden liegt eine Spannungsquelle bekannten Betrags, so daß ihre Pole den gleichnamigen der untersuchten Quelle zugewandt sind, also + gegen +, − gegen −, wie immer bei der Kompensationsschaltung. Hat man das Nullinstrument durch Verschieben des Kontakts auf Null gebracht und aus der gewonnenen Brückenstellung und der bekannten Spannung den eingeschalteten Spannungsbetrag berechnet, so liefert sein Wert, durch den bekannten Widerstand des anderen Kreises dividiert die Stromstärke J in jenem Kreis. Das haben wir oben bereits gesehen. Kennen wir nun die Spannung der Quelle M, deren Widerstand gesucht ist und kennen wir den Gesamtwiderstand G in ihrem Kreis, abgesehen von ihrem inneren, d. h. z. B. im Element liegenden Widerstand x, so läßt sich dieser letztere leicht berechnen, da nach Ohms Gesetz $J = M/(G + x)$ sein muß. Also wird $x = (M/J) - G$. Damit ist die Aufgabe zwar grundsätzlich und für eine Reihe von Fällen auch praktisch gelöst, aber brauchbar doch nur, wenn weder G noch M/J sehr groß und zugleich im Betrag sehr ähnlich sind. Denn wenn beispielsweise der Unterschied beider Größen, also das x nur rund $^1/_{100}$ des Betrags von G ausmacht, G selbst aber sich nur auf weniger als auf $^1/_{100}$ genau noch messen läßt, dann ist x bereits kleiner, als der unvermeidliche Messungsfehler und daher nicht mehr bestimmbar. Meist kann man die Messung noch auf rund $^1/_{1000}$ genau machen und so gibt dies zugleich die Grenze der praktischen Anwendbarkeit der Methode.

Zusammenfassung
der Ergebnisse, Definitionen und Gesetze.

Grundbegriffe der Elektrizitätslehre.

1. Vorzeichen und Spannung.

1. *Berührungs-* (= „Reibungs-") *Elektrizität* entsteht, wenn verschiedene Körper miteinander in Berührung gebracht und dann isoliert voneinander getrennt werden. Ist die elektrische Erregung an Stoffübertritt zwischen den Körpern gebunden, so liegt *Galvanismus*, andernfalls *Guerickismus* vor.

2. An Wolle wird *Glas positiv* elektrisch, *Harz negativ* (Definition).

3. Ein Raum, worin Kräfte wirken, heißt *Kraftfeld*, die Richtungen größter Kraftwirkungen *Kraftlinien*.

4. Elektrische Kraftfelder können sich in *Nichtleitern* (Isolatoren) einige Zeit halten (nichtmetallische Körper); in *Leitern* nicht (Definition beider).

5. Die *Kraft* zwischen zwei Feldpunkten definiert man als Maß der zwischen ihnen herrschenden *Feldstärke*. Diese wird jener *proportional* gesetzt.

6. Das Produkt aus der Feldstärke, wenn sie konstant ist und dem Abstand der Punkte, zwischen denen sie herrscht (in cm) heißt die *Spannung* (= *Spannungsdifferenz, Potentialdifferenz*) zwischen ihnen.

7. Die *Einheit der Spannung* heißt *1 Volt*. Sie ist *definiert durchs Westonelement*, zwischen dessen Polen bei Zimmertemperatur 1,0188 Volt Spannung herrscht.

8. Daher ist die *Einheit der Feldstärke 1 Volt/cm.*

2. Kapazität und Ladung.

9. Wenn 101 Metallplatten von 1 qm Fläche in je 0,8842 mm Abstand im Vakuum isoliert übereinander geschichtet und wechselweise untereinander verbunden sind, so heißt dieser Apparat ein (Kondensator) *Verdichter* von *1 Mikrofarad* (= 10^{-6} Farad) *Kapazität*. Er definiert die *Einheit der* (*elektrostatischen*) *Kapazität*, ausgedrückt im technischen Maßsystem.

10. Die *Kapazität eines Verdichters wächst mit seiner Oberfläche, sinkt mit steigenden Plattenabstand* und hängt außerdem von der Natur des umgebenden Isolators, des *Dielektrikums* ab.

11. Wenn zwischen beiden Plattengruppen obigen Einheitskondensators die Spannung 1 Volt besteht, so heißt der Ladungsüberschuß auf der einen Gruppe *1 Mikrocoulomb* (= 10^{-6} Coulomb). Man definiert dadurch

die *Einheit der Elektrizitätsmenge* (= Ladung) zu *1 Coulomb.* Damit ist der Zusammenhang definiert:

Ladung (in Coulomb) = Spannung (in Volt) × Kapazität (in Farad).

12. *Elektrische Flächendichte* = $\frac{\text{Elektrizitätsmenge}}{\text{Größe der Fläche, worauf sie liegt.}}$

13. *Coulombs Gesetz* (*Grundgesetz der Elektrostatik*):

Die Feldstärke ist der Flächendichte der Ladung proportional, also:

Flächendichte = D'. Feldstärke.

14. Die Proportionalitätskonstante D' heißt die absolute Dielektrizitätskonstante. Ihr Verhältnis zu dem Wert von D' für den leeren Raum (D'_0), also D'/D'_0 heißt die *Dielektrizitätskonstante* D (im üblichen Sinn).

15. Der *Zahlwert der Dielektrizitätskonstante* D ist also für den leeren Raum 1, für Gase kaum größer, für organische Flüssigkeiten meist gegen 2—5, für Wasser (einer der größten Werte) etwa gleich 80.

16. Die *gewöhnliche Form des Coulombschen Gesetzes* ist folgende:

(Elektrische) *Kraft* = $\frac{\text{Ladung } m_1 \times \text{Ladung } m_2}{4\pi D(\text{Abstand } r \text{ der Ladungen})^2}$

zwischen zwei punktförmigen Ladungen m_1 und m_2 im Abstand r voneinander im Dielektrikum mit der Konstante D.

3. Stromstärke und Widerstand.

17. *Stromstärke* =

$$= \frac{\text{Elektrizitätsmenge}}{\text{Zeit, die sie zum Durchwandern eines Leiterquerschnitts braucht}}.$$

18. *Stromdichte* = $\frac{\text{Stromstärke}}{\text{Querschnitt des Leiters, wodurch sie fließt}}$.

19. Die *Einheit der Stromstärke* erhält man bei der Zählung der Zeit (s. 17.) in Sekunden. Sie heißt 1 Weber[1]) (= 1 Ampère).

20. *Widerstand* eines stromdurchflossenen Körpers =

$$= \frac{\text{Spannungsdifferenz zwischen seinen Enden}}{\text{Stromstärke in ihm}}.$$

21. Die *Einheit des Widerstands* ist dadurch bereits definiert, sie heißt 1 Ohm. Eine Quecksilbersäule von 1 qmm Querschnitt, 106,3 cm Länge bei 0° und Atmosphärendruck hat diesen Widerstand (100 cm Länge = [alte] Siemenseinheit).

22. *Ohms Gesetz* (Grundgesetz der Lehre von stationär strömender Elektrizität): Der Widerstand eines Körpers hängt von Spannung und

---

[1]) Vorschlag von Ph. Lenard.

Stromstärke nicht mehr ab, ist eine Konstante des stromdurchflossenen Leiters, hängt von ihm ab. *Übliche Form* des Ohmschen Gesetzes:

$$\text{Weber (Ampère)} = \frac{\text{Volt}}{\text{Ohm}}.$$

4. Spezifischer Widerstand und Leitfähigkeit.

23. Der *Widerstand eines zylindrischen Leiters in Achsenrichtung* ist seiner Länge direkt, seinem Querschnitt verkehrt proportional. Die Proportionalitätskonstante heißt bei Längenangabe in cm *spezifischer Widerstand* des Leitermaterials (= Widerstand eines cm-Würfels senkrecht zur Fläche) und hängt von seiner Natur und seinem Zustand (Druck, Temperatur, Vorgeschichte) ab, ist eine *Materialkonstante:*

$$\text{Widerstand} = \text{spez. Widerstand} \times \frac{\text{Länge in cm}}{\text{Querschnitt in qcm}}.$$

24. Ist der Leiter ein Elektrolyt, in zylindrischem Gefäß von zwei Platten senkrecht zur Achsenrichtung begrenzt, so ist der stromerfüllte Leiterteil nicht genau zylindrisch, aber konstant. Dann heißt der Quotient:

$$\frac{\text{Widerstand des Leiters}}{\text{spez. Widerstand des Leiters}} = \textit{Widerstandskapazität}.$$

Sie wird für sehr lange Schicht sehr kleinen Querschnitts praktisch gleich

$$\frac{\text{Länge in cm}}{\text{Querschnitt in qcm}}.$$

25. *Leitwert* (früher Leitfähigkeit) $= \frac{1}{\text{Widerstand}}$.

26. *Spezifische Leitfähigkeit* = Leitvermögen $= \frac{1}{\text{spez. Widerstand}}$.

27. *Leitfähigkeitskapazität* $= \frac{1}{\text{Widerstandskapazität}}$

$$\left(\text{im Grenzfall} = \frac{\text{Querschnitt}}{\text{Länge in cm}}\right).$$

5. Schaltungen.

28. *Spannungen* mißt man mit:

1. *Elektrometern* mit kleiner Kapazität (vor allem für hohe Spannungen üblich).
2. *Kompensationsmethode*: Wheatstonesche Brücke und Nullinstrument. Vor allem für niedere Spannungen üblich. Als Nullinstrument ein empfindlicher Stromanzeiger.
3. *Strommethode. Voltmeter* = Webermeter mit hohem Widerstand, dessen Produkt in die Weberzahl auf die Skale geschrieben ist.
   a) *Schaltung*: *Nebenschaltung* an die Punkte des Stromkreises, wozwischen die Spannungsdifferenz gesucht wird.

b) *Meßbereicherweiterung*: durch *Widerstände vors* Voltmeter.

c) *Webermeter statt Voltmeter*: Muß empfindlich sein und bekannten Widerstands. Man legt einen großen bekannten Widerstand vor es. Das Produkt der Widerstandssumme in die Weberzahl ist die Voltzahl.

Die *Widerstände im Voltmeterzweig* müssen *hoch* sein *gegenüber dem Widerstand des Hauptstromstücks, zwischen dessen Enden die Spannung gesucht* ist.

29. *Stromstärke* mißt man mit *Weber(Ampere)meter*.

a) *Schaltung*: *im Hauptstromkreis*.

b) *Meßbereicherweiterung*: durch *Nebenschlußwiderstände* (Wehr, Shunt), ums Webermeter (Amperemeter) herum.

c) *Voltmeter statt Weber(Ampere)meter*: *im Neben*schluß schalten zu einem Hauptstromstück bekannten, gegen den des Voltmeters sehr kleinen Widerstands. Seine Division in die Voltzahl gibt die Weberzahl.

30. *Widerstandsmessung laut Definition des Widerstands nur* mit *Strommethode*. Ohms Gesetz, Wheatstonesche Brücke.

1. *Gleichstrom* nur für *Leiter I. Klasse*.
2. *Wechselstrom* für *Leiter beider Klassen* (Telephon Nullinstrument s. w. u.).

31. *Ladungsmessung* (Elektrizitätsmenge).

1. *Elektrometrisch* mit *Elektrometer bekannter Kapazität*, dessen Meßbereich durch Zuschaltung größerer Kapazitäten erweitert wird.
2. *Strommethode*: Messung der Weber(Ampere)zahl im Stromkreis und der Zeit des Stromdurchgangs in Sekunden. Das Produkt beider ist die Coulombzahl.
3. *Elektrochemisch*: Nach Faradays Gesetzen durch Wägung oder Titration oder Volumenmessung abgeschiedenen Stoffs (s. w. u.).

B. Grundlagen der Elektrochemie.

1. Das Ohmsche Gesetz bei Leitern zweiter Klasse.

Die Erscheinungen der Polarisation.

§ 127. Legt man die Enden einer Spannungsquelle an zwei gleiche Metallplatten, zwischen denen sich ein Leiter zweiter Klasse, also ein nichtmetallischer Körper befindet, so erhält man nur bei sehr kleinem Spannungsgefälle einen Strom, der dem Ohmschen Gesetz gehorchen kann. Diese Erscheinung wollen wir näher verfolgen. Denn in Wirklichkeit ist auch hier das Gesetz allgemein erfüllt.

Elektrode, Anode, Kathode

Die Leiter erster Klasse, wodurch man einem Leiter zweiter Klasse Strom zuführt, heißen *Elektroden* (ὁδὸς Weg); die Elektrode, die dem Leiter zweiter Klasse den positiven Strom zuführt, ist die *Anode* (ἀνά hinauf), die ihn wieder ableitende die *Kathode* (κατά herab).

a) Die Abhängigkeit der Stromstärke von der Spannungsdifferenz bei Leitern zweiter Klasse. (Stromspannungskurve.)

Strom-spannungs-kurve

Zersetzung durch den elektrischen Strom, Elektrolyse.

Wir tauchen zwei Ni-Platten in einen Trog mit 15prozent. Natronlauge und legen 20 Volt Spannung an. (Abb. 107, Spannungsteilung.) Dann steigen an der Anode Gasbläschen auf, die man auffangen und durch einen glimmenden Span als Sauerstoff nachweisen kann. An der Kathode sind die Bläschen kleiner und bestehen aus Wasserstoffgas, wie ihre Brennbarkeit und das bei Verbrennung daraus entstehende reine Wasser beweisen. Durch geeignete Wahl von Querschnitt und Abstand der beiden Elektroden erreichen wir leicht, daß die Stromstärke dabei 1 Weber (Ampere) beträgt. Nun verringern wir die angelegte Spannung auf 5 Volt. Nach dem Ohmschen Gesetz müssen wir erwarten, daß dadurch die Stromstärke auf $^1/_4$, auf 0,25 Weber (Amperes) sinkt. Sie sinkt jedoch auf weniger.

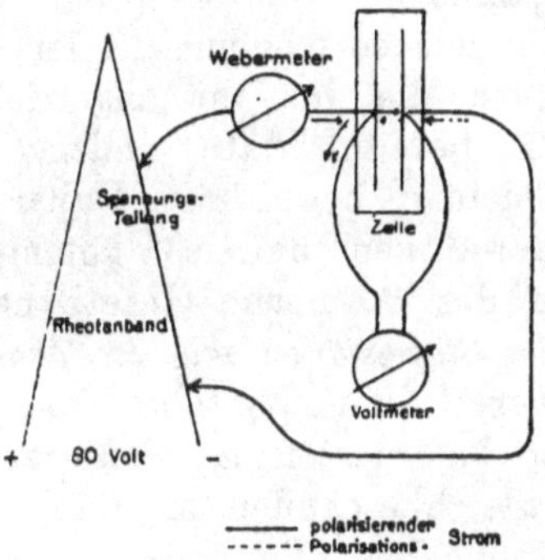

Abb. 107. Spannungsteilung.

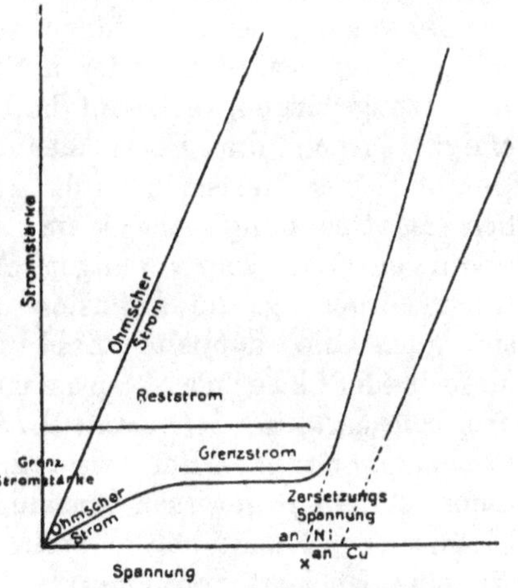

Abb. 108. Stromspannungskurve.

Aber die Gasentwicklung, obwohl schwächer, bleibt noch bestehen, auch bei weiterer Spannungsverringerung, bis diese ungefähr zu 1,7 Volt geführt hat. Nun hört sie auf und zugleich verliert weitere Verringerung der Spannung zunächst fast jeden Einfluß auf die schon sehr klein gewordene Stromstärke. Erst wenn man sehr weit mit der Spannung herabgeht, fast auf Null, dann nimmt endlich auch die Stromstärke ab und bei ganz kleinen Spannungen sogar endlich proportional der Spannung, wie es das Ohmsche Gesetz verlangt.

Trägt man die Stromstärke nach oben (als Ordinate), die Spannungsdifferenz (als Abszisse) nach rechts auf, so erhält man die *Stromspannungskurve* (Abb. 108). Darin heißt das Stück bis zur beginnenden Gasentwicklung das des *Reststroms*. Sein beinahe horizontales Stück wird

Ordinate und Abszisse

Reststrom

Grenzstrom *Grenzstrom* genannt. Die Spannung, wobei die Zersetzung merklich wird, wollen wir zunächst nicht ausführlich untersuchen, sondern uns nach der Bedeutung des Reststroms fragen. Rücken wir die Elektroden näher zusammen, so wächst er natürlich. Denn der Widerstand sinkt so. Aber der Reststrom wächst stärker, als die Annäherung der Platten. Und wenn wir Pt-Platten benützen und diese mit Pt-Mohr, also mit feinverteiltem Pt überziehen, so wächst er weiter, obwohl doch das Pt so wenig, als das Ni chemisch bei unserem Versuch verändert wird. Nun wissen wir bereits, daß Pt-Mohr die Vereinigung von H_2 und O_2 beschleunigt und daher liegt die Vermutung nahe, daß auch unterhalb der Spannung *merklicher* Zersetzung doch noch Stoff zersetzt wird, daß aber dies nur in so geringem Maß geschieht, daß die abgeschiedenen Stoffmengen Zeit haben, sich unter der reaktionsbeschleunigenden Wirkung des Ni bzw. Pt wieder in Lösung zu begeben. In der Tat lehren alle Versuche, daß der Reststrom nur davon kommt, daß primär abgeschiedener Stoff mit Hilfe seiner Diffusionsbewegung, die ja nichts anderes ist, als die Molekularbewegung selbst, wieder zurückwandert, und daß er dabei noch zeitig genug auf den anderen Stoff trifft, von dem ihn die elektrische Zersetzungswirkung getrennt hatte und mit dem er sich nun wieder vereinigt. Auch die Form der Stromspannungskurve entspricht dieser Deutung des Reststroms als einer Diffusionserscheinung. Ist nämlich die Spannung sehr klein, so werden die von ihr angetriebenen Ladungen auf sehr wenigen Molekeln bereits Platz finden, deren Rückbeförderung die Diffusion noch spielend bewältigt. Daher wird sie auch die doppelte Zahl noch bewältigen und so kommt für diese s e h r k l e i n e n S p a n n u n g e n das Ohmsche Gesetz heraus: *Proportionalität der beförderten Ladungen (= Stromstärke) mit der angelegten Spannungsdifferenz.* Bei wesentlich größerer Spannung aber kommt es schon zu einer gewissen Anstauung der beförderten Molekeln an den Elektroden. Damit hören letztere auf, gleichbeschaffen zu sein. Denn die eine ist jetzt von einer H_2-Lösung umgeben, die andere von einer O_2-Lösung (neben anderen Änderungen, die wir im weiteren kennen lernen) und damit ist die Zersetzungszelle nicht mehr symmetrisch gebaut, sondern asymmetrisch. Das aber bedeutet, daß sie zu einem galvanischen Element geworden ist. Denn jede Asymmetrie kann genügen, um ein solches zu bilden. Nun aber kommt eine sehr allgemeine und für uns hier noch wesentlich neue Erfahrungstatsache hinzu, die wir zunächst in die unscharfe Form fassen:

Jeder Einfluß, der einen Ruhezustand verschiebt, weckt eine Kraft, die diese Verschiebung verringert: Die Bäume wachsen nicht in den Himmel.

Dieser allgemeine Satz, dem wir später im II. Hauptsatz der Thermodynamik erst eine exakte und damit brauchbare Form geben können, nimmt im vorliegenden Fall die Form an:

Die durch eine Spannungsdifferenz in einer elektrolytischen Zelle erzeugten Differenzen der stofflichen Zusammensetzung an den beiden

Elektroden bedingen eine entgegengerichtete Spannungsdifferenz, die somit von der angelegten in Abzug zu bringen ist.

Die zum Entwurf der Stromspannungskurve benützte Spannungsdifferenz ist also nicht die in der Zelle wirkende, sondern sie ist von Beginn der Krümmung der Reststromkurve ab zu groß genommen. Würde man den Nullpunkt der Spannung bei X ansetzen statt bei Null, so wäre Strom und Spannung von da ab einander proportional wie das Ohmsche Gesetz fordert. Um es beizubehalten, nimmt man also eine von der Elektrolyse selbst erzeugte *Gegen*spannung im Betrag X an. Diese heißt die *Polarisationsspannung* oder kurz die *Polarisation.* Rührt man das Bad, den Elektrolyten gut um, benützt chemisch unangreifbare Elektroden, z. B. solche aus Pt, am besten platiniert und bläst man an die Kathode einen O_2-Strom, an die Anode einen von H_2, so wird dadurch die Polarisation bis fast auf Null verkleinert werden können (*Depolarisation*). Dann hat man *unpolarisierbare Elektroden.* Man stellt dabei fest, daß an jeder Elektrode einzeln ein Sitz einer Polarisation ist. Auch bei hohen Stromstärken übrigens ist sie selten von deren Betrag so ganz unabhängig wie es nach der vereinfachten Abbildung scheinen könnte.

Polarisationsspannung

Unpolarisierbare Elektroden

Die Gegenspannung ist auch nach Unterbrechung des Stroms noch vorhanden und erzeugt da einen umgekehrt gerichteten Strom.

An der Abbildung ist zu sehen, weshalb bei Unterbrechung des polarisierenden Stroms (Abschaltung der 80 Volt) der Polarisationsstrom das Webermeter zwar in umgekehrter, das Voltmeter aber in gleicher Richtung durchfließt, als es der polarisierende Strom tat.

Wie schon Faraday, der Begründer der Elektrizitätslehre, erkannte, wird die Stromleitung in Elektrolyten, in Leitern zweiter Klasse durch geladene Molekeln, *Ionen* besorgt, durch *Kationen* der zur Kathode, durch *Anionen* der zur Anode. Erstere sind also positiv, letztere negativ geladen. An sich würde zur Stromleitung auch genügen, wenn nur Ionen der einen Art wanderten. Im Verlauf der Elektrolyse träten auch dann nie freie Ladungen der ganzen Zelle nach außen auf. D. h. die ganze Zelle, die doch ersichtlich anfangs, vor Anlegen der Spannungsdifferenz keine Spannung gegen die Erde hatte, könnte sich auch dann nicht gegen die Erde aufladen. In Wirklichkeit aber bewegen sich (außer in Gläsern u. dgl.) beide, die positiven und die negativen Ionenarten. Welche Ionen zur Bildung von H_2, welche zu der von O_2 führen, können wir danach freilich zunächst nicht sehen.

Ionen, Kationen, Anionen

Mit diesem neuen Begriff stellt sich der Befund der Elektrolyse so dar:

Das angelegte Spannungsgefälle setzt die Ionenwanderung in Gang. Zunächst gleicht die Diffusion die so entstehenden Differenzen in der Zusammensetzung der Flüssigkeit an den Elektroden vollkommen aus und soweit gilt das Ohmsche Gesetz. Eine Veränderung des Leiters findet alles in allem dabei nicht statt. Bei stärkerer Spannung kommt es zur Anstauung von Ionen und da diese geladen sind, so wird jetzt auch die Gegenspannung verständlich und mit ihr das Abflachen der

Ionen-Betrachtung der Elektrolyse

Stromspannungskurve. Ist die Anstauung durch Spannungssteigerung von außen so weit gediehen, daß es zur dauernden Abscheidung wachsender Mengen der Elektrolysenprodukte kommt, daß also eine stoffliche Verschiedenheit zwischen den Elektroden durch weitere Spannung nicht mehr gesteigert werden kann, so verschwindet damit diese Ursache weiterer Änderung der Polarisation und damit tritt von neuem eine geradlinige, d. h. der Differenz zwischen äußerer Spannungsdifferenz (Badspannung) und Polarisations-Potentialdifferenz proportionale, mithin wie stets dem Ohmschen Gesetz gehorchende Stromstärkevermehrung ein, wenn nicht wie meistens andere Faktoren die Polarisation von der Strombelastung der Elektroden abhängig machen. In Wirklichkeit wandert übrigens der Natrongehalt unserer Natronlauge auch, so daß die gefundenen Differenzen auch deshalb größer sind, als einer bloßen Gasanstauung entspräche.

Badspannung

b) Die verschiedenen Arten der Polarisation.

Umkehrbare und Diffusionspolarisation.

Zersetzungsspannung und Überspannung.

§ 128. Die Polarisation, die wir bisher kennen lernten, war durch eine an den Elektroden lokalisierte Änderung des Gehalts des Elektrolyten an gelöstem Stoff, also durch Konzentrationsänderungen bedingt. Dabei verstehen wir unter *Konzentration einer Lösung* im allgemeinen ihren *Gehalt gezählt in Mol im Liter*. Sobald aber in einer Lösung eine Konzentrationsdifferenz auftritt, beginnt die Diffusion ihre ausgleichende Tätigkeit und verringert die Differenz. Daher kann man die *Konzentrationspolarisation*, wie wir die bisher besprochene nennen, nie rein beobachten. Denn stets ist die Diffusion am Werk, sie zu vernichten.

Konzentration

Konzentrations-Polarisation

Tauchen wir 2 Pt-Platten in $CuSO_4$-Lösung, so kommt bei Anlegen einer Spannung gleichfalls eine Polarisation zustande wie die Stromspannungskurve lehrt. Aber sie ist nur z. T. durch Konzentrationsänderungen veranlaßt. Zum anderen Teil ist sie dadurch bedingt, daß Cu sich auf der Kathode niederschlägt, so daß man, wenn sie vollkommen überzogen ist, ein Element hat: Cu—$CuSO_4$-Lösung—Pt. Man elektrolysiert eben, dann überhaupt nicht mehr zwischen Pt-Elektroden. Die Diffusion kann hier nicht wirken, denn ob eine Cu-Schicht dick oder dünn ist, die lösende Wirkung eines Lösungsmittels darauf bleibt sich gleich. Man wird hier von einer *chemischen Polarisation* reden können, weil die chemische Beschaffenheit der Elektrode sich geändert hat.

Chemische Polarisation

§ 129. Besonders wichtig ist die Elektrolyse verdünnter Schwefelsäure zwischen Bleielektroden, die zur Erfindung des *Bleiakkumulators* oder *Bleisammlers* geführt hat. An der Kathode tritt dabei eine Konzentrationspolarisation, an der Anode eine chemische Polarisation ein, die zur Bildung von PbO_2, Bleisuperoxyd führt. Läßt man eine so polarisierte Zelle, die eine Polarisationsspannung von gegen 2 Volt hat und die man daher als galvanisches Element benützen kann (*Sekundär-*

Bleiakkumulator. Bleisammler

element), längere Zeit stehen, ob durch einen Draht geschlossen oder nicht, so bildet sich darin schließlich an beiden Polplatten $PbSO_4$, was man in Summa durch die Gleichung ausdrücken kann:

$$Pb + PbO_2 + 2H_2SO_4 = 2H_2O + 2PbSO_4 .$$

Nur verläuft der Vorgang bei geschlossener Zelle ungeheuer viel rascher. Bei Verbindung der beiden Pole miteinander strömt die positive Elektrizität, die durch den chemischen Gegensatz von Pb und PbO_2 bedingt und entsprechend unserem Gegenwirkungsprinzip (S. 262) sich am PbO_2 angestaut findet, durch den Draht hinüber zum Pb, wo sie die negativen Ladungen neutralisiert, die dorthin wandern. Bekanntlich strömt die Elektrizität sehr rasch durch einen solchen Draht, und er hat einen nur kleinen Widerstand. Legt man aber keine Drahtverbindung, dann können sich die angestauten Elektrizitäten nur sehr langsam durch die Luft und Flüssigkeitshäute ausgleichen und daher geht dann die Sulfatbildung sehr langsam — wenigstens soweit sie dieser chemischen Reaktion folgt, die mit diesem Ladungstransport verknüpft ist. Man kann jetzt aber die Sulfatbildung bei offener (nicht durch Draht geschlossener) Kette sehr beschleunigen, wenn man etwas Ferrosulfat oder Ferrisulfat der Säure zufügt. Dieses wird im Lauf seiner Molekularbewegung (Diffusion) vom Pb zum PbO_2 und wieder zurückkommen. Es wird sich am einen auf dessen Kosten oxydieren und PbO zurücklassen, das mit der Säure Sulfat liefert. Am anderen Pol wird es wieder, vom Pb reduziert, zu Ferrosulfat und dabei aus dem Pb dasselbe PbO entstehen lassen, das Sulfat liefert. So eilt das Eisensalz geschäftig als Zwischenträger hin und her und wandelt beide Elektroden schnell in Sulfat um, ohne daß die angestaute Elektrizität durch die Drähte ausgeglichen zu werden braucht. *Eisensalz* ist daher ein *Akkumulatorgift*. Denn es begünstigt seine Entladung in der Ruhe. Man sieht leicht ein, daß seine Gegenwart auch den Reststrom in einer Zelle mit Pb-Platten und Schwefelsäurefüllung verstärken muß.

Eisensalze als Akkumulatorgifte

§ 130. Wollen wir das Sulfat an einem Pol wieder zu Pb reduzieren, am anderen zu PbO_2 oxydieren, sind die Platten mit Sulfat bedeckt, so brauchen wir an die nunmehr symmetrische Zelle nur ein Spannungsgefälle anzulegen, das etwas mehr, als 2 Volt beträgt, um alsbald diese Veränderung (Ladung des Akkumulators) zu erzielen. Stellen wir daneben nun drei gleiche entladene Zellen auf und fügen der einen eine Spur Cu, der anderen eine Spur Ag_2SO_4, der dritten eine winzige Spur Pt-Lösung zu und versuchen auch diese Zellen zu laden, so gelingt dies nur höchst mangelhaft oder gar nicht. Vielmehr entwickelt sich bei ihnen an der Kathode fast von Anfang an Wasserstoffgas und in viel größeren Mengen als bei der ersten Zelle, wo es offenbar zur Reduktion des Sulfats zu Pb benützt und dabei verbraucht wird. Haben wir die 4 Zellen in ihren Abmessungen vollkommen gleich gemacht, so sind ihre Widerstände gleich. Aber angelegte Voltmeter

Vergiftung von Akkumulatoren durch Cu, Ag, Pt

beweisen, daß die Spannung in der ersten Zelle wesentlich höher ist, als in den Zellen mit Zusätzen, obwohl diese Zusätze die Leitwerte der Flüssigkeit nicht merklich beeinflußt haben. Daraus geht hervor, daß die Reduktion des $PbSO_4$ einer höheren Spannung bedarf, als die bloße Abscheidung von H_2 an Cu, Ag oder Pt. Denn diese 3 Metalle schlugen sich wie genaue Untersuchung lehrt, bei Beginn der Elektrolyse zuerst auf den 3 Sulfatplatten nieder und so haben wir recht eigentlich hier vier verschiedene Elektrolysen ausgeführt: Abscheidung von H_2 an Pb, Cu, Ag, Pt (und solche von Sauerstoff an PbO_2), jeweils aus verdünnter Schwefelsäure. Die Mindestspannung, bei der sich ein Gas oder sonst ein Stoff an einer Elektrode frei abscheidet heißt die

Abscheidungsspannung

Abscheidungsspannung. Sie hängt von der Natur der, wenn auch unangreifbaren Kathode ab (bzw. bei Anodenprodukten der Anode). An Platinelektroden pflegt sie am geringsten zu sein. *Ihr Mindestwert läßt sich auch aus anderen meßbaren Größen vorausberechnen* und spielt somit eine Vorzugsrolle. Denn er ist ein Maß für die „Neigung" der Stoffe, mit elektrischer Ladung vereint zu bleiben, ein Maß ihrer *Elektroaffinität.* Deshalb hat man diesem Mindestwert der Abscheidungsspan-

Zersetzungsspannung Elektroaffinität und Überspannung

nung einen bestimmten Namen erteilt und ihn die *Zersetzungsspannung* genannt. Die Überschüsse über diesen Mindestbetrag heißen *Überspannung.* Die Überspannung ist für H_2 am Blei mit am größten und macht hier etwa $^3/_4$ Volt aus. Sie wird durch winzige Spuren von edleren Metallen (Cu, Ag, Pt) bereits zerstört und deshalb darf man Bleisammler nicht bloß nicht mit Eisen, sondern auch nicht mit Spuren von Cu, Ag oder Pt verunreinigen, wenn sie nicht unbrauchbar, d. h. überhaupt nicht mehr aufladbar sein sollen. Der Bleisammler ist also überhaupt nur möglich durch die *Existenz der Überspannungen an reinem Blei.*

Die Überspannungen an verschiedenen Elektroden zeigt folgende Tafel:

Wasserstoffabscheidung.		Sauerstoffabscheidung (1n-KOH.)	
Metall	Spannungsdifferenz	Metall	Spannungsdifferenz
Pt platiniert wird gesetzt .	0,00 Volt	Au	1,75 Volt
Au	0,02	Pt blank	1,67
Fe in Natronlauge . . .	0,08	Pd	1,65
Pt blank	0,09	Cd	1,65
Ag	0,15	Ag	1,63
Ni	0,21	Pb	1,53
Cu	0,23	Cu	1,48
Pd	0,48	Fe	1,47
Sn	0,53	Pt platiniert	1,47
Pb	0,64	Co	1,36
Zn	0,70	Ni blank	1,38
Hg	0,78	Ni-Schwamm	1,28

Man hat also mit Ni-Anoden und Pt-Kathoden die kleinsten Spannungen nötig und entwickelt umgekehrt an Zn und Hg den Wasserstoff, am Gold den Sauerstoff unter dem stärksten Druck und mithin mit der stärksten chemischen Reduktions- bzw. Oxydationswirkung. Beides ist technisch wie wissenschaftlich sehr bedeutungsvoll.

c) Die Elektrizitätsmenge, deren man zur Polarisation bedarf. Polarisationskapazität.

Weber (Ampere-) Stunden — Kapazität von Akkumulatoren.

§ 131. Zur Erzielung einer bestimmten Polarisationsspannung bedarf man bei gegebener Anordnung der Zufuhr einer bestimmten Elektrizitätsmenge. Dividiert man diese letztere durch die Polarisationsspannung, so erhält man die Polarisationskapazität. Man setzt also Polarisationskapazität

$$\frac{\text{Elektrizitätsmenge}}{\text{Polarisationsspannung}} = \text{Polarisationskapazität} \qquad (24)$$

Sie ist natürlich um so größer, je größer die Elektrodenfläche, macht bei „unformierten“ Elektroden — nur hier hat dieser Begriff erhebliche Bedeutung — größenordnungsweise 10—20 Mikrofarad/qcm aus und hängt noch von mannigfachen anderen Faktoren ab. Polarisiert man z. B. Pb-Platten in verdünnter Schwefelsäure, so hat man dabei einen Bleisammler und es ist zunächst die Kapazität klein. Nimmt man dann Anode statt Kathode, polarisiert also um, so lockert man damit bereits ein wenig die Pb-Fläche und damit wächst die Kapazität („*Formierung*“). Sie wird noch größer, wenn man statt der Platten Bleigitter benützt (Abb. 109), die mit Bleisulfat ausgeschmiert sind oder bequemer gleich mit Bleischwamm, bzw. PbO_2. So verfährt man zum Bau der Sammlerplatten.

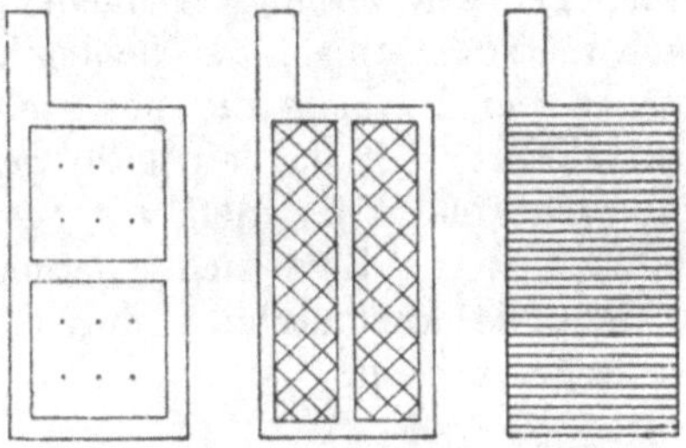

Abb. 109.
Akkumulatorplatten für kleine, mittlere und große Entladungsgeschwindigkeit.

Man kann dann aus einer solchen Zelle viel länger Strom beziehen, weil es viel länger dauert, bis die große Menge Pb und PbO_2 zu Sulfat geworden ist. Die Elektrizitätsmenge, die man so aus einer Akkumulatorenzelle beziehen kann, heißt ihre *Weber-(Ampere-)Stundenkapazität*. Weberstundenkapazität Sie ist also der Art nach sowohl von der elektrostatischen wie von der Polarisationskapazität verschieden, die trotz ihrer Definitionsverschiedenheit doch wenigstens darin übereinstimmten, daß beide Ladung/Spannung darstellen. Die aus einem Akkumulator ohne Schaden für ihn beziehbare Elektrizitätsmenge heißt seine Weberstundenkapazität, weil man sie nicht in der kleinen Einheit der Coulombs, sondern handlicher in der 3600 mal so großen Einheit der Weberstunden mißt. Auch die *Lade- und Entladestromstärke* darf ein gewisses, zulässiges Maximum nicht überschreiten. Es ist für verschiedene Sammlertypen verschieden.

Zerstörung von Akkumulatoren durch lange Ruhe oder zu starke Benutzung

Entladet man einen Akkumulator zu weit, oder läßt man ihn allzulange unbenützt stehen, so geht die *Sulfatisierung* der Platten und ihre Verhärtung zu weit, so daß ein erneutes Laden längere Zeit braucht und nur mit schwachem Strom anfangs vorgenommen werden darf. Ein Laden mit zu starkem Strom oder ein zu schnelles Entladen (*Kurzschluß*) bedingt Verarmung der an den Elektroden notwendigen Stoffe, Anstauung anderer und Volumenänderungen in der bröckligen Schicht des Plattenbelags, die zur Verkrümmung der Platten und leicht zur völligen Zerstörung der Sammler führen können.

Ionenwanderung

2. Die Wanderung der Ionen.

Nach Th. v. Grotthus und W. Hittorf.

Elektrolytische Dissoziationstheorie von Arrhenius.

Grotthussche Leitfähigkeit

§ 132. Die erste Vorstellung über die Wanderung der Ionen bei Elektrolyse des Wassers hat Th. v. Grotthus entwickelt. Nach ihm liegen die Ionen in der Flüssigkeit zunächst paarweise beieinander. Legt man Spannung an, so ordnen sie sich + — + — + — usf. Jedenfalls muß gleich viel positive und negative Elektrizität vorhanden sein, sonst wäre die Lösung selbst geladen. Alle entgegengesetzt geladenen Teilchen sind noch chemisch vereinigt gedacht. Legt man Spannung an, so reißt diese nach v. Grotthus von den beiden äußersten Paaren jeweils die eine Ladung los, an der Kathode die positive, an der Anode die negative. Darauf neutralisiert sich das einseitig geladene Teilchen, das gegenüber jedem Pol zurückbleibt mit dem entgegengesetzt geladenen Stück der nächsten Molekel, deren Rest sich abermals an der nächsten neutralisiert und so geht die Austauschung durch die ganze Reihe hindurch, wie folgendes Schema zeigt:

$$\left.\begin{array}{ll} (+\,-)\quad(+\,-)\quad(+\,-)\quad(+\,-) & \text{vor} \\ +\quad(-\,+)\quad(-\,+)\quad(-\,+)\,- & \text{nach} \end{array}\right\}\ \text{Anlegen der Spannung.}$$

Die freistehenden Ladungen sollen die neutralisierten bedeuten. Der Rest ordnet sich wieder durch einfache Drehung und das Spiel beginnt von neuem. Diese Vorstellung setzt voraus, daß die einzelnen Teilchen einander nahe genug liegen, um sofort ihre geladenen Stücke auszutauschen. In der Tat deutet, z. B. bei Wasser, bei dem man die Ionen H^+ und OH^- nachgewiesen hat, in wäßrigen Lösungen manches auf solche *Grotthussche Wanderung*, aber mehr spricht dagegen.

Später hat W. Hittorf die Vorstellung entwickelt, daß die Ionen nach dem Schema wandern:

Hittorfsche Leitfähigkeit

$$\begin{array}{c} +\,+\,+\,+\,+\,+\,+\,+\,+\,+\,+\,+\,+\,+\,+\,+\,+\,+ \\ -\,-\,-\,-\,-\,-\,-\,-\,-\,-\,-\,-\,-\,-\,-\,-\,-\,- \end{array}$$

indem er keine wechselnde Verbindung und Anknüpfung, sondern freie Wanderung freier Teilchen annahm. Nach ihm muß jedes freie Teilchen den ganzen Weg zurücklegen, nach v. Grotthus aber braucht sich ein gebundenes neutrales Teilchen nur zu drehen und ein Stückchen zu wandern und spart so den abzureißenden Ionen die Summe aller der Wege, die einzeln gleich dem Durchmesser eines neutralen Teilchens sind. Die sog. *Hittorfsche Wanderung* ist wie man sieht, auch spärlich im Elektrolyt vorhandenen Ionen möglich, im Gegensatz zur Grotthusschen.

Haben wir nun viele Ionen in den Elektrolyten oder nur wenige? Clausius meinte, die letztere Annahme genüge zur Deutung der beobachteten Tatsachen. Arrhenius aber hat als erster die Annahme gewagt, daß in Elektrolyten ein sehr großer Teil der Molekeln in geladene Stücke gebrochen sei, in Anionen und Kationen und hat Methoden zur Stützung dieser berühmten *Hypothese der elektrolytischen Dissoziation* angegeben. die ein ungeheures Gebiet von Tatsachen mit einem Gedanken zu umspannen erlaubt. Hier die wichtigsten Belege aus dem schon oben behandelten Erfahrungsstoff: **Arrheniussche Dissoziationstheorie**

Wenn in jedem Elektrolyt ein großer Teil der Molekeln in Ionen gespalten ist und diese schneller reagieren, als ihre Ausgangsstoffe, so müssen beispielsweise alle Metallchloride in Lösung gleichartig reagieren, insofern nämlich, als sie „Chlorion" enthalten, d. h. elektrisch geladene Cl-Atome. Da sie zur Anode gehen, so sind sie negativ Cl^-.

In der Tat liefern diese Cl^--Ionen immer mit Silbersalzen den bekannten käsigen Niederschlag von AgCl, und wiederum die sämtlichen löslichen Ag-Salze sind hier brauchbar, weil sie alle als Elektrolyte das Ag-Ion abspalten, das, wie die Ag-Abscheidung bei Elektrolyse beweist, positiv geladen ist. Ebenso enthalten alle Cuprisalze offenbar dasselbe Ion, nicht nur wegen der gleichartigen chemischen Reaktionen — so fällen Sulfide immer schwarzes Schwefelkupfer, Ferrocyanide das Ferrocyankupfer usf. —, sondern auch wegen ihrer Farbe, die immer dieselbe blaue ist, sofern das Salz ausreichend weit in Ionen zerfallen ist. Ebenso haben alle Permanganate dieselbe Farbe wegen des in allen enthaltenen Permanganations usf. Aber schon im letzteren Fall kann man zweifelhaft sein, wie dies Ion zusammengesetzt sei. Wissen wir doch ohnehin noch nicht, ob das Ag^+-Ion z. B nur aus Silber und elektrischer Ladung besteht oder vielleicht aus Silberoxyd oder einem Hydrat davon usf. Nur das eine ist sicher: es ist der gemeinsame, gleichartig reagierende Bestandteil der Silbersalzlösungen, von dem jeweils immer nur Silber in etwaige neue Verbindungen übergeht, nicht etwa der Säurerest, der im Silbersalz noch enthalten war. **Gleiche Reaktionen verschiedener Salze weisen auf gleiche Ionenarten**

Als einfachste Hypothese hat man hier die eingeführt, daß alle Salze in Metallion und Säurerestion zerfallen sind und daß man also z. B. habe: Ag^+ und NO_3^- usf. Wir wollen jetzt sehen, ob noch andere Tatsachen dafür sprechen, als die bereits behandelten. **Zerfallsart der Salze**

Faradays Gesetze Variable bei der Elektrolyse

3. Die Gesetze von Faraday.

Stöchiometrie der elektrolytischen Ionen.

a) Die elektrochemischen Äquivalenzgesetze.

§ 133. a) Betrachten wir im folgenden Elektrolysen, die zu dauernder Zersetzung führen, also mit einer über den Abscheidungsspannungen liegenden Spannungsdifferenz betrieben werden. Dann haben wir dabei die Möglichkeit, allerhand zu variieren:

1. *Chemische Variable*: Art der Elektroden, des Lösungsmittels und der gelösten Stoffe, Konzentration der letzteren, Temperatur, Druck.

2. *Elektrische Variable*: Badspannung, Elektrizitätsmenge.

3. *Apparative Variable*: Die Abmessungen und Formen des Apparats, also alles, was auf die Wege Einfluß übt, die die diffundierenden Stoffe in der Zelle zurückzulegen haben. Diese letzteren Variablen sind vom größten Einfluß, insbesondere kommt es dabei auf die Größe der Fläche an, woraus der Strom an beiden Elektroden in den Elektrolyten tritt. Dividiert man sie in die Stromstärke, so erhält man die Stromstärke pro Flächeneinheit, d. h. die *Stromdichte* und zwar je nachdem die anodische und die kathodische, die natürlich wegen der Verschiedenheit der Elektroden voneinander verschieden sein können.

Stromdichte

Badspannung

Wir haben bisher nur mit der *Badspannung* zu tun gehabt. Wir konnten sie durch Veränderung der von außen angelegten Spannungsdifferenz variieren und durch Veränderung des Elektrodenabstands, allgemein gesprochen Veränderung des inneren Widerstands der Zelle, endlich durch verschiedene Wahl des Elektrodenmaterials, die verschiedene Überspannungen bedingte.

Elektrizitätsmenge

Leitet man denselben Strom hintereinander durch zwei Zellen, die $CuSO_4$-Lösung zwischen je zwei Cu-Platten enthalten und wählt man die kathodische Stromdichte nur ungefähr zu 0,5 Weber (Ampere)/qdm (Stromdichten mißt man meist in *Weber* [*Ampere*]/*qdm*, weil die Elektrodengröße in unseren Bechern meist in die Größenordnung von 1 qdm fällt), so scheidet sich an beiden Kathoden gleich viel Cu ab, einerlei, ob man die Temperaturen, Konzentrationen oder geometrischen Anordnungen gleich oder verschieden wählt. Einzige Bedingung ist, daß die Stromdichte nicht zu hoch ist. Am besten bleibt man unter der angegebenen.

Das hat u. a. den Vorteil, daß der Cu-Überzug glatt und fest wird, so daß man die Elektroden vor dem Versuch und nachher, nach Abspülung mit Wasser und Alkohol, und schnellem Trocknen bequem wägen kann. Der Versuch beweist mit vollkommener Schärfe, daß derselbe Strom, hintereinander durch verschiedene Zellen geleitet, genau dieselben Cu-Mengen abscheidet. Gleiche Elektrizitätsmengen scheiden gleiche Stoffmengen ab, wenn die elektrochemische Reaktion dieselbe ist, unabhängig von der absoluten Höhe des elektrischen Potentials wie von der der Badspannung. Die letzte Bemerkung ist beigefügt, weil doch die einzige elektrische Verschiedenheit zwischen den beiden Zellen darin liegt, daß die eine dem positiven Pol der Spannungsquelle (z. B. eines Akkumulators, der die Elektrolyse betreibt) näher liegt, als die andere.

Erhaltung der Elektrizitätsmenge

Die absoluten Potentiale sind also verschieden. Anderseits werden auch im allgemeinen die Badspannungen verschieden sein, weil die Widerstände in den Zellen im allgemeinen nicht gleich sein werden.

Der erzielte Umsatz hängt also bei gleicher elektrochemischer Reaktion nur von der durchgeschickten Elektrizitätsmenge ab. Daß diese bei hintereinandergeschalteten Zellen dieselbe ist, bezeichnet man als das *Gesetz von der Erhaltung der Elektrizitätsmenge.* Es ist beim Ohmschen Gesetz schon vorausgesetzt.

I. Gesetz von Faraday

Lassen wir jetzt durch eine und dieselbe Zelle verschiedene Elektrizitätsmengen hindurchgehen, z. B. denselben Strom das eine Mal 10, das andere Mal 20, ein drittes Mal 30 Minuten, so stehen die abgeschiedenen Mengen genau im Verhältnis der Zeiten, also auch der durchgegangenen Elektrizitätsmengen. Damit haben wir das *erste Gesetz von Faraday* gefunden, das auch für alle anderen elektrochemischen Vorgänge, nicht nur für die Zersetzung des $CuSO_4$ sich als gültig erwiesen hat:

Wenn in einer elektrolytischen Zelle eine Zersetzung eines Stoffs stattfindet, so ist so lange, als die Zersetzung des Stoffs einer und derselben elektrochemischen Reaktion folgt, die Masse der abgeschiedenen Zersetzungsprodukte proportional der durch die Zelle gegangenen Elektrizitätsmenge, unabhängig von allen anderen Faktoren:

$$\text{Masse} = a\,.\,\text{Elektrizitätsmenge}\,. \tag{25}$$

Führen wir denselben Versuch mit einer Silbernitratlösung und ähnlicher Stromdichte aus, so erhalten wir zwar eine genaue Bestätigung des Gesetzes, aber der Proportionalitätsfaktor a nimmt einen anderen, größeren Zahlwert an. Wieder einen anderen Zahlwert erhält man, wenn man Natronlauge zersetzt und nicht die Masse der abgeschiedenen Gase, sondern ihr bei 0^0 und 760 mm Quecksilberdruck gemessenes Volumen bestimmt.

Dies letztere wird uns nicht wundernehmen, denn jetzt hat der Proportionalitätsfaktor eine andere Dimension. War er vorhin Masse/Elektrizitätsmenge, so ist er jetzt Volumen/Elektrizitätsmenge. Er hängt eben, weil die einander proportionalen Größen nicht gleicher Art sind, noch von den Maßeinheiten ab.

Vergleicht man nun nur solche Proportionalitätskonstanten, die gleicher Dimension sind, so findet man, beispielsweise bei Zählung der Massen m in mg, und der Elektrizitätsmengen c in Coulombs für $CuSO_4$ und für $AgNO_3$ die Zahlen

$$m = 0{,}3294\,.\,c, \quad \text{und} \quad m = 1\,.\,118\,.\,c\,. \tag{26}$$

Dividiert man diese Konstanten durch die Atomgewichte der beiden Elemente, so erhält man zwei Zahlen, die vollkommen genau im Verhältnis 1 : 2 stehen. Bedenkt man weiter, daß die Wertigkeit des Cu im $CuSO_4$ gleich 2, die des Ag gleich 1 ist, so ergibt sich, daß die Proportionalitätsfaktoren im ersten Faradayschen Gesetz im Verhältnis der durch die Wertigkeiten dividierten Atomgewichte der abgeschiedenen Elemente stehen. Scheiden sich nicht Elemente, sondern Verbindungen, bzw. Atomgruppen ab, so tritt an die Stelle des Ausdrucks Atomgewicht das Formelgewicht. Auch diese Beziehung hat allgemeine und ganz genaue Gültigkeit.

II. Gesetz von Faraday

II. Gesetz von Faraday:

Gleiche Elektrizitätsmengen scheiden bei ihrem Durchgang durch verschiedene Elektrolyte Zersetzungsprodukte ab, deren Massen sich zueinander verhalten, wie die durch die Wertigkeit des Abgeschiedenen dividierten Formelgewichte des letzteren.

Solche Massen verschiedener Stoffe nennen wir *elektrochemisch äquivalent.* Das Formelgewicht eines Stoffs, dividiert durch die Wertigkeitssumme der aus ihm entstehenden Ionen eines Vorzeichens und genommen in Gramm, heißt sein *elektrochemisches Äquivalent.* Zur Abscheidung eines solchen ist wie wir sahen, stets dieselbe Elektrizitätsmenge erforderlich. Berechnen wir sie an Hand der für Ag gefundenen Zahl: Das Atomgewicht ist 107,88, die Wertigkeit 1, also hat man zu Abscheidung von 107880 mg = 107,88 g

Elektrochemisches Äquivalent

$$\frac{107\,880}{1{,}118} = 96\,500 \text{ Coulombs / Äquivalent} \qquad (27)$$

nötig.

Denn mit 1,118 Coulombs scheidet man 1 mg Ag ab, mit 1 Coulomb also nur 1 / 1,118 mg und für 107880 mg braucht man 107880 mal so viel.

Äquivalentladung

Diese Elektrizitätsmenge 96500 Coulombs heißt *die Äquivalentladung* oder 1 F (sprich 1 Eff, nicht etwa Farad, denn letzteres ist die Kapazitätseinheit). Das II. Faradaysche Gesetz gibt uns also Auskunft über den *Betrag der Ionenladung* und die Zusammensetzung des Ions. Über letztere freilich nur unvollständig. Denn über einen Gehalt des Ions an Lösungsmittel oder an undissoziiertem gelöstem Stoff sagt es noch nichts aus.

Aus diesen Tatsachen folgt bereits, daß man mit einer und derselben Elektrizitätsmenge aus verschiedenen Salzen desselben Metalls unter Umständen verschiedene Mengen des Metalls abscheiden kann. Nämlich dann, wenn das Metall in diesen Salzen verschiedene Wertigkeit hatte. Unterwirft man eine Cuprisulfatlösung und eine Cuprochloridlösung zugleich der Elektrolyse durch denselben Strom, indem man die Zersetzungszellen hintereinander schaltet, so scheidet sich aus der Cuprolösung doppelt so viel Metall in gleicher Zeit ab, als aus der Cuprilösung. Die Stromausbeute kann also beim einen Salz gegen 100 v. H., beim anderen aber, wenn man auch hier mit Cuprisalz rechnet, obwohl Cuprosalz vorliegt, gegen 200 v. H. erreichen.

Stromausbeute

Man versteht danach unter der *Stromausbeute* in Prozenten die Prozente an Stoffmenge, die man erhält, verglichen mit der Menge, die man laut Faradayschem Gesetz, berechnet unter Annahme einer bestimmten Reaktion nach der Zahl der Coulombs hätte erhalten müssen.

Etwas anderes ist die *Materialausbeute.* Sie gibt an, welcher Anteil der überhaupt angewendeten Stoffmenge in das gewünschte Produkt übergeführt werden konnte, kommt also nur bei tunlichst vollkommener Aufarbeitung der Ausgangsstoffe in Betracht. Materialausbeute

Endlich werden wir später die *Energieausbeute* kennen lernen, für die es nicht bloß auf die Elektrizitätsmenge, sondern auch ebenso auf die Badspannung ankommt. Energieausbeute

§ 134. Aus diesen Tatsachen u. a. ergibt sich eine ungemein einfache Deutung für die Natur der Ionen und der elektrolytischen Leitung überhaupt.

Jedes Grammäquivalent eines Ions trägt die Äquivalentladung. Die *Ionen sind* also *Verbindungen der Molekelteile mit ganzzahligen Vielfachen der Äquivalentladung.* Diese Elektrizitätsmenge verhält sich also als ein Ganzes. Berechnet man mittels der Loschmidtschen Zahl, wie groß die Ladung eines einzelnen einwertigen Ions ist, so erhält man Ladung des Elektrons

$$\frac{96\,500}{6{,}2\,.\,10^{23}} = 1{,}56\,.\,10^{-19}\ \text{Coulomb}\,. \tag{28}$$

Merkwürdigerweise hat man genau dieselbe Ladung als die der Kathodenstrahlteilchen wiedergefunden, denen man den Namen *Elektronen* gegeben hat, und die sich als die kleinsten Teilchen von Elektrizitätsmengen erwiesen haben, die man herstellen kann, als *Elektrizitätsatome.* Diese sind negativ. Positive freie Elektrizitätsatome kennt man nicht.

b) Elektronenverbindungen.

Elektronenverbindungen

Wir stellen uns daher vor, daß alle Ionen ebensowohl wie alle neutralen Molekeln durch Vereinigung oder Trennung von Elektronen von Materie entstehen. Die positiven Ionen sind Atome, die bei Einwertigkeit ein, bei Mehrwertigkeit mehrere Elektronen eingebüßt haben und so ihre positive Ladung vom Betrag eines ganzen Vielfachen der Elektronenladung erwarben. Die negativen Ionen umgekehrt haben sich aus neutralen Molekeln durch Anlagerung von Elektronen gebildet. Die Zersetzungsspannung ist ein Maß der Beständigkeit der betreffenden Ionenarten.

Der bisher unbefriedigende Valenzbegriff läßt sich jetzt, wenn wir ihn auf Ionen einschränken, mit einem ganz scharf umrissenen Inhalt erfüllen. Wir definieren als *elektrochemische Valenz* eines Ions die Anzahl freier positiver bzw. negativer Elementarladungen, die es trägt. Elektrochemische Valenz

Bezeichnen wir die positive Ladung durch ein + oder einen Punkt, die negative durch ein — oder einen Strich oben am chemischen Symbol, so erhalten wir die Formel für einige Ionen:

Kationen: Einwertig: K^{+},
Zweiwertig: Ba^{++},
Dreiwertig: Fe^{+++} Ferriion,
Vierwertig: Sn^{++++} Stanniion.
Anionen: Einwertig: OH',
Zweiwertig: SO_4'',
Dreiwertig: PO_4'''.

Mit diesen Ionenzeichen ist nur angegeben, was **bestimmt** in den betreffenden Ionenarten enthalten **ist**. Ob sie **daneben** noch **Lösungsmittel** oder **undissoziierten gelösten Stoff** enthalten, darüber wollen wir nichts in diese Zeichen aufnehmen, weil wir darüber erst w. u. das Nötige erfahren, soweit man es heute überhaupt schon weiß.

Für die Elementarladung selbst hat man auch Zeichen eingeführt, nämlich (+) und (−) oder F(+) und F(−).

Schreibweise elektrochemischer Gleichungen

Man schreibt die elektrochemische Zersetzung von $CuSO_4$ mit den Ionenzeichen

$$Cu^{++} + SO_4'' + 2F = Cu + SO_4$$

oder für den Kathodenvorgang allein:

$$Cu^{++} + 2(-) = Cu \text{ oder } Cu^{\cdot\cdot} + 2F(-) = Cu.$$

Für $AgNO_3$ wird die Gleichung:

$$Ag^{+} + NO_3' + 1F = Ag + NO_3.$$

Die *Vorgänge im Bleisammler*, die den Strom **liefern**, hat F. **Foerster** in seinem ausgezeichneten Buch über die Elektrochemie wäßriger Lösungen in die Form gebracht:

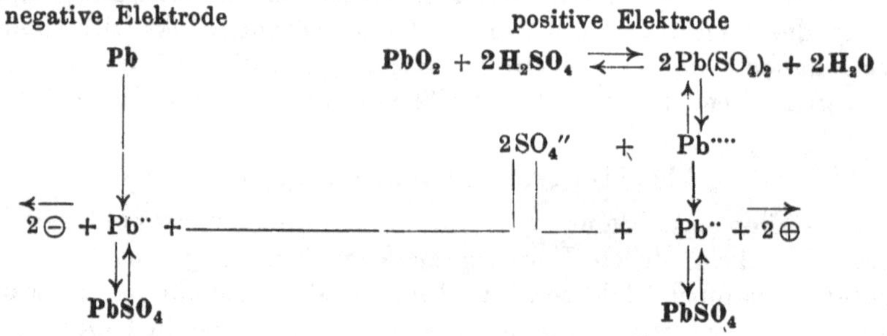

Für die Vorgänge bei der Ladung ist das Schema umzukehren.

Bei **nicht** elektrochemischen Vorgängen, d. h. wenn weder Ladungen zu- noch abgeführt werden, findet zwischen Ionen eine einfache Umladung oder eine Neutralisation statt. So erhalten wir jetzt für die Reaktion zwischen einer Säure und einer Basis nicht mehr die Gleichung z. B.

Neutralisation Wasserbildung aus Ionen

$$H_2SO_4 + 2NaOH = Na_2SO_4 + 2H_2O,$$

sondern einfach

$$2H^{\cdot} + 2OH' = 2H_2O \text{ anstatt}$$

$$2H^{+} + SO_4'' + 2Na^{\cdot} + 2OH' = 2H_2O + SO_4'' + 2Na^{\cdot}.$$

Es stehen hier auf beiden Seiten die $Na^{\cdot}$- und SO_4''-Ionen in gleicher Zahl. Der Vorgang besteht also bei Abwesenheit von nicht in Ionen zerfallener Schwefelsäure nur in der elektrischen Neutralisation der Wasserstoffionen durch die OH'-Ionen. Die Rötung von Lackmus erscheint als bloße Reaktion des H^{+}-Ions, die Bläuung als Reaktion des OH'-Ions, des Hydroxylions. Saurer und laugenhafter Geschmack desgl.

Tafel de

I	Nur normale Valenz II	III	IV	
$H^{\cdot}$				
$Li^{\cdot}$	$Be^{\cdot\cdot}$ $BeO \cdot OH'$	$BO(OH)_2'$ (ortho-) $(BO \cdot O')$ (meta-) (HB_4O_7') (tetra-)	(CO_3'') HCO_3' usf.	
$Na^{\cdot}$	$Mg^{\cdot\cdot}$	$Al^{\cdot\cdot\cdot}$ $(AlO(OH)_2')$ $(Al(OH)_2^{\cdot})$	Si in Wasser Ionen kaum bekannt	
$K^{\cdot}$	$Ca^{\cdot\cdot}$	$(Sc^{\cdot\cdot\cdot})$	$Ti^{\cdot\cdot\cdot}$ (violett) TiO_3''	$(VO^{\cdot\cdot})$ (b $(V^{\cdot\cdot\cdot})$ (gr VO_3'
$Cu^{\cdot}$ $Cu^{\cdot\cdot}$ (blau)	$Zn^{\cdot\cdot}$ $ZnO \cdot OH'$	$(Ga^{\cdot\cdot\cdot})$	$(Ge^{\cdot\cdot\cdot\cdot})$ $(Ge^{\cdot\cdot})$	
Rb	$Sr^{\cdot\cdot}$	$(Y^{\cdot\cdot\cdot})$	$Zr^{\cdot\cdot\cdot\cdot}$	$(Nb^{\cdot\cdot\cdot})$
$Ag^{\cdot}$ $(Ag_2^{\cdot})$	$Cd^{\cdot\cdot}$	$(In^{\cdot\cdot\cdot})$	$Sn^{\cdot\cdot\cdot\cdot}$ $Sn^{\cdot\cdot}$	
$Cs^{\cdot}$	$Ba^{\cdot\cdot}$	$(La^{\cdot\cdot\cdot})$	$Ce^{\cdot\cdot\cdot\cdot}$ (orangegelb) $Ce^{\cdot\cdot\cdot}$	$(Ta^{\cdot\cdot\cdot})$
$Au^{\cdot}$ $Au^{\cdot\cdot\cdot}$ (gelb)	$Hg^{\cdot\cdot}$ $Hg_2^{\cdot\cdot}$	$Tl^{\cdot\cdot\cdot}$ (gelblich) $Tl^{\cdot}$	$Pb^{\cdot\cdot\cdot\cdot}$ (gelb) $Pb^{\cdot\cdot}$	
	$(Ra^{\cdot\cdot})$		$Th^{\cdot\cdot\cdot\cdot}$	

…en Ionen.

VI	VII	VIII	O
	Keine „normale“ Valenz		
VI	VII	VIII	O
	Überwiegend Anionen einwertig Nie 7 Ladungen	Vorwiegend Kationen	In Lösungen keine Ionenbildne He
O'' OH'	Fl'		Ne
$(S^{\cdot\cdot\cdot\cdot\cdot\cdot})$ SH' HSO_4', SO_4'' HSO_3' usf.	Cl' ClO_3' ClO'		Ar
$Cr^{\cdot\cdot\cdot}$ (grün, wasserhaltig violett) $Cr^{\cdot\cdot}$ (hellblau) CrO_4'' (gelb) Cr_2O_7'' (rotgelb)	$Mn^{\cdot\cdot\cdot\cdot}$ (braun) $Mn^{\cdot\cdot\cdot}$ (kirschrot) $Mn^{\cdot\cdot}$ (blaßrosa) MnO_4'' (grün) MnO_4' (tiefrotviolett)	$Fe^{\cdot\cdot\cdot}$ (gelb) $Fe^{\cdot\cdot}$ (hellgrün) (FeO_4'') (weinrot) (FeO_2') $Co^{\cdot\cdot}$ (blau, wasserhaltig rot) $Ni^{\cdot\cdot}$ (grün)	
SeH' $(HSeO_4')$ $(HSeO_3')$	Br' BrO_3' BrO'	3- und 2-wertig. Ferner Komplexe	Kr
$Mo^{\cdot\cdot\cdot}$ (braun) MoO_4''		Leichte Platinmetalle	
$(Te^{\cdot\cdot\cdot\cdot})$ (HTe') $(HTeO_3')$	$(J^{\cdot\cdot\cdot\cdot\cdot})$ JO_3' JO' J' J_3' (braun)	4- und 2-wertig, vorwiegend (farbige) Komplexe	X
WO_4''		Schwere Platinmetalle $Pt^{\cdot\cdot\cdot\cdot}$ (gelb) $Pt^{\cdot\cdot}$ (braun)	
—			Nt
$U^{\cdot\cdot\cdot\cdot}$ (grün) $UO_2^{\cdot\cdot}$ (gelb) U_2O_7'' (gelb)			

Bei den doppelt umrandeten Elementen fehlen Atomionen.

Weniger wichtige Ionen sind in Klammern gesetzt.

Farblose Ionen sind ohne Farbangabe erwähnt.

Zusammenfassung der Ergebnisse, Definitionen und Gesetze.

Grundbegriffe der Elektrochemie.

1. Allgemeines.

1. *Leiter I. Klasse* (Metallische Körper) leiten den Strom ohne Zersetzung. Elektronenleitung.

Leiter II. Klasse (Elektrolyte) leiten den Strom unter Abscheidung verschiedener Stoffe an den Elektroden. Ionenleitung.

In *verdünnten* Gasen (guten Isolatoren) und bei *hohen Temperaturen* tritt beiderlei Leitung auf.

2. Der *positive Strom tritt an der Anode in den Elektrolyten.* Da scheiden sich die *Anionen* ab, die *negativ geladen* sind.

Die *positiven Kationen* gehen zur *Kathode, die dem Elektrolyten den negativen Strom* (die Elektronen) *zuführt.*

2. Stromspannungskurve.

3. Bei sehr kleiner Spannung ist die Stromstärke in einem Elektrolyten der Spannung proportional (Ohms Gesetz), bei größerer von ihr unabhängig (*Grenzstrom*). In beiden Fällen heißt der Strom *Reststrom* und kommt durch Diffusion zustande. Die Spannung liegt dabei meist unter 2 Volt.

4. Bei noch höherer Spannung steigt die Stromstärke wieder, im großen ganzen linear mit ihr. Die Spannung, wo dies eintritt, heißt *Abscheidungsspannung*, weil von da ab Elektrolysenprodukte dauernd abgeschieden werden. Sie ist die *Differenz der Abscheidungsspannungen an beiden Elektroden* und hängt von deren Material auch dann noch ab, wenn sie nicht angegriffen werden.

5. Der *Mindestwert* unter allen Abscheidungsspannungen, die man mit verschiedenem Elektrodenmaterial am selben Pol in einer gegebenen Lösung findet, heißt die — je nachdem — *kathodische* bzw. *anodische Zersetzungsspannung* der Lösung. Sie hängt nicht mehr vom Elektrodenmaterial ab.

6. Die *Elektroaffinität* eines Stoffs, der als Ion an einer Elektrode entladen wird, mißt man durch die *Zersetzungsspannung.* Man kann also Elektroaffinitäten verschiedener Stoffe, in Volt ausgedrückt, nur dann miteinander vergleichen, wenn man sich auf gleiches Lösungsmittel, gleiche Temperatur und gleiche Konzentration am verglichenen Ion bezieht.

7. Die *Überspannung* an einer Elektrode ist die *Differenz Abscheidungsspannung minus Zersetzungsspannung.* Sie kann über $^1/_2$ Volt betragen und ist an Hg- und Pb-Kathoden besonders groß, an Pt fast Null. Sie rührt von Langsamkeit der Vorgänge, die zwischen Ionenentladung und endgültiger Abscheidung des dabei entstehenden Endprodukts liegen, her.

3. Polarisation.

8. Zwischen einer stromführenden Elektrode und dem Elektrolyt kann eine Gegenspannung auftreten: *Polarisation* (Polarisationsspannung). Sie kann den Betrag der Zersetzungsspannung erreichen.

9. *Polarisationsursache* kann sein:

1. Konzentrationsänderung des Elektrolyten an der Elektrode: *Konzentrationspolarisation.*
2. Überziehung der Elektrode mit einem neuen Stoff (z. B. anderem Metall oder Gas): *Chemische (reversible) Polarisation.*
3. *Trägheit* der Vorgänge zwischen Ionenentladung und endgültiger Abscheidung des Endprodukts der entladenen Molekeln: *Chemische (irreversible) Polarisation.*

10. *Polarisationskapazität* heißt die zu einer gegebenen Polarisation einer nicht formierten Elektrode nötige durch sie dividierte Elektrizitätsmenge. *Weber(Ampere)stundenkapazität* einer galvanischen Batterie heißt die bei der zulässigen Entladestromstärke ohne Schaden für sie entnehmbare maximale Elektrizitätsmenge. Diese Kapazitäten sind von der elektrostatischen zu unterscheiden, die die Größenart $\frac{\text{Ladung}}{\text{Spannung}}$ hat und von Widerstandskapazität und Leitfähigkeitskapazität, die die Größenart $\frac{1}{\text{Länge}}$ und Länge haben.

4. Faradays Gesetze.

11. Wenn in einer elektrolytischen Zelle eine Zersetzung eines Stoffs stattfindet, so ist so lange als die Zersetzung des Stoffs einer und derselben elektrochemischen Reaktion folgt, die Masse der abgeschiedenen Zersetzungsprodukte proportional der durch die Zelle gegangenen Elektrizitätsmenge, unabhängig von allen anderen Faktoren. *I. Gesetz von Faraday.*

12. Gleiche Elektrizitätsmengen scheiden bei ihrem Durchgang durch verschiedene Elektrolyte Massen der Zersetzungsprodukte ab, die sich verhalten wie die durch die Wertigkeit des Abgeschiedenen dividierten Formelgewichte des letzteren. *II. Gesetz von Faraday.*

13. Das Formelgewicht eines Elektrolyten dividiert durch die Valenz (oder bei nicht binärem Zerfall Valenzsumme) des daraus entstehenden Ions eines Vorzeichens heißt sein *elektrochemisches Äquivalent (gewicht).*

14. Die Ladung auf einem elektrochemischen Äquivalent ist stets *96 500 Coulomb = 1 F* (sprich Eff) und heißt *elektrochemische Äquivalentladung.*

15. Die *Ladung des Elektrons* ist

$$\frac{96500 \text{ Coulomb}}{6{,}2 . 10^{23} \text{ (= Loschmidtsche Zahl)}} = 1{,}56 . 10^{-19} \text{ Coulomb}.$$

4. Leitfähigkeit der Elektrolyte und Analyse auf Ionen.

a) Molekulare Betrachtung.

§ 135. Die Ionen bewegen sich in einer Lösung ebenso regellos, wie die neutralen Molekeln, falls kein äußeres Feld auf sie einwirkt. Legt man aber ein solches an (Abb. 110), so tritt zu ihrer regellosen Zickzackbewegung eine gerichtete Komponente, die sie nach den Elektroden hinführt, die negativen Anionen nach der Anode, die positiven Kationen nach der Kathode. Regellose und gerichtete Bewegung der Ionen

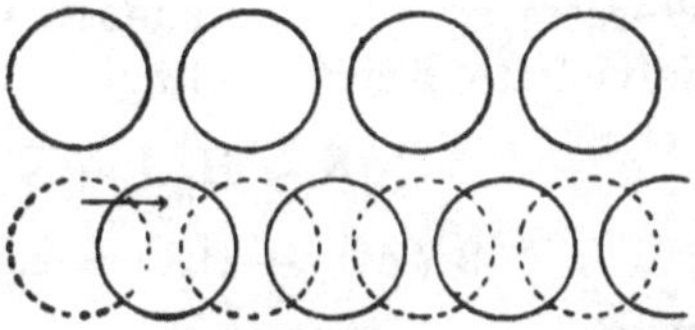

Abb. 110. Ionenwanderung im elektrischen Feld. Die gestrichelten Kreise bezeichnen die Anfangslage der Kugeln, die ausgezogenen unteren die Lage nach einem kurzen Stromstoß, die oberen sind zum Vergleich mit der Anfangslage beigefügt und als neutrale Molekeln anzusehen.

Stromstärke bei der Feldstärke 1 Volt/cm

Stellen wir zwei solche Elektroden in 1 cm Entfernung einander gegenüber und halten wir zwischen ihnen ein Potentialgefälle von 1 Volt aufrecht. Fragen wir nach der dadurch bedingten Stromstärke zwischen den beiden Platten. Diese Frage können wir entweder nach dem **Ohm**schen Gesetz beantworten oder anschaulich mit Erwägungen über die Zahl und Art der zwischen den Platten bewegten Ionen. Beginnen wir mit letzterem.

Molekulare Betrachtung

Der Strom wird nur von Ionen bedingt, da nach dem Faradayschen Gesetz nur Leitung II. Klasse statthat. Die Stromstärke ist durch die Elektrizitätsmenge definiert, die in der Zeiteinheit (z. B. Sekunde) von einer Platte zur anderen wandert. Da eine gegebene Ionenart wie wir sehen, stets dieselbe Ladung trägt, nämlich pro elektrochemisches Grammäquivalent 96500 Coulomb, so muß die Stromstärke folgenden Größen proportional sein: Allgemeiner Ansatz

$$\text{Stromstärke} = \frac{\text{Zahl der Ionen pro ccm. Ladung eines Ions. Weg 1 cm. Querschnitt 1 qcm}}{\text{Zeit, die das Ion für den Weg braucht}}.$$

Sind wie immer verschiedene Ionenarten in der Lösung vertreten, so setzt sich der gesamte Strom aus lauter ebenso gebauten Summanden zusammen. Je mehr Ionen da sind (d. h. hintereinander kommen), je schneller jedes wandert und je mehr Ladung es trägt, je mehr nebeneinander wandern, d. h. je größer der Stromquerschnitt, desto größer muß der Strom sein, entsprechend der obigen Gleichung. Da der Weg je 1 cm, der Querschnitt 1 qcm und das Gesamtvolumen 1 ccm ist, so heben sie sich heraus und man behält in der Tat einfach eine Ladung, dividiert durch die Zeit, die sie braucht, um zur Elektrode zu kommen, mithin die Stromstärke. Meist bedient man sich bei der Rechnung des Begriffs der *absoluten Ionenbeweglichkeit*, den man so definiert:

$$\text{Absolute Ionenbeweglichkeit} = \frac{\text{Geschwindigkeit des Ions (cm/sec)}}{\text{Treibende Kraft (Volt/cm)}}.$$

Absolute Ionenbeweglichkeit

Die treibende Kraft ist wie wir früher sahen, die *Feldstärke*.

Messung am Permanganat-Ion MnO_4'

Die absolute Wanderungsgeschwindigkeit (Beweglichkeit) nennen wir U für das Kation und V für das Anion. Wir betrachten an einem Versuch von Nernst wie man die Größe V am Kaliumpermanganat mißt. Dieses Salz läßt sich durch Elektrolyse so zerlegen, daß an der Kathode Kaliumhydroxyd und Wasserstoff sich anhäuft, während an der Anode ein Überschuß von Übermangansäure $HMnO_4$ und Sauerstoffbildung zustande kommt; man deutet dies durch sekundäre Einwirkung des Wassers auf die entladenen Ionen $K^{\cdot}$ und MnO_4', von denen das letztere tiefviolette Farbe bedingt:

$$K + H_2O = K^{\cdot} + OH' + H \qquad 2H \longrightarrow H_2,$$

$$2MnO_4 + H_2O = 2H^{\cdot} + 2MnO_4' + O \qquad 2O \longrightarrow O_2.$$

Füllt man in ein U-Rohr (Abb. 111) eine Lösung von 0,003 Mol KNO_3 im Liter und läßt dann durch den Hahn eine ebenso starke, mit 5 v. H. Harnstoff versetzte $KMnO_4$-Lösung vorsichtig zufließen, so daß der gezeichnete Füllungsgrad herauskommt, legt dann an die Platinelektroden etwa 40 Volt, so steigt infolge der Ionenwanderung die violette Grenze in jeder Minute um etwa 1 mm auf der einen Seite und fällt auf der anderen um ebensoviel. Sind die Elektroden 10 cm voneinander entfernt, in der Achse des U-Rohrs gemessen, so haben wir die Feldstärke 4 Volt/cm (40/10) und mithin ist die absolute Ionenbeweglichkeit des MnO_4'-Ions etwa

Größenordnung der absoluten Ionenbeweglichkeit 0,001 mm/sec

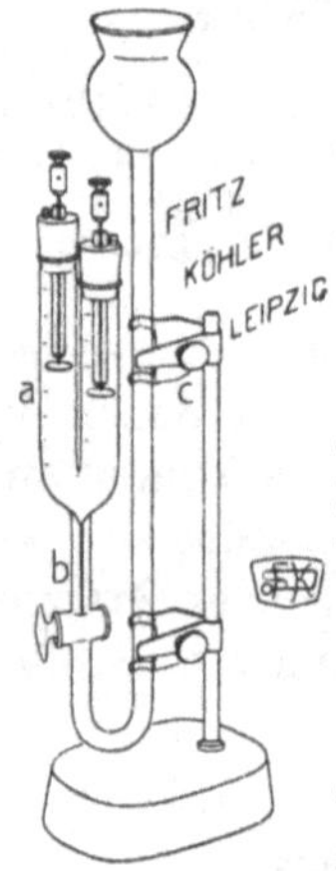

Abb. 111. Nernsts Apparat zur Vorführung der Wanderungsgeschwindigkeit von MnO_4'.

$$\frac{0,1}{60} \cdot \frac{1}{4} = \text{rund } 0,0004 \,\frac{\text{cm/sec}}{\text{Volt/cm}} = V.$$

Dieser Versuch beleuchtet Wesen, Meßmethode und Größenordnung der absoluten Ionenbeweglichkeiten.

Kehren wir jetzt zu unseren beiden Elektroden (Einheit des Querschnitts) zurück, die im Abstand von 1 cm voneinander mit 1 Volt gegeneinander geladen sind (Einheit der Feldstärke). Bringen wir jetzt zwischen sie eben ein elektrochemisches Grammäquivalent (Einheit der Konzentration in Äquiv./ccm), so muß der Strom zwischen ihnen gleich der Summe des von den Kationen getragenen Stroms und des von den Anionen getragenen sein:

Verknüpfung der Beweglichkeit mit dem Begriff des Widerstands.

$$\frac{\text{Stromstärke}}{\text{Konzentration} \cdot \text{Querschnitt} \cdot \text{Feldstärke}} = F(U + V), \tag{29}$$

Dimensionsbetrachtung

also Stromstärke pro Einheit der angelegten Feldstärke, des betrachteten Querschnitts und der benutzten Konzentration (Äquiv./ccm). Praktisch kann man die Konzentration nicht so groß machen, muß sie also kleiner wählen. Dann muß man, um die Definition beibehalten zu können, offenbar den Querschnitt im selben Verhältnis vergrößern. Denn beide Größen stehen symmetrisch in der Definitionsgleichung.

Die Größe $F(U+V)$ hat die Größenart (Dimension)

$$F(U+V) = \frac{\text{Ladung}}{\text{Zeit}} \cdot \frac{\text{Fläche}}{\text{Spannung}}; \qquad (30)$$

zieht man Ohms Gesetz bei und ersetzt die Spannung und die Stromstärke durch den Widerstand, so wird:

$$\frac{\text{Ladung}}{\text{Zeit}} \cdot \frac{\text{Fläche}}{\text{Spannung}} = \frac{\text{Stromstärke}}{\text{Spannung}} \cdot \text{Fläche} = \frac{1}{\text{Widerstand}} \cdot \text{Fläche}. \qquad (31)$$

Der reziproke Wert eines Widerstands heißt *Leitfähigkeit.* Die Leitfähigkeit, falls Länge, Querschnitt und Konzentration eins sind, anders ausgedrückt das Produkt aus der Leitfähigkeit einer 1 cm langen Schicht in denjenigen Querschnitt von ihr, der 1 elektrochemisches Grammäquivalent jeder Ionenart enthält, heißt die *äquivalente Leitfähigkeit* λ. Also ist $F(U+V)$ die Äquivalentleitfähigkeit. Sie setzt sich wie man sieht, additiv aus zwei Teilen zusammen, die voneinander ganz unabhängig sind, den sog. *relativen Beweglichkeiten* $FU = u$ und $FV = v$. Das entspricht der Unabhängigkeit der Wanderung der beiden Ionenarten. **Äquivalentleitvermögen gleich der Summe der relativen Beweglichkeiten**

Ist der Elektrolyt einwertig, so fällt die *molekulare Leitfähigkeit* mit der äquivalenten zusammen, ist er n-wertig, so ist die molekulare jeweils n mal so groß. **Molekulares Leitvermögen**

b) Formale Betrachtung.

Formale Betrachtung

§ 136. Im Ohmschen Gesetz heißt das Verhältnis

$$\frac{\text{Stromstärke}}{\text{Spannung}} = \frac{1}{\text{Widerstand}}$$

der reziproke Widerstand oder der *Leitwert* des stromdurchflossenen Körpers. Ist dieser homogen und zylindrisch geformt, so ist sein Leitwert seinem Querschnitt direkt, der Länge verkehrt proportional: **Leitwert**

$$\text{Leitwert} = \text{const} \cdot \frac{\text{Querschnitt}}{\text{Länge}}. \qquad (32)$$

Darin heißt der Quotient Querschnitt/Länge die *Leitfähigkeitskapazität* und die Proportionalitätskonstante hängt noch vom Material des Leiters ab und heißt seine *spezifische Leitfähigkeit.* Die entsprechenden reziproken Werte heißen Widerstandskapazität und spezifischer Widerstand. Sie werden in Ohm gemessen, jene in reziproken Ohm. **Leitfähigkeitskapazität**

Der spezifische Widerstand wird zahlenmäßig dem absoluten gleich, wenn die Widerstandskapazität gleich 1 gemacht wird. Das kann man erreichen, wenn man dem Leiter die Form eines Würfels von 1 cm Seitenlänge gibt und durch zwei gegenüberliegende Seiten den Strom zuführt. Deshalb kann man auch sagen, der spezifische Widerstand sei der eines ccm-Würfels, der senkrecht zu einer Seite vom Strom durchflossen ist. Für 30-prozentige, sog. bestleitende Schwefelsäure von Bluttemperatur ist er etwa 1 Ohm, für andere Lösungen im allgemeinen kleiner, für Metalle größenordnungsweise 10^5 mal so gering. **Spezifischer Widerstand** **Größenordnungswerte**

Meßmethoden für Elektrolyte

Die Messung des Widerstands von Elektrolyten darf nur mit Wechselströmen (Induktorium z. B.) geschehen, wobei ein Telephon als Nullinstrument dient. Denn Gleichstrom würde schnell eine Polarisation und damit eine Zusammensetzungsänderung, sowie wegen der Gegenkraft einen scheinbar zu großen Widerstand liefern.

Leitfähigkeitsgefäßeichung

Ist der Elektrolyt flüssig, so gießt man ihn in ein *Leitfähigkeitsgefäß*, worin er einen im allgemeinen zylindrischen Raum zwischen zwei ebenen platinierten Platinplatten ausfüllt. Um die jedesmalige Ausmessung dieses Raums zu umgehen, hat man den spezifischen Widerstand mit ausgemessenen derartigen Gefäßen für gewisse leicht rein herstellbare Lösungen (KCl-Lösung 0,1 Mol/Liter) bestimmt und ermittelt nun umgekehrt mittels dieser Zahlen die Widerstandskapazitäten von Leitfähigkeitsgefäßen. Ist diese z. B. C, der gemessene Widerstand (mit KCl-Lösung) w und der spezifische Widerstand der KCl-Lösung, den man aus der Tabelle entnimmt, gleich W, so muß die Gleichung:

$$w = W \cdot C \tag{33}$$

die Berechnung von C ermöglichen, s. Einf. S. 204ff. Hat man jetzt C, so kann man jedes unbekannte W leicht aus derselben Gleichung ermitteln, wenn man die zu prüfende Lösung im selben Leitfähigkeitsgefäß auf ihren Widerstand in Ohm untersucht. Dies W aber ist alsdann der *spezifische Widerstand* des betreffenden Elektrolyten. Sein reziproker Wert ist das spezifische Leitvermögen, also das eines ccm-Würfels. Es hängt noch von der Ionenzahl in ihm ab.

Anschauliche Definition des molekularen Leitvermögens

Setzen wir so viele Würfelchen von je 1 ccm nebeneinander, daß in allen zusammen eben 1 Grammäquivalent enthalten ist und lassen wir den Strom senkrecht durch eine Seite dieser einfachen Schicht aus Würfeln hindurchgehen, so haben wir einen um so viel mal größeren Strom, also eine um so viel mal größere Leitfähigkeit, als wir Würfel nehmen mußten. Diese Zahl gibt an, in wieviel ccm 1 Grammäquivalent enthalten ist, ist mithin der reziproke Wert der Anzahl Grammäquivalente im ccm, also der reziproke Wert der Konzentration in Mol/ccm. Dieser reziproke Wert heißt die *Verdünnung*. Wir haben also die Definitionen und Dimensionen:

Definitionen und Dimensionen der Leitfähigkeiten

$$\text{Leitwert} = \frac{J}{E} = \frac{1}{\text{Widerstand}}, \tag{34}$$

$$\text{Spezifische Leitfähigkeit} = \text{Leitwert} \cdot \frac{\text{Länge}}{\text{Querschnitt}}, \tag{35}$$

$$\begin{aligned}\text{Molekulare Leitfähigkeit} &= \text{Spezifische Leitfähigkeit} \times \text{Verdünnung}, \\ &= \frac{\text{Spezifische Leitfähigkeit}}{\text{Molare Konzentration im ccm}}, \\ &= F(U + V) = u + v.\end{aligned} \tag{36}$$

Damit sind wir bei derselben Größe angekommen, die wir oben molekular betrachtet hatten. Zugleich haben wir eine *Methode zur Bestimmung von $u + v$* kennen gelernt, eben *die Bestimmung der Leitfähigkeit.*

Molekulare Geschehnisse fern von den Elektroden im Innern der Lösung

c) Molekulare Geschehnisse fern von den Elektroden im Innern des Elektrolyts.

§ 137. Wir haben bisher nur die Erscheinungen fern den Elektroden im Innern der Flüssigkeit untersucht. Hier und **nur** hier ist das übliche Schema für die Ionenwanderung einwandfrei zu brauchen, das in der folgenden Abb. 112 wiedergegeben ist. Man denkt sich die Ionen paarweise untereinander angeordnet. Es müssen gleichviel positive und negative sein, weil die Lösung als Ganzes ungeladen ist. Legt man ein Potentialgefälle an die beiden Elektroden, so zieht dieses die Anionen nach der Anode zu und zwar etwas weiter, als die Kationen nach der Kathode rücken. Denn die Anionen nehmen wir, im Einklang mit der Mehrzahl der tatsächlichen Fälle, als die beweglicheren an. Dieselbe Kraft also rückt sie etwas stärker aus ihrer Lage, als dies mit den unbeweglicheren Kationen möglich ist. Im Innern der Lösung wird die Verschiebung ganz dem Bild entsprechen. Denn hier wird zwar jedes negative von einem positiven etwas weiter abrücken, dem es vorher am nächsten stand. Dafür aber rückt es einem anderen positiven näher, so daß alles in allem hier keine anderen Kräfte vorliegen, als vor der Verschiebung. Die räumliche Verteilung der Ionen und ihre Verteilungsdichte bleibt also bei Elektrolyse *im Innern* des Elektrolyten, in der sog. „*neutralen Schicht*" ungeändert. Dies ergibt auch der Versuch. Ferner werden trotz der Verschiedenheit der Elektrizitätsmengen, die in gleichen Zeiten von den beiden verschieden schnell wandernden Ionen durch den Querschnitt getragen werden, gleiche Elektrizitätsmengen an beiden Elektroden abgeschieden. Denn diese Mengen sind die ohne Partner erscheinenden Ionen am Ende rechts und links. Also auch das Faraday'sche Gesetz wird vom Ionenschema gut dargestellt. Anders die Erscheinungen in der Umgebung der Elektroden. Wäre das gezeichnete Schema brauchbar und richtig, so müßten die Elektroden wie die Zeichnung lehrt, nach der Mitte der Lösung hinrücken, schnell auf der Seite des langsameren, langsamer auf der Seite des schnelleren Ions und zwar müßte die Wanderungsgeschwindigkeit der Elektroden sich umgekehrt verhalten, wie die der zugehörigen Ionen. *In Wirklichkeit jedoch stellt eben das Modell die Geschehnisse in der Umgebung der Elektroden überhaupt nicht dar.*

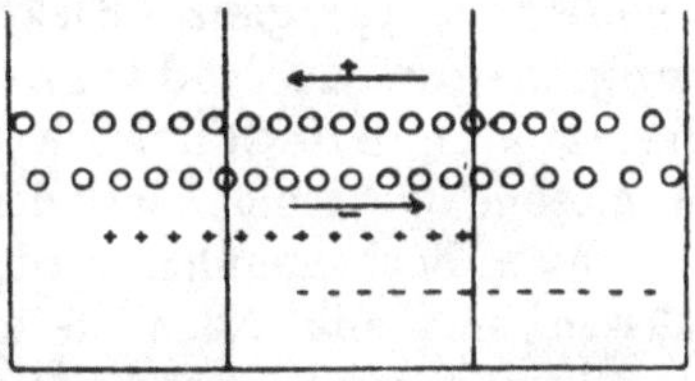

Abb. 112. Ionenwanderung und Verarmung an den Elektroden.

Verteilungsdichte bleibt im Innern ungeändert

d) Molekulare Geschehnisse nahe den Elektroden.

Molekulare Geschehnisse nahe den Elektroden

§ 138. Hier haben wir folgendes: An die Kathode werden die Kationen herangezogen und bekommen da einen gewissen, aber wegen der Größe der Ionenladung und somit der elektrostatischen Kräfte zwischen den Ionen nur außerordentlich kleinen Vorsprung vor den Anionen.

Dieser Vorsprung wird infolge der anziehenden Wirkung der Anionen kleiner als sonst. Umgekehrt werden die zunächst liegenden Anionen etwas beschleunigt und so kommt es, daß die Schnelligkeit der Ionen in der Nähe der Elektroden eine etwas andere ist, als im Innern der Lösung. Unmittelbar aber an der Elektrode wird durch 1 F

Verarmung durch Abscheidung nach Faradays Gesetz

je ein Grammäquivalent abgeschieden und damit verarmt die Lösung daselbst um dieselbe Menge. Also entsteht unmittelbar an der Elektrode ein Diffusionsgefälle. Das Feld führt in derselben Zeit den Bruchteil $\frac{u}{u+v}$ an Elektrolyt in den verarmten Kathodenraum und den Bruchteil $\frac{v}{u+v}$ in den verarmten Anodenraum. Wenn nämlich auch in Summa in beide Räume wegen der genannten großen Ionenanziehungskräfte praktisch nicht die einzelnen Ionenarten, sondern beide, d. h. der ganze Elektrolyt wandert, so ist doch seine Wanderung in den Kathodenraum durch die Wanderung des Kations, die in den Anodenraum durch die des Anions bestimmt, weil in diesem das Anion entladen, also in ihm primär eine Verarmung nur an Anion herbeigeführt wird; in jenem aber an Kation. Deshalb auch müssen sich die Nachlieferungen in beide Räume verhalten wie die Wanderungsgeschwindigkeiten $u:v$. Wir erhalten somit folgende Bilanz:

Nachlieferung durch Ionenwanderung

Überführungszahl

1 F geht durch, 1 Äquivalent scheidet sich ab:	Verarmung	1 Äqu.	(Anode)
Bruchteil n „ kommt hinzu:	Gewinn	n „	
Anodische Verarmung in Summa		$1-n$ „	
und entsprechend	Verarmung	1 „	(Kath.)
	Gewinn	$1-n$ „	
Kathodische Verarmung in Summa		n „	

Man nennt n *die Überführungszahl des Anions und* $1-n$ *die des Kations*. Man hat somit:

$$n = \frac{v}{u+v}; \quad 1-n = \frac{u}{u+v}. \tag{37}$$

In den bisher besprochenen Normalfällen müssen daher die Überführungszahlen immer kleiner als 1 und positiv sein.

Es bleibt also die wichtige Feststellung, daß bei einer Elektrolyse die Konzentration in der Mitte des Elektrolyten unverändert bleibt, also primär nicht durch Ionenwanderung beeinflußt wird, daß aber an den Elektroden trotz der entstehenden Diffusionsgefälle sich Verarmungshöfe ausbilden. Denn Verarmung an den Elektroden ist die Folge der Ionenentladung und sie steht in beiden Elektroden im umgekehrten Verhältnis der Schnelligkeiten der zugehörigen Ionen.

Diese Verarmungen bedingen auch, daß die anderen gemessenen *u und v Mittelwerte* sind, getrübt durch ihre, wenn auch geringe Abhängigkeit von der Konzentration. Die Ionenschnelligkeit wird also nicht nur absolut, sondern auch nach Division durch die Feldstärke in der Nähe der Elektroden noch andere Werte haben, als im Innern des Elektrolyten.

Überführungszahl gehört einem Salz an

Es kennzeichnet die Überführungszahlen, daß zwar ihr Verhältnis einfach das der Ionenschnelligkeiten ist, daß aber ihre Beträge, d. h. eben die Beträge der Verarmungen nicht nur von der Beweglichkeit des einen Ions, sondern — wegen des Nenners $u+v$ —

von der von beiden zugleich abhängen. Das kommt natürlich daher, daß, wie wir besonders hervorheben, nicht bloß die eine Ionenart wandert, sondern daß ihre Wanderung an das Mitführen der anderen Ionenart untrennbar geknüpft ist. Wieder wegen der sehr großen Ionenladungen und der an ihnen sitzenden Kräfte. Man spricht deshalb von der *Überführungszahl eines Salzes, nicht eines Ions.*

Abnorme Überführung bei Cd-Salzen

Es gibt nun viele Fälle abnormer Überführungszahlen, so u. a. bei Cd-Salzen. Das CdJ_2, dem man die Ionenspaltung in $Cd^{\cdot\cdot}$ und $2J'$ zuschreiben geneigt wäre, liefert eine *negative Überführungszahl* des Cd. Man erhält also mehr Jod an der Anode, als der gleichzeitig an der Kathode abgeschiedenen Cd-Menge äquivalent ist. Dies deutet man im Einklang mit anderen Erscheinungen durch die Reaktion.

Ionenanalyse durch Überführungsmessung

$$Cd_3J_6 = Cd^{\cdot\cdot} + Cd_2J_6'',$$

also durch ein *komplexes Ion.* Es ist dadurch gekennzeichnet, daß in ihm Metall an die Anode geht, weil das Anion dabei Metall enthält. Der Fall des CdJ_2 ist zugleich ein typisches Beispiel dafür, wie man die Art der Ionenspaltung eines Stoffs feststellt.

5. Die Analyse der Ionen.

Die Welt der einfachen Ionen.

a) Regeln für die Art der Ionenspaltung.

Regeln für die Art der Ionenspaltung

§ 139. Die qualitative Analyse auf die Art der Ionenspaltung wird durch einfache Überführungsversuche, also durch Elektrolyse erbracht. Dadurch kam man zu folgenden allgemeinen Regeln:

Säuren sind Stoffe, die $H^{\cdot}$ abspalten

1. *Alle Säuren spalten* $H^{\cdot}$*-Ionen ab* und der Rest wandert als *Säurerest* zur Anode. Damit liegt der Zerfall der binären Molekeln klar:

$$HCl = H^{\cdot} + Cl' \text{ usf.}$$

Mehrbasische Säuren können nach mehreren Gleichungen zerfallen und die Erfahrungen auf verschiedensten Gebieten haben gezeigt, daß sie allen zugleich folgen, doch in verschiedenem Maß.

So spalten in $H^{\cdot}$-Ion und zusammengesetzte Anionen die Säuren:

$H_2SO_4 = H^{\cdot} + HSO_4'$ (Nachweis durch $H_2S_2O_8$-Bildung und Messungen).
$= 2H^{\cdot} + SO_4''$ (mittelbarer Nachweis m. Massenwirkungsgesetz s. w. u.)
$H_3PO_4 = H^{\cdot} + H_2PO_4' = 2H^{\cdot} + HPO_4'' = 3H^{\cdot} + PO_4'''$ „

Der erste binäre Zerfall pflegt weit vorzuwiegen. Der Beweis für die angeschriebenen Zerfälle kann nur mittelbar erfolgen.

Basen sind Stoffe, die OH′ abspalten

2. *Basen spalten* OH′ *ab* und lassen den Rest als Kation zurück. Schwache Basen geben auch wohl zusammengesetzte Kationen, die noch OH enthalten neben schon abgespaltenem OH′

$$NaOH = Na^{\cdot} + OH'; \quad Al(OH)_3 = Al(OH)_2^{\cdot} + OH' = Al(OH)^{\cdot\cdot} + 2OH' = Al^{\cdot\cdot\cdot} + 3OH'$$

3. Salze spalten die Säurereste ab und liefern den Rest als Kation.

Grad der Ionenspaltung und Leitvermögen

b) Grad der Ionenspaltung oder Dissoziationsgrad.

§ 140. *Der Grad der Ionenspaltung; Dissoziationsgrad.* Dieser ist offenbar an Hand der Leitfähigkeit sehr leicht zu bestimmen, wenn man die Bedeutung der Größen in der grundlegenden Definition (s. S. 279) erwägt:

$$\lambda = u + v. \tag{38}$$

Wir hatten darin bisher nie die Konzentration des ganzen Elektrolyten in Betracht gezogen, sondern nur die Zahl der freien Ionen. Und dabei wurde angenommen, daß diese Zahl sich durch bloße Änderung der Konzentration nicht ändert. In der Tat kann man zwischen zwei Eisenplatten eine Kalilauge einbringen und Strom durchleiten und dabei feststellen, daß der Strom derselbe bleibt, wenn wir auch das Gefäß mit reinem Wasser noch weiter auffüllen. Jedoch fällt der Versuch mit Ammoniak anders aus. Verdünnung von Ammoniakflüssigkeit muß die Zahl der Ionen in ihr erhöhen. Denn der Strom steigt beim Verdünnen wohl aufs dreifache. Wir müssen also die Gleichung für die molekulare Leitfähigkeit anders schreiben, sie erweitern durch Einführung des Bruchteils α an Elektrolyt, der in Ionen gespalten wird. Alsdann dürfen wir wieder, ganz wie sonst mit der Konzentration c oder der Verdünnung η rechnen. Es wird also jetzt:

$$\lambda = \alpha(u + v) = \alpha . \varkappa . \eta = \alpha . \frac{\varkappa}{c} = \alpha . \frac{1}{W} . \frac{l}{q} . \eta . \tag{39}$$

Darin bedeutet $\varkappa$ die spezifische Leitfähigkeit, l die Länge, q den Querschnitt, W den Widerstand der Lösung.

Beweglichkeit hängt von der Konzentration nur wenig ab

Die Wanderungsgeschwindigkeiten u und v hängen erfahrungsgemäß von der Konzentration nur wenig ab und deshalb darf man den *Dissoziationsgrad der molekularen Leitfähigkeit recht nahe proportional* setzen.

c) Ostwalds Verdünnungsgesetz.

Ostwalds Verdünnungsgesetz

§ 141. Ferner hat W. Ostwald ein Gesetz gefunden, das den Dissoziationsgrad α binärer Elektrolyte, solcher, die in zwei Ionen zerfallen, mit dem Betrag ihrer Verdünnung verknüpft, das *Verdünnungsgesetz*; es ist ein Sonderfall des allgemeineren Massenwirkungsgesetzes und besagt, daß das Produkt der Konzentration der beiden Ionen, dividiert durch die Konzentration des nicht zerfallenen Elektrolyten bei gegebener Temperatur und gegebener Stoffnatur eine unveränderliche Größe ist; betrachten wir ein Beispiel. Die salpetrige Säure HNO_2 zerfällt nach der Gleichung:

$$HNO_2 = H^{\cdot} + NO_2{}'.$$

Also sagt das Ostwaldsche Verdünnungsgesetz, wenn die in Klammern gesetzten chemischen Formeln die Konzentration der betreffenden Stoffe ausdrücken:

$$\frac{(H^{\cdot}).(NO_2{}')}{(HNO_2)} = \text{const.}$$

Nehmen wir als Ausgangsmenge der HNO_2 die Einheit (z. B. 1 Gramm), so haben wir in Lösung nur noch $1 - \alpha$, weil der Bruchteil α zerfallen ist. Ist das Volumen der Lösung, worein wir 1 Gramm einbrachten, gleich v, so haben wir:

$$\frac{(\alpha/v)(\alpha/v)}{(1-\alpha)/v} = \text{const.} = \frac{\alpha^2}{(1-\alpha)\,v}. \tag{40}$$

Dies ist das Verdünnungsgesetz. Es zeigt, daß mit wachsender Verdünnung, d. h. wachsendem Volumen v auch α wachsen und schließlich für unendliche Verdünnung gleich 1 werden muß. Denn größer, als 1 kann der Bruchteil des zerfallenen nicht werden. Machen wir jetzt eine wichtige Anwendung auf die molekulare Leitfähigkeit. Sie muß offenbar für unendliche Verdünnung der Lösung ihren Maximalwert erreichen, weil da α seinen Höchstwert 1 erreicht, so daß man hat: Vollständige Dissoziation bei unendlicher Verdünnung

$$\lambda_\infty = (u + v), \tag{41}$$

also unsere frühere Gleichung. Diese frühere Gleichung galt mithin nur für *vollständige* Dissoziation. Jetzt können wir den Dissoziationsgrad für eine Verdünnung η offenbar berechnen, sobald wir die molekulare Leitfähigkeit bei dieser Verdünnung und bei „unendlicher Verdünnung" gemessen haben. Wenn auch das letztere streng nicht möglich ist, so kommt man doch bei nicht zu wenig dissoziierten Elektrolyten leicht zu solchen Verdünnungen, daß man sie praktisch als solche vollkommener Dissoziation betrachten darf. Dann wird:

$$\frac{\lambda}{\lambda_\infty} = \frac{\alpha}{1} = \alpha, \tag{42}$$

Dies ist der Weg zur Messung des Dissoziationsgrads binärer Elektrolyte. Für ternäre wird er grundsätzlich ähnlich, insbesondere erhält man immer für unendliche Verdünnung vollkommene Dissoziation. Alle Dissoziationen lassen sich als Übereinanderlagerung binärer behandeln.

d) Berechnung von λ_∞ aus den Beweglichkeiten.

§ 142. Übrigens kann man die Leitfähigkeit bei unendlicher Verdünnung meist mit gewissen empirischen Regeln schätzungsweise berechnen (vgl. Einf. 222). Und endlich gilt das Verdünnungsgesetz nur genähert und nur für Elektrolyte mittleren Zerfallgrads, versagt aber für starke, d. h. weitgehend dissoziierte. Von dieser beschränkten Gültigkeit wollen wir aber auch einstweilen absehen, da wir immerhin wenigstens genäherte Gültigkeit annehmen dürfen.

Der *Zahlwert des Dissoziationsgrads* ist für eine sehr große Zahl von Stoffen und für alle möglichen Konzentrationen durch Leitfähigkeitsmessungen ermittelt worden. Wir greifen daraus nur folgende wichtige Fälle heraus.

Das *Wasser* ist sehr wenig dissoziiert. Hat man es durch Destillation aus Edelmetallgefäßen und völlige Entfernung von Kohlensäure Dissoziation des Wassers und ähnlichen Gasen — mittels Durchleiten kohlensäurefreier Luft — sehr rein erhalten, so ist seine Leitfähigkeit äußerst klein und die spezifische Leitfähigkeit beträgt dann bei 18° C $3{,}8.10^{-8}$ reziproke Ohm/cm. Die Ionen im Wasser sind $H^{\cdot}$ und OH', daneben nur in verschwindendem Maß O''. Wasser „in unendlicher Verdünnung" müßte jetzt eine molekulare Leitfähigkeit $\lambda = u + v$ haben, worin u die Beweglichkeit des $H^{\cdot}$-Ions, v die des OH'-Ions ist. Beide übertreffen erfahrungsgemäß in wäßriger Lösung die aller anderen Ionen. Es fand sich durch Überführungsversuche:

$$u(H^{\cdot}) = 315; \quad v(OH') = 174. \tag{43}$$

Also muß die molekulare Leitfähigkeit vollkommen dissoziierten Wassers gleich sein

$$\lambda_{\infty} = u + v = 489. \tag{44}$$

Zugleich ist 489 die spezifische Leitfähigkeit in $Ohm^{-1}\ cm^{-1}$ für den Fall, daß Wasser je 1 Grammäquivalent $H^{\cdot}$, bzw. OH'-Ion im Liter *enthielte.* Da jedoch die Messung nur $3{,}8.10^{-8}$ ergeben *hat,* so enthält Wasser nur je $\frac{3{,}8.10^{-8}}{489} = 7{,}8.10^{-8}$ Mol $H^{\cdot}$ bzw. OH'. Dies ist zugleich der *Dissoziationsgrad des Wassers* bei 18°, d. h. in 13 Millionen Liter ist rund 1 Mol zerfallen. Damit hängt auch die geringe chemische Aktivität ganz reinen sog. „*Leitfähigkeitswassers*" zusammen, *das auf Natriumamalgam kaum einwirkt,* während mit destilliertem Wasser lebhafte Gasentwicklung eintritt. Damit nämlich Na-Ionen entsandt werden können, müssen $H^{\cdot}$-Ionen entladen werden. Das aber tritt an einer Hg-Fläche wegen der hohen Überspannung erst nach einer beträchtlichen Anstauung ein und diese wieder findet in ganz reinem Wasser ihr Ausgangsmaterial, die $H^{\cdot}$-Ionen nur in zu geringer Zahl vor.

Reines Wasser wirkt nicht auf Natriumamalgam wegen Überspannung

e) Mehrteiligkeit und Mehrstufigkeit von Elektrolyten.

§ 143. Wasser ist ein Beispiel für einen dreiteiligen zweistufigen Elektrolyten: $H^{\cdot}$, OH', O'' sind die drei Teile und

$$H_2O = H^{\cdot} + OH'; \quad H_2O = 2H^{\cdot} + O''$$

die zwei Stufen.

Verallgemeinerung des Verdünnungsgesetzes. Massenwirkungsgesetz

Statt dessen dürfen wir, um zum selben Endzustand zu kommen, auch die Gleichungen ansetzen:

$$H_2O = H^{\cdot} + OH'; \quad OH' = H^{\cdot} + O''.$$

Wenden wir darauf das Verdünnungsgesetz an, so erhalten wir, wenn die in Klammern gesetzten Zeichen die Konzentrationen der betreffenden Stoffe bedeuten:

$$\frac{(H^{\cdot})(OH')}{(H_2O)} = K_1; \quad \frac{(H^{\cdot})(O'')}{(OH')} = K_2.$$

Nun spielen sich aber beide Vorgänge, wenn auch in sehr verschiedenem Maß in einer und derselben Lösung ab. Deshalb dürfen wir aus der ersten Gleichung (OH′) ausrechnen und in die zweite einsetzen, es also ausscheiden (eliminieren); es wird

$$(OH') = K_1 . \frac{(H_2O)}{(H^{\cdot})}$$

und mithin

$$(H^{\cdot})(O'') . \frac{(H^{\cdot})}{(H_2O)} = K_1 K_2 = \frac{(H^{\cdot})^2 . (O'')}{(H_2O)} = K$$

Denn das Produkt zweier Konstanten ist natürlich wieder konstant und dieses haben wir jetzt als *K* bezeichnet. Die letzte Gleichung zeigt, daß für jede beliebige Ionenspaltung das „Brutto"-Verdünnungsgesetz angeschrieben wird, indem man die Konzentrationen der Stoffe auf der einen Seite der chemischen Gleichung, jeweils erhoben zu ihren Molekularkoeffizienten als Exponenten, miteinander multipliziert und dies Produkt durch das entsprechend gebildete Produkt der Konzentrationen der Stoffe auf der anderen Seite der chemischen Gleichung dividiert. Bedenkt man weiter, daß Wasser auch in Doppelmolekeln vorliegt und daß danach auch, wenn auch in sehr geringen Konzentrationen die Ionenspaltungen:

$$(H_2O)_2 = H_3O^{\cdot} + OH' \quad \text{und} \quad (H_2O)_2 = H_4O^{\cdot\cdot} + O''$$
$$H_3O^{\cdot} = H_2O + H^{\cdot} \qquad\qquad H_4O^{\cdot\cdot} = H_3O^{\cdot} + H^{\cdot}$$
$$H_3O^{\cdot} = H_2O + H^{\cdot}$$

eintreten können und werden, so kann man auf alle diese binären Vorgänge einzeln das Verdünnungsgesetz anwenden und durch Ausscheidung der noch nicht nachgewiesenen, aber zweifellos möglichen Ionenkonzentrationen von $H_4O^{\cdot\cdot}$ und $H_3O^{\cdot}$ — die man auch als Ionenhydrate $H_2O.2H^{\cdot}$ und $H_2O.H^{\cdot}$ auffassen kann — das Verdünnungsgesetz für neutrale Molekeln finden, das genau so angesetzt wird, wie das für Ionenspaltungen. Für unser Beispiel dimeren Wassers wird die chemische Gleichung:

$$(H_2O)_2 = 2H_2O,$$

also das Verdünnungs- oder Massenwirkungsgesetz:

$$\frac{(H_2O)^2}{(H_4O_2)} = \text{const.}$$

Es versteht sich, daß der Zerfallsgrad α nur angibt, welcher Bruchteil eines Elektrolyten zerfallen ist, daß man aber anderweit wissen muß, *was für Ionen* entstanden sind. Die Berechnung von α wird natürlich für verschiedene Stufen und verschiedene Teile verschiedene Ansätze geben.

Das Wasser ist seiner Dissoziation zufolge zugleich Säure und Basis und kann in beiden Richtungen wirken.

Starke und schwache Elektrolyte

Säuren, Basen und Salze sind sehr verschieden stark dissoziiert. *Starke* Elektrolyte nennen wir solche, die zu *mehr als 50 v. H.*, *mittelstarke*, die zu *mehr als 1 v. H*, aber *weniger als 50 v. H.* dissoziiert sind, und *schwache* sind *noch weniger weit zerfallen.* Dabei muß man zudem noch bedenken, daß der Zerfallsgrad noch von der Verdünnung abhängt. Deshalb beziehen sich die Angaben durchweg auf Lösungen der „üblichen Konzentration", also auf Lösungen, die etwa 1 Mol im Liter enthalten, molare Konzentration haben. Ist die Löslichkeit geringer, so sind gesättigte Lösungen gemeint, also solche, die nicht mehr von dem zu lösenden Elektrolyten aufzunehmen vermögen. So kommen wir zu der Einteilung:

	Stark	Mittelstark	Schwach
Säuren	$HCl = H^{\cdot} + Cl'$ $HNO_3 = H^{\cdot} + NO_3'$ $H_2SO_4 = H^{\cdot} + HSO_4'$ $HClO_4 = H^{\cdot} + ClO_4'$	$H_3PO_4 = H^{\cdot} + H_2PO_4'$ $(COOH)_2 = H^{\cdot} + H(COO)_2'$	$H_2CO_3 = H^{\cdot} + HCO_3'$ $HCN = H^{\cdot} + CN'$ $B(OH)_3 = H^{\cdot} + BO(OH)_2'$ $HOOC.CH_3 = H^{\cdot} + CH_3COO'$
Basen	$KOH = K^{\cdot} + OH'$ $Ca(OH)_2 = Ca^{\cdot\cdot} + 2\,OH'$	$AgOH = Ag^{\cdot} + OH'$	$NH_4OH = NH_4^{\cdot} + OH'$ $Mg(OH)_2 = Mg^{\cdot\cdot} + 2\,OH'$ $Al(OH)_3 = Al^{\cdot\cdot\cdot} + 3\,OH'$ $Zn(OH)_2 = Zn^{\cdot\cdot} + 2\,OH'$ Schwermetallhydroxyde
Salze	Fast alle der üblichen Säuren und Basen	$ZnSO_4 = Zn^{\cdot\cdot} + SO_4''$	

Hydrolyse

f) Hydrolyse.

§ 144. Zwischen den schwach dissoziierten Elektrolyten und den Ionen des Wassers treten Umsetzungen ein, die man als *Hydrolyse* bezeichnet, und die wir bereits rein chemisch, ohne Ionentheorie viel erwähnten.

So reagieren die sämtlichen Salze schwacher Basen mit starken Säuren in wäßriger Lösung sauer, die von schwachen Säuren mit starken Basen basisch. Das kommt nach dem Verdünnungsgesetz so zustande: nehmen wir Na_2CO_3, so zerfällt dieses weitgehend nach

$$Na_2CO_3 = 2\,Na^{\cdot} + CO_3''.$$

Zugleich aber sind im Wasser $H^{\cdot}$- und OH'-Ionen enthalten, in einander äquivalenter und wie wir vorhin sahen, sehr kleiner Konzentration. Nach dem Verdünnungsgesetz muß zwischen der Konzentration von CO_3'', $H^{\cdot}$ und H_2CO_3 ein ganz bestimmtes Verhältnis bestehen, so daß

$$\frac{(CO_3'')(H^{\cdot})^2}{(H_2CO_3)} = \text{const} \tag{45}$$

ist. Das ist aber nur möglich, wenn sich aus CO_3''- und $H^{\cdot}$-Ionen sofort bei ihrem Zusammentreffen eine dieser Gleichung genügende Menge unzerfallenes H_2CO_3 bildet. Damit verschwindet zwar etwas CO_3''-Ion und etwas $H^{\cdot}$-Ion (in äquivalenten Mengen), aber die elektrische Neutralität der ganzen Lösung bleibt ebendeshalb unverändert. Zugleich muß jetzt diejenige Menge OH'-Ion im Überschuß über $H^{\cdot}$-Ion übrig sein, die der verschwundenen $H^{\cdot}$-Menge äquivalent war. Diese kann sich also gegen Lakmus betätigen, wenn ihre Konzentration ausreicht und dies ist tatsächlich der Fall. Die Lösung reagiert basisch.

Ganz ebenso läßt sich der Gedankengang zur Deutung der sauren Reaktion der NH_4-Salze führen. Hier bildet sich unzerfallenes NH_4OH und dabei bleibt $H^{\cdot}$-Ion übrig. Allgemein gesprochen;

Wenn ein Ion des Wassers mit einem Ion eines Neutralsalzes eine Säure oder eine Base bildet und so das andere Ion des Wassers im Überschuß bleibt. so nennt man diesen Vorgang eine Hydrolyse.

g) Löslichkeit von Neutralsalzen in Säuren.

Löslichkeit von Neutralsalzen in Säuren

§ 145. Betrachten wir nun zweitens noch den Vorgang der *Auflösung eines Neutralsalzes* in einer Säure, z. B. den von $CaCO_3$ in Salzsäure. *Das Neutralsalz hat undissoziiert als solches bei gegebener Temperatur eine ganz bestimmte Löslichkeit in Wasser.* Seine Konzentration im Wasser ist also konstant, wenn die Lösung gesättigt ist, was wir annehmen wollen. Nach dem Verdünnungsgesetz muß jetzt gelten:

$$\text{Weil}\quad CaCO_3 = Ca^{\cdot\cdot} + CO_3'',\quad \text{so ist:}\quad \frac{(Ca^{\cdot\cdot})(CO_3'')}{(CaCO_3)} = K. \tag{46}$$

Nun ist aber wie wir eben sahen, auch $(CaCO_3)$, die Konzentration des $CaCO_3$, konstant, so daß wir schreiben können:

$$(Ca^{\cdot\cdot}).(CO_3'') = K(CaCO_3) = K'.$$

Darin heißt der Ausdruck auf der linken Seite das *Ionenprodukt* oder *Löslichkeitsprodukt*.

Löslichkeitsprodukt

Das CO_3''-Ion muß jetzt wegen der Schwäche der (Meta-)Kohlensäure H_2CO_3, d. h. wegen der Kleinheit der Konstante K_1 in der Gleichung

$$H_2CO_3 = 2H^{\cdot} + CO_3'';\qquad \frac{(CO_3'')(H^{\cdot})^2}{(H_2CO_3)} = K_1 \tag{47}$$

großenteils der Hydrolyse erliegen, indem es mit Wasserstoffion H_2CO_3 bildet. Diese aber zerfällt in Wasser z. T. in CO_2 und Wasser nach $H_2CO_3 = H_2O + CO_2$, für welchen Zerfall neutraler Molekeln wiederum wie wir später ableiten werden und als Erfahrungstatsache vorwegnahmen, dasselbe Verdünnungsgesetz gilt, so daß man hat:

$$H_2CO_3 = H_2O + CO_2;\qquad \frac{(CO_2)(H_2O)}{(H_2CO_3)} = K_2. \tag{48}$$

Nun ist so viel Wasser in der Lösung vorhanden, daß wir die Konzentration des Wassers konstant setzen dürfen, so daß wir erhalten:

$$\frac{(CO_2)}{(H_2CO_3)} = \frac{K}{(H_2O)} = K_2'. \tag{49}$$

Wenden wir uns jetzt zur Konzentration der Salzsäure:

$$HCl = H^{\cdot} + Cl';\qquad \frac{(H^{\cdot})(Cl')}{(HCl)} = K_3. \tag{50}$$

Das H˙-Ion, denn auf dieses kommt es an, muß also gleichzeitig drei Gesetzen genügen. Dem für den Zerfall des Wassers, dem für den Zerfall der Kohlensäure H_2CO_3 und dem für den Zerfall der Salzsäure. Die Kohlensäurebildung verzehrt H˙-Ion. Also bildet sich — und zwar gehen erfahrungsmäßig alle Ionenreaktionen sehr rasch — sehr schnell das weggenommene H˙-Ion aus der Salzsäure nach. Wenn nun überhaupt das Mindeste an H˙-Ion durch H_2CO_3-Bildung verzehrt wird, so rührt das daher, daß die Konzentration des H˙, die mit CO_3'' bei der betreffenden Verdünnung verträglich ist, kleiner ist, als die mit Cl′ verträgliche, d. h. eben daher, daß die HCl „stärker dissoziiert ist", die „stärkere Säure" ist. Deshalb allein muß alsbald auf den ersten Verbrauch von H˙-Ion durch H_2CO_3-Bildung eine Nachlieferung von CO_3'' folgen. Das kann aber nur durch Auflösung von $CaCO_3$ geschehen und so erkennt man, daß eine *stärkere Säure immer das Salz einer schwächeren, d. h. schwächer dissoziierten auflösen muß.* Also lösen die eben genannten starken Säuren die Phosphate auf, soweit sie dann nicht selbst unlösliche Salze mit den entsprechenden Basen bilden. Ebenso kam es zur Auflösung der Karbonate. Zu den Karbonaten nun noch ein weiteres. Wegen des Zerfalls in CO_2 und H_2O muß, wenn die Konzentration der CO_2 in der Lösung so hoch geworden ist, daß das CO_2 darüber Atmosphärendruck ausübt, ein Entweichen des Gases stattfinden. Die Lösung schäumt dann auf und wir haben dann sogar eine vollkommen konstante Konzentration der H_2CO_3, weil dann aus $\frac{(CO_2)}{(H_2CO_3)} = K_2'$ zufolge $(CO_2) = \text{const}$ entsprechend 1 Atm. wird:

Schnelligkeit aller Ionenreaktionen

Entwicklung von Gasen beim Aufgießen von Säuren

$$(H_2CO_3) = K_3'' = \frac{(CO_2)(H_2O)}{K_2}. \tag{51}$$

Gleiche Erwägungen gelten für das Entweichen jeden Gases aus einer Lösung, wo es durch solche Ionenreaktionen freigemacht wird, z. B. für die von SO_2, HCl usf.

h) Nachlieferung der Ionen bei Ionenreaktionen.

Schnelle Nachlieferung der Ionen bei Ionenreaktionen

§ 146. Wesentlich ist bei allen diesen Reaktionen die *Nachlieferung der von der Reaktion verbrauchten Dissoziationsprodukte durch den sehr schnell verlaufenden Vorgang der Dissoziation selbst.* Deshalb kann man mit *chemischen* Mitteln beinahe niemals die Konzentration eines Ions analytisch bestimmen, vielmehr nur die Gesamtkonzentration des Ions plus der aller es nachliefernden Stoffe.

Löslichkeitsbeeinflussung durch gleichionige Stoffe

Dies sind wichtige Vorkenntnisse für jede rationelle Behandlung chemisch analytischer Fragen. Erwägen wir noch eine letzte, die sich hier anschließt und die Beeinflussung der Löslichkeit zum Gegenstand hat, die man durch Zusatz gleichioniger Salze ausüben kann. Die *Löslichkeit* ist ein Bruttobegriff, der angibt, wieviel Stoff man hat auflösen können, z. B. $CaCO_3$ in Wasser. Der aber *nicht* angibt, wieviel von dem Stoff *„als solcher“* gelöst ist. Deshalb kann man die Löslichkeit durch *chemische Analyse* bestimmen und tut es auch. Denn sie umfaßt die Gesamtmenge Stoff, die in dem Volumen eines Liters lösbar war, meist und am besten in Molen gemessen. Fügt man nun ein gleichioniges Salz zu, so vergrößert man den Zähler im Verdünnungsgesetz, was natürlich zu einer Verkleinerung des anderen Faktors im Zähler und so zu einer Vergrößerung des Nenners, also der Konzentration des undissoziierten führen muß. Das aber ist auf die Dauer nicht möglich, weil die Konzentration des undissoziierten bereits der Sättigung entsprach und es muß alles, was laut Verdünnungsgesetz sich neu bildet, *als Niederschlag ausfallen*, weil das „Löslichkeitsprodukt überschritten wurde“. Fügt man also beispielsweise zu einer Lösung von NaCl, die nach $\frac{(Na^{\cdot})(Cl')}{(NaCl)} = K$ dissoziiert ist, noch KCl hinzu, so hat man damit die Konzentration der Cl'-Ionen vergrößert, muß also die der Na˙-Ionen verkleinern, was nur unter NaCl-Bildung geschehen kann und folglich muß dieses ausfallen. Das gleiche Prinzip lehrt auch, daß die *Dissoziation von Säuren und Basen durch Zusatz stärkerer Säuren oder Basen verringert* wird. Es ist nunmehr auch leicht abzuleiten, weshalb man durch eine Lösung von Natriumazetat eine bestimmte Konzentration von H˙-Ionen aufrecht erhalten kann, wenn sie einigermaßen konzentriert ist (10 v. H. z. B.). Bildet sich nämlich bei einer Reaktion in solcher Lösung H˙-Ion, so wird es durch die Azetationen $CH_3 . COO'$ weggefangen, die wegen der Schwäche der Essigsäure, zufolge dem Verdünnungsgesetz, neben erheblichen Mengen von H˙-Ionen nicht bestehen können: „Puffer“-Gemische

$$\frac{(CH_3COO')(H^{\cdot})}{(CH_3COOH)} = K. \qquad (52)$$

Hier ist K wie Messungen gezeigt haben, eine ziemlich kleine Größe. Durch Azetatlösungen ganz bestimmter Konzentration kann man so selbsttätig die Konzentration der H˙-Ionen mit nur sehr kleiner Änderung auf ganz bestimmten Zahlwerten halten (*Puffergemische*).

Haben wir damit die *Grundsätze der Analyse der Ionen* für den Fall kennen gelernt, der die einfachen Ionen betrifft, so müssen wir jetzt zu den größeren und verwickelteren übergehen, deren Bestimmung übrigens auf genau demselben Weg, *durch Wanderungsversuche und durch gemeinsame Reaktionen der Lösungen, die dasselbe Ion enthalten*, durchgeführt wird. Grundsätze der Analyse der Ionen

Es kommt nun vor, daß zwei Ionen von ganz derselben stofflichen Zusammensetzung sind und doch verschiedene Ladungen tragen und ferner, daß zwei undissoziierte Molekeln ganz dieselbe Zusammensetzung und auch Molekelgröße haben und doch in ganz verschiedene Ionen sich spalten. Im ersteren Fall hat man sich gewöhnt, von *verschiedenwertigen Ionen* zu sprechen, im letzteren von *Ionen-Isomerie* (ἴσος gleich, μέρος Teil). Diese *Isomerie* ist eine allgemeinere Erscheinung, dadurch gekennzeichnet, daß *Stoffe mit gleicher elementarer Zusammensetzung ver-* Ionen-isomerie *schiedene Eigenschaften haben.* Die Ionen-Isomerie ist jene Art Isomerie, die in der Chemie der dissoziierbaren Körper am häufigsten ist. Bei den nicht dissoziierbaren ist Isomerie noch häufiger untersucht worden.

Verschiedenwertige Ionen sind die folgenden:

Cupro: $Cu^{\cdot}$,	Auro: $Au^{\cdot}$,	Mercuro: $Hg_2^{\cdot\cdot}$,	Thallo: $Tl^{\cdot}$,	Stanno: $Sn^{\cdot\cdot}$,
Cupri: $Cu^{\cdot\cdot}$,	Auri: $Au^{\cdot\cdot\cdot}$,	Mercuri: $Hg^{\cdot\cdot}$,	Thalli: $Tl^{\cdot\cdot\cdot}$,	Stanni: $Sn^{\cdot\cdot\cdot\cdot}$,
Plumbo: $Pb^{\cdot\cdot}$,	Chromo: $Cr^{\cdot\cdot}$,	Mangano: $Mn^{\cdot\cdot}$,	Ferro: $Fe^{\cdot\cdot}$,	
Plumbi: $Pb^{\cdot\cdot\cdot\cdot}$,	Chromi: $Cr^{\cdot\cdot\cdot}$,	Mangani: $Mn^{\cdot\cdot\cdot}$,	Ferri: $Fe^{\cdot\cdot\cdot}$,	
Cobalto: $Co^{\cdot\cdot}$,	Nickelo: $Ni^{\cdot\cdot}$,	Platino: $Pt^{\cdot\cdot}$,	Manganat: $MnO_4^{\prime\prime}$.	
Cobalti: $Co^{\cdot\cdot\cdot}$,	Nickeli: $Ni^{\cdot\cdot\cdot}$,	Platini: $Pt^{\cdot\cdot\cdot\cdot}$,	Permanganat: $MnO_4^{\prime}$.	

Die Farben dieser Ionenarten sind die der verdünnten Lösungen der entsprechenden Salze. Die Bestimmung erfolgte durch Überführung.

Entsprechend diesen Bezeichnungen der Ionenarten hat man auch die der zugehörigen Salzreihen:

Ferrosalze spalten in Lösung Ferroion ab, Ferrisalze Ferriion usf. Neuerdings hat man auch die Bezeichnung vorgeschlagen, etwa für

Ferrosulfat: Eisen-2-sulfat wegen der Formel $FeSO_4$ Valenz II,
Ferrisulfat: Eisen-3-sulfat „ „ „ $Fe_2(SO_4)_3$ Valenz III.

Diese Bezeichnung (Stock) hat den Vorteil, ähnlich der Namenwahl bei organischen Verbindungen unmittelbar die Formel übersehen zu lassen und ihre Aufnahme wäre trotz der sprachlichen Härte erwünscht. Wir führen sie im folgenden nur deshalb nicht an, weil sie ohnehin leicht im Gedächtnis bleibt, wir aber anderseits dem Gedächtnis des Lesers durch Benutzung der nicht so bald verschwindenden alten Namen (-o, -i, usf.) zu Hilfe kommen wollen.

Wichtigste Ionenarten

i) Wichtigste Ionenarten.

§ 147. Die gewöhnlichen *Ionen, die vorwiegend nur mit einer Ladungsart vorkommen*, sind in der Hauptsache die folgenden:

Kationen: Einwertig: $Li^{\cdot}$, $Na^{\cdot}$, $K^{\cdot}$, $Rb^{\cdot}$, $Cs^{\cdot}$, $H^{\cdot}$, $Ag^{\cdot}$, $NH_4^{\cdot}$,
Zweiwertig: $Mg^{\cdot\cdot}$, $Ca^{\cdot\cdot}$, $Sr^{\cdot\cdot}$, $Ba^{\cdot\cdot}$, $Cd^{\cdot\cdot}$, $Zn^{\cdot\cdot}$,
Dreiwertig: $Al^{\cdot\cdot\cdot}$,
Vierwertig: $Th^{\cdot\cdot\cdot\cdot}$;

Anionen: Einwertig: Fl', Cl', Br', J', J_3', ClO', ClO_3', ClO_4', MnO_4', OH', HS', HSO_4', HCO_3', H_2PO_4',
Zweiwertig: O'', SO_4'', CO_3'', HPO_4'', CrO_4'', gelb, Cr_2O_7'', rotgelb,
Dreiwertig: PO_3''', PO_4'''.

Komplexe Ionen

Ein besonderes Kapitel bilden die *komplexen Ionen*, die entweder wie das komplexe Silberammoniakion aus einem Ion und einer neutralen Molekel entstehen:

$$Ag^{\cdot} + 2NH_3 = Ag(NH_3)_2^{\cdot}$$

I R Hal.	II R Hal.$_2$
Monohalogenide farblos bis gelb ↓ *a.* wasserlöslich *b.* außer den Fluoriden wenig löslich Höhere Halogenide gefärbt	Alle farblos außer höheren Jodiden *a.* Fluoride wenig löslich. Unterliegen abnehmender Hydrolyse ↓ *b.* bilden zunehmend Säuren Überall nor
LiCl Alkohol- und äther-löslich	**$BeCl_2 \cdot 4H_2O$**
NaCl $NaOCl$ $NaClO_3$	**$MgCl_2 \cdot 6H_2O$**
KFl **KCl** $KClO_3$; $KClO_4$ **KBr** **KJ** KJ_3 braun	**$CaCl_2$** $\cdot$ (2 und 6 H_2O) $Ca(OCl)_2$ im Chlorkalk **$CaFl_2$** wenig löslich
↓ immer weniger löslich { **CuCl** weiß, **CuBr** „, **CuJ** „ (Cuprosalze farblos) $CuCl_2$ gelbbraun $HCuCl_3$ grün (Cuprisalze blau)	**$ZnCl_2$**
RbCl RbJ RbJ_3 braun	**$SrCl_2 \cdot 6H_2O$** · alkohol-löslich **$SrFl_2$** wenig löslich
AgFl löslich **AgCl** weiß ↓ } **AgBr** } wenig löslich **AgJ** gelb }	**Cd(** alkohol-lösl. **CdJ**
CsCl CsJ CsJ_3 braun	**$BaCl_2 \cdot 2H_2O$** alk. unlösl. **$BaFl_2$** wenig löslich
AuCl, $HAuCl_2$ } farblos $AuCl_3$, $HAuCl_4$ } gelb	**$HgCl_2$** $HHgCl_3$ **HgJ_2** $HHgJ_3$ **$HgFl_2$** { Wass zerse $HgCl$ H_2HgCl_4
	$RaBr_2$

III RHal.$_3$	IV RHal.$_4$	
iuren vom 1. Glied äuren später in *b*. ide	1. Glied indifferent Fl-Säuren vom 2. Glied *a*. K-Salze wenig löslich	
BFl_3 Gas $HBFl_4$ **BCl_3** flücht. Flüss.	Indifferente Halogenide **CCl_4**, $CHCl_3$, CH_2Cl_2, CH_3Cl usf. } farblos, flüchtig, flüssig, außer CH_3Cl-Gas	NCl_3 g NHJ_2; NOFl f NOCl r $NOCl_2$ NOBr $NOBr_3$
nig flüchtig a-Salz Kryolith) diert Halogenide	**$SiFl_4$** Gas H_2SiFl_6 **$SiCl_4$** flüss. $SiHCl_3$ Si_nCl_{2n+2} usf. } farblos	**PCl_5** ge $POCl_3$ **PH_4J** PCl_3
	H_2TiFl_6 (K-Salz wenig löslich) $TiCl_4$ H_2TiCl_6 gelb $TiCl_3$ ($4H_2O$ grün, $6H_2O$ violett) $TiCl_2$ schwarz	$VOCl_3$ VO·OC
$GaCl_3$ $GaCl_2$ } farblos	**$GeCl_4$** farblos H_2GeCl_6 flüssig $GeHCl_3$	
$_2O$	H_2ZrFl_6 (wenig lösliche Salze) **$ZrFl_4$** weniger flüchtig, als **$ZrCl_4$** weiß	$NbOFl_3$
$JnCl_3$ H_3JnCl_6 $JnCl_2$ } farblos JnCl rotgelb	H_2SnFl_4 **$SnCl_4$** flüss. H_2SnCl_6 **$SnBr_4$** farblos **SnJ_4** gelbrot $SnCl_2 \cdot 2H_2O$ | $SnBr_2$ weinrot H_2SnCl_4 | SnJ_2	
	c-Gruppe, seltene Erden, ohne Säurebildung	$TaOFl_3$
$TlCl_3$ TlFl löslich TlCl TlBr TlJ } wenig löslich	**$PbCl_4$** gelb flüssig H_2PbCl_6 „ „ $PbCl_2$ $PbBr_2$ } farblos PbJ_2 gelb	
	H_2ThFl_6 wenig lösl. Salze **$ThCl_4$**	

V RHal.$_5$		VI RHal.$_6$	
		meist RHal.$_4$	
a.	*b.* Normale Halogenide nur bei den mittleren Gliedern	Höchste Halogenide in der Mitte der Gruppen. Größte Mannigfaltigkeit der Stufen überhaupt.	
elb. flüss. N_3Cl farblos. Gas NH_3NJ schwarz, fest arblos otgelb " chwarzbraun "		**O, Fl fehlt** Cl_2O; ClO_2 Gase **O, Br fehlt** JO_2 gelb; J_2O_5 weiß, fest	
lblich, fest farblos, flüssig " , fest " , flüssig		farblos { **SFl_6 farblos Gas**, SO_2Fl_2 " " } indifferent; SO_2Cl_2; $SOCl_2$; $S_2O_5Cl_2$; SO_3HCl S_2Cl_2 gelb; SCl_2 rot; SCl_4 weiß S_2Br_2 braun	
gelb, flüssig l_3 weiß, fest		CrO_2Fl_2; CrO_2Cl_2 flüssig, rot CrO_3HCl gelbrot $CrCl_3$; $CrCl_3$ 6 H_2O; gelöst hellrot violett-grau grün	MnC MnC
	$AsFl_5$ farblos **$AsCl_5$** gelb $AsFl_3$, $AsCl_3$, $AsBr_3$ } farblos AsJ_3 rot	Se_2Cl_2 rotbraun $SeCl_4$ weiß	
· 2KFl wenig löslich (Kennstoff)		**$MoFl_6$** farblos krist. MoO_2Cl_2 gelbweiß $MoCl_5$ schwarz, metallisch $MoCl_4$ braun $MoCl_3$ rot, Dampf blau $MoCl_2$ hellgelb	—
	$SbCl_5$ gelb flüss. $SbCl_3$ farblos weich $SbOCl$ weiß	$TeCl_2$, $TeCl_4$ $TeBr_2$, $TeBr_4$	
· 2KFl reichlich lösl. (Kennstoff)		**$WoCl_6$** schwarzviolett $WoCl_5$ $WoCl_4$ $WoCl_2$	
	$BiCl_3$ weiß, fest $BiOCl$		an ih
		UO_2Cl_2 gelb krist. UCl_5 UCl_4 UCl_3	

…7)	VIII RHal.8		
oder R Hal.	meist R Hal.2		
…e …alogenide			
Fl, Cl fehlt Fl_3Br, Fl_5J } farblos			
Cl, Br fehlt ClJ rotbraun Cl_3J gelb			
…l fehlt …otbraun, zersetzl.	$FeFl_3$ wenig löslich (H_3FeFl_6) in Salzen $FeCl_3$ { braungrün (H2O gelbbraun) FeJ_3 $FeCl_2$ weiß; (H_2O grünlich) $FeBr_2$ FeJ_2	$CoCl_2$ blau (6 H_2O rot)	$NiCl_2$ gelb (6 H_2O grün
	H_2RuCl_6 rot		$PdCl_4$ H_2PdCl_6 rot $PdCl_2$ braun H_2PdCl_4
JFl_5 farblos JCl_3 gelb JCl rotbraun JBr „			
	$OsFl_8$ gelb H_2OsCl_6 gelb	$IrCl_4$ schwarz H_2IrCl_6 tiefrot	$PtCl_4$ gelb H_2PtCl_6, H_2PtCl_4O } rotbraun $PtCl_2$ grünbraun H_2PtCl_4 braun

$HCuCl_3$ sind die Halogenide in wäßriger Lösung von der Farbe der …selben Valenzstufe des Metalls.

…stufen sind nur die wichtigsten genannt. Ihre Farben sind meist die

…alogenwasserstoffsäuren nur in den umrandeten Gebieten.

…enten Halogenide finden sich im punktiert umrandeten Gebiet.

Tafel wich

I	II	III	IV		
	Leicht-metalle bilden keine Komplexe	Komplexarme Gruppe. Doppelsalze herrschen vor (Alaune u. dgl.)	Gruppen der Thio-Komplex-Säu		
		BFl_4'	HCS_3'		
			$SiFl_6''$		
$Cu(CN)_4'''$ $Cu(NH_3)_4^{\cdot}$ tiefblau	$Zn(NH_3)_6^{\cdot\cdot}$				
$Ag(CN)_2'$ $Ag(NH_3)_2^{\cdot}$	$Cd(CN)_4''$ $Cd(NH_3)_6^{\cdot\cdot}$	$InCl_6'''$	— SnS_3'''	$SnCl_6''$ $SnCl_4''$	
					$TaFl_7$
$AuCl_4'$ rotgelb $Au(CN)_4'$	$Hg(CN)_4''$ $Hg(CNS)_3'$ $Hg(CNS)_4''$		PbJ_4''	$PbCl_6''$ $PbCl_4''$	

…lex-Ionen.

VI	VII	VIII
	Komplex- arme Gruppe	
$Cr(H_2O)_6]^{\cdot\cdot\cdot}$ violett $Cr(H_2O)_4Cl_2]^{\cdot}$ grün $Cr(NH_3)_6]^{\cdot\cdot\cdot}$ u. a. m. grün		$Fe(CN)_6''''$ gelblich $Fe(CN)_6'''$ braun $Fe(CN)_5NO'''$ rötlichbraun $Co(CN)_6''''$ braunviolett $Co(CN)_6'''$ gelb $Co(NO_2)_6'''$ rötlichgelb $Co(NH_3)_6^{\cdot\cdot\cdot}$ grünlichgelb $Co(SCN)_4''$ blau $Ni(CN)_4''$ gelb $Ni(NH_3)_6^{\cdot\cdot}$ blau
		$PtCl_6''$ gelbrot $PtCl_4''$ braun

Die Valenz der wichtigsten Komplex-Ionen liegt zwischen 1 und 4.
Farblose Ionen sind ohne Farbangabe erwähnt.

(farblos, reagiert mit Cl' nicht mehr); oder aus zwei Ionenarten entstehen, wie das Silbercyanion:

$$Ag^{\cdot} + 2CN' = Ag(CN)_2'$$

(farblos, reagiert gleichfalls nicht mit Cl'-Ion, wandert zur Anode, obschon es Metall enthält).

Komplexe Anionen.

Wichtig sind für die Analyse vor allem die *Cyankomplexe*, die *komplexen Halogenwasserstoffsäureionen* und die der *Thiosäuren*.

Komplexe Anionen: $HgCl_4''$, $HgBr_4''$, HgJ_4'', $Hg(CN)_4''$, CdJ_4'', $Cd(CN)_4''$ (Quecksilber-, Cadmium-Halogen- und -Cyanwasserstoffsäuren), (Hg und Cd gleichen einander in vielem),
$Cu(CN)_4''$, $Ag(CN)_2'$, AgJ_2', AgS_2O_3',
$Ni(CN)''_4$,
$PtCl_4''$, $PtCl_6''$, $SiFl_6''$ (Platinchlor- und Siliciumfluorwasserstoffsäuren).

Verschiedenwertig: Ferrocyan $Fe(CN)_6''''$, Ferricyan $Fe(CN)_6'''$ (Eisencyanwasserstoffsäuren),
Cobaltocyan $Co(CN)_6''''$, Cobalticyan $Co(CN)_6'''$ (Kobaltcyanwasserstoffsäuren).

Die *Komplexkationen* sind wesentlich *Ammoniakkomplexe* oder *Wasserkomplexe*.

k) Elektrochemische Bedeutung von Oxydation und Reduktion.

Elektrochemische Bedeutung von Oxydation und Reduktion

§ 148. Der Übergang von einer Wertigkeitsstufe in eine andere wird praktisch vielfach mittels Oxydations- und Reduktionsmitteln durchgeführt. Leitet man z. B. Cl_2 in eine Lösung von $FeSO_4$, die man mit H_2SO_4 stark sauer gemacht hat, so entsteht $Fe^{\cdot\cdot\cdot}$-Ion aus dem $Fe^{\cdot}$ nach folgenden Gleichungen:

$$2FeSO_4 + H_2SO_4 + Cl_2 = 2HCl + Fe_2(SO_4)_3$$

oder einfacher in Ionen:

$$2Fe^{\cdot\cdot} + Cl_2 = 2Fe^{\cdot\cdot\cdot} + 2Cl'.$$

Das Reduktionsmittel führt das Chlor unter Aufnahme einer Ladung in den Ionenzustand über. Ebenso ist die Oxydation des Ferrocyanions zu Ferricyanion durch Chlor zu vollziehen:

$$2Fe(CN)_6'''' + Cl_2 = 2Fe(CN)_6''' + 2Cl'.$$

Und ebenso wirkt jedes andere Oxydationsmittel, dessen Wirkung nur von Änderung seiner Ionenladung bedingt ist, also z. B. wie bei Cl_2 in der Aufnahme von negativer Ladung besteht. In manchen

Fällen *muß* aber ein Ion aus dem Wasser mitwirken, $H^{\cdot}$ oder OH'. So bei der Oxydation durch HNO_3

$$NO_3' + 2H^{\cdot} + 2Fe^{\cdot\cdot} = NO_2' + H_2O + 2Fe^{\cdot\cdot\cdot}.$$

Ganz analog werden die Reduktionen betrachtet:

$$Sn^{\cdot\cdot\cdot\cdot} + Sn = 2Sn^{\cdot\cdot}.$$

Hier geht das neutrale Reduktionsmittel in den positiven Ionenzustand über wie vorhin das Chlor in den negativen.

Allgemein kann man sagen:

Oxydation ist Aufnahme von O, Abgabe von H oder Aufnahme positiver, bzw. Abgabe negativer Ladungen.

Reduktion ist Abgabe von O, Aufnahme von H oder Abgabe positiver, bzw. Aufnahme negativer Ladungen.

Dies ist die allgemeinste Definition von Oxydation und Reduktion, und wir haben bereits im 1. Teil dieses Bands zahlreiche Beispiele dafür kennen gelernt. Daß die bloße Aufnahme oder Abgabe von Ladungen allein für eine allgemeine Definition nicht zweckmäßig ist, zeigt die Oxydation durch Salpetersäure, der man die Oxydationen durch die Halogenoxysäuren und zahlreiche andere Vorgänge an die Seite stellen kann.

Das letzte Beispiel, die Wirkung von Sn auf $Sn^{\cdot\cdot\cdot\cdot}$ lehrt, daß zwei extreme Oxydationsstufen zur Bildung der mittleren zusammenwirken können, die Reaktion

$$2Cu^{\cdot} = Cu + Cu^{\cdot\cdot}$$

das Ausfallen von Cu beim Lösen von Cuprosalzen zeigt den sehr häufigen entgegengesetzten Fall. Beide sind uns früher auf nicht elektrochemischem Gebiet mehrfach begegnet.

Zusammenfassung der Ergebnisse, Definitionen und Gesetze.

1. Ionenwanderung.

1. *Absolute Ionenbeweglichkeit*

$$= \frac{\text{Geschwindigkeit des Ions in cm/sec}}{\text{Feldstärke in Volt/cm}}$$

(U fürs Kation, V fürs Anion).

2. Stromstärke in einem Äquivalent eines völlig dissoziierten, binären Elektrolyten, bei 1 cm voneinander entfernten Elektroden und 1 Volt Spannung zwischen ihnen:

$$F(U + V) = u + v.$$

u und v heißen die *relativen Ionenbeweglichkeiten.*

3. Die *Summe* $u + v$ *der relativen Ionenbeweglichkeiten* (= relativen Wanderungsgeschwindigkeiten) heißt *Äquivalentleitfähigkeit* und wird auch erhalten

$$\lambda = \frac{\text{Spezifische Leitfähigkeit}}{\text{Elektrolytkonzentration in Äquivalent pro ccm}}.$$

4. Der reziproke Wert der Konzentration heißt die *Verdünnung*; sie wird in ccm pro Mol gezählt.

5. Beim Durchgang von 1 F durch einen binären Elektrolyten tritt an der Kathode eine Verarmung von $v/(u + v)$ Äquivalent Elektrolyt ein, an der Anode eine von $u/(u + v)$ Äquivalent. Diese Brüche heißen *Überführungszahlen.* Und zwar $v/(u + v) = n$ die des Anions, $u/(u + v)$ die des Kations in dem Elektrolyt. Beide können bei richtigen Annahmen über den Elektrolysenverlauf nur kleiner als 1 gefunden werden.

2. Dissoziationsgrad.

6. Bei unvollständiger Dissoziation heißt der Bruchteil der undissoziiert gedachten Gesamt-Masse 1, der dissoziiert ist, der *Dissoziationsgrad* α. Er ist also immer kleiner als 1.

7. Allgemein ist die

$$\textit{Äquivalentleitfähigkeit}\ \lambda = \alpha (u + v).$$

8. Der Dissoziationsgrad wird daraus und aus λ_∞, der *Äquivalentleitfähigkeit bei unendlicher Verdünnung*, berechnet nach

$$\frac{\lambda}{\lambda_\infty} = \alpha.$$

3. Verdünnungsgesetz (Massenwirkungsgesetz).

9. Für *verdünnt* gelöste neutrale Molekelarten und *genähert* auch für Ionen gilt für den *Gleichgewichtsfall* das *Massenwirkungsgesetz.*

Ist die chemische Reaktionsgleichung:

$$n_1 A_1 + n_2 A_2 + \ldots = n_1' A_1' + n_2' A_2' + \ldots,$$

worin die A die chemischen Symbole der Stoffe und die n ihre Molekularkoeffizienten bedeuten und bezeichnen die in Klammer gesetzten A die Konzentrationen der Stoffe in Mol/Volumeneinheit, so ist für gegebene Temperatur, gegebenen Druck und gegebenes Lösungsmittel:

$$\frac{(A_1)^{n_1} \cdot (A_2)^{n_2} \ldots}{(A_1')^{n_1'} \cdot (A_2')^{n_2'} \ldots} = K$$

so lange selbsttätig konstant, als Gleichgewicht besteht.

K heißt die *Gleichgewichtskonstante.* Oder, wenn im Zähler des Bruchs die Ionenkonzentrationen, im Nenner die Konzentrationen des undissoziierten stehen, die *Dissoziationskonstante*. Da die Säurewirkung einer Säure nach Maßgabe ihrer H˙-Ionenabspaltung erfolgt, so heißt ihre Dissoziationskonstante auch wohl *Affinitätskonstante*. Ebenso für Basen, deren Wirkung durch ihre Abspaltung von OH′ bedingt ist.

10. Ionengleichgewichte stellen sich praktisch meist unmeßbar schnell ein, so daß das Massenwirkungsgesetz hier unbedenklich anwendbar ist. Auf solche angewendet, heißt das Massenwirkungsgesetz, vor allem bei binären Dissoziationen, *Verdünnungsgesetz* (von Ostwald).

11. Das Produkt $(\text{Anion})^{n_1} . (\text{Kation})^{n_2}$ heißt das *Ionenprodukt*. Die n sind die Molekularkoeffizienten der Ionen, meist 1 oder 2.

12. Ist ein fester Stoff zur Sättigung gelöst, d. h. so, daß noch fester Stoff in der Lösung dauernd übrig ist, so ist die *Konzentration* seiner neutralen, *nicht dissoziierten Molekel* (für gegebenes Lösungsmittel) *konstant*. Diese *Sättigungskonzentration der neutralen Molekelart* ist von der *Löslichkeit* des festen Stoffs (als ganzem, einschließlich der gelösten Ionen) verschieden, hängt aber wie auch diese, von Stoff, Temperatur, Druck und Lösungsmittel ab.

13. Das Ionenprodukt eines dissoziierbaren Stoffs ist bei Gegenwart des festen Stoffs konstant und heißt dann sein *Löslichkeitsprodukt*. Wird es vorübergehend überschritten, so scheidet sich mehr fester Stoff ab. Es ist selbsttätig konstant.

14. *Hydrolyse* heißt die Angreifung eines gelösten Elektrolyten durch die Ionen des Wassers H˙ oder OH′. Dabei tritt eine Änderung der Konzentration der letzteren, also des Säuregrads der Lösung (Azidität bzw. Alkaleszenz) ein. Salze schwacher Basen oder Säuren erfahren Hydrolyse, erstere *reagieren* danach *sauer* und *riechen* (wenn die freie Base Geruch hat) *nach der Base*, Salze schwacher Säuren aber *reagieren basisch* und *riechen*, falls die freie Säure riecht, *nach der Säure*.

15. *Starke Säuren* heißen solche, die viel H˙ abspalten, also stark zerfallen sind. *Starke Basen* spalten viel OH′ ab. Wenig dissoziierte Elektrolyte heißen *schwach*. Dies ist der elektrochemische Begriff der Stärke von Säure und Base, dessen Definition und Anwendung sich auf wäßrige Lösungen beschränkt, da neben H˙ und OH′ stets H_2O zugegen ist.

Früher bezeichnete man Stoffe als stark, wenn die bloße „*Fähigkeit des Austreibens*“ vorlag. Diese „Stärke“ ist zum Teil durch bloß *geringere Flüchtigkeit des Austreibenden, größere des Ausgetriebenen*, also durch *Dampfdruck*eigenschaften bedingt. (Beispiel Phosphorsäure gegen Schwefelsäure u. dgl.)

16. Vereinigung einfacher Salze oder Säuren liefert entweder Verbindungen, die in Wasser gelöst die ursprünglichen Ionen aufweisen: *Doppelsalze*; oder neue Ionen: *Komplexsalze* und *Komplexsäuren*.

Darstellende Chemie 4.

6. Die Welt der Komplexsalze.

Die Isomerie der Salze und die Koordinationszahl.
(Wernersche Salze.)

a) Werners Komplexsalze. Isomerie anorganischer Stoffe. Bindungsisomerie: Elektroaffinität.

Bindungsisomerie in der anorganischen Chemie

§ 149. Man hat früher gemeint, daß die Isomerie unter den Salzen oder allgemein unter den anorganischen Verbindungen, d. h. denen, die sich nicht von C ableiten, insbesondere den in Wasser gelösten selten sei, aber diese Auffassung hält nicht stand. Eines der ältesten Beispiele ist die Isomerie der beiden Salze:

Hydroxylaminhypophosphit $(NH_3OH)H_2PO_2 = NH_3OH^{\cdot} + H_2PO_2$
(reduziert alkalische Cuprisalzlösung),

Primäres Ammoniumphosphit $NH_4 . H_2PO_3 = NH_4^{\cdot} + H_2PO_3$
(reduziert alkalisches Cuprisalz nicht).

Dies ist ein Fall von *Bindungsisomerie.* Denn man wird die Konstitution der Molekeln, also die Lagerung der Atome in ihnen, entsprechend den Valenzen durch folgende Bilder geben:

Hier kann man die Grundsätze der normalen Valenz noch brauchen. Bei größeren und mehratomigen Molekeln in der anorganischen Chemie jedoch ist das vielfach nicht mehr oder nicht mehr mit Nutzen möglich. Und zwar häufen sich die Fälle dieser Art um so mehr, je weniger ausgeprägt die *Elektroaffinität* der beteiligten Atome ist. Man mißt die Elektroaffinität durch die Abscheidungsspannung (Zersetzungsspannung), die man nötig hat, um eine Ionenart ihrer Ladung zu berauben. Diese Spannung ist am größten bei den positiven Ionen in der ersten Gruppe des periodischen Systems, etwas geringer in der zweiten und noch geringer in den mittleren. Die stärksten negativen Ionen liegen umgekehrt auf dem rechten Ende des Systems (Halogene). Eine Mittelstellung nehmen die schweren Metalle ein und bei ihnen, vor allem bei denen mit farbigen Salzen häuft sich die Bildung von Komplexsalzen, die nicht mehr dem einfachen Valenzschema sich unterordnen lassen; ohne daß man die Valenz gar zu beliebige Werte annehmen, d. h. ihre einzig brauchbare und kennzeichnende Eigenschaft, eben die Konstanz verlieren läßt.

Elektroaffinität

b) Verbindungen I. und höherer Ordnung. Koordinationszahl.

§ 150. *Aus rein räumlichen Gründen* (Raumerfüllung und sehr ähnliche Größe der Atome) *ist es gewiß, daß ein Atom in einer* *beliebigen Molekel eine nur kleine Anzahl unmittelbarer Nachbarn hat.* Eine der sperrigsten Packungen, die sich mit den aus der Kristallographie vertrauten Formen verträgt, ist wohl der Würfel mit besetzten Ecken, Kantenmitten und Seitenmitten. Liegt ein Atom in ihm, so hat es 26 Nachbarn. Doch deutet die maximale Wertigkeit 8 mehr auf einen Würfel mit nur besetzten *Ecken.* Das gäbe 8 Nachbarn, ein Oktaeder 6, ein Tetraëder 4. *Sicher also ist die Zahl der unmittelbar an ein als Zentralatom gewähltes Teilchen angrenzenden Atome nur klein und wahrscheinlich stets kleiner als 8.*

A. Werner teilt in Rücksicht darauf die anorganischen *Verbindungen* ein in solche *I. Ordnung,* wo ein *„Zentralatom"* einige unmittelbare Nachbarn um sich versammelt hat:

$$SiO_2,\ PCl_3,\ SiFl_4,\ SFl_6 \text{ usf.}$$

Anlagerung und Einlagerung

Daraus können *Verbindungen höherer Ordnung* durch *Anlagerung* oder durch *Einlagerung* entstehen.

Anlagerung liefert aus

$$PtCl_4 \text{ mit Ammoniak } PtCl_4(NH_3)_2.$$

Einlagerung von NH_3 kommt zustande, wenn man auf

$$[Pt(NH_3)_3Cl_3]^{\cdot}Cl'$$

Ammoniak wirken läßt. Dann entsteht

$$[Pt(NH_3)_4Cl]^{\cdot}Cl_2',$$

d. h. das Ammoniak tritt ins Kation und nicht wie vorhin in eine Stellung, die es bei elektrolytischer Dissoziation oder sonst leicht abspaltbar vom *„Kern"* löst. Ebenso tritt NH_3 ins Kation bei

$$Ag^{\cdot} + 2NH_3 = Ag(NH_3)_2^{\cdot},$$

Einlagerung ist hier eine Anlagerung ans Kation, bzw. den Komplex, der Kation wird. Denn das Metallatom wird bei dieser Namenwahl als Mittelpunkt und wichtigster Kern des Ganzen angesehen.

Daß überhaupt noch eine Bindung statthat, obwohl man doch sonst $PtCl_4$ als gesättigt ansieht, ebenso wie AgCl, meinte man durch *„Nebenvalenzen"* anschaulicher zu machen. Doch hat ein solcher Ausdruck kaum irgendwelchen wissenschaftlichen Wert: Tatsache ist eben, daß die abzählbare Valenz bei einigermaßen größeren Molekeln aus mannigfacheren Atomarten, namentlich bei Beteiligung von Schwermetallen im allgemeinen nicht mehr konstant ist, d. h. eben überhaupt gar nicht mehr existiert. Wenn sie nicht konstant ist, so ist ihre wesentliche Definitionseigenschaft dahin.

Koordinationszahl

Statt ihrer hat Werner für diese Verbindungen eine andere Zahl eingeführt, die angibt, *nicht,* mit wieviel *Valenzeinheiten,* sondern mit *wieviel Atomen* oder *Atomgruppen* je *ein* Zentralatom *in erster Sphäre* (d. h. das Kation oder das Anion bildend) zusammentreten kann. Die *Art* der Atome oder Atomgruppen erweist sich nämlich als ziemlich gleichgültig und nur ihre *Zahl* ist in der Hauptsache durch das Zentralatom bestimmt. Diese Zahl heißt die *Koordinationszahl.* Sie hat für eine gegebene Atomart einen ziemlich konstanten Wert, aber auch er hat keine vollkommene Konstanz, so wenig wie die Valenz. Und auch bei ihm hat man alsbald eine Wertigkeit einführen müssen, um ihn als konstant annehmen zu dürfen. Man fand nämlich Atomgruppen, die ans Zentralatom sich legend, die Stelle vertreten, die sonst von 2 Atomen eingenommen wurden. Daher nannte man sie *koordinativ zweiwertige Gruppen.* Dahin gehören Äthylendiamin: $C_2H_4<{NH_2 \atop NH_2}$, meist durch „-en" abgekürzt, die Oxalsäure $(COOH)_2$, ihr Säurerest $(COO)_2''$, der Rest der Kohlensäure CO_3''. Also immerhin Molekeln oder Reste, denen auch nach der Valenzlehre eine Zweiwertigkeit zukommt. Sehr scharf sind wie bei der Valenz auch in der Koordinationslehre die Begriffe nicht. Koordinative Mehrwertigkeit

Die *Koordinationszahlen* sind (2, 4, 6, 8) *für einige Elemente* folgende: Zahlwert der Koordinationszahl 2, 4, 6, 8

4 B, C, N, P, S, Mn, Os, $Pt^{\cdot\cdot}$ (verbunden mit NH_3 oder Säuren),
(4 und 6 Si),

6 weitaus am häufigsten:
$Zn^{\cdot\cdot}$, $Cd^{\cdot\cdot}$, $Sb^{\cdot\cdot\cdot}$, $Bi^{\cdot\cdot\cdot}$, $Cr^{\cdot\cdot\cdot}$, $Fe^{\cdot\cdot\cdot}$, $Co^{\cdot\cdot\cdot}$, $Ni^{\cdot\cdot}$, $Pt^{\cdot\cdot\cdot\cdot}$,
Halogeno-, Cyano-, Nitrito-, Hydroxo-Säuren, Ammine
(diese enthalten der Reihe nach den Kern: Halogen, Cyan, NO_2, HO, NH_3),

8 Mo- und W-Cyanosäuren.

Während die Valenzschemata nichts darüber aussagen lassen, in welche Ionen und vor allem, bis zu welchen Stufen dissoziierbare Stoffe zerfallen, welche *Bindungen* also *ionogen* sind, kann man aus der Koordinationsschreibweise darüber manches ablesen: Ionogene Bindung

$P(OH)_3$ phosphorige Säure zerfällt nach $(HPO_3)H_2$,
$PH(OH)_2$ unterphosphorige Säure nach $(H_2PO_2)H$,
$SO(OH)_2$ schweflige Säure nach $(HSO_3)H$,

alles der Koordinationszahl vier für P und S entsprechend. *Die Valenzlehre widerspricht dem nicht, sie läßt es nur nicht voraussehen.* Es ist aber nicht nötig, daß die nicht in Wasser gebrachten Molekeln schon eine unsymmetrische Struktur hinsichtlich der OH-Gruppen besitzen. Wohl aber, daß gewiß nicht alle OH-Gruppen auf einmal abfallen können und daß deshalb der Abfall der ersten eine Molekel veränderten Baus hinterlassen muß. An Hand der Valenz läßt sich durchaus nichts sagen über ihre weitere Fähigkeit, OH' oder H' oder sonst etwas abzuspalten, womöglich leichter oder langsamer, als dies mit der ersten abgefallenen Gruppe geschah. *Die Koordinationslehre ergänzt* somit *die Valenzlehre, aber sie ändert sie nicht.* Sie baut auf ihr in der gleichen empirischen Weise weiter, die eine Systematik anstrebt. Deshalb schränkt sie auch manche Möglichkeiten ein, die die Valenzlehre noch offen läßt. Wenn man auch in der Annahme 5wertigen Stickstoffs in NH_4Cl oder $NH_3.CH_3.Cl$ oder zweiwertigen Halogens in H_2SiFl_6 oder Stellung der Valenzlehre zur Koordinationslehre

H_2PtCl_6 nichts Bedenkliches sehen wird — denn die Annahme nötigt allem Anschein zum Trotz durchaus nicht zu einem verschiedenen Verhalten von 2 Halogenatomen, so zeigen doch hier die Koordinationsformeln richtig an, wieviel Atome im Kation sind:

$$[NH_4]Cl; \quad [NH_3.CH_3]Cl; \quad [PtCl_6]H_2$$

Bei $(SiCl_6)H_2$ könnte man im Zweifel sein, wegen $SiFl_4$. Hier muß ad hoc die Koordinationszahl 6 erscheinen.

Ebenso lassen die Oxyde RuO_4 und OsO_4 erkennen, daß hier keine Salzbildung, Säuren H_2RO_5 entsprechend, mehr zu erwarten ist. Denn die anderweit gefundene Koordinationszahl 4 macht dies unwahrscheinlich.

Befriedigend wirkt auch die Möglichkeit, die Substitution von NO_2 (Nitrito), AsO_2 (Arsenito), SO_2 (Sulfito), NH_3 (Ammin), H_2O (Aquo) statt NO ins Nitroprussidnatrium $Na_3Fe(CN)_5NO$ von diesem Gesichtspunkt aus zu sehen. *Einwertige Ionen* oder sonst *stabile Molekeln*, die nur wesentlich *einstufig zweiteilig* zerfallen, spielen hier die Rolle der *koordinativ einwertigen* Gruppen.

Namenwahl

c) Namenwahl bei Komplexsalzen.

§ 151. Bemerkenswert und z. T. längst bekannt sind die Komplexsalze des Cr und Co. Hier verdankt man Werner die Kenntnis einer ganzen Welt von neuen Salzen, die er mit P. Pfeiffer und seinen Schülern neu dargestellt hat und in die Systematik einordnete. Beispiele für die *Namenwahl* sind dabei folgende, worin das Komplexion in eckige Klammer gesetzt ist.

Kaliumhexanitritokobaltiat . . . . $K_3^{\cdot\cdot\cdot}[Co(NO_2)_6]'''$
das bekannte analytisch wichtige gelbe, schwerlösliche Kaliumsalz, das zum empfindlichsten Kaliumnachweis durch Fällung aus essigsaurer Lösung dient, s. w. u. S. 317, 320.

Kaliumpentanitritomonamminkobaltiat . . . . $K_2^{\cdot\cdot}[Co(NO_2)_5NH_3]''$
ist nicht bekannt, sollte durch Substitution mittels NH_3 entstehen. Die Häufung von NH_3 in der inneren Sphäre schwächt stufenweise die basische Natur wie aus den weiteren Beispielen hervorgeht. Allgemein hat ja wie H-haltige Stoffe, so auch H selbst diese Eigenschaft. Man erinnert sich dabei an die Reihe NH_3; NH_2OH; HNO_2; HNO_3 usf. Diese Stufe kennt man bei $[Fe^{III}(NH_3)(CN)_5]Na_2$

Kaliumtetranitritodiamminkobaltiat . . . . $K^{\cdot}[Co(NO_2)_4(NH_3)_2]'$,
Erdmanns Salz.

Trinitritotriamminkobalt . . . . $[Co(NO_2)_3(NH_3)_3]$,
kein Elektrolyt mehr.

Dinitritotetramminkobaltichlorid (Croceosalz) . . . . $Cl'[Co(NO_2)_2(NH_3)_4]^{\cdot}$
Hier ist die innere Sphäre Anion geworden.

Mononitritopentamminkobaltichlorid (Xanthosalz) . . . . $Cl_2''[Co(NO_2)(NH_3)_5]^{\cdot\cdot}$

Hexamminkobaltichlorid. (Luteosalz) . . . . $Cl_3'''[Co(NH_3)_6]^{\cdot\cdot\cdot}$

Polymerie anorganischer Stoffe

d) Polymerie anorganischer Stoffe.

§ 152. In dieser Reihe ist das Trinitritotriamminkobalt deshalb beachtenswert, weil es selbst kein Elektrolyt ist, während einfache

Polymere von ihm elektrolytisch spalten. Denn sie sind Kobaltsalze von komplexen Kobaltsäuren; man hat so die Reihe:

$[Co(NO_2)_3(NH_3)_3]$ monomer,

$[Co(NO_2)_3(NH_3)_3]_2$ dimer $= [Co(NH_3)_6]^{\cdot\cdot\cdot}[Co(NO_2)_6]'''$,

$[Co(NO_2)_3(NH_3)_3]_3$ trimer $= [Co(NO_2)(NH_3)_5]^{\cdot\cdot}2[Co(NO_2)_4(NH_3)_2]'$,

$[Co(NO_2)_3(NH_3)_3]_4$ tetramer $= [Co(NH_3)]^{\cdot\cdot\cdot}3[Co(NO_2)_4(NH_3)_2]'$,

$[Co(NO_2)_3(NH_3)_3]_5$ pentamer $= 3[Co(NO_2)(NH_3)_5]^{\cdot\cdot}2[Co(NO_2)_6]'''$.

Einfachere Fälle von *Polymerie anorganischer Stoffe* haben wir zahlreich gesehen: Sauerstoff und Ozon, Wasserstoff und aktiven Wasserstoff, Stickstoff und Tristickstoff, Dicyan und Paracyan, Stickstoffdioxyd und Peroxyd u. dgl. Doch auch in Lösungen solche Polymerie zu finden, *bei Salzen*, ist immerhin bemerkenswert. Natriummetaphosphat $NaPO_3$ und ähnliche Verbindungen sind in zahlreichen verschiedenen Polymeren dargestellt worden. Von besonderem Interesse ist noch das monomere Silbercyanid AgCN, das aus $K(Ag(CN)_2)$ durch Schwefelsäure abgeschieden wird, während die Fällung des Kaliumsilbercyanids mit $AgNO_3$ zum dimeren $Ag(Ag(CN)_2)$ führt. (Bestimmung des Molargewichts in Lösungen s. Bd. II.)

e) Koordinationsisomerie.

Koordinationsisomerie

§ 153. Nahe verwandt mit diesen Polymeriefällen, die durch verschiedene Bindungsweise ermöglicht werden, sind die schon genannten Isomeriefälle gewesen, die wir in diesem Kapitel über Komplexe an die Spitze stellten (Hydroxylaminhypophosphit). Wir können jetzt unter Benützung der eben durchgeführten Namenwahl bei den durch ihre Farben scharf unterschiedenen

$$[Co(NH_3)_6]^{\cdot\cdot\cdot}[Cr(CN)_6]''' \qquad [Co(CN)_6]'''[Cr(NH_3)_6]^{\cdot\cdot\cdot}$$

braun — grün

auch von einer *Koordinationsisomerie* sprechen. Hexamminokobalti-Hexacyanochromiat, Hexamminchromi-Hexacyanokobaltiat. Darin können 6 Cyanogruppen durch 3-Oxalatogruppen (koordinativ 2wertig) und 6 Ammingruppen durch 3 Äthylendiamingruppen (koordinativ zweiwertig) ersetzt werden. Man kennt auch noch andere Fälle von Koordinationsisomerie ähnlich diesen.

Kehren wir jetzt zu der Tafel der Kaliumnitritoamminkobaltiate zurück und gehen zu steigender Zahl der Ammingruppen über.

Valenz der Komplexionen

Während die Koordinationszahl 6 stets 6 koordinativ einwertige Gruppen in der inneren Sphäre fordert, ist doch weder deren elektrochemische Polarität, noch ihre elektrochemische Valenz außer Kraft gesetzt. Denn das positiv dreiwertige Kobalt im ersten Beispiel, mit 6 negativ einwertigen Nitritogruppen $—NO_2$, nach unserer bisherigen Ausdrucksweise Nitritionen verbunden, kann jetzt nur noch dreiwertig negativ sein. Das Ammoniak NH_3 ist valenzchemisch abgesättigt. Seine Häufung oder Abnahme in der inneren Sphäre ist ohne Einfluß auf die

Valenz des entstehenden Komplexions. Diese ist einzig durch die Differenz der Valenzen der Ionen im Komplex gegeben und daraus wie die Tafel zeigt, unmittelbar ablesbar.

Ionisation - isomerie

f) Ionisationsisomerie.

§ 154. Ganz dasselbe gilt für unser Beispiel zur Koordinationsisomerie und für die Reihe der Polymeren des Trinitrotriamminkobalts. Nun kann aber auch eine *Ionisationsisomerie* derart auftreten, daß das eine Isomere ein einfaches Ion abspaltet, ein anderes im Komplex gebunden behält, während es beim anderen Isomeren umgekehrt ist. Dafür ist ein besonders gutes Beispiel das folgende:

$[Co(NH_3)_5Br]^{\cdot\cdot}SO_4''$	$[Co(NH_3)_5SO_4]^{\cdot}Br'$
violett	rot
Bromopentamminkobaltisulfat	Sulfatopentamminkobaltibromid

Das erste liefert in Lösung keine Bromreaktion, wird also durch $Ag^{\cdot}$-Ion nicht gefällt, das zweite liefert keine Sulfatreaktion, fällt also nicht $Ba^{\cdot\cdot}$-Ion. Die in der inneren Sphäre enthaltenen Ionen sind gebunden und daher nicht reaktionsfähig.

Nützlich ist das eben gegebene Beispiel deshalb, weil es zwar die *Valenz* der Komplexionen ganz richtig berechnen läßt, aber entweder für Co eine *abnorme Koordinationszahl* oder eine *abnorme koordinative Wertigkeit* von SO_4 nötig macht. Denn SO_4 ist sonst meist koordinativ zweiwertig, hier aber nur einwertig — wenn anders man hier nicht die Koordinationszahl des Co zu 7 annehmen will. Das letztere tut man jedoch nicht, und so zeigt sich auch hier wieder die Unschärfe der Koordinationslehre, ganz wie früher die der Valenz.

Nun kehren wir abermals zu unserer Kaliumnitritoamminkobaltiattafel zurück, und schreiten abermals zu steigender Zahl der Ammingruppen vor.

Die sauren NO_2-Gruppen verlieren dabei an Zahl und Einfluß, bis schließlich der basische Einfluß ganz überwiegt. Kann man so die *Nitritogruppe* durch Ammoniak ersetzen und so *Ammine* herstellen, so läßt sich darin wieder das Ammoniak durch Wasser substituieren. Das ist mit keiner Änderung des Säurecharakters verbunden und deshalb bleiben die *Aquoverbindungen*, die Hydrate Basen wie die Ammine. Ein Beispiel dafür bietet die Reihe der Chromichloride. Die Hexammine sind meist gelb, die Hexaaquoverbindungen meist violett. Man hat so die Reihe:

Ammine und Aquo-Verbindungen

Hexamminchromichlorid	$[Cr(NH_3)_6]Cl_3$,
Monoaquopentamminchromichlorid	$[Cr(NH_3)_5(H_2O)]Cl_3$,
Diaquotetramminchromichlorid	$[Cr(NH_3)_4(H_2O)_2]Cl_3$,
Triaquotriamminchromichlorid	$[Cr(NH_3)_3(H_2O)_3]Cl_3$,
Tetraaquodiamminchromichlorid	$[Cr(NH_3)_2(H_2O)_4]Cl_3$,
Pentaaquomonamminchromichlorid	$[Cr(NH_3)(H_2O)_5]Cl_3$,
Hexaaquochromichlorid	$[Cr(H_2O)_6]Cl_3$ (violett).

g) Hydratisomerie.

§ 155. Dies letzte Salz kommt auch in einer grünen Form vor, ein neues Beispiel für Bindungsisomerie. Die Leitfähigkeit der grünen Lösung ist nur ungefähr $^1/_3$ von der der violetten, die sich langsam von selbst aus ihr bildet. Das entspricht den Bindungen:

$$[Cr(H_2O)_4Cl_2]Cl.2H_2O = [Cr(H_2O)_6]Cl_3.$$

Die erste Verbindung enthält $2H_2O$ als gewöhnliches Hydratwasser äußerlich angelagert, $4H_2O$ und $2Cl$ in der inneren Sphäre, der Koordinationszahl 6 entsprechend.

Dies ist ein Beispiel für die so häufige *Hydratisomerie*, die sich ähnlich wie bei dem Phosphit-Hypophosphitbeispiel in einer Verschiedenheit der Ionenspaltung äußert. Hydratisomerie

Die Auffassung der Hydrate als Komplexe, die bedeutend fester gebunden sind, als man gemeinhin annimmt, hat mancherorts Vorzüge, aber nicht allenthalben. Will man nämlich die Kooordinationssystematik folgerichtig durchführen, so kommt man ganz wie bei der Valenz am Ende auf Künstlichkeiten.

Immerhin ist es sehr beachtenswert, daß Farbe vielfach erst bei Hydratbildung auftritt. Vielfach auch haben die Hydrate einen Gehalt von $6H_2O$ oder von Vielfachen davon. Freilich muß man bei $FeSO_4.7H_2O$ und den anderen Vitriolen dieser Formel die Schreibweise wählen: $[Fe(H_2O)_6]SO_4.H_2O$. Bei $CuSO_4.5H_2O$ führt die Koordinationszahl 4 zu einer sinngemäßen Darstellung $[Cu(H_2O)_4]SO_4.H_2O$, welcher Typus auch im Tetrammin $[Cu(NH_3)_4]SO_4.H_2O$ wiederkehrt. Aber schon in diesen Fällen ist zu beachten, daß die Koordinationsformeln nicht alle bekannten Salztypen, bzw. Hydrattypen voraussehen lassen, sondern nur — mindestens in der Hauptsache — die beständigsten, ja vielfach nicht einmal dies. Und was heißt: die beständigsten? Diejenigen, die bei den gewöhnlichen Bedingungen des Versuchs: Zimmertemperatur, Atmosphärendruck, mittlere Konzentration, am beständigsten sind. Kurz, die Koordinationslehre liefert wie die Valenzlehre Zahlenregeln, die unscharf sind, weil sie letzten Grunds empirisch-systematisch einen Überblick über die Mehrheit der vorhandenen, d. h. untersuchten Verbindungen geben und aus dieser Mehrheitsformel ohne Vorstellungen über das Zustandekommen der Zahlenregelmäßigkeiten zahlenmäßig abgeleitet sind. Jede Vorstellung aber, die theoretisch von Wert sein soll, muß ein Gedankenkomplex sein, der verschiedene Gebiete verknüpft und Wissenschaft heißt letzten Grunds nicht die bloße Sammlung und formale Systematisierung, so unentbehrlich sie für jede Grundlage auch ist, sondern Verknüpfung. Die Wirtschaftlichkeit des Denkens und Wissens ist an die Verknüpfung und damit an die Vorstellung, sogar letzten Grunds an die anschauliche Vorstellung gebunden.

Farbe und Hydratbildung

Auswahl der „beständigsten“ in der Systematik eine Willkür

Geometrische Isomerie (Strukturisomerie, Cis-Trans-isomerie)

h) Geometrische Isomerie.

§ 156. Feiner sind die Unterschiede bei anderen Isomerieen: Man kennt zwei verschiedene Platosammine $PtCl_2(NH_3)_2$, obschon sich nach der Koordinationslehre allein, die hier die Koordinationszahl 4 fordert, noch kein Unterschied derart erwarten ließe. Legt man die Teile in die Ecken eines regelmäßigen Tetraeders, so können sich keine Verschiedenheiten ergeben, da hier bei je zwei gleichen Teilen allgemeine Symmetrie herrscht. Man muß daher schon eine Anordnung der 4 Teile in einer Ebene oder ähnlich annehmen und kommt so zu den beiden Formeln:

Platosamminchlorid (trans) Platosemidiamminchlorid (cis)

Daß zwei Isomere hier vorliegen können, ist also klar. Aber wie entscheidet man, welcher von beiden Stoffen (wie hier vorweggenommen) die 1., welcher die 2. Formel hat. Ganz allgemein dienen zu solcher *Konfigurationsbestimmung bei Isomeren* solche chemische Einwirkungen auf die Isomeren, die gemäß der verschiedenen Lagerung der Teile in ihnen zu verschiedenen Reaktionsprodukten oder sogar zu einer verschiedenen Anzahl von ihnen führen müssen. Wir betrachten das an dem Beispiel.

Konfigurationsbestimmung

Lagern wir 2 Molekeln eines substituierten Ammoniaks in beide Chloride ein, so fordert die Koordinationszahl 4 von Pt^{II}, daß das Chlor in die äußere Sphäre tritt. In der Tat lassen sich so 2 isomere Diammin-Dipyridinplatochloride erhalten. Pyridin ist ein organisches Ammoniakderivat C_5H_5N; wir kürzen seine Formel in üblicher Weise Py. Die Verbindungen haben also die Formel $[Pt(NH_3)_2(Py)_2]Cl_2$ und sind Elektrolyte, woraus man durch Erhitzen NH_3, bzw. Pyridin abspalten kann. Dabei liefern aber die Abkömmlinge des einen Isomeren nur ein platinhaltiges Produkt, die des anderen aber zwei verschiedene, beide neben Pyridin + NH_3. Nach der Cisformel wären 3 Reaktionsprodukte zu erwarten:

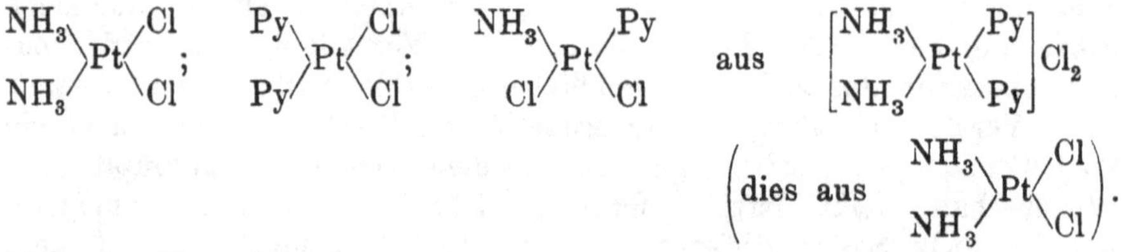

Nach der Transformel nur eines

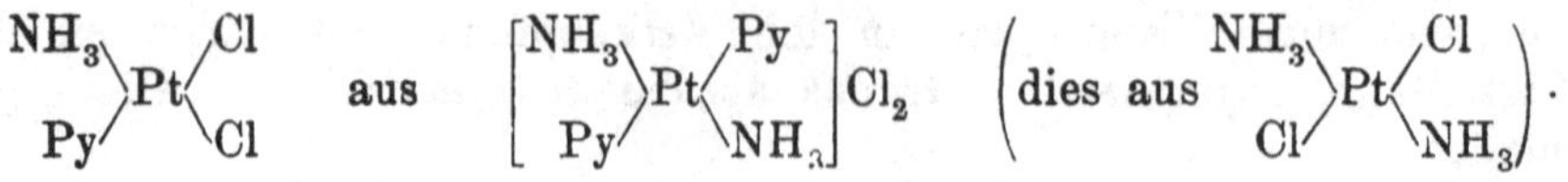

Dies, wenn wir stets den Austritt **zweier benachbarter** Gruppen zugleich annähmen. Nehmen wir aber anderseits an, daß beim Zerfall derselbe Weg beschritten werde wie bei der Bildung, dann treten immer einander diagonal gegenüberstehende Gruppen aus der Transformel aus, so daß sie dann zwei Produkte geben kann:

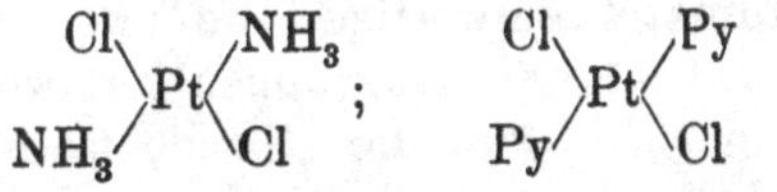

Transdichlorodipyridinplatin und Transdichlorodiamminplatin,

Da man nun nie 3 Produkte fand, so kann offenbar auch bei der Cisform nur ein Verlust „übers Kreuz“ eintreten und dann ist hier nur 1 Reaktionsprodukt möglich und die Frage in dem Sinn entschieden wie wir sie durch unsere Schreibweise und Bezeichnung cis- und trans- vorwegnahmen. Offenbar fußen alle derartigen „Beweise“ auf solchen mehr oder minder stillschweigend, oft unbewußt gemachten Annahmen wie den beiden soeben genannten (benachbart — übers Kreuz).

Eine ähnliche räumliche Anordnung wie bei den Platosamminchloriden muß man bei der Koordinationszahl 6 annehmen. Man erhält u. a. die Diacidotetramminkobaltisalze, also jene Salze, die 2 mal eine saure Gruppe und 4 mal ein NH_3 enthalten, in zwei isomeren Reihen, die man bei Cl als saurer Gruppe als Praseo- und Violeo-, bei NO_2 als Croceo- und Flavogruppe bezeichnet. Die Praseo- und Croceosalze sind blaugrün bis violett, die Violeo- und Flavosalze rotgelb bis violett. Mit koordinativ zweiwertigen Gruppen wie dem Carbonatorest $=CO_3''$ oder dem Oxalatorest $=(C_2O_4)''$ erhält man jedoch je nur eine Reihe, also keine Isomeren. Das weist bereits darauf hin, daß diese Gruppen „sterisch gehindert“ sein müssen, die eine der möglichen Isomeriestellen zu besetzen. Diesen Tatsachen wird man durch das sogenannte *Oktaederschema* gerecht, also durch Anordnung der 6 Gruppen in den Ecken eines Oktaeders, wie die Abb. 113—116 zeigen.

Oktaederschema

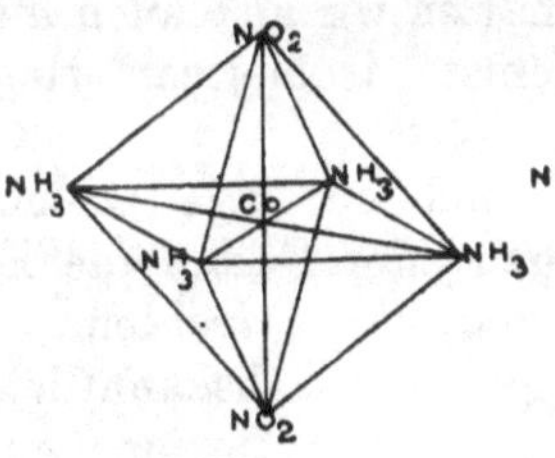

Abb. 113.

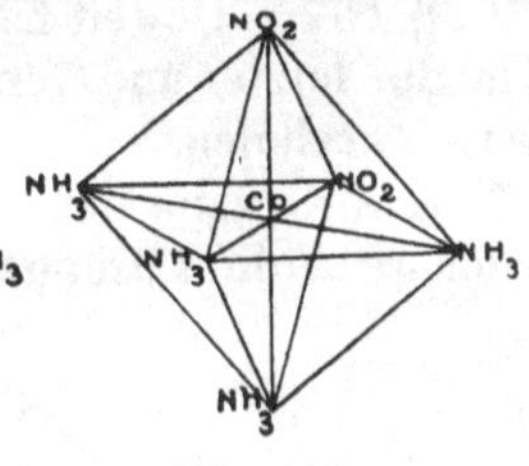

Abb. 114.

(Stellungsisomerie bei Kobaltiamminen.)

Diese Art von Isomerie geht durch alle Kobaltkomplexe durch und nimmt bei den Trinitrotrihydroxokobaltiaten die Form an, die Abb. 115 und 116 darstellen.

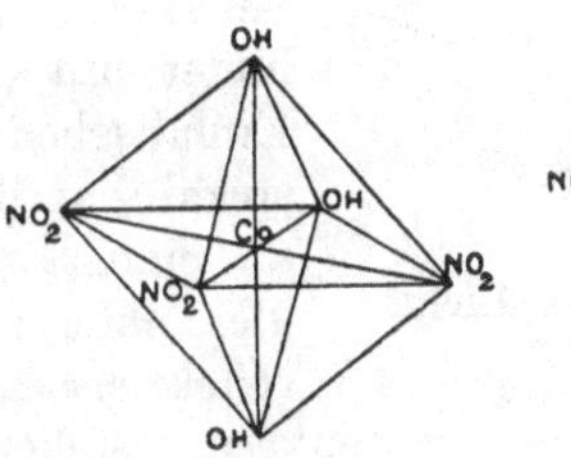

Abb. 115.
Kantenformel.

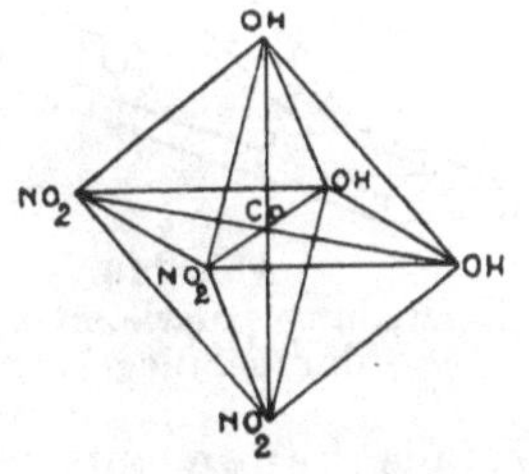

Abb. 116.
Diagonalformel.

(Trinitrotrihydroxokobaltiate.)

Sie heißt *Strukturisomerie* oder *geometrische Isomerie.* Die Konfigurationsbestimmung ist hier überall analog der oben bei den Platosamminchloriden beschriebenen.

Sehr eigentümliche Folgen hat die oktaedrische Anordnung bei koordinativ zweiwertigen Gruppen. Sie führt hier zu einer neuen Art von Isomerie. Zwei saure koordinativ einwertige und zwei Äthylendiamingruppen[1] (zweiwertig) liefern die Diacidobisäthylendiaminkobaltisalze und zwar zunächst in zwei isomeren Reihen, einer Transreihe, wo die -en-Gruppen an zwei einander gegenüberliegenden wagrechten Kanten liegen, wie Abb. 117 zeigt. Und in einer Cisreihe, wo die -en-Gruppen zwei getrennte Kanten besetzt haben, wie Abb. 118 zeigt. Welcher Verbindung die Trans-, welcher die Cisformel angehört, wird mittelbar entschieden, ähnlich wie bei den Diacidotetramminkobaltisalzen, wo die Karbonato- und Oxalatoformen nur den Cisformeln zugeordnet werden können. Denn die „Spannweite" der zweiwertigen Gruppe wird kaum für die Transform ausreichen.

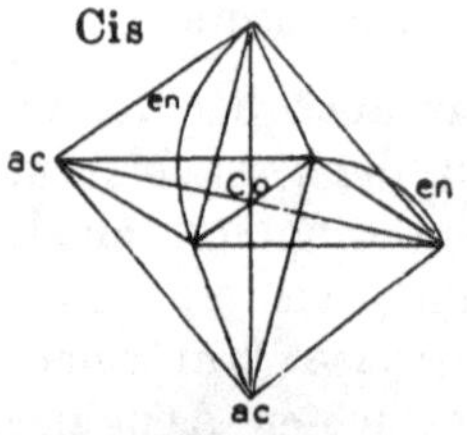

Abb. 117.
Cisreihe bei koordinativ zweiwertigen Gruppen.

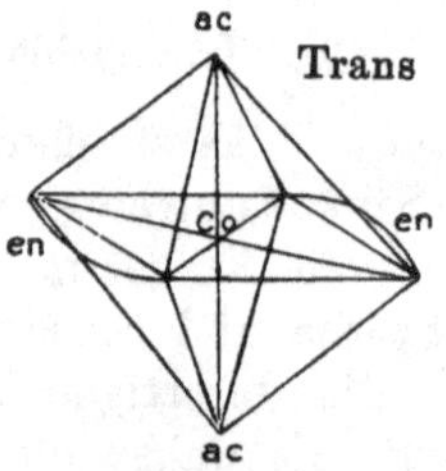

Abb. 118.
Transreihe bei koordinativ zweiwertigen Gruppen.

Diacidobisäthylendiaminkobaltisalze
Co $ac_2[C_2H_4(NH_2)_2]$.

Optische Isomerie (Spiegelbildisomerie)

i) Optische Isomerie.

§ 157. Soweit hätten wir also auch hier nur geometrische Isomerie. Um die letzte und feinste Isomerieart zu erkennen, müssen wir etwas weiter ausholen.

Aus Organismen und nur aus solchen hat man Stoffe ausziehen können, deren Lösungen oder Dampf die Ebene des polarisierten Lichts drehten. Solches Licht erhält man bekanntlich am einfachsten durch Reflexion eines einfarbigen Lichtstrahls auf einer Glasplatte unter einem Winkel von etwa 56° gegen die Senkrechte (Abb. 119). Das Einfallslot bildet mit dem einfallenden Strahl die Einfallsebene. Der reflektierte Lichtstrahl hat dann die Fähigkeit verloren, an einem zweiten Spiegel, auf den er gleichfalls mit 56° Einfallswinkel trifft, reflektiert zu werden, falls die beiden

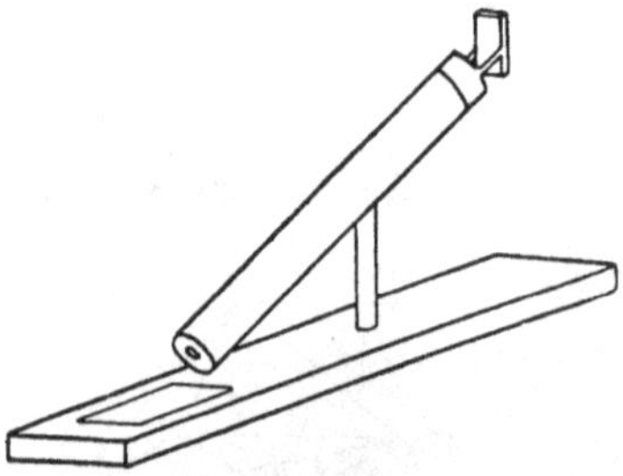
Abb. 119.
Herstellung polarisierten Lichts durch Spiegelung.

Lineare Polarisation des Lichts

Einfallsebenen aufeinander senkrecht stehen. Das kann man an jeder dunklen spiegelnden Tischplatte und mit einem kleinen Hilfsspiegel beob-

[1] $C_2H_4(NH_2)_2$ s. org. Ch., Bd. III.

achten. Der reflektierte Lichtstrahl hat also rings um seine Fortpflanzungsrichtung herum keine zentrische Symmetrie mehr wie sonst, sondern seitliche Verschiedenheiten, und zwar solche, die gesetzmäßig mit der Einfallsebene des „polarisierenden" Spiegels verknüpft sind. Läßt man den so polarisierten Strahl durch eine von den eben erwähnten Lösungen gehen, so wird wenigstens ein Teil von ihm und bei geeigneter Länge der Lösungsschicht sogar das Ganze an dem zweiten, ihn vorher nicht mehr reflektierenden Spiegel wieder reflektiert. Dafür freilich hat er nunmehr die Eigenschaft, an einem etwas anders gedrehten Spiegel nicht mehr reflektiert zu werden. Es ist also die *„Polarisation"* durch die Lösung nur verdreht worden, aber nicht zerstört. Man bezeichnet diese Eigenschaft gewisser Stoffe, die Polarisationsebene (=Einfallsebene) des Lichts zu drehen, als *natürliche optische Aktivität* und die Drehung der Ebene selbst als natürliche Drehung oder natürliche Rotation.

Drehung der Polarisationsebene

Läßt man jetzt einen optisch-aktiven Stoff — er kann offenbar rechts oder links drehen — chemisch mit einem Cis-Diacidobisäthylendiaminkobaltisalz reagieren, so gelingt es oft, dieses in zwei weiteren Formen zu erhalten, die selbst optisch aktiv sind, und auch verschiedene Kristallformen haben, aber in allen übrigen Eigenschaften ganz genau übereinstimmen.

Die Fähigkeit der optischen Drehung ist bei beiden genau gleich, nur dreht das eine ebenso stark nach rechts wie das andere nach links. D. h. gleich konzentrierte Lösungen beider Formen, in gleicher Schichtlänge, drehen entgegengesetzt gleich und üben mithin, hintereinander gesetzt, zusammen überhaupt keine Drehung aus. Also auch nicht gemischt. Man nimmt daher an, daß das ursprüngliche Cissalz, das rein mittels anorganischem Material bereitet war, aus gleichen Teilen beider *„optischen Isomeren"* gemischt gewesen sei, und daß die Trennung mittels des organischen aktiven Stoffs auf einer verschiedenen Angreifbarkeit beider Isomeren durch einen und denselben optisch drehenden Stoff beruht. Das hat sich allgemein bewährt. Die Kristalle beider optischen Isomeren sind gleichfalls vollkommen gleich, jedoch *enantiomorph*, d. h. verschieden, wie Bild und Spiegelbild (vgl. Abb. 120). Dies ist gleichfalls eine allgemeine Eigenschaft aller *„optischen Antipoden"*, wie man zwei zusammengehörige optische Isomere nennt: Ihre Kristallformen unterscheiden sich nur, wie rechte und linke Hand oder wie Rechts- und Linksschraube, oder wie Bild und Spiegelbild. Daher schreibt man jetzt diesen Antipoden auch einen Molekelbau zu, der dies zum Ausdruck bringt und kommt so zu den Formeln Abb. 121, die sich in der Tat verhalten wie

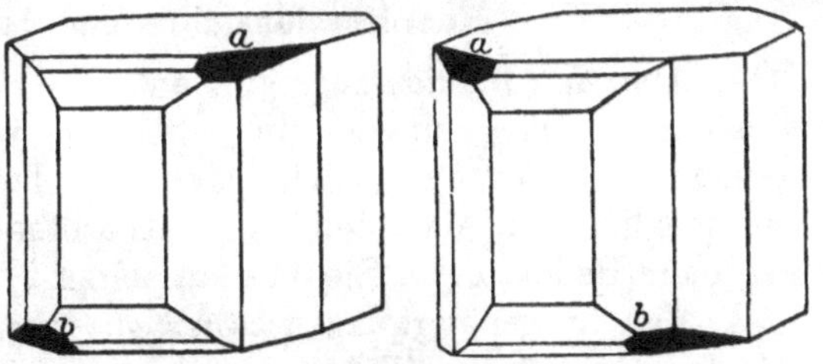

Abb. 120. Enantiomorphe Kristalle.

Optische Antipoden

Bild und Spiegelbild. Welche davon man dem rechts-, welche dem linksdrehenden Stoff zuzuordnen hat, das hat sich aber bei dieser Isomerieart noch in keinem Fall entscheiden lassen. Außer der genannten Methode — der Angreifung eines inaktiven Antipodengemischs durch einen optisch aktiven Stoff kann man auch die der Auslesung enantiomorpher Kristalle anwenden, falls die Kristallisation solche liefert. Das ist allerdings nicht immer der Fall. Bei keiner Reaktion, die von rein anorganischem Material ausgeht, entstehen verschiedene Mengen optischer Antipoden: immer entsteht ein optisch inaktives, sogenanntes *razemisches Gemisch.* Sind die Kristalle der einzelnen Antipoden, deren Löslichkeit einander genau gleich ist, weniger löslich, als die einer Doppelverbindung von Rechts- und Linksstoff, so kristallisieren sie aus und können ausgelesen werden. Andernfalls bleibt nur die chemische Methode der verschiedenen Angreifung durch einen gegebenen aus organischer Substanz stammenden bereits aktiven Stoff übrig.

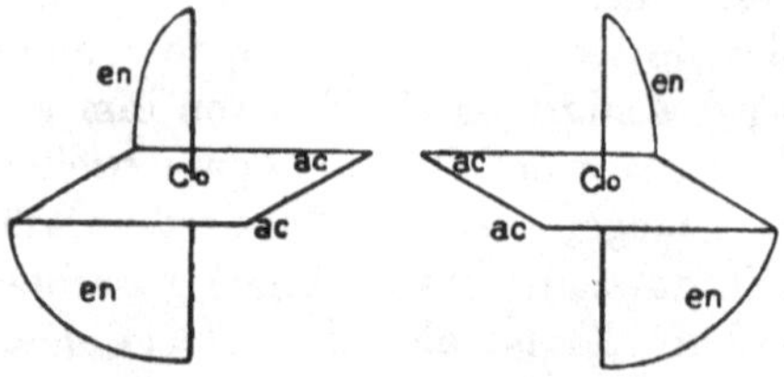

Abb. 121. Optische Antipoden eines Cis-Diacidobisäthylendiaminkobaltisalzes.

So bedeutet die Welt der Wernerschen Salze einen gewaltigen Vorstoß in die Breitenentwicklung der anorganischen Chemie und ein Niederreißen von scheinbaren Grenzen und Gegensätzen zur organischen Chemie. Die Koordinationssystematik wird wie die Valenzlehre ihren Wert behalten, jedoch wie diese nur durch Vorstellungen, also unformal weiter entwickelt werden. Die größte Bedeutung aber unter allen Wernerschen Ergebnissen darf die *Isomerie in der anorganischen Chemie* beanspruchen.

Zusammenfassung

Zusammenfassung der Definitionen.

Koordinationslehre und Isomerieen.

1. Die *Koordinationszahl* gibt an *wie viele Atome oder Atomgruppen im Ion am Zentralatom* sitzen. In jedem Ion wird ein solches Zentralatom angenommen. Wo eine solche Messung der Koordinationszahl am Ion nicht möglich ist, da bleibt die Koordinationszahl hypothetisch oder sogar ohne Bedeutung. Sie beträgt selten 2, meist 6, seltener 4 oder 8.

2. Man ist genötigt, auch *koordinativ-zweiwertige Gruppen* anzunehmen (z. B. den Oxalato ($= C_2O_4$), den Karbonato ($= CO_3$)-Rest, das Äthylendiamin u. a.), doch ohne dabei ganz folgerichtig sein zu können. Darin ist die Koordinationslehre weniger streng, als die *elektrochemische* Valenzlehre.

3. Die *Isomerie ionenbildender anorganischer Verbindungen* kann sein:
   1. *Polymerie* analog O_3 und O_2 bei den neutralen Molekeln.
   2. *Isomerie.*

a) *Bindungsisomerie:* Verschiedene Verteilung der Atome auf die beiden Ionen oder verschiedene Bindungsweise im Ion bei gleicher Verteilung. Bei verschiedener Verteilung von Wasser hat man *Hydratisomerie*; von sonst als Ionen erscheinenden Resten auf die komplexen Ionen *Ionisationsisomerie*; allgemein läßt sich dabei von *Koordinationsisomerie* sprechen, wo koordinierte Komplexgruppen verschieden verteilt sind.

b) *Geometrische Isomerie, Stereoisomerie:* Verschiedene *räumliche* Anordnung derselben in gleicher Weise gebundenen Gruppen (*cis-trans-Isomerie*).

c) *Spiegelbildisomerie* bei Spiegelbildgleichheit der beiden Isomeren. Sie sind dann entgegengesetzt optisch aktiv und heißen *optische Antipoden.* Inaktives Gemisch gleicher Teile von ihnen heißt *razemisches Gemisch.*

C. Analytische und darstellende Elektrochemie.

1. Analytische Anwendungen.

a) Quantitative Gewichtsanalyse auf Ionen.

§ 158. Alle Vorgänge zwischen Ionen verlaufen sehr rasch. Davon macht die qualitative Analyse Gebrauch, indem sie sich vorwiegend der Ionenreaktionen in wäßriger Lösung zum *Nachweis der Elemente oder bestimmter Verbindungen* (Säurereste vor allem) bedient. Ionenreaktionen in der Analyse

So weist sie die Schwermetalle großenteils dadurch nach, daß ihre Ionen mit dem HS'-Ion, das in Schwefelwasserstofflösungen enthalten ist, unter Bildung wenig löslicher Sulfide reagieren, die durch ihre Farben ausgezeichnet sind.

Die Erdalkalimetallionen reagieren mit dem Sulfation SO_4'' unter Bildung weißer, wenig löslicher Niederschläge von Sulfaten, mit dem Hydrokarbonation HCO_3' unter Karbonatbildung.

Die Halogenionen außer Fl' bilden mit dem $Ag^{\cdot}$-Ion die bekannten käsigen Niederschläge von Halogensilber, während die Halogenat- und Hypohalogenitionen, so z. B. das Chloration ClO_3' in Chloratlösungen enthalten, von Silberion nicht gefällt werden.

Diese Reaktionen gehen so quantitativ vor sich, verzehren also infolge der Nachlieferung (vgl. Verdünnungsgesetz) so weitgehend allen verfügbaren Stoff, daß sie zur *quantitativen Gewichtsanalyse* verwendet werden. So fällt man AgCl oder $BaSO_4$ aus $Ag^{\cdot}$-Ion oder aus Cl'-Ionenlösungen, bzw. aus $Ba^{\cdot\cdot}$- oder SO_4''-Ionenlösung jeweils mittels eines Überschusses des nachweisenden Ions über das zu bestimmende; nach einigem Erwärmen der Niederschläge, damit sie größeres Korn bekommen, wäscht man sie auf dem Filter aus und trocknet sie. Wägung lehrt dann ihre Masse und damit die des nachzuweisenden Ions kennen. Quantitative Gewichtsanalyse auf Ionen

b) Maßanalyse.

§ 159. Eine besonders wichtige Analysenmethode müssen wir hier ausführlicher behandeln, die sog. *Titrier-* oder *Maßanalyse*, die auf der Benützung von *Farbumschlägen* bei Ionenreaktionen beruht.

Einen dazu brauchbaren Farbumschlag kennen wir schon, den von *Lakmus* beim Übergang von Säure zu Basis. Offenbar tritt er ein, sobald eben die H˙-Ionen verbraucht sind und statt ihrer ein Überschuß von OH′-Ionen erscheint. Haben wir zwei Lösungen, eine von Säure, sagen wir Salzsäure, eine andere von einer Basis, z. B. von Natron, so können wir beiden dieselbe molare Konzentration geben, z. B. in jeder 1 Mol in einem Liter Flüssigkeit lösen. Dann ist — *wegen der Nachlieferung* (vgl. Verdünnungsgesetz) — in der einen 1 Mol H˙-Ionen, in der Lauge aber 1 Mol OH′-Ionen im Liter *verfügbar*, obschon im allgemeinen diese Ionen noch nicht alle *frei* sind, weil die elektrolytische Dissoziation nicht 100 v. H. beträgt. Gießen wir beide Lösungen zusammen, so erhalten wir eine Lösung, die in 2 Liter 1 Mol zum Teil dissoziiertes Kochsalz enthält und worin sich außerdem 1 Mol Wasser nach der Gleichung

$$H^{\cdot} + OH' = H_2O$$

neu gebildet hat. Allgemein werden gleiche Raumteile der beiden Lösungen sich eben neutralisieren. Das kann man zeigen, wenn man der einen ein wenig Lakmustinktur beifügt. Der Farbenumschlag erscheint dann beim Zufügen der anderen Lösung in dem Augenblick, wo gleiche Raumteile gemischt sind. Man kann die Vermischung zweckmäßig mittels sogenannter *Büretten* vornehmen, in $^1/_{10}$ ccm geteilter Meßröhren aus Glas, meist mit einem Quetschhahn oder Glashahn versehen, der beliebige Mengen aus der Bürette abzulassen erlaubt (Abb. 122). Man läßt zuerst aus der einen die gewünschte Anfangsmenge in einen Becher fließen, gibt einige Tropfen Lakmus zu und fügt dann aus der anderen, zuletzt vor dem Umschlag tropfenweise, die zweite Lösung dazu. Zum Einbringen der Anfangsmenge bedient man sich auch wohl der *Pipetten*, die Abb. 123 zeigt.

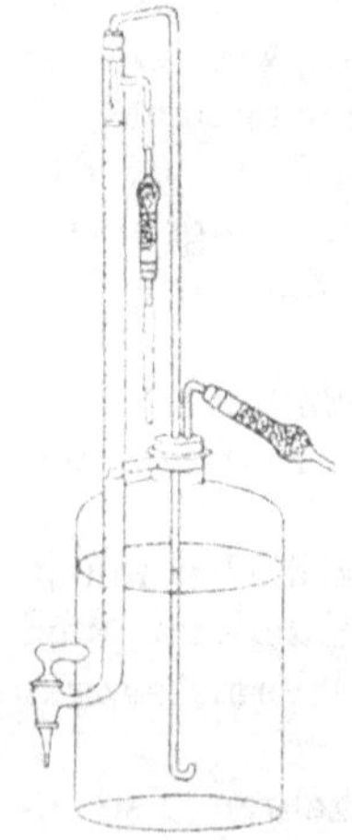

Abb. 122. Bürettenflasche mit Schutzröhren gegen Verunreinigung der Flüssigkeiten.

Sie sollen schlank konisch in den Abflußstiel übergehen und unten glatt abgeschnitten, nicht abgeschmolzen sein, ferner so eng, daß der Ausfluß immerhin gegen 1 Minute braucht. Sonst bleibt viel an der inneren Wand hängen, dessen Menge sich schwer schätzen läßt und einen beträchtlichen Fehler bedingt. Der Inhalt solcher Pipetten und Büretten wird durch Auswägen mit Wasser festgestellt oder berichtigt.

Man kann jetzt den Säuregehalt einer Lösung bestimmen, indem man eine bestimmte Menge der Lösung, sagen wir 100 ccm davon mit einer Pipette in ein Becherglas abläßt, worein man noch ein wenig Lakmus gibt. Läßt man jetzt unter Umrühren mit einem Glasstab oder Umschwenken aus der Natronbürette langsam Alkali zufließen, so beobachtet man bald ein Abnehmen der rein roten Farbe. Fügt man das Alkali zuletzt tropfenweise zu, so trifft man leicht den Punkt des indifferenten Lakmusvioletts, wo die Säure eben neutralisiert ist. Hat man dazu a ccm Lauge gebraucht, so verhält sich die Stärke der Säure

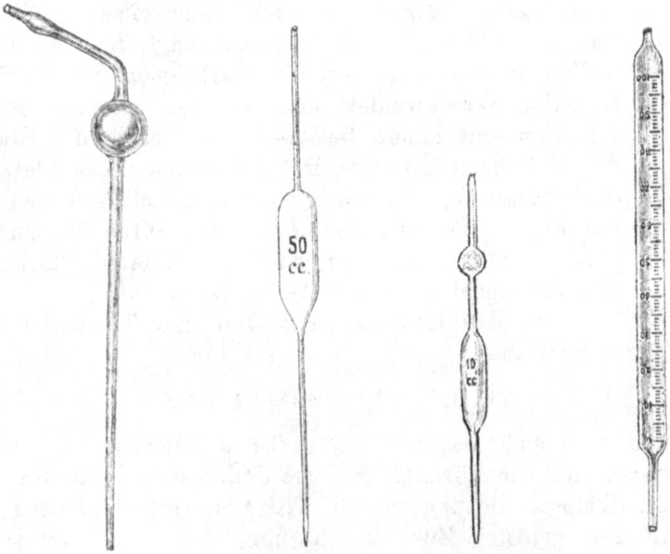

gute Form schlechte Form
des Abflußrohrs
Abb. 123. Pipetten.

zu der der Lauge natürlich umgekehrt, wie die Zahl der von jedem erforderlich gewesenen Raumteile. Es wird also hier

$$\text{Gehalt der Säure in Mol/Liter} = \text{Gehalt der Lauge in Mol/Liter}\ \frac{a}{100}.$$

Diese Methode der Gehaltsbestimmung heißt die *titrimetrische*, der Gehalt der beiden Lösungen ihr *Titer*. Enthalten die Lösungen je 1 Mol im Liter, so heißen sie *molar* oder *einfach molar*, bei $^1/_{10}$ Mol nur *zehntel molar* usf. Ist der gelöste Stoff ein mehrwertiges, z. B. n-wertiges Ion, so ist molarer und Äquivalentgehalt zu unterscheiden. Der Äquivalentgehalt ist 1, falls nur $^1/_n$ von 1 Mol im Liter enthalten ist. Man hat also dann wieder *äquivalente*, zehntel-äquivalente usf. Lösungen zu unterscheiden. Sie heißen auch *normale*, zehntelnormale usf. Der Gehalt wird dabei auf eine bestimmte Höhe gebracht, indem man den zu lösenden Stoff in einen mit Maßstrich versehenen Kolben, einen Meßkolben (Abb. 124) einwägt und mit dem Lösungsmittel auf das *Gesamt-*

Titrimetrische Gehaltsbestimmung. Molarität

Äquivalentgehalt Normalität

volumen 1 Liter auffüllt. Man löst also *zu* 1 Liter, *nicht auf* oder *in* 1 Liter Flüssigkeit.

Azidimetrie Die besprochene Titration war ein Beispiel von *Azidimetrie*. Hätten wir mittels einer Säure den Gehalt einer Lauge ermittelt, so hätten wir

Alkalimetrie *Alkalimetrie* betrieben. Anstatt Lakmus kann man oft genauer Phenolphthalein (s. organ. Chem., Bd. III) verwenden, das in neutraler und saurer Lösung farblos, in alkalischer tiefrot ist, oder Methylorange, in alkalischer Lösung strohgelb, in saurer hellrot. Man kann solche *Maßanalyse* auch ohne einen Farbstoff, wie

Indikator Lakmus, ohne *Indikator*, wie man sagt, in einer Reihe von Fällen durchführen, wo ein stark gefärbter Stoff bei der Reaktion verschwindet oder wo der gefärbte Stoff durch Reaktion mit einem farblosen gebildet wird. Ersteres ist der Fall beim Titrieren mit *Permanganatlösung*, letzteres bei

Jodometrie der *Jodometrie*, die wir zuerst besprechen wollen und die auf der Entfärbung von Jodlösung durch Thiosulfatlösung beruht. Doch fügt man hier zweckmäßig Stärke bei, so daß die tiefblaue Jodstärke Indikator wird.

Abb. 124. Meßkolben.

Die Reaktion zwischen Jod und Thiosulfat läßt sich in Ionenformel schreiben:

$$2\,S_2O_3'' + J_2 = S_4O_6'' + 2\,J'.$$

Thiosulfation setzt sich also mit Jod zu Tetrathionation und Jodion um. Dabei entfärbt sich die Lösung. Bei der Jodometrie bestimmt man den Gehalt von Thiosulfatlösung durch Titration mit Jodlösung (Jod in Jodkaliumlösung gelöst). Zur Verschärfung des Umschlags setzt man einige Tropfen Stärkelösung zu; die geringste Jodspur führt alsdann eine tiefblaue Färbung von Jodstärke herbei.

Zufolge obiger Gleichung werden nicht gleiche Raumteile „normaler" Lösungen einander äquivalent sein. Denn eine normale Jodlösung enthält ein Grammatom Jod und eine normale Thiosulfatlösung wegen der Zweiwertigkeit des Thiosulfations nur $^1/_2$ Gramm-Molekel Thiosulfat. Man definiert hier den Begriff der Normalität infolgedessen zweckmäßig

Normalität gegen Jod anders und spricht z. B. von einer Thiosulfatlösung, die *gegen Jod* $^1/_{10}$ *normal* sei. Damit ist laut Gleichung eine gemeint, die 1 ganzes Mol Thiosulfat in 10 Liter Lösung enthält.

Die Anwendung der Jodometrie ist keineswegs wie es scheinen könnte, auf die Gehaltsbestimmung von Thiosulfat-, bzw. Jodlösungen

Oxydimetrie allein beschränkt. Vielmehr kann man von hier aus eine *Oxydimetrie* betreiben, weil Jod selbst ein Oxydationsmittel ist und anderseits aus Jodionlösungen, z. B. aus Jodkaliumlösung durch Oxydationsmittel freigemacht werden kann. Einige Beispiele machen dies klar. Angenommen, man habe eine (in bezug auf Jod) $^1/_{10}$ normale Thiosulfatlösung. Man wolle die Konzentration einer *Arsenit*lösung ermitteln, etwa einer Lösung von As_2O_3 in Wasser. Dann stellt man sich eine Jodlösung bestimmten

Gehalts her, mißt davon ein bestimmtes Volumen ab und fügt dazu ein gemessenes Volumen Arsenitlösung, das aber so klein gewählt wird, daß noch Jod im Überschuß bleibt. Das Arsenit geht in Arseniat über. Den Jodüberschuß bestimmt man durch Titration mit Thiosulfat und kann jetzt leicht ausrechnen, wieviel *Oxydationsäquivalente* Jod man für die Arsenitlösung verbraucht hatte, wieviel Reduktionsäquivalente und mithin wieviel As_2O_3 die Lösung enthalten hatte. Oxydations- und Reduktionsäquivalente

Denn es gelten für die Bilanz der Umsetzung die Gleichungen:

$$As_2O_3 + 2J_2 + 2H_2O = As_2O_5 + 4J' + 4H^{\cdot}$$

Ebenso kann man den Gehalt von Lösungen anderer Reduktionsmittel bestimmen, wie von SO_2 usf.

Fügt man umgekehrt zu Jodkaliumlösung ein Oxydationsmittel wie z. B. Kaliumdichromat und säuert an, so wird Jod frei, das dann mit Thiosulfat titriert werden kann. Ebenso kann man Permanganat wirken lassen nach:

$$2MnO_4' + 10J' + 16H^{\cdot} = 2Mn^{\cdot\cdot} + 8H_2O + 5J_2 .$$

Um nicht mit dem Faradayschen Gesetz und der Tatsache, daß die Lösungen als Ganze elektrisch neutral bleiben, in Widerspruch zu kommen, muß man Ionengleichungen stets so ansetzen, daß die algebraische Summe der Ladungen eines Vorzeichens auf beiden Seiten der Gleichung dieselbe ist.

Die starke Färbung des Permanganations liefert uns eine vierte Gruppe von maßanalytischen Verfahren, die man meist mit dem Namen *Oxydimetrie* belegt hat, oder nach dem starken und bunten Farbenwechsel des Permanganats als *Chamäleonverfahren* bezeichnet. Daß es sich wie wir sahen, auch mit der Jodometrie verbinden läßt, ist dabei ein besonderer Vorzug. Die obige Gleichung zeigt, daß eine im gewöhnlichen Sinn $^1/_{10}$ normale Jodlösung ($^1/_{10}$ Grammatom im Liter) mit einer im gewöhnlichen Sinn $^1/_{50}$ normalen $KMnO_4$-Lösung ($^2/_{100}$-Mol $KMnO_4$/Liter) oxydimetrisch äquivalent ist. Chamäleonverfahren

Mit Permanganat titriert man in saurer Lösung und benützt allein die Farbe des Permanganations als Indikator für den Umschlag. Häufig muß man hier die Reaktion durch Erwärmen beschleunigen. So kann man beispielsweise die Oxalsäure titrieren. Das Kaliumtetroxalat $KHC_2O_4.H_2C_2O_4.2H_2O$, ein in Wasser nur wenig lösliches Salz oxydiert sich nach folgender Bilanz: Permanganattitration

$$5KHC_2O_4.H_2C_2O_4 + 4KMnO_4 + 11H_2SO_4 =$$
$$5KHSO_4 + 2K_2SO_4 + 4MnSO_4 + 20\ CO_2 + 16H_2O.$$

An Stelle dieser Gleichung, deren Ableitung etwas umständlich ist, bis man die richtigen Molekelkoeffizienten gefunden hat, bedeutet die Einführung der Ionenschreibweise einen Fortschritt. Nach ihr haben (s. o.) 2 Mol Permanganation MnO_4' (da sie in $Mn^{\cdot\cdot}$ übergehen und dabei $2 \times 4O = 16$ Oxydationsäquivalente frei werden, abzüglich 6, da je 3⊕ einem Ion MnO_4' zuzuführen sind, macht 10) einen Oxydationswert von Ansetzen chemischer Gleichungen mittels Oxydationsäquivalenten

10 F (10 Äquivalenten). Also müssen wir bloß diejenige Tetroxalatmenge aufwenden, die 10 Oxydationsäquivalente braucht. Da das Oxalation einfach entladen und gespalten als CO_2 abgeschieden wird, so macht dies 5 Mol Oxalation. Da außerdem nur H_2O entsteht, so müssen die 16 Oxydationsäquivalente Sauerstoff $16H^{\cdot}$ vorfinden. Damit ist unsere Gleichung fertig:

$$5C_2O_4'' + 2MnO_4' + 16H^{\cdot} = 10CO_2 + 2Mn^{\cdot\cdot} + 8H_2O.$$

Die Titration muß heiß vorgenommen werden, indem das Permanganat aus der Bürette in die heiße und mit verdünnter H_2SO_4 angesäuerte Tetroxalatlösung einfließt. Dann entweicht unter Schäumen die Kohlensäure und die Lösung nimmt zuletzt vor dem Umschlag die fast unsichtbare blaßrötliche Farbe des Manganoions an.

Ähnlich kann man andere reduzierende Stoffe mit Permanganat titrieren.

Titerstellung

Das Tetroxalat liefert uns zugleich ein klassisches Beispiel einer *Titerstellung*. Man kann nämlich den Titer einer Permanganatlösung nur ungefähr bestimmten Gehalts durch Titration einer genau gewogenen Menge der vollkommen reinen *Normaltitersubstanz*, eben des Tetroxalats genau feststellen. Dieses Salz eignet sich durch sein hohes Äquivalentgewicht, das eine prozentual genaue Wägung der nötigen Mengen ermöglicht, besonders dazu wie auch dadurch, daß man es durch Umkristallisieren sehr leicht ganz rein erhalten kann. Es ist vor Licht geschützt aufzubewahren. Zur Titerstellung von Jodlösung und daher auch von Thiosulfat dient $K_2Cr_2O_7$, das durch Umkristallisieren und nachheriges scharfes Trocknen rein erhalten wird. Das Umkristallisieren hat in allen derartigen Fällen unter fortwährendem Rühren zu erfolgen, damit keine Mutterlauge eingeschlossen wird; denn beim Stören der Kristallisation bleiben die Kristalle klein. Die Titerstellung bei Alkalimetrie nimmt man durch Gehaltsbestimmung der $^1/_{10}$-Normalsalzsäure mit Silbernitratlösung gewichtsanalytisch vor. Man mißt von ihr ein bestimmtes Volumen ab, fügt einen Überschuß von Silbernitrat und etwas HNO_3 zu, erwärmt bis zur Zusammenballung des Niederschlags, filtriert ab, wäscht mit verdünnter HNO_3, trocknet, verbrennt das Filter (Abb. 125), fügt zwecks Oxydation allenfalls reduzierten Silbers ein wenig $HCl + HNO_3$ zu, dampft im kleinen Porzellantiegel zur Trockne, erhitzt dann zum Schmelzen des AgCl, läßt im Trockner abkühlen und wägt.

Titersubstanzen

Abb. 125. Filterverbrennen

Man kann ebensogut eine Normalschwefelsäure mit $BaCl_2$ durch Fällen in der Hitze mit einem Überschuß des Ba-Salzes und Zusatz von HCl *einstellen*. Sobald der Niederschlag durch dauerndes Erwärmen ausreichend grobkörnig geworden ist, wird er filtriert, mit verdünnter HCl ausgewaschen, das Filter verbrannt und der Asche der Niederschlag und etwas H_2SO_4 und HNO_3

zugefügt, im Tiegel trockengedampft und stark geglüht. Nach dem Abkühlen im Trockner wägt man das $BaSO_4$. Man kann auch mit $BaCl_2$ titrieren und das Ausbleiben weiterer Fällung als „Umschlag“ benutzen.

Man kann mit genau geeichten Büretten und Pipetten (bei letzteren ist besonders langsames Ausfließen, bei beiden Fettfreiheit des Glases wesentlich, durch Behandeln mit Chromatschwefelsäure zu erreichen) die Genauigkeit guter Gewichtsanalysen erzielen; wenige Promille Fehler werden meist hinterbleiben.

c) Elektroanalyse.

Elektroanalyse

§ 160. Haben uns so die aus dem Faradayschen Gesetz abgeleiteten Vorstellungen eine sehr einfache Darstellung der Reaktionen in wäßrigen Lösungen und eine sehr brauchbare Behandlung der Maßanalyse erlaubt, so liefert die Elektrochemie auch neue Analysenmethoden selbst, z. B. die *Elektroanalyse.* Dies ist die quantitative Analyse, die sich der elektrolytischen Abscheidung der zu wägenden Stoffe bedient. Wir werden sie später eingehender behandeln, wenn von der Möglichkeit, elektrolytische Trennungen verschiedener Metalle durch verschiedene Spannung zu bewirken, die Rede sein wird. Einstweilen wollen wir nur die Grundzüge der Methode an einem Beispiel, der elektrolytischen Cu-Bestimmung kennen lernen.

Die Elektroanalyse wird fast ausschließlich gewichtsanalytisch benützt. Sie dient fast immer zur Abscheidung von Metallen, auch wohl von Metalloxyden. Sie ist für die *Technik der Schnellanalyse auf Metalle* sehr wichtig geworden. Denn sie gestattet, in sehr kurzer Zeit und mit wenig Bedienung den gesamten gesuchten Metallgehalt einer Lösung auf einer geeigneten Elektrode festhaftend niederzuschlagen. Schnellanalyse

Dazu müssen die wichtigsten Bedingungen der Elektroanalyse erfüllt sein. Richtige *Stromdichte* (d. h. Stromstärke/qdcm) und *richtige Beschaffenheit des Elektrolyten und der Elektrodenfläche.* Letztere stellt man meist aus Pt her, wegen der Möglichkeit bequemer und vollkommener Reinigung. Das Metall muß *rein* und *fettfrei* sein. Die Stromdichte darf nicht zu groß sein. Meist nimmt man nur Bruchteile eines Weber (Ampere) auf 1 qdcm Kathodenfläche. Die zulässige Stromdichte ist verschieden je nach dem abzuscheidenden Metall und der Natur des Elektrolyten. Bei bewegter, etwa als Rührer ausgebildeter Kathode kann man größere Stromdichten verwenden, weil die Gefahr der Verarmung an der Kathode dann kleiner ist. Denn die Diffusion wird dann nicht mit der ganzen Vermischungsarbeit belastet. Vielmehr nimmt ihr die makroskopische Vermischung, die *Konvektion* einen großen Teil der Leistung ab.

Hat man den gewünschten Stoff abgeschieden, so wird die mit ihm überzogene Elektrode abgespült, getrocknet und gewogen. Anodisch kann man Blei als PbO_2 abscheiden, Mn als MnO_2 u. a. m.

d) Übersicht über die Reaktionen der wichtigsten Ionen.

Qualitative Analysen auf nassem Weg.

§ 161. Man prüft im allgemeinen zuerst durch Vorproben, die meist verwickelteren und zum Teil unaufgeklärten Vorgängen entsprechen, auf trockenem Weg. Wir lernen sie in der Thermochemie kennen. Dann bringt man die zu prüfende Substanz in Lösung, prüft die Lösung auf *Kationen*, dann auf *Anionen*. Daraus schließt man zurück auf die Stoffe, die in dem ursprünglichen Material vorlagen.

I. Kationenanalyse.

Die *Kationenanalyse* scheidet die Ausgangslösung in 6 Teile, mittels 5 Reagenzien:

1. Salzsäure fällt: $Ag^{\cdot}$ als AgCl; $Hg_2^{\cdot\cdot}$ als Hg_2Cl_2, $Pb^{\cdot\cdot}$ unvollständig als $PbCl_2$. Alle weiß. Man filtriert. Das Filtrat wird mit
2. Schwefelwasserstoffgas bei stark saurer Reaktion gefällt durch Einleiten des Gases bis zur dauernden Sättigung damit. Es fallen $Hg^{\cdot\cdot}$, Pb, Bi, Cu, Cd, As, Sb, Sn.

$Hg^{\cdot\cdot}$ als HgS schwarz (anfangs weiße, braun werdende Sulfochloride).
$Pb^{\cdot\cdot}$ als PbS schwarz (anfangs rote Sulfochloride bei viel HCl).
$Bi^{\cdot\cdot\cdot}$ als Bi_2S_3 braun.
$Cu^{\cdot\cdot}$ als CuS schwarz.
$Cd^{\cdot\cdot}$ als CdS gelb.
$As^{\cdot\cdot\cdot}$, $As^{\cdot\cdot\cdot\cdot\cdot}$, AsO_3''', AsO_4''' als As_2S_3 gelb (aus stark salzsaurer Lösung in Eiskühlung gibt $As^{\cdot\cdot\cdot\cdot\cdot}$ oder AsO_4''' gelbes As_2S_5).
$Sb^{\cdot\cdot\cdot}$ orangerot, bei längerem Kochen schwarz.
Sb_2O_7'''', SbO_4''', SbO_3' orangerotes Sb_2S_3.
$Sn^{\cdot\cdot}$ braunes SnS.
$Sn^{\cdot\cdot\cdot\cdot}$ gelbes SnS_2.

Das Filtrat fällt man mit:

3. Schwefelammonium NH_4SH. Es fallen: Zn; Al, Fe, Cr; Mn, Co, Ni.

$Zn^{\cdot\cdot}$ als ZnS weiß.
$Al^{\cdot\cdot\cdot}$ als $Al(OH)_3$ farblos, flockig.
$Fe^{\cdot\cdot}$ als FeS schwarz, langsam braun werdend ($Fe(OH)_3$)
$Fe^{\cdot\cdot\cdot}$ als mit FeS gemischtes Fe_2S_3 schwarz, langsam braun werdend ($Fe(OH)_3$)
$Cr^{\cdot\cdot\cdot}$, CrO_4'', Cr_2O_7'' als $Cr(OH)_3$, grün.
$Mn^{\cdot\cdot}$ als MnS fleischrot, langsam in der Kälte, schneller beim Kochen mit $(NH_4)_2S$-Überschuß, bei Fehlen von viel Cl' schmutziggrün.
$Co^{\cdot\cdot}$ als CoS schwarz.
$Ni^{\cdot\cdot}$ als NiS schwarz.

Das Filtrat fällt man mit

4. Ammonkarbonat + NH_4Cl in der Hitze (um Karbamat zu zerstören).

Es fallen:

$Ca^{\cdot\cdot}$ als $CaCO_3$ }
$Sr^{\cdot\cdot}$ als $SrCO_3$ } alle weiß.
$Ba^{\cdot\cdot}$ als $BaCO_3$ }

Das Filtrat fällt man nach Wegrauchen der Ammonsalze mit:

5. Barytwasser $Ba(OH)_2$. Es fallen:
$Mg^{\cdot\cdot}$ als $Mg(OH)_2$ weiß, und falls man zuviel NH_4Cl angewendet hatte, so daß nicht alles $Ca^{\cdot\cdot}$ als $CaCO_3$ abgeschieden war, auch noch:
$Ca^{\cdot\cdot}$ als $Ca(OH)_2$. Beide schleimig amorph. Im Filtrat bleiben:
6. Alkalien.

I. Reaktionen von Alkalien und Ammonium.

Alkalien

§ 162.

1. **$Li^{\cdot}$**. Karbonat in Wasser wenig, in Alkohol fast unlöslich. Chlorid löst sich in Alkohol. Beides sind Unterschiede gegenüber den anderen Alkalien und Ähnlichkeiten mit Ca.
2. **$K^{\cdot}$**. Fällt farblos als $KClO_4$ (ungestört durch $NH_4^{\cdot}$, löslich 1:140); gelb, kristallin, wie
3. **$NH_4^{\cdot}$** auch mittels $H_2[PtCl_6]$ (löslich 1:100, bzw. 200); gelb, kristallin; auch mittels $Na_3[Co(NO_2)_6]$ (Natriumhexanitrokobaltiat). Löslich beide 1:1000 Fällt farblos, wie $NH_4^{\cdot}$ auch mit Weinsäure COOH.CHOH.CHOH.COOH, doch ist dieser Nachweis wenig empfindlich.
4. **$Na^{\cdot}$**. Meist durch starke gelbe Flammenfärbung nachgewiesen (vgl. S. 423). Man vergleicht dabei die Färbung durch je einen Tropfen der zu prüfenden Lösung und einer von bekanntem sehr kleinem Na-Gehalt, am Öhr des Platindrahts; andernfalls erfährt man aus der Flammenfärbung zu wenig über die Menge des Na. KCl ist weit alkohollöslicher, als NaCl.
Fällt mit Kaliumpyroantimoniat (1 Messerspitze auf 5 ccm Wasser aufgekocht, abgegossen, wiederholt, abgegossen, dritter Absud abgekühlt, filtriert, dient zur Reaktion) $K_2H_2Sb_2O_7$ weiß, kristallin, als $Na_2H_2Sb_2O_7$. In neutraler oder schwach alkalischer Lösung anzuwenden. $NH_4^{\cdot}$ stört nicht.

Trennung der Alkalien: entweder NH_4-Salze vertreiben oder $K^{\cdot}$ mit ClO_4' fällen. Chlorid-Trennung von Na und K mit Alkohol.

II. Reaktionen der Erdalkalien und des Magnesiums.

1. Magnesium.

§ 163. 1. **$Mg^{\cdot\cdot}$**. Sulfat leichtlöslich in Wasser. Dies der eine Unterschied gegen die Erdalkalien. Der andere liegt in der Löslichkeit des Karbonats in Lösungen mit viel $NH_4^{\cdot}$: In solchen Lösungen muß zufolge:

$$\frac{(NH_4^{\cdot})(OH')}{(NH_4OH)} = \text{const},$$ die wegen des geringen Zerfalls der schwachen Base NH_4OH in Ionen klein ist, die OH'-Konzentration klein sein.

Ist aber die OH'-Konzentration klein, so kann zufolge der Gleichung

$$\frac{(Mg^{\cdot\cdot})(OH')^2}{(Mg(OH)_2)} = \text{const}$$ die Konzentration der $Mg^{\cdot\cdot}$-Ionen groß sein bei gleicher Konzentration des unzerfallenen $Mg(OH)_2$, also z. B. bei *Sättigung* der Lösung mit $Mg(OH)_2$. Diese bedeutet ja bei gleicher Temperatur einen *konstanten* Gehalt an *un*zerfallenem $Mg(OH)_2$.) Man kann aber auch die OH'-Konzentration so weit verringern, daß das Löslichkeitsprodukt von $Mg(OH)_2$ überhaupt nicht mehr erreicht

wird und dann fällt eben kein Mg aus wie man das in Lösungen, die viel NH_4 enthalten, empirisch längst festgestellt hat.

Karbonate fällen aus Mg-Salzen basische Karbonate, also Salze, deren Zusammensetzung Mischungen von $MgCO_3$ und $Mg(OH)_2$ entspricht, und die wieder in Wasser ein wenig löslich, daselbst stark hydrolytisch gespalten sind. Deshalb bildet sich aus ihnen auch stets etwas $Mg(OH)_2$, und da dieses durch $NH_4^{\cdot}$ in Lösung gebracht wird, so gilt dasselbe von diesen Karbonaten.

Bei Abwesenheit schwacher Basen wie $NH_4^{\cdot}$ fällen starke Basen, wie NaOH oder $Ba(OH)_2$, die also eine hohe OH'-Konzentration bedingen, weißes voluminöses $Mg(OH)_2$. Karbonate fällen basische Karbonate.

Damit hat man eine Methode, die Alkalien von Mg durch Fällung mit $Ba(OH)_2$ in $NH_4^{\cdot}$-freier Lösung zu trennen.

Aus $Mg^{\cdot\cdot}$, $NH_4^{\cdot}$, Phosphorsäureion und OH'-Ion, also aus einer Lösung von $Mg^{\cdot\cdot}$ bei Zusatz von Natriumphosphat, NH_4Cl und NH_4OH entsteht (empfindlichste Reaktion auf $Mg^{\cdot\cdot}$) $MgNH_4PO_4$ (löslich 1:50000). Unter dem Mikroskop scherenartige oder schneeflockenartige Kristalle.

Erdalkalien

2. Erdalkalien.

Karbonate sind alle praktisch unlöslich, unter den Sulfaten gilt dies nur vom $BaSO_4$, das sich mit Strontiumsulfatwasser $SrSO_4$ aus $Ba^{\cdot\cdot}$-Lösungen fällen läßt, während Gipswasser ($CaSO_4$ löslich 1:500) aus $Sr^{\cdot\cdot}$-Lösungen noch $SrSO_4$ fällt (löslich 1:9000). Auch die Oxalate sind unlöslich, das von Ca am vollkommensten. $Ca(COO)_2$. Die Lösung darf höchstens essigsauer sein, ist am besten neutral (Fällung mit Ammonoxalat).

$Ca(NO_3)_2$ löst sich in Äther-Alkohol (1:1 Ae:Alk) reichlich, im Gegensatz zu den Nitraten von Sr und Ba.

$CaCl_2$ löst sich wie LiCl in Alkohol, während $SrCl_2$ darin wenig und $BaCl_2$ praktisch gar nicht löslich ist (1:8000).

CrO_4'' und Cr_2O_7'' fällt $Ca^{\cdot\cdot}$ nicht. $Sr^{\cdot\cdot}$ nur aus schwach alkalischer Lösung (1 Tropfen NH_4OH zur üblichen Menge neutraler Lösung), $Ba^{\cdot\cdot}$ auch aus essigsaurer, jedoch muß man durch Natriumazetat darin die $H^{\cdot}$-Ionen in bekannter Weise zurückdrängen (Puffergemisch), so daß $(H^{\cdot})$ selbsttätig klein bleibt.

War die Substanz nicht in Salzsäure löslich, so muß man sie gepulvert mit einem großen Sodaüberschuß schmelzen, bis die Schmelze 10 Minuten lang klar fließt. Man löst in heißem Wasser, filtriert die Karbonate ab und wäscht sie bis zum Verschwinden der $Ba^{\cdot\cdot}$-Fällung heiß aus, löst sie dann in HCl.

1. *Chromat-Sulfatmethode.* Mit Azetatpuffergemisch und CrO_4'' fällt man $Ba^{\cdot\cdot}$ daraus. Aus dem Filtrat mit konzentrierter Lösung von $(NH_4)_2SO_4$ das $Sr^{\cdot\cdot}$ als Sulfat, während $CaSO_4$ bemerkenswerterweise darin gelöst bleibt. Es wird mit Ammonoxalat gefällt.

Weniger günstig arbeitet die

2. *Chlorid-Nitratmethode.* Der Karbonatniederschlag in HCl gelöst, läßt mit konzentrierter HCl + Alkohol $BaCl_2$ fällen; aus dem Filtrat fällt man abermals die Karbonate (mit $NH_4OH + (NH_4)_2CO_3$), dampft mit verdünnter HNO_3 zur Trockne, löst in Äther-Alkohol, saugt das zurückbleibende $Sr(NO_3)_2$ auf der Nutsche ab und dampft das gelöst bleibende $Ca(NO_3)_2$ zur Trockne.

Wägung der Alkalien, des Mg und der Erdalkalien.

$NH_4^{\cdot}$ pflegt man als NH_3 in eine Säure abzudestillieren und ihren Titerverlust maßanalytisch zu bestimmen. K und Na werden meist nach der Trennung zuletzt in Sulfate übergeführt und als solche stark erhitzt und gewogen (Pt-Tiegel). $MgNH_4PO_4$ geht beim Glühen in Pyrophosphat $Mg_2P_2O_7$ über, das im Pt-Tiegel gewogen wird. Die Erdalkalien wägt man vorteilhaft als Sulfate, geglüht im Pt-Tiegel oder als Oxyde, durch Glühen der in Nitrate übergeführten Oxalate oder Carbonate erhalten.

III. Schwefelammoniumgruppe. Schwefelammoniumgruppe

§ 164. Am nächsten dem Mg steht das

Zn˙˙. Karbonat fällt basisches Karbonat. OH′ fällt Hydroxyd $Zn(OH)_2$, das sich aber im Überschuß der Base auflöst, in

Alkalien unter *Zinkat*bildung, z. B. $Zn(ONa)_2$ zerfallend in ZnO_2'' und Na˙.

Ammoniak „ *Komplex*bildung:

Zinkhexamminion $Zn(NH_3)_6$˙˙, das wie Zn˙˙ Hydroxyd und Salze bildet, beide löslich.

Zinkhydroxyd löst sich erst in mehr NaOH, als der Salzbildung entspricht, weil es *stark hydrolytisch gespalten* ist, welcher Zerfall mit der Temperatur wächst, so daß eine eben durch NaOH geklärte Lösung beim Erhitzen trüb, beim Abkühlen wieder klar wird.

$Fe(CN)_6''''$ (Kaliumferrocyanid benützen) fällt schon Spuren Zn˙˙ als $Zn_2Fe(CN)_6$ weiß aus.

Zinksulfid ZnS, *fällt* weiß und *bemerkenswerterweise in Essigsäure — obschon sie stärker als H_2S! — nicht löslich aus bei Fällung von Zn˙˙ in essigsaurer Lösung mittels H_2S* oder in neutraler oder basischer Lösung mit NH_4SH. Die Löslichkeit in Essigsäure fehlt deshalb, weil das Löslichkeitsprodukt von ZnS, also (Zn˙˙)(S″) = const (ZnS) so klein ist, daß die kleine Zahl der H˙-Ionen in verdünnter Essigsäure noch nicht ausreicht, um den Zerfall von H_2S nach $\frac{(H^{\cdot})^2(S'')}{(H_2S)} = \text{const}$ und damit die Konzentration der S″-Ionen unter den Betrag herabzudrücken, der zur Unterschreitung jenes Löslichkeitsprodukts nötig ist. Immerhin ist die Fällung in essigsaurer Lösung nur unvollständig.

Al˙˙˙. Karbonate fällen hier nur noch Hydroxyd, wobei CO_2 frei wird. OH′-Ionen fällen Hydroxyd, das sich wie bei Zn, im Überschuß starker Base zu weniger stark hydrolysiertem

Aluminat, z. B. $NaH_2AlO_3 = Al(OH)_2(ONa)$ löst, das die Ionen Na˙ und H_2AlO_3' liefert. Zur Lösung genügt hier im Gegensatz zu Zink die *äquivalente* Basenmenge.

Ammoniak fällt auch $Al(OH)_3$, aber *fast unlöslich im Überschuß*. NH_4SH fällt gleichfalls nur $Al(OH)_3$, weil das Sulfid vollkommen der Hydrolyse verfällt. $Fe(CN)_6''''$ fällt nichts.

Azetat fällt beim Kochen weißes, basisches Azetat infolge Hydrolyse, die beim Abkühlen wieder zurückgeht, so daß es sich wieder löst.

Eisen. 1. *Ferroion Fe˙˙* gleicht dem Mg˙˙ darin, daß OH′ bei Gegenwart von NH_4˙ nichts, bei Abwesenheit von NH_4˙ aber weißes Hydroxyd fällt. An der Luft wird es aber schnell braun wie auch das durch NH_4SH fällbare schwarze Ferrosulfid FeS und das weiße Ferrokarbonat $FeCO_3$. Im Natriumazetatpuffergemisch fällt H_2S das Sulfid noch teilweise. Das Löslichkeitsprodukt ist immerhin etwas größer, als bei ZnS.

Kennzeichnend ist Turnbulls Blau, $Fe_3[Fe(CN)_6]_2$, das von $Fe(CN)_6'''$ gefällt, in Säuren unlöslich, mit Alkalien durch $Fe(OH)_3$-Bildung grünschwarz wird. $Fe(CN)_6''''$ fällt einen weißen, bald blau werdenden Niederschlag.

2. *Ferriion Fe˙˙˙* gleicht dem Al˙˙˙ darin, daß OH′ und Karbonate (auch Thiosulfate) nur Hydroxyd fällen. Aber es ist unlöslich in den Überschüssen, rotbraun, flockig, löslich in Säuren. Auch fällt Natriumazetat in der Hitze einen basischen, beim Abkühlen wieder verschwindenden rotbraunen Niederschlag.

Schwefelammonium fällt schwarzes, säurelösliches Fe_2S_3, das feucht an der Luft allmählich sich bräunt. Es ist infolge Reduktion mit FeS verunreinigt.

Kennzeichnend ist die *bloße Braunfärbung* der Lösung durch $Fe(CN)_6'''$ von $Fe[Fe(CN)_6]$, die blaue Fällung von *Berlinerblau* (Diesbach 1704), die mit $Fe(CN)_6''''$ entsteht, löslich in konzentrierten Säuren, braun durch Alkalien. Ebenso die *blutrote*, mit Amylalkohol oder Äther ausschüttelbare Färbung, die von *Rhodanion* SCN′

erzeugt wird. Sie verschwindet nicht mit der Zeit, wie die von HNO_3 mit NH_4SCN hervorgebrachte, wird aber durch $Hg^{\cdot\cdot}$ verhindert, weil dieses den Komplex $Hg(SCN)_4''$ bildet.

Chrom. 1. ***Cr***$^{\cdot\cdot\cdot}$ gleicht dem $Al^{\cdot\cdot\cdot}$ darin, daß Karbonate nur Hydroxyd fällen, dem Ferriion darin, daß dies auch Thiosulfat tut. Dem $Zn^{\cdot\cdot}$ und $Al^{\cdot\cdot\cdot}$ in der Löslichkeit des (grünen) Hydroxyds in Alkaliüberschuß zu

Chromiten, z. B. $Cr(OH)_2(ONa)$

die aber zum Unterschied *beim Kochen* durch Hydrolyse und unter gleichzeitiger Umwandlung *wieder* als $Cr(OH)_3$ *ausfallen*, das sich im Unterschied zu Zink, *in der Kälte nicht mehr löst.* Analog dem $Zn(OH)_2$ löst sich $Cr(OH)_3$ in NH_4OH aber nur *ein wenig* unter Bildung von

Chromhexamminverbindungen, z. B. $Cr(NH_3)_6(OH)_3$.

Azetat fällt zwar nichts, aber die Fe- und Al-Niederschläge enthalten bei Gegenwart von Cr in der Lösung viel Cr, so daß bei Cr-Gegenwart die Azetattrennungsmethoden für Fe und Al versagen. Kennzeichnend ist die alkalische Oxydation mit H_2O_2 oder Bromwasser, wobei die violette Lösung durch CrO_4''-Bildung gelb wird und dann bei Säurezusatz gelbrot durch Cr_2O_7''.

2. ***CrO***$_4''$ *und* ***Cr***$_2$***O***$_7''$ liefern mit NH_4SH unter Reduktion nur $Cr(OH)_3$, mit $Ba^{\cdot\cdot}$ und $Pb^{\cdot\cdot}$ einen gelben, mit $Ag^{\cdot}$ einen rotbraunen, in starken Säuren löslichen Niederschlag, mit H_2O_2 in saurer Lösung tiefblaue Überchromsäure H_3CrO_8, ausschüttelbar mit Äther, wobei im Wasser grüne $Cr^{\cdot\cdot\cdot}$-Lösung hinterbleibt. Reduktion führt zu anfangs grünen, später violett werdenden $Cr^{\cdot\cdot\cdot}$-Lösungen. Als Reduktionsmittel dienen SO_2, H_2S, HJ, Alkohol.

Mangan. 1. ***Mn***$^{\cdot\cdot}$ fällt wie $Fe^{\cdot\cdot}$ mit Karbonaten als $MnCO_3$, gleicht dem $Fe^{\cdot\cdot}$ und dem $Zn^{\cdot\cdot}$ zugleich in der Löslichkeit des weißen Hydroxyds $Mn(OH)_2$ in $NH_4^{\cdot}$-Lösungen. Doch muß man den ammoniakalischen Lösungen $NH_2OH.HCl$ zusetzen, sonst oxydieren sie sich an der Luft unter Abscheidung von MnO_2aq, dem braunen Endprodukt, das ähnlich wie bei Fe das $Fe(OH)_3$ auf die Dauer aus allen möglichen Niederschlägen entsteht.

So aus $Mn(OH)_2$, das durch Basen weiß gefällt wird und nach Bildung von Manganomanganit $Mn(MnO_3)$ vor allem in MnO_2aq übergeht.

NH_4SH fällt fleischrotes, an der Luft sich bräunendes und durch Kochen schnell schmutziggrün werdendes Sulfid MnS. Alkalische Oxydation mit H_2O_2 oder Bromwasser gibt das schwarze Mangansuperoxydhydrat MnO_2aq. Saure Oxydation mit konzentrierter HNO_3 und PbO_2 zeigt noch Spuren Mn durch violette Färbung von MnO_4' an.

2. ***MnO(OH)***$_2$, entwickeln wie MnO_2 mit HCl Chlor, mit H_2SO_4 O_2.

3. ***MnO***$_4''$ erhält man aus der Schmelze Mn-haltiger Stoffe mit KNO_3 beim Lösen in Wasser. Bildet mit Säure schnell MnO_4' und MnO_2, wobei die tiefgrüne Farbe in Violett umschlägt.

4. ***MnO***$_4'$ wird in saurer Lösung durch Reduktionsmittel (SO_2, H_2S, HCl, HJ H_2O_2, $FeSO_4$) in der Kälte, schneller in der Hitze (nötig bei Oxalsäure) zu $Mn^{\cdot\cdot}$, reduziert, in alkalischer (Formiate oder andere organische Körper) zu Braunstein MnO_2.

Co$^{\cdot\cdot}$. Fällt mit Karbonat blau, als basisches Salz, durch OH'-Ion fallen blaue basische Salze, beim Erwärmen rot, an der Luft braunrot, mit Überschuß von OH' fällt rotes $Co(OH)_2$, das ähnlich $Fe(OH)_2$ an der Luft oder durch Oxydationsmittel unter Bräunung in $Co(OH)_3$ übergeht. Wiederum analog dem $Fe^{\cdot\cdot}$ und $Zn^{\cdot\cdot}$ bleibt die Fällung bei Gegenwart von viel $NH_4^{\cdot}$ infolge Komplexbildung aus. Bei Oxydation an der Luft erhält man die *Kobaltihexamminverbindungen* z. B. $[Co(NH_3)_6][OH]_3$.

NH_4SH fällt schwarzes CoS, nur in konzentrierter HNO_3 oder Königswasser (1 Vol. HNO_3 . 3 Vol. HCl, entbindet NOCl) löslich, nicht in 2 n HCl und schwächeren Säuren.

KNO_2 + Essigsäure in konzentrierter Lösung fällt das gelbe Kaliumhexanitrokobaltiat.

KCN fällt rotbraunes $Co(CN)_2$, im Überschuß zu Kobaltocyanid $K_4[Co(CN)_6]$ braun löslich, das in K˙ und $Co(CN)_6''''$ spaltet, und namentlich mit etwas H_2O_2 gekocht, bei ausreichender Oxydation durch Br_2 und NaOH gelbes nicht fällbares Kobalticyanid $K_3[Co(CN)_6]$, spaltbar in K˙ und $Co(CN)_6'''$ liefert.

NH_4SCN gibt eine blaue, mit Amylalkohol ausschüttelbare Färbung von $Co[SCN]_4''$. Sehr empfindlich.

Ni˙˙. Fällt mit Karbonaten, wie Fe˙˙ als $NiCO_3$ hellgrün. OH'-Ion fällt grünes $Ni(OH)_2$, unlöslich im Überschuß des Fällungsmittels, aber wie Zn˙˙ und Mg˙˙ in NH_4˙-haltigen Lösungen zu *Nickelhexammin*verbindungen, z. B. $Ni(NH_3)_6.(OH)_2$ löslich. Das Hydroxyd geht wie das von Fe˙˙ und Co˙˙ durch Oxydationsmittel in die dreiwertige Stufe über: $Ni(OH)_3$ schwarz. Als solche wirken hier Halogene in alkalischer Lösung, nicht H_2O_2. Wie bei Co˙˙ fällt KCN hellgrünes $Ni(CN)_2$ gelb, löslich im Überschuß, aber zu dem Komplex $K_2[Ni(CN)_4]$, der in K˙ und $Ni(CN)_4''$ spaltet und bei nicht erheblichem KCN-Überschuß (eben zur Lösung ausreichend) mit Br_2 + NaOH schwarzes Nickelihydroxyd $Ni(OH)_3$ gibt. Dies ist ein Unterschied gegen Co. Zwei andere sind durch die Ni-Fällungen mit organischen Stoffen gegeben: Ni˙˙

Tschugaeffs Nickelreagens α-Dimethylglyoxim $\begin{matrix} CH_3.C.NOH \\ \parallel \\ CH_3.C.NOH \end{matrix}$ gibt in essigsaurer, besser in ammoniakalischer, bei Gegenwart von Co zweckmäßig gut oxydierter (Kobaltihexamminsalze) Lösung noch bei Verdünnung 1:400000 beim Kochen einen scharlachroten, an den Gefäßwänden und auf der Lösung liegenden Niederschlag von Dimethylglyoximnickel: $(CH_3.C.NO)_2HNiH(NO.C.CH_3)_2$.

Dicyandiamidin (*Großmanns Ni-Reagens*) erhält man aus einer konzentrierten wäßrigen Lösung von Dicyandiamid = Cyanguanidin $(CN.NH_2)_2$ mit einigen Tropfen HCl durch kurzes Sieden. Man gibt zu der ammoniakalischen vorher gut oxydierten Lösung (Kobaltihexammin) einen Überschuß von Dicyandiamidin

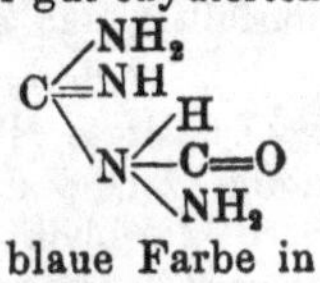

und einen Überschuß 10 prozentiger Kalilauge. Dabei schlägt die blaue Farbe in Gelb um und kristallines gelbes $(C_2H_5N_4O_2)Ni + 2H_2O$ setzt sich ab, blaugrün löslich in überschüssigen Ammonsalzen oder bei Mangel an Alkali. Beide vermeidet man deshalb.

Kaliumhexanitrokobaltiat hat bei Ni kein Analogon. Zusatz von KNO_2 und Essigsäure fällt daher nichts aus.

Schwefelammon fällt schwarzes NiS, unlöslich in 2n HCl, löslich in konzentrierter HNO_3 oder Königswasser. Trotz dieser Unlöslichkeit des NiS wie des CoS in Säure der üblichen Zusammensetzung fallen beide beim Einleiten von H_2S nicht aus, weil ihre Ausfällungs*geschwindigkeit* zu klein ist. Selbst Zink verhält sich in essigsaurer Lösung entfernt ähnlich, aber in viel geringerem Maß. Hier darf das Gleichgewichtsgesetz der Massenwirkung (Verdünnungsgesetz) *nicht* benützt werden, weil die Vorgänge so träge sind, daß kein Gleichgewicht vorliegt.

Aufschluß der Analysensubstanz: Aufschließen

§ 165. Was sich beim Kochen mit verdünnter HCl nicht löst, kann aus geglühten Oxyden oder ihren Verbindungen bestehen (weiß Al_2O_3, grün Cr_2O_3, schwarz Chromeisenstein oder CoO oder NiO, rotbraun Fe_2O_3) und wird durch Schmelzen mit Sodasalpeter (zwecks Chromatbildung), Sodapottasche zwecks Aluminat- und Karbonatbildung neben löslichem Fe- und Cr-Oxyd (Auslaugen mit Wasser, danach Lösen des Rückstands in HCl) oder mit 6facher Menge sauren Kaliumsulfats (bei tieferer Temperatur) und Auflösung der Sulfate in verdünnter H_2SO_4 in Lösung gebracht.

Die **Oxydationsstufen** erkennt man nebeneinander durch folgende Reaktionen: $Ni(OH)_3$, $Co(OH)_3$, Mn^{III} und Mn^{IV} entwickeln mit verdünnter HCl Chlor, die Ferro- und Ferrisalze unterscheidet man mittels der Eisencyanide. Auf Chromate und Permanganate prüft man im Sodaauszug, der nur sie enthält.

Kationen-Trennung

Trennung der Kationen der Gruppe.

Liegt die Gruppe allein vor, so kann man zuerst beim Sieden der Lösung mit NH_4Cl, $NH_2OH.HCl$ und NH_4OH versetzen, wobei $Mn^{\cdot\cdot}$ und die Hexamminkomplexe von Co, Ni, Zn in Lösung bleiben, Fe, Cr, Al als Hydroxyde ausfallen, die schnell abfiltriert und mit etwas NH_3-haltigem Wasser gewaschen werden (Ammoniaktrennung). Dann verfährt man nach einer der beiden folgenden Methoden.

1. *Salzsäuretrennung.* 2n HCl hinterläßt aus dem Sulfidniederschlag CoS und fast alles NiS ungelöst. Etwas vom letzteren geht kolloid in Lösung. Der gewaschene Rückstand wird in einigen Tropfen Königswasser gelöst, abgeraucht und in HCl gelöst. Darin prüft man auf Co und Ni. Das Filtrat wird stark konzentriert, 2 ccm konzentrierte HNO_3 zugefügt, um die höheren Oxydstufen zu erhalten. Dann fällt 20prozentige NaOH in der Hitze im Überschuß $Fe(OH)_3$, $Cr(OH)_3$ und $Mn(OH)_2$ und die Ni-Spuren. Man verdünnt auf die Hälfte, filtriert. Der Rückstand in konzentrierter HCl gelöst, mit $NH_2OH.HCl$, NH_4Cl und NH_4OH gefällt, liefert eine Lösung von $Mn^{\cdot\cdot}$, das man als MnS fällt, während Ni-Spuren, die diese Lösung grün färben, durch KCN-Zusatz an der Fällbarkeit durch H_2S verhindert werden. Die salzsaure Fe- und Cr-Lösung prüft man mit Ferrocyanid auf Fe usf.; mit einer Probe der ungelösten Hydroxyde macht man die Sodasalpeterschmelze und prüft die Lösung mit $Ag^{\cdot}$ auf CrO_4''. Die Aluminat- und Zinkatlösung liefert mit HCl versetzt $Al^{\cdot\cdot\cdot}$ und $Zn^{\cdot\cdot}$, die man durch NH_3-Fällung trennt, wobei nur $Al(OH)_3$ ausfällt. Das Zink fällt man als Sulfid.

2. *Hydroperoxydmethode.* Man bringt *alle* Sulfide durch konzentrierte HCl + etwas konzentrierte HNO_3 in konzentrierte Lösung, dampft ein, verdünnt etwas und filtriert nötigenfalls S ab (von CoS und NiS), stumpft mit Na_2CO_3 ab, so daß die Lösung eben noch klar bleibt und gibt sie unter leichtem Erwärmen zu einer Lösung von einigen 25 ccm 20prozentiger NaOH + 25 ccm 3prozentigen H_2O_2. Sie muß frisch sein, weil alte NaOH immer Si und Al enthält. Bequem durch Zusatz von 5 g Na_2O_2 zu 50 ccm 10prozentiger NaOH darzustellen. Die Lösung muß stark alkalisch bleiben und soll nicht ins Sieden kommen. In Lösung bleiben H_2AlO_3', ZnO_2'' und CrO_4'', welch letzteres schon da an der Farbe zu erkennen. Die 4 Hydroxyde von Co^{III}, Ni^{II}, Fe^{III}, Mn^{IV} geben beim Lösen in konzentrierter HCl Cl_2 bei Gegenwart von Co oder Mn. Diese Lösung liefert in konzentrierte NH_4OH-Lösung + ebensoviel 3prozentigem H_2O_2 eingegossen beim leichten Erwärmen wieder dieselben Hydroxyde von Mn und Fe, während die Hexamminkomplexe von Co und Ni in Lösung bleiben. Fe weist man mit $Fe(CN)_6''''$ und SCN' in der salzsauren Lösung nach. $MnO(OH)_2$ löst man in konzentrierter HNO_3 und prüft mit PbO_2 auf MnO_4' oder man schmelzt mit Soda + KNO_3 und weist das Manganat nach. Die Ni- und Co-Komplexe dampft man trocken, oxydiert mit rauchender HNO_3 und raucht wieder ab, löst in HCl und prüft mit den Ni-Reagenzien auf Ni, in einer anderen Probe mit SCN' und anderseits mit Nitrit und Essigsäure auf Co. Die Lösung von H_2AlO_3', ZnO_2'' und CrO_4'' wird mit HCl angesäuert, ammoniakalisch gemacht und im Sieden $Al(OH)_3$ abgeschieden. Das Filtrat davon läßt mit $BaCl_2$ + Azetat $BaCrO_4$ + $BaSO_4$ fallen, was mit verdünnter HNO_3 ausgezogen CrO_4'' in Lösung gehen läßt, worauf man mit $Ag^{\cdot}$ in essigsaurer Lösung prüft, (Abstumpfen der HNO_3 mit NH_3 bis ammoniakalisch, dann Zusatz von Azetat). $Zn^{\cdot\cdot}$-Nachweis mit $Fe(CN)_6''''$ und in essigsaurer Lösung mit H_2S.

Auf die Abscheidung der basischen Azetate kann man eine weitere Trennungsmethode gründen, die aber bei Cr-Gegenwart versagt und erst nach Abscheidung von Ni und Co in Kraft tritt. Oder man fällt statt mit Azetat mit einem Brei von $BaCO_3$, wobei Al, Fe, Cr niederfallen und je nach Abscheidung des $Ba^{\cdot\cdot}$ nach der Hydroperoxydmethode, gelöst in HCl weiterverarbeitet werden.

IV. Schwefelwasserstoffgruppe.

§ 166. In $(NH_4)_2S$ lösen sich nicht die Sulfide von Hg, Pb, Bi, Cd, Cu, *Kupfergruppe*. Löslich sind aber darin die Sulfide von As, Sb, Sn zu Sulfarseniaten, Sulfantimoniaten und Sulfostannaten. *Arsengruppe*. Schwefelwasserstoff-Gruppe

1. Kupfergruppe.

Kupfergruppe

Hg fällt selbst auf blankem Cu als grauer Überzug aus, jedoch langsam. Legt man dazu etwas Jod, so entsteht zuerst gelbes, dann rotes HgJ_2.
$Hg_2^{\cdot\cdot}$ reagiert wie sein Spaltungsprodukt $Hg^{\cdot}$ und zerfällt vielfach auch nach $Hg + Hg^{\cdot\cdot}$, so daß man Abscheidung von Hg neben einem Salz des $Hg^{\cdot\cdot}$ bekommt.
Hier wie beim verwandten Pb sind die Hauptreagenzien außer OH′, NH_4OH und SH′ noch Cl′ und J′.

	Hg_2	$Hg^{\cdot\cdot}$
H_2S	Hg + HgS, schwarz; in konzentrierter HCl und $(NH_4)_2S$ unlöslich, in HNO_3 löslich und in Na_2S zu $Na_2^{\cdot\cdot}(HgS_2)''$	Anfangs aus HCl-Lösung weißes, dann, weil HgS entsteht braun und schwarz werdendes Sulfochlorid.
NaOH	Schwarz Hg_2O + Hg, unlöslich im Überschuß, säurelöslich.	Gelb HgO, säurelöslich.
NH_4OH	Schwarz $NH_2Hg—O—HgNO_3$ (weiß) + Hg (Aus Nitrat gefällt). Säuren spalten das Hg aus der Merkuriamidoverbindung ab.	Weiß $NH_2Hg—O—HgNO_3$. Aus Chlorid $NH_2Hg—Cl$. Löslich in Säuren.
HCl	Hg_2Cl_2 weiß, mit NH_4OH schwarz, (daher der Name Kalomel), wohl (nicht ganz sicher) durch Hg-Abscheidung neben	
KJ	Grünes HgJ, im Überschuß durch Hg neben gelöstem HgJ_4'' schwarz. Letzteres mit KOH + NH_3 (Neßlers Reagens) rotbraunes $NH_2.Hg—O—Hg—J$, das in viel $K_2[HgJ_4]$ sich gelb löst.	Rotes HgJ_2, im Überschuß zu HgJ_4'' löslich.
$SnCl_2$ + HCl	Graues Hg neben $Sn^{\cdot\cdot\cdot\cdot}$.	Weißes Hg_2Cl_2, das grau wird und Hg gibt.

Pb	H_2S	In stark HCl-haltiger Lösung zuerst rotes Sulfochlorid, dann erst schwarzes **Pb**S, in starken Säuren löslich.
	NaOH	Weiß $Pb(OH)_2$, löslich im Überschuß zu Plumbiten $Na_2^{\cdot\cdot}PbO_2''$.
	NH_4OH	Weiß $Pb(OH)_2$ unlöslich im Überschuß, löslich in Säuren.
	HCl	Weiß $PbCl_2$ (löslich 1:140 in Wasser), löslich in konzentrierter HCl oder konzentrierten Chloriden zu Salzen der Plumbochlorwasserstoffsäure $H_2^{\cdot\cdot}[PbCl_4]''$.
	KJ	Gelb PbJ_2, in heißem Wasser etwas löslich, in Jodid zu $K_2^{\cdot\cdot}[PbJ_4]''$. Das gelbe Chromat $PbCrO_4$ ist schon besprochen, liefert mit wenig Alkali basisches *Chromrot*, löst sich in viel davon zu $Na_2CrO_4 + Na_2PbO_2$.

H_2SO_4 fällt weißes $PbSO_4$, in verdünnter H_2SO_4 fast unlöslich, löslich in konzentrierter H_2SO_4, konzentrierter HCl oder Ammontartrat oder Ammonazetat. Ersteres gibt $NH_4COO(CHOH)_2.COOPbOPbCOO(CHOH)_2COONH_4$.

Bi Gleicht dem Hg in der Reduzierbarkeit durch $SnCl_2$. Doch braucht man hier alkalische Lösung, also SnO_2'', das dabei in SnO_3'' übergeht, während Bi aus den anfangs gefällten basischen Salzen, die das Bi kennzeichnen, ausfällt. So fällt Wasser aus dem Chlorid $BiCl_3$ das BiOCl, aus Nitrat das Bismuthum subnitricum $OH.NO_3.BiOBiO$ (kosmetisch und gegen Durchfall benützt). Die basischen Salze sind im Gegensatz zu denen von Sb in Weinsäure unlöslich. Auch Natronlauge fällt basische Salze, die mit einem Überschuß in weißes $Bi(OH)_3$ übergehen, das beim Kochen BiO(OH) und mit Halogen oder H_2O_2 durch Oxydation braune Wismutsäure $HBiO_3$ liefert. H_2S fällt das in konzentrierten Säuren lösliche braunschwarze Sulfid Bi_2S_3.

Cd Gleicht dem ihm auch im periodischen System nahestehenden Hg darin, daß es wie dieses lösliche Salze der Kadmiumcyanwasserstoffsäure $H_2^{\cdot\cdot}[Cd(CN)_4]''$ bildet. Aber im Gegensatz zu jenem fällt bei KCN-Zusatz zuerst $Cd(CN)_2$ (weiß) aus, das sich erst im Überschuß löst. $Hg(CN)_2$ dagegen ist bereits erheblich wasserlöslich, auch in Alkohol löslich. Beide Cyanide und ihre Komplexsalze werden zum Unterschied vom Cu durch H_2S gefällt, dessen Cyanidreihe sich aber auch von einer anderen Säure $H_3^{\cdot\cdot\cdot}[Cu(CN)_4]'''$ ableitet. Gleicht dem ihm im periodischen System auf der anderen Seite nahestehenden Zn, indem NH_4OH zuerst weißes $Cd(OH)_2$ ausfällt, das im Überschuß zu Hexamminhydroxyd sich löst $[Cd(NH_3)_6]^{\cdot\cdot}(OH)_2''$. Aber zum Unterschied vom Zn löst sich $Cd(OH)_2$ nicht in Alkalien, nur in Säuren und das Sulfid ist gelb, nur in konzentrierten Säuren löslich.

Cu Ist wenigstens durch Zn aus der Lösung als Metall abscheidbar, was ebenso wie die häufige Spaltung von $Cu^{\cdot}$ in $Cu^{\cdot\cdot}$ und Cu auf Verwandtschaft mit dem Hg weist. Auch sein Sulfid ist schwarz und flockt in stärkerer Säure beim Kochen gut aus, bleibt sonst leicht kolloid gelöst. Ähnlich wie bei Bi verliert das durch NaOH gefällte (blaue) Hydroxyd beim Kochen Wasser und führt schließlich zu Oxyd CuO. Ähnlich dem Zn wird $Cu_2Fe(CN)_6$ (rotbraun) durch $Fe(CN)_6''''$ gefällt. Aber dieser Niederschlag löst sich in NH_4OH unter Tetramminsalzbildung: $Cu(NH_3)_4^{\cdot\cdot}$. Tetramminkomplexe entstehen auch bei Lösung der mit NH_4OH anfangs fallenden basischen blaugrünen Niederschläge im Ammoniaküberschuß. Sie sind tiefblau, so daß man Spuren von Cu damit nachweist.

Quantitativ fällt man Cu mit Rhodanammonium, NH_4SCN, gelbgrün aus verdünnter Lösung, schwarz aus konzentrierter Lösung. Das $Cu(SCN)_2$ geht langsam von selbst in CuSCN über, das weiß ist. Man erhält es schnell durch Einleiten von SO_2. Ähnlich das Cyanid:

Die Cu-Lösungen liefern mit KCN gelbes $Cu(CN)_2$, das sich unter Dicyanabspaltung in weißes CuCN umwandelt; beide im Überschuß von KCN löslich zu $K_3^{\cdot\cdot\cdot}[Cu(CN)_4]'''$, woraus H_2S kein CuS mehr fällt, da der Komplex zu wenig gespalten ist. Daher entfärbt sich auch Kupferammoniaklösung mit KCN, wobei das $(CN)_2$ an NH_3 gebunden wird.

Trennung der Kupfergruppe.

Trennung der Kupfergruppe

Der Schwefelwasserstoffniederschlag wird mit farblosem Schwefelammon ausgezogen und hinterläßt die Kupfergruppe. Dabei muß man nötigenfalls die Substanz in Königswasser lösen, fast zur Trockne dampfen und mit so konz. HCl aufnehmen, daß noch kaum eine Trübung durch Bi-Salze eintritt. Ein gelber Niederschlag kann nur Cd, ein brauner außerdem nur Bi enthalten. Man löst unter langsamem Erwärmen in 30proz. HNO_3 (konz. HNO_3 1 : 1), erhitzt zum Sieden, filtriert vom HgS (+ $PbSO_4$) ab und weist in der Königswasserlösung dieses Niederschlags, die man zur Trockne dampft und mit HCl aufnimmt, Hg nach. Das Filtrat, mit H_2SO_4 erhitzt, bis diese in weißen Dämpfen abgeht, dann mit Wasser aufs Doppelte verdünnt, läßt $PbSO_4$ fallen, das man mit ammoniakalischer Weinsäure und Dichromat auf Pb prüft. Es kann auch bei unzureichender $H^{\cdot}$-Konzentration $BiOHSO_4$ darin sein. Dies Salz fällt aus dem Filtrat bei NH_4OH-Zusatz bis zu alkalischer Reaktion aus und wird abfiltriert und mit Stannitlösung geprüft. Die Cu- und Cd-Komplexe unterscheidet man durch Fällung des ersteren mit $Fe(CN)_6''''$ und des letzteren mit HS'.

2. Arsengruppe.

Arsengruppe

§ 167. Ihr Kennzeichen ist die Bildung löslicher Sulfosalze:

Arsen	Antimon	Zinn
AsS_3''' Sulfarsenit	SbS_3''' Sulfantimonit	Sulfostannit *fehlt*
AsS_4''' Sulfarseniat	SbS_2' ,,	SnS_3'' Sulfostannat
	$SbOS'$ Sulfoxantimonit	
	SbS_4''' Sulfantimoniat.	

Diese Ionen entstehen aus den entsprechenden Sulfiden, die tieferen Stufen mit $(NH_4)_2S$ oder Schwefelalkalien aus As_2S_3, Sb_2S_3. Mit Alkalien erhält man bei Sb die Oxystufen und SbS_2'. Mit Polysulfid entsteht aus den niederen Sulfiden oder schon mit Sulfid aus den höheren AsS_4''', SbS_4''' und SnS_3''.

Arsen. Alle 4 Ionenarten AsO_3''', AsO_4''', $As^{\cdots}$ und $As^{\cdots\cdot\cdot}$ reagieren mit $SnCl_2$ und HCl unter Abscheidung des Metalls (*Bettendorfs Probe*), mit H_2S in salzsaurer Lösung unter Abscheidung von As_2S_3, in konz. HCl unlösl., allenfalls neben S. Die Lösung muß sauer genug sein, sonst bleibt As_2S_3kolloid gelöst. Mit Schwefelalkalien, Schwefelammon und Alkalien erhält man die genannten Sulfarsenverbindungen. Aber auch mit $(NH_4)_2CO_3$ unter Entbindung von CO_2 und neben Arsenit.

Unterschiede

von AsO_3''' und $As^{\cdots}$ gegenüber	AsO_4''' und $As^{\cdots\cdot\cdot}$
$Ag^{\cdot}$ fällt gelbes Ag_3AsO_3, lösl. in HNO_3, bildet mit Ammoniak den Diamminkomplex $Ag(NH_3)_2^{\cdot}$.	braunes Ag_3AsO_4, das in HNO_3 löslich, mit NH_3 den Diamminkomplex gibt.
Jodlösung wird entfärbt unter AsO_4''', J', und $H^{\cdot}$-Bildung, weshalb man mit $NaHCO_3$ abstumpfen muß (Na_2CO_3 oder Alkalien wirken selbst auf Jod).	Wird nicht entfärbt.
	Magnesiamischung ($Mg^{\cdot\cdot}$ mit NH_4OH + so viel NH_4Cl, daß eben klar) fällt weiß, kristallin $MgNH_4AsO_4$, geglüht $Mg_2As_2O_7$ zur Wägung.
	Ammonmolybdat $(NH_4)_2MoO_4$ in großem Überschuß mit viel HNO_3 fällt in Siedehitze gelbes, kristallines, in Alkalien lösliches Arsenmolybdat: $(NH_4)_3H_4[As(Mo_2O_7)_6]$.

Antimon. Alle 4 Ionenarten $SbO^{\cdot}$, SbO_4''', Sb_2O_7'''', SbO_3''' schlagen sich auf Pt-Blech in Berührung mit Zink in 1 Stunde ziemlich festhaftend tiefschwarz als Sb nieder. Mit H_2S in verd. Säure fällt aus $Sb^{\cdots}$ und SbO_4''', Sb_2O_7'''', SbO_3''' orangerotes Sb_2S_3, bei längerem Kochen schwarz, beide Formen löslich in Alkalisulfiden, Alkalien (gelbrot) und konz. HCl. Wasser fällt weiße, basische wie Sb_2O_3 in konz. Säuren (Zurückdrängung der Hydrolyse) und in Weinsäure lösliche Salze (saures Antimonyltartrat COOH.(CHOH)$_2$.COO(SbO); das K-Salz mit $^1/_2 H_2O$ ist der Brechweinstein); Algarotpulver ist Gemisch von Sb_2O_3 und SbOCl.

Zinn wird wie Sb durch Zn + Pt aus salzsaurer Lösung, aber schwammig abgeschieden. Natronlauge fällt beide Stufen weiß, aber die Fällung ist bei

$Sn^{\cdot\cdot}$	$Sn^{\cdot\cdot\cdot\cdot}$
$Sn(OH)_2$, löslich im Überschuß zu $SnO_2''Na_2^{\cdot\cdot}$ und in Säuren zu $Sn^{\cdot\cdot}$. Das Stannit zerfällt beim Kochen oder mit der Zeit in Sn + $Sn^{\cdot\cdot\cdot\cdot}$.	$Sn(OH)_4$, löslich zu Stannat $SnO_3''Na_2^{\cdot\cdot}$ und in Säuren zu $Sn^{\cdot\cdot\cdot\cdot}$.
H_2S fällt SnS, braun, unlöslich in farblosem $(NH_4)_2S$, weil keine Sulfostannite bekannt sind. In Polysulfid entsteht Sulfostannat SnS_3''. Säuren lösen.	fällt gelbes SnS_2, in Schwefelalkalien zu Sulfosalzen und in konz. HCl löslich.
Ist ein starkes Reduktionsmittel, fällt daher Hg_2Cl_2 und bei Überschuß über Hg-Salz Hg aus $HgCl_2$, Bi aus $Bi^{\cdot\cdot\cdot}$ und Natronlauge, liefert mit Au-Salzen die SnO_2-Au-Kolloidverbindung *Cassius' Goldpurpur*, purpurrote bis braune Lösung.	

Ähnlich wie gegenüber Gold verhält sich SnO_2 auch sonst kolloidchemisch bemerkenswert (vgl. Bd. II). So erzeugt HNO_3 aus Sn die Polymetazinnsäure $(H_2SnO_3)_x$, zum Unterschied von der durch Trocknen von $Sn(OH)_4$ entstehenden Metazinnsäure H_2SnO_3 in verd. Säuren fast unlöslich, in konz. HCl zwar löslich, aber durch NaOH fällbar und in ihrem Überschuß *nicht* löslich. Ähnlich ist der Zinnstein SnO_2 in keiner Säure löslich und mit der 6 fachen Menge S + Na_2CO_3 (gleiche Teile) im Porzellantiegel oder mit der 6-fachen Alkalimenge im Ag- oder Ni-Tiegel durch Schmelzen aufzuschließen. Im ersten Fall entsteht Sulfostannat, im zweiten Stannat.

Trennung der Arsengruppe

Trennung der As-Gruppe.

Die Ausfällung muß in stark salzsaurer heißer Lösung gegen $^1/_2$ Stunde lang erfolgen und auch in der abfiltrierten, verdünnteren Lösung darf dann kein Niederschlag mehr entstehen. War er weiß, so bestand er nur aus S. Andernfalls löst man mit $(NH_4)_2CO_3$ das Arsen heraus, fällt diese Lösung mit Säure, oxydiert mit konz. HNO_3 und fällt mit Magnesiagemisch.

Oder man löst aus dem Niederschlag mit konz. HCl alles, außer dem As-Sulfid und behandelt dies mit Zn + Pt. Sowohl bei der Ammonkarbonat- wie bei der HCl-Methode erhält man eine Sn-Sb-Lösung, woraus man mit Zn + Pt die Metalle fällt, mit konz. HCl das Sn löst und in den nunmehr getrennten Sn- und Sb-Lösungen die Proben auf die Metalle macht.

Salzsäuregruppe.

V. Salzsäuregruppe.

§ 168. Man kann sie durch Weglassen der HCl-Fällung bei der Kupfergruppe erhalten.

Silber fällt mit Zn aus seinen Lösungen metallisch, bildet ein Sulfat Ag_2SO_4 von ähnlicher Löslichkeit wie $PbCl_2$, fällt als Ag_2S durch H_2S schwarz aus sauren Lösungen, löslich in konz. HNO_3. Ag_2S fällt selbst aus den komplexen Lösungen, die den Ammoniak- oder den Cyan- oder den Thiosulfatkomplex enthalten, ist also *außerordentlich wenig löslich*. Alkalien oder NH_4OH fällen braunschwarzes Ag_2O, unlöslich in Alkalien, etwas (1 : 10000) löslich in H_2O, so daß man alkalische Reaktion erhält und AgOH annimmt. Phosphat fällt gelbes Ag_3PO_4, Cl′ und CN′ weißes AgCl bzw. AgCN, das im Überschuß den Komplex $Ag(CN)_2'$ bildet. J′ fällt gelbes AgJ, löslich in CN′-Lösungen und in Thiosulfat, wobei $Ag(CN)_2'$ und $Ag_2(S_2O_3)_2''$ entsteht.

Hydroxyd, Phosphat und Chlorid lösen sich in NH_4OH zu Diamminkomplexen: $Ag(NH_3)_2^{\cdot}$.

Trennung der Silbergruppe.

Trennung der Silbergruppe.

Heißes Wasser löst alles $PbCl_2$, das man dann etwa mit CrO_4'' nachweist, während Ammoniak das Ag löst und bei Hg-Gegenwart den Niederschlag schwärzt. Man fügt dann dieser Trennung noch weitere Identitätsnachweise zu.

Anionenanalyse.

II. Die Anionenanalyse.

§ 169. Sie ist insofern an sich weniger erforscht, als man über die Zusammensetzung der Anionen keineswegs durchweg im klaren ist. Mit der Hydratation der Kationen steht es übrigens ähnlich. Aber dennoch besteht zweifellos bei den Anionen eine größere Unsicherheit. Beginnen wir mit der Kohlensäure. Es ist keineswegs sicher bekannt, zu welchen Anteilen man in wäßrigen Lösungen der Kohlensäure $C(OH)_4 = H_4CO_4$ oder $CO(OH)_2 = H_2CO_3$ oder CO_2 oder vielleicht sogar Polysäuren hat und welche Ionenspaltung dann vorherrscht: H_3CO_4' oder H_2CO_4'', HCO_4''', CO_4'''', HCO_3' oder CO_3''. Wenn man für gewöhnlich CO_3'' schreibt, so ist dies ein gekürzter Ausdruck, der insofern richtig ist, als diese Ionenart zugegen sein *muß* wie jede andere genannte auch und als sie im Massenwirkungsgesetz jeweils wegen der Nachlieferung so gut wie jede andere, den Einfluß der Konzentrationen übersehen läßt. Im übrigen aber ist sie eben nur die einfache Schreibweise und nach den heutigen Erfahrungen ist HCO_3' wohl das *vorwiegende* Ion. Damit ist natürlich noch längst nicht gesagt, daß es auch das am *häufigsten reagierende* sei. Was für diese Ionen gesagt wurde, gilt im großen und ganzen auch für die anderen Anionen, mindestens dort, wo man nicht unmittelbar verschiedene Salzreihen darstellen kann, die den verschiedenen Ionenarten entsprechen. Denn sobald man das kann, ist bewiesen, daß die gegenseitige Umwandlungsgeschwindigkeit der Ionen in wäßriger Lösung nicht zu groß ist, um sie mit unseren gewöhnlichen Mitteln unterscheiden zu lassen.

Kohlensäure

Kohlensäure wird aus ihren Salzen schon durch Essigsäure und alle stärkeren Säuren als CO_2 ausgetrieben, das sich durch Trübung eines klaren Kalk- oder Barytwassertropfens an einem Glasstab oder bei größeren Mengen durch Einleiten in eine mit diesen Reagenzien gefüllte Flasche nachweisen läßt. $AgNO_3$ wird durch CO_2 als Ag_2CO_3 weiß gefällt.

Kohlensäure ist daher leicht festzustellen und zu vertreiben.

Störend ist für *die Erdalkaligruppe* die

Phosphorsäuren

Phosphorsäure. Denn die Phosphate dieser Gruppe scheiden sich beim Alkalisieren ab. Sie würden also in die $(NH_4)_2S$-Gruppe geschleppt, wenn man sie nicht vorher entfernt. Man fällt daher eine Probe des Filtrats vom H_2S-Niederschlag mit NH_4OH und NH_4Cl, löst den allenfalls entstandenen heiß ausgewaschenen Niederschlag in HNO_3 und fällt mit Ammonmolybdat + HNO_3 wie bei AsO_4''' beschrieben. Fällt dabei kein Niederschlag, so sind keine Phosphate von Erdalkalien, Fe, Cr oder Al zugegen. Die letzteren drei würden zwar nicht stören wie Gegenwart von Phosphorsäuren ohne solche der Erdalkalien überhaupt nicht stört, aber wenn man schon PO_4''' in dem beschriebenen Verfahren gefunden hat, ist die Entscheidung, ob Erdalkalien oder Fe, Cr, Al, umständlich und darum entfernt man dann PO_4''' auf alle Fälle durch Fällung als Stanniphosphat $Sn_3(PO_4)_2$ aus der durch wiederholtes Trockendampfen mit HNO_3 von Cl′ befreiten, stark salpetersauren Lösung durch Zusatz von Sn (3 g auf 10 ccm konz. HNO_3) und halbstündiges Erwärmen. Man gießt dann die zehnfache Wassermenge zu, läßt in einem hohen Gefäß absitzen und gießt nach einem Tag ab. So bleibt fast alle Metazinnsäure im Niederschlag. Der Rest und Pb aus dem Sn wird mit H_2S gefällt und nun zur $(NH_4)_2S$-Gruppe geschritten. Die Reaktionen der Phosphorsäuren sind folgende:

$H_3^{\cdot\cdot\cdot}PO_4'''$ Ortho-P-Säure.	$H_4^{\cdot\cdot\cdot\cdot}P_2O_7''''$ Pyro-P-Säure.	$H^{\cdot}PO_3'$ Meta-P-Säure.
Die Salze entstehen aus denen aller P-Säuren durch Kochen mit H_2O.	Durch Erhitzen einfach saurer Orthophosphate, z. B. Na_2HPO_4.	Durch Erhitzen zweifach saurer Orthophosphate und von Phosphorsalz $NaNH_4HPO_4$. Nach dem Erhitzen Abschrecken, sonst Polymetaphosphate.
$Ag^{\cdot}$ fällt gelb Ag_3PO_4.	Weiß $Ag_4P_2O_7$.	Weiß $AgPO_3$, löslich im Metaphosphatüberschuß.
Alle drei in HNO_3 und in NH_4OH löslich.		$Ag(NH_3)_2^{\cdot}$ entsteht.
Ammonmolybdat fällt gelbes Phosphomolybdat. Magnesiamischung weißes $MgNH_4PO_4$ (nach Überführung in $Mg_2P_2O_7$ zur Wägung). Eiweiß in essigsaurer Lösung fällt nicht.	Fällt nicht.	Flockt aus.

Phosphorige Säure. PO_3''' fällt mit $Ag^{\cdot}$ weißes Ag_2HPO_3, in der Wärme zu $Ag + H_3PO_4$ zersetzt.

Dies ist die *Prüfung auf die Anionen* der Kohlen- und Phosphorsäure. Auf alle anderen prüft man im *Sodaauszug.*

Cyanide und organische Säuren

Stören können bei der Kationenanalyse noch *organische Stoffe* und *komplexe Cyanverbindungen.* Dabei gleicht die *Oxalsäure* der Phosphorsäure, weil auch sie die Erdalkalien in die $(NH_4)_2S$-Gruppe schleppt. Man erkennt sie im Sodaauszug durch die Kalkfällung und entfernt sie aus dem $(NH_4)_2S$-Niederschlag, indem man ihn 5 Minuten lang mit konz. Sodalösung auskocht und filtriert. Im Filtrat ist dann die Oxalsäure. Der Niederschlag enthält Karbonate, wird in HCl gelöst und aufs neue mit $(NH_4)_2S$ wie sonst gefällt.

Essigsäure

Die meisten organischen Verbindungen, außer vor allem den Azetaten, Oxalaten und Cyaniden pflegen beim Erhitzen zu verkohlen. Auf *Azetate* prüft man mit konz. H_2SO_4 + Alkohol (auf einem Uhrglas zugedeckt stehen lassen, nach geraumer Zeit verdünnen). Der frische, angenehm obstartige Geruch des Essigesters $CH_3COOC_2H_5$, neben H_2O aus C_2H_5OH (Alkohol) und Essigsäure entstanden, weist letztere nach. Oder man verreibt die Substanz mit $KHSO_4$ in der Reibschale, wobei Essigsäuregeruch auftritt, wenn Azetate zugegen sind. Oder man erhitzt das trockene Salz mit As_2O_3. Azetat liefert dabei das sehr giftige, widerlich riechende Kakodyloxyd: $(CH_3)_2AsOAs(CH_3)_2$ neben CO_2 und Soda. Cyanidnachweis durch Glühen der Substanz mit der gleichen Menge Pottasche und CN′-Nachweis im Filtrat der Lösung von der Schmelze. Zerstörung der Cyanide und organischen Substanzen außer Oxalsäure durch Abrauchen der Trockensubstanz mit 1—2 g Ammonpersulfat + 5 ccm konz. H_2SO_4 bei niederer Temperatur, so daß lösliche Sulfate, nicht Oxyde hinterbleiben. Man löst in warmer HCl und filtriert von den unlöslichen Erdalkalisulfaten ab. Die Kohleteilchen stören nicht.

Weinsäure kann man durch die anfangs flockigen, dann kristallin werdenden weißen Niederschläge mit $Ba^{\cdot\cdot}$ und $Ca^{\cdot\cdot}$ nachweisen, die sich (Unterschied gegen Oxalsäure) in Essigsäure lösen. Ferner durch das Ag-Salz, das in NH_4OH gelöst, in Siedehitze durch Reduktion einen Ag-Spiegel am Glas absetzt. Zur Glasversilberung dient meist das Seignettesalz $KNaC_4H_4O_6 . 4H_2O$. Man löst 5 g $AgNO_3$ in Wasser, fügt NH_4OH zu, bis fast klar, verdünnt auf 500 ccm; anderseits löst man 1 g $AgNO_3$ in 500 ccm siedendem Wasser, läßt mit 0,83 g Seignettesalz sieden, bis der Niederschlag grau ist (kurz), filtriert heiß. Gleiche Teile der im Dunkeln getrennt einige Monate haltbaren Lösungen gemischt versilbern (mit HNO_3, Ätzkali und Alkohol gereinigte) Glasteile blank. Weinsäure

CN′ *weist* man nach, indem man auf die Substanz etwas verd. HCl gibt und die Dämpfe von HCN auf einer Glasplatte (Uhrglas) mit einem Tropfen gelbem Schwefelammon sich zu NH_4SCN vereinigen läßt, das danach die SCN′-Reaktion gibt. Die Nachweise von Rhodan SCN′, Ferrocyan $Fe(CN)_6''''$ und Ferricyan $Fe(CN)_6'''$ sind schon bei Fe, Co und Cu besprochen. Nachzutragen wäre noch das weiße $Ag_4Fe(CN)_6$, unlöslich in verd. HNO_3 und NH_4OH, löslich in KCN und das orangerote $Ag_3Fe(CN)_6$, unlöslich in verd. HNO_3, aber löslich in NH_4OH, sowie die Jodausscheidung durch das oxydierende $Fe(CN)_6'''$. Man fällt zwecks Nachweis der Cyanide nebeneinander mit $CuSO_4$, kocht zur Vertreibung des Cyans und kann im Filtrat nach dem Zusatz von HNO_3 Cl′ mittels $Ag^{\cdot}$ nachweisen. Im Sodaauszug des Niederschlags sind nach dem Ansäuern die Ionen $Fe(CN)_6''''$, $Fe(CN)_6'''$ und SCN′ leicht nachzuweisen. Cyanide

Weitere Störungen in der Analyse können vom ***Fluor*** herrühren, das auf Zusatz von H_2SO_4 in Form von HFl ausgetrieben, mit den Porzellan- oder Glasgefäßen reagiert und Si und Metalle (Al, Erdalkalien, Alkalien) mitbringt. Eine Messerspitze Substanz mit 5 ccm H_2SO_4 im Pb- oder Pt-Tiegel etwas erwärmt, ätzt ein darüber gedecktes Uhrglas an, färbt Papier, das mit Fernambukholzabkochung gefärbt ist, gelb. Überschuß von SiO_2 verhindert die Probe, da $SiFl_4$ entsteht. Also muß man dann zuerst mit der 6 fachen Menge Soda-Pottasche (1 : 1) im Pt-Tiegel aufschließen, wobei Silikate, Fluoride und Karbonate entstehen. Ammonkarbonat fällt die Kieselsäure gallertig aus den Silikaten, so daß man mit der stark eingedampften Lösung auf Fl prüfen kann. Fügt man umgekehrt viel SiO_2 (viel Quarzpulver) bei der Fl-Probe zu, dann entsteht $SiFl_4$, das auf einen Wassertropfen strömend (an Glasstab wie bei CO_2-Probe) ihn durch SiO_2-Abscheidung trübt. Aus Fl′-Lösungen fällt $Ca^{\cdot\cdot}$ schleimiges, in verd. Säuren wenig lösliches $CaFl_2$, löslich in konz. H_2SO_4 unter HFl-Entwicklung. Man vertreibt Fl vor der Analyse durch Abrauchen mit konz. H_2SO_4 im Pt- oder Pb-Gefäß. Danach folgt nötigenfalls Soda-Pottascheschmelze. Fluor

Es folgt bereits aus dem Gesagten, daß man *Silikofluoride und Gemische von Fluoriden und Silikaten durch die Analyse nicht unterscheiden* kann. Ferner wie man auf SiO_2 prüft: Erwärmen mit $CaFl_2 + H_2SO_4$ gibt die Wassertropfenprobe. HCl oder Ammonsalze geben SiO_2-Gel, unlöslich in konz. Säuren. Durch HCl zersetzbare Silikate dampft man mit konz. HCl wiederholt zur Trockne. So wird die SiO_2 unlöslich, und kann nach dem Glühen gewogen werden. In HCl unlösliche Silikate schließt man zur Prüfung auf Alkalien mit 1 ccm konz. H_2SO_4 + 5 ccm HFl im Platintiegel auf dem Wasserbad auf, wobei alles Si als $SiFl_4$ weggeht. So prüft man auch den SiO_2-Niederschlag von vorhin auf Reinheit. Er verflüchtigt sich dann restlos. Bestimmt man die Alkalien nicht, so kann man mit Soda-Pottasche im Pt-Tiegel aufschließen, wobei CO_2 weggeht, Karbonate und Silikate sich bilden, die dann mit Säure zersetzbar und auf SiO_2 nach obigem prüfbar sind.

Fluorhaltige Silikate enthalten oft auch ***Bor***. Die Prüfung auf es erfolgt ähnlich wie bei Essigsäure durch Überführung in einen Ester, indem man die Substanz mit konz. H_2SO_4 + Methylalkohol (weniger gut Äthylalkohol) mischt und die Mischung entzündet. Sie brennt grün, wenn sich Borsäureester $B(OCH_3)_3$ aus dem Bor

Methylalkohol CH_3OH und der freigemachten Borsäure $B(OH)_3$ gebildet hatte. Diese bildet in Wasser die Ionen BO_3''' (Ortho-), B_4O_7'' (Pyro-), BO_2' (Meta-) Borsäureion, die in schwefelsaurer oder salzsaurer Boratlösung anwesend ein eingetauchtes Kurkumapapierstück nach dem Trocknen rotbraun färben. Natronlauge macht es dann vorübergehend blauschwarz. Aus Boraten fällt $Ag^{\cdot}$ das beim Erwärmen durch Hydrolyse (Ag_2O) braun werdende, sonst weiße $AgBO_2$, löslich in HNO_3 und NH_4OH und $Ba^{\cdot\cdot}$ das in $BaCl_2$, NH_4Cl und HNO_3 lösliche weiße $Ba(BO_2)_2$.

Säuren von Cl, Br, J

Die Säuren von Cl, Br, J.

§ 170. Alle Jodide, Hypojodite und Jodate geben mit konz. H_2SO_4 violette Dämpfe von J_2, die dem Mn_2O_7 gleichen, aber an einer kalten Fläche (Porzellanschale) metallglänzendes Jod abscheiden, alle Bromide, Bromate und Hypobromite an feuchter Luft Nebel bildende Dämpfe von $HBr + Br_2$.

Man findet ***Jod*** auch durch Ausschütteln der schwefelsauren, mit wenig Chlorwasser versetzten Lösung mit CS_2 oder $CHCl_3$, das violett wird. Mehr Chlorwasser zerstört die Farbe, weil J' in JO_3' übergeht und nun kommen die Bromide an die Reihe und färben zuerst gelbbraun durch Br_2, dann gelb.

Chlor kann man neben beiden durch Verschmelzen des getrockneten Sodaauszugs mit viel $K_2Cr_2O_7$ und Destillation mit konz. H_2SO_4 nachweisen. Das Destillat enthält CrO_4'' nur, wenn Cl zugegen war, weil Chromylchlorid CrO_2Cl_2 überging. Nachweis mit $Pb^{\cdot\cdot}$. Noch sicherer durch Ausziehen der $Ag^{\cdot}$-Fällung aus der salpetersauren Lösung mit $(NH_4)_2CO_3$, was nur AgCl (nicht AgBr, AgJ) löst. Daraus fällt dann nach dem Ansäuern mit HNO_3 gelbes AgBr.

Man *unterscheidet* Cl', ClO', ClO_3' *und* ClO_4' folgendermaßen:

ClO_4' fällt mit $K^{\cdot}$ schwerlösliches Perchlorat, wie bei $K^{\cdot}$ beschrieben.

ClO_3' fällt $Ag^{\cdot}$ nicht und kann daher nach Ausfällung des Cl' durch $Ag^{\cdot}$ an einer erneuten AgCl-Fällung erkannt werden, die in verdünnt salpetersaurem Filtrat durch SO_2 (Reduktion des ClO_3' zu Cl') erzeugt wird.

ClO' entfärbt alkalische Indigolösung (Zusatz der schwefelsauren Indigolösung zum alkalischen Sodaauszug), während ClO_3' nur sauren Indigo entfärbt. Die Lösung wird gelb. ClO' scheidet aus KJ-Lösung Jod aus, wenn sie sauer oder mit $NaHCO_3$ schwach alkalisiert ist. Säuert man mit H_2SO_4 sehr wenig an und schüttelt mit Hg bis zum Verschwinden der Jodkaliumstärkebläuung, so kann man im Filtrat auf Cl' prüfen, ohne durch ClO' mehr gestört zu sein oder aus diesem Cl' erzeugt zu haben.

Liegen neben Chloriden, Bromiden und Jodiden noch BrO_3' oder JO_3' vor, so fällt man die ersteren mit $Ag^{\cdot}$, filtriert und macht durch $Zn + HCl$ aus dem Niederschlag die Ionen wieder frei, so daß man die obige Prüfung durchführen kann. Das Filtrat aber, das noch überschüssiges $AgNO_3$ enthält, läßt mit Azetat versetzt die beiden Halogenate fallen, die abfiltriert, in verd. HNO_3 gelöst und mit $CHCl_3$ versetzt werden. Zusatz von SO_2 führt zuerst zur violetten Jodfärbung, dann zur braunen des Broms.

Säuren von S

Die Säuren des Schwefels.

§ 171. Die Überschwefelsäure behandeln wir später, da sie bei Gegenwart von niederen Säuren des S ausgeschlossen ist. Der mit Essigsäure neutralisierte Sodaauszng gibt mit Zinkazetat weißes ZnS, falls S'' zugegen. Man identifiziert das ZnS durch Lösen in HCl und Fällen mit $Cu^{\cdot\cdot}$ (schwarz). Das Filtrat mit $Sr(NO_3)_2$ kann $SrSO_3$ und $SrSO_4$ liefern. Ersteres wird durch HCl gelöst und entfärbt dann Jodlösung. Das Filirat vom Sr-Niederschlag kann noch S_2O_3'' enthalten und scheidet dann mit HCl erhitzt S ab.

Die Säuren des Stickstoffs.

Säuren von N

Man weist NO_2' durch den braunen Ring nach, den man auf einer konz. $FeSO_4$-Lösung erhält, wenn man die zu prüfende Lösung darüber schichtet und Essigsäure dazu fließen läßt (komplexe NO-Verbindung). Man zerstört dann durch Kochen mit NH_4Cl oder Harnstoff $CO(NH_2)_2$ das NO_2', wobei freilich kleine Mengen NO_3' entstehen und prüft dann von neuem in gleicher Weise, doch mit konz. H_2SO_4 statt Essigsäure. Doch muß dann der Ring noch sehr stark und deutlich sein, wenn es nicht bloß das neugebildete NO_3' ist. Gegenwart von J' stört die Reaktion, weil hier ein ähnlicher Ring auftritt. Deshalb fällt man es mit $Pb(CH_3COO)_2$ oder Ag_2SO_4 aus, bevor man auf NO_3' prüft. NO_3' und ClO_3' geben sehr vielfach gleiche Reaktionen. Deshalb wandelt man beide durch Reduktion vorteilhaft in $NH_4^{\cdot}$ und Cl' um, welche Ionen natürlich in diesem Fall vorher durch Kochen mit NaOH und Fällen mit $Ag^{\cdot}$ zu entfernen sind. Zur Reduktion dient die spröde, leicht feinstoßbare Devardasche Legierung 50 Cu, 45 Al, 5 Zn, von der 1 Messerspitze in stark alkalischer Lösung genügt, um nach kurzem Kochen die Reduktion zu vollziehen. Gegenwart von NH_3 und Cl' beweist dann die vorherige von NO_3' und ClO_3'.

Die wichtigen Reaktionen, worin die beiden Ionen übereinstimmen, sind die Blaufärbung mit Diphenylamin in konz. H_2SO_4 und die weiße Fällung mit *Nitron*, (10-proz. Lösung in 5-proz. Essigsäure zur schwach sauren Lösung) zugetropft Diphenyl-end-anilo-triazol (vgl. Bd. III organ. Chemie). Nitronnitrat $C_{20}H_{16}N_4HNO_3$ kann getrocknet und gewogen werden zwecks quantitativer HNO_3-Bestimmung.

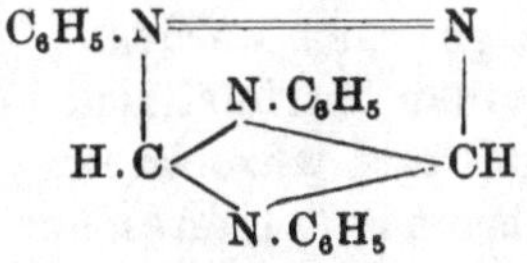

Es stören hier auch NO_2', Br', J', CrO_4'', ClO_3', ClO_4' $(COO)_2''$, SCN', $Fe(CN)_6''''$, $Fe(CN)_6'''$, die gleichfalls wenig lösliche Fällungen geben, also vorher zu entfernen sind. Sehr viel Cl' und SO_4'' wirken ebenso. Auch Diphenylamin reagiert mit sehr vielen Oxydationsmitteln unter Blaufärbung. Ähnliche Gruppenreaktionen erhält man mit den

Peroxysäuren.

Peroxysäuren

§ 172. Die Reaktionen von H_2O_2 mit MnO_4' (Reduktion in saurer Lösung zu $Mn^{\cdot\cdot}$ und Entwicklung von O_2) und mit Bichromat (Überchromsäure) sind schon besprochen. Wertvoll zum H_2O_2-Nachweis ist die Gelbfärbung von $Ti(SO_4)_2$ durch TiO_3-Bildung.

Alle drei reagieren mit Überschwefelsäure S_2O_8'' nicht, die in alkalischer, schwach saurer oder neutraler Lösung $Mn^{\cdot\cdot}$ zu $MnO(OH)_2$, $Fe^{\cdot\cdot}$ zu $Fe^{\cdot\cdot\cdot}$ oxydiert, aus konz. $AgNO_3$-Lösung schwarzes Ag_2O_2 fällt, $Ba^{\cdot\cdot}$ nicht fällt. Doch zersetzt sich das entstehende Persulfat beim Kochen unter Abscheidung von $BaSO_4$.

Zur allgemeinen Prüfung auf Anionen empfiehlt sich von vornherein die Berücksichtigung ihres oxydierenden oder reduzierenden Charakters:

Anionenübersicht.

	Sodaauszug + verd. HCl schwach sauer	
scheidet J_2 aus	reagiert nicht mit J_2- oder KJ-Lösung.	entfärbt Jod
ClO'	Die schwach essigsaure Lösung mit $AgNO_3$	S'' bez. HS'
ClO_3'	Niederschlag. kein Niederschlag.	SO_3'' bez. HSO_3'
BrO_3'	In verd. HNO_3	S_2O_3''
JO_3'	unlöslich löslich	$NH_2.OH.H^{\cdot}$
MnO_4'	Mit $BaCl_2$	$NH_2.NH_2.H^{\cdot}$

S_2O_8''	Kein Niederschl.	N.	Kein Niederschl.	Nied.	PO_3'''
H_2O_2	Cl'	PO_4'''	ClO_4'	Fl'	AsO_3'''
CrO_4''	Br'	P_2O_7''''	NO_3'	SO_4''	
NO_2'	J'	PO_3'	CH_3COO'	(bez.	
AsO_4'''	CN'	BO_3'''		HSO_4')	
$Fe(CN_6)'''$	SCN'	$(COO)_2''$			
	$Fe(CN)_6''''$	Weinsäure			

Quantitative Analyse

Übersicht zur quantitativen Analyse.

§ 173. Man bringt die gefällten Stoffe selten nach einfachem Trocknen zur Wägung; meist geht mindestens Glühen oder Umwandlung in eine Verbindung voraus, die das Glühen erlaubt. Oder man bestimmt den Gehalt der Auflösung des Gefällten maßanalytisch.

Kationen.

Alkalien bestimmt man als Chloride, wegen Gefahr ihrer Verflüchtigung bereits bei schwachem Glühen besser als Sulfate, die am besten durch Erhitzen der zuerst entstehenden sauren Sulfate mit Ammonsulfat erhalten und im Pt-Tiegel gewogen werden.

Ammoniak bestimmt man titrimetrisch oder als $(NH_4)_2PtCl_6$, bei 100—110° zur Gewichtskonstanz getrocknet.

Ba als Sulfat oder Chromat (letzteres nur schwach geglüht), Sr als Sulfat, Ca als Oxyd durch Glühen des Oxalats im offenen Tiegel oder als Sulfat.

Mg als $Mg_2P_2O_7$, wie bereits beschrieben.

Zn als ZnS im Wasserstoffstrom im Rosetiegel, einem Porzellantiegel mit durchbohrtem Deckel, worein ein Porzellanrohr den H_2 einführt, bis zur Gewichtskonstanz erhitzt, oder als ZnO durch scharfes Glühen von basischem Karbonat.

Al als Al_2O_3 durch starkes Glühen von $Al(OH)_3$.

Fe als Fe_2O_3 durch starkes Glühen des Hydroxyds.

Cr als Cr_2O_3 durch starkes Glühen des Hydroxyds oder maßanalytisch durch CrO_4''-Bestimmung mit Jodometrie.

Mn als MnS im Wasserstoffstrom bis zur Gewichtskonstanz erhitzt oder als $MnSO_4$ oder als Mn_3O_4 nach scharfem Glühen.

Co im Wasserstoffstrom reduziert.

Ni ebenso.

Hg als Hg_2Cl_2 oder HgS, beide bis zur Gewichtskonstanz bei 100° erhitzt.

Pb als $PbSO_4$ geglüht.

Bi als Bi_2O_3 auf der Flamme bis zur Gewichtskonstanz erhitzt.

Cd als CdO durch schwaches Glühen des Karbonats.

Cu als CuO durch starkes Glühen von Oxyd oder Karbonat, als Cu_2S durch Erhitzen des Rhodanürs oder Sulfids CuS im Wasserstoffstrom oder elektrolytisch als Cu-Metall.

I		II	
a. Platinchloride u. a.	*b.*	*a.* Oxalate, Sulfate, Chromate	*b.* Hg Rhodanate Chlorür: Hg
Sulfate, Chloride	Metall, Au, Cu Oxyd Cu Halogenid Ag Sulfür Cu	Oxyde, Sulfate, Chromat Ba Pyrophosphat Mg	Oxyd Zn, Cd Sulfid Zn, Hg Chlorür Hg
Li_2CO_3 Nadeln 0,25 μg 6708 Li_2SO_4; LiCl		$K_2C_2O_4 \cdot BeC_2O_4$ ähnlich den Gipskriställchen 0,08 μg BeO	
$Na_2H_2Sb_2O_7 \cdot 2H_2O$ linsenförmig 5890 } *D*-Linien 5896 } **Na_2SO_4 geglüht**; NaCl		**$NH_4MgPO_4 \cdot 6H_2O$ Scheren 0,12 μg** 5167 } Funkenspektr.! 5173 } Nicht Flamme 5184 } **$Mg_2P_2O_7$ geglüht**	
K_2PtCl_6 gelbe Oktaeder 0,3 μg **$K_3[Co(NO_2)_6]$ gelbe Würfel 0,3 μg** 7668 7702 **K_2SO_4 geglüht**; KCl; K_2PtCl_6		**$CaSO_4 \cdot 2H_2O$** 0,04 μg Zwillinge **$CaC_2O_4 \cdot H_2O$** 0,06 μg Körnchen u. Rauten 5589 **CaO geglüht**	
	$K_2CuPb(NO_2)_6$ schwarze Würfel 0,03 μg $CuHg(CNS)_4 \cdot H_2O$ braune Sphäroide, Nadeln, 0,1 μg **Cu_2S; Cu; CuO**		$3\,Na_2CO_3 \cdot 8\,ZnCO_3 \cdot 8\,H_2O$ Tetraeder u. Kügelchen 0,01 μg $ZnHg(CNS)_4 \cdot H_2O$ farblose Fiederblätter 0,1 μg **ZnO**; ZnS
Rb_2PtCl_6 gelbe Oktaeder 0,5 μg 6299 Rb_2SO_4; RbCl		**$SrSO_4$** 0,2 μg Rauten **$SrCrO_4$** 0,8 μg Prismen und Garben 4608 5481 6409 **$SrSO_4$** **SrO**	
	AgCl aus NH_4OH Dreiecke u. Vierecke 0,1 μg **$Ag_2Cr_2O_7$** rote Rauten und Sechsecke 0,15 μg **AgCl**		Rb_4CdCl_6 Rauten 0,01 μg $CdHg(CNS)_4$ hemimorphe Prismen 1 μg 4780 5086 6438 **CdO**
Cs_2PtCl_6 gelbe Oktaeder 0,1 μg 4555 4593 Cs_2SO_4; CsCl		**$BaSO_4$** Tafeln u. Kreuze 0,05 μg **$BaCrO_4$** Quadrate u. Rechtecke 0,08 μg 5536 $BaCrO_4$ **$BaSO_4$** geglüht	
	Goldpurpur 2 μg $TlAuCl_4 \cdot 5\,H_2O$ gelbe Borsten 6 μg **Au**		**HgCl** Nadeln 0,25 μg **Hg-Sublimation** 5461 **HgS**; HgCl

II	IV		V
b.	*a.* Fl- und Cl-Komplexsalze u. a.	*b.*	*a.* Na- und NH_4-Salze
	Dioxyd		Oxyde, Mg-Salz
Sechs- u. Achtecke 0,1 µg a-Reaktion	CO_2 als Gas ausgetrieben $SrCO_3$ X-förmige Zwillinge 1 µg $BaCO_3$		NH_4 $(NH_4)_2PtCl_6$ gel[b] 0,1 µg $(NH_4)MgPO_4 \cdot 6$[H_2O] 0,012 µg HNO_3 Nadeln u. Büsc[hel] Diphenylamin
$)_2 \cdot 12H_2O$ Oktaeder Dendriten 0,08 µg	Na_2SiFl_6 Sechsecke u. Sterne 0,05 µg SiO_2		PO_4''' { $(NH_4)_3H_4(P(Mo$ gelbe Körn[er] $(NH_4)MgPO_4 \cdot 6$ 0,00[...] $Mg_2P_2O_7$ gegl[üht]
$O_3 \cdot 6H_2O$ $_4$	$(Rb, K)_2TiFl_6$ 4-, 6- u. 8-Ecke 1 µg TiO_2		NH_4VO_3 Linsen 0,3 µ[g] V_2O_5
3 } 2 } Funkenspektr.! $_3$	K_2GeFl_6 5892 } Funkenspektr.! 6020 } Nicht Flamme GeO_2		$(NH_4)MgAsO_4$ 0,0[...] As_2S_3 $Mg_2As_2O_7$ geg[lüht]
Tetr. Pyramiden 0,03 µg	$K_4Zr(C_2O_4)_4 \cdot 4H_2O$ Rauten u. Pyramiden 0,06 µg		$Na_8Nb_6O_{19} \cdot 16H_2O$ N[...] Sechsecke u. 6-stra[hlige] Sterne 0,6 µg
Cl_6 Oktaeder 0,02 µg	$(Rb, Cs)_2SnCl_6$ Oktaeder 0,2 µg Goldpurpur 0,07 µg SnO_2		$Cs_2SbCl_5 \cdot 2{,}5H_2O$ 0,16 $Na_2H_2Sb_2O_7 \cdot 6H_2O$ 0,05 Sb_2S_3; Sb Sb_2O_4
H_2O Succinat, . blättrige Sterne	$Ce_2(C_4O_4H_4)_3 \cdot nH_2O$ Succinat, stachlige u. wollige Aggregate, braun Ebenso für Pr, Nd, Sm		$Na_8Ta_6O_{19} \cdot 25H_2O$ v[...] kleinere Kristall[e] K_2TaFl_7 Nadeln 6 µ[g]
Rosetten 0,16 µg .be Oktaeder 0,08 µg	$PbCl_2$ Nadelbündel 0,3 µg PbJ_2 Tafeln gelb 0,2 µg $PbSO_4$; PbO; PbO_2		$(Cs, Rb)_2Bi$[...] Sechs[ecke] Bi_2O_3
	$Th(C_2O_4)_2$ 0,1 µg ThO_2		

	VI		VII	
b. Mg- und Na-Salze Cl-Komplexe	*a.* Komplexe Phosphate, Tl-Salze	*b.* Jodide u. a.	*a.* Manganat-Schmelze	N… S… … F… Tl…
…e, Sulfide	Trioxyde	Elemente	Mn_3O_4	Ca…
…lbe Oktaeder …H_2O Scheren …hel m. Nitron. …-Bläuung			Na_2SiFl_6 $BaSiFl_6$ $CaFl_2$	Bl… Na…
…$_2O_7)_6)$ …er 0,015 µg …H_2O Scheren …8 µg …üht	S rhomb. Pyr. aus C_6H_6 + etwas CS_2 $CaSO_4 \cdot 2H_2O$ Nadeln und Zwillinge 0,2 µg $PbSO_4$ 0,006 µg $BaSO_4$ geglüht		$TlCl$ } $AgCl$ } s. d… K_2PtCl_6 (Un… B… $AgCl$ geschm…	
…µg	$Ag_2Cr_2O_7$ rote Prismen 0,025 µg $PbCrO_4$ rot sternförmig 0,02 µg Cr_2O_3; $BaCrO_4$		Na_2MnO_4 (Soda-Salpet… grün 0,… MnO_2 schwarz amorph… Mn_3O_4; $MnSO_4$; MnS	
…$\cdot 6H_2O$ Scheren …35 µg …lüht	Se Redukt. mit $SnCl_2$ 0,1 µg SeJ_4 tiefrote Tafeln 1 µg Se		$TlBr$ wi… $AgBr$ wi… K_2PdBr_6 ge… $AgBr$	
…adeln, …hlige	$(NH_4)_3H_4(P(Mo_2O_7)_6)$ gelbe Körner 0,1 µg Tl_2MoO_4 sechsseitige Sterne u. Blättchen 0,3 µg MoO_3		—	
…O Sechsecke …µg …$_2O$ linsenförmig …µg	TeJ_4 dunkle Rauten, rotbraune Körner 0,6 µg Te		AgJ	Jo… TlJ ge… AgJ „… K_2PtJ_6 … PdJ_2 s.
…wie Nb, nur …e 1,2 µg …g	$(NH_4)_3H_4(P(W_2O_7)_6)$ farblose Körner 0,12 µg Tl_2WO_4 wie Tl_2MoO_4 0,08 µg WO_3		—	
…$Cl_5 \cdot 2{,}5H_2O$ rote …ecke 0,18 µg				D… U… bestim… löslicher… Über d… Voss 19… D…
	$Na(CH_3COO) \cdot UO_2(CH_3COO)_2$ Tetraeder farblos bis hellgelb 0,6 µg U_3O_8; UO_2			

VIII			O
1. yan-Komplexe u. a.	2. K-Salze der Cl-Komplexe, Jodür u. a.	3. K-Salze der $(NO_2)_6$-Komplexe	He 4471 4922 5875,8 5876,1
Fe_2O_3	Metall		
			Ne viele Linien im Orange
			Ar 6031 4703 u. a. m.
$Fe_4(Fe(CN)_6)_3$ Berlinerblau 0,07 μg **Fe_2O_3**	**$K_3(Co(NO_2)_6)$** gelbe Würfel 0,3 μg **Co**	**Ni-Dimethylglyoxim** $(CH_3CNO)_2HNiH(CH_3CNO)_2$ dichroitische rote Nadeln 0,2 μg **Ni**	
			Kr 5871 5570
—	$K_3Rh(NO_2)_6$ gelbe Würfel, wie $K_3Co(NO_2)_6$ 0,09 μg	**PdJ_2** schwarzbraun, flockig 0,1 μg Pd	
			X
$K_2OsO_4 \cdot 2H_2O$ rotviolette Oktaeder 0,1 μg	Rb_2IrCl_6 reinrote Oktaeder 0,3 μg	**K_2PtCl_6** gelbe Oktaeder 0,6 μg **Pt**	

Stoffe sind durch stärkeren Druck hervorgehoben.
en steht jeweils die Form, worin das Element quantitativ
über die mikroanalytisch wichtigen (also meist sehr wenig
d die aufs Element bezogene Empfindlichkeitsgrenze der Reaktion.
dieser Reaktionen vgl. Behrens-Kley, Mikrochemische Analyse,

ten kennzeichnende Spektral-Emissionslinien in Å.-E. ($=10^{-8}$ cm).

As als As_2S_3, mit Alkohol und CS_2 gewaschen, bei 100° getrocknet oder als $AsCl_3$ mit Wasserdämpfen abdestilliert und als As_2O_3 titriert oder durch starkes Erhitzen des $MgNH_4AsO_4$ als $Mg_2As_2O_7$.

Sb als Sb_2S_3 im CO_2-Strom zur Abdestillation überschüssigen Schwefels vorsichtig erhitzt, besser als Sb_2O_4 durch Oxydation des Sulfids mit rauchender HNO_3 und schwaches Glühen. Oder elektrolytisch als Sb.

Sn als SnO_2 aus Hydroxyd.

Ag als AgCl, vorsichtig geschmolzen, oder titrimetrisch mit Fällungsverfahren durch SCN' und $Fe^{\cdot\cdot\cdot}$ als Indikator.

$H^{\cdot}$ titrimetrisch oder elektrochemisch (s. w. u. Bd. II).

Anionen.

OH' titrimetrisch. H neutral, meist durch Überführung in H_2O und Wägung nach Aufnahme in $CaCl_2$. Das H_2O selbst meist aus dem Trockenverlust.

H_2O_2 titrimetrisch. Cl', ClO' titrimetrisch, ersteres mit $Ag^{\cdot}$, letzteres oxydimetrisch. Ebenso Cl_2 in freiem Zustand. Cl' und so mittelbar auch ClO_3' durch Fällung als AgCl. Analog Brom und Jod. Fluor als $CaFl_2$, das geglüht wird, oder durch Abtreiben mit H_2SO_4 aus der Gewichtsänderung.

O meist aus der Differenz. Freier O_2 durch Absorption mit glühendem Cu oder mit $Na_2S_2O_4$-Lösung oder Pyrogallollösung + Alkali, gasanalytisch; s. w. u. S titrimetrisch und als $BaSO_4$. ebenso mittelbar die anderen Anionen des S. N durch Überführung in NH_3 und Titration oder durch Überführung in NO und gasanalytische Bestimmung. NO_3' durch Fällung als Nitronnitrat und Wägung. P als Mg-Pyrophosphat, ebenso Arsensäure. AsO_3''' läßt sich wie wir sahen, mit Jod titrieren.

B als Borfluorkalium $KBFl_4$ bei 100° getrocknet, Si als SiO_2 oder durch Destillation als $SiFl_4$ aus dem Gewichtsverlust. C als CO_2 durch Absorption in Natronkalk, titrimetrisch, durch Gewichtsverlust beim Vertreiben oder gasanalytisch. Essigsäure titrimetrisch, allenfalls nach Destillation. Oxalsäure als Ca-Oxalat und CaO daraus, Cyanide und Rhodanide als Ag-Salze.

Technische Chemie I.

Darstellende Chemie 8.

2. Darstellende Elektrochemie.

§ 174. Die elektrolytische Niederschlagung von Metall, die wir bei der Elektroanalyse ausführten, hat in der Technik wichtige Anwendung gefunden. Entweder überzieht man Metall elektrolytisch festhaftend mit anderem, um es zu verschönern oder gegen Angriff zu

Galvanostegie Galvanoplastik

schützen: *Galvanostegie.* Oder man überzieht Gegenstände mit einer abnehmbaren Schicht, meist von Cu, um ihr Relief abzuformen: *Galvanoplastik.* Oder man schlägt Metall aus einer Lösung nieder, um es zu reinigen: *elektrolytische Metallraffination.*

Elektrolytische Metallraffination

a) Schwermetallraffination aus Lösungen.

Auf diese wollen wir hier näher eingehen. Sie ist zu verschiedenen Zwecken, namentlich der Elektrotechnik wichtig. Man bedarf für die elektrischen *Leitungen* des gut leitenden Kupfers. Schon bei spurenhaftem As-Gehalt aber wird die Leitfähigkeit dieses Metalls bedeutend herabgedrückt: 1 v. H. As erhöht den Widerstand aufs vierfache. Um also Cu an Leitungen sparen zu können, bedarf man sehr reinen Metalls. Man erhält es elektrolytisch aus Rohkupfer.

Für die Aufbewahrung großer Elektrizitätsmengen hat man in den *Sammlern* große Bleimengen nötig. Sie müssen wegen der Überspannung an reinem Blei und wegen der Gefahr bedeutender Restströme bei Fe-Gehalt sehr rein sein. Auch sie erhält man durch Elektrolyse, aus Werkblei.

Die Erzeugung endlich der Elektrizität geschieht in den *Dynamomaschinen,* deren Eisenteile aus sehr reinem, vor allem wasserstoffarmem Eisen hergestellt werden müssen, um die notwendigen magnetischen Eigenschaften aufzuweisen. Man kann solches Eisen elektrolytisch herstellen.

Kupferraffination

Kupferraffination. Aus Kupfererzen wird Rohkupfer mit etwa 1—2 v. H. Verunreinigungen erschmolzen und in Platten gegossen. Man stellt sie als Anoden ähnlichen Platten gegenüber, die mit einer dünnen Fetthaut überzogen sind, um das Anwachsen des Reinkupfers an das Rohkupfer zu verhindern und beide später voneinander lösen zu können. Zwischen die Platten kommt eine Lösung von Kupfersulfat.

Sie soll 12—16 v. H. $CuSO_4 \cdot 5H_2O$ enthalten neben 5—10 v. H. H_2SO_4. Dieser Elektrolyt muß durch Säurezusatz und Verdünnung immer auf ungefähr derselben Zusammensetzung bleiben, sonst wird der Niederschlag schlecht. Er wird ohnehin durch viel Cl im Elektrolyt brüchig, während eine Spur davon nützlich wirkt, indem sie die „Kristallisierkrankheit", das Auswachsen kristalliner Cu-Bäumchen verhindert.

Stromdichte $^1/_2$—1,5 Weber (Ampere)/qdcm. Man hält die Lösung warm auf 35—40° und arbeitet mit 0,1—0,3 Volt Badspannung. Hier ist einer technischen Schwierigkeit zu gedenken, die allen elektrolytischen Verfahren entgegensteht und die Elektrolyse nicht so sich einführen ließ, als man bei der Glätte der Vorgänge und der Reinheit der Erzeugnisse erwarten sollte.

Verschmierung der Elektroden

1. Bei nicht schon sehr reinem Ausgangsmaterial *verschmieren die Kathoden,* indem der Elektrolyt sich nicht ausreichend auf richtiger Zusammensetzung halten läßt. Bei anderen, vor allem organischen Elektrolysen tritt solche Verschmierung häufig auch bei reinem Material auf.

Sie hängt unter Umständen von Spuren von Verunreinigungen ab, und ist sehr verhängnisvoll, weil kaum zu bekämpfen.

2. Anders liegt es mit der *Badspannung*, deren kleiner Betrag bei großer benötigter Elektrizitätsmenge im Mißverhältnis zu den von den Dynamomaschinen gelieferten Elektrizitätsmengen *hoher* Spannung steht. Man sucht diese Schwierigkeit durch Hintereinanderschaltung sehr vieler elektrolytischer Zellen zu beseitigen, läuft aber dabei Gefahr, daß bei Verschmutzung einer einzigen Kathode die ganze Reihe leidet und zeitweise ausgeschaltet werden muß. Es bleibt also nur die Benützung von Akkumulatoren übrig, die man zuerst mittels der Dynamomaschine in Serie ladet und dann parallel geschaltet in die elektrolytischen Zellen entladet. Unbequem niedere Badspannung bei großer Elektrizitätsmenge Multiplen- und Serienschaltung

Dabei können die letzteren noch verschieden geschaltet sein.

Entweder legt man viele Zellen einander parallel. Dann muß man sie durch schwere Cu- (besser Al-) Schienen, oder wegen des höheren Widerstands noch weit schwerere Zn- oder Fe-Schienen miteinander verbinden — *Multiplen*system. Oder man stellt in ein langes Bad nur an jedes Ende einen Stromzuleiter und hängt dazwischen viele einzelne, jeweils auf der Kathodenseite schwach gefettete Anodenplatten. Dann wirken diese auf der Kathodenseite als Kathoden und lagern dort Cu ab, auf der Anodenseite aber lösen sie sich. Leiter I. Klasse, die solcher Art zugleich in doppeltem Sinn wirken, heißen *Mittelleiter*. Das Mittelleitersystem wird auch als *Serien-* oder *Reihenschaltung* bezeichnet. Es hat den Nachteil, daß noch immer ein Teil des Stroms um die Mittelleiterplatten außen herumgeht (Abb. 126) und so durch sekundäre Auflösung des abgeschiedenen zu Verlusten führt. Beide Systeme haben ihre Vorzüge.

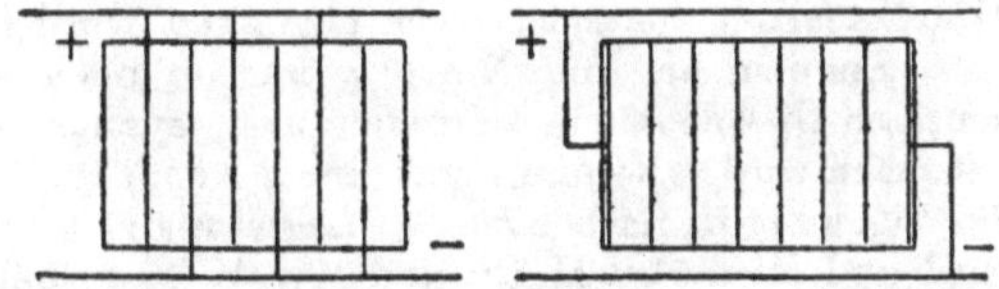

Abb. 126. Multiplen- und Serienschaltung bei elektrolytischer Metallraffination.

Das Ziel der Kupferraffination ist nicht bloß die Reinigung des Cu, sondern auch die Gewinnung einer Reihe von Verunreinigungen, die als wertvolle Stoffe im *Anodenschlamm* sich anhäufen. Er enthält 15 bis 20 v. H. Cu, 40—50 v. H. Ag, 0,5 v. H. Au.

Im Rest sind Pt, Pb, Fe, Sn, S, Se, Te, As, Sb, Bi enthalten. Er wird auf goldhaltiges Ag verarbeitet.

Die *Bleiraffination* wurde erst durch Betts technisch möglich. Pb scheidet sich nämlich aus seinen wenigen leichtlöslichen Salzen unvorteilhaft ab. Das Nitrat zersetzt sich an der Kathode infolge von Reduktion und ist daher nicht zu brauchen. Das Azetat und andere lösliche Salze liefern das Metall in kristalliner Form, in Bäumchen und schwammig, also unbrauchbar. Kieselfluorwasserstoffsaures Blei aber und borfluorwasserstoffsaures wie auch überchlorsaures Pb sind verwendbar und geben namentlich bei Zusatz kleiner Mengen kolloidaler Stoffe wie Leim usf. ein fast glattes Pb. Die Werkbleianoden müssen sehr rein sein, die kieselflußsaure Lösung soll etwa 10 v. H. Pb und 12—13 v. H. Säure enthalten. Der Anodenschlamm enthält vor allem Bleiraffination

Ag und Pb und wird der Treibarbeit (s. w. u.) unterworfen, auf Ag und Au verarbeitet.

Eisen-raffination

Die *Eisenraffination* nach Franz Fischer ist neueren Datums. Das Elektrolyteisen enthält, wie andere Metalle, die aus wäßriger Lösung erhalten wurden, Wasserstoff eingeschlossen. Denn stets scheiden sich die Kationen aller Art aus einer Lösung zugleich ab. Nur ihre Mengen sind meist äußerst verschieden. $FeSO_4$-Lösung, mit überschüssigem $NaHCO_3$ versetzt, enthält Eisenbikarbonat und läßt ziemlich wasserstoffarmes Fe erhalten, aber nur langsam, weil man wegen schlechten Leitvermögens nur kleine Stromdichten anwenden kann. Aus konzentrierter $FeCl_2$-Lösung dagegen scheidet es sich wasserstoffreich ab und reißt daher auf, sobald sich dickere Schichten abgeschieden haben. Das läßt sich umgehen, wenn man die Lösung bei 110° elektrolysiert. Zur Vermeidung starker Verdampfung fügt man der etwa 40prozentigen $FeCl_2$-Lösung dieselbe Menge $CaCl_2$ hinzu. Ein wenig Salzsäure und Wasser muß wegen Verdampfungsverlusten ab und zu nachgegeben werden. Hier kann man mit Stromdichten bis 20 Weber (Amperes-)/qdcm arbeiten. Will man das gewonnene Eisen von den Kathoden ablösen, so werden sie zuvor mit einer sehr dünnen Schicht As aus einer As_2O_3-Lösung (1 Liter Wasser, 100 g As_2O_3, 10 g KCN, 30 g Na_2SO_3) überzogen. Soll es festhalten, was nur bei dem sehr harten wasserstoffhaltigen Fe erwünscht ist, so unterbleibt die Arsenierung, und man *vereisent*, dann bei gewöhnlicher Temperatur. Diese Überzüge dienen zur sog. Verstählung von Matrizen, Druckstöcken, die sonst stark abgenützt würden.

Nickel-raffination

Endlich hat die *Nickelraffination* noch einigen Belang, die mit 95—96 prozentigen Ni-Anoden in schwefelsaurer, cyankalischer oder ammoniakalischer Lösung betrieben wird, allerdings mit einem Anodenabfall von bis 40 v. H. oder man geht von der sog. amerikanischen 50—50-Legierung aus, die aus dem Nickelkupfererz gewonnen wird und etwa 51 v. H. Cu und 48 v. H. Ni enthält und zuerst in saurer $CuSO_4$-Lösung auf Cu elektrolysiert wird. Man kann aber nicht alles Cu herausholen, denn schon vorher wird der Niederschlag schlecht. Man fällt den Cu-Gehalt der Lösung dann mit Schwefelnickel aus, neutralisiert, entfernt mit NiO das Fe und elektrolysiert mit Pb- oder Kohleanode und Ni-Kathode.

Gold-gewinnung

Sehr feinverteiltes *Gold* wird von Hg nicht mehr amalgamiert. Man löst es an der Luft in KCN-Lösung aus den „*tailings*“ und „*slimes*“, wobei H_2O_2 entsteht und zwar wäscht man zuerst mit verdünnter Lauge, die die Benetzung bewirkt, dann mit 0,4 proz. und schließlich mit 0,1 proz. KCN-Lösung. Elektrolyse des entstandenen $K[Au(CN)_2]$ an Pb (oder einfach Zn) schlägt das Au nieder.

Silber-raffination

Möbius hat auch die *Ag-Raffination* angegeben. Rohsilberanoden in Baumwollsäcken werden mit 1,5 Volt Badspannung und 3,5 Weber (Ampere)/qdcm in verdünnter HNO_3 elektrolysiert, der Anodenschlamm enthält das Au.

Der Versuch, Schwermetalle aus wäßrigen Lösungen nicht bloß zu raffinieren, also nur ihre letzten Prozente an Verunreinigung zu beseitigen, sondern sie unmittelbar aus Erzen oder Erzlösungen zu gewinnen, gelang nur in wenigen Fällen und meist nur in kleinerem Maßstab.

Elektrolytische Schwermetall-Gewinnung. Wichtigkeit der Stromdichte bei Elektrolyse d. Lösungen

b) Metallgewinnung aus Lösungen.

§ 175. *Antimon* kann aus der Sulfidlösung, durch Laugen des Grauspießglanzes mit Calciumsulfhydrat oder Natriumsulfhydratlösung gewonnen, mit etwa ½ Weber (Ampere-)/qdcm abgeschieden werden. Die erschöpfte Lauge ist von neuem zum Ausziehen verwendbar, bis sie zu sehr an Thiosulfat und Polysulfiden angereichert ist.

Chrom hat R. Bunsen 1854 aus wäßriger Lösung erhalten. Er fand das Ergebnis wie so oft in Lösungen sehr abhängig von der Stromdichte. Mit Pt-Kathode in einem Brei von $CrCl_3$ oder $CrFl_3$, Tonzelle und einer Kohleuanode in Sulfitlauge bekommt man mit 80 Weber (Ampere)/qdcm das Metall, in der Hitze pulverförmig. Geringere Stromdichte liefert Chromoxydul, noch tiefere Chromoxyd, ganz geringe endlich Wasserstoff.

Vielfach benützbar ist die Elektrolyse zur Gewinnung von *Metallamalgamen*, Lösungen von Metallen in Hg. Das gelingt sogar bei sehr rasch oxydierbaren Metallen wie den Alkalimetallen. Nur muß man hier durch hohe Stromdichte schnell so viel Metall an die Kathode werfen, daß die Diffusion seine Wegschaffung nicht mehr bewältigen kann. Und ferner ist das Amalgam schnell aus dem Bereich der wäßrigen Lösung zu entfernen. Einen Apparat dazu hat Nernst angegeben (Abb. 127). Die *Strahlelektrode*, ein sehr dünner Quecksilberstrahl, tritt in 40-prozentige KCl-Lösung, worin er sich in Tropfen auflöst, die sofort in eine Chloroformschicht fallen, wo sie geschützt sind. Das ist nötig, weil sie sich in der kurzen Zeit ihres Falls im KCl einer Pt-Drahtanode gegenüber befinden, an der Cl_2 entweicht, während sie selbst mit K sich beladen. Man kann das durch einen Überlauf abfließende Amalgam dann in angesäuertem Wasser wieder des K berauben, so daß H_2 gebildet wird. Die Darstellung von Sr und Ba hat man längere Zeit geübt, indem man derartiges Amalgam im Vakuum erhitzte, bis alles Hg verdampft war. Doch ist letzteres nur sehr langsam und bei Weißglut erst zu erreichen. **Amalgame**

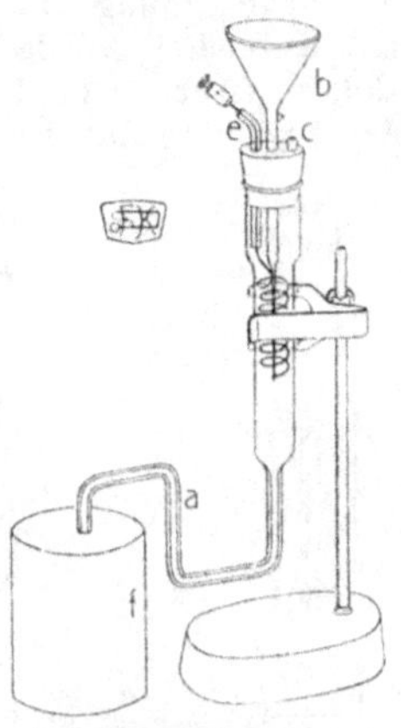

Abb. 127.
Darstellung von Alkaliamalgam mit hoher Stromdichte.

c) Die Leichtmetalle.

§ 176. Dagegen gelang die Metallgewinnung, vorwiegend die der *Leichtmetalle aus schmelzflüssigen Elektrolyten* und wird zum Teil im größten Maßstab geübt. Hier bestehen besondere Schwierigkeiten: **Schwierigkeiten und Bedingungen der Schmelzelektrolyse**

Sie lassen sich in folgender Weise zusammenfassen:

1. Der *Schmelzpunkt des Metalls* muß überschritten werden, damit es sich in brauchbarer Form abscheidet. Daher muß eine bestimmte untere Temperaturgrenze überschritten werden. Die Temperaturhöhe schädigt aber die Ausbeute um so stärker und ebenso Elektroden und Gefäß, je größer

2. die *Flüchtigkeit* des Metalls ist, je tiefer also sein Siedepunkt, ferner

3. die *Oxydierbarkeit* des Metalls ist, die in der ersten Gruppe am größten, in jeder mit wachsendem Atomgewicht steigt.

Man verliert Metall

1. durch *Verdampfen* aus der Schmelze,

2. durch *Auflösung* oder *Nebelbildung* in der Schmelze,

3. durch *Einwirkung auf den Tiegel* (Silicidbildung usf.). Punkt 1 kann die Elektrolyse in brauchbarer Form unmöglich machen (Rb, Cs z. B.), Punkt 2 wird durch *Zusätze* bekämpft, Punkt 3 durch *Kühlung des Kathodenteils* des Tiegels. Punkt 1 und 2 gleichzeitig durch *kleine Oberfläche* des kathodisch abgeschiedenen Metalls. Aber diese darf nicht zu klein sein, damit nicht die an sich vorteilhafte *hohe Stromdichte* die notwendig auf *geringst zulässiger Höhe gehaltene Temperatur* steigert. Letztere ist der wichtigste Faktor, nach dem sich alle andern richten müssen.

Elektrolytische Leichtmetallgewinnung

§ 177. 1. Lithium. Leicht erhält man Li aus seinem Chlorid, dem man zur Erniedrigung des Schmelzpunkts KCl zugesetzt hat, an einem dicken Fe-Draht als Kathode. Anode ist ein Kohlenstab. Die Temperatur erreicht kaum dunkle Rotglut (Abb. 128). Die Stromstärke wird mit einigen Weber (Amperes) bemessen, das abgeschiedene Metall sammelt sich schwimmend um den Draht und kann mit einem kleinen gestielten Löffel ab und zu herausgehoben werden, wird durch eine Oxydhaut und anhaftende Salzschicht vor weiterem Angriff geschützt. Es ist das *leichteste Metall*, nur etwa halb so schwer als Wasser und nächst festem Wasserstoff der leichteste aller festen Körper, schwimmt auf Ligroin. Man kann es auf Paraffin, das es mit einer schützenden Haut bedeckt, bei 180° zu größeren Stücken zusammenschmelzen. Schneidet man das weiche Metall mit dem Messer durch, so überzieht es sich alsbald mit einer braunen Haut, die aber nicht aus Oxyd besteht, wie man denken sollte, sondern aus einer Verbindung des Metalls mit dem Luftstickstoff, einem *Nitrid* Li_3N. Es bildet sich von allen solchen Verbindungen am schnellsten und macht sich bei nachherigem Befeuchten des Metalls durch NH_3-Geruch bemerklich. Das Metall kann sich beim Erhitzen auch mit H_2 verbinden zu einem festen, weißen *Hydrid* LiH. In die Flamme gebracht, läßt sich Li entzünden und verbrennt mit leuchtend weißer Flamme zu *Superoxyd* Li_2O_2.

Lithium

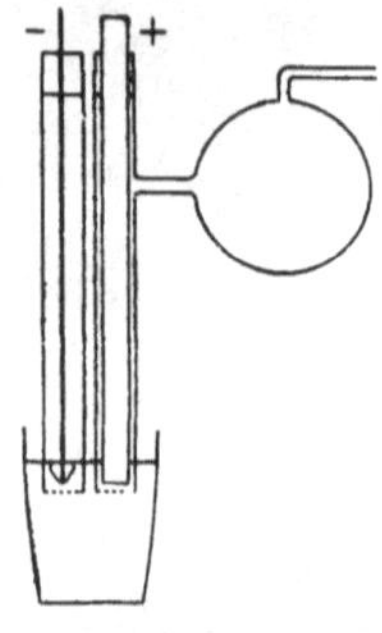

Abb. 128. Elektrolytische Lithiumdarstellung.

Fügt man bei der Elektrolyse kein KCl zu, so hat man weit höhere Temperatur nötig. Dabei löst sich etwas Li in der Schmelze auf, und diese greift dann den Schamottetiegel unter Bildung von Si und Siliciden an. Er bricht dann leichter und die verunreinigte Schmelze stört den glatten Verlauf der Elektrolyse.

Natrium Kalium

§ 178. Natrium und Kalium weichen von Li wie stets die höheren Glieder vom ersten einer Gruppe im periodischen System bedeutend ab, so auch in ihrem Verhalten bei elektrolytischer Darstellung.

Aus den *Chloriden* kann man sie nicht gewinnen, denn diese Salze *schmelzen* sehr viel *höher* als das LiCl, bei gegen 800°, während die *Metalle* selbst weit *tiefer sieden*, als Li. Deshalb lösen sich bei den hohen Temperaturen beide Metalle so stark in den Chloridschmelzen, daß ihre Abscheidung aus diesen nicht gelingt. Denn schneller als die Elektrolyse arbeitet hier die Angreifung des Elektrolysenprodukts durch die chemische Kraft der Schmelze. In der Schmelze kann man wahrscheinlich Subchloride halbwertigen Metalls der Formel R_2Cl annehmen. Denn Subfluoride hat man rein darstellen können. Anderseits freilich geht das Metall in Form dichter Wolken als solches zerstäubt in die Schmelze über, die dann als ein *Pyrosol* (R. Lorenz) bezeichnet wird, als eine *feuerflüssige kolloidale Lösung*. Leichter als bei den Alkalimetallen kann man genau dieselbe Erscheinung bei Pb sehen. Schmelzt man Stückchen dieses Metalls unter reinem $PbCl_2$ in einem schwerschmelzbaren Reagenzrohr und bringt es in den Strahlengang eines Projektionsapparats, so kann man

Pyrosole

bei kräftigem Erhitzen des unten liegenden Pb-Tropfens leicht sehen, wie von ihm dichte Wolken wie Malertusche aufsteigen und die Lösung ganz undurchsichtig machen. Bei langsamem Abkühlen senken sie sich wieder herab und ziehen sich ins Blei zurück. Bei schnellem Abkühlen aber erhält man eine schwarze Schmelze, woraus man Pb-Flitterchen herauslösen kann.

Natrium Kalium

Man stellt die beiden *Alkalimetalle K und Na* wegen der zu starken Pyrosolbildung *aus ihren Hydroxyden* durch Elektrolyse her. Diese schmelzen unter Rotglut und lassen sich da durch längeres Erhitzen gut entwässern, etwa in einem Nickel- oder Eisentiegel. Eine Bandeisenanode und eine Eisendrahtkathode bei gegen 5—10 Weber (Ampere) Stromstärke sind geeignet. Doch muß beim Na die Temperatur der Schmelze in sehr engen Grenzen die richtige sein (wenig über 300°). Beim K kommt es darauf nicht so sehr an. Bei beiden ist nötig, das auf der Schmelze schwimmende Metall gegen die Luft abzuschließen. Das geschieht am besten durch eine Glocke, sog. *Kapsel* aus geglühtem *Magnesit*, durch deren obenliegenden Boden die Kathode hindurchgeht (R. Lorenz).

Sie taucht zuerst so tief in die Schmelze, daß ihr Boden in Höhe der Schmelzoberfläche liegt. In dem Maß, wie sie sich mit Metall füllt, zieht man sie hoch. Dabei muß sie allerdings oben am Boden ganz dicht schließen, sonst findet die Metallverbrennung in ihrem Innern statt. Ist sie voll, so unterbricht man die Elektrolyse und kann durch geschickte Wahl des Zeitpunkts erreichen, daß sie unten gerade durch einen Deckel erstarrten Hydroxyds verschlossen ist. Mit einem sehr weiten Korkbohrer kann man das Metall aus der Kapsel herausbohren, wenn man den Boden abschlägt.

Während für die Darstellung des Li nur die elektrolytische Methode in Betracht kommt und diese für Kalium auch die beste ist, stand dies bei Na anders, solange der Strom noch teuer war. Damals ließ man NaOH auf glühende Kohle einwirken und erhielt so das Natrium, das abdestillierte.

Na siedet bei 740°, heller Rotglut. K gewann man durch Glühen von Kaliumkarbonat mit Kohle. Das Gemisch wurde am bequemsten durch Glühen von saurem weinsaurem Kalium (Weinstein) erhalten. Der absiedende Kaliumdampf — das Metall siedet 20° tiefer als Na — wurde in flachgedrückten Vorlagen unter Erdöl verdichtet. Es erstarrt bei 63,5°, während Natrium erst bei 95,6° schmilzt. Diese K-Darstellung war jedoch mit Gefahr verbunden, denn es bildete sich manchmal *Kohlenoxydkalium* $C_6(OK)_6$, das an der Luft explosiv wird. Man benützt daher heute für beide Metalle die Elektrolyse der Hydroxyde.

Technische Na-Gewinnung

Na wird in weit größerem Maß hergestellt. Man trennt das flüssig abgeschiedene Metall von der Anode durch ein sehr feines eisernes Netz. Immerhin gelangen doch Anodenprodukte zu diesem und man sieht leicht, daß bei ausreichend schneller Diffusion dieser Stoffe *nie mehr als 50 H an Stromausbeute* erhalten werden kann, d. h. jeweils die Hälfte des Na wieder von den Anodenprodukten verzehrt wird. Denn wir haben die Vorgänge:

$$4\,Na^{\cdot} + 4\,OH' = 4\,Na + 4\,OH\,,$$
$$4\,OH = 2\,H_2O + O_2\,,$$

Der Sauerstoff entweicht gasförmig, das Wasser wandert gelöst im Elektrolyten umher und trifft auf das Na, wo es nach

$$2\,Na + 2\,H.OH = 2\,Na^{\cdot} + 2\,OH' + H_2$$

reagiert. Da die $2 H_2O$ zu ihrer Entstehung 4OH-Gruppen brauchten, mit deren Bildung die von 4 Atomen Na verbunden war, so gehen von dem letzteren 2, also gerade die Hälfte wieder verloren. Steigt allerdings die Temperatur noch ein wenig zu sehr, so erhält man überhaupt kein Metall, weil alles der Auflösung verfällt.

Natrium auf Wasser geworfen, erhitzt sich zum Schmelzen und fährt unter H_2-Entwicklung umher. Auf heißem Wasser entzündet es sich sogar und verbrennt mit leuchtend gelber Flamme.

Kalium entzündet sich auf Wasser sogleich und der dabei entwickelte Wasserstoff verbrennt mit violetter Flamme.

Beide Metalle bleiben in Luft, die mit P_4O_{10} getrocknet ist, blank, werden aber an feuchter Luft sogleich matt, ebenso auch in Halogenen. Beide, vor allem Na, dienen in der chemischen Technik zu Reduktionen.

Rb.Cs Noch leichter wirken angreifende Gase auf die beiden anderen Alkalimetalle **Rubidium** und **Cäsium**, die man aus geschmolzenem Chlorid, bzw. Cyanid, gleichfalls elektrolytisch darstellen konnte, doch nur mit kleinen Ausbeuten und schwierig. Denn Rb schmilzt schon bei 39°, das Cäsium gar schon bei 28,45° und beide sieden entsprechend tief, so daß die Wechselwirkung zwischen Schmelze und Metall sehr stark ist. Deshalb destilliert man besser die Hydroxyde mit Mg im H_2-Strom bei Temperaturen, wo Mg sich noch lange nicht verflüchtigt. Die Metalle fängt man unter Paraffinöl auf. *Cs* entzündet sich an der Luft sehr rasch von selbst und *ist*, seiner ungewöhnlichen Stellung im periodischen System entsprechend, *das oxydierbarste Metall.*

§ 179. Dieselbe Reihenfolge steigender Oxydierbarkeit finden wir in der zweiten Gruppe des periodischen Systems, wo die Leichtmetalle *Beryllium*, *Magnesium*, *Calcium*, *Strontium*, *Barium* durch Elektrolyse erhalten werden können. Das *Radium* wäre das äußerste Glied, ist aber nicht auf diesem Weg dargestellt, weil die vorhandenen Mengen zu klein sind.

Be **Beryllium** wird durch Schmelzelektrolyse aus NaFl + $2 BeFl_2$ weiß, hämmerbar und dehnbar erhalten, weder von kochendem Wasser noch von verdünnter HNO_3 angreifbar, da sich eine schützende Oxydhaut bildet. Die anderen Säuren lösen es unter Entwicklung von H_2. Es wird von Alkalien gelöst unter Bildung von *Glyciaten* (*Glycium = Beryllium*, vom süßen Geschmack der Salze abgeleitet, γλυκύς süß), z. B. $Be(OK)_2$. Geschmolzene reine Be-Halogenide leiten den Strom wenig.

Mg **Magnesium** dagegen wird von Alkalien nicht angegriffen, löst sich sehr langsam in kochendem Wasser und wird von Säuren lebhaft gelöst. Es gleicht als Metall dem Be und wird im großen durch *Elektrolyse von entwässertem Karnallit* $KCl \cdot MgCl_2 \cdot 6 H_2O$ an der als Kathode dienenden Wand des Gußstahltiegels abgeschieden. Als Anode dient Kohle. Die Schmelze muß von beigemengtem Sulfat befreit werden, sonst verschmiert das an der Kathode entstehende Sulfid Elektrode und Elektrolyt. Dazu rührt man etwas Holzkohle ein und zersetzt das entstandene Sulfid durch NH_4Cl-Zusatz.

Das abgeschiedene Metall hat nur durch *Strombrücken* an einzelnen Stellen Kontakt mit der Kathode. Sein Zusammenfließen wird durch

Oxychloridbildung sehr erschwert, die auftritt, wenn Feuchtigkeit in die Schmelze gelangt. Das Metall kommt im großen in Form von Blech und Draht und legiert mit anderen Metallen in den Handel. Es überzieht sich an der Luft alsbald mit einer lange schützenden Haut. Erhitzt bildet es an der Luft bei 600° *Oxyd MgO* und einige 50° höher auch *Nitrid* Mg_3N_2. Entzündet brennt es mit blendend weißer Flamme, die zu Signalzwecken und photographisch verwendet wird. Zu letzterem Behuf wählt man meist Magnesiumpulver oder Band.

Einigermaßen im großen stellt man auch **Calcium** her, durch Elektrolyse Ca
eines geschmolzenen Gemischs von 100 Teilen $CaCl_2$ mit 16,5 Teilen $CaFl_2$, das tiefer schmilzt als die Komponenten und so die Angreifung des Metalls und des Tiegels herabsetzt. Letzterer kann aus Eisen bestehen. Als Anode dient Kohle, die Kathode kann eben die Schmelze berühren und in dem Maß hochgewunden werden, als daran eine Ca-Stange anwächst, die selbst die Leitung übernimmt; so hat man Ca-Stangen von rund 2 cm Dicke hergestellt, aber die Methode liefert kein einschlußfreies Metall. Man kann auch die Anordnung benützen, die sich bei **Strontium** (Trautz) bewährt hat und allgemein verwendbar ist, wo es sich um angreifbare Metalle handelt, die vor allem vor Einwirkung auf Schmelze und Tiegel und so auch vor der der *hohen Temperatur* tunlichst zu schützen sind, und die schwerer sind als die heiße Schmelze. Man setzt einen unten durchbohrten Tiegel (Abb. 129) auf eine *Dornkathode*, die in sein Inneres ragt, und unter ihm in ein wasserdurchströmtes Eisenrohr eingeschraubt ist. Der Dorn mag 6 mm dick sein und 2 cm ins Innere ragen, das 10—20 cm hoch mit Schmelze beschickt ist. In dem Schamottetiegel hängt wenig eintauchend ein Kohlezylinder als Anode, den man recht heiß werden läßt, um eine starke Schichtung im Tiegel, sowie das Entweichen der Anodenprodukte zu befördern. Als Schmelze dient ein Gemisch von $SrCl_2$ mit KCl in bestimmtem Verhältnis. Es schmilzt tiefer als die reinen Salze, und das darin enthaltene Kaliumchlorid setzt die Metallnebelbildung stark herab, die bei Sr in viel höherem Maß als bei Ca zu fürchten ist. Denn die *Salze schmelzen höher*, während *das Metall tiefer siedet.* Man kommt so bis gegen *80 v. H. Stromausbeute*, was für Schmelzelektrolysen sehr viel ist. Sr

Abb. 129 a. Strontiumdarstellung.

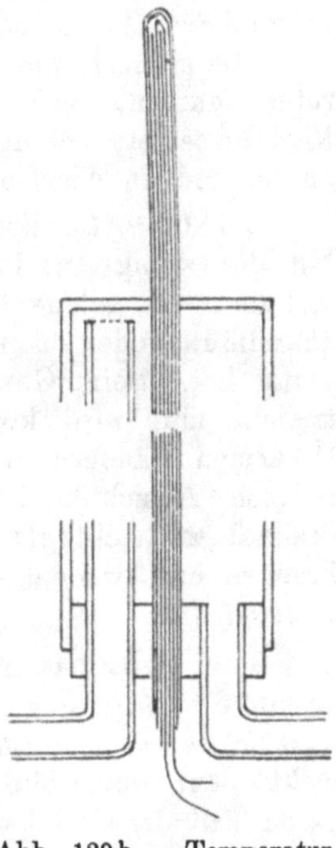

Abb. 129 b. Temperaturmessung mit Thermoelement in der unten gekühlten Hohldornkathode.

Beim **Barium** häufen sich die Schwierigkeiten, weil hier Metallschmelzpunkt und Metallsiedepunkt ganz nahe zusammenrücken, so daß eine sehr genaue Einhaltung der Kathodentemperatur geboten, trotzdem aber die starke Bläuung der Schmelze durch kolloidales Ba nicht zu verhüten ist. Ein in der Hohlkathode sitzendes Thermoelement gibt die Temperatur an. Ba

Bei allen diesen Verfahren spielt *nicht die Stromdichte an der Kathode*, wie man früher meinte, die Hauptrolle. Sie muß *nur zu Beginn* der Elektrolyse hoch genug sein, damit sich das Metall infolge der Stromwärme zuerst *geschmolzen* abscheidet. Danach *wählt* man im Gegenteil die Kathodenstromdichte überhaupt nicht mehr willkürlich, da sie dann durch die Größe der abgeschiedenen Metallmenge *gegeben* ist und daher für die bei Schmelzelektrolysen üblichen Verhältnisse recht klein wird, nämlich gegen 200 Weber/qdcm.

Man hat vielmehr die *Temperatur* an der Kathode zu überwachen; *sie soll eben genügen, die Metalloberfläche geschmolzen* zu erhalten, im übrigen aber *so nieder* sein *als möglich.*

Alle drei Metalle sind silberweiß, von kristallinem Bruch, und von Ca nach Ba rasch abnehmender Härte, laufen alle in feuchter Luft oder Halogenen rasch an, in denen sie sich beim Erhitzen entzünden. In Luft bilden alle drei, wie das Mg auch, *Oxyde* RO und *Nitride* R_3N_2, in Wasserstoff erhitzt *Hydride* RH_2.

Metall-ammoniake

Mit den Alkalimetallen haben sie die Eigenschaft gemeinsam, sich *in flüssigem Ammoniak* zu tiefblauen Flüssigkeiten zu *lösen*, die in der Aufsicht glänzen wie kupferfarbene Laufkäfer. Sie trocknen zu kupferroten Massen, *Metallammoniaken* ein, die bei den Alkalimetallen die Metalle selbst, bei den Erdalkalimetallen *Amide*, z. B. $Ca(NH_2)_2$ hinterlassen und an der Luft leicht entflammen und verglimmen.

Metallamide

§ 180. Alle bisher besprochenen Elemente sind, abgesehen von Mg, das wenigstens legiert Anwendung findet, zu leicht oxydierbar, um technisch als solche brauchbar zu sein. Im Gegensatz dazu steht das **Aluminium** oder **Tonsilber**, wie es sein Entdecker F. Wöhler genannt hat. Seine Gewinnung wird heute schon im größten Maßstab betrieben und wird künftig noch weit wichtiger werden, besonders in Cu-armen Ländern wie Mitteleuropa; denn Al ist trotz aller gegenteiligen Ansichten berufen, das Cu in vielem zu ersetzen, da es dreimal so leicht als dieses, einen auf gleiche Drahtdicke und Länge bezogen nur zweimal so großen Widerstand hat. *1 kg Al- ersetzt 2 kg Cu-Leitung.*

Al-Gewinnung

Man stellt das Metall elektrolytisch *aus Tonerde* Al_2O_3 her, die *in einem Fluoridgemisch* von ungefähr der Zusammensetzung $(AlFl_6)Na_3$, *natürlichem oder „künstlichem" Kryolith gelöst* ist. Man arbeitet mit Kohleelektroden, wobei die eine als Gefäß ausgebildet ist, oder wenigstens einen Teil des Gefäßbodens bildet, worin das Metall sich sammelt. Man schmelzt das Reaktionsgut im Lichtbogen ein und erhält es durch die Stromwärme flüssig. Man beginnt mit dem Fluoridsatz allein und fügt erst nach seiner Schmelzung die Tonerde zu, die zuerst auf der Schmelze schwimmt, dabei trocknet und schließlich untergetaucht wird. Sie muß sehr rein sein, da auch das Metall in sehr reinem Zustand benötigt wird. Diese Reinigung ist der kostspielige Teil des Verfahrens. Denn die *Rohstoffe*, vor allem der *Bauxit*, ein kieselsäure- und oft (und besser) eisenhaltiges Tonerdehydrat, nach dem wichtigen Fundort

Beaux, Dép. de Var genannt, enthalten sehr viel Verunreinigungen, guter Bauxit etwa 30 v. H.

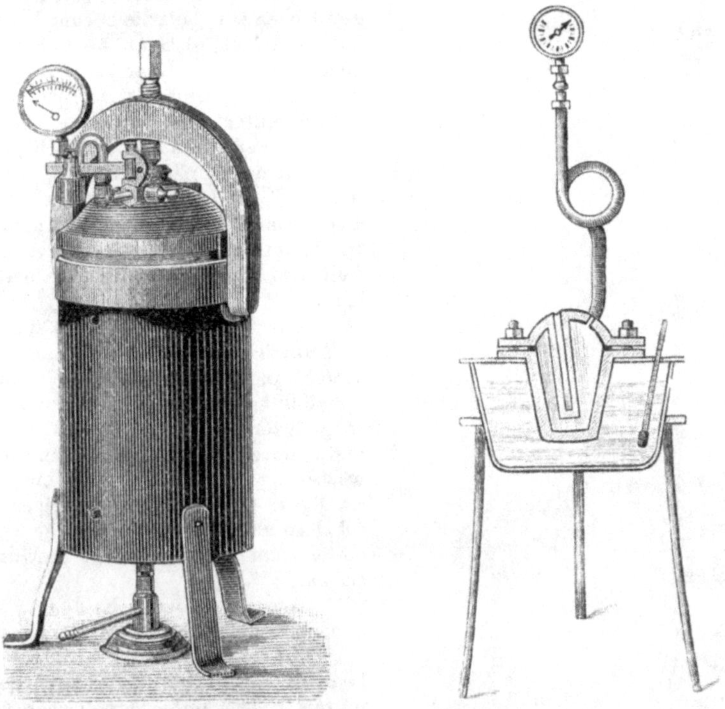

Abb. 130. Autoklav (Druckkessel).

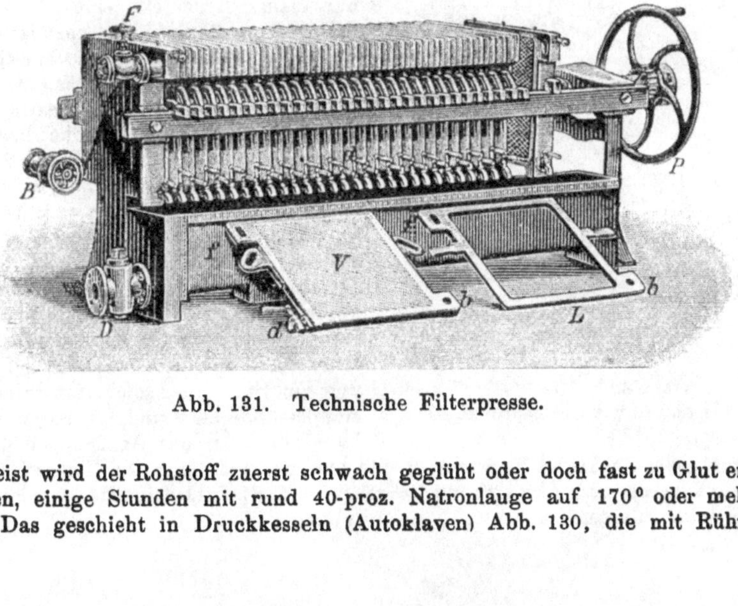

Abb. 131. Technische Filterpresse.

Meist wird der Rohstoff zuerst schwach geglüht oder doch fast zu Glut erhitzt, Bauxitaufbereitung
gemahlen, einige Stunden mit rund 40-proz. Natronlauge auf 170° oder mehr erhitzt. Das geschieht in Druckkesseln (Autoklaven) Abb. 130, die mit Rührwerk

versehen sind. Dabei gehen 96 v. H. der ganzen Tonerde in Lösung, die dann bei Verdünnen auf das spez. Gew. 1,23 den *„Rotschlamm“* abscheidet, der in *Filterpressen* (Abb. 131 u. 132) entfernt und ausgewaschen wird, bis die Lösung bei dem Verhältnis 1 Mol Al_2O_3 : 1,75 – 1,85 Na_2O rund 60 g Tonerde im Liter enthält. Rührt man diese nach nochmaligem Filtrieren durch Zellulosefilter mit reiner Tonerde von früheren Verfahren an, so fällt CO_2 bei wenig über Zimmertemperatur rund $^3/_4$ der Tonerde in 1—2 Tagen kristallin und leicht filtrierbar aus. Das Filtrat wird im Vakuum konzentriert, durch Ausschleudern von Soda befreit und dient später wieder bei Bauxitlaugen.

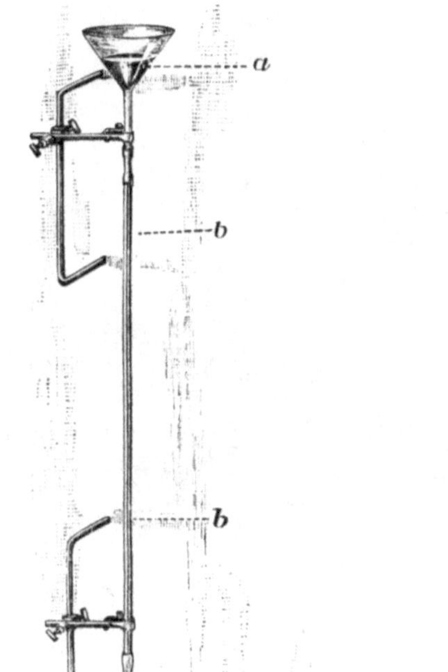

Abb. 132.
Laboratoriumfilterpresse.

Das reine Hydrat muß vollkommen in Anhydrid übergeführt werden. Dies geschieht in *Trommelöfen*, wie man sie zur Herstellung von Zement verwendet und die so gefüttert sein müssen, daß die Tonerde nicht unrein wird. Man muß die Entwässerung so leiten, daß ein schweres sandiges, kein leichtes staubiges Produkt erhalten wird. *Diese Trocknung verschlingt allein rund $^1/_6$ der gesamten Al-Herstellungskosten.*

Dies ist der von K. A. Bayer angegebene, beliebteste Prozeß.

Die reine Tonerde wird zur Elektrolyse in Naturkryolith gelöst, der heute mittels nasser und magnetischer Aufbereitungsmethoden in ausgezeichneter Reinheit geliefert wird. Er kommt aus den großen Lagern in Grönland (Ivitut) und enthält nur kleine Bruchteile eines Prozents von SiO_2, ist im übrigen fast chemisch rein.

Wir behandeln die technisch-apparative Seite hier ausführlicher, als ein Beispiel, wie in den Fabriken gearbeitet wird.

Ungefähr in Tischhöhe liegen oben offene, sehr dickwandige, kaum 20—30 cm tiefe *Schalen aus Kohlestampfmasse*, gefaßt in Eisenblech, auf Mauerwerk (Abb. 133); im Boden eingebaut und fest umstampft enthalten sie die *Kathodenblöcke aus Kohle.* Darauf legt man ein Stückchen Elektrodenkohle und umstampft es mit Schmelzgemisch. Dann senkt man die Kohleanode bis zum Kurzschluß mit dem Kohlestückchen herab und gibt Strom, der solcherart durch Widerstandswärme heizt und das Bad einschmelzt. Ist es bis über das Anodenende gefüllt, so entfernt man die kleine Kurzschlußkohle und beginnt damit die Elektrolyse, wobei immer Tonerde und Kryolith nachzugeben und die abbrennende Anode langsam weiter herabzulassen ist.

Manchmal beginnen die Leitungen an den Anoden zu summen. Dies hängt mit Tonerdemangel zusammen. Es bildet sich dabei eine Haut um die Anode, die dann nur noch durch viele kleine Lichtbögen mit der Schmelze zusammenhängt (*Anodeneffekt*), eine Erscheinung, die auch von der Sr- und Ba-Darstellung her wohlbekannt ist. Anodeneffekt

Auch an der Kathode treten außer der Polarisation noch Übergangswiderstände auf. Hier entsteht *Carbid*, namentlich bei sehr heißem Bad. Es wird ab und zu vom Boden abgekratzt und schwimmt dann mit Schaum, der Fluorid enthält, und mit Kohlestückchen oben auf. Man schöpft ihn ab, brennt ihn aus und gibt die Fl-haltigen Rückstände wieder zu. Weiter verliert man mit den Elektrodenstümpfen und durch Verdampfung Fluorid.

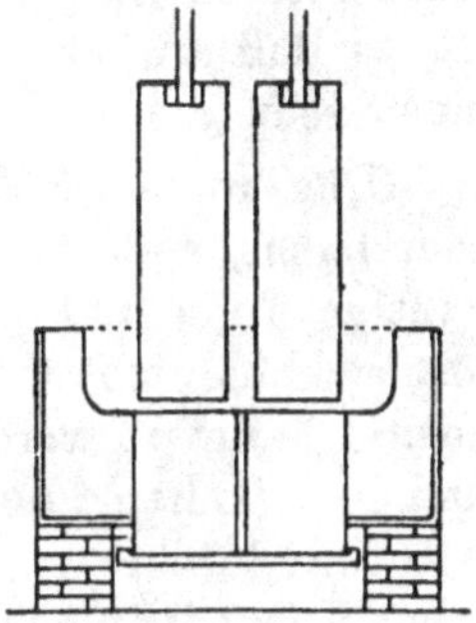

Abb. 133.
Aluminiumgewinnung durch Elektrolyse.

Die *Verluste* an Kryolith betragen so viel, daß man auf 1 kg Al rund 100 g Kryolith im ganzen verbraucht. Zugleich muß man etwa 650 g Elektrodenkohle aufwenden, wobei ihre Rückgewinnung aus Elektrodenstümpfen schon berücksichtigt ist. Endlich 2 kg Tonerde.

Der *Verlauf der Elektrolyse* ist gleichmäßig. Dabei ist die Schmelze stets großenteils mit einer erstarrten Kruste bedeckt. Zum Herausholen des Metalls schlägt man sie durch, rührt um, damit sich die wie bei Mg nicht immer zusammenhängenden Metallmassen vereinigen und sticht ab oder schöpft aus.

Der *Abstich* erfolgt unter Durchschlagen des Abstichlochs, das mit einem Holzstück verstopft war. Das Al fließt mit Schmelze gemischt in eine Gießpfanne, worin man die Schmelze erstarren läßt und dann abgießt. Zum *Ausschöpfen* dient ein unten gelochter vorgewärmter Tiegel, dessen Loch mit einer Stange Holz verstopft ist, bis es auf dem Badboden aufkommt. Das Al wird umgeschmolzen und in gekerbte Formen gegossen, so daß sich die „*Masseln*" leicht in *Blöckchen* zerbrechen lassen. Einfrieren darf kein Bad, sonst wird es zerstört, was hohe Kosten bedingt. Danach richten sich nun zum Teil die *Stromanordnungen*. Man setzt so viele Bäder hintereinander, daß man 220 Volt an die Serie anlegen kann, also rund 25, da die Badspannung gegen 8 Volt beträgt. Bei den großen Abmessungen der Elektroden — die Kathoden sind oft Würfel von 30 cm Kantenlänge — hat man es also mit sehr hohen Stromstärken zu tun. 8000, ja 20000 Weber (Ampere) werden benützt. Man leitet sie oft durch Al-Schienen zu. Die Bäder müssen gut voneinander isoliert sein. Zu höheren Spannungen geht man in Rücksicht auf die Arbeiter nicht über, die sonst mit ihrem Körper bei der Arbeit die Bäder merklich zur Erde ableiten würden.

Die *Stromausbeute* kommt noch höher, als bei Sr erwähnt, bis auf 90 v. H. und darüber.

Für die *Stromkosten* ist jeweils das Produkt von Volt und Weber (Ampere), die *Wattzahl* maßgebend und die Zeitdauer, welchen drei Größen sie einfach proportional sind. Das Produkt von Volt, Weber (Ampere) und 1000 Stunden wird als *Kilowattstunden* bezeichnet. Die Stunde kostete früher gegen 0,20 M., heute oft das 10 bis 15 fache. Für einen Aufwand von 1 KW-Jahr (Kilowattjahr) erhält man etwa 200—300 kg Al. Der Preis von 1 kg Al belief sich vor dem Krieg auf rund 1,20 M. Die Weltproduktion erreichte 1913 etwa 68000 Metertonnen, die deutsche Ausfuhr 2703, die Einfuhr 15323, ein Verhältnis, das unbedingt abgestellt werden muß, da wir über Al-Rohstoffe in unbegrenzten Mengen verfügen und nur ihre Aufbereitung zu reiner Tonerde noch nicht ausreichend vervollkommnet ist, so daß wir einerseits Al ans Ausland abgeben müßten, andererseits einen sehr großen Teil unserer Cu-Einfuhr ersparen sollten.

Eigenschaften von Al

Das **reine Al-Metall** hat folgende wichtige Eigenschaften. Es ist sehr leicht, spez. Gew. 2,58, dehnbar, läßt sich zu Draht ziehen und zu feinster Folie und Blech auswalzen, ist durch seine Oxydhaut geschützt, löst sich ähnlich wie Be nur langsam in verdünnter HNO_3 und auch ebenso kaum in verdünnter Schwefelsäure, dagegen leicht in Salzsäure und in Alkalien, die entsprechend den Glyciaten *Aluminate* (AlO_2Na und AlO_3NaH_2) bilden. Spuren von Hg lassen an feuchter Luft sichtbar schnell Oxydbäumchen auf dem Metall entstehen, und befähigen es, kräftig Wasser zu zersetzen, so daß man mit Al-Spänen und 0,5 proz. $HgCl_2$-Lösung starke *Reduktionen in neutraler Lösung* durchführen kann. Denn $Al(OH)_3$, das entsteht, reagiert nicht basisch oder sauer. Feinzerteiltes Al verbrennt erhitzt mit sehr heller Flamme, wobei auch *Nitrid* entsteht. Diese Verbrennung kann auch statt durch Luft durch Oxyde betrieben werden, was uns in der Thermochemie beschäftigen wird (*Aluminothermie*) und einen noch größeren Al-Bedarf der Technik bedingt.

Seltene Erdmetalle

§ 181. Von Interesse sind schließlich noch die **seltenen Erdmetalle**, die zwar größtenteils zu den Schwermetallen gehören, aber doch zum Teil elektrolytisch gewonnen worden sind. Man muß dabei wegen der Kostbarkeit des Materials sehr sorgfältig alle Verunreinigungen der Schmelzen fernhalten, und bedient sich deshalb mit Nutzen des *Muthmannschen Tiegels*, eines doppelwandigen Cu-Bechers, durch dessen Boden die Kathode isoliert eingeführt wird, während von oben die Anode eintaucht. Man füllt den Tiegel mit dem Schmelzgut, leitet Wasser durch den Zwischenraum des Tiegels und bringt dann wie beim Beginn der Al-Gewinnung zuerst einen Kurzschluß zwischen den Elektroden zuweg. Dann aber zieht man sie sogleich auseinander und schmelzt so die Salze im Lichtbogen ein. Dabei überzieht sich die gekühlte Tiegelwand mit erstarrter Schmelze, die also selbst die Rolle des Tiegels übernimmt und so jede Verunreinigung von dieser Seite fernhält, Man hat also nur noch auf die Beschaffenheit der Elektroden zu achten.

Bei diesen Erdmetallen ist übrigens ähnlich wie bei Al die Tatsache wichtig, daß Metall zur Anode emporgerissen werden kann. Bei Al kommt das um so leichter vor, als es hier bei gewissen Zusammensetzungen der Schmelze von ihrer Temperatur abhängt, ob das Metall oder sie selbst leichter ist.

Einen großen Teil der besprochenen Verhältnisse überblickt man in der folgenden

Übersicht der Leichtmetalle:

Übersicht der Leichtmetalle

Alkalimetalle	Li	Na	K	Rb	Cs	—
Atomgewicht A	6,94	23,00	39,10	85,5	132,8	
Dichte d	0,59	0,97	0,87	1,52	1,85	un-
Atomvolumen $= A:d$	11,8	23,7	45,3	56,7	71,9	be-
Schmelzpunkt	180,0°	97,8°	63,5°	39,0°	28,45°	kannt
Siedepunkt bei 1 Atm.	1400°	740°	720°	696°	670°	
Farbe des Oxyds R_2O	weiß	weiß	weißgelb	gelblich	orange	

Erdalkalimetalle, Be, Mg	Be	Mg	Ca	Sr	Ba	Ra
Atomgewicht A	9,1	24,32	40,07	87,6	137,4	226,0
Dichte d	1,84	1,74	1,52	2,63	3,75	
Schmelzpunkt	1280°	650,9°	800°	rd. 800°	850°	700°
Siedepunkt bei 1 Atm.	1900°	1120°	—	—	rd 1150°	—
Härte	6—7	2,0				

Erdmetalle	Al
Atomgewicht A	27,1
Dichte d	2,58
Schmelzpunkt	658°
Siedepunkt bei 1 Atm.	1800°

Es fällt auf, daß

1. Das *erste Glied der Reihen* jeweils durch seine Eigenschaften *herausfällt*: Li, Be, (B).
2. Es hat mit dem *zweiten* Glied der *folgenden* Gruppe in mancher Hinsicht mehr Ähnlichkeit, als mit dem *ersten* oder seinen eigenen höheren Homologen. Li mit Mg, Be mit Al.
3. Das *zweite Glied hat jeweils eine etwas abnorme Stellung.* Na ist schwerer als seine Nachbarhomologen, obwohl in der Reihe der Alkalimetalle sonst immer die Dichte steigt. Mg hat in seiner Reihe den tiefsten Schmelzpunkt.

Ähnliche Beziehungen findet man zwischen anderen Gruppen des periodischen Systems.

d) Chlorid-Elektrolyse und andere Elektrolysen, wo Kathoden- und Anodenprodukte zugleich wichtig sind.

§ 182. Bei der Elektrolyse von Metallsalzen in Lösungen trennt man oft Anoden- und Kathodenraum und bezeichnet die im letzteren befindliche Flüssigkeit als den *Katholyten*, die in ersterem als den *Anolyten*. Man kann aber mitunter auch aus der *Vermischung* der entstehenden Stoffe Nutzen ziehen, so in folgenden Fällen.

Katholyt Anolyt

Mit Pt-Kathode und Anoden aus verschiedenen Metallen erhält man bei Durchrührung in folgender Weise sehr reine Metalloxyde:

Cu in KCl gibt CuOH, in KNO_3 $Cu(OH)_2$, Ag in KNO_3 Ag_2O, Sn in KCl Zinnsäure.

Oder man läßt den kathodischen Wasserstoff auf eine Sulfidkathode wirken und bekommt so sehr reine Sulfide:

Cu	Ag	Cd	Zn	Pb	Fe	Ni
KNO_3 oder KCl	KNO_3	KNO_3	KNO_3 oder KCl	KNO_3	KCl	KCl
CuS	AgS	CdS	ZnS	PbS	FeS	NiS

Weit wichtiger sind die Reaktionen zwischen Alkali und Halogen, die bei der Elektrolyse von KCl- oder NaCl-Lösungen, der im größten Maßstab betriebenen sog. Chloridelektrolyse mitspielen.

Elektrolysiert man KCl- oder NaCl-Lösung ohne Diaphragma, so daß das Ätzalkali mit dem Halogen reagieren kann, so erhält man mit Eisenkathode und Kohleanode in der Kälte die Bleichlaugen, *Hypochlorite*, in der Wärme *Chlorate*.

Chlorid-elektrolyse

Chloridelektrolyse.

Die großen Salz- und Kalilager in Norddeutschland vor allem liefern die Rohstoffe. Ähnliche Lager enthält das z. Zt. geraubte Elsaß.

Elektrolytische Bleichlauge

Man gewinnt entweder die **elektrolytische Bleichlauge**, indem man Anoden- und Kathodenprodukte miteinander reagieren läßt. Diese Lauge hat vor der rein chemisch dargestellten Vorzüge. Sie bleicht nicht bloß rascher, sondern auch gründlicher. Hypochlorite sind nur für pflanzliche Faser brauchbar, für Baumwolle in der Textilbleiche und in großem Maßstab für Zellulosebleiche. Man elektrolysiert NaCl-Lösung zwischen Pt-Elektroden, von denen die eine durch Kohle, besser durch Graphit ersetzt werden kann oder auch beide durch letzteren. Manchmal wird er auch doppelpolig, also als Mittelleiter wie das Cu im Multiplensystem benützt. Dabei spielen sich die Vorgänge ab:

$$2Cl' + 2(+) = Cl_2;\ Cl_2 + OH' = HOCl + Cl';\ HOCl + OH' = ClO' + H_2O.$$

Daneben freilich wird auch Chlorat gebildet, das nutzlos ist. Man vermeidet es durch tiefe Temperatur und dadurch, daß man die Berührung des Hypochlorits mit der Anode verringert. Das kann man so erreichen, daß man letztere tief legt an den Gefäßboden. Weil nun infolge Ionenwanderung die anolytische Lösung verdünnt wird, so steigt sie auf und rührt diese Schicht genügend um. Darüber kann man die Kathode ananordnen, deren Berührung mit dem Hypochlorit gleichfalls vermieden werden sollte.

Verhütung kathodischer Reduktion der Anodenprodukte

Denn von der Reduktion an ihr stammen die größten Verluste. Man beläßt dazu in der Ausgangslauge einen kleinen *Kalkgehalt*. Er schlägt sich auf der Kathode nieder und haftet besonders dann befriedigend auf ihr, wenn kleine Mengen von *Harzen* oder Türkischrotöl, gewissermaßen als Klebmittel beigefügt sind. Auch *Chromatzusatz* statt Kalk hat sich bewährt, da er die Kathode mit einem dünnen Chromoxydhäutchen überzieht.

Die Bleichlauge wird in Steinzeuggefäße geleitet und strömt langsam über die Elektroden. Man erhält *70—80 v. H. Stromausbeute* und nutzt sowohl das Salz, wie den elektrischen Effekt (Wattzahl) schlecht aus. Das Produkt enthält etwas freie HOCl im Gegensatz zu den meist erheblich alkalischen rein chemisch gewonnenen Bleichlaugen.

Die optimalen Bedingungen der Vorgänge sind: *Tiefe Temperatur, hohe Stromdichte* (nur durch Kompromiß vereinbar wie bei der Schmelzelektrolyse), *platinierte Pt-Elektroden, hohe Salzkonzentration, Abwesenheit von Mg-Salzen.*

Man wählt 100—150 g Salz/Liter und erhält ungefähr 20 g „*aktives*", d. h. *Hypochloritchlor* im Liter. Es kann jodometrisch bestimmt werden, indem man die Lösung zu einer KJ-Lösung gibt und mit Thiosulfat titriert.

Die Faser wird von der Lauge weniger angegriffen, schneller und stärker gebleicht und man vermeidet die Gefahr, die bei der Chlorkalkbleiche darin liegt, daß feste Stückchen auf dem Stoff liegen bleiben können, spart auch die Unbequemlichkeit und den Zeitverlust, der mit der Abklärung der Lauge verknüpft ist, die man aus Chlorkalk erhält.

Getrennte Chloridelektrolyse.

§ 183. Die Elektrolyse von NaCl-Lösungen und KCl-Lösungen zwecks Ätzalkali- und Chlorgewinnung gehört zu den größten chemischen Industrieen. Denn **Chlor, Soda und Schwefelsäure bilden die Grundlage aller chemischen Industrie** und an Stelle der Soda ist heute das **elektrolytische Alkali** getreten. Man hat dabei drei Verfahren zu unterscheiden.

1. Die Diaphragmenverfahren.

Diaphragmenverfahren

Hier ist Anolyt und Katholyt durch irgendeine Scheidewand getrennt. Man benützt porige Zellen oder Platten aus Ton, Biskuit, Korund, Asbest, Seife und anderen Stoffen. Von ihnen wird viel verlangt, Sie sollen einerseits warmer Ätzlauge, andererseits freiem Chlor widerstehen, sich nicht verschmieren, die Flüssigkeiten trennen und doch nur einen kleinen elektrischen Widerstand haben. Daß von einer eigentlichen Trennung der Flüssigkeiten nicht die Rede sein kann, geht aus der Unentbehrlichkeit von Ionenwanderung für Elektrolyse hervor. Man legt auch wohl *Gasschirme* zwischen die beiden Elektrolyte, d. h. umfängt die Kathoden, die stets aus Eisen gemacht sind, mit einseitig geschlossenen Asbestschläuchen, die nicht anliegen, sondern durch Keile aufgespannt gehalten werden, legt sie schräg aufwärts unten in den Anolyten und läßt ihre Mündung in eine besondere Zelle mit dem Katholyten hineinragen. Dann spült der Wasserstoff die Kathodenlauge stets nach dieser Seite und trennt zugleich die Lösungen. Dies ist wichtig, weil *Lauge, schnellwanderndes OH'-Ion, zum Anolyten kommend, Hypochlorit erzeugt.*

Anode ist Kohle, besser Graphit, am besten *Magnetit* (Eisenhammerschlag Fe_3O_4), der geschmolzen und in Formen gegossen wird. So vermeidet man die Verunreinigung des erzeugten Chlors mit CO_2, die bei seiner Verwendung, z. B. in Chlorkalkkammern schaden würde.

Schon bei den Gasschirmen haben wir nicht mehr mit einem reinen Diaphragmenverfahren zu tun. Denn hier werden die Kathoden tief, die Anoden hoch gelegt. Dabei schichtet sich der durch Ionenwanderung leichter werdende Anolyt oben, der Katholyt unten. Das hat man benützt im

Glockenverfahren

2. Glocken- oder Schichtungsverfahren.

Es wird auch wohl so ausgeführt, daß man den Anodenraum durch eine fast bis auf den Zellboden gehende Glocke vom Kathodenraum absperrt und die Glocke in eine Schicht Salz eintauchen läßt. Dann liegt unten eine gesättigte Salzlösung und über ihr schichtet sich im Anolyten eine leichtere Lösung, während auf ihr außerhalb der Glocke die schwerere Kathodenlauge steht.

Man hat zahllose Diaphragmensysteme gemacht, auch viele Schichtungsanordnungen und beide Verfahren werden im größten Maßstab benützt.

Quecksilberverfahren

3. Castner-Kellners Quecksilberverfahren.

Hier wird eine Quecksilberkathode benützt, worin sich bei der Elektrolyse Na zu einem rund *0,5 prozentigen Amalgam* löst. Damit es nicht stärker und somit dickflüssig wird, muß das Quecksilber die Zellen durchfließen. Anfangs ist dies in sehr bestechender Weise so ausgeführt worden, daß die eine Wand der Elektrolysierzelle nicht ganz bis zum Boden, aber bis ins Quecksilber reicht und daß hier eine zweite Zelle anstößt, worin das Amalgam jetzt als Anode einer Eisenkathode gegenübertritt und so sein Na als NaOH verliert (Abb. 134).

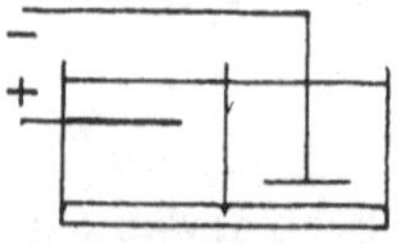

Abb. 134.
Altes Quecksilberverfahren für Chlorid-Elektrolyse.
Hg Mittelleiter.

Dabei ließ sich das Hg als Mittelleiter verwenden. Nun kommt es vor, daß die Chloridlösung an Na verarmt oder daß andere Hindernisse für die Amalgambildung auftreten. Diese letztere ist ja überhaupt nur deshalb möglich, weil am Hg eine so große kathodische *Überspannung* besteht, Wasserstoff sich also hier erst bei recht hoher Spannung entwickelt. Es fußt, wie der Bleiakkumulator, so auch dies Verfahren auf der Existenz der ausreichenden Überspannung. Bleibt nun diese aus oder kommt es sonst nicht zur Amalgambildung, so erscheint Wasserstoff am Quecksilber, und im Laugenraum wird dann aus Mangel an Na das anodisch wirkende Hg angegriffen und verschmiert. Diese Verschmierung hat man immer zu befürchten, weil im Chlorraum die Wiedervereinigung des abgeschiedenen Na mit dem Chlor in der Lösung in geringem Maß grundsätzlich unvermeidlich ist. Wir haben dieselbe Erscheinung namentlich bei der Schmelzelektrolyse der Alkali- und Erdalkalimetalle schon gestreift.

Man kann nun aus der Doppelzelle zwei einzelne machen, indem man das Hg im Chlorraum als Kathode gegen die Anode im selben

Raum stellt, die Elektroden im Laugenraum aber untereinander in der Flüssigkeit (Abb. 135) oder außen herum miteinander kurzschließt (Abb. 136). Aber dabei verliert man die Stromleistung des Amalgamelements in der Laugenzelle, das doch an der Elektrolyse in der Chlorzelle mithelfen kann.

So hat man die Schaltung Abb. 137 eingeführt, die den Vorzug hat, daß man der Zuleitung, die zur Hg-Kathode abzweigt, einen ver-

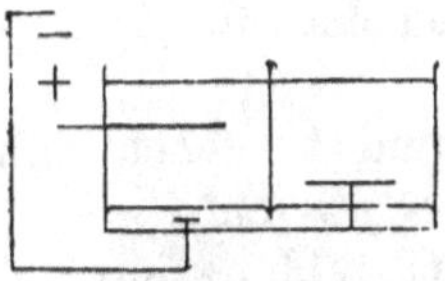

Abb. 135.
Quecksilberverfahren zur Chloridelektrolyse.

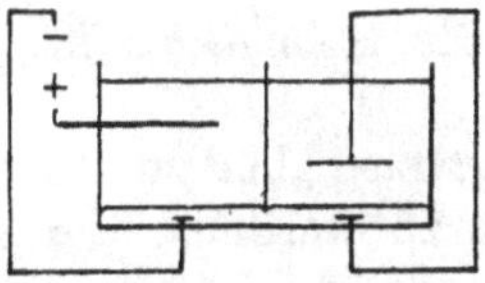

Abb. 136.
Quecksilberverfahren zur Chloridelektrolyse.

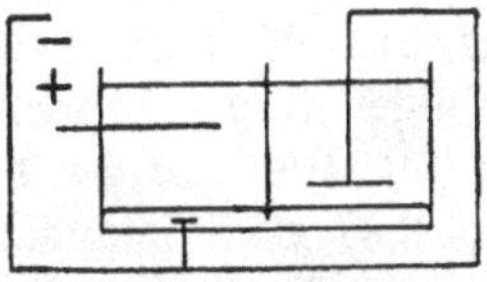

Abb. 137.
Neues Quecksilberverfahren für Chloridelektrolyse mit variablem Widerstand der Leitung zur Hg-Kathode.

schiedenen Widerstand geben kann. Ist dieser Widerstand klein, so nimmt man den Strom der äußeren Stromquelle so klein, daß die Chlorwirkung eben durch ihn ausgeglichen wird, also keine Na-Stauung und Hg-Verdickung eintritt. Er fließt dann fast nur durch die Chlorzelle und die Laugenzelle wirkt dabei als selbständiges Amalgamelement. Der Strom tritt dann in der Chlorzelle am Hg aus.

Fehlt es an Na, so geht der ganze Strom der äußeren Quelle in die Chlorzelle und verhindert jede Oxydation des Hg. Sinkt die Kraft der äußeren Quelle unter die des Amalgamelements, so kehrt sich der Strom im Seitenzweig zum Hg in der Chlorzelle um. Die Leistung im Amalgamelement bleibt unbeeinflußt. Gibt man dem Seitenzweig einen merklichen Widerstand, so kann unter Umständen das Amalgamelement statt Spannungsquelle Zersetzungszelle werden, worin Na gelöst, Hg aber nicht geschädigt wird.

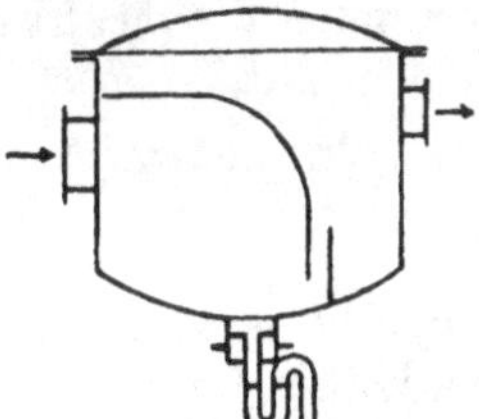

Abb. 138.
Wasserabscheider.

Die Badspannung hängt von verschiedenen Faktoren ab und ist darauf genau untersucht worden; Amalgamkonzentration, Zirkulationsgeschwindigkeit des Hg, Temperatur, Stromdichte, Elektrodenabstand.

Das **Chlor** soll nicht zu wasserhaltig aus den Zellen kommen, deren Temperatur daher 70° keinesfalls erreichen soll. Übrigens lassen sich Wasserabscheider aus Ton leicht einbauen (Abb. 138). Das Chlor ist nicht aktiver als gewöhnliches, wenn es nicht durch „*Chlorozon*", d. h. Chloroxyde verunreinigt ist. Es wird meist auf Chlorkalk verarbeitet. Die Lauge auf festes Ätzalkali. Produkte der Chloridelektrolyse

Die Chlorkaliumzerlegung erfolgt ähnlich, liefert aber einerseits wegen des höheren Atomgewichts von K mehr Stoff bei gleicher Elektrizitätsmenge, andererseits weniger, weil das K-Amalgam eine stärkere Wiedervereinigung mit dem Chlor erleidet. Doch bleibt der Preis der Produkte vorteilhafter, weil K an sich ausreichend wertvoller ist.

Badspannung

Die Badspannung von 6 Volt ist etwas höher als bei den anderen Verfahren.

Vorzüge des Quecksilberverfahrens

Vorzüge des Verfahrens sind folgende:

1. Die *Stromausbeute* kann 10—15 v. H. *besser* sein als sonst und bis auf 95 v. H. gehen, die *Stromdichte* ist *groß*, so daß die Apparate weniger Raum brauchen.

2. Die *Laugen* sind *stärker*, bis zu 40 v. H. und brauchen daher nicht so stark eingedampft zu werden. Sie sind *frei von Salz*.

3. Die hohe Stromdichte verringert die NaOCl-Bildung und das entstehende *Chlor* ist daher *sehr rein*, *CO_2-arm*. Ferner werden die *Kohleanoden nicht sehr angegriffen*.

Die apparative Anordnung, namentlich die Bewegung des Hg dabei ist sehr verschieden. Man bewegt das Metall durch Pumpen, Schaufelräder, Schaukeln oder hydrostatische Vorrichtungen.

Bei der Wohlfeilheit der Rohstoffe sind die Kosten der Chlorid-Elektrolyse vor allem durch die der Elektrizität bedingt, daneben spielen die der Kohle mit, die man beim Eindampfen verbrennen muß.

Anodenprodukte

e) Anodenprodukte.

§ 184. Elektrolytisch gewinnt man zweckmäßig auch eine Reihe nichtmetallischer Elemente, wenigstens im reinen Zustand, ganz wie man die Mehrzahl der Metalle und den Wasserstoff so ganz rein erhält.

Elementare Anodenprodukte sind

$$Fl_2, \quad Cl_2; \quad O_2, \quad O_3;$$

Hydride erhält man nicht an der Anode, wohl aber wären sie an Kathoden überall dort zu erwarten, wo eine metallisch leitende Kathode aus Sulfid, Selenid, Tellurid, Nitrid, Phosphid, Arsenid, Antimonid, vielleicht Bismutid, Karbid, Silicid oder Borid verwendet und mithin mit sogenanntem *naszierendem Wasserstoff* behandelt wird. *Zinnwasserstoff* und *Bleiwasserstoff* lassen sich so erhalten. Ebenso *Titanwasserstoff*.

Oxydische Anodenprodukte, Säuren und deren Salze finden zum Teil technische Verwendung:

H_2O_2; *Halogenoxysäuren; Persäuren* und ihre Salze ($HClO_4$, $HMnO_4$, $H_2S_2O_8$, $H_4P_2O_8$; H_3PO_5, $H_2C_2O_6$, HBO_3), *Unterphosphorsäure;* CuO; PbO_2; MnO_2; Co_2O_3; *Eisen-* und *Chromsäure* bzw. deren Salze; *basische Karbonate* und *Phosphate*, die als Mineralfarben dienen.

Höherwertige Metallsalze, von Pb^{IV}, Co^{III} usf.

Elektrolyse von NH_3- und CN-Derivaten liefert u. a *Ammoniumamalgam, Chlorstickstoff* NCl_3, anderseits z. B. $K_3Fe(CN)_6$ aus $K_4Fe(CN)_6$.

Die Zusammenstellung lehrt, wo man mit Erfolg mittels Elektrolyse auf neue Reaktionen fahnden wird.

Wir betrachten die Stoffe in der angegebenen Reihenfolge, die etwa dem periodischen System von rechts nach links entspricht.

Elementare Anodenprodukte.

§ 185. Ist das Chlor das wichtigste *technische*, so das **Fluor** das wissenschaftlich merkwürdigste Anodenprodukt. Lange war seine Darstellung mit keinen Mitteln gelungen, da es von allen chemischen Elementen die größte Schnelligkeit der Reaktion mit den verschiedensten Stoffen entwickelt, oder, wie man weniger scharf sagt, das aggressivste Element ist, der Gegenpol zum Cäsium. Endlich elektrolysierte Moissan wasserfreie Fluorwasserstoffsäure und gewann so das Element im Jahr 1886. Die Säure leitet den Strom kaum, *teilt* aber *mit den meisten schlechten Leitern die sehr wichtige Eigenschaft, durch Vermischung mit anderen schlechten Leitern ihren Widerstand bedeutend zu verringern.* Diese Erscheinung ist so wichtig, daß man in der bedeutenden Erhöhung der Leitfähigkeit eines schlecht leitenden Stoffs durch einen anderen dieser Art oftmals einen Hinweis auf bemerkenswerte Reinheit beider Stoffe sehen darf.

Fluor

Allgemeines Leitfähigkeitskriterium für Stoffreinheit

Moissan fügte dem H_2Fl_2 – Flußsäure ist erheblich di- und polymer – etwas KFl zu in der Form der Doppelverbindung KFlHFl. Der Versuch wurde in einem U-Rohr aus Cu (Abb. 139) vorgenommen, das mit durchbohrten Flußspatstopfen verschlossen war. Sie wurden mit Pt-Folie umwickelt, mit einer Pb-Dichtung und Cu-Verschraubung befestigt. Die beiden Elektroden bestanden aus Pt-Ir-Legierung (9:1) und lassen sich leider durch anderes Material nicht ersetzen. In das etwa 300 ccm fassende Gefäß wurden 200 g H_2Fl_2 und 60 g KFl.HFl eingebracht, in siedendem Methylchlorid CH_3Cl auf -23^0 abgekühlt. An die Zelle schloß sich eine in fester CO_2 gekühlte Pt-Schlange, die zur Verdichtung des H_2Fl_2 diente, während deren letzte Spuren von NaFl in einer Pt-Röhre gebunden wurden. Übrigens lassen sich diese Gefäße durch solche aus Au oder Cu ersetzen.

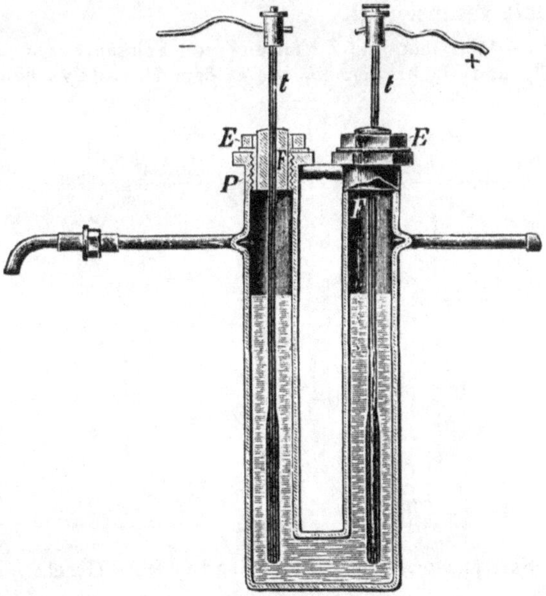

Abb. 139.
Darstellung von Fl durch Elektrolyse von KFl.HFl in HFl gelöst.

Das reine Fluor, ein blaß grünlichgelbes Gas,

kann wochenlang in Glasgefäßen aufbewahrt werden, ohne sie merklich anzugreifen, kann also auch hier zuletzt in Glas aufgefangen werden. Cu überzieht sich mit festhaftender Fluoridschicht ($CuFl_2$).

Die Badspannung ist wegen des hohen Widerstands sehr hoch. Mit 50 Volt und 15 Weber (Ampere) erhält man rund 5 Liter Fl_2 in einer Stunde. Die Ausbeute an Strom nach dem Faradayschen Gesetz ist also recht gut. Wahrscheinlich hat man mit einer Zersetzung anfangs entstehenden $PtFl_4$ zu tun, das mit KFl in Verbindung tritt. Die Anode bedeckt sich mit einem schwarzen, Pt, K und Fl oder HFl enthaltenden Stoff.

Aus Chloriden vertreibt Fluor das Chlor, verbindet sich mit Chlor offenbar nicht. Wasser wird sofort unter Bildung von H_2F_2 zersetzt
Ozonbildung und dabei entstehen bis zu 16 v. H. Ozon in dem ausgetriebenen Sauerstoff. Die Reaktion verläuft also wohl nach

$$H_2O + Fl_2 = H_2Fl_2 + O, \quad O + O_2 = O_3$$

Chlor **§ 186. Chlor** wird bei Elektrolyse ganz reiner Schwermetallchloride *sauerstoffrei* erhalten. Doch muß man dazu diese Salze, wie R. Lorenz zeigte, zuerst durch einen ganz trockenen HCl-Strom von jeder Oxydspur befreien. So liefert $PbCl_2$ oder AgCl ein ganz reines Gas. Diese Methode ist ebenso wichtig für ganz genaue Untersuchungen sauerstofffreien Chlors, wie die Moissansche Methode für das Fluor überhaupt.

Technisches Chlor ist stets *sauerstoffhaltig*, mit ungefähr 0,3 v. H. Luft verunreinigt.

Will man die Zersetzung von Salzsäure zeigen und dabei gleiche Raumteile Cl_2 und H_2 bekommen, wie es dem Faradayschen Gesetz entspricht, so muß die

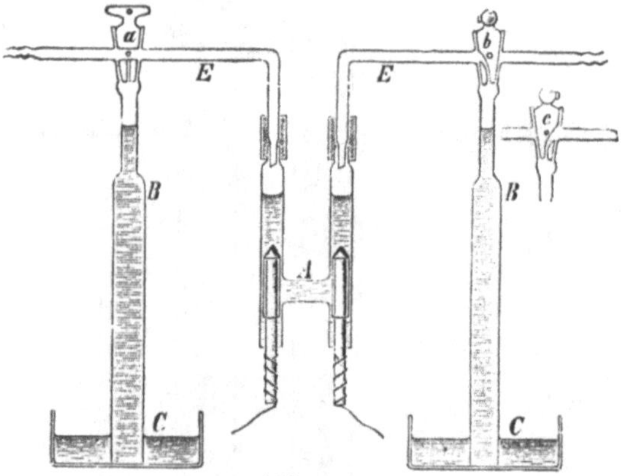

Abb. 140.
Salzsäurezersetzung und Faradaysches Gesetz.

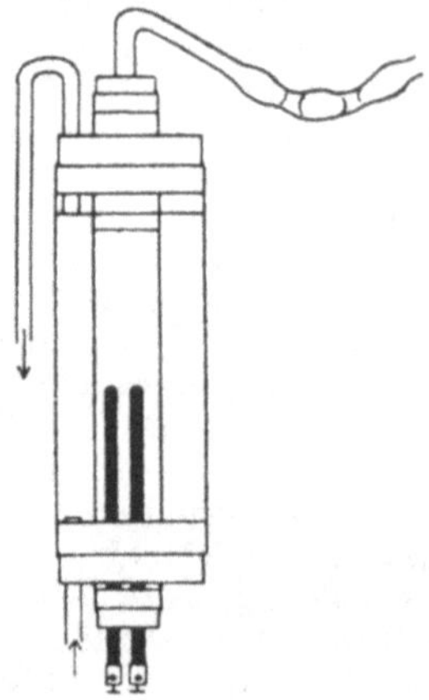

Abb. 141.
Elektrolytische Chlorknallgas-Entwicklung.

Salzsäure 1 : 1 zwischen Kohle- oder Pt-Elektroden in dem Apparat (Abb. 140) zersetzt werden, worin die Gase durch gesättigte Salzlösung oder durch $CaCl_2$-Lösung abgesperrt werden, und man muß anfangs das Chlor ins Freie entweichen lassen, bis die Säure mit ihm gesättigt ist.

Chlorknallgas kann man aus dem Apparat (Abb. 141) ziemlich sauerstoffarm erhalten, wenn man mit Säure der angegebenen Stärke zwischen den beiden Kohle- oder Graphitelektroden anfangs etwa $^1/_2$ Stunde bei offenem Hahn elektrolysiert.

§ 187. Die sechste Gruppe des periodischen Systems ist in der praktischen Elektrolyse nur mit dem Sauerstoff und Ozon vertreten.

Sauerstoff erhält man ganz rein am besten aus Kalilauge von 27 v. H. oder Natronlauge von 15 v. H. Ätzalkaligehalt zwischen Ni-Elektroden (Abb. 142). Diese Konzentrationen entsprechen den Höchstwerten des Leitvermögens. Sauerstoff

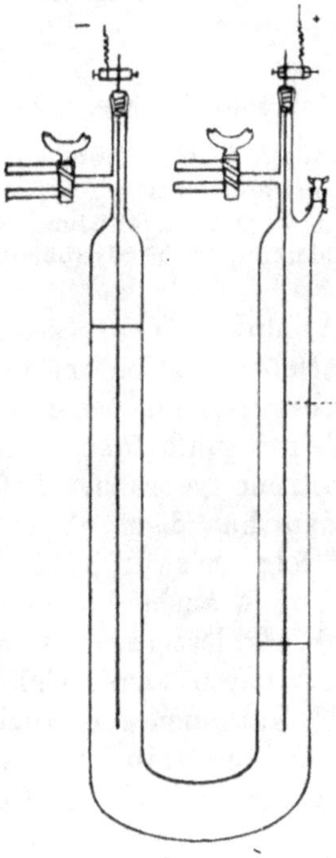

Abb. 142.
Elektrolytische Sauerstoffdarstellung.

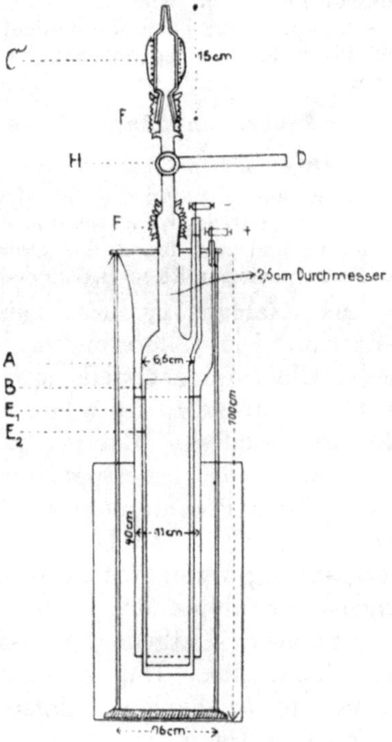

Abb. 143.
Elektrolytische Darstellung stärkerer Sauerstoffströme.

Man hat auch wohl versucht, in das U-Rohr unter die Kathode eine sogenannte Spülelektrode zu setzen, wo bereits ein schwacher Sauerstoffstrom entwickelt werden soll, damit seine Blasen die Rückwanderung des Wasserstoffs durch verirrte Bläschen in den Anodenraum verhüte. Aber man muß hier bedenken, daß diese Elektrode zum Teil mindestens als Mittelleiter wirken muß und deshalb auf ihrer unteren Seite doch wieder Wasserstoff entbindet. Das Ziel wird also so nicht erreicht. Wasserstoff

Zweckmäßiger leitet man den Sauerstoff (übrigens auch den Wasserstoff, wenn man dessen bedarf) aus dem Apparat durch ein Röhrchen mit Pd-Blech, das durch eine Wickelung von Rheotanband mit etwa

2—3 Weber (Ampere) ausreichend geheizt wird, um die Oxydation etwa mitgekommenen Wasserstoffs genügend zu beschleunigen: Abb. 143.

Eine Anordnung (Helmer), die bis zu etwa 27 Weber (Ampere) durch die Zelle zu schicken erlaubt und somit in der Stunde rund 12 Liter H_2, bzw. 5,5 Liter reinen O_2 liefert, zeigt Abb. 143. Man muß hier kühlen, denn der innere Widerstand der Lösung, die am besten Kali enthält läßt sich eben nicht unter eine gewisse Grenze herabsetzen. O_2 wird aus *Säuren nicht O_3-frei* entwickelt, wenigstens nicht aus der meist benützten verdünnten Schwefelsäure.

Ozon

Ozon entsteht bei der Zersetzung verdünnter Schwefelsäure an Platin in kleiner Menge, um so mehr, *je tiefer die Temperatur* — denn bei höherer zerfällt Ozon zu schnell — und *je höher die Stromdichte* innerhalb gewisser Grenzen, auch je stärker die Säure. Diese beiden sich innerlich widerstrebenden Elektrolysenbedingungen kehren, wie man sieht, immer wieder. Übrigens kommt man selbst bei -21^0 und sehr hoher Stromdichte nur zu etwa 2 v. H. Ozon. Diese Reaktion steht in nächstem Zusammenhang mit den jetzt zu behandelnden Oxyden und Säuren.

Gewinnung von Säuren und Salzen an der Anode

Säuren und deren Salze als oxydische Anodenprodukte.

§ 188. Erhöht man die Stromdichte in verdünnter Schwefelsäure an der Anode, so entstehen wachsende Mengen von **Überschwefelsäure** $H_2S_2O_8$. Sie nehmen auch mit der Konzentration der Säure zu, bis zu 40 prozentiger Säure, dann sinken sie und mit ihnen die Ozonausbeuten, statt deren jetzt **Hydroperoxyd** bzw. **Sulfomonopersäure** H_2SO_5 erscheint.

Hydroperoxyd

Halogenoxysäuren

Die **Halogenoxysäuren** sind wichtige Produkte der Elektrooxydation. Die Chloratbildung, teils störende Nebenreaktion im technischen Chloridprozeß, teils produktiver technischer Vorgang, wenn man auf *Chlorat* ausgeht, ist schon besprochen. Ebenso sind *Bromate* und *Jodate* zu erhalten. Chlorat in die Anodenkammer gebracht, liefert bei ausreichender Überspannung *Perchlorat.* Man hat dazu *glattes* Pt nötig. Denn Platinierung verhindert jeden Erfolg, wie er auch bei hoher Temperatur und bei Gegenwart solcher Metalle ausbleibt, die die Überspannung vernichten (Mn), endlich auch bei Alkaleszenz. Da man übrigens Perchlorat durch den Strom nicht reduzieren kann, Chlorat aber nur an Fe-Kathoden, so benützt man hier Ni-Kathoden und arbeitet ohne Diaphragma. Das ist schon deshalb wichtig, weil man sehr hohe Stromdichte (wieder bei tiefer Temperatur), gegen 20 Weber (Ampere)/qdcm nötig hat.

Dem Halogen schließt sich im periodischen System das Mn an.

Permanganat

Permanganat $KMnO_4$ ist technisch wichtig. Denn wohl alles $KMnO_4$ wird heute elektrolytisch dargestellt.

Die Bedingungen sind von Askenasy klargelegt. Während man chemisch den Braunstein MnO_2 mit Kali erhitzte, wobei K_2MnO_4 (Manganat) entstand, das nach $3K_2MnO_4 + 2CO_2 = 2KMnO_4 + 2K_2CO_3 + MnO_2$ durch CO_2-Einleiten mit $^2/_3$ Ausbeute in Permanganat umgewandelt wurde, und ein unquantitatives und unsauberes Verfahren unvermeidlich war, leistet die Elektrolyse hier sehr viel mehr. Gemahlenes MnO_2 wird mit 50prozentiger, heißer Kalilauge in schmiedeeisernen Kesseln heiß verrührt und geheizt, bis man die dicke Masse herausstechen kann, die dann bei Luftzutritt bei etwa 500° getrocknet, gemahlen und abermals an der Luft erhitzt wird, bis der K_2MnO_4-Gehalt hoch genug ist (0,7 g in 1 g Masse). Sie wird in Lauge gelöst, so daß eine 5 v. H. Ätzkali und mindestens 9 v. H. K_2MnO_4

enthaltende Lösung entsteht, die über Asbest filtriert wird. Mit Kalilauge wäscht man nach und elektrolysiert mit Fe-Stabkathoden gegenüber 2 cm davon entfernten Fe-Blechanoden mit 3 Volt Badspannung und 9 Weber (Amp.) anodischer Stromdichte bei 60°. Dabei erhält man nach der Reaktion

$$2\,MnO_4'' + O + H_2O = 2\,MnO_4' + 2\,OH'$$

wegen des hohen Äquivalentgewichts viel Umsatz für wenig Elektrizitätsmenge. Beim Abkühlen fällt das Salz aus. Will man die Laugen eindampfen, so muß das im Vakuum bei möglichst tiefer Temperatur geschehen, sonst spielt sich die Reaktion ab:

$$2\,KMnO_4 + 2\,KOH = 2\,K_2MnO_4 + H_2O + \tfrac{1}{2}\,O_2\,.$$

Karbonatgehalt stört die Elektrolyse.

Kalilösung mit Mn- oder Ferromangananoden liefert gleichfalls Manganat.

Überschwefelsäure. Persulfate

Die sechste Gruppe des periodischen Systems liefert die **Überschwefelsäure** und ihre Salze, die schon erwähnt wurden. Man nimmt primär den Vorgang an:

$$2\,H_2SO_4 + 2\,OH' + 2\oplus = H_2S_2O_8 + 2\,H_2O\,,$$

wenn man bei tiefer Temperatur und sehr hoher Stromdichte Schwefelsäure von mittlerer Konzentration elektrolysiert. Wasser greift die Überschwefelsäure an nach

$$H_2S_2O_8 + H_2O = H_2SO_5 + H_2SO_4\,,$$

wobei die **Sulfomonopersäure** entsteht. Sie wird leicht an der Kathode wieder zu H_2SO_4 reduziert, so daß auch hier wie bei der Darstellung der oxydierbaren Leichtmetalle schließlich ein stationärer Zustand herauskommt, wo die kathodische Reduktion der Anodenprodukte eine weitere Änderung der Elektrolytzusammensetzung unterbindet und in Summa nur noch eine einfache Wasserzersetzung in Gang bleibt. Die Konzentration der Überschwefelsäure kann man durch Steigerung der Stromdichte erhöhen, nicht aber die der Caroschen Säure.

Abb. 144. Darstellung von Kaliumpersulfat.

Die Darstellung von *Kaliumpersulfat* erfolgt leicht in dem Apparat Abb. 144 aus einer gesättigten $KHSO_4$-Lösung. Die von Ammonpersulfat aber kann mit technischem Erfolg nur bei Neutralisation des freiwerdenden Ammoniaks durchgeführt werden, weil dieses sonst einen Teil des Stroms verbraucht und dabei oxydiert wird. Allerdings darf bei Vermeidung eines Diaphragmas die Lösung auch nicht stark sauer werden, sonst hilft der Chromatzusatz, der die kathodische Reduktion verringert (vgl. Chloridelektrolyse) nichts mehr.

Perphosphate und Monoperphosphate.

Perphosphate (K, NH_4, Rb), z. B. $K_4P_2O_8$ (bis etwa 64 % Stoffausbeute) erhielt Fichter aus konzentrierten Phosphatlösungen bei Gegenwart der entsprechenden Fluoride bei Oxydation an Pt-Anoden mit 2—3 Weber (Amp.)/qdcm unter Rühren bei 0° und bei Kathodenschutz mittels Chromatzusatz. Der Elektrolyt (z. B. 30 g H_2KPO_4, 20 g KOH, 12 g KFl, 0,035 g K_2CrO_4 in 100 ccm gelöst) soll stark alkalisch sein. Mit abnehmender Alkaleszenz und Konzentration und steigender Stromdichte tritt die Ausbeute an dem gut haltbaren $K_4P_2O_8$ zurück und das unbeständige K_3PO_5, Salz der **Phosphormonopersäure** (etwa 7 % Stoffausbeute) drängt sich vor.

Perkarbonat, z. B. $K_2C_2O_6$ wird bei − 12° aus kalt gesättigter K_2CO_3-Lösung mit 30—60 Weber (Ampere)/qdcm als schwach blaues Salz dargestellt, das angefeuchtet sich himmelblau färbt, in sehr kaltem Wasser sich unzersetzt löst, bei gewöhnlicher Temperatur aber Karbonat + H_2O_2 liefert. Kühlt man bei der Elektrolyse nicht genügend, so entsteht nur $KHCO_3$ und O_2. Perkarbonat

Perborate und Persalze allgemein

Perborate kann man ähnlich erhalten, aber mit schlechter Ausbeute. Das Waschmittel Persil enthält Perborat.

Die Persalze sind zum *Bleichen tierischer Fasern* verwendbar, infolge ihrer Lieferung von H_2O_2. Auch zum *Bleichen* häßlichen Haars, das zuerst mit verdünnter Sodalösung entfettet, geseift und getrocknet und mit 3 % H_2O_2 gebleicht wird. Es wird dabei schließlich brüchig. Danach kann man mit „Henna" (Blätter des Cyperstrauchs Lawsonia inermis 100 g pulverig auf 500 H_2O, warmer Brei 2—3 Stunden) rötlich, bei Zusatz von „Reng" (Blätter der Indigopflanze, Indigofera argentea) brauner färben (Persische Haarfarben).

Die Persalze sind milde Oxydationsmittel. Da sie bei Elektrolyse schwefelsaurer Lösungen immer entstehen, so beruht die Elektrooxydation organischer Körper an den Anoden in schwefelsaurer Lösung wohl einfach auf Persulfatwirkung, wozu etwaiger katalytischer Einfluß der Anodenflächen kommt.

Unterphosphorsäure

Wenig lösliches Natriumsalz

Unterphosphorsäure H_2PO_3 an einer 14 prozentigen Kupferphosphidanode gegenüber Cu-Kathode in 1—2 prozentiger H_2SO_4 bei 3—10 Volt Badspannung erhalten, liefert bei halber Neutralisierung *mit Natron* das merkwürdigerweise *wenig lösliche Salz* $NaHPO_3 . 3 H_2O$, das man aus schwach essigsaurer Lösung umkristallisiert. Mit Guanidin entsteht ebenfalls ein sehr wenig lösliches Salz $(CH_5N_3)_4 . H_2PO_3 . 5 H_2O$.

An Schwermetalloxyden kann man das wichtige

Bleisuperoxyd

Bleisuperoxyd aus Bleisalzen oder durch anodische Behandlung von Bleiplatten etwa in Schwefelsäure erhalten. Dieser Vorgang ist für die Akkumulatorentechnik und für die *Präparation elektrochemisch höchst wirksamer Bleiflächen* wichtig. Letzteres, weil man durch intermediäre PbO_2-Bildung auf Bleiplatten diese sehr vollkommen von Fremdmetallen befreien kann, die sonst die *kathodische Überspannung am Blei* vernichten. Tafel, dem man hier viel verdankt, gibt folgende Behandlung an.

Bleireinigung nach Tafel

Man formt die nur aus Blei *ohne* Lötung bestehenden Gegenstände (Zylinder, Platten usf.), denen man zur Stromableitung Bleiohren hat stehen lassen, reibt sie mit nassem Sand rauh, elektrolysiert in 20 proz. Schwefelsäure, anodisch mit ·2 Weber (Ampere)/qdcm, spült mit kaltem Wasser ab, taucht dann einige Minuten in siedendes Wasser, spült mit siedendem Alkohol ab und trocknet schnell an der Luft.

Vernichtung der Überspannung durch Edelmetallspuren

Abb. 145. Herstellung Newtonscher Ringe.

Solche nach Tafel präparierte Elektroden zeigen als Kathoden verwendet, wobei sie sich sehr schnell mit feinem Bleischwamm überziehen, das Maximum der Überspannung, das übrigens bereits durch 3 mg Cu, 0,5 mg Ag oder 0,04 mg Pt auf 1 qdcm Blei und 200 ccm Elektrolytflüssigkeit so vollkommen vernichtet wird, daß man Wasserstoffentwicklung statt kathodischer Reduktion bekommt.

Metallochromie

Man kann durch Gegenüberstellung einer Spitzenkathode gegen eine scheibenförmige Anode aus einer Bleilösung, z. B. einem Gemisch von Bleinitrat und Natronlauge äußerst dünne PbO_2-Schichten nach außen abnehmender Dicke (Abb. 145) herstellen, die sehr schön die *Erscheinungen dünner Blättchen*, Farbenringe zeigen. Solche benutzt man zur Verzierung auf Metallen in der sog. *Metallochromie*. Auch MnO_2, aus Mangansulfat oder Co_2O_3, aus Kobaltsulfat, lassen die Erscheinung hervorrufen.

Die **Säuren des Eisens und Chroms** werden elektrolytisch erhalten, und zwar ähnlich wie die Mangansäuren, wie ja diese drei Metalle einander auch sonst nahe stehen, im periodischen System einander horizontal folgen, ähnlich wie später im System die seltenen Erdmetalle). Eisen- und Chromsäure

Wie man an Mn oder Ferromangan *Manganate* erhält, so an Fe, z. B. Bandeisenanode in 70° warmer sehr starker Natronlauge oder eisgekühlter, sehr starker Kalilauge *Ferrat*, z. B. Natriumferrat, Na_2FeO_4, das in tief weinroten Schlieren herabsinkt, beim Erhitzen unter Sauerstoffverlust in farbloses *Ferrit* FeO.ONa übergeht. Das Kaliumsalz entsteht schwerer, an Schmiedeeisen kaum. Die Elektrodenräume sind letzterenfalls durch ein Diaphragma zu trennen.

Kathode kann Fe oder Pt sein, die Stromdichte ist hier *nicht* hoch, so wenig es bei Mn nötig war oder zur Herstellung der *Chromate* und *Dichromate* nötig ist. Die ersteren erhält man ganz entsprechend mit Cr oder mindestens 55 v. H. Cr enthaltendem Ferrochrom als Anode in einer Alkalichlorid- oder -Nitratlösung.

Technisch einigermaßen wichtig ist die *elektrolytische Rückgewinnung der Chromsäure aus den sauren Chromsulfatlösungen*, die bei der *Alizarindarstellung* abfallen. Man gibt ihnen die Konzentration bester Leitfähigkeit (100 g Cr_2O_3 auf 350 g H_2SO_4 in einem Liter) und elektrolysiert zwischen Bleielektroden mit Diaphragma. Dabei erhält man: Chromsäure-rück-gewinnung

$$2Cr^{\cdots} + 7H_2O + 6\oplus = Cr_2O_7'' + 14H^{\cdot}.$$

Der Anolyt gewinnt durch Wanderung an H_2SO_4 und ist sofort zu Oxydationen brauchbar. Benutzt kommt er in die Kathodenkammer, wo er den Säureüberschuß wieder verliert, während der vorher daselbst befindliche Katholyt jetzt Anolyt wird. Man elektrolysiert mit 3 Weber (Amp.)/qdcm bei rund 2,7 bis 4 Volt Badspannung bei 50° und mit 70—90 v. H. Stromausbeute.

Die Oxydation am Blei scheint auf eine chemische Wirkung des Superoxyds, also auf Katalyse zurückzugehen, da schon geringe Pb-Spuren die Chromsäurebildung sehr begünstigen und nach E. Müller und M. Soller das Anodenpotential (s. Bd. II) am PbO_2 nicht wesentlich von dem am Pt verschieden ist, obschon man doch nur $^1/_{10}$ der Ausbeute am Pt erhält.

Neutrale Chromatlösung mit Diaphragma mit 2,5—3,5 Weber (Amp.)/qdcm oxydiert sich an der Anode zu Dichromat, während an der Kathode Natronlauge und Wasserstoff auftritt. Kathodisch erhält man aus ihr an Zn, Pb oder Hg, wo die kathodische Überspannung groß ist, Chromoxyd und Natronlauge.

Elektrolytisch erhaltene Mineralfarben.

Mineralfarben

Es sind unlösliche Schwermetallsalze oder Schwermetalloxyde, die man mittels Anoden und meist auch Kathoden aus demselben Metall in einem Elektrolyt aus verschiedenen Natronsalzen erhält nach einer ziemlich allgemeinen Vorschrift von eigentümlicher Art. Sehr verdünnt, nur 0,3 v. H. Salz enthaltend, muß er neutral oder schwach alkalisch bleiben. Er enthält ein Salz, dessen Säure die Anode löst und ein anderes, das das primäre Anodenprodukt fällt.

Für *unlösliche Salze* hat man 80 v. H. lösendes und 20 v. H. fällendes Salz, für *unlösliche Oxyde* 0,5 v. H. lösendes und 99,5 v. H. fällendes.

Chromgelb

Bleichromat $PbCrO_4$ Chromgelb fällt aus 1,5proz. Elektrolyt (Natriumchromat und Natriumchlorat) mit 1,8 Volt Badspannung unter Nachlieferung von Chromsäure und Wasser in neutraler Lösung; das rote Chromgelb oder *saure Bleichromat* $PbCr_2O_7$ in schwach saurer Lösung mit 1,5 Volt.

Bleiweiß

Bleiweiß, basisches Bleikarbonat $2\,PbCO_3 . Pb(OH)_2$ mit Natriumchlorat und Soda, zusammen 1,5 v. H. unter Nachlieferung von Wasser und CO_2 an Weichbleianode — Kathode ist Hartblei — mit 2 Volt Spannung und 0,5 Weber (Amp.)/qdcm erhalten, ist technich von großer Wichtigkeit.

Vierwertiges Blei

Das *vierwertige Blei* ist in mehrfacher Hinsicht wichtig. Ein Beispiel nach E. Müller lehrt, wie wir es mit Benutzung der Überspannung erhalten können, auch wenn sich an der Anode aus Pb die Überspannung nicht erhalten läßt.

Plumbichlorwasserstoffsaures Ammonium $(NH_4)_2PbCl_6$ erhält man mit der Anordnung Abb. 146. Hier steht eine Pb-Kathode in Salzsäure 1,10 spez. Gew. gewellten Pb-Anoden in Salzsäure spez. Gew. 1,18 gegenüber. Eine Tonzelle trennt die Elektrolyte. Mit $^1/_2$ Weber (Amp.)/qdcm, wie bei der Umladung der Cr-, Fe- oder Mn-haltigen Ionen wird man hier das Pb zur Vierwertigkeit aufzuladen suchen. Aber an der Pb-Anode kann der Spannungsabfall nur den Betrag erreichen, der zur Oxydation des Pb zu Plumboion nötig ist. Denn schon da geht Pb in Lösung und damit kann die Polarisation an dieser Elektrode nicht weiter steigen. Die nötige Spannung zur Oxydation von Pb zu Plumbiion liegt höher und man erreicht sie also nur dann, wenn man noch eine Anode einführt, woran dies letztere erzielt werden kann. Dazu legt man unter die Tonzelle eine Platte aus Achesongraphit mit eingeschraubtem und durch Glasrohr an Elektrodenwirksamkeit gehindertem Kohlestab als Ableitung. Man verbindet die Graphitplatte durch einen solchen Widerstand mit der Anode in Nebenschaltung, daß die Stromdichte hier etwa dieselbe ist wie am Pb.

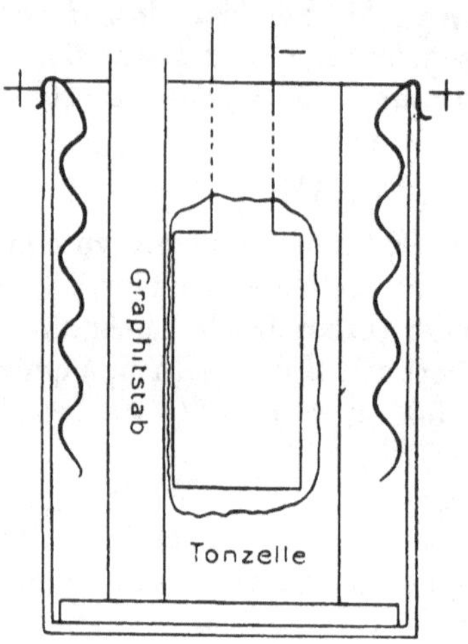

Abb. 146.
Anordnung von E. Müller zur Darstellung von $(NH_4)_2PbCl_6$.

Sind einem Liter Anolyt 20—25 Weber-(Ampere-) Stunden zugeführt, so fügt man ihm in einem Becherglas die berechnete Menge konzentrierte NH_4Cl-Lösung zu. Nach 24 Stunden sind die schönen gelben Kristalle des Ammoniumplumbichlorids, isomorph mit Ammoniumplatinchlorid $(NH_4)_2PtCl_6$ ausgefallen. Da das entstandene Produkt, die Plumbichlorwasserstoffsäure, löslich war, so blieben die Anoden beim ganzen Vorgang vollkommen blank.

Nur durch die Nebenschaltung der Graphitanode war die sofortige Überführung des Metalls in den vierwertigen Zustand möglich. Die Schaltung Abb. 147 erlaubt, die dabei am Graphit herrschende Spannungsdifferenz mit der am Pb zu vergleichen und ihre größere Höhe auch bei verschiedenem Stromdichteverhältnis — etwa beim Hochziehen der Wellbleche — festzustellen.

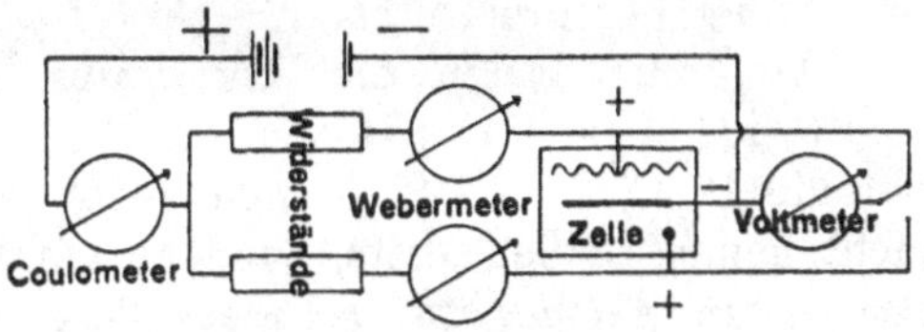

Abb. 147.
Schaltung zur Darstellung von $(NH_4)_2PbCl_6$ nach E. Müller.

Einfacher ist die Umladung von Ionen um bloß eine Stufe zu erreichen, wie etwa die von $Fe^{\cdot\cdot}$ zu $Fe^{\cdot\cdot\cdot}$ usf.

Elektrolysen von Derivaten zusammengesetzter Radikale.
Ammoniak, Cyan.

Ammoniak, Cyan

Die Zersetzung von *Ammoniakflüssigkeit* (1:10 gesättigte NaCl-Lösung), gesättigt mit Ammoniak, liefert zwischen Graphitelektroden N_2 und H_2; aber erst nachdem der Elektrolyt sich erwärmt und NH_4OCl sich gebildet hat, bekommt man die Gase im Verhältnis 1 : 3. Es handelt sich einfach um die Wirkung des Anodenchlors auf das NH_3. Übrigens liefert der Kohlenstoff der Anode auch organische Verbindungen, die den Anolyten braun färben.

Man kann dieselbe Reaktion benutzen (Abb. 148) zwischen Pt-Anode und Hg-Kathode, um hier *Ammoniumamalgam*, eine sehr voluminöse, silberweiße Masse, die leicht unter NH_3- und H_2-Abgabe zerfällt, an der Anode aber den explosiven *Chlorstickstoff* NCl_3 zu erhalten. Um das ungefährlich zu machen, nimmt man ganz gesättigte NH_4Cl-Lösung als Elektrolyt und bedeckt ihn mit einer dünnen Terpentinölschicht, an der die aufsteigenden NCl_3-Tröpfchen sogleich verpuffen.

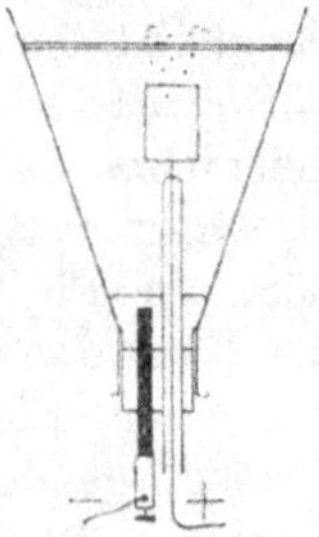
Abb. 148.
Darstellung von Ammoniumamalgam und Chlorstickstoff.

Beachtenswerter ist auch die *Zersetzung komplexer Cyanide*, so des Ferrocyankaliums $K_4Fe(CN)_6$. In konzentrierter Lösung kann man sein Anion $Fe(CN)_6''''$ leicht durch anodische Oxydation mit Benutzung eines Diaphragmas zu Ferricyanion $Fe(CN)_6'''$ umladen. Der Vorgang ist technisch wichtig (Grube). Ohne Diaphragma kann man die kathodische Reduktion des Reaktionsprodukts nicht genügend verhüten. In verdünnter saurer Lösung reagiert das entsprechende Ferricyanid mit dem Ferrocyanid unter Bildung von Berlinerblau.

Damit haben wir die fürs erste wichtigsten Tatsachen der Elektrochemie betrachtet. Waren die Gegenpole in der Stöchiometrie Wasserstoff mit dem kleinsten, Uran mit dem größten Atomgewicht, so haben wir diesmal die elektrochemischen Erscheinungen an den Elementen in die Grenzen zwischen *Cäsium* und *Fluor* eingeschlossen, letzteres das „*elektronegativste*", d. h. der größten anodischen, *Cäsium* das „*elektroposi-*

tivste", d. h. der größten kathodischen Abscheidungsspannung bedürfende *Element*. Die vier Ecken des periodischen Systems sind damit in ihrer Bedeutung hervorgetreten.

Als Ionen traten die links unten und rechts oben stehenden Elemente in elementarer Form auf. Doch nicht symmetrisch. Die Metalloide B, C, Si, N, P, kamen nicht als freie Ionen vor. Sie liegen nicht genau in der Mitte, sondern mehr rechts oben. Auch waren die *elementaren Anionen* nur *höchstens 2-wertig*, die elementaren *Kationen* aber bis *6-wertig* vertreten[1], was wiederum eine größere Häufigkeit der Metallionen bedingt. Die Abscheidungsspannung nimmt man als ein Maß der von der Materie ausgeübten Anziehungskraft auf die Elektrizität, ein Maß der *Elektroaffinität*. Sie wird später genauer betrachtet.

Der *Stoffausbeute*, die sich mittels des Richterschen Gesetzes der konstanten und multiplen Proportionen berechnen ließ und in der Stöchiometrie eine Rolle spielte, trat in der Elektrochemie die *Stromausbeute* gegenüber, die mit dem Faradayschen Gesetz zu berechnen ist.

Wir wenden uns damit ganz kurz zu einem dritten Gebiet

Chemische Erzeugung von Elektrizität

D. Chemische Erzeugung der Elektrizität.

§ 189. Was für die Lieferung von Stoffen durch elektrolytische Zersetzung, also für die Beziehung zwischen Stoffmasse und *aufgewendeter* Elektrizitätsmenge gesagt wurde, gilt genau ebenso für die *Lieferung von Elektrizität* aus von selbst verlaufenden Reaktionen. Im Bleiakkumulator beispielsweise muß auf 96500 Coulombs gelieferter Elektrizität je $^1/_2$ Grammatom PbO_2 zu Sulfat reduziert werden. Denn das Sulfat gehört der $Pb^{\cdot\cdot}$-Stufe an, das PbO_2 aber der $Pb^{\cdot\cdot\cdot\cdot}$-Stufe. Die Anwendung des Faradayschen Gesetzes trifft vollkommen symmetrisch auch die galvanischen Elemente wie die Zersetzungszellen, also die Erzeugung ebenso wie den Verbrauch von Elektrizität bei chemischen Vorgängen. Übrigens haben wir davon bereits beim Hg-Verfahren der Chloridelektrolyse u. a. a. O. Gebrauch gemacht.

Haben wir die Faradayschen Gesetze aus praktischen Gründen vorwiegend an der Elektrolyse erläutert, so werden wir die Gesetze der Abscheidungsspannung, der Elektroaffinität überhaupt, später mit einer ausführlichen Behandlung der chemischen Elektrizitätsquellen verknüpfen. Wir bedürfen aber dazu der Hauptsätze der Thermodynamik, deren erster das berümte Energieprinzip, die Grundlage der Thermochemie bildet. Die Thermochemie, die Lehre von der Wärmeentwicklung bei chemischen Vorgängen, anschließend die chemischen Vorgänge bei hohen Temperaturen und ihre Produkte behandelt der folgende Teil.

---

[1] Wahrscheinlich gibt es sogar das Schwefelion $S^{\cdot\cdot\cdot\cdot\cdot\cdot}$, das in konzentrierter Schwefelsäure merklich aufzutreten scheint und gebunden in dem merkwürdigen SFl_6 anzunehmen ist.

III. Thermochemie.

Die Verbindung der Stoffe mit Energie.

A. Grundlagen der Wärmelehre.

1. Die Grundbegriffe: Temperatur und Wärmemenge (zugleich Einführung in den Differential- und Integralbegriff).

a) Die Temperatur, ihre Definition und Messung. Temperatur-Definition

1. Temperatursinn.

§ 190. Während wir für elektrische Wirkungen einen kaum entwickelten Sinn haben, fühlen wir Temperaturunterschiede und meinen mit ihnen Unterschiede im Grad der „*Warmheit*". Letzteres ist eine einfache Sinnesempfindung und daher nicht weiter analysierbar. Im selben Maß, wie wir Warmheit sich steigern *fühlen, sehen* wir die Länge eines Metallkörpers sich vergrößern, z. B. die einer in ein langes Rohr ausmündenden Quecksilbermenge. Und *in der allgemeinen Zurückführung auf Längen und Zeiten liegt das Quantitative unserer ganzen Physik*, ja Naturforschung überhaupt.

2. Hg-Thermometer.

Wir setzen jetzt durch Übereinkunft fest, daß die Temperatur nicht nur *geschätzt* werden kann als höher oder tiefer, sondern, daß sie *gemessen* werden kann, und zwar durch den Stand der Quecksilbersäule. Die Temperatur schmelzenden Eises wird durch den Nullstrich, die siedenden Wassers durch den Hunderterstrich bezeichnet und der zylindrische Teil der Röhre zwischen beiden in 100 Grade geteilt.

3. Ideales Gas.

Das Verhalten der Gase, im besonderen das Gesetz von Gay-Lussac, erlaubt dann die Fortsetzung der Skale nach oben und unten, hier bis zu $-273{,}09^0$ als dem Punkt, wo das Volumen eines Gases bei Gültigkeit des Gesetzes auf Null herabgeschrumpft wäre. Nach oben bis zu den höchsten Temperaturen, wo noch Gefäße für die Gase dicht halten. Diese Erweiterung fußt darauf, daß im Anwendbarkeitsbereich des Quecksilberthermometers, also zwischen -39^0 und $+360^0$ und bei Angabe der Temperaturen *nach ihm*, der Ausdehnungskoeffizient der Gase recht befriedigend stets 1/273 *des* Volumens bleibt, *das diese bei* 0^0 *hatten.* Auf Grund von anderen Erwägungen hat man aus den immerhin etwas inkonstanten Ausdehnungskoeffizienten in diesem Intervall die Zahl 1/273,09 ausgewählt und mithin auch das Quecksilberthermometer, das an Stelle der wärmeschätzenden Hautnerven trat, als Grundmaß abgesetzt und statt dessen das sog. *ideale Gas* genommen.

4. II. Hauptsatz der Thermodynamik und Strahlungsgesetze.

Endlich gelang es, ein allgemeines Gesetz, den zweiten Hauptsatz der Thermodynamik aufzufinden, der seiner Allgemeinheit wegen an Stelle der idealen Gasskala trat und grundsätzlich keine obere Temperaturgrenze seiner Anwendbarkeit hat. Da er sich auch auf die Lichterzeugung glühender Körper anwenden läßt, so kann man jetzt die Temperaturen auch an der Leuchtkraft von solchen messen, und damit ist die Temperatur im ganzen Bereich aller uns heute zugänglichen Wärmeerscheinungen meßbar geworden. Diese Entwicklung der Temperaturmeßkunst gibt eine allgemeine Vorstellung von den Grundsätzen, von denen sich die *Metronomie*, die Meßkunst, leiten läßt.

Metronomische Grundsätze

Damit haben wir die Möglichkeit, die *Meßmethoden* abzuleiten (vgl. Einführung S. 50ff.), die hier nur kurz gestreift werden und von denen wir die auf dem II. Hauptsatz ruhenden, so auch die Strahlungsmessungen w. u. erst zu behandeln brauchen.

Nachwirkung bei starren Körpern

Die Messung mit allen Thermometern, deren empfindlicher Teil oder bei denen das Gefäß des empfindlichen Teils starr ist, kommt um einen Materialfehler nicht herum, den alle materiellen starren Körper miteinander teilen, um die *Nachwirkung*. Jeder starre Körper folgt einer Änderung der Temperatur nicht sofort. Viele starre Körper ändern ihre Molekularstruktur mit der Zeit dauernd in einem Sinn, wodurch eben dies Reagieren auf Temperaturänderung sogar mit der Zeit seiner Art und seinem Betrag nach sich ändert. Am wenigsten sind „amorphe" Körper von möglichst geringer Wärmeausdehnung dem Fehler ausgesetzt, z. B. bestimmte Glassorten, wie sie im Glaswerk von Schott und Gen. Jena, der Erfahrung folgend aufgesucht worden sind. Noch besser ist amorpher Quarz. Hier ist die Nachwirkung am geringsten. Deshalb lassen sich aber eben diese Körper nicht zu empfindlichen Thermometerkörpern selbst verwenden, sondern nur als Gefäße für solche.

Quarz geeignet

Gasthermometer

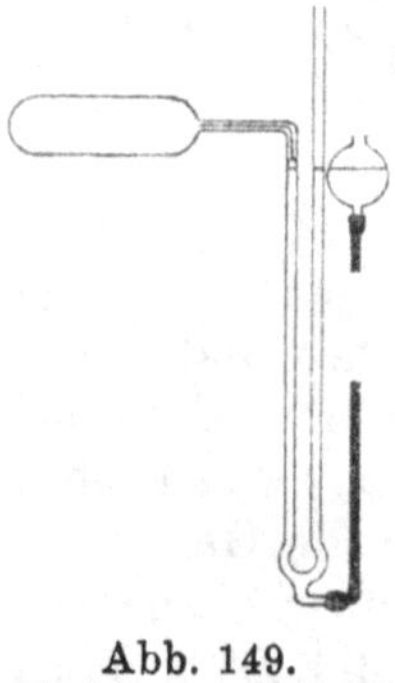

Abb. 149.
Luftthermometer.

Gasthermometer sind Gefäße, die in sehr enge Röhren ausmünden, worin ein Quecksilberfaden eine Gasmasse abschließt. Der Druck, den die Masse bei verschiedenen Temperaturen auf das Quecksilber ausübt, kann gemessen werden, etwa durch Messung der ihr gegengeschalteten Quecksilbersäulenhöhe (Abb. 149). Dies ist das *Prinzip der Gasthermometer*. Bei ihnen hält man den Nullpunkt des druckmessenden Fadens, also das Volumen der Gasmasse konstant.

Sie dienen nur zur Eichung *„abgeleiteter* Thermometer", da die Messung mit ihnen sehr vieler Vorsichtsmaßregeln bedarf und die Instrumentkörper viel Raum brauchen. Man eicht durch Vergleichung mit ihnen einesteils Quecksilberthermometer genau, d. h. man setzt beide im selben Bad derselben Temperatur aus und schreibt auf das Rohr

Flüssigkeitsthermometer

des Hg-Thermometers dieselben Angaben, die zugleich das Gasthermometer gibt. So wird die Teilung zwar fast gleich mit der, die man durch einfache Fortsetzung der Gradteilung, z. B. über 100° bekäme; aber schon bei 200° sind mehrere Grad Abweichung, je nach der Glassorte, nicht selten.

Für Temperaturen unter — 39° dienen Thermometer mit Toluol-, Ligroin- oder Pentanfüllung. Letztere sind wegen der leidlich gleichförmigen Ausdehnung des Pentans noch am besten, aber alle diese Instrumente mit benetzender Füllung brauchen ziemlich viel Zeit zur Einstellung, weil bei sinkender Temperatur die Flüssigkeit nur langsam von den Wänden herabrinnt. Auch ist der Fehler vom herausragenden Faden wegen seines relativ großen Volumens weit größer.

Neben die *Flüssigkeitsthermometer* treten endlich die *elektrischen*, von denen die sog. *Widerstandsthermometer* von rund 700° C abwärts bis zum absoluten Nullpunkt dienen können und hier eines der besten Mittel sind. Ein sehr feiner, spannungsfrei gewickelter Draht, für Temperaturen bis zu flüssiger Luft aus Pt, darunter aus Pb hergestellt, in Quarzhülle eingeschlossen, an wesentlich dickere, gut leitende Drähte angelötet, ist der empfindliche Körper. Sein Widerstand wird z. B. mit der Wheatstoneschen Brücke oder ähnlichen Anordnungen gemessen und durch Vergleichung mit dem Gasthermometer (Heliumfüllung) der zu jeder einzelnen Temperatur gehörige Widerstand bestimmt. So gewinnt man für jedes Thermometer eine Eichtabelle, wodurch es ans Gasthermometer „*angeschlossen*" ist. Bei Temperaturen über 700° erleiden die empfindlichen Körper, aus welchem Metall sie bestehen mögen, doch solche Strukturänderungen, vor allem durch innere Kristallisation, daß sie unbrauchbar werden. Von da aufwärts treten die *Thermoelemente* ein bis etwa zum Pt-Schmelzpunkt bei 1755°. Sie beruhen darauf, daß das *Voltasche Spannungsgesetz*, wonach in einem geschlossenen Kreis nur metallischer Leiter (Leiter I. Klasse) kein Strom kreisen kann, seine Gültigkeit verliert, sobald eine Kontaktstelle zweier Metalle darin andere Temperatur hat, als die übrigen. Dieser Unterschied weckt eine Spannungsdifferenz, die bei gegebener Temperatur der übrigen vom Betrag der Temperaturdifferenz abhängt, mit ihr steigt, aber nicht ihr proportional, sondern steiler. Bei anderer Temperatur der übrigen Kontaktstellen, aber derselben Temperaturdifferenz erhält man wieder eine andere Spannungsdifferenz. Man muß also alle Kontaktstellen auf einer ganz bestimmten Temperatur halten, damit man mit einer Eichtabelle für eine gegebene Kontaktstelle auskommt und man hat dafür 0° gewählt. Es genügt offenbar, wenn man zwei verschiedene Metalle aneinanderlötet und die freien Enden in Quecksilbernäpfchen steckt, die in Eis sitzen und von denen man Drähte ganz wie sonst zu einer Spannungsmeßvorrichtung führt. Als solche wählt man für rohe Messungen, z. B. in der Technik meist, einen empfindlichen Strommesser, ein Galvanometer, Millivoltmeter u. dgl., für genaue Messung die Lindeckschaltung oder noch besser einen Kompensationsapparat

Widerstandsthermometer

Anschließung von Thermometern an die Normale

Thermoelement

(Einf. 60 ff.). Die gemessene Spannung ist dann mit dem Temperaturunterschied gegen 0° durch eine Proportionalitätsgleichung verknüpft, der noch ein *quadratisches Glied* beigefügt ist:

$$E_2 - E_1 = a\,t + b\,t^2. \tag{53}$$

Thermoelektrische Spannung quadratisch abhängig von der Temperaturdifferenz

D. h. die *thermoelektrische Spannung* ist eine *quadratische Funktion der Temperaturdifferenz*. Die Beträge von a und b sind von Paar zu Paar verschieden, z. B. für Cu und Fe, Pb und Fe. Subtrahiert man aber jetzt die a dieser beiden Paare und die b, so erhält man die „Koeffizienten" a und b für das Paar Cu-Pb. Darin liegt praktisch eine große Vereinfachung.

Größenordnung der Thermokräfte

Auf 1° Temperaturdifferenz kann man mit einigen 5—50 Mikrovolt rechnen, je nach den Drahtmetallen.

Hat man die freien Enden nicht auf 0°, sondern z. B. auf g^0 gebracht, so muß man sich mit einer Näherungskorrektion behelfen. Beim Pt-PtRh-Element muß man bei g Grad über 0° den Betrag $g/2$ zu der aus der Eichtafel entnommenen Temperatur addieren, beim Cu-Konstantanelement das ganze g.

Die Behandlung der Thermoelemente, überhaupt die ganze Versuchstechnik elektrischer Temperaturmessungen s. Einf. 58 ff. Strahlungsmessung s. Photochemie (Einf. 307 ff.).

b) Die Wärmemenge.

1. Unentbehrlichkeit und Definition des Begriffs. Einheit der Größe.

Wärmemenge Definition

§ 191. Betrachten wir eine Reihe gleicher Gefäße, die alle mit gleichviel Wasser von 20° gefüllt sind und eine Reihe untereinander gleich schwerer Kugeln aus verschiedenen Metallen, die alle auf 100° erwärmt sind. Würde die Temperatur allein den Wärmezustand der Körper eindeutig bestimmen, so wäre zu erwarten, daß die verschiedenen Kugeln, jede in eins der Gefäße eingebracht, allen genau gleiche Temperaturzuwüchse erteilen würden. Das ist aber nicht der Fall. Die Erwärmungen fallen verschieden aus. Deshalb bildet man sich die Vorstellung, daß in den Kugeln, ungeachtet ihrer gleichen Temperatur, verschiedene *Wärmemengen* enthalten seien. Dieser neue Begriff ist aber damit noch nicht einer Messung zugänglich. Denn dazu müssen wir erst festsetzen, welche Wärmemengen wir als Einheit wählen. Offenbar können wir Wärme dem Wasser auch zuführen durch Zugabe wärmeren Wassers, oder sonst eines wärmeren Körpers. Wir wollen jetzt *zu einem kg Wasser von 17,5° C so viel Wärme* hinzubringen, *daß die Temperatur auf 18,5 steigt,* etwa durch Einbringen wärmeren Eisens in geeigneter Menge und von geeigneter Temperatur. Dann nennen wir die *Wärmemenge,*

Einheit die Kalorie

die das Wasser erhielt, eine *große Zimmertemperaturkalorie,* oder kurz eine große Kalorie: 1 Kal. *Ein Tausendstel davon* heißt eine kleine Kalorie oder *eine Kalorie* (*1 cal*) *schlechtweg.* Durch diese Definition der Wärmemenge haben wir zugleich eine Methode zur Messung der Wärmemengen erhalten, die erste *kalorimetrische Meßmethode:* Man bringt die zu messende Wärmemenge in eine gemessene Wassermenge von 17,5°, die gerade so groß gewählt wird, daß die Temperatursteigerung 1° wird. Dann beträgt die Wärmemenge so viel cal, als man Gramm Wasser anwenden mußte. Darin ist die *Annahme* enthalten, *daß die Wärmemengen einfach der Masse Wasser proportional seien.* Für Massen, die *so groß* sind, daß sie *viele Molekeln* enthalten, hat sich diese Annahme, die an sich leicht selbstverständlich erscheint, immer bewährt. Kalorimetrische Messung

2. Die Wärmekapazität und der Differentialquotient.

Wärmekapazität, Differentialquotient

§ 192. Es ist umständlich, die Wassermasse zu ermitteln, die durch eine fest gegebene Wärmemenge eben von 17,5° auf 18,5° gebracht wird. Man hat daher auch versucht, die *Wassermasse*, sagen wir 1 kg beizubehalten und zu prüfen, ob ihre *Temperatursteigerung* sich dann im selben Verhältnis größer ergibt, als vorhin die Masse größer gewählt werden mußte. Mit anderen Worten, ob das Produkt: Wassermasse × Temperaturdifferenz, die durch eine gegebene Wärmemenge erzeugt wird, dasselbe bleibt, einerlei, ob man die Wassermasse oder die Temperatursteigerung konstant hält. Zwar ergab der Versuch eine recht angenäherte Gleichheit der beiden Zahlenprodukte, aber genau genommen war die Temperaturdifferenz ein wenig kleiner, wenn man das Wasser wesentlich wärmer werden ließ, z. B. auf fast 100° kommen ließ. Das wird man so deuten, daß man dem heißeren Wasser ein größeres Fassungsvermögen für Wärme zuschreibt, als dem kalten. So gelangen wir ganz analog dem Begriff der elektrostatischen Kapazität zu dem der *Wärmekapazität.* Sie ist nach dem Angeführten jedenfalls *proportional der Masse* und hängt im übrigen noch vom Stoff und der Temperatur ab, steigt bei Wasser mit der letzteren. Als *Einheit der Wärmekapazität* setzen wir die von 1 g Wasser bei 18° C fest. Sie ist definiert durch das Verhältnis Abhängigkeit der Wärmekapazität von der Temperatur

$$\frac{\text{Zugeführte Wärmemenge}}{\text{Temperatursteigerung, die der Körper dabei erfährt}}\,.$$

Man kann sie also auch als diejenige Wärmemenge definieren, die einem Körper zugeführt werden muß, um ihn um 1° zu erwärmen. Sie ist offenbar verschieden, je nach dem Intervall, worin die Erwärmung vor sich geht und wird bei fast allen Körpern mit steigender Temperatur größer. Nur die von flüssigem Hg fällt mit steigender Temperatur durchweg und ebenso die von Wasser zwischen 0° und rund 30°, bei Erwärmung bei konstantem Druck (z. B. dem der Atmosphäre). Steigt meist mit T, fällt bei Hg und z. T. bei Wasser

Da sie von der Temperatur abhängt, so wird sie in einem gegebenen Temperatur*intervall* nicht bloß von dessen *Lage* abhängen, sondern auch von seiner *Größe.* Es wird also allgemein gesprochen die Wärmekapazität von 100 g einer Flüssigkeit, etwa Benzol, zwischen 20° und 80° *nicht* dieselbe sein, wie die zwischen 30° und 70° oder 40° und Abhängigkeit der Wärmekapazität von Lage und Breite des Temperaturintervalls

60° oder 45° und 55°. Hat man nämlich zur Erwärmung im ersten Fall Q_1 cal, im zweiten Q_2 cal, im dritten Q_3 cal, im vierten Q_4 cal gebraucht, so berechnen sich die Wärmekapazitäten, indem man durch die erzielten Temperaturzuwüchse dividiert, also $\frac{Q_1}{60}, \frac{Q_2}{40}, \frac{Q_3}{20}, \frac{Q_4}{10}$. Diese Versuche sind alle im selben Temperaturintervall gemacht und symmetrisch zu seinen Grenzen 20° und 80° und doch fallen beim Versuch die Quotienten verschieden aus. Sie sinken nämlich mit abnehmender Intervallbreite. Es *hängt* also *die Wärmekapazität von Lage und Breite des benützten Temperaturintervalls ab.* Deshalb muß man immer angeben, in welchem Intervall sie gemessen ist, also z. B. Wärmekapazität von 100 g Wasser zwischen 30° und 70°. Und wegen der genannten Abhängigkeit nennt man diese Wärmekapazitäten alle *mittlere Wärmekapazitäten.* Läßt man das benutzte Intervall immer kleiner und kleiner werden, so werden sich auch die so erhaltenen Quotienten immer weniger voneinander unterscheiden, so daß man annehmen darf, daß sie für ausreichend kleine Intervalle ausreichend vollkommen einander gleich sind. Solche Wärmekapazitäten für sehr kleine Temperaturintervalle in der allernächsten Umgebung eines Temperaturpunkts nennt man die *wahren* für den betreffenden Temperaturpunkt. So wären wir oben auf die wahre Wärmekapazität bei 50° gekommen, wenn wir das Intervall symmetrisch immer mehr verkleinert hätten.

Wahre Wärmekapazität in einem Temperaturpunkt. Mittlere Wärmekapazität in einem Temperaturintervall

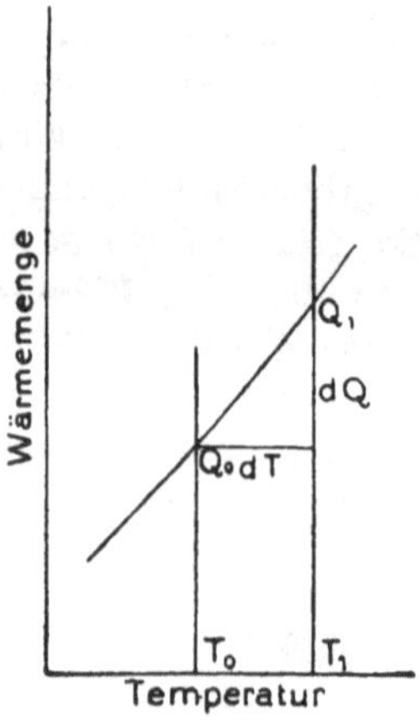

Abb. 150. Wärmekapazität, definiert durch den Differenzenquotienten der Wärmemenge Q nach der Temperatur T.

Die mittlere Wärmekapazität ist laut Definition der Quotient aus zwei funktional zusammengehörigen Größen: aus der Wärmemenge und der durch sie erzeugten Temperatursteigerung. Je kleiner man das Intervall nimmt, desto unabhängiger wird der erhaltene Zahlwert von der Größe des Intervalls. Er strebt also einem Grenzwert zu. Das sieht man am besten aus Abb. 150. Darin sind die Wärmemengen nach oben und die Temperaturen nach rechts aufgetragen. Nimmt man als Anfangstemperatur T_0, so hat man z. B. zuerst die Wärmemenge Q zuzuführen, um die Temperatur T_1 zu erzielen. Dann ist das Verhältnis

Differentialquotient

$$\frac{\text{Wärmemenge}}{\text{Temperatursteigerung}}$$

gegeben durch $\frac{Q}{T_1 - T_0}$. Man sieht jetzt aus der Abbildung, daß sich auch die Wärmemenge Q_1 als eine Differenz zweier Wärmemengen auffassen läßt. Die ganze Wärmemenge, die schon früher dem Körper zugeführt worden war und die natürlich vom Nullpunkt der Wärmemengenzählung 0 an zu zählen ist, wird nämlich durch den Betrag Q_0 gegeben. Sie brachte den Körper auf T_0. Diejenige aber, die ihn vom

Zustand völliger Wärmeleere bis auf T_1 brachte, ist durch Q_1 gegeben. Und diejenige Wärmemenge, die man nötig hatte, um von T_0 auf T_1 zu kommen, war durch $Q_1 - Q_0 = Q$ gegeben. Also kann man die Wärmekapazität zwischen T_0 und T_1 als den Quotienten zweier Differenzen schreiben:

$$\frac{Q_1 - Q_0}{T_1 - T_0} = \text{mittl. Wärmekapazität.} \tag{54}$$

Ein solcher Quotient zweier zusammengehöriger Differenzen heißt ein *Differenzenquotient.* Steigern wir die Temperatur nur um $\frac{T_1 - T_0}{2}$, also um $T_2 - T_0$, so ist das eine Halbierung des Abszissenzuwuchses. Die Erfahrung zeigt bei Wasser über 35°, daß dazu etwas weniger als die Hälfte der Wärmemenge $Q_1 - Q_0$ nötig ist, $\frac{Q_2 - Q_0}{T_2 - T_0}$ wird also ein wenig kleiner, wenn man die halbe Temperatursteigerung nimmt. Halbiert man die untere Hälfte des Intervalls wieder, so hat man $\frac{Q_3 - Q_0}{T_3 - T_0}$ und auch dies wird ein wenig kleiner als der vorige Quotient. Doch ist der Unterschied der beiden Quotienten kleiner, als das erstemal. Fährt man mit der Unterteilung so fort, so werden die Quotienten zwar bei jeder weiteren Unterteilung des Intervalls ein wenig kleiner, aber immer um weniger und mithin nähert sich ihr Wert einem Grenzwert. Von dem unterscheiden sie sich um so weniger, je kleiner man das Intervall gewählt hat, je näher es also an den durch Q_0 und T_0 bezeichneten Punkt rückt. Schließlich ist das Intervall so klein, daß die Messung keine Unterschiede zwischen den Quotienten mehr nachweisen kann, die die Messungsfehler überschreiten. Dann sagt man, man habe „praktisch" den Grenzwert des Differenzenquotienten erreicht. Man darf ihn dann als den *Differentialquotienten von Q nach T im Punkt* T_0 bezeichnen. *Mathematisch* hätte man diese Größe *erst dann scharf* vor sich, wenn man die Punkte T_0 und T_n *unbegrenzt* nahe aneinander gerückt hätte. Aber das läßt eine *praktische* Durchführung der Messung nicht zu. Deshalb ist dieser mathematische Differentialquotient (der einzige Differenzenquotient, der diesen Namen *scharf* verdient) *praktisch* nicht zugänglich. Er unterscheidet sich aber hier höchstens um den Betrag der Versuchsfehler von dem meßbaren. Man drückt den Übergang vom Differenzenquotienten (mit endlichen Differenzen) zum Differentialquotienten (mit unendlich kleinen Differenzen, die aber beileibe nicht Null sein dürfen!) durch das Zeichen Limes aus, das man mit einer übertreibenden Andeutung schreibt:

Differenzenquotient

„Praktische" Erreichung des Grenzwerts: Wahre Wärmekapazität

Differentialquotient von Q nach T im Punkt T_0

$$\lim_{T_n - T_0 = 0} \left(\frac{Q_n - Q_0}{T_n - T_0}\right) = \frac{dQ}{dT} = \text{Differentialquotient von } Q \text{ nach } T. \tag{55}$$
$$= \text{Wahre Wärmekapazität}$$

Schreibweise für den Differentialquotienten

Man *meint* mit der Schreibweise unter dem lim-Zeichen *nicht*, daß *wirklich* der Unterschied $T_n - T_0$ *gleich* Null sein solle, sondern nur, daß er sich *beliebig* weit der Null *nähern* solle.

In der Tat kann man ihn z. B. durch dauernd wiederholte Halbierung zwar beliebig klein, aber nie zu Null machen.

Allgemeinste Schreibweise für den Differentialquotienten

Für den Differentialquotienten kann man noch eine allgemeinere Schreibweise einführen, wenn man von unserem Wärmebeispiel im besonderen absieht. Es erweist sich ja bei diesem allgemein Q als eine Größe, die der Temperatur eindeutig zugeordnet ist:

Funktionsbegriff

Zu jedem Wert von T gehört eindeutig ein und nur ein Wert von Q. Jeder solche Zusammenhang heißt ein *funktionaler* und es wird hier Q als *eine Funktion von* T bezeichnet. Das schreibt man allgemein:

$$Q = f(T) \tag{56}$$

Argument und Funktion

und spricht es: *Q gleich f von T.* Darin bezeichnet man T als die *unabhängige Veränderliche* oder das *Argument* und Q als die *abhängige Veränderliche* oder die *Funktion.*

Wir können also schreiben:

$$\lim_{\Delta T = 0} \frac{f(T + \Delta T) - f(T)}{\Delta T} = \frac{d f(T)}{d T}. \tag{57}$$

Darin bedeuten die ΔT Zuwüchse von T, also in unserem vorigen Beispiel $T_n - T_0$. Man spricht die Größe $\frac{d(f[T])}{d T}$ aus: *$d f$ von T nach $d T$* und sagt, es sei darin *$f(T)$ nach T differentiiert.* Das Differentialzeichen d hat *nicht* die Bedeutung eines *Faktors* von der Größe d, sondern die eines *Rechensymbols* (analog $+$, $-$, $\cdot$, $:$, $\sqrt{}$, log. usf.), das die in obiger Gleichung ausgedrückte Operation mit dem $f(T)$ darstellen soll.

Geometrische Bedeutung des Differentialquotienten

Unsere Abbildung läßt schließlich noch sehr anschaulich verstehen, welche Bedeutung dem Differentialquotienten zukommt. Die Punkte T_0 und T_n (allgemein statt einem T_2 oder T_3 usw. gesetzt) definieren jeweils, welche Differenz zu nehmen ist. Der Differenzenquotient ist das *Verhältnis von Gegenkathete zu Ankathete* im rechtwinkligen Dreieck, dessen geneigte Seite durch die Sehne durch die Punkte T_0 und T_n gegeben ist. Dies Verhältnis aber ist der *trigonometrische Tangens des Steigungswinkels* der durch T_0 und T_n gezogenen Geraden. Liegen nun die sämtlichen *wahren Wärmekapazitäten*, wie es doch die Erfahrung ergibt, auf einer gekrümmten Kurve, so stellt der *Differentialquotient im Punkt* T_0 den *trigonometrischen Tangens des Steigungswinkels der Tangenten an diese Kurve im Punkt* T_0, Q_0 dar.

Man kann sich jeden Differentialquotienten einer physikalischen Größe nach einer anderen auf solche Weise graphisch veranschaulichen. Solange man mit diesem wichtigen Begriff nicht ganz vertraut ist, soll man dazu jede Gelegenheit benützen. Denn zahllose Differentialquotienten spielen in der Physik und Chemie heute eine große Rolle. In der Tat zeigt unsere Betrachtung ohnehin, daß es ganz unschwierig ist, sich die begriffliche Bedeutung des Differentialquotienten klar zu machen. Wir werden noch häufig auf ihn zurückkommen und später auch einfache Rechnungen mit seiner Hilfe ausführen. Man hat in der Chemie nur sehr einfache und wenige mathematische Hilfsmittel nötig, aber diese wenigen muß man selbst beherrschen. Erst wenn man damit den „Ansatz" gewonnen hat, kann einem ein Mathematiker rein rechnerisch weiterhelfen, was schon im Interesse der Arbeitsteilung oft zweckmäßig ist.

3. Die spezifische Wärme, Molarwärme, Atomwärme.

§ 193. Dividiert man die mittlere Wärmekapazität eines Körpers in einem Intervall T_1 bis T_0 genommen, durch die Masse des Körpers, so erhält man seine *mittlere spezifische Wärme in diesem Intervall* (Definition). Ebenso erhält man aus der wahren Wärmekapazität bei der Temperatur T durch Division der Masse in sie die *wahre spezifische Wärme.* Mittlere spezifische Wärme

Die wahren spezifischen Wärmen steigen fast ausnahmslos mit der Temperatur. Nur bei einatomigen Gasen sind sie konstant, bei Hg (und bei H_2O unterhalb 25°) fallen sie.

Multipliziert man die wahren spezifischen Wärmen mit dem Molargewicht des Stoffs, so hat man die Wärmekapazität von 1 Mol, die *Molarwärme.* Ist der Stoff ein Element und multipliziert man mit dem Atomgewicht, so erhält man die Wärmekapazität von 1 Grammatom, die *Atomwärme.* Molarwärme Atomwärme

Die experimentelle Bestimmung der Wärmekapazitäten, die wir bereits besprachen, liefert auch die spezifischen Wärmen und Molarwärmen nach diesen Definitionen, sobald man nur die erwärmten Massen und die Molargewichte kennt. Ihre Bestimmung ist meist einfacher, als die unmittelbare Messung der Wärmemengen, die in einem Stoff in Summa enthalten sind. Wir müssen jetzt noch die Berechnung von *Wärmeinhalten,* d. h. der gesamten, in gegebenen Stoffmengen enthaltenen Wärmemengen durchführen. Wärmeinhalt

4. Die Berechnung der Wärmeinhalte aus spezifischen Wärmen.

§ 194. Wir wählen 1 Mol eines Stoffs, z. B. eines Gases, etwa H_2, und wollen erfahren, welchen Wärmeinhalt dieses Mol (2 g) gewonnen hat, wenn es bei festgehaltenem Volumen von $-273{,}09^0$ auf $+18^0$ erwärmt worden ist. Wir wollen dabei die unterhalb $-273{,}09^0$ möglicherweise in ihm enthaltene Wärmemenge nicht mit einrechnen. Da diese Temperatur als absoluter Nullpunkt festliegt, so ist ohnehin ein Wärmeinhalt darunter einstweilen nicht vorstellbar. Daher nennen wir $T = 0$ die untere Definiertheitsgrenze der Temperatur und aller ihrer Funktionen. Tragen wir die experimentell gemessenen Molarwärmen nach oben, die Temperaturen nach rechts auf, so erhalten wir eine Reihe von Punkten.

Es ist eine Annahme, daß die sämtlichen nichtgemessenen Punkte auf einer die gemessenen *stetig* verbindenden Kurve liegen müßten. Doch hat man in der ganzen Naturwissenschaft solche Annahmen über die verschiedensten Funktionen gemacht. Denn wo man neue Punkte maß, da fielen sie „praktisch" auf eine solche Kurve. Bedenkt man freilich unsere Messungsfehler, so wird man an der Strenge des Schlusses zweifeln. Denn eine jede in ausreichend kleine Zickzackstufen ge- Annahme des stetigen Naturverlaufs brochene Kurve, die also aus abgerissenen Stufen ausreichend kleinen Abstands bestände (Abb. 151), käme gleichfalls mit der Erfahrung innerhalb der Fehlergrenzen überein. Sie entspräche einem unstetigen Naturverlauf. Und eine nur jeweils geknickte, aber unzerrissene Kurve täte denselben Dienst. Wir werden später sehen, wie berechtigt derartige scheinbar sehr formale Zweifel in Wirklichkeit sind. Denn die Molekulartheorie fordert in der Tat derartiges. Das ändert natürlich nichts daran, daß wir uns bei ausreichend kleinen Stufen der Kurve *praktisch* nicht darum zu kümmern brauchen.

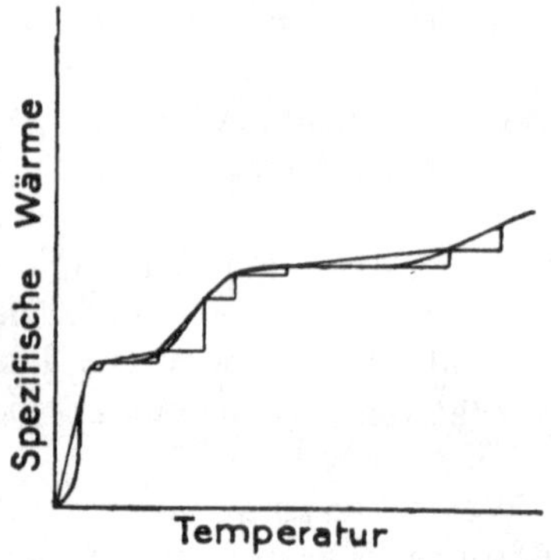

Abb. 151.
Molarwärme des Wasserstoffgases als Funktion der Temperatur.

Interpolation und Extrapolation

Wir dürfen also, wenn wir nicht zu allzu kleinen Wärmemengen übergehen, in der Tat bestimmt die Punkte als stetig aneinandergereiht ansehen und erhalten so eine *interpolierte* Kurve. Freilich nur *zwischen* den beobachteten Punkten. Denn unterhalb des tiefsten gemessenen Punkts käme eine *Extrapolation* in Frage und diese wäre hier an Hand der beobachteten Punkte willkürlich und unzulässig. Nach W. Nernst gibt die Fortsetzung der Kurve bis zum absoluten Nullpunkt der allgemeinen Form nach ungefähr das in der Kurve angegebene Bild, das wir für unsere Rechnung einmal als richtig annehmen wollen.

Molarer Gesamtwärmeinhalt des Wasserstoffs zwischen $-273{,}09^0$ und $+18^0$. Dimensionsbetrachtung. Wärmemengen dargestellt durch einen Flächeninhalt

Wir stellen jetzt die Frage: Wie groß ist die Wärmemenge, die einem Mol H_2-Gas bei konstant erhaltenem Volumen zuzuführen ist, um es von $-273{,}09^0$ auf $+18^0$ zu erwärmen?

Dazu fragen wir zuerst nach der *Größenart* der in der Abb. 151 aufgetragenen Größen. Die *Molarwärme ist Wärmemenge dividiert durch Temperatur*[1]; aufgetragen nach oben. Nach rechts eine Temperatur. Also ergibt das Produkt beider Größen eine Wärmemenge. Multipliziert man die *Ordinate*, die zu einem beliebigen Temperaturpunkt T_n gehört, mit anderen Worten: die *Molarwärme* mit einem sehr kleinen Temperaturzuwuchs ΔT_n, so bedeutet das Produkt die Wärmemenge, die man einem Mol bei T_n zuführen muß, um die Temperatur auf $T_n + \Delta T_n$ zu erhöhen. Freilich muß man den Zuwuchs sehr klein nehmen. Denn wenn man rechnet wie eben geschehen, so setzt man doch voraus, daß die Molarwärme in dem Intervall T_n bis $T_n + \Delta T_n$ konstant, also durch eine horizontale Gerade gegeben sei, und das ist doch nur genähert der

[1] Im Fall man Mol als Masse zählt. Nimmt man es aber wie meist als Relativzahl (reine Zahl), so ist

$$\text{Molarwärme} = \frac{\text{Wärmemenge}}{\text{Masse Temperatur}}.$$

Doch ändert diese zwiefache Möglichkeit an diesen anschließenden Erwägungen nichts.

Fall. Immerhin, zerlegt man die ganze zwischen Kurve und Abszissenachse gelegene Fläche, die nach rechts von der zu 18° gehörigen Ordinate begrenzt wird, in lauter sehr schmale Rechtecke durch Fällen einer Unzahl senkrechter Geraden, also Ordinaten, so erscheint die ganze Wärmemenge, die zwischen − 273,09° und + 18° zuzuführen ist, als die Summe der Flächeninhalte dieser Rechtecke. Genau allerdings wären die Rechtecke durch Flächen mit einer gekrümmten Seite zu ersetzen. Aber nur dann, wenn wirklich die Molarwärme stetig längs einer gekrümmten Kurve anstieg (was, wie angedeutet, in *vollster* Strenge wegen der Molekularstruktur des Gases nicht zutrifft), und wenn man die Rechtecke nicht sehr schmal macht. Tut man freilich letzteres, dann kann man es erreichen, daß die Abweichung der Rechteckform von der gekrümmt begrenzten in die heutigen Fehler fällt. Denn die wahre Kurve — angenommen es *wäre* eine stetige — kann doch auch ein wenig höher oder tiefer liegen als die gemessene und das käme aufs selbe heraus wie die Wahl eines geeigneten Rechtecks statt der krummbegrenzten Fläche. Wir müssen also nur noch sehen, wie wir die Summe der Flächeninhalte der Rechtecke bestimmen. Man kann es rechnerisch machen, aber dies wäre sehr unpraktisch, weil man doch viel bequemer die Kurve auf Millimeterpapier aufträgt und die Summe der kleinen Quadrate abzählt oder etwa ein Planimeter benützt.

Oder man schneidet ein Stück von dem Papier aus, dessen Größe gerade dem Wärmeinhalt 100 cal entspricht, wägt es, schneidet dann die ganze Fläche zwischen Kurve, Abszissenachse und Ordinate T aus und wägt dieses Stück. Das Verhältnis beider Stücke gibt den Faktor, der mit 100 multipliziert die Zahl der Kalorieen angibt.

Man nennt die Summe aller der kleinen Flächenstücke, also die Größe des *Ganzen* das *bestimmte Integral* zwischen − 273,09° und + 18° genommen und schreibt es: **Bestimmtes Integral**

$$\int_{-273,09}^{+18} \frac{dQ}{dT} \cdot dT = \int_{-273,09}^{+18} c\, dT, \tag{58}$$

worin c die Molarwärme $= dQ/dT$ bedeutet. In dieser Schreibweise, worin das Integralzeichen $\int$ noch die Summe bezeichnet, ein langgestrecktes S, nennt man —273,09° die *untere*, + 18° die *obere Grenze des Integrals*, zwischen denen es sich *erstreckt*, oder zwischen denen es genommen wird. T heißt die *Integrationsvariable* und c der *Integrand*. **Jedes bestimmte Integral ist also eine Summe von Produkten gleicher Form, aber allenfalls verschiedener Größe,** die sich zwischen zwei verschiedenen, als Grenzen bezeichneten Zahlwerten der Integrationsveränderlichen erstreckt. Deshalb ist auch die *Größenart (Dimension) eines Integrals immer gleich der des Produkts der Integrationsveränderlichen in den Integranden.* Dieses aber ist deshalb immer anzugeben, weil sein endlicher Teil (in unserem Beispiel c) der elementaren Mathematik angehört und daher wie dort behandelt wird, der Zuwuchs der Integrationsvariablen aber (hier dT)

Grenzen des Integrals

Integrationsvariable und Integrand

Dimension eines Integrals

einen Unterschied, also eine *Differenz zweier Größen von der Dimension der Integrationsvariabeln* bedeutet. Dieser Zuwuchs wird ein *Differential* genannt, da er unendlich klein gedacht wird. Die Größenart eines Differentialquotienten ist natürlich gleich der des Differenzenquotienten.

Differential

In allen Fällen, wo der Integrand graphisch gegen die Integrationsvariable aufgetragen durch eine nicht *ganz* einfache Kurve bekannter Art dargestellt ist, wird, man, wie wir beschrieben, nicht rechnerisch, sondern *graphisch integrieren.*

Graphische Integration

Kalorimetrie

5. Die Methode der Kalorimetrie.

§ 195. Wir könenn jetzt kalorimetrische Messungen genauer anstellen, als oben beschrieben.

Grundsätzlich mißt man, wie wir sahen, Wärmemengen, indem man sie ins Kalorimeter, in eine (z. B. in g) gewogene Wassermenge einbringt und die erzeugte Temperaturerhöhung mit der Menge des Wassers multipliziert. Dabei wählt man, um nicht wegen der Veränderlichkeit der spezifischen Wärme des Wassers berichtigen zu müssen, die Anfangstemperatur zu rund 17° und die Endtemperatur höchstens 2° höher, so daß mithin die Wassermenge schon auf die Größenordnung der zu erwartenden Wärmemenge mittels Vorversuchen abgepaßt wurde.

Fehler vom Wärmeaustausch

Die Messung krankt grundsätzlich und immer an dem Fehler, daß ein Wärmeaustausch mit der Kalorimeterumgebung besteht, folglich die Temperaturänderung nicht bloß von der absichtlich eingebrachten Wärmemenge abhängt. Dieser Fehler fällt nur dann weg, wenn Kalorimeter und Umgebung in jedem Augenblick genau dieselbe Temperatur haben. Denn Wärmeleitung ist an die Gegenwart von Temperaturdifferenzen gebunden. Bekanntlich gilt, wenigstens wenn die Unterschiede klein sind, für die Änderung dt der Anfangstemperatur t_a durch Austausch mit einer Umgebung der Temperatur t_u das *Newtonsche Abkühlungsgesetz.* Danach ist die Änderung in einem Zeitelement dz dessen Größe und der der Temperaturdifferenz $t_a - t_u$ proportional

Newtonsches Abkühlungsgesetz

$$dt = a\,.(t_a - t_u)\,dz\,. \tag{59}$$

Wenn die Temperaturdifferenz $t_a - t_u = 0$, d. h. $t_a = t_u$ ist, so ist dt gleich Null, d. h. die Temperatur ändert sich gar nicht, und in summa findet alsdann kein Wärmeaustausch statt. Hier liegt jedoch ein Unterschied gegen einen analogen Fall aus der Elektrizitätslehre vor. Denn hier findet überhaupt kein Elektrizitätsaustausch statt, wenn die *elektrische Spannungsdifferenz* zwischen zwei Körpern *gleich Null* ist. Da herrscht vielmehr *statisches Gleichgewicht.* Bei *Gleichheit der Temperaturen* aber von zwei Körpern haben wir, nur dynamisches oder *statistisches Gleichgewicht.* Denn hier sind bloß die Wärmeströme einander gleich, die die Körper einander zusenden.

Adiabatische Kalorimeter

Es gibt Kalorimeter, wo die Temperatur der Umgebung stets der des Apparats genau gleich ist, z. B. diejenigen, wo man künstlich die

Umgebung den Temperaturgang des Kalorimeters mehr oder minder selbsttätig nachmachen läßt. Dann aber vor allem die, wobei eine Temperatur*änderung* überhaupt vermieden wird. Dahin gehört z. B. das Bunsensche Eiskalorimeter, wo man aus der Menge aufgeschmolzenen Eises auf die aufgenommene Wärmemenge schließt. 80 cal verbraucht die Schmelzung von 1 g Eis. Hier hat man nur das ganze Kalorimeter auch in Eis einzupacken und dann fällt jede Notwendigkeit einer Berichtigung wegen Wärmeaustauschs mit der Umgebung weg, weil solcher insgesamt überhaupt nicht stattfindet. Kalorimeter mit konstanter Temperatur

Meistens freilich arbeitet man mit dem Kalorimeter, das Temperaturänderungen anzeigt und mit der Umgebung Wärme austauscht, also mit dem Wasserkalorimeter. Wir wollen sehen, wie man hier grundsätzlich die Berichtigung durchführt. Genauer findet man das Verfahren in der Einführung (80ff.) besprochen.

Der Wärmeaustausch mit der Umgebung kann nur durch *Bestimmung der zwei Unbekannten im Newtonschen Abkühlungsgesetz*, nämlich der *Umgebungstemperatur* t_u und der *Abkühlungskonstanten* a ermittelt werden. Man hat also zwei Gleichungen nötig, falls beide Größen während der Messung ausreichend konstant bleiben. Man erreicht dies, wenn man die Umgebungstemperatur unter Vermeidung von Durchzug usw. tunlichst konstant hält und an der apparativen Anordnung nichts ändert, sowie bloß sehr kleine Temperaturänderungen, höchstens 1° im Kalorimeter zuläßt. Die beiden letzteren Bedingungen gelten der Konstanthaltung von a. Konstanthaltung von Umgebungstemperatur und Abkühlungskonstante

Zur Gewinnung der beiden nötigen Gleichungen verfolgt man *vor* und *nach* der Wärmezufuhr zum Kalorimeter seine selbsttätige Temperaturänderung während je rund 10′. Diese Zeitabschnitte heißen die *Vor-* und *Nachperiode.* Man trägt die unmittelbar gemessenen Zahlen, die an einem sehr empfindlichen (Beckmann-) Thermometer (Einführung 52ff.) abgelesen werden, nach oben, die Zeiten nach rechts in Millimeterpapier ein und erhält dann eine Kurve, die Abb. 152 zeigt. Man kann dann am einfachsten die Punkte der Vorperiode untereinander verbinden und die so entstehende Linie, die *gerade sein soll*[1], zu wachsenden Zeiten fortsetzen und bei der Nachperiode analog verfahren, bloß hier nach abnehmenden Zeiten hin fortsetzen. Vereinigt man eine Newtonsche Gleichung für ein Zeitintervall der Vorperiode mit der für ein gleich großes der Nachperiode und dividiert beide Gleichungen, so fällt nach Vor- und Nachperiode; Bestimmung der Austauschkorrektion

$$\frac{dt_v}{dt} = \frac{t_v - t_u}{t_n - t_u} \tag{60}$$

die Größe des Gradintervalls und die Abkühlungskonstante a heraus und man kann die Gleichung nach der Umgebungstemperatur t_u auflösen, so daß man erhält:

[1] Das ist durch ausreichende Wärmeisolierung anzustreben.

$$\frac{t_n \cdot \frac{d\,t_v}{d\,t_n} - t_v}{\frac{d\,t_v}{d\,t_n} - 1} = t_u\,. \tag{61}$$

Man kann ebenso viele Einzelwerte von t_u berechnen, als man Zahlenpaare hat und bildet dann das Mittel. Das setzt man in die Newtonsche Gleichung für jedes einzelne Zeitintervall von Vor- und Nachperiode ein, erhält daraus die Größe a und nimmt auch daraus wieder das Mittel. Jetzt kann man die Korrektion an der Hauptperiode anbringen, die etwa durch die S-förmige Kurve in der Abb. 152 dargestellt ist. Ihr *Anfang* ist durch den beherrschbaren Beginn der äußeren Wärmezufuhr *scharf gegeben* bei z_0. Aber ihr *Ende* wird *nur „asymptotisch"* erreicht und man erkennt es nur daran, daß von ihm ab die Nachperiode wieder geradlinig verläuft. Da es etwas zweifelhaft bleiben wird, wohin man es legen soll, so rechnet man zweckmäßig mit den *beiden* äußersten Lagen, die einem mit der Nachperiode noch verträglich erscheinen, mit den beiden verschiedenen Punkten z_2. Die Unsicherheit macht leicht erheblich viel aus.

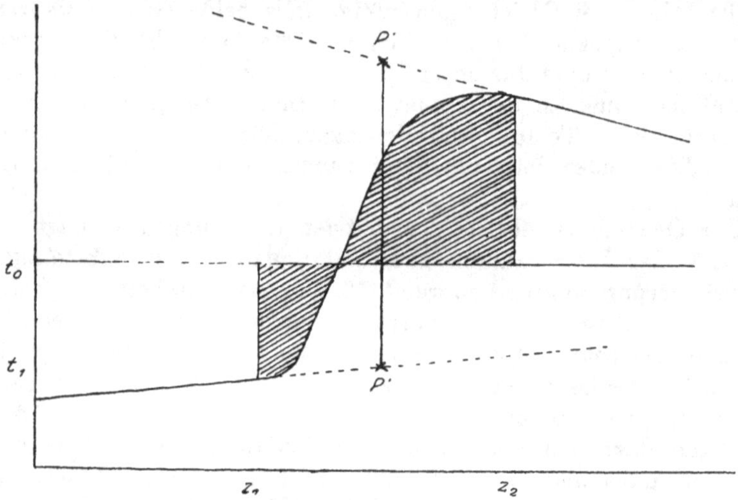

Abb. 152. Wärmeaustauschkurve. Der Betrag des Integrals ist die Differenz der beiden schraffierten Flächen. Unter t_0 ist hier t_u zu verstehen.

Um jetzt die Korrektion an der Kurve der Hauptperiode anzubringen, müßte man für jeden Augenblick von ihr, d. h. für jedes Zeitelement $d\,z$ (z. B. $^1/_2$ Minute) und für das in ihm herrschende mittlere t mittels a und t_u aus der Newtonschen Gleichung ausrechnen, welchen Betrag man als $d\,t$ zuzufügen oder bei Wärmezufuhr durch die Kalorimeterwände abzuziehen hat. Liegt t_u, wie in der Abb. 152 gezeichnet, so hat man *unter* dem Strich abzuziehen, darüber zuzufügen. Die Summe aller dieser Größen zwischen zwei Zeiten z_2 und z_1 gibt offenbar die Gesamtberichtigung, die an der in diesem Zeitintervall *abgelesenen*

Gesamttemperaturänderung anzubringen ist. Für ein kleines Intervall ist sie offenbar

$$-a(t-t_u)\,dz \tag{62}$$

nach dem Newtonschen Gesetz und für die gesamte Zeit muß man danach das bestimmte Integral

$$t' = -a\int_{z_1}^{z_2}(t-t_u)\,dz \tag{63}$$ Austausch-integral

addieren, das wieder wie oben einfach durch Abzählen der Quadrate oder durch Wägen des Flächenstücks bestimmt wird. Liegt, wie das sein soll, die Umgebungstemperatur zwischen Anfangs- und End-temperatur, so besteht das Integral aus zwei Stücken entgegengesetzten Vorzeichens, die sich in dem in der Abb. 153 bezeichneten Fall aufheben können. Dann und nur dann erhält man die richtige Temperaturänderung einfach durch die schon in der Anfangsabbildung erwähnte Fortsetzung der Vorperiode nach vorwärts, der Nachperiode nach rückwärts und Halbierung der Versuchsdauer. Die Senkrechte durch den Mittelpunkt der Hauptperiodendauer nämlich schneidet dann genau den berichtigten Temperaturunterschied (Null) zwischen den Schnittpunkten mit den Geraden von Vor- und Nachperiode aus. Man benutzt zwar dies Verfahren auch sonst sehr oft, aber wie Abb. 152 zeigt, sehr mit Unrecht, weil die Fehler dann noch recht bedeutend sein können. Andere Berichtigungsmethoden s. Einführung 47 ff.

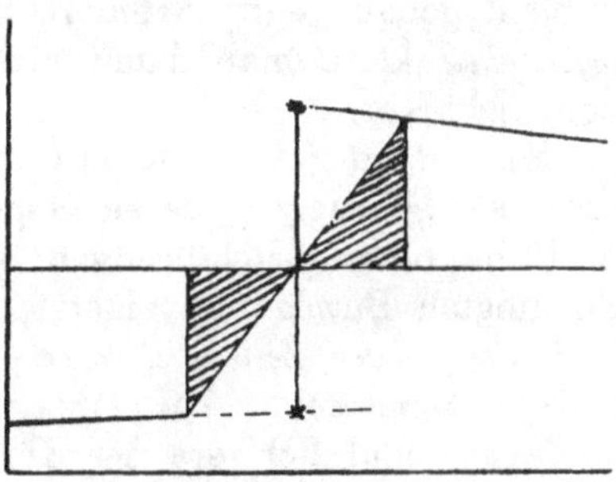

Abb. 153. Wärmeaustauschkurve, wenn der Austausch Null wird.

Die apparativen Einrichtungen, deren man zu chemischen kalorimetrischen Messungen bedarf, findet man teils in der Einführung S. 80 ff., teils werden sie weiter unten besprochen.

2. Das Gesetz von der Erhaltung der Energie.

(I. Hauptsatz der Thermodynamik; Energieprinzip.)

I. Kraft; Arbeit; Energie; Bewegungsgröße (Impuls).

§ 196. a) Kraft. Die Bildung des physikalischen Kraftbegriffs erfolgt ähnlich wie die des Temperaturbegriffs. Man geht von der Möglichkeit aus, durch eigene Muskelkraft einen Körper aus dem Zustand der Ruhe in den der Bewegung oder aus dem Zustand der geradlinigen gleichförmigen Bewegung in den der beschleunigten (bzw. verlangsamten) Kraft

Bewegung zu versetzen. Man beobachtet dabei, daß der *mit den Nerven fühlbare* Kraftaufwand steigt, wenn man eine größere *Beschleunigung* eines gegebenen Körpers erzielt. Und daß er ebenfalls steigt, wenn die *Menge* des Körpers zunimmt. Man setzt also den Erfahrungssatz an: Was wir von alters her Muskelkraft nennen, steigt mit Menge und Beschleunigung des bewegten Körpers. Körper aus verschiedenem Stoff brauchen verschiedene Kraftleistungen, auch wenn sie gleich groß sind. Daher nennen wir sie verschieden schwer.

Normalmasse

Hier beginnt die physikalische Begriffsbildung. Man setzt eine *Normalmasse* fest, auf deren Bewegung man sich stets beziehen will, nämlich die von 1 ccm reinen Wassers beim Zustand größten spezifischen Gewichts, also ziemlich genau bei 4° C. Diese Masse läßt sich mit anderen durch den Muskelsinn vergleichen, aber solche Schätzung ist nicht genau genug definiert und mehr als ungefähre *Gleichheit* oder *Ungleichheit* kann man damit nicht feststellen. Denn ein Maßstab liegt noch nicht vor.

Man nennt jetzt jede physikalische *Bedingung* (dieser Ausdruck ist besser als „Ursache"), deren Gegenwart einen Körper aus dem Zustand der Ruhe oder gleichförmigen geradlinigen Bewegung in den der beschleunigten Bewegung versetzt, eine *Kraft.* Ihre *Größe* soll *durch die Größe der in der Zeiteinheit erzeugten Beschleunigung gemessen* werden und *ihr proportional* sein. Die *Proportionalitätskonstante* soll die Abhängigkeit von Menge und Schwere des Körpers ausdrücken und heißt *seine Masse.* Also

Definition von Kraft

$$\textit{Kraft} = \textit{Masse}.\textit{Beschleunigung}.$$

Damit ist der physikalische Kraftbegriff definiert, und sein Sinn ist damit vollkommen erschöpft.

Geschwindigkeitseinheit. Definition der Beschleunigung

Die Einheit der Geschwindigkeit ist 1 cm in der Sekunde. *Beschleunigung im physikalischen Sinn ist nicht gleichbedeutend mit dem gewöhnlichen Sinn dieses Worts, der* **nur** *eine Zunahme einer Geschwindigkeit, also selbst eine* **Geschwindigkeit** *bedeutet.* Der *physikalische Begriff Beschleunigung* ist definiert durch die Zunahme einer Geschwindigkeit (oder, wenn negativ, durch ihre Abnahme), **dividiert durch die Zeit, worin diese erfolgt.** Also:

Geschwindigkeit und Beschleunigung sind Differentialquotienten

$$\text{Beschleunigung} = \frac{\text{Geschwindigkeitsänderung}}{\text{zugehöriger Zeitzuwuchs}}. \qquad (64)$$

Die Beschleunigung ist also der Differentialquotient der Geschwindigkeit nach der Zeit. Man mißt sie durch die Sekundenzahl, worin diese erfolgte.

Die Geschwindigkeit kann man gleichfalls als Differentialquotient auffassen: $\frac{\text{Wegzunahme}}{\text{Zeitzunahme}}$, also als den Differentialquotienten des Wegs nach der Zeit.

Einheit der Masse

Die Einheit der Masse, die wir bereits durch Festsetzung definiert haben, ist die von 1 Gramm.

Die Wage läßt den Einfluß der Schwerkraft verschiedener Massen vergleichen, weil die Beschleunigung, die verschiedene Massen am selben Ort durch die Schwere erleiden, beim Fallen im leeren Raum bekanntlich gleich ist. Schwerkraft und Masse, d. h. mit anderen Worten ausgedrückt, Gewicht und Masse sind am selben Ort einander streng proportional. Unter Gewicht verstehen wir danach eine Kraft. Messung der Masse mit der Wage

Bezeichnen wir jetzt Größen von der *Art* einer Länge durch l, solche von der Art einer Zeit durch t, solche von der Art einer Masse durch m, so können wir für die neu definierten Begriffe folgende *Art*-Formeln oder, wie man meist sagt, *Dimensionsformeln* aufstellen: Dimensionsformeln

$$\begin{aligned} &\text{Geschwindigkeit} = l.t^{-1}, \\ &\text{Beschleunigung} = l.t^{-2}, \\ &\text{Kraft} = m\,l\,t^{-2} \text{ (falls } \textit{Schwer}\text{kraft, gleich } \textit{Gewicht}\text{)}, \\ &\text{Masse} = m. \end{aligned} \qquad (65)$$

Diese Formeln muß man kennen, da sie zur *Entscheidung über die Art-Richtigkeit von Gleichungen* unentbehrlich sind, also zur Entscheidung darüber, ob rechts und links in der Gleichung gleichbenannte, d. h. gleichartige Größen stehen. Denn bekanntlich kann man *Un*gleichartiges einander nie gleichsetzen, auch wenn die Zahlenbeträge zufällig übereinstimmen sollten. Ist eine Gleichung artrichtig, so nennt man sie meist *dimensionsrichtig*; diese Bezeichnungen sind gleichbedeutend. Dimensionsrichtigkeit von Gleichungen

Die Dimensionsformeln haben den weiteren Vorzug, den Einfluß einer Abänderung *der Maßeinheiten* (z. B. Länge in m statt in cm) wie den der letzteren überhaupt aufs schnellste übersehen zu lassen. So geht die Zeit in die Geschwindigkeit in erster Potenz ein. Deshalb wird letzteres bei Minuten statt Sekunden 60 mal so groß. Denn Zeit steht im Nenner. In die Beschleunigung aber geht die Zeit im Quadrat ein. Daher wird ihr Zahlwert bei Übergang von Sekunden zu Minuten 60.60 mal so groß usf. Einfluß anderer Wahl der Maßeinheiten beurteilt aus der Dimensionsgleichung

§ 197. b) Arbeit. Wenn man die Wirkung einer Kraft über einen gewissen Weg hin überwunden, also z. B. eine Masse über eine gewisse Strecke hin angetrieben hat, so *fühlt* man, daß man eine gewisse *Arbeit* geleistet hat. Man hat diesen Namen für den Fall beibehalten, daß eine nichtmenschliche Kraft, eine „physikalische" Kraft irgendeine mechanische oder elektrische z. B., über einen gewissen Weg hin gewirkt hat, und *definiert* jetzt den physikalischen Begriff Arbeit durch die Gleichung: Arbeit Definition von Arbeit

$$\textbf{Arbeit} = \textbf{Kraft.Weg.} \qquad [\text{Arbeit}] = m\,l^2\,t^{-2}. \qquad (66)$$

Dies ist also eine formal ableitbare Begriffsbestimmung ganz wie etwa Stromstärke, Feldstärke, Flächendichte in der Elektrizitätslehre. Ähnlich müssen wir jetzt noch einige Größendefinitionen aus der Mechanik kennen lernen.

Wirkt eine Kraft ziehend, etwa an einer Seitenlänge, so wirkt sie auf ein linear erstrecktes Gebilde: den Rand der Lamelle. Die Bean- Spannung spruchung der Lamelle wird dabei von der Länge des Rands abhängen, worauf die Kraft verteilt ist. Man definiert als *Spannung* das *Verhältnis der Kraft zu der Länge, worauf sie wirkt.* Also

$$\frac{\text{Kraft}}{\text{Länge}} = \text{mechanische Spannung; } m\,t^{-2}. \qquad (67)$$

Die Kraft kann auch auf einen Punkt *allein* wirken, da ist sie *Kraft schlechtweg,* da ein Punkt keine Erstreckung hat. Der Punkt, auf den sie unmittelbar wirkt, heißt der *Angriffspunkt.*

Angriffspunkt einer Kraft

Wirkt eine Kraft wie etwa die Schwere der irdischen Gashülle auf eine Fläche, so hängt ihre Wirkung von der Größe der Fläche ab. Je kleiner diese bei gleicher Kraft, desto größer der *Druck.*

Definition von Druck

Man hat also die Definition:

$$\text{Druck} = \frac{\text{Kraft}}{\text{Fläche}} = m\,l^{-1}\,t^{-2}. \qquad (68)$$

Druckeinheiten: kg/qcm; Atmosphären; mm Hg

Man mißt Drucke meist mit Hilfe von *Vergleichsdrucken* besonderer Art. Entweder man greift auf die technische Krafteinheit, das Kilogrammgewicht zurück und zählt in kg/qcm. Oder man wählt die ihr fast gleiche Einheit 1 Atmosphäre. Das ist der Druck einer 76 cm hohen, in Meereshöhe unter 45° geographischer Breite bei 0° senkrecht aufgestellten Hg-Säule auf einen qcm. Oder endlich nimmt man die 760 mal so kleine Einheit: mm Hg-Höhe.

Krafteinheit Dyne = 1,02 mg

Die wissenschaftliche Krafteinheit, die *Dyne, ungefähr gleich dem* **Gewicht** *von 1,02 mg* ist dadurch definiert, daß sie der Masse 1 g in einer Sekunde den Geschwindigkeitszuwuchs 1 cm pro Sekunde erteilt. Sie ist für die meisten Zwecke zu klein, so daß man mit ihr meist unhandlich große Zahlen bekommt.

Immerhin ist sie für so kleine Kräfte, wie sie an Flüssigkeitslamellen angreifen, recht praktisch und man mißt in der Tat die Spannungen an solchen in Dyn/cm. Die *Einheit der Arbeit* ist 1 Dyn × 1 cm und heißt *1 Erg.*

Einheit der Arbeit 1 Erg

Wenden wir uns zu den Arbeiten, die von Kräften, Spannungen und Drucken geleistet werden: Es bestehen die Dimensionsgleichungen:

$$\text{Kraft.Weg} = \text{Spannung.Fläche} = \text{Druck.Volumen} = \text{Arbeit}. \qquad (69)$$

Das ergibt sich ohne weiteres aus den Dimensionen. Allerdings *genügt bloße Dimensionsgleichheit* nicht. Sondern man muß zugleich noch die *funktionale* Verknüpfung der Größen angeben. Also die Kraft mal dem Weg, über den hin sie wirkte. Spannung mal der Fläche, über welche hin sie wirkte und endlich Druck mal dem Volumen, worüber er wirkte. Es sei schon vorausgeschickt, daß es *Größen gleicher Dimension, aber verschiedener Bedeutung* gibt. Aber immerhin können Größen *verschiedener* Dimension *nie* gleichbedeutend sein.

Großen gleicher Dimension konnen verschiedene Bedeutung haben

Man kann ein Gewicht heben, wobei man Arbeit gegen die Schwere leistet, und dann das Gewicht loslassen, worauf es auf der ursprünglichen Unterlage mit einer „lebendigen Kraft" aufschlägt. Die *potentielle Energie,* die man dem Gewicht durch die Hebung verlieh und die man

Lebendige Kraft. Potentielle Energie

durch die *Hebungsarbeit* mißt und ihr gleich setzt, steht erfahrungsgemäß in einem genauen Zusammenhang mit der Geschwindigkeit v, die die Masse m im Augenblick des Aufschlagens hat und dem Betrag dieser Masse. War die Höhe H, das Gewicht G, so ergibt die Mechanik:

$$H . G = \frac{m v^2}{2} . \tag{70}$$

Die Größe auf der rechten Seite hat ersichtlich die richtige Dimension, denn man erhält die Dimensionen

$$l . m l t^{-2} = m . (l . t^{-1})^2 . \tag{71}$$

Die Größe auf der rechten Seite heißt die *lebendige Kraft* oder *kinetische Energie* der fallenden Masse. In dieser Gleichung liegt das seit sehr langem bekannte Gesetz von der Erhaltung der lebendigen Kraft. Man kann offenbar beliebig oft die potentielle in kinetische Energie umwandeln und umgekehrt. Kinetische Energie — Erhaltung der lebendigen Kraft

§ 198. **c) Bewegungsgröße.** Weniger anschaulich ist eine letzte Größe, deren Definition wir im Anfang des Buchs (S. 26) kennen lernten und wiederholen müssen. Der *Antrieb*, den eine Masse unter dem Einfluß einer Kraft erfährt, die *Stoßheftigkeit*, der *Impuls*, ist offenbar *nicht* durch die Kraft *allein* gegeben, sondern muß um so größer sein, je länger die Zeit ist, innerhalb der die Kraft wirkt. D. h. er ist der Kraft und der Zeit, worin sie wirkt, proportional:

$$\text{Impuls} = \text{Zeit} . \text{Kraft} = \textit{Bewegungsgröße};\; m l t^{-1} . \tag{72}$$

Die Bewegungsgröße ist also das Produkt aus Masse und Geschwindigkeit. Für sie gilt ebenfalls ein *Erhaltungsgesetz*, wovon wir schon bei Betrachtung der Molekelstöße Gebrauch machten, nämlich *bei vollkommen elastischem* (also nicht mit bleibenden Gestaltsänderungen verbundenem) Stoß. Hier ist der Betrag der Bewegungsgröße vor dem Stoß seinem absoluten Zahlwert nach (d. h. abgesehen vom Vorzeichen) derselbe, wie nach dem Stoß. *D. h. eine gegebene bewegte Masse wird beim Abprallen von einer ruhenden Masse nur eine Richtungsänderung, aber keine der Geschwindigkeit erfahren.* Bewegungsgröße (Impuls) — Erhaltung der Bewegungsgröße bei elastischem Stoß

Berücksichtigt man die Vorzeichen, so wird eine senkrecht aufprallende Masse erstens ihre Geschwindigkeit abgeben, d. h. verlieren und zweitens die entgegengesetzte aufnehmen. Die Wand überträgt also, wie wir bereits schon früher sahen, an die Masse den *doppelten* Betrag der Bewegungsgröße. Der eine Teil wird zur Vernichtung der Anfangsgeschwindigkeit, der zweite zur Verleihung der neuen an die Masse übertragen.

II. Das mechanische Wärmeäquivalent.

Mechanisches Wärmeäquivalent

§ 199. Im Jahr 1842 entdeckte der Heilbronner Arzt Julius Robert Mayer durch Beobachtungen auf einer großen Seereise, ähnlich wie Darwin angeregt, das Grundgesetz der heutigen Naturwissenschaft, **das Gesetz von der Erhaltung der Energie** (der Kraft, wie er es nannte, Entdeckung des Energieprinzips obwohl er nicht die von uns oben definierte Kraft, sondern eine Arbeitsgröße darunter verstand).

Der Zunft fern, mit seinen ersten grundlegenden Abhandlungen von der damals führenden physikalischen Zeitschrift abgewiesen — sie wurden ihm nicht einmal zurückgesandt — von H. v. Helmholtz im Referat leichthin übergangen, in seiner Umgebung nicht verstanden und wegen angeblich abstruser Gedanken in seiner geistigen Gesundheit angezweifelt, verfiel er schließlich infolge dieser Mishandlung in schwere Depression und wurde mit brutalen Mitteln „symptomatisch" behandelt im Irrenhaus; doch mit seiner Leistung, der Ursache all dieses Unglücks, befaßte man sich nicht in seiner Heimat. Tyndall, der durch v. Helmholtz' Referat irrtümlich zu dem Urteil gekommen war, Beschäftigung mit Mayers Arbeit lohne kaum die Mühe, wollte vollständigkeitshalber die Abhandlungen doch kennen lernen, ließ sie sich senden und erkannte sogleich ihre überragende und grundlegende Bedeutung, sowie Mayers Priorität als Bahnbrecher. Seinem unermüdlichen Eintreten verdankt man es, daß Mayer, wenn auch spät und um vieles gebracht, mit erschütterter Gesundheit endlich die Anerkennung genoß, die, beizeiten ihm gewidmet, ihn zu weiteren Großtaten befähigt haben könnte. Auch den zweiten Hauptsatz der Thermodynamik, das zweite große Grundgesetz, findet man bei ihm schon mit genialer Sicherheit empfunden. Und das schon ungefähr zu einer Zeit, als v. Helmholtz das Energieprinzip mit seinem glänzenden mathematischen Rüstzeug ausbauend, eben diesem zweiten Hauptsatz nicht entsprechende Ableitungen gab.

Auch v. Helmholtz, der den mathematisch-physikalischen Ausbau des Energieprinzips nach allen Seiten genial vollzog, hat später Mayer öffentlich und wiederholt anerkannt, aber für Mayers Schicksal viel zu spät.

Wichtige genaue Versuche zur Bestätigung des Satzes hat der Bierbrauer Joule angestellt.

Eine glänzende Darstellung des Energieprinzips hat in späteren Jahren der berühmte Physiker M. Planck gegeben.

Schaufelradversuch

Wir wollen den sogenannten Jouleschen Schaufelradversuch betrachten, um daran den Inhalt des Mayerschen Energiesatzes kennen zu lernen.

Graf Rumford zeigte, daß beim Ausbohren von Geschützrohren mit stumpfen Bohrern beliebige Wärmemengen erzeugt werden können. Ähnlich brachte Joule Wärme durch Reibung in einem Wärmebad hervor, indem er darin einen Schaufelrührer rotieren ließ, der das Bad beinahe ausfüllte, so daß der Flüssigkeit nur sehr wenig Raum blieb. Er wurde durch ein absinkendes Gewicht angetrieben. Die Beziehung zwischen Fallhöhe H des sehr langsam sinkenden Gewichts G und der Temperatursteigerung $t_1 - t_0$ im Bad wurde aufgesucht. Die letztere fand sich dem Produkt der beiden ersteren proportional:

$$H.G = C.(t_1 - t_0). \qquad (73)$$

Dabei handelt es sich um das *Gewicht* G, nicht um seine Masse; denn mit derselben Fall*masse* in einer anderen geographischen Breite angestellt, ergibt derselbe Versuch ein anderes, bei höherer Breite höheres $t_1 - t_0$.

Die Konstante C erwies sich der Masse der Badflüssigkeit und ihrer spezifischen Wärme, also der *Wärmekapazität des Bads* proportional, so daß man erhält

$$H.G = A.m.c(t_1 - t_0). \qquad (74)$$

Das Produkt aus Wärmekapazität mc und Temperaturzuwuchs $t_1 - t_0$ aber haben wir bereits als Wärmemenge kennen gelernt. Nennen wir sie Q, so erhalten wir die Gleichung:

$$H.G = A.Q. \tag{75}$$

Zählt man die 3 meßbaren Größen H, G, Q alle in bestimmten Einheiten, z. B. Meter, Gramm und cal, so ergibt die Erfahrung das höchst wichtige und ganz allgemeine Gesetz, daß *keinerlei Änderung der Versuchsanordnung imstand ist, den Zahlwert der Proportionalitätskonstante A zu verändern.* Das drückt man durch die Worte aus:

Aus einer gegebenen Menge potentieller Energie entsteht eine durch sie eindeutig gegebene Menge Wärmeenergie.

Oder: *Aus potentieller Energie entsteht immer eine ihr äquivalente Wärmemenge.*

Der Zahlwert von A heißt daher das *mechanische Äquivalent der Wärmeenergie.* Mechanisches Wärmeäquivalent

Es ist das *mechanische Wärmeäquivalent* 423,55 Metergramm/cal nach den heutigen genauesten Messungen. Der reziproke Wert davon heißt das kalorische Äquivalent der mechanischen Energie.

Der Zahlwert des mechanischen Wärmeäquivalents bedeutet, daß man 1 g 423,55 m hoch herabsinken lassen muß, um damit durch Reibung 1 cal in einem Bad zu erzeugen. Denn dann ist:

$$423{,}55\ \text{m.Gramm} = \left(423{,}55\ \frac{\text{Metergramm}}{\text{cal}}\right).1\ \text{cal}. \tag{76}$$

In der Existenz eines nur noch von den Maßeinheiten abhängigen, universell konstanten Wärmeäquivalents liegt das auf mechanische Energie und Wärme bezogene Gesetz von der Erhaltung der Energie. Man macht hier zwei Größen anscheinend verschiedener Dimension durch Zufügung des Äquivalentfaktors einander gleich ganz wie bisher. Denken wir bloß an das in dieser Hinsicht ganz analoge Gesetz von Faraday.

Man hat Grund dazu, in dieser Umwandelbarkeit hier mehr als ein formales Gesetz zu sehen. Sobald man nämlich jetzt nachträglich die Molekulartheorie beizieht, ergibt sich, daß man die Wärme eines Stoffs als die Summe der kinetischen und potentiellen Energieen aller seiner Teilchen auffassen kann. Dann erscheint unser neues Gesetz nur als eine Folge der Erhaltung der lebendigen Kraft. Aber es ist wichtig, zu erkennen, wie unser neues Gesetz *von der Richtigkeit oder Falschheit der Molekulartheorie ganz unabhängig ist.* Das wird sich noch deutlicher zeigen, wenn wir die Äquivalenz nicht bloß für mechanische und Wärmeenergie, sondern für Wirkungen auch noch anderer Art, elektrische und chemische aufzeigen. J. R. Mayer hat die ganz allgemeine Gültigkeit seines Satzes sehr wohl erkannt und *gerade* die allgemeine und *nicht molekulartheoretische Betrachtungsweise* hat damals wie heute dem Verständnis Schwierigkeiten gemacht. Molekulare Deutung des mechanischen Wärmeäquivalents

III. Das elektrische Wärmeäquivalent (Gesetz von Joule).

Joules Gesetz

§ 200. Joule legte einen Draht in ein Kalorimeter, durch den er einen elektrischen Strom leitete. Er fand die Wärmeentwicklung genau proportional der Versuchsdauer, der Stromstärke J und der Spannung E zwischen den aus dem Bad ragenden Drahtenden. So kommt man zu dem Satz:

Wärmemenge = Spannungsdifferenz × Stromstärke × Zeit.

Oder

$$Q(\text{cal}) = E.J.z.A'. \tag{77}$$

Die Proportionalitätskonstante A' hängt ganz wie beim mechanischen Wärmeäquivalent nur noch von den Einheiten ab und ist also im übrigen universell konstant. Sie heißt das kalorische Äquivalent der elektrischen Energie. Genaue Messungen haben ihren Betrag zu *0,2389* ergeben, bei Messung von E' in Volt, J in Weber (Ampere), z in Sekunden.

Elektrischer Effekt. Volt-weber = Watt = Volt-Ampere. Elektrische Energie-Einheit Joule

Das Produkt von Stromstärke und Spannung haben wir bereits als elektrischen *Effekt* kennen gelernt und in Volt-Weber gleich Watt gemessen. Das Produkt dieser Größe in die Zeit heißt jetzt *elektrische Energie* und wird in Wattsekunden gleich *Joule* gemessen. **1 Joule liefert also 0,2389 gleich rund $^1/_4$ cal.** Diese Zahl ist zu merken.

Der reziproke Wert heißt ganz entsprechend das elektrische Wärmeäquivalent und hat natürlich ungefähr den Zahlwert 4,2. Das Gesetz von Joule findet man oft mit dem Ohmschen vereint geschrieben:

$$A.Q = J^2.W.z. \tag{78}$$

Wir können jetzt wegen der Äquivalenz der 3 Energieen auch das mechanische Äquivalent der elektrischen Energie ausrechnen. Man erhält

$$423{,}55 . 0{,}2389 = 101{,}19 \text{ Metergramm} = 1 \text{ Joule}. \tag{79}$$

Da die Zahlwerte der elektrischen Einheiten in Rücksicht auf die Dyne gewählt sind, so ist leicht zu merken, daß, weil 1 Dyn.1 cm = 1 erg, so auch

10^7 Erg = 1 Joule

$$10^7 \text{ erg} = 1 \text{ Joule (gleichfalls zu merken)}. \tag{80}$$

In der Technik rechnete man oft mit einer anderen Effekteinheit als dem Watt, mit der sogenannten Pferdekraft PS. Die Pferdekraft hat die Dimension $\frac{\text{Energie}}{\text{Zeit}}$, ist also keine „Kraft". Sie ist

1 PS

$$1 \text{ HP} (= \text{horse power}) = \mathbf{1\ PS} = 75 \text{ kg Gewicht.Meter/sec.} = \mathbf{735\ Watt}. \tag{81}$$

Man rechnete technisch mit PSt. und meint damit *Pferdekraftstunden.* Eine PSt. ist daher 735 Wattstunden, d. h. *rund $^3/_4$ Kilowattstunde.*

Heute herrscht das Bestreben, mechanische wie elektrische Effekte nur noch in Kilowatt anzugeben.

Wichtige Zahlwerte

Man merkt sich zweckmäßig die Zahlen **423,55 gm für 1 cal** *und* **0,2389 cal für 1 Joule, 735 Watt für 1 PS.** *Alles andere ist daraus berechenbar.*

IV. Das Gesetz der Erhaltung der Energie.

Der I. Hauptsatz der Thermodynamik in allgemeiner Form.

I. Hauptsatz der Thermodynamik

§ 201. Wir verallgemeinern jetzt die erhaltenen Ergebnisse. Wenn die beiden Äquivalenzgesetze nicht gälten, so müßte es möglich sein, einen Apparat zu bauen, der eine der genannten Energiearten aus nichts erzeugt oder vernichtet. Wandelte man z. B. zuerst mechanische Energie mit einer gegebenen Maschine, sagen wir durch Absinken eines Gewichts und Drehen einer Dynamomaschine in elektrische Energie um und diese wieder durch Hereinschicken in einen Motor in mechanische zurück, so könnten wir vielleicht mit letzterem Schritt Energie erzeugen, das Gewicht also höher heben, als vorher. Mit diesem Überschuß könnten wir durch Drehen eines Schaufelrads Wärme hervorbringen. Und dies, trotzdem wir Motor und Dynamomaschine wieder im alten Zustand vor uns hätten. Es wäre also alles in der Welt im alten Zustand. Bloß wäre das Gewicht höher gehoben worden und bei seinem Absinken auf die alte Anfangshöhe wäre daraus Wärme gewonnen worden.

Wir hätten also keine Änderung in der ganzen Welt bewirkt, als einzig das Auftreten von einer gewissen, aus dem Unterschied von Dynamo- und Motorwirkung stammenden Wärmemenge. Solches Auftreten nennt man *Erzeugung von Wärme aus nichts*. Die Erfahrung zeigt aber, daß es unmöglich ist, den Äquivalenzfaktor der Energieumwandlung zu ändern. Also kann das Gewicht auch nicht höher gehoben worden sein. Daher kann auch keine Wärme aus nichts gewonnen werden. Wäre dies nun möglich gewesen, so hätten wir auch auf die absichtliche Wärmeerzeugung verzichten und den gewonnenen Höhenüberschuß des Gewichts zum Überwinden der unvermeidlichen Reibungswiderstände eines beweglichen Apparats verwenden, also dauernd einen Apparat in Gang halten können, ganz von selbst. Dies wäre ein *Perpetuum mobile*. Es ist jedoch, wie die Bemühungen aller Erfinder gezeigt haben, unmöglich, ein Perpetuum mobile zu bauen. Darin liegt die allgemeinste und stärkste Stütze des allgemeinen Satzes der Erhaltung der Energie, den wir jetzt formulieren wollen.

Erzeugung von Wärme aus nichts

Perpetuum mobile

Energie ist die Fähigkeit eines Gebildes (Systems), äußere Wirkungen irgendwelcher Art hervorzubringen. Die Energie eines Systems ist durch seinen Zustand eindeutig bestimmt. Seine Energieänderung zwischen zwei Zuständen ist daher durch diese beiden Zustände eindeutig gegeben und es ist **unmöglich, die Energieänderung beim Übergang eines Systems aus einem Zustand A in einen anderen Zustand B zu verändern, indem man den Übergang auf verschiedene Weise vollzieht.**

Allgemeine Definition von Energie

Zusammenfassung
der Ergebnisse, Definitionen und Gesetze.

1. Grundbegriffe der Wärmelehre.

1. Temperatur.

1. *Definition der Temperatur durch Volumen* einer Flüssigkeit (Hg-Thermometer) oder eines Gases (Gasthermometer).

2. Definition des *Gradintervalls* durch Hundertteilung des Abstands von Wassersiedepunkt und Eispunkt.

3. Definition des absoluten *Nullpunkts* ($-273{,}09^0$) durch lineare Extrapolation des Gay-Lussacschen Gasgesetzes auf das Gasvolumen Null.

2. Wärmemenge.

4. Definition des Begriffs *Wärmemenge* und der *Einheit* durch die *18⁰-Kalorie*, die 1 g Wasser von 17,5 auf 18,5⁰ C erwärmt.

3. Wärmekapazitäten.

5. (Mittlere) *Wärmekapazität eines Gebildes* heißt der Quotient

$$\frac{\text{Wärmemenge}}{\text{Temperatursteigerung, die sie im Gebilde erzeugt}}.$$

6. (Mittlere) *Spezifische Wärme* heißt die Wärmekapazität der Masseneinheit 1 g.

7. *Wahre spezifische Wärme* heißt die Wärmekapazität der Masseneinheit 1 g in einem unendlich kleinen Temperaturintervall, also der *Differentialquotient der Wärmemenge nach der Temperatur.*

8. *Atomwärme* heißt das Produkt der wahren spezifischen Wärme ins Atomgewicht.

9. *Molarwärme* heißt das Produkt der wahren spezifischen Wärme ins Molargewicht.

4. Wärmeinhalt.

10. Der *molare Wärmeinhalt eines Stoffs bei einer Temperatur* T ist

a) die *Summe* aller der Wärmemengen, die ihm zugeführt werden müssen von $T = 0$ aufwärts, bis die Temperatur T erreicht ist, also

b) das *bestimmte Integral*

$$\int_0^T c\,d\,T,$$

wo c die Molarwärme. Also

c) ist er durch den *Inhalt derjenigen Fläche* gegeben, die von den Ordinaten c bei $T = 0$ und $T = T$, anderseits von der Abszissenachse (T-Achse) und endlich der Kurve begrenzt ist, die man durch Auftragen von c als Ordinate gegen T als Abszisse erhält.

5. Kalorimetrie.

11. *Newtons Abkühlungsgesetz.* Wenn die Temperatur eines Gebildes t_a nur wenig abweicht von der seiner Umgebung t_u, so ist a) seine Temperaturänderung diesem Temperaturunterschied und der Dauer, über die er besteht, proportional oder m. a. W.: b) der Differentialquotient der Temperatur nach der Zeit ist dem Temperaturgefälle proportional.

12. Die zwischen zwei Zeitpunkten z_1 und z_2 *durch Wärmeaustausch* eines Körpers mit seiner Umgebung *bedingte Temperaturänderung* ist gleich dem bestimmten Integral

$$\Delta t = -a \int_{z_1}^{z_2} (t - t_u)\, dz\,.$$

Darin ist t die laufende Temperatur des Körpers, t_u die konstant erhaltene Temperatur der Umgebung und a alsdann bei Gültigkeit des Newtonschen Gesetzes eine Apparatkonstante von der Dimension 1/Zeit. Sie gibt die Temperaturänderung pro Sekunde ($dz = 1$) an für das Temperaturgefälle $t - t_u = 1^0$.

6. Der I. Hauptsatz der Thermodynamik.

13. *Arbeit* = Kraft. Weg = Spannung. Fläche = Druck. Volumen. *Einheit 1 erg*; 10^7 erg = 1 *Joule.*

14. *Effekt* $= \dfrac{\text{Arbeit}}{\text{dazu benötigte Zeit}}$; *Einheit 1 Watt* = 1 Volt. 1 Weber (Amp.); *1 Pferdestärke* = 1 PS = 75 kg Gew. Meter/sec = 735 Watt.

15. *Umsetzung potentieller Energie in kinetische.*

$$\text{Fallhöhe.Gewicht} = \text{Masse.}\frac{\text{Geschwindigkeitsquadrat}}{2}\,.$$

16. *Umsetzung potentieller Energie in Wärme.*
Das Mengenverhältnis zwischen der entstehenden Wärme und der verschwindenden potentiellen Energie ist unveränderlich und hängt nur noch von den Maßeinheiten ab.

Aus *423,55 Grammgewicht-Meter* entsteht immer 1 cal. Die Zahl heißt das *mechanische Wärmeäquivalent.*

17. *Umsetzung elektrischer Energie in Wärme.* 1 cal = 0,2389 Joule.

18. *Energie* definiert man als die Fähigkeit eines Gebildes, äußere Wirkungen hervorzubringen. Man mißt sie durch Umwandlung in Wärme.

19. *Erster Hauptsatz der Thermodynamik*:

a) Die Energie eines abgeschlossenen Systems ist konstant. Oder m. a. W.:

b) *Die Energieänderung eines Systems bei Übergang aus einem Zustand A in einen beliebigen anderen Zustand B hängt nur von der Natur der beiden Zustände A und B und nicht von der Art (dem Weg) des Übergangs ab.*

c) Ein Perpetuum mobile ist unmöglich.

2. Grundbegriffe der Differential- und Integralrechnung.

1. Differentialrechnung.

1. Definition der *Funktion.* Eine Größe y heißt eine Funktion von einer anderen Größe x, wenn durch irgendeine Beziehung jedem Wert von x ein oder mehrere bestimmte Werte von y zugeordnet sind: $y = f(x)$ (spr. y gleich f von x).

2. Definition des *Differenzenquotienten.* Der Quotient zweier zusammengehöriger Zuwüchse von y und x (wo $y = f(x)$), also

$$\frac{y_2 - y_1}{x_2 - x_1} = \frac{\Delta y}{\Delta x}$$

heißt der Differenzenquotient von y nach x im Intervall $x_2 - x_1$.

3. Definition des *Differentialquotienten.* Der Differentialquotient ist der Grenzwert, den der Differenzenquotient annimmt, wenn Δx (am anschaulichsten durch fortgesetztes Halbieren) unter jeden beliebigen Betrag verkleinert wird.

$$\frac{dy}{dx} = \lim_{\Delta x = 0} \frac{\Delta y}{\Delta x}.$$

Dabei soll Δx trotz der übertreibenden Schreibweise $\Delta x = 0$ *nicht gleich* Null werden, sondern sich nur der Null beliebig weit nähern.

4. Definition des *Differentials.* Das Differential einer Größe ist ein Zuwuchs zu ihr, der neben dem Betrag der Größe selbst *additiv* stets zu vernachlässigen ist (*nicht* natürlich, wenn er multiplikativ neben der Größe steht usf.).

5. Der *Übergang zur Grenze,* die Limesbildung und die des Differentials bedeutet die *Einführung zweier Größenordnungen* von Zahlen. Die der kleineren Größenordnung dürfen stets neben denen der größeren additiv stehend vernachlässigt werden: Endliches neben unendlich Großem (∞), alle positiven Potenzen von Differentialen neben endlichem, Quadrate von Differentialen neben deren 1. Potenzen usf.

6. Der erste *Differentialquotient einer Funktion $y = f(x)$ berechnet sich* allgemein nach:

$$\frac{d f(x)}{dx} = \lim_{\Delta x = 0} \frac{f(x + \Delta x) - f(x)}{\Delta x},$$

also durch Bildung des Differenzenquotienten und Übergang zur Grenze, d. h. Vernachlässigung der dabei auftretenden Glieder niederer Größenordnung additiv neben den anderen.

7. Trägt man $f(x)$ als Ordinate, x als Abszisse im rechtwinkligen Koordinatensystem ein, so ist die *geometrische Bedeutung des Differenzenquotienten* die des *trigonometrischen Tangens des Steigungswinkels* zwischen der *Sehne* $f(x_2)$, $f(x_1)$ und der Abszissenrichtung; die Bedeutung des *Differentialquotienten* die des trigonometrischen Tangens des Steigungswinkels der Kurve selbst (*Tangente* an sie), in einem gegebenen Punkt (z. B. $f(x_2)$).

2. Integralrechnung.

8. Definition des *bestimmten Integrals.* Die Summe aller Produkte $f(x)dx$ zwischen zwei Grenzen x_2 und x_1 heißt das bestimmte Integral zwischen der oberen Grenze x_2 und der unteren Grenze x_1, also

$$\int_{x_1}^{x_2} f(x)\,dx\,.$$

9. Das bestimmte Integral ist eine Summe von Produkten und daher *durch den Inhalt einer Fläche* darstellbar, deren rechtwinklige Koordinaten $f(x)$ und x sind, und die sich zwischen der Kurve $f(x)$, den Ordinaten $f(x_2)$ und $f(x_1)$ und der Abszissenachse erstreckt.

10. Die Größe x heißt die *Integrationsvariable*, $f(x)$ der *Integrand.*

11. Die *Dimension* (Größenart) *eines Integrals* ist die des Produkts der Integrationsvariabeln in den Integranden.

B. Die Grundlagen der Thermochemie.

1. Die Wärmetönung.

I. Allgemeine Gesetze der Wärmetönung.

a) Grundtatsachen.

§ 202. Es ist eine allgemeine Erfahrung, daß ein Gebilde, worin keinerlei Änderungen sich nachweisen lassen, bei Wärmezufuhr im allgemeinen so reagiert, daß es sich einer Temperatursteigerung durch solche Vorgänge widersetzt, die „Wärme latent" werden läßt, sie also in andere Formen, potentielle Energie irgendeiner Art umwandelt. Dies Gesetz, wonach jedes im Gleichgewicht befindliche Gebilde der Temperaturänderung sich widersetzt, ist ein Sonderfall des später zu besprechenden II. Hauptsatzes der Thermodynamik. Es wird auch als ein Fall des sog. Prinzips von Le Chatelier bezeichnet. Verschiebung von Ruhezuständen durch Wärme

Ganz anders kann die Wirkung einer Wärmezufuhr sein, wenn in dem betroffenen Gebilde keine innere Ruhe herrschte, wenn es vielmehr in einer, wenn auch noch so langsamen, *einseitig* gerichteten Umwandlung sich befand. Dann wird jede Temperatursteigerung im allgemeinen eine Beschleunigung der stofflichen Veränderung herbeiführen, d. h. es wird mehr Stoff in gleichen Zeiten umgesetzt werden als zuvor. Beträgt die Temperatursteigerung 10°, so wird ein chemischer Vorgang, der zuvor in der Gegend der Zimmertemperatur eben merklich schnell ablief, jetzt meist 2—3mal so viel Stoff verarbeiten als zuvor. Man sagt dann, die Reaktionsgeschwindigkeit sei aufs zwei- bis dreifache gestiegen, der *„Temperaturkoeffizient"* für 10° habe den Betrag 2—3. Diese sog. *R. G. T. Regel* (Reaktionsgeschwindigkeitstemperaturregel) versagt jedoch in anderen Gebieten der Temperatur und der absoluten Beschleunigung chemischer Vorgänge durch Temperatursteigerung R.G.T. Regel

Geschwindigkeit. Denn bei sehr langsamen Reaktionen oder in sehr tiefen Temperaturgebieten ist der Koeffizient noch größer, bis gegen 10, bei schnellen Reaktionen oder in sehr hohen Temperaturgebieten kann er auf 1 herabsinken, ja bei gewissen Vorgängen auch unter 1. D. h. man kann bei diesen eine Herabsetzung des Umsatzes mit steigender Temperatur wahrnehmen.

Wärmeentwickelnde und wärmebindende Reaktionen

Besonders wichtig ist diejenige Klasse von Reaktionen, die bei ihrem Ablauf selbst in summa Wärme erzeugt. Diese wird zur Temperatursteigerung verwendet und beschleunigt so im allgemeinen, wie wir eben sahen, den Vorgang und dies Spiel steigert sich, bis Temperaturgebiete erreicht sind, wo andere Vorgänge, als die ursprünglichen, sich in den Vordergrund schieben, die ursprünglichen verdrängen und weiterer Erhitzung ein Ziel setzen. Diese durch ihre Wärmeerzeugung sich selbst beschleunigenden Reaktionen umfassen u. a. die Explosionen. Ihnen stehen die sich selbst verzögernden, in summa Wärme verbrauchenden Reaktionen gegenüber, die man begreiflicherweise seltener findet. Sie heißen auch endothermische, die Wärme erzeugenden aber exothermische Reaktionen.

Die Naturwissenschaft kennt keine größeren und keine in einem größeren Intervall sich bewegenden Temperatureinflüsse, als die auf **chemische Reaktionen**.

Fassen wir zusammen, so kommen wir auf folgende drei Beziehungen:

1. **Ruhezustände** werden im Sinn derjenigen Vorgänge verschoben, die Wärme latent werden lassen.

2. Bei **allen anderen Zuständen** pflegt die ohnehin eintretende Umwandlung beschleunigt zu werden, und wenn man dabei die entbundene Wärme nicht abführt, so beschleunigt sich die Umwandlung selbst durch die erzeugte Temperatursteigerung. Wird aber Wärme verbraucht von der Umwandlung und liefert man sie nicht nach, so verlangsamt sich der Vorgang von selbst. Vorgänge, wobei man den Wärmeaustausch ganz verhindert hat, heißen *adiabatisch* geleitet. Dies ist die *Rolle der entbundenen oder aufgenommenen* **Wärmemenge**.

Adiabatische Vorgänge

3. Hält man die **Temperatur** konstant, deckt also den Verbrauch oder entfernt den Überschuß erzeugter Wärme, verfährt man mit a. W. *isotherm*, so wird die *Reaktionsgeschwindigkeit* um so höher, bei Wahl einer höheren Temperatur:

Isotherme Vorgänge

a) *Je größer der Temperaturunterschied,*

b) *je tiefer die absolute Temperatur,*

c) *je geringer die absolute Geschwindigkeit selbst.*

Meist liegt die Geschwindigkeit für 10° Temperaturerhöhung zwischen dem 1- und 10fachen der ursprünglichen, am häufigsten zwischen dem 2- und 3fachen.

Man kann den Einfluß der Temperatursteigerung *nicht* mit dem einer Potentialdifferenz in Parallele setzen. Denn letztere ist räumlich angeordnet und kann auch fehlen, während die Temperatur räumlich gleichförmig ist und jedem Körper eine Temperatur zukommt. Es herrscht *immer* eine bestimmte Temperatur, es wirkt also *Wärme immer,* weil sie bei allen Temperaturen zugegen ist.

Parallelisierung des Einflusses einer Temperatursteigerung und einer Potentialdifferenz ist unzulässig

Dem Einfluß einer Spannungsdifferenz könnte man höchstens den eines *räumlichen* Temperatur*gefälles* vergleichen, das man ähnlich der Spannungsdifferenz konstant hält. Nur *dabei* könnte man die Analogieen zu den besprochenen elektrischen Erscheinungen finden.

b) Wärmemenge und Stoffmenge. Stöchiometrie der Wärmemenge.

1. Die Wärmetönung, ihre Definition und das Hesssche Gesetz der konstanten Wärmesummen (Hess 1840). Abhängigkeit der Wärmetönung vom Aggregatzustand.

§ 203. Wir wollen aus dem Energieprinzip ein Gesetz ableiten, das die Gesamtheit aller chemischen Vorgänge beherrscht und von Hess *vor* Entdeckung des allgemeinen Energiesatzes gleichfalls an Hand der Erfahrung erschlossen worden ist.

Nehmen wir ein Beispiel, das sich leicht im Kalorimeter nachprüfen läßt: die Bildung des blaßblauen Hydrats $CuSO_4.H_2O$ aus

$$CuO + H_2SO_4 = CuSO_4.H_2O$$

und die des Pentahydrats (Kupfervitriol) $CuSO_4.5\,H_2O$ aus ihm nach

$$CuSO_4.H_2O + 4\,H_2O = CuSO_4.5\,H_2O\,.$$

Als Anfangs- und Endzustand aller beteiligten Stoffe wollen wir den der reinen Stoffe (Konzentration 100 v. H.), Zimmertemperatur und Atmosphärendruck wählen. Dann ist der Anfangs- und Endzustand vollkommen definiert, sobald wir noch die Mengen festgelegt haben. Als solche wählen wir die in Gramm genommenen Formelgewichte. Dann haben wir zwar ein sehr großes Kalorimeter nötig, aber dies tut grundsätzlich nichts zur Sache.

Wir werfen die Frage auf:

Chemische Wärmeentwicklung

In welcher Beziehung steht die Wärmeentwicklung bei der Reaktion

$$CuO + H_2SO_4 + 4\,H_2O = CuSO_4.5\,H_2O \tag{1}$$

zu den Wärmeentwicklungen der getrennt vorgenommenen Stufenvorgänge:

$$CuO + H_2SO_4 = CuSO_4.H_2O \tag{2a}$$

und

$$CuSO_4.H_2O + 4\,H_2O = CuSO_4.5\,H_2O\,. \tag{2b}$$

Der erste Hauptsatz der Thermodynamik läßt hier folgende Erwägung zu: Anfangszustand von 1. ist derselbe wie der von 2. Denn es liegen im Kalorimeter bei 1. alle drei Stoffe vorrätig da in den gleichen Mengen wie bei 2. Der Endzustand ist aber bei beiden Vorgängen auch derselbe. Denn am Ende von 2. hat man dasselbe Produkt wie bei 1.

Also muß nach dem ersten Hauptsatz die insgesamt freiwerdende Energie in beiden Fällen dieselbe sein, was sich auch durch folgendes Schema veranschaulichen läßt:

$$CuO + H_2SO_4 + 4H_2O = CuSO_4.5H_2O + Q$$
$$CuO + H_2SO_4 = CuSO_4.H_2O + Q_1;$$
$$CuSO_4.H_2O + 4H_2O = CuSO_4 + 5H_2O + Q_2.$$

Also:

$$Q = Q_1 + Q_2. \quad (82)$$

(Abb. 154.)

Die freiwerdenden Energiebeträge haben wir durch Q, Q_1 und Q_2 bezeichnet. Werden sie alle in Form von Wärme frei, d. h. lassen sich bei dem Vorgang andere als Wärmewirkungen nach außen nicht nachweisen, so müssen die Größen Q, Q_1, Q_2 die Wärmemengen bedeuten und damit hätte man das **Gesetz von Hess:**

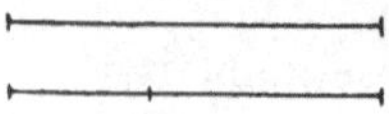

Abb. 154. Hesssches Gesetz der konstanten Wärmesummen.

Hess' Gesetz von der Konstanz der Wärmesummen

Die Wärmeentwicklung bei einem chemischen Vorgang ist gleich der Summe der Wärmeentwicklungen aller Teilvorgänge, aus denen man ihn zusammensetzen kann. Kürzer ausgedrückt:

Die Wärmesummen bei gleichem Anfangs- und Endzustand sind konstant: **Gesetz von der Konstanz der Wärmesummen.**

In der Tat findet man die Zahlen

$$CuO + H_2SO_4 + 4H_2O = CuSO_4.5H_2O + 39200 \text{ cal}$$
$$\left.\begin{array}{l} CuO + H_2SO_4 = CuSO_4.H_2O + 27100 \text{ cal} \\ CuSO_4.H_2O + 4H_2O = CuSO_4.5H_2O + 12100 \text{ cal} \end{array}\right\} \text{Summe } 39200 \text{ cal}.$$

Die Erfahrung bestätigt hier, wie in allen Fällen, das Gesetz vollständig und genau. Es ist besonders dadurch sehr wichtig geworden, daß es die Möglichkeit an die Hand gibt, durch Addition (und Subtraktion) *realisierbarer* Reaktionen, deren Wärmeentwicklung man also messen kann, zur Kenntnis der Wärmeentwicklung von Gesamtvorgängen zu kommen, die sich als solche vermöge ungeeigneter Eigenschaften der beteiligten Stoffe der Messung *entziehen.*

Definition der Wärmetönung

Dafür wollen wir eine Reihe von Beispielen betrachten, die besonders wichtig sind. Wir bedienen uns dabei eines Namens für die **Wärmeentwicklung solcher besonderen Mengen, wie sie den in Gramm genommenen Formelgewichten gleichkommen** und nennen diese die **Wärmetönung** des Vorgangs. Die Zahlen, die wir soeben anführten, waren die Wärmetönungen der angeführten Reaktionen.

Bildungswärme

Die Wärmetönung bei der Bildung eines Stoffs aus seinen freien Elementen heißt seine *Bildungswärme aus den Elementen.* Sie ist jedoch keineswegs eine ganz *einfache* Größe. Denn es macht natürlich einen

Unterschied, ob wir das Element fest oder flüssig, ob wir etwa Sauerstoff als O_2 oder als Ozon O_3 als Ausgangsstoff benutzen. Am einfachsten wäre es, wenn man die Bildungswärme aus den *freien Atomen* bestimmen könnte. Zwar ist dies in einigen ganz wenigen Fällen bis heute möglich gewesen, aber im allgemeinen ist man dazu noch nicht imstande. Deshalb muß man den thermochemischen Reaktionsgleichungen Hinweise darauf beifügen, in welcher Form man die Ausgangsstoffe benutzt, natürlich auch, in welcher Form man die Reaktionsprodukte erhalten hat.

Man deutet die Aggregatzustände an, indem man die am häufigsten benutzten flüssigen Stoffe ohne Beisatz läßt, die Zeichen der festen in eckige, die der Gase in geschweifte Klammern setzt (in Erinnerung an Kristalle und Dampfwolken). Da es verschiedene feste Modifikationen gibt, so hängt man als Index einen Hinweis darauf an, welche Modifikation benutzt wurde, z. B. S_{rh} bedeutet rhombischen S, S_{mon} den gewöhnlichen monoklinen S usf. Statt C pflegt man unmittelbar Graphit, Diamant oder amorph. C zu schreiben. Denn naturgemäß geben alle diese drei Formen verschiedene Wärmetönungen. Und zwar müssen sich die Wärmetönungen ersichtlich nach dem I. Hauptsatz um die Beträge der gegenseitigen *Umwandlungswärmen* unterscheiden. Thermochemische Schreibweisen

Umwandlungswärmen

Es ist nach W. Roths genauen Messungen:

$$\beta\text{-Graphit} + O_2 = CO_2 + 94272 \text{ cal}$$
$$\text{Diamant} + O_2 = CO_2 + 94428 \text{ cal}$$
$$\text{Zuckerkohle} + O_2 = CO_2 + 96600 \text{ cal}.$$

Umwandlung amorpher Kohle in Graphit liefert also rund 2300 cal und seine Umwandlung in Diamant verbraucht rund 156 cal.

Dabei ist aber wichtig, daß feinverteilte Kohle — amorphe ist nur feinverteilter Graphit — eine größere Wärmeentwicklung geben muß, als dichte Kohle. Denn um dichte Kohle zu zerkleinern, muß man Arbeit, also Energie aufwenden und diese wird bei Umsetzung der feinverteilten Kohle wieder zum Vorschein kommen, wenn das Endprodukt in beiden Fällen dasselbe, gasförmiges CO_2 z. B., ist. Die obigen Zahlen sind also wenig genau. Denn der *Zerteilungsgrad* — der sogen. *Dispersitätsgrad* — von nicht kristallisiertem Graphit, und meist nimmt man doch Graphitpulver oder Graphitblättchen, ist größer als der des Diamanten, und der des amorphen C größer als der des Graphits. So ist denn jeweils sehr zu prüfen, ob nicht die Unterschiede solcher Zahlen, wenn auch an sich vollkommen richtig und thermochemisch ganz im obigen Sinn brauchbar, vielleicht noch gar nicht für Unterschiede von Modifikationen kennzeichnend sind, sondern vielleicht nur oder mehr für die Unterschiede im Zerteilungsgrad. Zerteilungsgrad (Dispersitätsgrad)

Jetzt nehmen wir einen anderen Fall vor, wo es sich bestimmt um definierte Umwandlungswärmen handelt, weil wir bei ihm den Zerteilungsgrad ziemlich gleich machen können. Gewöhnlicher monokliner

Schwefel wandelt sich bei etwa 94° in rhombischen S um unter Erzeugung von rund 77 cal für 1 Grammatom. Man schreibt das

$$S_{mon} = S_{rh} + 77 \text{ cal}.$$

Atomschreibweise für molekulare Reaktionen

Aber man muß sich hüten, darunter eine Umwandlung *atomaren* Schwefels zu verstehen. Die thermochemische Schreibweise bedient sich oft einfach der Atomsymbole und zwar deswegen, weil fast nie ein Mißverständnis entstehen kann. Weiß man doch z. B. bei festen Stoffen nicht, mit welchem Molekulargewicht man für den betreffenden festen Zustand zu rechnen hätte, weil für diesen Zustand, wie für den flüssigen, Bestimmungsmethoden des Molekulargewichts von der Bedeutung wie bei Gasen fehlen. Kommt also in einer thermochemischen Gleichung etwa das Zeichen N oder O vor oder Cl, so ist damit stets $^1/_2 N_2$ oder $^1/_2 O_2$ oder $^1/_2 Cl_2$ gemeint. Denn alle drei Elemente verwendet man doch bei thermochemischen Arbeiten stets in der zweiatomigen Gasform. Mit den Atomsymbolen in thermochemischen Gleichungen ist also stets nur die *Menge*, nicht die *Art* und *Form* des betreffenden Elements gemeint. *Nur wo ausdrücklich auf atomare Form hingewiesen ist, darf man die Gleichungen auf letztere beziehen.*

Die flüssige Form und die amorphe (also gewissermaßen starr-flüssige) sind im allgemeinen weniger dicht aus Molekeln aufgebaut, als die kristallisierte. Und die Gase wieder sind noch weit sperriger angeordnet aus ihren Molekeln. Daher ist der Zerteilungsgrad im letzten Fall am größten, beim flüssigen, allgemeiner amorphen Stoff kleiner, beim kristallisierten im allgemeinen am kleinsten. Deshalb wird man darauf rechnen, daß zur Überführung der Kristalle in eine Schmelze, also zur Schmelzung eine gewisse, immer positive Wärmemenge aufzuwenden sei. Sie heißt, auf 1 g zu schmelzenden Stoff bezogen, die *Schmelzwärme* und mit dem Formelgewicht multipliziert die *molare Schmelzwärme*. Für Stoffe, die in der Gegend von Zimmertemperatur schmelzen, beträgt die letztere größenordnungsweise einige 500 bis 5000 cal. Die Gitterzerstörung der Molekeln ist also in der Tat mit Energieaufwand verbunden, was uns angesichts der allgemeinen Massenanziehung nicht wunder nimmt. Ebenso erwarten wir nun auch für die Verdampfung eine immer *auf*zuwendende *Verdampfungswärme*. Multipliziert man die für die Verdampfung von 1 g erforderliche Verdampfungswärme mit dem Formelgewicht, so erhält man die *molare Verdampfungswärme*. Wir könnten erwarten, daß sie der sehr viel weiteren Auseinanderziehung der Molekeln entsprechend, im Mittel sehr viel größer sei, als die molare Schmelzwärme. Aber dies könnte nur dann ein richtiger Schluß sein, wenn die Trennungsarbeit einfach der Entfernung proportional wäre. Die Erfahrungszahlen werden uns also schon einen Hinweis darauf geben, ob solche Proportionalität wenigstens größenordnungsweise besteht. In der Tat aber belaufen sich die molaren Verdampfungswärmen nur auf 5000—10000 cal im großen und ganzen, sind also doch nur rund 2—10mal so groß als die Schmelzwärmen, obwohl

Molare Schmelzwärme

Molare Verdampfungswärme

doch die Molekeln sehr weit auseinandergezogen wurden. Die Hauptarbeit bei der Trennung der Molekeln voneinander ist also *in ihrer unmittelbaren Nähe* zu leisten. **D. h. die Anziehungskraft der Molekeln aufeinander fällt mit wachsender Entfernung viel steiler ab, als einer Proportionalität entspräche.** Schlüsse auf die Molekularkräfte

Die *Umwandlungswärmen* endlich, die bei starren Modifikationen gemessen werden, sind scharf in zwei Klassen zu scheiden. Die eine umfaßt die Umwandlung einer kristallisierten Modifikation in eine amorphe. Dies ist nichts anderes, als eine *Schmelzung*. Denn ein amorpher Körper hat keinen Schmelz*punkt*, sondern wird durch steigende Temperatur *stetig erweicht* wie Glas. In der Tat sind auch die Beträge ähnlich wie die sonstigen Schmelzwärmen. Umwandlung verschieden kristallisierter Formen ineinander pflegt mit etwas kleineren Wärmetönungen verbunden zu sein, und hier kommen auch sehr kleine vor, wie das Beispiel des S lehrte. Das ist nicht merkwürdig, da es sich nur um andere Lagerung bei meist geringer Änderung der Dichte handelt. Nur wenn aus einer nichtmetallischen Form eine metallische entsteht, ist die Verdichtung der Materie bedeutender und hier werden dann größere Wärmebeträge frei. Umwandlungen verlaufen überhaupt fast allgemein im Sinn wachsender Dichte unter Wärmeabgabe, im umgekehrten unter Wärmeverbrauch. Doch gibt es davon Ausnahmen. Das beweist, daß die bloße Lageänderung der Molekeln gegeneinander unter Umständen mehr Energie erfordert als die Vergrößerung ihrer gegenseitigen Entfernung. Umwandlungswärmen

Vermischt man zwei verschiedene Stoffe gleichen Aggregatzustands, so tritt im allgemeinen eine *Mischungswärme* auf. Sie ist bei Gasen klein, bei festen Körpern wegen der langsamen Vermischung nicht direkt meßbar, bei Flüssigkeiten oft sehr erheblich und oft positiv. Das weist darauf hin, daß Vermischung *verschiedener* Stoffe trotz der dabei von jedem der beiden geforderten Zerteilungserhöhung häufig zu einem festeren Zusammenschließen der Gesamtheit der Molekeln führt, als die Vermischung eines Stoffs mit sich selbst (beim Zusammengießen zweier Mengen desselben Stoffs). Dies wieder aber deuten wir naturgemäß dadurch, daß wir sagen: Mischungswärme

Verschiedene Molekeln üben öfter größere Anziehungskräfte aufeinander aus als gleiche.

Man wird danach bei Vermischung verschiedener Flüssigkeiten nach Wiederherstellung der Temperatur, die durch die Vermischung geändert worden war, ein kleineres Volumen erwarten, als es die beiden getrennten Ausgangsstoffe allein gehabt hatten. Auch diese Folgerung trifft oft zu. Aber auch der umgekehrte Fall, Abkühlung und größeres Volumen der Mischung ist nicht selten und danach verständlich.

Die Vermischung von Stoffen verschiedenen Aggregatzustands, die zur Bildung einer homogenen Lösung (ob fest, flüssig oder gasförmig ist für die Bezeichnung *Lösung* gleichgültig) führt, kann man nach dem I. Hauptsatz immer als einen zusammengesetzten Vorgang auffassen.

Jeder von beiden Stoffen muß dabei eine Zerteilungsvergrößerung durchmachen, weil die fremden Molekeln zwischen seinen eigenen Platz finden sollen. Das war schon bei Gleichheit der Aggregatzustände so und würde dort allgemein zu negativen Mischungswärmen führen, wenn nicht die Anziehungskräfte zwischen verschiedenen Molekeln offenbar oft so groß wären, daß der Energiegewinn trotzdem infolge Erhöhung der wirksamen Kräfte wächst. Die Abstände, über welche diese Kräfte wirken, fallen natürlich bei der Mischung kleiner aus, wenn die gemischten Molekeln näher beisammen liegen, als die der reinen Stoffe.

Zu dieser jeder Vermischung eigenen Zerteilungsvergrößerung der gemischten Stoffe, die die Ähnlichkeit im Verhalten der gelösten Stoffe mit Gasen bedingt, kommt nun, falls etwa die Lösung flüssig und der eine Stoff flüssig war, der andere aber fest, noch einfach die Schmelzwärme des festen. Es wird also:

$$\text{Fest. Stoff } A + \text{Flüss. Stoff } B = \text{Lösung} + \text{Lösungswärme} \qquad (83)$$

sich in die Stufen zerlegen lassen:

$$\text{Fest. Stoff } A + \text{Schmelzwärme} = \text{Flüss. Stoff } A. \qquad (84)$$

$$\text{Flüss. Stoff } A + \text{Flüss. Stoff } B = \text{Lösung} + \text{Mischungswärme}, \qquad (85)$$

also nach dem I. Hauptsatz:

$$\left.\begin{array}{l}\text{Lösungswärme des festen Stoffs } A \text{ im flüssigen Stoff } B \\ = \text{Schmelzwärme von } A + \text{Mischungswärme (von } A \text{ fl.} + B \text{ fl.).}\end{array}\right\} \qquad (86)$$

Ähnlich zerlegt man in der praktischen Thermochemie alle Vorgänge in Stücke, auf die man einzeln das Hessche Gesetz anwendet.

Lösungswärmen

Hinsichtlich der *Lösungswärmen* haben wir noch eine Reihe von Definitionen anzuschließen.

Fügt man zu einer Lösung, also einer Mischung von Stoffen noch mehr von einem dieser Stoffe hinzu, so heißt die dabei entbundene Wärmemenge die *Verdünnungswärme.* Sie ist in verdünnten Gasen Null. Eine Lösung, die einen sehr großen Überschuß eines Stoffs enthält, heißt eine verdünnte Lösung in ihm. Er heißt dann das *Lösungsmittel.* Fügt man zu einer sehr verdünnten Lösung noch mehr Lösungsmittel, so tritt keine Wärmetönung mehr auf. Es sind also die *Verdünnungswärmen verdünnter Lösungen Null, wie die von Gasen.* Zur Angabe der Zahlen für eine Verdünnungswärme hat man zuzufügen, wieviel Lösung und von welchem Gehalt man mit wieviel Lösungsmittel verdünnte.

Verdünnungswärme

Die Lösungswärme wird meist auf 1 g bezogen, d. h. man gibt an, in wieviel Lösungsmittel 1 g Stoff gelöst wurde, und welche Wärmemenge dabei frei wurde. Multiplikation mit dem Molargewicht liefert die *molare Lösungswärme.* Dabei sind verschiedene einfache Fälle wichtig.

1. Löst man in einer so großen Masse Lösungsmittel, daß eine Lösung entsteht, deren weitere Verdünnung keine Verdünnungswärmen liefert, so nennt man dies die *Lösungswärme zu unendlicher Verdünnung.*

2. Löst man zu einer so kleinen Menge Lösungsmittel, daß eben nach Herstellung der Anfangstemperatur eine bei dieser gesättigte Lösung entsteht, so hat man die *Lösungswärme zu gesättigter Lösung oder integrale* Lösungswärme oder *Gesamt*lösungswärme.

3. Löst man zwischen beiden, so muß man angeben: *x Mol Stoff auf y Mol Lösungsmittel.* Dies ist *kalorimetrisch* am wichtigsten.

4. **Löst man bereits in einer Lösung, so kann man in so viel von ihr lösen, daß weiterer Zusatz *derselben* Lösung, *wovon man ausging*, keine Verdünnungswärme gibt. Dann hat man ihre Konzentration nicht merklich geändert und spricht von der *differentiellen Lösungswärme*.**

5. ***Die differentielle Lösungswärme unmittelbar vor der Sättigung heißt die letzte Lösungswärme und ist besonders wichtig*, namentlich bei Ableitungen des II. Hauptsatzes.**

Endlich haben wir eines Wegs zu gedenken, der uns zur Bildungswärme der zahllosen organischen, d. h. Kohlenstoffverbindungen aus den Elementen führt. Man kann die Reaktionen, die von den Elementen *unmittelbar* zu solchen Verbindungen führen, meist *nicht* im Kalorimeter messen. Verbrennungswärme

Denn fast immer gelingt es überhaupt nicht, auf einmal, d. h. in kurzer Zeit die Bildung aus den Elementen herbeizuführen. Aber auch die umgekehrte Reaktion, den Zerfall in die Elemente, können wir fast nie willkürlich eintreten lassen als einzelne, im Kalorimeter verfolgbare Reaktion. Deshalb bedienen wir uns einer anderen, fast allen organischen Verbindungen gemeinsamen Reaktion, ihrer Verbrennung in Sauerstoffgas. Führt man sie gründlich durch, so entsteht dabei aus einer C, H und O enthaltenden Verbindung nur CO_2, H_2O und der Sauerstoffüberschuß hinterbleibt. Kennt man also das Molekulargewicht und die Zusammensetzung des Stoffs aus seinen Elementen C, H und O, so kann man leicht mittels des Hessschen Gesetzes auch die Bildungswärme aus Kohlenstoff, Wasserstoffgas und Sauerstoffgas ausrechnen, sobald man die Verbrennungswärme einer gewogenen Masse des Stoffs mißt und die Verbrennungswärmen von C und H kennt. Denn aus der Verbrennungswärme des Stoffs berechnet sich, wieviel Wärme die Verbrennung von 1 Mol liefert und für letztere setzen wir den I. Hauptsatz wieder in der gewohnten Form an:

$$C_xH_yO_z + \text{viel } O_2 = x\,CO_2 + \frac{y}{2}H_2O + O_2\text{-Überschuß} + V.$$

V ist die molare Verbrennungswärme. Wir erhielten sie nach dem Energiesatz offenbar auch dann, wenn wir den Vorgang in Stufen abwickelten. Denken wir $C_xH_yO_z$ gespalten — denn ob es praktisch, d. h. schnell und ohne Störung durchführbar ist, hat ja nach dem Energieprinzip keinen Belang — in die freien Elemente und zwar in Diamant, Wasserstoffgas und Sauerstoffgas, so haben wir x Grammatomgewichte vom ersten, y vom zweiten und z vom dritten. Und die Spaltung bedarf des *Aufwands* der Bildungswärme B. An die Spaltung denken wir uns die Verbrennung des Diamanten und des Wasserstoffgases angeschlossen. Diese soll die Verbrennungswärmen V_d und V_w liefern. Dann sind wir am selben Endzustand angekommen wie bei der unmittelbaren Verbrennung, die wir experimentell durchführen konnten. Also muß nach dem ersten Hauptsatz die Gleichung gelten:

$$V = -B + V_d + V_w.$$

Denn die Energieänderung muß auf beiden Wegen dieselbe sein. Aus der Gleichung erhält man sofort:

$$\left.\begin{array}{l}\textit{Bildungswärme} = \textit{Verbrennungswärme der Spaltungs-}\\ \quad\textit{produkte} - \textit{gemessene Verbrennungswärme.}\end{array}\right\} \qquad (87)$$

Die Größen V_d und V_w sind leicht zu berechnen. Denn die Verbrennungswärmen von je 1 Grammatom Diamant kennen wir schon und die von Wasserstoff von Atmosphärendruck beträgt bei konstant erhaltenem Volumen der Mischung 68400 cal.

Die *Messung der Verbrennungswärmen organischer Stoffe ist* also *von grundlegender Wichtigkeit, weil wir ihre Bildungswärmen daraus entnehmen können.* Diese aber betrachtet man nicht mit Unrecht als wichtig für die Erkenntnis der chemischen Kräfte zwischen den verbundenen Atomen.

Wärmetönung und äußere Arbeit

2. Die Abhängigkeit der Wärmetönung von der Leistung äußerer Arbeit.

§ 204. Bisher haben wir nur Vorgänge untersucht, wobei das Volumen der reagierenden Stoffe konstant gehalten, das Ganze also an der Betätigung eines Drucks über ein Volumen hin gehindert wurde, etwa durch vollständige Einschließung in feste Gefäße. Oder wir nahmen, wie bei der $CuSO_4$-Bildung, Reaktionen vor, die nur mit so geringen Volumenänderungen verknüpft sind, daß wir von diesen absehen konnten.

Wärmetönung Q_v bei konstantem Volumen

Wir wollen die so definierte Wärmetönung als *Wärmetönung bei konstantem Volumen* Q_v bezeichnen. Sie ist am einfachsten definiert.

Berechnung der äußeren Arbeit

Häufig jedoch, namentlich bei Reaktionen zwischen Gasen, denen man Volumenänderung nicht verwehrt, ändert das reagierende Gebilde sein Volumen sehr stark und dann muß man die *Arbeit* in Rechnung ziehen, die von ihm geleistet oder beansprucht wird. Ändert sich das Volumen um einen Betrag $v_1 - v_0$, so bleibt dabei im allgemeinen der Druck nicht unverändert, sondern ändert sich dauernd. Man kann dann nicht sagen, es habe während der Volumenänderung der und der Druck geherrscht. Deshalb kann man auch nicht die geleistete Arbeit einfach einem Produkt $(v_1 - v_0) \cdot p$ gleichsetzen, wo dies „p" der Druck sein soll. Denn p hat doch während des Vorgangs von Augenblick zu Augenblick einen anderen Zahlwert. Also muß hier die differentielle Betrachtung wieder eintreten. In einem sehr kurzen Zeitintervall nämlich, wo die Volumenänderung nur „dv" war, also sehr klein, blieb der Druck so ziemlich unverändert. Je kleiner wir dv wählen, desto richtiger ist unser Ansatz, daß p währenddessen konstant geblieben sei. Daher dürfen wir die Arbeit in diesem kleinen Intervall gleichsetzen $-p\,dv$. Daß wir ein Produkt von Druck und Volumen als Arbeit ansprechen müssen, haben uns die Dimensionsbetrachtungen und Erwägungen S. 380, I gelehrt. Bei der Frage nach dem Vorzeichen von $p\,dv$ stoßen wir auf eine Eigentümlichkeit der Thermodynamik. Je nachdem wir nämlich einen Energiegewinn unsererseits als Verlust für das System oder als Gewinn für uns buchen, erhalten wir entgegengesetzte Vorzeichen. Im letzteren Fall, der egozentrischen Vorzeichenwahl, muß bei Volumen*zunahme* des Systems (durch die ein Gewicht gehoben werden kann und die durch den eigenen Druck des Systems erzeugt wird) für uns ein Gewinn herauskommen. Also wird bei $+dv$ der Betrag

Ego- und systemzentrischer Standpunkt in der Thermodynamik

$$dA = p\,dv \qquad dv+ \qquad \text{egozentr.} \qquad dA+ \tag{88}$$

positiv. Bei Volumenabnahme wird

$$dA = p\,dv \qquad dv- \qquad \text{egozentr.} \qquad dA-$$

Bei systemzentrischer Zeichenwahl werden die Zeichen auf der rechten Seite umgekehrt.

Jetzt wollen wir den Fall betrachten, daß das Volumen sich um einen endlichen Betrag $v_1 - v_0$ ändere und daß damit zugleich nach einem bestimmten Gesetz auch eine Veränderung des Drucks verbunden sei. Der Druck erscheint dann also als eine Funktion des Volumens und wird daher in einem Koordinatensystem nach oben sich auftragen lassen, worin man das Volumen nach rechts aufgetragen hat. So bekommt man eine Druckvolumenkurve und (Abb. 155) kann jetzt mittels dieser graphisch das Produkt $p\,dv$ an einer Stelle darstellen. Es erscheint als ein sehr schmales Rechteck und man übersieht sofort, daß man hier in der Figur alle Flächen als Arbeitsbeträge auffassen muß, denn die eine Koordinate ist ein Druck, die andere ein Volumen, also ihr Produkt eine Fläche und zugleich eine Arbeit. Und ferner fällt sofort die Identität der Darstellung auf mit der für den Wärmeinhalt und mit der für die Temperaturkorrektion bei der Kalorimetrie. Wir haben hier das dritte Beispiel einer graphischen Integration. Will man nämlich, was unsere Aufgabe war, die Druckvolumenarbeit zwischen den Volumina v_1 und v_0 bestimmen, so muß man die Fläche ermitteln, die von den Ordinaten bei v_1 und v_0, also von den Drucken p_1 und p_0 begrenzt ist und von der pv-Kurve, sowie von der Abszissenachse. Das aber geschieht wieder durch Auswägen des Papiers mit der daraufgezeichneten Fläche oder durch Quadratabzählen oder mit dem Planimeter (s. o. S. 373, I).

Bestimmung endlicher Arbeiten durch bestimmte Integration, allenfalls graphisch

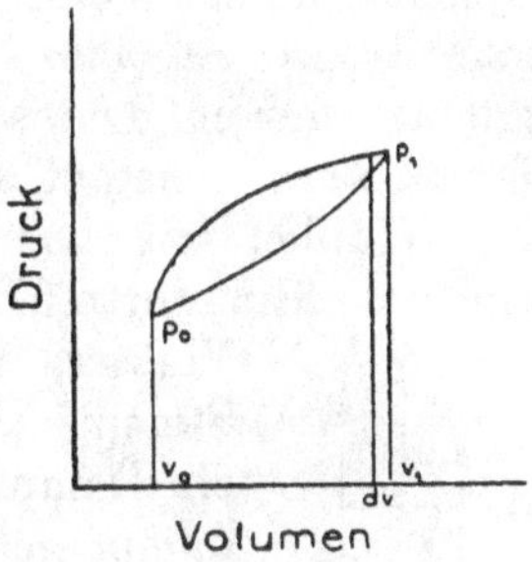

Abb. 155.
Integration über $p\,dv$ über verschiedene Wege.

Man muß also, um eine Druckvolumenarbeit auswerten zu können, die funktionale Abhängigkeit der beiden Größen kennen. Es muß daher p als Funktion von v bekannt sein, $p = f(v)$. Ist es das nicht, kennt man also den sog. *Integrationsweg*, den Weg, längs dessen integriert werden soll, noch nicht, dann darf man zwar immer noch schreiben:

Integrationsweg

$$\int_{v_0}^{v_1} dA = A_{1,0} = \int_{v_0}^{v_1} p\,dv, \tag{89}$$

Bestimmung des Integrationswegs

aber diese Schreibweise ist dann nur noch eine Rechenvorschrift, wie etwa a/b, eine *Form*, aber nichts, dem ein bestimmter, schon berechenbarer Zahlwert zukommt. Letzteres tritt erst dann ein, wenn man a und b durch Ziffern ersetzt bzw. unter dem Integral p mit dv eindeutig verknüpft, entweder mittels einer Formel oder einer Tabelle. Bei Gasen haben wir eine funktionale Verknüpfung von p mit v schon im Gesetz von Boyle erkannt. Danach war

$$p = \frac{\text{konst.}}{v}. \tag{90}$$

Danach wäre unsere rechnerische Aufgabe jetzt, da ein konstanter Faktor wie die Größe konst. *vor* jede Summe, *also* auch *vor* jedes Integral gesetzt werden darf, zu berechnen, wie groß

$$\text{konst.}\int_{v_0}^{v_1}\frac{dv}{v} \tag{91}$$

ist. Diese Aufgabe wollen wir später lösen. Die Arbeitsleistung eines Systems, dessen Volumen *nicht* konstant gehalten wird, kann somit ohne eine *Zusatzbestimmung* (hier $p = f(v)$) gar nicht bestimmt werden. Doch gilt das nur in dem soeben betrachteten allgemeinen Fall, wo auch der Druck *nicht* konstant angenommen war.

Integration bei konstantem Druck

Wählen wir aber den Druck unveränderlich, so wird alles ganz einfach. Ein vortreffliches Beispiel dafür bietet eine Flüssigkeit, z. B. Wasser, das in einem Zylinder mit dicht schließendem Stempel (Abb. 156) eingeschlossen ist und über dem noch ein Dampfraum freiblieb, der jetzt mit gesättigtem Wasserdampf gefüllt ist. Halten wir die Temperatur des Ganzen durch Einsetzen in ein großes Bad konstant, so behält der Dampf des Wassers seinen konstanten Druck, auch wenn wir den Stempel heraufschieben oder hinabziehen. Denn im ersten Fall verdichtet sich ein wenig, im letzteren Fall verdampft ein wenig Wasser, wobei der Druck selbsttätig genau derselbe bleibt. Volumenänderung eines *gesättigten* Dampfs also verläuft unter *konstantem* Druck. Also muß in dem bestimmten Integral

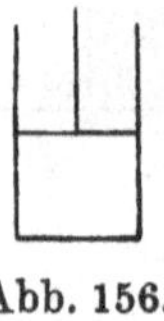

Abb. 156. Thermodynamischer Zylinder.

$$\int_{v_0}^{v_1} p\,dv = \int_{v_0}^{v_1} dA \tag{92}$$

p eine Konstante sein. Nun ist jedes Integral, wie wir sahen, eine Summe. Und zwar eine aus Produkten gleicher Form. Hat aber jedes Produkt einen und denselben konstanten Faktor, so kann dieser vor die Summe als gemeinsam herausgesetzt werden und man findet:

$$p.\int_{v_0}^{v_1} dv. \tag{93}$$

Die Summe von allen Abnahmen des Volumens dv, beginnend beim Volumen*betrag* v_0 und endend beim Volumen*betrag* v_1 ist natürlich einfach gleich der Differenz der beiden Volumina v_1 und v_0; also wird das Integral

$$p(v_1 - v_0) = \int_{v_0}^{v_1} p\,dv = A_{1,0}. \qquad (94)$$

Es reduziert sich also einfach auf ein glattes Produkt, dessen einer Faktor eine endliche Differenz $(v_1 - v_0)$ ist.

Allgemein ist *jedes bestimmte Integral, worin der Integrand konstant ist,* **durch ein Produkt** *zu ersetzen, dessen einer Faktor diese Konstante, dessen anderer die Differenz der Integrationsvariabeln ist, genommen für die Integrationsgrenzen.*

Jetzt dürfen wir auch an Stelle des Integrals $\int_{v_0}^{v_1} dv$ einfach die Differenz $v_1 - v_0$ setzen. Dann ist hier gewissermaßen der konstante Faktor gleich 1.

Die äußere Arbeit bei Reaktionen bei konstantem Druck ist gleich dem Produkt des Drucks in die Volumenänderung. Äußere Arbeit von Reaktionen bei konstantem Druck

Jetzt wollen wir eine *Reaktion* mit Volumen*änderung* bei *konstantem Druck* betrachten, z. B. die unter dem Druck der Atmosphäre in einem Zylinder wie Abb. 156 vorgenommene Bildung von Wasserdampf aus H_2 und O_2 bei 200° C, wo alles entstehende Wasser dampfförmig bleibt. Wasserdampfbildung bei konstantem Volumen

$$2H_2 + O_2 = 2H_2O.$$

Nennen wir den anfänglichen Energieinhalt der Ausgangsstoffe U_0 und den der Produkte U_1, so bekämen wir bei konstant gehaltenem Volumen, falls wir also den Stempel festklemmten, die Wärmetönung des Vorgangs zu dem Betrag

$$U_0 - U_1 = Q_v. \qquad (95)$$

Lassen wir aber das Volumen dem Druck der Atmosphäre nachgeben, so sinkt der Stempel während der Reaktion, die langsam bei konstanter Temperatur ablaufen soll, herab, bis das Volumen nur noch $^2/_3$ des ursprünglichen ist. War es anfangs v_0, nachher v_1, so gewinnen wir die Arbeit Wasserdampfbildung bei konstantem Druck

$$-(v_1 - v_0)p. \qquad (96)$$

Denn der Druck ist positiv, das Volumen aber weicht uns aus, leistet also nicht *gegen* uns Druckarbeit, sondern umgekehrt. Also büßen wir Arbeit ein, daher das Minuszeichen. In summa haben wir daher die *Wärmetönung bei konstantem Druck* Q_p gleich der vom System abgegebenen Wärmemenge als die *Gesamtabnahme der Energie des Systems* aufzufassen, **verringert** *um die von ihm abgegebene äußere Arbeit.* Nun ist die letztere positiv, weil dem System Arbeit zugeführt wurde. Und so erhält man

$$Q_p = (U_0 - U_1) + (v_0 - v_1)p. \qquad (97)$$

Denn die Gesamtabnahme der Energie setzt sich aus der vom System abgegebenen Wärme und der vom System geleisteten Arbeit zusammen, welch letztere negativ ist. Man kann die letzte Gleichung schreiben:

$$Q_p = (U + p\,v)_0 - (U + p\,v)_1\,, \tag{98}$$

worin die in Klammer gesetzten Größen mit Index 0 die auf den Anfangs-, die mit 1 versehenen die auf den Endzustand bezogenen U und v bedeuten. Offenbar kann man bei Vorgängen bei konstantem Druck mit der Größe $(U + p\,v)$ genau so rechnen, wie es nach dem Hessschen Gesetz mit der einfachen Energie U möglich war. Man nennt die

Wärmefunktion bei konstantem Druck

Größe $U + p\,v$ nach einem Vorschlag von Gibbs die *Wärmefunktion bei konstantem Druck* und bedient sich ihrer bei allen Reaktionen, die man unter konstantem Druck ablaufen läßt.

3. Die Abhängigkeit der Wärmetönung von der Temperatur.

Temperaturkoeffizient der Wärmetönung

§ 205. Auch sie läßt sich in einfacher Weise aus dem I. Hauptsatz der Thermodynamik ableiten. Dabei bedienen wir uns wieder des Begriffs des molaren Wärmeinhalts, den wir durch Integration ermitteln können und anläßlich der spezifischen Wärme behandelt haben. Wir wollen hier und im weiteren, *wo nicht ausdrücklich das Gegenteil gesagt ist, immer Reaktionen bei konstantem Volumen* betrachten, um der unnötigen Verwicklung durch die Glieder mit der äußeren Arbeit zu entgehen.

Vorgang auf zwei verschiedenen Wegen

Lassen wir eine Reaktion bei der Temperatur T ablaufen, so liefert sie die Wärmetönung Q_T, wenn Anfangs- und Endtemperatur T ist. Ob sich dazwischen die Temperatur ändert, kümmert uns nicht, da nach dem I. Hauptsatz nur Anfangs- und Endzustand für die Energiebilanz maßgebend sind. Wollen wir die Wärmetönung bei einer anderen Temperatur, etwa beim absoluten Nullpunkt kennen lernen, so kühlen wir zuerst die Ausgangsstoffe auf diese Temperatur ab. Dabei gewinnen wir die Summe der molaren Energieinhalte der Ausgangsstoffe. Nehmen wir zur Veranschaulichung ein gemessenes Beispiel:

$$2\,NO + Cl_2 = 2\,NOCl\,.$$

Diese Reaktion liefert bei $T = 290^0$ absolut die Wärmetönung $Q_T = 17700$ cal. Denkt man sich die Ausgangsgase auf $T = 0$ abgekühlt, so gewinnt man dabei zweimal den molaren Wärmeinhalt des NO und einmal den von Cl_2. Beide schreibt man nach unseren Ableitungen

$$\int_0^T C\,d\,T = W \tag{99}$$

oder um noch anzudeuten, daß auch bei der Abkühlung das Volumen der Gase konstant gehalten sei:

$$\int_0^T C_v\,d\,T = W\,. \tag{100}$$

Darin ist unter C_v jeweils die Molarwärme bei konstantem Volumen verstanden. *Kennt man sie nicht als Funktion der Temperatur, so weiß man nicht,* **längs welchem Weg integriert** *werden soll und kann mithin das Integral dann solange nicht ausrechnen.* Ganz wie wir den Druck als Funktion des Volumens kennen mußten, um die äußere Arbeit zu finden. Beide Male durch graphische Integration.

Nun haben wir die Ausgangsstoffe auf $T = 0$ abgekühlt und dabei

$$+ 2 W_{NO} + W_{Cl_2}$$

gewonnen.

Jetzt denken wir uns die Reaktion bei $T = 0$ vollzogen. Ob das unendlich lange Zeit dauert, ändert an der zwingenden Richtigkeit unserer Ableitungen nichts. Wir gewinnen dabei eine Wärmetönung Q_0. Die Endprodukte müssen wir jetzt bei konstantem Volumen auf T erwärmen. Dazu wenden wir $- 2 W_{NOCl}$ auf und sind damit genau auf dem Endzustand angekommen, den wir bei T *unmittelbar* kalorimetrisch erreicht haben.

Da sich im übrigen infolge unseres Versuchs nichts in der Welt geändert hat, so muß die Energiebilanz in beiden Fällen dieselbe sein. Also wird:

$$Q_T = Q_0 + 2 W_{NO} + W_{Cl_2} - 2 W_{NOCl},$$

oder allgemein geschrieben

$$\boldsymbol{Q_T = Q_0 + \sum n \int_0^T C_v \, d\, T.} \qquad (101)$$

Stöchiometrische Summe von Größen

Unter $\sum n \int_0^T C_v \, d\, T$ verstehen wir sinngemäß die algebraische Summe der molaren Wärmeinhalte der beteiligten Stoffe, die Ausgangsstoffe positiv, die Produkte negativ gezählt. Wegen der stöchiometrischen Molekularkoeffizienten 2, 1, -2 in obiger Gleichung nennen wir solche Summen wie diese *stöchiometrische Summen.* In unserem Beispiel fand sich diese stöchiometrische Summe der Wärmeinhalte auf einem Weg, den wir später kennen lernen werden, zu 890 cal, so daß $Q_0 = 16810$ cal sich ergibt.

Wichtigkeit der spezifischen Wärmen

Um also die wichtige und ganz grundlegende Gleichung (101) praktisch anwenden zu können, muß man die spezifischen Wärmen der Reaktionsteilnehmer in ihrer Abhängigkeit von der Temperatur kennen.

Falls die Reaktion bei konstantem Druck abläuft, erhält man mit einem genau so geleiteten Prozeß die Gleichung

$$Q_T = Q_0 + \sum n \int_0^T C_p \, d\, T \qquad p \text{ konstant} \qquad (102)$$

wobei also Reaktion wie Abkühlung und Erwärmung der Reaktionsteilnehmer nur bei konstantem Druck vorzunehmen sind.

Wärmetönung bei $T = 0$ allein eine einfache Größe

Da bloß die Wärmetönung bei $T = 0$ eine feste Größe ist, die sich einfach behandeln läßt, ist ihre Bestimmung für den Chemiker besonders wichtig.

Denn erst sie ist von dem Einfluß der Temperatur befreit und wird daher die Beziehungen zur chemischen Zusammensetzung und Natur der Reaktionsteilnehmer klarer zeigen.

4. Die Abhängigkeit der Wärmetönung von der Stoffnatur. Die Aktivierungswärme.

Theorie der Wärmetönung I.

Aktivierungswärme

§ 206. Ziehen wir die Molekulartheorie bei, so können wir aus dem I. Hauptsatz der Thermodynamik einen Schluß ziehen, der weiter trägt und uns in der Lehre von der Affinität und Geschwindigkeit chemischer Vorgänge sehr eingehend beschäftigen wird. Gehen wir von einer ganz einfachen Reaktion aus, etwa der Bildung des HJ-Gases aus gleichen Raumteilen gasförmigem Jod und Wasserstoff bei 300° C und Atmosphärendruck.

Anwendung der Molekulartheorie

Wegen der Kleinheit der Molekelradien und ihrer Wirkungsbereiche wird in einem verdünnten Gemisch von H_2, J_2 und HJ in jedem Augenblick nur zwischen sehr wenigen Molekeln eine merkliche Wechselwirkung bestehen. In der Hauptsache nur zwischen denen, die eben so nahe sind, daß sie, wie man sagt, zusammenstoßen. Die Physik zeigt, wie wir im weiteren einsehen werden, daß die Zahl der Zusammenstöße außerordentlich groß ist, so daß — jeden Stoß als von Reaktion gefolgt gedacht — in einem sehr kurzen Moment alles Gas nach der Gleichung

$$H_2 + J_2 = 2\,HJ$$

umgesetzt sein müßte. Die Erfahrung aber läßt nichts derart erkennen. Die Umsetzung dauert bei Atmosphärendruck und bei der Temperatur 300° wochenlang. Daraus folgt, daß nur höchst wenige Stöße so erfolgen, daß sich Reaktion anschließt. Diese Stöße finden aber jeweils zwischen nur 2 Molekeln statt, wie sich aus dem zeitlichen Ablauf des Vorgangs erschließen läßt (s. w. u. Bd. III). Jetzt ist klar, daß die Ereignisse zwischen je zwei Molekeln wegen der zeitlichen Kürze des Stoßes nicht von anderen Molekeln beeinflußt sein können, als von eben den beiden stoßenden. Und damit sind wir in der Lage, uns mit den Möglichkeiten und Notwendigkeiten zu befassen, die die Geschehnisse während eines Stoßes mit sich bringen. Wir müssen jetzt eine Vorstellung entwickeln, die unabweisbar ist, wenn man überhaupt an der Fortexistenz der Atome in den Molekeln festhält.

Erfolglosigkeit der meisten Zusammenstöße

Kräfte vor und bei dem Stoß

Angenommen, eine H_2-Molekel und eine J_2-Molekel flögen durch den Raum. Dann wirken auf jedes der beiden H-Atome Kräfte, die den Zusammenhalt von H_2 bedingen. Und auf jedes der beiden J-Atome wirken entsprechende Kräfte, die ihr Zusammenhalten verursachen. Stoßen jetzt die beiden Molekeln zusammen, so treten neue Kräfte auf und zwar solche zwischen den verschiedenartigen Atomen, also zwischen H und J. Erst wenn diese letzteren Kräfte stärker wären, als diejenigen, die den status quo ante zu erhalten suchen, könnte Reaktion eintreten. Aus der großen Seltenheit der erfolgreichen unter den Stößen ergibt sich das starke Vorwiegen der dem status quo ante günstigen Kräfte über die umlagernden. Immerhin kommen aber doch auch erfolgreiche Stöße vor. Dafür können wir mithin zwei scheinbar verschiedene, im Wesen aber in der Hauptsache identische Deutungen geben.

a) Die *Lage* von H_2 und J_2 beim Stoß bedingt das verschiedene Ergebnis des Stoßes. In einem Teil der möglichen Lagen sind die erhaltenden, in einem anderen, kleinen Teil die ändernden Kräfte größer (*Sterische* Betrachtung: Betrachtung der *Raumverteilung* der Kräfte).

b) Der Stoß ist dann von Reaktion gefolgt, wenn die beiden Molekeln in ausreichend gedehntem Zustand zusammenstoßen (Betrachtung des *Energieaufwands* für Behebung der räumlichen Hemmungen). Denn dann sind durch die größere Entfernung der gleichartigen Atome voneinander ihre Anziehungskräfte geschwächt, so daß ihnen gegenüber die Anziehung zwischen den verschiedenen Atomen ausreichend mächtig ist. Es muß *eine* Dehnung (Abb. 157) möglich sein, *bei der die erhaltenden und die ändernden Kräfte einander genau die Wage halten.* Zu ihrer Herbeiführung muß man beim selben Molekelpaar (also im Beispiel bei den Stoffen $H_2 + J_2$) und bei bestimmter Temperatur der Gase *im Mittel* stets *eine und dieselbe* bestimmte Energiemenge aufwenden. Auf 1 Mol Molekelpaare bezogen, also mit der Loschmidtschen Zahl $6{,}2 \cdot 10^{23}$ multipliziert, heißt sie die *Aktivierungswärme* für diese Reaktion. *Jede chemische Reaktion hat ein solches Hemmnis zu überwinden,* also auch die Umsetzung von 2HJ in $H_2 + J_2$. Hier ist natürlich wieder ein anderer Energiebetrag zuzuführen, als vorhin. Denn es ist nicht einzusehen, weshalb die Atome in einem Molekelpaar 2HJ um einen gleichen Energiebetrag von ihrer absoluten Indifferenzlage entfernt sein sollten, wie in einem $H_2 + J_2$-Paar. Ob die Aktivierungswärme erst im Augenblick des Stoßes zuzuführen ist oder zum Teil schon vorher in den stoßenden Molekeln enthalten ist, hat *zunächst* keinen Belang. Wir fassen also einstweilen zusammen:

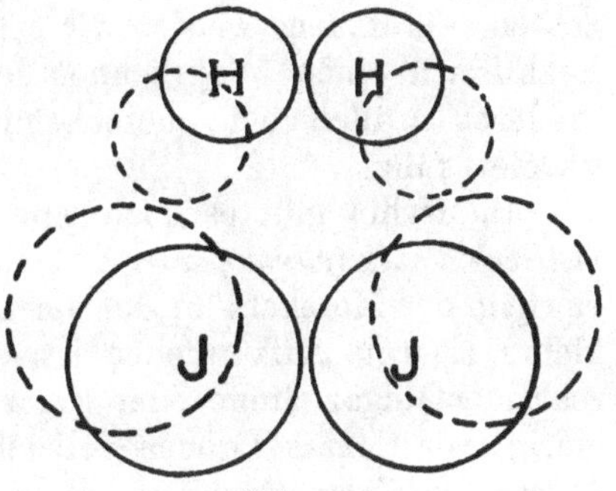

Abb. 157.
Aktivierungsvorgang beim Stoß zweier verschiedenen zweiatomigen Elementmolekeln (z. B. $H_2 + J_2$).

Jede chemische Reaktion muß über einen Indifferenzzustand führen, in dem die Atomkräfte, die auf Erhaltung des status quo zielen, und diejenigen, die eine Änderung anstreben, genau gleich sind. Dieser Indifferenzzustand steht irgendwo zwischen den Stoffen auf beiden Seiten der chemischen Gleichung. Zu seiner Erreichung ist von beiden Seiten her ein verschiedener Betrag an Energie zuzuführen, die *Aktivierungswärme. Die* Indifferenz- oder Aktivierungszustand

Differenz der beiden Aktivierungswärmen ist die Wärmetönung. Jede einfache chemische Reaktion ist daher in ihrem Beginn endothermisch. Zu ihrer Ermöglichung ist stets zuerst Energie aufzuwenden. Mit dem für den I. Hauptsatz üblichen Schema können wir dies darstellen:

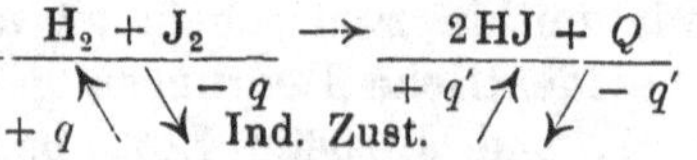

also

$$q' - q = Q. \tag{103}$$

Kalorimetrische Unzugänglichkeit der Aktivierungswärme

Wenn nun auch diese Auffassung, wie man sieht, notwendig aus der Molekularvorstellung erfließt und auch mit dem I. Hauptsatz der Thermodynamik vollkommen sich verträgt, so haben wir doch damit noch keinen Weg zur *Bestimmung* der Aktivierungswärmen. Denn kaum hat ein Molekelpaar den Indifferenzzustand erreicht, so schnappt es entweder in die alte Lage zurück, dann gibt es die aufgenommene Aktivierungswärme wieder frei. Oder es klappt in die neue Lage um, dann gibt es die Aktivierungswärme q' ab, so daß wir doch in summa immer entweder gar keine Wärmeänderung oder die ganze Wärmetönung beobachten. Trotzdem werden wir später bei der Geschwindigkeit chemischer Reaktionen einen Weg kennen lernen, der allgemein (ebenso wie in besonderen Fällen ein photochemischer) zur Kenntnis der Aktivierungswärmen führt.

Aktivierungswärme zum Zerfall in Atome praktisch gleich der Zerfallswärme

Immerhin gibt es doch eine Reihe von Fällen, wo wir sogar *kalorimetrisch die Aktivierungswärme* bestimmen können. Nämlich da, wo zur Aktivierung der Molekeln in der einen Richtung der Reaktion nur eine relativ kleine Energie aufzuwenden ist. Das gilt wahrscheinlich für freie Atome reaktionsfähiger Stoffe oder sogar schon genähert für solche Stoffe, die gierig Additionsreaktionen vollziehen. Die *Aktivierung einer zweiatomigen Molekel zu ihrem Zerfall in Atome muß mithin fast vollkommen gleich sein ihrer ganzen Zerfallswärme* und noch etwas größer als diese. Doch wird man, wie wir auch später bestätigt finden, in vielen Fällen ausreichend genau mit der ganzen Zerfallswärme rechnen dürfen. Also ist die Aktivierungswärme ($\cong$ Zerfallswärme) beispielsweise für den Jodzerfall etwa 34000 cal, die für den Bromzerfall 45000 cal usf.

II. Die kalorimetrischen Methoden der Chemie.

1. Die chemischen Kalorimeter

Chemische Kalorimeter

§ 207. Die Kalorimeter wie üblich Becher von 1—2 Liter Inhalt, vorteilhaft Vakuumgefäße, gut eingepackt, meist mit Wasser beschickt, dienen zu Reaktionen zwischen Flüssigkeiten untereinander oder mit Gasen und festen Körpern. In Ag- oder Pt-Bechern, die darin eingehängt sind, nimmt man die Reaktionen vor, die vor allem nicht zu langsam ablaufen dürfen. Denn sonst wird die Berechnung des Wärmeaustauschs natürlich unsicher. Die Wärmekapazität wird erst nach vollendetem Aufbau des Kalorimeters mit allem Zubehör bestimmt, am besten elektrisch mittels eines dünnen Pt-Drahts (vgl. Einf. 80ff.). Er kann paraffiniert werden, um eine Abhängigkeit des durchgeschickten Heizstroms von der Leitfähigkeit des Kalorimeterwassers zu vermeiden. Oder man überzieht ihn mit Wasserglas, wenn im Kalorimeter eine leitende ölige Flüssigkeit verwendet wird.

Man verfolgt zuerst den Wärmeaustausch in einer Vorperiode von 10 Minuten, schließt dann den Heizstrom (z. B. 0,7 Weber [Amp.], 7 Volt) für 10 Minuten und verfolgt in einer 10′ langen Nachperiode den Temperaturgang nach dem Versuch. Dies liefert die Wärmekapazität. Denn man hat bloß die Temperatursteigerung mit der Austauschkorrektion zu versehen und in die elektrisch zugeführte Wärmemenge (= Volt × Weber [Ampere] × Sekunden × 0,2389) zu dividieren, um die Wärmekapazität (= Wasserwert) zu erhalten.

Daran schließt man eine neue Vorperiode, dann den eigentlichen Versuch, dann eine Nachperiode.

Kennt man den Wasserwert der sämtlichen festen Gegenstände im Kalorimeter, also die Differenz zwischen dem Gesamtwasserwert des Kalorimeters und der Kalorimeterflüssigkeit, so kann man leicht mittels des Heizdrahts unter Verwendung einer anderen Kalorimeterflüssigkeit deren spezifische Wärme bestimmen. Denn die Temperatursteigerungen müssen sich umgekehrt verhalten wie die Wärmekapazitäten. War also die der festen Gegenstände gleich w, die von den verwendeten M Gramm Wasser gleich $1 \times M$ und die der m Gramm der zu prüfenden Substanz gleich $s \times m$, wo s die gesuchte spezifische Wärme ist, und sind $t - t_0$ die Temperatursteigerung bei Wasser, $T - t_0$ die bei der zu prüfenden Flüssigkeit, so erhält man bei gleicher Menge elektrischer Energie die Gleichung: Messung von spezifischen Wärmen

$$(t - t_0) \times (w + M) = (T - t_0) . (w + s\,m), \qquad (104)$$

gleichfalls eine Folgerung des I. Hauptsatzes. Daraus folgt der gesuchte Zahlwert von s bei Kenntnis der übrigen Größen ohne weiteres.

Reaktionen zwischen Gasen erfordern besondere Vorrichtungen in den Kalorimetern, kommen aber auch nur selten in Betracht. Hier muß man vor allem berücksichtigen, ob die Gase bei konstantem Druck oder bei konstantem Volumen reagieren. Meist zieht man letzteres vor. So auch bei *Bestimmung der Verbrennungswärmen in der Berthelot-Mahlerschen Bombe.* Messung von Verbrennungswärmen

Man verbrennt hier die zu prüfenden Stoffe im komprimierten Sauerstoffgas von 25—30 Atm. und eicht das Kalorimeter zuerst durch Verbrennung eines Normalstoffs, z. B. einer gewogenen Zuckermenge. Näheres s. Einführung 94ff.

Als ein Beispiel der Kalorimetrie verwickelter Reaktionen sei die Bestimmung der Bildungswärme von Nitrosylbromid NOBr besprochen. Dieser Stoff ist nur bei tiefer Temperatur unzersetzt und wurde daher in ein pipettenförmiges Gefäß von etwa 1,5 g Inhalt eingeschmolzen, NOBr-Hydrolyse als kalorimetrisches Beispiel dessen einer Hals sehr eng und dünn ausgezogen war. Das Kalorimeter wurde mit verdünnter Kalilauge beschickt, die, wie Eichung lehrte, ungefähr dieselbe Wärmekapazität hat wie Wasser. Es folgte die Vorperiode, dann wurde der Hals der Pipette aufgebrochen und in die Kalilauge eingetaucht. Nach 10′ war der Inhalt durch seinen eigenen Dampfdruck in die Lauge hinübergedrückt und dort nach der Gleichung

$$aq + NOBr + 2KOH = KBr + KNO_2 + H_2O + Q' + aq$$

(aq bedeutet „viel Wasser") zersetzt. Es folgte die Nachperiode.

2. Berechnung kalorimetrischer Messungen.

Berechnung einer kalorimetrischen Messung

§ 208. Zur Berechnung bedurfte man zunächst der berichtigten Temperatursteigerung, deren äußerste Werte mit

$$\left.\begin{matrix} 0{,}571^0 \\ 0{,}585^0 \end{matrix}\right\}$$

angesetzt wurden. Dies mit der durch Eichung gefundenen Kapazität des Kalorimeters multipliziert, ergab die von 1,768 g NOBr gelieferte Wärmemenge in cal. Der sehr dünne Pipettenschnabel, der eintauchte, änderte die Kapazität nicht. Aber die ganze kleine Pipette von 1,5 g Fassungsvermögen machte immerhin rund $^1/_3$ v. H. aus. Es war wichtig, daß sie ganz eintauchte, da sonst die Verdampfungswärme des NOBr nicht von dem Kalorimeter aufgebracht worden wäre. So aber war unmittelbar flüssiges NOBr in die Lauge eingetreten.

Man berechnet jetzt, wieviel Wärme 1 Mol NOBr geliefert hätte, und findet 23268 bis 23823 cal. Dies ist die Wärmetönung der oben genannten Reaktionen für flüssiges NOBr und im übrigen verdünnt gelöste Stoffe. Stellen wir uns die Aufgabe, daraus die Bildungswärme von gasförmigem NOBr aus den gasförmigen Komponenten NO und Br_2 nach

$$2NO + Br_2 = 2NOBr + Q$$

zu berechnen.

Dazu bedürfen wir offenbar folgender Hilfszahlen:

Zerfall von NO in $N_2 + O_2$ liefert	+ 21750 cal	$= A$
aq, K, N_2 und O_2 bilden KNO_2 aq und liefern	+ 88900 cal	$= B$
K und Br_2 „ KBr „ „	+ 95310 cal	$= C$
H_2 und O_2 „ H_2O „ „	+ 68400 cal	$= D$
K, O_2 und H_2 entstehen aus KOH. Dies braucht	− 234200 cal	$= E$
KBr löst sich in aq. „ „	− 5080 cal	$= F$
Flüssiges NOBr zerfällt in NO-Gas und Br_2-Gas und liefert	? cal	$= G$

Also liefert der erste Hauptsatz nach unserer chemischen Gleichung die kalorimetrische Bilanz:

$$A + B + C + D + E + F + G = Q'.$$

Daraus ergibt sich G. Hätte man jedoch gasförmiges NOBr verwendet, so wäre dessen Verdampfungswärme nicht nötig gewesen und daher muß man noch 6242 cal abziehen (Verdampfungswärme von 1 Mol

NOBr). Endlich hat man wegen der Reaktion $2NO + Br_2$ die erhaltene Zahl zu verdoppeln und kommt somit zu 10780 bis 9670 cal Zerfallswärme, d. h. zu einer positiven Bildungswärme von rd. 10000 cal für 2 Mol NOBr aus seinen beiden gasförmigen Komponenten NO und Br_2. Der Fehler von rd. ± 5 v. H. ist für eine Gasreaktion normal.

Prozentischer Fehler bei Wärmetönungen

Es ist vorteilhaft, in dieser Weise zu rechnen, wo man einfach die Summe aller Teilwärmetönungen bildet und nirgends in der Hauptbilanz ein Minuszeichen einführt. Sonst ist die Gefahr von Rechenfehlern viel größer. Man schreibt also einfach aus einem der bekannten Tabellenwerke, Landolt-Börnstein-Roth oder Tables et données numériques oder J. Thomsen (Thermochemische Messungen) die kalorimetrischen Zahlen A bis F heraus, jeweils schon für jene Richtung der chemischen Teilreaktion angeschrieben, wie sie im Kalorimeter stattfand. Dann wird einfach addiert.

Die soeben gefundene Bildungswärme kann aber noch beanstandet werden. Denn ganz abgesehen von Experimentellem und von Rechenfehlern können noch *Definiertheitsfehler* darin enthalten sein. Falls nämlich in der kleinen Pipette kein unzersetztes NOBr enthalten war, sondern ein Gemisch von diesem, NO und Br_2, so haben wir einen Teil der Zerfallswärme nicht vom Kalorimeter aus *aufbringen* müssen. Es wird daher Q' dann zu groß sein. Man kann dann nur durch Hilfsrechnungen und Versuche nachweisen, wie groß höchstens der Zerfall vor der kalorimetrischen Messung gewesen und wie groß also in maximo der Fehler der Definiertheit hat sein können. Man verfährt dabei so: Man berechnet zuerst unter Annahme völligen Zerfalls die dann erfließende Wärmetönung. Dazu hätte man die Lösungswärme von NO in Brom nötig und diese kennt man nicht, kann sie nur nach Analogieen schätzen. Durch den Versuch kann man sie nicht bestimmen, da man kein Kriterium hat, das sie von einer Verbindungswärme unterscheiden ließe. Dann berechnet man aus Dampfdichtemessungen u. dgl. (s. w. u. Bd. II) einen oberen Grenzwert für den Zerfall des NOBr und kann jetzt ausrechnen, wie groß in maximo der Fehler in Q sein kann.

Definiertheitsfehler in Wärmetönungen

3. Die wichtigsten Ergebnisse der Kalorimetrie.

Ergebnisse der Kalorimetrie

1. Neutrale Molekeln.

§ 209. Eine Reihe besonders wichtiger Zahlen sind im folgenden zusammengestellt. Sie betreffen zunächst die Wasserstoffverbindungen der Elemente und beziehen sich wie alle kalorimetrischen Angaben ohne besondere Hinweise auf Zimmertemperatur. Die Zahlen sind hier große Kalorieen (= 1000 cal).

Bildungswärme der Hydride.

Hydride

[LiH] 21,6	—	(CH_4) 18,8 Diamant	(NH_3) 10,5	(H_2O) 58,1	(HFl) 38,5	Diff.
						16,5
[NaH] 16,6	—	(SiH_4) − 6,7 Si krist.	(PH_3) − 9	(H_2S) 14,6	(HCl) 22,0	
						9,8
—	[CaH_2] 46,2	(TiH_4) ?	(AsH_3) ?	(H_2Se) − 25,1 krist.	(HBr) 12,2	
						9,3
—	[SrH_2] ?					
—	[BaH_2] 37,5	(GeH_4) ?	(SbH_3) − 25,2	[(H_2Te) − 34,9] krist.	(HJ) + 2,89	
		(SnH_4) ?	(BiH_3) ?			
		(PbH_4) ?				

Die in eckige Klammern gesetzten Reaktionen sind nicht streng vergleichbar, weil in den zugehörigen Zahlen jeweils noch die Sublimationswärme des festen Metalls und die des festen Hydrids enthalten sind, die übrigens beide nicht bekannt sind. Anderseits kann man die Zahlen für NH_3, PH_3, H_2O, H_2S und die Halogenwasserstoffe vergleichen, weil hier Gase aus Gasen sich bilden. HFl ist zum Teil polymerisiert zu H_2Fl_2, H_2O noch weiter, daher hier die sehr hohen Zahlen. Die *Ausnahmestellung des Wassers* tritt wieder scharf hervor. Seine Bildungswärme ist höher, als die von NH_3 und von HFl, obwohl in der nächsten Reihe PH_3, SH_2, ClH die Bildungswärme regelmäßig steigt. Die Zahl für SbH_3 fußt auf der sehr unsicheren Zahl für die Verdampfungswärme von Sb. Die Differenzen in der V. Gruppe sind ziemlich dieselben wie in der VII. Gruppe, fast innerhalb der Fehlergrenze. Könnte man in der IV. Gruppe die Verdampfungswärmen berücksichtigen, die hier sehr groß sind, so käme man auch für CH_4 auf eine sehr viel kleinere negative Wärmetönung, für SiH_4 desgleichen, denn bei Si und C wird die Verdampfungswärme zwischen rund 100000 und 50000 cal liegen oder noch höher.

Für AsH_3 läßt die Tafel auf − 16 Cal schließen.

Allgemein ist die *Abnahme der Bildungswärmen mit zunehmendem Atomgewicht in einer einzelnen Gruppe.*

Die Bildungswärme der Oxyde zeigt ähnliche Gesetzmäßigkeiten, aber hier kann man mangels Kenntnis von Schmelz- und Verdampfungswärmen noch weniger vergleichbare Größen zusammenstellen. Immerhin sinken im allgemeinen auch hier die Bildungswärmen in jeder Gruppe im großen und ganzen mit steigendem Atomgewicht, z. B. bei den Alkalimetallen, obwohl man doch hier wegen der großen Lebhaftigkeit der Reaktion der schwereren Metalle gerade das Umgekehrte erwarten möchte.

Ionen

2. Ionen in wäßrigen Lösungen.

§ 210. Die Neutralisation eines Äquivalents einer beliebigen starken Säure mit einer beliebigen starken Base entbindet immer genau dieselbe Wärmemenge. Vermischt man anderseits zwei verdünnte Lösungen von Salzen starker Säuren und Basen, so tritt überhaupt keine Wärmetönung auf. Diese Tatsache wurde von Hess 1840 entdeckt und als das *Gesetz der Thermoneutralität* bezeichnet.

Gesetz der Thermoneutralität

Beide Gesetze werden von der Ionentheorie einheitlich gedeutet. In allen starken Säuren und starken Basen ist der Elektrolyt vollkommen in seine Ionen H˙ und Säurerest bzw. OH′ und Metallion gespalten. Vermischt man die Lösungen, so bleibt Säurerest und Metallion frei, weil das Salz einer starken Säure mit einer starken Base vollkommen dissoziiert ist. Nur H˙ vereinigt sich mit OH′ praktisch vollkommen zu Wasser, wobei pro Mol 14700 cal frei werden. Mischt man anderseits zwei Salze starker Säuren und starker Basen miteinander in verdünnter Lösung, so sind und bleiben beide vollkommen in Ionen zerfallen und mithin geschieht chemisch gar nichts. Daher wird auch keine Wärme entbunden.

Neutralisation von Basis und Säure = Wasserbildung aus H˙ und OH′

Wenn natürlich die Bedingung vollkommenen Zerfalls nicht befriedigt ist, dann gelten auch die beiden Gesetzmäßigkeiten nicht mehr. So liefert die Neutralisation von Essigsäure weniger, die von Flußsäure mehr Wärme, als die oben genannte Neutralisationswärme. Denn der Zerfall der Essigsäure *bedarf* der Wärmezufuhr, der der Flußsäure *liefert* noch Wärme. Diese Beispiele zeigen, daß es *elektrolytische Zerfallswärmen von* **beiderlei** *Vorzeichen gibt. Dagegen sind endothermisch verlaufende Additionsreaktionen neutraler Molekeln nicht bekannt.* Die

Existenz elektrolytischer Zerfälle, die Wärme liefern

Reaktionen von H_2, die zu PH_3, AsH_3, SbH_3 usf. führen, sind ja keine einfachen Additionen. Vielmehr muß mit ihnen jeweils ein Zerfall der polymeren Elemente P_4 usf. in Atome einhergehen. Dieser aber ist, soweit man heute irgend weiß, stets endothermisch.

Überhaupt scheint es sicher, daß, *einzelne Metalle und Edelgase* (S. Bd. II) *ausgenommen, alle Reaktionen freier Atome miteinander Wärme entbinden.* Anderseits ist, wie wir bei Besprechung der Aktivierungswärme sahen, der Beginn jeder chemischen Reaktion endothermisch.

Elektrochemie. 2. Teil.

III. Beziehung der Wärmetönung zu elektrischen Erscheinungen.

1. Die elektrischen Atomkräfte.

Theorie der Wärmetönung II.

§ 211. Nimmt man die Fortexistenz von geladenen Teilchen in der Molekel an, was mit Recht geschieht, so kann man weiter schließen, ihre Ladung, wenn auch allenfalls nicht sie allein, halte die Molekel zusammen. Elektrische Atomkräfte

Ferner wird es dann möglich, aus der Größe der Ladungen und der Masse der Teilchen, sowie aus ihrer gegenseitigen Entfernung abzuleiten, wieviel Energie nötig ist, bzw. frei wird, wenn die Teilchen aus praktisch unendlicher Entfernung einander soweit genähert werden, wie sie in der fertigen Molekel liegen.

Zwei geladene Teilchen, die in 1 cm Entfernung mit 1 Dyne einander anziehen, tragen je die *elektrostatische Ladung 1* (*Definition der elektrostatisch gemessenen Einheitsladung*). Sie ziehen sich also in 1 km Entfernung mit $1{,}02 . 10^{-16}$ kg-Gewichten an. 1 absolute (elektrostatische) Einheit 3×10^9 mal genommen, gibt 1 Coulomb. Daher ist 1 $F = 10^{14} \times 2{,}895$ el. st. Einheiten. Geben wir jedem Teilchen 1 F-Ladung, so wird die Kraft zufolge Coulombs Gesetz $2{,}895^2 . 10^{28}$ mal so stark, also $8{,}5 . 10^{12}$ kg-Gewicht. Das ist eine ungeheuer starke Anziehung, wie man leicht abschätzen kann, wenn man die reine Gravitationswirkung vergleicht. Wir wollen sehen, wie große *Massen* wir in 1 km Entfernung einander gegenüberstellen müßten, um dieselbe Anziehung zu erhalten rein vermöge der Gravitation. Elektrostatische Einheit der Elektrizitätsmenge

Zwei 1 Gramm-Massen in 1 cm Entfernung ziehen einander vermöge der allgemeinen Gravitation mit $6{,}67 . 10^{-8}$ Dynen an. Diese Zahl heißt die *Gravitationskonstante.* Wir bekommen damit in 1 km Entfernung $6{,}7 . 10^{-24}$ kg-Gewicht. Um die obige $1{,}2 . 10^{36}$-fache Kraft zu erhalten, müssen wir zwei Massen von je $1{,}1 . 10^{18}$ g, also von $1{,}1 . 10^{15}$ kg einander gegenüberstellen. Nun hat die ganze Erde bloß 10^{24} kg. Wir kämen also bei gleicher Dichte (wie die Erde) der beiden Massen zu Kugeln von 3,5 km Durchmesser. Die Anziehung von 2 einwertigen *Gramm-Ionen* in 1 km Entfernung ist also ganz ungeheuerlich. Gravitationskonstante

Wir rechnen jetzt von Grammionen auf molekulare Einzelionen um durch Division mit der Loschmidtschen Zahl und finden die *Ladung* eines einwertigen Einzelions, also auch des *Elektrons* zu *$4{,}7 . 10^{-10}$ el. st. Einheiten.* Nun wenden wir das Gesetz von Coulomb an. Das zweiwertige O''-Ion wirkt auf zwei einwertige $H^{\cdot}$-Ionen anziehend, so daß man die Arbeit erhält: Elektrostatische Ladung des Elektrons

$$\frac{9{,}4 . 10^{-10} . 9{,}4 . 10^{-10}}{4{,}2 . 10^{7} . 10^{-8}} \text{ cal.}$$

Denn die Entfernung, auf die beide Teile sich nähern müssen, beträgt rund 10^{-8} cm wegen der Molekeldurchmesser und der Umrechnungsfaktor von erg auf

Joule macht 10^7, da 10^7 erg = 1 Joule. Endlich wird durch Division mit 4,2 von Joule auf cal umgerechnet. Die beiden H˙-Ionen aber stoßen einander ab mit ihren Ladungen. Deshalb ist die Arbeit

$$\frac{4{,}7.10^{-10}.4{,}7.10^{-10}}{4{,}2.10^7.10^{-8}} \text{ cal}$$

in Abzug zu bringen und mithin ergibt sich $1{,}6.10^{-18}$ cal für 1 Molekel H_2, also $6{,}2.10^{23}$ mal so viel, gleich rund 10^6 cal für 1 Mol.

Man hat also die Gleichung

$$2H^{\cdot} + O'' = H_2O + 10^6 \text{ cal}.$$

Und da die Bildung aus den Gasen nur 58000 cal entbindet, so sollten nach dieser Berechnung

$$\begin{array}{r} 1\,000\,000 \\ -\quad 58\,000 \\ \hline 942\,000 \text{ cal} \end{array}$$

zur Spaltung von 1 H_2 und $^1/_2\,O_2$ in gasförmige Ionen aufzuwenden sein. Die berechnete Zahl ist wohl zu groß. Immerhin hat sich gezeigt, daß man wenigstens größenordnungsweise auf richtige Zahlen kommt.

Die Annahme elektrischer Kräfte als derjenigen, die chemische Molekelbauten zusammenhalten, ist daher immerhin damit gestützt.

Wärmetönung und nutzbare Arbeit.

2. Wärmetönung und nutzbare Arbeit.

Helmholtz-Thomsonsche Regel.

§ 212. Manche chemischen Reaktionen lassen sich derart leiten, daß man einen Teil ihrer Wärmetönung nicht als Wärme, sondern in anderer Form erhält. Das klassische Beispiel dafür ist die Auflösung von Zink in einer Säure. Taucht man reines Zn in eine Säure, z. B. verdünnte H_2SO_4, so sind zunächst beide nicht elektrisch geladen. Da aber Zink erfahrungsgemäß nur in Form positiver Ionen in Lösung gehen kann, so ladet es sich alsbald negativ, indem es einige Ionen $Zn^{\cdot\cdot}$ in die Säure schickt. Diese wird also positiv geladen. Beide Ladungen ziehen einander an, so daß sie an der Oberfläche Metall-Lösung sitzen, die dann den Sitz einer *elektrischen Doppelschicht* bildet. Sind genug Ionen in Lösung gegangen, so ist die Ionen abstoßende Kraft der positiven Schicht in der Lösung groß genug, um eine weitere Auflösung zu verhindern. Immerhin geht doch Zink dauernd, wenn auch langsam in Lösung und zwar dadurch, daß sich an ihm positive Ionen, die des $H^{\cdot}$, entladen können und damit die Doppelschicht dauernd schwächen. Für die Ladungsbilanz ist ja gleichgültig, ob die positive Ladung von $H^{\cdot}$ oder von $Zn^{\cdot\cdot}$ herrührt. Deshalb kann man auch die Auflösung beschleunigen, ohne am Zink etwas zu machen, indem man es außerhalb der Lösung metallisch mit einem Stück Platin verbindet, das gleichfalls in die Lösung taucht. An diesem kann sich der Wasserstoff bekanntlich entsprechend seiner geringeren Überspannung schneller abscheiden und deshalb strömen dann immer mehr H˙-Ionen dem Pt zu,

Doppelschicht an eingetauchten Metallen

Beschleunigung der Zinkauflösung durch Metalle mit kleinerer Überspannung in dem Maß, wie sie dort als Gas aus der Lösung entfernt werden. Nach dem Faradayschen Gesetz aber muß sich alsdann im selben Maß mehr Zink auflösen. Zugleich fließt durch den Pt und Zn verbindenden Draht ein Strom. Läßt man ihn an einem kleinen Elektromotor Arbeit leisten, etwa zur Hebung eines Gewichts, so hat man diese Energie mittels der Reaktion der Zinkauflösung gewonnen. Steckt man Zn und Pt dabei in einen *im Kalorimeter* stehenden Säurebecher, so erhält man in ihm um so weniger Wärme, je mehr Energie in *Form von Strom* zur Arbeitsleistung (Gewichtshebung) verbraucht worden ist. Die Summe beider Energiemengen, Wärme im Kalorimeter + Arbeit zur Hebung des Gewichts muß in cal umgerechnet natürlich wieder gleich der Auflösungswärme des Zinks sein. Selbstverständlich könnte man auch den Strom, statt ihn in einen Motor zu schicken, durch einen dünnen Draht in einem *anderen* Kalorimeter leiten. Dann müßte dort das Äquivalent der fehlenden Wärme frei werden.

Fassen wir zusammen:

Zink allein in Säure stehend, liefert an seiner Oberfläche Wasserstoffgas, aber langsam. Mit einem Pt-Blech in derselben Säure metallisch verbunden, löst es sich weit schneller, wobei das Gas am Pt frei wird, infolge der verschiedenen Überspannung. Im letzteren Fall hat man eine Maschine, die aus der Zinkauflösung unmittelbar Arbeit gewinnen läßt und zwar hier elektrische Arbeit. *Es ist die Frage, ob diese elektrische Arbeit nur aus der Energie von Zink + Säure stammt oder vielleicht auch noch aus der Umgebung des Reaktionsgefäßes* aufgenommen sei. Wir wollen die Frage an Hand eines anderen Beispiels zu beantworten suchen.

Verwandeln galvanische Elemente auch äußere Wärme in Arbeit?

Im Daniellelement ist die chemische Auflösung des Zinks nutzbar gemacht. Zink steht in verdünnter Schwefelsäure, mit Quecksilber überzogen, um durch Überspannung an ihm die Entwicklung von Wasserstoff und damit die nutzlose Auflösung des Metalls zu hintertreiben. Es macht aber vor allem die Oberfläche des Metalls gleichartiger. An sich ist diese nämlich so ungleich, daß ihre verschiedenen Teile wie Teile verschiedener Metalle gegeneinander wirken und so zur schnellen Lösung des Zinks führen. In den Zinkzylinder ist eine Tonzelle gesetzt, die mit gesättigter Kupfersulfatlösung und einer Cu-Platte beschickt ist. Im Element spielt sich die stromliefernde Reaktion ab: $CuSO_4 + Zn = ZnSO_4 + Cu$.

Überspannungswirkung der Amalgamierung am Zink

Wir berechnen die Wärmetönung dieses Vorgangs für je 1 elektrochemisches Grammäquivalent.

$$0{,}5\,(Zn,\ O,\ SO_3\,aq) = 53045\ cal + {}^1/_2\,ZnSO_4aq$$
$$0{,}5\,(Cu,\ O,\ SO_3\,aq) = \underline{27980\ cal} + {}^1/_2\,CuSO_4aq$$
$$25065\ cal$$

Könnten wir diese ganze Energiemenge in Form von Stromenergie gewinnen, so müßten wir die 96500 Coulombs, die wir nach den

Faradayschen Gesetzen für den beschriebenen Umsatz aufzuwenden haben, bei soviel, sagen wir x Volt aus dem Element beziehen, daß

$$96\,500 . x = \frac{25\,065}{0{,}2389} \text{ Joule wäre.}$$

D. h. man erhielte $x \text{ Volt} = \frac{25\,065}{23\,054} = 1{,}085 \text{ Volt.}$

In der Tat hat das Daniellelement recht genau diese konstante Spannung. Bei ihm also ist die gelieferte nutzbare Arbeit sehr genau gleich dem Äquivalent der Wärmetönung. Wäre dies Ergebnis allgemein gültig, so könnte man aus jeder auf 1 elektrochemisches Grammäquivalent bezogenen Wärmetönung eines stromliefernden Vorgangs die Klemmenspannung der betreffenden galvanischen Kette berechnen, indem man mit 23054 in sie dividierte. Und in der Tat stimmt das in zahlreichen Fällen. Man nennt diese Gesetzmäßigkeit die *Helmholtz-Thomsonsche Regel:*

Helmholtz-Thomsonsche Regel

$$E = \frac{Q}{n . 23054}. \tag{105}$$

Darin bedeuten E die Klemmenspannung, Q die Wärmetönung und n die Wertigkeit der Reaktion.

„Von selbst“ verlaufende Vorgänge

Eine elektromotorische Kraft tritt nun aber nur da auf, wo ein chemischer Vorgang *von selbst abläuft.* Wo chemisch brutto nichts geschieht, z. B. kein Metall sich auflöst, oder sonst nichts chemisches geschieht, da ist auch keine chemische Spannungsquelle möglich. Wenn die Helmholtz-Thomsonsche Regel stimmen soll, dann müßte *ein Vorgang nur dann von selbst ablaufen* können, wenn er *exothermisch* geht, d. h. wenn Q größer, als Null ist. D. h. die Wärmetönung eines Vorgangs entschiede durch ihr Vorzeichen darüber, ob er eintritt oder nicht und weiter über den Betrag an nutzbarer Arbeit. Wir fügen hinzu, daß wir als *nutzbare Arbeit alle diejenige Energie definieren,* die Stromarbeit ist oder sich *grundsätzlich unbeschränkt* in solche umwandeln läßt. Danach ist z. B. *Wärme keine nutzbare Arbeit* und die in chemischen Stoffen gespeicherte, sogenannte *chemische Energie auch nicht,* auch *nicht die Strahlungsenergie*, wenn sich auch aus allen dreien unter Umständen Arbeit erhalten läßt (S. w. u.), wohl aber alle anderen Energiearten.

Nutzbare Arbeit. Definition

Widerlegung der Allgemeingültigkeit der Helmholtz-Thomsonschen Regel

§ 213. Die Helmholtz-Thomsonsche Regel gilt aber nicht allgemein. Das erkennt man am schnellsten an zwei besonders wichtigen Klassen stromliefernder Vorgänge:

1. Die *bloße Ausgleichung verschiedener Konzentrationen in sonst gleichen Lösungen,* zwischen zwei gleichen Elektroden, liefert Strom. Z. B. $Ag/AgNO_3$ verd./$AgNO_3$ konz./Ag (Abb. 158). In solchen Konzentrationselementen ist die *Wärmetönung* des stromliefernden Vorgangs *Null.* Denn die Verdünnungswärme ist da Null.

Konzentrationsketten

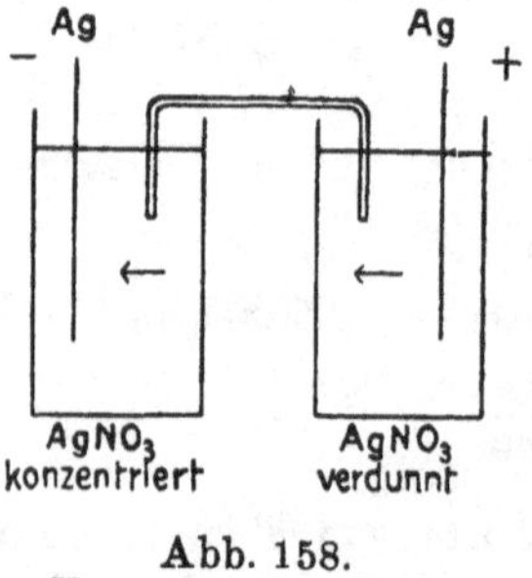

Abb. 158. Konzentrationskette.

Trotzdem ist die *elektromotorische Kraft sehr merklich.* Das ist mit der Helmholtz-Thomsonschen Regel unvereinbar.

2. Ein Daniellelement mit mäßig verdünnter $ZnSO_4$-Lösung liefert genau dieselbe Wärmetönung wie eines, dessen Lösung noch 10 mal verdünnter ist. Aber es liefert eine weit höhere elektromotorische Kraft als das letztere. Auch dies folgt nicht aus obiger Formel, die nur eine Abhängigkeit des E von Q enthält. Q aber hängt wegen der Verdünntheit der Lösung nicht mehr von der Konzentration ab. Unabhängigkeit der Wärmetönung von der Verdünnung in verdünnten Losungen

In der Tat haben wir bei Ansetzung der Helmholtz-Thomsonschen Regel einer Möglichkeit nicht gedacht, die unbedingt besteht und bei Beschreibung des Grundversuchs anläßlich der Wärmebilanz auch erwähnt wurde, des *Wärmeaustauschs mit der Umgebung.* Wärmeaustausch mit Umgebung

Wenn es auch sicher ist, daß Strom nur geliefert wird, weil (conditio sine qua non) chemische Reaktion stattfindet, z. B. die Daniellreaktion, so doch noch nicht, ob neben der Stromlieferung noch *Wärme in einer nicht in Stromenergie umwandelbaren Form* geliefert oder *verbraucht wird.* Wir wollen den Versuch mit einer galvanischen Kette beliebiger Art machen und eine Bilanz der Energieänderungen aufnehmen. Wir setzen die Kette in ein Kalorimeter und schließen sie durch einen sehr großen Widerstand, der in einem zweiten Kalorimeter liegt. Dann steht fest, daß praktisch die ganze *Strom*energie im *zweiten* Kalorimeter frei werden muß. Verschwindet doch der Betrag des inneren Widerstands der Kette gegenüber dem des äußeren. Trotzdem wird man im ersten Kalorimeter nicht selten eine Wärmetönung finden und zwar bei manchen Ketten eine positive, bei manchen eine negative, bei anderen, so beim Daniellelement praktisch gar keine. Immer aber ist diese Wärmetönung nicht sehr groß. Ihre Ursache liegt in Folgendem, gewissermaßen in einer *Umkehrung des thermoelektrischen Effekts*:

Leitet man einen Strom durch die Berührungsstelle zweier verschiedenen Metalle, so wird die Berührungsstelle sich je nach der Strom*richtung* abkühlen oder erwärmen. Diese Erscheinung heißt der *Peltiereffekt.* In jeder stromdurchflossenen galvanischen Kette treten nun mindestens zwei Peltiereffekte auf, an jeder Elektrode einer, dort, wo die Elektrode den Elektrolyten berührt. Bei der Daniellkette heben sie sich zusammen mit den noch kleineren an der Berührungsstelle der beiden Lösungen ausreichend genau auf. In anderen Fällen führt ihre Differenz zu einer kleinen positiven oder negativen Wärmetönung, also zu einer Wärmeabgabe oder Wärmeaufnahme des stromdurchflossenen Elements *aus seiner Umgebung.* Jedes arbeitende Element ist also abgesehen von der Wärmetönung, die seine stromliefernde Reaktion eo ipso liefert, noch eine positive oder negative *„Energiepumpe"*, die aus der Umgebung Wärme holt oder an sie abgibt. Dies Ergebnis ist deshalb von höchstem Interesse, weil es zeigt, daß ein chemischer Vorgang nicht bloß *weniger* Arbeit oder *gleichviel* liefern kann, als er in summa als Wärme erzeugt, sondern daß er auch *mehr* Arbeit liefern kann. Peltiereffekt Energiepumpe

Nutzbare Arbeit und Gesamtenergieänderung nicht einfach verbunden

Die maximale nutzbare Arbeit, die ein Vorgang zu liefern imstande ist, steht also zu seiner (Brutto)-*Gesamtenergieabgabe* **nicht** *in einer ganz einfachen Beziehung.* In welcher, das werden wir erst später an Hand des 2. und 3. Hauptsatzes erkennen. S. Bd. II.

Wäre die maximale Arbeit gleich der Wärmetönung, also gleich der Gesamtenergieänderung, so hätte man darin den 3. Hauptsatz von Berthelot. Doch hat dies Gesetz nur sehr beschränkte Gültigkeit. Wo seine Schranken liegen, werden wir später sehen.

Allgemeine Vorgänge in galvanischen Ketten

Wir haben also in jeder galvanischen Kette folgende Ereignisse:

1. *Chemische Reaktion* entsprechend dem *Gesetz* der *konstanten und multiplen Proportionen.* Sie liefert
2. *Elektrizitätsmenge* nach den *Gesetzen von Faraday,* ferner
3. *Gesamtenergie nach dem Gesetz von Heß,*
4. *Nutzbare Arbeit,* die als *Stromenergie im inneren und äußeren Widerstand* verbraucht wird und *durch relative Vergrößerung des letzteren sich ganz in letzteren legen läßt.*
5. *Peltierwärmen,* die, wenn in summa negativ, zu einer Vergrößerung der nutzbaren Arbeit über die Wärmetönung hinaus führen, in summa positiv aber die nutzbare Arbeit kleiner machen als die Wärmetönung.

Nur wenn die Peltierwärmensumme praktisch Null ist, ergibt die Helmholtz-Thomsonsche Regel aus der Wärmetönung die elektromotorische Kraft.

Zusammenfassung der Ergebnisse, Definitionen und Gesetze.

Grundbegriffe der Thermochemie.

1. Allgemeines.

1. *R. G. T-Regel.* Mit gut meßbarer Geschwindigkeit (also weder zu rasch, noch zu träg) verlaufende chemische Reaktionen werden bei Temperatursteigerung um 10^0 im allgemeinen aufs 2- bis 3fache ihrer ursprünglichen Geschwindigkeit beschleunigt.

2. *Exothermisch* heißt eine Reaktion, wenn sie in summa Wärme entbindet, endothermisch, wenn sie in summa Wärme verbraucht.

3. *Temperatursteigerung* weckt in jedem *im Gleichgewicht befindlichen* Gebilde *endothermische* Vorgänge, Abkühlung exothermische.

4. *Adiabatisch* heißt ein Vorgang, wenn dem System jeder Wärmeaustausch mit der Umgebung verwehrt ist (*Arbeit* darf ausgetauscht werden).

5. *Isotherm* heißt ein Vorgang, wenn die *Temperatur* des Systems *konstant* gehalten wird.

2. Wärmetönung.

6. *Gesetz von Heß* (Anwendung des 1. Hauptsatzes auf Umwandlung chemischer Energie in Wärme). Die Summe der Wärmetönungen aller

chemischen Teilvorgänge in einem System zwischen 2 beliebigen Zuständen von ihm ist immer dieselbe, unabhängig von der Art der Teilvorgänge, wodurch man den einen in den anderen Zustand überführt (*Gesetz der konstanten Wärmesummen*).

7. *Wärmetönung* einer Reaktion heißt diejenige Wärmemenge, die von den in Molen genommenen Stoffmengen der chemischen Gleichung bei quantitativem Umsatz entwickelt wird. Dabei ist Ausgangs- und Schlußzustand jeweils genau zu definieren.

8. *Bildungswärme* einer Verbindung *aus den Elementen* bedeutet im allgemeinen *nicht* die *aus freien Atomen*, sondern die aus den *üblichen* Formarten der Elemente (z. B. Diamant oder Graphit, Sauerstoffgas von Atm.-Druck, rhombischer Schwefel usf.)

9. *Molare Umwandlungswärme* heißt die Wärmetönung für Umwandlung molarer Mengen verschiedener Phasen ineinander (meist auf kristallisierte beschränkt). Ebenso ist die Bedeutung der *molaren Schmelz-* und *Verdampfungswärme.*

10. *Mischungswärmen* (*Lösungswärmen*) sind je nach dem Verfahren verschieden definiert: *Verdünnungswärmen*, Lösungswärmen *zu unendlicher Verdünnung*, zu *gesättigter Lösung* (*integrale L. W.*), *differentielle L. W.*, *letzte Lösungswärme*, L. W. von *x Mol Stoff auf y Mol Lösungsmittel.*

11. Die *Verdünnungswärme verdünnter Lösungen ist Null.*

12. Die *Bildungswärme organischer Verbindungen* ergibt sich aus ihrer *Verbrennungswärme.*

3. Abhängigkeit der Wärmetönung von Arbeitsleistung.

13. Die *Wärmetönung* Q_p *bei konstantem Druck* ist um die nach außen geleistete Arbeit A kleiner, als die *Wärmetönung* Q_v *bei konstantem Volumen.*

14. Die *Arbeit* ist *bei Volumenänderung* dv durch $p\,dv$ gegeben.

15. Die *Vorzeichen von Wärme und Arbeit* hängen von der Wahl des Standpunkts (egozentrisch oder systemzentrisch) ab.

16. *Bei endlicher Volumenänderung* ist der *Arbeitsbetrag* das bestimmte Integral

$$\int_{v_0}^{v_1} p\,dv$$

genommen zwischen Ausgangs- und Schlußvolumen (v_0 bzw. v_1).

17. Zur *Berechnung der Arbeit* muß der *Integrationsweg* vorgeschrieben, d. h. p als Funktion von v allein gegeben sein.

18. Die Wärmetönung Q_p bei konstantem Druck ist die Differenz der *Gibbsschen Wärmefunktion* $(Q + p\,v)$ genommen für Ausgangs- und Schlußzustand.

4. Temperaturabhängigkeit der Wärmetönung.

19. Die *Wärmetönung* Q_T *bei der absoluten Temperatur* T ist gleich Q_0 der bei absolut Null, vergrößert um die *stöchiometrische Summe der molaren Wärmeinhalte*

$$Q_T = Q_0 + \sum \int_0^T C\,dT$$

Darin bedeutet C, je nachdem Q_p oder Q_v gesucht ist, C_p oder C_v, die Molarwärme der beteiligten Stoffe bei konstantem Druck, bzw. Volumen.

5. Aktivierungswärme.

20. *Jede Wärmetönung ist die Differenz zweier Aktivierungswärmen:*

$$Q = q' - q$$

21. Die *Aktivierungswärme* q *der Ausgangsstoffe einer Reaktion* gibt an, welcher Energiebetrag (nicht welche Energieart) ihnen bei der Versuchstemperatur im Mittel zuzuführen ist (ausgedrückt in Kalorieen), um sie in den *Indifferenzzustand* überzuführen.

22. Der *Indifferenzzustand* zwischen den beiden Seiten einer chemischen Gleichung ist definiert als der, bei dem die Kräfte, die auf den Zustand der linken Seite der Gleichung hinarbeiten, gleich sind denen, die den Zustand anstreben, der durch die rechte Seite der chemischen Gleichung gegeben ist.

23. Die *Aktivierungswärme* ist grundsätzlich immer aus der *Reaktionsgeschwindigkeit ermittelbar* (s. w. u. Bd. III).

24. Die *Aktivierungswärme* eines Vorgangs ist *nicht berechenbar* aus der *nutzbaren Arbeit*, die er liefern kann und auch nicht (außer genähert für Zerfälle in Atome s. folgende Nr.) *aus der Wärmetönung.*

25. Die *Aktivierungswärme für binäre Zerfälle in Atome* ist nur wenig größer, als die *Zerfallswärme des binären Stoffs in Atome* und läßt sich also letzterer genähert gleichsetzen.

6. Wärmetönung und nutzbare Arbeit.

26. *Helmholtz-Thomsonsche Regel.* Wenn die Summe der Peltiereffekte in einem galvanischen Element klein genug ist, so ist die aus dem stromliefernden Vorgang in maximo, d. h. bei gegenüber dem äußeren verschwindendem innerem Widerstand gewinnbare Arbeit gleich der Wärmetönung des Vorgangs

$$\text{Elektromotorische Kraft EMK in Volt} = \frac{\text{Wärmetönung } Q \text{ in Kalorien}}{23056 \times \text{Wertigkeit } n \text{ des Vorgangs}}.$$

27. Die *nutzbare Arbeit eines stromliefernden Elements* kann *größer oder kleiner* sein *als die Wärmetönung*, und ist mithin nicht durch die

Wärmetönung allein gegeben. Ist sie kleiner, so arbeitet das Element unter Wärmeabgabe nach außen oder es erwärmt sich, ist sie größer, so verwandelt es noch Wärme der Umgebung in Arbeit oder kühlt sich ab.

28. Die Helmholtz-Thomsonsche Regel läßt die experimentell gefundene *Abhängigkeit der EMK von den Konzentrationen der Lösungen im Element bei verdünnten Lösungen* nicht erwarten, weil die Wärmetönung Q infolge des *Verschwindens der Verdünnungswärmen* nicht von den Konzentrationen abhängt.

29. Die *Konzentrationselemente* liefern EMK im Widerspruch zur Helmholtz-Thomsonschen Regel. In ihnen ist die Wärmetönung des stromliefernden Vorgangs Null.

7. Regeln der Thermochemie.

30. *Vermischung* verschiedener *vollkommen dissoziierter Lösungen* ruft keine Wärmetönung hervor, falls die Dissoziation vollkommen bleibt. (*Gesetz der Thermoneutralität*).

31. *Neutralisation starker Elektrolyte* ist bloße *Wasserbildung aus* $H^{\cdot}$ *und* OH'.

C. Die Welt der hohen Temperaturen (Pyrochemie).

A. Analytische Pyrochemie.

Qualitative Analyse auf trockenem Weg. Die sogenannten chemischen Vorproben.

§ 214. Wertvolle Hinweise und unentbehrliche Vorproben erhält man bei der qualitativen Analyse, wenn man den zu untersuchenden Stoff trocken erhitzt: *Glühröhrchenprobe*, so daß er, wie man früher sagte, im Kölbchen, d. h. unter sehr gehemmtem Luftzutritt höchstens mäßiger Glut ausgesetzt wird, allein oder mit Zuschlägen. Ferner, wenn man ihn in der obersten Spitze der Bunsenflamme, also bei starkem Luftzutritt erhitzt und die Destillationsprodukte auf einer wassergekühlten „*Beschlagschale*“ auffängt: *Beschlagprobe.* Wenn man ihn auf Kohle oder in der Platinzange oder auf den Magnesitstäbchen, wie sie Glühstrümpfe tragen (Wedekind) in einem sehr kleinen, handlichen Gebläse, der alterprobten Lötrohrflamme erhitzt, in ihrem *Inneren reduzierend, im äußeren Mantel oxydierend*: *Lötrohrprobe*, (meist mit v. d. L. abgekürzt). Endlich kann man schon durch bloßes Erhitzen auf einer mit Soda getränkten Kohle vielfach belehrende Reduktionen erhalten: *Kohlesodastäbchen.* Oder man verfolgt einfach die *Flammenfärbung*, mit oder ohne spektrale Zerlegung des Lichts, die beim Einbringen der Substanz in die Flamme auftritt. Die Färbung glasiger Schmelzen, die *Phosphorsalz-* und *Boraxperle* besprechen wir erst bei den Gläsern selbst. Vorproben

1. Glühröhrchenproben. Glühröhrchen

Eine Messerspitze Substanz wird im Glühröhrchen, einem einseitig geschlossenen, einige mm weiten Glasröhrchen in der Bunsenflamme erhitzt, erst allein, dann mit der dreifachen Menge Soda innig verrieben. Oder mit konz. H_2SO_4.

Erhitzen für sich gibt:

ein Sublimat	ein Gas	
weiß —As_2O_3, **HgCl, HgBr** grau —**Hg** gelb —**S**, As_2S_3, HgJ_2 (wird rot) schwarz —**As**, J_2, **HgS**	*farblos*, stechend riechend, Nebel mit NH_3, rötet Lakmus —**HCl** (Chloride); mehr nur letzteres —SO_2 (S, Sulfide, Sulfite, Thiosulfate); bläut Lakmus —NH_3 (Ammonsalze); schwacher Geruch, pfirsichblütrote Flamme —$(CN)_2$. Cyanverbindungen. Geruch kaum säuerlich, trübt $Ba(OH)_2$—CO_2 (Karbonat oder Oxalat); Geruchlos, brennt bläulich —**CO** (Oxalat oder organisches); Geruchlos, entflammt einen glimmenden Span —O_2 (Peroxyde, Bromat, Chlorat, Jodat); *Grün*: Cl_2 (Chlorid + Oxydationsmittel); *Braun*: Br_2 (Bromid + Oxydationsmittel) oder NO_2 (Nitrit oder Nitrat); *Violett*: J_2 (Jodid + Oxydationsmittel)	Rückstand schwarz, verbrennt auf Pt-Blech mit Nitrat oder Chlorat erhitzt lebhaft —**C** (organische Stoffe).

Erhitzen mit konz. H_2SO_4.

Farbloses Gas	Gefärbtes Gas
Riecht stechend: An der Luft bildet es *Nebel*: **HCl** (Chloride), falls in H_2O klar löslich; $SiFl_4$ (Fluoride oder Silikofluoride), falls in Wasser trübe löslich: *keine Nebel*: SO_2 aus Sulfiten oder bei Gegenwart reduzierender Stoffe aus Sulfaten, falls kein **S** ausfällt, sonst Rhodanide oder Thiosulfate oder Sulfide. *Bittermandelgeruch*: **HCN** (Cyanide). *Riecht kaum*, trübt $Ba(OH)_2$-Wasser—CO_2 (Karbonate, Oxalate, Cyanate). *Brennt blau, geruchlos* —**CO** (Oxalate oder organisches); „ „ , *riecht übel*, schwärzt Bleipapier: H_2S (Sulfide, Thiosulfate).	*Grün*: Cl_2 (Chlorid + Oxydationsmittel). *Gelb*: ClO_2 (Chlorat), sehr explosiv! Nicht erhitzen! *Braun*: HBr + Br_2 (Bromid) oder NO_2 (Nitrat, Nitrit) oder CrO_2Cl_2 (Chlorid + Chromat)

Erhitzen mit Soda.

Grauer Metallspiegel: **Hg**.

Erhitzen mit Mg-Draht.

Er sei bedeckt vom Substanzpulver. Unter Erglühen kann Mg_3P_2 entstehen, was PH_3 mit H_2O liefert, am „Azetylengeruch" erkennbar: **Phosphor**. Oder man erhält **Borid** oder **Silicid**, an den selbstentzündlichen Gasen erkennbar. Man muß also dann auf alle drei Elemente prüfen.

2. Beschlagproben:

Beschlagproben

Auf einem *Asbeststäbchen* von 2—3 cm Länge und rund 0,5 mm Dicke bringt man einige Kubikmillimeter befeuchtete Substanz in die *oberste Spitze der entleuchteten* höchstens 4 cm hohen *Bunsenflamme*, worüber in *1 cm Abstand* die *wassergekühlte Schale* (10—15 cm Durchmesser) liegt. Zum Aufbringen von Reagentien auf die Beschläge dient ein Pinsel aus Asbestfasern, die man durch einen Platindraht zusammenhält. Man „*dämpft*" mit flüchtigen Reagentien nur, benetzt bloß mit solchen, die nicht flüchtig sind.

Tafel der Beschlagproben.

	Metallbeschlag		Oxydbeschlag			Jodidbeschlag		Sulfidbeschlag	
	Farbe	Löslich. $3nHNO_3$	Farbe	mit Na_2SnO_2	mit $AgNO_3$	Farbe	mit NH_3	Farbe	mit $(NH_4)_2S$
Zn		—	weiß	ebenso	ebenso	weiß	ebenso	weiß	bleibt
Cd		—	braun	„	blau-schwarz angeflog.	„	„	gelb	„
Hg	grau	wenig	—	—	—	gelb-rot	verschwindet kehrt wieder	schwarz	„
Pb	schwarz	leicht	gelb	—	bleibt	gelb	verschwindet kehrt wieder	braunrot, dann schwarz	„
As	„	nicht (wohl in NaOCl)	weiß	weiß	gelbbraun, löslich i. NH_3	goldgelb	geht weg	gelb	geht weg kehrt wieder
Sb	„	(nicht in NaOCl)	„	„	schwarz, löslich i. NH_3	gelbrot	„	rotgelb	geht weg kehrt wieder
Bi	„	wenig	gelblich	schwarz	gelblich	braun, blaurot angeflog.	gelbbraun	braun	bleibt

3. Lötrohrproben.

Lötrohrproben

Eine *Messerspitze Substanz* mit der *5fachen Sodamenge* feingerieben, wird befeuchtet in eine Vertiefung eines *Holzkohlestücks* gebracht und die *Lötrohrflamme* (oder eine kleine spitze Gebläseflamme) darauf gerichtet. Beim Lötrohrblasen ist die Benützung der Wangen als Windkessel zu erlernen. Man muß während des

Blasens ruhig durch die Nase atmen und nur mit den Wangenmuskeln blasen. Das gelingt sehr leicht, weil die Mündung des Lötrohrs (Abb. 159) sehr eng, die benötigte Luftmenge also nur sehr klein ist, verglichen mit der, die gleichzeitig von der Lunge durch Atmung beansprucht wird. In der *äußeren* Flamme findet *Oxydation*, in der *inneren Reduktion* statt. Man erhält:

Abb. 159. Lötrohr.

1. *Beschlag ohne Metall* (Oxyde)

gelb, kalt weiß —**Zn**; braun —**Cd**; weiß —**As** (Knoblauchgeruch), sonst **Sb**.

2. *Beschlag mit Metall*

gelb, duktiles Korn —**Pb**; gelb, sprödes Korn —**Bi**; weiß, sprödes Korn —**Sb**.

3. *Metall ohne Beschlag.*

dehnbares Korn: rot **Cu**; gelb **Au**; weiß **Ag** oder **Sn**.
graue Flitter: magnetisch: **Fe, Co, Ni**; unmagnetisch **Pt**.

Bei Silikaten kann man auch die Schmelzbarkeit genähert prüfen mit einer 6-teiligen Skale: *Unschmelzbar* (Beispiel Bronzit $[SiO_4 . SiO_2](Mg, Fe)_2$, *Kantenschmelzbar* (Adular $[SiO_4 . 2 SiO_2]AlK$), *Schwerschmelzbar* (Strahlstein $[SiO_4 . SiO_2]_2Ca(Mg, Fe)_3$, *Leichtschmelzbar* (Almandin $Fe_3Al_2[SiO_4]_3$), *in der Kerzenflamme an den Kanten schmelzend* (Natrolith $[SiO_6 . 2 SiO_2]Al_2Na_2 . 2 H_2O$), i. d. *K.* fl. *im Stück schmelzend* (Antimonit Sb_2S_3).

Kohlesodastäbchen

4. Kohlesodastäbchen.

Brathölzer in geschmolzene Soda getaucht oder damit bestrichen, am vorderen Ende verkohlt. Man verrührt eine stecknadelkopfgroße Menge Stoff mit ebensoviel geschmolzener Soda, bringt dies an die Spitze des Stäbchens, erhitzt in der Reduktionsflamme des Bunsenbrenners zu ruhigem Schmelzen, kühlt schnell ab, zerreibt in der Reibschale mit ein wenig Wasser und schlemmt die Kohle von etwaigem Metall ab. Die Ergebnisse gleichen natürlich denen v. d. L. auf Kohle.

Platinblech

5. Platinblech.

Wohlfeiler Magnesitstäbchen, wie sie Glühstrümpfe in Auerbrennern tragen. Darauf nimmt man Oxydationsschmelzen vor, mit einer *Mischung* von *Soda und Salpeter* zu gleichen Teilen, *6fach mehr, als die Menge der* beigemischten *Substanz. Gelb* lösliche Schmelze weist auf **Cr**, *grün* lösliche auf **Mangan**. Letztere geht mit Essigsäure in violette Lösung (MnO_4' aus MnO_4''). Die Schmelze kann auch auf einem *Platindrahtöhr* stattfinden.

Papierproben

6. Papierproben.

Man tränkt *Filtrierpapier* mit der zu prüfenden *Lösung*, gibt *einige Tropfen* $Co(NO_3)_2$-*Lösung* zu, *umwickelt mit* einem Pt-*Draht* und *brennt* das Papier *ab*. Bleibt *grüne* Asche zurück, so enthält sie Kobalt**zinkat**, Rinmanns Grün $ZnCoO_2$, unschmelzbar. *Blau* ist Thenards Blau, Kobalt**aluminat** $CoAl_2O_4$. Umgekehrt kann man so Vorproben auf **Co** machen mit Zn- und Al-Lösungen.

Flammenfärbung

7. Flammenfärbung.

Sie wird von den **Alkalien** und **Erdalkalien**, sowie von den **Halogenen**, von **Cu**, von **Bor**verbindungen erzeugt. Ferner von **Pb**, **As**, **Sb**. Man bringt die zu prüfende Lösung oder Substanz ins etwa 2 mm weite *Öhr eines Platindrahts* (oder Magnesitstäbchen s. o.) von etwa 5—6 cm Länge, der in einen Glashalter eingeschmolzen und nicht bis zur Einschmelzstelle in verdünnte HCl eingetaucht aufbewahrt wird. Der Draht wird zuerst ohne Substanz so lange in die äußere Zone des Bunsenbrenners gehalten, bis die anfänglich auftretende Flammenfärbung verschwunden ist. Dann erst taucht man das Öhr in die Substanz und erhitzt wieder in der Flamme. Sie färbt sich:

Karminrot	durch	**Li, Sr**
Ziegelrot	„	**Ca**
Gelb	„	**Na (noch $^1/_{14000000}$ mg Na nachweisbar).**
Gelbgrün	„	**Ba**
Rein grün	„	**Cu, B**
Fahlblau	„	**Cu, Pb, As, Sb-**
Violett	„	**K, Cs, Rb, NH_3 (um K neben Na zu sehen, schaut man durch ein *Kobaltglas* oder ein *Indigoprisma*).**

Die Nachweise mit Flammenfärbung sind *oft zu empfindlich*, so daß man durch *Parallelversuche mit Lösungen bekannten Gehalts* am gesuchten Element erst ungefähr die Größenordnung der von der Flammenfärbung angezeigten Stoffmengen ableiten muß.

Genauer ist die Untersuchung der Flammenfärbung mit Apparaten, die die verschiedenen Lichtarten vermöge ihrer verschiedenen Brechbarkeit aus dem **Spektralanalyse**

Abb. 160a. Spektrometer.

jeweils vorhandenen Gemisch aussondern und so einzeln genau ihre Wellenlänge bestimmen lassen, die ihre Farbe scharf und eindeutig bestimmt. Dazu läßt man (Abb. 160) das von der Flamme kommende Lichtbündel von *S* aus ein *Prisma* aus

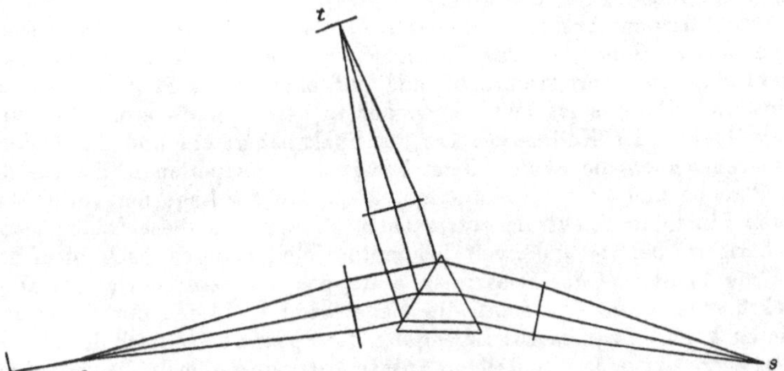

Abb. 160b. Spektralapparat.

Glas oder Quarz durchlaufen und fängt das zerlegte Licht dahinter bei F im Auge oder auf einer photographischen Platte auf. Man blendet dabei zuerst aus dem Lichtbündel durch einen *Spalt S* einen Lichtstreifen aus und läßt diesen durch das *Kollimatorrohr* auf eine *Linse* fallen. Spalt und Linse müssen so weit voneinander entfernt sein, daß die *aus der Linse austretenden Strahlen einander parallel* sind. Dann liegt er in der „*Brennebene der Linse*". Parallele Strahlen betrachtet man gewissermaßen als aus dem Unendlichen kommende und muß deshalb die Seite des Prismas, aus der das nunmehr zerlegte Bündel austritt mit einem auf „*Unendlich eingestellten*" *Fernrohr* betrachten. Das Fernrohr ist um das Prisma als Mittel„punkt" drehbar und erlaubt daher aus dem „*Spektrum*", d. h. den nebeneinander liegenden verschiedenfarbigen Bildstreifen des Spalts diejenigen auszuwählen, die interessieren. Meist ist das Gesichtsfeld so groß, daß das ganze „sichtbare", d. h. vom Rot bis Violett erstreckte Spektrum auf einmal zu übersehen ist. Eine kleine Glühlampe projiziert zugleich meist eine willkürlich bezifferte Skale T durch Spiegelung an dem Prisma zugleich ins Auge und erlaubt so, Linien bestimmter Ablenkbarkeit ihrer Lage nach durch eine Zahl, nämlich eben die auf der Skale willkürlich zu bezeichnen und so wiederzuerkennen, wenn man sie bei Anwendung verschiedener Flammen gesehen hat. Denn Wellenlänge und (bei Anwendung desselben Prismas) Brechbarkeit sind für Licht, das von einer bestimmten leuchtenden Stoffart ausgeht, immer dieselben. Der Betrag der Wellenlänge ist auf andere Weisen, die wir später kennen lernen, ermittelt worden, und die Brechbarkeit führt bei einem und demselben Spektralapparat immer zur selben Ablenkung bei derselben Lichtart, wenn Spalt und Prisma miteinander wie üblich fest verbunden sind. Meist geschieht dies so, daß die gelbe Linie des Natriums gerade das Minimum der Ablenkung erfährt. Die Wellenlängen der wichtigsten Linien der genannten Elemente sind folgende:

Li 6708 . 10^{-8} cm (10^{-8} cm = Ångströmeinheit = Å.E.)	**Na** (D-Linie) 5893 (*gelb*)
Sr 6045 (*gelbrot*) und 4608 (*blau*)	**Ba** 5242 (*gelbgrün*) 5137 (*grün*)
Ca 6220 (*rot*) und 5535 (*gelbgrün*)	**K** 7682 (*rot*) 4045 (*violett*)
Rb 7810 (*rot*) 4220 und 4200 (*violett*)	**Cs** 4590 und 4560 (*blau*).

Damit ist man im Besitz einer analytischen Methode von außerordentlicher Empfindlichkeit. Diese *Spektralanalyse* ist von Bunsen und Kirchhoff 1860—1862 ausgearbeitet worden und hat sich heute zu einem unabsehbar weiten Gebiet entwickelt, das in den letzten Jahren aus einer Analyse *auf* bestimmte Atome sogar zu einer *Analyse der Atome selbst* geworden ist. Denn die Mannigfaltigkeit der Linien, die bereits einem einzigen Element jeweils eigen sind und keineswegs bei jeder „*Erregung*" (Bunsenflamme, Funken, Bogen usf.) vollzählig auftreten, beweist, daß bereits das einzelne Atom durch einen sehr verwickelten Mechanismus dargestellt werden muß, dessen verschiedene Bewegungserscheinungen zu den betreffenden Lichtschwingungen führen.

Spektroskopie

Zur praktischen Ausführung spektroskopischer Beobachtungen verfährt man etwa, wie folgt. Man stellt das Fernrohr auf unendlich ein, indem man es aus dem Spektralapparat herausschraubt und auf einen etwa 20 m entfernten Gegenstand einstellt. Dann setzt man es wieder in den Apparat ein. Man stellt dann durch Einschieben des Kollimatorrohrs den Spalt scharf ein und durch Verschieben des Skalenrohrs auch die Skale. Jetzt bringt man Salzperlen in die vor den Spalt gestellte Flamme und liest die Skalenzahlen ab, die der Lage der vorhin genannten wichtigsten Linien im Spektrum entsprechen. Trägt man diese Zahlen nach rechts, die zugehörigen, bereits anderweit bekannten Wellenlängen nach oben ab, so erhält man die Eichkurve des Spektralapparats, aus der man — eine im allgemeinen stark gekrümmte Linie — leicht die Lage anderer Linien im Spektrum genau interpolieren kann. Bequem zur Erzeugung der Spektren ist auch der *Beckmannsche Spektralbrenner*, der einen seitlichen Ansatz hat, worein man die zu prüfende Lösung, 5 ccm verdünnte HCl und ein paar Körnchen granuliertes Zn gibt. Der entwickelte Wasserstoff führt dann feine Tröpfchen der Lösung in die Flamme, die dadurch sehr dauernd und gleichmäßig gefärbt wird. Die Strahlen des blauen inneren Kegels dürfen nicht in den Spektralapparat fallen, da sie das „*Swan*"-*Spektrum* enthalten, das sehr hell ist und die Erkennung der anderen Linien stört. Mg *kann man so nicht nachweisen, weil zur Erregung seines Spektrums die Bunsenflamme nicht genügt.* Hier muß man den *Funken von einer* Pt-*Spitze auf die Lösung schlagen lassen.* Überhaupt ist *die verschiedene Erregbarkeit verschiedener Spektren derselben Atome sehr wichtig.* Die hier vorliegenden Gesetzmäßigkeiten beschäftigen die *Spektroskopie.* Funkenspektrum

Technische Chemie II.

B. Darstellende Pyrochemie.

Darstellende Pyrochemie

I. Die Erzeugung hoher Temperaturen und großer Wärmemengen.

a) Fremdheizung.

§ 215. Der Chemiker bedarf der Wärme zu zweierlei Zwecken. Erstens zur *Steigerung der Temperatur.* Dabei ist das Ziel, *nur Aktivierungswärmen* zuzuführen, also molekulare Hemmnisse zu überwinden. *Die Aktivierungswärmen bekommt er dann mit Zinsen wieder heraus.* Diese Wärmen wirken nur *intermediär*: **Temperaturwirkung.** Zweitens kommt es vor, daß man Wärme in einer chemischen Verbindung aufspeichern will, d. h. also mehr Aktivierungswärme aufwenden, als wieder frei wird: dann ist nicht die *Temperatur,* sondern die „**Wärmemenge**" *die Hauptsache.* Dieser Fall ist seltener, aber dann meist mit dem ersten Fall verknüpft.

Chemische Wirkung der Wärme

Beschleunigend $q < q'$

Wärmespeichernd $q > q'$

1. Chemische Heizung.

Chemische Heizung

Die *chemische* Heizung (Kohle, Gas, Holz) zehrt vom Weltkapital, wenigstens insoweit, als die Heizstoffe nicht unmittelbar durch elektrische Energie aus unerschöpflichen Stoffen (Wasser, Luft, Kalk, Gips, Ton, Kieselsäure, Salz) gewonnen sind. Deshalb muß sie technisch zunächst vervollkommnet und dann möglichst durch elektrische verdrängt werden.

Heute sind die wichtigsten chemischen Heizstoffe die *fossilen Brennstoffe: Kohle, Öl, Gas.* Daneben spielen die *rezenten* Stoffe, *Holz, Torf* u. dgl. eine noch untergeordnete Rolle.

A. Brennstoffe.

Brennstoffe

Holz enthält frisch 20—25 v. H., lufttrocken 10—20 v. H. Wasser, wasserfreies Holz besteht aus rund 50 v. H. C, 6 v. H. H, und je 1 v. H. N und Asche. 1 kg lufttrockenes Holz gibt rund 3000 Cal. Der Heizwert ist also klein. Vorzüge liegen in der *leichten Entzündbarkeit*, der *Brennbarkeit* und in der hohen *Flammbarkeit,* indem seine Gasproduktion zu langer Flamme führt. Holz

Torf, aus Torfmoosen durch Vermoderung entstanden, liefert 3500 bis 5000 Cal/kg wenn gepreßt (Preßtorf), enthält viel, bis zu 20 v. H. Asche. Torf

Kohlen

Braunkohle, mit 2500—5000 und mehr Cal/kg ist oft erdig und wasserreich, so daß man sie brikettiert.

Steinkohle, mit 6000—8000 Cal/kg ist der wichtigste Brennstoff, durch einen eigentümlichen Gärungsprozeß aus fossilen Pflanzenstoffen entstanden. Man unterscheidet Magerkohlen, zu denen der Anthrazit zu rechnen ist und Fett- oder Flammkohlen, die im Gegensatz zu ersteren langflammig brennen. Zu letzteren, die zur Gasbereitung dienen, zählt auch die Kännelkohle oder Kerzenkohle.

Erdöl

In geringerem Maß kommt das *Mineralöl* und das natürliche *Erdgas* in Betracht, letzteres wesentlich nur am Ort.

Man schätzt den Kohlenvorrat der Erde auf 3000 Milliarden Tonnen, wovon rund $^1/_7$ mit 420 Milliarden Tonnen auf Deutschland einschließlich der ihm z. Zt. geraubten Gebiete fällt, während die Welt 1913 rund 1,35 Milliarden Tonnen förderte.

Die Verwendung der Kohlen und flüssigen mineralischen Brennstoffe ist zweifach.

Trockene Destillation

Einmal benützt man sie oder ihre Destillationsrückstände als *Energiequellen*, also als Brennstoffe, zweitens gewinnt man aus ihnen durch Erhitzen bei Luftabschluß (*trockene Destillation*) viele wertvolle Stoffe; oder verwendet sie als Reduktionsmittel in der Metallurgie, als *Kohlenstoff* schlechthin. Es ist wichtig, daß man die letztere Verwendung *nicht* wohl vermeiden kann, während die als Brennstoff unnötig ist und bei stärkerer Heranziehung der Elektrizität auch unbedingt verschwinden soll. Dabei muß aber Zentralisation vermieden werden, weil sie der Stabilität wirtschaftlicher Verhältnisse unbedingt verhängnisvoll wird. Denn die Lahmlegung der großen Zentralen legt sogleich die ganze Wirtschaft still, die somit von diesen Zentralen aus tyrannisiert werden kann.

Destillationsprodukte fast unersetzlich

Mit den Destillationsprodukten der Kohlen und Öle befassen wir uns später. Hier genügt uns, daß diese Destillation eine der elementarsten Forderungen der Volkswirtschaft ist. Denn die Produkte der Destillation können wir kaum auf anderem Weg ersetzen. Als Rückstand hinterbleibt der *Koks*.

Da nun heute leider doch noch in großem Maßstab die Verschwendung gashaltiger Kohle getrieben wird durch Verfeuerung in Hausbrandöfen und in Fabriken, so muß auch darauf eingegangen werden. Wir stellen eine Übersicht der Heizwerte an die Spitze, auf 1 kg bezogen wie in der Technik üblich:

1 kg reine Holzkohle zu CO_2	8140 Cal
1 kg „ „ „ CO	2440 „
1 kg CO zu CO_2	2440 „
1 kg H_2 zu Wasserdampf	28800 „
1 kg H_2 zu flüss. Wasser	34200 „
1 kg CH_4 zu CO_2 u. flüss. Wasser	13340 „
1 kg S rhomb. zu SO_2	2220 „

Im Anschluß an diese Zahlen erlaubt die verbesserte Formel von Dulong den Heizwert von Steinkohle aus ihrem Prozentgehalt an Kohlenstoff C, Wasserstoff H, Sauerstoff O, Schwefel S und angezogenem Wasser W zu berechnen nach: Heizwert

$$\frac{8140\,C + 28800\,(H - 18\,O) + 2220\,S - 600\,W}{100} = \text{Heizwert in Cal/kg.} \quad (106)$$

Die Formel stimmt im allgemeinen auf ± 3 v. H. bei Steinkohlen, obwohl ihre Voraussetzungen natürlich nie streng erfüllt sind.

Neben dem Heizwert ist der sog. *pyrometrische Wärmeeffekt*, d. h. die erzielbare Temperatur vielfach wichtig. Sie ergibt sich natürlich durch Division der Wärmekapazität aller zu erhitzenden Gegenstände in die verfügbare Wärmemenge. Daher sind hier die spezifischen Wärmen technisch wichtig. Pyrometrischer Wärmeeffekt

B. Feuerungsanlagen.

Feuerungsanlagen

§ 216. Man heizt in *Öfen. Schacht-* oder *Herdöfen* haben keinen Rost, sondern tragen das zu beheizende Material gemischt oder geschichtet mit dem Heizstoff. Meist ist hier chemische Einwirkung, Reduktion erwünscht, so in *Hochöfen* u. dgl.

Die meisten reinen Heizvorrichtungen haben einen *Rost*, aus hochkant gelegten Flachstäben bestehend. Er ist meist von der *Feuertür* nach hinten geneigt. Die Roststäbe laufen auf sie zu, damit man Schlacken leicht entfernen kann und die Luft von unten durch den Rost zieht. Sie soll nur zum Brennstoff treten. Die heißen Gase treten dann über eine feuerfeste „*Feuerbrücke*“, wo sie zusammengedrängt und so besser mit der Verbrennungsluft gemischt werden, streichen dann durch die *Züge* oder sonst über das *Heizgut*, gelangen endlich zu einer weiteren Verengung, dem „*Fuchs*“ und von da zur *Esse*, wo sie mit einer gewissen Mindesttemperatur anlangen müssen, damit die Esse befriedigend zieht. Ein Rauchschieber im Fuchs und eine Tür unter dem Rost, vor dem Aschenfall, erlaubt den Zug zu regeln.

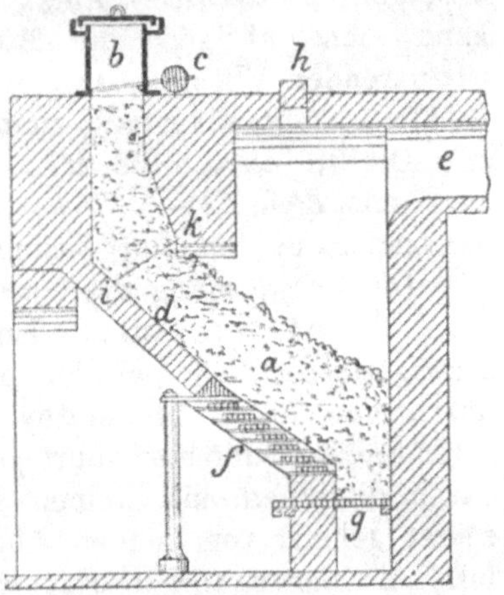

Abb. 161.
Treppenrost-Generator nach Gebr. Siemens.

Verbrennt man gaserzeugendes Material, so rußt die Feuerung, wenn der Ofen noch kalt ist oder neuer Brennstoff aufgeworfen wurde. Zugleich gehen unverbrannte Gase weg und bedingen damit einen noch größeren Wärmeverlust. Er wird noch weit größer durch *Luftüberschuß*, über den *notwendigen* hinaus, der etwa *das doppelte der berechneten Luftmenge* beträgt. Der Betrag des Wärmeverlusts folgt aus den Mengen und *spezifischen Wärmen* der unnütz erwärmten Gase und aus ihrem Temperaturgewinn, ist einfach das Produkt dieser 3 Größen. Günstig Großer Luftüberschuß bei festem Brennstoff wirken die *Schräg-* und *Treppenroste* (Abb. 161), wo tunlichst regelmäßige und kontinuierliche Beschickung angestrebt ist. Abgesehen von der Rußstörung hat man ein treffliches Hilfsmittel zur Überwachung einer Feuerung in den *Rauchgasanalysen.* Hätte man reinen C verbrannt, so wäre einfach an Stelle von O_2 in der Luft CO_2 getreten und daher müßte das Abgas 79 v. H. N_2 und 21 v. H. CO_2 enthalten. Da man aber doppelten Luftüberschuß nötig hat, so kommt man auf nur 10,5 v. H. CO_2 und 10,5 v. H. O_2 neben 79 v. H. N_2. Aus dem CO_2-Gehalt und der Temperatur im Fuchs kann man ein recht zuverlässiges Urteil über den Betrag der Wärmeverluste erhalten.

Ölfeuerung

Günstiger als die Feuerung mit langflammiger Kohle ist die mit flüssigem Brennstoff. So liefern die kaukasischen Erdölrückstände, das *Masut,* in einem Injektor, der Forsunka, leicht und rauchfrei verbrannt 10000—11000 Cal/kg. Dabei sind sie schwer, nehmen also wenig Raum ein, sind aschefrei und die Feuerungen bedürfen nur wenig Wartung. Auch aus den mitteldeutschen Braunkohlen und den südamerikanischen Erdölen erhält man brauchbare Brennöle. Man hat in den Kohlenforschungsinstituten bereits mit einigem Erfolg das Ziel verfolgt, die Steinkohle ganz in derartige Öle überzuführen. (Siehe Org. Chem.) Die Ölfeuerung ist besonders dort wichtig, wo auf kleinem Raum viel Heizstoff mitgenommen und reinlich verfeuert werden soll, auf Schiffen und langen Bahnlinien.

Gasfeuerung

Am wichtigsten ist jedoch die Gasfeuerung, obwohl sie naturgemäß an geräumigere Betriebe gebunden ist. Ihr größter Vorzug liegt darin, daß hier Brennstoff und Brennluft vorgewärmt werden können, so daß man den *Pyrometrischen Effekt,* die erzielte Temperatur sehr hoch bringen kann, ohne übrigens die Möglichkeit chemischer reduzierender oder oxydierender Wirkung zu verlieren. Endlich hat man hier weder mit Ruß, noch mit Flugstaub zu tun.

Pyrometrischer Effekt

Die *Wärmeersparnis bei der Gasfeuerung* liegt aber auch darin, daß man mit dem *1,1—1,3-fachen Luftüberschuß* auskommt. Bei einer Abgastemperatur von 200° bedeutet das eine sehr große Ersparnis.

Kleiner Luftüberschuß

Vorwärmung Rekuperationsprinzip

Die Vorwärmung der Gase findet nach dem *Rekuperationsprinzip* von W. u. Fr. Siemens statt. Entweder leitet man die heißen Abgase entgegengerichtet und parallel der zuströmenden Brennluft, von ihr nur durch eine dünne Schamottewand getrennt, und läßt sie so die Brennluft vorwärmen. Oder man führt periodisch Abgas und Brennluft abwechselnd durch dieselben mit Steinen ausgesetzten Kanäle. Diese werden z. B. zuerst geheizt vom heißen Abgas, dann wieder gekühlt von der Brennluft, die daran vorgewärmt wird. Das Heizgas selbst läßt man nahe bei der Verbrennungsstelle entstehen, so daß es noch heiß von daher kommt. Man unterscheidet dabei Luft- oder Generatorgas, Wassergas und Gemisch von beiden.

Luftgas oder Generatorgas

Ein *Luftgas* entweicht aus der „*Gicht*“, der oberen Öffnung der Hochöfen. Früher ließ man es da ungenützt verbrennen in der Gichtflamme.

Jetzt nützt man es aus, indem man es mit einer Haube abfängt und Gebläseluft damit erhitzt. Es ist sehr CO-reich, durch Flugstaub stark verunreinigt.

Das ideale Luftgas, durch unvollständige Verbrennung von Kohle erhalten, entstände dadurch, daß die 21 v. H. O_2 in der Luft 42 Teile CO lieferten, auf 100 + 21 Teile; denn die Kohle hat ein verschwindend kleines Volumen und liefert 2CO. Man müßte also 34,4 v. H. CO = $^1/_3$ erhalten neben dem Rest N_2. In Wirklichkeit hat man nur gegen 25 v. H. CO = $^1/_4$. Der Rest ist CO_2, auch CH_4 und H_2 aus den Kohlenwasserstoffen der verwendeten Kohle.

Bei der Luftgaserzeugung erhält man 2240 Cal von den insgesamt verfügbaren 8140 Cal; deshalb hält man entweder die Gaskanäle sehr kurz, so daß das Generatorgas noch sehr heiß in den Verbrennungsofen tritt (*heißer Gang*); oder man bindet einen Teil dieser Wärme chemisch **Heißer Gang**
mittels der Reaktion $CO + H_2O = CO_2 + H_2 - 29$ Cal.

Sie besteht in einer Spaltung von Wasserdampf, die 58 Cal b i n d e t, und in der Oxydation von C durch den entstandenen Sauerstoff, die 29 Cal l i e f e r t. Praktisch macht man die Reaktion so, daß man entweder feuchten Brennstoff nimmt oder unter den Rost Wasserdampf einbläst. Damit hat man „*kalten Gang*“, da die Reaktion durch ihren **Kalter Gang**
Wärmeverbrauch den Ofen abkühlt. Die aufgespeicherte, im H_2 und und CO latente Energie wird dann bei der Verbrennung in der Feuerung wieder freigemacht. So transportiert man Wärme, ohne heiße Gase weiterleiten zu müssen wie beim heißen Gang. Man verwendet dies Verfahren überall, wo lange Leitungen vom Generator aus unvermeidlich sind. Die Abb. 162 zeigt eine solche Generatorgasfeuerung.

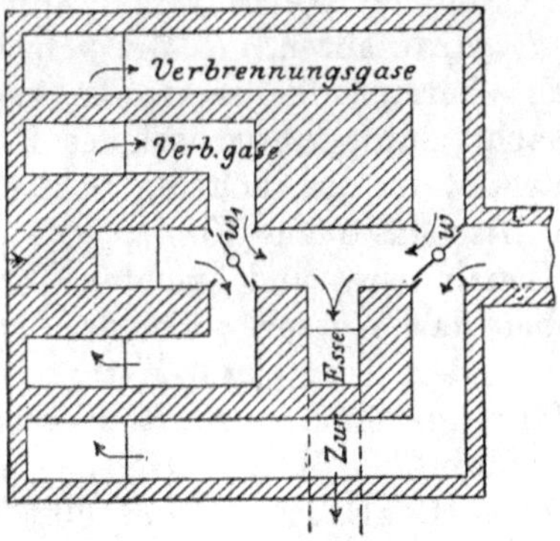

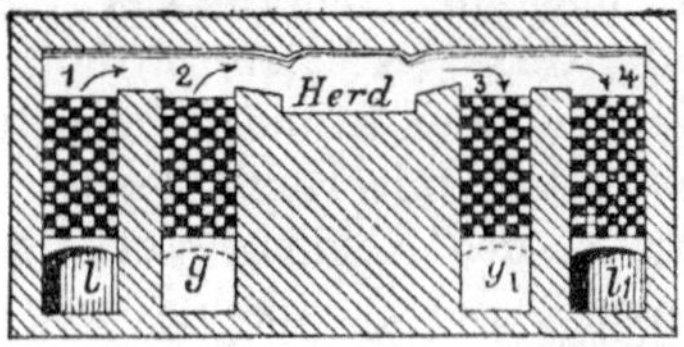

Abb. 162.
Siemens' Wärmespeicher (Abgase einerseits, Gas und Luft anderseits durchströmen abwechselnd 1 und 2 oder 3 und 4).

Die eben genannte chemische Wärmespeicherung bildet die Grundlage der *Wassergas*erzeugung. Einem kurzen Scharfblasen mit Luft, die **Wassergas**
die Kohlen eines Schachtofens zur Weißglut bringt und Generatorgas erzeugt, folgt ein Kaltblasen mit Wasserdampf, wobei neben dem idealen Wassergas, das nach

$$C + H_2O = CO + H_2 - 29 \text{ Cal}$$

aus gleichen Raumteilen H_2 und CO besteht, noch etwas CO_2 auftritt nach

$$C + 2H_2O = CO_2 + 2H_2 - 10\ \text{Cal}$$

Dazu treten einige Prozent N_2. Man bläst rund 5′ (Minuten) kalt und 10′ heiß und fängt die Gase getrennt auf.

Das erhaltene Gas hat ungefähr $^3/_4$ vom Heizwert der Kohle. Wassergas enthält auf gleiches Volumen berechnet weniger Wärme als Leuchtgas, erzielt aber eine höhere Verbrennungstemperatur und wird daher zum Schmelzen hochschmelzender Metalle und zum Schweißen benützt.

Meist benützt man gleichzeitig die Generatorgasreaktion und die Wassergasreaktion, von denen die erste ungefähr so viel Wärme liefert, als die zweite verbraucht, wenn sie genau in äquivalenten Verhältnissen ablaufen nach

$$C + {}^1/_2 O_2 = CO + 29\ \text{Cal}; \quad C + H_2O = CO + H_2 - 29\ \text{Cal}.$$

Man erhält dabei die Kohlen durch geeignetes Mischungsverhältnis von Luft und Wasserdampf eben auf der nötigen Glut und fängt die Gase

Mischgas Dowsongas

gemischt auf als *Mischgas*, *Dowsongas*, das ungefähr der Hälfte nach aus N_2, zu einem Viertel aus CO, zu einem Achtel aus H_2 besteht und rund $^1/_{16}$ bis $^1/_{32}$ CO_2 enthält. Es dient als sehr gutes Kraftgas.

Naturgas

Das *Naturgas*, in Pennsylvanien, bei Baku und in Ungarn erbohrt, besteht der Hauptsache nach aus CH_4 und hat daher einen außerordentlich großen Heizwert, rund 8000 Cal/cbm (Leuchtgas rund 5000 Cal).

Trigasverfahren

Besonders vollkommen ist das neue, von der Dellwik-Fleischer-Wassergas-Gesellschaft ausgearbeitete *Trigas*verfahren, das die verschiedenen Gaserzeugungsverfahren räumlich übereinander setzt. In einem Schachtofen wird unten Mischgas gemacht durch abwechselndes Heiß- und Kaltblasen, aus Koks. Dieser entstand in den höheren Schichten im Ofen durch die Abhitze des heißen Mischgases aus Kohle. Sie gab ganz oben im Ofen Wasser, Leichtöle (Benzin usw.) und leuchtend brennende Gase (Äthylen u. dgl.) ab, wobei das Wasser auch das wertvolle Ammoniak mitnimmt. Dann folgt der Teer, das Methan und Wasserstoff mit Kohlenoxyd. Unten fällt nur Asche ab. Hier werden 86 v. H. des Kohleheizwerts gewonnen, nur 14 v. H. zur Heizung verbraucht. Bei Steinkohle erhält man 77 v. H. als Trigas und 30,5 als Teer. Die Wärme der Abgase ist gering, nur 200—300°, und dient zum Vorwärmen der Heizluft.

Leuchtgas

Beim Leuchtgasverfahren erhält man nur rund $^1/_4$ bis $^1/_5$ der Gasmenge und verliert einen großen Teil der wertvollen Stoffe.

Bunsenbrenner

Soviel über die Erzeugung der Heizgase und ihre Verwendung zum Heizen in der Technik. Im Laboratorium bedient man sich gleichfalls des Gases in verschiedenen Brenner- und Ofenkonstruktionen. Wir wollen die wichtigsten kennen lernen. Die Erzeugung hoher Flammentemperaturen hat vor allem Bunsen gelehrt in seinem *Bunsenbrenner* (Abb. 163), wo die Luftbeimischung durch verstellbare Löcher geschieht. Man kann sie nicht über ein gewisses Maß vergrößern, ohne daß das Gemisch zu ungleichförmig wird, so daß dann der Brenner *„zurückschlägt"*. D. h. die Verbrennung wird dann an die Stelle der Luftzufuhr verlegt. Schon vor Bunsen hat man sich des Knallgasgebläses bedient, eines Knallgasgebläse Gebläses, das mit fertig gemischtem Wasserstoff-Sauerstoffgemisch beschickt wurde. Dabei mußte man freilich vor die Brenneröffnung zahlreiche Drahtnetze vorlegen, um die Reaktionswärme abzuleiten und

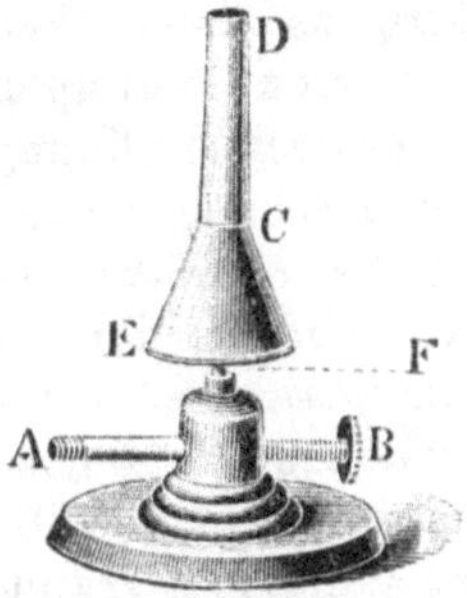

Abb. 163.
Bunsen-Teclu-Brenner.

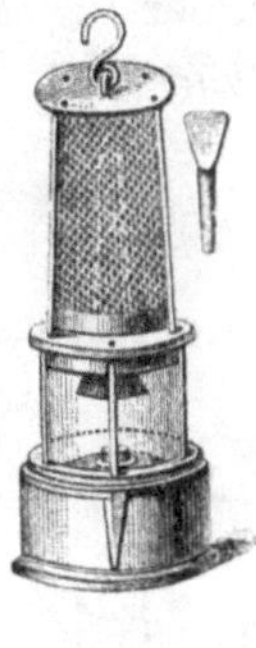

Abb. 164.
Davys Sicherheitslampe.

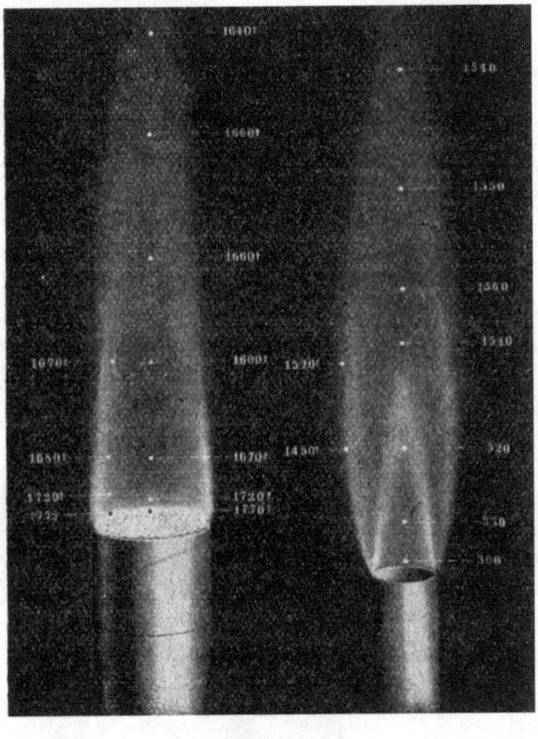

Abb. 165.
Temperaturen im Mekerbrenner und Bunsenbrenner.

nicht zur Entzündung des Knallgasvorrats führen zu lassen. Diese Drahtnetze hatte schon *Davy* in seiner berühmten *Sicherheitslampe* (Abb. 164) Davys Sicherheitslampe mit Erfolg angewendet. Tritt ein explosives Gasgemisch in eine solche Lampe, so kann zwar in ihrem Innern eine Verpuffung eintreten, aber diese kann wegen der starken Abkühlung am Drahtnetz nicht das außen befindliche explosive Gasgemisch mit entzünden. Der Bergmann, der sich dieser Lampe bedient, wird so gewarnt und kann sich vor den explosiven Grubengasen rechtzeitig retten. Etwas gleichartiges kann man auch an einem Bunsenbrenner mit zu weiten Löchern anwenden und dies ist im *Mékerbrenner* geschehen. Es ist ein Bunsenbrenner mit Méker-brenner besonders weitem Brennrohr, worüber nicht etwa eine Reihe von Drahtnetzen übereinandergespannt ist, sondern das durch viele senkrecht einander durchkreuzende Scheidewände in viele eckige begrenzte Einzelröhren geschieden ist — gewissermaßen ein Drahtnetz, das in den Brennerschlot hinabprojiziert ist, also aus Hochkantblechen besteht (Abb. 165). In der Flamme des Mékerbrenners herrscht daher eine sehr hohe Temperatur. Im *Franke*-Brenner besteht der Einsatz aus keramischer Masse.

Daniellhahn

Übrigens kann man die brennbaren Gase auch erst an der Brenneröffnung mit Luft mischen, wie das im *Daniellschen Hahn* geschieht (Abb. 42), der für das *Knallgasgebläse* neuer Form und jedes Gasgebläse überhaupt dient (Abb. 166). Ferner benützt man grundsätzlich dieselbe Anordnung in den verschiedenen

Gebläseofen

Gebläseöfen, wovon der *Hempelsche*, der *Perrot*- und der *Rößlerofen* hier abge-

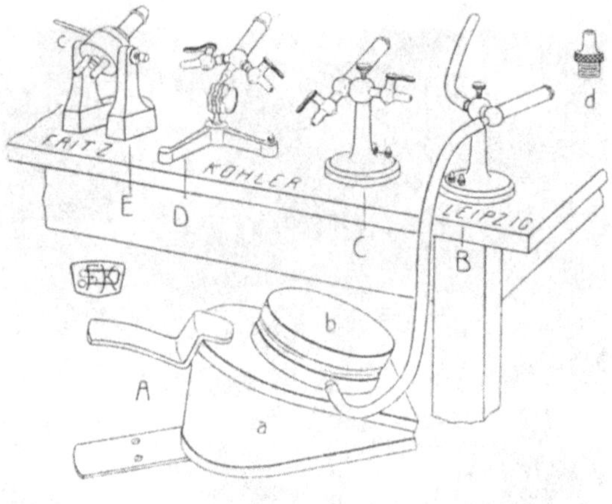

Abb. 166a. Gebläselampen mit Tretgebläse.

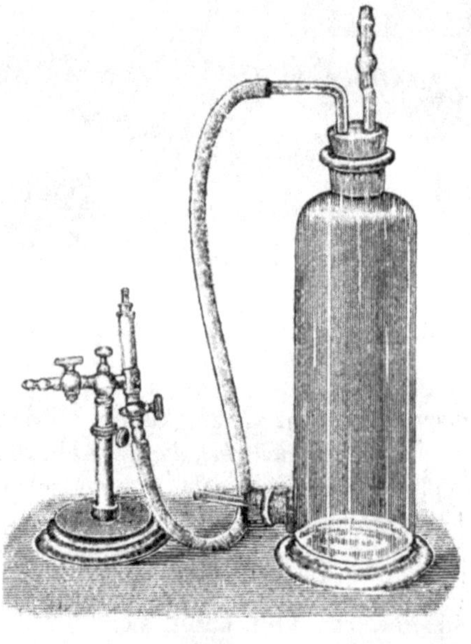
Abb. 166b.
Gebläselampe mit Flasche für Strahlgebläse.

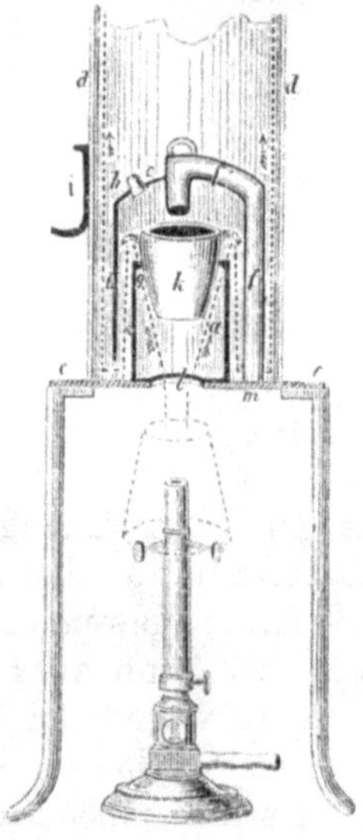
Abb. 167.
Hempelscher Gasofen für Temperaturen bis 1000° mit Schamotteeinsätzen.

bildet seien (Abb. 167, 168, 169). Man bedarf für diese Öfen immerhin schon eines leistungsfähigen Maschinengebläses, wenn größere Typen benützt werden.

Nicht selten erbitzt der Chemiker lange Röhren in wagrechter Lage, so in den sog. *Verbrennungsöfen*, die zum Teil noch sehr un- Verbrennungsöfen

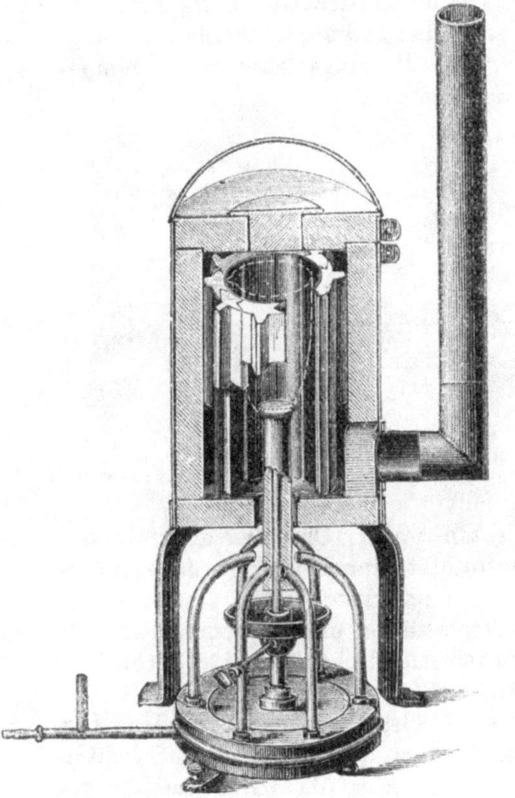

Abb. 168.
Perrotscher Gasofen aus Schmiedeeisen mit Schamottefüllung für Temperaturen bis 1200°.

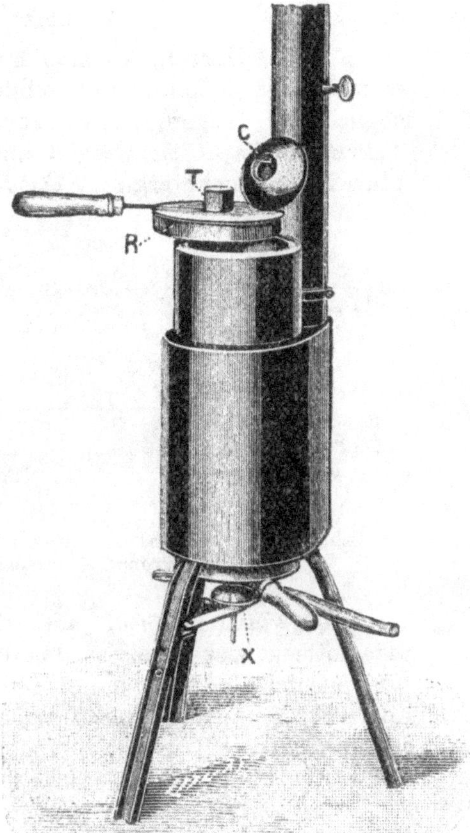

Abb. 169.
Rößlers Gasofen.

wirtschaftlich gebaut werden. Einen der besten, den Frerichs-Normannofen, zeigt Abb. 170. Er verbraucht auf gleichen Effekt nur die Hälfte oder $^1/_4$ des Gases, dessen der gewöhnliche Verbrennungsofen (Abb. 36) bedarf. Die Schamottekammern halten hier die Wärme viel besser zusammen, so daß man mit 7 Lochbrennern auskommt, anstatt 14 Bunsenbrenner auf einem 4,5mal so weiten Rohr benützen zu müssen.

Bei jedem einfachen Brenner macht es schon sehr viel aus, wenn man einen Blechkonus (*Schlot*) aufsetzt oder das Glühgut in einen *Schamottezylinder* einschließt (Abb. 171).

Unmittelbare Kohle- und Koksheizung wird heute nur noch sehr wenig im Laboratorium zu chemischen Zwecken benützt.

Elektrische Heizung

2. Elektrische Heizung.

§ 217. Überall, wo man höchste Temperaturen erzielen will, oder wo man sehr definierte und reinliche Glühtemperaturen nötig hat, womöglich auf längere Zeiten konstant, dient die elektrische Heizung: *Widerstandsöfen, Lichtbogenöfen* und was allerdings keine reine Temperaturwirkung mehr ergibt, *Kathodenstrahlöfen.*

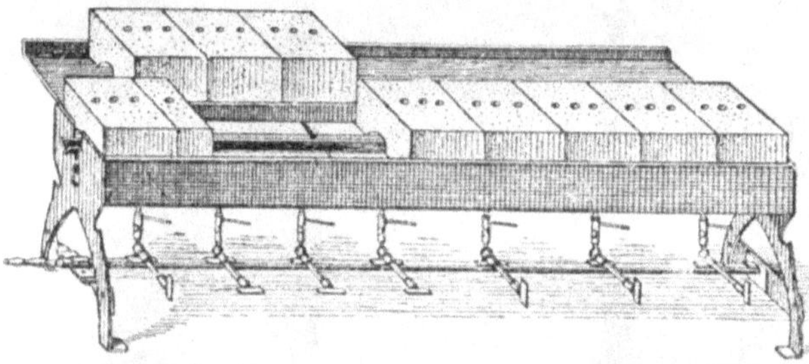

Abb. 170. Frerichs-Normann-Verbrennungsofen mit großer Gasersparnis.

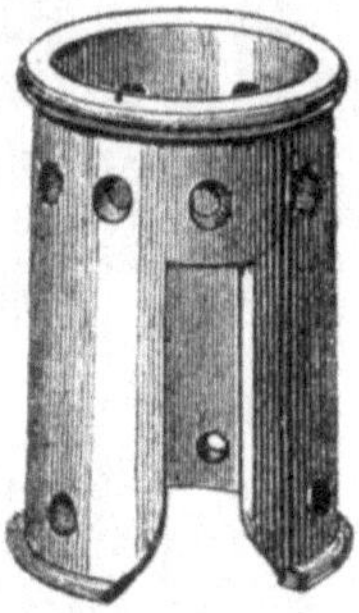

Abb. 171. Schamotteesse.

Widerstandsöfen

Die *Widerstandsöfen*, aus Rheotan- oder Chromnickelband, auf Schamotte gewickelt, bis zu dunkler Rotglut brauchbar, von da aufwärts aus Platinfolie oder für die höchsten Temperaturen aus kurzgeschlossenen Kohleröhren gebaut, lassen nach Stromstärke und Klemmenspannung die erzeugbare Wärmemenge und den pyrometrischen Effekt gut schätzen. *Technisch* sind die *Kohlekurzschlußöfen* wichtig wie auch die

Lichtbogenöfen

Lichtbogenöfen, die in sehr großem Maßstab verwendet werden. Die Versuchstechnik der Arbeiten mit beiden und die einschlägigen Schriften findet man Einf. 94ff. besprochen. Dort s. a. die Hinweise auf die Kathodenstrahlöfen.

Wir befassen uns hier nur mit den großtechnischen *Anwendungen* elektrischer Heizung.

Darstellende Chemie 6.

Elektrothermie.

Moissanofen

§ 218. Sie ging von dem elektrischen Ofen von Moissan aus (Abb. 172) und lieferte zuerst im großen das *Calciumkarbid* CaC_2. Hieran und an verwandten Stoffen wollen wir die elektrothermische Großtechnik kennen lernen, der heute bereits etwa eine Million KW dient.

Sie erzeugt heute:
Elemente: *Graphit, Phosphor, Elektrostahl, Zink.*
Karbide und Silicide: *Calciumkarbid, Ferrosilicium, Carborundum, Schwefelkohlenstoff.*
Oxyde: *Geschmolzenen Korund, Quarzglas, Stickoxyd, Ozon.*

1. Elektrothermischer Graphit.

Graphit

Er entsteht bei der Carborundumgewinnung von selbst. Dabei sind die Grundsätze seiner Herstellung gefunden worden. Ein „*Kern*" aus granulierter Kohle von rund 10 cm Durchmesser, mehrere Meter lang, liegt zwischen den ein-

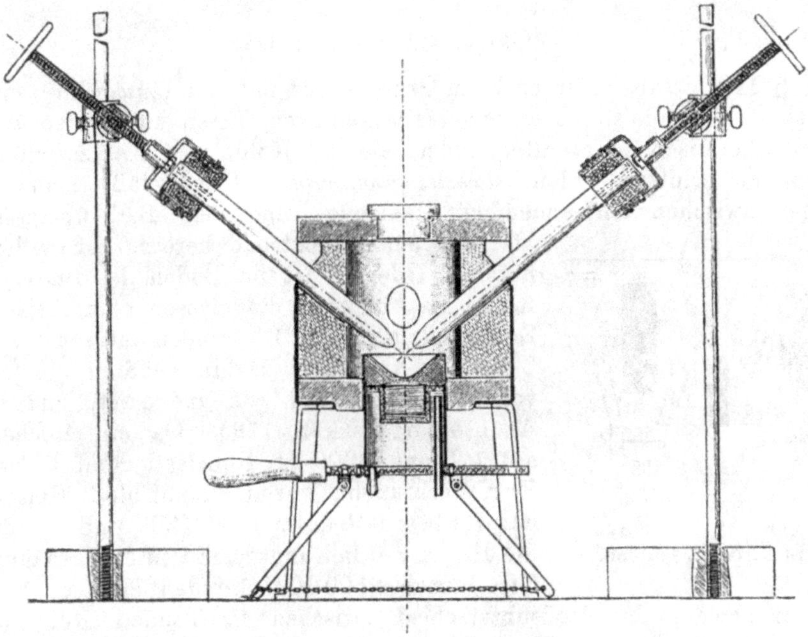

Abb. 172. Moissans elektrischer Lichtbogenofen.

gemauerten Polen, die aus Kohle oder Graphit bestehen, dient als Widerstandskörper. Ihn umgibt Anthrazitmasse, die in Reiskorngröße zerteilt, mit Metalloxyden gemischt, beim Erhitzen den Graphit liefert. Bei 2 m Kernlänge und obiger Dicke hat man schließlich, wenn der Widerstand des Kerns durch Heißwerden herabgegangen ist, rund 100 Volt bei 1000 Weber (Ampere). Die Metalle bilden zuerst Karbide, deshalb ist Al, auch Fe und Mn, nicht Mg brauchbar. Die Carbide zerfallen dann bei hoher Temperatur und bilden die hier stabilste Form der Kohle, den Graphit, der sich fast frei von Verunreinigungen abscheidet. Anfangs entweichen Gase aus dem Ofen, die mit gelber Flamme verbrennen und dann den blauen CO-Flammen weichen. Nach 12—36 Stunden ist die umhüllende Schutzschicht aus Sand und Koks einigermaßen gehärtet oder wenigstens der Graphit fertig, so daß er abkühlen und herausgebrochen werden kann. Die International Acheson Graphite Company ist die einzige, die künstlichen Graphit im großen macht. Fettig in bloßen Schuppen ist er als Schmiermittel zu brauchen, fein verteilt, so daß er in Wasser von selbst sich verteilt, wird er in ihm aufgeschwemmt, als *Aquadag* (Dag = Deflocculated Acheson Graphite) für vor Rost schützende Anstriche und als Schmiermittel verwendet, wofür auch *Oildag*, derselbe Graphit, in Öl verteilt, mit Vorteil benützt wird. Hier *spart er bis 50 v. H. Schmieröl* bei schnellaufenden Maschinen. *Geformte Graphitkörper* werden in Kohle verpackt im Graphitofen gebrannt, wobei man sehr vorsichtig verfahren muß, damit die Umwandlung vollständig sei und doch nicht zu Rissen führt. Diese Körper sind als Elektroden ausgezeichnet, weil sie in alkalischen Lösungen nicht die braunen Produkte liefern, die aus „amorpher" Kohle entstehen und z. B. Chloridelektrolysen stören.

Mit 20—24000 PS-Stunden erhält man 6000 kg Graphit oder etwa die Hälfte davon an geformten Graphitgegenständen.

2. Elektrostahl und Roheisen.

§ 219. Haben wir es beim Graphit nur mit der *Umwandlung* eines Elements zu tun, so ist es anderseits gelungen, Eisen aus seinen *Erzen* elektrothermisch zu erhalten, indem sie mit Kohle und Kalkzuschlägen

Roheisen

elektrisch erhitzt wurden: *Roheisengewinnung.* Dabei läßt man den Bogen zwischen eintauchenden Elektroden und dem Bad übergehen, also zur einen Elektrode herein, zur anderen heraus. Oder es ist im Boden des Bads eine Kohle als Ableitung eingelassen oder meist als Zwischenleiter. Die Elektroden messen 20 bis 30 cm im Quadrat. Dahin gehören die Öfen von Stassano und von Héroult, und von A. Keller. (Abb. 173.) Da ein Hochofen auf 1 Tonne (1000 kg) Roheisen rund 1 Tonne Koks verbraucht, wovon $^2/_3$ auf bloße Heizung, der Rest auf Reduktion entfällt und da man die Heizung erfahrungsgemäß in den genannten Öfen durch 2500 KW-Stunden ersetzen kann, so entscheidet der Preisunterschied zwischen $^2/_3$ Tonnen Koks und 2500 KW-Stunden darüber, ob elektrothermisches Verfahren oder gewöhnliches Hochofenverfahren vorzuziehen sei. Im kohlearmen Schweden hat man mit Nutzen bereits Holzkohlehochöfen für elektrische Heizung (9000 KW) gebaut.

Lichtbogenöfen

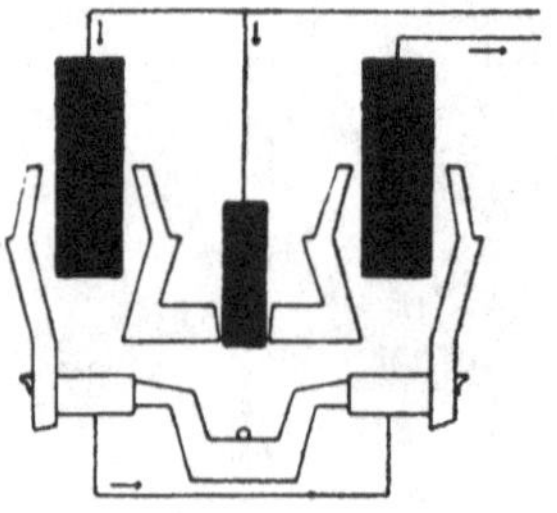

Abb. 173. Kellers Elektroroheisenofen.

Elektrostahl

Elektrostahl wird jetzt in besonderer Operation, ähnlich dem Siemens-Martin-Verfahren (s. S. 453), erhalten, entweder in Lichtbogenöfen, wie eben beschrieben, oder in Widerstandsöfen. In letzteren kann gekörnte Kohle, worin etwa Tiegel stehen, als Widerstandsmasse dienen. Mehr

Induktionsöfen

benützt man einfache *Induktionsöfen,* wo ein hochgespannter, aber schwacher Strom einen Eisenkern umfließt, der seinerseits mit samt der Spule von einem ringförmigen Bad umgeben ist, das die einzige Sekundärwindung darstellt. Der Kern pflegt durch Joche zu einem senkrecht stehenden Ring geschlossen zu sein (Abb. 174). Man kann auch die Ofenwand durch starke Heizung leitend werden lassen und sie dann als Widerstandskörper verwenden. Am wichtigsten ist die Vereinigung der Induktionsheizung mit unmittelbarer Widerstandsheizung im Ofen von Röchling-Rodenhauser. Außer dem ∞-förmigen, als Sekundärkreis wirkenden Arbeitsherd ist auf die Kerne je noch eine Spule aufgeschoben, die Strom zu den Breitseiten des Ofenbads führt, durch die Wand hindurch (Abb. 176), die die Polplatten einige cm dick bedeckt und so vor der zerstörenden Wirkung des geschmolzenen Eisens schützt.

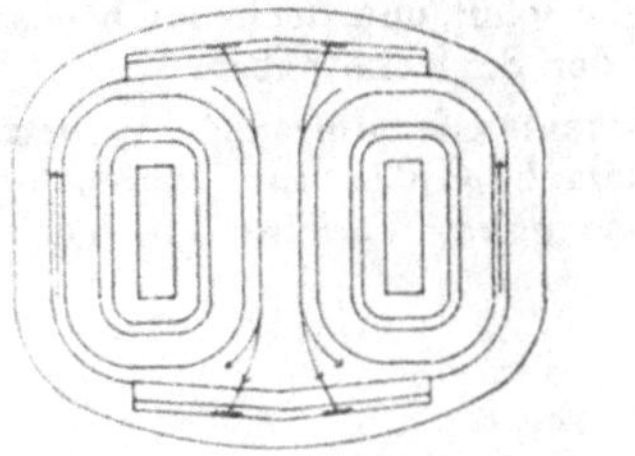

Abb. 174. Elektrostahlofen von Röchling-Rodenhauser (Querschnitt). Die Pfeile geben die Strombahnen im flüssigen Eisenbad, das Sekundärkreis ist.

Der Kohlenstoffüberschuß im Roheisen kann durch Verschmelzen mit Oxyden verringert werden, so daß Stahl hinterbleibt. Oder man fügt kohlearmen Schrott (Stahl- oder Schmiedeeisenabfälle) zu oder vereinigt beide Prozesse. Endlich kann man Stahl weiter raffinieren durch Verschlackung der letzten Verunreinigungen mittels Kalk und Eisenhammerschlag.

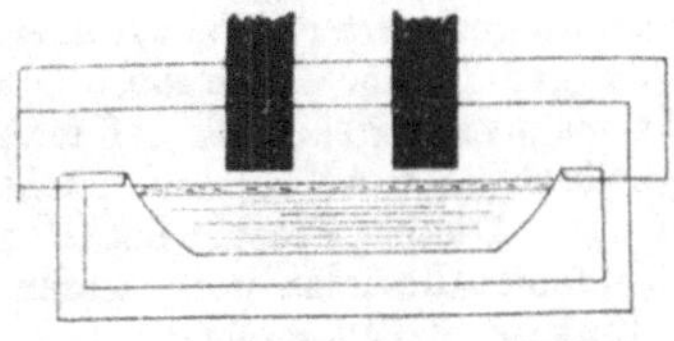

Abb. 175. Héroults Lichtbogenofen (Aufriß) zeigt die Elektrodenstellung und die Schlackenschicht auf dem Bad.

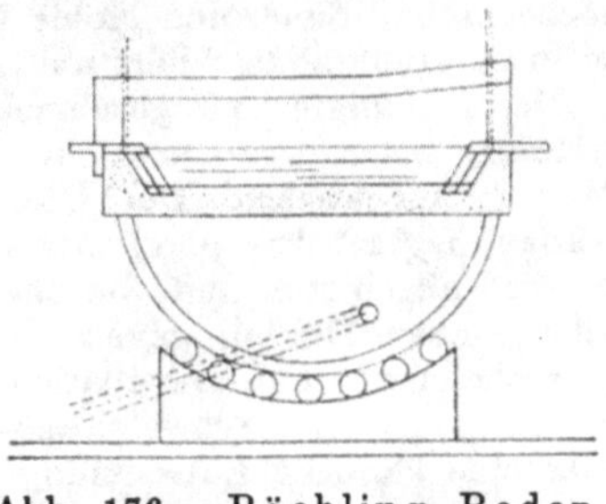

Abb. 176. Röchling-Rodenhausers Induktionsofen. Aufriß; zeigt die Kippvorrichtung und die geschützten Polplatten zur Widerstandsheizung.

Stassano schmelzt mittels der strahlenden Hitze des Bogens ein. Die Anordnung von Héroult zeigt Abb. 175.

Die Reinlichkeit und Sicherheit der Elektrostahlerzeugung und die qualitative Überlegenheit des Erzeugnisses über den Tiegelstahl sind Vorzüge des Verfahrens, die vor allem durch die indifferente Atmosphäre bedingt sind bei gleichzeitig höherer Temperatur als man sie bei chemischer Heizung erhält. So können die wichtigsten Verunreinigungen, P, S, O, sehr vollständig entfernt werden und das Erzeugnis ist reiner, weicher, schmiedbarer, hitzebeständiger und wohlfeiler als sonstiger Tiegelstahl. Deshalb wird auch hier das elektrische Verfahren wohl vordringen. Vorzüge des Elektrostahls

Zink

3. Zink.

§ 220. Die elektrolytische Zinkgewinnung ist unbedeutend. Die Destillation von Zink aus Erzen mittels Kohle vielleicht unlohnend verglichen mit dem elektrothermischen Verfahren. Günstig wirkt nach technischen Großversuchen die Erhitzung von Zinkoxyd, durch Rösten der meist 30 prozentigen Erze erhalten, mit Kohle durch die strahlende Wärme des Kohlebogens von einigen 1000 Weber (Ampere). Der Ofen (Abb. 177) ist ohne weiteres zu übersehen, hält angeblich monatelang und man soll Erze verarbeiten können, deren Ausnutzung sich metallurgisch nicht mehr lohnt und doch nur höchstens 10 v. H. Zn in der Schlacke haben.

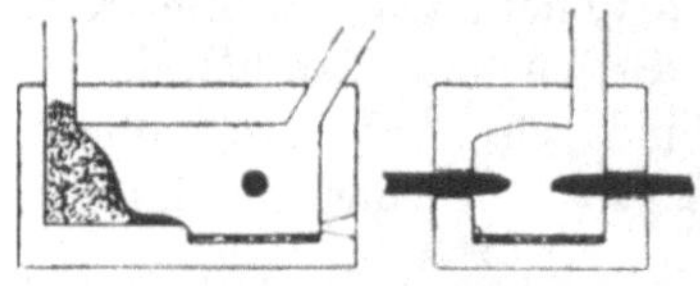

Abb. 177. Elektrothermische Zinkdestillation mit strahlender Bogenwärme.

Die indifferente Ofenatmosphäre verbraucht die Kohlen kaum. Aus dem abfallenden Zinkstaub erhält man durch nochmalige Destillation das sehr reine *Feinzink*. Das ganze Verfahren ist noch im Versuchsstadium.

Phosphor

4. Phosphor.

§ 221. Phosphor wird in Griesheim nach der Reaktion:

$$2\,Ca_3(PO_4)_2 + 6\,SiO_2 + 10\,C = 6\,CaSiO_3 + 10\,CO + P_4$$

aus Knochenasche, Sand und Kohle in schwach belasteten, kleinen elektrischen Öfen bei etwa 1400° abdestilliert und in kupfernen, wassergekühlten Gefäßen verdichtet. Der gereinigte und geschmolzene Phosphor wird dann durch Aufsaugen in Glasröhren, worin er erstarrt, in die Stangenform des Handels gebracht und unter Wasser aufbewahrt. Der Ofen ist ein schamottegefütterter Eisenzylinder. Die Reaktion beginnt bei merklicher Glut und ist bei gegen 1450° zu Ende. Die Schlacke wird abgeblasen und von oben neues Reaktionsgut zugegeben, so daß man in kontinuierlichem Betrieb gegen 90 v. H. an P gewinnt, der As-frei und leicht durch Umschmelzen und Destillation zu reinigen ist. Dieser Prozeß hat den früheren verdrängt, wozu Schwefelsäure und die unbequemen Retorten nötig waren. Es ist also eine ähnliche Entwicklung wie sie beim Zink wohl bevorsteht.

Man kann den Prozeß nach Hempel in der Vorlesung vorführen, indem man an den Enden eines Gaslichtzylinders Kappen anbringt, die die Elektroden einführen, deren untere an der Spitze ausgehöhlt etwas Reaktionsgemisch trägt. Man leitet H_2 durch den Zylinder und entflammt ihn an einem Ausführungsröhrchen. Nach Einschaltung des Stroms brennt der H_2 grün und der Zylinder bedeckt sich mit rotem P.

Bor

5. Bor.

§ 222. erhält man in der Hochspannungsflamme zwischen wasserdurchströmten Cu-Elektroden aus BCl_3-Dampf gemischt mit einem großen Überschuß von H_2 als braunes, amorphes, abfärbendes, weiches Pulver, das in Wasser leicht in kolloidale Lösung übergeht.

Diamant

6. Kohlenstoff

tritt, wie wir bereits gesehen haben, in 2 verschiedenen Formen auf, als Diamant und Graphit (feinverteilt = amorphe Kohle). Da die südafrikanischen Kimberleydiamanten aus Olivinschloten (Mg_2SiO_4) stammen, so hat man C in Mg-Silikaten gelöst und in der Tat 0,001—0,05 mm große Diamantoktaeder daraus erhalten (Friedländer; v. Haslinger u. J. Wolf). Wahrscheinlich stammen die oftmals zerbrochenen Kimberleydiamanten aus Magmen, wo sie sich in tieferen Lagen unter sehr hohem Druck gebildet haben dürften.

Löst man Kohle im Lichtbogenofen in Eisen und gießt die Schmelze in kaltes Wasser oder wirksamer in einen wassergekühlten Kupferblock, so erstarrt das Eisen sehr schnell. Löst man es dann in Salzsäure, so findet man im Rückstand sehr kleine allerdings äußerst aschenreiche Diamantkristalle bis 0,5 mm Durchmesser (Abb. 178).

Langsame Abkühlung liefert Graphit, wie am Roheisen zu sehen.

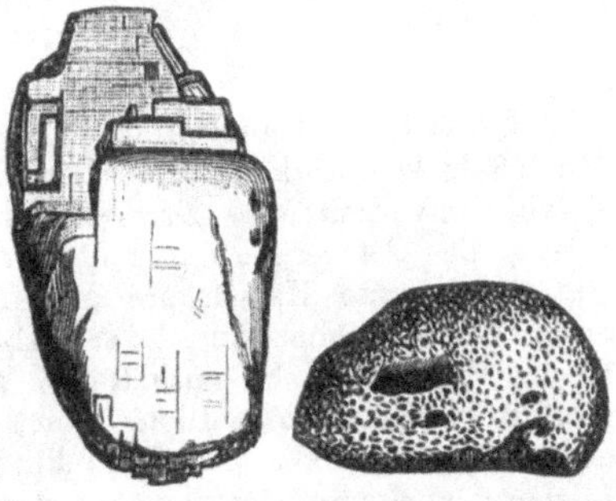

Abb. 178. Künstliche Diamanten.

7. Calciumkarbid CaC_2.

Calciumkarbid

§ 223. ist das *wichtigste Produkt des elektrischen Ofens* und wird in gewaltigem Maßstab in Lichtbogenöfen hergestellt aus einem Gemisch von gebranntem Kalk, der höchstens 5 bis 6 v. H. Verunreinigungen enthalten soll und Kohle (Anthrazit, Holzkohle, Koks). Es entwickelt mit Wasser das leuchtkräftige brennbare *Azetylengas* nach $CaC_2 + 2H_2O = Ca(OH)_2 + C_2H_2$. Ist das Karbid rein, so liefert es viel Azetylen, heißt „gasreich". Der nicht kontinuierliche *Blockbetrieb*, wo man nach gewissen Zeiten den Ofeninhalt erstarren läßt, ist heute fast allgemein durch den *Abstichbetrieb* ersetzt, wo ab und zu in die Brust des Ofens mittels einer Hilfselektrode Löcher von 15—20 cm Durchmesser mittels Lichtbogen eingebrannt werden, wodurch das fertige Karbid abfließen kann. Man arbeitet heute schon mit 6—24000 PS. Kohlen von 25—30 cm im Quadrat tauchen von oben in den Ofen, unter Umständen 16 zu einem Paket vereinigt, die einem Herd 40000 Weber(Ampere) zuführen. Getrennte Elektroden stehen 2—3 m voneinander entfernt. Der Ofen selbst ist ein wagerechter Kanal, dessen Wände ausreichend weit vom Bogen entfernt sein müssen, da sie sonst herausgedrückt oder verzehrt werden. Er ist nur 1,2—2 m tief, eben so breit und sein Boden besteht aus einem gekühlten Kohleblock.

Man verbraucht 1 KW-Tag für 5—6 kg Karbid und hat dabei 0,6—0,7 kg Koks (= 0,64—0,70 kg Anthrazit = 0,8—0,95 kg Holzkohle) auf 0,92—1,05 kg Kalk zu verwenden und verliert dabei 10—40 g Elektrodenkohle.

Zuviel *Kalk gibt gasarmes Karbid* und macht die Schmelze zu flüssig, läßt sich also zum Ausschlacken des Ofens brauchen. Zuviel *Kohle gibt Ansätze an den Elektroden,* läßt daher den Ofen sehr dampfen und auch hier wird das *Karbid gasarm.*

Das Karbid selbst, in reinem Zustand farblos, ist stets dunkel, meist braun gefärbt und liefert mit Wasser unter starker Erhitzung das Azetylen C_2H_2, das mit phosphor und schwefelhaltigen Gasen verunreinigt ist und daher übel riecht. In CO auf 250° erhitzt, liefert CaC_2

wieder CaO + (feinverteilte) Kohle. Hier verläuft also der umgekehrte Vorgang als bei Weißglut.

Zu hoher P-Gehalt ist gefährlich, weil er zur Selbstentzündung von Karbid führen kann.

Ferro-silicium

8. Ferrosilicum,

§ 224. ist auch im Hochofen darstellbar, für die Eisen- und Stahlgewinnung von hoher Wichtigkeit, eine Legierung von Eisen mit Silicium, von metallischer Tracht. Es dient *zur Desoxydation von gefrischtem Eisen* (s. Bessemer-Prozeß S. 452), das FeO enthält und dadurch *rotbrüchig* ist, d. h. in Rotglut unschmiedbar. Die entstehende Kieselsäure geht in die Schlacke. Das Ferrosilicium (das auch durch Ferromangan oder Al ersetzbar ist) kann in verschiedenem Gehalt, 25 oder 50 oder 95 v. H. Si enthaltend, aus Quarz, Kohle und Eisenspähnen elektrothermisch gewonnen werden. Der Ofen ist derselbe wie für Karbid, es wird auch ebenso abgestochen. Das Produkt ist hier aber flüssiger, so daß man mit kleinen Löchern auskommt und es mitunter nicht leicht ist, sie wieder zu schließen. Im Gegensatz zu Karbid schadet hier das Dampfen des Ofens, da Si weggeht und sich teils wieder oxydiert, teils die Leitungen angreift, jedenfalls aber dem Produkt verloren geht. Der Hauptunterschied wird durch die Schmelze bedingt, die beim Karbid nur in der Hitze leitet, dickflüssig und relativ leicht ist, so daß sie in der Nähe der Elektroden bleibt, während sie bei Ferrosilicium aus dem nichtleitenden Quarz und dem sehr gut leitenden Produkt besteht, bzw. den Eisenspähnen Deshalb erhält man hier viel eher reine Widerstandserhitzung und weniger Bögen als bei Karbid. War bei letzterem eine Stromdichte von 100—120 Weber (Ampere)/qdcm noch zu brauchen, so hat man bei ersterem die 4—6-fache nötig; man braucht dabei höhere Spannung, wieder dem Wesen der Widerstandsheizung entsprechend. Ab und zu brennt man die Ofenbrust auf, um die angehäuften Verunreinigungen als Schlackenfluß abzuleiten. Für hochprozentiges Ferrosilicum hat man noch höhere Stromdichten und größere Ofenbelastung, also größere Herde nötig.

Das metallglänzende Produkt von 25—30 v. H. Si ist fest und körnig, oft schön kristallisiert. Darüber neigt es zum Zerfall, wird aber über 60 v. H. wieder fest. Man paraffiniert es oft, um es gegen Luft und vor allem Feuchtigkeit zu schützen. P- oder S-Gehalt ist wegen der Gefahr der Selbstentzündung zu vermeiden.

Siliciumkarbid. SiC Carborundum

9. Siliciumkarbid, Carborundum, SiC,

§ 225. eines der härtesten Schleifmittel und einer der chemisch trägsten Stoffe, wurde zuerst für Aluminiumkarbid gehalten, daher der Name (Carbo und Korund). Es wird in sehr großem Maßstab in Widerstandsöfen hergestellt, wie sie schon anläßlich der Graphitgewinnung beschrieben sind. Quarz und Koks im stöchiometrischen Verhältnis gemischt und mit einem Zuschlag von 4—10 v. H. Sägemehl und 1—2 v. H. Kochsalz werden um den Kern gehäuft und liefern wenig über 1600° Carborundum, das dann zwischen 1900° und 2000° kristallisiert, zwischen 2200° und 2240° aber unter Graphitabscheidung sich zersetzt. Deshalb ist der Kern nach der Reaktion mit Graphit überzogen und das an sich farblose SiC schwarz.

Die Reaktion erzeugt Gase, die freien Abzug haben müssen, weshalb Ofen und Masse porig gehalten werden. Sonst brechen die Gase unter Umständen, unter dem Boden fortdrängend, irgendwo anders zerstörend aus. Die Wärmeerzeugung macht beim Ausgehen von den Elementen nur rund 2 Cal pro Mol aus. Da bei der Reaktion im Ofen CO gebildet und SiO_2 gespalten wird, so wird in summa Wärme verbraucht, die auf rund die Hälfte der wirklich aufzuwendenden veranschlagt werden kann. Wärmeverluste des Ofens und Umwandlungswärme des Carborundums in kristallisierte Form sind darin enthalten.

Man arbeitet mit 2000—20000 Weber (Ampere) und mit einer Stromdichte von 4—600 Weber(Ampere)/qdcm Kernquerschnitt.

Am Ende der Reaktion läßt der Gasdruck nach und man bricht nach leidlichem Erkalten den Ofen auf, räumt das amorphe Carborundum ab und stößt die Kristalle mit Brechstangen los. Sie werden in Kollergängen (Abb. 179) zertrümmert und mit verdünnter Schwefelsäure von Tonerde und Eisenoxyd, sowie von Graphithäutchen befreit. Auf 1 kg Kristalle hat man gegen 8 KW-Stunden zu rechnen.

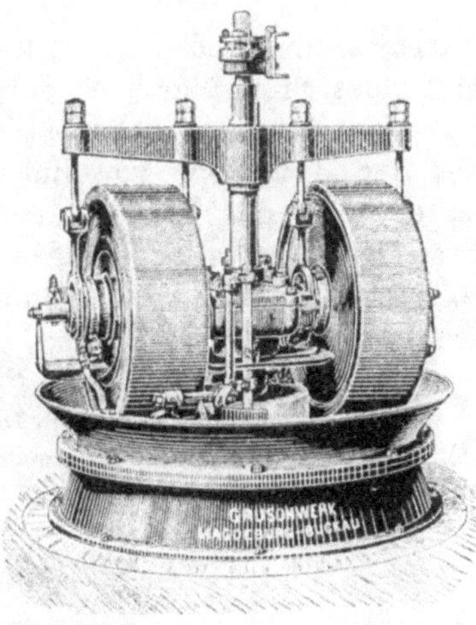

Abb. 179. Kollergang.

10. Neben dem Karborundum entstehen noch Oxydationsprodukte, *Siloxikon*, von wechselnder Zusammensetzung, ferner *Siliciummonoxyd* SiO ein rotes, als Schleifmittel verwendbares Pulver, das übrigens vielleicht als Si fein verteilt in SiO_2 anzusprechen ist (?). Siliciummonoxyd

Erhitzt man Kohlengegenstände elektrisch in Quarzpulver, so werden sie oberflächlich siliciert, man erhält *Silundum*, bis 1700° sehr hitze- und luftbeständig. Dann aber zersetzt es sich. Es hat für Widerstandsheizung mannigfach Verwendung gefunden. Statt mit Platinöfen heizt man vorteilhaft in den wohlfeileren *Silundum*öfen (Heraeus-Hanau), die aus rund 25 mm weiten, etwa 28 cm langen, spiralig aufgesägten Silundumröhren bestehen und unmittelbar an 110 Volt gelegt gegen 15 Weber (Ampere) aufnehmen. Man kommt mit ihnen bequem bis zur Weißglut (rund 1400°). Der Silit darf weißglühend nicht mit Silikaten in Berührung stehen, sonst verschmilzt er damit. Abb. 180. Silundum (Silit)

Das reine Karborundum wird im Gasgebläse kaum verändert. Wasserdampf oxydiert es bei 1300—1400° zu CO, CO_2 und H_2. Letzterer bildet aber keine Kohlenwasserstoffe. Chlor zerstört bei 1200° schnell, greift schon bei 600° an, während Schwefel bei 1000° noch ebenso wirkungslos ist wie Sauerstoff. Bloßes Erhitzen auf 2300 ° liefert unter Abgabe des Si Graphitpseudomorphosen. Geschmolzene Ätzalkalien führen zu Silikaten und Karbonaten neben freiem C, besonders bei Gegenwart von Nitraten oder Na_2O_2. So kann man Si darin bestimmen. Verbrennung mit Bleichromat liefert den C-Gehalt.

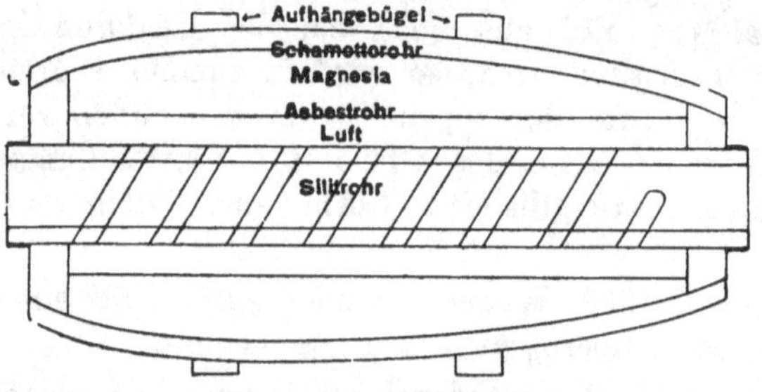

Abb. 180. In einen abgesägten Schamottetiegel gepacktes Silitheizrohr. Wohlfeiler elektrischer Ofen (bis zu 1400° beanspruchbar.)

In geschmolzenem Bleioxyd löst es sich leicht und wird dabei oxydiert, ähnlich wie von anderen Oxyden. Wässerige Lösungen, selbst Flußsäure und Salpetersäuremonohydrat lassen es unangegriffen.

Übrigens vereinigt sich Si oder Kieselsäure mit Kohle schon bei starker Rotglut zu amorphem Karborundum und auch mittels Überleiten von Benzoldampf über weißglühendes Si hat man es dargestellt. Es fand sich auch in Meteoriten.

Wie das Kalziumkarbid ein höchst reaktionsfähiger Stoff ist, wo Ca aus der II. Gruppe von links des periodischen Systems kommt, ebenso ist es auch das Karbid des Schwefels, aus der II. Gruppe von rechts her. Beide in gleichem Abstand von der Mittelgruppe, worin Si das so höchst träge Karborundum ergab.

Schwefelkohlenstoff

11. Schwefelkohlenstoff

§ 226. wird in dem Abb. 181 gezeichneten Ofen erhalten, wo vier mit abwechselnden Polen verbundene Kohleelektroden Bögen tragen; zwischen sie werden Bogenkohlenstücke geschüttet, die sekundäre Bögen liefern und so die großen Elektroden sparen helfen. Schwefel wird im Mantel des Ofens geschmolzen und nützt die Abhitze der aufsteigenden Gase aus, die zugleich die zerkleinerte Holzkohle vorwärmen, womit der über 12 m hohe Ofen stets gefüllt bleibt. Auch die Elektrodenhälse werden durch Schwefelschmelzen gekühlt. Dieser letztere sammelt sich unten im Ofen und greift die Bogenkohlen wenig an. Das Produkt entweicht oben, wird einmal destilliert, in Trommeln von 450 kg Fassung gefüllt. Diese sind durch feuerfeste Mauern und Decken abgeschlossen und können ganz unter Wasser gesetzt werden. Die Fabrik von E. R. Taylor, der das Verfahren ausgearbeitet hat, steht in Cascade Mill bei Penn Yan (New York).

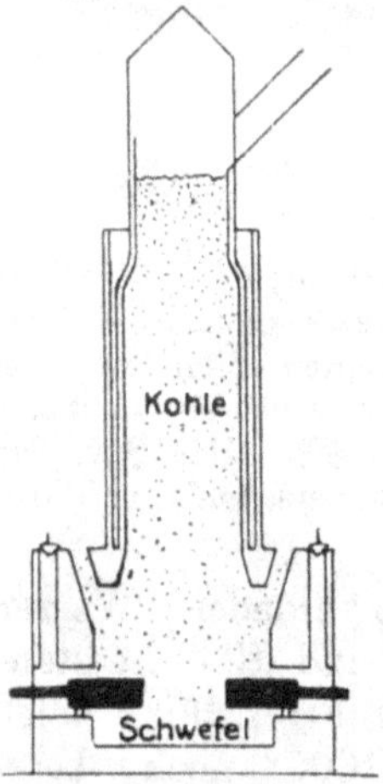

Abb. 181. Schwefelkohlenstoff-Ofen.

12. Oxyde.

Alundum Al_2O_3

§ 227. Neben dem chemisch zweifelhaften SiO ist hier das geschmolzene *Aluminiumoxyd* Al_2O_3 zu erwähnen, das als Schleifmittel, *Alundum* auf den Markt kommt. Man trocknet und kalziniert Bauxit in Zylindern, wie sie zur Zementfabrikation dienen und schmelzt ihn dann elektrisch bei 3000° mit rund 2500 Weber (Ampere) durch Lichtbögen ein. Das Gefäß ist ein wassergekühlter, am

Boden kohlegefütterter Topf. Nach dem Schmelzen zieht man die Elektroden hoch, läßt erstarren, hebt den bisher mit Wasser berieselten Schutzmantel hoch und fährt den Block weg, dessen äußere Schicht ungeschmolzen ist. Das geschmolzene Alundum soll den natürlichen Korund an Härte wesentlich übertreffen.

Korundglas versetzt mit verschiedenen Oxyden ist von Verneuil im Knallgasgebläse erschmolzen worden. Er gewann aus hängenden Tropfen solchen Glases an einer langsam rotierenden Tonerdespitze künstliche Edelsteine von fast allen Eigenschaften der natürlichen. Der erstarrte Tropfen, der 1—2,5 cm groß sein kann, ist ein einziger Kristall und wurde 1914 das Karat (= 0,2 g) mit 5—15 Mark bezahlt (Rubin mit 2 v. H. Chromoxyd). Der natürliche Saphir enthält einen durch Hitze zerstörbaren Farbstoff, der künstliche wird mit TiO_2 und Fe_2O_3 blau gefärbt. Edelkorunde in allen Farben, auch dichroitischen Chrysoberyll, Beryllium-Aluminat $BeAl_2O_4$, Alexandrit, hat man erhalten. Sie werden als Schmucksteine und zu feinen Lagern verwendet. Korundglas Künstliche Edelsteine

Quarzglas.

Quarzglas

ist eines der wichtigsten Produkte des elektrischen Ofens, wird bei 17—1800° aus ganz reiner SiO_2, wie sie in Solfataren entstand oder aus erhitztem und abgeschrecktem Bergkristall im Iridiumtiegel erschmolzen und wie Glas zu Gegenständen verblasen, die wegen ihrer sehr kleinen und regelmäßigen Wärmeausdehnung dem plötzlichsten Temperaturwechsel unterworfen werden können, ferner gegen Säuren und andere Chemikalien, außer Alkalien oder HPO_3 sehr beständig sind. *Kristallisierter* ungeschmolzener *Quarz springt* beim Erwärmen *sehr leicht.* Er läßt das kurzwelligste Licht noch durch. Aber auch das amorphe Quarzglas hat dafür noch eine ganz außerordentliche Durchlässigkeit, die es zu Herstellung von Quecksilberbogenlampen empfohlen hat, welches heute schon eine bedeutende Industrie ist. Längere Zeit auf 1000° oder höher erhitzt wandelt sich der amorphe Quarz unter Volumenvergrößerung in ein Haufwerk von Tridymit- bezw. Cristobalitkristallen um. Dies schränkt seine Verwendung sehr ein.

Magnesia MgO

hat man gleichfalls im elektrischen Ofen geschmolzen und zu sehr feuerfesten Tiegeln verarbeitet, endlich auch

Zirkonerde ZrO_2

Zirkonglas

die als Schmelzglas (Schmelzp. etwa 3000°) Temperaturen über 2000° erträgt. Dem Quarzglas in etwa $2\frac{1}{2}$ v. H. zugesetzt, drückt es die Temperatur, wo dessen Entglasung und Schmelzung unvermeidlich ist, um etwa 100° hinauf.

Häufiger benutzt man bloß gebrannte Zirkonerdegegenstände.

Auch zwei andere Oxyde, das *Ozon* und das *Stickoxyd*, von technischer Wichtigkeit, werden im elektrischen Ofen erhalten, und zwar bei hoher Spannung, in der Hochspannungsflamme. Weil es sich jedoch hier schon zum Teil um photochemische Reaktionen handelt, so sollen sie später in der Photochemie besprochen werden.

b) Chemische Eigenheizung.

Chemische Eigenheizung

§ 228. Man kann eine Reaktion unter Umständen auch dadurch vollziehen, daß man das Reaktionsgut an einer Stelle ausreichend anheizt, worauf die Reaktion durch ihre selbsterzeugte Wärme die nötige

Temperatur aufrecht erhält, um schnell genug abzulaufen. Das einfachste Beispiel ist die Verbrennung eines Zündholzes.

Alle ausreichend viel Wärme erzeugenden Reaktionen sind hier anzureihen. Sie alle führen nach ausreichender örtlicher Erhitzung — *Entzündung* — zu einem *Brand.* Das Verglühen einer erhitzten Cu-Spirale in einem mit Schwefeldampf gefüllten Röhrchen ist eines der Beispiele, die man hier vorzuführen pflegt.

Entzündung und Brand

Im Sinn der darstellenden Chemie ausgebaut ist z. Zt. erst eine Klasse der entzündbaren Gemische, diejenige, wo ein leicht oxydierbares Metall mit Oxyd eines weniger unedlen gemischt, bei Entzündung zur Herstellung des edleren Metalls führt. Das Verfahren, von H. Goldschmidt erfunden, hat den Namen *Aluminothermie* erhalten, weil als unedles Metall meist Aluminium (in Pulverform) benützt wird.

Darstellende Chemie 7.

Silicium-darstellung

Silicium

erhält man nach Kühne aus 400 g Aluminiumfeile, 500 g S und 360 g Quarzsand. Das Gemisch brennt mit einer großen Flamme ab und hinterläßt durch Wasser leicht hydrolysierbares, daher nach H_2S riechendes Aluminiumsulfid Al_2S_3, woraus verdünnte Salzsäure das Si herauslöst. Die Verwendung von Schwefel ist auf Borgewinnung (s. S. 474) und dies eine Beispiel bisher beschränkt geblieben.

Aluminothermie

Aluminothermie.

Mit ihr lassen sich herstellen und werden häufig gewonnen: *Si, zahlreiche Schwermetalle und ihre Legierungen* in *kohlefreiem* Zustand. Dabei ist die sehr hohe Temperatur, die leicht zu guter Trennung der Schlacke vom Metall und zur Kristallisation des letzteren führt, ein besonderer Vorzug des Verfahrens. Wir besprechen hier einige Beispiele. Der Apparat ist stets äußerst einfach. Ein starker hessischer Tiegel, nötigenfalls mit Draht umkleidet, damit er beim Springen nicht auseinanderfällt, mit dem *Reaktionsgemisch* beschickt, wird auf eine Steinplatte gestellt. Auf das Reaktionsgut kommt etwa 100 Gramm *Zündgemisch,* aus Mg-Pulver und $4 BaO_2$ vorsichtig mittels einer Federfahne auf Papier gemischt. Darein steckt man die *Zündkirsche*, die aus einem sehr heiß brennenden Feuerwerksatz besteht und ein *Streifchen Magnesiumband* enthält. Man bedient sich zum Schutz gegen sprühende Teile und Blendung einer dunklen Brille und kann jetzt das Magnesiumband entzünden.

Goldschmidts Thermitverfahren

Thermit-Verfahren von Goldschmidt.

Als Thermite bezeichnet man die Gemische von Aluminiumpulver mit Schwermetalloxyden, die teils zur Gewinnung der Schwermetalle, teils zu starker Erhitzung der mit Thermit umgebenen Gegenstände dient. Das Aluminiumoxyd hinterbleibt als geschmolzener Korund von großer Härte, *Corubin,* wichtiges Schleifmittel.

Leicht erhält man gute Ergebnisse, wenn man den Thermit in einen 15—20 cm tiefen und 4—5 cm weiten Raum einstampft, den man in einem Tiegel voll Flußspatpulver durch Einsetzen eines Glasrohrs entsprechender Größe ausgespart hatte. Der Flußspat reinigt die Schmelze besser und hält die Wärme auch besser zusammen. Man erhält so Reguli von **Cr, Co, Fe, V, Mn**. Noch erfolgreicher ist bei schwer reduzierbaren Oxyden, wie denen von Cr, Mn, V die Ersetzung eines Teils des Al durch Kalziumspäne. Man geht bis zu $^2/_3$ Ca. Cr, Co, Fe, V, Mn

Flüssiges Eisen führt man vor, indem man die Reaktion Eisenschmelzung

$$2\,Al + Fe_2O_3 = Al_2O_3 + 2\,Fe + 200\ Cal$$

in einem Tiegel mit Loch am Boden vollzieht. Man mischt 540 g Al-Grieß mit 1600 g Fe_2O_3, füllt das Gemisch in einen Schamottetiegel, der unten ein 1 cm weites Loch hat, das mit einem Stück dünnen Blechs bedeckt ist. Der Tiegel wird frei über einem schrägstehenden Eisenblech in einem Sandbad von einem Ring getragen. Nach wenigen Sekunden fließt das Eisen aus dem Tiegel in das Sandbad ab.

Eisenthermit.

Eisenthermit

Fe-Hammerschlag, Fe_3O_4 und Al im Verhältnis 3 : 1 gemischt, geben einen Regulus von geschmolzenem Eisen. Fügt man dem Gemisch Sand bei und verkittet die Masse durch eine Art Zement, so eignet sie sich zum schnellen und sehr hohen Erhitzen von Gegenständen. Umgibt man mit ihm die Enden von Eisenbahnschienen, so kann man sie nach dem Abbrennen des Thermits leicht zusammenschweißen. Ebenso lassen sich Bolzen weißglühend machen, so daß man mit ihnen nieten kann. Das Verfahren bedarf keiner Gasflaschen und Gebläse, und das Material dazu hat das kleinstmögliche Gewicht, ist zudem wegen seiner hohen Entzündungstemperatur vollkommen ungefährlich zu befördern. Das Zündgemisch wird erst am Ort gemischt. Einzig die Zündpillen erfordern Vorsicht.

Manganthermit

Mangandarstellung

aus Braunstein und Al gemischt, liefert leicht und wohlfeil einen Regulus und wird daher zur Vorführung der Thermitreaktion viel benützt, im Gegensatz zum

Chromthermit,

Chromdarstellung

aus Cr_2O_3 und Al, wo dies nicht so leicht gelingt. Ähnlich hat man aus gemischten Thermiten bestimmte für die Stahlfabrikation vor allem wichtige Legierungen bereitet. Legierungen

Kupferthermit

Kupferthermit explodiert

verbrennt so schnell und mit so großer Wärmeentwicklung, daß fast alles Cu verdampft. Die Verbrennung gleicht einer heftigen Explosion.

Es ist außer Zweifel, daß die *Technik der „Abbrandreaktionen“* erst ganz in ihren Anfängen steht. Es ist eine wirtschaftliche Forderung, die Herstellung von Oxydations- und Reduktionsprodukten miteinander zu verknüpfen, so daß der Prozeß tunlichst von selbst abläuft und womöglich noch Wärme liefert, keine bedarf. Abbrandreaktionen

Darstellende Chemie 8.

Darstellende Chemie hoher Temperaturen

II. Metallurgie und Keramik.

a) Elemente.

1. Metalle.

Metallurgie

I. (Pyro) Metallurgie oder Hüttenkunde.

§ 229. Nächst der Erzeugung des Feuers und der Bereitung der Nahrungsmittel gehört die Metallgewinnung zu den ältesten chemischen Tätigkeiten. Die Metalle kommen teils gediegen vor oder miteinander legiert (**Au**, **Pt**, **Ag**, **Cu**) teils als Oxyde oder in solche leicht überführbare Karbonate ($\mathbf{Fe_2O_3}$ Roteisenstein, $\mathbf{Fe_3O_4}$ Magnetit $\mathbf{2Fe_2O_3 \cdot 3H_2O}$ Brauneisenstein, $\mathbf{FeCO_3}$ Eisenspat; $\mathbf{SnO_2}$ Zinnstein; $\mathbf{ZnCO_3}$ Zinkspat), teils als Sulfide ($\mathbf{FeS_2}$ Pyrit und Markasit, $\mathbf{CuFeS_2}$ Kupferkies, **PbS** Bleiglanz, **ZnS** Zinkblende), bzw. Arsenide, Antimonide, Telluride (**NiAs** Rotnickelkies usf.), selten mit Halogenen verbunden (**AgCl**).

Rohstoffe und Aufbereitung

Handscheidung des *Tauben* vom *Haltigen* findet vor allem bei reinerem *Stufferz* statt, das stückförmig ist. Der feine *Schlich* wird durch Siebsetzen, Schlämmen oder Verwaschen angereichert. Anreicherung an haltigem heißt *Aufbereitung*. Zuletzt werden die aufbereiteten Erze verschiedenen Gehalts und verschiedener Beschaffenheit geeignet *gattiert* und mit Zuschlägen zu einem *Möller* (einer *Beschickung*) vereinigt. Die Menge Möller, die auf einmal verarbeitet wird, heißt *Charge* oder *Gicht*.

Die trockenen Hüttenprozesse

§ 230. sind Rösten, Schmelzen und Verflüchtigen (Destillieren).

Rösten kann ein bloßes Brennen oder Kalzinieren sein (vom Kalkbrennen her), zum Lockern, Austreiben von Wasser, CO_2 oder zum Zerstören organischer Stoffe. Oder es ist meist das eigentliche

Rösten

Rösten, Oxydation. Die Oxydation der Sulfide unter Abgabe von SO_2, die Verflüchtigung des As aus Arseniden als As_2O_3, desgleichen ebenso die Oxydation von Fe_3O_4 zu Fe_2O_3.

Reduzierend röstet man durch Erhitzen mit Kohle. Dies ist wichtig für die Umwandlung von Sulfiden und Arseniden in Oxyde. Man oxydiert zuerst zu Sulfaten bzw. Arseniaten. Erhitzen mit Kohle liefert SO_2 und As_2O_3 neben rückgebildetem Sulfid und Arsenid. Wiederholung führt endlich zu Oxyd.

Chlorierend röstet man durch Erhitzen mit Kochsalz und gewinnt so Chloride (AgCl, $CuCl_2$) durch Erhitzen zersetzlicher Sulfate oder unter Zusatz von $FeSO_4$. Das abgespaltene SO_3 zerlegt das NaCl und führt so zur Chloridbildung.

Zweck des Röstens ist daher *Bildung von Oxyd oder Chlorid.* Pyrometallurgisch wird nur ersteres verwendet.

Schmelzen und Saigern

Schmelzen dagegen führt häufig schon zum Metall selbst. Hier wird am häufigsten neben dem bloßen Ausschmelzen, dem *Saigern*, die *Re-*

I	II	
Häufigste Elemente H, Na	Mg, Ca	
H *Wasser*		
Li Amblygonit $Li(Al, Fl)PO_4$ Triphylin $Li(Fe, Mn)PO_4$ Lithionglimmer und Lepidolith Spodumen $LiAl(SiO_3)_2$	Be Beryll $Al_2O_3 \cdot 3BeO \cdot 6SiO_2$	B
Na *Steinsalz* und Solen *Meerwasser*	Mg Magnesit $MgCO_3$ Carnallit $MgCl_2 \cdot KCl \cdot 6H_2O$ Kainit $KCl \cdot MgSO_4 \cdot 3H_2O$ Kieserit $MgSO_4 \cdot H_2O$ und andere Edelsalze	Al
K Abraumsalze (Sylvin KCl u.a.m.) (Edelsalze) Rübenmelasse, Holzasche Wollschweiß Hoch- und Zementofenstaub	Ca *Kalkstein* $CaCO_3$ *Gips* $CaSO_4 \cdot 2H_2O$	(Sc
Cu Gediegen Cu Malachit $CuCO_3 \cdot Cu(OH)_2$ Azurit $2CuCO_3 \cdot Cu(OH)_2$ Kupferglanz Cu_2S Kupferkies $CuFeS_2$ Buntkupfererz Cu_3FeS_3 u. a. m.	Zn Zinkblende ZnS ← Zinkspat $ZnCO_3$ (edler Galmei) Kieselgalmei $Zn_2SiO_4 \cdot H_2O$	
(Rb) Carnallit $MgCl_2 \cdot KCl \cdot 6H_2O$	Sr Strontianit $SrCO_3$ Cölestin $SrSO_4$	(Y
Ag Bleiglanz PbS Gediegenes Ag Silberglanz Ag_2S Lichtes Rotgiltigerz $As_2S_3 \cdot 3Ag_2S$ Dunkles Rotgiltigerz $Sb_2S_3 \cdot 3Ag_2S$	Cd Zinkblende ZnS Greenockit CdS	
(Cs) Edelsalze Mineralwässer Pollux $H_2Cs_2Al_2(SiO_3)_5$	Ba Witherit $BaCO_3$ Baryt $BaSO_4$	
Au Berg- und Seifengold goldhaltige Pyrite FeS_2 Bleiglanz PbS	Hg Zinnober HgS Fahlerz (verwickeltes Sulfosalz)	
Reihe der Radio-Elemente →	(Ra) Pechblende U_3O_8 ↔	(A

	IV	V
...mente	C, Si	N
O_{30} H_2O	C *Carbonate* Kohle und *Organische Stoffe*	N Chilesalpeter Na... Gaswasser von K... *Luft* *Mist*
Fl_3 O $_3 \cdot 2SiO_2 \cdot 2H_2O$	Si *Quarz* SiO_2	Apatit un... $Ca_5(Cl, Fl)$... Thomassch... Mist
e)WO_4	Ti Rutil, Anatas, Brookit TiO_2 Titanit $CaO \cdot TiO_2 \cdot SiO_2$ Perowskit $CaO \cdot TiO_2$	V Roscoëlit (K-Al-Silikat mi... u. a. m.
(Ga) ...blende ZnS ...näen u. a. O.) ...01 % und ...weniger	(Ge) Argyrodit $4Ag_2S \cdot GeS_2$ Zinkblende ZnS (Missouri, Wisconsin) 0,01 % etwa	Gediege... Realgar As_2S_2; Au... Arsenkies FeAsS Speiskobalt CoAs... Rotnickelkies Ni...
...$a_2O_7)_3$ Ta)O_4 $_2Y_2Si_2O_{10}$	Zr Zirkonfavas ZrO_2 Zirkon $ZrSiO_4$	(Nb) Niobit und Tant... (Fe, Mn)[(Nb, Ta)...
(In) ...blende ZnS Freiberg i. S. ...u. a. O.) 0,01 % etwa	Sn Zinnstein SnO_2	Grauspieß...
s. a.	(Ce) u. seltene Erdmetalle Cerit $H_3(Fe, Ca)Ce_3Si_3O_{13}$ Orthit $Ca_2(AlOH)(Al, Fe, Ce)_2(SiO_4)_3$ Monazit $CePO_4$ u. a. m.	(Ta) Tantalit
(Tl) 0,05—1 % etwa ...n, Tl, Ag)$_2$Se Mineralien	Pb Bleiglanz PbS	
	Th Monazitsand $CePO_4$ Thorianit $(Th, U)O_2$ Thorit $ThSiO_4$ u. a. m.	(Pa) Thormineralie...

…nd Paragenesen.

	VI	VII
	O, S	Cl
…NO_3 …ohledestillation	O *Luft*	Fl Flußspat CaF…
P …d Phosphorit $(PO_4)_3$ …lacke $Ca_4P_2O_9$	S Pyrit FeS_2 Zinkblende ZnS *Gips* $CaSO_4$ Gediegen S ←	*Steinsalz* Edelsalze $MgCl_2$ u.
…t V-Gehalt)	Cr Chromit (Fe, Cr)[(Cr, Fe)O_2]$_2$	Mn in Oxydform Braunstein MnO_2 Braunit Mn_2O_3 Hausmannit Mn_3O_4 Manganit $MnO \cdot OH$ Psilomelan MnO_2, Ba…
As …en As …ripigment As_2S_3 …As u. a. m.	Se ← Pyrit FeS_2 (daher in Bleikammern) Crookesit u. a. seltene Mineralien	Bromkarna… $MgBr_2 \cdot KB$… *Meerwasser*
…alit ← …$O_3]_2$	Mo Molybdänglanz MoS_2 Gelbbleierz $PbMoO_4$	
Sb …glanz Sb_2S_3	(Te) Gediegen Te (vererzt mit Ag, Au, Pb, Sb)	Chilesalpeter … (Jodat enthalte… Algenasche
	W Wolframit (Fe, Mn)WO_4 Scheelit $CaWO_4$ Scheelbleierz $PbWO_4$	
Bi Gediegen Bi u. a. m.	(Po) Pechblende	
…n ↔	U Carnotit (U-Vanadat) Pechblende $(UO_6)_2(U, Pb_2)_3$ (vereinfacht U_3O_8)	

Die derzeit …
Pfeile geben …
Nie ausgehe…
Nur oder …
Klammern („Spur…
Elemente m…
ziemlich willkürli…

Wichtige P…
1. Pb,
2. Sn,
3. Tl,
4. Ag,

VIII			O	
Fe			Ar	
			He	Luft
			Ne	Luft
			Ar	Luft
⟶ ıspat $FeCO_3$ ıkies FeS_2 ıetit Fe_3O_4 atit Fe_2O_3 neisen $Fe_2O_3 \cdot 3H_2O$ ırerze	Ni Garnierit $(Ni, Mg)(OH)_2SiO_2$ Magnetkies (Fe, Ni)S u. a. m.	Co Speiskobalt (Co, Ni, Fe)As_2 Kobaltglanz (Co, Fe)AsS u. a. m.		Luft
			Kr	Luft
ı	Rh	Pd		Luft
Platinseifen im Ural und Columbien. Spuren in basischen Eruptivgesteinen (Peridotiten u. a.)			X	Luft
)s	Ir	Pt		

stoffe sind gesperrt gedruckt.
Zusammenvorkommen, an.
stoffe sind durch *Kursiv*-Druck hervorgehoben.
uren (als „Verunreinigung") vorkommende Elemente stehen in

it (Sparmetalle u. a.) sind punktiert umrandet. Diese Grenze ist

u. a.
, In, Tl | 5. Y, La, seltene Erdmetalle, Radioelemente

Nt aus Ra

duktion angewendet. Dazu dienen Kohle und ihre Produkte, Koks, Gas usw.

Oxydation erzielt man durch Schmelzen an der Luft wie bei der Anreicherung von Ag im Blei bei der Treibarbeit (s. w. u.), oder bei der Befreiung des Roheisens von Verunreinigungen in der Bessemerbirne. Naturgemäß trifft die Oxydation zuerst die Stoffe, die den Sauerstoff schneller aufnehmen, also im allgemeinen die unedleren.

Niederschlagendes Schmelzen fällt aus feuerflüssigen Schmelzen Metall aus, so Blei durch Eisen aus Schwefelblei.

Mit der Gewinnung regulinischer Metalle durch Schmelzen ist immer noch eine Abscheidung von Verunreinigungen durch

Lösendes Schmelzen mit Verschlackung verbunden. Die erdigen Gangarten, meist Silikate, werden durch Flußspat oder Kalkstein verschlackt. Basen verschlackt man mit Quarz oder Silikaten, auch selbst mit saueren Schlacken.

Metallurgische Öfen und Herde. Herdöfen

§ 231. A. *Innenheizung.* 1. Im *Herdofen*, einer seichten, grubenförm gen Vertiefung wird Brennstoff und Heizgut gemischt oder übereinandergeschichtet, der Wirkung der Gebläseflamme ausgesetzt (Abb. 182 u. 185). Durch Verbreiterung der Fläche kommt man zu den *Flammöfen*,

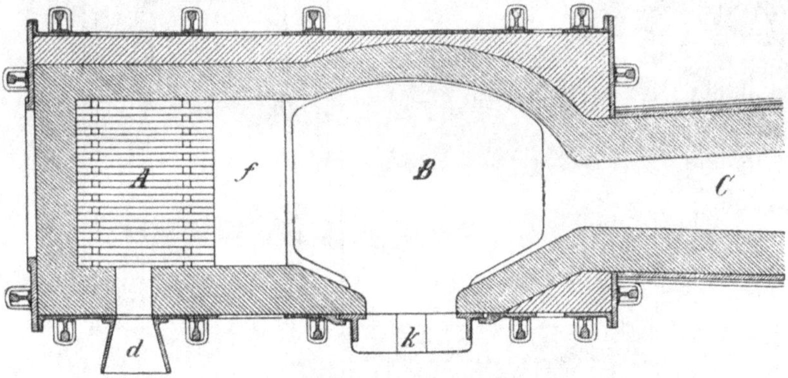

Abb. 182. Herdofen (Flammofen). Grundriß.

durch Vertiefung des Herds zu den *Hoch-* oder *Schacht*öfen, durch Einschließen des Heizguts zu den *Gefäßöfen*.

2. Die *Schachtöfen* oder Hochöfen, gemauert oder aus wassergekühlten Blechmänteln bestehend, 2—30 und mehr Meter hoch, sind entweder *Zug*schachtöfen wie auch die Kalkbrennöfen und dienen dann zum Brennen von Karbonaten oder sie erhalten unten Gebläseluft zugeführt und werden damit zu eigentlichen *Hoch*öfen (Abb. 183 u. 184). Unter der Gebläsezuführung *ef*, die man als *Form* bezeichnet, liegt der *Herd* und die *Abstichöffnung*, das *Auge*, darüber das *Gestell d*, worüber die *Rast c* liegt. Hochöfen

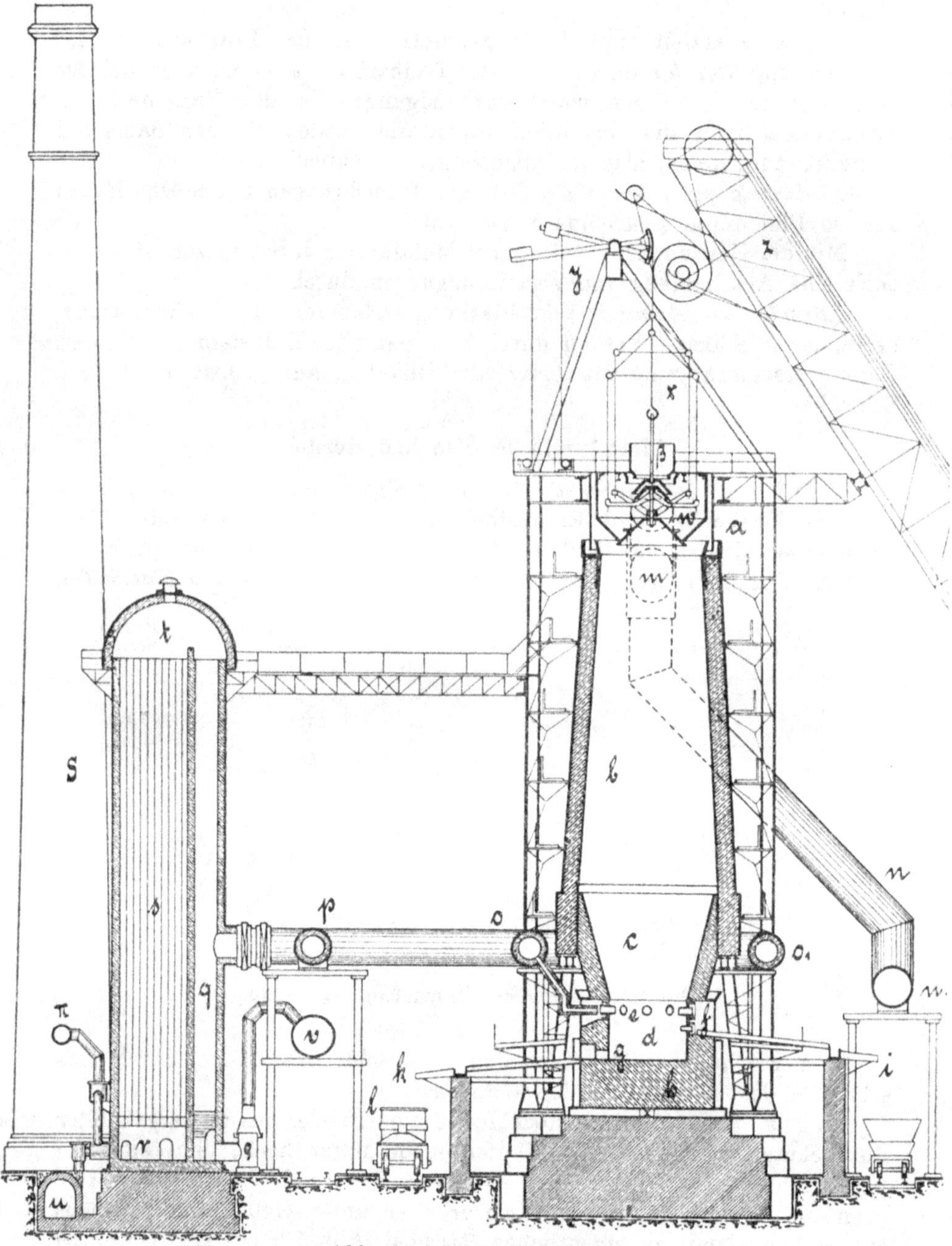

Abb. 183. Hochofenanlage.

Die breiteste Stelle, wo die Hauptreaktionen sich abspielen, heißt der *Kohlensack*. Oben endet der Ofen in der Gicht, die heute mit einer Glocke bedeckt, zum Einfüllen des Möllers und zum Ableiten der Gichtgase dient (*Gichtgasfänge*).

Man *„stellt den Ofen"* je nach dem Zweck als *Tiegel*ofen (Abb. 183), wo er unten bis auf die Stichöffnungen (Stiche) geschlossen ganz ist, als *Spur*ofen, wo neben dem Ofen, dessen Sohle schräg liegt, eine seichte Herdschale, die *Spur*, die Schmelzen aufnimmt. Der *Sumpf*ofen enthält eine Herdschale, die sich noch unter den Ofen erstreckt. Dem letzteren Typus gehört auch der *Eisenhochofen* an. Der *Wind* wird immer *vorgewärmt*.

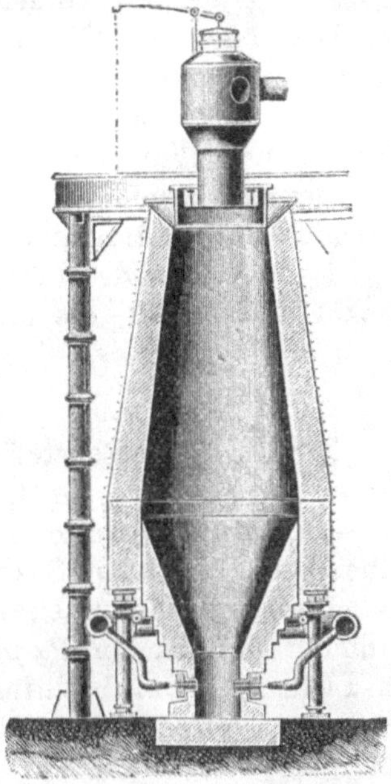

Abb. 184. Hochofen.

3. Die *Flammöfen* (Abb. 182 u. 185) sind Herde, die durch eine mittels Feuerbrücke abgetrennte Feuerung langflammig beheizt werden. Der Herd hat eine Arbeitsöffnung *k*, meist an der Seitenwand und ist mit einem Gewölbe oder einer Glocke *i* bedeckt. Die Gase treten von da in den Fuchs *C* und die Esse. Flammöfen

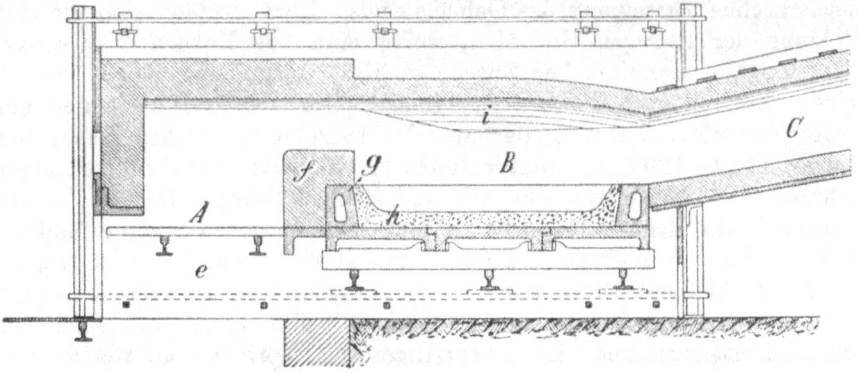

Abb. 185. Flammofen. Aufriß.

Flammöfen und Hochöfen nützen die Wärme gut aus, anders die mit

B. *Außenheizung* arbeitenden

4. *Gefäßöfen*, worin Retorten, Muffeln, Tiegel usw. erhitzt werden, und die man zum Destillieren, zum Brennen und Verkühlen keramischer Gegenstände usf. benützt. Gefäßöfen

Hüttenprodukte

Hüttenprodukte.

§ 232. Außer den Metallen, die *roh* oder *gar*, endlich *fein* oder *raffiniert* gewonnen werden können, erhält man stets *Flugstaub*, der in der Esse oder den Gichtgasfängen sich absetzt, *Schlacken*, die fast ausnahmslos Silikate sind (beim Thomasverfahren Phosphat).

Leche oder Steine. Speisen

Als *Leche* oder *Steine* bezeichnet man (schwefelarme) sulfidische Zwischenprodukte bei der Metallgewinnung, deren Schmelze sich mit dem geschmolzenen Metall nicht mischt, als *Speisen* Co- und Ni-haltige Arsenide und Antimonide, die auch Fe, Pb, Ag, Cu enthalten.

1. Wir behandeln zuerst die Gewinnung von **Eisen, Mangan, Kupfer, Nickel** und **Kobalt**, die manches gemeinsam haben.

Eisen.

§ 233. Als Rohstoffe dienen heute außer *Schrott* (Alteisen) nur *Oxyde*: *Magneteisen* Fe_3O_4 (Schweden) oder durch oxydierendes Rösten in es umgewandelter *Spateisenstein* $FeCO_3$ (Siegerland), *Roteisenstein* Fe_2O_3 (Rheinland, Westfalen, Spanien u. a. O.) oder die gleich zusammengesetzten *Kiesabbrände* der Schwefelsäurefabrikation und die als Rückstände bei Cu-Gewinnung abfallenden *Purpurerze*, endlich *Brauneisenstein* $2\,Fe_2O_3 . 3\,H_2O$ (in Luxemburg, in Lothringen als *Minette* bezeichnet, vom gleichnamigen Glimmerporphyr zu unterscheiden!).

Eisengewinnung. Abfallprodukte

Die Waldschmiede, die im Herdofen Eisen erschmolz, schon vor 4000 Jahren in Ägypten wie noch heute bei den Negern, wurde gegen das 13. Jahrhundert hin in Deutschland an die Wasserkräfte verlegt zur mechanischen Erzeugung des Gebläsewinds. Daran schloß sich die Entwicklung der heutigen Hochöfen, worin man aus Koks und Eisenoxyd unter Zugabe mannigfacher Zuschläge (Kalk vor allem) das Roheisen in seinen verschiedenen Formen erschmelzt. Im oberen Hochofenteil entstehen nur niedere Oxyde, darunter bei rund 900° weiches Eisen, endlich bei 1100—1200° schmilzt letzteres. Es hat fast allen P aufgenommen, während ein großer Teil des S in die Schlacke ging. Der feuchte Gebläsewind aus den „Windformen" führt zur Wassergasbildung und erzeugt in der „Formebene" im Ofen etwa 1600°. Sein Stickstoff reagiert mit der Kohle und bildet mit dem Kalk Cyanide, die wieder als starke Reduktionsmittel wirken. Bei *Gargang* fällt das Eisen kohlereich, die Schlacke eisenarm aus. Im gegenteiligen Fall spricht man von *Rohgang*. Ein Hochofen erzeugt in 24 Stunden 100—500 Tonnen Roheisen und etwa $^1/_2$—2 Millionen cbm *Gichtgas* von 800 Cal/cbm ($^1/_4$—$^1/_3$ CO, $^1/_{10}$ CO_2, Rest N_2 und wenig H_2, CH_4, H_2O usf.). Die Hälfte des Gases heizt in *Winderhitzern* den Wind auf 800—900°. Der Rest geht in *Gasmotoren* und nur $^1/_5$ davon wird für den Ofen, Gebläse usw. verbraucht. Die *Hochofenschlacke*, Kalk-Tonerde-Schlacke dient, wenn sauer, als *Schlackenwolle* zu Wärmeisolation und besteht dann aus elastischen Fäden. Basische Schlacke liefert Zement, Kunststein usf.

Das *Roheisen* enthält C, P, Si, S, Mn und Spuren anderer Metalle. Roheisen
Das graue ist durch Graphitblättchen grau gefärbt, das weiße frei davon, obwohl es unter Umständen noch mehr C gelöst enthält, nämlich gegen 3 v. H., während im grauen 2,5—5 v. H. C enthalten sind. Si-Gehalt begünstigt, Mn-Gehalt verringert die Graphitabscheidung. Das umgeschmolzene Roheisen gießt man in Formen aus tonigem *Formsand*, der nicht schmilzt. Es dehnt sich bei Graphitausscheidung zuerst etwas aus und nimmt daher gut die Form an. *Hartguß* (Polierwalzen) gießt man in dickwandige Metallformen, wobei der C als Fe_3C (*Zementit*) im Fe gebunden bleibt und es hart macht. Durch Entkohlung kann man Roheisen schmiedbar machen und erhält, je nachdem man es nur in weicher oder in geschmolzener Form darstellt, Schweiß- oder Flußeisen (bzw. Stähle).

Schweißeisen kann man unmittelbar aus Erzen erhalten, wie schon Schweißeisen
in den ältesten Zeiten geschah. In einem sehr niederen Gebläseofen wird *Holz*kohle (um nicht durch S aus der Kohle rotbrüchiges Fe zu erhalten) mit einem gleichen Gewicht Roteisenstein zu einer *Luppe* (*Stück*, *Deul*) verschmolzen, einem halbgeschmolzenen, schlackenhaltigen Eisenschwamm. Eine sehr eisenreiche Schlacke fällt ab. Man schmiedet dann die Luppe durch Hämmern tunlichst frei von Unreinheiten.

Statt dieses Luppenverfahrens dient im großen das *Frischen des Roheisens*, eine Oxydation. Frischen

Im Holzkohlenfeuer auf dem *Frischherd* oxydiert man mit Gebläseluft oder der Fe_3O_4-reichen Garschlacke, die beim Frischen früher abfiel. Eine zähe Luppe hinterbleibt, aus der beim Wenden kein Eisen mehr abfließen soll (*Aufbrechen* der Luppe). Dann wird nochmals geschmolzen und die neue Luppe *gezängt*, d. h. durch Behandlung unter dem Hammer von Schlacke befreit.

Steinkohlen kann man wegen räumlicher Trennung von Kohle und Eisen beim *Flammofenfrischen oder Puddeln* verwenden, wobei man mit Puddeln
dem Rührhaken (*Kratze*) das Eisen aufsticht, puddelt (puddle = rühren), das auf der Sohle eines Flammofens geschmolzen wird. Sie ist zweckmäßig mit Hammerschlag oder oxydischem Erz gefüttert, um die Verschlackung zu mindern und die Oxydation zu fördern. Eisen und Schlacke reagieren schließlich unter Aufkochen und CO-Entwicklung, wobei auch der P vorwiegend in die Schlacke geht und das Metall immer dickflüssiger wird. Man teilt es dann nach gründlichem *Umsetzen* (Aufbrechen) in einige Luppen, die man zur Feuerbrücke schiebt und so die Schlacke zum Ausfließen treibt. Dann werden sie gezängt und gehen unmittelbar zur Verarbeitung.

Der Nachteil des Schweißeisens ist sein Schlackengehalt.

Flußeisen stellt man durch Windfrischen a) im *Bessemer-Thomas*-Verfahren dar, wo Gebläsewind durch flüssiges Roheisen getrieben und die Oxydationsprodukte an ein *basisches Ofenfutter* gebunden werden. Oder b) durch Mischen von Roheisen mit schmiedbarem Eisen auf Flußeisen

Flammofenherden im *Siemens-Martin-Prozeß* oder c) im Tiegel als *Tiegelgußstahl.*

Bessemern a) 1. Roheisen mit 0,6, besser 1—2 v. H. **Si-Gehalt**, läßt sich durch die Verbrennungswärme dieses Si geschmolzen erhalten und so reinigen. Man bindet die Kieselsäure an Eisenoxyd und gibt dem Gefäß bei P-armem Eisen ein **saures Futter**, also ein quarziges. Das geschmolzene Roheisen entnimmt man einem *Cupolofen* d. h. einem Hochofen, der nur der Eisenschmelzung dient und dessen unterer Teil oft außen wasserberieselt ist.

Es wird in einen *Konverter*, eine *Bessemerbirne* (Bessemer erfand das Verfahren 1855) gefüllt (Abb. 186) und heißer Wind von unten durchgetrieben. In geschmolzenem Roheisen von 1350° erzeugt Verbrennung von je 1 % Si 300°, P 200°, Mn 60°, Fe 44° und C 22° Temperatursteigerung. Deshalb gelingt das Bessemern nur bei ausreichendem Si- oder P-Gehalt des Eisens. Erst ist die Flamme kurz und leuchtet schwach. Dann kocht das Eisen durch CO-Entwicklung auf, die Flamme wird länger, weiß, brüllt lauter, reißt Schlacken und Eisen mit und erzeugt mehr und mehr braunen Rauch von Mangan- und Eisenoxyd. Dann wird sie klein, weil der C verbrannt ist, und man hat jetzt oxydulhaltiges sog. *rotbrüchiges* Eisen. D. h. es ist in Rotglut brüchig. Deshalb fügt man jetzt *Ferrosilicium* oder *Spiegeleisen* (also Eisenmangan) oder *Kohlenstoff* in Form von Graphit in der Menge zu, in der man C im Eisen haben will. Man mischt noch durch kurzes Blasen und kippt dann die Birne.

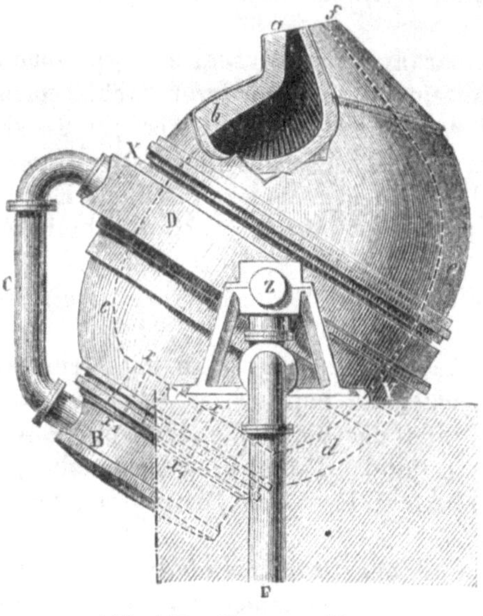

Abb. 186. Bessemerbirne.

a) 2. Ähnlich verfährt man beim **basischen Arbeiten**, wo verbrennender P die Hitze liefert (2—3 v. H). Die Birne ist hier mit einem von Thomas und Gilchrist erfundenen basischen Futter aus Dolomit $CaCO_3$, $MgCO_3$ mit Teer ausgekleidet; das Eisen wird mit einem Zuschlag von 12—15 v. H. Kalk verblasen. Zuerst verbrennt der C, dann der P, etwa 5 Minuten nach Verlöschen der Flamme gibt man das Spiegeleisen zu, nachdem man die Phosphatschlacke hat abfließen lassen. Sonst käme wieder eine Reduktion zu P zustande, der dann wieder ins Eisen ginge. Die Entphosphorung ist namentlich für die derzeit in französischen Händen befindlichen lothringischen P-haltigen Minetten nötig. Die Thomasschlacke ist eines der wichtigsten Düngemittel. Man zerkleinert sie in Kugelmühlen aus Stahlguß (Abb. 187) und gibt das Thomasmehl auf saure Wiesen- und Moorböden, wo es schneller als das unaufgeschlossene Naturphosphat wirkt.

Das Bessemern oder Windfrischen arbeitet dreimal so rasch als Puddeln. Eine *Charge* = 10 Tonnen wird in 10—20 Minuten verarbeitet.

b) Der *Siemens-Martin-Prozeß* wird auf Herdflammöfen ausgeführt wie der Bessemerprozeß, je nachdem mit saurem oder basischem Herdfutter. Man verschmelzt darauf die nötigen Mengen zu mischenden Roheisens mit kohleärmerem Eisen. Man fügt auch hier zuletzt Spiegeleisen zu. **Siemens-Martin-Prozeß**

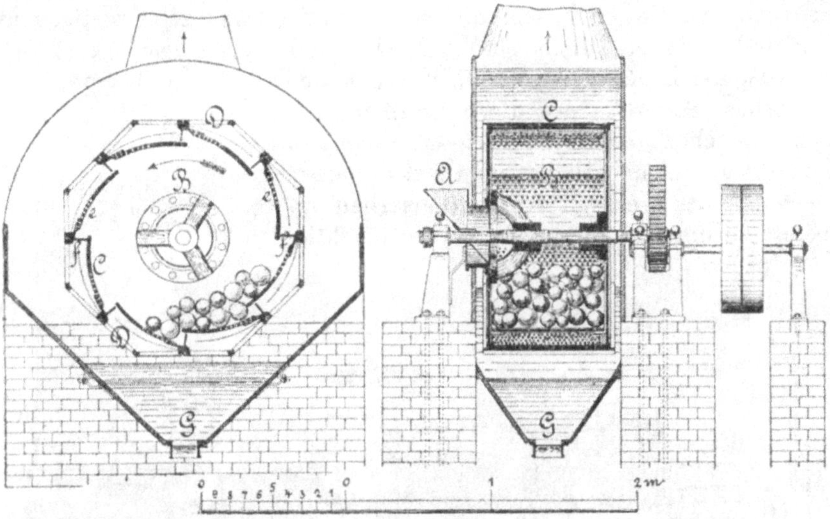

Abb. 187.
Kugelfallmühle von H. Löhnert, Bromberg. (Nur für gröbere Körnungen.)

c) *Tiegelstahl* endlich, das wertvollste Eisen, zugleich der älteste Flußstahl wird aus Rohstahl oder mit Zusätzen von Ferrochrom, Ferrowolfram u. dgl. in Graphitschamottetiegeln erschmolzen. **Tiegelstahl**

d) Schließlich kann man auch Eisen durch Glühen in Kohlepulver *zementieren* oder es entkohlen durch *Glühfrischen* in Oxyden. Letzteres macht die Gegenstände, die aus Guß allein hergestellt leicht zu spröde sind, fester und wird durch 3tägiges Erhitzen auf helle Rotglut im *Temperofen* vorgenommen. So erhält man *schmiedbaren Guß*. **Glühfrischen** **Tempern**

Schmiedeeisen schmilzt erst bei 1400—1900°. **Schmiedeeisen**

Mangan

Mangan

wird aus seinen meist oxydischen Erzen (*Braunstein* MnO_2, *Braunit* Mn_2O_3, *Manganit* $Mn_2O_3 . H_2O$, *Hausmannit* Mn_3O_4 oder geröstetem *Manganspat* $MnCO_3$) durch Kohle für sich reduziert oder mit 80—95 v. H. Fe als *Spiegeleisen* oder mit 10—70 v. H. als *Ferromangan*. Dient zu *Manganstahl*, zur Desoxydation von Frischeisen und zu *Manganbronzen*.

Kupfer

Kupfer

§ 234. trägt seinen Namen von Cypern, das ein wichtiger Fundort war. *Rohstoffe* sind vor allem *Rotkupfererz* Cu_2O, die basischen Karbonate $CuCO_3.Cu(OH)_2$ *Malachit* und $2\,CuCO_3.Cu(OH)_2$ *Azurit*, die Sulfide Cu_2S *Kupferglanz*, $CuFeS_2$ *Kupferkies*, der im *Mansfeldischen Kupferschiefer* mit 2—3 v. H. Cu für Deutschland wichtig ist. Endlich enthalten die spanischen Pyrite (FeS_2) noch 1—4 v. H. Cu und werden unter Hinterlassung der *Purpurerze* auf es verarbeitet. Die trockenen Verfahren lohnen nur bei reicheren Erzen. Durch oxydierendes Rösten muß man zuerst As und Sb entfernen, die sonst sehr schwer zu beseitigen und im Metall sehr schädlich sind. Es geschieht in *Plattenöfen* (Malétra Abb. 188) oder in *Kilns* (Abb. 189), in Gerstenhöferschen *Schüttöfen*, wo die Erze über Tonträger rutschen oder in *Fortschaufelungsöfen* (Flammöfen). Dann arbeitet man erst auf einen *Kupferstein*, denn eine Röstreduktionsarbeit ergäbe ein zu unreines Rohkupfer bei der Leichtigkeit, womit Kupfer reduziert wird und seiner Fähigkeit, sich mit andern Metallen zu legieren.

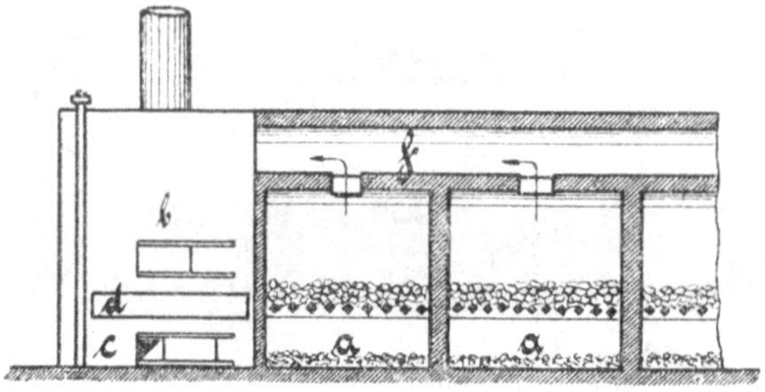

Abb. 188.
Malétra-Plattenofen (u. a. für Kupfererze).

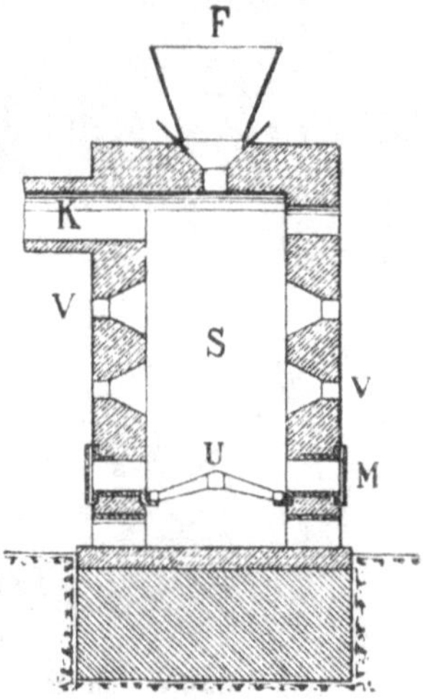

Abb. 189.
Kiln (u. a. für Kupfererze).

Der Stein wird in *Schachtöfen* (deutsches Verfahren) oder in *Flammöfen* (englisches Verfahren) mit Kohle und Zuschlägen bei nicht zu hoher Temperatur erschmolzen.

Sauen Sonst verstopfen sich die Sumpföfen durch *Eisensauen*, indem zuviel Eisen reduziert wird. Deshalb sind auch nur niedere Schachtöfen brauchbar.

Rohstein Spurstein Der *Rohstein* mit rund $^1/_4$ Cu, $^1/_3$ Fe und $^1/_3$ S wird auf *Konzentrations- oder Spurstein* mit doppelt soviel Cu verschmolzen, meist im Flammofen, nach einer Röstung in Kilns, die das SO_2 gewinnen lassen. Dabei fällt auch schon fremdmetallhaltiger *Kupferboden*. Der Spurstein wird *tot geröstet*, d. h. ganz in Oxyd umgewandelt und im Schacht- oder Flammofen

Schwarzkupfer auf *Schwarzkupfer* verarbeitet, wobei man ohne Zuschläge durch Wechselwirkung von Sulfid und Oxydul SO_2 und eine sehr Cu-reiche Schlacke erhält.

Oder man bessemert den Stein zu Schwarzkupfer von 95—99 v. H. in quarzgefütterter Birne, die das Eisen zu Silikat verschlackt, As und Sb wie Zn verflüchtigt. Bessemern

Das sonst erschmolzene Schwarzkupfer enthält nur 80—96 v. H., rund 90 v. H. Man kann es im Flammofen durch Oxydation garmachen, wobei ein rohgares (= Metall mit mehreren Prozent Cu_2O) Cu erhalten wird, das *rotbrüchig* ist *und blasig durch* SO_2*-Einschlüsse.* Durch *Polen* mit grünen Holzstangen macht man es erst dicht (Entfernung der Gase), dann zäh durch Reduktion des Oxyduls. Letzteres gelingt sehr gut mit Phosphorkupfer oder Mangankupfer, wobei Mn oder P reduzieren. Das *Raffinatkupfer* soll kalt und warm am zähesten sein und hellrot, seideglänzend auf dem Bruch. Geschmolzen löst es Cu_2O und Gase, die es beim Erstarren nur unvollständig abgibt. Deshalb ist Kupferguß nicht zu brauchen. Man hämmert Kupfer oder walzt es usf. An feuchter Luft bildet es basische Karbonate *(Patina).* Polen Raffinatkupfer

Die letzte Raffination wird auch, wie wir sahen, elektrolytisch mit großem Erfolg ausgeführt.

Nickel.

Nickel

§ 235. Nickelsilikat (Garnierit $NiMgSiO_3$ *aq*) kann man unmittelbar auf Rohnickel verschmelzen. Mit Gips und Kohle in Preßlinge geformt, schmilzt es zu 40prozentigem *Rohstein*, dessen Fe durch mäßiges Rösten zum Teil entfernt wird, woraus man mit Koks + Silikaten 65prozentigen *Konzentrationsstein* erhält. Sand und heißer Wind verschlacken das Fe daraus, das Sulfid wird zu NiO geröstet, und mit Kohle das Metall reduziert. Aus den sulfidischen Erzen Rotnickelkies NiAs, Weißnickelkies $NiAs_2$ und Arsen-, wie Antimonnickelglanz NiAsS und NiSbS) erschmelzt man einen Stein, aus den arsenhaltigen eine Speise. Auf die Röstung in Haufen, Kilns oder dgl. folgt ein reduzierendlösendes Schmelzen mit Koks und Zuschlägen im niedrigen Schachtofen und bei tiefer Temperatur, um ganz wie bei Cu Eisensauen zu umgehen. Der *Rohstein* besteht zu $^1/_3$ bis $^1/_2$ aus Fe, enthält 4 bis 20 v. H. Ni und ebensoviel Cu. Um noch mehr Fe zu entfernen, schließt man ein Schmelzen mit Kalk und Quarz an, die Fe zu einem leicht schmelzbaren Silikat verschlacken und einen *Konzentrationsstein* von 25—45 v. H. Ni ergeben. Rohstein Spurstein

Auch die *Nickelspeisen* werden durch anfängliches Rösten und nachheriges reduzierendes Schmelzen mit Quarz und Kalk roh gewonnen. Dabei wird wieder vor allem Eisen verschlackt. Man konzentriert sie, wie bei den Steinen erwähnt, durch Wiederholung dieser Prozesse, verschlackt auch wohl mit Quarz und Baryt.

Steine und Speisen werden stark oxydierend geröstet. Schmelzen mit Salpeter und Soda entfernt die letzten S- und As-Spuren. So entsteht NiO, das zu ungeschmolzenem Metall reduziert wird. Entweder durch Glühen mit Holzkohlepulver, wobei Ni-Pulver erhalten wird; oder man formt aus NiO mit C-haltigem Material wie Sirup u. dgl. Würfel von 1—3 cm Seitenlänge, die in Röhrenöfen in kontinuierlichem Betrieb geglüht das *Würfelnickel* geben, das gegen 2 v. H. C enthalten kann. Nickelgewinnung durch Destillation s. S. 459. Würfelnickel

Feinraffination erfolgt elektrolytisch (s. o. S. 336).

Kobalt

erhält man durch Rösten der arsenidischen oder sulfidischen Erze oder unmittelbar aus oxydischen Erzen (Kobaltmanganerz z. B.) mittels Reduktion mit Kohle.

Treibgruppe **§ 236.** 2. Wesentlich anders sind die Verfahren zur Gewinnung von **Blei, Silber** und **Gold** auf trockenem Weg, woran wir das **Platin** anschließen. In der Hauptsache haben wir es hier mit dem Blei allein zu tun.

Blei

Blei

wird ganz überwiegend aus dem Bleiglanz **PbS** durch 3 Verfahren erhalten.

Rostreaktionsverfahren Zunächst das *Röstreaktionsverfahren*:

Reine an Fremdmetallen und Kieselsäure arme Erze werden durch Rösten zur Hälfte in Sulfat übergeführt und dann durch Steigerung der Temperatur unter Umrühren, „*Krählen*" die Reaktionen

$$PbSO_4 + PbS = 2\,Pb + 2\,SO_2\,,$$
$$PbS + 2\,PbO = 3\,Pb + SO_2$$

vollzogen. Das geschieht meist im Flammofen, wobei unreines Werkblei abfließt.

Rostreduktionsverfahren Die abfallenden recht Pb-reichen Schlacken, *Bleistein* dienen meist zum *Röstreduktionsverfahren* in langen Flammöfen (Fortschaufelungsöfen Abb. 190). Dafür röstet man auch Bleierze allenfalls mit Kalkzuschlag,

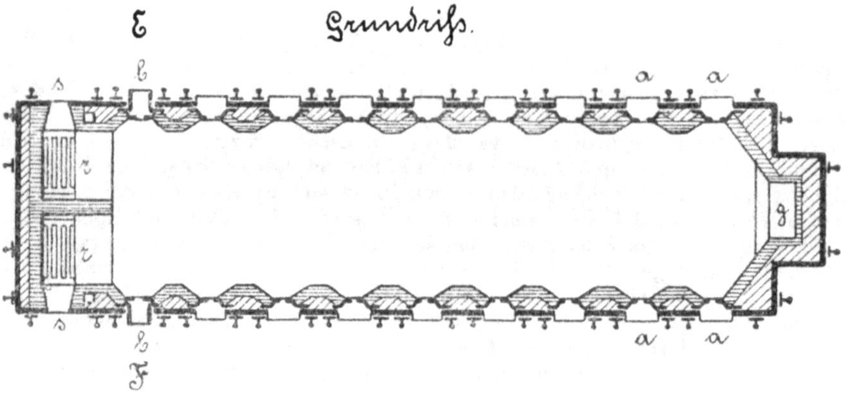

Abb. 190a. Fortschaufelungsofen (u. a. zum Rösten des Bleisteins).

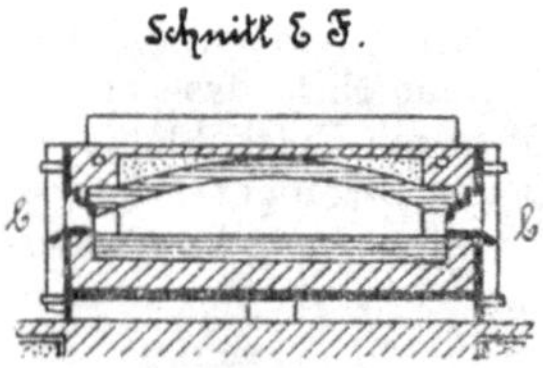

Abb. 190b. Fortschaufelungsofen.

wobei As und Sb entfernt und das Erz unter Oxydbildung und SO_3- bzw. SO_2-Abgabe aus den Sulfiden stückig wird. Hält das Erz Cu, so läßt man so viel S in ihm, daß man nachher im Schachtofen einen Cu-Stein erhält. Er wird geröstet und mehrfach mit Pb- und Ag-haltigen Schlacken und bleireichen anderen Hüttenprodukten (*bleiischen Vorschlägen*) verschmolzen. Bei mehrfacher Wiederholung erhält man so einen verhüttbaren Kupferstein. Die Bleigewinnung selbst geschieht durch Reduktion der gerösteten Erze mit Koks und Eisenoxyd-Zuschlägen zur Zersetzung der Bleisilikate bei kaltem Gebläsewind im

Tiegelschachtofen (Abb. 191), wobei unten das Metall abgestochen wird, etwas höher die silikatische Schlacke.

Nur selten benutzt man noch die *Niederschlagsarbeit*, wobei man unter Verschlackung der Gangart nach Fe + PbS = FeS + Pb aus reduzierendem Material mit Eisenoxyden und Sulfid das Metall gewinnt. Nieder-schlagsarbeit

Das rohe *Werkblei* wird elektrolytisch raffiniert oder wie Cu durch Polen mit grünen Holzstangen, besser mit Wasserdampf, was Zn, Ni, Fe entfernt. Ni, Co, S und vor allem Cu lassen sich durch langsames Ausschmelzen auf geneigten Flammöfen *aussaigern* und bleiben in den höherschmelzenden *Saigerdörnern* zurück. Ag wird mit der *Zinkschaumentsilberung* (s. S. 458) entfernt, weil es nicht aussaigert oder ins Gekrätz geht. Die übrigen Verunreinigungen Zn, As, Sb können nur durch oxydierendes Schmelzen unter Einblasen von Wasserdampf in Form der Bleisalze ihrer Säuren als Krätze oder *Abstrich* entfernt werden. Bi wird erst wie unter Umständen Ag durch Abtreiben beseitigt. Das Erzeugnis „*Weichblei*" ist 99,99 prozentig. Werkblei Saigerdörner

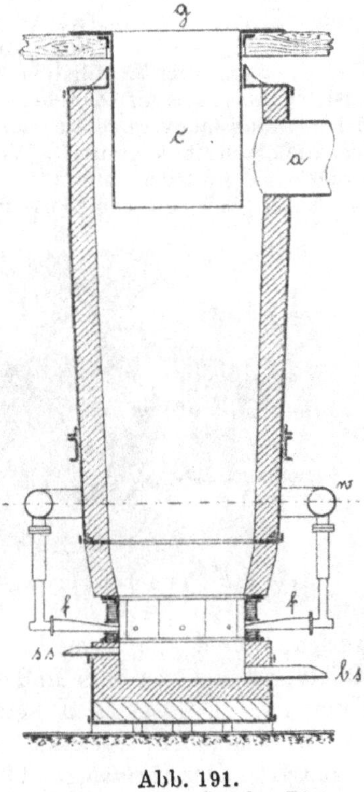

Abb. 191.
Tiegelschachtofen für Blei.

Silber Silber

§ 237. kommt gediegen vor, als *Hornsilber* AgCl, häufiger sulfidisch als *Silberglanz* (Glaserz) Ag_2S, das mit As_2S_3 das *lichte*, mit Sb_2S_3 das *dunkle Rotgiltigerz* bildet, welche beiden Mischungen in anderem Verhältnis und mit Sulfiden von Cu, Hg, Zn oder Fe als *Fahlerze* vorkommen. Aber die größte Menge allen Silbers wird ganz vorwiegend aus Bleiglanz PbS erhalten, der meist 0,01—0,1, ja bis 3,5 v. H. enthält. Auch reagiert metallisches Pb und PbO mit Silbererzen unter Aufnahme von Ag in das Pb. Daher gewinnt man Ag vielfach durch *Verbleiung*, indem man 1. zuerst eine Lösung von Ag in Pb darstellt. Dies macht man dann 2. zu PbO auf einem Treibherd, wo es von einem oxydierenden Luftstrom getroffen wird und zuletzt das Ag zurückläßt.

So *tränkt man* silberreiche Erze, Sulfide, Arsenide und Antimonide *ein* durch Einrühren in Pb, worüber ein Luftstrom geht. Dabei entsteht zuerst PbS und Ag. Ersteres reagiert mit PbO und liefert SO_2. Das Pb löst das Silber. Zum Abtreiben muß es mindestens 0,03—0,12 v. H. Ag enthalten und deshalb muß man das Ag anreichern.

Pattinsonieren

Enthält das Pb noch Bi, so empfiehlt sich das ältere **Pattinsonieren**, wobei geschmolzenes Blei durch *Einleiten von Wasserdampf eben bis zum teilweisen Erstarren gekühlt*, an Ag und Bi arme Pb-Kristalle ausfallen läßt, die man durch Abschöpfen in durchlöcherten Kellen oder durch Ablassen des Tiefschmelzenden trennt, das schließlich einheitlich bei etwa 300° erstarrt und etwa 2 v. H. Ag enthält.

Parkesieren

Bequemer und hinsichtlich Ag-Anreicherung wirksamer ist das **Parkesieren**, die **Zinkentsilberung**. Man gibt dabei Zink in das Blei, wodurch eine Zn-Pb-Ag-Legierung, Mischkristalle von Zn mit Ag_2Zn_5 entstehen, die sich in geschmolzenem Pb nicht lösen, höher schmelzen und obenaufschwimmen. Dieser *Zinkschaum*, mit Lochkellen abgeschöpft und mit reduzierender Flamme zwecks Aussaigern anhaftenden Bleis erhitzt, liefert Pb-armen *Reichschaum* mit etwa 20 v. H. Zn und 8 v. H. Ag. Seine ersten Anteile enthalten vorwiegend das Au und das Cu. Er kann durch Destillation aus Graphitgefäßen bei Weißglut, durch Oxydation oder elektrolytisch vom Zink befreit werden und geht dann zum Treibherd (Abb. 192), der mit Flugstaubverdichtern versehen ist. Dort wird eingeschmolzen, mechanische Verunreinigungen abgestreift, Wind gegeben und zuerst die Arseniate und Antimoniate als Abstrich entfernt. Ist Bi zugegen, so oxydiert man unter Abfließenlassen der geschmolzenen Glätte PbO, bis das rückbleibende Treibsilber noch 20 v. H. Pb enthält. Es wird als *Bleileder* bezeichnet. Wird es abgetrieben, so fällt Bi-haltige Glätte, die man auf Bi verarbeitet. Zuletzt treibt man bis zum „*Blicken*“ des Ag, das mit einer sehr dünnen Haut von Glätte überzogen in den Farben dünner Blättchen (s. Bd. II) schillert.

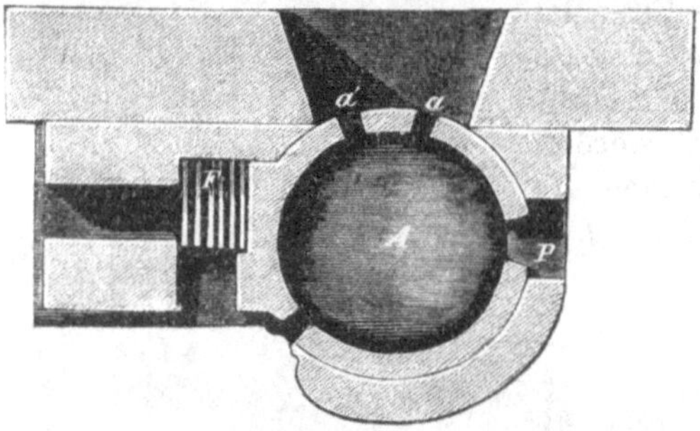

Abb. 192. Treibherd (z. Ag-Treiben).

Blicksilber

Das 95 — 98 prozentige *Blicksilber* wird in einem kleinen Flammofen mit Mergelsohle oder solcher aus Knochenasche nochmals der Oxydation unterworfen, wobei die Fremdmetalle außer Au zu Silikaten verschlacken. Zuletzt ist das Ag rein und erhält ähnlich dem Cu die Fähigkeit, den

Spratzen

Sauerstoff zu lösen und beim Abkühlen und Erstarren unter *Spratzen* wieder abzugeben. Deshalb ist Ag-Guß in Formen bei reinem Ag nicht angängig. Das *Feinsilber* (99,6—99,7 v. H. Ag) wird in *Zaine* (*Barren*) gegossen. Der Gehalt von Ag-Gegenständen an reinem Ag in 1000 Teilen muß diesen aufgestempelt sein und mindestens 800 betragen. Deutsche Silbermünzen bestehen aus 90 Ag und 10 Cu.

Gold und Platin

Gold

ist als Währungseinheit wichtig. 1 kg Au entspricht 2790 Mark und alle Goldmünzen müssen somit soviel Au enthalten, als ihr Nennwert besagt. Sie enthalten 10 v. H. Cu, da reines Au zu sehr abgenutzt wird. Goldgegenstände werden wie solche aus Silber durch Gehaltsangabe Au in 1000 Teilen bezeichnet. Früher zählte man in 24 Teilen und nannte reines Au 24 karätig. Gold kann durch Erhitzen im Chlorstrom von anderen Metallen befreit werden, was im boraxglasierten Tontiegel geschieht. Im übrigen wird Gold durch einfaches Auswaschen der Goldkörner oder bei kleineren Mengen durch Amalgamation oder auf nassem Weg (s. w. u. S. 463) erhalten. Ähnliches gilt vom

Platin,

dessen Reingewinnung aus dem etwa 80prozentigen Platinerz aber umständlicher ist.

§ 238. 3. Wieder eine andere Gruppe bilden die **Metalle, die man durch Destillation erhält**: Nickel (nach dem Mondverfahren), Zink, Quecksilber, Arsen. Destillationsgruppe

Nickel

läßt sich bei Cu-haltigen Rohstoffen schwer vom Cu trennen. Man röstet dazu nach Mond den erschmolzenen *Kupfer-Nickelstein* oxydierend, zieht mit verdünnter H_2SO_4 fast alles Cu aus, reduziert bei 300° mit Wassergas das Metall und verflüchtigt es als *Nickelkarbonyl* $Ni(CO)_4$ bei 100° aus dem *Verflüchtigungsturm* mittels CO, das man unter Abscheidung 99prozentigen Nickels im *Zersetzungsturm* durch höheres Erhitzen wiedergewinnt.

Zink Zink

fast immer aus *Zinkblende* ZnS durch Rösten und reduzierendes Destillieren mit Kohleüberschuß (denn CO_2 oxydiert Zn zu ZnO und bildet CO) oder aus Kieselgalmei einfach durch letzteres erhalten, wird heute noch trotz des vielleicht lohnenden elektrothermischen Verfahrens im großen bei 1100—1300° durch Destillation aus Tonretorten gewonnen. Bei tieferer Temperatur geht die Reduktion zu langsam.

Man röstet die Blende sehr sorgfältig, um möglichst allen S auszutreiben, weil er die Metallausbeute verringert. Das SO_2-Gas dient zur Schwefelsäuregewinnung. *Galmei* $ZnCO_3$ wird gebrannt. *Rotzinkerz* ZnO (durch Fe_2O_3 rotgefärbt) oder

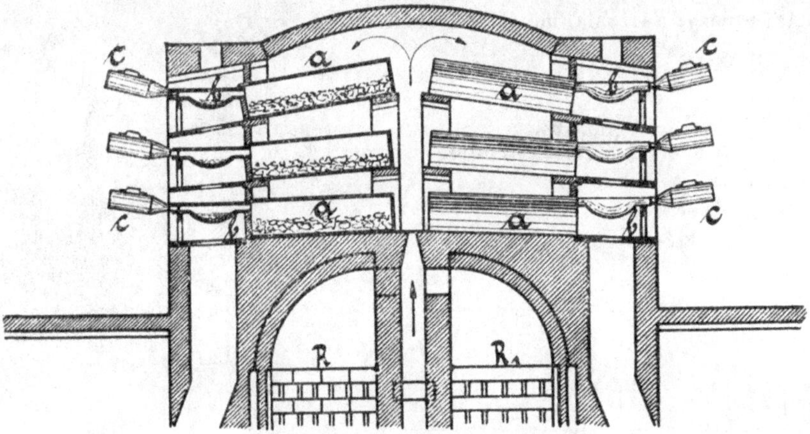

Abb. 193. Zinkdestillation aus Retorten.

Kieselgalmei $Zn_2SiO_4 \cdot H_2O$ und *Willemit* Zn_2SiO_4 werden feingepocht durch Kohle glatt reduziert. Die Destillationsöfen zeigt Abb. 193: Die 1—2 m langen Muffeln *a* sind durch ein Blechplättchen verschlossen, woran die „*Allonge*“ aus Blech sitzt, die den Zinkstaub aufnimmt. Das flüssige Zink wird an den Muffelhälsen durch das Blechplättchen abgestochen. Eine Destillation dauert 24 Stunden. Die Muffeln können 40 Destillationen aushalten, werden dazwischen ausgekratzt, müssen vor dem neuen Einsetzen in einem besonderen Temperofen gut vorgewärmt werden.

Das 97—98 prozentige *Rohzink* wird bei niederer Temperatur auf Flammöfen durch Oxydation gereinigt: *Raffinadezink* mit etwa 1,3 v. H. Pb und 0,2 v. H. Fe. Bei hoher Temperatur löst es ZnO und ist dann als „*verbranntes*“ Zink weniger gut zu bearbeiten. Pb und Fe finden sich auf der Ofensohle. *Feinzink* (99,9 v. H. Zn) muß man elektrolytisch oder aus Pb-freien Erzen darstellen.

Cadmium

Cadmium

reichert sich in den Allongen als erstes Produkt an und wird zuletzt mit Holzkohle aus eisernen Retorten destilliert.

Quecksilber

Quecksilber,

§ 239. wird aus Zinnober HgS und aus Hg-haltigen Fahlerzen gewonnen, die man oxydierend in Flammöfen oder Schachtöfen röstet, wobei Metall und SO_2 abdestilliert. Destillation mit Eisen oder Kalk aus Retorten ist wegen der Notwendigkeit, die letzteren zu reinigen, den Arbeitern schädlich. Man fängt das Aludeln Metall in *Aludeln* (Abb. 194) auf, aus deren Bauch es durch ein kleines Loch in eine Rinne fließt (Abb. 195), die es zum tiefsten Punkt des „*Aludelplans*“ und dann ins Vorratsgefäß führt. Man verdichtet das Metall auch wohl in Röhren. In allen Ver- Stuppfett dichtungsapparaten setzt sich *Stuppfett* ab, das zu $^2/_3$—$^9/_{10}$ aus Metall besteht und Kohlenwasserstoffe enthält, neben Oxyd, Sulfid, Ruß und anderen Stoffen. Neuerdings dienen der Hg-Gewinnung Schüttöfen und Schachtöfen anderen Baus.

Arsen

Arsen

§ 240. gewann man früher durch Destillation von Arsentrioxyd (Arsenik) mit Kohle, heute durch

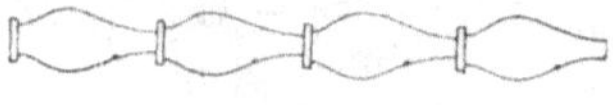

Abb. 194.
Aludeln zur Hg-Destillation.

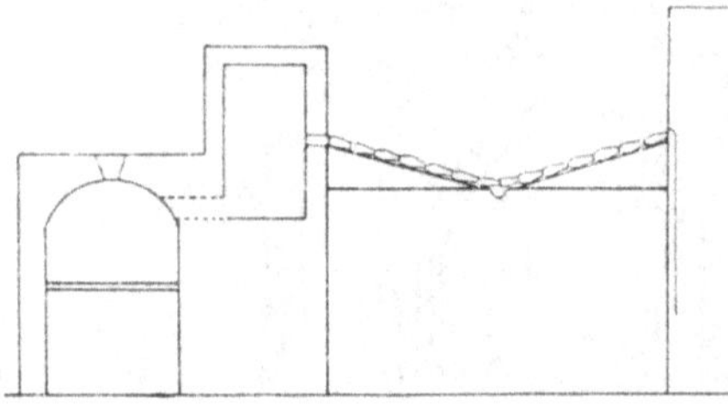

Abb. 195.
Aludelofen zur Hg-Destillation.

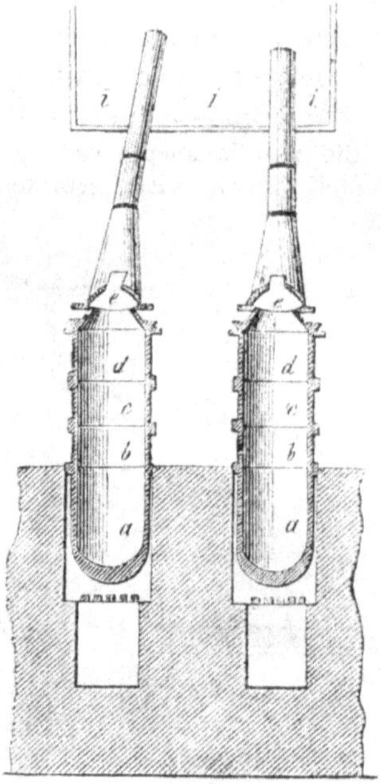

Abb. 196.
Arsenikdestillation.

Erhitzen meist von Arsenkies FeAsS in tönernen Röhren, worein ein Eisenblechzylinder hereinragt, der zugleich die Metallabscheidung herbeiführt und den Hals zu der Tonvorlage abgibt. Da das Metall nur als Zusatz rd. 1 v. H. zu Schrotblei, (um seine Oberflächenspannung zu steigern) und sonst wenig benützt wird, so ist seine Gewinnung weit weniger wichtig, als die des vielbenützten *weißen Arseniks* (Heilkunde, Ungezieferbekämpfung, Konservierung von Fellen und Vogelbälgen usf.) oder *Giftmehls*, das durch Rösten pyritfreier Arsenide in rußfreien Flammöfen (Koksfeuerung) mit langen „*Giftfängen*“ (bis 250 m lang) erhalten und durch nochmalige Destillation gereinigt oder in Glasform erhalten wird im oberen Teil eines 2 m hohen Kessels (Abb. 196 u. 197), der mit Luft gekühlt wird. Gibt man 1,5—3 v. H. S zu der Destillation, so erhält man gelbes Schwefelarsen oder *Gelbglas*, während man *Rotglas* aus einem Pyritarsenkiesgemisch in Eisenretorten destilliert und durch Umschmelzen unter Schwefelzusatz reinigt. Beide dienen als Enthaarungsmittel in der Gerberei, das Rotglas für indianisches Weißfeuer (2 rotes Arsenglas 24 Salpeter, 7 Schwefel). Arsenik As_2O_3 ist als Reduktionsmittel in der organischen Chemie wichtig. Weißer Arsenik Gelbglas und Rotglas

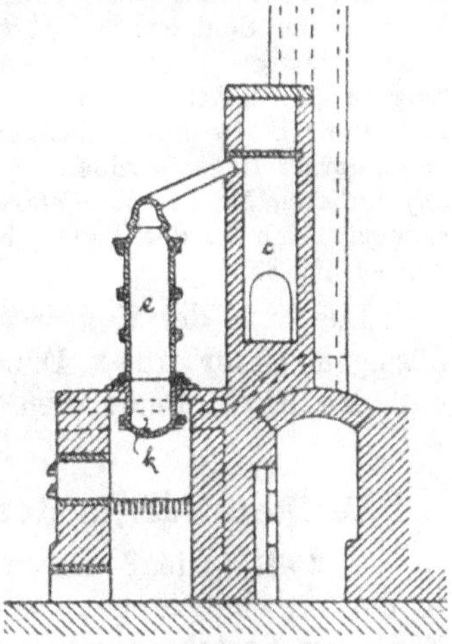

Abb. 197.
Arsenikglasdarstellung.

---

§ 241. 4. Eine letzte Gruppe von Metallen ist durch die **Bevorzugung der Saigerung** wichtig, Antimon, Wismut und Zinn. Saigerungsgruppe

Antimon

Antimon

wird größtenteils aus Grauspießglanzerz erhalten (Sb_2S_3). Dieses saigert man aus, indem man das Erz in am Boden gelochte Töpfe bringt, die auf ascheumgebenen Tiegeln sitzen und zwischen zwei Mauern erhitzt werden. So erhält man langsam und kristallstrahlig erstarrt das reine Sulfid, *Antimonium crudum*. Es wird entweder in Graphittiegeln in Niederschlagsarbeit durch Eisen umgesetzt (auf 40 Fe 100 Sb_2S_3) unter Zuschlag von Glaubersalz und Kohle als Flußmittel für die Sulfidschlacke. Oder man röstet oxydierend zu Sb_2O_4 und SO_2 oder erzeugt bei höherer Temperatur mit weniger Luft- und Wasserdampf H_2S und Sb_2S_3, das in Vorlagen überdestilliert. Man reduziert dann mit Soda und Kohle im Flamm- oder Schachtofen zu Metall. Gibt man im Flammofen nach Abziehen der Schlacke Soda, *Antimonglas* (Sulfid) und Kohle zu, so kann man so die Raffination des Rohantimons (90—95 v. H. Sb) anschließen, die die Fremdmetalle verschlackt (Fe, S, As, Pb) und den strahligen Sb-Regulus liefert, dessen Struktur bei einem Bleigehalt fehlt. Letzterer ist schwer zu beseitigen. Antimonium crudum Sb_2S_3 Röstreduktionsverfahren Antimonglas

Wismut

Wismut

das meist gediegen vorliegt oder als Wismutglanz Bi_2S_3, wurde früher durch Aussaigern gewonnen, heute aber werden die gerösteten meist As- und S-haltigen Erze mit Kohle und Schlacken verschmolzen, wobei Fe, Co, Ni mit dem As eine Speise geben, die sich zwischen Schlacke und Wismut ansammelt und mit ihr vor letzterem erstarrt. Es wird abgestochen und durch Ausschmelzen auf einer schrägen Platte gereinigt.

Zinn

Zinn

§ 242. wird durch Reduktion von Zinnstein SnO_2 erhalten. Man röstet ihn als verwaschenen Schlich, um Arsenide und Sulfide zu zerlegen. Die entstandenen Oxyde verwäscht man abermals, manchmal wäscht man auch mit Salz-

säure noch Wismut, auch Cu und Fe heraus und entfernt Wolfram durch Schmelzen mit Alkalisalzen. Dann verschmelzt man mit Kohle, Schlacken und
Zinngekrätz *Zinngekrätz* von der Zinnarbeit selbst im niederen Spurofen (2—3 m), wieder um Eisensauen zu umgeben. Das *Werkzinn* 98 v. H. Sn fließt in den *Vorherd*, von wo man die Schlacke seitwärts in Wasser und das Metall in den *Stechherd* ableitet. Häufiger reduziert man im Flammofen. Das Rohmetall wird durch Saigern, „*Pauschen*" gereinigt, indem man es aus einiger Höhe auf eine schräge, gußeiserne Platte mit glühenden Holzkohlen fließen läßt, wo die Fremdmetalle als Saigerdörner liegen bleiben. Oder man saigert im Flammofen und polt die leicht oxydierbaren Metalle als *Poldreck* weg, den man abstreicht. Die anderen Metalle sammeln sich in der Tiefe. Das oberste Metall ist „*raffiniertes Blockzinn*" mit 99,6—99,99 Sn.

Das Zinn der Konservenbüchsen (Weißblech) löst man mit trockenem flüssigem Chlor unter Druck, wobei unmittelbar $SnCl_4$ entsteht, ohne daß das Eisen angegriffen wird.

Metallurgie der nassen und Amalgamverfahren

II. Metallurgie der nassen und Amalgamverfahren.

§ 243. Die 3 ersten Schwermetalle im periodischen System, die in der ersten Gruppe, Cu, Ag und Au erhält man auch mittels eigentümlicher Verfahren, die bei den anderen Metallen teils nicht üblich, teils nicht anwendbar sind. Die beiden ersten Metalle verbinden sich leicht mit *Chlor*, die beiden letzteren lösen sich leicht in *Quecksilber*. Beides wird zu ihrer Abscheidung aus Erzen benützt.

Kupfer

1. Kupfergewinnung auf nassem Weg.

Die spanischen und portugiesischen Pyrite enthalten bis zu einigen Prozenten Cu, das entweder *oxydierend* oder *chlorierend* entfernt wird.

a) Der Pyrit liefert, an der Luft feucht oxydiert, fast alles Cu als *Sulfat* $CuSO_4$ neben wenig Eisensulfat. Man laugt beide mit Wasser aus und fällt aus der Lösung durch Alteisen das Kupfer aus:

$$Cu^{\cdot\cdot} + Fe = Fe^{\cdot\cdot} + Cu.$$

Der Schwefelkiesrückstand dient der SO_2- und Schwefelsäuregewinnung.

b) Man gibt die Pyrite zuerst in die Schwefelsäurefabrik zur Abröstung, die sie im wesentlichen als Fe_2O_3 mit einigen Prozent Schwefelgehalt verlassen. Mit 20 v. H. Kochsalz gemischt unter mäßigem Luftzutritt auf Rotglut erhitzt liefern sie Salzsäure, Chlor, SO_2 und SO_3, die in Wasser aufgefangen und zum Ausziehen des Röstguts verwendet werden, das *Kupferchlorür* enthält und danach das schon erwähnte Purpurerz zurückläßt. Die Cu-Lösung wird wie bei a) durch Eisen entkupfert.

Silber

2. Silbergewinnung auf nassem Weg

lohnt gleichfalls bei metallarmen Erzen und wird ähnlich ausgeführt wie die Cu-Gewinnung unter a). Man röstet aber hier den silberhaltigen Kupferstein, so daß alles in *Sulfate* übergeht, aber bei höherer

Temperatur bis auf das beständigere Ag_2SO_4 unter SO_2- bzw. SO_3-Entwicklung wieder zerfällt. Zuletzt zieht man dieses mit Wasser aus und kann es durch Zink entsilbern. Ärmere Erze (mit über 250 g Ag pro Tonne) werden feingepocht unter Lufteinblasen mit einer kalkmilchhaltigen Lösung von NaCN in Wasser ausgezogen, so daß das *Silbercyanid des Natriums* $Na(AgCN)_2$ entsteht, aus dem gleichfalls Zink das Silber abscheidet. Oder man zieht das gepochte Erz mit *Quecksilber* aus und schlämmt leichteres vom Amalgam ab.

3. Goldgewinnung auf nassem Weg.

Gold

Einfaches *Goldwaschen* kann nur auf reicheren *„Seifen"* stattfinden. Das *Waschgold* ist in fast allen Flüssen zu finden. Bei armen Seifen (10—20 g/Tonne) oder feinverteiltem *Berggold* führt man das zerkleinerte Gestein mit wenig Wasser und Quecksilber über amalgamierte Kupferplatten, die noch das Feinste an Amalgam festhalten und destilliert das Hg aus Retorten ab, wobei schwammiges *Retortengold* hinterbleibt.

Dem *Amalgamierungsprozeß* ist der *Cyanidprozeß* überlegen, weil er nicht bloß metallisches „freies" Gold erfaßt, sondern auch das in Pyriten eingeschlossene. Deshalb wird er vor allem im Transvaal angewandt. Das Cyanid, aus den Rübenschnitzeln der Zuckergewinnung erhalten, wird noch verdünnter als bei der Cyanidlaugerei des Ag angesetzt, 0,02—0,2-prozentig, um nicht Cyanidverluste durch Auflösung anderer Stoffe als Au zu erleiden. Die Luft führt in der schwach alkalischen Lösung zur Auflösung des Golds als $Na[Au(CN)_2]$ (Koordinationszahl 2!), Natriumsalz der Goldcyanwasserstoffsäure. Daraus fällt wiederum Zink das Edelmetall als *„Goldschlamm"*, der durch Abdestillieren des Zinks oder Ausziehen mit Schwefelsäure gereinigt wird. Oder man röstet nach Plattner oxydierend und dann chlorierend, löst zuletzt nach Wegwaschen der alsdann löslichen Chloride das dabei unangegriffene Au mit Br-haltigem Cl-Wasser, woraus H_2S oder $FeSO_4$, am besten die hier bereits bei Zimmertemperatur ausreichend reduzierende Holzkohle (worüber man filtriert) das Au fällt. Es hinterbleibt, wenn man sie verbrennt. Für goldhaltige Kiesabbrände brauchbar.

Alle übrigen Metalle werden in weit kleinerem Maßstab dargestellt, soweit thermisch aber mit sehr ähnlichen Methoden. Die Reduktion aus Oxyden, Karbonaten oder Halogeniden durch Kohle oder solche Metalle, die weniger flüchtige zugleich aber beständige Oxyde, bzw. Halogenide bilden, wird meist als *Verdrängung* bezeichnet. Wir wollen eine kurze Übersicht gewinnen und dabei vorausschicken, daß nur ganz links unten im periodischen System sich *zwei entschieden farbige Metalle* finden, Gold und Kupfer. Im übrigen sind alle reinen Metalle weiß in verschiedenen Abstufungen (Ag rötlich, Sn gelblich, Bi stärker rötlich).

Übersicht der Gewinnung der Metalle

Übersicht der Metalle und ihrer Gewinnung.

I. Alkalimetalle.

§ 244. Li elektrolyt. K und Na auch durch Reaktion von Karbonat mit Kohle bei heller Rotglut. Die Metalle destillieren ab.

Rb und Cs verdampfen aus den Chloriden durch Reduktion mit Ca-Spähnen im Vakuum bei Rotglut. (Analog der Aluminothermie, erzeugt aber die Wärme nicht selbst in ausreichendem Maß.)

II. Erdalkalimetalle, Be und Mg.

Alle elektrolytisch. Sr aus SrO mit der berechneten Menge Al-Grieß beim Erhitzen auf 1000° im Vakuum. Ba ebenso mittels Mg-Grieß aus BaO, weich und schneidbar. Auch Erhitzen der Azide im Vakuum liefert diese Metalle.

III. Al und Erdmetalle elektrolytisch.

IV. Ti, Zr, Th

werden aus ihren Tetrachloriden mittels Natrium im Vakuum reduziert. Ähnlich gewinnt man auch wohl das hierhergehörige Silicium.

Silicium wird aus Silikofluorid $SiFl_4$ oder bequemer Natriumsilikofluorid $Na_2[SiFl_6]$ durch Erhitzen mit Natrium erhalten, braun und amorph wie aus BCl_3 erhaltenes Bor. Unter NaCl läßt es sich zu schwarzem metallglänzendem Si umkristallisieren.

V. Die anderen Schwermetalle

werden technisch fast immer durch Kohle, (die edleren) im kleinen häufig durch Wasserstoff aus ihren Oxyden bei hoher Temperatur reduziert. Oder man zersetzt die Oxyde einfach durch Erhitzen im Vakuum. Dies ist überall da zu empfehlen, wo die Gefahr der Karbid-, Cyanid- oder Nitridbildung besteht.

Die Eigenschaften der Metalle siehe die große Tafel des Periodischen Systems.

Eigentümliche Schwierigkeit, Metalle rein darzustellen

Die Schwierigkeit, die aller Metallgewinnung anhängt, liegt in der Fähigkeit der Metalle, untereinander und mit anderen Stoffen sich zu Stoffen zu „legieren", die selbst metallisch oft dem reinen Metall gleichen, und welche von diesem nachträglich zu trennen wir im allgemeinen einfache Mittel nicht besitzen. Denn *die* ganze *Versuchstechnik der Chemie wässeriger Lösungen versagt hier.* Ja, ob ein erstarrtes Metall auch nur in *physikalischer* Hinsicht homogen sei, pflegt gar nicht leicht entscheidbar zu sein. Diese Aufgabe werden wir in der Tat erst in der *Metallographie* behandeln (s. Bd. II).

Die wesentliche *Schwierigkeit* bei fast allen *Erzeugnissen hoher Temperaturen liegt fast immer darin, daß sie sich nicht chemisch unverändert in Lösungsmitteln auflösen und vielfach nicht rein, sondern gemischt kristallisieren,* wie das im Mineralreich bei Silikaten so oft vorkommt. Einheitlichkeit wie Zusammensetzung dieser Erzeugnisse ist daher sehr oft zweifelhaft. Diese Überlegungen sind äußerst wichtig, denn man findet noch heute vielfach angebliche „Stoffe" aufgeführt, die in der Tat nur Gemische sind. Schwierigkeit bei Darstellung pyrochemischer Produkte überhaupt

2. Pyrochemische Gewinnung von Nichtmetallen.

Pyrochemische Gewinnung von Nichtmetallen

§ 245. Während man die *Halogene* elektrolytisch oder durch Destillation von Halogeniden mit Schwefelsäure und Oxydationsmitteln erhält, den *Sauerstoff* durch Anreicherung aus flüssiger Luft oder durch abwechselnde Oxydation und Rückbildung von BaO, den *Schwefel* und seine Homologen *Se*, *Te* z. B. durch Reduktion ihrer Säuren, den *Stickstoff* aus Luft, oder durch Zersetzung von Aziden oder Nitriten, kommt pyrochemische Darstellung nur für die noch verbleibenden Metalloide der mittleren Gruppen des Systems in Frage: **P, As, Sb, C, Si, B.** Ferner aber für eine besondere Gruppe von Allotropen, nämlich die **freien Atome** sonst polymer auftretender Elemente.

Atomare Nichtmetalle.

Atomare Nichtmetalle

Von besonderem Interesse ist bei den Metalloiden eine wenig auffallende Erscheinung, die man genauer bei *Chlor, Brom und Jod* verfolgt hat. Die *Dampfdichte* der *Halogene* nimmt mit steigender Temperatur ab. Das weist darauf hin, daß die Doppelmolekeln, woraus sie bestehen, in einfache zerfallen, also in *Atome*

$$J_2 = 2J;\quad Br_2 = 2Br;\quad Cl_2 = 2Cl.$$

Diese Reaktionen treten merklich erst bei heller Rotglut ein und sind in Quarz- oder Porzellangefäßen verfolgt worden. Wir betrachten sie später genau.

Diese atomaren Formen der Halogene, also Jod-, Brom- oder Chloratome sind vor allem deshalb wichtig, weil es unmöglich ist, sie bei gewöhnlicher Temperatur „rein" herzustellen. Sie vertragen diese Temperatur überhaupt nicht, sondern bilden in dem Maß, wie man mit der Glut herabgeht, wieder mehr und mehr Doppelmolekeln und bei Zimmertemperatur haben wir wieder die altbekannten Halogene in Händen und nicht die atomaren Gase.

Damit haben wir in den freien Atomen der Halogene abermals Stoffe kennen gelernt, deren *Reindarstellung bei Zimmertemperatur unmöglich* ist. Es sind dies aber die ersten unter ihnen (*im Gegensatz zu den elektrolytischen Ionen*), deren Existenz, Zusammensetzung und Eigenschaften dennoch vollkommen definiert und bekannt sind.

Auch die Dampfdichte von *Schwefel* nimmt bei höherer Temperatur ab, indem die S_8-Molekeln kleineren Platz machen. Es ist wahrscheinlich, und wir werden es später als gewiß ansehen, daß *alle* Gasmolekeln mit steigender Temperatur in kleinere zerfallen, bis bei den höchsten Temperaturen nur noch Atome übrig sind. Vorher freilich können sich noch wärmeverbrauchende Verbindungen bilden, und eine Reihe von solchen lernen wir jetzt noch kennen.

Pyrochemie binärer Verbindungen

Hydride

b) Pyrochemie binärer Verbindungen.

1. Hydride.

§ 246. Strömt Wasserstoffgas auf stark erhitzte Elemente, so kann er unter Umständen sich mit ihnen zu Hydriden verbinden. Mit dampfförmigen Halogenen vereinigt er sich unter Wärmeerzeugung, mit Sauerstoff und Schwefel, desgleichen mit Stickstoff freilich nur auf Umwegen, dagegen mit Phosphor, Arsen und Antimon unmittelbar, mit allen diesen 3 bereits unter Verbrauch von Wärme. Letzterer wird sehr groß beim Kohlenstoff, von dem wir einige wichtige Hydride jetzt kennen lernen müssen.

Azetylen

Leitet man Wasserstoff an glühenden Lichtbogenkohlen vorbei, so entsteht dasselbe Gas, das man durch Wasser aus Calciumkarbid entwickeln kann, *Azetylen* nach

$$2C + H_2 = C_2H_2 - 51{,}4 \text{ Cal.}$$

Es ist dabei noch durch zahlreiche andere Stoffe verunreinigt. Es bildet sich auch im zurückgeschlagenen Bunsenbrenner und bei allen möglichen Gelegenheiten, wo bei hohen Temperaturen C- und H-haltige Stoffe aufeinander wirken. Man stellt es meist dar, indem man CaC_2 mit Wasser zersetzt, muß es dann aber mit angesäuerter $CuSO_4$-Lösung reinigen, weiter mit verdünnter Chromsäure, einem Gemisch von Chlorkalk und Ätzkalk und endlich mit Natronlauge. Denn es enthält noch Phosphorwasserstoffe, H_2S, NH_3 und fremde Kohlenwasserstoffe, die ihm einen sehr üblen Geruch und giftige Wirkung verleihen. Beide verschwinden bei der Reinigung fast ganz.

Das Gas löst sich in einem Teil Wasser und in $^1/_{25}$ seines Volumen Azeton. Man befördert es in Azeton unter Druck gelöst. Denn in Gasflaschen *ohne* Lösungsmittel verdichtet, explodiert es ohne ersichtliche Ursachen mit furchtbarer Gewalt zu H_2 und Ruß. Braucht doch bloß diese Zerfallsreaktion an einer Stelle zu beginnen. Sie liefert dann die große Wärmemenge, die im Azetylen aufgespeichert ist und vermag dadurch ihre Umgebung zu zünden. So setzt sich die Explosion fort. Das Gas hat aber noch weitere gefährliche Eigenschaften. Es setzt sich mit Cu und Cu-haltigen Metallegierungen zu Kupferazetylid Cu_2C_2 um, das sehr explosiv ist und dessen Gegenwart den Zerfall des Azetylens selbst sehr beschleunigt. Man darf daher keine Kupferleitungen oder Messingleitungen verwenden. Übrigens beschleunigen auch andere Metalle wie Eisen, diesen Zerfall, so daß sie sich langsam mit Ruß

Azetylide. Gegensatz zu Karbiden

bedecken. Endlich explodieren Gemische von Azetylen mit Luft bei Berührung mit Flammen innerhalb sehr weiter Mischungsgrenzen: 2,8 bis 65 v. H. Azetylen machen ein Gemisch noch explosiv.

Trotzdem hat man, wo lange Leitungen nicht vonnöten, zur Beleuchtung und in Gebläseflammen zur Metallschmelzung oder Schweißung das Gas verwendet, das so große Energiemengen und so hell leuchtende Flammen liefert. Die letzteren rußen sehr, entsprechend dem hohen C-Gehalt des Gases, wenn man nicht die Flamme durch Aufeinanderprallen zweier Gasströme in dem besonderen Brenner (Abb. 198 und 199) abplattet und so sehr dünn macht, daß die Luft genügend zutritt. Das Licht ist sehr glänzend, obwohl nur 2,36 v. H. der gesamten Energie in sichtbares Licht umgewandelt wird. Die Azetylensauerstoffflamme im Daniellschen Brenner (ohne Kupfer!) erzeugt, liefert eine Temperatur von 2700° und dient zum *autogenen Schweißen* von Eisen. Autogenes Schweißen

Die *Azetylide* Cu_2C_2, rot, bei C_2H_2-Einleiten aus ammoniakalischer Kupferchlorürlösung fallend, Ag_2C_2, weiß, käsig, aus ammoniakalischer Silbernitratlösung fallend und das ähnliche Quecksilberazetylid sind im trockenen Zustand sehr explosiv. Da sie nur in feste Produkte zerfallen und diese sich auf der Unterlage wiederfinden, die den Explosivstoff trug, so muß der Explosionsstoß, der von ihnen ausgehend sehr zerschmetternd auf die nächste Umgebung wirkt, in einer sehr schnellen Erhitzung der umgebenden Luft bestehen. Explosionsstoß

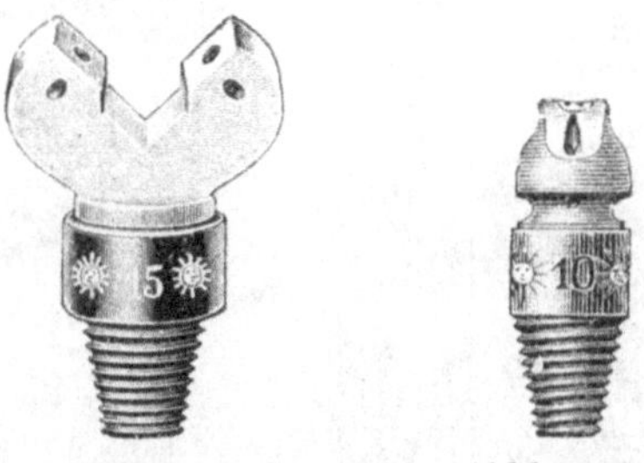

Abb. 198. Abb. 199.
Azetylenbrenner mit gebohrtem Steinkopf.

Leitet man Azetylen durch eine glühende Röhre, so hängt es von den Umständen ab, ob das Gas explodiert oder ob es sich unter Austritt von Energie zu *Benzol* C_6H_6 polymerisiert. Bei nicht zu hoher Temperatur tritt letzteres ein. Das Benzol ist ein flüssiger Kohlenwasserstoff (s. Org. Chem.). Sehr viele andere höhere Kohlenwasserstoffe entstehen pyrochemisch. Benzol

Das Azetylen lagert leicht Wasserstoff an unter Bildung von *Äthylen* C_2H_4 und *Äthan* C_2H_6. Es nimmt in Gegenwart von Quecksilbersalzen Wasser auf, so daß *Azetaldehyd* CH_3CHO entsteht. Dies ist technisch wichtig (s. Org. Chem.).

2. Oxyde.

Oxyde

§ 247. Hier sind vor allem die Verbrennungsgase zu nennen: *Kohlenoxyd* CO, *Kohlendioxyd* CO_2, *Heiz-* und *Leuchtgase* (H_2, CH_4 usf.), *Schwefeldioxyd* SO_2 u. a., deren Darstellung schon besprochen ward, und die die Technik vor allem auf pyrochemischem Weg gewinnt.

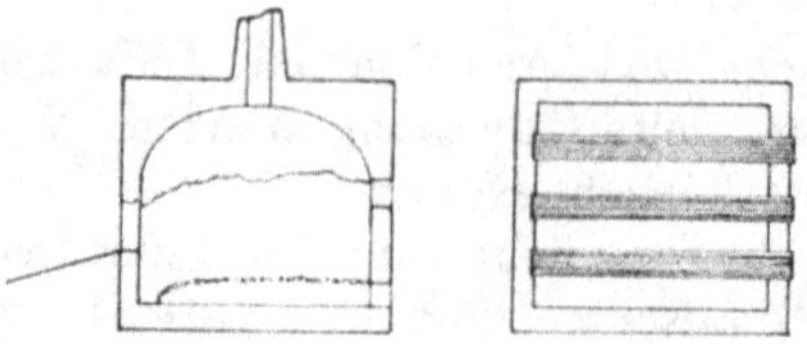

Abb. 200. Meilerofen zum Kalkbrennen.

Beachtenswert als pyrogene Produkte sind *Ozon* O_3, die *Oxyde* NO und NO_2 *des Stickstoffs, Wasserstoffsuperoxyd* H_2O_2. Die drei ersteren entstehen aus den Elementen unter Wärmeverbrauch, das H_2O_2 aus H_2O und O_2 unter Wärmeverbrauch, aus den Elementen jedoch unter Wärmeerzeugung und zwar als erstes Produkt der Verbrennung.

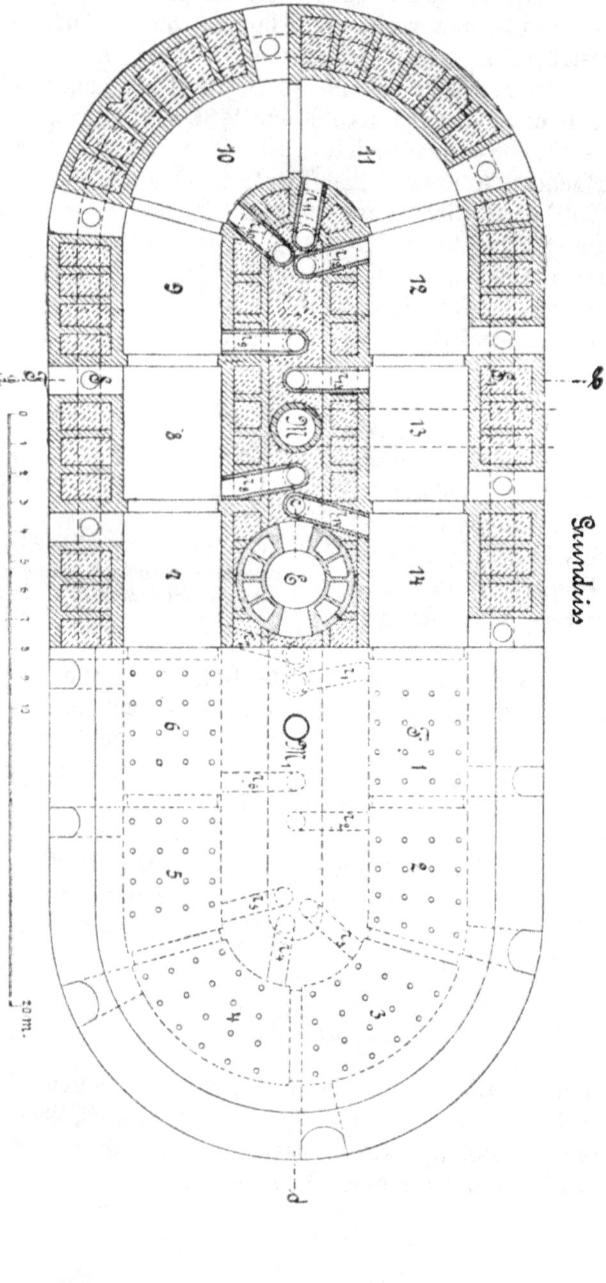

Abb. 201a Hofmannscher Ringofen (Kalkbrennen, Ziegelbrennen u. dgl.).

Kalk

Das wichtigste nur pyrochemisch gewonnene Oxyd ist der *gebrannte Kalk*, der seit den ältesten Zeiten durch Brennen von Kalkstein erhalten wird. Das *Calciumoxyd* CaO, gebrannt nach

$$CaCO_3 = CO_2 + CaO$$

ist in reinstem Zustand (aus Marmor oder Kalkspat) ein schneeweißes Pulver, das mit Wasser unter Ausdehnung sich schnell und stark erhitzt, wobei der Kalk „*gedeiht*" und ein ganz zartes Hydrat $Ca(OH)_2$ liefert, das mit mehr Wasser einen zähen, fetten Teig gibt (*Weiß-* oder *Fettkalk.*) Unreinerer Kalk löscht sich langsamer und gibt ein körniges und *mageres* Produkt. Sehr starkes Brennen läßt den Kalk bei einigem Tongehalt *totbrennen*, so daß er sich infolge **Totbrennen** Sinterung, teilweiser Schmelzung nicht mehr befriedigend löscht.

Das Brennen des Kalks verbraucht erhebliche Wärmemengen, die zum Zerlegen des Karbonats dienen. Auf 1 Tonne muß man 52 kg Kohlenstoff rechnen. Die CO_2 muß entweichen können, sonst geht die Zersetzung nur bis zu einem gewissen CO_2-Druck und nicht weiter. Das erzielt man durch Erhitzen im Wasserdampf- und Luftstrom, indem man heiße Verbrennungsgase durch den Stückkalk streichen läßt, entweder in den sehr unzweckmäßigen, aber einfachen *Meileröfen* (Abb. 200)

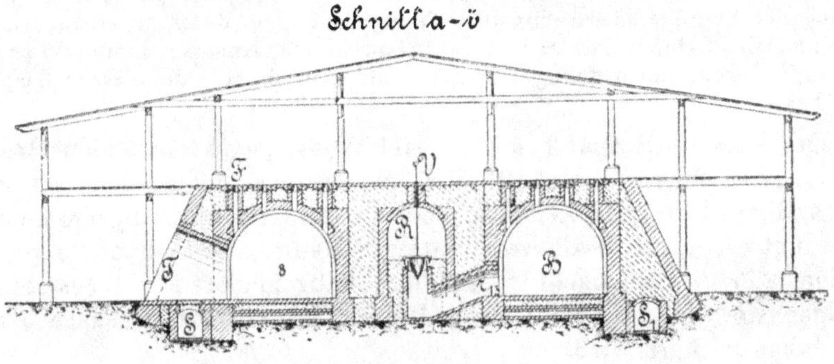

Abb. 201 b.

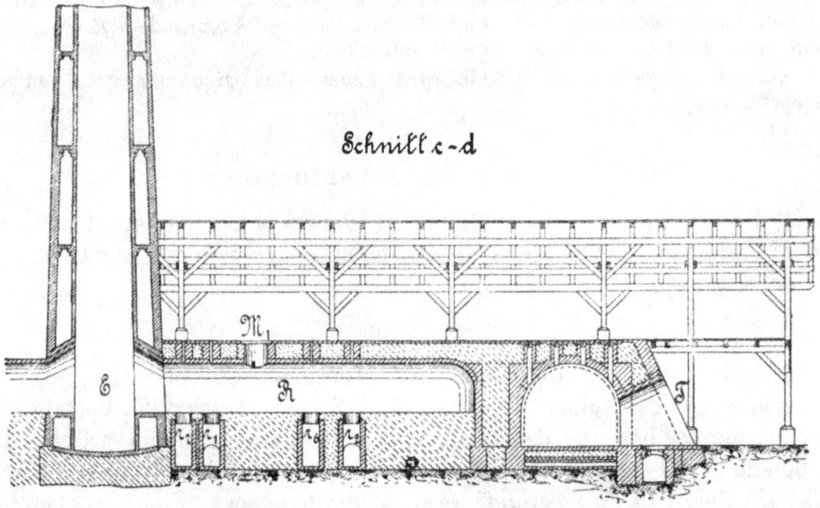

Abb. 201 c. Hofmannscher Ringofen.

oder in den Rüdersdorffer *Schachtöfen*, wo die Gase mehrerer kleiner Feuerungen den Schachtofen durchströmen, der mit Kalk beschickt wird. Am besten ist der *Hoffmannsche Ringofen* (Abb. 201).

Er besteht aus zahlreichen im Ring angeordneten, durch Blech- oder Papier- **Ringöfen** schirme getrennten Kammern. Eine enthält Brennstoff und Kalk, eine Reihe anschließender nur Kalk. Alle diese sind vorn zugemauert, solange sie in Betrieb sind. Das Brennmaterial wird oben durch Löcher in die Kammer eingeworfen. Die Gase gehen durch die gefüllten Kammern und wärmen diese vor, gehen dann zuletzt zum Schornstein. Die Verbrennungsluft aber durchströmt schon gebrannte Kammern, worin das Heizgut abkühlen soll und wärmt sich zugleich darin vor. Zuletzt kommt sie nach der Feuerkammer. Nach einiger Zeit ist die Kammer, wo die Brennluft eintrat, ausreichend gekühlt, die Feuerkammer ausreichend gebrannt. Dann rückt man das Feuer in die nächste Kammer und läßt die Luft durch die eben noch als Feuerkammer benützte Kammer zuletzt gehen. Ferner wird jetzt die von der Brennluft zuerst durchströmte Kammer kalt genug sein, um geräumt frisch beschickt zu werden. Ist das geschehen, so wird sie zur letzten von Abgasen durchströmten und tritt damit in den Ring des Betriebs. Derselbe Ofen wird auch zum *Ziegelbrennen* benützt, wobei man zwecks Trocknung der Steine noch eine Verbindung der Brennkammern mit den Trockenkammern durch je einen *Schmauchkanal* herstellt. Durch ihn tritt heißes Abgas in die Kammer, nimmt Wasser mit, angesaugt durch eine Öffnung zur Esse, die man durch Öffnen einer Klappe betätigt hat.

Ziegelbrennen

Der Kalk wird später mit so viel Wasser, daß ein steifer Brei entsteht (zuviel Wasser „ersäuft" ihn) in Gruben *eingesumpft*, wo er zur vollständigen Löschung Zeit hat und wo die CO_2 nur langsam eindringt. Man fügt zu 1 Teil Kalkbrei später 3 (Raum-) Teile Sand und erhält so den *Mörtel*, der nachher auf die naßgemachten Mauersteine aufgetragen sie verbindet und durch Aufnahme von Kohlensäure aus der Luft langsam hart wird.

Löschen des Kalks

Dabei wird das Hydratwasser wieder ausgetrieben und deshalb sind frische Gebäude feucht und werden oft durch *Trockenöfen*, mit brennendem Koks gefüllte Drahtkörbe, die CO_2 entbinden, schnell getrocknet.

Trockenöfen

Zement und hydraulischer Kalk wird in denselben Öfen hergestellt und wird uns später beschäftigen.

Zement

3. Nitride, Phosphide, Arsenide, Antimonide.

§ 248. Sie entstehen alle u. a. durch Erhitzen der Metalle mit den Metalloiden. Arsenide und Antimonide kommen als wichtige Erze in der Natur vor.

A. Nitride.

Nitride, Gegensatz zu Aziden

Nitride sind Verbindungen von Metallen mit Sticksoff, die im Gegensatz zu den gleichfalls aus Metall und Stickstoff bestehenden Aziden unmittelbar aus den Elementen entstehen und zum größten Teil in hohem Grad hitzebeständig sind, mit Wasser oder Alkalien Ammoniak abgeben, in Wasserstoff erhitzt desgleichen. Sie beschleunigen alle die Ammoniakbildung aus Wasserstoff und Stickstoff.

Lithiumnitrid Li_3N entsteht aus Metall an der Luft schon bei gewöhnlicher Temperatur als braunrote Haut. Bei 450° ungefähr geht die Reaktion unter Erglühen vor sich. Das Nitrid ist in der Durchsicht braunrot, in der Aufsicht grünlich, geht in Wasserstoff erhitzt in weißes *Hydrid* LiH über. Dazwischen entstehen *Amid* und *Imid* $LiNH_2$ und Li_2NH. Nitride der anderen Alkalimetalle sind auch bekannt.

Magnesiumnitrid Mg_3N_2 ist grünlichgrau, sehr leicht hydrolysierbar; sein Stickstoff gibt leicht NH_3 oder Amine oder Cyan. O_2 verbrennt es beim Erhitzen zu Oxyd und N_2. H_2 zersetzt es nicht.

Berylliumnitrid Be_3N_2 entsteht erst bei ungefähr 1000° aus Metall und N_2, ist farblos und sehr hart und wird erst durch *heißes* Wasser hydrolysiert zu Hydroxyd und Ammoniak. Darin steht es dem Al näher wie umgekehrt das Li dem Mg, ganz wie sonst.

Calciumnitrid Ca_3N_2 entsteht beim Erhitzen von Ca in N_2 unter Erglühen, ist braun und gleicht dem Mg_3N_2 und den Nitriden von Ba und Sr. Es geht im H_2-Strom unter NH_3-Entwicklung in *Hydrid* CaH_2 über. Das *Amid* $Ca(NH_2)_2$ bildet sich aus dem *Calciumammonium* $Ca(NH_3)_4$, das beim Lösen von Ca in flüssigem NH_3 und Eintrocknen der Lösung unter Luftabschluß von selbst als graues Pulver sich bildet. Amid und Nitrid sind leicht mit kaltem Wasser zu hydrolysieren. Die *Alkali-* und *Erdalkaliammoniumverbindungen* sind äußerst leicht entzündlich und rotgoldig, laufkäferfarben, in der Durchsicht der NH_3-Lösung tiefblau.

Strontiumnitrid Sr_3N_2 ist schwarz und nimmt in H_2-Gas bei 600° von diesem auf unter NH_3-Entwicklung, wie auch das Hydrid SrH_2 Stickstoff aufnimmt. Ob hierbei Verbindungen oder feste Lösungen entstehen, ist nicht ausreichend aufgeklärt.

Baryumnitrid Ba_3N_2 bildet sich noch schneller, als die vorigen Verbindungen und liefert im H_2-Strom eine hellgelbe Verbindung unter NH_3-Entwicklung. Diese nimmt wieder Stickstoff auf unter Rückbildung des schwarzen Nitrids, so daß man durch abwechselndes Überleiten von N_2 und H_2 oder durch gleichzeitiges, namentlich unter Druck, NH_3 aus den Elementen erhalten kann. Diese Ammoniaksynthese aus den Elementen mittels Nitridhydridprozeß und Metallkatalyse wurde von M. Trautz 1904 ausgeführt, der damals als Katalysatoren auch Fe, Mo, V, Ti, W und Gemische mit guter Ausbeute benützt hat (s. S. 119). Das Verfahren der Badischen Anilin- und Sodafabrik (Bosch-Haber) ruht auf denselben Grundlagen. NH_3-Synthese

Aluminiumnitrid AlN entsteht aus Al-Pulver und N_2 bei heller Rotglut als braungelbes Pulver, wird technisch nach Serpek durch Glühen von Al_2O_3 mit Kohle in N_2 bei oberhalb 1400° hergestellt. Wie Be_3N_2 reagiert es erst mit heißem H_2O unter NH_3-Abgabe. Man kann es auch ohne erhebliche Wärmezufuhr darstellen, wenn man Al-Pulver in einem Schamottetiegel unter N_2 an einer Stelle durch einen elektrisch geheizten Kohlekörper in Reaktion bringt. Sie schreitet dann exotherm durch die Masse fort.

Hierher gehört auch der

Borstickstoff BN; entsteht aus amorphem B und N_2 bei Weißglut, aber auch bei vielen anderen Gelegenheiten, u. a. aus BBr_3 mit flüssigem NH_3, wobei zuerst *Boramid* $B(NH_2)_3$, dann *Borimid* $B_2(NH)_3$, zuletzt bei 750° BN entsteht (Stock). Es ist weiß, amorph, talkähnlich, sehr feuerbeständig, leuchtet in einer Flamme hellgrün durch Hydrolyse kleiner Spuren, die NH_3 und Borsäure liefern.

Das erste Glied der IV. Gruppe im periodischen System gleicht in gewisser Richtung dem BN, das *Cyan* $(CN)_2$, das wir bereits behandelt haben, und das sich auch wie BN zu einer festen (braunen) Form, dem Paracyan polymerisiert. Es kann ja kein Zweifel obwalten, daß auch BN nicht die einfache Molekelgröße hat. Mehr als Cyan, gleicht auch hier wieder das *zweite* Glied wie immer dem ersten der vorhergehenden Reihe.

Siliciumnitrid, wahrscheinlich Si_3N_4 entsteht als weißes amorphes Pulver aus den Elementen besonders in Gegenwart von Kohle, die zuerst mit in die Verbindung eingeht. Es wird durch Wasser im Gegensatz zu dem höchst beständigen BN langsam in Kieselsäure und NH_3 gespalten. Aus $SiCl_4$ und NH_3 erhielt man *Amid* und *Imid*, während Ruff und Geisel aus NH_3 und $SiHCl_3$ das *Nitridhydrid* SiNH gewannen, das mit Wasser Ammoniak und Wasserstoff neben Kieselsäure liefert. *Titannitrid* TiN entsteht sehr leicht bei Reduktion von Ti-Verbindungen bei Gegenwart von Luftstickstoff, rein bronzefarben, aus Titanchloridammoniak durch Erhitzen im NH_3-Strom.

Zirkonnitrid Zr_3N_2 ist gelblich und entsteht aus den Elementen bei 1000°.

In der V. Gruppe steht der N_2 selbst und von hier an vereinigen sich die metalloidischen Vertreter *nicht* von selbst mit freiem Stickstoff, sondern werden mittels NH_3 erhalten. Aber noch immer ist der Parallelismus des zweiten Glieds mit dem ersten der vorigen Gruppe da. Es sei hier nur auf die außerordentliche Beständigkeit des *Phosphorstickstoffs* P_3N_5 hingewiesen, eines farblosen und in nichts löslichen Stoffs, der bei sehr hoher Temperatur im Vakuum zerfällt, noch bei Rotglut dem Sauerstoff widersteht und erst bei 180° von Wasser schnell zerlegt wird. Die hierhergehörigen Verbindungen gehören nach der Art ihrer Gewinnung nicht mehr dem pyrochemischen Kreis an.

Beständigkeit von Phosphorstickstoff P_3N_5

Die anderen Schwermetallnitride

finden sich von der II. Gruppe an. In der ersten fehlen sie.

Das *Zink* bildet grüngraues Nitrid, durch Wasser in der Hitze zersetzbar. Aus Zinkstaub und feuchtem Ammoniak entsteht in Rotglut ein hellbraunes Pulver, das gegen heißes Wasser beständig, mit Alkalilauge gekocht, NH_3 entbindet und einen Zinkschwamm absetzt, also wohl ein H-haltiges Nitrid, bzw. Nitridamid sein wird. Doch ist dieser Stoff ebensowenig als rein zu definieren wie so viele andere, als rein angegebene pyrogene Metallstickstoffverbindungen (Trautz).

Mit *Cadmium* erhält man Ähnliches.

Auch die *seltenen Erdmetalle* bilden Nitride, ferner ganz besonders mannigfach und lebhaft das **V, Mo, W, U, Cr.**

Weitaus der größte Teil der Nitride und Hydride ist noch keineswegs ausreichend untersucht, so daß Einheitlichkeit und Zusammensetzung vielfach unbekannt ist. Analyse allein genügt hier selten.

Cyanide und Cyanamide

Zu den Nitriden kann man auch die *Cyanide* und *Cyanamide* stellen, die wir großenteils schon besprochen haben, so das wichtige *Calciumcyanamid* $CaCN_2$, das unter Kohleabscheidung aus Karbid beim Erhitzen im N_2-Strom entsteht und als Düngemittel wichtig ist (s. S. 119).

Phosphide

B. Phosphide

werden durch Glühen von Oxyden oder Metallen im Phosphordampf erhalten und durch Wasser oder Säuren unter PH_3-Entwicklung zerlegt, so das *Calciumphosphid* Ca_3P_2. ein kristallines, rotbraunes Pulver, das leicht entzündlich ist wie zahlreiche andere Phosphide, und das in den üblichen Lösungsmitteln, wofern es *chemisch* nicht angegriffen wird, sich so wenig löst, wie die Nitride es tun.

Arsenide und Antimonide

C. Arsenide und Antimonide

haben damit vergleichbare Eigenschaften. Doch sind sie metallischer, meist von ganz metallischer Tracht, nur durch Säuren und nicht durch Wasser allein zerlegbar. Auch sie lösen sich nur in Feuerflüssen unverändert.

4. Karbide.

Karbide

§ 249. Einige von den wichtigsten sind schon besprochen, das *Calciumkarbid*, dem die Karbide derselben Gruppe an Aussehen und Eigenschaften gleichen, die *Azetylide*, die zu den Karbiden in ähnlichem Verhältnis stehen wie die Azide zu den Nitriden; dann das *Siliciumkarbid* und andere *Metalloidkarbide* wie CS_2, CCl_4 usw., die man meist nicht als Karbide bezeichnet. In der Hauptsache bleibt der Name wie bei den Nitriden auf feste Metallverbindungen beschränkt, die pyrochemisch aus den Elementen entstehen.

Dem Calciumkarbid schließen sich die Karbide von Ba und Sr an. Auch sie entwickeln mit Wasser Azetylen.

Anders das *Aluminiumkarbid* Al_4C_3; entsteht bei 2000° als hellgelbe Verbindung, die ähnlich dem Karborundum wenig über der Bildungstemperatur unter Graphitabscheidung zerfällt. Mit Wasser entwickelt es wie *Urankarbid* UC_2 *Methan* nach

CH_4 bildende Karbide (Al, U)

$$Al_4C_3 + 6H_2O = 2Al_2O_3 + 3CH_4,$$

was für bequeme Darstellung dieses Gases wichtig ist. Man findet das Karbid als Nebenprodukt bei der Al-Gewinnung.

Titankarbid TiC entsteht im elektrischen Ofen aus TiO_2 und Kohle, gleicht dem Titan selbst, löst sich aber nicht in Salzsäure und wird selbst bei 700° von Wasserdampf nicht angegriffen. Es löst Kohlenstoff wie Eisen, scheidet ihn beim Erkalten als Graphit ab. Vielfach entsteht in Hochöfen:

Kohlenstoffstickstofftitan Ti_5CN_4 in sehr harten Würfeln oder Oktaedern von Kupferfarbe. Auch aus $K_4Fe(CN)_6$ beim Schmelzen mit TiO_2. Glühen in Wasserdampf liefert H_2, NH_3, HCN und TiO_2. *Zirkonkarbid* ZrC entsteht aus $ZrSiO_4$ (*Zirkon*) und Kohle im elektrischen Ofen. *Molybdänkarbid* Mo_2C ist gleichfalls äußerst hart, metallglänzend. *Wolframkarbide* W_2C, WC und W_3C_4 von grauer Farbe sind gleichfalls bekannt. *Urankarbid* C_2U aus C und Uranoxyd im elektrischen Ofen bereitet, gibt mit Wasser Methan und feste wie flüssige Kohlenwasserstoffe.

Mangankarbid Mn_3C dagegen ist sehr weich, eisengrau. Das sehr wichtige *Eisenkarbid* Fe_3C, *Zementit* entsteht beim Zementieren des Eisens und ist für die Härtungsvorgänge des Fe von Belang.

5. Silicide.

Silicide

§ 250. Außer in der ersten Gruppe des periodischen Systems (Ausnahme Siliciumkupfer) kommen sie fast überall in den anderen Gruppen vor und gleichen den Karbiden wie den Boriden (s. w. u.).

Wichtig zur Bereitung der Siliciumwasserstoffe (Silane) nach Stock ist das *Magnesiumsilicid* Mg_2Si, ein blauer kristalliner Stoff, der durch Abbrennen von 1 Teil SiO_2 (mit 0,5 v. H. Alkali) mit 2 Teilen Mg-Grieß unter lebhafter Feuererscheinung entsteht. Zersetzung mit verdünnter Salzsäure liefert die ganze Reihe der Silane, u. a. selbstentzündliche Gase. Die alkalischen Erdmetalle liefern gleichfalls Silicide. Sie sind bei hoher Temperatur starke Reduktionsmittel. Auch mit **B**, **Cu**, **Ce**, **Sb**, **Bi**, **V**, **Ta**, **Mo**, **W**, **Cr**, **Fe**, **Ni**, **Co**, **Pt** (*daher darf man Silikate nicht reduzierend in Platingefäßen glühen*) verbindet sich Si zu kristallisierten Verbindungen, wogegen es von **Ag**, **Au**, **Zn**, **Cd**, **Hg**, **Sn**, **Pb** zwar bei hoher Temperatur gelöst, aber beim Abkühlen fast ganz wieder abgeschieden wird.

Mg_2Si Ausgangsstoff für Silane

Boride

6. Boride.

Mg-Borid Ausgangstoff für Borane

§ 251. Bortrioxyd mit Mg-Überschuß entzündet, liefert ein *Magnesiumborid*, woraus man durch Einwirkung verdünnter Säuren die Borane B_2H_6 und B_4H_{10} gewann (Stock). Von großem Interesse sind die *Aluminiumboride* von ganz unmetallischer, diamantartiger Tracht, die man zum Teil für unvereinigtes Bor, sog. *Diamantbor* gehalten hat. Aus 2 Teilen B_2O_3, 3 Teilen S und 4 Teilen Al-Grieß, die man mischt und im Schamottetiegel zündet, erhält man analog wie Si das Bor durch Weglösen des Aluminiumsulfids mit Wasser und Behandlung des Rückstands mit Salzsäure und nachher mit Flußsäure. Oder man steckt einen Al-Stab in amorphes Bor, das in einen Graphittiegel eingestampft ist, packt ihn in Kohlepulver in einen zweiten Tiegel und glüht 1—2 Stunden bei 1400°. Das Produkt ist fast so hart wie Diamant, der einzig es an Härte übertrifft. Es sind dunkelbraune, gelb bis dunkelrot durchscheinende Prismen oder Tafeln von starker blättriger Spaltbarkeit, die ihre Verwendung beeinträchtigt. Die Zusammensetzung führt auf $B_{12}Al$ oder $B_{15}Al$ und oft ist noch C zugegen. Siedende HNO_3 ist die einzige Säure, die angreift. Luft wirkt selbst bei 2000° nicht ein, wohl aber Cl_2, geschmolzene Alkalien oder $KHSO_4$ oder Phosphorsäure, alle bei Rotglut. Auch dies sog. quadratische Bor (es kristallisiert *nicht* quadratisch) ist offenbar eine Legierung (*feste Lösung*) wie so viele Karbide, Nitride, Hydride u. dgl. pyrogene, „*nicht auflösliche*“, d. h. nur in Feuerflüssen lösliche Stoffe.

Bor-Al

Borkarbid

Borkarbid BC entsteht als graphitähnliche, schwarze Masse aus B_2O_3 und Kohle im elektrischen Ofen. Moissan erhielt das außerordentlich harte B_6C hierbei und beim Lösen von C und Bor in Fe, Cu oder Ag. Es sind schwarze, glänzende Kristalle, die gegen Luft, Cl_2 und Säuren außerordentlich beständig sind und ebenfalls Diamanten polieren können. Auch hier ist die chemische Einheitlichkeit der Stoffe wieder höchst zweifelhaft. Ähnliches gilt von anderen pyrochemisch erhaltenen Boriden.

Zusammenfassung der pyrochemischen Produkte. Schwierigkeit ihrer Reindarstellung

Zusammenfassung der pyrochemischen Verbindungen und pyrochemisch erhaltenen Elemente.

§ 252. Die Metalle wie die anderen Stoffe, die wir hier als pyrochemische Produkte betrachteten, unterschieden sich von den im ersten Teil dieses Buchs behandelten Stoffen durch die *Unschärfe ihrer Reinheit.* Während aus wässerigen Lösungen, richtiger aus Lösungen von Stoffen bei gewöhnlicher, allgemein bei tiefer Temperatur, leicht meist *reine Kristalle* zu erhalten sind, ist das *nicht* so bei *Produkten der Feuerflüsse.* Schon allein die technische Schwierigkeit der Behandlung, die Angreifung der Gefäße wirkt dahin. Aber hier gibt es keine Möglichkeit, zu filtrieren, abzunutschen, mit Stoffen auszuwaschen, die dann einfach verdampfen oder im Leertrockner entfernt werden. Vielmehr muß man in Stufen die Reinheit steigern. Und dennoch gewinnt man oft Stoffe, die trotz ihrer Kristallgestalt noch als Lösungen, als *feste Lösungen* anzusprechen sind, wie man dies längst aus der Mineralogie weiß. Die bloße *Technik der Elementaranalyse hilft hier sehr wenig* und die *Untersuchung der chemischen Reaktionen der Produkte desgleichen.* Denn über die Einheitlichkeit eines nicht auf seine Dampfdichte prüfbaren Stoffs sagen diejenigen Kriterien, die wir bisher nannten, nichts aus. Wir werden erst später erkennen, mit welchen Hilfsmitteln allein man unserem pyrochemischen Gebiet jene Schärfe und Sicherheit, jene wissenschaftliche Reinlichkeit geben kann, die wir bereits mit Befriedigung in der Chemie der festen und flüssigen, verdampfbaren und löslichen Salze, Basen und Säuren wahrnehmen. Um aber die Unschärfe des bisherigen Zustands recht herauszuheben, sollen jetzt noch die Methoden behandelt werden, die zur *Herstellung von Gläsern und keramischen Produkten* führen, Stoffen, die weder selbst eine einfache stöchiometrische Zusammensetzung haben, noch sich bisher auch nur einigermaßen auf Gemische oder Lösungen bekannter Stoff-(d. h. Molekel-)arten haben zurückführen lassen. Und dasselbe wird sich von den Kohle- und Teerrückständen, Harzen u. dgl. sagen lassen, die bei der trockenen Destillation organischer Körper hinterbleiben und uns später beschäftigen werden.

C. Pyrochemie höherer Verbindungen.

Pyrochemie höherer Verbindungen

§ 253. Wenn auch hier eine Reihe von anderen Stoffen hingehören, wie die *Wolframbronzen*, so umfaßt das Gebiet doch fast überwiegend die *Chemie der Silikatschmelzen* und *Sinterungsprodukte* und die der *Destillationsrückstände organischer Materie*, die trockene Destillation.

1. Definierte höhere Verbindungen.

Hierher gehören die definierten Salze komplexer, nichtflüchtiger Säuren. Zwischen ihnen besteht ein innerer Zusammenhang. Denn die Koeffizienten der Atome in deren Formel sind hier sehr oft analog oder identisch, auch wenn es sich um verschiedene Elemente handelt, wovon die komplexen Säuren sich ableiten.

Die Molybdate und Wolframate sind zum Teil von sehr komplexen Säuren abzuleiten. Man kennt *P-Wolframsäuren*, *As-Wolframsäuren*, *V-Wolframsäuren*, *Si-Wolframsäuren* u. a. m. und ähnlich mannigfach sind die *Komplexe des Molybdäns.*

Ebenso sind zum Teil analoge *Alumokieselsäuren* bekannt, allerdings nur in den von der Natur gebotenen Silikatmineralien. Von unmittelbarem pyrochemischem Interesse sind u. a. die Verbindungen des WO_2 mit Na-Wolframat, die durch ihren starken Metallglanz und ihre sehr schönen Farben ausgezeichneten *Wolframbronzen.* Man erhält sie durch teilweise Reduktion geschmolzenen Wolframats mit Wasserstoff, Zinn oder kathodischer Wirkung. Blau ist $Na_2W_5O_{15}$, rot $Na_2W_3O_9$, rotgelb $Na_4W_5O_{15}$, goldgelb $Na_5W_6O_{18}$. Sie kristallieren sehr schön.

Wolframbronzen

2. Glas und keramische Produkte.

A. Glas.

Glas Definition

§ 254. *Gläser sind homogene Schmelzen, die durch Feuerfluß gewonnen sind und ein breites Erweichungstemperaturintervall haben, worin sie zäh genug sind*, um glastechnisch verarbeitet zu werden. Es sind ganz überwiegend *Silikate* und *Alumosilikate*, auch *Borate* und zum Teil *Metaphosphate.* Dazu kommt die *Kieselsäure* SiO_2 selbst, die *Zirkonsäure* ZrO_2, das *Bortrioxyd* B_2O_3 und die *Metaphosphorsäure* HPO_3. Alle diese Stoffe haben mehr oder minder das Vermögen, innerhalb gewisser Grenzen beliebige Mengen von Basen klar aufzulösen. Dabei ist es meist gänzlich unbekannt, wieweit die gelösten Stoffe dabei in Verbindung übergehen. Unter den Basen sind die *Alkalien* dadurch ausgezeichnet, daß sie *wasserlösliche Gläser* geben; basische Silikate durch ihre Säurelöslichkeit, wobei Kieselsäure sich abscheidet; sauere durch ihre große Beständigkeit und hohe Erweichungstemperatur. *Borate* schmelzen tiefer, ebenso *Bleigläser;* aber beide sind ausgezeichnet, die ersteren durch ihre *thermischen* Eigenschaften, beide durch ihre *optischen.* Borate werden stets mit Silikaten zusammen geschmolzen als *Borosilikatgläser* benützt. Aluminiumgehalt erhöht den Schmelzpunkt.

Borosilikatgläser

Metaphosphat- und Boratgläser sind wegen Phosphorsalz- und Boraxperlenfärbung analytisch wichtig.

Gläser können klar sein, ganz homogen. Dann haben sie muschligen Bruch, leiten Wärme und Elektrizität schlecht und haben, wie Elektrolyse heißen Glases zeigt, ein *festliegendes Anionenskelett,* worin ein Teil der Kationen wie Ag oder andere Metalle wandern und sich austauschen kann. Man kann sie also, soweit Silikate, als Lösungen von Basen *oder* Silikaten in Kieselsäure auffassen, womit aber noch wenig gewonnen ist. Glas kann auch durch Kristalle getrübt sein. Es geht, lange auf dem Erweichungsgebiet erhalten, langsam in eine mit Kriställchen erfüllte Masse über, *entglast.* D. h. es kristallisieren Silikate oder Gemische von solchen und Kieselsäure aus. Es gibt Borate, die überhaupt nicht zum Entglasen gebracht werden konnten. Es handelt sich hier um Fragen der Kristallisationsgeschwindigkeit, die uns später beschäftigen müssen.

Anionenskelett im Glas

Entglasung

Das gewöhnliche Glas ist *Kalkglas,* das, wenn nur geblasen *Hohlglas,* wenn nachher zu Tafeln geformt *Tafelglas* heißt und geschliffen oder poliert *Spiegelglas* ist. Schöner färbbar, glänzender, schwerer und teuerer ist *Bleiglas* oder *Kristall,* worin der Kalk zum Teil durch Blei ersetzt ist.

Kalkglas

Bleiglas

Glas ist meist aus 70—75 v. H. SiO_2, *12—18 v. H. Alkalioxyd und 11—12 v. H. Kalk zusammengeschmolzen*, entspricht etwa der Zusammensetzung eines „*Normalglases*“:

Zusammensetzung von Glas

Normalglas

$$6\,SiO_2 . Na_2O . CaO .$$

Alkali erhöht die thermische Ausdehnung, setzt die Schmelztemperatur und die Widerstandsfähigkeit herab. Kalk, Kieselsäure und Tonerde erhöhen die Strengflüssigkeit. Kieselsäure steigert die Sprödigkeit, Tonerde vermindert sie und wirkt der Kristallisation entgegen. *Je mehr Basen im Glas, desto tiefer pflegt es zu schmelzen. Das spricht dafür, daß die Basenüberschüsse einfach gelöst sind* (s. Bd. II).

Das spez. Gewicht gewöhnlichen Glases ist rund 2,5.

Sehr schnell gekühltes Glas ist spröde und hat eine sehr feste Erstarrungshaut, deren Anätzung zwar das Glas nicht zum Springen veranlaßt, wohl aber ihre Ritzung. De la Bastie erfand das *Hartglas,*

Eigenschaften von Glas

Hartglas

das beim Abschrecken frisch hergestellter Glasgegenstände in glühendem Zustand in Öl oder Harz entsteht und nach ihm *chemisch* anders ist, als gewöhnliches Glas. Darin wird er wahrscheinlich zum Teil recht haben. Denn es beweist nichts *gegen* seine Ansicht, daß man durch Umschmelzen von Hartglas wieder gewöhnliches Glas erhält. Zahlreiche Hohlglasgegenstände können nicht so langsam gekühlt werden, daß sie sich nicht doch mit Hartglas überzögen. Dies benützend hat Schott in Jena, dem die Glasindustrie nächst den Brüdern Siemens, den Erfindern des Regenerativofens viel verdankt, ein *Verbundglas* hergestellt, das zu Wasserstandsröhren, chemischen Geräten, Lampenzylindern usw. sich sehr gut eignet. Das rasch zu kühlende Hohlglas erhält einen Überzug aus weniger stark sich ausdehnendem Überfangglas. Dies härtet auch das Innere. Verbundglas Überfangglas

Herstellung der Silikatgläser. Herstellung der Silikatgläser

§ 255. Reiner Sand, tunlichst eisenfrei, ist der Hauptbestandteil. Auf 100 Teile davon benützt man rund 40 Teile Soda und 20 Kalkstein. Statt Soda dient auch das wohlfeile Natriumsulfat, weniger gut das schwerer durch SiO_2 zersetzbare Kaliumsulfat.

Zur Zersetzung fügt man Kohle zu und läßt das verdünnte SO_2 entweichen. Zuviel färbt gelb durch Sulfidbildung. Der Kalk ist bei feinen Gläsern Marmor, sonst nimmt man selbst mergeligen Kalk zu gewöhnlichem Glas. Ein Zusatz von Flußspat erleichtert das Einschmelzen, aber zuviel davon löst sich nicht mehr klar auf.

Zum *Entfärben des Glasflusses*, der vor allem durch FeO grün gefärbt ist, dient die „*Glasseife*", der *Pyrolusit* (von πῦρ Feuer und λύω löse) oder *Braunstein* MnO_2, etwa $^1/_2$ v. H. Er oxydiert das Eisen zur weniger färbenden Ferristufe und verdeckt zugleich durch schwache Violettfärbung das komplementäre Grün. Doch lassen sich starke Eisenfärbungen so nicht beseitigen. Statt Braunstein hat man auch Nickelsilikat benützt, das gelbrötlich färbt. Endlich Salpeter. Letzterer wird ähnlich der arsenigen Säure zum Klären verwendet, wobei die Gasentwicklung beim Untertauchen von Stücken des Arsenglases zu seiner starken Verdampfung und damit zur Mischung des Glases und zum Entweichen der eingeschlossenen Gasblasen führt. Arsenik dient bei allen feinen Gläsern. Antimonspuren erhöhen den Glanz der Gläser. Entfärben und Klären Glasseife

Man schmelzt die gutgemischten Rohstoffe ein, erhitzt die Schmelze zuletzt zur Weißglut und klärt sie dann durch Untertauchen von Arsenik, von grünem Holz oder einer angespießten Kartoffel. Dabei wird die *Glasgalle* als Schaum auf dem Glas angesammelt, die Gips, Sulfat u. a. enthält, aber nur in kleiner Menge abfallen soll. Glasgalle

Man erhält dasselbe Glas aus demselben Glassatz nur bei gleicher Mischung, gleicher Heizdauer und Heizart, im gleichen Ofen und gleichartigen Gefäß, bei gleichem Brennstoff. Das erschmolzene Glas hängt also durchaus noch von der *Vorgeschichte* ab. Dafür haben wir bisher bei den früher besprochenen Stoffen noch kein Beispiel gehabt. Reproduzierbarkeit eines Glases Abhängigkeit von der „Vorgeschichte"

Immerhin sind die Eigenschaften der Gläser, die aus demselben Satz entstehen, doch für die Praxis nicht allzu verschieden, so daß der Einfluß der Vorgeschichte nicht verhängnisvoll wird.

Siemens Regenerativöfen

Zur Großindustrie wurde das Glasmachen erst durch die *Regenerativöfen von Siemens,* die die unsaubere und verschwenderische Holzfeuerung oder Steinkohlenfeuerung durch Gasheizung ersetzen. Man unterscheidet *Hafenöfen* und *Wannenöfen.* Die Öfen sind Gewölbe aus Quarzsteinen deren übriges feuerfestes Mauerwerk aus Schamotte besteht. Unter ihnen liegt die Generatorfeuerung.

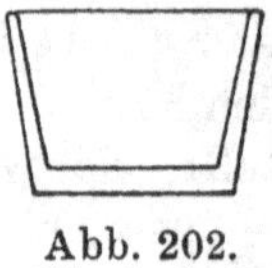

Abb. 202. Glashafen.

Abb. 203. Haubenhafen.

Hafenofen

Die *Hafenöfen* tragen auf einer Bank aus Sandstein oder Schamotte Häfen, offene Töpfe (Abb. 202) von 1,1—1,5 m Durchmesser mit der Glasmasse oder *Haubenhäfen* (Abb. 203), die den Glasfluß vor den reduzierenden Ofengasen, vor allem aber vor Flugstaub schützen. Die Häfen sind aus Hafentrümmern und Schamotte mit so wenig Ton als möglich hergestellt, langsam getrocknet
ı angebauten *Temper-*
ie Zinkretorten) auf
eheizt, bevor sie in
ommen. Sie halten
ıhr aus, im Durch-
igstens. In ihnen
ıuf dem Glas ein
ıg, in dessen Innerem
nelze gallefrei halten
wird das Glas zur
entnommen. Bricht
ler verliert man Glas beim Herausholen, so fließt es von der geneigten Bank aus in die Glastasche *t* ab. Die *Wannenöfen* enthalten das Glas in einer oder mehreren großen Wannen *W,* die von unten gekühlt sind, um die Reaktion des Glases mit dem Boden der Wanne zu mindern und sie nur mit zähem Glas in Berührung zu bringen. Für Spiegelglas hat man lange Wannen nötig. In den Wannen schwimmen an den Arbeitsöffnungen *c* des Ofens die Schamotteringe vertretende Schamotteschiffchen mit Querwänden, über die auf- und absteigend die Glasmasse sich zu reinigen gezwungen ist. Beide Ofenarten sind hochgebaut, so daß die Gase sich oben weit entfalten und von oben her das Glas umspülen können (*Prinzip der freien Flammen-*

Abb. 204a. Hafenofen.

Wannenöfen

entfaltung von Fr. Siemens). Statt der Regenerativfeuerung mit den abwechselnden Wärmespeichern *R* hat man auch Glasöfen mit Rekuperativfeuerung (Abb. 204 Hafenofen, Abb. 205 Wannenofen).

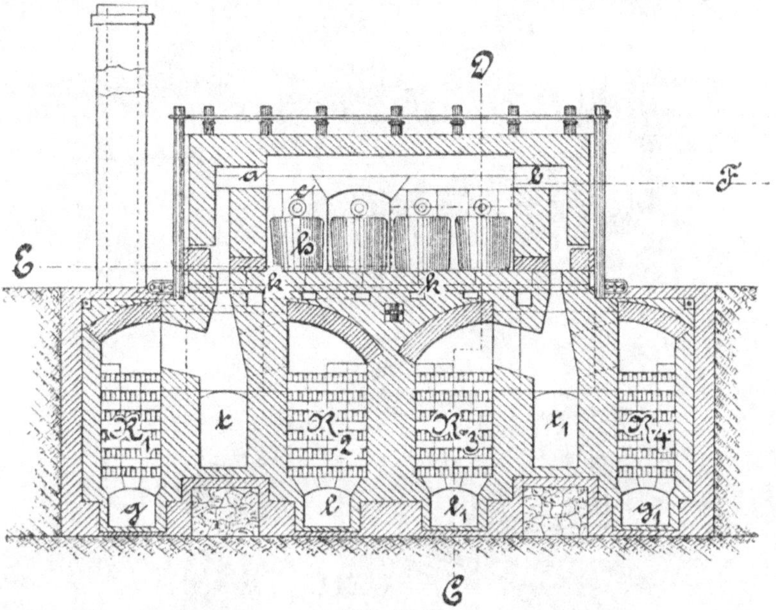

Abb. 204 b.

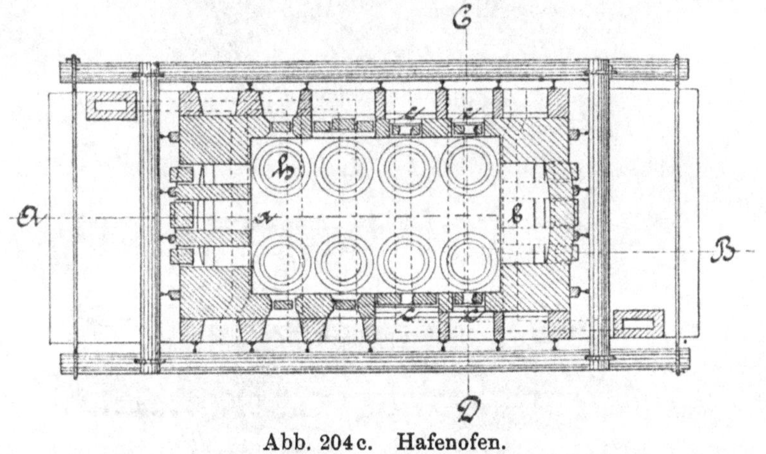

Abb. 204 c. Hafenofen.

Die Verarbeitung des Glases geschieht von alters an der *Glaspfeife*, einem schmiedeeisernem Rohr, wodurch der herausgeholte Glasposten früher mit Lungenkraft, heute meist mit Druckluft aufgeblasen und, wie Abb. 206 zeigt, der Reihe nach weiterverarbeitet wird. Oder man ver- Glasblasen

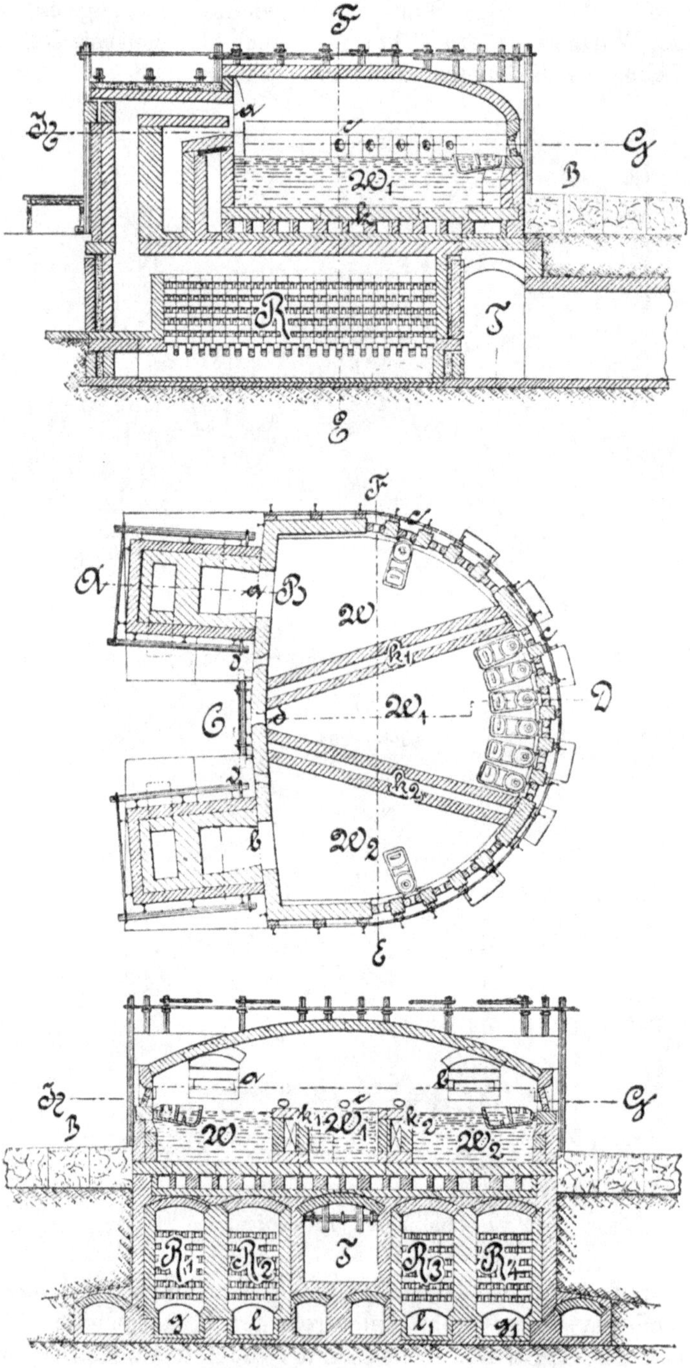

Abb. 205. Wannenofen.

bläst in Formen oder endlich man gießt das Glas. Spiegelglas, Tafelglas überhaupt kann man durch Aufschneiden von Zylindern und Auswalzen erhalten. Sofort nach der Formgebung kommt das Glas in den Kühlofen, wo es sehr langsam abkühlt. Spiegelplatten werden, um Verziehen zu umgehen, auf sehr dicken Eisenplatten hergestellt und dann auf Sandunterlage geschoben, wo sie sich zwar mit Sand verunreinigen, aber gleichförmig zusammenziehen können. Später schleift man sie dann unter Wasserzufluß mit Sand, danach mit Schmirgel ab, während die andere Seite der Platte mit Gips auf eine Unterlage aufgekittet ist. Man poliert zuletzt mit Polierrot (Eisenoxyd). Die Scheibe verliert durch die ganze Behandlung etwa die Hälfte ihrer Dicke. Gebogene Spiegelscheiben erhält man durch Pressen der polierten Scheiben nach nochmaligem Erweichen in geeigneten Eisenformen. Tafel- und Spiegelglas

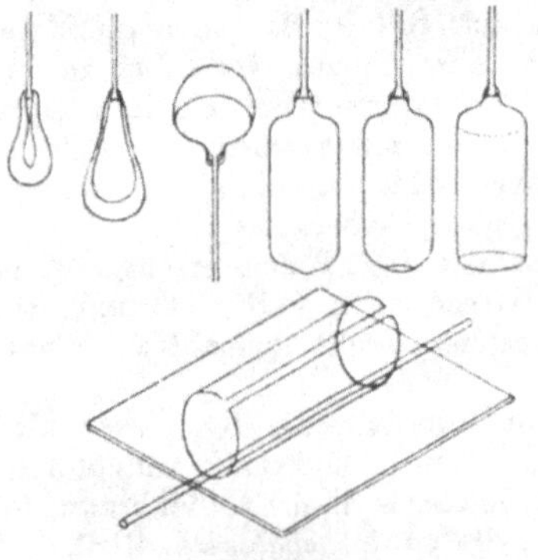

Abb. 206.
Glasblasen.

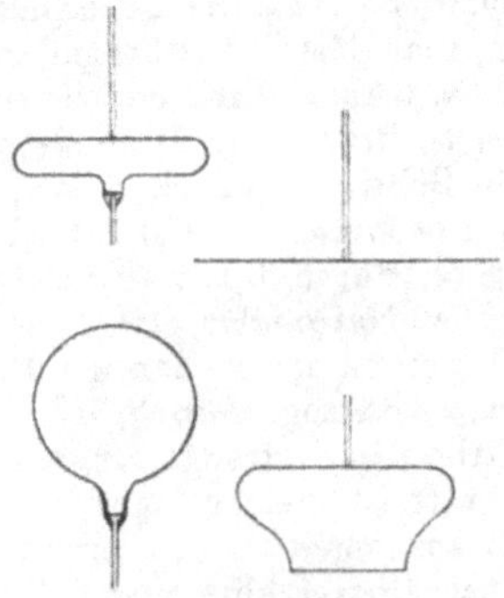

Abb. 207 a.
Nabelglas.

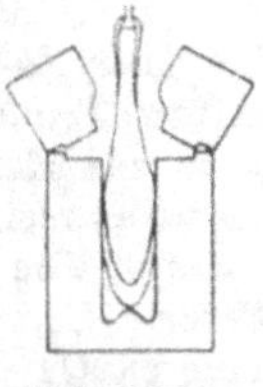

Abb. 207 b.
Flaschenblasen in Form.

Auch *Mondglas* (*Kron-*, *Crownglas*) ist Flachglas, aber auf eigentümliche Weise hergestellt. Man heftet an eine Glaskugel ein *Nabeleisen*, womit man sie flachdrückt, sprengt die Pfeife ab (Abb. 207 a) und zentrifugiert durch Rotation des Nabeleisens das Glas zu einer Platte auseinander. Sie kann so dünn werden, daß man Deckgläschen für Mikroskope daraus erhält, während der Butzen für Butzenfenster dient. Kronglas

Besondere Gläser sind die *gefärbten* und *Milchgläser*, die *Bleigläser* und die *physikalischen Spezialgläser*.

Flaschenglas (Abb. 207 b) Flaschenglas

muß saueren Flüssigkeiten viel Widerstand entgegensetzen, was man durch sehr viel Kalk, wenig Alkali und merklichen Tonerdegehalt erzielt (z. B. 60 v. H. SiO_2, 20 CaO, 1—10 Al_2O_3, 5 Alkali und ebensoviel Fe). Die grüne Farbe ist bei FeO stark, bei Fe_2O_3 schwach. Beide erhöhen die Schmelzbarkeit. In basischen Gläsern färbt Eisenoxyd braun bis rot. Damit kommen wir zu den

Farbgläsern. Farbgläser

§ 256. Hier ist es von größtem Interesse, daß die Farbe nicht bloß vom Glassatz und der Temperatur, sondern vor allem auch von der *Dauer der Erhitzung* abhängt. Die Farbe kann entweder vom Schmelzprozeß ab dem Glas eigen sein oder das Glas hat die färbenden Stoffe (z. B. Cu, Ag, Au) farblos gelöst und färbt Anlauffarben sich erst beim Anwärmen des erstarrten Schmelzflusses in *Anlauffarben*. Im letzteren Fall dürfte es sich um die Zersetzung farbloser Silikate handeln unter Bildung Kolloidfarben kolloidaler Metallösung. Manche Farben, z. B. Kupferrubin lassen sich nicht in blassen Tönen erzeugen, deshalb überfängt man Gläser, die die Farbe erhalten sollen, mit einem nur dünnen Überfangglas. Solches dient auch dann, wenn man durch nachheriges Ausschleifen Zeichnungen auf andersfarbigem Grund erscheinen lassen will. Beim Überfangen verbläst man die beiden Gläser gleichzeitig, indem man nacheinander die Pfeife in die verschiedenen Flüsse taucht. Man kann Farbsilikate aber auch leicht schmelzbare Bleifarbgläser auftragen und in das fertige Glas einbrennen.

Grün erzeugt man auf verschiedene Weise. FeO oder Fe_2O_3 liefert das gewöhnliche Grün, $K_2Cr_2O_7$ ein tiefes, leicht gelbliches Grün. Dabei kann sich beim Erkalten Chromoxyd in Flittern ausscheiden und den *Chromaventurin* liefern. Blaugrün wird durch CuO hervorgebracht, aber nur in SiO_2- und alkaliarmen Gläsern. Gemische von CuO mit wenig Chromoxyd und einem Bleiglas geben Smaragdgrün, sog. *künstlichen Smaragd*.

Gelb kann man als Anlauffarbe erhalten mittels Silber, das sich als Metall in kleinen Mengen klar löst. Anwärmen erzeugt sehr schönes Gelb, bei zu viel Silber wird das Glas trübe. Einbrennen eines silberhaltigen Tonbreis in Bleiglas heißt man „*lasieren*". Braun und Braungelb erhält man mit Eisenoxyd und Braunstein. Gelb durch Schwefelalkalien, CdS, Ceroxyd oder in Bleiglas Uranoxyd. Letzteres führt im gewöhnlichen Glas zu lebhaft grüner Fluoreszenz.

Blau wird schon durch 0,1 v. H. CoO in sehr tiefen Tönen erzeugt. Ohne Cu- oder Fe-Zusatz ist Natronglas etwas violett. Gläser mit 6 v. H. CoO und mehr heißen *Smalte* und werden im großen als Blaufarbe hergestellt, gemahlen. Smalte dient zur Herstellung von sog. *künstlichem Saphir*.

Braunstein färbt die Natrongläser violett mit Rotstich, die Kaligläser blaustichig. Die Färbkraft ist viel geringer als bei CoO und Reduktion vernichtet die Farbe. Co und Ni zusammen färben braunviolett, letzteres allein rötlichbraun, mit anderen Oxyden aber gibt es eine graue Trübung, die zu *Rauchgläsern* dient.

Schwarz bekommt man mit Hochofenschlacken, Laven, Basalt oder durch Zusatz großer Mengen von Braunstein, Eisenoxyd, CuO oder CoO.

Rot wird als Anlauffarbe erzeugt, wenn man tiefe Töne wünscht. Rosenrot färbt Selen. Sattrot wird Bleiglas durch Kupferspuren unter Zusatz eines Reduktionsmittels wie Fe oder Sn und nachheriges Anwärmen. Mit viel (3 v. H.) Kupfer er-Aventuringlas hält man das *Aventuringlas der Venetianer*, das kleine Metallflitter in braunroter Grundmasse enthält. Für photographische Zwecke wichtiger als das *Kupferrubinglas* ist das Goldrubinglas, dessen Bereitung noch mehr Sorgfalt erfordert. $^1/_{100}$ v. H. Au führt zu einem farblosen, gelben oder grünlichen Glas, das bei Dunkel-Goldrubinglas rotglut satt rubinrot wird. Die Entdeckung dieses prachtvollen *Goldrubinglases* verdankt man Neri und Kunkel (1630—1703).

Mosaik Die Glasmalerei bediente sich zuerst nur der *Mosaiktechnik*, einfarbige Glasstücke durch Bleistreifen zu Bildern zu vereinen. Erst später gelang die Bemalung ganzer Tafeln. Auch die Mosaik der Römer, Byzantiner und Venetianer verwendete Glasstifte, die in einen Zement eingesetzt und plangeschliffen wurden.

Lüsterfarben *Lüsterfarben* erhält man durch Einbrennen von „*Resinaten*", Lösungen harzsauerer Metalloxyde in Lavendelöl, in Muffeln. Die Oberfläche schillert meist rötlichgelb, metallisch. Andere Oberflächenfarben erzeugt man mit Anätzen in Salzsäure oder Zinnchloriddampf. Das Glas *irisiert* dann, wie Perlmutter.

Mit sehr blei- und borsäurereichen Gläsern emailliert man Kunstgegenstände. Email Die *Email* wird undurchsichtig, wenn Zinnasche beigefügt wird. In Byzanz, Venedig und Japan ist diese Technik sehr ausgebaut worden.

Die Email für emaillierte Geschirre dagegen ist zwar auch bor- und zinnhaltig und undurchsichtig, aber bleifrei und reich an Tonerde. Man brennt zuerst bei dunkler Rotglut einen Untergrund auf dem gut gereinigten Eisen fest und trägt darauf die schmelzende Glasur in mehreren Schichten auf. Sie wird in der Muffel eingebrannt.

Retikuliertes, *Millefiori-* und *Filigranglas* wird erhalten, wenn man farbige Glasstäbchen und Röhrchen halbweich miteinander unter Drehen und Verbinden zu Bündeln und Spiralen miteinander verschmelzt. Es sind auch Produkte der Venetianer. Retikuliertes Glas

---

Spiegel hat man früher mit Amalgam belegt, heute versilbert man sie auf nassem Weg (s. w. o.) oder platiniert sie auch wohl durch Einbrennen von Platinchlorid, das mit Borsäure und Lavendelöl als Paste angerührt wird. Spiegel

Milchglas ist Glas, das durch Knochenasche (*Beinglas*) oder Phosphorit rötlich oder durch Kryolith (*Kryolithglas*) bläulich oder mit Fluorit, Feldspat, Zinnasche, Zinkoxyd, Kieselsäureüberschuß getrübt ist. Letzterer Zusatz liefert bei kalkarmen Kaligläsern *Alabasterglas*. Milchglas

Mattglas wurde früher als *Musselinglas* durch Einbrennen gepulverten, mit Gummi angeriebenen Bleiboratglases, heute mittels des Sandstrahlgebläses oder für feinere Arbeit mit Anätzen mittels Flußsäure erhalten. Verdünnte flüssige Säure ätzt klar, konzentrierte H_2SO_4 mit Fluorit oder z. B. Gemische von $KHFl_2$ mit Salzsäure und Alkalisalzen matt, weil hierbei Kieselfluoralkalien sich absetzen, um so feiner, je weniger sie infolge der Gegenwart der anderen Alkalisalze löslich sind (s. S. 289 ff.). Mattglas

Kristallglas

Kristallglas

§ 257 kann entweder *böhmisches Glas* sein, d. h. ein sehr saures Glas, oder es ist *Bleiglas*, das sich der Normalzusammensetzung

$$6\,SiO_2 . K_2O . PbO$$

nähert und *dann* chemisch nicht wesentlich angreifbarer ist, als Kalknormalglas. Bleigehalt aber setzt die Widerstandskraft schnell herunter, ebenso die Härte, während das Lichtbrechungsvermögen und die Dichte steigt. Letztere liegt meist über 3. Das englische Kristallglas ist ein derartiges Bleiglas. Die Bleigläser schmelzen leicht und nehmen daher nicht leicht aus der Wand der hier nötigen Haubenhäfen Eisen auf. Ihre leicht gelbliche Färbung beseitigt man mit Braunstein oder Nickeloxyd. Geschliffen zeigen sie ein starkes Farbenspiel, so daß Strasser 1790 aus dem nach ihm benannten Glasfluß Straß, einem schweren Bleiglas, leicht *falsche Diamanten* und mit färbenden Oxyden andere nachgeahmte Edelsteine herstellen konnte.

Als Bleioxyd nimmt man meist Mennige, um zugleich das Glas zu oxydieren (z. B. 3 Sand, 2 Mennige, 1 Pottasche). Gemische aus Blei- und Kalkglas heißen *Halbkristall*.

Optische und Thermometergläser

Thermometergläser

haben vor allem Abbe und Schott zweckmäßig herzustellen gelehrt. Die *Thermometergläser* sollen geringe Ausdehnung haben und mit dieser nicht *„nachhinken“*. Das (*Zink-*) *Normalglas 16 III* enthält Tonerde und Borsäure und dient allgemein zu Thermometern und Aräometern, da es noch leicht schmelzbar ist, während das *Borosilikat 59 III* mit 72 v. H. SiO_2 sehr hoch schmilzt und daher für Quecksilberthermometer mit Stickstoffüllung dient, die bis 500° hinauf zu brauchen sind.

Jenaer Geräteglas.

Jenaer Geräteglas besteht aus ZnO und BaO, SiO_2, Al_2O_3 und B_2O_3 und zeichnet sich durch große Widerstandsfähigkeit gegen plötzliche Temperaturänderung aus. Geräte aus ihm tragen einen Stempel, der es bezeichnet.

Optische Gläser

Das köstlichste Erzeugnis des Glasofens ist das *optische Glas*. Fluorgläser zerstreuen das durchtretende Licht am wenigsten in seine verschiedenen Arten, aber die Flüchtigkeit des $SiFl_4$ macht hier die Reproduzierbarkeit einer bestimmten Glassorte nicht gut möglich, Phosphatgläser zerstreuen gleichfalls wenig, brechen aber dabei das Licht stark. Die umgekehrte Eigenschaft haben die ganz schweren (sp. Gew. 6,3) Bleigläser. Die Beziehung zwischen Brechung und Zerstreuung des Lichts und der Zusammensetzung der Gläser, sowie ihre Verwendung in optischen Instrumenten beschäftigt uns in der Photochemie.

Sehr wichtig ist bei allen optischen Gläsern die gleichmäßige Mischung, die im Haubenhafen durch Umrühren mit einem Porzellanstab erzielt wird, und die langsame und gleichförmige Kühlung, die man mit nachfolgendem Verfahren erreicht. Der Glasfluß, durch Rühren von Blasen befreit, erstarrt rasch im Hafen beim Herausnehmen und kühlt darin ab. Dann wird der Inhalt zerschlagen, die Stücke sortiert und die geeigneten in Tonkapseln wieder bis zum Erweichen erhitzt. Die Feinkühlung (Glaswerke Schott Jena) zwischen 470°, wo das Glas noch weich ist, daß es keine Spannungen hat, und 370°, wo es ganz erstarrt ist, dauert 4 Wochen. Dann wird das Glas nach völligem Abkühlen zum Schleifen gegeben.

Feinkühlung optischer Gläser

Guinand, Fraunhofer und Bontemps haben zuerst anfangs des 19. Jahrhundert die Herstellung guter homogener Linsen gelehrt.

Verwendung von Glas

Glas dient neuerdings auch als *Baustein*, und Glasplatten, die um Drahtgitter gepreßt wurden, zeichnen sich durch Feuerfestigkeit aus, da sie zwar springen, aber nicht auseinanderfallen. Entglaste Schmelzen können in Formen gepreßt und als *Keramowandbelag* benutzt werden. In der Tat kommt es beim Einfrieren von Glaswannen vor, daß große Kristalldrusen sich bilden; das hübsche *Eisblumenglas* hat aber mit der Kristallisation des Glases nichts zu tun, sondern wird durch Bepinseln fertigen Glases mit starkem Leim erhalten, der beim Eintrocknen so fest am Glas haftet und zugleich so stark schwindet, daß er aus dem Glas Stücke herausreißt und so zu eisblumenartigen Zeichnungen führt.

Kristallisation des Glases

Eisblumenglas

Technische Prüfung von Glas

Die *Prüfung von Glas* auf seine technische Qualität geschieht vor allem durch Dämpfen mit konzentrierter Salzsäure oder Schwefelsäure, die innerhalb 24 Stunden keine merkliche Trübung geben dürfen. Antike Gläser sind meist schon durch die bloße Wirkung der Atmosphäre oberflächlich so geschädigt, daß eine alkalifreie Schicht von Silikaten ihnen trübe aufliegt und irisiert. Gute Gläser sollen gepulvert an heißes

Wasser oder Säure auch bei längerer Einwirkuug nichts lösliches abgeben. Diese Eigenschaft haben Normalgläser mehr als die basischen. Angeätztes Glas nimmt aus einer Eosinlösung mehr von dem roten Farbstoff auf. Eosinprobe

3. Tonprodukte.

A. Feuerfeste Steine.

Feuerfeste Steine

§ 258. Feuerfest sind solche Steine, die bei sehr hohen Temperaturen noch nicht schmelzen und zugleich gegen Flugstaub und Heizgase chemischen Widerstand leisten. Man unterscheidet *saure*, *neutrale* und *basische*, je nach dem Kieselsäuregehalt.

a) *Dinassteine*, *Silikatsteine*, *Quarzsteine* werden aus reinem grobkörnigem Quarzit mit 3 v. H. Ätzkalk oder etwas Ton (Ton- und Kalkdinas) gebrannt, wobei Kalksilikat die Körner verkittet. Die Steine *wachsen* im Feuer durch Umwandlung des Quarzes in Tridymit (s. Bd. II) um etwa 5 v. H. und eignen sich daher zu Gewölben (Glasöfen), aber sie springen leicht bei schroffem Temperaturwechsel. Setzt man genügend Ton zu, so ergeben sich Steine, die praktisch keine Wärmeausdehnung haben. Sauer sind auch die Tone, die als *Schamotte* im scharf gebrannten Zustand benützt werden. Sie müssen an Flußmitteln, also an Metalloxyden und Alkalien arm sein.

Quarzsteine

Schamotte

b) *Neutral* heißt ein Ton, der nach $Al_2O_3 . 2SiO_2$ aus Tonerde und SiO_2 gemischt ist. *Kein natürlich vorkommender Ton enthält mehr Tonerde.* Der genannte Gehalt entspricht dem Porzellanton, dem *Kaolin.*

Neutrale Tone

c) Unter Umständen, so z. B. in den Tropen, kann aber noch mehr Kieselsäure verschwinden und dabei *Lateritbildung* oder *Bauxitbildung* eintreten. Aus Schamotte macht man Glasöfen, Wannen und Martinöfensteine, aus neutralen Tonen die Böden und Gestelle der Hochöfen, Kalk- und Zementöfen. Viel feuerfester wird neutraler Ton, wenn man ihm Tonerde im Überschuß beimischt, wie bei der *Marquardtmasse*, die wie alle nicht glasierte Schamotte porös ist. Sie wird von *Bauxitsteinen* mit bis 60 v. H. Al_2O_3 und den daran noch reicheren *Korundmassen* (Dynamidon, Alundum, Diamantin) noch übertroffen. Basische *Magnesit-* und *Dolomitsteine* erhält man ähnlich wie die Schamottesteine aus schon gebrannten Trümmern, die gemahlen mit frischer Masse geformt und nochmals scharf gebrannt werden. Sie dienen als basisches Futter in der Thomasbirne beim Bessemern des Eisens. Sehr hartgebrannt und feinporig sind die Magnesitgeräte für elektrische Öfen, die für geschmolzene Alkalien brauchbar sind. Am höchsten kommt man mit gebrannter oder geschmolzener *Zirkonerde* oder *geschmolzenem Magnesiumaluminat* $MgO . Al_2O_3$.

Marquardtmasse

Magnesitund Dolomitsteine

Zirkonerde und Magnesiumaluminat

d) *Graphittiegel* aus geschlämmtem Graphit und feuerfestem Ton dienen wie *Kohlesteine* (aus Kokspulver und Steinkohlenteer gepreßte und klingend hart gebrannte Steine) für reduzierende Arbeiten, also metallurgische Prozesse, z. B. für die Gestelle der Hochöfen.

Graphit

Kohlesteine

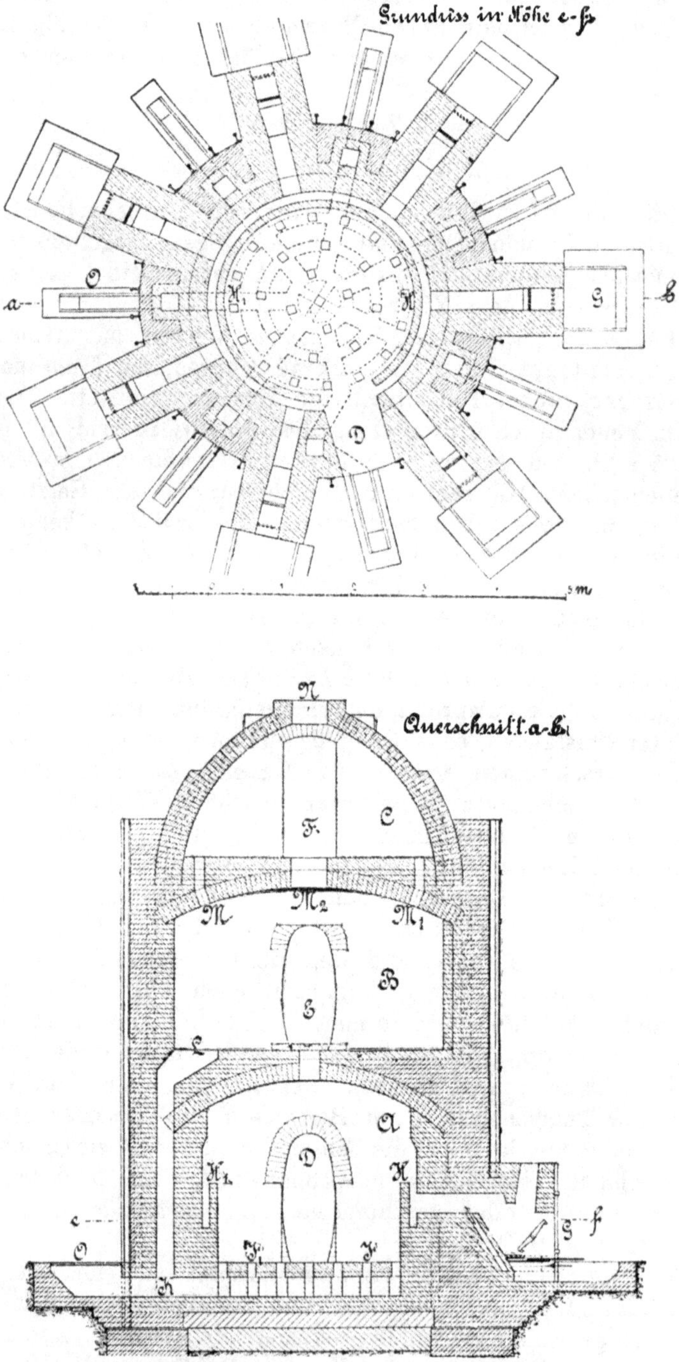

Abb. 208. „Etagen"-Ofen (für Ton- und Porzellanwaren).

Alles feuerfeste Material muß ganz hart gebrannt sein, so daß sein Schwinden bereits in der größten Hauptsache vollzogen ist. Die Temperaturen des Brennens, das in Ringöfen u. dgl. geschieht, werden meist mittels *Segerkegeln* überwacht, dreikantigen Tonkegeln aus verschieden schmelzbaren Mischungen von immer gleicher Beschaffenheit, die eine Schmelzbarkeitsskale bilden je nach der Zusammensetzung des verwendeten Tons. Man setzt die entsprechenden Kegel auf Schamotteplatten im Ofen, wo man die Temperatur überwachen will und beobachtet, welcher Kegel eben noch so weit schmilzt, daß seine sich umbiegende Spitze bis auf die Platte sinkt. Einige 40 verschiedene Kegel lassen so recht befriedigend und genau die nötigen Temperaturen einhalten. Segerkegel zur Temperaturüberwachung

Gebrannt werden die Erzeugnisse der Keramik, der Industrie der Tonprodukte entweder in den Hofmannschen Ringöfen oder in Etagenöfen (Abb. 208), wo sie aus der Feuerung zunächst in den untersten heißesten Raum kommen, durch dessen Boden die Gase abgeleitet zum zweiten kühlenden Stockwerk heraufsteigen und endlich durch das oberste Stockwerk entweichen. Brennöfen

Ein Ofen mit dauerndem Betrieb ist im Gegensatz dazu der Hofmannsche Ringofen oder die verschiedenen aus ihm hervorgegangenen Abänderungen; endlich gehören hierher die *Tunnelöfen*, durch die die zu brennenden Gegenstände auf Wagen hindurchgeschoben werden. Tunnelöfen

B. Die Tonwaren. Tonwaren

§ 259. Die Vorbehandlung der Tone kann uns erst später in der Kolloidchemie beschäftigen. Hier nur soviel, daß man sie vor der Benutzung *„einzusumpfen“* pflegt. Denn durch ein *„Faulen“* wird ihre Bildsamkeit erhöht. Sie ist bei fetten Tonen groß und ist an die Anwesenheit kolloidaler Tonerde und Kieselsäure gebunden. Als Magerungsmittel setzt man Sand oder bei feinen Gegenständen Kaolin oder gebrannten Ton zu. Sie verringern das Schwinden und verhüten daher die Bildung von Rissen und Sprüngen beim Trocknen oder Brennen. Zuerst werden die Gegenstände aus Ton geformt, meist auf der Töpferscheibe (Abb. 209), die in ihren einfachsten Formen uralt und über die ganze Erde verbreitet ist. Dann trocknet man sie langsam und zuletzt folgt das Brennen, das unter Umständen mehrfach vorgenommen wird. Die Trockenschwindung der Tone, auf Entfernung des Wassers beruhend, ist bedeutend, die Feuerschwindung beim Brennen viel kleiner und durch Vereinigung der feineren Tonteilchen zu größeren bedingt. Dabei kann man entweder ein poriges Produkt erhalten, also Ware mit Einsumpfen der Tone

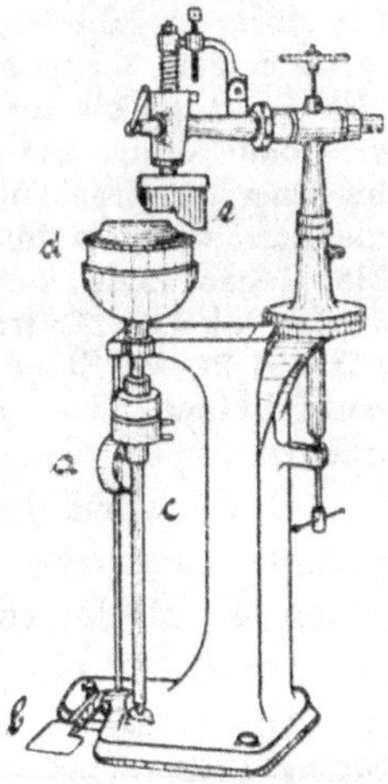

Abb. 209.
Töpferscheibe.

Der Scherben porigem *Scherben*, nicht verglast wie das gewöhnliche Töpfergeschirr u. dgl. Oder man brennt so stark, daß der Scherben sintert und wasserundurchlässig wird. Danach teilt man die Tonwaren in solche mit verglastem und unverglastem Scherben ein.

Verglaster Scherben. Porzellan

1. Tonwaren mit verglastem Scherben.

§ 260. Das vornehmste Erzeugnis ist hier das *Porzellan*, 1695 von Tschirnhausen in Dresden zuerst dem alten chinesischen Porzellan nachgeahmt. Es wird aus dem Verwitterungsprodukt des Feldspats, dem Kaolin „*neutralem Ton*" mit Wassergehalt $Al_2O_3.2SiO_2.2H_2O$ hergestellt, der mikrokristallin, nicht sehr bildsam, höchst feuerfest ist und vollkommen weiß gebrannt wird, selbst bei einem leichten Gehalt an Eisenoxyd.

Hart- und Weichporzellan *Hartporzellan* ist sehr feuerfest und schmilzt höher als *Weichporzellan* und unterscheidet sich von diesem auch durch eine Erdglasur. Beide sind glasiert.

Biskuit Gegenüber steht das *unglasierte Porzellan, Biskuit* u. dgl.

Hartporzellan ist härter als Stahl, durchscheinend und glänzt auf dem Bruch. Es besteht aus einem ungeschmolzenen schwammartigen Gerüst, das mit geschmolzener Masse vollkommen durchtränkt ist. Dies entspricht dem höchsten Grad der Sinterung. Man stellt es aus Kaolinsubstanz dar, die mit $^1/_2$ Teil Feldspat und $^1/_2$ Teil Quarz gemischt wird, mit letzterem übrigens schon häufig leidlich im richtigen Verhältnis gemischt vorkommt. Feldspat und Quarz werden geglüht und abgeschreckt, dann gemahlen, durch Kneten, Schlagen usf. von Luft befreit und mit dem Kaolin innig gemischt und für einige Monate eingesumpft. Dadurch gewinnt die Masse die nötige, immerhin noch geringe Bildsamkeit. In China sumpft man übrigens jahrelang ein. Die geformten Gegenstände werden sehr langsam im Schatten getrocknet, bei starker Rotglut (Sk Segerkegel 010) rohgebrannt, „*verglüht*" (900°), z. B. im zweiten Stock des Etagenofens. Der dann noch porige Scherben wird dann durch den *Glasurbrei* gezogen und überzieht sich durch die Saugwirkung mit einer entsprechenden Menge Glasur, die aus Porzellanmasse mit weniger Ton

Erdglasur und Zusatz von Marmor, Magnesit oder Gips als Flußmitteln besteht (*Erdglasur*). Die Gegenstände kommen jetzt in *Kapseln* (zum Schutz gegen Flugstaub) und werden (Sk 14—17) im *Scharffeuer des Porzellanofens* (bei 1410—1480°) glatt oder während 24—40 Stunden und unter Überwachung mit Segerkegeln und an Proben gar gebrannt. Um ganz weiße Ware zu erhalten muß man im Reduktionsfeuer arbeiten.

Dann wird langsam gekühlt. Im Produkt sieht man in einer glasigen Schmelze Reste von Kaolin und Quarz und Luftbläschen, da-

Sillimanit im Porzellan neben Kristalle von *Sillimanit* $Al_2O_3.SiO_2$, die erst bei 1300—1400° entstehen und ein Kennzeichen für den Scharfbrand bilden.

Porzellanmalerei Die *Porzellanmalerei* bedient sich teils der *Scharffeuerfarben*, die unter die Glasur aufgetragen werden, teils der *Schmelz-* oder *Muffelfarben*, die auf die Glasur in der Muffel eingebrannt werden. Die letzteren sind Bleigläser mit aufgeschwemmten Oxyden. Aus 3 Mennige, 1 Quarz und $^1/_2$ Borax setzt man den Fluß zusammen, dem für Blau Co_2O_3, für Grün Chrom, für Gelb Titanoxyd, Uranoxyd oder Bleiantimoniat, für Braun Manganoxyd, für Rot Goldpurpur (auf SnO_2 niedergeschlagenes Au) oder Chromoxyd auf SnO_2 oder Tonerde gefällt, für Weiß SnO_2, für Schwarz Uranoxyd oder (ganz rein schwarz) Iridium zugefügt wird. Allgemein verschönt ein Zusatz von Zinkkarbonat. Die gepulverte Schmelzfarbe wird

Feuer- und Glanzvergoldung mit dickem Terpentin auf die Glasur gemalt. *Feuervergoldung* wird mit einem Bi_2O_3-Au-Ölgemisch erzeugt und fällt matt aus, wird erst durch Polieren glänzend. *Glanzvergoldung* erhält man, indem man eine Goldaufschwemmung in geschwefelten Ölen aufmalt, *Versilberung* mittels Gold und Platin, da Silber anläuft oder wegbrennt. Man erhitzt im Oxydationsfeuer eben bis zum Schmelzen der Farben (Rotglut) unter dauernder Beobachtung durch das Schauloch der Muffel, die auch ein Abzugsloch für die Öldämpfe hat.

An Scharffeuerfarben ist das Co_2O_3 am wichtigsten, das die blauen *Zwiebelmuster* gibt, aber leicht ausläuft. Chromoxyd für Grün, Uranoxyd für Gelb und Schwarz, Cu für Rot. Zwiebelmuster

Hartporzellan dient auch zu vielen technischen Apparaten wegen seiner guten *elektrischen Isolation* (Isolatoren für Hochspannung), wegen seiner chemischen Widerstandsfähigkeit. Isolatorporzellan

Pukallmasse ist porig gebrannt aus reinem Kaolin, dient zu Filtern. Pukallmasse

Weichporzellan ist ärmer an Tonerde und reicher an Flußmitteln und Kieselsäure, schmilzt tiefer, wird bei 1230—1300° gar gebrannt und dient mehr für Kunstgegenstände und hierher gehört auch das *englische Knochenporzellan*, ein großer Teil der chinesischen und japanischen Porzellane (*Eierschalen-Porzellan* von Seto), die nur einmal gebrannt werden und das ihnen nachgemachte *Segerporzellan*. Desgleichen die *Frittenporzellane* von Sèvres und St. Cloud. Weichporzellan

Steinzeug oder *Klinkerware* hat gleichfalls verglasten Scherben und besitzt dem Stahl überlegene Härte wie auch große Widerstandsfähigkeit gegen chemische Mittel. Es wird zwischen 1180—1300° gebrannt, zweimal, wenn es feines Steinzeug ist wie die *Wedgewoodware* (Jasperware) von antikisierender Form und dann in Kapseln. Das *gemeine Steinzeug*, das in sehr großem Maßstab zu technischen Zwecken hergestellt wird, brennt man nur einmal und ohne Kapseln; es wird allenfalls mittels Einwerfen von etwas Salz mit Salzglasur versehen. Dazu gehören auch die *Mettlacher Plättchen*, die *Bunzlauer Geschirre*. Steinzeug

2. Tonwaren mit porigem Scherben

Poriger Scherben

§ 261. müssen immer glasiert werden, um dicht zu halten. Das *Halbporzellan*, als gewöhnliches Gebrauchsgeschirr in Haushaltungen wie das Sanitätsporzellan der Ausgüsse und Abortschüsseln ist feines Steingut, wird von Stahl geritzt und schmutzt bei Verletzung der Glasur. Es ist *Feldspatsteingut* oder *hartes Steingut*, aus weißbrennenden Tonen mit Feldspat hergestellt. Weicher ist das mit Kalkzuschlag erhaltene *Kalksteingut*. Man brennt zweimal und zwar den Rohbrand bei 1150—1330°, den Glattbrand aber tiefer, bei 900°, wobei das Schwinden viel unbedeutender ist als bei Porzellan und kein Erweichen eintritt. In den Kapseln stehen die Gegenstände deshalb einfach aufeinander. Man färbt mit *Unterglasurfarben* mit Schablonen, Abziehbildern oder mit Spritzmalen. Die Glasur bekommt leicht feine Risse, wodurch Flüssigkeiten in den Scherben eindringen. *Majolika*, *Fayence*, *Satsumaporzellan*, das *Delfter Geschirr* und die Wandfließen gehören hierzu. Steingut

Gemeines Töpfergeschirr wird nur bei niederer Temperatur gebrannt und erhält eine aus Ton und Bleiglätte mit Metalloxyden bereitete Glasur. Halbstündiges Kochen mit 4prozentiger Essigsäure darf nach Reichsgesetz aus Bleiglasuren kein Blei lösen. Das gilt auch für die bleihaltigen Steingutglasuren. Gemeines Töpfergeschirr wird bei niederer Temperatur aus gewöhnlichem Ton gebrannt. Die *Terrakotta* und der Stoff der *porigen Tonzellen* gehört auch hierher. Porige Krüge zum Kühlhalten durchsickernden Wassers (*alcarazzas*) werden aus Ton mit Kohle gemischt gebrannt, wobei die verbrennende Kohle Poren hinterläßt. Gemeines Töpfergeschirr Poriges Geschirr

Ziegel oder *Backsteine* endlich erhält man aus kalkarmen Tonen, die von Pyrit, Gips und größeren Kalkbrocken frei sein sollen. Sie werden in Tonschneidern mit Ziegelpresse nach gründlicher maschineller Durchknetung geformt und dann zuerst geschmaucht, um Wasser zu entfernen. Dann wird erst gebrannt bei etwa 1000°. Das Format ist 25:12:6,5 cm, das Gewicht etwa 3,5 kg, und sie sollen durch einen Druck von 150 kg/qcm nicht zerdrückt werden. 25 mal bei − 15° gefroren und dann in 20grädigem Wasser wieder aufgetaut, sollen sie nicht beschädigt sein und Backsteine Prüfung von Ziegeln an das Wasser keine löslichen Salze abgeben, auch mit Salzsäure keine CO_2 entwickeln. Sulfatgehalt vom Brennen in SO_2-haltigen Ofengasen oder von verwitterndem Pyrit führt zu weißen Auswitterungen. Kann man den Ton zu starkem Sintern bringen, ohne daß er schon schmilzt, so läßt er sich mit Teeröl oder eisenhaltigen Anstrichen im Reduktionsfeuer blau dämpfen und so dicht und fest brennen, daß er mit 350 kg/qcm belastet werden kann. Diese Festigkeit verlangt man von den wasserdichten, festen, schweren, klingend hartgebrannten Klinkern, die u. a. zu Dachziegeln dienen und ihre dunkle Farbe dem Ferroferrisilikat verdanken.

Zement und Wassermörtel

C. Zement und Wassermörtel.

§ 262. Als letztes pyrochemisches Produkt silikatischer Natur betrachten wir die *hydraulischen Kalke, aufgeschlossene stark kalkhaltige Silikate, die allein, ohne Kohlensäure, Wasser abbinden und damit zu wasserbeständigen festen Körpern verwachsen.* Man gibt ihnen Zuschläge, wie dem gewöhnlichen Mörtel Sand zugefügt wird, und erhält so *Wassermörtel.*

Puzzolanzemente

1. *Puzzolanzemente* waren bereits den Römern durch ihre hydraulischen Eigenschaften bekannt. Sie finden sich bei Puzzuoli auf Santorin als Santorinerde und im Rheintal, im Nette- und Brohltal in großen Lagern; bestehen aus zerstäubter, durch Wasserdampf abgeschreckter Lava, die wie auch in geringem Maß die *Bimssteine,* mit Wasser abbinden, im Gegensatz zu den langsam erkalteten Laven. Sie sind reich an Kieselsäure, arm an Kalk.

Traß

Der *Trass* der Eifel, gemahlener derartiger Tuffstein wird mit Kalk gemischt als Zement benützt, oder man macht aus ihm mit demselben Zuschlag die weißen, porigen leichten und festen *Schwemmsteine,* die erst längere Zeit an der Luft erhärten müssen. Ebenso verhält sich *granulierte Hochofenschlacke* wie ein Traß.

Als Kunststein ist auch der Kalkstein zu erwähnen, der aus Quarzsand, 5 bis 8 v. H. gelöschtem Kalk, Formen und Erhitzen in Wasserdampf auf 180° bei 10 Atm. Druck erhalten wird, und worin die Quarzkörnchen durch ein Kalziumhydrosilikat verkittet sind.

Wasserkalk

2. *Wasserkalk* ist ein Kalk mit 10—20 v. H. Ton, der unmittelbar nach dem Brennen mit Sand und Wasser angemacht oder zuerst gemahlen und abgeschreckt wird. Er ist wohlfeil und eignet sich für leichtere Wasserbauten oder solche in feuchter Erde.

Romanzement

3. *Romanzement* wird aus Gemischen mit 50—70 v. H. Kalk und 25 v. H. Ton *unterhalb der Sinterungsgrenze* gebrannt. Da er aber freien Ätzkalk enthält, verträgt er freies Lagern nicht lange. Immerhin bindet er zu ziemlich festen Massen unter Erwärmung ab.

Portlandzement

4. Am wichtigsten sind die *Portlandzemente,* die mindestens bis zur Sinterung gebrannte und dann laut gesetzlicher Vorschrift, den *deutschen Normen,* feingemahlene hydraulische Bindemittel von nicht weniger als 1,7 Teilen CaO auf 1 Gewichtsteil lösliche Kieselsäure (einschließlich Al_2O_3 und Fe_2O_3) darstellen. Portlandzement besteht aus mit Salzsäure leicht zersetzlichen, stark basischen Kalksilikaten, -aluminaten und -ferriten. Dem gebrannten Zement dürfen höchstens 3 v. H. Zusätze gemacht werden.

Der *hydraulische Modul* $\frac{CaO}{SiO_2 + Al_2O_3 + Fe_2O_3}$ beträgt 1,7—2,2. Mit Wasser zu steifem Brei gerührt, bindet Portlandzement 12—15 v. H. Wasser, aber nur unter sehr geringer Erwärmung. Das Erhärten dauert jedoch Monate und Jahre. Man unterscheidet *Schnell-* und *Langsam-*

Schnell-, Langsam- und Normalbinder

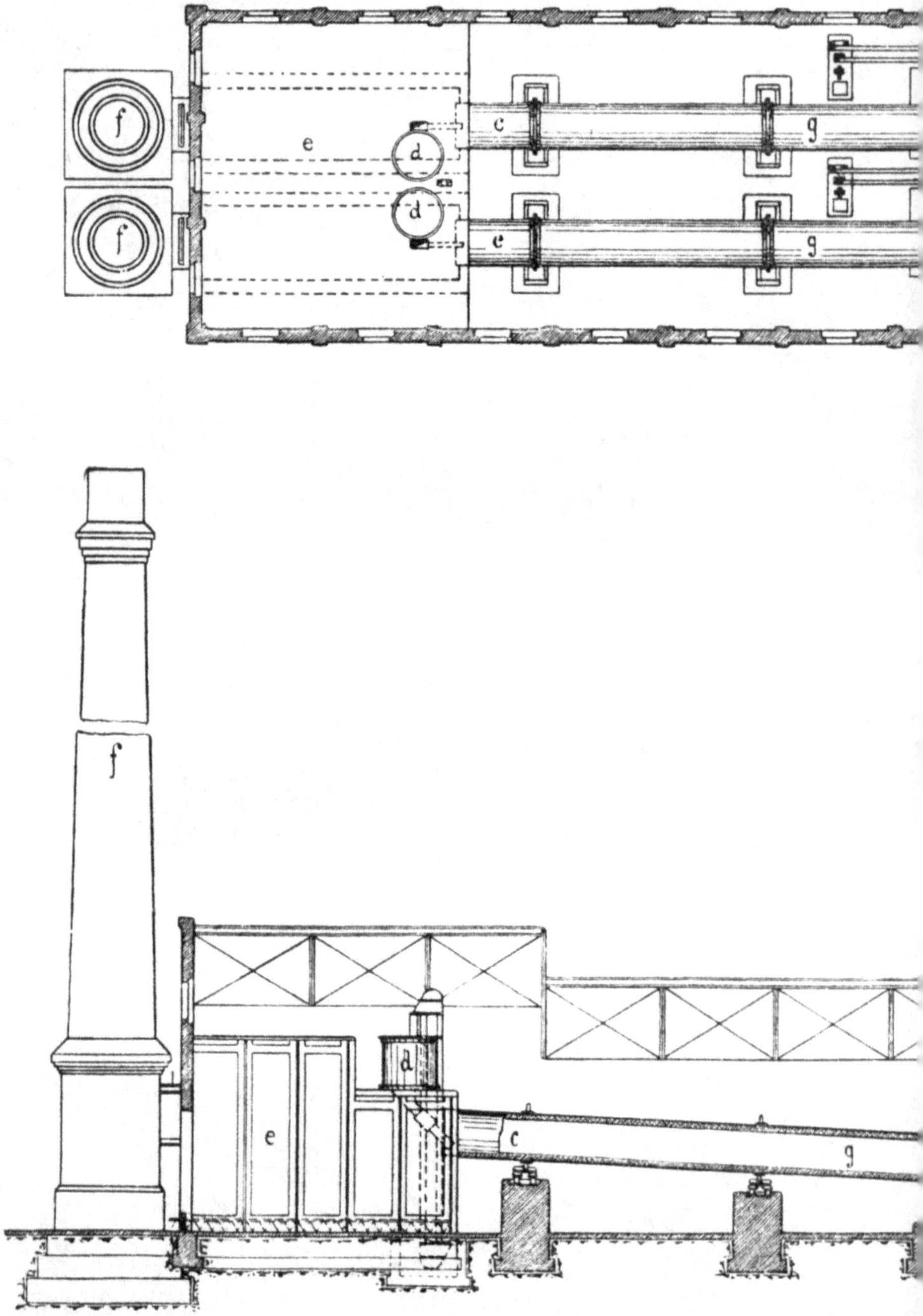

Abb. 210a. Drehrohrofen

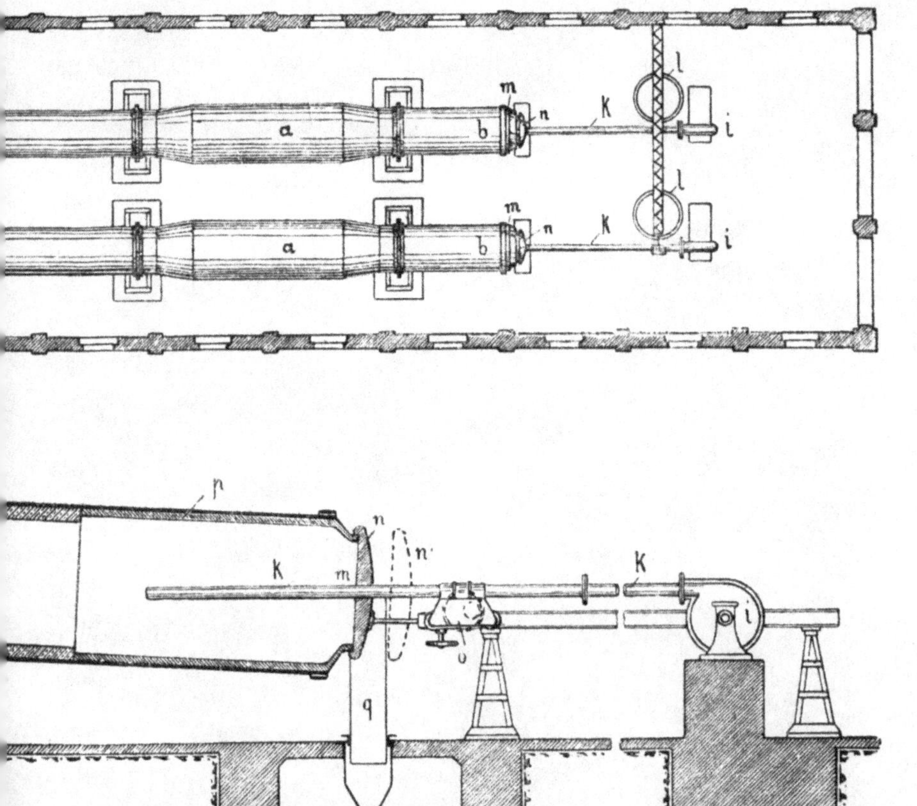

tellung mit Innenheizung.

binder. Letztere liefern den festeren Stein. *Normalbinder brauchen 2 bis 4 Stunden*. Guter Zement soll nicht *treiben*, d. h. ohne Raumvergrößerung abbinden, die Druckfestigkeit soll etwa 400 kg/qcm, die Zugfestigkeit etwa 40 kg/qcm betragen. Die höchste Festigkeit erlangt der Zement im Gemisch mit einem gleichen Teil Sand, der nicht allzu fein sein soll.

Die Herstellung des Zements erfolgt so, daß man auf Grund von Rohstoffanalysen die nötigen Stoffe, Kalkmergel und Tonmergel oder Süßwasserkalke mit kieselsäurereichen Tonen mischt und diese Gemische brennt. Findet letzteres in den Ringöfen statt, so trocknet man die zerkleinerten Stoffe, indem man sie meist in den (10 m) langen Kugelrohrmühlen Abb. 210b) durch einen langen Zylinder hindurchbläst, der geheizt wird. Herstellung von Portlandzement

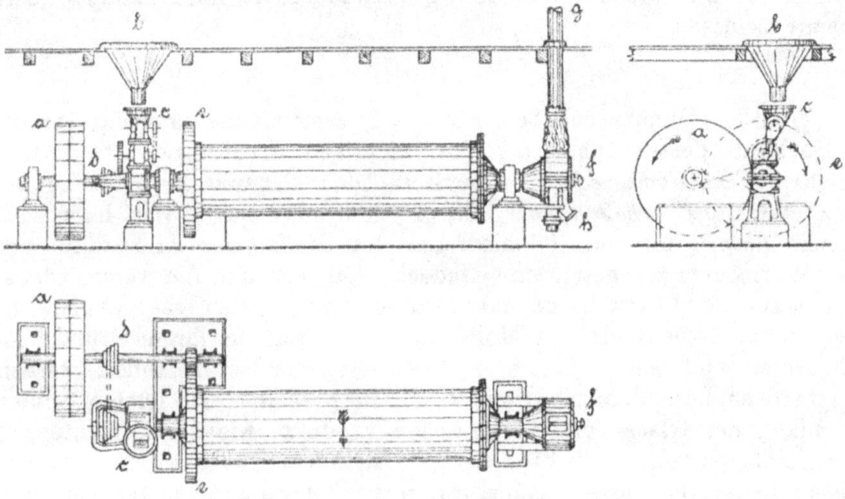

Abb. 210b. Griesmühle für Zementklinker.

Man mahlt den Satz fein, mischt innig und rührt mit 10—12 v. H. Wasser zu einem Brei, der in Schlagpressen zu Ziegeln geformt wird und dann bis zur Gelbglut 18—24 Stunden lang brennt, so daß der *harte Klinker* erzeugt wird. Mischt man naß, so erhält man *Dickschlamm*, den man durch gewaltige Rotierer, *Drehöfen* (Abb. 210a) aus 30—80 m langen und 2—3 m weiten Flußeißenröhren gehen läßt. Sie liegen schwach geneigt, sind innen feuerfest ausgekleidet, am heißesten Ende mit Dynamidonsteinen aus Korund und drehen sich 1—2 mal pro Minute um ihre Längsachse. Man bläst eine lange rußfreie Flamme hindurch, die mit Kohlenstaub oder Erdöl gespeist wird. Gas hat bisher nicht befriedigt. Der Dickschlamm mit 30—35 v. H. Wasser liefert nach 12—24 Stunden jeweils seine Ladung unten ab in Form sehr harter rundlicher Klinker und ein Ofen von 60 m Länge liefert gegen 300000 Faß Zement im Jahr. Die Sinterungstemperatur 1400—1500° (Sk 14—18) ist die von Hartporzellan.

Aus dem bei Rotglut erzeugten hellgelben *Schwachbrand*, der viel Ätzkalk enthielt, ist dann der durch Manganate und Eisensilikat graugrün gefärbte Zement geworden. Zu hohe Temperatur färbt blaugrün und läßt schließlich alles zu schwarzem Obsidianglas schmelzen. Meist bedingt das Schmelzen ein *Totbrennen*, d. h. der Zement bindet dann nicht mehr ab. Der Klinker wird heute wie die Rohstoffe nach grober Zerkleinerung in den Rohrmühlen gemahlen. Schwierig ist die Entstaubung der Zementanlagen. Neuerdings wird auch aus Gips unter gleichzeitiger SO_2-Gewinnung angeblich ein brauchbarer Zement erhalten. Das ist wegen der hohen Pyritpreise und des geringen Werts von Gips äußerst wichtig.

Mit der näheren Erforschung der Vorgänge bei der Zement*erhärtung* werden wir uns wie mit Glas und Porzellan später noch in der Silikatchemie befassen.

Überblick

§ 263. Damit schließen wir die Thermochemie und mit ihr das 1. Buch ab, dessen Inhalt den drei wichtigen Erhaltungsgesetzen: Dem *Gesetz der stöchiometrischen Proportionen*, den *Gesetzen von Faraday* und dem *Gesetz der Erhaltung der Energie* gewidmet war. Wir haben allgemein gesprochen nur Stöchiometrie des Stoffs, der Elektrizität und der Wärmemengen getrieben. Jedoch sind wir auf die verschiedenen Aggregatzustände der Stoffe nur im allernotwendigsten eingegangen. Im besonderen haben wir die Molekulartheorie nur in ihren Grundzügen betrachtet und sie muß im 2. Buch eingehender behandelt werden. Zeigte doch besonders eindringlich die Besprechung der letzten Silikatprodukte, der Gläser und keramischen Produkte wie der Zemente, daß der Feinheitsgrad, womit Stoff zerteilt ist, auf sein Verhalten und seine Eigenschaften Einflüsse ausübt, die nicht befriedigend angegeben sind, wenn man einfach sagt, ob die Stoffe als Gase, als feste oder als flüssige Körper vorliegen. Ein tieferes Eindringen in die Molekularwelt und in die Eigenschaften der Einzelmolekeln kann hier weiterführen. Wir widmen daher den *Zuständen der Stoffe* ein zweites Buch.

Sachverzeichnis.

1. **Formeln mit Ionenzeichen** geben jeweils eine (meist die praktisch angenommene) Art der Ionenspaltung in Wasser an, ohne Rücksicht auf Hydrolyse.
2. **Formeln mit durcheinander durchgreifenden runden und eckigen Klammern** geben Spaltung in Säure und Basis an (vgl. 138/139).
3. **Eckige Klammern** umfassen komplexe Radikale der Koordinationslehre.
4. Wo die Ionenspaltung unsicher oder abnorm ist oder fehlt, fehlen Klammern.
5. Doppelnummern, z. B. 138/139, bedeuten dort eingeheftete Tafeln.
6. Abkürzungen, wie R und Me usf., siehe „Abkürzungen" im Sachregister.

D.

F.

H.

K.

L.

T.

U.

Haubold Zentrifugen

in Sonderausführungen
für alle Zwecke der
chemischen Industrie

„Haubold"
Großleistungs-
zentrifuge
D.R.P.

C. G. HAUBOLD A.-G. CHEMNITZ

Gegründet 1837

C. DESAGA
HEIDELBERG

Fabrik und Lager chemischer und physikalischer Apparate

liefert

sämtliche Untersuchungsapparate für chemische Laboratorien aller Art

Praktische Einführung in die allgemeine Chemie

Anleitung zu physikalisch-chemischem Praktikum und selbständiger Arbeit

Von

Dr. phil. Max Trautz

Professor für physikalische Chemie und Elektrochemie an der Universität Heidelberg

Groß-Oktav. XII, 375 Seiten. Mit 187 Abbildungen. 1917

Geheftet M. 12.—, Einband M. 4.—

Verleger-Teuerungszuschlag 200 %, auf den Einband 100 %

Zu diesem Werke werden besonders geliefert:

Versuchsberichte zum Selbsteintragen

Geheftet M. 1.25. Verleger-Teuerungszuschlag 200 %

VEREINIGUNG WISSENSCHAFTLICHER VERLEGER

WALTER DE GRUYTER & CO. — VORMALS G. J. GÖSCHEN'SCHE VERLAGSHANDLUNG — J. GUTTENTAG, VERLAGSBUCHHANDLUNG — GEORG REIMER — KARL J. TRÜBNER — VEIT & COMP. — BERLIN W. 10 UND LEIPZIG

ZEISS

Refraktometer

Interferometer
für Gase und Wässer

Spektrographen
Spektroskope

Auskunft
auf
Anfrage

**Druckschriften
auf Wunsch
kostenfrei**

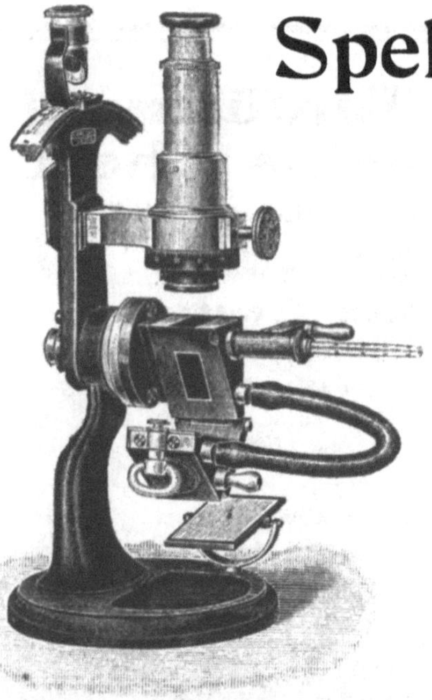

Abbe-Refraktometer

CARL ZEISS
JENA

L. Hormuth, Inh.: W. Vetter, Heidelberg

Fernspr. 2045 — Universitätslieferant — Fernspr. 2045

Glas- und Quarzbläserei

Anfertigung von Glas- und Quarzapparaten aller Art

in zuverlässiger, sachgemäßer Ausführung

Hersteller der Glas- und Quarzapparate nach Trautz: Praktische Einführung in die allgemeine Chemie

Besonderheit:

Apparate für die Preyl'sche Mikro-Elementaranalyse,

verbessert von Müller-Willenberg

Fritz Köhler

Universitäts-Mechaniker a D

Leipzig

Windscheid 33

Apparative Einrichtung von Laboratorien für Physico-Elektro-Photo-Biochemie

Apparate

„Bestimmung der EMK" — „Leitfähigkeit der Elektrolyse" — des „Molekulargewichtes" — der „Elektro-Analyse" — der „Farben-Analyse-Synthese" — „Chrometer" — „Kapillar-Elektrometer" — „Quadrant- „Galvano"- „Volt- „Ampere- „Ohm-Meter" — „Meßbrücken" — „Präc Widerstände" — „Kalori- „Kolori- „Polari- „Refrakto- „Spektro- „Viscosi- „Kryo- „Katheto- „Thermo-Meter" — „Thermostaten −155 ÷ +350° C" — „Thermoelemente" — „Elektro-Kleinmotore" — „Rotations-Übertragungen" — „Lampen": „Weiß-Licht- „Natrium- „Spectral- „Ultra-Violett- „Quecksilber-, Dampf-Uviol- „Quarz-

FSC
www.fsc.org
MIX
Papier | Fördert gute Waldnutzung
FSC® C083411

Kolibri 360 GmbH
Ferdinand-Jühlke-Straße 7
99095 Erfurt, Deutschland
produktsicherheit@kolibri360.de